Einführung in die Petrologie

Ludwig Pfeiffer, Manfred Kurze, Gerhard Mathé

Einführung in die Petrologie

von

Ludwig Pfeiffer, Manfred Kurze und Gerhard Mathé

Mit 119 Abbildungen, 38 Tafeln und 85 Tabellen

AKADEMIE-VERLAG · BERLIN
1981

Erschienen im Akademie-Verlag, DDR-1080 Berlin, Leipziger Straße 3–4
Lektor: Dipl.-Met. Heide Deutscher
Einband und Schutzumschlag: Dietmar Kunz

Lizenznummer: 202 · 100/446/80
P 273/79
Gesamtherstellung: VEB Druckhaus „Maxim Gorki", 7400 Altenburg
Bestellnummer: 762 349 1 (6378) · LSV 1425
Printed in GDR
DDR 98,– M

Inhaltsverzeichnis

Vorwort

Gegenstand der Petrologie sind natürliche Gesteine, ihre mineralogische und chemische Zusammensetzung sowie ihr ein- oder mehrphasiges Gefüge mit unterschiedlicher Homogenität und Regelung, die als Teile der Erdkruste und darunter liegender Schichten Aufschluß über die Entwicklungsgeschichte der Erde geben. Sie sind Baugrund, Neben- und Speichergestein von Lagerstätten nutzbarer Elemente und deren Verbindungen und vielfach selbst wichtiger Rohstoff für die Volkswirtschaft.

Gediegene Kenntnisse von den Gesteinen, ihrem Chemismus, ihrer mineralogischen Zusammensetzung und ihrem Gefüge bilden wesentliche Grundlagen geowissenschaftlicher Arbeiten. Die präzise Erfassung aller makro- und mikroskopischen Daten einschließlich Chemismus und Gefüge ist Aufgabe der Petrographie mit ihrer Teildisziplin, der Petrochemie. Die Petrologie setzt sich zum Ziel, aus den petrographischen Beobachtungen unter Berücksichtigung chemischer, physikalischer, biologischer und vor allem physikalisch-chemischer Gesetzmäßigkeiten die Petrogenese aufzuklären und damit theoretische Schlußfolgerungen für die gesamten Geowissenschaften zu finden.

Unter diesen Aspekten machte sich in den vergangenen Jahren der Mangel an einer Einführung in die Petrologie zunehmend bemerkbar. Ältere Lehrbücher und Lehrbriefe sind vergriffen; Vorlesungen und Übungen bedürfen einer sinnvollen Ergänzung, mit deren Hilfe dem Studenten das Eindringen in die schwierige und anfänglich spröde erscheinende Materie erleichtert werden kann. Darüber hinaus soll auch den bereits seit längerer Zeit in der Praxis tätigen Geologen und anderen Interessenten eine Übersicht in die Hand gegeben werden, die den gegenwärtigen Stand der Petrologie repräsentiert, Anregungen vermittelt und das Einarbeiten in spezielle Problemkreise ermöglicht.

Seit langem werden die Gesteine drei Gruppen zugeordnet, den Magmatiten, Sedimentgesteinen und Metamorphiten. Wir hielten an dieser Dreiteilung fest und gestalteten entsprechende Kapitel relativ selbständig. Daraus resultieren gelegentliche Überschneidungen oder auch abweichende Darstellungen, für die wir jedoch wegen der Vorteile jeweils geschlossener Kapitel um Nachsicht bitten. Bei diesen Darstellungen konnte selbstverständlich keine Vollständigkeit angestrebt werden; es wurde aber versucht, jene Anforderungen besonders zu berücksichtigen, die sich aus der Notwendigkeit der vollen Nutzung einheimischer mineralischer Rohstoffe ergeben. Unsere Einführung in die Petrologie setzt Kenntnisse in Mineralogie und Chemie voraus; methodische Hinweise nahmen wir insoweit auf, wie geeignete Literatur fehlt oder nur schwer einzusehen ist.

Viele Fachkollegen haben durch Diskussionen, Bereitstellung von Literatur und Bildmaterial sowie Hinweise die Arbeiten wesentlich gefördert. Zu besonderem Dank sind wir den Herren Prof. Dr. BAUTSCH/Berlin, Dr. BEUGE/Freiberg, Dr. BLANKENBURG/Freiberg, Dr. HORTENBACH/Freiberg, Prof. Dr. KRAŠENINNIKOV/Moskau, Dr. KUSNECOV/Moskau, Doz. Dr. LANGBEIN/Greifswald, Dr. LANGE/Weimar, Prof. Dr. MEINHOLD/Freiberg, Dr. MUCKE/Freiberg, Dr. PÄLCHEN/Freiberg, Prof. Dr. RÖSLER/Freiberg, Prof. Dr. RUCHHOLZ/Greifswald, Dr. SAMUEL/Kairo, Prof. Dr. SEIM/Greifswald, Doz. Dr. STARKE/Freiberg, Prof. Dr. WATZNAUER/Freiberg, Dr. WERNER/Freiberg und Prof. Dr. WIENHOLZ/Freiberg verpflichtet.

Sehr herzlich danken wir Herrn Dr. E. KÜNSTNER für die Bearbeitung des Kohlekapitels sowie den Herren Doz. Dr. PÄTZ und Dr. KOCH für Unterlagen zum Kapitel „Erdöl und Erdgas“ und zu den Evaporiten.

Die Arbeiten hätten nicht ohne die vielen technischen Hilfen abgeschlossen werden können, die uns von Seiten der Zeichner der Sektion Geowissenschaften und der Hochschulbildstelle der Bergakademie Freiberg zuteil wurden. An den Reinschriften beteiligten sich die Kolleginnen BEYER, KOHL, KRUMPAS und NEUBERT. Ihnen allen danken wir ebenfalls sehr herzlich.

Nicht zuletzt danken wir dem Akademie-Verlag Berlin für das entgegenkommende Verständnis bei der Herausgabe der vorliegenden Arbeiten.

LUDWIG PFEIFFER
MANFRED KURZE
GERHARD MATHÉ

1. Magmatite

Magmen sind das Ausgangsmaterial der Magmatite. Sie gehören entweder tiefen Erdschichten an oder stammen von dort. Ihre Bildung und Entwicklung wird im wesentlichen von Temperatur, Druck und Chemismus bestimmt. Charakteristisch für Magmen sind nennenswerte Anteile einer flüssigen Phase, relativ hohe Temperaturen und zumeist silikatische Zusammensetzungen. Sie enthalten mehr oder weniger große Mengen an leichtflüchtigen Bestandteilen gelöst. Hinzu kommen feste Phasen unterschiedlicher Art.

Magmen sind somit in der Regel Multiphasen- und -komponentensysteme, woraus eine Vielzahl von Magmatiten resultieren kann. Magmen und Magmatite stehen in unmittelbarem Zusammenhang, doch selten kann aus der Gesteinsanalyse direkt auf die Zusammensetzung des ursprünglichen Magmas geschlossen werden.

1.1. Eigenschaften der Magmen

Sehr wesentlich bestimmt eine *flüssige Phase* die Eigenschaften der Magmen. In den meisten Magmen ist sie durch $[SiO_4]^{4-}$- und $[AlO_4]^{5-}$-Tetraeder in wechselnden Mengenverhältnissen und unterschiedlicher Verknüpfung gekennzeichnet; es können sich unter anderem verschiedenartige Anionenradikale bilden, wie zum Beispiel $[AlSiO_4]^-$, $[AlSi_2O_6]^-$ und $[AlSi_3O_8]^-$. Sowohl die $[SiO_4]^{4-}$-Tetraeder als auch die Anionenradikale vermögen zu komplizierten Bildungen zu polymerisieren und beeinflussen dadurch spätere Kristallbildungen entscheidend.

Zu den Anionenradikalen kommen in der flüssigen Phase freie Kationen hinzu, darunter zweiwertiges Eisen, Magnesium und Calcium sowie einwertiges Natrium und Kalium. Schließlich sind geringe Mengen von OH, F und anderen flüchtigen Komponenten gelöst.

Die *Gasphase* ist im wesentlichen durch H_2O gekennzeichnet. Als weitere Komponenten werden CO_2, H_2S, S, SO_2, HCl, NH_4Cl, HF, N_2, H_2, CH_4, H_3BO_3 und CO beobachtet. Genaue Messungen sind schwierig, zumal gasreiche Magmen oft explosionsartig bis zur Erdoberfläche aufdringen. Nach ihren Gasgehalten lassen sich einem Vorschlag von T. A. Jaggar (zitiert von A. Rittmann, 1960) folgend drei Magmentypen unterscheiden:

1. An Gasen untersättigte Magmen, die nur unter Drücken existieren, die größer als die Dampfdrücke der molekular gelösten Gase sind (Hypomagmen).
2. An Gasen übersättigte Magmen, oft blasenführend und zum Teil schaumig (Pyromagmen).
3. Weitgehend entgaste Magmen, den Laven entsprechend (Epimagmen).

Offensichtlich wird der Gasgehalt der Magmen sehr weitgehend von den Druckverhältnissen bestimmt; mit wachsendem Druck werden generell größere Mengen an Gas in der flüssigen Phase gelöst. Umgekehrt können Druckentlastungen zur raschen Abscheidung selbständiger Gasphasen führen. Zwischen beiden Phasen — flüssig und gasförmig — versucht sich stets in Abhängigkeit von Druck, Chemismus und Temperatur ein bestimmtes Gleichgewicht einzustellen. Das wiederum bedingt gewisse Anteile auch von solchen Komponenten in der Gasphase, die hauptsächlich in der flüssigen Phase gebunden sind (FeO, MgO z. B.).

Als *feste Phasen* kommen in Magmen Früh- oder Erstkristallisate (Einsprenglinge), Reste aufgeschmolzener oder aufgelöster (assimilierter) Gesteinsmaterialien sowie Verunreinigungen durch Nebengesteinsbrocken (Xenolithe) in Betracht.

Voraussetzung für die Existenz von Magmen und speziell für die Bildung flüssiger Phasen sind ausreichend hohe *Temperaturen*. Beobachtungen an Laven tätiger Vulkane sowie physikalisch-chemische Experimente (A. RITTMANN, 1960; H. G. F. WINKLER, 1962; u. a.) ergaben, daß silikatische Magmen je nach ihrer chemischen Zusammensetzung in Temperaturbereichen zwischen 1250 und 650 °C zu erstarren beginnen. Im gleichen Temperaturbereich werden unter Mitwirkung leichtflüchtiger Komponenten (H_2O u. a.) und unter bestimmten Druckverhältnissen verschiedene Gesteine aufgeschmolzen.

Bildungsstätten von Magmen müssen demnach in relativ großer Tiefe, das heißt in der Erdkruste und im Erdmantel liegen. Bemerkenswert ist weiterhin, daß viele Magmen sehr schnell aus ihren Bildungsbereichen bis zur Erdoberfläche emporgedrungen sein müssen, da Temperaturmessungen in rezenten Vulkangebieten wiederum Laventemperaturen bis zu 1250 °C ergaben. Damit wird generell die Frage aufgeworfen, in welchen Tiefen bestimmte Magmen gebildet werden können. Erste Anhaltspunkte zur Beantwortung dieser Frage bietet die geothermische Tiefenstufe eines Gebietes, somit die Anzahl von Metern, um die man tiefer gehen muß, soll eine Temperatursteigerung von 1 Grad Celsius erreicht werden. Extremwerte liegen bei 7 und 173 m, vertretbare Mittelwerte um 30 m. Unter solchen Voraussetzungen sind die zuvor genannten Temperaturen in Tiefen zwischen 20 und 50 km zu erwarten. Weitere Anhaltspunkte ergeben sich aus Untersuchungen des Wärmeflusses vom Erdinneren zur Erdoberfläche und aus den in diesem Zusammenhang erarbeiteten Wärmebilanzen. Den Wärmefluß schätzt man in Größenordnungen um $4 \cdot 10^{-6}\,J \cdot cm^{-2} \cdot sec^{-1}$ ($10^{-6}\,cal \cdot cm^{-2} \cdot sec^{-1}$). Ohne Wärmeerzeugung würde das in 1 Milliarde Jahren zu einer Abkühlung der Erde um rund 22 °C führen. Wärmequellen stehen tatsächlich in Form radioaktiver Prozesse zur Verfügung, daneben in Kompressionen und Reibungen, so daß die Wärmeverluste weitgehend kompensiert werden können. Trotz wiederholter Berechnungen und Überprüfungen ist die Wärmeverteilung in der Erdkruste bis hin zum Erdmantel noch immer problematisch; so werden beispielsweise in 100 km Tiefe Temperaturen zwischen 1100 und 1500 °C zur Diskussion gestellt. Temperaturschätzungen für 1000 km Tiefe führten zu Werten zwischen 2500 und 3500°C. Da Magmen prinzipiell auch aus solchen Tiefen stammen können, müßten sie erheblich „überhitzt" gewesen sein (Abb. 1.1).

Magmen zeichnen sich durch *Beweglichkeit* aus; sie sind um so beweglicher, je mehr flüssige und gasförmige Phasen an ihrer Zusammensetzung beteiligt sind. Wiederum spielen Druck, Temperatur und Chemismus eine Rolle. Der Druck vermindert die Beweglichkeit beziehungsweise erhöht die Viskosität; die Temperatur wirkt umgekehrt. In Tiefen von 20 bis 50 km können demnach bestimmte Magmen trotz relativ hoher

Temperaturen gleiche Viskositäten wie Steinsalz unter Oberflächenbedingungen aufweisen; sie sind quasi fest und werden erst nach Druckentlastungen mobil (Abb. 1.2), sieht man von Streßbeanspruchungen und in diesem Zusammenhang vom komplexen Wirken viskosen und plastischen Fließens ab.

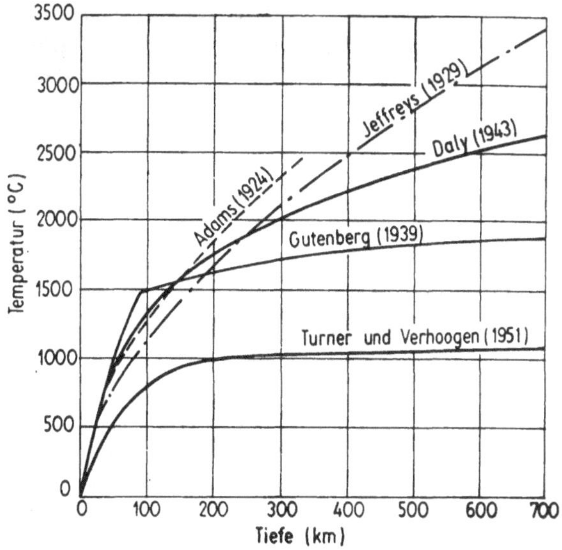

Abb. 1.1. Temperaturänderungen mit wachsender Tiefe nach verschiedenen Autoren

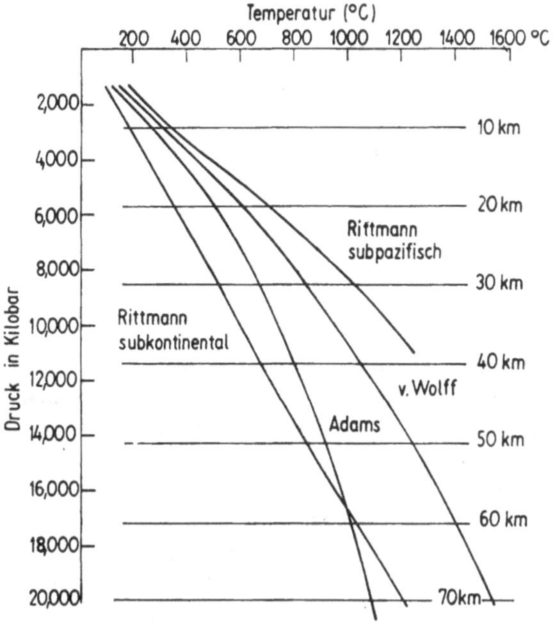

Abb. 1.2. Druck- und Temperaturänderungen in äußeren Bereichen der Erde nach verschiedenen Autoren

Silikatische Magmen sind um so viskoser, je größer der SiO_2-Anteil ist. Ursache dafür sind Bildungen von Tetraederverbänden mit Si (+ Al): O-Verhältnissen nahe 1:2, deren relativ feste Verknüpfung nur durch freie Kationen gelockert werden kann (saure Magmen). Eisen- und magnesiumreiche Magmen haben zwangsläufig geringste Viskositäten (basische Magmen). Großen Einfluß auf die Viskosität von Magmen üben auch leichtflüchtige Komponenten aus. H_2O zum Beispiel tendiert zu Reaktionen mit O unter Bildung von 2 $(OH)^-$, wodurch Sauerstoffbrücken zwischen $[SiO_4]^{4-}$-Tetraedern zerstört und insbesondere Bindungen des Aluminiums beeinflußt werden. Viskositätsminderungen sind die Folge.

Hypomagmen können in Abhängigkeit von gelösten leichtflüchtigen Bestandteilen durch Druckentlastung in dünnflüssige Pyromagmen übergehen. Pyromagmen sind bei gleichem Chemismus und gleicher Temperatur stets beweglicher als Epimagmen — unter Schaumbildung können sie ähnliche Fließgeschwindigkeiten wie Wasser erreichen.

1.2. Magmenbildungen

Bereits im Altertum wurden Fragen nach der Entstehung von Gesteinen und nach der Herkunft der Magmen gestellt, letztere im Zusammenhang mit vulkanischen Beobachtungen. Klare Vorstellungen konnten nicht erarbeitet werden; man nahm im Erdinneren eine feurige Sphäre an, zu der Vulkane vermitteln sollten. G. Agricola führte vulkanische Erscheinungen auf Erdbrände zurück (Steinkohle, bituminöse Schichten). In den folgenden Jahrhunderten wurde die Genese vulkanischer Gesteine selten diskutiert; das Interesse beschränkte sich auf das Phänomen der Laven und Tuffe. Im 18. Jahrhundert versuchte man, *alle* wesentlichen Gesteine als Ablagerungsgesteine zu deuten. Neptunistische (Neptunismus = Lehre von der hydatogenen Gesteinsbildung) Anschauungen dominierten und führten zu heftigem Streit, als einige Wissenschaftler es wagten, Basalte in die Gruppe der vulkanischen Bildungen zu stellen. 1787 verhalf A. G. Werner durch seine Stellungnahme für die Erzeugung des Basalts auf nassem Wege vorübergehend dem Neptunismus zum Sieg. Tatsächlich schien vieles für eine derartige Deutung zu sprechen (Lagerungsverhältnisse am Scheibenberg im Erzgebirge u. a.). Erst nach dem Tode von A. G. Werner (1817) konnte der Streit um den Basalt entschieden werden. Damit rückte auch das Problem der Magmenbildung und -entwicklung wieder in den Mittelpunkt des Interesses vieler Geowissenschaftler. Neben Basaltmagmen wurden beispielsweise von B. v. Cotta Granit-, Grünstein- und Porphyrmagmen unterschieden. Bald diskutierte man die Existenz von einem Magma, dann von mehreren Urmagmen, aus denen sich durch Mischungen und Sonderungen verschiedene spezifische Magmen entwickeln konnten. Der Begriff der „Magmendifferentiation" kam auf und mit ihm weitere Erkenntnisse über Beziehungen zwischen Magmen und Magmatiten. Große Bedeutung gewannen die Ende des 19. Jahrhunderts einsetzenden Forschungsarbeiten an silikatischen Schmelzen und Systemen, die vor allem von I. H. L. Vogt betrieben wurden. Dadurch rückten Probleme der Magmenentwicklung in den Vordergrund, während die der Magmenbildung zunächst zurückgestellt werden mußten. Lange Zeit genügte die Annahme primärer granitischer und gabbroider Magmen allen theoretischen und praktischen Anforderungen, zu denen nach F. Loewinson-Lessing Anatektite (Wiederaufschmelzungsprodukte) und Syntektite (Assimilationsprodukte) kamen. Die Ursachen für die Existenz und Bildung der primären Magmen wurden in radioaktiver Wärme beziehungsweise allgemein in der Wärme tieferer Erdschichten gesehen. F. v. Wolff stellte noch 1951 eine Schmelzzone in durchschnittlich 60 km Tiefe zur Diskussion, der entweder ein basisches Urmagma entstammen oder in der abgesunkenes Krustenmaterial wieder aufgeschmolzen werden sollte.

In der folgenden Zeit gelang es, im Laboratorium Druck- und Temperaturbedingungen zu beherrschen, die denen im Erdmantel entsprachen. Zahlreiche Experimente mit unterschiedlichem Ausgangsmaterial ergaben wichtige Hinweise zur Bildung verschiedenartiger Magmen. Hinzu kamen geophysikalische und geologische Beobachtungen in seismisch und vulkanologisch aktiven Gebieten der Erde sowie Ergebnisse der Mondforschung, die heute das Problem der Magmenbildung in neuem Licht erscheinen lassen. Wiederum stehen zwei Gesteinsgruppen beziehungsweise deren Ausgangsmagmen im

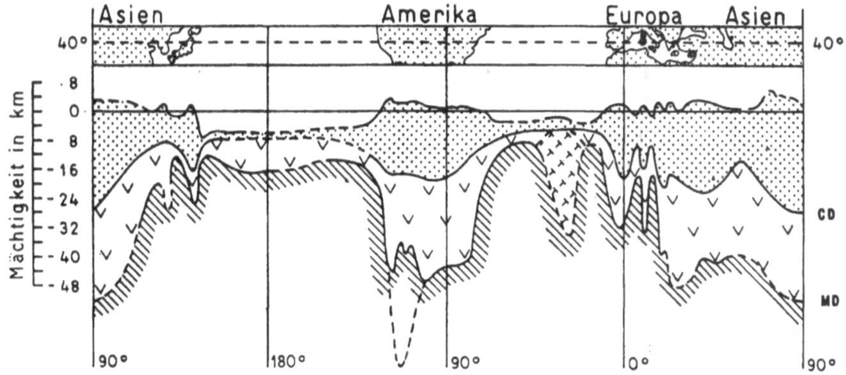

Abb. 1.3. Schematisierter Verlauf der Conrad- (*CD*) und Mohorovičič-Diskontinuität (*MD*) längs des 40. Breitengrades (*CD* = Grenze zwischen „Granit-“ und „Basalt-“Schicht, *MD* = Grenze zwischen Erdkruste und -mantel; nach H. Militzer und G. Porstendorfer, 1968)

Mittelpunkt petrologischer Forschungen: Granite und Basalte — saure und basische Magmen. Bereits R. A. Daly (1933) hatte darauf aufmerksam gemacht, daß unter den Plutoniten (Tiefengesteinen) granitische und granodioritische und unter den Vulkaniten (Ergußgesteinen) basaltische und andesitische Gesteinstypen vorherrschen. Heute wissen wir, daß entsprechende Magmen bevorzugt im Bereich der Erdkruste (5 bis 20 km Tiefe) und im Bereich des Oberen Erdmantels (50 bis 150 km Tiefe) gebildet werden können (Abb. 1.3). Damit gewinnt die Frage nach der stofflichen Zusammensetzung von Erdkruste und Erdmantel besondere Bedeutung, müssen doch granitische und basaltische Magmen einerseits aus vorhandenem Gesteinsmaterial gebildet worden sein und andererseits in einem gewissen Gleichgewicht zu ihrem „Nebengestein“ gestanden haben.

1.2.1. Das Granitproblem

Zur Klärung des *Granitproblems* waren einige Experimente außerordentlich wichtig. Zunächst zeigten O. F. Tuttle und N. L. Bowen (1958), wie durch unterschiedliche H_2O-Drücke das Schmelzverhalten granitischer Gesteine variiert werden kann. Bei ausreichendem H_2O-Angebot fielen Solidus- und Liquiduskurven praktisch zusammen — die Granite wurden in einem sehr kleinen Temperaturintervall aufgeschmolzen. In

Abhängigkeit von Druck und Temperatur nahmen die gebildeten Schmelzen bestimmte H_2O-Mengen bis zu ihrer Sättigung auf. Reichte H_2O nicht aus, bildeten sich nur so viel Teilschmelzen, wie H_2O zu deren Sättigung zur Verfügung stand. Erst durch erhebliche Temperatursteigerung war es möglich, auch das Restmaterial aufzuschmelzen. Solidus- und Liquiduskurven nahmen in solchen Fällen einen getrennten Verlauf (Abb. 1.4). Damit war bewiesen, daß H_2O und andere leichtflüchtige Komponenten das Schmelzverhalten granitischer Gesteine beeinflussen.

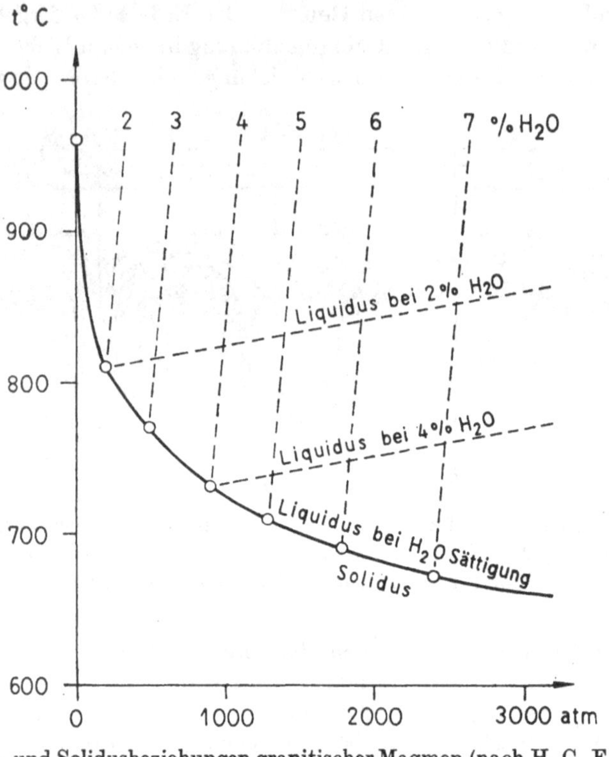

Abb. 1.4. Liquidus- und Solidusbeziehungen granitischer Magmen (nach H. G. F. Winkler, 1962)

Den nächsten Schritt gingen H. G. F. Winkler und H. v. Platen (1961), indem sie verschiedene Sedimentite als Ausgangsmaterialien für ihre Schmelzversuche wählten. Sie experimentierten unter anderem mit Grauwacken, aus denen sich je nach Tonanteilen unter einem H_2O-Druck von 202,65 MPa (2000 atm) und bei Temperaturen zwischen 670 und 740 Grad Celsius erste Schmelzen bildeten. Diese Schmelzen entsprachen chemisch Quarz-Alkalifeldspat-Gemischen, wie sie beispielsweise in Apliten vorkommen können. Mit steigender Temperatur wurden Plagioklase fraktioniert aufgeschmolzen, bis schließlich granitische und granodioritische Magmen gewonnen werden konnten. Hierzu reichten oft Temperaturerhöhungen um nur 50 °C aus. Durch erhebliche Temperatursteigerungen konnte auch das biotitreiche Restmaterial aufgeschmolzen werden.

Nach diesem Befund müssen wir annehmen, daß aus geeigneten Ausgangsgesteinen unter Mitwirkung von H_2O und anderen leichtflüchtigen Komponenten granitische und verwandte Magmen noch in der Erdkruste gebildet werden können. Den Vorgang eines derartigen Wiederaufschmelzens oder besser: der Mobilisierung schon vorhandenen Gesteinsmaterials bezeichnen wir als Anatexis, wodurch sich gegebenenfalls „verjüngte" Magmen bilden können. Weitere Bezeichnungen sind „Metatexis" für die Bildung erster Quarz-Feldspat-Mobilisate und „Diatexis" für die Mobilisation des Gesamtmaterials unter Einschluß von dunklen Gemengteilen. Die „Palingenese" kennzeichnet die Bildung größerer Mengen intrusionsfähiger Magmen.

Aus solchen Überlegungen ergibt sich die enge Verbindung zwischen Granitbildung und gesteigerter Metamorphose. Bevor Bildungsbedingungen für Metatektite oder Anatektite realisiert werden konnten, mußten erhöhte Druck- und Temperaturbedingungen zu Um- und Neukristallisationen beispielsweise auch in Grauwacken oder Tonschiefern führen. Metamorphose und Anatexis gehen offensichtlich kontinuierlich ineinander über; man spricht in diesem Zusammenhang von einer Ultrametamorphose.

Kritisch ist der H_2O-Haushalt bei der Metamorphose und Ultrametamorphose zu beurteilen. So werden zwar für erste Metatektitbildungen nur geringe H_2O-Mengen benötigt, und auch für die Bildung granitischer Schmelzen reichen relativ wenige Prozente aus, doch können selbst geringe H_2O-Mengen im Verlauf metamorpher Beanspruchungen aus entsprechenden Gesteinen entfernt werden. Von Bedeutung erscheinen in diesem Zusammenhang solche H_2O- und OH-haltigen Minerale wie Talk, Serpentin, Glimmer, Chlorite und Amphibole, die in großer Erdtiefe an folgenden Reaktionen teilnehmen können:

1. $KAl_3Si_3O_{10}(OH)_2 + SiO_2 \rightleftharpoons KAlSi_3O_8 + Al_2SiO_5 + H_2O$;
   Muskovit + Quarz ⇌ Kalifeldspat + Andalusit + Wasser.
2. $[3(Mg, Fe)_2Al_2SiO_5(OH)_4 + (Mg, Fe)_3Si_2O_5(OH)_4] + 4SiO_2 \rightleftharpoons 3(Mg, Fe)_3Al_2Si_3O_{12} + 8H_2O$;
   Prochlorit + Quarz ⇌ Granat + Wasser.
3. $Ca_2Mg_5Si_8O_{22}(OH)_2 \rightleftharpoons 2CaMgSi_2O_6 + 3MgSiO_3 + SiO_2 + H_2O$;
   Gemeine Hornblende ⇌ Diopsid + Enstatit + Quarz + Wasser.

Damit wird H_2O frei, das an Schmelzbildungen teilnehmen kann. Zwangsläufig müssen daneben im Bereich palingener Magmenbildungen Trocknungsprodukte (K. R. Mehnert, 1959) nachzuweisen sein. Tatsächlich stehen vielfach Metatektite und Anatektite in engem Zusammenhang mit cordierit- und granatführenden Gesteinen. Verständlich wird auch, daß metamorphe Gesteine sehr großer Erdtiefen und demzufolge „trockener" Fazies, in der Minerale mit OH-Anteilen fehlen, nur selten derartige Mobilisationserscheinungen erkennen lassen.

Granitische Magmen können auch auf anderen Wegen entstehen, wie in folgenden Abschnitten noch gezeigt wird. Der überwiegende Teil aller Granite und der mit ihnen verwandten Gesteine ist jedoch palingen!

Es lag nahe, für viele weitere Magmatite ebenso palingene Ausgangsmagmen anzunehmen. In letzter Konsequenz können *alle* Magmen auf ptx-abhängige Mobilisationen bereits verfestigten Gesteinsmaterials zurückgeführt werden.

1.2.2. Das Basaltproblem

Untersuchungen der letzten Jahre konzentrierten sich auf das *Basaltproblem*, mit dem Probleme des Oberen Erdmantels verbunden sind. Auch hierzu wurden viele experimentelle Daten erarbeitet, deren petrogenetische Deutung nicht in allen Fällen widerspruchslos gelang.

T. H. Green, A. E. Ringwood und viele andere gingen zunächst der Frage nach, welche mineralogische und chemische Zusammensetzung für den Erdmantel angenommen werden muß. Geophysiker hatten nachgewiesen, daß eine durchschnittliche Dichte von 3,2 bis 3,3 g/cm³ unmittelbar unterhalb der Moho-Grenzfläche zu verzeichnen ist. Das könnte auf eklogitische Gesteine hindeuten. Beobachtungen an Xenolithen in basaltischen Gesteinen ließen aber auch ultrabasische, peridotitähnliche Gesteine in Betracht kommen. 1966 entwickelte A. E. Ringwood eine Modellzusammensetzung des Oberen Erdmantels, die einer Mischung von 3 Teilen Peridotit und 1 Teil Basalt entspricht, durch die Minerale Olivin und Pyroxen gekennzeichnet ist und folgenden Chemismus besitzt (Masse-%):

SiO_2	45,16	CaO	3,08
TiO_2	0,71	Na_2O	0,57
Al_2O_3	3,54	K_2O	0,13
Fe_2O_3	0,46	Cr_2O_3	0,43
FeO	8,04	NiO	0,20
MnO	0,14	P_2O_5	0,06
MgO	37,47		

Ringwood nannte dieses Mantelmaterial „*Pyrolit*“, mit dem seither zahlreiche Experimente durchgeführt worden sind.

Bei der Untersuchung des pyrolitischen Gesteinsmaterials interessierten Mineralstabilitäten und Aufschmelzungserscheinungen in Abhängigkeit von Temperatur, Druck und H_2O-Gehalten. Drei wichtige Mineralparagenesen stellten sich immer wieder unter bestimmten Temperatur- und Druckbedingungen ein:

1. Olivin + Pyroxen (Ortho- und Klinopyroxene)
 + Plagioklas
 + Chromit (Spinelle)
 = Plagioklaspyrolit
2. Olivin + Al-Pyroxen
 + Spinell
 = Pyroxenpyrolit
3. Olivin + Pyroxen
 + Granat
 = Granatpyrolit

Die Stabilitätsbereiche dieser drei Pyrolitparagenesen wurden von D. H. Green und A. E. Ringwood (1967) fixiert. Wichtig ist, daß unter dem Einfluß relativ geringer H_2O-Mengen ($p_{H_2O} < p_{total}$) der Schmelzbeginn aller drei Pyrolitarten um 160 °C reduziert werden kann. Die Soliduskurve des feuchten Systems liegt dementsprechend tiefer als die des trockenen.

Besondere Bedeutung gewannen die Beziehungen zwischen Pyroxen- und Granatpyrolit (Abb. 1.5). Die Grenzlinie zwischen den Stabilitätsbereichen beider Pyrolitarten schneidet die Soliduskurve bei einem Druck, der einer Tiefe von 60 bis 80 km entspricht. Granat kann demzufolge kaum in solchen Magmen als Einsprengling gefunden werden, die in Tiefen bis zu 80 km gebildet worden sind. Granatführende basische und ultrabasische Magmen und Magmatite stammen in der Regel aus Tiefenbereichen ab 80 und mehr Kilometern!

Zu solchen granatführenden Magmatiten gehören Kimberlite, die als Wirtsgesteine der Diamanten besonders intensiv erforscht wurden. Sie zeichnen sich durch eine ungewöhnliche Mineralzusammensetzung aus. In einer relativ feinkörnigen Grundmasse finden sich neben Spinellen vor allem Serpentin, Calcit und Phlogopit; einsprenglingsartig fallen Olivin, Enstatit, Chromdiopsid, Phlogopit und Pyrop auf. Charakteristisch für Kimberlite sind schließlich zahlreiche Xenolithe, unter denen Dunite, Peridotite und Eklogite dominieren. Sowohl die Kimberlite selbst mit dem ihnen eigenen Mineralbestand als auch die genannten Xenolithe stammen aus dem Erdmantel; den Untersuchungsergebnissen von Green, Ringwood und anderen zufolge müssen sie in Tiefen ab 100 km gebildet worden sein.

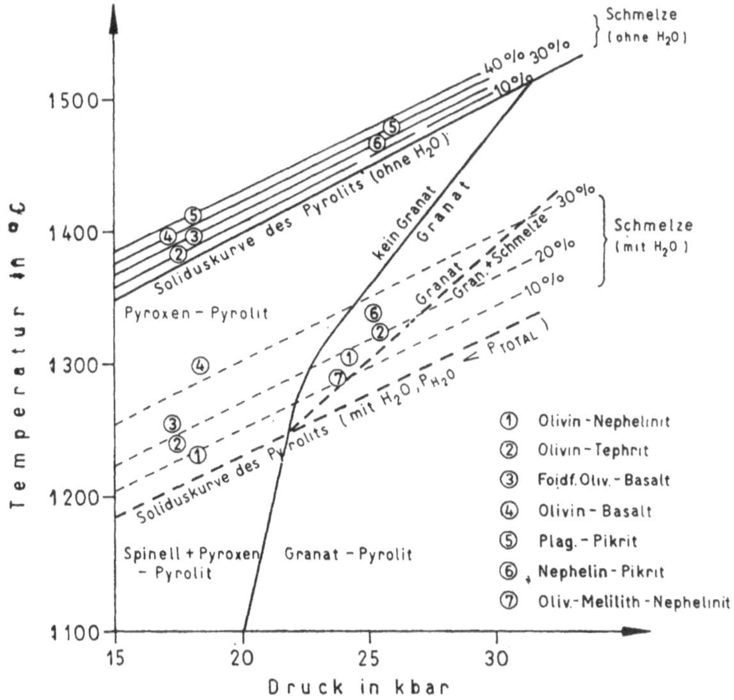

Abb. 1.5. Teilschmelzen aus Pyrolit unter trockenen und „feuchten" Bedingungen (nach D. H. Green, 1969)

Weitere Experimente mit Pyrolitmaterial ergaben, daß eine partielle Anatexis unter dem Einfluß von H_2O ($p_{H2O} < p_{total}$!) bei relativ niedrigen Temperaturen ($\pm 1200\,°C$) zunächst zur Bildung von olivinnephelinitischen Magmen führt, denen mit Temperatursteigerungen zusätzliche Aufschmelzungen und dadurch Veränderungen zu nachstehenden Magmentypen folgen:

Olivin-Tephrit → Olivin-Basalt → olivinführender Basalt (Olivin-Tholeiit).

Aus Granatpyrolit bilden sich daneben auch melilithitische und pikritische Magmentypen. Wichtig sind die bei relativ hohen Temperaturen gebildeten tholeiitischen Magmen, deren Chemismus durch SiO_2-Sättigung und demzufolge durch normative Orthopyroxengehalte gekennzeichnet ist. Sie entsprechen bereits früher postulierten basaltischen Stamm- oder Urmagmen.

Spätere Beobachtungen zeigten, daß der Chemismus des Erdmantels zwar generell dem des Pyrolits zu entsprechen scheint, im Detail jedoch beträchtliche Unterschiede aufweisen kann. Für bestimmte Magmenbildungen müssen als Ausgangsgesteine Eklogite und Quarzeklogite in Betracht gezogen werden (I. A. NICHOLLS, 1974; u. a.), in denen die Minerale Granat, Klinopyroxen und Quarz als Hauptgemengteile auftreten (Abb. 1.6 und 1.7). In Tiefen zwischen 100 und 150 km unterliegen diese Gesteine einer partiellen Anatexis, wobei wiederum H_2O einen bedeutenden Einfluß ausüben kann. Fehlt H_2O, dann bilden sich Magmen, chemisch vergleichbar den Andesiten beziehungsweise Dioriten. In Gegenwart von H_2O entstehen Magmen mit der chemischen Zusammensetzung von Daciten (Granodioriten) und Rhyodaciten (Monzograniten).

Weitere Experimente gingen von Amphiboliten sowie phlogopit- und talkführenden Gesteinen aus. Phlogopit gewann insofern Interesse, weil durch dieses Mineral mit seinem relativ großen Stabilitätsbereich H_2O *und* K_2O noch in großen Tiefen Schmelzbildungen zur Verfügung gestellt werden kann.

Außerordentlich wichtige Ergebnisse erzielten einige Petrologen (I. KUSHIRO, Y. SYONO und S. AKIMOTO, 1968; I. KUSHIRO, N. SHIMIZU, Y. NAKAMURA und S. AKIMOTO, 1972; B. O. MYSEN, 1973; u. a.) bei Experimenten mit peridotitischem Gesteinsmaterial. Dabei kam es zunächst darauf an, die Druck- und Temperaturbedingungen zu ermitteln, unter denen bestimmte Schmelzen (Magmen) mit Mg-Olivin + Orthopyroxen + Klinopyroxen ± Amphibol ± Phlogopit (Peridotit) im Gleichgewicht stehen.

Zwischen 1000 und 1050 °C waren das Schmelzen mit SiO_2-Gehalten von 58 bis 60%; der H_2O-Druck lag unter 1013 MPa (10000 atm). Bei 1520 MPa (15000 atm) H_2O-Druck und Temperaturen zwischen 980 und 1000 °C standen Schmelzen mit Peridotit im Gleichgewicht, die relativ hohe Alkaligehalte aufwiesen, ferner 5 bis 10% normativen

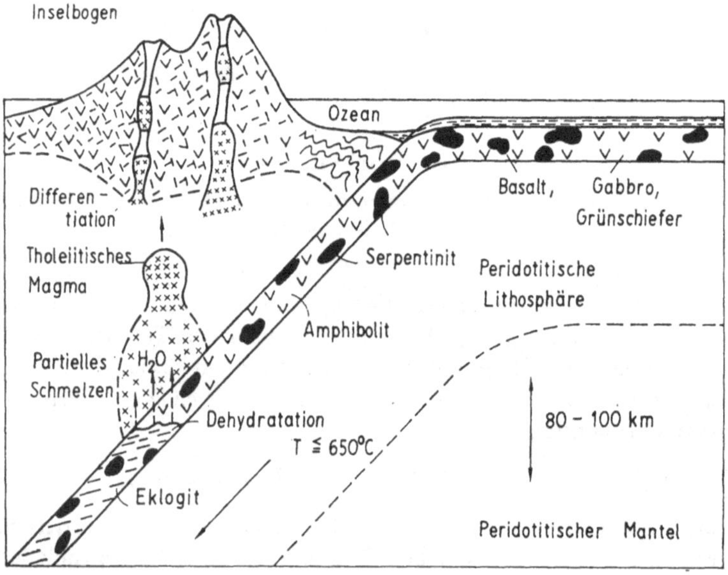

Abb. 1.6. Die Bildung tholeiitischer Magmen im Bereich von Subduktionszonen (Pazifik-Stadium der Plattentektonik mit Untertauchen ozeanischer unter kontinentale Kruste; nach I. A. NICHOLLS, 1974)

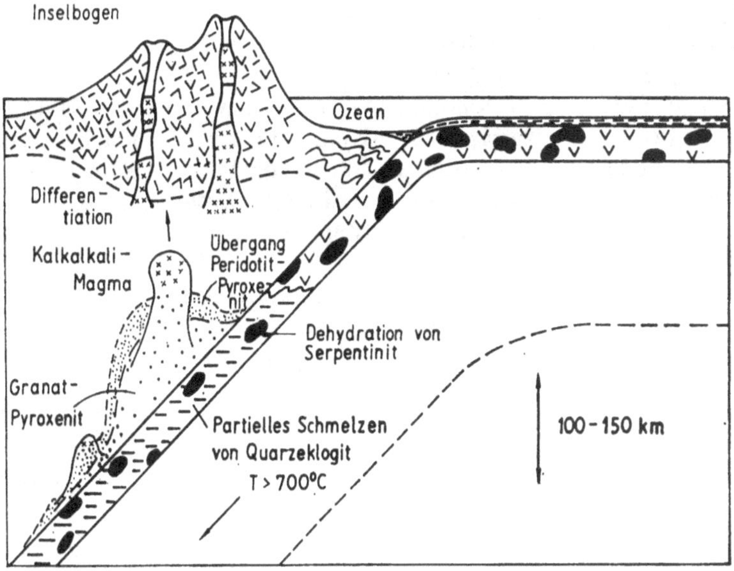

Abb. 1.7. Die Bildung von Kalkalkali-Magmen im tieferen Bereich von Subduktionszonen (nach I. A. NICHOLLS, 1974)

Olivin sowie 56% SiO_2. Schmelzen gleicher Zusammensetzung standen bei einem Druck von 2026 MPa (20000 atm) mit einem Gestein aus Orthopyroxen und Granat im Gleichgewicht; die Temperaturen lagen wiederum um 1000 °C. Daraus ergibt sich, daß andesitische Magmen in größeren Tiefen ab 35 km offensichtlich auch aus peridotitischem Mantelmaterial gebildet werden können.

Für die Bildung von Magmen sind nunmehr folgende Schlußfolgerungen möglich:

1. Im Erdmantel spielen ebenso wie in der Erdkruste H_2O und andere flüchtige Komponenten für die Magmenbildung und -entwicklung eine wichtige Rolle.
2. Generell sind granitische Magmen mit anatektischen Erscheinungen in der Erdkruste und basaltische mit solchen im Erdmantel verbunden, doch müssen für einige granitische Magmen genetische Beziehungen zum Erdmantel zur Diskussion gestellt werden (Differentiate).

Ergänzend sei vermerkt, daß die theoretisch so wichtigen H_2O-Gehalte im Erdmantel umstritten sind, obwohl es über die genannten Versuchsergebnisse hinaus Kriterien für deren Mitwirkung an der Magmenbildung im Erdmantel gibt. Die häufigen Amphiboleinsprenglinge in basaltischen Gesteinen und der explosive Charakter vor allem des aus großen Tiefen herleitbaren kimberlitischen Magmatismus sind hier zu nennen. H_2O-Quellen stehen, wie bereits betont, in Form solcher Minerale zur Verfügung, die bis zu hohen Temperaturen stabil bleiben und durch OH-Einbau in ihre Kristallstrukturen gekennzeichnet sind (Amphibole, Phlogopit, Talk, Serpentin). Stabilitätsuntersuchungen beispielsweise an Serpentin und Talk machten wahrscheinlich, daß diese Minerale erst in Tiefen um 150 km dehydratisiert werden. Neue Theorien (TH. ERNST und R. SCHWAB, 1972) über die Bindung von H_2O im Erdmantel basieren auf Hochdruckversuchen, bei denen sich der Einbau von $(H_4O_4)^{4-}$-Komplexen in Orthosilikate an Stellen der $(SiO_4)^{4-}$-Komplexe ergab. Unter solchem Aspekt kann auch in wesentlich größeren Tiefen des Erdmantels mit H_2O gerechnet werden, doch bedarf es dazu noch weiterer Untersuchungen.

Neben H_2O muß anderen leichtflüchtigen Komponenten eine maßgebliche Beteiligung an Erdmantelprozessen zugestanden werden. Das betrifft vor allem CO_2 (TH. ERNST und R. SCHWAB, 1972), das an der Bildung von Melilithiten, Nepheliniten und Leucititen, Kimberliten und Karbonatiten teilnimmt. Wiederum wurde ein Ersatz von $(SiO_4)^{4-}$-Komplexen in diesem Fall durch $(CO_4)^{4-}$-Komplexe zur Diskussion gestellt. Beweise dafür sind unter anderem Flüssigkeitseinschlüsse von CO_2 in Olivinen und Pyroxenen aus Olivinknollen nephelinitischer und verwandter Gesteine, seltene Magmen- und Magmatitbildungen in Form von Karbonatiten und die CO_2-Exhalationen in Vulkangebieten.

Als Kohlenstoffträger kommen bestimmte Orthosilikate in Betracht, aus denen sich durch Druck- und Temperaturabnahme CO_2 nach folgender Gleichung freisetzen kann:

$$
\begin{aligned}
Ca_6Na_5Al_5Mg_4[Si_7C_3O_{40}] = \text{Orthosilikat} \rightarrow\ & NaAl[SiO_4] = \text{Nephelin} \\
& + Ca_4Na_4Al_2Mg_4\,[Si_6Al_2O_{28}] = \text{Melilith } (4\times) \\
& + Ca_2 \quad C_2O_6 = \text{Calcit } (2\times) \\
& + \quad CO_2 = \text{Kohlendioxid.}
\end{aligned}
$$

G. BREY und D. H. GREEN (1975) versuchten, den Einfluß von CO_2 auf die Bildung von Magmen nachzuweisen. Die Versuche wurden zunächst mit olivinmelilithitischem Material durchgeführt; sie bestätigten eine relativ hohe Löslichkeit von CO_2 in der entsprechenden Schmelze — bis zu 17 Masse-% CO_2 konnten aufgenommen werden! CO_2-Gehalte solcher Größenordnung führen zu ähnlichen Effekten wie bestimmte H_2O-Gehalte; Liquidus- und Soliduskurven verlaufen trockenen Systemen gegenüber in tieferen Temperaturbereichen. Weitere Versuche mit pyrolitischem Material machten wahrscheinlich, daß CO_2 zur Bildung von olivinmelilithitischen Schmelzen unbedingt erforderlich ist; bereits Zusätze von 0,1 bis 0,3 Masse-% genügten in Gegenwart von H_2O bei Drücken um 3040 MPa (30000 atm) und bei Temperaturen zwischen 1150 und 1200 °C. Fehlte CO_2, entstanden stets olivinnephelinitische und olivintephritische Schmelzen.

Diese wenigen Ergebnisse der modernen Petrologie zeigen, daß sich die Vorstellungen über die Magmenbildungen weitgehend geändert haben. Mit der zunehmenden Erschließung experimenteller Möglichkeiten werden weitere Prozesse in tieferen Bereichen des Erdmantels und deren Einfluß auf Magmenbildungen verständlich. Schon bezieht man Tiefen um 400 km in die theoretischen Untersuchungen ein! Dabei zeigt sich, daß die einfachen Modellvorstellungen vom Aufbau des Erdmantels nicht ausreichen und wesentlich kompliziertere Verhältnisse angenommen werden müssen. Erkenntnisse der Kosmosforschung gewinnen zunehmend an Gewicht, von der Meteoritenforschung angefangen bis hin zur Analyse von Gesteinen des Mondes und künftig auch der anderen Planeten. Zur Zeit tendiert die Kosmogonie dazu, die Entstehung der Planeten des Sonnensystems auf die Bildung von Planetenkeimlingen und nachfolgenden Gravitationseinfang kleinerer Kondensationsprodukte eines Sonnennebels zurückzuführen (I. DORSCHNER, 1976). Das bedingt zwangsläufig einen ursprünglich heterogenen Aufbau des Erdkerns und aller nach außen hin folgenden Schichten! Erst durch den Zerfall radioaktiver Isotope konnten dieser Theorie zufolge hohe Temperaturen und im Zusammenhang damit Magmenbildungen erreicht werden.

Durch Magmen werden in der Erde seit Jahrmilliarden Stoffe umgelagert, getrennt und zusammengeführt. Die Magmenbildungen sind die *ersten*, Magmenbewegungen und -differentiationen weitere wichtige Phasen des gesamten magmatischen Geschehens.

1.3. Magmenbewegungen

Wir stellten fest, daß Magmen unter hohem Druck — Tiefen zwischen 20 und 50 und mehr km entsprechend — mehr oder weniger fest sind und zumeist in Form sogenannter Hypomagmen, daß heißt in Form an Gasen untersättigter Magmen, existieren. Druckänderungen müssen zwangsläufig die Magmenbeweglichkeit beeinflussen. Gleichbleibende Temperaturen vorausgesetzt, werden Magmen dann beweglich, sobald ein bestimmter Wert für den Druck unterschritten wird. Aus Hypomagmen entstehen blasenführende bis schaumige und sehr bewegliche Pyromagmen, wenn der Dampfdruck der molekular gelösten Gase den Außendruck übersteigt. Mehr noch: Durch Druckentlastungen werden unter bestimmten Temperaturbedingungen aus geeigneten Gesteinen Magmen gebildet, wie H. G. F. Winkler und seine Mitarbeiter zeigen konnten! Dazu ein Beispiel:

Ein Gneis granitähnlicher Zusammensetzung kann 2 Masse-% H_2O enthalten. Dieser Gneis schmilzt in Tiefen um 15 km (~ 405 MPa, ~ 4000 atm) bei Temperaturen um 880 °C vollständig auf. In 10 km Tiefe (~ 284 MPa, ~ 2800 atm) wird der gleiche Effekt bereits bei Temperaturen um 840 °C erreicht, bei denen in 15 km Tiefe allenfalls eine Teilschmelze gewonnen werden kann.

Durch Druckentlastungen unter Temperaturkonstanz wird die H_2O-Sättigungskonzentration einer granitischen Schmelze erniedrigt, wodurch weitere Anteile des Ausgangsgesteins aufgeschmolzen werden können. Ein Kristallbrei vermag so durch Druckentlastung in Abhängigkeit von bestimmten Wassergehalten und Temperaturen weitgehend verflüssigt zu werden.

Ähnliche Beziehungen sind für Magmen im Erdmantel anzunehmen; Druckentlastungen bedingen hier ebenso Mobilisationen vorgebildeter oder in Bildung befindlicher Magmen.

Damit gewinnt die Frage an Bedeutung, durch welche geologischen Vorgänge Druckentlastungen bewirkt werden können. Offensichtlich sind sie mit Bewegungen erstarrter Teile der Erdkruste und des Erdmantels verbunden.

Folgende prinzipielle Möglichkeiten kommen in Betracht:

1. Druckentlastungen durch Spaltenbildungen.
2. Relative Druckentlastungen im Zusammenhang mit Faltenbildungen.
3. Druckentlastungen durch Heraushebungen und oftmals damit verbundener Verdünnungen erstarrter Krusten- und Mantelteile.

Nach A. Rittmann (1960) und R. W. van Bemmelen (1968) müssen als Ursache für *Spaltenbildungen*, mit denen Magmenbewegungen verbunden sind, Massenverlagerungen beziehungsweise Strömungsvorgänge unter den erstarrten Krusten- und Mantelschichten angenommen werden. Vorwiegend bei basaltischen Magmen ist sofort nach der Spaltenöffnung auch eine Magmenförderung zu beobachten, ein Zeichen dafür, daß die Spalten von unten nach oben geöffnet werden. Abbildung 1.8 zeigt, wie unterschiedliche Zerrkräfte solche Spaltenöffnungen bewirken können.

Möglich erscheinen auch Krustenverstellungen derart, daß starre Platten brechen und im Bereich der Bruchstelle einsinken beziehungsweise in Randbereichen angehoben werden. Die bis in große Tiefen aufreißenden Spalten können nur kurzfristig geöffnet bleiben, da bei relativ hohen Temperaturen Gesteine plastische Eigenschaften annehmen und schnell in Hohlräume gepreßt werden. Großräumige Magmenmobilisationen sind unter solchen Umständen kaum zu erwarten, doch tragen Spalten sehr oft zur Förderung bereits gebildeter Magmen bei. Bedeutenden Einfluß üben Spalten auf die Entwicklung und Förderung von Pyromagmen aus.

Im Zusammenhang mit *Faltenbildungen* kommt es zu relativen Druckentlastungen vorwiegend in Sattelkernen. Antiklinalbereiche sind bevorzugte Stellen großer Plutonitbildungen, darunter vor allem granitischer Gesteinskörper.

Von besonderer Bedeutung sind Heraushebungen ganzer Krusten- und Mantelteile der Erde, die unter dem Begriff der *Epirogenese* seit langem bekannt sind. Zwangsläufig muß es dadurch zu relativen Druckentlastungen selbst in großen Tiefen kommen, unter Umständen in Bildungsbereichen basischer und ultrabasischer Magmen. Kimberlitvorkommen in Sibirien, Afrika und anderen Tafelgebieten sind dafür ein Beispiel.

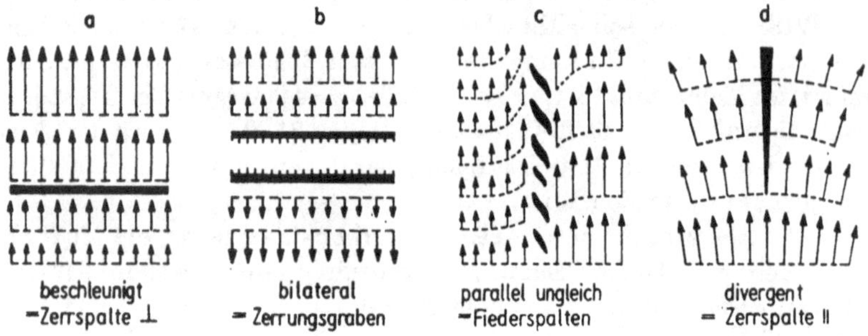

Abb. 1.8. Subkrustale Strömungen und Spaltenbildungen nach A. RITTMANN (1960)

Spezielle Bildungen sind mit dem 1922 von E. KRENKEL geprägten Begriff der *Taphrogenese* verknüpft. W. WEBER forderte 1974, den Begriff nicht nur als Grabenbildung im engeren Sinn zu verstehen, „sondern als ein Auseinanderrücken von Blöcken und Blockverbänden infolge (globaler oder planetar induzierter) Dehnung der Kruste. Sub- und tiefkrustaler simatischer Magmendiapirismus, Krustenaufwölbung und Scheitelgrabeneinbruch, Bildung langgestreckter Senkungszonen und eine Öffnung tiefreichender Spalten für effusiven basischen Magmatismus oder eine Förderung von Fluida und Wärmeenergie aus tief- und subkrustalen Herden sind Erscheinungsformen und Folge taphrogener Kinematik" (Seite 120). Als Beispiel führte WEBER die Aufwölbungszone und Grabenstruktur des Oberrheingebiets an, wo durch geophysikalische Messungen Aufwölbungen des Oberen Mantels und Kissenstrukturen zwischen Mantel und Kruste festgestellt werden konnten. Solche Grenzkissen treten auch anderweitig unter Grabenstrukturen auf (low velocities layers) und kennzeichnen die im Zuge der Taphrogenese gebildeten Unterdruckräume, in die mobil gewordene Magmen einwandern konnten. Sie entsprechen den Magmenkammern älterer Petrologen.

Druckentlastungen sind demnach unter verschiedenen geologischen (tektonischen) Bedingungen möglich, wodurch wichtige Voraussetzungen für Magmenmobilisationen und -bewegungen erfüllt werden können. Unter bestimmten Umständen tragen Magmen auch aktiv zur Raumöffnung bei, indem sie beispielsweise geringmächtige und bruchtektonisch weitgehend zerstörte Deckschichten regelrecht durchschießen, andere Schichten aufwölben oder auf Schichtfugen trennen und sich schließlich durch Aufschmelzen des Nebengesteins (Assimilation) Platz verschaffen. Solche Vorgänge verlaufen relativ oberflächennah. Unter den Plutoniten sind Lakkolithe und Injektionen Blatt für Blatt typisch; Vulkanite mit aktiver Raumschaffung finden sich in Durchschlagsröhren (Pipes, Förderschloten).

Schwierig sind Batholithe als Ergebnis passiver oder aktiver Magmenbewegungen zu deuten. Ihre unbegrenzte Fortsetzung in die Tiefe ist ohnehin problematisch, aber auch ihre Ausbildung in Dachregionen wirft wegen der Diskordanz zu den Nebengesteinen zahlreiche Fragen auf. Neben den passiven Bewegungen des Magmas in Antiklinalbereichen müssen Assimilationen des Nebengesteins und teilweise komplizierte Reaktionen mit ihm (Metasomatosen) stattgefunden haben. Vielfach erfolgte ein sogenanntes Übersichbrechen des Magmas (overhead stoping), wie xenolithreiche Granite erkennen lassen.

Magmenbewegungen finden bis zur endgültigen Erstarrung der Magmen statt; sie müssen demnach im resultierenden Gestein Spuren hinterlassen. Innere Reibungen und Reibungen an den Wänden bedingen Inhomogenitäten, die sich in Stromfäden oder Stromstrichen äußern können. Auch unterschiedliche Viskositäten in heißeren Innen- und kühleren Randbereichen wirken sich dahingehend aus. Xenolithische Materialien, besonders langgestreckte Schollen oder Platten, werden durch die Magmenbewegungen eingeregelt. Das betrifft auch früh ausgeschiedene Kristalle, beispielsweise Einsprenglinge von Sanidin, Amphibol und Augit. In Pyromagmen ordnen sich Gasbläschen in Reihen, so daß im erstarrten Gestein ein Fließgefüge zum Ausdruck kommt. Fehlende Magmenbewegungen in den Stadien der Erstarrung und Auskristallisation bedingen richtungslos körnige Gefüge. Oftmals können noch während der Auskristallisation weitere Bewegungen erfolgen, wodurch bereits ausgeschiedene Gefügebestandteile (Kristalle) zerbrechen. Daraus resultieren protoklastische Gefüge im Gegensatz zu kataklastischen, die erst nach restloser Auskristallisation in festen Gesteinen entstehen.

Alle Magmenbewegungen lassen sich bestimmten geologischen Vorgängen zuordnen, mit denen nicht nur physikalische, sondern in der Regel auch weitreichende chemische Phänomene verbunden sind.

1.4. Magmatische Differentiationen

Bereits durch Anatexis kann eine Vielfalt von Magmen und demzufolge auch Magmatiten gebildet werden, die je nach SiO_2-Anteil saure ($>$ 66 Masse-%), intermediäre (52—66 Masse-%), basische (45—52 Masse-%) und ultrabasische ($<$ 45 Masse-%) Typen umfaßt. Aufspaltungen oder Differentiationen solcher Magmen können zu einer beträchtlichen Typenvermehrung führen. Magmatische Differentiationen schließen alle Prozesse ein, die aus einem homogenen Magma auf unterschiedliche Art und Weise, jedoch stets bei abnehmender Temperatur und ohne wesentlichen Stoffaustausch mit dem Nebengestein, zu verschiedenartigen Differentiaten und damit zu abweichenden Magmen führen.

Grundlegende Forschungsarbeiten zum Problem der magmatischen Differentiationen leistete N. L. Bowen (1928). Nach ihm und anderen Petrologen sind folgende Möglichkeiten in Betracht zu ziehen:

1. Ionen, Ionenkomplexe und verschiedene molekulare Konfigurationen (Moleküle, Kristallkeime u. a.) können in einem Magma unter dem Einfluß der Gravitation wandern (absinken oder aufsteigen); vor allem bewirken Temperaturgefälle Verschiebungen im Chemismus (*Thermodiffusion*).

2. Ein ursprünglich homogenes Magma kann bei sinkender Temperatur in zwei nicht mischbare Magmen zerfallen (*Liquation*).
3. Durch Gastransport (*pneumatolytische Differentiation*) sind Magmenveränderungen möglich.
4. Große Bedeutung hat die *Kristallisationsdifferentiation*, die auch als fraktionierte Kristallisation bezeichnet wird und mehrere Spielarten umfaßt:

4.1. Unter dem Einfluß der Schwerkraft sinken relativ schwere Erstkristallisate in einem relativ leichten Restmagma ab (*gravitative Kristallisationsdifferentiation*).
4.2. Umgekehrt können relativ leichte Erstkristallisate in einem relativ schweren Restmagma aufsteigen (*agpaitische Differentiation*).
4.3. Früh ausgeschiedene Kristalle werden bei hohen Gehalten an leichtflüchtigen Komponenten von Gasbläschen umschlossen beziehungsweise mit ihnen verbunden und dadurch in oberen Bereichen des Magmas konzentriert (*Flotationsdifferentiation*).
4.4. Unter bestimmten Bedingungen können früh ausgeschiedene Kristalle ein schwammartiges Gefüge bilden, in dessen Poren Restmagma verbleibt. Beim Ansteigen des äußeren Drucks wird solches Restmagma abgepreßt (*Filter-*, *Pressungs-*, *Ausquetschungs-* oder *sqeezing-out-Differentiation*).
4.5. Kristalle können vom Restmagma durch dessen Eigenbewegung abgetrennt werden. Durch gegenseitige Reibung und Reibung an den Wänden bleiben feste Phasen gegenüber flüssigen zurück.
4.6. Bereits ausgeschiedene Kristalle werden bei weiterer Abkühlung vom Magma wieder resorbiert. Unterbleibt aus Zeitgründen solche Resorption, resultieren u. U. Magmendifferentiate.

Die gravitative Kristallisationsdifferentiation wird sehr vielen magmatischen Erscheinungen zugrunde gelegt. Im wesentlichen kommt es hierbei darauf an, daß bereits ausgeschiedene Kristalle von einem Restmagma getrennt werden, welches eine eigenständige Entwicklung nimmt.

Die Geschwindigkeit v, mit der beispielsweise Kristalle absinken, hängt von den Kristallgrößen (Radius r), den Dichtedifferenzen zwischen den Kristallen und den Restmagmen ($D - D'$) sowie den Viskositäten η der Restmagmen ab und läßt sich nach der Formel von Stockes wie folgt berechnen:

$$v = \frac{2 \cdot r^2(D - D') \cdot g}{9\eta} \quad (g = 981\ \text{cm/sec}^2).$$

A. Rittmann (1960) ermittelte die Sinkgeschwindigkeit zentimetergroßer Olivine in einem basaltischen Restmagma und kam zu nachstehenden Ergebnissen:

Tiefe (km)	Druck (atm)	Sinkgeschwindigkeit (cm/sec)	Zeit für ein Sinken um 10 m
3,3	1000 (~ 101 MPa)	$2,1 \cdot 10^{-3}$	~ 55 Tage
16	5000 (~ 507 MPa)	$1,8 \cdot 10^{-5}$	~ 21 Monate
33	10000 (~ 1013 MPa)	$1,4 \cdot 10^{-10}$	~ $6 \cdot 10^4$ Jahre
50	15000 (~ 1520 MPa)	$9,5 \cdot 10^{-15}$	~ $33 \cdot 10^9$ Jahre
65	20000 (~ 2026 MPa)	$5,5 \cdot 10^{-21}$	~ $6,5 \cdot 10^{15}$ Jahre

Daraus kann der Schluß gezogen werden, daß in größeren Tiefen eine gravitative Kristallisationsdifferentiation kaum wirksam wird, wohl aber im Bereich der Erdkruste und in unmittelbar darunter liegenden Teilen des Oberen Erdmantels, sofern die Viskositäten der Magmen nicht von normalen Werten abweichen. Von großer Bedeutung ist die pneumatolytische Differentiation im Sinne von A. RITTMANN (1960). Sie kommt ausschließlich in Verbindung mit Pyromagmen vor, aus denen durch Gastransport überwiegend Natrium, aber auch Titan, dreiwertiges Eisen, Phosphor und andere pneumatophile Elemente weggeführt werden können. Die verbleibenden Magmen werden dadurch SiO_2-reicher. Andererseits können die abtransportierten Elemente in höheren Bereichen an dort existierende Pyromagmen abgegeben werden und entsprechende Veränderungen bewirken.

In den meisten Fällen muß mit verschiedenen Differentiationsmöglichkeiten gerechnet werden; neben gravitativen Kristallisationsdifferentiationen können durchaus Gastransporte und agpaitische Differentiationen wirksam werden.

1.5. Assimilation

In vielen Magmatiten sind Xenolithe zu beobachten, die vom ehemaligen Magma mehr oder weniger verändert worden sind. Sandsteine zum Beispiel wurden durch hohe Temperaturen gefrittet, Tonschiefer rotgefärbt und Kalksteine im Extrem gebrannt. Diese Vorgänge sind auch bei Pyro- oder Thermometamorphosen bekannt und zumeist mit vulkanischen Bildungen verbunden. Im Bildungsbereich der Plutonite dauerten die Kontakte zwischen Fremd- bzw. Nebengestein und Magmen an, zudem wirkten sich größere Drücke aus, so daß durch eine solche Kontaktmetamorphose tiefgreifende Veränderungen bewirkt wurden. Es bildeten sich neue Mineralphasen nach teilweise intensiven chemischen Wechselwirkungen. Bei genügendem Wärmevorrat des Magmas konnten solche Reaktionen bis zur vollständigen Auflösung des Xenoliths führen. Das Fremdmaterial wurde dann Bestandteil des Magmas; es wurde assimiliert. Offensichtlich dominieren bei Assimilationen chemische Vorgänge, während das reine Aufschmelzen von Xenolithen nur untergeordnete Bedeutung hat.

Magmen können durch beträchtliche Assimilation in ihrem Chemismus weitgehend verändert und somit „hybrid" werden. Hybridisierungen sind darüber hinaus durch Vermischung unterschiedlicher Magmen möglich.

Mittels Assimilation sind viele abnorme Magmentypen erklärbar. Die Aufnahme von Sandstein zum Beispiel ermöglicht durch SiO_2-Anreicherung die Ausbildung von Pyroxen an Stelle des Olivins und von Feldspäten statt Feldspatvertretern.

Tonige Xenolithe bewirken folgende Reaktion:

$$\begin{aligned} CaMgSi_2O_6 + Al_2Si_2O_5(OH)_4 \rightarrow\ & CaAl_2Si_2O_8 \\ & + MgSiO_3 \\ & + SiO_2 \\ & + 2\,H_2O; \end{aligned}$$

$$\begin{aligned} \text{Diopsid} + \text{Kaolinit} \rightarrow\ & \text{Anorthit} \\ & + \text{Enstatit} \\ & + \text{Quarz} \\ & + \text{Wasser.} \end{aligned}$$

Besonders interessante Reaktionen sind zwischen Magmen und karbonatischen Xenolithen zu erwarten. Dolomit kann zu Diopsid verwandelt werden, wie das in Kontaktmetamorphiten häufig der Fall ist:

$$CaMg(CO_3)_2 + 2SiO_2 \rightarrow CaMgSi_2O_6 + 2CO_2.$$

Basaltische Magmen können durch Kalksteinassimilation völlig entarten; statt Orthopyroxenen können Diopside und Olivine entstehen.

$$3MgSiO_3 + CaCO_3 \rightarrow CaMgSi_2O_6 + Mg_2SiO_4 + CO_2.$$

Noch stärkere $CaCO_3$-Assimilation kann zur Bildung von Melilith etwa nach folgenden Gleichungen führen (A. Rittmann, 1960):

1. $NaAlSi_3O_8 + 4CaAl_2Si_2O_8 + 2Mg_2SiO_4 + 12CaCO_3 \rightarrow NaAlSiO_4 + 4(Ca_2MgSi_2O_7 + Ca_2Al_2SiO_7) + 12CO_2$
   Albit + Anorthit + Olivin + Kalkstein → Nephelin + Melilith + Kohlendioxid.
2. $CaMgSi_2O_6 + CaCO_3 \rightarrow Ca_2MgSi_2O_7 + CO_2$
   Diopsid + Kalkstein → Åkermanit + Kohlendioxid.

In Verbindung mit gravitativer Kristallisationsdifferentiation und Gastransport läßt sich so die Entwicklung basaltischer zu melilithitischen und phonolithischen Magmen erklären, von denen wir wissen, daß sie auch durch Anatexis vorgebildet sein können. Durch eine Dolomitassimilation von trachytischen Magmen versuchte A. Rittmann (1933) leucititische Magmen abzuleiten; bekannt wurden seine diesbezüglichen Untersuchungen am Vesuv.

Untersuchungen am Monzonit des Meissener Massivs (L. Pfeiffer, 1964) zeigten, daß granitische Magmen durch Assimilation basischer Xenolithe entarten konnten. Problematisch ist in allen solchen Fällen die Homogenisierung des veränderten Magmas; sehr oft deuten Schlierigkeiten und Xenolithreste „eingefrorene" Übergangsstadien an.

1.6. Die Kristallisation der Magmen

Seit Jahrzehnten wird die Kristallisation der Magmen erforscht. Wesentliche Gesetzmäßigkeiten konnten an künstlichen Silikatschmelzen ermittelt werden; petrologisch wichtige Grundlagen sind viele physikalisch-chemische Silikat-Systeme.

1.6.1. Schmelz- und Kristallisationsverhalten

Schmelz- und Kristallisationsverhalten stehen in unmittelbarem Zusammenhang. Schmilzt ein einfacher Kristall, dann bricht bei einer bestimmten Temperatur (Schmelztemperatur) sein Gerüst zusammen, und umgekehrt ordnen sich im allgemeinen bei der Schmelztemperatur Gitterbestandteile zum Kristall. Temperatur und Zeit bedingen charakteristische Schmelz- und Kristallisationskurven (Abb. 1.9). Einer Schmelze muß laufend Wärmeenergie zugeführt werden, um restliche Kristallsubstanzen aufzuschmelzen; solange kristalline Phasen vorliegen, tritt keine Temperaturerhöhung ein. Umgekehrt wird die dem gesamten System zugeführte Schmelzwärme als Kristallisationswärme wieder frei, wenn eine Schmelze bis zum Schmelzpunkt abkühlt und auszukristallisieren beginnt. Die Auskristallisation bedingt im Bereich der Schmelztemperatur Ordnungs- und Bewegungsmöglichkeiten von Gitterbestandteilen, die sich an vorhandene Kristallkeime anlagern und Kristalle aufbauen müssen.

Es ist das Verdienst von G. TAMMANN, daß die Kristallkeimbildung und ihre Beziehungen zur Kristallisationsgeschwindigkeit und zu den Eigenschaften einer Schmelze schon relativ frühzeitig aufgeklärt werden konnten.

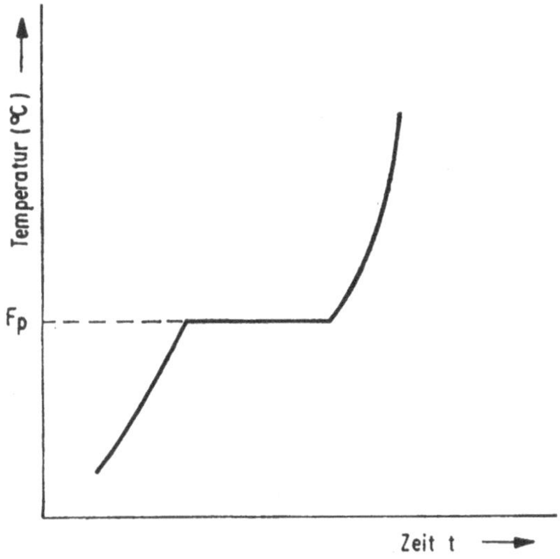

Abb. 1.9. Schmelzkurve eines normalen Kristalls (F_p = Schmelzpunkt)

Eine besondere Rolle spielt die Viskosität der Schmelze, die vor allem bei sauren Magmen mit der Abkühlung sehr stark ansteigen und die Beweglichkeit der Gitterbestandteile weitgehend einschränken kann. Dadurch wird in Extremfällen jegliche Kristallbildung verhindert; die Schmelze erstarrt zu Glas.

Kristallkeime müssen vorhanden sein, soll eine Kristallisation beginnen. Feinste Partikel von Fremdmaterial sind solche Keime, die auch spontan im Bereich der Schmelztemperatur neu gebildet werden können. Vielfach verzögern sich bei hochviskosen oder rasch abgekühlten Schmelzen die Kristallkeimbildungen; Kristallkeimbildung und Keimwachstum (Kristallisationsgeschwindigkeit) stehen in enger Beziehung zur Unterkühlung und Viskosität einer Schmelze, wie G. TAMMANN zeigen konnte (Abb. 1.10). Aus Abb. 1.10 geht hervor, daß im Schmelzpunkt und damit im definierten Gleichgewichtszustand die Werte für die Kristallkeimbildung und für das Keimwachstum gleich Null sind, ideale Bedingungen, das heißt fehlende Verunreinigungen, vorausgesetzt. Mit wachsender Unterkühlung nehmen Kristallisationsgeschwindigkeiten und Kristallkeimbildungen bis zu bestimmten Maximalwerten zu, um darauf wieder gegen Null abzusinken. Fallen die Maxima für Keimbildung und -wachstum zusammen, kommt es zur kristallinen Erstarrung der Schmelze, andernfalls zur Glasbildung. Kristallkeimbildung und Keimwachstum beziehungsweise Kristallisationsgeschwindigkeit bestimmen somit das Gefüge des Erstarrungsproduktes. Wenige Kristallkeime führen in beweglichen Magmen und bei geringen Abkühlungsgeschwindigkeiten zur Ausbildung relativ großer Kristalle. Bei rascher Abkühlung und Zähflüssigkeit eines Magmas findet überhaupt keine Kristallisation statt; zur Kristallkeimbildung und erst recht zum Kristallwachstum fehlt Zeit. Sehr dünnflüssige, zumeist basische Magmen können trotz rascher Abkühlung noch zu einer ausreichenden Kristallkeimbildung kommen; das schnell gebremste Keimwachstum läßt dichte bis feinkörnige Gefüge entstehen.

Plutonite sind durchweg gut kristallisierte magmatische Tiefengesteine. Unter den Vulkaniten, das heißt unter den an der Erdoberfläche gebildeten Gesteinen, finden wir oft Rhyolith- oder Rhyodacitgläser (z. B. die Pechsteine bei Meißen), relativ selten

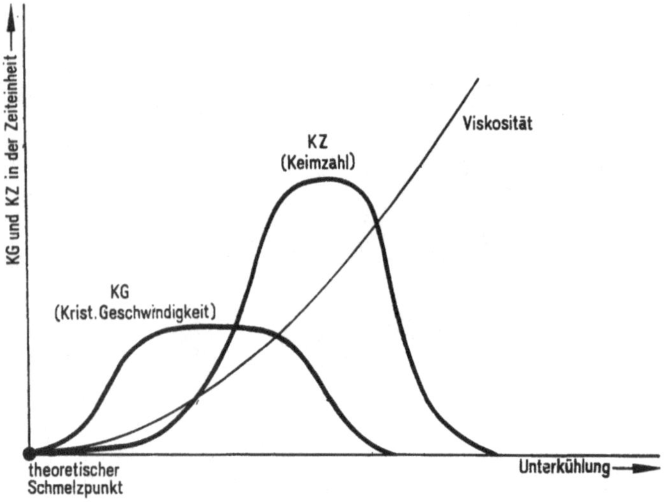

Abb. 1.10. Abhängigkeit der Keimbildung (*KZ*) und des Keimwachstums (*KG*) von der Unterkühlung einer Glasschmelze (nach G. Tammann; aus W. Vogel, 1965)

hingegen Basaltgläser. Plutonite konnten in langen Zeiträumen bis zu mehreren Millionen Jahren abkühlen und kristallisieren, während Vulkanite beziehungsweise die bis zur Erdoberfläche emporgedrungenen Magmen oft regelrecht abgeschreckt worden sind.

1.6.2. Physikalisch-chemische Systeme

Die weiteren Kristallisationsbedingungen wurden zunächst an physikalisch-chemischen Systemen erforscht, die durch chemische Konstanz charakterisiert waren, wie sie unter extremen Bedingungen auch für Magmen angenommen werden kann. Dabei interessierte, welche Minerale (Phasen) unter bestimmten Druck- und Temperaturbedingungen gebildet werden konnten, somit stabil waren und sich untereinander im Gleichgewicht befanden. Zwangsläufig mußten chemische Reaktionen verschiedener Art beachtet werden, die zu mehr oder weniger vollständigen Gleichgewichtseinstellungen führen konnten. Oftmals zeigte sich, daß schon sehr geringe Änderungen von Druck und Temperatur die chemischen Reaktionen beeinflußten. Temperaturerhöhungen förderten im allgemeinen wärmeverbrauchende (endotherme) und Temperaturerniedrigungen wärmeerzeugende (exotherme) Prozesse. Durch Druckerhöhungen wurden volumenvermindernde und durch Druckreduzierungen volumenvermehrende Vorgänge begünstigt.

Bei der Suche nach geeigneten Maßzahlen, mit denen Reaktionen in einem System charakterisiert werden können, erwiesen sich Werte für die Reaktionswärmen als brauchbar. In geschlossenen Gefäßen (Kalorimetern) wurde gemessen, wieviel Wärme pro Mol des Reaktionsprodukts erzeugt oder verbraucht wurde. Zu Vergleichszwecken bezog man diese Werte auf Temperaturen von 25 °C und auf Atmosphärendruck und gab sie in Kalorien oder Kilokalorien an. Heute wird die Wärmemenge mit Joule gemessen (1 cal = 4,1868 J). Für die Reaktion $H_2 + 1/2 O_2 \rightarrow H_2O$ konnte man beispielsweise pro Mol Wasser eine Wärmeproduktion von 68,3 kcal ermitteln. Im entsprechenden System war es also zu einem Energieverlust gekommen; in anderen Fällen ergaben sich Energiegewinne. Unter den geschilderten Bedingungen war es möglich, die Energie und deren Änderungen auf den Wärmeinhalt der Reaktionspartner und des Produkts nach folgender Gleichung zu beziehen:

$$H_{\text{Produkt}} - H_{\text{Reaktionspartner}} = \Delta H = -68{,}3 \text{ kcal.}$$

H charakterisiert die Enthalpie oder den Wärmeinhalt chemischer Substanzen, ΔH deren Änderungen bei Reaktionen. Alle exothermen Reaktionen sind demzufolge durch negative, alle endothermen Reaktionen durch positive Werte für ΔH charakterisiert.

Genaue Untersuchungen ließen erkennen, daß in thermodynamische Betrachtungen Druck- und Volumenänderungen einbezogen werden müssen und nur bei konstantem Druck und Volumen Änderungen der Enthalpie den Änderungen der Inneren Energie chemischer Systeme gleichgesetzt werden dürfen. Die Innere Energie (U) beispielsweise eines Minerals wird durch Druck, Temperatur, gitterenergetische Faktoren sowie Einflüsse der Gravitation bestimmt; sie kann nicht in absoluten Werten angegeben werden. Wichtig hingegen sind wiederum ihre Änderungen, die mit Wärmezufuhren ($\mathrm{d}Q$) und mechanischen Arbeitsleistungen ($-\mathrm{d}A$) verbunden sein können:

$$\mathrm{d}U = \mathrm{d}Q - \mathrm{d}A.$$

Da mechanische Arbeitsleistungen oftmals ihren Ausdruck in Volumenänderungen ($\mathrm{d}V$) bei relativ konstantem Druck (P) finden, ergibt sich:

$$\mathrm{d}U = \mathrm{d}Q - P \cdot \mathrm{d}V,$$

$$U_2 - U_1 = Q - P \cdot (V_2 - V_1),$$

$$U_2 - U_1 = Q_v \quad (Q_v = \text{Wärmeumsatz bei konstantem Volumen}).$$

Für die Enthalpie speziell lassen sich folgende Beziehungen formulieren:

$$H = U + P \cdot V,$$

$$\mathrm{d}H = \mathrm{d}U + P \cdot \mathrm{d}V + V \cdot \mathrm{d}P.$$

Damit wird unterstrichen, daß lediglich unter konstanten Druck- und Volumenbedingungen die Enthalpie der Inneren Energie und darüber hinaus den Wärmeänderungen gleichgesetzt werden kann. Im allgemeinen charakterisiert die Differenz H_2 minus H_1 den Wärmeumsatz bei konstantem Druck:

$$H_2 - H_1 = Q_p.$$

Der Wärmeumsatz bei konstantem Volumen oder bei konstantem Druck führt zur Frage, welche Beziehungen zur Wärmekapazität insbesondere der gesteinsbildenden

Minerale bestehen. Bekanntlich wird mit der Wärmekapazität eines Systems die Wärmezufuhr bezeichnet, die erforderlich ist, um dessen Temperatur um 1 Grad Celsius zu erhöhen. Wählt man als Masseneinheit wiederum ein Mol, dann ergeben sich folgende Beziehungen:

$$U_2 - U_1 = \int_1^2 c_v \cdot \mathrm{d}T \sim c_v \cdot (T_2 - T_1) \quad \text{(konstantes Volumen)},$$

$$H_2 - H_1 = \int_1^2 c_p \cdot \mathrm{d}T \sim c_p \cdot (T_2 - T_1) \quad \text{(konstanter Druck)}.$$

Für Minerale und Gesteine gilt angenähert $c_v \sim c_p \sim 0{,}2$ cal/g ($\sim 0{,}84$ J/g).

Analysiert man die Beziehungen zwischen Änderungen der Inneren Energie (dU), Wärmezu- oder -abfuhr (dQ) und mechanischen Arbeitsleistungen (dA) genauer, dann lassen sich nachstehende Integrale beim Übergang vom Zustand 1 zum Zustand 2 formulieren:

$$\int_1^2 \mathrm{d}U = \int_1^2 \mathrm{d}Q - \int_1^2 \mathrm{d}A.$$

Das Verhältnis von dQ zu dA kann offensichtlich sehr unterschiedliche Werte bei gleichem Energieumsatz annehmen; entscheidenden Einfluß gewinnen neben den äußeren verschiedene innere Bedingungen, unter anderem auch Möglichkeiten zur Energiebindung ausschließlich in Form von Wärme, die dadurch nicht in mechanische Energie umgewandelt werden kann. Diese Wärmemenge wird durch die Beziehung dQ zu T charakterisiert, wobei T bis zum absoluten Nullpunkt interessiert:

$$\mathrm{d}S = \mathrm{d}Q/T.$$

Mit S steht eine wichtige Größe in Form der Entropie für weitere Überlegungen zur Verfügung. Das Produkt aus T und S ($T \cdot S$) wird als Maß für die sogenannte „Gebundene Energie" verwendet, so daß sich folgende Beziehungen ergeben:

$$\mathrm{d}(T \cdot S) = T \cdot \mathrm{d}S + S \cdot \mathrm{d}T,$$

$$T \cdot \mathrm{d}S = \mathrm{d}U + \mathrm{d}A.$$

Für alle reaktionsfähigen Systeme müssen neben den Anteilen an „Gebundener Energie" auch „Freie Energiebeträge" zur Verfügung stehen, die sich aus den Differenzen von U und $T \cdot S$ beziehungsweise von H und $T \cdot S$ ergeben:

$$U - T \cdot S = F \quad \text{(Helmholtzsche Freie Energie)},$$

$$H - T \cdot S = G \quad \text{(Gibbssche Freie Energie)}.$$

Für viele Prozesse in Magmen erscheint die Gibbssche Freie Energie von ausschlaggebender Bedeutung zu sein; zumindest in den Anfangsphasen einer Kristallisation kann mit konstanten Druckverhältnissen gerechnet werden.

Generell sind Änderungen der Freien Energie in einem reaktionsfähigen System mit Reaktionsarbeiten verbunden; Reaktionen können nur unter Überwindung einer „Gegenkraft" ablaufen. Mit solcher Reaktionsarbeit verbindet sich die Vorstellung einer bestimmten Triebkraft chemischer Reaktionen, die um so größer ist, je mehr

Arbeit geleistet und damit auch Freie Energie abgegeben wird. Folgende Regeln sind ableitbar:

$\Delta G < 0$: Bedingungen für den spontanen Ablauf von Reaktionen,
$\Delta G > 0$: Bedingungen dafür, daß sich die Reaktionen nur durch bestimmten Energieaufwand erzwingen lassen,
$\Delta G = 0$: Bedingungen für den Gleichgewichtszustand.

Unter Berücksichtigung von

$$\Delta G = \Delta H - T \cdot \Delta S$$

läßt sich weiterhin ableiten, daß *entweder* durch exotherme Wärmeeffekte *oder* durch Entropiezunahme der spontane Ablauf von Reaktionen gefördert werden kann. Bei tiefen Temperaturen ist in jedem Fall die Wärmetönung einer Reaktion entscheidend, bei höheren Temperaturen die Entropieänderung. In einem abgeschlossenen System, das keine Energie mit seiner Umgebung austauschen kann, kommt nur eine Entropiezunahme als Triebkraft chemischer Reaktionen in Betracht. Derjenige Zustand eines Systems ist dann stabil, der unter den gegebenen Bedingungen den größten Entropiewert besitzt; er läßt sich freiwillig in keinen anderen Zustand umwandeln.

Es gibt für alle magmatischen Systeme bei definierten Drücken und Temperaturen *stabile* Phasenbildungen, die das innere Gleichgewicht kennzeichnen. *Instabil* sind in sich reaktionsfähige Phasenkombinationen; hier hat sich noch kein Gleichgewicht eingestellt. Alle Übergangsstadien sind durch *metastabile* Zustände charakterisiert, bei denen zwar gewisse Gleichgewichtseinstellungen, jedoch nicht die absolut größten Entropiewerte erreicht werden konnten.

Eng mit solchen thermodynamischen Fragestellungen ist das Problem verbunden, welche Beziehungen zwischen Phasenbildungen und Chemismus bestehen, insbesondere bei komplizierten Magmen. Die Basis für entsprechende Untersuchungen bietet die GIBBSsche Phasenregel.

Wichtig sind die Komponenten, die am Aufbau aller Phasen beteiligt und somit kleinste Bestandteile des gesamten Systems zumeist in Form von Oxiden (SiO_2, Al_2O_3 usw.) sind. Nach der Zahl solcher Komponenten werden *unäre* ($K = 1$), *binäre* ($K = 2$), *ternäre* ($K = 3$) und schließlich *polynäre* ($K > 1$) Systeme unterschieden. Aus den Komponenten eines Systems können bestimmte Phasen P gebildet werden, zum Beispiel aus einer Schmelze mit FeO und SiO_2 die Minerale Fayalit (Fe_2SiO_4), Ferrosilit ($FeSiO_3$) und Cristobalit (SiO_2).

Art und Zahl der Phasen hängen nicht allein von Art und Zahl der Komponenten, sondern ebenso von Druck- und Temperaturbedingungen ab. Druck und Temperatur sind die Variablen eines Systems, die in relativ weiten Grenzen geändert werden können. Komponenten (K), Phasen (P) und Variablen (F) stehen untereinander in gesetzmäßiger Beziehung. Das wird am Beispiel des unären Systems H_2O klar (Abb. 1.11). Hier können die Phasen Eis, Wasser und Dampf nur dann nebeneinander existieren, wenn ein genau definierter Druck und eine bestimmte Temperatur eingehalten werden. Die Zahl der Variablen ist Null, denn jede Änderung von Druck und Temperatur muß das Gleichgewicht der drei Phasen stören. Das System ist somit *invariant.* Bei Änderung einer Variablen wird das System *monovariant*; es besitzt jetzt eine Variable F, auch Freiheitsgrad genannt, dafür treten aber nur zwei Phasen nebeneinander auf. Schließlich können Druck und Temperatur geändert werden; das System besitzt jetzt zwei

Variablen und ist damit *divariant*. In solchem System wird die Zahl der Phasen auf Eins reduziert (Dampf oder Wasser oder Eis). Für die Phasenregel ergibt sich, daß die Zahl der Phasen plus der Zahl der Variablen gleich der Zahl der Komponenten plus Zwei ist:

$$P + F = K + 2.$$

Da es unter natürlichen Bedingungen (Magmen) nur selten zur Bildung invarianter Systeme kommt und in den meisten Fällen sowohl der Druck als auch die Temperatur ständigen Änderungen unterliegen ($F = 2$), gilt hier die von V. M. GOLDSCHMIDT (1912) aufgestellte mineralogische Phasenregel in Form von

$$P = K.$$

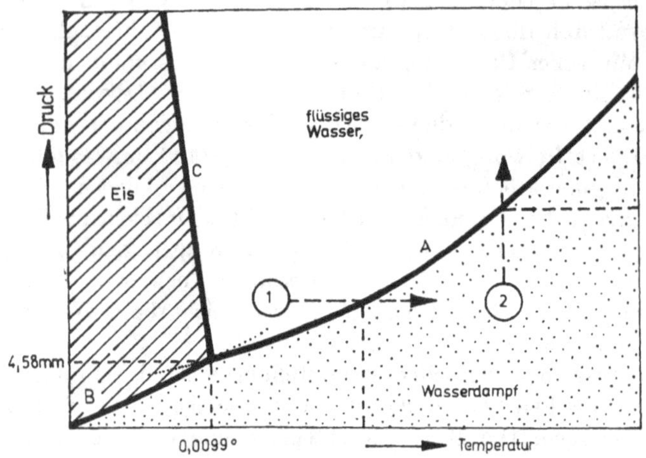

Abb. 1.11. Zustandsdiagramm des Wassers (Wasser im Punkt 1 beginnt beim Erwärmen mit Erreichen der Kurve *A* zu sieden, Wasserdampf im Punkt 2 kondensiert bei Druckerhöhung mit Erreichen der Kurve *A*)

Diese mineralogische Phasenregel bringt lediglich zum Ausdruck, daß ein System mit einer bestimmten Anzahl von Komponenten *maximal* die gleiche Anzahl von Phasen bilden kann. Für saure Magmen könnte zum Beispiel folgende Zuordnung vorgenommen werden:

Komponente:	Phase:
1. SiO_2	*Quarz*, Silikate
3. Al_2O_3	*Muskovit*, Feldspäte
3. Fe_2O_3	*Haematit*, Magnetit
4. FeO	*Magnetit*, Biotit
5. MgO	*Biotit*
6. CaO	*Oligoklas*, Apatit
7. Na_2O	*Albit*, Oligoklas
8. K_2O	*Mikroklin*, Biotit, Muskovit
9. P_2O_5	*Apatit*
10. TiO_2	*Rutil*, Biotit

Inwieweit sich mögliche Phasen bilden und instabile erhalten, hängt von einer Vielzahl weiterer Faktoren ab, nicht zuletzt von der zur Verfügung stehenden Zeit beziehungsweise bestimmten Reaktionsgeschwindigkeiten. Unter solchem Aspekt kann in einem Gestein die Zahl der tatsächlich vorhandenen Phasen beträchtlich unter oder auch über der theoretisch möglichen liegen.

Von den vielen für die Petrologie wichtigen Systemen haben einige prinzipielle Bedeutung, weil an ihnen das Kristallisationsverhalten der Magmen verdeutlicht werden kann.

Das System *Albit-Anorthit* (Abb. 1.12) charakterisiert das Verhalten isomorpher Mischkristalle, hier der Plagioklase, in denen eine vollständige Substitution von NaSi durch CaAl erfolgen kann. Anorthit ($CaAl_2Si_2O_8$) schmilzt bei 1550 °C, Albit bei 1100 °C. Die obere Kurve markiert die Temperaturen, bei denen Schmelzen mit bestimmten Plagioklaskristallen im Gleichgewicht stehen. Als *Liquiduskurve* begrenzt sie zugleich

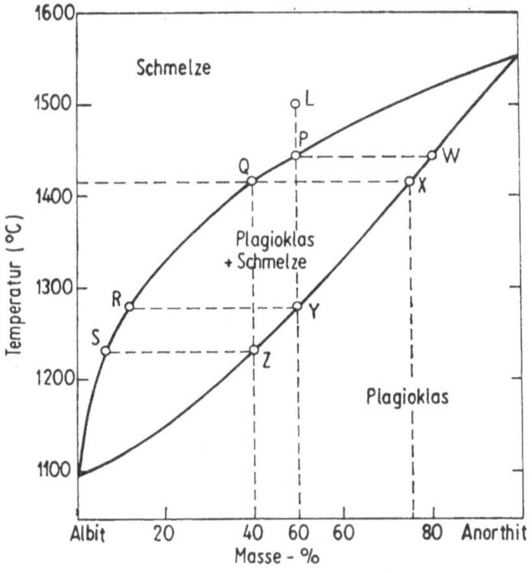

Abb. 1.12. Phasendiagramm des Systems Albit-Anorthit (nach N. L. Bowen)

die Felder reiner Schmelze und beginnender Kristallbildung. Die untere Kurve fixiert die Temperaturen, bei denen Plagioklaskristalle mit bestimmten Schmelzen im Gleichgewicht stehen. Als *Soliduskurve* begrenzt sie die Felder reiner kristalliner und gemischter, das heißt kristalliner und flüssiger, Phasen. Eine abkühlende Schmelze der Zusammensetzung *L* erreicht Abb. 1.12 zufolge die Liquiduskurve im Punkt *P*; die Auskristallisation von Plagioklas der Zusammensetzung *W* beginnt. Mit sinkender Temperatur ergeben sich ständig neue Gleichgewichtsbedingungen, die zur Veränderung der Plagioklase über *X* nach *Y* entsprechend dem Verlauf der Liquiduskurve über *Q* nach *R* führen. Die früh ausgeschiedenen Plagioklaskristalle reagieren demnach immer wieder mit der jeweiligen Restschmelze und werden dadurch zunehmend Na-reicher. Im Punkt *Y* erreichen sie schließlich eine Zusammensetzung, die der Ausgangsschmelze entspricht; weitere Restschmelzen stehen nicht zur Verfügung.

Die petrologischen Konsequenzen sind leicht abzuleiten:

1. Bleiben die Plagioklaskristalle in der Restschmelze, dann muß für vollständige Reaktionen und damit zur Bildung stets homogener Plagioklase genügend Zeit zur Verfügung stehen. Andernfalls ergibt sich im Extrem ein Zonarbau der gesteinsbildenden Plagioklase mit Ca-reichen Kernen und Na-reichen Randbereichen.
2. Werden die sich bildenden Plagioklaskristalle sofort aus der Restschmelze entfernt, ergibt sich in letzter Konsequenz eine reine Albitschmelze.
3. Durch Anatexis kann auch aus einem relativ anorthitreichem Gestein eine albitische Schmelze gewonnen werden.

Das System *Diopsid-Anorthit* (Abb. 1.13) zeigt ganz andere Beziehungen zwischen festen und flüssigen Phasen. Der Schmelzpunkt des reinen Diopsids ($CaMgSi_2O_6$) liegt bei 1391 °C. Wieder sei eine Schmelze der Zusammensetzung x_1 angenommen, bei deren Abkühlung die Liquiduskurve im Punkt *a* erreicht wird. Jetzt scheiden sich reine

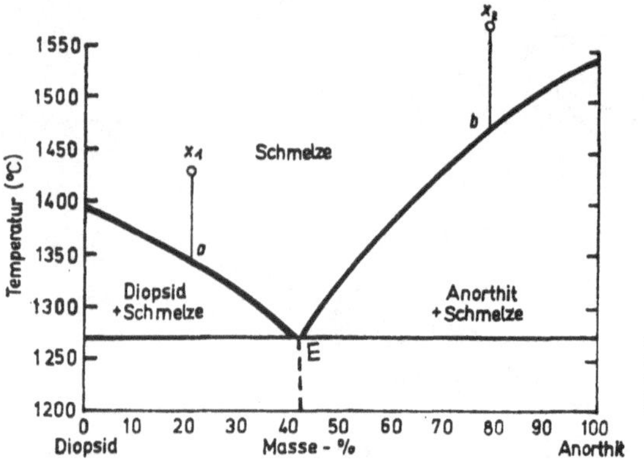

Abb. 1.13. Phasendiagramm des Systems Diopsid-Anorthit (nach T. F. W. BARTH, C. W. CORRENS und P. ESKOLA, 1939)

Diopsidkristalle ab, wodurch die Restschmelze in Richtung *E* verändert wird. Die gebildeten Diopside reagieren nicht mit der Restschmelze, die im Punkt *E* unter gleichzeitiger Auskristallisation von Diopsid und Anorthit restlos erstarrt.

Eine Schmelze der Zusammensetzung x_2 führt erst zur Auskristallisation von Anorthit, bis ebenfalls im Punkt *E* Anorthit und Diopsid zugleich abgeschieden werden. Der Punkt *E* kennzeichnet als Eutektikum den niedrigsten Schmelzpunkt des gesamten Systems; er liegt bei 1270 °C und wird durch eine Mischung von 42 Mol-% Anorthit und 58 Mol-% Diopsid erreicht.

Auch hier ergeben sich petrologische Konsequenzen:

1. Je nach der Ausgangszusammensetzung einer Schmelze finden sich entweder Pyroxen- oder Plagioklaseinsprenglinge in einer Grundmasse aus Anorthit und Pyroxen.
2. Durch Entfernen ausgeschiedener Pyroxene oder Plagioklase können die Restschmelzen nicht beeinflußt werden.
3. Beim Aufschmelzen beliebiger Mischungen bilden sich stets erste eutektische Schmelzen, ehe weitere Substanz aufgeschmolzen werden kann.

Das System *Leucit-SiO_2* (Abb. 1.14) läßt erkennen, daß aus einer relativ K- und Al-reichen Silikatschmelze (*N*) beim Punkt *O* zunächst Leucit auskristallisiert. Die verbleibende Schmelze wird ständig SiO_2-reicher, bis schließlich unter weiterer Bildung von Leucit der Punkt *R* erreicht ist. In diesem Punkt sind Schmelze, Leucit und Kalifeldspat im Gleichgewicht. Mit fallender Temperatur setzen Reaktionen zwischen Leucit und Schmelze etwa nach folgender Gleichung ein:

$$5\,KAlSi_2O_6 + (5\,SiO_2 + 3\,KAlSi_3O_8) \rightarrow 8\,KAlSi_3O_8$$

Leucit + Schmelze → Kalifeldspat.

Der Ausgangszusammensetzung N entsprechend kristallisiert Kalifeldspat in dem Umfang aus, wie Leucit mit der Restschmelze reagieren kann. Gemenge von Leucit und Kalifeldspat sind das Endprodukt.

Eine Schmelze der Zusammensetzung Q scheidet ebenfalls Leucit aus, der bei niedrigeren Temperaturen restlos zu Kalifeldspat umgewandelt wird.

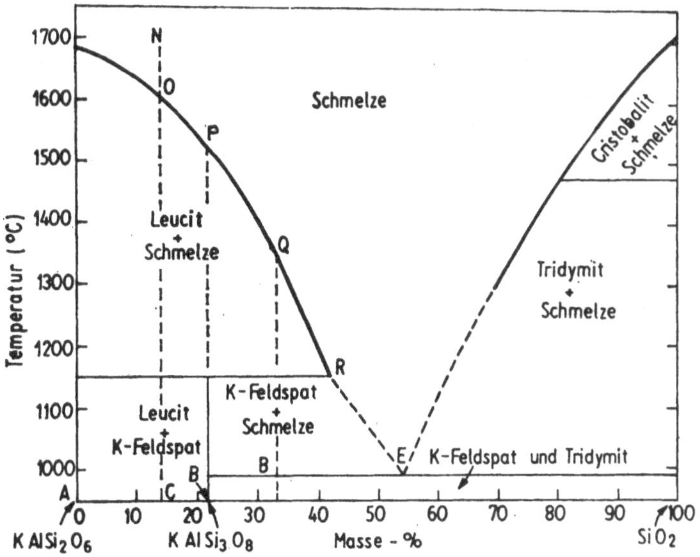

Abb. 1.14. Phasendiagramm des Systems $KAlSi_2O_6-SiO_2$ (nach J. F. SCHAIRER und N. L. BOWEN)

SiO_2-reiche Schmelzen dieses Systems kristallisieren unter primärer Bildung von SiO_2-Mineralen aus; die entsprechenden Beziehungen sind durch ein Eutektikum E gekennzeichnet. Bemerkenswert ist, daß unter bestimmten Umständen trotz ausreichendem SiO_2 zunächst Leucit und erst darauf folgend Kalifeldspat gebildet werden kann.

N. L. BOWEN und O. F. TUTTLE (1950) untersuchten am System *Albit-Kalifeldspat* den Einfluß von H_2O unter verschiedenem Druck und kamen zu Ergebnissen, die in den Abbildungen 1.15a bis 1.15c festgehalten sind. Petrologisch bedeutsam ist, daß mit wachsendem H_2O-Druck (Plutonite!) das Leucitfeld zunehmend eingeschränkt wird. Ebenso verdient die Mischungslücke zwischen Natrium- und Kalifeldspat bei niedrigen Temperaturen Beachtung, erklärt sich doch dadurch das Auftreten von Sanidin (Anorthoklas) in Trachyten und von zwei Feldspatarten in entsprechenden Plutoniten (Syenit).

Olivin und Quarz schließen sich in der Regel gegenseitig aus; es gibt nur ausnahmsweise Magmatite, in denen beide Minerale oder neben Olivin auch andere SiO_2-Minerale

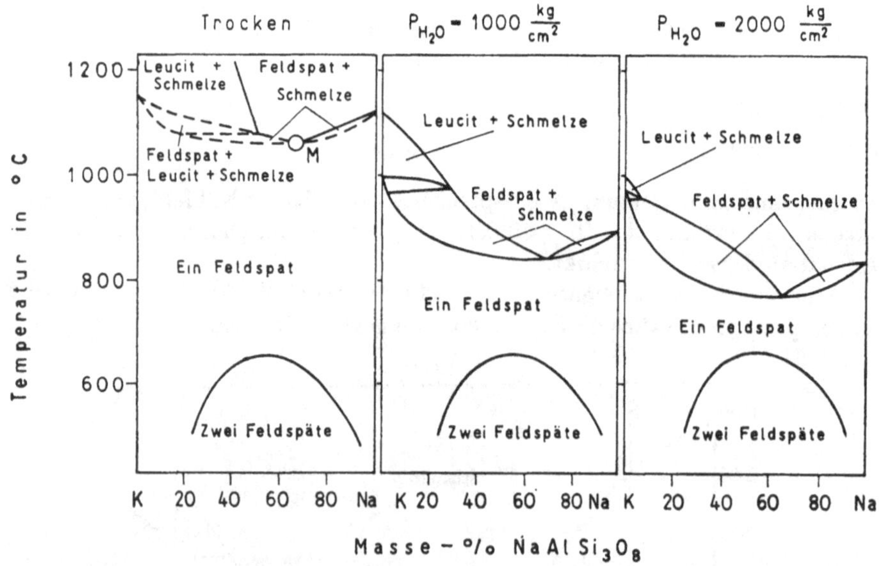

Abb. 1.15. Phasendiagramm des Systems $KAlSi_3O_8-NaAlSi_3O_8$ unter Berücksichtigung verschiedener H_2O-Drücke (nach N. L. BOWEN und O. F. TUTTLE)

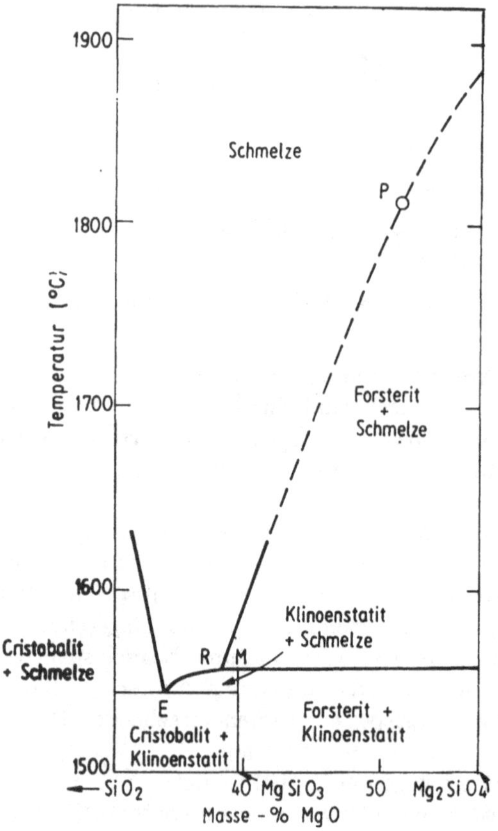

Abb. 1.16. Phasendiagramm des Systems $SiO_2-Mg_2SiO_4$ (nach N. L. BOWEN und O. ANDERSEN)

beobachtet werden können. Aufschlußreich ist dafür das System *Forsterit*-SiO_2 (Abb. 1.16). Aus einer relativ Mg_2SiO_4-reichen Schmelze kristallisiert vom Punkt *P* an Forsterit aus, bis schließlich der Punkt *R* erreicht ist. Jetzt folgen Reaktionen zwischen Restschmelze und Forsterit, wobei ein Teil des Forsterits zu Klinoenstatit umgewandelt werden kann. Das Erstarrungsprodukt ist schließlich ein Gemenge von Forsterit und Klinoenstatit. Ein Nach- und Nebeneinander von Forsterit, Klinoenstatit und Cristobalit ist in einem schmalen Bereich möglich.

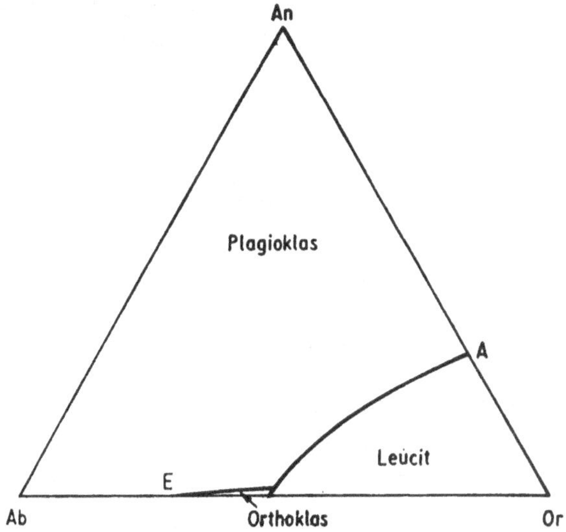

Abb. 1.17. Phasendiagramm des Systems Anorthit-Albit-Orthoklas bei normalem Druck (nach T. F. W. BARTH)

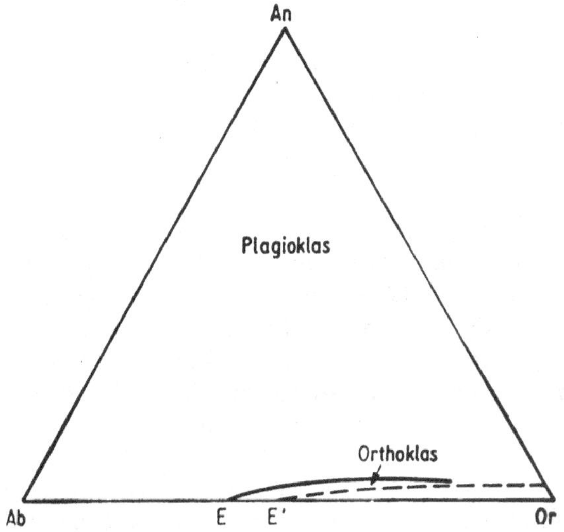

Abb. 1.18. Phasendiagramm des Systems Anorthit-Albit-Orthoklas bei 2600 atm Druck (E' = Orthoklasfeld nach Zusatz von 30% SiO_2; nach T. F. W. BARTH)

Je mehr Komponenten und Phasen an einem System beteiligt sind, um so schwieriger wird dessen Darstellung. Als Beispiel sei das System *Albit-Kalifeldspat-Anorthit* angeführt (Abb. 1.17 und 1.18). Unter normalem Druck verdient das große Leucitfeld besondere Beachtung, das aus dem System Leucit-SiO_2 mit dem sogenannten inkongruenten Schmelzverhalten des Kalifeldspats resultiert. Wichtig ist, daß bei einem H_2O-Druck von ± 260 MPa (2600 atm) das Leucitfeld völlig verschwindet und somit experimentell petrographische Beobachtungen untermauert werden, wonach Leucite in Vulkaniten, nicht aber in Plutoniten gebildet werden.

Große Bedeutung hat das System $KAlSiO_4$—$NaAlSiO_4$—SiO_2 (Kaliophilit-Nephelin-Cristobalit) für die Interpretation solcher Gesteine wie Granit, Syenit, Rhyolith, Trachyt

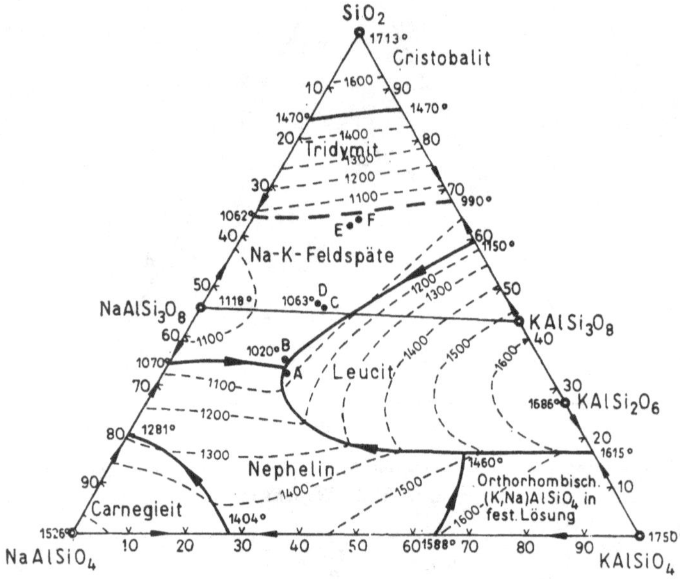

Abb. 1.19. Phasendiagramm des Systems SiO_2—$NaAlSiO_4$—$KAlSiO_4$ (Durchschnittswerte von 15 Mikrofoyaiten = *A*, von 25 Phonolithen = *B*, von 32 Alkalifeldspat-Syeniten = *C*, von 19 Alkalifeldspat-Trachyten = *D*, von 546 Graniten = *E* und von 102 Rhyolithen = *F*; nach N. L. Bowen und J. Schairer)

und Phonolith. Abb. 1.19 zeigt, daß durch die Verbindungslinie zwischen $NaAlSi_3O_8$ und $KAlSi_3O_8$ (Albit und Kalifeldspat) das Gleichgewichtsdiagramm in zwei wichtige Teilbereiche getrennt wird. Zwischen dieser Verbindungslinie und dem SiO_2-Eckpunkt finden sich granitische, darunter alkalische Teilsysteme. Bevor jedoch Einzelheiten erläutert werden, sollen einige Bemerkungen die Darstellungsweise verdeutlichen.

Dreiecksdiagramme dieser Art lassen sich auf dreiseitige Prismen zurückführen, in denen jeder Punkt der Deckfläche einen der Temperatur entsprechenden Abstand von der Grundfläche hat. In vielen Fällen wird die Deckfläche eine mehr oder weniger bewegte Morphologie aufweisen; es lassen sich „Täler" und „Höhenschichtlinien" fixieren. Die Projektion der Deckfläche auf die Grundfläche eröffnet Möglichkeiten, thermische Täler und Isothermalkurven zugleich mit chemischen Systemeigenschaften darzustellen.

Hier sind folgende Beziehungen von Interesse:

1. Im granitischen Teilsystem tendieren alle albitischen oder an Kalifeldspat reichen Schmelzen zur Bildung relativ SiO_2-reicher Restschmelzen.
2. SiO_2-arme Schmelzen mit Na-Anreicherung tendieren zur Bildung phonolithischer Restmagmen, in denen als Kristallisationsprodukt neben Nephelinen auch Sanidine auftreten.
3. Schmelzen mit einem dem Leucitfeld entsprechenden Chemismus tendieren ebenfalls nach Ausscheidung von Kalifeldspat und Nephelin zu einem phonolithischen Restmagma.
4. Unter extremen Bedingungen (schnelle Abkühlung eines Magmas) kann Leucit, niemals jedoch Nephelin neben freiem SiO_2 in einem Gestein auftreten.

Diese wenigen und weitere Beispiele (Abb. 1.20 bis 1.23) petrographisch wichtiger Systeme zeigen, welche physikalisch-chemischen Gesetzmäßigkeiten und Bedingungen bei der Kristallisation von Magmen zu beachten sind. Generell lassen sich folgende Aussagen treffen:

1. Plagioklase und andere Mischkristalle bilden eine kontinuierliche Reaktionsreihe.
2. Olivine, Pyroxene und weitere dunkle gesteinsbildende Minerale, somit die zumeist unter Zersetzung (inkongruent) schmelzenden Phasen, ordnen sich in eine diskontinuierliche Reaktionsreihe ein. Solche Minerale wie Olivin und Enstatit bilden ein Reaktionspaar; Enstatit hat bei 1557 °C einen inkongruenten Schmelzpunkt.
3. Oft treten verschiedene Liquiduskurven auf, die sich in einem Punkt mit niedrigsten Temperaturen schneiden. Das ist der eutektische Punkt, dem ein definiertes Gemisch der beteiligten Komponenten, ein Eutektikum, entspricht.
4. Einige Systeme zeigen ein sogenanntes peritektisches Dreiphasengleichgewicht (System Forsterit-SiO_2 mit inkongruentem Schmelzpunkt) beziehungsweise peritektische Umwandlungen.
5. Bei Kristallisationen erster Art bleiben die festen Phasen im Gleichgewicht mit restlichen Schmelzen; bei Kristallisationen zweiter Art werden die festen Phasen von den Restschmelzen getrennt (P. Niggli, 1948).

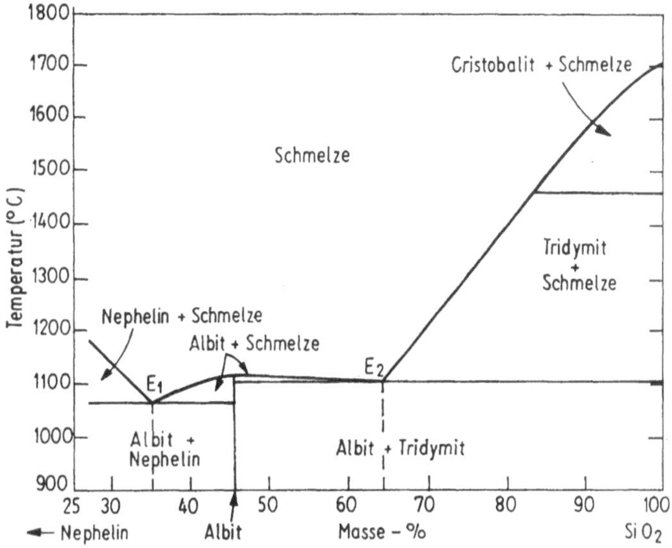

Abb. 1.20. Phasendiagramm des Systems Nephelin-SiO_2 (nach T. F. W. Barth)

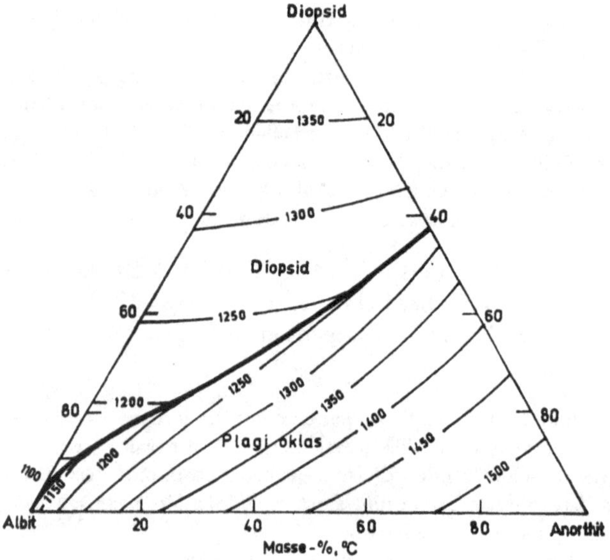

Abb. 1.21. Phasendiagramm des Systems Diopsid-Albit-Anorthit (nach N. L. BOWEN)

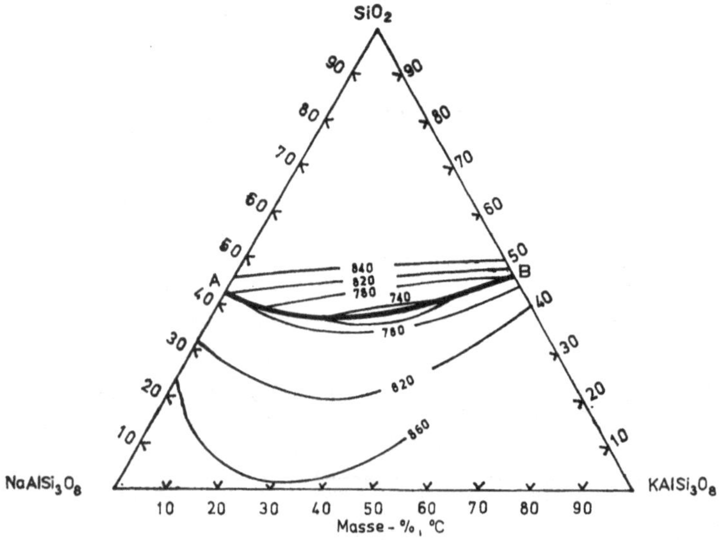

Abb. 1.22. Schmelzverhalten des Systems SiO_2—$NaAlSi_3O_8$—$KAlSi_3O_8$ und Lage des ternären Minimums bei einem H_2O-Druck von 1000 atm (Kurve *AB* trennt Quarz- und Feldspatfelder; nach O. F. TUTTLE)

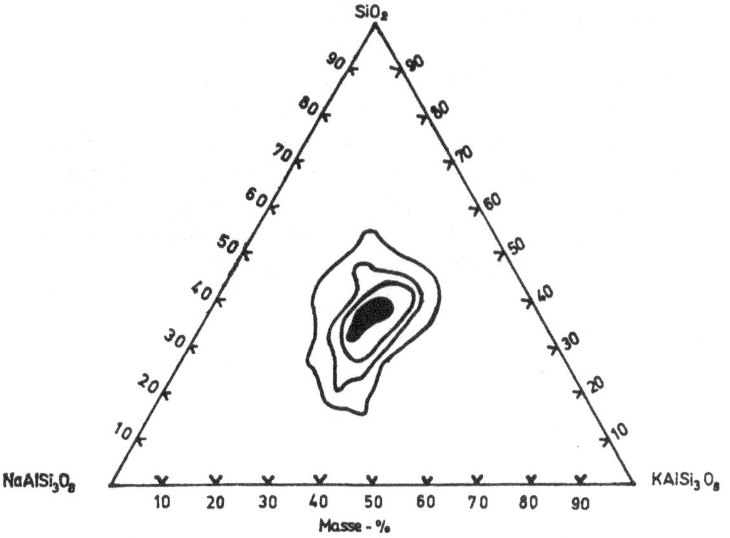

Abb. 1.23. Häufigkeitsverteilung von über 500 analysierten Graniten (Norm mit 80 und mehr % an interessierenden Verbindungen; O. F. TUTTLE)

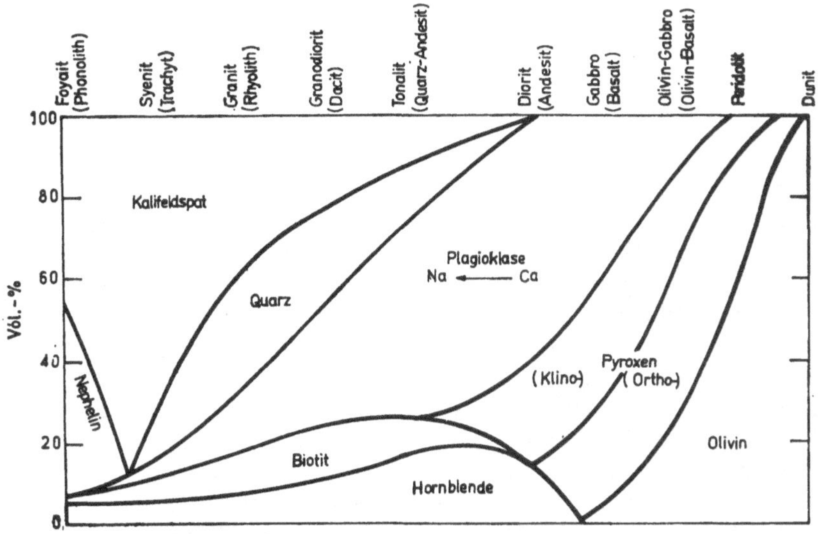

Abb. 1.24. Ungefähre mineralogische Zusammensetzung wichtiger Gesteinstypen (nach B. MASON)

1.6.3. Kontinuierliche und diskontinuierliche Reaktionsreihen

Kontinuierliche und diskontinuierliche Reaktionsreihen sind dadurch gekennzeichnet, daß die jeweils auskristallisierten Phasen nur innerhalb eines begrenzten Temperaturbereichs mit der Schmelze im Gleichgewicht verbleiben; beim Überschreiten dieses

Temperaturbereichs reagieren sie mit der Schmelze unter Bildung neuer oder veränderter Phasen. Nach diesem von N. L. Bowen (1928) formulierten Reaktionsprinzip lassen sich für verschiedene Magmentypen Kristallisationsreihen aufstellen und nach dem Broeggerschen Gesetz mit bestimmten Differentiationsreihen parallelisieren.

Zur Erläuterung des Reaktionsprinzips sei von einem basaltischen Magma ausgegangen. Als erste Kristallisationsprodukte treten Olivin und Bytownit auf, die mit sinkender Temperatur unter Reaktion mit der Restschmelze zu Pyroxen und Labradorit umgewandelt werden. Bei Kristallisationen erster Art erstarrt mit vollständiger Umwandlung von Olivin und Bytownit das basaltische Magma zu einem echten Basalt oder Gabbro. Kristallisationen zweiter Art hingegen, bei denen Olivin und Bytownit von der Restschmelze getrennt werden, bedingen eine weitere Umwandlung der Pyroxene zu Amphibolen und der Labradorite zu Andesinen. In letzter Konsequenz können *granitische* Magmen und schließlich Restmaterialien mit leichtflüchtigen und seltenen Komponenten gebildet werden. Schematisch läßt sich das in folgender Form darstellen:

Olivin ↘ Pyroxen ↘ Amphibol ↘ Biotit ↘

Bytownit ↙ Labradorit ↙ Andesin ↙ Oligoklas Kalifeldspat ↙

Quarz (Muskovit) ↓ Restlösungen

In analoger Art und Weise können auch komplizierte Kristallisationsreihen beispielsweise für alkalireiche Magmen entwickelt werden. Nach V. M. Goldschmidt kristallisieren hier parallel zu Olivinen und Pyroxenen neben Bytowniten und Labradoriten mehr oder weniger Na-reiche Sanidine aus. In letzten Phasen entstehen Feldspatvertreter, vor allem Nepheline.

Aus dem Schema der Kristallisations- oder Reaktionsreihen ergibt sich die Charakteristik entsprechender Magmen- oder Magmatit-Typen. Das Basalt- oder Gabbro-Magma ändert sich über ein Dioritmagma zu einem Granitmagma; im Gabbro sind Pyroxen und Ca-reicher Plagioklas typische Gemengteile, im Diorit Amphibol und Andesin und im Granit Biotit und Oligoklas neben Kalifeldspat und Quarz (Abb. 1.24). Die Restlösungen enthalten außer H_2O und überschüssigen Komponenten vorangegangener Magmenentwicklungen (Na_2O, SiO_2 u. a.) vor allem solche Komponenten, die nicht in Minerale der sogenannten Hauptkristallisation eingebaut werden können und nun eigene Phasen, zum Beispiel Oxide und Sulfide, bilden müssen. Unterschiedliche Entwicklungen von Magmen sind allerdings auch dadurch möglich, daß leichtflüchtige Bestandteile bereits frühzeitig entweichen und sich diffus im Nebengestein verteilen beziehungsweise völlig fehlen können. Aus extrem trockenen Magmen sind beispielsweise keine Amphibol- oder Biotitbildungen zu erwarten!

1.6.4. Entwicklungsprozeß eines Magmas

Den gesamten Entwicklungsprozeß eines Magmas bis hin zu den Restlösungen machte P. NIGGLI (1920, 1937) verständlich. In seinem Temperatur-Konzentrations-Diagramm (Abb. 1.25) kennzeichnet A leichtflüchtige (H_2O) und B schwerflüchtige (silikatische Schmelzen) Komponenten. Zwischen A und B sollen der Einfachheit halber keine chemischen Verbindungen möglich sein. Die Anfangskonzentration einer Schmelze (Magma) kann mit 10% A und 90% B angenommen werden (X_1). Bei der Temperatur t_1 entsprechend Punkt a des Diagrammes beginnt die Schmelze zu erstarren. Wegen der Ausscheidung von B erfolgt in der Restschmelze eine stetige Zunahme von A, die bis

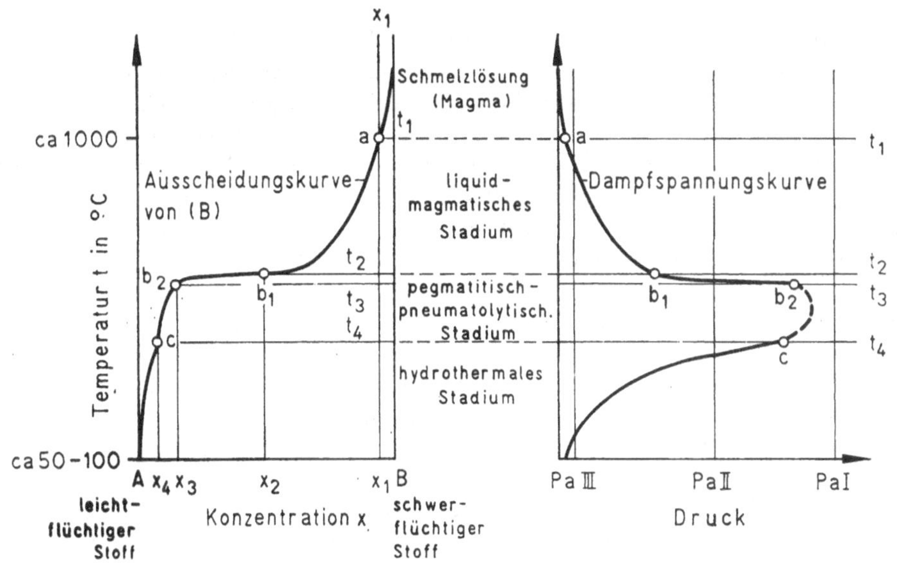

Abb. 1.25. Temperatur-Konzentrations- und Temperatur-Druck-Verhältnisse in einem System aus leicht- und schwerflüchtigen Komponenten (nach P. NIGGLI)

zum Punkt b_1 beziehungsweise bis zur Temperatur t_2 noch ohne wesentlichen Einfluß auf die Kristallbildung zu sein scheint. Von b_1 an ändert sich das Kurvenbild; es verläuft bis b_2 sehr flach. An das *liquidmagmatische* Stadium schließt sich bei einer Temperatur t_2 (650—600°C) das *pegmatitische* Stadium an, in dem sich bei geringfügiger Temperaturerniedrigung relativ große Mengen an verbliebenem B abscheiden, wodurch mit Annäherung an b_2 eine beträchtliche Anreicherung von A zu verzeichnen ist. Typische Mineralbildungen sind in diesem Stadium neben Kalifeldspat und Quarz Muskovit sowie seltene Minerale, wie Beryll, Phosphate, Niobate und Tantalate und viele andere mehr. Jetzt bilden sich auch chemische Verbindungen zwischen A und B. Von b_2 an bis zum Punkt c der Kurve erfolgt wieder eine relativ langsame Ausscheidung von Kristallen, deren Zusammensetzung jedoch raschen Änderungen unterliegt. Minerale mit Anteilen von A dominieren, darunter Topas, Turmalin und verschiedene Erzminerale (Kassiterit, Wolframit). In dem dazugehörigen Temperaturbereich t_3 bis t_4 (~550—375°C) liegt das *pneumatolytische* Stadium. Unterhalb von c beziehungsweise t_4 (kritische Temperatur von H_2O) folgt das *hydrothermale* Stadium, das durch wässerige Lösungen bis in niedrige Temperaturbereiche gekennzeichnet ist und zu unterschiedlichen Mineralbildungen führt (Ganglagerstätten).

Das Temperatur-Druck-Diagramm (Abb. 1.25) veranschaulicht die beim skizzierten Kristallisationsverlauf herrschenden Druckbedingungen. In allen dessen Stadien muß durch einen genügend hohen Außendruck die Abtrennung leichtflüchtiger Komponenten aus dem mobilen System verhindert werden! Von *a* an wachsen während des liquidmagmatischen Stadiums die Innendrücke und damit auch die erforderlichen Außendrücke ständig an, bis im Punkt b_2 und teilweise darüber hinaus bis zum Punkt *c* ein Maximum erreicht ist. Im hydrothermalen Stadium läßt der Druck allmählich nach, um mit der Kondensation von H_2O bei niedrigen Temperaturen den Wert Null zu erreichen.

Im Temperatur-Druck-Diagramm ist durch *Pa*I ein Außendruck markiert, der stets über dem Innendruck des Gesamtsystems liegt und somit einen kontinuierlichen Erstarrungsverlauf bedingt. Das ist im allgemeinen nur in großen Tiefen unter relativ ruhigen tektonischen Gegebenheiten möglich; H. Schneider-Höhn (1941) bezeichnete in Anlehnung an H. Cloos diesen Erstarrungstyp als *abyssisch. Pa*II charakterisiert einen Außendruck, der in einem mittleren Bereich unter dem Innendruck liegt. Hier muß es zwangsläufig zum Absieden leichtflüchtiger Bestandteile kommen, die zum großen Teil in einem überkritischen Zustand, „fluid" genannt, vorliegen. Solches Absieden wird durch bruchtektonische Vorgänge begünstigt. Der daraus resultierende Erstarrungstyp heißt *hypoabyssisch. Pa*III weist relativ niedrige Werte auf; der Innendruck übersteigt demzufolge sehr schnell den Außendruck, wodurch leichtflüchtige Komponenten schon in den ersten Kristallisationsstadien abwandern können. Pegmatitisch-pneumatolytische Phasen fehlen zumeist; oft bilden sich lediglich Hydrothermen in derartigen *subvulkanischen* Erstarrungstypen, die ziemlich nahe der Erdoberfläche gebildet werden. Schließlich ist ein extrem niedriger Außendruck möglich, wodurch die leichtflüchtigen Komponenten *A* fast restlos abwandern können. Laven beziehungsweise Epimagmen sind solche Bildungen, aus denen Gesteine ohne nachfolgende Mineralisationsstadien entstehen. Es handelt sich hier um den *vulkanischen* Erstarrungstyp, mit dem allenfalls Exhalationen (H_2S-haltige Dampfquellen z. B., sogenannte Solfataren, auch Fumarolen) verbunden sein können.

Unter solchen Aspekten muß den verwandtschaftlichen Beziehungen zwischen bestimmten Magmatiten und Lagerstätten besondere Aufmerksamkeit gewidmet werden. Unter Berücksichtigung differenzierter Magmenentwicklungen sind weiterhin komagmatische Gesteinsfolgen von Interesse, die zu Sippengemeinschaften, Gesteinsstämmen, Formationen, Assoziationen und dergleichen mehr überleiten und jeweils spezifische geologische Gegebenheiten widerspiegeln.

1.7. Gefügecharakteristik der Magmatite

Mineralbestand und Gefüge bestimmen wesentliche Eigenschaften der Gesteine. Unter den Magmatiten bilden Pechsteine oder Obsidiane mit ausschließlichem Glasbestand bis hin zu polymineralischen Gesteinen mit teilweise sehr grobkörniger Ausbildung der einzelnen Phasen den Rahmen für eine Palette zahlreicher Typen.

1.7.1. Großgefüge

Bereits das Großgefüge vieler Magmatite hat theoretische und praktische Bedeutung Mehr oder weniger regelmäßige Absonderungen in einem Gesteinskörper, die bankig' säulig, kugelig oder auch plattig in Erscheinung treten, führen zu Teilbarkeiten, die für einen Steinbruchbetrieb außerordentlich wichtig sein können. Die Ausbildung verschiedener Kluftsysteme erlaubt Rückschlüsse auf ehemalige Druck- und Zugbeanspruchungen und demzufolge auf tektonische Vorgänge.

H. Cloos und seine Schüler untersuchten sogenannte granittektonische Erscheinungen. Bei der Intrusion der meisten granitischen Magmen kam es senkrecht zur tektonischen Druckrichtung zunächst zu einer Streckung und dadurch zur Ausbildung der Faser (*F*) im erstarrenden Gestein. In Richtung der Faser lassen sich relativ leicht Spaltflächen erzeugen, von denen sich zwei oft sehr deutlich ausgeprägt finden. Parallel zur Begrenzung des Gesteinskörpers und somit zumeist parallel zu den ehemaligen Isothermalflächen verlaufen Lagerklüfte (*L*) und senkrecht dazu Spaltflächen (*S*), die weitgehend Schieferungsebenen entsprechen. Senkrecht zu diesen beiden Klüften und damit senkrecht zur Faser lassen sich granitische und andere Tiefengesteine im allgemeinen nur sehr schwer spalten, doch verlaufen oftmals in dieser Richtung jüngere Querklüfte (*Q*), deren Anlage in Druckrichtung zu einer Öffnung mit nachfolgender Mineralisation führen konnte. Darüber hinaus vervollständigen Diagonalklüfte das Bild; sie entsprechen weitgehend Mohrschen Scherflächen (Abb. 1.26).

Durch ein solches ausgezeichnetes Kluftsystem ist beispielsweise der Königshainer Stockgranit der Lausitz gekennzeichnet, der sich hervorragend für die Gewinnung und Herstellung von Werksteinen bis hin zu Pflastersteinen eignet.

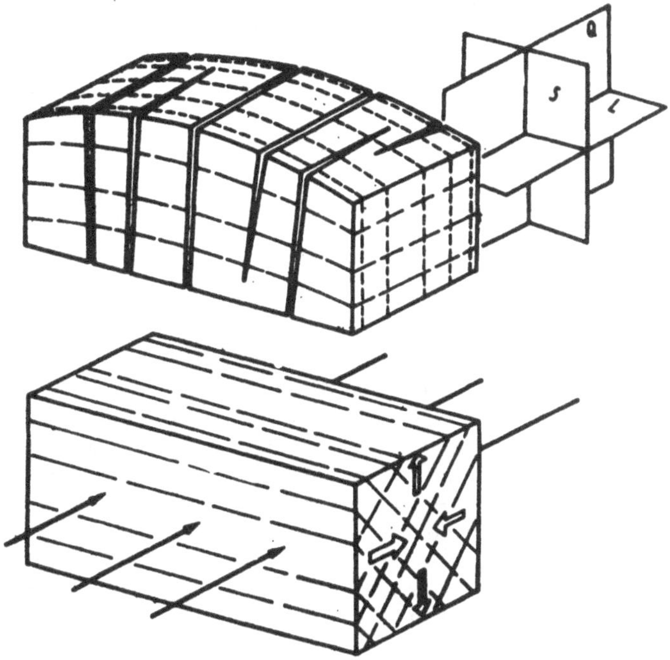

Abb. 1.26. Klüftung eines Magmatits nach H. Cloos (aus O. Wagenbreth)

Auch Form und Größe der Magmatitkörper sind Elemente des Großgefüges. Die Plutonite bilden Plutone von zumeist beträchtlicher, bis zu Hunderten Kubikkilometer reichender Größe. Als mehr oder weniger zylindrische *Stöcke* können sie das Nebengestein nahezu senkrecht durchsetzen. Als *Lakkolithen* bilden sie riesige Platten in einem Gesteinsverband, und als *Batholithen* scheinen sie sich mit wachsender Tiefe zu vergrößern. Vergleichsweise geringe Ausdehnung haben demgegenüber Gänge oder *Apophysen*, wie sie im Randbereich größerer Plutone vorkommen können.

Vulkanite sind durch Formenvielfalt charakterisiert. Noch in der Erdkruste füllen sie röhrenförmige *Schlote* oder *Spalten* aus, die zu Schlot- beziehungsweise Zentralvulkanen oder zu Spalten- beziehungsweise Linearvulkanen überleiten. A. Rittmann (1960) versuchte, sowohl die einfachen Zentralvulkane als auch die Linearvulkane zu systematisieren (Tab. 1.1 und 1.2). Berücksichtigt man einmalige *und* wiederholte Vulkanausbrüche (mono- und polygene Vulkane), ferner unterschiedliche Anteile an Laven, Gasen und Lockermassen, dann sind unzählige Vulkantypen möglich, von denen Schildvulkane vom Hawaii-Typus und Deckengebilde (Plateau-Basalte u. a.) wegen ihrer riesigen Ausdehnungen besondere Bedeutung haben.

Tabelle 1.1. *Systematik der einfachen Zentralvulkane nach* A. Rittmann

Qualität des Magmas	Quantität des geförderten Magmas klein → groß				Art der Tätigkeit
Dünnflüssig, sehr heiß, basisch	Einzelner Lavastrom (Hornitos)	Fließkuppe auf ebenem Gelände	Schildvulkane Island-Typus	Schildvulkane Hawaii-Typus	effusiv
↓	Schlacken-kegel mit Lavastrom	Lavaströme vorwiegend Stratovulkane		mit parasitären: Schlackenkegeln und lateralen Lavaströmen	↓
	Lockerkegel mit dickem Lavastrom	Lockermaterial vorwiegend		mit: Locker-kegeln und lateralen Lavaströmen	gemischt
	Staukuppe mit Lockerwall, Stoßkuppe	geplatzte Staukuppe mit dickem Strom	Lockerkegel mit Stau-kuppe	mit: Locker-kegeln, Stau- und Stoßkuppen	↓
zähflüssig, relativ kühl, sauer	Maar mit dünner Lockerdecke	Maar mit Ringwall aus Locker-material	Krater mit Ringwall und Lockerdecke	Caldera mit Lockerdecke	explosiv
äußerst zähflüssig, mit viel Kristallen	Gas-Maar (Diatrem)	Explosions-krater	Explosions-kessel	vulkano-tektonisches Einbruchs-becken (Ries)	explosiv, nur Gase

Tabelle 1.2. *Systematik der Linearvulkane nach* A. RITTMANN

Qualität des Magmas	Quantität des geförderten Magmas klein ——→ groß		Art der Tätigkeit
Sehr heiß und dünnflüssig, basisch	Lavastrom aus Spalte	Lavadecke (Basalt), Förderspalten meist überflutet	effusiv
↓	Lavastrom mit Schlackenwällen längs Spalte	Lavadecke (Basalt) mit Schlackenkegelreihen und Schlackenwällen	↓
heiß, mäßig dünnflüssig, basisch	Lockerwälle längs Spalte mit Lavastrom	Stratovulkanrücken mit Reihenkratern	gemischt
zähflüssig, weniger heiß, intermediär	Staurücken mit Lockerwällen (Bimssteine)	(nicht bekannt)	↓
äußerst zähflüssig, mit vielen Kristallen	Explosionsgraben mit Lockerwällen	Ignimbritdecke, oft mit vulkano-tektonischem Einbruchsbecken	explosiv

1.7.2. *Kleingefüge*

Aufschlußreich ist das Kleingefüge der Magmatite, wie es ohne Hilfsmittel am Handstück oder in einem eng begrenzten Aufschluß beobachtet werden kann. Viele Magmatite sind einheitlich oder monoschematisch aufgebaut; andere lassen verschiedene Gefügeelemente und demzufolge polyschematische Gefüge erkennen. So konnten sich Magmatite unter Ausbildung von Adern und Linsen gegenseitig durchdringen; es entstanden *Phlebite.* Wurden die Linsen gröber oder bildeten sich Augen, Knollen und Knauern, dann resultierten daraus *Phthalmite.* Lagen-, schicht- oder bandartige Gesteinsverbände werden *Stromatite* genannt. Sehr häufig finden sich *Miarolithe,* für die drusenartige Bildungen mit entsprechenden Mineralen kennzeichnend sind. *Nebulite* schließlich sind Gesteine, in denen verschiedenartige Gefügebereiche ohne scharfe Grenzen ineinander übergehen. Hierzu gehören alle schlierenartigen Bildungen, wie sie beispielsweise bei unvollständiger Assimilation von Nebengesteinseinschlüssen (Xenolithen) vorkommen können.

1.7.3. *Mikrogefüge*

Makroskopisch sind neben Groß- und Kleingefüge sowie Gefügeregelungen sehr oft Mineralkörner zu erkennen, deren genaue Untersuchung in Bereiche des Mikrogefüges führt. Makrokristalline Gesteine lassen bereits im Handstück Mineralkörner erkennen; mikrokristalline Gesteine weisen Mineralkörner in mikroskopisch kleinen Dimensionen auf. Holokristalline Magmatite bestehen ausschließlich aus Kristallen; in hemikristallinen Magmatiten kommt neben Kristallen auch Glas vor. Holohyaline Magmatite bestehen ausschließlich aus Glas (z. B. Pechstein).

Die genaue Korngrößenbestimmung ist mit Schwierigkeiten verbunden; nur in Ausnahmefällen sind einzelne Mineralkörner im Dünn- oder Anschliff mit ihren größten

Durchmessern vertreten. Abweichungen von isometrischen Kornformen sind die Regel. Unter solchen Aspekten wird ein mittlerer Korndurchmesser D erfaßt, aus dem mittels verschiedener Korrekturfaktoren die wirkliche Korngröße oder das Kornkaliber K berechnet werden kann. Wichtig ist auch die Zahl z der Körner pro Flächeneinheit, deren Bestimmung mittels spezieller Raster erfolgt.

Die nachfolgende Tabelle bezieht sich auf E. O. Teuscher (1933), der erstmals Körnigkeitsbezeichnungen definierte. Weisen die Hauptgemengteile holokristalliner Gesteine annähernd gleiche Korngrößen auf, dann sind sie *gleichkörnig. Wechselkörnige* Gesteine besitzen einen lückenlosen Korngrößenaufbau zwischen größten und kleinsten

Tabelle 1.3. *Körnigkeitsbezeichnungen nach* E. O. Teuscher (1933)

Körnigkeitsbezeichnung	z/cm^2	D in mm
riesenkörnig	unter 1	größer als 33
sehr grobkörnig	unter 1	33–10
grobkörnig	1–10	10–3,3
mittelkörnig	10–100	3,3–1
kleinkörnig	100–1000	1–0,33
feinkörnig	1000–10000	0,33–0,1
sehr feinkörnig	10000–1000000	0,1–0,01
dicht	größer als 1000000	kleiner als 0,01

Körnern; sie werden durch ein *seriales* Gefüge charakterisiert (Abb. 1.27). Treten in einem Mineralverband einzelne Mineralkörner durch extreme Korngrößen als *Einsprenglinge* in Erscheinung, dann spricht man von *ungleichkörnigen* Gesteinen mit *porphyrischem* Gefüge (Abb. 1.28).

In den meisten Magmatiten sind die beteiligten Minerale durch individuelle Korngestalten gekennzeichnet. Biotite beispielsweise können blättrig, planar oder plattig ausgebildet sein, Hornblenden und Pyroxene prismatisch oder stenglig und Quarze unter anderem isometrisch. In Gesteinsgläsern finden sich oft skelettartige Mineralbildungen. Jede Mineralart kann unter bestimmten Umständen Eigengestaltigkeit oder *Idiomorphie* annehmen. Das trifft vor allem auf solche Gemengteile zu, die in sehr frühen Entwicklungsstadien der Magmatite, also in noch weitgehend magmatischen Stadien, auskristallisierten. Jüngste Mineralbildungen sind in den meisten Fällen fremdgestaltig oder *xenomorph,* da sie sich mit ihren Begrenzungsflächen bereits auskristallisierten Mineralen anpassen mußten. In jedem Magmatit finden sich ferner Minerale, die Zwischenstellungen einnehmen; sie sind *hypidiomorph,* d. h. teils eigen-, teils fremdgestaltig. Bezüglich des Gesamtgefüges, bei dem der durchschnittliche Grad der Eigengestaltigkeit interessiert, sind die Bezeichnungen *panidiomorph, hypiodiomorph* und *panxenomorph* zu verwenden.

Aus unterschiedlichen Mineralarten, Korngrößen und -formen resultieren zum Teil komplizierte Gesamtgefüge.

Sind zum Beispiel die einzelnen Mineralkörner bei nahezu gleichen Durchmessern mit relativ einfachen Grenzflächen verbunden, liegen einfache Korngefüge oder *Mosaikgefüge* vor. Oft interessiert am Einzelkorn das Verhältnis von konkaven zu konvexen und zu planaren Flächen, woraus spezifische Verzahnungen und nicht zuletzt unterschiedliche Verbandsfestigkeiten resultieren. In polymineralischen Magmatiten können leistenförmige und stenglige Minerale ein zusammenhängendes Netzwerk bilden; auf diese Art und Weise entsteht ein *Retikulargefüge*, das mit idiomorphen Kristallen in *sperrige intersertale Gefüge* übergehen kann. Mosaikgefüge entarten mit zunehmender Verzahnung und gegenseitiger Durchdringung der Minerale zu *Implikationsgefügen*, die als intra- und intergranulare Implikationsgefüge noch weiter unterschieden werden.

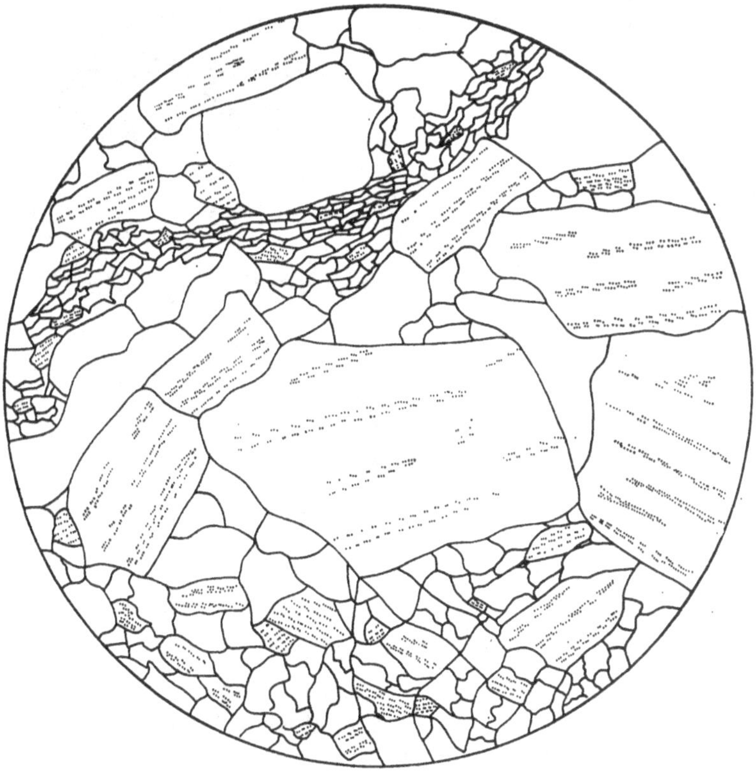

Abb. 1.27. Wechselkörniges Gefüge mit Feinkornzügen

Bei *intragranularen Implikationsgefügen* schließen Mineralkörner andere ein; hierfür wird auch der Begriff „*Interpositionsgefüge*" verwendet. *Intergranulare Implikationsgefüge* sind durch teilweise sehr feine und weitgehende Verzahnungen gekennzeichnet. Im Grenzbereich zwischen natriumreichen Plagioklasen und Kalifeldspäten finden sich mitunter eigenartige Umbildungs- und Reaktionszonen in den Plagioklasen, die durch mehr oder weniger senkrecht zu den Grenzflächen angeordnete Quarzschläuche charakterisiert sind. Diese und ähnliche Erscheinungen werden als *Myrmekite* bezeichnet.

Verdrängungs-, Lösungs- und Korrosionsformen werden unter dem Begriff „*Verdrängungsgefüge*" zusammengefaßt. *Kataklastische Gefüge* entstehen durch Zerbrechen und nachträgliche Verkittung der Mineralkörner. Das kann noch während der Erstarrung eines Magmas geschehen; ältere Minerale können zerbrechen und durch jüngere Minerale verkittet werden. Das Ergebnis sind *protoklastische Gefüge.*

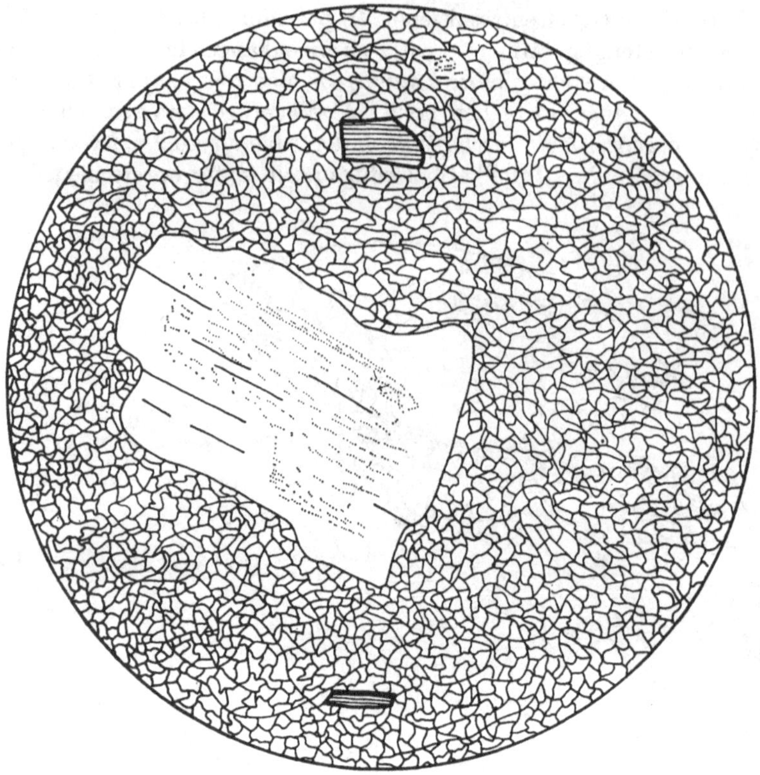

Abb. 1.28. Porphyrisches Gefüge

1.7.4. Gefügeregelungen

Wichtig sind Gefügeregelungen, kenntlich an mehr oder weniger strengen Einregelungen anisometrischer, nicht kugel- oder würfelartiger Mineralkörner (Abb. 1.29). Viele Magmatite erscheinen statistisch isotrop, somit nach allen Richtungen hin gleichmäßig zusammengesetzt und ausgebildet. Genaue Untersuchungen lassen in den meisten Fällen Gefügeanisotropien erkennen, die auf unterschiedlichen Verteilungen einzelner Mineralarten und deren Einregelungen beruhen (Verteilungs- und Richtungsgefüge). Aus solchen Gefügeanisotropien resultieren insbesondere richtungsabhängige Druck-, Zug- und Scherfestigkeiten.

Gefügeregelungen sind auf Bewegungen während und nach der Bildung des Gesteins zurückzuführen. Fließgefüge zum Beispiel entstehen durch die Bewegung eines Magmas, das bereits auszukristallisieren beginnt. Nach der Auskristallisation und Erstarrung eines Magmas kommt es zu mechanischen Umformungen (Kataklase) mit Erscheinungen, die zu den metamorphen Gesteinen überleiten.

Anisotrope Gefüge werden durch ein Koordinatensystem mit drei aufeinander senkrecht stehenden Achsen *a*, *b* und *c* beschrieben. Durch die (*ab*)-Ebene sind sogenannte *s*-Flächen markiert, die auch als Parallelflächen eines Gefügekörpers ohne jeglichen genetischen Bezug bezeichnet werden können. In *s* finden sich anisometrische Mineralkörner nach ihrer Korngestalt eingeregelt. Bei Magmatiten wird (*ab*) zumeist als Strömungsebene und *a* als Fließrichtung zu definieren sein; scheibenförmige Minerale (Biotit z. B.) ordnen sich parallel zur Strömungsebene und stenglige entweder zu *a* *oder* zu *b* (!) an. Aus solchen Möglichkeiten ergeben sich flächenhafte und lineare Parallelgefüge, wobei besonders darauf zu achten ist, daß linear angeordnete Mineralkörner nicht unbedingt die Fließrichtung widerspiegeln. B. Sander (1948) forderte in diesem Zusammenhang eingehende gefügeanalytische Bearbeitungen der Magmatite *und* ihrer Nebengesteine, um sichere Aussagen über gemeinsame oder eigene Gefügeprägungen treffen zu können.

Abb. 1.29. Sogenannter Plagioklasporphyrit (Latitandesit) mit eingeregelten Plagioklaseinsprenglingen in einer dichten Grundmasse

Gegenüber den Richtungsgefügen spielen Verteilungsgefüge unter den Magmatiten eine geringere Rolle. Durch ruhig verlaufende Kristallisationen kann es jedoch zu einem schichtigen Aufbau von Gesteinskörpern und damit zu Verteilungsgefügen kommen, bei denen Lagen verschiedener Minerale auftreten. Derartige Gefüge entsprechen einfachen Absatzgefügen unter den Sedimentiten.

1.8. Klassifikation und Nomenklatur der Magmatite

Magmen unterschiedlicher Genese können den bisherigen Ausführungen zufolge in der Erdkruste und im Erdmantel (Lithosphäre) oder in einem schmalen Grenzbereich zwischen der Lithosphäre und der Atmo- beziehungsweise Hydrosphäre erstarren. Je nach der Menge der geförderten Magmen und den Temperaturdifferenzen zwischen ihnen und den Nebengesteinen verläuft die Auskristallisation im ersten Fall relativ langsam; es entstehen gut kristallisierte (holokristalline), klein- bis grobkörnige Gesteine, die von mehr oder weniger mächtigen Kontakthöfen umgeben sein können. Im zweiten Fall werden die Magmen abgeschreckt; typisch sind feinkörnige, dichte und glasige oder glasführende Gesteine ohne wesentliche Kontaktwirkung.

Nach den *geologischen* Bildungsbedingungen unterscheiden wir zwei Hauptgruppen von Magmatiten:

1. Plutonite (Intrusivgesteine, Tiefengesteine);
2. Vulkanite (Effusivgesteine, Ergußgesteine).

Als dritte, untergeordnete Gruppe kommen Ganggesteine oder sogenannte Übergangsmagmatite hinzu, da sowohl die Plutonite als auch die Vulkanite gangförmig auftreten und ineinander übergehen können.

Während diese geologischen Einteilungskriterien umstritten sind, werden Gefügemerkmale allgemein anerkannt, weil sie *objektiv* beschrieben und gemessen werden können. Unter den Gefügemerkmalen stehen an erster Stelle die Korngrößen der für den Aufbau der Gesteine wesentlichen Minerale. Auch Kornformen, Kornbindungen und Gefügeregelungen können gemessen und demzufolge spezifischen Einteilungen zugrunde gelegt werden. Dabei ist der Zusammenhang zwischen Gefüge und geologischen Bildungsbedingungen offensichtlich. Während die meisten Plutonite relativ gleichkörnig und klein- bis grobkörnig sind, ist für Vulkanite ein glasiges, sehr feinkörniges, dichtes oder auch porphyrisches Gefüge charakteristisch. Unter den Ganggesteinen treten porphyrartige, aplitische und pegmatitische Gefüge besonders häufig auf. Klein- bis feinkörnige Aplite sind durch xenomorphe Kornformen und Pegmatite durch eine oft riesenkörnige Ausbildung einzelner Minerale gekennzeichnet.

Ebenso wie das Gefüge ist der qualitative Mineralbestand objektiv zu beobachten. Auf seiner Grundlage kann eine Grobeinteilung vorwiegend der Plutonite vorgenommen werden, die als Feldeinteilung bezeichnet wird. So lassen sich mafitreiche und mafitarme (felsitische), ferner Quarz-Feldspat-, Feldspat-, Feldspat-Foid-, Foid- und schließlich Mafit-Magmatite unterscheiden.

Von entscheidender Bedeutung für die Nomenklatur und Klassifikation magmatischer Gesteine ist der quantitative oder modale Mineralbestand (Modus). Mit Hilfe verschiedener Methoden (Integrationsverfahren) kann der quantitative Mineralbestand zumeist in kurzer Zeit und mit ausreichender Genauigkeit bestimmt werden. Schwierigkeiten bereiten lediglich Gesteine, deren Gefüge dicht ist — von glasigen Gesteinen ganz abgesehen. Doch auch solche Gesteine können in eine quantitativ-mineralogische Systematik einbezogen werden, indem aus ihrem Chemismus ein normativer Mineralbestand (Norm) berechnet wird, der weitgehend petrologischen Möglichkeiten entspricht.

Ein weiteres objektives Merkmal der Gesteine ist ihre chemische Zusammensetzung. Stets gab es Versuche, den Chemismus der Magmatite einer Gesteinssystematik zugrunde zu legen. Diese Versuche resultierten früher aus mangelhaften Integrationsverfahren; heute werden sie durch die Weiterentwicklung der chemischen Analysentechnik (Mikrosonde!) und durch Schwierigkeiten und Grenzen bei der Bestimmung des modalen oder auch normativen Mineralbestands gefördert.

Grundlage aller chemischen Klassifikationssysteme ist die chemische Bauschanalyse, deren 12 bis 15 Werte zur systematischen Einstufung der Gesteine mehr oder weniger kompliziert zusammengefaßt und umgerechnet werden (Kapitel 1.10).

Nach dem SiO_2-Gehalt unterscheiden wir saure ($>$ 66 Masse-%), intermediäre (66—52 Masse-%), basische (52—45 Masse-%) und ultrabasische ($<$ 45 Masse-%) Magmatite. Bedeutung hat die Unterscheidung von Gesteinen einer atlantischen Sippe mit Na-Vormacht, einer pazifischen Sippe mit ausgewogenen Ca- und Alkaligehalten und einer mediterranen Sippe mit K-Vormacht. Man spricht auch von Gesteinen der Natron-, Kalkalkali- und Kalireihe.

Weitere Einteilungskriterien zeichnen sich in isogenetischen Paragenesen gesteinsbildender Minerale als den kleinsten petrogenetischen Einheiten ab. Damit werden Wege zu einer genetischen Klassifikation der Gesteine eröffnet, deren theoretische und praktische Notwendigkeit unumstritten ist.

Unter den praktisch erprobten mineralogischen Klassifikationssystemen ragen die von A. Johannsen (1931), W. E. Tröger (1935), F. Ronner (1963) und A. Streckeisen (1964, 1967) heraus.

1.8.1. Das System von A. Johannsen

A. Johannsen (1931) ging vom Modalbestand aus. Der Gesteinseinteilung legte er eine Doppelpyramide zugrunde, in der entgegengesetzte Ecken durch Quarz (Qu) und Feldspatvertreter (Foids), die übrigen Ecken durch Kalifeldspat (Kf), Natronfeldspat (Naf) und Calciumfeldspat (Caf) charakterisiert sind (Abb. 1.30). SiO_2-gesättigte Gesteine wurden von SiO_2-untersättigten durch die Ebene Kf—Naf—Caf getrennt.

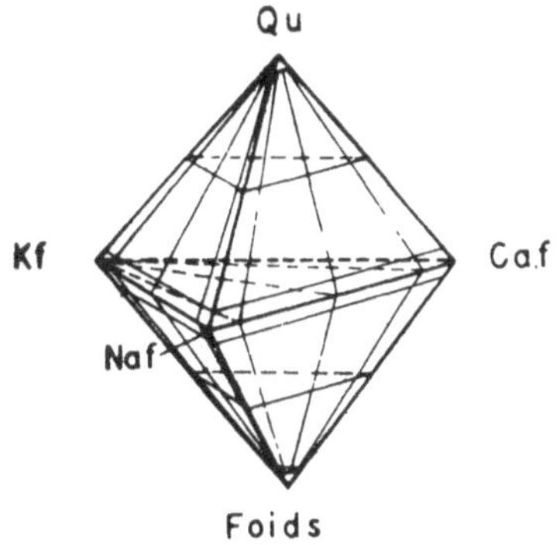

Abb. 1.30. Dreiseitige Doppelpyramide zur quantitativ-mineralogischen Gesteinsklassifikation nach A. Johannsen

Johannsen unterschied zunächst Klassen nach dem Gehalt an Mafiten:

Klasse 1 mit $<$ 5 Vol.-% an Mafiten, Klasse 2 mit 5—50 Vol.-% an Mafiten,
Klasse 3 mit 50—95 Vol.-% an Mafiten, Klasse 4 mit $>$ 95 Vol.-% an Mafiten.

Eine weitere Unterteilung erfolgte innerhalb der ersten drei Klassen nach den auf die Summe 100 umgerechneten hellen (leukokraten) und bei der vierten Klasse nach den dunklen (melanokraten) Gemengteilen in sogenannte Ordnungen. Die Ordnungen der ersten Klassen ergaben sich aus den Anorthitgehalten (Mol-%) der Plagioklase; markante Grenzen waren An_0, An_{10}, An_{50}, An_{90} und An_{100}. Dementsprechend wurde in der Doppelpyramide die Verbindungslinie zwischen Naf und Caf unterteilt. Aus der Verbindung der neuen Punkte mit den Eckpunkten der Doppelpyramide resultierten vier Ordnungen, die durch Doppeldreiecke charakterisiert werden konnten, deren Eckpunkte Qu, Kf, Foide und verschiedene Plagioklase (Naf, CaNaf, NaCaf, Caf) darstellten (Abb. 1.31). Aus der weiteren Unterteilung der Doppeldreiecke erhielt Johannsen schließlich Familien; Abb. 1.32 zeigt deren Grenzen und Numerierungen.

Das System von JOHANNSEN ist durch bestimmte Namen und Zahlensymbole gekennzeichnet. Eine erste Zahl repräsentiert die Klasse, eine zweite die Ordnung und eine dritte und vierte die Familie. Angefügte Buchstaben markieren Plutonite (*P*), Vulkanite (*E*) und Übergangsmagmatite (*H*).

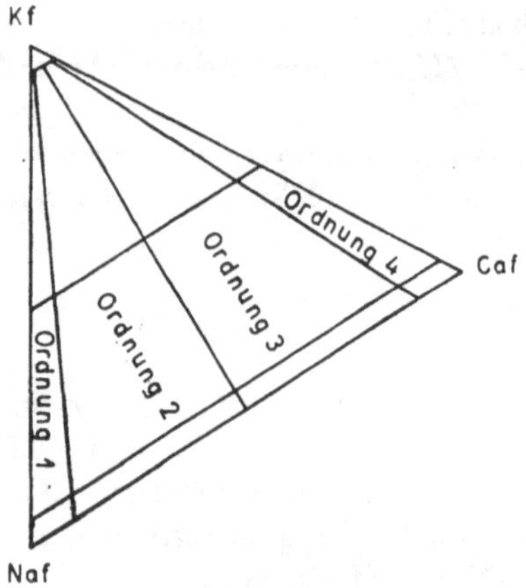

Abb. 1.31. Die Einteilung in verschiedene Ordnungen nach A. JOHANNSEN

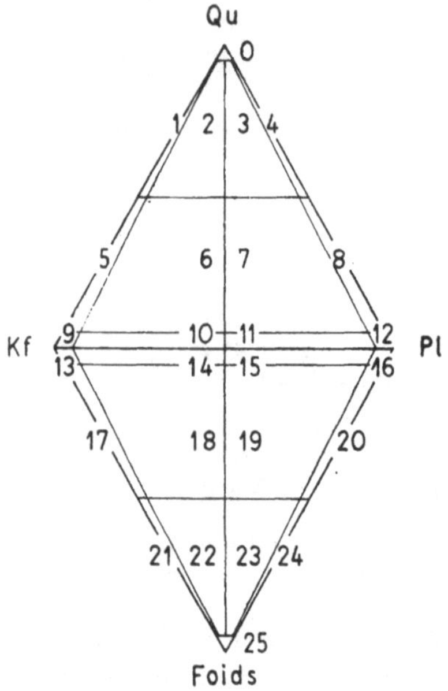

Abb. 1.32. Die Familieneinteilung in den Klassen 1 bis 3 nach A. JOHANNSEN

Die Klasse 4 mit überwiegendem Mafitanteil unterteilte JOHANNSEN mittels eines Tetraeders nach ihren Gehalten (Vol.-%) an Olivin, Biotit + Amphibol, Pyroxen und Erz in Ordnungen und Familien.

In allen Klassen stellte JOHANNSEN sogenannte Unterfamilien auf, z. B. Biotitgranite, hornblendeführende Biotitgranite, biotitführende Hornblendegranite mit Abstufungen von 0 bis 5, 5 bis 50, 50 bis 95 und 95 bis 100 Prozent. Nach dem System von JOHANNSEN mußten nahezu 350 Familien unterschieden werden; insgesamt wurden über 1000 Namen fixiert!

1.8.2. Das System von W. E. Tröger

W. E. Tröger (1935) ging ebenso wie A. Johannsen davon aus, daß exakt definierte Gesteinstypen einer Systematik zugrunde gelegt werden müssen. Er maß den Lokalnamen besondere Bedeutung zu, weil entsprechende Gesteine stets nachprüfbar und durch künstliche Systeme nicht verfälschbar sind. Tröger sprach sich gegen enge quantitative Grenzziehungen in einer Gesteinssystematik aus und schloß sich weitgehend Einteilungsprinzipien von H. Rosenbusch an, „allerdings unter Zurückdrängung der viel angefeindeten übermäßigen Betonung der geologischen Erscheinungsform (Tiefen-, Gang- und Ergußgesteine)" (W. E. Tröger, 1935, Seite 13). Aus seiner Gruppeneinteilung resultierten verschiedene Familien (Tab. 1.4) mit spezifischen Bezeichnungen für den volumenprozentualen Anteil dunkler Gemengteile (Farbzahl):

hololeukokrat	= Farbzahl ~ 0—10,
leukokrat	= Farbzahl ~ 10—30,
mesotyp	= Farbzahl ~ 30—70,
melanokrat	= Farbzahl ~ 70—90,
holomelanokrat	= Farbzahl ~ 90—100.

1.8.3. Das System von F. Ronner

F. Ronner (1963) umging viele Lokalnamen durch konsequente Verwendung von zusammengesetzten beschreibenden Namen. Textur (räumliche Anordnung der Kornarten), Struktur (Ausbildung der Kornarten nach Form, Größe, Größenverhältnissen) und Mineralbestand wurden bei ihm zu entscheidenden Kriterien, wobei er sich weitgehend auf Johannsen und Tröger stützte.

Dem Gehalt an Quarz, Feldspäten, Feldspatvertretern und Mafiten entsprechend unterschied Ronner zunächst Familiengruppen (Quarzgesteine, Quarz-Mafit-Gesteine, Quarz-Feldspat-Gesteine, Feldspatgesteine, Mafitgesteine) und dann Familien mit ähnlicher Charakteristik, wie sie bereits Tröger gefunden hatte. In jeder Familie unterschied er abyssische (Plutonite), hypoabyssische (Übergangsmagmatite) und effusive (Vulkanite) Gesteinstypen.

1.8.4. Das System von A. L. Streckeisen

Besondere Aufmerksamkeit fanden die Klassifikationsvorschläge von A. L. Streckeisen (1964, 1967).

Streckeisen legte SiO_2-Minerale = Q (Quarz, Tridymit, Cristobalit), Alkalifeldspäte = A (Orthoklas, Mikroklin, Sanidin, Perthit, Anorthoklas, Albit mit An 00—05), Plagioklase = P (Plagioklase An 05—100, Skapolithe), Foide = F (Leucit, Pseudoleucit, Nephelin, Sodalith, Nosean, Hauyn, Analcim, Cancrinit u. a.) und Mafite = M (Glimmer, Amphibole, Pyroxene, Olivine, Erzminerale, Zirkon, Apatit, Titanit, Epidot, Zoisit, Granate, Melilithe, Monticellit, primäre Karbonate u. a.) seiner Klassifikation und Nomenklatur der Magmatite zugrunde.

Ausgangswerte waren wiederum volumenprozentuale Anteile der genannten Gruppierungen, die zu zwei Klassen führten:

1. M = 0—90 Vol.-%,
2. M = 90—100 Vol.-%.

Tabelle 1.4. *Gesteinsfamilien nach* W. E. Tröger

	Alkalifeldspat	Alkalifeldspat + Plagioklas	Plagioklas		(fast) ohne Feldspat
	Aplitgranite	Alkalikalkgranite			
	(hololeukokrat)	(Orth. $\geqq$ Plag.)			Perazidite
mit	Alkaligranite	Granodiorite	Quarzdiorite		(hololeukokrat)
Quarz	(leukokrat, mesotyp)	(Orth. < Plag.)			
weder	Aplosyenite	Kalkalkalisyenite	Anorthosite		Pyroxenite
Quarz	(hololeukokrat)	(Orth. > Plag.)	(hololeukokrat)		Amphibololithe
noch	Alkalisyenite	Monzonite	Diorite	An < 50	Granatite
Foide	(leukokrat)	(Orth. = Plag.)	Gabbrodiorite	An ~ 50	Glimmerite
	Lusitanite	Mangerite	Gabbros	An > 50	Peridotite
	(mesotyp, melanokrat)	(Orth. < Plag.)	Tilaite		Melilitholithe
			(melanokrat)		Silikotelite
mit	Eläolithsyenite	Theralithe			Fergusite (Leucit)
Foiden	(holo- u. leukokrat)	(Orth. $\geqq$ Plag.)			Ijolithe (Nephelin)
	Shonkinite		Essexite		Tawite (Sodalith)
	(mesotyp, melanokrat)		(Plag. $\pm$ Orth.)		Turjaite
					(Melilith + Foide)

Klasse 1 wurde weiter nach dem Verhältnis von $Q:A:P:F$ unterteilt, wobei sich gewöhnlich Q und F ausschlossen. Zur Darstellung eignete sich ein Doppeldreieck mit verschiedenen Feldern, deren Abgrenzung und Numerierung aus Abb. 1.33 hervorgeht. Die Unterteilung der Klasse 2 erfolgte nach dem vorherrschenden Mineral.

Tabelle 1.5 zeigt die von STRECKEISEN vorgeschlagene Einteilung und Benennung von Plutoniten und Vulkaniten. Übergangsmagmatite (Ganggesteine) bezeichnete er zumeist als Mikroplutonite — von extremen Typen abgesehen.

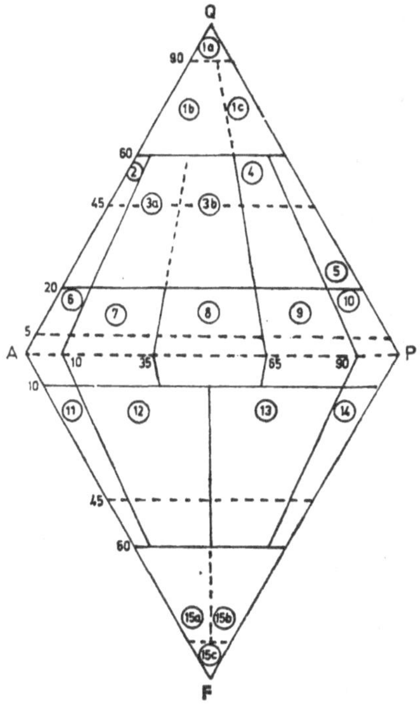

Abb. 1.33. Die Klassifikationsgrundlagen des Systems von A. L. STRECKEISEN

1.8.5. Der Fachbereichsstandard der DDR

Auf der Basis der Arbeiten von STRECKEISEN wurde 1971 für alle geologischen Institutionen der DDR ein Fachbereichsstandard zur Bezeichnung der Magmatite verabschiedet, über den W. PÄLCHEN und B. SCHIRMER (1972) berichteten und nach dem in diesem Buch verfahren wird.

Die Unterscheidung von Plutoniten, Vulkaniten und Ganggesteinen (Übergangsgesteinen) wird beibehalten. Der quantitative Mineralbestand gestattet weitere Unterscheidungen (Vol.-%); fünf Mineralgruppen mit Q (Quarz, Tridymit, Cristobalit), A (Orthoklas, Mikroklin, Sanidin, Perthit, Antiperthit, Anorthoklas, Albit < 5 Mol-% An), P (Plagioklas $\geqq 5$ Mol-% An, Skapolith), F (Nephelin, Leucit, Sodalith, Nosean, Hauyn, Analcim, Cancrinit, Pseudoleucit) und M (Glimmer, Amphibole, Pyroxene, Olivine, Melilithe, Granate, Zirkon, Titanit und alle anderen primären Minerale) entsprechen denen von STRECKEISEN. Die Summe $Q + A + P + F$ wird gleich Hundert gesetzt und der prozentuale Anteil der einzelnen Gruppen an dieser Summe (Vol.-% relativ) errechnet. Bestimmte Verhältnisse dieser Werte, ergänzt durch exakte Plagio-

Tabelle 1.5. *System der Magmatite nach* A. L. STRECKEISEN

Plutonite	Feld	Vulkanite
Quarzgestein	1*a*	—
Quarzgranit	1*b*	—
Quarzgranodiorit	1*c*	—
Alkaligranit	2	Alkalirhyolith
Syenogranit	3*a*	Rhyolith
Monzogranit	3*b*	Rhyodacit
Grandiorit	4	Dacit
Quarzdiorit	5	Quarzandesit
Alkalisyenit	6	Alkalitrachyt
Syenit	7	Trachyt
Monzonit	8	Latit
Monzodiorit und Monzogabbro	9	Latitandesit und Latitbasalt
Diorit und Gabbro	10	Andesit und Basalt
Foyait	11	Phonolith
Plagifoyait	12	Tephritischer Phonolith
Essexit und Essexitgabbro	13	Phonolithischer Tephrit
Theralith	14	Tephrit
Foyaitischer Foidit	15a	Phonolithischer Foidit
Theralithischer Foidit	15b	Tephritischer Foidit
Foidit s. str.	15c	Extrusiver Foidit s. str.
Peridotit	16	Pikrit
Pyroxenit		—
Hornblendit		—
Melilitholit		Melilithit

Tabelle 1.6. *Klassifikation und Nomenklatur der Magmatite nach dem Fachbereichsstandard für geologische Institutionen der DDR*

---

1. Mafisch-felsische Magmatite ($M < 90$ absol. Vol.-%)

1.1. Quarz-Magmatite ($Q \geqq 60$ rel. Vol.-%)

1.1.1. Plutonite: Quarz-Plutonit (Code 1 1000)
Vulkanite: kein Vertreter
Ganggesteine: kein Vertreter

1.2. Quarz-Feldspat-Magmatite
($Q \geqq 20$ und < 60, $F = 0$ rel. Vol.-%)

1.2.1. $100P/(A + P) < 10$
Plutonite: Alkalifeldspat-Granit (Code 1 2110)
Vulkanite: Alkalifeldspat-Rhyolith (Code 3 2110)
Ganggesteine: Mikroalkalifeldspatgranit (Code 2 2110)

1.2.2. $100P/(A + P) \geqq 10$ und < 35
Plutonite: Syenogranit (Code 1 2120)
Vulkanite: Rhyolith (Code 3 2120)
Ganggesteine: Mikrosyenogranit (Code 2 2120)

1.2.3. $100P/(A + P) \geqq 35$ und < 65
Plutonite: Monzogranit (Code 1 2130)
Vulkanite: Rhyodacit (Code 3 2130)
Ganggesteine: Mikromonzogranit (Code 2 2130)

1.2.4. $100P/(A + P) \geqq 65$ und < 90
Plutonite: Granodiorit, An < 50 Mol-% (Code 1 2211)
Granogabbro, An $\geqq 50$ Mol-% (Code 1 2212)
Vulkanite: Dacit (Code 3 2210)
Ganggesteine: Mikrogranodiorit, An < 50 Mol-% (Code 2 2211)
Mikrogranogabbro, An $\geqq 50$ Mol-% (Code 2 2212)

1.2.5. $100P/(A + P) \geqq 90$
Plutonite: Quarz-Diorite mit
Trondhjemit, $M < 15$ absol. Vol.-%
An < 30 Mol-% (Code 1 2221)
Tonalit, $M \geqq 15$ absol. Vol.-%
An $\geqq 30$ Mol-% (Code 1 2222)
Vulkanite: Quarz-Andesit (Code 3 2220)
Ganggesteine: Mikroquarzdiorit (Code 2 2220)

1.3. Feldspat-Magmatite
($Q < 20$, $F < 10$ rel. Vol.-%)

1.3.1. $100P/(A + P) < 10$
Plutonite: Alkalifeldspat-Syenite mit
Pulaskit, $M < 40$ absol. Vol.-% (Code 1 3111)
Lusitanit, $M \geqq 40$ absol. Vol.-% (Code 1 3112)
Vulkanite: Alkalifeldspat-Trachyt, $M < 40$ absol. Vol.-% (Code 3 3111)
Spilit, $M \geqq 40$ absol. Vol.-% (Code 3 3112)
Ganggesteine: Mikroalkalifeldspatsyenit (Code 2 3110)

1.3.2. $100P/(A + P) \geqq 10$ und < 35
Plutonite: Syenit (Code 1 3120)
Vulkanite: Trachyt (Code 3 3120)
Ganggesteine: Mikrosyenit (Code 2 3120)

Tabelle 1.6. (Fortsetzung)

1.3.3. $100P/(A + P) \geqq 35$ und < 65
Plutonite: Monzonit (Code 1 3130)
Vulkanite: Latit (Code 3 3130)
Ganggesteine: Mikromonzonit (Code 2 3130)

1.3.4. $100P/(A + P) \geqq 65$ und < 90
Plutonite: Monzodiorit, An < 50 Mol-% (Code 1 3211)
Monzogabbro, An $\geqq 50$ Mol-% (Code 1 3212)
Vulkanite: Latitandesit, $M < 40$ absol. Vol.-% (Code 3 3211)
Latitbasalt, $M \geqq 40$ absol. Vol.-% (Code 3 3212)
Ganggesteine: Mikromonzodiorit, An < 50 Mol-% (Code 2 3211)
Mikromonzogabbro, An $\geqq 50$ Mol-% (Code 2 3212)

1.3.5. $100P/(A + P) \geqq 90$
Plutonite: Anorthosit, $M < 10$ absol. Vol.-% (Code 1 3223)
Diorit, $M \geqq 10$ absol. Vol.-%, An < 50 Mol-% (Code 1 3221)
Gabbro, $M \geqq 10$ absol. Vol.-%, An $\geqq 50$ Mol-% (Code 1 3222)
Vulkanite: Andesit, $M < 40$ absol. Vol.-% (Code 3 3221)
Basalt, $M \geqq 40$ absol. Vol.-% (Code 3 3222)
Ganggesteine: Mikrodiorit, $M \geqq 10$ absol. Vol.-%, An < 50 Mol-% (Code 2 3221)
Mikrogabbro/Diabas, $M \geqq 10$ absol. Vol.-%, An $\geqq 50$ Mol-% (Code 2 3222)

1.4. Feldspat-Foid-Magmatite
($Q = 0$, $F \geqq 10$ und < 60 rel. Vol.-%)

1.4.1. $100P/(A + P) < 10$
Plutonite: Foyaite mit
Foyait, $M < 30$ absol. Vol.-% (Code 1 4111)
Malignit, M 30—60 absol. Vol.-% (Code 1 4112)
Shonkinit, $M > 60$ absol. Vol.-% (Code 1 4113)
Vulkanite: Phonolith (Code 3 4110)
Ganggesteine: Mikrofoyait (Code 2 4110)

1.4.2. $100P/(A + P) \geqq 10$ und < 50
Plutonite: Plagifoyait (Code 1 4120)
Vulkanite: Tephritphonolith (Code 3 4120)
Ganggesteine: Mikroplagifoyait (Code 2 4120)

1.4.3. $100\,P/(A + P) \geqq 50$ und < 90
Plutonite: Essexit, An < 50 Mol-% (Code 1 4211)
Essexitgabbro, An $\geqq 50$ Mol-% (Code 1 4212)
Vulkanite: Phonolithtephrit (Code 3 4210)
Ganggesteine: Mikroessexit, An < 50 Mol-% (Code 2 4211)
Mikroessexitgabbro, An $\geqq 50$ Mol-% (Code 2 4212)

1.4.4. $100P/(A + P) \geqq 90$
Plutonite: Theralith (Code 1 4220)
Vulkanite: Tephrit (Code 3 4220)
Ganggesteine: Mikrotheralith (Code 2 4220)

Tabelle 1.6. (Fortsetzung)

1.5. Foid-Magmatite
($Q = 0$, $F \geqq 60$ und < 90 rel. Vol.-%)

1.5.1. $100P/(A + P) < 50$
Plutonite: Foyaitfoidolith (Code 1 5110)
Vulkanite: Phonolithfoidit (Code 3 5110)
Ganggesteine: Mikrofoyaitfoidolith (Code 2 5110)

1.5.2. $100P/(A + P) \geqq 50$
Plutonite: Theralithfoidolith (Code 1 5120)
Vulkanite: Tephritfoidit (Code 3 5120)
Ganggesteine: Mikrotheralithfoidolith (Code 2 5120)

1.5.3. $Q = 0$, $F \geqq 90$ rel. Vol.-%
Plutonite: Foidolith (Code 1 5130)
Vulkanite: Foidit (Code 3 5130)
Ganggesteine: Mikrofoidolith (Code 2 5130)

2. Mafit-Magmatite ($M \geqq 90$ absol. Vol.-%)

2.1. Olivin > 90 absol. Vol.-%

2.1.1. Plutonite: Dunit (Code 1 6110)
Vulkanite: kein Vertreter
Ganggesteine: kein Vertreter

2.2. Olivin 30–90 absol. Vol.-%

2.2.1. Plutonite: Peridotit (Code 1 6120)
Vulkanite: Pikrit (Code 3 6120)
Ganggesteine: Mikroperidotit (Code 2 6120)

2.3. Olivin < 30 absol. Vol.-%

2.3.1. Pyroxen = Hauptgemengteil
Plutonite: Pyroxenit (Code 1 6210)
Vulkanite: kein Vertreter
Ganggesteine: Mikropyroxenit (Code 2 6210)

2.3.2. Amphibol = Hauptgemengteil
Plutonite: Amphibololith oder Hornblendit (Code 1 6220)
Vulkanite: kein Vertreter
Ganggesteine: kein Vertreter

2.3.3. Glimmer = Hauptgemengteil
Plutonite: Glimmerit oder Micait (Code 1 6230)
Vulkanite: kein Vertreter
Ganggesteine: kein Vertreter

2.3.4. Melilith = Hauptgemengteil
Plutonite: Melilitholith (Code 1 6240)
Vulkanite: Melilithit (Code 3 6240)
Ganggesteine: Mikromelilitholith (Code 2 6240)

2.3.5. Calcit = Hauptgemengteil
Plutonite: Karbonatit (Code 1 6250)
Vulkanite: kein Vertreter
Ganggesteine: kein Vertreter

klas- und Farbzahlbestimmungen, ermöglichen weitere Unterscheidungen entsprechend Tab. 1.6.

In Tab. 1.6 sind Stammbezeichnungen der Magmatite angeführt, die nicht verändert werden dürfen. Ausnahmen bilden die Bezeichnungen „Foidolith" oder „Foidit" für Magmatite mit wesentlichen Foidanteilen, für die Spezialbezeichnungen, wie Nephelinolith oder Nephelinit, Leucitolith oder Leucitit, zur Anwendung kommen. Gesteine mit Foidgehalten $\geqq$ 10 rel. Vol.-% müssen nach dem vorherrschenden Feldspatvertreter näher charakterisiert werden; der Name des Minerals wird der Stammbezeichnung vorangestellt (z. B. Nephelin-Phonolith).

Magmatite mit Mafitgehalten $<$ 90 absol. Vol.-% enthalten oft einzelne Mafite in Mengen $\geqq$ 5 absol. Vol.-%. Solche Mafite werden in der Reihenfolge steigender Gehalte der Stammbezeichnung vorangestellt (z. B. Biotit-Hornblende-Granit). Bei Magmatiten mit Mafitgehalten $\geqq$ 90 absol. Vol.-% gilt diese Regel für Minerale, die nicht in die Stammbezeichnung eingehen (z. B. Plagioklas-Pyroxenit).

Glasgehalte $>$ 50 absol. Vol.-% bedingen die Bezeichnung „Glas" (z. B. Rhyolithglas) und von 5—50 absol. Vol.-% die als „Vitrogestein" (z. B. Vitrorhyolith).

Mafit- und Glasanteile, die Mengen $<$ 5 absol. Vol.-% nicht überschreiten, können durch solche Adjektive wie „glasführend" oder „olivinführend" zum Ausdruck gebracht werden. Das gilt nicht für Q und F; „quarz-" oder „foidführend" sind alle Magmatite, die $Q > 0$ oder $F > 0$ absol. Vol.-% aufweisen.

Der Fachbereichsstandard sieht darüber hinaus unterschiedliche Bezeichnungen nach dem jeweiligen Bearbeitungsstand vor, auf die hingewiesen sein soll. Die in Tab. 1.6 wiedergegebenen Namen sind nur dann anzuwenden, sobald *gesicherte* Daten vorliegen.

Von besonderem Interesse ist die Codierung der Gesteinstypen nach Ergebnissen der Modalanalyse beziehungsweise der Normberechnung. Von den Bearbeitungsstufen abgesehen (A bis D), werden zunächst die Ziffern 1 bis 3 für Plutonite, Ganggesteine und Vulkanite verwendet. Die nächsten Ziffern ordnen sich wie folgt verschiedenen Gruppen zu:

Quarz-Magmatite	. 1 ...
Quarz-Feldspat-Magmatite	. 2 ...
Feldspat-Magmatite	. 3 ...
Feldspat-Foid-Magmatite	. 4 ...
Foid-Magmatite	. 5 ...
Mafit-Magmatite	. 6 ...

Weitere Festlegungen sind nach Schätzung von $Q{:}A{:}P{:}F$ (Vol.-% rel.) und der Anteile A und P an der Summe der Feldspäte möglich, zum Beispiel:

Quarz-Plutonite	1 1 ...
Granite	1 21 ..
Plagiogranitoide	1 22 ..
Syenitoide	1 31 ..
Dioritoide, Gabbroide	1 32 ..
Foyaitoide	1 41 ..
Essexitoide	1 42 ..
Foidolithe	1 5 ...
Peridotitoide	1 61 ..
Perknite, Melilitholithe, Karbonatite	1 62 ..

Analog sind die Vulkanite und Ganggesteine zu gliedern.

Die nächste Zahl ergibt sich aus genauen Volumenanteilen der wesentlichen Phasen; Einzelheiten gehen aus Abb. 1.34 hervor. Innerhalb der Granitgruppe 1 2100 kann demnach zwischen Alkalifeldspat-, Syeno- und Monzograniten mit den Ziffern 1 2110, 1 2120 und 1 2130 unterschieden werden.

Die letzte Ziffer bleibt weiteren Unterteilungen nach dem Anorthitgehalt der Plagioklase, der Farbzahl oder der Foidart vorbehalten; als Beispiele seien Trondhjemit (Code 1 2221) und Tonalit (Code 1 2222) in der Gruppe der Quarz-Diorite (Code 1 2220) unter den Plagiogranitoiden (Code 1 2200) beziehungsweise Quarz-Feldspat-Plutoniten (Code 1 2000) genannt.

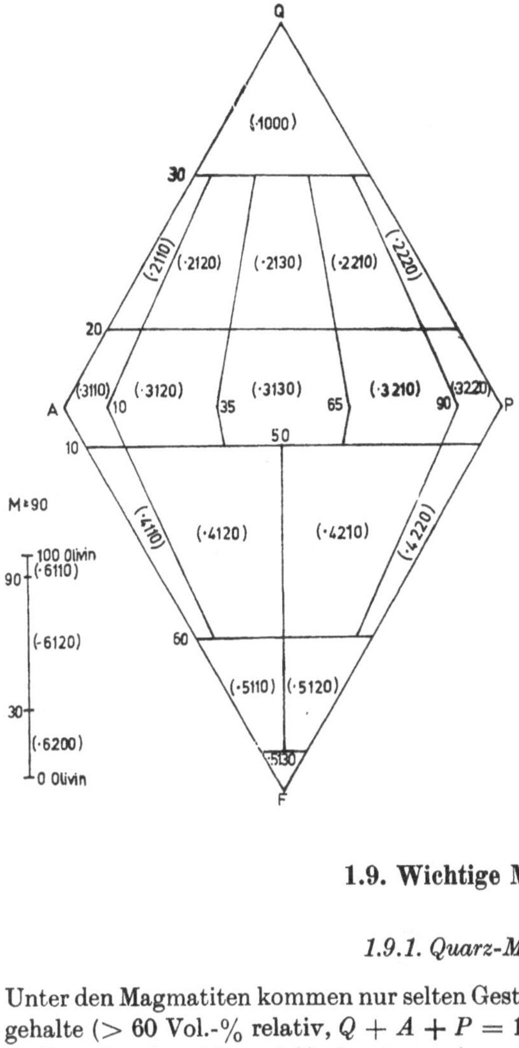

Abb. 1.34. Klassifikationsgrundlagen nach der TGL der DDR

1.9. Wichtige Magmatite

1.9.1. Quarz-Magmatite

Unter den Magmatiten kommen nur selten Gesteinstypen vor, die durch sehr hohe Quarzgehalte (> 60 Vol.-% relativ, $Q + A + P = 100$) gekennzeichnet sind. Ihre genetische Stellung ist oft unklar; vielfach müssen sie metamorphen Gesteinen zugeordnet werden. Mitunter weisen Aplite und Pegmatite (Mikrogranite) bedeutende Quarzanreicherungen auf; manche Granite wurden unmittelbar nach ihrer Hauptkristallisation durch SiO_2-Zufuhr metasomatisch verändert. Quarz-Vulkanite sind nicht bekannt geworden.

1.9.1.1. Plutonite

Quarz-Plutonite (Code 1 1000) wurden im sächsischen Erzgebirge durch den Zinnbergbau aufgeschlossen. Als *Greisen* stehen sie dort in gesetzmäßigem Zusammenhang mit Kassiteritvererzungen. Charakteristische Begleitminerale des Kassiterits sind Topas, Zinnwaldit, Turmalin und Fluorit, die auf magmatische Restlösungen und deren sekundären Einfluß auf ursprüngliche granitische Magmatite verweisen. Die genannten Minerale und dazu vor allem Quarz und Muskovit wurden unter Zerstörung und Verdrängung von Plagioklas und Kalifeldspat gebildet; aus solchen Vorgängen resultierten zumeist hellgraue, körnige Gesteine mit gelegentlicher Braunfärbung durch nachfolgende Oxydation akzessorischer Sulfide. Unter dem Mikroskop erweisen sich die Quarze als gerundet, während Glimmer vielfach auf Intergranularen nur kleinschuppig ausgebildet sind. Gelegentlich kommen auch gröbere Glimmeraggregate vor. Reste von Feldspäten sowie weitere sekundäre Mineralbildungen sind genetisch von Interesse.

In engem Zusammenhang mit den Greisenbildungen stehen sogenannte *Zwitter* oder *Zwittergänge*. Sie sind ähnlich wie diese gebildet worden und bestehen zum überwiegenden Teil aus Quarz. Greisen und Zwitter können nach bestimmten Mineralen weiter unterschieden werden; Bezeichnungen wie Glimmer-, Topas-, Turmalin- oder Zinngreisen sprechen für sich.

1.9.1.2. Ganggesteine

Ganggesteine oder Übergangsmagmatite (Code 2 1000) können nur unter Vorbehalt genannt werden. Das betrifft insbesondere den sogenannten *Perazidit* (nach F. Rinne) oder *Silexit* (nach W. J. Miller). Das Originalgestein stammt aus den Adirondack-Bergen des Gebietes um New York und stellt einen extrem quarzreichen Pegmatit dar, der Übergänge zu pneumatolytischen und hydrothermalen Bildungsphasen erkennen läßt. Auch der *Arizonit* (nach J. E. Spurr) kann hier genannt werden; das Originalgestein aus S-Arizona enthält zu rund 80 Masse-% Quarz, daneben Orthoklas, Glimmer und Apatit. Ähnliche Gänge beschrieb H. Credner bereits 1875 aus dem sächsischen Granulitgebirge.

Inwieweit andere *Quarzgänge*, zum Beispiel aus der Lausitz, zu den Übergangsmagmatiten gerechnet werden können, bleibt in Anbetracht der Tatsache, daß Quarz als echtes Durchläufermineral in vielen hydrothermalen Ganglagerstätten vorkommt, offen. Rechnet man die Quarzgänge zu den Übergangsmagmatiten, dann ergeben sich Konsequenzen auch bei anderen hydrothermalen Gangbildungen. Karbonatgänge mit Calcit als wesentlichem Gemengteil wären beispielsweise als *Mikrokarbonatite* (Code 2 6250) zu bezeichnen.

1.9.2. Quarz-Feldspat-Magmatite

Dieser Gruppe von Magmatiten sind viele bekannte Gesteinstypen zuzuordnen; ihr gehören mit wenigen Ausnahmen die mitteleuropäischen Plutonite an. Ganggesteine und Vulkanite sind ebenso mit zahlreichen Typen vertreten.

Generell sind die Quarz-Feldspat-Magmatite durch relativ hohe Quarz- und Feldspatgehalte gekennzeichnet; Feldspatvertreter und Olivin fehlen. Der Mafitanteil kann theoretisch bis zu 90 Mol-% betragen, doch ist im allgemeinen mit einer SiO_2-Anreicherung (Quarz!) eine Verarmung an basischen Elementen (Mg, Ca, Fe) und demzufolge an Mafiten verbunden. Auch die Plagioklase erreichen kaum Anorthitgehalte über 40 Mol-%. Die Alkalifeldspäte sind Albit ($<$ 5 Mol-% Anorthit), Orthoklas, Mikroklin, Perthit, Antiperthit und bei den Vulkaniten Anorthoklas und Sanidin.

1.9.2.1. Plutonite

Alkalifeldspat-Granite (Code 1 2110)

Alkalifeldspat-Granite kommen seltener als andere Granite vor; im Gebiet der DDR konnten sie bislang nicht nachgewiesen werden. Sie sind mit atlantischen Magmatiten vergesellschaftet, die bevorzugt in Tafelgebieten zur Entwicklung kamen. Bekannt sind Vorkommen im Gebiet des Oslo-Grabens, ferner auf der Kola-Halbinsel, im Ukrainischen Schild, auf Madagaskar und Grönland.

Die Plagioklasanteile der Alkalifeldspat-Granite liegen stets sehr niedrig; bestimmend sind Albit und Kalifeldspäte. Infolge des relativ großen Alkaliangebots finden sich unter den Mafiten Aegirin, Aegirinaugit und Alkalihornblenden. Typische Akzessorien sind Zirkonminerale und Verbindungen Seltener Erden neben einigen anderen, relativ seltenen Mineralen (Nb-, Ta-, F-Minerale). Das Gefüge ist holokristallin, hypidiomorph und zumeist klein- bis grobkörnig. Altersfolgen ergeben sich von den Mafiten über die Alkalifeldspäte bis zum Quarz, wobei die genannten Akzessorien zum Teil älteste, zum Teil auch jüngste Bildungen darstellen.

Extrem reich an Kalium sind einige Alkalifeldspat-Granite, die von A. JOHANNSEN (1932) *Kalialaskite* genannt wurden. Sie kommen auf der Halbinsel Alaska vor und sind helle feinkörnige Gesteine mit den Hauptgemengteilen Kalifeldspat und Quarz. Untergeordnet kommen Alkalihornblenden, Pyroxene und Biotit hinzu. Akzessorien sind Apatit und seltene Zr-Minerale. Die SiO_2-Gehalte erreichen 75 Masse-%; die Fe- und Mg-Gehalte bleiben dementsprechend niedrig ($\pm$ 1 Masse-%).

Durch Zunahme von Fe, Mg und Ca und damit von dunklen Gemengteilen ergeben sich Gesteinstypen, die von A. JOHANNSEN (1932) *Kaligranite* genannt wurden. Auch in diesen Typen fehlt Plagioklas. Die *Alaskite* (nach J. E. SPURR) weisen neben Kalifeldspäten und Quarz geringe Mengen an Plagioklas auf und tendieren oft zu Syenograniten. Die Gehalte an dunklen Gemengteilen liegen noch unter 2 Vol.-%.

Alle genannten Gesteine können sekundär verändert worden sein; beispielsweise konnten durch Na-Zufuhr im Extremfall *Albitite* gebildet werden. Als Ausgangsgesteine solcher Albitite kommen jedoch auch andere Gesteine in Betracht. Weitere sekundäre Bildungen ergeben sich unter Oberflächenbedingungen; so sind für die Alkalifeldspat-Granite Vergrusungen und Tonmineralbildungen (Kaolinisierungen) genauso wie für andere granitische Gesteine typisch.

Syenogranite (Code 1 2120)

Weltweit sind *Syenogranite* als synorogene oder subsequente Magmatite bekannt. Sie finden sich demzufolge im Gebiet der DDR besonders häufig an Stellen, die in die variszische Geosynklinale einbezogen waren.

Als Beispiel sei der Haupttyp des sogenannten Brockengranits mit folgendem Modus genannt:

Quarz	33–34 Vol.-%;
Alkalifeldspat	42–45 Vol.-%;
Plagioklas	17–18 Vol.-%;
Biotit	3–5 Vol.-%;
Akzessorien	1 Vol.-%.

Der Alkalifeldspatanteil umfaßt im wesentlichen Kalifeldspat; der Plagioklas ist albitreich (Oligoklas). Unter den Akzessorien finden sich Apatit, Zirkon und Magnetit. Das Gestein ist hellgrau, in Oberflächennähe auch braungrau gefärbt. Vergrusungen treten an vielen Stellen auf; typisch ist eine von nahezu senkrecht aufeinander stehenden Klüften ausgehende Wollsackverwitterung. Dadurch gebildete und zum Teil abgerollte Blöcke werden als sogenannte Findlinge genutzt.

Syenogranite finden sich weiterhin am Ramberg im Harz, im Westerzgebirge (Eibenstock), im mittleren Erzgebirge (Greifensteine), im Osterzgebirge (Altenberg), im Elbtalgebiet (Turmalingranit von Maxen) und in Thüringen (aplitgranitische Bereiche des Thüringer Hauptgranits).

Genetisch sind *Xenolithe* verschiedener Art von Interesse, darunter die häufigen mehr oder weniger granitisierten Biotitschiefer, in denen es zu unterschiedlichen Neubildungen von Plagioklasen und Kalifeldspäten kam. Andere Xenolithe wurden lediglich kontaktmetamorph verändert; das betrifft insbesondere Kalksteine oder Dolomite. Im Bereich solcher Xenolithe können *Streuzonen* auftreten, die durch Abrieb des Fremdmaterials gekennzeichnet sind.

Alle Syenogranite sind holokristalline Gesteine mit deutlichen Mengen zumeist albitreicher Plagioklase. Die Farben tendieren vom hellen Grau zu rötlichen, bräunlichen und blaugrauen Farbtönen. Den Korngrößen nach handelt es sich zumeist um klein- bis grobkörnige Gesteine. Verbreitet sind porphyrische Typen, in denen bevorzugt Kalifeldspat Einsprenglinge bildet. Neben Kalifeldspat, Albit, Plagioklas und Quarz bilden Biotit und selten Hornblende sowie Pyroxen Hauptgemengteile. Im Übergang zu Alkalifeldspat-Graniten können auch Alkalihornblenden und Aegirin vorkommen. Unter den Akzessorien sind Magnetit, Apatit und Zirkon verbreitet; andere Akzessorien deuten auf spezielle Entwicklungsbedingungen hin (Abb. 1.35). So entsprechen viele Syenogranite fortgeschrittenen Differentiationsstadien, in denen es zu einer relativen Anreicherung von Si, Na, K, H_2O, F, B und seltenen Elementen gekommen war. Syenogranite des Westerzgebirges führen beispielsweise Topas und Turmalin, zu denen Kassiterit und andere Minerale hinzukommen können.

Genaue Untersuchungen lassen erkennen, daß bei den Syenograniten ebenso wie bei anderen Magmatiten die theoretische *Altersfolge* der Gemengteile vielfach gestört ist. Einige Gemengteile treten in mehreren Generationen auf, wobei mitunter nicht eindeutig zu entscheiden ist, inwieweit es sich um Relikte bestimmter Ausgangsgesteine oder um Kristallisationsprodukte handelt.

Chemisch sind die Syenogranite ihrem Mineralbestand entsprechend durch relativ hohe SiO_2- und Alkaligehalte charakterisiert. Mit der durch das verstärkte Auftreten von Plagioklas dokumentierten Ca-Zunahme ist zumeist ein wachsender Gehalt an Fe und Mg verbunden, so daß generell Mafite auftreten. Unter den Spurenelementen verdienen Sn, W und leichtflüchtige Elemente besondere Beachtung.

Sekundäre Veränderungen sind vor allem unter dem Einfluß von Atmosphärilien zu erwarten; sie äußern sich in Brauneisenbildungen (Oxydation von zwei- zu dreiwertigem Eisen z. B. in Biotiten und Sulfiden), Kaolinisierungen, Vergrusungen u. a. Zu ähnlichen Erscheinungen konnten Hydrothermen führen, aus denen sich daneben spezifische Minerale bildeten.

Die Nutzung der Syenogranite erstreckt sich von Dekorations- bis zu Pflastersteinen; hinzu kommen Schotter und Splitt.

Zu den Syenograniten sind eine Anzahl von Gesteinstypen zu rechnen, die eigene

Namen erhielten. Das betrifft unter anderem den *Moyit* (nach A. JOHANNSEN), der auch als quarzreicher dunkler Kaligranit (W. E. TRÖGER, 1935) bezeichnet wurde. Viele der sogenannten *Alkaligranite* (nach H. ROSENBUSCH) gehören hierher. J. W. JUDD nannte 1897 ein Gestein von der Insel Rockall (Irland), das im wesentlichen aus Aegirin, Quarz und Albit besteht, *Rockallit*; das Gestein tendiert zu den Alkalifeldspat-Graniten.

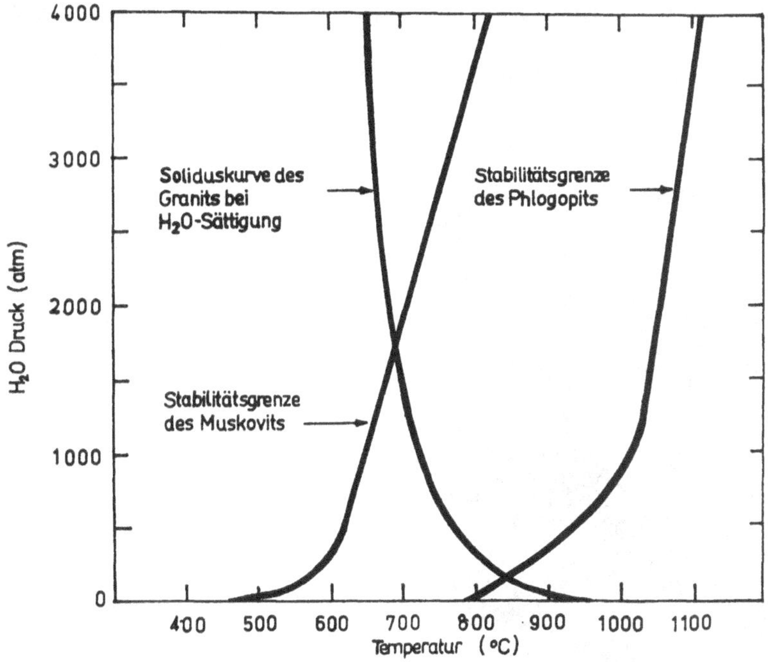

Abb. 1.35. Beziehungen zwischen den Stabilitätskurven von Muskovit und Phlogopit und der Schmelzkurve des Granits bei H_2O-Sättigung (nach H. S. YODER und H. P. EUGSTER). Phlogopit (und Biotit) kann direkt aus einem Magma auskristallisieren; für Muskovit muß offensichtlich ein höherer H_2O-Druck im Magma oder eine nachträgliche Bildung im Gestein angenommen werden

Monzogranite (*Code 1 2130*)

Monzogranite sind ebenso verbreitet wie Syenogranite. Ihr ausgeprägter Kalkalkalicharakter und ihre Verknüpfung mit Orogenen sind auffällig.

Einzelne Vorkommen zu beschreiben ist in Anbetracht ihrer Vielzahl nicht möglich. In der DDR werden Vorkommen in der Lausitz, im Elbegebiet, im Erzgebirge und in Thüringen zum Teil seit Jahrhunderten genutzt (Abb. 1.36). Wichtig sind Vergesellschaftungen mit anderen kalkalkalibetonten Gesteinstypen, zu denen dioritische *und* syenogranitische gehören. Basische Vorläufer oder Randzonen einzelner Massive mit Hornblende- und Augitführung sind ebenso zu nennen wie SiO_2-reiche, jüngere Magmatite. Bestimmte, mit ihnen verbundene Ganggesteine und Lagerstättenbildungen verdienen besonderes Interesse. So stellte G. TISCHENDORF (1970) bei seinen Untersuchungen im sächsischen Erzgebirge fest, daß Biotit-, Biotit-Muskovit-Monzogranite und Syenogranite eines jüngeren Komplexes bevorzugt mit Zinn-, Lithium-, Fluor- und Rubidium-Anreicherungen verbunden sind, während ältere Granite keine geochemischen

Besonderheiten erkennen lassen. Bei den jüngeren Graniten kam es unmittelbar nach der Erstarrung zu Muskovitisierungen, Albitisierungen und Kalifeldspatisierungen, denen sich Greisenbildungen mit Kassiterit und Topas anschlossen. Weitere metasomatische Veränderungen mit erneuten Kalifeldspatisierungen und Albitisierungen sowie hydrothermalen Bildungen folgten.

Monzogranite leiten sich von den Syenograniten durch eine Zunahme der Plagioklasgehalte ab. Damit ist zumeist eine Anreicherung von Mafiten verbunden. Zirkon, Apatit und Magnetit sind in der Regel die ältesten Gemengteile; ihnen folgen Mafite (Biotit, Hornblende, Pyroxen), Plagioklase (Oligoklas bis Andesin), Kalifeldspäte (Orthoklas,

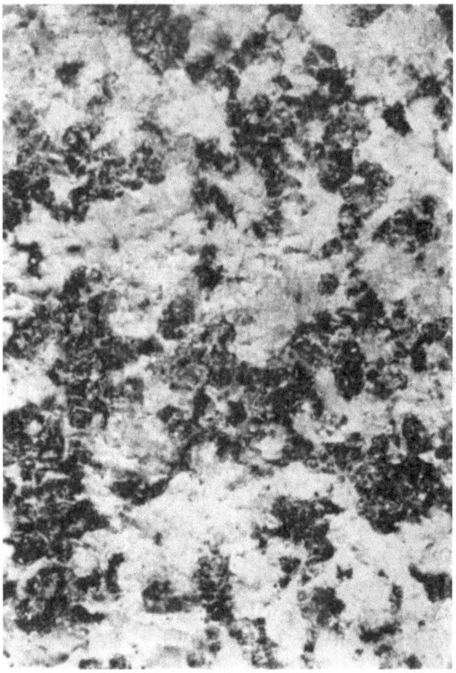

Abb. 1.36. Grobkörniger Monzogranit mit viel Feldspäten (weiß), Quarz (hellgrau) und wenigem Biotit (schwarz)

Mikroklin) und Quarz. Muskovit tritt untergeordnet auf und ist oftmals auf sekundäre Vorgänge zurückzuführen. Im Gefüge ähneln die Monzogranite weitgehend anderen Graniten.

Den Monzograniten entsprechen *Adamellite* (nach A. Catrein), *Quarzmonzogranite* (W. C. Brögger, 1895), *Alkalikalkgranite* (nach H. Rosenbusch), *Yosemitite* (nach P. Niggli) und *Normalgranite* (nach P. Niggli). Der Name „Charnockit" (nach T. H. Holland) bleibt metamorphen Gesteinen vorbehalten. Eigenartige Gesteine sind die *Rapakivi* (nach D. Tilas) mit ihren speziellen Typen *Pyterlit*, *Wiborgit* und *Tirilit* (nach W. Wahl). Der Tirilit ist relativ Ca-reich und führt demzufolge neben Mikroklinperthit, Quarz und Plagioklas deutliche Mengen an Hornblende, Pyroxen und Biotit. Beim Wiborgit tritt die Hornblende zugunsten des Biotits zurück. Am SiO_2-reichsten ist der Pyterlit, der im Gegensatz zu den beiden anderen Rapakivi-Typen eine normale Altersfolge aufweist. Wiborgit und Tirilit sind durch große Kalifeldspatovoide gekennzeichnet, die von grünem oder auch weißem Plagioklas (Oligiklas bis Andesit) umschlossen sind.

Die Genese der Rapakivi ist umstritten. Ihre Verbindung mit alkalireichen Gesteinen einerseits und basischen bis ultrabasischen andererseits führte zu metasomatischen Deutungen. Bekannt wurden Vorkommen in Südfinnland („fauler Stein"), in der Ukraine und an anderen Stellen der Sowjetunion.

Die Nutzung der Monzogranite entspricht der Nutzung anderer Granite. Neben sekundären Veränderungen (Kaolinisierungen und ähnlichen Erscheinungen) wirken sich hohe Glimmergehalte auf Festigkeit und Polierfähigkeit negativ aus. Günstig sind solche Granite zu beurteilen, in denen Quarz als jüngste Bildung das gesamte Gefüge „zementiert" und darüber hinaus keine wesentlichen Unterschiede in den Korngrößen bestehen. Auch an dieser Stelle sei auf die Bedeutung eines regelmäßigen Kluftsystems hingewiesen; wiederholte tektonische Beanspruchungen konnten unter Umständen bis zur Mylonitisierung und demzufolge zu einer erheblichen Verminderung der Festigkeitswerte führen.

Granodiorite (*Code 1 2211*)

Granodiorite stehen in enger Beziehung zu Dioriten und Monzograniten; an vielen Stellen sind Übergänge zu diesen Gesteinstypen zu beobachten. Nach W. Lindgren wurde der Name von Becker erstmalig für Plutonite mit Quarz, Orthoklas und Plagioklas verwendet; Lindgren selbst bezeichnete die Granodiorite auch als orthoklasführende Quarz-Diorite. Nach der hier verwendeten Definition sind die Granodiorite von Graniten durch dominierende Plagioklasgehalte und von Granogabbros durch Anorthitgehalte der Plagioklase unter 50 Mol-% unterschieden.

Generell sind Granodiorite als typische Kalkalkaligesteine an orogene Gebiete gebunden. Für Mitteleuropa ergeben sich Häufungen im Variszikum. Das Opdal-Inset-Massiv in Südnorwegen mit sehr basischen Granodioriten ist kaledonischen Alters. Bekannt wurden Granodiorite im zirkumpazifischen Raum; an der Wende zwischen Jura und Kreide kam es beispielsweise zwischen Alaska und Kalifornien zur Entwicklung des Nevada-Plutons mit einem Anschnitt von über 50000 km². Der Coast Range Batholith erstreckt sich auf eine Entfernung von über 2000 km!

In der Lausitz werden Granodiorite in großem Umfang abgebaut (Abb. 1.37). Auch an anderen Stellen der DDR sind Granodiorite aufgeschlossen worden, oftmals mit granitischen und dioritischen Gesteinstypen, seltener mit Pegmatiten und Apliten vergesellschaftet. Geochemische Spezialisierungen fehlen.

Genetisch können die Granodiorite weitgehend auf hybride Magmen zurückgeführt werden. Das läßt sich am Westlausitzer Granodiorit zeigen, in dem an vielen Stellen Grauwackenxenolithe vorkommen, die in unterschiedlichem Ausmaß assimiliert worden sind. Granitische Magmen konnten dadurch entarten. Zur Diskussion steht die Palingenese von an Calcium, Magnesium und Eisen angereicherten Sedimentiten oder Metamorphiten, nachdem von H. G. F. Winkler und seinen Mitarbeitern entsprechende Experimente durchgeführt worden sind.

Im Mineralbestand der Granodiorite kann mit relativ anorthitreichen Plagioklasen (An $\pm$ 30 Mol-%) eine Anreicherung von Mafiten verbunden sein. Neben Biotit kommen zunehmend Amphibole zur Geltung. Als Kalifeldspäte sind Orthoklas und Mikroklin (oft perthitisch) zu nennen. Quarz und Akzessorien zeigen keine Besonderheiten. Relativ selten treten Pyroxene auf. Die normale Altersfolge beginnt bei Akzessorien (Zirkon, Apatit, Magnetit) und endet bei Quarz oder Kalifeldspat.

Das Gefüge ist durch unterschiedliche Eigengestaltigkeit der gesteinsbildenden Minerale charakterisiert und als hypidiomorph zu bezeichnen. Die Körnigkeiten variieren zwischen klein- und grobkörnig. Im allgemeinen sind makroskopisch kaum Unterschiede zu granitischen Gesteinen zu beobachten; allerdings sind Granodiorite durchwegs dunkler als Granite.

Der Chemismus der Granodiorite widerspiegelt die bereits getroffenen Feststellungen; trotz relativ hoher SiO_2-Gehalte erfolgte eine Zunahme von Calcium, Magnesium und Eisen gegenüber Graniten. Sekundäre Veränderungen ähneln denen granitischer Gesteine; wichtig sind vor allem in der Lausitz Kaolinisierungen, die zu einer Reihe nutzbarer Lagerstätten führten.

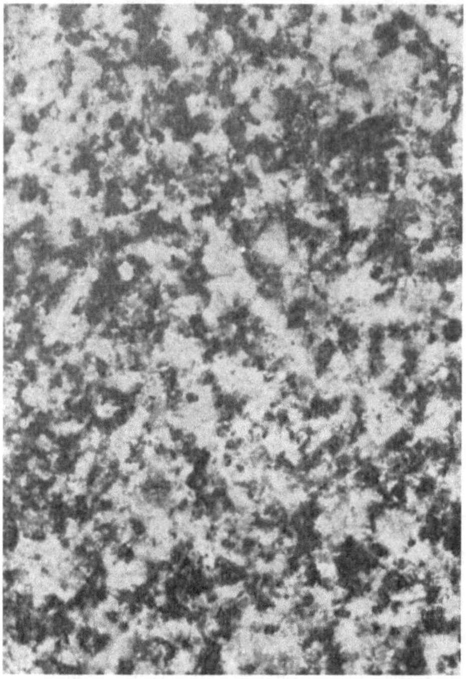

Abb. 1.37. Mittelkörniger Granodiorit mit Feldspäten (weiß), Quarz (grau) und Biotit (schwarz)

Unter den vielen granodioritischen Gesteinen erhielten einige eigene Namen, die noch immer gebraucht werden. Das betrifft unter anderen den *Opdalit* nach V. M. GOLDSCHMIDT, der im Gebiet von Trondhjem in Norwegen vorkommt und als dunkler Granodiorit bezeichnet werden kann. W. E. TRÖGER (1935) nannte eine Farbzahl von 21 und einen Hornblendeanteil von 17 Masse-%. B. v. COTTA faßte unter dem Namen „*Banatit*" granodioritische und dioritische Gesteinstypen zusammen, die auf dem Balkan (Soz. Republik Rumänien) verbreitet sind.

Granogabbros (*Code 1 2212*)

Den Granodioriten ähneln *Granogabbros*, doch treten in diesen Gesteinen Plagioklase mit wesentlich höheren Anorthitanteilen (> 50 Mol-%) auf. Der Anteil an Mafiten ist oft recht hoch; Farbzahlen von 35 und mehr werden angegeben. Der Name „Granogabbro" wurde 1917 von JOHANNSEN eingeführt, um orthoklasführende Quarz-Gabbros zu kennzeichnen.

Genetisch sind die Granogabbros sowohl mit dioritischen als auch gabbroiden Gesteinstypen vergesellschaftet; das ist unter anderem auf dem Balkan („Banatite") zu beobachten. Im Gebiet der DDR sind keine Vorkommen bekannt.

Neben anorthitreichen Plagioklasen treten in den Granogabbros Hornblenden und Pyroxene als wesentliche gesteinsbildende Minerale in Erscheinung. Hinzu kommen Biotit, Kalifeldspat und Quarz. Unter den Akzessorien ist Titanit zu nennen, der regelmäßig in Paragenese mit Hornblende auftritt. Gefüge und Chemismus entsprechen diesem Mineralbestand; Granogabbros sind hypidiomorphe, zumeist klein- bis mittelkörnige und dunkle Gesteine. Sie gehören zur pazifischen Gesteinsvergesellschaftung; kennzeichnend sind relativ hohe SiO_2- und Erdalkaligehalte.

Trondhjemite (Code 1 2221)

An die Granodiorite schließen sich die *Trondhjemite* an, die als helle Biotit-Granodiorite (W. E. Tröger, 1935) oder Quarz-Glimmer-Diorite (F. v. Wolff, 1951) bezeichnet werden können. Das Originalgestein stammt aus dem Gebiet um Trondhjem (Norwegen) und wurde 1916 von V. M. Goldschmidt untersucht.

Nach der hier verwendeten Definition gehören zu den Trondhjemiten alle *Quarz-Diorite* (Code 1 2220) mit Farbzahlen unter 15 sowie Plagioklasen, deren Anorthitgehalte unter 30 Mol-% liegen. Dunkler Bestandteil der Gesteine ist zumeist Biotit, untergeordnet auch Hornblende. In seltenen Fällen kommen Diopside vor.

Wie alle bisher behandelten Gesteinstypen sind auch die Trondhjemite an Orogene gebunden; bevorzugt kamen sie im zirkumpazifischen Raum (Alaska, Anden) und im kaledonischen Faltengebirge zur Entwicklung. Nach dem Reaktions- und Differentiationsprinzip kann, wie V. M. Goldschmidt zeigte, ein Trondhjemitmagma über ein Biotit-Diorit- mit einem ursprünglichen Biotit-Noritmagma genetisch verbunden gewesen sein, in dem es durch erhöhte Wassergehalte zur vorzeitigen Biotitbildung und dadurch zu einem weitgehenden Entzug von Kalium aus dem verbleibenen Restmagma gekommen war. Das wiederum hatte den Mangel an Kalifeldspat in Trondhjemiten und anderen Dioriten zur Folge.

Die Quarz- und Oligoklasgehalte der Trondhjemite können 30 beziehungsweise über 70 Vol.-% betragen. Die Biotitgehalte liegen zwischen 5 und 10 Vol.-%. Akzessorisch treten Zirkon, Apatit und Magnetit auf, bei Hornblendeführung auch Titanit. Das Gefüge ist hypidiomorph und weist keine Besonderheiten auf. Der Chemismus entspricht dem Mineralbestand; SiO_2-Gehalte um 70 Masse-% sind normal.

Unter den sekundären Veränderungen sind Chloritisierungen der Biotite neben Kaolinisierungen der Plagioklase besonders verbreitet. Nutzungsmöglichkeiten ergeben sich wie bei granitischen und verwandten Gesteinen.

Tonalite (Code 1 2222)

Verbreiteter als die Trondhjemite sind die dunklen Quarz-Diorite, die als *Tonalite* in die Gesteinssystematik aufgenommen worden sind. Ihre Farbzahl liegt stets über 15, und auch die Anorthitgehalte der Plagioklase erreichen Werte über 30 Mol-%. W. E. Tröger (1935) bezeichnete den Tonalit als biotitreichen Quarz-Gabbrodiorit, dessen Namen G. vom Rath bereits 1864 nach dem Gestein aus dem Tonale-Gebiet in Südtirol in die Petrographie einführte. Das dortige Gestein besteht neben basischem Plagioklas zu rund 25 Vol.-% aus Hornblende und zu 20 Vol.-% aus Biotit. Seine Quarzgehalte schwanken um 15 Vol.-%. Vielfach gehen Tonalite in dioritische Gesteinstypen über. Enge Beziehungen bestehen zu den Trondhjemiten.

Tonalite sind unter den präkambrischen Tiefengesteinen in Finnland und Schweden verbreitet. Gemeinsam mit Granodioriten bilden sie große Massive in Nordamerika; bekannt sind tertiäre Vorkommen in den Alpen. Genetisch müssen die Tonalite wiederum Orogenen zugeordnet werden, in deren Verlauf entweder basisches Krustenmaterial mobilisiert oder durch granitische Magmen basisches Material (Magmatite, Metamorphite, Sedimentite) assimiliert werden konnte. Einfache Differentiationsvorgänge reichen zur petrogenetischen Deutung nicht aus.

Der Mineralbestand entspricht bereits genannten Typen; neben Biotit treten Hornblende und Pyroxen auf. Die Plagioklase sind zumeist Andesine. Quarz ist notwendiger Bestandteil. Kalifeldspat hingegen tritt nur ganz untergeordnet in Erscheinung. Unter den Akzessorien ist neben Zirkon, Apatit und Magnetit bei Anwesenheit von Hornblende Titanit verbreitet; Ilmenit kann auftreten, gelegentlich auch Aegirin und Orthit. Das Gefüge weist keine Besonderheiten auf. Der Chemismus ist durch SiO_2-Gehalte um 70 Masse-% charakterisiert. Sekundäre Veränderungen und Nutzungsmöglichkeiten entsprechen denen granitischer Gesteine. Als eigene Gesteinstypen wurden früher *Quarz-Gabbro* (A. Johannsen, 1932) und *Quarz-Norit* angesehen; sie sind den Tonaliten oder den quarzführenden Gabbros zuzuordnen.

1.9.2.2. Vulkanite

Von den Vulkaniten sind zahlreiche Gesteinstypen ihrem Mineralbestand und Chemismus entsprechend den Quarz-Feldspat-Magmatiten zuzuordnen. Sowohl für Plutonite als auch für Vulkanite und schließlich für Ganggesteine können gleichartige Ausgangsmagmen in Betracht kommen.

Weitaus die meisten Magmen, die zur Erdoberfläche gelangen, geben zum Teil schon während ihres Aufstiegs, zum Teil erst an der Erdoberfläche ihre leichtflüchtigen Komponenten ab. Diese Gasabgabe kann sich besonders bei relativ SiO_2-reichen Magmen, die wesentlich zähflüssiger als basische Magmen sind, unter Explosionserscheinungen vollziehen. Bimssteine deuten auf solche Erscheinungen hin; vor allem sind Ignimbrite oder Schmelztuffe (Glutwolkenabsätze) hier einzuordnen. Mitunter sind die Magmen so zähflüssig, daß eine Gasabgabe verhindert wird (Pechsteine!).

Entscheidend ist in jedem Fall die mehrphasige Entwicklung der Magmen. Während im Bildungsbereich der Magmen noch offen ist, ob Vulkanite *oder* Plutonite entstehen, obwohl oftmals schon Kristallisationen beginnen (intratellurische Einsprenglinge), erfolgt dann nach einem krassen Temperatur- und Druckabfall die Vulkanitbildung unter ganz anderen Bedingungen als die der Plutonite. Bei niedrigem Druck und Gasarmut sind solche Minerale wie Leucit, Melilith und Pigeonit stabil, Hornblende und Biotit hingegen instabil. Chemisch weitgehend gleiche Magmen können zu Plutoniten oder Vulkaniten mit völlig verschiedenen Mineralen und demzufolge auch zu unterschiedlichen Gesteinen erstarren. Statt Biotit können sich Leucit, Olivin, Magnetit und Wasser bilden, und Hornblende zerfällt zu Anorthit, Pigeonit, Magnetit und Wasser. Dadurch verbundene Gesteinstypen sind *heteromorph* zueinander!

In diesem Zusammenhang interessiert die Genese der in vielen Quarz-Feldspat-Vulkaniten verbreiteten Quarz- und Feldspateinsprenglinge, die oftmals abgerundet und korrodiert erscheinen. Akzeptiert man, daß ein Großteil der rhyolithischen und verwandten sauren Magmen durch Anatexis geeigneter Ausgangsgesteine gebildet wurde, dann gewinnt die Erklärung von A. RITTMANN (1960) an Wahrscheinlichkeit, wonach in den Ausgangsgesteinen (Gneis z. B.) zunächst Quarz und Feldspäte durch Sammelkristallisation homogenisiert worden sind, ehe Mobilisate alkalirhyolithischer Zusammensetzung diese Quarz- und Feldspatkristalloblasten anschmolzen und korrodierten. Ihre Reste konnten bei der Abkühlung (nicht Erstarrung!) des anatektischen Magmas rekristallisieren, wobei frühere Korrosionserscheinungen nicht vollständig ausheilten. Damit stimmt überein, daß sowohl in Plutoniten als auch in Vulkaniten primäre Quarze als Hochtemperaturbildungen nachgewiesen werden konnten, die erst nachträglich in eine Tieftemperaturform umgewandelt worden sind. Quarze in Plutoniten (Graniten z. B.) erfuhren darüber hinaus weitere Veränderungen.

Im Widerspruch zu dieser Annahme steht, daß in granitischen beziehungsweise rhyolithischen Magmen Quarz nur deshalb so frühzeitig und in idiomorpher Form auskristallisieren konnte, weil leichtflüchtige Bestandteile, vor allem Wasser, bereits in großen Tiefen aus dem Magma entwichen. Tatsächlich kann schon ein geringer Gehalt an Wasser den Schmelzpunkt von SiO_2 erheblich herabsetzen.

Versuche mit dem System Albit-Kalifeldspat-SiO_2 $\pm$ H_2O lassen schließlich auch sehr SiO_2-reiche Ausgangsmagmen in Betracht kommen, aus denen vor Erreichen des granitischen Eutektikums zunächst Quarze auskristallisieren mußten. Das setzte relativ hohe Temperaturen voraus, wie sie für die Extrusion entsprechender Magmen ohnehin erforderlich sind. Nach H. G. F. WINKLER (1962) muß mit Temperaturen über 950 Grad Celsius gerechnet werden, die jedoch nur selten bei einer normalen Anatexis erreicht werden. WINKLER bemerkte hierzu, „daß jene hohen Temperaturen (um 950 °C) noch am ehesten verständlich sind, wenn man als Genese der hochtemperierten granitischen Schmelzen nicht Anatexis, sondern Kristallisationsdifferentiation in heißeren, nämlich gabbroiden Magmen annimmt“ (Seite 227). In den letzten Jahren konnten derartige Möglichkeiten auch experimentell bestätigt werden.

Alkalifeldspat-Rhyolithe (*Code 3 2110*)

Den Alkalifeldspat-Graniten entsprechen unter den Vulkaniten die *Alkalifeldspat-Rhyolithe.* Mit diesem Namen werden Gesteine bezeichnet, die modale oder normative Quarzgehalte über 20% (relativ zu $Q + A + P = 100$) und extrem hohe Gehalte an Alkalifeldspäten aufweisen. Vielfach können in den Alkalifeldspat-Rhyolithen natürliche Äquivalente des schon mehrfach genannten Quarz-Albit-Kalifeldspat-Systems gesehen werden.

Im Gebiet der DDR wurden Alkalifeldspat-Rhyolithe bislang nicht nachgewiesen, sieht man von den sogenannten *Quarz-Keratophyren* ab, die zwar formell hier zugeordnet werden können, doch an anderer Stelle zu besprechen sind. Alkalifeldspat-Rhyolith-Vorkommen sind von der Insel Pantelleria südwestlich von Sizilien, aus weiteren Gebieten des Mittelmeeres, aus Japan, von der Insel Timor, aus Gebieten Mittel- und Ostafrikas und aus Texas bekannt. Kennzeichnend ist ihre Vergesellschaftung mit basischen Vulkaniten und mit Gesteinen der atlantischen beziehungsweise mediterranen Sippe. Beziehungen zu trachytischen Gesteinen stehen im Vordergrund; zu den Begleitgesteinen gehören aber auch in bemerkenswertem Umfang leucitführende Gesteine sowie Übergangstypen zu Andesiten.

Der Mineralbestand der Alkalifeldspat-Rhyolithe entspricht denen der Alkalifeldspat-Granite; wesentlich sind neben Quarz die Alkalifeldspäte, hier zumeist in Form von Anorthoklas, Sanidin und Albit. Als dunkle Gemengteile wurden Aegirin, Aegirinaugit, Diopsid und Aenigmatit sowie in untergeordneten Mengen Arfvedsonit bekannt. Akzessorisch treten neben Zirkon und Apatit Tridymit, Olivin(!), Titanit, Biotit und Magnetit auf; auch braune Hornblende wurde beobachtet. Wichtig sind unterschiedliche Glasanteile, in denen verbreitet Mikrolithen vorkommen.

Das porphyrische Gefüge ist typisch für Alkalifeldspat-Rhyolithe. Einsprenglinge sind zumeist Aegirinaugit, Diopsid und Aenigmatit, seltener Biotit und Anorthoklas. Auch Quarz tritt relativ selten als Einsprengling auf. Ausnahmsweise kann Plagioklas unter den Einsprenglingen vorkommen, deren Korngrößen erheblichen Schwankungen unterliegen. Die Grundmasse besteht aus einem feinkörnigen bis dichten Gemenge von Feldspäten, Quarz und Aegirin, zu denen die genannten Minerale hinzukommen. Sehr verbreitet tritt Glas auf. Sogenannte granophyrische Gefüge mit feinverschränkten Verwachsungen von Quarz und Alkalifeldspäten und sphärolithische Bildungen (radialstrahlige Anordnungen von Grundmasseanteilen in kugeligen Aggregaten) sind oft zu beobachten; Makro- und Mikrogefüge ähneln denen der eigentlichen Rhyolithe.

Chemisch sind die Alkalifeldspat-Rhyolithe durch relativ hohe Alkali- sowie durch niedrige Al_2O_3-Gehalte gekennzeichnet; letztere variieren um 10 Masse-%. Sehr niedrige CaO-Gehalte sind weiterhin typisch.

Die sekundären Veränderungen gleichen denen verwandter Gesteine; neben einer Chloritisierung der dunklen Gemengteile ist eine Kaolinisierung der Feldspäte zu nennen. Auch die Nutzung liegt im Rahmen bislang besprochener Möglichkeiten.

Bei den Alkalifeldspat-Rhyolithen ist eine Reihe von Gesteinstypen einzuordnen, die unter besonderen Namen bekannt wurden. Den Kalialaskiten zum Beispiel wurden 1920 von A. Johannsen die *Kalitordrillite* gegenübergestellt; den Kaligraniten entsprechen die *Kalirhyolithe*, die ebenfalls Johannsen definierte; sie kommen auf Alaska vor und sind zumeist durch hohe Glasgehalte gekennzeichnet. Sehr bekannt sind die *Pantellerite* (nach E. Foerstner), die W. E. Tröger (1935) als Aegirin-Rhyolithe bezeichnete. Sie können Quarzeinsprenglinge führen, häufiger jedoch Aegirinaugit-, Diopsid-, Anorthoklas- und Aenigmatiteinsprenglinge. Ihre Farbe variiert zwischen Grün und Schwarzgrün, je nach Anteil von dunklen Gemengteilen und Glas. Aus dem gleichen Gebiet (Inseln südlich von Sizilien) stammt der *Comendit* (nach S. Bertolio), der sich vom Pantellerit durch etwas höhere Gehalte an Quarz sowie durch geringere Gehalte an dunklen Gemengteilen und demzufolge durch hellere Farben unterscheidet. Als anorthitarmer Rhyolith wurde von W. E. Tröger (1935) der *Tordrillit* (nach J. E. Spurr) bezeichnet, der im Mineralbestand und Chemismus den Alaskiten entspricht, in deren Vergesellschaftung er auf Alaska zu finden ist. Charakteristisch ist ein sehr geringer Gehalt an dunklen Gemengteilen von unter 2 Masse-%. Der von K. A. Lossen 1882 definierte *Quarz-Keratophyr* wurde von A. Johannsen (1932) als älterer Kalirhyolith angesehen; unabhängig von seiner genetischen Problematik bezeichnete ihn H. Rosenbusch als Äquivalent des Comendits.

Rhyolithe (Code 3 2120)

Rhyolithe unterscheiden sich von den Alkalifeldspat-Rhyolithen durch bemerkenswerte Plagioklasanteile und damit durch höhere Ca-Gehalte. Der Name wurde 1860 von F. v. Richthofen geprägt und von ihm selbst weiteren Einteilungen zugrunde gelegt.

Rhyolithe kommen an vielen Stellen der Erde vor; sie sind oft an subsequente Phasen einer Gebirgsbildung gebunden und mit dacitischen *und* basaltischen Vulkaniten vergesellschaftet. In Mitteleuropa sind Rhyolithe vor allem im Rotliegenden bekannt geworden; aus der DDR sind Vorkommen im Meißener Gebiet, bei Halle, im Gebiet des Flechtinger Höhenzuges und in Thüringen zu nennen. Außer in Decken und Schloten finden sie sich auch in Gängen, zum Beispiel im Osterzgebirge.

Die Genese der Rhyolithe ist durch Anatexis und Differentiation zu erklären; gelegentlich muß mit der Mobilisation von saurem Krustenmaterial durch die Einwirkung basischer Magmen gerechnet werden. Typisch für alle Rhyolithvorkommen sind Asche- und Tuffbildungen, von denen die Ignimbrite teilweise nur mikroskopisch von ehemaligen Laven unterschieden werden können.

Der Mineralbestand variiert den Grenzwerten der hier verwendeten Klassifikation entsprechend; wesentlich sind relativ hohe Quarz- und Alkalifeldspatgehalte, zu denen Plagioklase hinzukommen. Trotz des erhöhten Ca-Anteils kam es nur geringfügig zur Bildung dunkler Gemengteile; als dunkler Gemengteil tritt regelmäßig Biotit auf. Akzessorisch — in sogenannten „*Pyroxenquarzporphyren*" auch angereichert — können neben Zirkon, Apatit und Magnetit die bereits bei den Alkalifeldspat-Rhyolithen genannten Minerale, zum Beispiel Diopsid und Hornblende, vorkommen. Wichtig sind mehr oder weniger große Gehalte an Glas. Ebenso wie in Graniten kann Muskovit auftreten. Sekundäre Minerale sind gelegentlich Topas, Turmalin, Fluorit und Kassiterit. Das Gefüge ist zumeist porphyrisch und durch Einsprenglinge von Quarz, Kalifeldspat, Plagioklas und Biotit gekennzeichnet. Die Grundmasse der Rhyolithe kann durch Quarz-Feldspatverzahnungen granophyrisch entwickelt sein; verbreitet sind auch mikrofelsitische Gefüge mit einer sehr feinkörnigen bis dichten, trüben Grundmasse. In Gesteinen mit einer mikrogranitischen Grundmasse wurden vorwiegend Kalifeldspäte durch Quarz zementiert. Rhyolithe mit hypokristallinem Gefüge sind durch Glasanteile gekennzeichnet; deren Zunahme bedingt vitrophyrische Gefüge. Fließgefüge können mit fortschreitender Verwitterung durch dünnplattige Absonderungen besonders markiert sein.

Die glasartigen Rhyolithe lassen sich folgendermaßen unterscheiden:

Obsidian = wasserfreies, dunkles Rhyolithglas;
Pechstein = wasserreiches, bis zu 10 Masse-% H_2O-führendes Rhyolithglas;
Perlit = wasserärmeres, um 3 bis 4 Masse-% H_2O-führendes Rhyolitglas mit perlsteinartigen Absonderungen;
Bimsstein = schaumiges Rhyolithglas mit unterschiedlichen H_2O-Gehalten.

Der Chemismus der Rhyolithe entspricht dem syenogranitischer Gesteine. Die SiO_2-Gehalte übersteigen zumeist 70 Masse-%; CaO und MgO sind relativ wenig vorhanden. Der Al_2O_3-Gehalt reicht zur Fixierung der Alkalien sowie des geringen CaO-Gehaltes in Feldspäten und in wenigen Glimmern aus.

Sekundäre Veränderungen der Rhyolithe sind auch im Gebiet der DDR verbreitet; an erster Stelle stehen die mehr oder weniger umfangreichen Kaolinisierungen bis zu entsprechenden Lagerstättenbildungen. Verwitterungs- und Zersetzungsbeginn machen sich zumeist durch Braunfärbungen bemerkbar; Biotite werden zerstört und feine Magnetitkörnchen oxydiert.

Rhyolithische Gesteine werden in großem Maße genutzt. Schotter und Splitt sind ebenso gefragt wie Dekorationsmaterialien (z. B. von Löbejün bei Halle). Rhyolithgläser wurden teilweise als Glasrohstoff eingesetzt; wichtig ist Perlit als blähfähiges Gesteinsglas und damit als Leichtzuschlagstoff.

F. v. Richthofen unterteilte die Rhyolithe in drei Gruppen; die von ihm verwendeten Namen sind:

Nevadite	= granitische, einsprenglingsreiche Rhyolithe;
Liparite	= porphyritische Rhyolithe;
Echte Rhyolithe	= hyaline und ähnliche Rhyolithe.

Der Nevadit ist durch Sanidin, Plagioklas, Quarz, Biotit und Akzessorien gekennzeichnet. Der Liparit ist identisch mit dem Rhyolith; oft findet sich für ihn die Bezeichnung „*Quarztrachyt*". Mit Rhyolith und Liparit wurden in Mitteleuropa jüngere Vulkanite bezeichnet, während der Name „*Quarzporphyr*" den älteren, vorwiegend variszischen Bildungen vorbehalten blieb. *Vitrophyre* sind nach H. Vogelsang solche Rhyolithe, deren Einsprenglinge in eine Grundmasse aus Glas eingebettet sind.

Rhyodacite (Code 3 2130)

Rhyolithe und *Rhyodacite* gehen fließend ineinander über und sind in den meisten Fällen im Handstück nicht zu unterscheiden. Wesentlich für Rhyodacite ist ein beträchtlicher Plagioklasanteil, mit dem oftmals eine Zunahme dunkler Gemengteile verbunden sein kann.

Rhyodacite kommen in Vergesellschaftung mit Rhyolithen vor; genetische Beziehungen zu Monzograniten in Orogengebieten und zu Differentiationsreihen verschiedener Art sind auch hier zu verzeichnen. Im Gebiet der DDR sind Rhyodacite (Pechsteine im Meißener Gebiet zum Beispiel) verbreitet; sie wurden vorwiegend im oberen Karbon und im Rotliegenden gebildet.

Neben Quarz, Kalifeldspäten und zumeist noch sauren Plagioklasen sind die dunklen Gemengteile Biotit, Hornblende und Pyroxen zu nennen. Akzessorisch kommen Zirkon, Apatit und Magnetit, gelegentlich auch Titanit, Muskovit und seltenere Minerale vor. Das Gefüge gleicht dem der Rhyolithe; Rhyodacitgläser sind verbreitet. Die Grundmasse ist oft feinkörnig bis glasig ausgebildet; an Einsprenglingen kommen relativ häufig Plagioklase und dunkle Gemengteile vor. Bemerkenswert sind auch hier Ignimbritbildungen, die im Handstück nicht von Lavabildungen zu unterscheiden sind. Chemisch sind höhere CaO-Gehalte von Interesse, mit denen Anreicherungen von MgO und FeO sowie TiO_2 (Ilmenit!) verbunden sein können.

Die sekundären Änderungen lassen sich aus dem Mineralbestand und Chemismus ableiten; verbreitet sind Kaolinisierungen. Die Meißener Porzellanmanufaktur verwendet beispielsweise Kaoline aus dem Gebiet um Seilitz, die vorwiegend aus Rhyodacitglas (Pechstein) entstanden.

Genutzt werden Rhyodacite als Schotter- und Splittmaterial; Möglichkeiten ergeben sich für die Glasindustrie (Pechsteine). Die Blähfähigkeit von Pechsteinen gestattet deren Einsatz als Leichtzuschlagstoff.

Da der von A. N. Winchell eingeführte Name „Rhyodacit" ursprünglich für Ergußäquivalente des Granodiorits verwendet wurde, sind frühere Spezialtypen entweder den Rhyolithen oder Daciten zuzuordnen.

Dacite (Code 3 2210)

Dacite sind durch eine weitere Zunahme des Plagioklases und eine entsprechende Abnahme von Alkalifeldspäten gegenüber Rhyolithen gekennzeichnet. Als Ergußäquivalente des Granodiorits *oder* des Granogabbros bilden sie eine breite Palette von Gesteinen, die sich im wesentlichen durch die Anorthitgehalte ihrer Plagioklase und durch ihre Farbzahlen unterscheiden. Der Name „Dacit" wurde von G. Stache 1863 eingeführt; er bezeichnete damit aus dem Gebiet von Dacia (SR Rumänien) die sogenannte Oligoklas-Gruppe der Quarz-Trachyte, somit Gesteine, die heute entweder zu den Rhyolithen, Rhyodaciten *oder* Daciten gestellt werden müssen. Der Name „Dacit" ist oft sehr unterschiedlich verwendet worden; nach W. E. Tröger (1935) sind in den Daciten Ergußäquivalente des Quarz-Diorits zu sehen.

Die Dacite gehen sowohl in Rhyodacite als auch in Quarz-Andesite oder Andesite über, mit denen sie häufig vergesellschaftet sind. Als Kalkalkaligesteine sind sie an Orogene gebunden und in subsequenten Phasen oftmals relativ junge Bildungen. Sie wurden genetisch als Mischgesteine von Krusten- und Mantelmaterial gedeutet, doch sind nach experimentellen Ergebnissen dacitische und andesitische Magmenmobilisationen aus Mantelmaterial möglich. Ihre Hauptverbreitung ist mit Andesiten im zirkumpazifischen Raum und im sogenannten Mittelmeergürtel gegeben. In Mitteleuropa wurden sie im oberen Karbon und im Rotliegenden in großem Ausmaß gebildet; unter den Namen „*Quarzporphyrit*" und „*Porphyrit*" sind vielfach Dacite zu finden.

Der Mineralbestand der Dacite ist durch Einsprenglinge von Quarz, Plagioklas, Kalifeldspäten und dunklen Gemengteilen gekennzeichnet; in der Grundmasse finden sich gleiche Gemengteile (selten auch Tridymit und Cristobalit) unter Anreicherung von Plagioklas wieder. Zumeist handelt es sich bei den Daciten um hellgraue Gesteine, die nur in Übergängen zu Andesiten oder basaltoiden Gesteinen dunklere Farbtöne annehmen können. Unter ihren dunklen Gemengteilen treten zunehmend Hornblenden und Pyroxene in Erscheinung. Das Gefüge entspricht dem bisher behandelter Vulkanite; porphyrische Gesteinstypen dominieren, doch sind auch Dacitgläser bekannt. Da Hornblenden, Augite und Plagioklase in der Grundmasse nadelig oder leistenförmig ausgebildet sein können, finden sich unter den Daciten und verstärkt unter andesitischen und basaltischen Gesteinstypen besondere Gefüge. „Schwimmen" beispielsweise solche mehr oder weniger idiomorphen Kristalle der Grundmasse in einem Glas, handelt es sich um *hyalopilitische Gefüge. Pilotaxitische Gefüge* liegen vor, wenn feinste Gemengteile als Entglasungsprodukte gedeutet werden müssen; unter ihnen dominieren Feldspatmikrolithen. Als *Mikrofelsit* wird ein unauflösbares Gewirr feinster Gemengteile bezeichnet.

Unter den sekundären Veränderungen der Dacite verdienen die *Propylitisierungen* besondere Beachtung, die von F. v. Richthofen bereits im vorigen Jahrhundert eingehend beschrieben worden sind. Nach H. Schneiderhöhn (1941) handelt es sich bei dieser Propylitisierung oder Vergrünsteinung um eine Art Autohydration, bei der unmittelbar nach der Erstarrung des Gesteins freigewordene leichtflüchtige Bestandteile zu Chlorit-, Sericit-, Quarz- und Pyritneubildungen führten. Ein direkter Zusammenhang mit hydrothermalen Lagerstättenbildungen wurde nicht bestätigt; unter dem Einfluß lagerstättenbildender jüngerer Hydrothermen kam es zu *ähnlichen* und weitergehenden Umwandlungen. Verbreitet treten propylitisierte Dacite im Karpatengebiet auf; bekannt wurden derartige Erscheinungen auch aus anderen Gebieten. Normale sekundäre Veränderungen sind auf den Einfluß von Atmosphärilien zurückzuführen; wie bei allen anderen Gesteinen werden eisenhaltige Minerale unter Limonitbildung zersetzt. Vergrusungen und Kaolinisierungen der Gesteine sind verbreitet.

Dacite sind als Schotter- und Splittmaterial nutzbar; im Gebiet der DDR werden unter anderem ältere Dacite (*Quarzporphyrite*) im Flechtinger Höhenzug abgebaut, die dort in Übergängen zu Rhyolithen (*Quarzporphyren*) und Andesiten (*Augitporphyriten*) auftreten. Einige Dacite eignen sich auch als Werk- und Dekorationssteine; berühmt ist der porfido rosso antico, der bei Djebel Dokkan in Ägypten vorkommt und bereits in der Antike verwendet wurde. Das Gestein besteht im wesentlichen aus Plagioklas, Quarz, brauner Hornblende, Orthoklas und Akzessorien; roter Manganepidot und normaler grüner Epidot als Sekundärprodukte verursachen die besonders attraktive Farbe des Gesteins.

Den Daciten ist eine ganze Reihe von Gesteinstypen zuzuordnen, die eigene Namen erhielten. Ohne Anspruch auf Vollständigkeit seien genannt:

Rhyobasalt; nach A. Johannsen (1932) ein Ergußäquivalent des Granogabbros mit relativ basischen Plagioklasen und Fe—Mg-Mineralen neben Quarz und Orthoklas.

Kongadiabas; nach W. E. Tröger (1935) ein Rhyobasalt in Grünsteinfazies vom Konga-Klint, Schonen, Schweden.

Ungait; nach W. E. Tröger (1935) hololeukokrater saurer Hyalorhyodacit, demnach ein Gestein, das kaum dunkle Gemengteile und in einer Glasmatrix allenfalls Plagioklaskriställchen enthält (Aleuteninsel Unga).

Sanukit; von W. E. Tröger (1935) als normaler Hyalorhyodacit definiert. E. Weinschenk bezeichnete mit diesem Namen einen japanischen Bronzit-Andesit.

Aus Schottland sind eine Reihe von Pechsteinen bekannt, die *Leidleit, Cumbrait* und *Inninmorit* genannt wurden.

Der *Weiselbergit* (nach H. Rosenbusch) ist ein glasreicher „Augitporphyrit" aus dem Rotliegenden des Nahegebietes; seine Glasbasis führt relativ wenig Orthoklassubstanz, so daß Tendenzen zum Quarz-Andesit bestehen.

F. Becke bezeichnete als *Santorinit* einen Hypersthen-Andesit von der Insel Santorin, den Tröger später als Oligoklas-Hyalodacit neudefinierte.

Quarz-Andesite (*Code 3 2220*)

Die *Quarz-Andesite* schließen sich unmittelbar an die Dacite und einige der soeben genannten Gesteinstypen an. In seinem Kompendium vermerkte W. E. Tröger (1935), daß der Quarz-Andesit nach der chemischen Analyse ein normaler Dacit und deshalb „nicht eingeführt" sei!

Ihrer Definition entsprechend stellen die Quarz-Andesite Ergußäquivalente der Quarz-Diorite und damit der Trondhjemite und Tonalite dar. Relativ seltene dunkle Typen, die früher als „*Quarzbasalte*" bezeichnet wurden, sind hier einzuordnen.

Vorkommen und Genese entsprechen denen der Dacite und Andesite, zu denen vielfache Übergänge bestehen. Oft handelt es sich bei den Quarz-Andesiten um typische Vertreter pazifischer Gesteinsreihen, die an orogene Gebiete gebunden sind. Das betrifft auch „*Quarzbasalte*", die in Kalifornien und in Rumänien gefunden wurden und auf die Mischung von dacitischen und basaltischen Magmen zurückgeführt werden können.

Unter den wesentlichen Gemengteilen dominieren, von Quarzen abgesehen, Plagioklase mit zum Teil basischer Zusammensetzung. In entsprechendem Maß variieren Gehalte an dunklen Gemengteilen, von denen Hornblende und Pyroxen an erster Stelle zu nennen sind, daneben Biotit, in dem ein Teil der geringen Kaliummengen gebunden sein kann. Die Farbe der Quarz-Andesite ist zumeist dunkler als die der Dacite; Quarze sind nur selten mit bloßem Auge zu erkennen. Die Gefüge weisen eine ähnliche Vielfalt wie die der Dacite und Andesite auf; Besonderheiten können bei einigen Quarz-Andesiten in früh gebildeten Quarzeinsprenglingen gesehen werden, die korrodiert und mit einem Mantel von Pyroxen-Mikrolithen umgeben sind.

Chemismus, sekundäre Veränderungen und Nutzungsmöglichkeiten ähneln denen der Dacite und Andesite; verbreitet kommen Propylitisierungen vor.

Quarz-Andesite sind viele der früheren *Quarzporphyrite*, *Quarzbasalte*, *Quarzmelaphyre* und *Quarzdiabase*. Der *Peleeit* (nach P. Niggli) gehört ebenso zu den Quarz-Andesiten wie der *Sakalavit* (nach A. Lacroix); letzterem wurden weitere Gesteinstypen zugeordnet.

1.9.2.3. Ganggesteine

Unter den Ganggesteinen finden sich alle bisher genannten Gesteinstypen wieder, die je nach Tiefenlage und Mächtigkeit der Gänge zu Plutoniten oder zu Vulkaniten tendieren können.

Bei engen genetischen Beziehungen zu bestimmten Tiefengesteinen, die sich vor allem im Chemismus widerspiegeln, wurden früher Ganggesteine als aschist (Granitporphyr z. B.) bezeichnet, das heißt als ungespalten. Diaschiste Ganggesteine sollten dieser Unterteilung zufolge deutlich abweichende chemische Zusammensetzungen aufweisen; als Beispiele wurden Aplite, Pegmatite und Lamprophyre genannt. Weitere Unterscheidungen erfolgten nach dem Gehalt an dunklen Gemengteilen; leukokrate oder melanokrate Ganggesteine hatten geringere oder höhere Gehalte an Mafiten.

Viele Vulkanite treten in Gängen auf, so daß unter solchem Aspekt zahlreiche Ganggesteine verschiedenen Vulkaniten zuzuordnen sind. Es bleibt zu prüfen, inwieweit spezifische, lediglich auf Gänge beschränkte Bildungen vorkommen.

Solche spezifischen Bildungen sind in der Regel Aplite, Pegmatite und schließlich alle jene Ganggesteine, die aus Hydrothermen entstanden, darunter Erze und Gangarten. In ihnen widerspiegeln sich Differentiationsprozesse von Magmen oder besondere Mobilisationseffekte. In Extremfällen scheint es durchaus möglich zu sein, im Verlauf einer zunehmenden Metamorphose beispielsweise toniger Sedimente aus deren Wasseranteilen Pseudohydrothermen zu gewinnen. Denkbar ist eine Weiterentwicklung der Metamorphose bis zu ersten granitähnlichen Mobilisaten, die in Spalten einwandern und dort fixiert werden.

Aplite und Pegmatite existieren in gleicher Vielfalt wie die Plutonite. Typisch für *Aplite* sind stets feinkörnige, xenomorphe und helle Gemengteile, die mehr oder weniger gut verzahnte Mosaikgefüge bilden. Dunkle Gemengteile treten völlig zurück; porphyrische Einsprenglinge sind sehr selten. Kennzeichen der *Pegmatite* ist ihre grob- bis riesenkörnige Ausbildung; ihre Gemengteile können extreme Unterschiede in Kornform und -größe aufweisen.

Genetisch sind sowohl die Aplite als auch die Pegmatite als Differentiations- oder Mobilisationsprodukte zu deuten. Chemisch bestehen zwischen beiden Ganggesteinen oftmals kaum Unterschiede; ihre verschiedenartige Ausbildung bestimmten in entscheidendem Ausmaß Viskositäten, Temperaturen und Gehalte an leichtflüchtigen Komponenten der ursprünglichen Magmen. Die Aplite sind zumeist aus zähflüssigen und unterkühlten Schmelzen mit geringen Gehalten an leichtflüchtigen Bestandteilen sowie einer großen Anzahl von Kristallkeimen entstanden. Die Pegmatite bildeten sich aus sehr beweglichen Magmen, die relativ hohe Gehalte an leichtflüchtigen Bestandteilen besaßen; die Zahl der Kristallkeime war klein, so daß zum Teil sehr große idiomorphe Kristalle (Kalifeldspäte bis zu 25 und mehr Meter Länge!) entstehen konnten. Voraussetzung dafür war nicht zuletzt eine Periode tektonischer Ruhe, außerdem mußten die pegmatitischen Gänge oder Bildungsräume mehr oder weniger geschlossen gewesen sein. Folgen von aplitischen Randbildungen über pegmatitische und pneumatolytische Zonen bis hin zu hydrothermalen Kernen, die in manchen Gängen, zum Beispiel im Norden des Meißener Massivs, beobachtet werden können, berechtigen zu dieser Feststellung.

Mit der Anreicherung von leichtflüchtigen Komponenten in Restmagmen war in vielen Fällen eine Anreicherung von seltenen Elementen verbunden. Pegmatite mit dementsprechender seltener Mineralbildung sind wirtschaftlich von besonderem Interesse. Einfluß auf ihre spezifische Entwicklung hatten primäre Anreicherungen bestimmter Elemente in Ausgangsgesteinen einer Anatexis beziehungsweise großräumigen Palingenese; sterile Grauwacken beispielsweise sind anders zu beurteilen als ehemalige Tonschiefer oder Sapropelite. Die Art und die Menge der leichtflüchtigen Komponenten und ihr Lösungsvermögen für verschiedene Elemente waren weiterhin von Bedeutung; und schließlich müssen komplizierte Reaktionen im pegmatitischen System selbst in Betracht gezogen werden.

Pegmatite kommen in Gängen *und* ihrer Genese entsprechend in Rand- und Oberflächenbereichen von Plutonen sowie in Stöcken, Linsen und Schlieren in anderen Gesteinsverbänden vor.

Mikroalkalifeldspatgranite (*Code 2 2110*)

Mikroalkalifeldspatgranite sind generell durch hohe Alkalifeldspatgehalte gekennzeichnet, zu denen beträchtliche Quarzgehalte hinzukommen; dunkle Gemengteile treten weitgehend zurück. Sie sind zumeist mit Alkalifeldspat-Graniten vergesellschaftet und demzufolge in Gebieten zu finden, in denen alkalireiche Gesteine bevorzugt entwickelt wurden. Mikroalkalifeldspatgranite sind gelegentlich auch mit Kalkalkaligesteinen verbunden, aus denen sie offensichtlich durch Differentiationsvorgänge unter Anreicherung von SiO_2 und Alkalien hervorgingen.

Der Mineralbestand umfaßt außer den genannten Hauptmineralen Biotit, Arfvedsonit, Aegirin, Alkalihornblenden anderer Art und normale Pyroxene. Als Akzessorien treten Zirkon, Apatit und Magnetit auf. Turmalin, Fluorit und seltenere Minerale können hinzukommen, zum Beispiel Orthit oder Titanit. Im wesentlichen bilden die Mikroalkalifeldspatgranite pegmatitische und aplitische Gesteinstypen. Chemisch bestehen enge Beziehungen zu entsprechenden Plutoniten; Anreicherungen von seltenen Elementen sind bemerkenswert.

Auch hier wurden verschiedene Gesteinstypen unterschieden und mit eigenen Namen versehen. Neben *Rapakiviaplit*, *Quarz-Nordmarkit* (*Nordmarkit = Alkalifeldspat-Syenit*) und *Nordmarkitaplit* sind *Quarzbostonit* (Quarz-Anorthoklasaplit), *Ekeritporphyr* (*Ekerit* = Anorthoklas-Aplitgranit), *Runit* (Granitpegmatit), *Grorudit* (Aegirin-Granitporphyr) und *Akmit-Granitpegmatit* zu nennen.

Mikrosyenogranite (Code 2 2120)

Große Bedeutung haben die *Mikrosyenogranite*, da sich in ihre Gruppe die meisten der sogenannten *Granitpegmatite* einordnen. Für ihre Stellung im Gesteinssystem sind beträchtliche Quarz- und Kalifeldspatgehalte entscheidend, zu denen Plagioklase teils albitischer, teils anorthitreicherer Zusammensetzung hinzukommen. Mikrosyenogranite und Mikroalkalifeldspatgranite gehen oft ineinander über, ebenso Mikrosyenogranite und Mikromonzogranite.

Grundlegende Erkenntnisse über Pegmatite verdanken wir A. J. FERSMAN (1931). FERSMAN bezeichnete als Granitpegmatite „gangförmige Körper, die mit magmatischen Granitresten in Verbindung stehen, deren Hauptteile der Kristallisation in Bereichen von 700 bis 350 Grad Celsius liegen, die durch beträchtliche Größen der kristallinen Individuen und mehr oder minder gleichzeitige Kristallisationen, durch erhöhte Gehalte an einigen flüchtigen und beweglichen Komponenten sowie durch Anreicherungen disperser Elemente in den Restschmelzen charakterisiert sind“. Pegmatitgänge treten zumeist in sogenannten Pegmatitfeldern in oberen Bereichen von Tiefenkörpern auf.

FERSMAN unterschied für die Pegmatitbildung folgende wichtige Geophasen:

Geophase *B*	Bildung der Kontaktzonen zum Nebengestein mit aplitartigen Gefügen, oft Granat- und Magnetitbildungen;
Geophase *C*	Bildung der graphischen (pegmatitischen) Zone mit gesetzmäßigen Verwachsungen von Quarz und Kalifeldspat (Mikroklin) $\pm$ Albit (*Schriftgranit*);
Geophasen *D*—*E*	Pegmatoide, fluid-gasförmige Phasen mit Bildungen von Turmalin, Muskovit, Beryll, Topas, Rauchquarz und Alkalifeldspäten;
Geophasen *F*—*G*	Überkritische, fluid-gasförmige Phasen mit Verdrängungen früherer Mineralbildungen; Neubildung von Glimmern, Albit, Li-Verbindungen, seltenen Mineralen;
Geophasen *H*—*K*	hydrothermale Bildungen mit Karbonaten, Sulfiden und anderen Mineralen;
Geophase *L*	hypergene Prozesse (Tonminerale).

Nach FERSMAN sind aus Granitpegmatiten etwa 300 Mineralarten bekanntgeworden, unter denen Silikate, Phosphate und Tantal-Niobate dominieren. Die Hauptmasse der Granitpegmatite besteht jedoch aus den wenigen Mineralen, die ihre Stellung in der Gesteinssystematik bestimmen.

Wichtig sind folgende Unterscheidungen:

Pegmatite der *reinen* Linie entsprechen der angeführten Folge von Mineralbildungen in den Geophasen. Durch die Aufnahme von Material aus dem Nebengestein entstehen *hybride* Pegmatite, von denen FERSMAN Kontaktpegmatite und Migmatite(!) unterschied, je nachdem kleinere oder größere Mengen an Fremdmaterial aufgenommen worden sind. Kontaktpegmatite resultierten beispielsweise aus der Aufnahme von Ca, Mg, Fe und Al aus geeigneten Nebengesteinen, wodurch bereits in den Geophasen *B* bis *D* Bildungen von anorthitreicheren Plagioklasen, Diopsid, Hornblende, Biotit, Cordierit, Korund, Andalusit und anderen Mineralen möglich werden konnten.

Einzelne Vorkommen von Granitpegmatiten zu nennen erübrigt sich; sie sind regelmäßig mit granitoiden Gesteinen vergesellschaftet. Besonders mächtige Pegmatitgänge finden sich in Skandinavien, im Ural, in Nordamerika und auf der Insel Madagaskar. Oft erfolgt ihre Einteilung nach nutzbaren Mineralen; so können unter anderem Glimmer- (Indien), Beryll- (Brasilien), Edelstein- (Ural, Brasilien) und Feldspatpegmatite (Norwegen, Schweden, SSR Karelien) unterschieden werden.

Neben den Pegmatiten sind viele sogenannte *Granitaplite* den Mikrosyenograniten zuzuordnen. Bei ihnen handelt es sich zumeist um Bildungen, die noch vor den eigentlichen Pegmatiten bevorzugt in Kontraktionsrissen von Plutoniten entstanden. Auch hier sind Übergänge zu Mikromonzograniten, seltener zu Mikroalkalifeldspatgraniten, möglich.

Verbreitet kommen Mikrosyenogranite vor, die früher als *Granitporphyre* bezeichnet wurden und im besten Sinn des Wortes Übergangsgesteine zwischen Plutoniten und Vulkaniten darstellen. Neben gleichen Mineralen und Mineralgehalten wie in den Syeno-

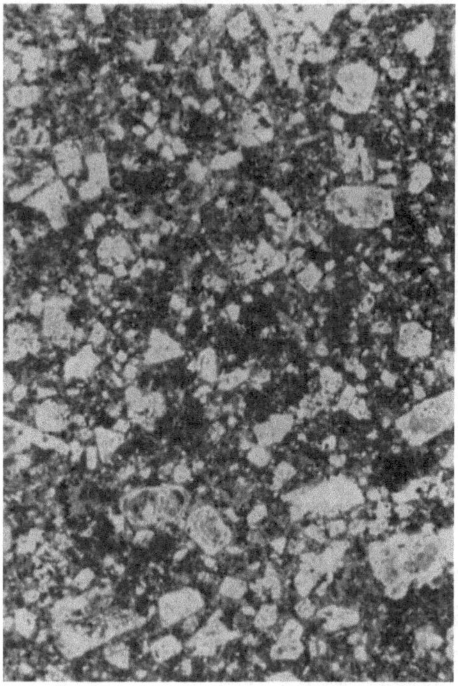

Abb. 1.38. Mikrogranit mit porphyrischem Gefüge (Pyroxengranitporphyr von Beucha bei Leipzig); grobkörnige Einsprenglinge in einer feinkörnigen bis dichten Grundmasse

graniten sind sie zumeist durch serial-porphyrische, das heißt durch wechsel- bis ungleichkörnige Gefüge gekennzeichnet. Solche Gefügeausbildung läßt auf eine langsame Erstarrung schließen; tatsächlich finden sich Granitophyre in relativ mächtigen Gängen, die sich bis zu Lakkolithen erweitern können. Bekannt ist der Granitporphyr des Osterzgebirges, der jünger als der Teplitzer Quarzporphyr, doch älter als der Zinngranit von Altenberg ist und den Mikrosyenograniten zugeordnet werden muß. In das Unterrotliegende gehört der Pyroxengranitporphyr von Beucha bei Leipzig (Abb. 1.38), der in verschieden mächtigen Gängen die Decke eines sogenannten Pyroxenquarzporphyrs durchsetzt und neben seiner Pyroxenführung durch einen ungewöhnlichen Reichtum an verschiedenen Xenolithen gekennzeichnet ist. Das Gestein von Beucha wird heute noch als Werk- und Dekorationsstein genutzt. Im Gegensatz zu anderen Granitporphyren zeigt es statt roter oder rotbrauner Farbtöne graue bis graugrüne.

Bei den vielen Möglichkeiten, die nur angedeutet werden konnten, blieben unterschiedliche Definitionen und Klassifikationen nicht aus. Erwähnt sei der *Granophyr* wegen seiner graphischen Grundmasse, nach der H. VOGELSANG und andere eine eigene Gesteinsgruppe bildeten. *Alaskit-Porphyre, Alaskit-Pegmatite* und *Alaskit-Aplite* sind zu nennen, auch *Tsingtauite* (nach F. RINNE) und *Elvan* (A. JOHANNSEN, 1932).

Mikromonzogranite (*Code 2 2130*)

Den *Mikromonzograniten* ist die gleiche Vielzahl von Apliten und Pegmatiten wie den Mikrosyenograniten zuzuordnen. Auch unter den Granitporphyren finden sich Typen, die hier eingestuft werden müssen. Auf detaillierte Beschreibungen kann unter solchem Aspekt verzichtet werden. Wichtig ist die generelle Zunahme von Plagioklas, mit der eine Zunahme dunkler Gemengteile verbunden sein kann.

Mikrogranodiorite (*Code 2 2211*)

Die *Mikrogranodiorite* ähneln weitgehend den zuvor genannten Ganggesteinen. Wichtig sind nunmehr relativ hohe Plagioklasanteile und damit verbunden auffällige Anteile an dunklen Gemengteilen. Quarz ist noch wesentlicher Bestandteil. Aplit- und pegmatitartige Typen sind an granodioritische Tiefengesteine gebunden, teilweise auch an basischere Gesteinstypen; sie können als deren Differentiationsprodukte gedeutet werden.

Mineralbestand und Chemismus rechtfertigen ihre Zuordnung zur pazifischen Gesteinssippe. Mikrogranodiorite sind demzufolge in orogenen Gebieten verbreitet; in Mitteleuropa kommen sie in Verbindung mit Granodioriten, Dioriten und Gabbros vor.

Unter dem Namen „*Alsbachit*" beschrieb 1892 C. CHELIUS ein Gestein aus dem Odenwald, das aplitartig mit relativ hohen Plagioklas- und Quarzgehalten neben Gehalten an Orthoklas, Biotit, Granat und Muskovit Granite und Gneise durchsetzt. Aus einem dioritischen Magma wurde von T. KATO der *Akenobeit* abgeleitet, den W. E. TRÖGER (1935) als quarzarmen Granodioritaplit definierte.

Mikrogranogabbros (*Code 2 2212*)

Mikrogranogabbros führen relativ basische Plagioklase und oftmals beachtenswerte Anteile an dunklen Gemengteilen, vorwiegend Biotit, Hornblende und Pyroxen. Übergänge zu den Mikrogranodioriten treten auf. Für Aplite und erst recht für Pegmatite sind in vielen Fällen spezielle Bildungsbedingungen anzunehmen; nach A. J. FERSMAN (1931) können sie zumeist als Migmatite bezeichnet werden, somit als Aplite beziehungsweise Pegmatite, die durch Aufnahme von basischem Fremdmaterial entarteten.

Den Untersuchungen von W. KRAMER (1976) zufolge können zu den Mikrogranogabbros einige der im Süden der DDR und an anderen Stellen verbreiteten *Lamprophyre* gestellt werden, die zum Teil zu Mikrogranodioriten und Mikromonzograniten, zum Teil zu Mikroquarzdioriten und quarzärmeren Gesteinen tendieren. Die Lamprophyre werden zusammenfassend bei den Mikrodioriten beschrieben.

Mikroquarzdiorite (*Code 2 2220*)

Eine komplizierte Zwischenstellung zwischen sauren und basischen Gesteinen nehmen die *Mikroquarzdiorite* ein. In Verbindung mit Trondhjemiten bilden sie relativ helle Aplite und Pegmatite, in Verbindung mit Tonaliten oftmals wesentlich dunklere Gesteinstypen. Bei beträchtlichen Gehalten an dunklen Gemengteilen, die auf über 50 Vol.-% ansteigen können, tendieren derartige Mikroquarzdiorite je nach dominierendem dunklen Mineral zu verschiedenartigen Lamprophyren.

Die Abgrenzung gegenüber Mikrogranodioriten und anderen benachbarten Gesteinen ergibt sich aus dem relativ niedrigen Anteil von Alkalifeldspat an der Gesamtmasse heller Minerale. Noch immer sind die Quarzgehalte ziemlich hoch, was zumindest bei den dunklen Gesteinstypen auf besondere Bildungsbedingungen hindeutet. Ihre Zuordnung zur pazifischen Gesteinssippe ist sicher in den meisten Fällen richtig, doch kann es auch zu einer Hybridisierung alkalibetonter basischer Magmen durch die Aufnahme sauren Gesteinsmaterials gekommen sein.

Aplitische und pegmatitische Mikroquarzdiorite sind zumeist mit dioritischen *und* basischeren Tiefengesteinen vergesellschaftet. Pegmatitvorkommen in metamorphen Gesteinen ohne derartigen Bezug lassen auf extreme Mobilisationstemperaturen schließen. Unter den dunklen Gemengteilen treten bevorzugt Biotit und Hornblende auf, doch sind auch Pyroxene verbreitet. Die Plagioklase unterliegen mit ihren Anorthitgehalten beträchtlichen Schwankungen. Zu den selteneren Bildungen gehören Eisenerze, wie Magnetit und Eisensulfide, ferner Ilmenit, Titanit, Orthit und Apatit. In Apliten und besonders in Pegmatiten kann darüber hinaus eine Vielzahl weiterer Minerale gebildet worden sein.

Vom Gefüge her unterscheidet sich von den Pegmatiten und Apliten eine ganze Reihe von Gesteinen, die zwar in Gängen vorkommen, doch eher den Vulkaniten zugeordnet werden können. Sie wurden oft unter dem Namen „*Quarzporphyrit*" zusammengefaßt; man kennzeichnete damit im wesentlichen porphyrische Äquivalente der Quarz-Diorite (nach H. ROSENBUSCH). Charakteristisch sind auch für diese Gesteine solche Minerale, wie sie für Aplite und Pegmatite genannt wurden. Öfter als bei diesen treten jedoch Pyroxene, gelegentlich sogar Olivine, auf.

Unter den Mikroquarzdioriten sind Typen verbreitet, die mit eigenen Namen versehen wurden. A. PICHLER nannte einen Quarz-Hornblende-Porphyr *Vintlit*, der im wesentlichen aus Quarz, brauner Hornblende und Oligoklas besteht und in Tirol vorkommt. Einen Tonalitaplit bezeichnete E. M. BURWASH als *Yukonit*; das Gestein führt Oligoklas, Quarz, Biotit und Akzessorien und findet sich in Alaska. Von den Lamprophyren gehören sogenannte *Malchite* (nach A. OSANN) hierher; sie können nach W. E. TRÖGER (1935) als dunkle Dioritaplite mit beträchtlicher Quarzführung bezeichnet werden. Im Nordural werden Dunite von sogenannten *Gladkaiten* (nach L. DUPARK und F. PECARE) durchsetzt, die mit feinkörniger Ausbildung im wesentlichen aus Andesin, Quarz, Hornblende und Biotit bestehen. *Vaugnerite* (nach J. FOURNET) finden sich bei Lyon in Frankreich; sie bestehen aus Biotit, Hornblende, Oligoklas, Orthoklas und Quarz und tendieren zu Mikrogranodioriten. Unter den Akzessorien sind Titanite bemerkenswert.

1.9.3. Feldspat-Magmatite

Zu den Feldspat-Magmatiten gehören unterschiedliche Gesteinstypen, die durch Übergänge von SiO_2-gesättigten zu SiO_2-untersättigten Bildungen charakterisiert sind und demzufolge noch Quarz, doch gelegentlich schon Feldspatvertreter in Mengen bis zu 10 Vol.-% relativ zu $Q + A + P + F = 100$ führen. Ihre Palette reicht von extrem alkalireichen und hellen bis zu dunklen Typen, unter denen Gabbro und Basalt zu finden sind. Die Übergangsstellung der Feldspat-Magmatite widerspiegelt sich in petrogenetischen Zuordnungen. Sowohl unter den pazifischen als auch unter den atlantischen und mediterranen Gesteinsserien gibt es Feldspat-Magmatite; sie kommen in allen geotektonischen Bereichen vor. Mitunter verdanken sie ihre Entwicklung komplizierten Differentiations- und Assimilationsprozessen. Mischprodukten zwischen basischen und sauren Ausgangsmaterialien (Magmen *und* Gesteinen) ist besondere Aufmerksamkeit zu widmen, weiterhin Mobilisationsmöglichkeiten von bestimmten Ausgangsgesteinen. W. Büsch (1966) machte zudem auf nachstehende Reaktion aufmerksam:

$$\text{Biotit} + \text{Andesin} + \text{Quarz} \rightleftharpoons \text{Hornblende} + \text{Kalifeldspat} + \text{Oligoklas} + \text{Titanit}.$$

Heteromorphiebeziehungen zwischen Quarz-Dioriten und Monzoniten sind ebenso zu beachten.

Bei allen genetischen Diskussionen spielt die Tatsache eine Rolle, daß dioritische und mit ihnen verwandte Gesteinstypen eine relativ geringe Verbreitung haben. Trägt man auf der Abszisse die SiO_2-Gehalte und auf der Ordinate die Zahl entsprechender Gesteinsanalysen ab, dann ergeben sich Maxima bei 52,5 und 73,0 Masse-% SiO_2 (Abb. 1.39). Das entspricht dem häufigen Auftreten von Basalten unter den Vulkaniten und von Graniten unter den Plutoniten. Zwischen diesen beiden Extremen liegt ein Minimum, das die sogenannte *Dioritlücke* markiert. Diese Dioritlücke stellt einen heterogenen Durchdringungsbereich beider Hauptgruppen von Gesteinen dar, kann also statistisch nicht für eine genetisch selbständige Gesteinsgruppe gewertet werden. Oft ordnen sich syenitische bis dioritische Gesteine zwischen anatektischen und magmatischen Abfolgen ein. Mehr oder weniger kleine Massen finden sich im Bereich zwischen

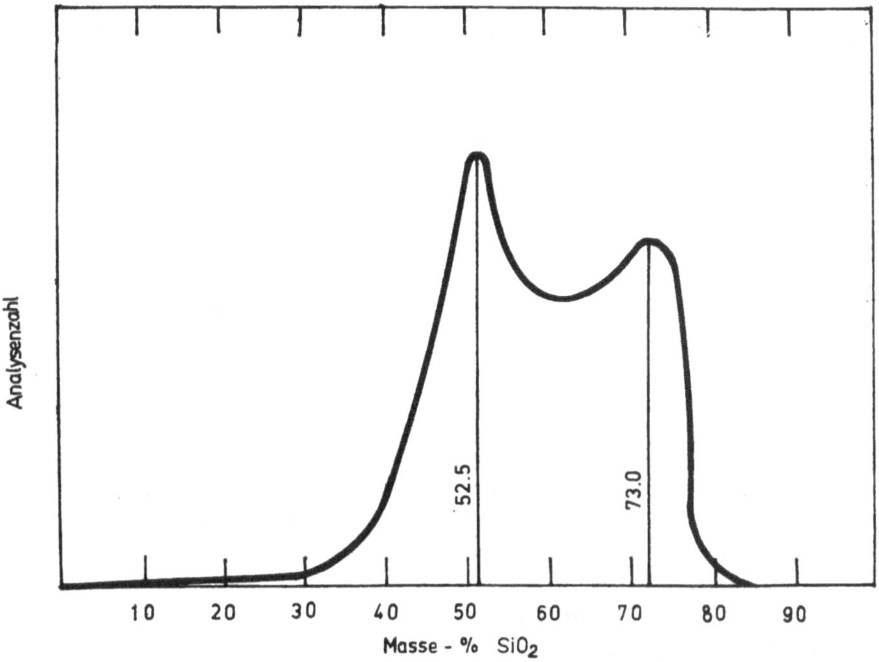

Abb. 1.39. Die Zahl der Gesteinsanalysen von Magmatiten in Relation zum SiO_2-Gehalt (nach W. A. Richardson und G. Sneesby)

Migmatit- und ersten Granitbildungen; ihr Chemismus entspricht häufig dem Mittelwert umgebender Gesteine, sofern nicht durch Kalifeldspatisierung und andere Bildungen Stoffverschiebungen verursacht worden sind.

Wichtig erscheinen dioritische Neubildungen aus Amphiboliten, zu Beginn einer Mobilisation oft in Form relativ grobkörniger Schlieren mit Plagioklas und idiomorpher Hornblende. In diesem Zusammenhang sei auf die Stabilitätsbereiche bestimmter Hornblenden hingewiesen. Nach F. R. BOYD (1959) zerfällt zum Beispiel Pargasit bei relativ niedrigem H_2O-Druck zu einem Mineralgemenge von Pyroxen (Al-Diopsid), Forsterit, Nephelin, Spinell und Anorthit, so daß enge genetische Beziehungen zwischen Amphiboliten und basaltischen Gesteinen und damit auch zwischen dioritischen und basaltischen Mobilisaten in Betracht gezogen werden müssen.

1.9.3.1. Plutonite

Alkalifeldspat-Syenite (*Code 1 3110*)

Extrem alkalireich sind unter den Feldspat-Magmatiten die *Alkalifeldspat-Syenite*, die F. v. WOLFF (1951) als „neutralisierte Granite" bezeichnete. Durch Zufuhr von Kalium, Natrium oder Calcium wäre es zur Neutralisierung pazifischer Magmen und dadurch zur Kristallisation von Nephelin, Leucit, Alkalipyroxenen und Alkalihornblenden gekommen.

Solche *Alkalizufuhr* — verbunden mit der Zufuhr anderer Elemente — muß für viele Gesteinsbildungen angenommen werden; erinnert sei an die *Albitite* oder an extrem K_2O-reiche Granite. Auch die Kalifeldspatisierung charakterisiert erhöhte Beweglichkeiten von Alkalien. Hier interessieren Alkalizufuhren vor oder während bestimmter Magmenbildungen, wobei Abgrenzungen von metasomatischen Vorgängen kaum möglich erscheinen.

Als *Alkaliquellen* kommen in Betracht:

1. Extrem alkalireiche Ausgangsgesteine einer Anatexis beziehungsweise Palingenese.
2. Alkalireiche Differentiate eines Magmas.
3. Alkalireiche Mobilisate aus dem Erdmantel.

Zu 1. In ehemaligen Tonen wurden zum Teil erhebliche Kaliummengen fixiert. Kritisch sind wäßrige Lösungen im Porenraum von Sedimenten und Sedimentiten mit NaCl und anderen Salzen zu beurteilen; inwieweit in eine Stoffbilanz ehemalige Salzbildungen einbezogen werden können, bleibt fraglich. Als extrem alkalireiche Ausgangsgesteine sind schließlich bestimmte Magmatite und Metamorphite anzusehen, die unter Umständen zum wiederholten Mal an einem Kreislauf teilnehmen.

Zu 2. Alkalireiche Differentiate eines Magmas sind möglich; zahlreiche Erscheinungen am Ende einer Granitentwicklung sprechen dafür (K. R. MEHNERT, 1959). Problematisch sind direkte Alkaliabgaben aus basischen Magmen, die gelegentlich auch Mobilisationen von Alkalien aus ihrem Nebengestein bewirken können.

Zu 3. Beobachtungen an Vulkaniten sowie verschiedene Experimente lassen keinen Zweifel daran bestehen, daß Alkalien im Erdmantel vorhanden sind und im Zusammenhang mit großräumigen tektonischen Vorgängen mobilisiert werden können. Damit ist die Mobilisation von anderen Elementen verbunden, die zum Teil wirtschaftliche Bedeutung haben (Niob, Tantal, Seltene Erden, Fluor, CO_2 z. B.).

Pulaskite (*Code 1 3111*)

Die Alkalifeldspat-Syenite werden in zwei wesentliche Gruppen unterteilt. Durch Farbzahlen unter 40 sind die *Pulaskite* charakterisiert, die demzufolge als helle Alkalifeldspat-Syenite bezeichnet werden können. Der Name „Pulaskit" wurde von J. F. WILLIAMS für Gesteine aus Arkansas gewählt, deren Mineralbestand durch Orthoklas, Pyroxen (Diopsid, Aegirin), Hornblende (Barkevikit, Arfvedsonit) und geringe Mengen an Nephelin gekennzeichnet ist. Die Farbzahl liegt unter 20; mit einem Anteil bis zu 80 Masse-% (W. E. TRÖGER, 1935) ist Natronorthoklas wesentlicher Bestandteil. Der Gehalt an Feldspatvertretern kann 5 Masse-% erreichen, so daß verschiedentlich in den Pulaskiten relativ SiO_2-reiche *Nephelinsyenite* gesehen werden.

Mit dieser Charakterisierung sind ihre Vergesellschaftung und geologische Position angedeutet; Pulaskite finden sich mit einer Vielzahl von Alkaligesteinen in kontinentalen Tafelgebieten und dort vor allem im Bereich von Anteklisen, deren langandauernde Herausbildung die Mobilisation von Mantelmaterial und dessen Differentiation förderte. Tiefenstörungen lösten einen entsprechenden Magmatismus aus, in dessem Gefolge neben Pulaskiten und anderen Alkalifeldspat-Syeniten sowie Foyaiten teils ultrabasische (Peridotite), teils saure Gesteine (Alkalifeldspat-Granite, Mikroalkalifeldspatgranite u. a.) und in Extremfällen Kimberlite und Karbonatite entstanden. Alkalireiche Magmatite lassen prinzipiell auf besonders komplizierte Bildungsbedingungen schließen!

Der Mineralbestand von Pulaskiten unterliegt erheblichen Schwankungen. Von Akzessorien abgesehen, müssen in den fixierten Grenzen alle Alkalifeldspäte als mögliche Bestandteile in Betracht gezogen werden; das betrifft Mikroklin, Orthoklas, Natronorthoklas, Anorthoklas und Albit. Quarz kann noch in Mengen bis zu 20 Vol.-% relativ zu $Q + A + P + F = 100$ vertreten sein. Von Feldspatvertretern kommt zumeist Nephelin in Frage; in einigen Fällen sind andere Feldspatvertreter gebildet worden. Die Mafite umfassen Glimmer (Muskovit, Biotit und Phlogopit), verschiedene Hornblenden, Pyroxene und gelegentlich auch Olivine. Unter diesem Aspekt verwundert es nicht, daß für Gesteine mit solcher mineralogischen Vielfalt unterschiedlichste Namen geprägt wurden.

Das Gefüge der Pulaskite gleicht dem anderer Plutonite; mit einer leistenförmigen Ausbildung der Alkalifeldspäte sind Anklänge an sogenannte trachytoide Gefügebilder zu beobachten. Chemisch entsprechen relativ hohe SiO_2- (60—65 Masse-%), Al_2O_3- (16—20 Masse-%) und Alkaligehalte (10—12 Masse-%) der mineralogischen Zusammensetzung. Von besonderem Interesse sind Anreicherungen wirtschaftlich wichtiger Elemente, darunter Phosphor, Titan, Seltene Erden, Niob und Tantal.

Von den zahlreichen Gesteinstypen, die den Pulaskiten zugeordnet werden müssen, sollen nachfolgend nur die angeführt werden, deren Namen sich in der Literatur eingebürgert haben.

Als *Orthosite* bezeichnete H. W. TURNER reine Orthoklas-Syenite. Der *Umptekit* (nach W. RAMSEY) von der Halbinsel Kola besteht im wesentlichen aus Mikroklinperthit und untergeordnet aus Arfvedsonit und Aegirin; Quarz und Nephelin fehlen. Aus dem Oslo-Graben wurden solche Gesteinstypen wie *Larvikit* (W. C. BRÖGGER, 1890) und *Nordmarkit* (W. C. BRÖGGER, 1890) bekannt. Der *Larvikit* ist durch rhombenförmige Anorthoklasanschnitte (Rhombenfeldspäte) gekennzeichnet; neben Anorthoklas gehören verschiedene Pyroxene und Biotit zu den Hauptgemengteilen. Dunkelgrüne und graue Arten des Larvikits sind als Dekorationsstein geschätzt; beim Polieren erlangt das Gestein einen bläulichen Schiller, der auf labradorisierende Kryptoperthite (kaum zu erkennende Entmischungen eines Teiles der Anorthoklase) zurückgeführt wird. Die SiO_2-Gehalte des Larvikits liegen zwischen 55 und 60 Masse-%. Der *Nordmarkit* ist wesentlich SiO_2-reicher (nahezu 65 Masse-%). Nach CH. OFTEDAHL (1957) gehört zu den Nordmarkiten eine Reihe syenitischer Gesteine, die zu 85 bis 90 Vol.-% Alkalifeldspäte (zumeist Krypto- bis Mikroperthite), selten Plagioklas, Quarz zumeist in Mengen unter 5 Vol.-% und zu 5 bis 10 Vol.-% Hornblende, Biotit, Arfvedsonit und Aegirin führen. Das Originalgestein stammt von Åker bei Oslo und wurde von W. E. TRÖGER (1935) als quarzführender *Natronsyenit* bezeichnet. In älteren Veröffentlichungen findet man weiterhin unter den Alkalifeldspat-Syeniten die *Fenite* eingeordnet (nach W. C. BRÖGGER), die heute als Kontakt- oder Reaktionsgesteine zwischen Foidolithen und granitartigen Gesteinen aufgefaßt werden und demzufolge Metamorphite (Fenitisierung!) sind. Ihre Bedeutung für die Genese der Alkaligesteine ist wiederholt betont worden, unter anderem von L. KOPECKÝ.

Lusitanite (*Code 1 3112*)

Die zweite Gruppe der Alkalifeldspat-Syenite ist unter dem Namen „*Lusitanit*" bekannt Wesentlich sind Mafitgehalte über 40 Vol.-%, so daß die Lusitanite als dunkle Alkalifeldspat-Syenite bezeichnet werden können. Der Name wurde von A. LACROIX (1916) für einen *Riebeckit-Syenit* aus Portugal eingeführt.

W. E. TRÖGER (1935) faßte verschiedene syenitische Gesteinstypen zu einer Lusitanit-Familie zusammen, die praktisch der hier verwendeten Definition entspricht.

Lusitanite kommen in atlantischen Gesteinsvergesellschaftungen vor; in Übergängen zu Syeniten sind pazifische Vergesellschaftungen möglich. Sie sind ebenso wie andere Alkalifeldspat-Syenite in Tafelgebieten an Anteklisen — bevorzugt unter Bildung ringförmiger Massive — gebunden und nach L. BAUMANN und G. TISCHENDORF (1976) einer Ultrabasit-Alkaligesteins- und einer Nephelinsyenitformation zuzuordnen. Letztere weist keine Karbonatite und Ultrabasite auf. Beide Formationen konnten in Nord- und Südamerika, Afrika, Indien, Sibirien, in der Ukraine und im Baltischen Schild nachgewiesen werden.

Mineralbestand und Gefüge der Lusitanite gleichen denen der Pulaskite; unter den Mafiten kommen Pyroxene verstärkt zur Geltung. Chemisch sind relative Anreicherungen von Fe, Mg und Ca bemerkenswert.

Auch unter den Lusitaniten sind Gesteinstypen zu finden, die eigene Namen erhielten. So bezeichnete A. LACROIX als *Ordosit* einen Syenit, der im wesentlichen aus Aegirin, Phlogopit, Mikroklin und Apatit besteht und in China gefunden worden war. Übergänge zu Pyroxeniten bilden die *Tveitåsite*, mit denen W. C. BRÖGGER genetisch umstrittene *Perthitpyroxenite* charakterisierte. Auch die *Shonkinite* (nach W. H. WEED und L. V. PIRSSON) bilden Übergangsgesteine zwischen Alkalifeldspat-Syeniten und Foyaiten; ihre Definition folgt an anderer Stelle.

Syenite (*Code 1 3120*)

Die an die Alkalifeldspat-Syenite anschließende Gruppe der *Syenite* erhielt einen Namen, den bereits C. PLINIUS d. J. für das Gestein von Syene, dem heutigen Assuan in Ägypten verwendete. Es blieb A. G. WERNER vorbehalten, ein hornblendeführendes Gestein im Plauenschen Grund bei Dresden erneut als Syenit zu bezeichnen, nicht zuletzt wegen seiner Ähnlichkeit mit dem Gestein von Syene. Diese Namensgebung wurde schon zu Lebzeiten WERNERS angefochten und ist heute hinfällig. Als Syenite sind unabhängig von der Art ihrer dunklen Gemengteile alle Plutonite zu bezeichnen, deren Mafitanteil unter 90 Vol.-% liegt und unter deren hellen Gemengteilen vorwiegend Alkalifeldspäte, daneben Plagioklase und untergeordnet Quarz *oder* Feldspatvertreter zu beobachten sind.

Syenite finden sich vorwiegend in pazifischer Gesteinsvergesellschaftung, doch sind Übergangstypen zu den Alkalifeldspat-Syeniten verbreitet und dann atlantischen Reihen zuzuordnen. Sie sind selten in größeren Tiefenkörpern angetroffen worden; ihre Bildung erfolgte unter dem Einfluß komplizierter Differentiationen und Assimilationen. In initialen Stadien einer Orogenese konnten basische Magmen durch Reaktionen mit saurem Gesteinsmaterial entarten; Hinweise dazu finden sich unter anderem bei H. J. RÖSLER (1960). In synorogenen Stadien waren umgekehrt Reaktionen von sauren Magmen mit basischem Gesteinsmaterial möglich, so daß genetisch viele Syenite in eine Reihe mit dioritischen Gesteinstypen gestellt werden können. Diorite wiederum konnten durch Kalium- und Natriummetasomatose zu syenitähnlichen Gesteinen umgewandelt werden; blastische Kalifeldspatbildungen sind darüber hinaus in anderen Kontaktgesteinen granitischer Tiefenkörper bekanntgeworden. In allen diesen Fällen reichte das SiO_2-Angebot aus, um neben dunklen Gemengteilen Feldspäte bilden zu können. Feldspatvertreter finden sich in solchen Syeniten, die mit magmatogenen Vorgängen in kontinentalen Tafelgebieten verbunden waren.

In Mitteleuropa sind Syenite stets mit dioritischen und granitischen Gesteinstypen vergesellschaftet; Übergänge zu Monzoniten sind verbreitet. Im Plauenschen Grund und an anderen Stellen des Meißener Massivs finden sich vereinzelt syenitische Schlieren. Ähnliche Bildungen wurden aus dem Schwarzwald, aus den Vogesen und aus der VR Polen bekannt.

Gesteinsbildende Minerale der Syenite sind verschiedene Kalifeldspäte, Plagioklase und dunkle Minerale, zu denen Biotit, Hornblende und Pyroxene gehören. Quarz und Nephelin können in geringen Mengen vorhanden sein, doch schließen sich beide Minerale im allgemeinen gegenseitig aus. Falls Nephelin gebildet wurde, tendieren auch die Hornblenden und Pyroxene zu erhöhten Na-Gehalten. Unter den Akzessorien sind Zirkon, Apatit und Magnetit verbreitet; gemeinsam mit Hornblende sind regelmäßig Titanit und Orthit gebildet worden. Zu den Akzessorien gehören weiterhin Ilmenit, Chalkopyrit und seltenere Minerale. Das Gefüge ist holokristallin, grob- bis kleinkörnig und hypidiomorph. Leistenförmige Kalifeldspäte und stenglige Hornblenden wurden zumeist in *a* oder *b* eingeregelt.

Der Chemismus unterliegt erheblichen Schwankungen; kritisch sind die Elemente Fe, Mg und Ca sowie die Alkalien zu beurteilen. Sekundäre Veränderungen gleichen denen anderer feldspatführenden Gesteine; Vergrusungen und Kaolinisierungen sind verbreitet.

Den Syeniten sind *Åkerite* (W. C. BRÖGGER) aus dem Oslogebiet zuzuordnen; diese Gesteine bestehen im wesentlichen aus Orthoklas, Oligoklas, Biotit, Pyroxen (z. T. Aegirinaugit) und wenig Quarz. Das Mengenverhältnis zwischen Orthoklas und Oligoklas schwankt, woraus Übergänge zu den Monzoniten resultieren. Im Schwarzwald finden sich in Stöcken und Gängen sogenannte *Durbachite* (nach A. SAUER), die als Biotit-Hornblende-Syenite bezeichnet werden können. Ihre Ausbildung im Randgebiet eines Granitkörpers deutet entweder auf basische Vorläufer oder auf Hybridisierungen des granitischen Magmas hin.

Monzonite (*Code 1 3130*)

Bei den *Monzoniten* sind Alkalifeldspäte und Plagioklase etwa zu gleichen Teilen an der Zusammensetzung der Gesteine beteiligt. Mit der Zunahme von Plagioklas ist zumeist eine Zunahme von dunklen, Fe- und Mg-führenden Mineralen verbunden, so daß generell mit Alkalifeldspat-Syeniten, Syeniten, Monzoniten, Dioriten und Gabbros eine Farbfolge von hellem Grau bis zu Schwarzgrau markiert werden kann. Der Name „Monzonit" wurde von M. DE LAPPARENT im Jahr 1864 eingeführt und 1895 von W. C. BRÖGGER im heutigen Sinn definiert.

Der Monzonit ist besonders intensiv im klassischen Gebiet von Monzoni und Predazzo in Südtirol untersucht worden. Nach M. STARK entwickelte sich dort ein monzonitisches Magma in einer Zusammensetzung zwischen atlantisch und pazifisch betontem Chemismus, aus dem sich durch Differentiation verschiedenartige Gesteine bilden konnten. STARK schlug vor, eine eigene predazzische Gesteinssippe im Unterschied zur atlantischen oder pazifischen herauszustellen.

In der DDR wurde der Monzonit vom Meißener Massiv zunächst unter dem Namen „Syenit" (A. G. WERNER), später als „*Syenodiorit*" (H. EBERT; L. PFEIFFER) bekannt. Seine durchschnittliche mineralogische Zusammensetzung wurde mit 43,4 Vol.-% Plagioklas (An 26,3 Mol-%), 32,1 Vol.-% Kalifeldspat (Anorthoklas bis Mikroklin, oft perthitisch), 5,3 Vol.-% Quarz, 14,8 Vol.-% Hornblende (gemeine Hornblende mit Tendenzen zu hastingsitischen und aktinolithischen Typen), 0,6 Vol.-% Diopsid, 1,2 Vol.-% Biotit, 1,7 Vol.-% Akzessorien (Zirkon, Apatit, Titanit, Orthit, Monazit, Xenotim) und 0,9 Vol.-% Erz (Magnetit, Ilmenit, Haematit, Pyrit, Chalkopyrit) ermittelt. Normalerweise ist das Gestein graugefärbt; gelegentlich treten rote Farbtöne in Erscheinung, die ins Bräunliche tendieren. Das Gefüge ist gleichkörnig bis wechselkörnig, grob- bis mittelkörnig und stets durch Einregelungen vor allem der Hornblenden gekennzeichnet. Zahlreiche Xenolithe lassen Übergänge von biotit- und diopsidführenden Typen einerseits und hornblendeführenden Typen andererseits bis hin zum Wirtsgestein erkennen. Chemisch sind SiO_2-Gehalte um 60 und Alkaligehalte um 8 Masse-% von Interesse.

Auch andere Monzonite sind durch ähnliche Mineralgehalte gekennzeichnet; unter den dunklen Gemengteilen können Olivine auftreten. Pyroxene (Diopside) wurden oft uralitisiert. Sehr selten kommen Feldspatvertreter (mehr oder weniger zeolithisierte Nepheline) vor. Der SiO_2-Gehalt schwankt zumeist zwischen 50 und 55 Masse-%.

Ein dunkler Monzonit ist der sogenannte *Kentallenit* (nach J. B. HILL und H. KYNASTON), der bei gleichen Plagioklas- und Kalifeldspatanteilen Pyroxen, Olivin und Biotit in Mengen über 10 und 20 Masse-% führt. Das Originalgestein stammt aus Schottland.

Monzodiorite (*Code 1 3211*)

An die Monzonite schließen sich die *Monzodiorite* an, bei denen die Plagioklasgehalte die der Alkalifeldspäte übertreffen. Im Unterschied zu den Monzogabbros liegen die Anorthitgehalte der Plagioklase *unter* 50 Mol-%; typisch sind Andesine. Der Name stammt von A. JOHANNSEN, der damit zeitweilig *Syenodiorite* bezeichnete. Prinzipiell sind die Monzodiorite Übergangsgesteine zwischen Monzoniten und Dioriten, woraus sich ihre Vergesellschaftung ergibt. Sie kommen sowohl in pazifischen als auch in atlantischen Gesteinsprovinzen vor; bekannt wurden Monzodiorite aus dem Oslograben, aus

Südtirol, von der Insel Radö bei Bergen sowie aus dem Gebiet um Quebec (Kanada), um nur einige Beispiele zu nennen. Vom Meißener Massiv gehört das Gestein aus der Umgebung von Gröba dazu.

Genetisch sind wiederum komplizierte Mobilisationsbedingungen von Magmen mit Differentiationen und Assimilationen anzunehmen. In pazifischen Provinzen ist die Bindung von Monzodioriten an granitische Folgen charakteristisch; ähnlich wie bei den Dioriten und Monzoniten spielten Reaktionen von sauren Magmen mit basischem Gesteinsmaterial unterschiedlicher Art eine wesentliche Rolle. In atlantisch betonter Vergesellschaftung standen komplizierte Differentiationen im Vordergrund.

Als Beispiel sei der Monzodiorit von Gröba genannt. Das Gestein wurde ursprünglich als Granit bezeichnet; bei der Kartierung nannte es G. Klemm *Pyroxensyenit*. R. Grahmann prägte 1927 den Namen „*Gröbait*". K. Schmidt und A. Schüller führten schließlich die Bezeichnung „*Augitsyenodiorit*" ein. Das allein mag zeigen, wie notwendig eindeutige Festlegungen (ohne Einengung von Beschreibungs- und klaren Abgrenzungsmöglichkeiten innerhalb einer Gesteinsgruppe!) geworden sind.

Der Monzodiorit von Gröba ist mittel- bis grobkörnig ausgebildet, grau gefärbt und relativ gleichkörnig. Einsprenglingsartig treten in einer mittelkörnigen Grundmasse nach (010) tafelig entwickelte und nach dem Karlsbader Gesetz verzwillingte Kalifeldspäte auf. Von besonderem Interesse sind zahlreiche Xenolithe, die gerundet, zumeist dunkler als das Wirtsgestein und mit klein- bis mittelkörnigem Gefüge vorkommen. Dunkle Schlieren mit aplit- und pegmatitartigen Säumen unterscheiden sich von diesen Xenolithen.

Umfangreiche Analysen führten für das Hauptgestein von Gröba zu folgendem Modus:

55,8 Vol.-% Plagioklas (An = 40,4 Mol-%);
12,3 Vol.-% Kalifeldspat (Anorthoklas, z. T. Na-Orthoklas);
1,9 Vol.-% Quarz;
14,6 Vol.-% Pyroxen (Diopsid, Hypersthen);
11,7 Vol.-% Hornblende (gemeine Hornblende, Uralitbildung);
3,1 Vol.-% Erz (Magnetit, Ilmenit, Pyrit, Chalkopyrit, Haematit);
0,4 Vol.-% Akzessorien (Apatit, Zirkon).

Die durchschnittliche chemische Zusammensetzung konnte wie folgt angegeben werden:

51,8 Masse-%	SiO_2
18,8 Masse-%	Al_2O_3
6,3 Masse-%	Fe_2O_3
3,4 Masse-%	FeO
0,2 Masse-%	MnO
4,1 Masse-%	MgO
7,3 Masse-%	CaO
4,1 Masse-%	Na_2O
2,6 Masse-%	K_2O
1,3 Masse-%	TiO_2
0,4 Masse-%	P_2O_5
0,4 Masse-%	H_2O
100,7 Masse-%	Summe

Die Einschlüsse mit Ausnahme der Schlieren wiesen mit 40,7 Vol.-% Plagioklas (An = 42,2 Mol-%), 6,7 Vol.-% Kalifeldspat (zumeist Einsprenglinge; blastische Neubildungen), 0,1 Vol.-% Quarz, 0,1 Vol.-% Hornblende, 27,0 Vol.-% Diopsid und Hypersthen, 18,2 Vol.-% Biotit, 5,8 Vol.-% Erz und 1,4 Vol.-% Akzessorien eine wesentlich basischere Zusammensetzung auf. Die Schlieren waren durch überwiegende Plagioklas-, Hornblende- und Biotitgehalte gekennzeichnet (L. PFEIFFER, 1964).

Offensichtlich sind die pyroxenreichen Einschlüsse Hornfelsrelikte, die von einem granitischen Magma nicht vollständig assimiliert werden konnten. Ein solcherart hybridisiertes Magma traf bei der Intrusion unter anderem auf Hornblendeschiefer; Druck und Temperatur reichten lediglich aus, um pegmatitartige Mobilisate zu entwickeln (Schlieren).

Unter den Monzodioriten sind wichtige Gesteinstypen mit eigenen Namen einzuordnen. Auf die Bezeichnung der Monzodiorite als *Syenodiorite* wurde bereits hingewiesen. Aus dem Oslogebiet ist der *Kjelsåsit* (nach W. C. BRÖGGER) zu nennen, der zu alkalireichen Gesteinen tendiert, den Oslo-Essexiten ähnelt sowie enge Beziehungen zu den Larvikiten erkennen läßt. Neben Andesin sind Orthoklas, diopsidischer Pyroxen, braune Hornblende und Biotit Hauptgemengteile. Auch der *Åkerit* (Syenit!) zeigt Übergänge zu Monzodioriten und wurde in dieser Form von W. C. BRÖGGER *Essexitåkerit* genannt. Aus Mittelnorwegen (Insel Radö bei Bergen) wurden *Mangerite* bekannt und verschiedentlich als orthoklasführende Diorite bezeichnet. Neben Plagioklas und Mikroperthit sind Pyroxene, darunter Hypersthen, charakteristische Gemengteile, so daß in solchen Mangeriten relativ trockene Bildungen aus tieferen Bereichen der Erdkruste (Katazone) gesehen werden. W. H. WEED und L. V. PIRSSON bezeichneten 1895 ein syenitartiges Gestein aus Montana (USA) als *Yogoit*, zu dessen wesentlichen Gemengteilen Plagioklas, Natronorthoklas, Diopsid und Biotit gehören.

Monzogabbros (Code 1 3212)

Monzogabbros führen neben relativ anorthitreichem Plagioklas zumeist Mafite mit Gehalten über 40 Vol.-%. Den Namen führte A. JOHANNSEN ein, der ihn später durch den Namen „*Syenogabbro*" ersetzte. Mehr noch als bei Monzodioriten sind Übergänge zu foidführenden Gesteinen zu verzeichnen, so daß die Monzogabbros sowohl in pazifischer als auch in atlantischer Gesteinsvergesellschaftung zu finden sind. Größere Massive wurden nicht bekannt; oft sind Randbereiche von Gabbromassiven durch Assimilation sauren Gesteinsmaterials kalifeldspatführend geworden. Gelegentlich spielten Differentiationen in situ eine Rolle. In Verbindung mit Essexiten kommen Monzogabbros regelmäßig mit Feldspatvertretern vor.

Dem Mineralbestand entsprechend sind die Monzogabbros dunkle Gesteine mit grob- bis kleinkörniger Ausbildung. Als Beispiel sei der sogenannte *Rongstockit* (W. E. TRÖGER, 1935) aus dem Böhmischen Mittelgebirge genannt, der auch als foidarmer Essexit bezeichnet werden kann. Das Gestein ist hypidiomorph und kleinkörnig ausgebildet und besteht zu 44 Vol.-% aus einem zonaren Plagioklas mit Anorthitgehalten zwischen 60 und 25 Mol.-%, zu 9 Vol.-% aus einem Orthoklas, zu 30 Vol.-% aus einem Titanaugit, zu 12 Vol.-% aus Biotit und brauner Hornblende und zu 5 Vol.-% aus Erz, Apatit, Titanit und Cancrinit. Die mineralogische Zusammensetzung unterliegt erheblichen Schwankungen; in Randbereichen kann der Orthoklasgehalt ansteigen. Wichtig ist die Vergesellschaftung mit atlantisch betonten tertiären Vulkaniten. In ähnlicher Vergesellschaftung kommt in der Auvergne (Frankreich) ein sogenannter *Essexitgabbro* vor, der neben Augit auch Olivin und Nephelin führt. Als *Kauaiit* hielt W. E. Tröger (1935) einen Monzogabbro aus, der von der Insel Kauai (Hawaii) bekannt wurde und Plagioklasgehalte um 32 und Natronsanidingehalte um 11 Vol.-% aufweist. Auch dieses Gestein ist mit Vulkaniten vergesellschaftet.

Eine Reihe weiterer Gesteinstypen gehört ebenfalls zu den Monzogabbros. Von den Kleinen Antillen wurde der sogenannte *Hooibergit* bekannt, der bis zu 75 Vol.-% grüne Hornblende und nur 12 Vol.-% Plagioklas und 7 Vol.-% Orthoklas führt. Aus dem Oslogebiet stammt der *Sörkedalit*, den W. C. Brögger als ultrabasische, feldspatvertreterfreie und Ti-, Fe- und P-reiche Fazies vom Essexit oder Kjelsåsit ansah. Nach W. E. Tröger (1935) besteht das Gestein zu 30 Vol.-% aus Plagioklas und zu 10 Vol.-% aus Natronorthoklas; unter den dunklen Gemengteilen dominiert Olivin.

Diorite (*Code 1 3221*)

Zu den *Dioriten* vermitteln die Monzodiorite und Trondhjemite, letztere vor allem in pazifischen Gesteinsvergesellschaftungen. Übergangstypen zu den Theralithen sind relativ selten und zumeist unter eigenen Namen bekannt. Auffallend sind enge Beziehungen zwischen granitischen und dioritischen Gesteinen.

Der Name „Diorit" stammt von R. J. Hauy und wurde ursprünglich für hornblende- und feldspatführende Gesteine angewandt, wobei im Unterschied zu den Syeniten höhere Hornblendegehalte entscheidend waren. Allmählich wurden als Diorite hornblende- und plagioklasführende Gesteine bezeichnet. Die Unterscheidung von den Gabbros blieb problematisch; Gabbros waren lange Zeit alle Gesteine, die aus Pyroxenen und Plagioklasen bestanden. Seit F. Zirkels Neudefinition verschiedener Tiefengesteine bezeichnen wir als Diorite Gesteine, die im wesentlichen aus Plagioklas mit Anorthitgehalten unter 50 Mol-% und aus verschiedenen Mafiten bestehen (Hornblende-, Biotit-, Pyroxen-Diorite). Untergeordnet können Quarz, Kalifeldspat und Feldspatvertreter hinzukommen; der Mafitanteil darf bis zu 90 Vol.-% ansteigen.

Im Gebiet der DDR kommen Diorite zumeist in Vergesellschaftung mit Quarz-Dioriten und Graniten vor. Das Brockenmassiv zum Beispiel ist durch eine dioritische Randfazies charakterisiert. Der Kyffhäuser besteht in großen Teilen aus dioritischen Gesteinen, und schließlich sei der Diorit von Brotterode im westlichen Thüringer Wald genannt. Dioritische Gesteine verschiedener Art sind weiterhin im Odenwald verbreitet; wo sie unter anderem von E. Nickel (1956) intensiv untersucht und folgendem tektonischen Phasenablauf zugeordnet wurden:

1. Prävariszische Altbestände (u. a. mit basischen Gesteinen verschiedener Art) wurden metamorphosiert = ältere Kinetometamorphose.
2. Verfaltung und Aufrichtung der Altbestände und der ihnen eingeschalteten Diabase und Schalsteine unter Bildung von hornfelsartigen Gesteinstypen mit Übergängen zu Dioriten und Gabbros durch ansteigende pt-Bedingungen bis in den Bereich einer Ultrametamorphose = Plagioklas-Metablastese und Dioritisierung *ohne* Stoffzufuhr.
3. Fortdauer der Ultrametamorphose, wobei es zur Intrusion und Injektion granitischer Mobilisate in Diorite und Metamorphite kam. In Hornfelsen entwickelten sich Kalifeldspat- und Oligoklas-Blasten = Granitisation durch Substanzzufuhr.
4. Tektonische und metamorphe Überprägung der gesamten Gesteinsfolge, wobei Gneise verschiedener Art entstehen konnten = jüngere variszische Kinetometamorphose.

Diorite finden sich an vielen anderen Stellen, zum Beispiel im Schwarzwald, in Finnland, im Ural und in den USA. Ihre Genese konnte in den vergangenen Jahren weiter aufgeklärt werden, so daß folgende Möglichkeiten zur Diskussion stehen:

1. Anatexis (Ultrametamorphose) geeigneter Ausgangsgesteine der Erdkruste unter Mitwirkung von H_2O und anderen leichtflüchtigen Komponenten.
2. Assimilation von relativ saurem Krustenmaterial durch basische Magmen.
3. Partielle Anatexis von Peridotit im Oberen Erdmantel unter dem Einfluß leichtflüchtiger Komponenten (H_2O).
4. Fraktionierte Kristallisation von basischen Magmen unter hohem Sauerstoffpartialdruck, wodurch peridotitische Frühausscheidungen und Restschmelzen mit kalkalkalischer Zusammensetzung entstehen können.
5. Partielle Anatexis von Metabasiten und Amphiboliten in ca. 35 km Tiefe (T. H. Green und A. E. Ringwood, 1967, 1968).
6. Partielle Anatexis von Quarzeklogiten in 80 bis 150 km Tiefe (T. H. Green und A. E. Ringwood, 1967, 1968).

Je nach den speziellen tektonischen Bedingungen können demnach Diorite *oder* Andesite auf einem dieser Wege entstanden sein.

Die Diorite sind als Tiefengesteine zumeist hypidiomorph ausgebildet. Ihre Korngrößen unterliegen Schwankungen; grob- bis kleinkörnige Typen treten auf, gelegentlich auch porphyrische. Die Farbe ist gewöhnlich ein helles Grau; Übergangstypen zu den Gabbros erscheinen dunkler. Neben Plagioklas (Andesin) kommt sehr oft Hornblende vor. Unter den Akzessorien sind Apatit, Zirkon, Titanit und Orthit verbreitet, oftmals auch Granat. Gelegentlich finden sich sogenannte *Kugeldiorite*, die durch die Bildung im Durchschnitt 2 bis 4 cm großer Sphäroide gekennzeichnet sind. In solchen Sphäroiden folgen auf eine helle Kernzone nach außen hin zumeist radial angeordnete Plagioklase und konzentrisch angeordnete dunkle Gemengteile in einzelnen Schalen, für deren Entstehung vor allem eine beträchtliche Viskosität des Magmas verantwortlich gemacht werden muß. Man nimmt an, daß die Kristallisation von außen nach innen fortgeschritten ist.

Chemisch sind SiO_2-Gehalte zwischen 55 und 60 Masse-% von Interesse, da sie die bereits erwähnte Dioritlücke markieren. Die Al_2O_3-Gehalte unterliegen beträchtlichen Schwankungen zwischen 15 und 23 Masse-%; auch die Gehalte an anderen Komponenten zeigen eine breite Skala.

Die Nutzungsmöglichkeiten dioritischer Gesteine entsprechen denen anderer Plutonite. Wichtig sind Diorite, in denen tafelförmige Plagioklase und leistenförmige Hornblenden sperrige Gefüge bilden. Solche oftmals feinkörnigen Diorite besitzen eine außerordentlich hohe Zähigkeit und Kantenfestigkeit, die auf der einen Seite ihre Verwendung als Werk- und Pflastersteinmaterial sehr vorteilhaft erscheinen läßt, auf der anderen Seite aber die Bearbeitung erschwert. Die gute Polierbarkeit vieler dioritischer Gesteine förderte ihren Einsatz als Dekorationsmaterial; bekannt wurden Diorite aus Schweden unter dem Namen „Schwedischer Granit".

Der mineralogischen und chemischen Variationsbreite entsprechend, finden sich unter den Dioriten zahlreiche mit eigenen Namen bedachte Gesteinstypen. Durch die Untersuchungen von K. Willmann und besonders von G. Troll (1968) wurden aus dem Gebiet um Marktredwitz in Oberfranken *Redwitzite* bekannt, zu denen basische bis intermediäre Magmatite mit sperrigem Biotitgefüge gehören. Troll schlug vor, den Namen „Redwitzit" nur auf dioritische Typen mit solchem Gefüge anzuwenden. Der

Oligoklasit (nach C. F. KOLDERUP) tendiert mit über 70 Vol.-% Plagioklas zu den Anorthositen; das Originalgestein stammt von den Lofoten (Norwegen). Auch der *Ornöit* (nach A. CEDERSTRÖM) von der Insel Ornö bei Stockholm zeigt Übergänge zu den Anorthositen; nach W. E. TRÖGER (1935) besteht das Gestein zu 80 Vol.-% aus Plagioklas, zu 12 Vol.-% aus Hornblende und zu 5 Vol.-% aus einer Mikroklinfülle. Der Kugeldiorit von Esbo bei Helsinki wurde von J. J. SEDERHOLM *Esboit* genannt; neben Plagioklas (An_{32}) spielt Biotit eine wesentliche Rolle. Zu den Dioriten gehört der *Bojit*, den E. WEINSCHENK noch zu den Gabbros stellte; das Originalgestein kommt in der Gegend von Passau vor und besteht nach W. E. TRÖGER (1935) zu 40 Vol.-% aus Plagioklas (An_{40}), zu 37 Vol.-% aus brauner Hornblende, zu 16 Vol.-% aus Pyroxen und zu 3 Vol.-% aus Biotit. Unter den Akzessorien findet sich Quarz.

Gabbros (*Code 1 3222*)

Zwischen Dioriten und *Gabbros* bestehen fließende Übergänge; entscheidend ist der höhere Anorthitgehalt der Plagioklase mit Werten über 50 Mol-%. Mit einer solchen Plagioklasausbildung verbindet sich zumeist eine Anreicherung dunkler, Fe- und Mg-reicher Minerale. Unter dem Namen „Gabbro" verstand man im alten Florenz grobkörnige Gesteine aus Diallag (Pyroxen) und Serpentin. L. v. BUCH führte den Namen 1810 in die petrographische Literatur ein, unter dem man zum Teil noch heute allein die Plutonite zusammenfaßt, die neben basischem Plagioklas Klinopyroxene oder Hornblenden, auf keinen Fall aber Orthopyroxene als wesentliche Gemengteile enthalten. Gabbroide Gesteine mit Orthopyroxenen als Hauptgemengteilen werden *Norite* genannt.

Gabbros finden sich sowohl in pazifischer als auch in atlantischer Gesteinsvergesellschaftung; ihre Hauptverbreitung haben sie gemeinsam mit anderen basischen und ultrabasischen Gesteinen in ehemaligen Geosynklinalen. Sie können dort zum großen Teil auf Mantelderivate zurückgeführt werden; andererseits sind Entwicklungen von Dioriten bis zu Gabbros durch anatektische Vorgänge möglich. Das betrifft zum Beispiel zahlreiche Vorkommen im Odenwald. Von besonderem Interesse sind Gabbrovorkommen in Verbindung mit Alkaligesteinen. In Portugal beispielsweise kommt bei Monchique ein sogenannter Nephelinsyenit vor, dem größere Schollen von Gabbro eingelagert sind. Oft bestehen Übergänge zu Pyroxeniten oder Essexiten, wobei neben verschiedenen Differentiationen mit großer Wahrscheinlichkeit Assimilationen und sekundäre metasomatische Prozesse wirksam waren. Detaillierte Untersuchungsergebnisse liegen vom Gabbromassiv der Skaergaard-Intrusion im Osten Grönlands vor; durch gravitative Kristallisationsdifferentiationen entstanden dort Lagen mit olivinreichen Partien im Liegenden und quarzführenden im Hangenden. Berühmt wurde der Bushveld-Komplex in Transvaal (Südafrika), der jungalgonkischen Schichten eingelagert ist und aus einer unteren Noritgruppe mit Mächtigkeiten bis zu 5000 m und einer oberen Granitgruppe mit Mächtigkeiten bis zu 4000 m besteht. Die Norite sind mit erstaunlicher Regelmäßigkeit über Hunderte km in Bänder und Lagen differenziert und durch Chromit- und Platinanreicherungen wirtschaftlich wichtig. In ihren oberen Partien kam es zur Anreicherung von Titanomagnetit. Nach H. SCHNEIDERHÖHN (1941) sind Übergänge zu Pyroxeniten und Anorthositen verbreitet, in oberen Partien auch zu Dioriten und Syeniten. Eines der größten Nickelvorkommen der Erde bei Sudburry in Kanada ist ebenfalls an Norite gebunden; neben Nickel sind beachtliche Cu- und

Pt-Anreicherungen von Interesse. Ähnliche Lagerstätten wurden aus der Sowjetunion aus dem Gebiet Norilsk bekannt.

In der DDR finden sich Gabbros nur an wenigen Stellen. Zu nennen sind Ausläufer des Gabbros vom Brockenmassiv mit Biotit- und Pyroxenführungen sowie gabbroide Gesteine in den Randbereichen des sächsischen Granulitgebirges, die dort in enger Verbindung zu Serpentiniten und anderen basischen Gesteinen stehen. Als Beispiel sei das Vorkommen von Roßwein genannt, in dem der Gabbro eine mehr oder weniger deutliche Flaserung zeigt und an einigen Stellen in Amphibolschiefer übergeht.

Neben den bereits genannten Gemengteilen Pyroxen, Hornblende, Biotit und basischer Plagioklas treten in den Gabbros in unterschiedlicher Menge Olivin und verschiedene Akzessorien auf, unter denen einige, wie zum Beispiel Magnetit, Ilmenit und Chalkopyrit, wirtschaftliche Bedeutung gewinnen können. Weitere Akzessorien sind Apatit, Rutil und seltene Minerale, darunter Platin, Chromit und Pentlandit. Zirkon tritt selten auf. Das Gefüge der Gabbros ist hypidiomorph und oft sperrig. Die Korngrößen variieren von grob- bis klein- und feinkörnig. Chemisch sind relativ niedrige SiO_2- und hohe Gehalte an Fe, Mg und Ca von Bedeutung, woraus die genannten Mineralbedingungen resultieren. Wichtig ist, daß Gabbros durchaus noch Quarz und Kalifeldspat führen können; in Verbindung mit Alkaligesteinen sind auch Feldspatvertreter anzutreffen.

Die sekundären Veränderungen der Gabbros und der mit ihnen verwandten Gesteine sind besonders auffällig; Pyroxene, Hornblenden und Biotite wurden oftmals zu Chloriten umgewandelt, wodurch die betroffenen Gesteine eine grüne Farbe annahmen. Sofern Gabbros an initiale Phasen einer Orogenese und somit an Geosynklinalen gebunden sind, deren Bestand später verfaltet und metamorphosiert wurde, gehören sie mit Peridotiten (Serpentiniten), Diabasen und anderen „vergrünten" Gesteinen zur Gruppe der *Ophiolithe.* Besonders häufig treten Umwandlungen der Plagioklase auf; durch deren sogenannte Saussuritisierung bildeten sich in Kernbereichen Klinozoisit, Zoisit, Albit, Muskovit und Quarz in oftmals dichten, mikroskopisch kaum auflösbaren Gemengen. Die Pyroxene können serpentinisiert (Orthopyroxene) oder uralitisiert (Klinopyroxene, besonders Diopsid) worden sein. Solche Uralitisierungen (Hornblendisierungen) wurden durch metamorphe Beanspruchungen gefördert.

Eigenartige Gefügebilder finden sich gelegentlich in Grenzbereichen von Olivin, Eisenerzen und Biotit gegenüber Plagioklasen; die dunklen Minerale wurden hier von einem sehr feinkörnigen Gemenge aus Orthopyroxen, Aktinolith und Hornblende ummantelt. Das Ergebnis sind sogenannte Ocellargefüge.

Die Nutzungsmöglichkeiten der Gabbros ähneln denen der Diorite. Fein- bis mittelkörnige Typen sind bei sperriger Gefügeausbildung besonders fest und zäh. Diese Eigenschaften konnten durch sekundäre Umwandlungen bei Erhaltung des Korngefüges beziehungsweise bei zusätzlicher Verfilzung noch gesteigert werden. Wichtig ist eine gute Wetterbeständigkeit. Auch die Polierfähigkeit ist teilweise so gut, daß Gabbros als Dekorationsmaterial eingesetzt werden können.

Unter den Gabbros finden sich relativ seltene Typen, die als dunklen Gemengteil vor allem Olivin führen; solche Gabbros wurden *Troktolithe* (nach A. v. LASAULX) genannt. Zu ihnen rechnete A. JOHANNSEN den *Forellenstein,* den G. v. RATH aus dem Gebiet des heutigen Nova Ruda in Śląsk (VR Polen) beschrieben hatte. Die Olivine sind in unterschiedlichem Maß serpentinisiert worden, so daß Forellensteine grüne, schwarze, rote und weiße Farbtöne aufweisen. Hypersthenführende Gabbros wurden in Schweden *Hyperite* genannt; W. E. TRÖGER (1935) teilte hierzu folgende mengenmäßige Zusammensetzung mit:

57 Masse-% Plagioklas ± Orthoklas + Quarz;
13 Masse-% Augit;
13 Masse-% Hypersthen;
8 Masse-% Olivin;
5 Masse-% Biotit;
4 Masse-% Erz und Apatit.

Ein sehr anorthitreicher Plagioklas (An_{80-90}) kennzeichnet den *Eukrit*, der in Schweden und Schottland und in Übergängen zu normalem Gabbro und Diorit auch im Odenwald vorkommt. E. WEINSCHENK nannte einen Hornblende-Gabbro aus dem Gebiet um Passau *Bojit*, der wegen des geringen An-Gehaltes seiner Plagioklase nach W. E. TRÖGER (1935) besser zu den Dioriten gestellt wird. Bekannt wurden sogenannte *Corsite* (nach F. ZIRKEL) von der Insel Korsika wegen ihrer ausgezeichneten Kugelbildungen (*Orbikular-Gabbros*). Aus Kanada stammt der *Montrealit*, bei dem der Plagioklasanteil bis auf wenige Prozent absinken kann. Hauptgemengteil ist ein Titanaugit neben Olivin und Plagioklas. Auch der *Tilait* (nach L. DUPARC und F. PEARCE) zeichnet sich durch hohe Anteile an Diopsid und Olivin aus; das Originalgestein stammt aus dem Ural.

Anorthosite (*Code 1 3223*)

Extrem plagioklasreich sind die *Anorthosite*; ihre Farbzahl liegt unter 10. Die wesentlichen Plagioklase können sehr unterschiedliche Zusammensetzung haben; verbreitet sind basische Typen mit relativ hohen Anorthitgehalten. Den Namen führte T. S. HUNT ein, doch wurde er im Laufe der Zeit wiederholt neudefiniert. Nach W. E. TRÖGER (1935) charakterisiert er als Sammelname solche Tiefengesteine, die fast nur aus Plagioklas bestehen.

Anorthosite gewannen in den letzten Jahren nicht zuletzt deshalb an Interesse, weil vom Mond ähnliches Gesteinsmaterial untersucht werden konnte. Zuvor schon waren Anorthositvorkommen auf Labrador, bei Quebec, in den Adirondacks (USA), in Norwegen, im Ural und in der Ukraine Gegenstand intensiver Forschungen, wobei auffiel, daß die größten Vorkommen präkambrisches Alter haben. Genetisch wurden *alle* Möglichkeiten in Betracht gezogen: Kristallisationsdifferentiation, Metamorphose einschließlich Metasomatose, Assimilation und Anatexis. P. MICHOT zum Beispiel kam bei seinen Untersuchungen in Norwegen zu dem Schluß, daß dort in tieferen Krustenbereichen eine basische Anatexis stattfand, die einerseits zu gabbroiden Mobilisaten mit relativ hohen Na-Gehalten und andererseits zu Restgesteinen mit Ca-reichen Plagioklasen führte. Echte Kristallisationsdifferentiate sind ebenfalls möglich; das beweisen anorthositische Lagen im Bushveld-Komplex. Recht komplizierte Zusammenhänge bestehen zwischen Alkaligesteinen und Anorthositen; hier müssen metasomatische Prozesse gewirkt haben.

Die Anorthosite führen als Plagioklas zumeist Labradorit, dessen Korndurchmesser 35 und mehr cm erreichen können. Die Gesteinsfarbe ist oft grau bis schwarz; Typen aus der Umgebung von Shitomir (UdSSR) zeigen ein Labradorisieren, das sie zu einem begehrten Dekorationsmaterial werden ließ. Untergeordnet treten Pyroxene verschiedener Art auf, gelegentlich auch Olivine, sehr selten Hornblenden und Biotite. Von den

Akzessorien verdienen mitunter Granat und Muskovit besondere Aufmerksamkeit. Das Gefüge entspricht dem gabbroider Gesteine. Chemisch sind Al_2O_3-Gehalte bis zu 30 Masse-% bemerkenswert.

Bei den Anorthositen ist eine Reihe von Gesteinen einzuordnen, die in der Literatur unter verschiedenen Namen beschrieben worden sind. Ein Oligoklas-Anorthosit ist der bereits genannte *Oligoklasit.* Dementsprechend gibt es *Andesinite*, *Labradite* (für Labradorite wegen gleichnamiger Plagioklastypen) oder *Labradoritite* (auch *Labradorfelse*), *Bytownitite* und *Anorthitite.* Übergänge zu den Essexiten zeigen Anorthosite aus dem Oslo-Gebiet, die W. E. BRÖGGER *Modumite* nannte. Zum basischen Plagioklas kommen in diesem Gestein alkalireiche Pyroxene. Ein eigenartiges Gestein ist der *Kyschtymit* (nach J. MOROZEWICZ), der in einer mittel- bis feinkörnigen Plagioklasgrundmasse dunkle Korunde und wenige Biotite führt. Das Gestein wurde aus dem Ural südlich von Barsowska bekannt, wo es im Kontakt zu Graniten und Serpentiniten vorkommt.

1.9.3.2. Vulkanite

Unter den Feldspat-Magmatiten sind zahlreiche Vulkanite zu finden, denen eine breite Palette genetischer Möglichkeiten entspricht. Auch hier macht sich die Übergangsstellung zu alkalischen und SiO_2-untersättigten Gesteinstypen bemerkbar; viele Vulkanite können sowohl in pazifischer als auch in mediterraner und atlantischer Gesteinsvergesellschaftung auftreten. Andesite und vor allem Basalte führen zu Problemen des Erdmantels, die in den vergangenen Jahren in den Mittelpunkt geowissenschaftlicher Arbeiten rückten.

Alkalifeldspat-Trachyte (Code 3 3111)

Bereits die *Alkalifeldspat-Trachyte*, die mineralogisch und chemisch weitgehend den Pulaskiten entsprechen, werfen eine Fülle von petrogenetischen Fragen auf. Sehr oft lassen sich petrographische Entwicklungsreihen von basaltischen Gesteinstypen über Latite bis zu den Trachyten, Alkalifeldspat-Trachyten und schließlich auch Phonolithen rekonstruieren. Das betrifft zum Beispiel Vorkommen in ozeanischen Gebieten, für deren Genese verschiedene Differentiationsmöglichkeiten in Betracht gezogen wurden, da Assimilationen weitgehend ausschieden.

Die Alkalifeldspat-Trachyte charakterisieren Farbzahlen unter 40. Ihre wesentlichen Gemengteile sind verschiedene Alkalifeldspäte; Sanidin und Natronsanidin dominieren. Auch Anorthoklase und Albite sind verbreitet. H. ROSENBUSCH unterschied *Alkalitrachyte* von *Alkalikalktrachyten* und gliederte erstere nach ihren dunklen Gemengteilen, zu denen alkalireiche Hornblenden, ebensolche Pyroxene (Aegirin, Aegirinaugit) und Biotite gehören. A. JOHANNSEN trennte *Leuco-Kalitrachyte* von *Kalitrachyten*, *Leuco-Natrontrachyten* und *Leucotrachyten.* Übergänge zu Phonolithen sind nicht ungewöhnlich; viele Alkalifeldspat-Trachyte können Feldspatvertreter führen. Andererseits sind Quarzgehalte bis zu 20 Vol.-% relativ zu $Q + A + P = 100$ möglich. Chemisch leiten sich daraus entsprechende SiO_2- ($\pm$ 60 Masse-%) und Alkaligehalte ($\pm$ 10 Masse-%) ab. Das Gefüge der Alkalifeldspat-Trachyte ist durch eine tafelförmige Ausbildung der Feldspäte und durch leistenförmige Mafite oft sperrig (trachytoid). Parallelgefüge sind verbreitet, wodurch bei der Verwitterung sehr leicht der Eindruck schiefriger Gesteine hervorgerufen werden kann.

Den Alkalifeldspat-Trachyten sind zahlreiche Gesteinstypen zuzuordnen. *Aegirin-* und *Sodalith-Trachyte* kommen vor allem im Böhmischen Mittelgebirge vor; sie tendieren oft zu Phonolithen, mit denen sie im Tertiär gebildet wurden. In der Auvergne (Frankreich) besteht unter anderem der Puy de Dome aus einem Alkalifeldspat-Trachyt, in dem es zur Bildung von Biotit, Hornblende und Glas kam; das Gestein wurde von L. v. BUCH *Domit* genannt. *Kataphorit-Trachyte* (nach H. ROSENBUSCH) mit der natrium- und eisenreichen Hornblende Kataphorit kommen in Kenia vor; sie enthalten nach W. E. TRÖGER (1935) zu über 80 Masse-% Natronsanidin und Anorthoklas. Ein sodalithführender Alkalifeldspat-Trachyt ist der *Ponzit* (nach H. S. WASHINGTON) aus dem Mittelmeergebiet (Sardinien u. a.), der in enger Beziehung zum *Gibelit* (nach H. S. WASHINGTON), einem quarzführenden Alkalifeldspat-Trachyt, steht. Früher wurden die *Rhombenporphyre* des Oslo-Gebietes zu den Alkalifeldspat-Trachyten gestellt; nach CH. OFTEDAHL (1957) sind sie Ergußäquivalente der Monzonite. Umstritten ist der Begriff „*Keratophyr*", mit dem nach C. W. GÜMBEL zunächst quarzführende und feldspatreiche Vulkanite aus dem Fichtelgebirge charakterisiert werden sollten. K. A. LOSSEN unterschied später quarzführende Quarz-Keratophyre von quarzfreien Keratophyren und stellte letztere den *jüngeren Natronsyenit-Porphyren* zur Seite. H. ROSENBUSCH hielt an altersmäßigen Unterscheidungen fest; in bezug auf den Keratophyr war er sich jedoch nicht sicher, ob das Gestein in die Alkalireihe eingeordnet werden dürfte. Keratophyre aus dem Elbingeröder Komplex im Harz können den Alkalifeldspat-Trachyten und Trachyten zugeordnet werden; wesentliche Gemengteile sind Albite und Mikroperthite in unterschiedlichen Relationen.

Spilite (*Code 3 3112*)

Aus der Zunahme der dunklen Gemengteile über 40 Vol.-% hinaus resultieren Gesteine, die unter der Bezeichnung „*Spilite*" in die quantitativ-mineralogische Systematik aufgenommen worden sind. Es sind mafitreiche Alkalifeldspat-Trachyte, die im Mineralbestand und Chemismus den Lusitaniten entsprechen. Der Name „Spilit" ist mehrdeutig und genetisch belastet, so daß heute jeder Arbeit über Spilite eine Definition vorangestellt werden muß. H. J. RÖSLER (1960) bezeichnete bei seinen Untersuchungen in Thüringen extrusive „dichte" Diabase als Spilite, die demzufolge allen möglichen Gesteinstypen, von Alkalifeldspat-Trachyten angefangen bis hin zu Basalten, zugeordnet werden könnten. Für die hier gewählte Definition sind unabhängig von allen genetischen Problemen neben verschiedenen anderen Gemengteilen Alkalifeldspäte entscheidend. Geprägt wurde der Name „Spilit" von A. BRONGNIART für dichte Diabase mit sogenannter Mandelsteinstruktur, das heißt mit zahlreichen Hohlräumen, die mehr oder weniger vollständig von hydrothermalen Mineralbildungen ausgefüllt sein können (Calcit, Zeolithe, Quarz, Achat u. a.).

Spilite kommen sowohl in pazifischer als auch in atlantischer und mediterraner Gesteinsvergesellschaftung vor. Den Lusitaniten entsprechend, finden sie sich bevorzugt in Tafelgebieten, wo sie oft komplizierten Differentiationen ihre Entstehung verdanken. Mitunter wurden dunkle Gesteinstypen unter Alkalizufuhr metasomatisch verändert; solche Vorgänge ähneln den Granitisierungen oder Syenitisierungen. Die in der DDR verbreiteten Spilite sind zum großen Teil an initiale Phasen der variszischen Orogenese gebunden und analog den Greisen oder Propyliten sekundär durch eigene Differentiate (Assimilate?) verändert worden, so daß neben albitisiertem Plagioklas

Chlorite und Karbonate vorliegen. Ihre Einordnung in die fixierte Spilitgruppe erscheint demzufolge zumindest ebenso problematisch wie die Bezeichnung der Gruppe selbst. Offen bleibt, *inwieweit* Umwandlungsprodukte durch magmeneigene Substrate zu primären oder sekundären Paragenesen gerechnet werden können.

Spilite aus Wales mit den Namen *Marloesit* und *Skomerit* führen als wesentliche Gemengteile Albit und Pyroxene, zu denen Olivin, Orthoklas, Erz, Apatit und Glas hinzu kommen können. Aus der Umgebung von Kusel im Nahe-Gebiet stammt der *Kuselit*, der zwar als „quarzführender Augitporphyrit mit starker Autometamorphose" (W. E. Tröger, 1935) bezeichnet wird, wegen seines Mineralbestands jedoch hier eingeordnet werden kann. Von der Bering-Insel östlich Kamtschatka stammt der *Beringit* (nach Z. Starzynski), der zu 56 Vol.-% aus Barkevikit, zu 27% aus Albit und zu 13% aus Orthoklas besteht. Der *Selagit* aus der Umgebung von Toscana (Italien), der zuletzt von H. Washington exakt definiert wurde, weist vorwiegend Sanidin, daneben Biotit und Diopsid auf.

Trachyte (Code 3 3120)

Die in der Systematik folgenden *Trachyte* entsprechen den Syeniten und sind wie diese durch beachtenswerte Anteile an Plagioklas charakterisiert. Der Name „Trachyt" wurde erstmalig von R. J. Hauy (1822) für Gesteine vom Drachenfels im Siebengebirge (Rheinland) verwendet, für die er nach wiederholter Neudefinierung noch heute zutrifft. Die Trachyte weisen Übergänge zu den Alkalifeldspat-Trachyten, Rhyolithen und Latiten auf und finden sich demzufolge in atlantischen, mediterranen und pazifischen Gesteinsprovinzen. Auffällig ist ihre Verknüpfung mit einem basischen Tafelvulkanismus, in dessem Gefolge *Magmendifferentiationen* verschiedener Art möglich wurden. Trachytische und auch phonolithische Restmagmen konnten gelegentlich mit frühen Bildungen (Olivin, Pyroxen, Plagioklas) reagieren und so zu ungewöhnlichen Gesteinsbildungen führen.

Trachyte sind unter anderem in der intrapazifischen Provinz verbreitet, ebenso in kontinentalen Gebieten, dort vor allem im Bereich großer tektonischer Störungen (Riftzonen). Vorkommen im Böhmischen Mittelgebirge sind zu nennen, ferner im Siebengebirge bei Bonn, im Odenwald, in der Auvergne (Frankreich) und in Italien. Trachytische Gläser wurden von Hawaii bekannt, Trachytbimssteine vom Laacher See in der Eifel.

Trachyte sind zumeist durch Einsprenglinge von Sanidin und Plagioklas (Oligoklas) gekennzeichnet, die in einer hellgrauen Grundmasse eingebettet sind. Auch die Grundmasse besteht im wesentlichen aus oftmals geregelten Sanidintäfelchen, zu denen Pyroxene (Aegirin, Aegirinaugit, Diopsid, Orthopyroxene) und Hornblenden in Leistenform sowie Plagioklase, Biotit, Erze und Glas hinzu kommen können. Auch Feldspatvertreter treten hin und wieder auf. Chemisch sind relativ hohe Gehalte an SiO_2 und Alkalien bemerkenswert; die Gehalte an CaO, FeO und MgO unterliegen beträchtlichen Schwankungen. Die tafelige und leistenförmige Ausbildung der Hauptgemengteile bedingt zumeist sperrige Gefüge, mit denen gelegentlich die Bildung kleiner Hohlräume verbunden ist. Solche feinen miarolithischen Gefüge mit relativ geringer Kornbindung wirken sich negativ aus; derartige Trachyte sind im allgemeinen schlecht polierbar. Ihre Festigkeitswerte liegen mit 600 bis 700 kp/cm^2 weit unter denen für normale Granite ($\pm$ 2600 kp/cm^2), und auch die Frost- und Wetterbeständigkeit genügt nicht allen Ansprüchen. Die Nutzungsmöglichkeiten von Trachyten sind beschränkt und müssen in jedem Fall sorgfältig getestet werden.

In vielen Veröffentlichungen wird zwischen Trachyten im engeren Sinn und *Orthophyren* unterschieden; Trachyte sind neovulkanische und Orthophyre paläovulkanische Gesteine mit oftmals sehr weitgehenden sekundären Umwandlungen (analog Alkalifeldspat-Trachyt und Keratophyr). Der Name „*Orthophyr*" wurde zunächst von H. COQUAND für quarzfreie Porphyre und später von H. ROSENBUSCH für ältere Trachyte verwendet. Sekundäre Umwandlungen führten in diesen Gesteinen zu grünen, roten und braunen Farbtönen sowie zu Gefügeverdichtungen durch neu- und umgebildete Minerale. Plagioklas enthaltende *Keratophyre* sind zu den Trachyten zu stellen; Übergänge zu Latiten („Trachyandesiten") kommen oft vor. Aus Mittelitalien beschrieb H. S. WASHINGTON den *Vulsinit*, der mit nahezu 70 Masse-% Sanidin, 18% Plagioklas und 12% dunklen Gemengteilen eindeutig zu den Trachyten gehört. Chemisch sind K_2O-Gehalte um 9 und Na_2O-Gehalte um 3 Masse-% von Interesse. In Mittelitalien kommen auch *Ciminit* (nach H. S. WASHINGTON) und *Quarzciminit* (A. JOHANNSEN) vor; beide Gesteine sind relativ basisch und durch Olivineinsprenglinge gekennzeichnet. Ihre Genese ist auf die Hybridisierung relativ alkalireicher Magmen durch Assimilation basischen Gesteinsmaterials zurückzuführen. Ein Olivin-Pyroxen-Trachyt ist der *Arsoit* (nach R. REINISCH) von der italienischen Insel Ischia. Dort kam es im Laufe magmatischer Entwicklungen nach A. RITTMANN (1960) zunächst zur Abspaltung eines „trachytischen" Magmas aus einem „olivinbasaltischen" Magmenherd und im Zwischenherd nachfolgend zu komplexen Differentiationen. Durch gravitative Kristallisationsdifferentiation bildeten sich in unteren Bereichen latitische und trachytische Magmen mit Pyroxen- und Plagioklaskristallen, während dadurch begünstigt und durch pneumatolytische Differentiation verstärkt die Magmen in oberen Bereichen eine alkalifeldspattrachytische bis phonolithische Zusammensetzung erhielten.

Latite (*Code 3 3130*)

Latite entsprechen den Monzoniten und umfassen wiederum eine breite Palette von Gesteinstypen. Alkalifeldspäte und Plagioklase sind etwa in gleichen Anteilen vertreten; die Gehalte an dunklen Gemengteilen können 90 Vol.-% erreichen. Quarz- und Feldspatvertreterbildungen sind möglich. Der Name „Latit" tritt an die Stelle von „*Trachytandesit*"; er wurde von F. L. RANSOME vorgeschlagen. W. E. TRÖGER definierte als Latit einen „*leukokraten Trachybasalt*" mit 33 Masse-% Plagioklas (An_{60}), 28% Sanidin, 12% Pyroxen, 7% Biotit, 7% Erz und Apatit und 13% dichter Grundmasse, wie er südöstlich von Rom am Santa-Croce-Berg gefunden wurde. Latite kommen außer in Italien in Nord- und Südamerika vor. Je nach dem Anteil SiO_2-gesättigter oder -untersättigter Minerale gehören sie zu pazifischen oder atlantischen und mediterranen Gesteinsvergesellschaftungen. Ihre Stellung zwischen Trachyten und Basalten beruht auf komplizierten genetischen Entwicklungsmöglichkeiten, wie sie bereits für die Monzonite angedeutet worden sind.

Als gesteinsbildende Minerale kommen Sanidin, Natronsanidin, Anorthoklas und verschiedene Plagioklase in Betracht. Unter den dunklen Mineralen dominieren Pyroxene, zu denen Hornblenden, Biotit und Olivin hinzukommen können. Als Akzessorien sind Erze (Magnetit, Chalkopyrit, Pyrit, Ilmenit, Haematit), Apatit und seltene Minerale zu nennen. Wichtig ist Quarz oder ein Anteil von Feldspatvertretern, darunter bevorzugt von Nephelin. Glasbildungen sind verbreitet. Die MgO- und CaO-Gehalte der Latite können 10 und mehr Masse-% erreichen; dem Mineralbestand entsprechend, liegen K_2O und Na_2O zumeist in gleichen Anteilen vor. Die SiO_2-Gehalte schwanken zwischen 48 und 60 Masse-%. Die Gefüge gleichen oft denen der Trachyte; porphyrische Einsprenglinge liegen in einer dichten Grundmasse, die unter dem Mikroskop sperrige oder retikulare Gefüge erkennen läßt.

Die Latite können durch beträchtliche Quarzanteile oftmals in sogenannte *Quarzlatite* (nach F. L. Ransome) übergehen, die jedoch korrekt als Rhyodacite einzustufen sind. Ein quarzführender Latit ist der *Quarzbanakit* aus dem Yellowstone-Park in den USA (nach J. P. Iddings); der *Banakit* tendiert zu tephritischen Gesteinen. Der von Iddings untersuchte *Shoshonit* aus dem gleichen Gebiet besteht nach W. E. Tröger (1935) zu 35 Masse-% aus Plagioklas, zu 35% aus Sanidin, zu 20% aus Pyroxen, zu 5% aus Olivin und zu 5% aus Akzessorien mit Erzen, Apatit und Biotit. Chemisch sind SiO_2-Gehalte um 54, Na_2O-Gehalte um 3 und K_2O-Gehalte um 4,5% von Interesse. Wesentlich dunkler sind Abarten des Shoshonits mit 25 Masse-% Pyroxen und 24% Olivin, die Iddings *Absarokite* nannte. Aus der Auvergne (Frankreich) beschrieb A. Lacroix einen Latit unter dem Namen „*Doréit*"; neben Plagioklas und Natronsanidin waren Pyroxene wichtigste Gemengteile.

Außer den Plutoniten Larvikit (Alkalifeldspat-Syenit mit Übergängen bis zum Monzonit) und Nordmarkit (Alkalifeldspat-Syenite bzw. Syenite) wurden aus dem Oslo-Gebiet vor allem die *Rhombenporphyre* (nach L. v. Buch) bekannt, die dort mit einer Fläche von 1160 km² angeschnitten sind. Nachdem im Perm zunächst basaltische Magmen gefördert worden waren, folgten monzonitische Magmen mit zumeist rhombenförmigen Einsprenglingen. Über 15 solcher Magmenschübe wurden nachgewiesen, unterbrochen durch drei basaltische und wenige ignimbritische Förderungen. Trotz abweichender Ausbildung der Einsprenglinge ähneln sich alle entstandenen Latite mineralogisch und chemisch weitgehend! Die Einsprenglinge sind nach den Untersuchungen von Ch. Oftedahl Plagioklase mit Anorthitgehalten zwischen 20 und 40 Mol-%, die teilweise in Alkalifeldspäte umgewandelt wurden. In der Grundmasse finden sich Alkalifeldspäte in nahezu eutektischer Zusammensetzung (Ab—Or), daneben Pyroxene mit chloritischen Zersetzungserscheinungen.

Latitandesite (*Code 3 3211*)

Die Unterscheidung der folgenden Gesteinstypen bereitet ebensolche Schwierigkeiten wie ihre Abgrenzung gegenüber benachbarten Gruppen. *Latitandesite* unterscheiden sich von den Latitbasalten lediglich durch ihre Farbzahl unter statt gleich und über 40! Diese Grenzziehung wurde notwendig, weil die mikroskopische Vermessung der Plagioklase bei den Vulkaniten oft unmöglich oder mit großen Unsicherheiten (Zonarbau!) verbunden ist. Plagioklaseinsprenglinge haben vielfach eine andere Zusammensetzung als Plagioklase der Grundmasse, so daß auch unter solchem Aspekt Durchschnittswerte fragwürdig bleiben. Die Farbzahlen können relativ einfach ermittelt werden; neben klassischen Integrationsverfahren stehen dazu moderne Geräte (Quantimet u. a.) zur Verfügung.

Latitandesite sind relativ helle, oft graue oder graugrüne Gesteine, unter deren hellen Gemengteilen Plagioklas dominiert. Alkalifeldspäte können noch vorhanden sein, untergeordnet auch Quarz oder Feldspatvertreter. Die dunklen Gemengteile sind bevorzugt Pyroxene, daneben Hornblenden und Biotit. Dunkle Gemengteile finden sich oft chloritisiert, Feldspäte und Feldspatvertreter kaolinisiert. Im Gefüge gleichen Latitandesite den Latiten. Chemisch sind je nach der Art der Plagioklase und der dunklen Gemengteile beträchtliche Unterschiede zu erwarten. Latitandesite kommen in pazifischen und atlantischen, seltener in mediterranen Gesteinsprovinzen vor. Latite und Andesite gehen oft in Latitandesite über, was nicht immer beachtet worden ist.

Unter dem Namen „*Mugearit*" beschrieb A. HARKER einen Latitandesit aus Schottland, der als dunklen Gemengteil ausschließlich Olivin führte. Erneute Untersuchungen zeigten, daß auch Hornblenden, Pyroxene und Biotit vorkommen können. Von den Hawaii-Inseln wurde der *Kohalait* bekannt, den J. P. IDDINGS zwar als normativen Oligoklas-Andesit bezeichnete, der modernen Untersuchungsergebnissen zufolge jedoch den Latitandesiten zugeordnet werden muß. Unter Vorbehalt kann der von F. ZIRKEL aus den Vogesen beschriebene *Labradoritporphyrit* hier eingeordnet werden. J. E. SPURR nannte einen Latitandesit von der Aleuten-Halbinsel *Aleutit*, der nach W. E. TRÖGER (1935) 59 Masse-% Plagioklas, 5% Orthoklas, 8% Quarz, 22% Klinohypersthen und 6% Akzessorien führt. Schließlich muß auch der *Palatinit* aus dem Nahegebiet (BRD), dessen Name von H. LASPEYRES stammt, hier genannt werden.

Latitbasalte (Code 3 3212)

Die *Latitbasalte* gleichen den Basalten; ihr Gehalt an Mafiten ist sehr hoch, so daß sie dunkelgrau bis schwarz gefärbt sind. Wichtige Anteile an Alkalifeldspäten, darunter verschiedene Kalifeldspäte, rechtfertigen ihre Sonderstellung. Früher wurden entsprechende Gesteine als „*Trachytbasalte*" bezeichnet.

Ihre Übergangsstellung zwischen Latiten und Basalten bedingt SiO_2-Gehalte zwischen 44 und 48 Masse-%; die Erdalkali- und Eisen-Gehalte sind gegenüber Latiten angestiegen. Alkalien wurden bei ausreichendem SiO_2-Angebot zumeist in Feldspatmolekülen gebunden; Quarz- oder Feldspatvertreterbildungen waren möglich. Zu den ältesten Mineralen gehören Magnetit und Apatit, denen gelegentlich Olivin, dann Pyroxene, Hornblenden und Biotit folgten. Zwischenpositionen nehmen Plagioklase ein, nur selten Kalifeldspäte. Als Füllmasse treten Kalifeldspäte, Feldspatvertreter, Glas oder auch Quarz und andere SiO_2-Minerale auf. Das Gefüge ist demzufolge sehr unterschiedlich; verbreitet kommen sperrige Gesteinsausbildungen vor.

Einzelne Vorkommen oder Typen unter den Latitbasalten zu nennen fällt schwer; die engen genetischen und petrographischen Beziehungen zu Basalten gestatten deren gemeinsame Besprechung.

Andesite (Code 3 3221)

Andesite sind von vielen Stellen der Erde bekannt. L. v. BUCH benannte sogenannte Trachyte aus den Anden mit diesem Namen. Lange Zeit bestimmten Gehalte an Hornblende und Plagioklas, ob ein Gestein als Andesit bezeichnet werden konnte. H. ROSENBUSCH unterschied Andesite von Basalten auf Grund ihres Plagioklases; wie bei Dioriten und Gabbros spielte der Anorthitgehalt eine wichtige Rolle. Aus bereits genannten Gründen ist heute der Mafitanteil entscheidend; Andesite sind durch Farbzahlen unter 40 bei dominierenden Plagioklasgehalten charakterisiert.

Andesite finden sich mit Basalten, Latiten, Daciten, Rhyodaciten und Rhyolithen vergesellschaftet; sie kommen in den Randgebieten des Pazifiks besonders häufig vor und veranlaßten die Aufstellung einer pazifischen Gesteinsreihe, die bevorzugt mit orogenen Erscheinungen verbunden ist. Solche pazifischen Gesteinsvergesellschaftungen wurden bei Plutoniten (Gabbro, Diorit, Granit) zumeist in syn- und spätorogenen und bei Vulkaniten in der Regel in subsequenten Phasen bekannt. Andesite finden sich im europäischen Gebiet vor allem in den Karpaten, in den Balkanländern und in Senken und Trögen des Perms, die vielfach einem variszischen Molassestockwerk zugeordnet werden können. Solche älteren Andesite wurden zumeist als *Porphyrite* bezeichnet, unter welchem Namen sie auch in der DDR bekannt sind (Döhlener Becken, Nordwestsächsischer Vulkanitkomplex u. a.). Nach H. Kuno (1969) sind Andesite die häufigsten und umfangreichsten Bildungen im Bereich orogener Zonen vom frühen Präkambrium an bis zur Gegenwart.

Von dem bereits umrissenen Dioritproblem leitete sich in den letzten Jahren mehr und mehr ein Andesitproblem ab, das unter dem Einfluß neuer tektonischer Vorstellungen weltweit diskutiert wird. In Betracht kommt nach wie vor die Palingenese von Krustenmaterial in großen Tiefen, wobei H_2O und andere leichtflüchtige Elemente wesentlichen Einfluß ausüben. H_2O-führendes Krustenmaterial kann andererseits zur Hybridisierung von basaltischen Magmen führen. Wichtig erscheint weiterhin, daß Peridotite im Oberen Erdmantel dort aufgeschmolzen werden können, wo H_2O-haltiges Krustenmaterial in den Erdmantel versenkt und eingefaltet wird (orogene Zonen); Teilschmelzen mit andesitischer Zusammensetzung sind möglich. Nach E. F. Osborn ist daran zu denken, daß unter dem Einfluß von Sauerstoff basaltische Magmen ihr Kristallisationsverhalten ändern; durch H_2O-Zufuhr aus geeignetem Krustenmaterial und H_2O-Dissoziation in basaltischen Magmen wird dort die Ausscheidung von Olivin und Pyroxen gefördert (Peridotit, Gabbro) und die von Plagioklas verzögert, wodurch wiederum andesitische Magmen entstehen. Kalkalkali- und damit auch andesitische Magmen werden nach D. H. Green und A. E. Ringwood (1967) in rund 35 km Tiefe aus Amphiboliten und in Tiefenbereichen zwischen 80 bis 150 km aus Quarzeklogiten abgespalten; von Interesse sind Beziehungen zwischen spezieller Tektonik und solcher Magmenentwicklung. Alle diese genetischen Möglichkeiten wurden durch petrographische und geochemische Daten untermauert; insbesondere versuchte man erfolgreich, Spurenelementverteilungen und Isotopenverhältnisse für genetische Einstufungen heranzuziehen. Aus bestimmten Strontiumisotopenverhältnissen konnte für viele Andesite der Schluß gezogen werden, daß sie weitgehend Mantelderivate sind!

Andesite können erhebliche Mengen an Quarz aufweisen, der zumeist in der Grundmasse als relativ junge Mineralbildung und nur selten als Einsprengling in Erscheinung tritt. Unter den dunklen Gemengteilen sind Hornblenden verbreitet, daneben verschiedene Pyroxene, Biotit und Olivin. Akzessorisch treten Magnetit, Ilmenit, Apatit, Zirkon und Titanit neben einigen selteneren Mineralen auf. Das Gefüge der Andesite ist teils porphyrisch mit Plagioklas- und anderen Mineraleinsprenglingen, teils sperrig Intersertalgefüge); Glas kommt vor. Unter den Plagioklasen sind Andesine typisch, die als Einsprenglinge sehr oft durch einen ausgezeichneten Zonarbau gekennzeichnet sind. Plagioklase der Grundmasse besitzen generell niedrigere Anorthitgehalte als Einsprenglinge. In Übergangstypen zu Basalten konnten oft Olivine nachgewiesen werden, die sowohl als Einsprenglinge als auch in der Grundmasse im Vergleich zu Olivinen aus Ultrabasiten relativ hohe Fayalitanteile besaßen. Die Hornblenden sind titanreich und entsprechen basaltischen Hornblenden; grüne Hornblenden sind selten. Umwandlungen zu einem Gemenge von Pyroxenen, Magnetit und Feldspäten charakterisieren die Hornblenden entweder als sehr frühe Bildungen unter entsprechenden Druck- und Temperaturbedingungen *oder* als normale Kristallisationsprodukte, die erst an der Erdoberfläche durch Wasserabgabe und Temperaturerhöhung (Oxydation!) umgewandelt wurden.

Unter den Pyroxenen sind Orthopyroxene von besonderem Interesse, da sie eine SiO_2-Sättigung anzeigen. Altersmäßig folgen ihnen oft Diopside; sogenannte Titanaugite verweisen auf Übergangstypen zu den Basalten. Chemisch gleichen die Andesite den Dioriten; SiO_2-Gehalte zwischen 55 und 60 Masse-% sind typisch.

Bei den Andesiten können ebenso wie bei den verwandten Gesteinstypen verschiedenartige sekundäre Veränderungen beobachtet werden. Das betrifft zum Beispiel die Propylitisierung in den Karpaten und an anderen Stellen mit Neubildungen von Chlorit, Epidot, Karbonaten, Sulfiden und anderen Mineralen. Umwandlungen zu Tonmineralen sind verbreitet (Kaolinisierungen). Mitunter kam es auch zu einer Albitisierung von Plagioklasen, die mit Erscheinungen der Spilitisierung parallelisiert wurde.

Die Nutzungsmöglichkeiten der Andesite entsprechen denen verwandter Gesteine; Typen mit sperrigem Gefüge eignen sich gut als Schottermaterial mit hohen Festigkeiten und Zähigkeiten, die durch sekundäre Veränderungen kaum negativ beeinflußt worden sind.

Auch bei den Andesiten wurden Varietäten unterschieden und mit eigenem Namen bedacht. Ein olivinführender Andesit wurde von J. P. IDDINGS *Andesinbasalt* genannt; das Originalgestein stammt von den Hawaii-Inseln. Der *Aleutit* von J. E. SPURR tendiert zu echten Andesiten. Auch der *Tholeiit* aus dem Nahe-Gebiet muß der obengenannten Definition entsprechend zu den Andesiten gestellt werden; J. STEININGER führte diesen Namen ein, der später wiederholt neudefiniert wurde und heute für bestimmte Basalte verwendet wird. Aus dem gleichen Gebiet stammt der *Navit* (nach H. ROSENBUSCH), der von W. E. TRÖGER (1935) als Olivin-Labradorporphyrit bezeichnet wurde und neben Plagioklas verschiedene Pyroxene, Olivin, Erz, Apatit und Glas führt. Auch der *Palatinit* wurde im Nahe-Gebiet untersucht und definiert (nach H. LASPEYRES); das Gestein ist zwar nach W. E. TRÖGER (1935) ein Bronzit-Tholeiit, es gehört aber eindeutig zu den Andesiten bzw. hatitandesiten.

Basalte (Code 3 3222)

Das dunkelste Effusivgestein unter den Feldspat-Magmatiten ist der *Basalt*, den Übergänge mit den Andesiten, Latiten und Tephriten verbinden. Der Gehalt an dunklen Gemengteilen liegt stets bei 40 und mehr Vol.-%; unter den hellen Gemengteilen dominiert eindeutig Plagioklas. Wichtig ist, daß Quarz, andere SiO_2-Minerale, Alkalifeldspäte und Feldspatvertreter in begrenztem Umfang vorhanden sein können.

Der Name „Basalt" ist sehr alt, bezeichnete doch bereits G. AGRICOLA im Jahr 1546 das Gestein vom Stolpener Burgberg in der westlichen Lausitz als Basalt, wobei er sich auf PLINIUS den Jüngeren berief. Erste genaue Definitionen stammen von F. ZIRKEL, der *Anamesite* (feinkörnige Basalte) von *Doleriten* (grobkörnige Basalte) unterschied. H. ROSENBUSCH zog für weitere Unterscheidungen das Alter heran; präkarbonische Basalte bezeichnete er als *Diabase*, prätertiäre bis karbonische als *Melaphyre* und tertiäre und jüngere als eigentliche Basalte (Abb. 1.40 und 1.41). A. JOHANNSEN (1931—1938) schlug vor, den Namen „Basalt" auf alle Ergußäquivalente des Gabbros mit basischem Plagioklas als wesentlichem Gemengteil zu beziehen. Diesem Vorschlag folgte F. v. WOLFF (1951), der nachstehende Gruppierungen vornahm:

1. Olivinfreie Basalte = *Tholeiite* mit Plagioklas und Pyroxenen;
2. *Olivinbasalte* mit Plagioklas, Pyroxenen und Olivin.

Heteromorphiebeziehungen zwischen den Mineralparagenesen Plagioklas + Olivin und Pyroxen + Nephelin würden zu den Tephriten überleiten.

Basalte sind weltweit verbreitet und sowohl mit Gesteinen der pazifischen als auch der atlantischen und mediterranen Sippe vergesellschaftet. Fast ausschließlich werden sie aus dem Oberen Erdmantel abgeleitet; entsprechende Magmen konnten durch tiefreichende Störungen effusiv werden. Viele Linearausbrüche verdankten bis zur Erdoberfläche aufreißenden Spalten ihre Entwicklung; typische Förderprodukte waren dünnflüssige Laven mit basaltischer Zusammensetzung. In tektonisch aktiven Gebieten rissen stets neue Spalten auf, die alle produktiv werden konnten. Das Ergebnis solcher tektonisch-vulkanischen Vorgänge waren riesige Lavadecken, die Hunderttausende von Quadratkilometern in Mächtigkeiten bis zu 3000 m überdeckten und so *Plateau*- oder

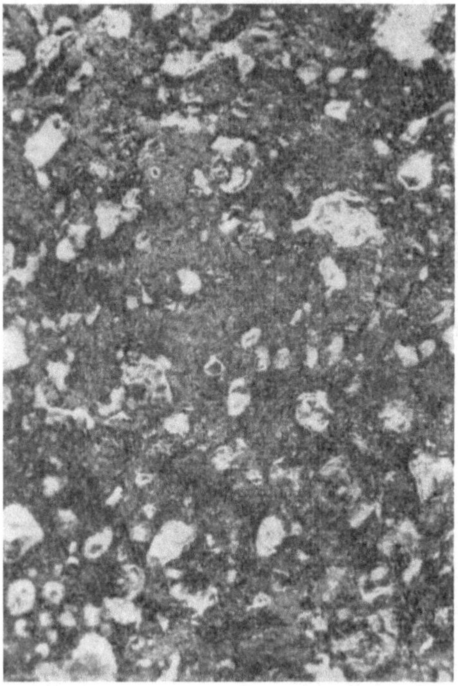

Abb. 1.40. Sogenannter Melaphyrmandelstein (Basalt) von Zwickau (ehemalige Blasenräume durch hydrothermale Mineralbildungen gefüllt)

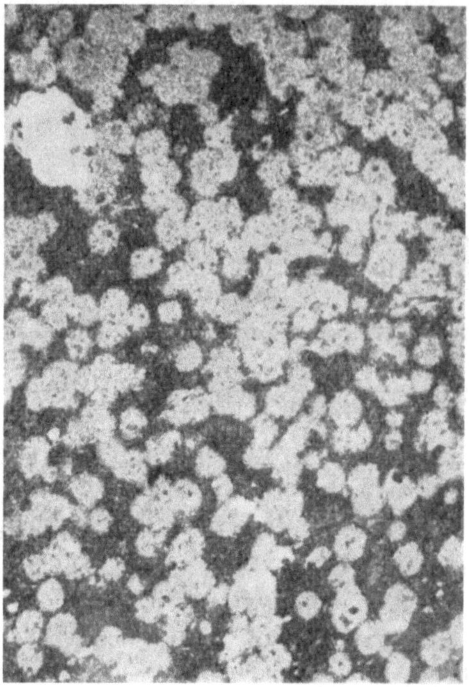

Abb. 1.41. Sogenannter Variolith oder Perldiabas (Basalt) aus dem Fichtelgebirge (Ocellargefüge als Ergebnis einer Magmenvermischung)

Flutbasalte bildeten. Beispiele finden sich am Lake Superior in Nordamerika, wo präkambrische Basalte ein Volumen von über 100000 Kubikkilometern einnehmen. In Südamerika bedecken Plateaubasalte eine Fläche von 750000 und in Indien in Form der sogenannten *Dekkanbasalte* von 650000 Quadratkilometern. Die *Karroobasalte* Südafrikas überdecken 50000 Quadratkilometer, die sibirischen Plateaubasalte über 1,5 Millionen!

Basalte bilden mehr oder weniger große Vorkommen an vielen weiteren Stellen; genannt seien die Basalte der intrapazifischen Provinz, der Thule-Provinz mit Vorkommen in Schottland, Island und Grönland und schließlich eine Vielzahl echter Basalte in Verbindung mit Alkaligesteinen im Bereich von Riftzonen, zum Beispiel im Oslo-Gebiet, in Ostafrika, im Rhein-Gebiet und im Böhmischen Mittelgebirge.

Basalte finden sich in enger Vergesellschaftung mit Gesteinstypen, die aus dem Erdmantel durch differenzierte Mobilisation entstanden. Das betrifft insbesondere Tephrite, Nephelinite und Pikrite, aber auch solche Gesteinstypen wie Melilithite und Karbonatite. International wurde es üblich, innerhalb der Basaltgruppe folgende genetisch wichtigen Typen zu unterscheiden:

1. *Tholeiite* = Basalte mit normativem Hypersthen;
   Quarztholeiite = Basalte mit normativem Quarz;
   Olivintholeiite = Basalte mit normativem Olivin;
2. *Alkaliolivinbasalte* = Basalte mit geringen normativen Gehalten an Nephelin neben Olivin und Plagioklas.

Bei Experimenten mit dem früher beschriebenen Pyrolit unter trockenen Bedingungen und verschiedenen H_2O-Drücken konnten die angeführten sowie tephritische und nephelinitische Magmen gewonnen und Beobachtungen in verschiedenen Gebieten bestätigt werden. Im Bereich des mittelatlantischen Rückens beispielsweise kommt es bei relativ niedrigen Drücken zur Förderung tholeiitischer Magmen; mit zunehmender Entfernung vom Rücken und wachsendem Druck ändern sich die Förderprodukte zu olivintholeiitischen und alkaliolivinbasaltischen Typen. Allein diese Tatsache gestattet den Schluß, daß in Verbindung mit großen Störungen dort, wo die Erdkruste ohnehin geringe Mächtigkeiten aufweist und demzufolge leichtflüchtige Komponenten fehlen beziehungsweise entweichen konnten, zwangsläufig tholeiitische Magmen dominieren. Auch die Flut- und Plateaubasalte sind zumeist Tholeiite mit geringfügigen Differentiationstendenzen, die sich allenfalls in intrusiven Stadien verstärken konnten. Wasser und andere leichtflüchtige Bestandteile setzen bekanntlich die Mobilisationstemperaturen herab; Teilschmelzen aus Pyrolit tendieren dadurch zu Alkalianreicherungen und damit zu nephelinitischen Magmen. Solche Bedingungen sind dort zu erwarten, wo H_2O-führendes Material zur Verfügung steht beziehungsweise in größeren Tiefen Anreicherungen von leichtflüchtigen Komponenten möglich werden. Das war zum Beispiel in kontinentalen Riftzonen oder Anteklisen der Fall, in denen vor dem Aufreißen tiefreichender Spalten langandauernde und teilweise weitspannige Hebungen der Kruste zur Bildung von Magmenzwischenherden führten.

Der Mineralbestand der Basalte entspricht denen der Gabbros; neben verschiedenen Pyroxenen und Plagioklasen sind Olivine verbreitete Gemengteile. Viele Basalte weisen darüber hinaus Hornblenden und Biotit auf, akzessorisch Magnetit, Ilmenit, Apatit, Quarz und andere SiO_2-Minerale sowie Feldspatvertreter. Seltenere Minerale sind Melilithe, Perowskit, Pyrit, Chalkopyrit, Pyrrhotin und Zirkon. In der Grundmasse tritt häufig Glas auf, das in Abhängigkeit vom Eisengehalt mehr oder weniger braun gefärbt sein kann.

Bereits im Handstück sind oft relativ große Einsprenglinge in einer feinkörnigen und dichten Grundmasse zu erkennen; viele Basalte weisen porphyrische Gefüge auf. Unter dem Mikroskop können weitere Gefügetypen unterschieden werden, wobei vor allem grob- (doleritische) und feinkörnige bis dichte (anamesitische) Typen auffallen. Sehr verbreitet sind sperrige intersertale oder sogenannte ophitische Gefüge, in denen Plagioklasleisten ein Gerüst in zumeist grobkörnigem Pyroxen bilden. Tritt der Pyroxen stark zurück und besteht die Grundmasse aus eingeregelten Feldspatleisten, spricht man von pilotaxitischen Gefügen. Oft finden sich mehr oder weniger große Einsprenglinge in einer Glasgrundmasse; solche Gefüge sind vitrophyrisch. Gelegentlich werden

Gefüge mit eingeregelten Feldspatleisten und einzelnen Pyroxenen auch als spilitische Gefüge bezeichnet.

Der Chemismus der Basalte ist durch SiO_2-Gehalte um 48 Masse-% charakterisiert; wichtig sind relativ hohe Eisen- und Magnesiumgehalte. Auch der TiO_2-Gehalt kann mit 4 Masse-% beträchtliche Werte erreichen. Die Alkaligehalte unterliegen starken Schwankungen; zumeist dominiert unter ihnen Natrium.

Die sekundären Veränderungen der Basalte ergeben sich aus dem Mineralbestand; sogenannte Vergrünungen mit Chloritbildungen aus dunklen Gemengteilen sind typisch. Weitere Umwandlungen können zu spezifischen Tonmineralen führen (Nontronit, Montmorillonit).

Die Nutzungsmöglichkeiten basaltischer Gesteine richten sich vor allem nach dem Gefüge. Bilden die Pyroxene ein zusammenhängendes Netzwerk, sind entsprechende Gesteine sehr fest und wetterbeständig. Auch die sperrige Anordnung von Feldspatleisten führt zumeist zu einer hohen Festigkeit oder Zähigkeit. Sobald aber Feldspäte und Pyroxene eingeregelt sind und Fließgefüge bilden, sinken Festigkeitswerte und Wetterbeständigkeit. Manche Basalte weisen unterschiedlich große und geformte Gasblasen auf, andere sogenannte Mandelsteingefüge mit Blasen, in denen es zur Bildung von Quarz, Achat, Chalcedon, Zeolithen und Chloriten kommen konnte. Solche Basalte sind nur bedingt brauchbar. Schotter und Splitt sind begehrt; wichtig sind relativ gute Bitumenhaftfestigkeiten. Hingewiesen sei auch auf die Nutzung von Basalten zur Herstellung von Mineralwolle und Schmelzbasalt.

Aus der Vielzahl von basaltischen Gesteinstypen mit eigenen Namen sollen nachstehend nur wenige genannt sein. *Hawaiite* (nach R. A. Daly) sind olivinreiche Basalte mit 36 Masse-% Plagioklas (An_{55}), 32% Olivin, 27% Titanaugit und Akzessorien (Magnetit, Apatit); sie wurden auf Hawaii (Insel Maui) und nach F. v. Wolff (1951) von Jan Mayen bekannt. Ein sehr dunkler Olivin-Pyroxen-Basalt ist der *Ankaramit* (nach A. Lacroix) von Madagaskar mit nahezu 50 Masse-% Titanaugit, 17% Olivin und 18% Plagioklas (W. E. Tröger, 1935). Ihm steht der *Ozeanit* (nach A. Lacroix) nahe, der höhere Anteile an Olivin hat. Extrem olivinreich (über 45 Masse-%) ist der *Pikritbasalt* (nach P. D. Quensel).

1.9.3.3. Ganggesteine

Zwischen Plutoniten und Vulkaniten ordnet sich auch bei den Feldspat-Magmatiten eine Vielzahl von Ganggesteinen ein, von denen in den folgenden Abschnitten wichtige beschrieben werden.

Mikroalkalifeldspatsyenite (*Code 2 3110*)

Zu den *Mikroalkalifeldspatsyeniten* sind alle Ganggesteine zu stellen, deren Farbzahl unter 90 liegt und die bei relativ niedrigen Quarz- oder Feldspatvertretergehalten durch große Alkalifeldspatanteile gekennzeichnet sind. Im Gefolge von Pulaskiten und Lusitaniten kam es oftmals zur Entwicklung pegmatitischer oder auch aplitischer Ganggesteine, die dieser Definition entsprechen; ihr Vorkommen ist auf atlantische Gesteinsvergesellschaftungen beschränkt.

H. W. Turner bezeichnete Aplite aus Kalifornien als *Albitite*, die dort in Serpentiniten vorkommen und im wesentlichen Albit führen. Aus dem Oslo-Gebiet wurden *Lestiwarite* (nach H. Rosenbusch) und *Bostonite* (nach M. Hunter und H. Rosenbusch) mit 91 Masse-% Perthit (Kryptoperthit) und 8% Aegirin beziehungsweise 60% Albit und 32% Mikroklin bekannt. W. C. Brögger beschrieb vom gleichen Gebiet einen *Hedrumit* mit 84 Masse-% Perthit, 13% Biotit und Riebeckit sowie geringen Mengen an Nephelin neben Apatit, Erz und Calcit. Eine Anzahl weiterer Mikroalkalifeldspatsyenite, zumeist in pegmatitischer Ausbildung, erhielt ebenfalls von Brögger eigene Namen, die kaum bekannt wurden. A. Laitakari beschrieb einen *Helsinkit* von der Insel Suursaari im Finnischen Meerbusen; das pegmatitische Gestein besteht im wesentlichen aus Albit und Epidot, läßt also erhebliche sekundäre Einwirkungen erkennen.

Mikrosyenite (*Code 2 3120*)

Mikrosyenite sind in pegmatitischer und aplitischer Ausbildung vorwiegend an Syenite in atlantischer *und* pazifischer Gesteinsvergesellschaftung gebunden. Oftmals können sie von basischeren Gesteinen abgeleitet und als deren Differentiationsprodukte gedeutet werden.

Ihr Mineralbestand gleicht denen der Syenite; zu den hellen Gemengteilen treten bemerkenswerte Plagioklasmengen. Der Mafitgehalt kann wieder bis zu 90 Vol.-% ansteigen, wodurch die gesamte Gruppe vor allem im Chemismus beträchtlichen Schwankungen unterliegt.

Unter dem Namen „*Gauteit*" beschrieb J. E. Hibsch aus dem Böhmischen Mittelgebirge ein Ganggestein, das durch graue bis graugrüne Färbung der Grundmasse und Hornblende-, Pyroxen- und Biotiteinsprenglinge von Pegmatiten und Apliten abweicht. Die Grundmasse besteht vorwiegend aus Leisten von Alkalifeldspat in sanidinähnlicher Zusammensetzung. Plagioklase kommen sowohl in der Grundmasse als auch einsprenglingsartig vor. Von den Lamprophyren gehört die *Minette* (W. E. Tröger, 1935) zu den Mikrosyeniten, in plagioklasärmeren Typen auch der *Vogesit* (nach H. Rosenbusch).

Mikromonzonite (*Code 2 3130*)

Mikromonzonite führen Alkalifeldspäte und Plagioklase etwa in gleichen Mengenverhältnissen. Pegmatitische und aplitische Gesteinstypen treten in dieser Gruppe zurück; offensichtlich sind unmittelbare Verknüpfungen mit monzonitischen oder dioritischen Tiefengesteinen selten. F. Graff und K. Gruss beschrieben 1900 aus dem Kaiserstuhl (Oberrhein-Gebiet) *Mondhaldeite* mit Einsprenglingen von Pyroxenen, Hornblende, Plagioklas und Leucit in einer Glasgrundmasse. W. E. Tröger (1935) bezeichnete diese Gesteine als plagioklasreiche *Gauteite*, nachdem er deren Norm berechnet hatte.

Mikromonzodiorite (*Code 2 3211*)

Zu den *Mikromonzodioriten* gehören Gesteinstypen, die zwar exakt nach den Anorthitgehalten ihrer Plagioklase von Mikromonzogabbros zu unterscheiden sind, in der Praxis jedoch zumeist auf Grund niedrigerer Farbzahlen eingeordnet werden. Als Beispiel sei der *Kullait* (nach A. Hennig) aus Südschweden genannt, der in einer ophitischen Grundmasse aus Plagioklas, Kalifeldspat und Chlorit Einsprenglinge von Plagioklas und Natronorthoklas führt. Die Chlorite gingen sehr wahrscheinlich aus Pyroxenen hervor.

Mikromonzogabbros (*Code 2 3212*)

Mikromonzogabbros sind kaum bekannt geworden; mit den erforderlichen Ca-reichen Plagioklasen müssen zwangsläufig Anreicherungen an dunklen Gemengteilen verbunden sein, sofern nicht anormale Entwicklungsbedingungen gegeben waren.

Mikrodiorite (Code 2 3221)

Der Klassifikation entsprechend, sind die *Mikrodiorite* durch hohe Plagioklasgehalte in Relation zu Quarz, Alkalifeldspäten und Feldspatvertretern gekennzeichnet. Wiederum ist zu berücksichtigen, daß der Mafitanteil bis zu 90 Vol.-% betragen darf, so daß hier sehr unterschiedliche Gesteinstypen eingeordnet werden können.

Eigenartig ist der *Plumasit* (nach A. C. LAWSON), der in Kalifornien bekannt wurde und zu 84 Vol.-% aus Oligoklas und 16% aus Korund besteht. Das Nebengestein ist extrem SiO_2-arm (Peridotit), so daß für die Korundbildung SiO_2-Abwanderungen aus dem Magma in das Nebengestein in Betracht gezogen werden. Verbreitet treten dioritische Aplite und Pegmatite auf, oft im Verband mit wesentlich basischeren Gesteinen. Aus einem gabbroiden Magma wurde beispielsweise von W. C. BRÖGGER der *Kragerit* (ursprünglich Krageröit) abgeleitet. Das Gestein kommt bei Kragerö in Südnorwegen vor und besteht zu 84 Masse-% aus Albit, zu 10% aus Rutil und zu 4% aus Mikroklin; akzessorisch kommen Biotit, Quarz, Apatit und Ilmenit hinzu.

Unter den *Lamprophyren* finden sich Typen, die als Mikrodiorite zu bezeichnen sind. Wie bereits angekündigt, folgen an dieser Stelle einige zusätzliche Bemerkungen zur gesamten Lamprophyrgruppe.

Der Name „Lamprophyr" geht auf C. W. v. GÜMBEL zurück, der 1874 damit biotitführende Ganggesteine aus dem Fichtelgebirge bezeichnete. Später verwendete H. ROSENBUSCH diesen Namen zur Charakterisierung einer Gruppe von dunklen Ganggesteinen, die zumeist syenitischen und dioritischen Plutoniten entsprachen. Genetische Diskussionen löste W. C. BRÖGGER aus, als er die Lamprophyre den diaschisten Gesteinen zuordnete und rechnerisch nachzuweisen versuchte, daß bestimmte melanokrate (dunkle) und leukokrate (helle) Gesteinstypen als komplementäre Spaltungsgesteine die Zusammensetzung des „Muttergesteins" ergeben. Aplite, Pegmatite *und* Lamprophyre sah man unter solchem Aspekt in enger verwandtschaftlicher Beziehung vorzugsweise zu Graniten, aber auch zu anderen Plutoniten.

Unter den Lamprophyren verbirgt sich eine Vielzahl von Gesteinen, die verschiedenen Hauptgruppen und -typen zugeordnet werden können. Ihre Genese ist gleichermaßen unterschiedlich. Die Lamprophyre der Lausitz zum Beispiel sind nach Untersuchungen von A. PESCHEL, B. MÜLLER und W. KRAMER (1973) zum großen Teil Mikrodiorite und Mikrogabbros mit einem Mineralbestand, der durch Plagioklas (43—62 Vol.-%), Klinopyroxen (14—32 Vol.-%), Orthopyroxen (0—17 Vol.-%), Olivin (0—8 Vol.-%), Hornblende (0—15 Vol.-%), Biotit, Chlorit und Muskovit (2—18 Vol.-%), Erze, Apatit, Calcit, Epidot, Quarz und Alkalifeldspat gekennzeichnet ist. Entsprechende Plutonite müßten als Diorite, Gabbros und Norite bezeichnet werden. Genetisch sind die Mikrodiorite und Mikrogabbros der Lausitz aus basischen Magmen abzuleiten, die dem Oberen Erdmantel entstammen und durch Krustenmaterial nur geringfügig beeinflußt wurden. Die von W. KRAMER (1976) untersuchten Lamprophyre im Bereich der Fichtelgebirgisch-Erzgebirgischen Antiklinalzone hingegen variieren im Mineralbestand und Chemismus beträchtlich; auch sie werden Magmen aus dem Oberen Erdmantel zugeordnet, die jedoch in qualitativ *und* quantitativ unterschiedlicher Art und Weise im Krustenbereich hybridisiert worden sind.

Versucht man, sich einen Überblick über die als Lamprophyre bezeichneten Gesteine zu verschaffen, müssen mehr als 30 Typen mit folgenden wesentlichen Mineralen in Betracht gezogen werden: Olivin (oft serpentinisiert) — Biotit (gelegentlich auch Phlogopit) — Hornblende (z. T. alkalireich) — Klinopyroxen (Diopsid, Titanaugit, seltener Aegirin) — Orthopyroxen (Hypersthen i. w.) — Plagioklas (Albit bis Labradorit) — Kalifeldspat (Orthoklas, Sanidin, Anorthoklas) — Quarz — Nephelin — Melilith — Analcim. Typisch für mitteleuropäische Lamprophyre sind oft sehr weitgehende sekundäre Veränderungen durch Neubildungen solcher Minerale wie Chlorit, Calcit, Serpentin, Sericit und Albit.

Mikrosyenite sind:	*Minetten* mit Kalifeldspat (Orthoklas) und Biotit als wesentlichen Gemengteilen;
	Vogesite mit Kalifeldspat (Orthoklas) und Hornblende oder Pyroxen als wesentlichen Gemengteilen.
Mikrodiorite sind:	*Kersantite* mit Plagioklas (± Andesin) und Biotit als wesentlichen Gemengteilen;
	Spessartite mit Plagioklas (± Andesin) und Hornblende oder Pyroxen als wesentlichen Gemengteilen (auch *Odinite* und *Malchite*).
Mikrogabbros sind:	*Luciite* mit Plagioklas (Labradorit) und Hornblende als wesentlichen Gemengteilen (± *Orbite*);
	Beerbachite mit Plagioklas (Labradorit) und Pyroxen als wesentlichen Gemengteilen;
	Camptonite mit Plagioklas (Labradorit), Titanaugit und Barkevikit als wesentlichen Gemengteilen;
	Monchiquite mit Titanaugit- und Olivineinsprenglingen in einer Glasbasis (normativ mit Labradorit);
	Fourchite mit Titanaugiteinsprenglingen in einer Glasbasis (normativ mit Labradorit).
Mikrofoyaite sind:	*Nephelinminetten* mit Biotit, Alkalifeldspat, und Nephelin als wesentlichen Gemengteilen;
	Cocite mit Pyroxen, Olivin, Natronsanidin und Leucit als wesentlichen Gemengteilen.
Mikrotheralithe sind:	*Farrisite* mit Diopsid, Barkevikit, Nephelin und Plagioklas als wesentlichen Gemengteilen;
	Tamaraite mit Titanaugit, Nephelin und verschiedenen Feldspäten als wesentlichen Gemengteilen.

Diese Aufstellung kann noch erweitert werden; einige Petrographen ordnen Alnöite und sogar Kimberlite lamprophyrischen Gesteinen zu.

Mikrogabbros (*Code 2 3222*)

Mikrogabbros, die mit ophitischem Gefüge auch als *Diabase* (Abb. 1.42) bezeichnet werden, sind makroskopisch nur schwer von Mikrodioriten zu unterscheiden und bilden vielfach Übergänge zu diesen und theralithischen Typen. Entscheidend ist der Anorthitgehalt der Plagioklase; Mikrogabbros führen Labradorite bis hin zu Anorthiten.

Außer den genannten lamprophyrischen Gesteinen können zu dieser Gesteinsgruppe aplitische und pegmatitische Bildungen gestellt werden, die durch extrem basische Plagioklase und wenige dunkle Gemengteile, zum Beispiel Hornblenden oder Pyroxene, gekennzeichnet sind. Generell sind derartige Gesteine selten; Differentiate mit Anreicherungen leichtflüchtiger Komponenten führen zumeist erhöhte Mengen an SiO_2, Na_2O und K_2O und bilden demzufolge Plagioklase mit wesentlich niedrigeren Anorthitgehalten neben Alkalifeldspäten und gelegentlichem Quarz.

Problematisch ist der Diabasbegriff, den H. ROSENBUSCH für ältere Basalte verwendete, der aber früher auch für Diorite und schließlich in einigen Ländern, vor allem in den USA, für Ganggesteine mit ophitischem Gefüge herangezogen wurde. Bei weiterer Verwendung dieses Begriffes muß demzufolge jeder Arbeit eine diesbezügliche Definition vorangestellt werden.

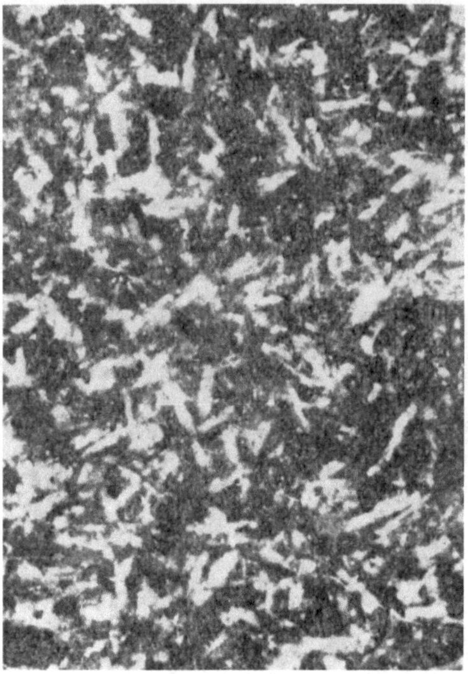

Abb. 1.42. Mikrogabbro (Diabas) aus der Lausitz

Unter Vorbehalt sind den Mikrogabbros einige Gesteinstypen zuzuordnen, die Übergänge zu anderen Hauptgruppen zeigen. Das betrifft unter anderem die von W. E. TRÖGER (1935) so genannten *Anorthitissite*, die auch als anorthitreiche Gang-Hornblendite bezeichnet werden können. Solche Gesteine wurden aus dem mittleren Ural bekannt.

1.9.4. Feldspat-Foid-Magmatite

Wesentlich für die gesamte Gruppe der Feldspat-Foid-Magmatite ist ein mehr oder weniger großes SiO_2-Defizit, so daß Feldspatvertreter gebildet werden mußten und Quarz als gesteinsbildendes Mineral ausscheidet. Nur ausnahmsweise kam es zu sekundären Quarzbildungen. Die Gehalte an Alkalien, Eisen, Magnesium und Calcium sind sehr unterschiedlich; extreme Anreicherungen werden durch Alkalifeldspäte oder Plagioklase mit entsprechenden Anorthitwerten gekennzeichnet. Sowohl helle, feldspatvertreter- und alkalifeldspatreiche als auch dunkle, plagioklasführende und mafitreiche Gesteinstypen mit Übergängen zu angrenzenden Feldspat-Magmatiten sind verbreitet. Insgesamt finden sich Feldspat-Foid-Magmatite weniger häufig als Feldspat- und Quarz-Feldspat-Magmatite; wegen ihrer oft ungewöhnlichen und vielfältigen Paragenesen wurden im Laufe der vergangenen 100 Jahre dafür um so mehr Typen unterschieden.

1.9.4.1. Plutonite

Unter den Plutoniten stehen an erster Stelle die sogenannten *Foyaite* (Code 1 4110), die früher als *Nephelinsyenite* (nach H. ROSENBUSCH) oder *Eläolithsyenite* (nach R. BLUM) beschrieben wurden. Wesentlich sind relativ hohe Gehalte an Alkalifeldspäten und Feldspatvertretern, unter denen Nephelin dominiert.

Foyaite (Code 1 4111)

Unterschiedliche Gehalte an dunklen Gemengteilen erlauben eine weitere Aufgliederung; durch Farbzahlen unter 30 ist der eigentliche *Foyait* charakterisiert. Der Name wurde von R. BLUM 1861 für einen Nephelinsyenit von Foya in Portugal verwendet, um ihn eindeutig von Syeniten abzugrenzen. Das von ihm untersuchte Gestein enthielt Orthoklas, Nephelin und Hornblende, dazu die Akzessorien Titanit, Biotit, Magnetit und Pyrit. Spätere Untersuchungen ergaben, daß auch Sodalith und Nosean sowie Pyroxene und Zirkon an der Zusammensetzung beteiligt waren.

Foyaite sind helle Gesteine, die zumeist aus Alkalifeldspäten verschiedener Art und Nephelin neben anderen Feldspatvertretern bestehen. An dunklen Gemengteilen treten vorwiegend Alkalihornblenden und -pyroxene auf, untergeordnet auch Biotit. Sie sind typische atlantische Gesteine und demzufolge an Tafelgebiete gebunden; gemeinsam mit anderen feldspatvertreterführenden sowie verschiedenen basischen und ultrabasischen Gesteinen kommen sie in Anteklisen, Grabenzonen, Kuppel- und Ringbildungen sowie im Bereich von Tiefenstörungen vor. Das deutet auf Beziehungen zum Oberen Erdmantel hin, aus dem sich durch komplizierte Mobilisations-, Differentiations- und Hybridisierungsmöglichkeiten letzthin Foyaite oder entsprechende Vulkanite (Phonolithe) entwickeln konnten. Bei allen genetischen Diskussionen spielen verwandtschaftliche Beziehungen zu basischen und ultrabasischen Gesteinen eine wichtige Rolle, wobei oftmals typische Formationen von Ultrabasiten bis hin zu verschiedenen alkalireichen Gesteinen oder Gesteinsreihen und -folgen mit bestimmten geologischen und tektonischen Vorgängen parallelisiert werden.

Übereinstimmung herrscht darüber, daß bei der Bildung von Foyaiten und verwandten Gesteinen flüchtige Bestandteile, insbesondere H_2O, F und CO_2, eine große Rolle spielten. So wurde unter anderem die Viskosität der Magmen erheblich herabgesetzt, wie bereits 1948 J. M. BUERGER nachwies. Daraus resultierten andersartige Differentiations- und Kristallisationsverhalten, die Parallelen in pegmatitischen Bildungen haben. Möglich erscheinen fraktionierte Kristallisationsdifferentiationen unter Anreicherung von flüchtigen Komponenten und seltenen Elementen (P, Nb, Ta u. a.) sowie Reaktionen von basaltischen Magmen mit Kalksteinen, wodurch basische beziehungsweise dunkle Minerale ausgeschieden und alkalireiche Restmagmen erzeugt werden konnten. Selbst granitische Magmen sollten bei Reaktionsmöglichkeiten mit Kalksteinen durch Desilifizierung zu foyaitischen Magmen entarten können! Nicht auszuschließen sind metasomatische Veränderungen von Krustengesteinen durch alkalireiche Mobilisate aus dem Erdmantel, die später einer Anatexis unterlagen. Manche Foyaite werden ähnlich wie bestimmte Granite als metasomatische Bildungen angesehen, wobei die Herkunft der alkali- und sicher auch gasreichen „Lösungen“ unterschiedlich gedeutet wird.

Bei den Foyaiten kommen richtungslos körnige Ausbildungen sowie Parallelgefüge vor; vor allem tafelförmige Alkalifeldspäte (Kalifeldspäte) und stenglige Hornblenden oder Pyroxene können eingeregelt sein. Verdrängungsgefüge lassen gelegentlich auf metasomatische Bildungen schließen.

Die Foyaite sind intermediäre Gesteine, deren SiO_2-Gehalte um 55 Masse-% variieren. Von besonderem Interesse sind relativ hohe Al_2O_3-Gehalte, die bis zu 25% ansteigen können. Nephelin-Foyaite solcher Art oder verwandte Gesteine kommen unter günstigen Bedingungen (Transport, Vorrat, Abbaubedingungen, Gewinnung von Nebenprodukten, Energiesituation usw.) als Aluminiumerze in Betracht; geeignete Verfahren zu deren Verarbeitung wurden in der Sowjetunion entwickelt und in die Praxis übergeführt.

Speziell bei den Foyaiten trifft man in der Literatur auf viele Namen, die noch immer gebraucht werden und deshalb zu nennen sind. In enger Verbindung mit dem Larvikit (= Pulaskit) kommen im Oslo-Gebiet *Lardalite* (nach W. C. Brögger) vor, die durch relativ große Nephelinkristalle in einer feinkörnigeren Masse von Anorthoklas und untergeordneten Pyroxenen (Aegirin, Aegirinaugit) charakterisiert sind. Ursprünglich hieß das Gestein Laurdalit. Der *Mariupolit* aus dem Süden der Ukraine wurde erstmalig von J. Morozewicz beschrieben; das Gestein kommt in Vergesellschaftung mit Pyroxeniten und anderen basischen Gesteinstypen vor und besteht im wesentlichen aus Albit, Nephelin und untergeordneten Mengen an Aegirin, Biotit und selteneren Mineralen. Pegmatitische und aplitische Bildungen sind durch Sodalithführungen besonders interessant; wirtschaftliche Bedeutung hatten zeitweise Zersetzungszonen mit Zirkonanreicherungen. Die Genese des Mariupolits ist umstritten; sowjetische Forscher halten metasomatische Prozesse für entscheidend. Albit, Orthoklas und Nephelin sind Hauptgemengteile des sogenannten *Litchfieldits*, den W. S. Bayley aus den USA (Litchfield, Maine) beschrieb. Das Gestein ist sehr hell und gelegentlich durch einzelne Biotite fleckig. Auffallend sind gelbe Farbtöne durch Cancrinit- und blaue durch Sodalithanreicherungen. Zirkon ist wiederum wichtiger Übergemengteil. Die Alkaligehalte erreichen 13, die an Al_2O_3 23 Masse-%. Unter dem Namen „*Ditroit*" (nach F. Zirkel) wurde ein Foyait aus Rumänien bekannt, der aus Mikroklinperthit, Nephelin, Cancrinit, Sodalith, Biotit und verschiedenen Akzessorien, darunter Orthoklas, Plagioklas, Hornblende, Ilmenit, Titanit, Apatit, Zirkon und Calcit besteht. Bereits A. Koch und später auch A. Streckeisen stellten fest, daß Cancrinite und Sodalithe sekundär aus Nephelinen hervorgegangen sind.

Weniger bekannt ist der *Juvit*, den W. C. Brögger aus Norwegen (Juvet, Fen-Gebiet, Telemark) beschrieb. Dieses Gestein besteht aus Orthoklas (51 Masse-%), Nephelin (36%), Aegirinaugit (7%) sowie Biotit, Calcit, Titanit, Apatit, Magnetit und Pyrit. Sekundäre Bildungen sind Cancrinit und Muskovit. Ein Gestein mit reichlichem Cancrinit ist der *Särnait* Bröggers, der in der Nähe von Särna in Schweden ansteht. Dunkle Gemengteile spielen eine untergeordnete Rolle; neben Cancrinit treten Mikroklin (± perthitisch), Albit und Nephelin in Erscheinung. Schließlich gibt es zahlreiche Gesteinstypen, die als *Nosean-*, *Analcim-* und *Hauynsyenit* ihrem wesentlichen Feldspatvertreter entsprechend benannt wurden. J. F. Williams beschrieb einen *Leucitsyenit*, dessen ungewöhnliche Ausbildung mit Leucit besondere Aufmerksamkeit verdient. Solche Gesteinstypen wurden auch als Auswürflinge vom Vesuv bekannt; typisch sind Paragenesen mit Sanidin. Das läßt darauf schließen, daß einerseits relativ hohe Bildungstemperaturen und andererseits ziemlich niedrige Drücke geherrscht hatten, da sich normalerweise in Tiefengesteinen statt Leucit ein Gemisch von Nephelin und Kalifeldspat bilden muß. In diesem Zusammenhang sei darauf hingewiesen, daß die meisten Nepheline beträchtliche K_2O- und umgekehrt Leucite Na_2O-Gehalte aufweisen. Pseudoleucite als Gemische von Nephelin und Orthoklas (Kalifeldspat) sind chemisch durchaus nicht ungewöhnlich.

Malignite (*Code 1 4112*)

Durch Mafitanteile zwischen 30 und 60 Vol.-% sind *Malignite* erheblich dunkler als die zuvor beschriebenen Foyaite. Im übrigen gelten die gleichen Definitionen; entscheidend sind Alkalifeldspat- *und* Feldspatvertretergehalte. Der Name „Malignit" wurde 1896 von A. C. LAWSON geprägt und später unterschiedlich verwendet. W. E. TRÖGER (1935) definierte den Malignit als „mesotypen Orthoklas-Nephelinsyenit", der durch Anreicherungen von Aegirinaugit gekennzeichnet wäre.

Malignite sind ebenso wie andere Foyaite atlantisch vergesellschaftet und demzufolge auf Tafelbereiche beschränkt. Eindeutige Abgrenzungen innerhalb der gesamten Gruppe sind nur formell möglich.

Unter den Mineralen treten neben Aegirin und Aegirinaugit auch Alkalihornblenden und Biotit in Erscheinung; gelegentlich kommen ungewöhnliche Minerale in größeren Mengen vor. Oft können in Maligniten metasomatische Gesteine gesehen werden, die durch Reaktionen zwischen basischen Altbeständen und alkalireichen „Lösungen" gebildet wurden. Besonderheiten im Gefüge sind nicht zu nennen. Der Chemismus ist durch Zunahme von Eisen und Magnesium gegenüber Foyaiten i. e. S. charakterisiert.

Zu den Maligniten müssen solche Gesteinstypen gestellt werden, die als *Chibinite* von der Kola-Halbinsel im Norden der Sowjetunion bekannt wurden. Nach den Untersuchungen von W. RAMSEY handelt es sich um richtungslos körnige Gesteine, in denen Aegirin und Arfvedsonit in kompakten Aggregaten oder als xenomorphe Einzelkörner in einer Masse von Mikroklinperthit und Nephelin eingebettet sind. Gehalte an Lamprophyllit ($Na_2SrFe^{\cdot\cdot}Ti_2[SiO_4]_3O$) und Eudialyt ($(Na, Ca)_6Zr[(Si_3O_9)_2][OH, Cl]_2$) machen deutlich, daß mit Natrium und Kalium Anreicherungstendenzen von Zirkonium und einigen anderen Elementen verbunden sein können. Eudialyt kann in *Lujavriten* (nach W. C. BRÖGGER) soweit angereichert sein, daß entsprechende Vorkommen als Zr-Lagerstätten abgebaut werden. Solche Lujavrite sind kaum von Chibiniten zu unterscheiden; nach RAMSEY ist allein ein Parallelgefüge durch eingeregelte tafelförmige Feldspäte als Unterscheidungsmerkmal heranzuziehen. Als ein Differentiat der sogenannten *Katapleit-Syenite* (Katapleit = $Na_2Zr[Si_3O_9]\cdot H_2O$) beschrieb A. E. TÖRNEBOHM aus Småland in Schweden den *Lakarpit*, der in Gesellschaft weiterer Alkaligesteine vorkommt und durch Mikroklin, arfvedsonitische Hornblende, Albit und Nephelin gekennzeichnet ist. Unter den Akzessorien sind Titanit und Apatit zu finden, ferner Manganpektolith ($(Ca, Mn)_2NaH[SiO_3]_3$) und Rosenbuschit ($(Na, Ca)_3(Fe, Ti, Zr)[F/(SiO_4)_2]$). Das Gestein gleicht äußerlich den Dioriten. Im Gebiet von Ontario (Kanada) fanden F. D. ADAM und A. E. BARLOW Foyaite, die sie wegen ihrer relativ hohen Nephelingehalte (neben Albit und Aegirinaugit) von anderen Typen unterschieden und die A. JOHANNSEN *Toryhillite* nannte. Ihr Al_2O_3-Gehalt übersteigt 25 Masse-%. Nach J. HORNE und J. J. H. TEALL ist der *Borolanit* aus Schottland ein Nephelinsyenit mit über 10 Masse-% Melanit in dem es zur Bildung von Leucit gekommen war, der später zu Pseudoleucit umgewandelt wurde. Weitere Unterscheidungen innerhalb der Malignite erfolgten nach dem Gehalt an normativem Plagioklas, an Hornblende *und* Aegirinaugit, nach abweichenden Gefügemerkmalen und dergleichen mehr. Alle diese Merkmale können bei prinzipieller Zuordnung zu den Maligniten besonders ausgewiesen werden; eigene Namen sind nicht erforderlich.

Shonkinite (*Code 1 4113*)

Die Gesteinsgruppe der *Shonkinite* ist durch extreme Anreicherungen von dunklen Gemengteilen charakterisiert. Auch hier spielen Alkalihornblenden und -pyroxene eine dominierende Rolle neben Alkalifeldspäten und Feldspatvertretern. Der Name „Shonkinit" wurde von W. H. WEED und L. V. PIRSSON 1895 für Gesteine angewendet, die in Montana (USA) vorkommen, dunkelgrau bis schwarz aussehen und bereits makroskopisch idiomorphe Pyroxene erkennen lassen. In der Zwischenmasse finden sich Orthoklas, Olivin, Biotit, Nephelin, Sodalith, Magnetit, Apatit und verschiedene Zeolithe, letztere wahrscheinlich als Sekundärbildungen. Nach Meinung von WEED und PIRSSON sollten Shonkinite im wesentlichen durch Gehalte an Pyroxen und Orthoklas gekennzeichnet sein; unter solchem Aspekt bilden sie Übergangstypen zwischen Alkalifeldspat-Syeniten und Foyaiten. W. E. TRÖGER (1935) nannte Shonkinite „melanokrate nephelinführende Syenite" und F. v. WOLFF (1951) stellte die Shonkinite mit Quarzmonzoniten und Monzoniten im engeren Sinn in die Monzonitfamilie und gliederte eine spezielle *Shonkinit-Reihe* folgendermaßen:

Sanidinit (Orthoklasit)	Or allein,	Py = o,
Augitsyenit (Monzonit)	Or >	Py,
Yogoit	Or =	Py,
Shonkinit	Or <	Py,
Pyroxenit	Or =	o.

Er folgte mit dieser Gliederung einem Vorschlag von WEED und PIRSSON, der sich jedoch nicht durchsetzte. Verschiedene Petrographen definierten die Shonkinite als Alkaligabbros oder Theralithe. Der hier gewählten Klassifikation entsprechend, fehlen Plagioklase; Shonkinite gehören eindeutig zu den Foyaiten.

Gemeinsam mit anderen Alkaligesteinen sind Shonkinite an Tafelgebiete gebunden, wo sie zwischen basischen sowie ultrabasischen Gesteinstypen und hellen „Nephelinsyeniten" besonders in Ringkomplexen vermitteln. Mit einer Anreicherung von Aegirin und Aegirinaugit ist oftmals die Ausbildung von Olivin verbunden; im Originalgestein aus Montana wurden über 10 Masse-% Olivin gefunden. Übergänge zu Plagifoyaiten kommen vor, ebenso zu Maligniten und Monzoniten. Aus Nordschottland wurde ein Shonkinit unter dem Namen „*Ledmorit*" bekannt, der neben Aegirinaugit Melanit führt. Das Gestein untersuchte S. J. SHAND, der bis zu 25 Masse-% Melanit fand. Auch andere titanreiche Shonkinite wurden bekannt; sie gehören Angaben von W. E. TRÖGER (1935) zufolge beispielsweise mit 44 Masse-% Aegirinaugit, 28% Anorthoklas, 17% Titanit, 10% Nephelin sowie akzessorischen Gehalten an Sodalith, Cancrinit, Apatit, Melanit, Fluorit und Erz zu den „titanreichen *Anorthoklas-Shonkiniten*". Das Originalgestein stammt aus Transvaal (Südafrika) und wurde von H. A. BROUWER *Pienaarit* genannt.

Plagifoyaite (*Code 1 4120*)

Die *Plagifoyaite* vermitteln zwischen Foyaiten und Essexiten und sind oft nicht eindeutig von diesen Typen abzugrenzen. Charakteristisch sind neben dunklen Gemengteilen in Mengen bis zu 90 Vol.-% Gehalte an Plagioklasen in Größenordnungen zwischen 10 und 50 Vol.-% relativ zur Summe aller Feldspäte. Unter den Plagifoyaiten kommen demnach sehr helle und sehr dunkle Gesteine vor. Der Name „Plagifoyait" wurde von P. NIGGLI geprägt und später von A. L. STRECKEISEN zur Weiterverwendung empfohlen.

Gesteine dieser Art sind selten; sie können ähnlich wie Malignite und Shonkinite in Tafelgebieten erwartet werden.

Aus dem Oslo-Gebiet kann zu den Plagifoyaiten der von W. C. BRÖGGER so genannte *Husebyit* gerechnet werden, der auch als plagioklasführender Nephelinsyenit bezeichnet wurde. P. NIGGLI beschrieb einen *Nosykombit* und verstand darunter ein Gestein aus Madagaskar mit Natronsanidin (!), Nephelin, Plagioklas, Barkevikit, Biotit und Akzessorien. Auswürflinge aus dem Vesuv können hier eingeordnet werden; A. LACROIX nannte ein grobkörniges Gestein mit Sanidin, Pyroxen, Plagioklas und Leucit neben verschiedenen Akzessorien *Sommait*, A. RITTMANN einen wesentlichen leucitreicheren Typ *Plagifoyaitarkit*. Ein dunkler Sommait wurde von A. LACROIX *Leucitkentallenit* genannt. Kritisch sind manche *Theralithe* zu beurteilen, die bei relativ hohen Alkalifeldspatgehalten hier oder bei den Essexiten eingeordnet werden müssen.

Essexite (*Code 1 4211*)

Mit wachsenden Plagioklasgehalten tendieren die Plagifoyaite zu den *Essexiten*, deren Plagioklase Anorthitwerte unter 50 Vol.-% aufweisen. Der Anteil von dunklen Gemengteilen kann wieder erheblichen Schwankungen unterliegen; Maximalwerte gehen bis zu 90 Vol.-%. Wichtig sind neben Nephelin und anderen Feldspatvertretern bemerkenswerte Anteile von Alkalifeldspäten, unter anderem auch von Orthoklas. Zwischen Essexiten und Monzodioriten bestehen Übergänge, ebenso zwischen Essexiten und Theralithen.

Der Name „Essexit" geht auf J. H. SEARS zurück, der 1891 damit Gesteine aus Massachusetts (USA) mit sehr wechselhafter Zusammensetzung bezeichnete. Spätere Bearbeiter dieser Vorkommen (Essex County) bezeichneten die gleichen Gesteine als basische Monzonite. H. ROSENBUSCH charakterisierte die Essexite als hypidiomorphe, körnige Plutonite mit Plagioklas, Orthoklas und untergeordnetem Nephelin oder einem anderen Feldspatvertreter neben Pyroxen, Hornblende und Biotit sowie verschiedenen Akzessorien. W. E. TRÖGER (1935) trennte eine eigene Essexitfamilie von übrigen Tiefengesteinen ab und sah als typisch relativ niedrige Gehalte an Feldspatvertretern, wechselnde Mengen von Alkalifeldspäten und Plagioklasen in Verhältnissen zwischen 1:1,7 bis 0:1 sowie atlantische und mediterrane Gesteinsvergesellschaftungen an. Zwangsläufig mußten bei solcher Definition auch theralithische Gesteinstypen den Essexiten zugeordnet werden. Essexite kommen relativ selten in Begleitung alkalireicher Gesteine vor; aus Europa wurde der Essexit von Rongstock im Böhmischen Mittelgebirge (Roztoky, ČSSR) und vom Kaiserstuhl bekannt. Als foidarmer Essexit wurde das Gestein aus dem Böhmischen Mittelgebirge unter dem Namen „*Rongstockit*" den Monzoniten zugeordnet. Die Genese ist kompliziert; neben Differentiationen spielten mit großer Wahrscheinlichkeit Reaktionen mit verschiedenen Nebengesteinen und somit Hybridisierungen ursprünglicher Magmen eine Rolle. Andererseits nimmt man Essexitmagmen an, aus denen durch unterschiedliche Differentiationen verschiedene Alkalifeldspat-Syenite und Theralithe entstehen konnten.

Essexitgabbros (*Code 1 4212*)

Von den Essexiten sind *Essexitgabbros* zu unterscheiden, deren Plagioklase Anorthitgehalte über 50 Mol-% aufweisen. Mit solcher Plagioklasbildung und entsprechender Calciumanreicherung mußten Zunahmen von Eisen und Magnesium verbunden gewesen sein, so daß in den Essexitgabbros im allgemeinen dunkle Gesteinstypen mit nur geringen Gehalten an hellen Gemengteilen vorliegen. Übergänge zu Gabbros und Theralithen sind verbreitet. Der Name „Essexitgabbro" stammt von A. LACROIX, der damit foidarme Essexite mit anorthitreichen Plagioklasen aus der Auvergne bezeichnete.

Mineralbestand und Gefüge gehen aus der Definition des Gesteins hervor; neben Plagioklasen sind Alkalifeldspäte, Feldspatvertreter und verschiedene dunkle Gemengteile typisch. Akzessorien sind Magnetit, Ilmenit, Apatit und andere, zum Teil seltene Minerale.

Den Essexitgabbros können verschiedene Gesteinstypen zugeordnet werden, so zum Beispiel der *Puglianit*, der in Auswürflingen aus dem Vesuv gefunden und von A. LACROIX beschrieben wurde. A. RITTMANN fand 66 Vol.-% Pyroxen, 16% Plagioklas (An_{90}), 8% Biotit, 5% Leucit (!), 4% Sanidin (!), 2% Hornblende und verschiedene Akzessorien. Auch der *Plagifoyaitarkit* gehört teilweise zu den Essexitgabbros.

Theralithe (Code 1 4220)

Extrem reich an Plagioklasen bei fast verschwindenden Alkalifeldspatgehalten sind die *Theralithe*. Der Name geht auf H. ROSENBUSCH zurück, der damit Gesteine bezeichnete, die als helle Gemengteile fast ausschließlich Plagioklas und Nephelin führen. Damit ist auch ihre atlantische und mediterrane Vergesellschaftung charakterisiert; wie die zuvor genannten Gesteine sind sie an Tafelgebiete gebunden.

Echte Theralithe sind selten; viele unter diesem Namen beschriebene Gesteinsvorkommen sind anderen Typen zuzuordnen. Das betrifft zum Beispiel auch den Theralith aus dem Duppauer Gebirge (ČSSR), der nach den Untersuchungsergebnissen von W. E. TRÖGER (1935) ein Essexit oder Essexitgabbro ist. Nur unter Vorbehalt können auch die nachstehenden Gesteinstypen hier eingeordnet werden.

Aus der Auvergne nannte A. LACROIX den *Luscladit*, den W. E. TRÖGER (1935) als *Olivintheralithgabbro* bezeichnete. Seine Zusammensetzung soll aus 39 Masse-% Pyroxen, 35% Plagioklas, 8% Olivin, 7% Erz, 5% Biotit, 5% Nephelinfülle und Akzessorien bestehen. Ebenfalls von A. LACROIX stammt die Beschreibung des *Berondits* aus Madagaskar, der durch Plagioklas- und Nephelingehalte charakterisiert ist. Eigenartige Gesteine sind die von F. D. ADAM und A. E. BARLOW untersuchten korundführenden Theralithe, die sie *Raglanite* (12 Masse-% Nephelin, 5% Korund) und *Dungannonite* (13 Masse-% Korund, 5% Nephelin) nannten. Beide Gesteinstypen kommen in Ontario in enger Vergesellschaftung mit Al_2O_3-reichen Maligniten vor. A. JOHANNSEN bezeichnete einige Gesteine mit großen Anteilen von Andesinen und Nephelinen beziehungsweise Leuciten als *Nephelindiorite* und *Leucitdiorite*; Beispiele dafür fanden sich in Quebec (Kanada). G. W. TYRRELL schließlich nannte einen olivinreichen Theralith *Kylit*, der in Schottland im Kyle-Distrikt gefunden wurde. Neben Olivin sind Pyroxen, Labradorit und Ilmenit bestimmende Gemengteile; nur untergeordnet tritt Nephelin auf, so daß dieser Gesteinstyp auch Gabbros zugeordnet werden könnte.

1.9.4.2. Vulkanite

Unter den Feldspat-Foid-Magmatiten treten zahlreiche Vulkanite auf, die mineralogisch und petrogenetisch den beschriebenen Plutoniten weitgehend ähneln. Zwei extreme Typen ragen aus der Vielzahl von Gesteinen heraus: Phonolithe und Tephrite. Alle hier zu nennenden Vulkanite gehören der atlantischen oder mediterranen Gesteinssippe an und sind fast ausnahmslos an die Entwicklung von Tafelgebieten gebunden, wo gelegentlich Differentiationsreihen von echten Basalten über Latite zu Trachyten und Phonolithen sowie zu Tephriten verschiedener Art verfolgt werden können. Im Bereich tiefer Störungen oder Riftbildungen sind Phonolithe, Tephrite und Übergangsgesteine zwischen ihnen oft sehr eng mit Foiditen (Nepheliniten) und Basalten verbunden.

Phonolithe (*Code 3 4110*)

Die *Phonolithe* oder „Klingsteine" (dünne Gesteinsplatten geben tatsächlich beim Anschlagen mit dem Hammer einen hellen Klang) entsprechen im Mineralbestand den Foyaiten. Der Name „*Klingstein*" wurde von A. G. WERNER geprägt und später in Phonolith übersetzt; erste exakte Definitionen gab F. ZIRKEL 1867, der Nephelin als wesentlichen Gemengteil bestimmte.

Phonolithe finden sich in Mitteleuropa an vielen Stellen in Verbindung mit tertiären Vulkaniten, so zum Beispiel im Gebiet des Kaiserstuhls, im Hegau, in der Rhön, im Böhmischen Mittelgebirge und in der Lausitz. Bekannte Vorkommen im Gebiet der DDR sind Hammer-Unterwiesenthal im Westerzgebirge und verschiedene Orte im Zittauer Gebirge (Lausche, Hochwald u. a.).

Hauptgemengteil der Phonolithe ist normalerweise ein mehr oder weniger leistenförmig ausgebildeter Sanidin, der so weit angereichert sein kann, daß unmittelbare Übergänge zu Trachyten bestehen. In einigen Phonolithen tritt an die Stelle von Sanidin Anorthoklas. Als Feldspatvertreter kommt zumeist Nephelin vor, doch sind ebenso Leucit und andere Feldspatvertreter gesteinsbildend. Unter den dunklen Gemengteilen dominieren Aegirin und Aegirinaugit; bekannt sind weiterhin Barkevikit und Arfvedsonit. Als Neben- und Übergemengteile treten Melanit, Perowskit, Magnetit, Apatit und Titanit auf, gelegentlich auch seltenere Minerale. Die Grundmasse kann Glas enthalten.

Das Gefüge der Phonolithe gleicht dem der Trachyte; sperrige und ophitische Gefüge gehen mit Einregelung vor allem von Sanidinleisten und -tafeln in Parallelgefüge über. Phonolithe mit Parallelgefüge neigen besonders leicht zu plattigen Absonderungen.

SiO_2-Gehalte um 55 Masse-% sowie Al_2O_3-Gehalte bis zu 23% sind von Interesse; phonolithische Magmen waren offensichtlich zähflüssig, da nur selten solche Decken wie bei Basalten gebildet wurden.

Die Nutzungsmöglichkeiten der Phonolithe entsprechen denen der Foyaite; Phonolithe der DDR werden lediglich als Schotter- und Splittmaterial genutzt. In anderen Ländern werden Phonolithe erfolgreich als Glasrohstoff eingesetzt.

Bereits früher war darauf hingewiesen worden, daß die Phonolithe nach dem vorherrschenden Feldspatvertreter gekennzeichnet werden müssen (Nephelin-Phonolith usw.). Spezielle Namen erübrigen sich. Leider haben sich auch hier einige Namen so in der Literatur eingebürgert, daß sie genannt werden müssen. A. OSANN beispielsweise nannte einen hornblendereichen Phonolith aus Texas *Apachit*. Von J. W. GREGORY stammt der Name „*Kenyit*" für einen Phonolith aus Kenia, der äußerlich Rhyolithen ähnelt und im wesentlichen aus Anorthoklas, Nephelin und Aegirinaugit besteht. Vom Vesuv wurde der *Pollenit* durch Untersuchungen von A. LACROIX bekannt; die Grundmasse besteht zum überwiegenden Teil aus Glas. Als Phlogopit-Leucit-Phonolith kann der *Orendit* (nach W. CROSS) von den Leucite-Hills in Wyoming (USA) bezeichnet werden; der Phlogopitanteil erreicht 10 und mehr Vol.-%. Nach seiner Norm muß auch der *Wyomingit* (nach W. CROSS) aus dem gleichen Gebiet zu den Phonolithen gestellt werden. Von den Cook-Inseln im Pazifik wurde der *Murit* von A. LACROIX beschrieben; das Gestein enthält nahezu zur Hälfte Pyroxene.

Tephritphonolithe (*Code 3 4120*)

Unter den Vulkaniten entsprechen den Plagifoyaiten die sogenannten *Tephritphonolithe*, deren Bezeichnung den Übergangscharakter entsprechender Gesteine andeutet. Wichtig sind Gehalte an Plagioklasen in Größenordnungen zwischen 10 und 50 Vol.-% relativ zur Gesamtsumme der Feldspäte. In Extremfällen sind die Absolutgehalte an hellen Gemengteilen sehr niedrig, da der Anteil dunkler Gemengteile bis zu 90 Vol.-% ansteigen kann.

Unter den Tephritphonolithen sind Gesteinstypen atlantischer und mediterraner Gesteinsvergesellschaftungen zu finden, die bereits früher als tephritische Phonolithe gekennzeichnet wurden. Solche Gesteinstypen kommen unter anderem im Böhmischen Mittelgebirge mit Übergängen zu trachytischen Phonolithen sowie zu Typen mit noch stärkerer Plagioklas- oder auch Nephelinanreicherung vor. Hauptbestandteile sind zumeist Sanidin und Nephelin neben unterschiedlichen Gehalten an Plagioklas mit Anorthitgehalten zwischen 30 und 40 Mol-%; als Mafite kommen Aegirin, Aegirinaugit und dunkle Übergemengteile in Form von Melanit, Titanit und Erz vor. Mitunter wurden alkalireiche Hornblenden beobachtet.

Versucht man, einige der unter verschiedenen Namen genannten Gesteinstypen analoger mineralogischer Zusammensetzung hier einzugliedern, stößt man auf erhebliche Schwierigkeiten. *Tephritische Trachyte* (nach F. BECKE) sind ebenso wie *Natrolithphonolithe* (nach J. E. HIBSCH) zu nennen. Ein eigenartiges Gestein ist der *Viterbit* (nach H. S. WASHINGTON) aus Mittelitalien, der in einer grauen Grundmasse Einsprenglinge von Leucit führt. Die Grundmasse besteht im wesentlichen aus Natronsanidin, Plagioklas und Pyroxen. Sanidinreiche Typen des *Vicoits* (nach H. S. WASHINGTON) gehören zu den Tephritphonolithen, weiterhin manche *Nephelinlatite* (nach A. JOHANNSEN) und schließlich seiner Norm entsprechend der *Tahitit*, den A. LACROIX als glas-, hauyn-, pyroxen- und erzführendes Gestein beschrieb.

Phonolithtephrite (*Code 3 4210*)

Durch höhere Plagioklasgehalte sind die *Phonolithtephrite* charakterisiert, denen unter den Tiefengesteinen Essexite und Essexitgabbros entsprechen. Zumeist sind Gesteine dieser Gruppe durch relativ hohe Mafitgehalte schon äußerlich eher den Tephriten als den Phonolithen zuzuordnen; typisch sind wiederum atlantische und mediterrane Gesteinsvergesellschaftungen.

Ohne auf Einzelheiten einzugehen seien einige wenige Gesteinstypen angeführt, die zu den Phonolithtephriten gehören. J. P. IDDINGS fand 1895 im Yellowstone-Park (USA) den *Leucitbanakit*, der nach den Berechnungen von W. E. TRÖGER (1935) mit Gehalten von 38 Masse-% Plagioklas, 23% Natronsanidin, 15% Leucit und Nephelin, 14% Pyroxen, 5% Olivin und 5% Akzessorien durchaus geforderten Mineralverhältnissen entspricht. Der *Analcimbasanit* (nach J. E. HIBSCH) führt statt Nephelin zu mehr als 20 Masse-% Analcim, daneben Plagioklas und Orthoklas als helle Gemengteile. O. H. ERDMANNSDÖRFER nannte einen „orthoklasführenden Nephelintephrit in Grünsteinfazies" (W. E. TRÖGER, 1935) *Essexitdiabas*.

Tephrite (Code 3 4220)

Außerordentliche Bedeutung und Verbreitung haben unter den Vulkaniten *Tephrite*, bei denen es sich in der Regel um dunkle Gesteine mit feinkörniger bis dichter Ausbildung handelt, unter deren Hauptgemengteilen Pyroxene, Plagioklase und Feldspatvertreter in wechselnden Mengenverhältnissen zu finden sind. Olivine können zum Teil in beachtenswerten Mengen an der Zusammensetzung beteiligt sein; solche Tephrite wurden *Basanite* (nach H. ROSENBUSCH) genannt. Zumeist sind Nephelin-Tephrite bekannt, doch können ebenso Leucit und andere Feldspatvertreter gesteinsbildend auftreten. Wichtiger Übergemengteil ist Magnetit, oft mit TiO_2-Gehalten bis zu 15 und mehr Masse-%. Der Name „Tephrit" ist sehr alt und wurde schon von PLINIUS dem Jüngeren zur Kennzeichnung von Laven oder Aschen benutzt. Er fand auch später für vulkanisches Material Anwendung, ehe K. v. FRITSCH 1865 erste exakte Definitionen versuchte. H. ROSENBUSCH nahm den Namen im angedeuteten Sinn für basaltähnliche Gesteine mit Plagioklas und Feldspatvertretern ohne Olivin in sein Gesteinssystem auf.

Tephrite finden sich an vielen Stellen in Tafelgebieten, in denen sie mit alkalireichen Gesteinen vergesellschaftet und genetisch mit Prozessen im Oberen Erdmantel, die zu unterschiedlichen Mobilisationen basischer Magmen führten, verbunden sind. Oft stammen tephritische Magmen aus größeren Tiefen als echte basaltische (tholeiitische); mitunter müssen auch komplizierte Reaktionen mit saurem Krustenmaterial in Betracht gezogen werden, wodurch beispielsweise nephelinitische zu tephritischen und diese schließlich zu basaltischen Magmen entarteten. Nach A. RITTMANN (1960) ist es möglich, durch pneumatolytische Differentiationsvorgänge basaltische Magmen in oberen Bereichen zu tephritischen und sogar zu nephelinitischen Typen etwa nach folgender Gleichung umzuwandeln:

$$\text{Anorthit} + \text{Enstatit} + \text{„Gase"} \; (NaCl,\ H_2O \text{ u. a.})$$
$$= \text{Diopsid} + \text{Nephelin} + \text{Olivin} + \text{„Gase"} \; (HCl).$$

Tephrite sind weltweit verbreitet; bekannt wurden vor allem Vorkommen aus dem Ostafrikanischen Grabengebiet und aus Mitteleuropa. Viele tertiäre Vulkanite der DDR in der Rhön, im Grabfeld und im sächsischen Raum sind Tephrite mit und ohne Olivinführung.

Der Mineralbestand ist relativ einförmig; neben den genannten Hauptgemengteilen kommen an Stelle der Pyroxene auch basaltische Hornblenden und Rhönite (trikliner Aenigmatit $Na_4Fe^{\cdot\cdot}_{10}Ti_2[Si_2O_6]_6$ mit $Fe^{\cdot\cdot\cdot}$, Al, Mg und Ca) vor. Verbreitet sind Glasbildungen, die zum Teil auf xenolithisches Gesteinsmaterial zurückgeführt werden können. Chemisch sind SiO_2-Gehalte zwischen 40 und 45 Masse-% von Interesse; die TiO_2-Gehalte steigen bis zu 4 und mehr Prozent an. Sehr unterschiedlich sind die Gehalte an Alkalien; je nach Feldspatvertretern dominieren K_2O oder Na_2O. Eisen- und Erdalkaligehalte erreichen zum Teil beträchtliche Werte zwischen 10 und 15 Masse-%.

Die meisten Tephrite sind porphyrische Gesteinstypen, bei denen als Einsprenglinge vor allem Olivine, dann Pyroxene und Hornblenden auftreten. Leucitreiche Gesteine führen gelegentlich in beträchtlicher Menge und Größe Leuciteinsprenglinge. Die Grundmasse besteht aus Plagioklasleisten unterschiedlicher Größe und Idiomorphie, Erzen (Magnetit u. a.) und Feldspatvertretern, insbesondere Nephelin. Analcim tritt oftmals als Umwandlungsprodukt von Nephelin auf; solche Umwandlung ist mit einer Volumenvergrößerung von 5,49% verbunden, die unter dem Einfluß von Temperaturschwankungen und Druckentlastungen (Haufwerksgewinnung im Steinbruch!) einen Zerfall des Gesteins bewirken kann. Derartige Tephrite und Nephelinite werden *Sonnenbrennerbasalte* genannt. Die Unterscheidung von Nephelin, Analcim und Glas in sehr feinkörnigen und dichten Gesteinstypen ist nur mit speziellen Methoden möglich. Interesse verdienen solche Minerale wie Melilith und Biotit; sie zeigen CaO-Anreicherungen sowie CO_2-Einflüsse (Melilith) und die Mitwirkung von anderen leichtflüchtigen Komponenten, insbesondere von H_2O (Biotit), an.

Wichtig erscheinen die sekundären Veränderungen von Tephriten vor allem unter dem Aspekt, daß viele ältere Gesteine mit Neubildungen von Alkalifeldspäten, Chloriten, Glimmern und anderen Mineralen kaum noch als ehemalige Tephrite oder Nephelinite identifiziert werden können. Gesteinstypen solcher Art sind demnach nur in geologisch jungen Bildungen zu finden.

Die Nutzung von Tephriten resultiert aus ihrem Chemismus und Mineralbestand; Sonnenbrennertypen sind kritisch zu beurteilen. Im übrigen ergeben sich ähnliche Einsatzmöglichkeiten wie bei den Basalten (Schotter, Splitt, Schmelzbasalt, Mineralwolle).

Tephrite und Basanite älterer Definition wurden oftmals in Typen mit Natron- oder Kalivormacht unterteilt (F. v. Wolff, 1951), die als Nephelin- oder Leucit-Tephrite zu bezeichnen sind. Auch Sodalith-, Nosean- und Hauyn-Tephrite, selbst Analcim-Tephrite kommen vor. Die Richtlinien unserer Klassifikation lassen auch bei den Tephriten eine hinreichend genaue und kurze Charakterisierung zu, dennoch sollen wiederum einige früher abweichend bezeichnete Gesteinstypen genannt werden. Aus der Auvergne (Frankreich) beschrieb A. Lacroix den *Ordanchit* mit Plagioklas, Pyroxen, Hauyn, Sodalith, Olivin, Erz, Titanit und Apatit, der durch Plagioklaseinsprenglinge gekennzeichnet ist. Einen dunklen Nephelin-Tephrit bezeichnete E. Lehmann als *Atlantit* mit wesentlichem Titanaugit neben Plagioklas und Nephelin. Die *Kulaite* H. S. Washingtons können demgegenüber als helle, hornblendeführende Nephelin-Tephrite bezeichnet werden. Aus der Rhön wurde der *Buchonit* (nach F. Sandberger) bekannt, der allerdings mit gelegentlichen Kalifeldspatanreicherungen zu den Phonolithtephriten tendiert. Der *Vesuvit* (nach A. Lacroix) bildet ein Übergangsgestein zwischen Leucit-Tephrit und Leucitit; Leucit tritt vorwiegend in Form von Einsprenglingen in einer Grundmasse aus Pyroxen, Plagioklas und untergeordneten Mengen an Olivin, Nephelin und Akzessorien auf. Aus Ostafrika stammt der *Kivit* (nach A. Lacroix), ein Gesteinstyp, der als dunkler Leucit-Tephrit mit Erzanteilen bis zu 10 Masse-% eingeordnet werden kann. Aus Nordostchina kommt der *Mandschurit* (nach A. Lacroix), der fast zur Hälfte aus Glas besteht und nur auf Grund seiner Norm zu den Nephelin-Tephriten gestellt werden kann; exakt muß das Gestein als Vitro-Nephelin-Tephrit bezeichnet werden. Problematisch ist die Einstufung des *Limburgits* (nach H. Rosenbusch) wegen seines Glasanteils von über 50 Vol.-% und seines Chemismus. Er ist als Nephelin-Tephritglas beziehungsweise unter Berücksichtigung von über 30 Vol.-% Titanaugit und bis zu 10 Vol.-% Olivin-Einsprenglingen als Olivin-Augit-Nephelin-Tephritglas zu bezeichnen. Ein olivinfreier Limburgit ist der *Augitit*, den als erster unter diesem Namen C. A. Doelter von den Kapverdischen Inseln beschrieb. Nach W. E. Tröger (1935) besteht das Gestein zu über 50 Masse-% aus Glas und zu über 40% aus Titanaugiteinsprenglingen; wir bezeichnen es als Augit-Nephelin-Tephritglas.

Bemerkenswert sind solche Tephrite, die ebenso wie verwandte basische und alkalireiche Gesteine Olivinknollen führen, die aus einem Gemenge von grünem Olivin, grünbraunem Orthopyroxen und Diopsid, oft in Form des sogenannten Chromdiopsids, sowie unterschiedlichen Mengen an Spinellen bestehen. Unter Aspekten einer technischen Nutzung verdienen poröse, ehemals gasreiche Laven und Gesteine besondere Beachtung; als *Mühlsteinlava* ist beispielsweise das zwischen Leucit- und Nephelin-Tephrit einzuordnende Gestein von Niedermendig bei Andernach (Rheingebiet) weithin bekannt.

1.9.4.3. Ganggesteine

Unter den Feldspat-Foid-Magmatiten tritt eine Vielzahl von Ganggesteinen (Mikroplutonite) auf, die im Chemismus und Mineralbestand weitgehend bestimmten Plutoniten und Vulkaniten entsprechen. Oft bestehen Übergänge von Vulkaniten zu Ganggesteinen; Zuordnungen zu dieser oder jener Hauptgruppe sind in den meisten Fällen problematisch.

Mikrofoyaite (Code 2 4110)

Mikrofoyaite sind bekannte Gesteinstypen; in Begleitung von Foyaiten kommen regelmäßig aplitische und pegmatitische Ganggesteine vor, die W. C. Brögger vor allem aus dem Oslo-Gebiet beschrieben hat. Von der Insel Låven im Langesund-Fjord kennt man beispielsweise sogenannte *Nephelinsyenitpegmatite*, die im wesentlichen aus Mikroperthiten, rötlich-bräunlichen Nephelinen, grauen Sodalithen (oft sekundär umgewandelt) und untergeordneten Mengen an Aegirin, Lepidomelan (sehr eisenreicher Biotit) und Magnetit bestehen. Akzessorisch kommt eine ganze Anzahl von Mineralen vor, die teilweise wirtschaftliches Interesse fanden, so zum Beispiel Pyrochlor mit Niob, Tantal und Uran, Mosandrit mit Yttrium und Cer oder auch Orangit mit Uran und Thorium. Mikrofoyaite mit aplitischem Gefüge sind seltener als Pegmatite; unter ihnen kommen Typen mit Nephelin, Hauyn, Nosean und Sodalith als wesentlichen Feldspatvertretern vor.

Zu den Mikrofoyaiten gehören die von H. Rosenbusch erstmalig definierten *Tinguaite*, als deren Prototyp er Gesteine von den Tinguá-Bergen bei Rio de Janeiro ansah, die weitgehend Phonolithen gleichen und im wesentlichen aus Alkalifeldspäten, Nephelinen und Aegirinen oder Aegirinaugiten bestehen. Ihr Gefüge kann porphyrisch ausgebildet sein, zumeist treten jedoch gleichkörnige panxenomorphe Typen auf. Als Neben- und Übergemengteile sind Biotit, Hornblende, Titanit, Mosandrit, Cancrinit und eine Reihe weiterer Minerale bekannt geworden. Im Laufe der Zeit wurden die Tinguaite weiter unterteilt; als nephelinfreie Tinguaite definierte W. C. Brögger aus dem Oslo-Gebiet den *Sölvsbergit*. Nephelintinguaite wurden auch *Tinguaitporphyre* genannt; als *Katzenbuckelit* bezeichnete A. Osann einen hauynführenden Glimmer-Tinguaitporphyr vom Katzenbuckel im Odenwald. J. E. Hibsch beschrieb aus dem Böhmischen Mittelgebirge *Sodalithtinguaite* und P. Marshall von Neuseeland *Natrolithtinguaite*. *Leucittinguaite* mit teilweise großen, idiomorphen Leuciteinsprenglingen wurden von der Kola-Halbinsel, aus Arkansas und in Grönland bekannt.

Im Oslo-Gebiet treten innerhalb der Larvikit-Massen Gänge auf, die Lamprophyren gleichen und aus Gesteinsmaterial bestehen, das sich zur Hälfte aus Pyroxenen und bis zu 20 Vol.-% aus Magnetit und Ilmenit zusammensetzt. Dieses Gestein mit 10 Vol.-% Nephelin und 7% Anorthoklas wurde von W. C. Brögger *Tjosit* genannt. Aus dem Fen-Gebiet in Norwegen beschrieb Brögger 1921 den *Damkjernit* als Ganggestein mit 17 Masse-% Nephelin und 6% Orthoklas; den Hauptanteil bilden Titanaugit und Biotit.

Mikroplagifoyaite (*Code 2 4120*), *-essexite* (*Code 2 4211*) *und -essexitgabbros* (*Code 2 4212*)

Mikroplagifoyaite und die sich daran anschließenden *Mikroessexite* und *Mikroessexitgabbros* sind durch unterschiedliche Plagioklasgehalte gekennzeichnet; im Mineralbestand und Chemismus entsprechen sie weitgehend den namengebenden Plutoniten. Sie kommen in deren Vergesellschaftung in Tafelgebieten vor; typisch sind Alkalianreicherungen und demzufolge atlantische oder mediterrane Gesteinsfolgen. Generell werden mit wachsenden Plagioklasgehalten und deren anorthitreicherer Prägung auch größere Mengen an Eisen und Magnesium in entsprechenden Mineralbildungen fixiert.

Den genannten Ganggesteinen sind viele Typen zuzuordnen, die früher eigene Namen erhielten. Wir beschränken uns auch hier auf eine Auswahl, die vor allem unterschiedliche Mineral- und Gefügebildungen berücksichtigt. Aus Kanada wurden durch Untersuchungen von A. P. Coleman *Heronite* bekannt, unter denen man analcimreiche leukokrate *Teschenite* versteht. Ihrem Mineralbestand mit 47 Masse-% Analcim, 28% Orthoklas, 13% Plagioklas, 4% Aegirin und 10% Akzessorien und sekundären Bildungen entsprechend, müssen die Gesteine exakt als Analcim-Mikroplagiofoyaite bezeichnet werden. Der *Sodalithgauteit* von J. E. Hibsch aus dem Böhmischen Mittelgebirge ist mit 30 Masse-% Natronsanidin, 19% Sodalith und 18% Plagioklas (W. E. Tröger, 1935) ebenfalls ein Mikroplagiofoyait. Unter Vorbehalt kann der *Farrisit* (nach W. C. Brögger) wegen seines Chemismus den Mikroessexitgabbros zugeordnet werden; neben Barkevikit, Diopsid und Lepidomelan mit insgesamt 62 Masse-% bilden Nephelin und Feldspäte in oftmals weitgehend umgewandeltem Zustand die Hauptgemengteile. *Essexitaplite* beschrieb J. E. Hibsch aus dem Böhmischen Mittelgebirge. Aus dem Siebengebirge wurden durch Untersuchungen von K. Busz *Heptorite* bekannt, die auch als *Hauynmonchiquite* bezeichnet werden können und äußerlich porenreichen Basalten ähneln. Unter dem Mikroskop erweisen sich die Porenräume mit Calcit und Serpentinmineralen ausgefüllt. Einsprenglinge von Olivin und Pyroxenen, gelegentlich auch von Hornblenden und Sanidin, letztere als Fremdkristalle aus umgebenden Trachyten, finden sich in einer Grundmasse aus Pyroxenen, Hornblenden, Hauyn und Plagioklas. Selten kommen Olivin und Nephelin hinzu; ein großer Teil der Grundmasse besteht aus Glas. Ein Mikroessexit ist der von O. H. Erdmannsdörfer definierte *Bjerezit* vom Gebiet des oberen Jenissei in Sibirien. Er war zuvor von J. Rackowsky als *Ijolithporphyr* beschrieben worden. Das porphyrische Gestein zeigt Einsprenglinge von Nephelin, Pyroxenen, Plagioklas und Orthoklas in einer Grundmasse aus Pyroxenen, Plagioklas, Orthoklas, Nephelin und Zeolithen. Bemerkenswert sind die mit 23,66 Masse-% ermittelten Al_2O_3-Gehalte.

Mikrotheralithe (*Code 2 4220*)

Völlig untergeordnete Alkalifeldspatgehalte weisen die *Mikrotheralithe* auf. Neben dunklen Mineralen sind für ihre Stellung in der Gesteinssystematik Plagioklase verschiedener Zusammensetzung sowie Feldspatvertreter entscheidend. Oftmals bestehen Übergänge zu Tephriten, von denen sie kaum zu unterscheiden sind. Auch die Mikrotheralithe sind mit Gesteinen der atlantischen und mediterranen Sippen vergesellschaftet und demzufolge in Tafelgebieten anzutreffen.

Das betrifft zum Beispiel den *Teschenit*, den L. Hohenegger 1861 als erster definierte, und der später wiederholt in der Systematik umgeordnet worden ist. Das Originalgestein stammt von Paskov in Nordostmähren (ČSSR) und ist durch Gehalte von 43 Masse-% Titanaugit und Barkevikit, 27% Plagioklas (An_{60-45}),16% Analcim, 10%

Erz und 4% Apatit und Pyrit gekennzeichnet (W. E. TRÖGER, 1935). Ähnliche Vorkommen wurden aus Portugal bekannt. Das Gefüge dieser Gesteine variiert von grob- bis feinkörnig und dicht; typisch sind weitgehende sekundäre Bildungen in Form von Zeolithen, Chloriten, Epidot und Calcit. Durch Nephelinanreicherungen bestehen Übergänge zu den *Nephelintescheníten* (G. W. TYRELL). Der *Lugarit* aus Schottland ist nach G. W. TYRELL ein analcimreicher Teschenit, während der *Crinanit* (nach J. S. FLETT) aus Schottland und der *Ijussit* (nach J. RACKOWSKY) aus Sibirien als dunkle, olivin- beziehungsweise pyroxenreiche Teschenite bezeichnet werden können.

1.9.5. Foid-Magmatite

In dieser Gesteinsgruppe spielen die Feldspäte gegenüber den Feldspatvertretern nur noch eine untergeordnete Rolle; der Anteil der Feldspatvertreter liegt zwischen 60 und 100 Vol.-% relativ zur Summe von $A + P + F = 100$. Quarz fehlt völlig; gelegentliche Beobachtungen beziehen sich auf Sekundärbildungen. Der absolute Mafitanteil kann wieder 90 Vol.-% erreichen.

1.9.5.1. Plutonite

Trotz zumeist geringer Gehalte an Alkalifeldspäten und Plagioklasen wird eine weitere Unterteilung in drei Typen für zweckmäßig angesehen, von denen zwei Foidgehalte zwischen 60 und 90 Vol.-% relativ zu $A + P + F = 100$ aufweisen und durch das Überwiegen von Alkalifeldspäten *oder* Plagioklasen charakterisiert sind.

Foyaitfoidolithe (Code 1 5110)

An erster Stelle steht der *Foyaitfoidolith*, der nach dem bestimmenden Feldspatvertreter beispielsweise ein Foyaitnephelinolith oder ein Foyaitleucitolith sein kann. Plagioklase treten nur untergeordnet auf, dafür gelegentlich Alkalifeldspäte in beachtenswerter Menge. Übergänge zu den Foyaiten sind verbreitet.

Ein Foyaitnephelinolith ist der von A. JOHANNSEN definierte *Toryhillit* aus Kanada (Ontario). Das Gestein besteht im wesentlichen aus Nephelin, Albit, Aegirinaugit, Calcit und verschiedenen Akzessorien; das Verhältnis von Nephelin zum Alkalifeldspat beträgt 73:27. Unter den Auswürflingen des Vesuvs fanden sich leucitreiche Typen, die A. LACROIX als *Leucitsyenite* bestimmte. Neben Sanidin und einsprenglingsartigem Leucit trat Sodalith auf. Ein leucitreicher Shonkinit ist der *Leucitshonkinit* (nach L. V. PIRSSON) aus dem Highwood-Gebirge Montanas, der zu 39 Masse-% aus Leucit besteht und auf Grund eines Leucit-Orthoklas-Verhältnisses von 70:30 als Foyaitleucitolith eingeordnet werden muß. Auch der *Natronshonkinit* vom Katzenbuckel im Odenwald gehört mit 20 Masse-% Nephelin und 10% Natronsanidin zu den Foyaitfoidolithen (nach H. NIELAND). In der kanadischen Provinz Quebec fand sich ein Gestein mit 70 Vol.-% Sodalith, 12% Orthoklas, 8% Nephelin, 5% Plagioklas und 5% Aegirin; A. JOHANNSEN nannte es *Beloeilit*. Ein feldspatführender *Biotit-Urtit* ist der *Congressit* (nach F. D. ADAMS und A. E. BARLOW), der zusammen mit *Craigmontit* (Theralithnephelinolith) und *Raglanit* (Essexit bis Theralith) in Ontario (Kanada) vorkommt.

Diese grobe Übersicht zeigt, daß Foyaitfoidolithe relativ seltene Gesteine sind, die in enger Vergesellschaftung mit Foyaiten und anderen Alkaligesteinen oftmals als extreme Differentiationsprodukte unter Mitwirkung metasomatischer Vorgänge auftreten können. Gewöhnlich werden sie den *Nephelinsyeniten* zugeordnet und im Zusammenhang mit deren Genese diskutiert.

Theralithfoidolithe (*Code 1 5120*)

Auch die *Theralithfoidolithe*, deren Kennzeichen relativ hohe Plagioklasgehalte sind, bilden eine seltene Gesteinsgruppe mit Übergängen zu den Theralithen und Essexiten. Als Beispiel soll der sogenannte *Craigmontit* gelten, den F. D. ADAMS und A. E. BARLOW aus Kanada (Ontario) beschrieben. Nach ihren Untersuchungen enthält dieses Gestein 63,18 Masse-% Nephelin, 29,66% Oligoklas, 4,39% Muskovit, 1,42% Calcit, 0,50% Korund, 0,50% Biotit und 0,10% Magnetit. Die Nepheline sind rötlich gefärbt und zumeist sekundär verändert worden. Interessant sind die außerordentlich hohen Al_2O_3-Gehalte bis zu 30 Masse-%; Na_2O und K_2O erreichen Werte von 14 beziehungsweise 4%.

Von der Kola-Halbinsel wurden sogenannte *Urtite* (nach W. RAMSEY) bekannt, die mit entsprechenden Plagioklasgehalten als Theralithnephelinolithe bezeichnet werden können. Zumeist jedoch fehlt Feldspat völlig. Das gleiche betrifft den Hornblende-Urtit von Kanada (Ontario), den F. D. ADAMS *Monmouthit* nannte.

Foidolithe (*Code 1 5130*)

Wichtig sind die durch extreme Gehalte an Feldspatvertretern charakterisierten *Foidolithe*, da mit ihnen nutzbare Mineralanreicherungen verbunden sein können. Sie sind in Tafelgebieten anzutreffen und mit einer Anzahl der bereits genannten Gesteinstypen gemeinsam entstanden; insbesondere ergeben sich enge Beziehungen zu Foyaiten einerseits und zu dunklen, teilweise gabbroiden Gesteinen andererseits. F. v. WOLFF (1951) wies auf einen Differentiationstrend von sogenannten *Ijolithen* (nach W. RAMSEY) zu *Urtiten* und über *Melteigite* (nach W. C. BRÖGGER) zu Pyroxeniten (nach G. H. WILLIAMS) hin. Nach Beobachtungen sowjetischer Geowissenschaftler kommen in Jakutien *Juvite* (Foyaite), Malignite, *Melteigite* und Karbonatite als ultrabasische Alkalimagmatite gemeinsam mit *Alnöiten* (nach H. ROSENBUSCH; Melilitholithe) und *Kimberliten* (H. C. LEWIS; Mikroperidotite) sowie Duniten, Peridotiten und Pyroxeniten vor. Ähnliche Beobachtungen wurden auch in Südafrika und an anderen Stellen gemacht. L. BAUMANN und G. TISCHENDORF (1976) unterstrichen die außerordentliche Bedeutung der Ultrabasit-Alkaligesteinsformationen, von denen sie eigene Nephelinsyenit- und Kimberlitformationen unterschieden. Sie machten vor allem auf Karbonatitlagerstätten in Ringkomplexen mit bedeutenden Anreicherungen von Niob, Tantal, Zirkonium, Blei, Kupfer und vielen anderen Elementen aufmerksam.

Unter allen diesen Aspekten ist die Genese der Foidolithe zwar mit Prozessen im Oberen Erdmantel zu verbinden, doch im Detail umstritten. Im Zusammenhang mit Karbonatiten wird beispielsweise ein ursprünglich einheitliches Magma diskutiert, das sich mit sinkenden Temperaturen und Drücken entmischte, wodurch spezifische Magmen zu Karbonatit-, *Melteigit*- (mafitreicher Nephelinolith) und Foyait-Bildungen führen konnten. Generell übten leichtflüchtige Komponenten einen großen Einfluß auf die Entstehung der Foidolithe aus, die auch als Residualsysteme alkaliperidotitischer Magmen angesehen werden.

Urtite als Nephelinolithe mit über 80 Vol.-% Nephelin, fast 10% Aegirin und untergeordneten Mengen an Plagioklas und Apatit bilden auf der Kola-Halbinsel das Liegende eines mehrere km langen, 45 bis 70 m mächtigen und nach Nordosten hin einfallenden Apatitlagers; sie besitzen selbst Mächtigkeiten zwischen 90 und 120 m. Ihrer Zusammensetzung entsprechend, sind es helle Gesteine; das Gefüge variiert von mittel- und gleichkörnigen Typen bis zu porphyrischen, bei denen Aegirine als Einsprenglinge hervortreten. Nähere Untersuchungen der Umgebung ließen die Rekonstruktion eines großen Ringkomplexes mit unterschiedlichen Alkaligesteinen zu, mit denen nicht allein Phosphor-, sondern auch Fluor-, Titan-, Zirkonium-, Niob- und Seltene-Erdenanreicherungen verbunden sind. Urtite wurden verschiedentlich als leukokrate Ijolithe bezeichnet (W. E. Tröger, 1935); die eigentlichen *Ijolithe* sind nach W. Ramsey durch wesentlich höhere Aegirin- oder Aegirinaugitgehalte neben Akzessorien (Apatit, Titanit, Calcit u. a.) gekennzeichnet. Ihr Gefüge ist zumeist mittelkörnig und hypidiomorph; beim Nephelin fielen oft Gas- und Flüssigkeitseinschlüsse auf. Nach W. C. Brögger stellt der *Melteigit* das dunkle Endglied der Urtit-Ijolith-Reihe dar; das Originalgestein vom südlichen Norwegen (Fen-Gebiet, Telemark) ist ein Nephelinolith mit über 50 Masse-% Mafiten (Aegirinaugit, Biotit, Titanit, Melanit u. a.). Zum Nephelin können unterschiedliche Gehalte an Cancrinit hinzukommen. Ein biotitreicher Nephelinolith ist der *Algarvit* (nach A. Lacroix) aus der Provinz Algarve in Portugal, der neben Aegirinaugit nahezu 35 Masse-% Biotit führt. Als nephelinreicher Pyroxenit oder pyroxenreicher Nephelinolith ist der *Fasinit* (nach A. Lacroix) von Madagaskar zu bezeichnen; das Originalgestein enthält um 15 Masse-% Nephelin und nur untergeordnete Mengen an Natronmikroklin. Ein leucitreiches Gestein, das in vulkanischen Agglomeraten in Mittelitalien gefunden wurde, nannte H. S. Washington *Italit*. Es besteht zu über 90 Masse-% aus Leucit, untergeordnet aus Aegirinaugit, Hauyn, Nephelin, Melanit, Biotit, Apatit und Erz. Aus dem Highwood-Gebirge in Montana (USA) beschrieb L. V. Pirsson den *Fergusit* als Leucitolith mit 65 Masse-% Pseudoleucit, 24% Diopsid, 3% Olivin, Biotit und Apatit und 8% Erz. Ein mafitreicher Leucitolith ist schließlich der *Missourit* (nach W. H. Weed und L. V. Pirsson), von dem A. Johannsen (1938) schrieb: „Missourite is the first recorded plutonic rock containing unaltered leucite" (Seite 335). Das Gestein wurde ebenso wie der Fergusit im Highwood-Gebirge Montanas entdeckt, wo es in tonigen Kreideschichten und vulkanischem Material einen Stock mit einem Querschnitt von 4 mal 1,6 km bildet. Es ist dunkelgrau sowie relativ grob- und wechselkörnig; in einer leucitreichen Grundmasse finden sich Diopsid, Olivin und untergeordnet Biotit, Analcim und andere Zeolithe sowie Apatit und Erz. Ähnliche Gesteine wurden als Auswürflinge vom Vesuv beschrieben; sie führen dort generell mehr Biotit. Unter dem Namen „*Naujait*" stellte N. V. Ussing einen Sodalitholith aus dem Gebiet um Julianehaab in Grönland vor, der im wesentlichen aus Sodalith, Analcim und Nephelin zusammengesetzt ist; als dunkle Gemengteile treten Aegirin, Arfvedsonit und zum Teil auch seltene Minerale wie Rosenbuschit ($(Ca, Na)_6Zr(Ti, Mn, Nb, \ldots)[(F, O)_2/Si_2O_7]_2$), Eudialyt ($(Na, Ca, Fe)_6Zr[(OH, Cl)/(Si_3O_9)_2]$) und Rinkit ($Na_2Ca(Ca, Ce)_4(Ti, Nb)[(F, O)_2/Si_2O_7]_2$) auf. Ebenfalls als Sodalitholith ist der *Tawit* (nach W. Ramsey) von der Kola-Halbinsel zu bezeichnen, der als dunklen Gemengteil lediglich Aegirin führt. Von der Kola-Halbinsel stammt auch der *Turjait* (nach W. Ramsey), der als hellen Gemengteil Nephelin mit Gehalten bis zu 17 Masse-% führt, im übrigen aber aus Melilith, Biotit und einigen selteneren dunklen Mineralen besteht. Unter den melilithführenden Foidolithen erhielten weitere eigene Namen, auf die hier verzichtet werden kann.

1.9.5.2. Vulkanite

Phonolithfoidite (*Code 3 5110*)

Den Foyaitfoidolithen entsprechen die *Phonolithfoidite*, die sehr enge Beziehungen zu den Phonolithen erkennen lassen. Wesentlich sind wiederum beträchtliche Gehalte an Feldspatvertretern sowie nennenswerte Anteile von Alkalifeldspäten. Oftmals wird auf eine spezielle Unterscheidung von Phonolith- und Tephritfoiditen im Übergang von Phonolithen beziehungsweise Tephriten zu Foiditen (Nepheliniten, Leucititen u. a.) verzichtet.

Washington untersuchte in Italien nahe Rom einen *Tavolatit* und fand 37 Vol.-% Leucit, 19% Sanidineinsprenglinge, 12% Grundmasse-Nephelin, 11% Aegirinaugit, 10% Hauyn, 7% Plagioklaseinsprenglinge und 4% Akzessorien (Melanit, Biotit, Apatit) als dessen durchschnittliche Zusammensetzung. Weitere Zuordnungen von Vulkaniten zu den Phonolithfoiditen scheitern oft an exakten mineralogischen und chemischen Unterlagen; das betrifft insbesondere solche glasführenden Gesteinstypen wie *Wyomingit* (nach W. Cross) oder *Tahitit* (nach A. Lacroix). Zu den Phonolithfoiditen kann unter Umständen, besonders bei höheren Natronsanidingehalten, auch mancher der *Vicoite* (nach H. S. Washington) gestellt werden, die mit reichlich Leuciteinsprenglingen neben Natronsanidin, Plagioklas, Pyroxen und Olivin sowie verschiedenen Akzessorien erstmals aus Italien beschrieben wurden. Es sind Phonolithleucitite mit Tendenz zu Phonolithtephriten.

Tephritfoidite (*Code 3 5120*)

Zu den *Tephritfoiditen* gehören Gesteine mit untergeordneten Alkalifeldspat- und wesentlichen Plagioklasgehalten, wie beispielsweise der *Campanit* (nach A. Lacroix) vom Vesuv, der nach W. E. Tröger (1935) zu 39 Masse-% aus Leucit, zu 8% aus Hauyn und Nephelin, zu 19% aus Plagioklas, zu 8% aus Natronsanidin und zu 26% aus Pyroxen und Akzessorien besteht. Auch der *Vesuvit* (nach A. Lacroix) kann in extremen Fällen als Tephritleucitit bezeichnet werden; in der Vesuv-Lava aus dem Jahre 1858 fand A. Rittmann beispielsweise folgende Mineralgehalte:

Leucit	40 Vol.-%
Pyroxen	34 Vol.-%
Plagioklas	18 Vol.-%
Olivin und Akzessorien	6 Vol.-%
Nephelin und Sodalith	2 Vol.-%

Manche Nephelinite tendieren zu Tephritnepheliniten; das betrifft unter anderem den von W. E. Tröger (1935) als Beispiel für Olivin-Nephelinite vermessenen Gesteinstyp aus der Eifel, der neben 44 Vol.-% Nephelin und 51% Mafiten 5% Plagioklas führt und damit aus der Nephelinit-Gruppe auszusondern ist.

Foidite (*Code 3 5130*)

Von besonderem Interesse sind die eigentlichen *Foidite*; in ihnen werden genetisch komplizierte und demzufolge auch umstrittene Bildungen gesehen. In atlantischen und mediterranen Gesteinsvergesellschaftungen finden sich sehr oft Nephelinite und Leucitite, von denen erstere in enger Beziehung zu tephritischen und basaltischen Gesteinstypen stehen und unumstritten aus dem Oberen Erdmantel abgeleitet werden, während bei den Leucititen krustale Einflüsse offensichtlich eine Rolle spielten.

Der Name „Nephelinit" wurde im vergangenen Jahrhundert geprägt; nicht bekannt ist, wer ihn zuerst gebrauchte. F. ZIRKEL unterteilte die im wesentlichen nephelin-, pyroxen- und oftmals auch olivinführenden Gesteine in *Nephelindolerite* (± mittelkörnig), feinkörnige *Nephelinanamesite* und dichte *Nephelinbasalte*. H. ROSENBUSCH bezeichnete als Nephelinite olivinfreie, „basaltische" Ergußgesteine mit Nephelin als einzigem hellen Gemengteil und als *Nephelinbasalte* die Olivin-Nephelinite. Diese Einteilung findet sich zum Teil noch heute; unter anderem behielt sie F. v. WOLFF in seinem Lehrbuch bei.

Nephelinite verschiedener Art finden sich in der DDR in der Rhön, im Bereich des Grabfeldes südlich von Hildburghausen, im Vogtland, im Erzgebirge, in der Sächsichen Schweiz und in der Lausitz. Die Vorkommen im sächsischen Raum stehen in enger Verbindung zu denen im benachbarten Gebiet der ČSSR; hier wurden sie im Duppauer und Böhmischen Mittelgebirge besonders durch die Arbeiten von J. HIBSCH weithin bekannt. Nach Westen und Osten setzen sich die Vorkommen tertiärer Vulkanite fort; zu nennen sind vor allem Bildungen im Bereich des Rheintalgrabens, die von W. WIMMENAUER intensiv untersucht worden sind. Unter den Begleitgesteinen der Nephelinite dominieren tephritische Typen; mitunter entwickelten sich echte Basalte, untergeordnet auch abweichende, zum Beispiel leucit-, hauyn- oder melilithreiche Gesteine. Verbreitet treten Phonolithe auf. Vergesellschaftungen mit Karbonatiten, verschiedenen Plutoniten und Ganggesteinen fanden ebensolches Interesse wie zahlreiche, genetisch aufschlußreiche Xenolithe in den Vulkaniten.

In diesem Zusammenhang sei an Experimente mit Schmelzen nephelinführender „Olivinbasalte" (Tephrite) unter trockenen Bedingungen erinnert; bei einem Druck von 18 kb, der Tiefen etwa um 60 km entspricht, schieden sich aus ihnen mit allmählicher Abkühlung zunächst Olivine und Klinopyroxene und schließlich Plagioklase — untergeordnet auch Nepheline — aus. In Gegenwart von H_2O (stellvertretend für leichtflüchtige Bestandteile) änderte sich diese Folge in bemerkenswerter Weise; neben Olivinen bildeten sich vor allem Orthopyroxene, wodurch die Restschmelze deutlich zu einer olivinnephelinitischen Zusammensetzung tendierte. Fraktioniertes Schmelzen *oder* Kristallisationsdifferentiation — beide Möglichkeiten kommen für die Bildung nephelinitischer Magmen in Betracht, deren spezielle Entwicklung jedoch in jedem Fall mit ausreichenden Angeboten von H_2O und anderen leichtflüchtigen Komponenten verbunden ist. Dafür spricht nicht zuletzt der explosive Charakter des Nephelinitvulkanismus.

Leucitite wurden aus Mittelitalien, der Eifel, dem Böhmischen Mittelgebirge und dessen Umgebung, aus Ostafrika, Westaustralien, Indonesien und den USA (Montana, Arizona, Wyoming) bekannt (Abb. 1.43). Über ihre Genese existieren verschiedene Vorstellungen. So können nach A. RITTMANN (1960) leucititische Magmen aus trachytischen durch Dolomitassimilation etwa nach folgender Gleichung entstehen:

$$2\,KAlSi_3O_8 + CaMg(CO_3)_2 = 2\,KAlSi_2O_6 + CaMgSi_2O_6 + 2\,CO_2\,;$$
$$\text{Sanidin} + \text{Dolomit} = \text{Leucit} + \text{Diopsid} + \text{Gas}.$$

RITTMANN wies Jahre zuvor eine solche Magmenentwicklung am Vesuv nach, wo die ältesten Laven Trachyte waren, denen nach einer langen Ruhepause *Orvietite* (nach P. NIGGLI; Leucit-Phonolithtephrite) und *Ottajanite* (nach A. LACROIX; Leucit-Tephrite) folgten. Während diese Gesteine den Alt- und Jung-Somma aufbauten, verdankt der eigentliche Vesuv der vierten Tätigkeitsperiode mit Tephritleucititen (*Vesuvite* nach A. LACROIX) seine Entstehung. Durch zunehmende Assimilation triassischen Dolomits kam es zur Auskristallisation dunkler Gemengteile (Pyroxene, Biotite) und zur Anreicherung von Alkalien im Restmagma. Verschiebungen im K: Na-Verhältnis ergaben sich durch Gastransporte; leicht bewegliches Natrium wanderte zum Teil ins Nebengestein, zum Teil zur Erdoberfläche ab. Unter den Auswürflingen fanden sich hierzu

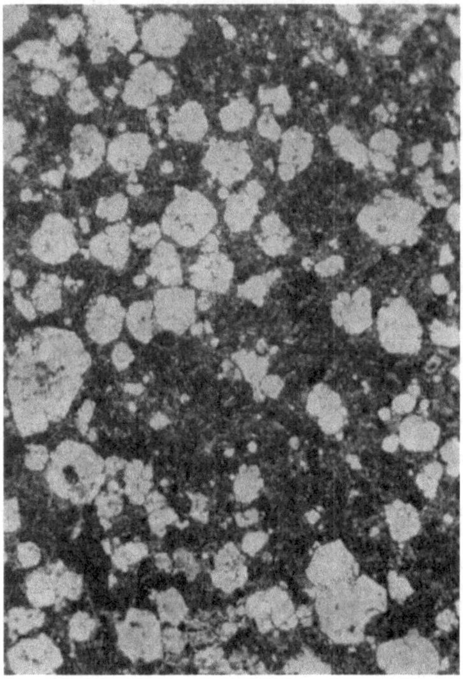

Abb. 1.43. Olivin-Leucitit aus Indonesien mit porphyrischem Gefüge durch Leucit-einsprenglinge

Beweise in Form von Pyroxeniten, Biotit-Pyroxeniten und kontaktmetamorphen Gesteinstypen mit Nephelin und Sodalith.

A. HOLMES untersuchte leucitreiche Vulkanite in Ostafrika und führte sie als Produkte einer Kristallisationsdifferentiation auf Peridotite zurück. Die Bildung ihrer Magmen sei unter hohem Druck in ähnlicher Zusammensetzung wie die der Kimberlite erfolgt. Später nahm HOLMES „Transfusionen" von K_2O und anderen Elementen beziehungsweise Molekülen an, wodurch sich metasomatisch biotitreiche, basische Gesteine und aus ihnen in weiteren Entwicklungsstadien ultrabasische und K_2O-reiche Magmen bilden konnten.

Die Mitwirkung von Biotit und anderen Glimmern bei der Bildung leucitreicher Gesteine wurde wiederholt diskutiert; moderne Theorien zur Kimberlitgenese und in diesem Zusammenhang zur Bildung ähnlicher Vulkanite gehen von Glimmer-Peridotiten aus, in denen Phlogopite als Kalium- und Wasserquellen für entsprechende Magmen zur Verfügung stehen. Das betrifft auch ungewöhnliche Spurenelemente, die ursprünglich im Gitter der Glimmer eingebaut waren und später in Magmatiten und deren Differentiaten wiedergefunden werden können.

Ähnlich wie bei den Lamprophyren mit deren Anreicherungen von Alkalien, insbesondere von Kalium, wurden weiterhin Reaktionen zwischen basischen Magmen und granitischen oder granitähnlichen Gesteinen der Kruste für die Entstehung leucitreicher Gesteine in Betracht gezogen. F. J. TURNER und J. VERHOOGEN (1951) beispielsweise nahmen an, daß normale basaltische bis tephritische Magmen durch Assimilation granitischer Gesteine genügend K_2O aufnehmen und mittels des SiO_2-Zuschusses und damit verbundener Ausscheidungen von Pyroxenen Restmagmen leucittephritischer bis leucititischer Zusammensetzung entwickeln können. Folgende Fakten zogen sie als Beweise heran:

1. Generell fehlen granitische Xenolithe in leucitreichen Vulkaniten und Gesteinen der Glimmer-Lamprophyrfamilie.
2. Gesteine der Glimmer-Lamprophyrfamilie sind stets mit zuvor gebildeten granitischen Gesteinen vergesellschaftet.
3. Granitische Xenolithe in leucit- und melilithreichen Vulkaniten sind regelmäßig in Leucite und Pyroxene, reine Leucite oder Leucitgläser umgewandelt worden.
4. Nicht zufällig kommen leucitreiche Vulkanite mit nephelinitischen und nephelinreichen Typen gemeinsam vor.
5. Leucitreiche Vulkanite sind in ihren Vorkommen auf Kontinente beschränkt, somit auf Gebiete mit entwickelter granitähnlicher Kruste.
6. Bestimmte Spurenelemente, zum Beispiel BaO, wurden durch selektive Fusion aus granitischen Gemengteilen (Kalifeldspäte, Biotite) von basischen Magmen aufgenommen und geben somit Hinweise auf deren Genese.

Unterstützt wurden diese Vorstellungen durch zahlreiche experimentelle Arbeiten. So untersuchten unter anderem M. K. SOOD und A. D. EDGAR (1972) das System Diopsid-Forsterit-Nephelin-Albit-Leucit und fanden, daß aus olivinleucititischen Magmen durch fraktionierte Kristallisation zunächst leucittephritische, dann leucittrachytische und schließlich nephelinführende phonolithische Magmen entstehen können. Ein zweiter Differentiationsweg führt von olivinleucititischen zu leucit- und olivinführenden nephelinitischen und nephelintephritischen, nephelinführenden leucititischen, leucitphonolithischen und phonolithischen Magmen. Sie zeigten, daß sich aus olivinnephelinitischen oder olivintephritischen Magmen auf dem Wege normaler Kristallisationsdifferentiation als Endprodukte durchaus phonolithische Magmen bilden können. Unter Berücksichtigung von Forschungsergebnissen von O'HARA und anderen Petrographen entwickelten sie in Abhängigkeit von der Tiefe ein Modell für die Entstehung von Alkaligesteinen, das von einem Granat-Peridotit ausgeht, aus dem durch teilweises Schmelzen drei Produkte gebildet werden können: 1. Eklogit (Granat-Omphacit-Akkumulate), 2. SiO_2-arme und alkalireiche Magmen unter Mitwirkung von Differentiationen, 3. SiO_2-arme und kaliumreiche Magmen. Letztere führen nach weitergehenden Differentiationen über Leucitite und verwandte Gesteine zu Phonolithen; aus den Magmen der zweiten Gruppe bilden sich *entweder* Tephrite und verwandte Gesteine sowie schließlich Phonolithe *oder* über verschiedene Differentiationsstufen Nephelinite und Phonolithe. Bei relativ hohen Drücken sind Nephelinite, in mittleren Bereichen Leucitite, bei relativ niedrigen Drücken Tephrite und als letztes Phonolithe stabil. H_2O-Einflüsse wurden nicht studiert, dennoch ist von Interesse, daß offensichtlich *ohne* Assimilation Phonolithe und leucitreiche Gesteine aus Mantelmaterial abgeleitet werden können.

Mineralbestand und Gefüge der Foidite ergeben sich aus dem Klassifikationsschema und den bisherigen Erörterungen. Die Nephelinite gleichen im allgemeinen Tephriten und Basalten; sie sind dunkle Gesteine mit feinkörnigem bis dichtem Gefüge, das oft durch Einsprenglinge von Olivin, Pyroxen oder auch Hornblende porphyrische Tendenzen aufweist. Die Grundmasse besteht aus Olivin, verschiedenen Pyroxenen, gelegentlich Hornblenden und Biotit, Magnetit und Nephelin. Nephelin als jüngste Bildung ist auf Intergranulare beschränkt und deshalb nur selten in hypidiomorphen oder idiomorphen Formen nachzuweisen. Oft wurde Nephelin in Analcim umgewandelt, so daß Nephelinite als Sonnenbrenner prädestiniert erscheinen! Auch Übergänge zu Glas sind verbreitet. Die Leucitite sind zumeist heller als die Nephelinite; hier fallen Leuciteinsprenglinge in mitunter beträchtlicher Größe und Zahl besonders auf. Ihr Gefüge ist porphyrisch; auf Abweichungen wird bei der Besprechung verschieden bezeichneter Gesteinstypen hingewiesen.

Chemisch sind relativ niedrige SiO_2-Gehalte unter 45 Masse-% entscheidend, worauf die Zuordnung der Foidite zu Alkali-Ultrabasiten beruht. Die Gehalte an Alkalien und Erdalkalien unterliegen beträchtlichen Schwankungen.

Von A. Lacroix wurde ein sehr dunkler Nephelinit aus Madagaskar *Ankaratrit* genannt, der nach W. E. Tröger (1935) 56 Masse-% Titanaugit, 14% Nephelin, 10% Olivineinsprenglinge, 8% Biotit und 12% Akzessorien mit Erz, Apatit, Perowskit und Melilith enthält. K. H. Scheumann (1922) beschrieb aus dem nordböhmischen Gebiet der ČSSR unter den sogenannten *Polzeniten* einen *Wesselit* als hauynführenden *Biotit-Ankaratrit*, der mit 30 Vol.-% Titanaugit, 20% einer basaltischen Hornblende, 20% Biotit, 14% Nephelin, 5% Hauyn, 5% Olivin und 6% Akzessorien (Erz, Apatit, Calcit) zu den Foiditen gehört. Aus dem ostafrikanischen Graben stammt der von A. Holmes beschriebene *Kaliankaratrit*, von dem Gehalte um 60 Masse-% Pyroxen und 15% Erz gemeldet wurden. A. Holmes beschrieb aus dem gleichen Gebiet einen *Kalinephelinit* mit 26 Masse-% Nephelin und Kalsilit ($KAlSiO_4$). Ein leucitreicher Titanaugit-Nephelinit ist der *Etindit* in Westafrika; er wurde von A. Lacroix definiert, der auf die Übergangsstellung zwischen Nepheliniten und Leucititen besonders hinwies. Das Gestein ist porphyrisch mit Einsprenglingen von Pyroxen in einer dichten, kristallinen Grundmasse aus Leucit, Nephelin und Pyroxen, zu denen akzessorisch Perowskit, Titanit, Apatit und Erz hinzukommen können. Von den Bermuda-Inseln stammt der *Bermudit* Pirssons, der in etwa gleichen Mengen Biotit und Nephelin und nur untergeordnet andere Minerale (Pyroxen, Erz, Apatit) enthält. Da das Gestein lediglich in wenigen Belegstücken aus Bohrungen bekannt wurde, ist sowohl seine systematische als auch seine genetische Zuordnung unsicher. Als Sammelname für nephelinreiche Leucitite mit Leuciteinsprenglingen hat sich *Leucitophyr* eingebürgert; A. Johannsen fand diesen Namen erstmalig in Berichten von A. v. Humboldt. Der Hauynit (nach R. Reinisch) bedarf ebensowenig einer Erläuterung wie der Noseanit (nach E. Boricky) oder der Sodalithit (nach N. V. Ussing). Auch Analcimite (nach L. V. Pirsson) sind mögliche Bildungen unter den Foiditen. Bekannt wurden Hauynite aus Mittelitalien, dort mit Sodalith und Nephelin, und im Gebiet der DDR aus dem Westerzgebirge bei Neudorf am Morgenberg. Alle diese Bildungen widerspiegeln Anreicherungen von leichtflüchtigen Komponenten.

1.9.5.3. Ganggesteine

Zwischen Foidolithe und Foidite sind zahlreiche Ganggesteine einzuordnen, die auch genetisch mit beiden Hauptgruppen in Verbindung stehen, vor allem aber fließende Übergänge zu Vulkaniten erkennen lassen.

Mikrofoyaitfoidolithe (*Code 2 5110*)

Zu den *Mikrofoyaitfoidolithen* gehören manche foidreichen *Tinguaite* (nach H. Rosenbusch), insbesondere solche Typen, die von G. T. Prior als *Cancrinittinguaite* aus Schweden (Dalarne) beschrieben wurden und vorwiegend Cancrinit und Nephelin, daneben Natronorthoklas sowie Aegirinaugit führen. Auch *Natrolithtinguaite* (nach P. Marshall) wurden zum Beispiel von Neuseeland bekannt. Aus dem Gebiet des Laacher Sees wurde der *Selbergit* (nach R. Brauns) als sogenannter *Noseanleucittinguaitporphyr* bekannt; neben Alkalifeldspat finden sich in diesem Gestein Leucit, Nosean, Hauyn und Nephelin sowie Aegirinaugit und Biotit. Weitere derartige Ganggesteine wurden den Tinguaiten zugeordnet.

Aus New Jersey stammt der *Sussexit*, den W. C. Brögger in die Reihe Grorudit-Tinguait stellte und der zu über 60 Masse-% aus Nephelin und zu 14% aus Natronsanidin besteht. Ein *Natronsussexit* wurde in Nordfinnland gefunden und von V. Hackmann beschrieben. Die Gehalte an Nephelin und Alkalifeldspat liegen in gleicher Größenordnung wie bei den Sussexiten; interessanterweise kommt unter den Akzessorien Wollastonit vor.

Extreme Anreicherungen an dunklen Gemengteilen (Pyroxen, Erz, Biotit, Apatit) weist der *Tjosit* (nach W. C. Brögger) aus dem Oslo-Gebiet auf, der als *shonkinitischer Jacupirangitporphyr* definiert wurde. Mit 10 Masse-% Nephelin und 7% Anorthoklas muß das Gestein den Mikrofoyaitfoidolithen zugeordnet werden.

Mikrotheralithfoidolithe (*Code 2 5120*)

Mikrotheralithfoidolithe weisen erhöhte Plagioklasgehalte auf; die Gehalte an Alkalifeldspäten tendieren zu Werten bis Null.

Als Beispiele seien die *Nephelinteschenite* G. W. Tyrrolls genannt, die von W. E. Tröger (1935) aus dem Gebiet der ČSSR (Nordostmähren) analysiert wurden. Tröger berechnete eine Zusammensetzung von 38 Masse-% Nephelin (zeolithisiert), 35% Titanaugit und Alkalihornblende, 20% Plagioklas ($Ab_{20}An_{60}Or_{20}$), 5% Erz und 2% Apatit. Auch analcimreiche *Teschenite* gehören hierher.

Mikrofoidolithe (*Code 2 5130*)

Mikrofoidolithe sind extrem reich an Foiden; Plagioklas- und Alkalifeldspatgehalte sind weitgehend zurückgegangen. H. Rosenbusch ordnete dieser Gesteinsgruppe die *Ijolithporphyre* zu, von denen kaum Beispiele bekannt wurden. In Nordfinnland fand V. Hackmann sogenannte *Ijolith-Pegmatite* mit Pyroxenen, Nephelin und Cancrinit, die als Mikrofoidolithe in Betracht kommen. Das betrifft auch den *Schorenbergit* (nach R. Brauns), in dem 40 Vol.-% Leucit zum Teil einsprenglingsartig, 27% Nephelin, 16% Noseaneinsprenglinge, 15% Aegirinaugit und 2% Akzessorien gefunden wurden (W. E. Tröger, 1935). Das Gestein kommt im Gebiet des Laacher Sees vor. Von der Kola-Halbinsel stammt der *Turjit* (nach D. C. Beljankin), der als *Analcim-Karbonatalnöit* bezeichnet werden kann und folgende Zusammensetzung aufweist:

40 Vol.-% hellgelber Glimmer,
20 Vol.-% Analcim,
20 Vol.-% primärer Calcit,
18 Vol.-% Melanit,
2 Vol.-% Aegirin, Apatit, Erz, Perowskit.

J. Söllner untersuchte melilithreiche Ganggesteine im Gebiet des Kaiserstuhls Rheintal) und fand bei Oberbergen einen olivinfreien *Polzenit* (nach K. H. Scheumann) mit 35 Masse-% Melilith, 20% Hauyn, 10% Nephelin, 13% Biotit, 7% Akzessorien und 15% Glas, den er *Bergalith* nannte. Ein *Monticellitpolzenit* ist der *Vesecit* aus dem nordböhmischen Gebiet, in dem K. H. Scheumann (1922) 14 Vol.-% Nephelin und Hauyn fand. Aus dem gleichen Gebiet stammen *Modlobovite* (*Biotitpolzenite*) und *Luhite* (Melilith, Titanaugit, Olivin, Calcit, Biotit, Nephelin, Hauyn, Akzessorien).

1.9.6. Mafit-Magmatite

Kennzeichen der Mafit-Magmatite ist ein Gehalt an dunklen gesteinsbildenden Mineralen von 90 und mehr Vol.-%; sie sind demnach im allgemeinen dunkle Gesteine. Als Sammelbezeichnung werden für Plutonite „Mafitolith" und für Vulkanite „Mafitit" empfohlen (W. Pälchen und B. Schirmer, 1972); Mikromafitolithe sind entsprechende Ganggesteine. Einteilungsmöglichkeiten ergeben sich aus dem Anteil verschiedener Gemengteile; so sind drei Gruppen nach unterschiedlichen Gehalten an Olivin und innerhalb dieser Gruppen Gesteinstypen nach weiteren Gemengteilen zu definieren.

1.9.6.1. Plutonite

Dunite (Code 1 6110)

Mit einem Anteil von über 90 Vol.-% Olivin stehen an erster Stelle die *Dunite*, deren Name auf F. v. Hochstetter zurückgeht, der solche Gesteine in Neuseeland untersuchte. Dunite gehören zu den ultrabasischen und ultramafischen Gesteinen; sie ordnet man oft den Peridotiten zu, die nach wechselnden Anteilen von Olivinen, verschiedenen Pyroxenen und anderen Mineralen weiter unterteilt werden können.

Ihre Genese ist kompliziert und nicht nur mit magmatischen, sondern vielfach auch mit metamorphen Prozessen verbunden. Dunite kommen in Gesellschaft mit Gesteinen der pazifischen, atlantischen und mediterranen Sippe vor.

Ihrer Zusammensetzung entsprechend, sehen Dunite gelbgrün bis grün aus. Unter dem Mikroskop erweist sich das Gefüge als panxenomorph; mosaikförmig sind gerundete Olivinkörner miteinander verwachsen. Als Nebengemengteile kommen verschiedene Pyroxene, Hornblenden und Glimmer in Betracht, ferner Chromit, Magnetit, Picotit, Ilmenit und Pyrop. Oft machen sich Serpentinisierungen bemerkbar; mit der Bildung eines chloritartigen Minerals und von Eisenhydroxid kann auch sogenannter Iddingsit, kenntlich an intensiv braunroter Färbung, entstehen.

Der eigentliche Dunit wird als Peridotit mit fayalitarmen Olivinen bezeichnet; als Beispiel gab W. E. Tröger (1935) das Vorkommen vom Bowen-Berg auf Neuseeland (Mikonui) an, wo im Gestein 97 Masse-% Olivin nachgewiesen werden konnten. Aus Südafrika (Onverwacht, Ost-Transvaal) wurde ein Hortonolith-Dunit beschrieben (P. A. Wagner und E. T. Mellor), dessen Olivine Fayalitanteile von 50 Mol.-% besitzen. Weitere Bezeichnungen wie Magnetit-, Chromit- oder Ilmenit-Dunit sind prinzipiell möglich, sofern die festgelegte Gehaltsgrenze für Olivin beachtet wird.

Peridotite (*Code 1 6120*)

Die mit den Duniten in enger Beziehung stehenden *Peridotite* führen Olivin in Gehalten zwischen 30 und 90 Vol.-% und können somit einen sehr variablen Mineralbestand aufweisen. Auf ihre Genese wird später eingegangen; ihre theoretische Bedeutung für Erdmantelinterpretationen wurde des öfteren betont.

Auf der Basis früherer Arbeiten versuchte A. L. Streckeisen (1973), die Gruppe der Peridotite nach quantitativ-mineralogischen Aspekten zu gliedern. Entscheidend dafür waren Verhältnisse von Olivin:Orthopyroxen:Klinopyroxen, deren volumenprozentuale Anteile summiert und auf Hundert bezogen wurden. Abweichend von unseren Festlegungen bezeichnete Streckeisen alle Gesteine mit Olivingehalten (relativ) über 50 Vol.-% als Peridotite, solche mit Pyroxengehalten (relativ) über 50 Vol.-% als Pyroxenite. Dunite waren extrem olivinreich (Olivin $>$ 90 Vol.-% relativ), *Harzburgite* enthielten zwischen 50 und 90 Vol.-% (relativ) Olivin und zwischen 0 und 5 Vol.-% (relativ) Klinopyroxen, *Wehrlite* ebensolche Olivinmengen, doch zwischen 0 und 5 Vol.-% (relativ) Orthopyroxen. Alle Peridotite in Zwischenbereichen mit Olivin-, Klinopyroxen- und Orthopyroxengehalten nannte Streckeisen *Lherzolithe.*

H. Rosenbusch definierte Peridotite als olivinführende und feldspatfreie Gesteine, *Harzburgite* als hypersthenreiche und *Wehrlite* als erzführende Amphibol-Diallag-Peridotite. Der *Lherzolith* wurde 1862 von A. Damour in den Pyrenäen beim Lac de Lherz untersucht; auf der Grundlage dieser Untersuchungsergebnisse definierte Rosenbusch das Gestein als Diallagbronzit-Peridotit.

Dunite und Peridotite sind im Ural, in den Alpen, auf dem Balkan, in Kleinasien, in Nordamerika und von anderen Stellen bekannt; in vielen Fällen sind sie mehr oder weniger vollständig in Serpentinite umgewandelt worden. Auf dem Gebiet der DDR sind solche Ultrabasite im Granulit- und Erzgebirge von besonderem Interesse, da mit ihnen Anreicherungen von wirtschaftlich wichtigen Mineralen und Elementen verbunden sein können (Ni-Erze!).

Pyroxenite (*Code 1 6210*)

Olivingehalte unter 30 Vol.-% weisen die *Pyroxenite* auf, deren Hauptgemengteile Pyroxene sind. Exakte Definitionen stammen von G. H. Williams. Pyroxenite kommen oft in Vergesellschaftung mit Gabbros und Peridotiten vor; ähnlich wie diese können sie genetisch unterschiedlichen Gesteinsfolgen zugeordnet werden. Sehr oft treten sie in Tafelgebieten und dort besonders mit foidreichen Gesteinen in Ringkomplexen auf.

Unter den Pyroxeniten finden sich Typen, die mit Namen wie „*Enstatitit*" (nach A. Streng), „*Bronzitit*" (nach A. Lacroix) und „*Hypersthenit*" (nach H. Rose) näher charakterisiert wurden. Ein Gestein mit rhombischen und monoklinen Pyroxenen bezeichnete G. H. Williams als *Websterit. Diopsidit* (nach A. Lacroix) mit Diopsid als wesentlichem Gemengteil und untergeordnetem Granat fand man in den Pyrenäen. O. A. Derby untersuchte in Brasilien im Gebiet von Sao Paulo Pyroxenite, die zu rund 80 Masse-% aus Titanaugit, zu 20% aus Magnetit und Ilmenit sowie ganz untergeordnet aus Nephelin und Apatit bestanden. Nach dem Fundort wurden diese Gesteine *Jacupirangite* genannt; sie fanden sich in einem rund 56 km^2 großen, ovalen Anschnitt gemeinsam mit Peridotiten, Foyaiten und Foidolithen, zu denen Karbonatite hinzukamen. Nach G. C. Melcher erfolgte die Bildung des Komplexes im oberen Jura oder in der unteren Kreide. Ähnliche, relativ alkalireiche Gesteine fanden sich an weiteren Stellen und erhielten folgende Bezeichnungen:

Feldspatjacupirangit	= plagioklasführender Natronpyroxenit nach W. E. TRÖGER (1935), Böhmisches Mittelgebirge
Apatitpyroxenit	= *Apatitjacupirangit* (nach E. S. LARSEN; W. E. TRÖGER, 1935) aus Montana (USA).
Yamaskit	= *Hornblendejacupirangit* (nach G. A. YOUNG) vom Mount Yamaska in Quebec.
Bebedourit	= *Biotitjacupirangit* (nach W. E. TRÖGER) aus Brasilien (Minas Geraes).
Salitrit	= *Titanitjacupirangit* (nach W. E. TRÖGER) aus Brasilien mit 30 Vol.-% Titanit!
Cromaltit	= *Melanitjacupirangit* (nach S. J. SHAND; W. E. TRÖGER, 1935) mit 19 Masse-% Melanit aus Schottland.

Amphibololithe oder Hornblendite (*Code 1 6220*)

Die *Amphibololithe* oder *Hornblendite* führen als Hauptgemengteile verschiedene Hornblenden sowie Olivin bis zu 30 Vol.-%. Ihre Bildung setzt die Mitwirkung von H_2O unter relativ hohen Druck- und Temperaturbedingungen voraus. Hornblendite stehen oft in Verbindung mit Hornblende-Gabbros, aus denen sie sich durch Zunahme von Hornblende entwickeln konnten. Sie sind seltene Gesteine, von denen nach weiteren dunklen Mineralen (Pyroxene, Biotit, Phlogopit u. a.) zahlreiche Typen unterschieden werden können.

Glimmerite oder Micaite (*Code 1 6230*)

Das betrifft ebenso die *Glimmerite* oder *Micaite*, die vor allem in Form von Xenolithen in Graniten und anderen Tiefengesteinen bekannt sind und demzufolge kaum als echte Magmatite gedeutet werden können.

Melilitholithe (*Code 1 6240*)

Von besonderem Interesse sind die *Melilitholithe*, in denen Melilithe als wichtigste Minerale auftreten. Auch hier kann Olivin bis zu 30 Vol.-% angereichert sein. Als Plutonite können nur wenige Gesteine bezeichnet werden; ein Beispiel wurde aus dem Colorado-Gebiet in den USA bekannt (*Uncompahgrit* nach E. S. LARSEN und J. F. HUNTER). Das dortige Gestein besteht zu 72 Vol.-% aus Melilith, zu 14% aus Pyroxen, zu 10% aus Magnetit und zu 4% aus Akzessorien (Phlogopit, Perowskit, Apatit, Calcit, Anatas, Melanit), ist also ein Magnetit-Melilitholith. Neben niedrigen SiO_2- und Al_2O_3-Gehalten sind hohe Gehalte an CaO charakteristisch; unter den Alkalien dominiert zumeist Na_2O.

Karbonatite (*Code 1 6250*)

In den vergangenen Jahren wurden weltweit in Verbindung mit Alkaligesteinen in Tafelgebieten und dort vor allem in Ringkomplexen die *Karbonatite* untersucht, da in ihnen erhebliche Mengen an nutzbaren Elementen und Mineralen (Apatit, Fluorit, Baryt, verschiedene Erze u. a.) konzentriert sein können. Ihre Zuordnung zu einer der drei Hauptgruppen von Magmatiten ist schwierig; oft gehen Tiefenkörper- und Gangbildungen ineinander über. Der Name „Karbonatit“ wurde von W. C. Brögger geprägt, um damit summarisch alle Magmatite mit primärem Karbonat als wesentlichem Gemengteil bezeichnen zu können.

Die Genese der Karbonatite ist problematisch, obwohl an deren magmatischen Bildung kein Zweifel besteht. Umstritten sind die Herkunft des Kohlendioxids, die Art des Magmas und seine Platznahme. Zahlreiche Experimente machen wahrscheinlich, daß Kohlendioxid in beträchtlichen Mengen in alkalireichen silikatischen Schmelzen gelöst werden kann. Das setzt jedoch Drücke voraus, wie sie nur im Oberen Erdmantel herrschen. Durch Druckentlastungen sollen sich ursprüngliche Karbonat-Nephelin-Magmen entmischen; neben Karbonatit- würden Foyait- und Foidolith-Magmen gebildet. P. J. Wyllie stellte fest, daß normale Peridotite beziehungsweise peridotitische Magmen für solche Differentiationsmöglichkeiten nicht in Betracht kämen, wohl aber Alkaliperidotite, das heißt, Peridotite mit potentiellen oder realen Glimmer- (Phlogopit!) und Hornblendegehalten (Alkalihornblenden!). Th. Ernst machte 1975 erneut auf enge Beziehungen zwischen Karbonatiten und Kimberliten aufmerksam und unterstrich die Nichtmischbarkeit von Karbonatit- und Ultrabasit-Magmen bei relativ niedrigem Druck. Die von ihm bereits früher vermutete Freisetzung von Kohlendioxid aus Hochdruckmineralen soll in Tiefen erfolgen, in der longitudinale Wellen nach anfänglicher Steigerung ihrer Fortpflanzungsgeschwindigkeit abrupt langsamer werden. Derartige Low-Velocity-Zonen stehen offensichtlich mit Substanzänderungen im engsten Zusammenhang. Relative Druckentlastungen führten einerseits zur Freisetzung und eventuellen Anreicherung von leichtflüchtigen Komponenten (CO_2, H_2O, F u. a.) und andererseits zu Magmenentwicklungen, wie sie schon skizziert worden sind (Seite 19). Den Zerfallsdruck von Hochdruckmineralen setzte Ernst bei etwa 80 kb und damit in Tiefen zwischen 200 und 250 km an, in denen auch Diamantbildungen vermutet werden. Im Zeitraum zwischen Diamant-, Kimberlit- und schließlich Foyait- (Foidolith-) und Karbonatbildungen *mußten* spezifische Differentiationen erfolgen. In vielen Fällen spielten tektonische Momente eine Rolle, wodurch die Magmen und deren Differentiationsprodukte mehr oder weniger rasch in Krusten- und Oberflächenbereiche gefördert wurden. Entscheidend blieb stets die anfängliche Freisetzung *und* Konzentration leichtflüchtiger Komponenten aus Mantelmaterial, wozu bestimmte Druck- und Temperaturbedingungen und ebenso mächtige und stabile Krustenentwicklungen mit zeitweiliger Abdichtung tiefer liegender, unter Umständen bis weit in den Oberen Erdmantel führender Bereiche erforderlich waren. Unter solchen Aspekten sind alle genannten Magmen und Magmatite besonders in alten Schilden mit epirogenen Erscheinungen zu erwarten, ferner im Bereich von Riftsystemen, in denen analoge Entwicklungen zu rekonstruieren sind.

Karbonatite fanden sich in der Sowjetunion im Bereich des Baltischen Schildes und der Sibirischen Tafel (nach W. A. Kononowa), in der VR Angola südöstlich von Luanda, in Kenia westlich von Nairobi, in Malawi, Mozambique, Südafrika, Tansania, Uganda und anderen afrikanischen Ländern, in Indien, Südamerika (Brasilien), Nordamerika (Kanada, USA) und schließlich in Norwegen, Schweden und der Bundesrepublik Deutschland (Kaiserstuhl).

Nach W. Wimmenauer kam es am Kaiserstuhl vor 16 bis 18 Millionen Jahren zur Ausbildung von Laven, Tuffen und Tiefengesteinen (subvulkanischen Gesteinen) in nachstehender Folge, wobei Laven und Tuffe nur bedingt mit subvulkanischen Bildungen parallelisiert werden können:

Laven und Tuffe	*Subvulkanische Gesteine*
	↑ Karbonatitgänge
	Gauteite (Mikrosyenite), Shonkinitporphyre (Mikroalkalifeldspatsyenite), Mondhaldeite (Mikromonzonite), Bergalithe (Mikrofoidolithe), Tinguaite (Mikrofoyaite), Hauynophyre (Mikrohauynolithe)
	Phonolithgänge
Limburgite (Tephirite), Olivin-Nephelinite,	Karbonatit
phonolithische und verschiedene Tuffe,	Subvulkanische Brekzie im Zentrum Monchiquite
Olivin-Tephrite	(Mikrogabbros), Mikroessexite und
Leucit-Tephrite (Laven und Tuffe)	-theralithe
Leucit-Tephrite (Laven und Tuffe)	Essexite und Theralithe
Verschiedene Tuffe	Phonolithe

Die Karbonatite vom Kaiserstuhl sind vorwiegend mittel- bis grobkörnig, oft schlierenförmig und durch Lagen differenziert. In unteren Lagen können nichtkarbonatische Minerale angereichert sein. Der Mineralbestand wechselt entsprechend; einige Partien bestehen aus Glimmer-Calcit-Karbonatit (*Sövit*), andere führen beträchtliche Mengen von Forsterit und Magnetit. Auch dolomit- und ankeritreiche Typen mit Baryt wurden gefunden, ebenso melilithreiche. Auffällig sind Apatite in Gehalten von 10 und mehr Vol.-%. Die Glimmer sind Biotite und Phlogopite. Unter den Akzessorien interessieren Pyrochlor (Koppit) und Dysanalit wegen ihrer Gehalte an Uran, Thorium und Niob besonders.

Ein geradezu klassisches Gebiet mit Karbonatiten und foyaitischen Gesteinstypen befindet sich an der schwedischen Nordostküste auf der Insel Alnö und in deren Umgebung. Der zentrale Bereich mit Karbonatit (*Sövit*) wird dort von Alkaligesteinen umgeben; der gesamte Komplex ist in Gneise eingelagert. Bis zu 12 km Entfernung vom Zentrum hinweg kam es zur Ausbildung eines Gangsystems, das mit sogenannten cone sheet dikes (Kegelflächengänge) verschiedene, auf die Spitze gestellte Kegel nachzeichnet. In diesen und anderen Gängen fixierten sich neben Karbonatiten Gesteinstypen, vergleichbar den Kimberliten und Melilitholithen. Nach N. v. Eckermann (1966) erlaubten die cone sheets die Rekonstruktion von drei Magmenzentren („Kegelspitzen“). Für das tiefste Zentrum sind dolomitische Karbonatite kennzeichnend (*Berforsite*); ein Zwischenzentrum wird durch magnesiumreiche, calcitische Karbonatite charakterisiert, und das höchste Zentrum besteht im wesentlichen aus calcitischen Karbonatiten (*Alvikite*).

Von besonderem Interesse sind relativ kleine, oft nur mikroskopisch nachweisbare Kugeln, die aus sekundären Karbonaten und Fluoriten bestehen und durch ihr Fehlen in tieferen und ihre Anreicherung in oberen Gangbereichen anzeigen, daß offensichtlich melilithische Magmen durch CaO- und MgO-Entzug in kimberlitische umgewandelt werden konnten. Der zentrale *Sövit* als älteste Bildung entstand zugleich mit Feniten, die sich aus unmittelbar umgebenden Gneisen entwickelten, später mobilisiert wurden und unterschiedliche foyaitische Gesteinstypen bildeten.

Karbonatite können in Tiefenkörpern (Plutonen) und Gängen auftreten; selbst als

Vulkanite sind sie bekannt. So ist zum Beispiel der Oldoinyo Lengai in Tansania noch heute aktiv; zu seinen Förderprodukten gehören unter anderem Natriumkarbonatlaven, die durch Reaktionen mit dem Nebengestein teilweise Ca-reich werden konnten.

Unter den Karbonatiten werden verschiedene Typen unterschieden. W. C. Brögger bezeichnete die genannten Biotit-Karbonatite als *Sövite*, die in vielen Vorkommen das Hauptgestein bilden, einen feldspatführenden Aegirin-Karbonatit als *Ringit* und einen Dolomit-Karbonatit als *Rauhaugit*.

1.9.6.2. Vulkanite

Die Karbonatite leiten zu den Vulkaniten über, unter denen verschiedene extrem mafitreiche Gesteinstypen anzutreffen sind.

Melilithite (Code 3 6240)

In enger Verbindung zu Karbonatiten und verwandten Gesteinen stehen die *Melilithite*, deren Genese zumeist durch Mitwirkung von CO_2 (G. Brey und D. H. Green, 1975), gelegentlich auch durch komplizierte Assimilationsvorgänge von Kalksteinen und Dolomiten in basischen Magmen zu erklären ist.

Melilithite kommen in Verbindung mit anderen Tertiärvulkaniten zum Beispiel in der Sächsischen Schweiz vor; verbreitet sind sie in der ČSSR (Böhmisches Mittelgebirge und seine nordöstliche und südwestliche Fortsetzung), im Hegau, im Gebiet des ostafrikanischen Grabens und an weiteren Stellen, wo extrem SiO_2-arme Magmen zur Entwicklung kamen. Der Name „Melilithit" wurde von F. Loewinson-Lessing geschaffen und bereits frühzeitig für basaltähnliche Gesteine mit Melilith als wesentlichem Gemengteil verwendet.

Zu pyroxenitischen Gesteinstypen tendiert der sogenannte *Coppaelit* (nach V. Sabatini) aus Italien (Umbrien), der nach Angaben von W. E. Tröger (1935) zu 33 Masse-% aus Melilith, zu 35% aus teilweise einsprenglingsartig ausgebildetem Diopsid und zu 29% aus Phlogopit besteht; 3% sind Perowskit, Apatit und Magnetit.

Pikrite (Code 3 6120)

Den Peridotiten entsprechen *Pikrite*, die neben Olivin vor allem durch Pyroxene charakterisiert sind. G. Tschermak bezeichnete so Gesteine in Nordostmähren (ČSSR), die bereits makroskopisch in einer dichten Grundmasse Einsprenglinge von Pyroxen, Hornblende, Biotit und Magnetit erkennen lassen und im wesentlichen aus Titanaugit, Olivin und Hornblende (Barkevikit) bestehen. Nach H. Rosenbusch sind diese Gesteinstypen „holomelanokrate Olivinteschenite" und echte Pikrite „holomelanokrate Olivindiabase".

Pikrite können als Differentiationsprodukte eines basischen Magmas gedeutet werden. Frühausscheidungen in Form von Olivinen und Pyroxenen konnten gelegentlich in liegenden Bereichen eines Magmenherdes angereichert, remobilisiert und teilweise bis zur Erdoberfläche gefördert werden.

1.9.6.3. Ganggesteine

In die Gruppe der Ganggesteine sind verschiedene der bereits genannten Gesteinstypen einzuordnen; oft stellen sie tatsächlich Übergangsmagmatite dar. Einige Gesteinstypen haben außerordentliche wirtschaftliche Bedeutung.

Mikroperidotite (Code 2 6120)

Das betrifft die *Kimberlite*, die H. C. LEWIS nach dem Fundort Kimberley in Südafrika benannte und als diamantführende Peridotite bezeichnete. Mit Olivingehalten über 30 Vol.-% und beim Fehlen von Feldspäten und Feldspatvertretern müssen die Gesteine den *Mikroperidotiten* zugeordnet werden. In Ergänzung zu den Ausführungen im Kapitel 1.2 sei darauf hingewiesen, daß Kimberlite zwar relativ seltene Gesteine sind, jedoch als wesentliche Muttergesteine der Diamanten — gelegentliche Funde in anderen ultrabasischen Gesteinen spielen zur Zeit kaum eine Rolle — in vielen Teilen der Welt gesucht und nachgewiesen werden konnten. Wichtige Fundgebiete sind Süd- und Mittelafrika, Südamerika, Indien und vor allem Jakutien, wo erst nach 1945 erfolgreiche Sucharbeiten beginnen konnten und inzwischen eine bedeutende Diamantproduktion aufgebaut worden ist.

Kimberlite treten sowohl in Gängen als auch in Durchschlagsröhren oder „Pipes“ auf, wobei alle Pipes Spalten und Gängen aufsitzen, die im Zusammenhang mit tiefen Störungen bis zum Oberen Erdmantel führen. An der Herkunft der meisten Kimberlite und insbesondere ihrer zahlreichen Xenolithe sowie bestimmter Minerale aus dem Erdmantel besteht kein Zweifel; speziell der Diamant muß in Tiefen unter 160 bis 180 km, das heißt unter Drücken noch über 55 kb, gebildet worden sein. Unter den Xenolithen interessieren besonders Peridotite mit Olivin, Orthopyroxen und Spinell, aber auch mit Chromdiopsid und Pyrop, weiterhin eklogitische Typen mit Granat und Omphacit.

Solche Xenolithe erlaubten beispielsweise im Gebiet von Lesotho (Südafrika) die Rekonstruktion des Krusten- und Mantelaufbaus bis in Tiefen unter 200 km. Nach P. H. NIXON, F. R. BOYD und A. M. BOULLIER folgen dort Krustenbereichen mit tiefliegenden Metamorphiten, darunter Eklogiten, zwischen rund 50 und 150 km Tiefe relativ grobkörnige Lagen von Granat-Lherzolithen mit geringer Chromit- und Phlogopitführung, die als Restite ursprünglicher Pyrolite anzusehen sind. Zwischen 160 und 180 km folgen ilmenitreiche Partien, die in Granat-Lherzolithe ohne Chromit und Phlogopit übergehen. Dieser Bereich bis in Tiefen unter 200 km ist im Gegensatz zu den höhergelegenen Lherzolithen tektonisch beansprucht; das Gesteinsmaterial ist zerschert und erscheint geregelt. Erst unter dieser Scherzone folgt Pyrolit. Bemerkenswert ist die Tatsache, daß der Scherzone die Low-Velocity-Zone entspricht, in der in Abhängigkeit von Druck, Temperatur und Chemismus, insbesondere auch vom Angebot an freigewordenen leichtflüchtigen Komponenten, verschiedene Magmenbildungen möglich erscheinen. Die Scher- beziehungsweise Low-Velocity-Zone liegt nicht überall in gleicher Tiefe; von großen Tiefen unter ältesten Kratonen (Rhodesia-Transvaal-Kraton) steigt sie in Richtung zum Indischen Ozean hin allmählich an und erreicht dort Tiefen zwischen 60 und 80 km unter dem Boden des Ozeans. Damit sind Änderungen von Druck und Temperatur verbunden, die Magmenentwicklungen entscheidend beeinflußten. Die „Kimberlitbildung“ konnte an der Basis der Scherzone unmittelbar aus pyrolitischem

Material sowie in der Scherzone selbst erfolgen, wobei durch die Scherbewegungen zusätzliche Wärme zur Verfügung gestellt wurde. Unter diesen Bedingungen kam es allein in „Kimberliten“ aus dem Bereich tiefliegender Scherzonen zur Ausbildung von Diamanten; in „Kimberliten“ höher gelegener Bildungsbereiche reichten die dazu erforderlichen Druck- und Temperaturbedingungen nicht aus (Abb. 1.44).

Kimberlite sind stets hybride Gesteine, bedingt durch Reaktionen basischer Magmen mit unterschiedlichen Xenolithen. Die Grundmasse der Kimberlite besteht aus Serpentin (± ehemaliger Olivin), Calcit, Perowskit, Magnetit, Ilmenit, Chromit und Phlogopit.

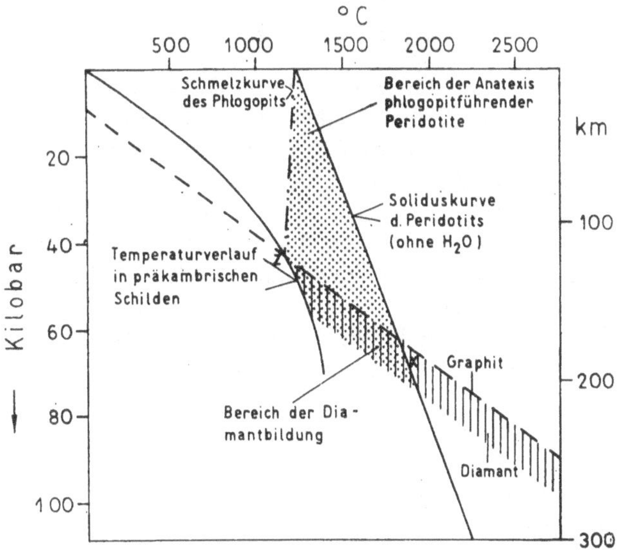

Abb. 1.44. Der Einfluß von Phlogopit auf das Schmelzverhalten des Mantelmaterials (X = Schnittpunkt der Gleichgewichtskurve Diamant/Graphit und der Soliduskurve für H_2O-freie Peridotite, Z = Schnittpunkt der Gleichgewichtskurve Diamant/Graphit und der Schmelzkurve des Phlogopits; nach J. B. DAWSON)

Calcit resultiert zum Teil aus Melilith. Seltene Minerale sind Nephelin, Monticellit ($CaMgSiO_4$), Moissanit (SiC), Pyrochlor und Sulfide. Diamant gehört dazu, auch Graphit. Alle anderen Minerale, insbesondere die Pyrope, entstammen Xenolithen. Unter solchen Umständen ist der Chemismus der Kimberlite kritisch zu beurteilen; zwei Gruppierungen von Elementen sind möglich: 1. Elemente einer ultrabasischen Gruppe, vergleichbar mit Elementen der Granat-Peridotite (Mg, Cr, Ti, Mn), und 2. Elemente einer Grundmasse-Gruppe, vergleichbar mit Elementen der Karbonatite (Sr, Rb, Zr, Nb, Th, U u. a.).

Es ist wahrscheinlich, daß bei der Entstehung erster Kimberlitmagmen neben Entgasungen von Hochdruckmineralen und verschiedenen anderen Faktoren, die bereits zur Diskussion standen, Aufschmelzungen von Mantelphlogopiten eine wesentliche Rolle spielten. Das erklärt die Bereitstellung weiterer leichtflüchtiger Komponenten und solcher Elemente wie Kalium, Titan, Aluminium und Magnesium. Bezieht man in erste Aufschmelzungen mehr oder weniger große Mengen von Chromdiopsid und Diopsid ein (J. B. DAWSON, 1971), sind chemische Voraussetzungen für die Grundmassebildung der

Kimberlite und schließlich für die Entstehung verwandter Gesteinstypen, wie der Olivin-Melilithite und sogenannter *Alnöite*, gegeben. Am Rande sei vermerkt, daß damit erneut die Homogenität des Erdmantels in Zweifel gestellt wird.

Neben Granat-Peridotiten und ähnlichen Gesteinstypen müssen offensichtlich phlogopitreiche Partien in Rechnung gestellt werden, deren abweichendes Verhalten unter bestimmten Druck- und Temperaturbedingungen auch zu Konsequenzen für die Diamantbildung führt. Generell wird die Bildung von Kimberliten und Diamanten durch die Mitwirkung phlogopitführender Peridotite in niedrigere Druck- und Temperaturbereiche verschoben.

Mikromelilitholithe (*Code 2 6240*)

Zu den *Mikromelilitholithen* sind die *Alnöite* (nach H. Rosenbusch) zu stellen, von denen W. E. Tröger (1935) Durchschnittsgehalte von 33 Vol.-% Melilith, 30% Biotit, 17% Pyroxen, 5% Olivin, 5% Erze und 10% Karbonate, Apatit, Perowskit, Nosean, Nephelin und Zirkon ermittelte. Das Originalgestein stammt von der Insel Alnö an der Ostküste Schwedens, wo es sich mit Karbonatiten und kimberlitischen Gesteinstypen in Kernbereichen, cone sheets und Radialgängen findet. H. v. Eckermann (1966) stellte die Alnöite altersmäßig zwischen Sövit und Alvikit und definierte sie als Entmischungsprodukte eines ursprünglich homogenen Magmas, das daneben Karbonatite, Kimberlite sowie verschiedene Alkaligesteine produzierte. Mehr noch: Alnöitische („melilithische“) Magmen wären die Ausgangsmassen für die Bildung des gesamten Komplexes gewesen.

Der enge Zusammenhang zwischen Alnöiten, Kimberliten und Karbonatiten wurde wiederholt bestätigt, so daß viele Karbonatite als Differentiationsprodukte kimberlitischer Magmen gedeutet werden, in deren oberen Partien sich flüchtige Bestandteile sowie CaO, MgO und andere, für Karbonatite typische Elemente anreicherten. Die kimberlitischen Magmen wiederum wären Mobilisationsprodukte aus einem Glimmer-Peridotit, dessen Desilifizierung in tieferen, glimmerärmeren Bereichen unter bevorzugter Mobilisation und Abfuhr von Natrium und Kalium die Bildung alnöitischer Magmen bewirkt hätte. Tatsächlich ist die Alnöitgenese sehr eng mit dem Kohlenstoff- und Kohlendioxidregime in Erdmantelbereichen verbunden.

Mikropyroxenite (*Code 2 6210*)

Mikropyroxenite sind wenig bekannt geworden; viele Pyroxenite treten gangförmig auf und können hier eingeordnet werden. Ein feldspatfreier Lamprophyr ist der *Josefit* (nach J. Szadeczky), der im Assuan-Granit Oberägyptens vorkommt und im wesentlichen aus Pyroxen neben Olivin und untergeordneten Mengen an Hornblende, Biotit und Akzessorien besteht.

Mikroamphibololithe (*Code 2 6220*)

Einige Gesteinstypen müssen den *Mikroamphibololithen* zugeordnet werden. Das betrifft beispielsweise den von L. Duparc und A. Grosset aus dem Südural beschriebenen *Issit*, bei dem es sich um ein Ganggestein in einem Dunit handelt, das nach W. E. Tröger (1935) zu 89 Masse-% aus Hornblende, zu 6% aus Pyroxen und zu 5% aus Akzessorien mit Plagioklas, Erz und Apatit besteht. Im Gebiet der Alnö-Insel kommen gelegentlich Ganggesteine vor, die H. v. ECKERMANN als *Stavrite* bezeichnete; sie setzen sich aus Hornblende (62 Masse-%), Biotit (29%) sowie Chlorit, Calcit, Quarz, Erz, Apatit und Baryt (9%) zusammen.

Mikroglimmerite (Code 2 6230)

Mikroglimmerite wurden in Form der sogenannten *Melanit-Ouachitite* (nach E. H. KRANCK) von der Kola-Halbinsel bekannt; sie bestehen zu 54 Masse-% aus Biotit, zu 33% aus Melanit, zu 5% aus Calcit und zu 8% aus verschiedenen Akzessorien, darunter Analcim. Im Chemismus ähneln sie weitgehend Alnöiten.

1.9.7. Magmatische Bildungen ohne Zuordnung zur Gesteinssystematik

Gesteine als wesentliche Bestandteile der Erdkruste und des Erdmantels sind in den meisten Fällen durch eine gewisse Größe ihrer Vorkommen charakterisiert. Wie relativ das ist, lassen insbesondere Ganggesteine erkennen, die oftmals viel seltener und in wesentlich geringeren Massen auftreten als beispielsweise magmatische Eisenerze. Die Systematik der Magmatite könnte ohne Schwierigkeiten auf diejenigen Bereiche ausgedehnt werden, die der eigentlichen Lagerstättenlehre vorbehalten sind.

In Duniten und Peridotiten kommen in mehr oder weniger großen Mengen Chromite vor, deren Anreicherung zu Chromitlagerstätten führt. Petrographisch sind solche Chromitvorkommen als eigene Gesteinstypen zu betrachten, die A. JOHANNSEN als *Chromitite* bezeichnete. Sie finden sich in Form von Linsen, Bändern und Schlieren sowie in kompakten Massen inmitten ultrabasischer Gesteine, oft an deren Basis und mitunter auch gangförmig. Im Bushveld-Komplex in Transvaal sind zwischen noritischen und anorthositischen Schichten regelrechte Chromiterzbänder eingelagert, die ebenso wie die Gesteine weithin aushalten.

Titanomagnetitanreicherungen in Verbindung mit Gabbros und Anorthositen können ebenfalls Gesteinscharakter annehmen; als Beispiel sei der Taberg in Mittelschweden genannt. Selbst Anreicherungen von Sulfiden, vor allem von Pentlandit, Pyrrhotin und Chalkopyrit, innerhalb von gabbroiden und verwandten Gesteinen könnten als *Sulfidite* in die Gesteinssystematik aufgenommen werden.

Als intrusive Magnetit-Apatitlagerstätten bezeichnete H. SCHNEIDERHÖHN Vorkommen von Magnetit und Apatit in Nordschweden, die zu den größten Metallanhäufungen in der Erdkruste gehören. Unabhängig von genetischen Besonderheiten, die umstritten sind, ist auch hier von *Magnetititen* (nach A. JOHANNSEN) zu sprechen. Analoges gilt für die Apatitanreicherungen auf der Kola-Halbinsel und für andere Lagerstätten.

Eine eigene Problematik bieten die Pegmatite. Viele der sogenannten Mikrogranite mit pegmatitischem Gefüge sind wichtige Rohstoffträger und können durch abweichende Mineralparagenesen charakterisiert sein. Das betrifft beispielsweise Spodumen- oder Kryolithpegmatite, in denen andere Minerale völlig zurücktreten. Auch Glimmerpegmatite seien genannt, die unter der Bezeichnung „Mikroglimmerite" in die Gesteinssystematik eingeordnet werden können.

Pneumatolytische und hydrothermale Gangbildungen blieben bislang der Lagerstättenkunde vorbehalten, obwohl auch hier durchaus von Gesteinen gesprochen werden kann. Das betrifft insbesondere solche Gangarten wie Quarz und Karbonate, aber auch Fluorit und Baryt, die vielfach Parallelen zu Karbonatiten und der mit ihnen verbundenen Anreicherung nutzbarer Minerale und Elemente aufweisen.

1.10. Petrochemie der Magmatite

1.10.1. Chemismus der Magmatite

Nach den Berechnungen von B. MASON (1966) (aus H. J. RÖSLER und H. LANGE, 1976) setzt sich die Erde mit ihrem Kern, dem Mantel und der Kruste im wesentlichen aus 15 Elementen zusammen (Tabelle 1.7).

Für den Erdmantel und die Erdkruste als den Bereichen, aus denen Magmen stammen, sind die Elemente Sauerstoff, Silicium, Magnesium, Eisen, Calcium, Aluminium, Natrium, Kalium und Titan von entscheidender Bedeutung. Sie bilden die Bausteine der wichtigsten gesteinsbildenden Minerale in Magmatiten. Das widerspiegelt sich nicht zuletzt in der durchschnittlichen chemischen Zusammensetzung aller Magmatite, wie sie von O. BROTZEN (1966) bestimmt wurde:

SiO_2	62,60 Masse-%
Al_2O_3	15,70 Masse-%
Fe_2O_3	2,85 Masse-%
FeO	3,29 Masse-%
MnO	0,14 Masse-%
MgO	2,87 Masse-%
CaO	4,80 Masse-%
Na_2O	3,30 Masse-%
K_2O	3,23 Masse-%
TiO_2	0,75 Masse-%
P_2O_5	0,27 Masse-%
Summe	99,80 Masse-%

Mit der Erforschung der chemischen Zusammensetzung der Gesteine und vor allem der Magmatite entwickelte sich die Petrochemie zu einer Teildisziplin der Petrologie, die auf der Basis sogenannter Bauschanalysen versucht, Gesetzmäßigkeiten der Ge-

Tabelle 1.7. *Chemische Zusammensetzung der Erde und ihre Teile nach* B. MASON (*1966*) *in Masse-%*

Element	Erde	Erdkern	Erdkruste	Erdmantel + -kruste
Fe	34,6	86,3	6,5	9,9
O	29,5	–	45,4	43,7
Si	15,2	–	25,8	22,5
Mg	12,7	–	3,1	18,8
Ni	2,4	7,3	–	–
S	1,9	6,0	–	–
Al	1,1	–	8,1	1,6
Ca	1,1	–	6,0	1,7
Na	0,6	–	2,2	0,8
Cr	0,3	–	–	0,4
Mn	0,2	–	0,2	0,3
K	0,1	–	1,6	0,1
Ti	0,1	–	1,0	0,1
P	0,1	–	0,1	0,1
Co	0,1	0,4	–	–

steinsbildung, Beziehungen zwischen Chemismus und Mineralbestand sowie verwandtschaftliche Verhältnisse in Gesteinsprovinzen und darüber hinaus aufzuklären.

Die Bauschanalysen erfassen Gehalte wichtiger Elemente – zumeist in Form ihrer Oxide – und leichtflüchtiger Komponenten, unter ihnen H_2O^- bei Temperaturen unter 110 °C (Bergfeuchte) und H_2O^+ bei Temperaturen über 110 °C (Gitterbestandteile). Spezielle Umrechnungsverfahren dienen dazu, die Werte einer Bauschanalyse für die Zielstellungen der Petrochemie aufzubereiten.

In den folgenden Tabellen (Tab. 1.8 bis 1.17) werden Beispiele für die chemische Zusammensetzung von Magmatiten ohne Anspruch auf Vollständigkeit gegeben. Die Analysen wurden zum großen Teil dem Kompendium von W. E. Tröger (1935) entnommen.

Tabelle 1.8. *Chemismus von Quarz-Magmatiten*

Masse-%	Greisen	Arizonit	Masse-%	Greisen	Arizonit
SiO_2	74,0	92,6	K_2O	3,6	2,6
Al_2O_3	11,9	3,5	TiO_2	n. b.	0,2
Fe_2O_3	0,1	0,4	P_2O_5	n. b.	n. b.
FeO	3,4	0,1	H_2O^+	1,5	0,3
MnO	0,6	< 0,1	H_2O^-	n. b.	n. b.
MgO	< 0,1	0,2	Li_2O	1,0	–
CaO	0,6	0,1	F	4,4	–
Na_2O	1,0	0,2			

Relativ hohe SiO_2-Gehalte, die sich in entsprechenden Quarzgehalten widerspiegeln, sind zum Teil auf Restdifferentiate mit pegmatitisch-pneumatolytischer Tendenz zurückzuführen, in denen leichtflüchtige Komponenten (*F*!), Alkalien und oft auch seltene Elemente angereichert werden konnten (Li_2O!).

Tabelle 1.9. *Chemismus von Quarz-Feldspat-Plutoniten*

Masse-%	1	2	3	4	5	6	7
SiO_2	75,0	72,4	71,1	62,2	58,2	69,3	59,6
Al_2O_3	13,9	10,5	15,9	15,2	14,8	16,8	17,3
Fe_2O_3	0,7	0,8	0,6	1,0	3,7	0,3	1,1
FeO	n. b.	5,5	1,3	4,5	3,2	1,3	4,1
MnO	n. b.	0,2	0,2	0,1	0,1	n. b.	0,1
MgO	0,1	0,4	0,5	3,9	4,3	1,1	2,6
CaO	1,0	2,5	2,6	4,5	6,9	3,3	6,4
Na_2O	3,5	1,9	3,5	3,3	3,5	6,0	2,4
K_2O	4,9	2,9	4,1	3,5	2,6	1,4	2,4
TiO_2	0,1	0,7	0,2	0,9	1,2	0,2	0,8
P_2O_5	n. b.	0,1	0,1	0,2	0,4	n. b.	0,3
H_2O_2	0,3	1,1	0,3	0,6	1,3	0,5	2,5
H_2O^-	0,1	0,1	n. b.	0,1	0,1	n. b.	n. b.
BaO	0,1	–	–	0,1	–	–	–
ZrO_2	–	–	0,1	–	–	–	–
CO_2	–	0,6	–	0,1	–	0,2	–

1 – Alaskit (1 2110)
2 – Moyit (1 2120)
3 – Yosemitit (1 2130)
4 – Opdalit (1 2211)
5 – Granogabbro (1 2212)
6 – Trondhjemit (1 2221)
7 – Tonalit (1 2222)

Mit Zunahme des Plagioklasanteils nimmt in der Regel auch der Gehalt an Eisen, Magnesium und Calcium in entsprechenden Gesteinen zu. Sie werden unter Anreicherung von Mafiten dunkler. Die Alkaligehalte können noch relativ hoch bleiben; ein Teil des Kaliums wird in Biotiten gebunden. Die SiO_2-Gehalte verweisen auf saure bis intermediäre Gesteine.

Tabelle 1.10. *Chemismus von Quarz-Feldspat-Vulkaniten*

Masse-%	1	2	3	4	5	Masse-%	1	2	3	4	5
SiO_2	75,8	74,0	72,9	63,9	61,4	K_2O	4,7	4,8	3,2	2,7	1,0
Al_2O_3	13,4	13,2	12,5	16,5	18,6	TiO_2	0,1	< 0,1	n. b.	0,5	0,3
Fe_2O_3	1,4	0,8	0,4	2,4	2,0	P_2O_5	< 0,1	n. b.	n. b.	0,1	0,1
FeO	n. b.	0,3	0,3	2,4	5,0	H_2O^+	0,7	1,9	5,1	0,2	0,1
MnO	< 0,1	< 0,1	n. b.	0,2	n. b.	H_2O^-	0,2	n. b.	1,1	< 0,1	n. b.
MgO	0,1	0,1	0,2	2,6	2,6	BaO	—	—	—	0,1	—
CaO	0,1	0,6	1,0	4,7	6,6	CO_2	—	—	—	0,1	—
Na_2O	3,3	4,2	3,7	4,2	3,3						

1 – Tordrillit (3 2110)
2 – Rhyolith (3 2120)
3 – Pechstein (3 2130)
4 – Sanukit (3 2210)
5 – Peléeit (3 2220)

Auch die Vulkanite widerspiegeln gleiche Gesetzmäßigkeiten wie die entsprechenden Plutonite. Bemerkenswert sind die relativ hohen H_2O^+-Gehalte in Pechsteinen.

Tabelle 1.11. *Chemismus von Feldspat-Plutoniten*

Masse-%	1	2	3	4	5	6	7	8	9
SiO_2	60,2	55,6	60,5	54,2	57,1	50,5	56,1	48,6	53,4
Al_2O_3	20,4	10,6	16,8	15,7	14,7	17,7	17,6	17,8	28,0
Fe_2O_3	1,7	7,5	2,0	3,7	2,2	5,4	1,6	2,1	0,8
FeO	1,9	13,9	3,4	5,4	7,5	4,0	7,6	5,2	n. b.
MnO	n. b.	n. b.	0,2	0,7	0,3	n. b.	0,2	n. b.	n. b.
MgO	1,0	0,4	1,8	3,4	2,6	3,3	3,4	8,2	0,6
CaO	2,0	1,1	3,0	8,5	5,4	7,9	7,3	13,7	11,2
Na_2O	6,3	7,2	4,8	3,1	4,3	5,5	3,5	2,6	4,8
K_2O	6,1	2,9	3,8	4,4	2,3	3,0	1,7	0,3	1,0
TiO_2	0,1	0,5	1,3	0,4	1,8	1,9	0,6	0,2	n. b.
P_2O_5	0,2	n. b.	0,3	0,5	0,8	0,9	n. b.	0,1	n. b.
H_2O^+	0,2	0,2	1,1	0,5	0,4	0,4	1,0	1,0	< 0,1
H_2O^-	0,1	0,1	0,1	n. b.	0,2	n. b.	n. b.	n. b.	n. b.
BaO	—	—	0,5	—	0,2	—	—	—	—
ZrO_2	—	—	0,1	—	—	—	—	—	—
CO_2	—	—	—	—	0,2	—	—	—	—
S	—	—	—	—	0,1	—	—	0,1	—
SO_3	0,1	—	—	—	—	—	—	—	—
Cl	0,1	—	—	—	0,1	—	—	—	—

1 – Pulaskit (1 3111)
2 – Lusitanit (1 3112)
3 – Larvikitåkerit (1 3120)
4 – Monzonit (1 3130)
5 – Essexitåkerit (1 3211)
6 – Rongstockit (1 3212)
7 – Diorit (1 3221)
8 – Gabbro (1 3222)
9 – Labradit (1 3223)

Die SiO_2-Gehalte deuten zumeist auf intermediäre Gesteine hin, lediglich Gabbros liegen im basischen Bereich. Dementsprechend sind auch die Eisen-, Magnesium- und Calciumgehalte relativ groß. Alkalireiche Gesteinstypen können gelegentlich extreme Eisenanreicherungen aufweisen, wie das Beispiel des Lusitanits zeigt. In solchen Fällen sind stets Aegirin- oder Alkalihornblendebildungen zu erwarten. Bemerkenswert erscheinen die hohen Aluminiumgehalte der Anorthosite.

Tabelle 1.12. *Chemismus von Feldspat-Vulkaniten*

Masse-%	1	2	3	4	5	6	7	8
SiO_2	62,9	52,5	61,2	55,7	52,3	48,8	57,4	46,6
Al_2O_3	18,2	14,8	17,7	17,9	17,1	16,7	17,5	15,1
Fe_2O_3	2,1	4,7	3,0	4,1	3,5	2,7	3,3	3,5
FeO	1,5	3,6	1,4	3,3	7,2	8,4	3,9	7,7
MnO	n. b.	< 0,1	n. b.	n. b.	0,2	0,2	< 0,1	0,1
MgO	0,2	5,4	0,1	3,4	3,1	5,6	4,3	8,7
CaO	0,9	8,1	3,1	6,9	5,8	8,0	6,9	10,1
Na_2O	6,9	4,5	3,4	2,9	5,4	2,9	4,0	2,4
K_2O	5,8	2,9	8,1	4,4	2,2	2,1	2,5	0,7
TiO_2	0,9	3,0	0,1	1,0	2,1	2,8	0,6	1,8
P_2O_5	0,2	0,7	1,1	0,2	0,6	0,7	0,1	0,1
H_2O^+	0,5	0,1	1,4	0,2	0,4	0,7	0,8	2,1
H_2O^-	n. b.	0,8	n. b.	n. b.	0,1	1,3	n. b.	1,1
BaO	—	—	—	—	0,1	—	—	—
F	—	0,3	—	—	—	—	—	—
SO_3	—	—	—	—	0,1	—	—	—

1 – Aegirin-Trachyt (3 3111)
2 – Beringit (3 3112)
3 – Trachyt (3 3120)
4 – Latit (3 3130)
5 – Kohalait (3 3211)
6 – Anorthoklasbasalt (3 3212)
7 – Andesit (3 3221)
8 – Olivinbasalt (3 3222)

Die Feldspat-Vulkanite zeigen ebenso wie die zuzuordnenden Plutonite einen intermediären bis basischen Chemismus, der durch SiO_2-Gehalte unter 66 bzw. 52 Masse-% gekennzeichnet ist. Basalte weisen generell hohe Gehalte an Eisen, Magnesium und Calcium auf.

Tabelle 1.13. *Chemismus von Feldspat-Foid-Plutoniten*

Masse-%	1	2	3	4	5	6	7
SiO_2	55,2	47,8	46,7	55,5	55,2	46,7	44,2
Al_2O_3	22,6	13,2	10,0	20,7	21,7	12,8	10,7
Fe_2O_3	1,1	2,7	3,5	2,6	3,0	4,4	1,0
FeO	1,2	2,6	8,2	1,2	1,8	4,0	10,0
MnO	0,1	n. b.	0,3	0,4	n. b.	n. b.	n. b.
MgO	0,3	5,7	9,3	0,4	1,8	9,0	17,8
CaO	2,1	14,4	13,2	3,7	5,2	17,2	10,0
Na_2O	8,8	3,7	1,8	8,3	5,1	0,7	2,4
K_2O	5,6	5,2	3,8	4,2	3,1	2,9	1,2
TiO_2	0,6	n. b.	0,8	0,9	1,1	2,0	1,3
P_2O_5	< 0,1	2,4	1,5	0,1	0,4	0,1	0,4
H_2O^+	1,8	2,7	1,2	2,0	2,2	< 0,1	1,0
H_2O^-	0,4	n. b.	n. b.	n. b.	n. b.	n. b.	n. b.
SO_3	0,1	—	—	—	—	—	—
Cl	0,4	—	0,2	—	—	0,4	—

1 – Foyait (1 4111)
2 – Malignit (1 4112)
3 – Shonkinit (1 4113)
4 – Husebyit (1 4120)
5 – Hauynessexit (1 4211)
6 – Puglianit (1 4212)
7 – Kylit (1 4220)

Plutonite dieser Gruppe tendieren zu basischen und ultrabasischen (SiO_2 < 45 Masse-%) Gesteinstypen. In olivinreichen Theralithen (Kylit) können die MgO- und CaO-Gehalte beträchtliche Werte erreichen; dafür nehmen die Alkalianteile ab. Bei den sogenannten Nephelinsyeniten (1 – 3) sind mit sinkenden SiO_2-Gehalten deutliche Abnahmen von Al_2O_3, Na_2O und K_2O und Anreicherungen von Fe_2O_3, MgO und CaO verbunden.

Tabelle 1.14. *Chemismus von Feldspat-Foid-Vulkaniten*

Masse-%	1	2	3	4	Masse-%	1	2	3	4
SiO_2	55,8	55,1	51,6	46,3	TiO_2	0,4	0,5	0,6	1,7
Al_2O_3	23,0	19,2	21,0	19,0	P_2O_5	0,1	0,4	0,7	0,5
Fe_2O_3	2,0	2,8	5,2	7,4	H_2O^+	$< 0,1$	2,2	2,3	1,0
FeO	0,8	1,7	2,8	3,4	H_2O^-	$< 0,1$	0,4	n. b.	n. b.
MnO	0,2	0,3	$< 0,1$	n. b.	Li_2O	—	—	0,1	—
MgO	0,1	0,8	2,5	3,1	CO_2	—	0,2	—	—
CaO	2,7	5,1	4,8	10,6	SO_3	0,3	—	0,2	—
Na_2O	10,0	7,4	4,4	5,5	Cl	0,1	—	—	—
K_2O	5,2	4,7	4,1	2,0					

1 – „Nephelinitoider Phonolith" (3 4110)
2 – „Tephritischer Phonolith" (3 4120)
3 – Phonolithtephrit („Leucitbanakit")
4 – Tephrit („Nephelintephrit")

Bemerkenswert sind relativ hohe Al_2O_3-Gehalte, die manche Phonolithe als Al-Rohstoffe in Betracht kommen lassen.

Tabelle 1.15. *Chemismus von Foid-Magmatiten*

Masse-%	1	2	3	4	5	6
SiO_2	42,7	48,4	43,7	50,2	51,1	40,0
Al_2O_3	25,1	30,5	19,8	21,4	20,3	14,1
Fe_2O_3	2,0	0,4	3,4	1,8	1,7	4,6
FeO	4,4	0,1	3,5	1,8	3,3	6,0
MnO	0,2	$< 0,1$	$< 0,1$	n. b.	n. b.	0,2
MgO	1,0	0,2	3,9	0,3	1,8	11,2
CaO	6,9	1,9	10,3	4,5	7,1	12,1
Na_2O	11,0	13,9	9,8	5,2	5,1	3,3
K_2O	2,7	3,7	2,9	11,3	7,8	1,1
TiO_2	0,4	$< 0,1$	0,9	0,6	0,8	2,2
P_2O_5	0,2	$< 0,1$	1,3	0,1	n. b.	0,7
H_2O^+	0,9	0,5	0,9	0,6	0,4	3,0
H_2O^-	n. b.	n. b.	n. b.	0,3	n. b.	0,5
BaO	—	—	—	0,1	—	—
CO_2	—	0,6	—	0,3	—	0,7
SO_3	—	—	—	1,0	—	0,3
Cl	—	—	—	0,2	0,6	—

1 – Foyaitfoidolith („Toryhillit")
2 – Theralithfoidolith („Craigmontit")
3 – Foidolith („Ijolith")
4 – Phonolithfoidit („Tavolatit")
5 – Tephritfoidit („Campanit")
6 – Foidit („Olivinnephelinit")

Die hier angeführten Beispiele basischer und ultrabasischer Gesteine zeigen extreme chemische Zusammensetzungen; das betrifft insbesondere den sogenannten Craigmontit.

Tabelle 1.16. *Chemismus von Mafit-Plutoniten*

Masse-%	1	2	3	4	5	6	7
SiO_2	38,8	44,6	55,1	44,8	37,5	38,0	3,4
Al_2O_3	2,2	5,8	0,7	9,4	14,7	6,3	1,7
Fe_2O_3	3,0	2,8	3,5	4,5	4,9	8,4	6,1
FeO	4,9	4,5	4,7	7,7	3,0	5,9	3,0
MnO	0,3	0,1	< 0,1	1,9	0,3	0,2	0,3
MgO	44,3	38,8	26,7	16,8	21,8	7,8	3,1
CaO	< 0,1	2,5	8,4	10,8	0,2	27,2	44,4
Na_2O	0,2	0,1	0,3	2,2	0,9	2,2	< 0,1
K_2O	n. b.	0,1	n. b.	0,2	10,4	0,1	0,5
TiO_2	< 0,1	n. b.	< 0,1	0,7	1,5	2,0	0,3
P_2O_5	n. b.	n. b.	0,2	< 0,1	n. b.	0,2	3,3
H_2O^+	5,7	0,3	0,4	0,2	4,8	0,5	0,2
H_2O^-	n. b.	n. b.	< 0,1	0,1	n. b.	0,2	0,1
BaO	—	—	—	—	—	—	0,1
CO_2	0,6	—	—	—	—	0,3	32,8
SO_3	—	—	—	—	—	—	0,1
S	—	—	—	0,3	—	—	0,4
F	—	—	—	—	1,3	—	0,3
Cr_2O_3	0,3	0,2	0,2	0,2	—	—	—
NiO	—	—	0,1	—	—	—	—
SrO	—	—	—	—	—	0,3	—
$(Nb, Ta)_2O_5$	—	—	—	—	—	—	0,8
CuO	—	—	—	0,2	—	—	—

1 – Dunit
2 – Peridotit („Lherzolith“)
3 – Pyroxenit („Websterit“)
4 – Amphibololith
5 – Glimmerit („Biotitit“)
6 – Melilitholith („Uncomphagrit“)
7 – Karbonatit („Sövit“)

Die H_2O-Gehalte des Dunits sind auf Serpentinisierungserscheinungen zurückzuführen, des Glimmerits auf einen OH-Einbau in die Biotitgitter. Deutlich kommt die besondere genetische Stellung des Karbonatits durch Anreicherungen verschiedener Spurenelemente zum Ausdruck.

Tabelle 1.17. *Chemismus von Mafit-Vulkaniten und -Ganggesteinen*

Masse-%	1	2	3	4	Masse-%	1	2	3	4
SiO_2	30,7	40,0	37,3	36,6	P_2O_5	1,6	n. b.	1,3	0,9
Al_2O_3	2,9	8,3	8,8	8,0	H_2O^+	3,0	4,3	2,2	1,6
Fe_2O_3	3,1	1,5	8,4	6,2	H_2O^-	0,9	0,7	0,1	< 0,1
FeO	6,0	11,1	2,6	5,6	CO_2	6,0	—	2,4	0,5
MnO	0,2	0,8	0,2	0,2	Cr_2O_3	0,1	< 0,1	—	—
MgO	31,2	27,6	11,0	18,2	NiO	0,1	—	—	—
CaO	10,9	4,0	16,2	15,1	BaO	0,1	—	—	0,1
Na_2O	0,2	0,6	1,7	2,8	SrO	0,1	—	—	—
K_2O	1,2	0,3	4,5	1,4	FeS_2	—	0,5	—	—
TiO_2	1,6	0,6	3,3	2,5	S	—	—	0,1	0,1

1 – Mikroperidotit (Kimberlit)
2 – Pikrit
3 – Mikroglimmerit (Melanit-Ouachitit)
4 – Melilithit („Olivinmelilithit“)

1.10.2. Petrochemische Berechnungsmethoden

Stets mußte die Petrochemie nach Mitteln und Wegen suchen, um die vielen Ergebnisse chemischer Bauschanalysen untereinander vergleichen und dabei charakteristische Gesteinseigenschaften herausstellen zu können.

Schon zu Beginn petrochemischer Arbeiten fehlte es nicht an Versuchen, die durch eine Bauschanalyse ermittelten 8 bis 15 Werte (Verhältniszahlen) so umzurechnen, daß eine geringere Anzahl charakteristischer und vergleichbarer Werte gewonnen werden konnte. Die verschiedenen Versuche entsprachen nicht alle den an sie gestellten Anforderungen. Im Ergebnis eines rund 100 Jahre währenden Entwicklungsprozesses setzten sich wenige petrochemische Berechnungsmethoden durch, die vorzugsweise für Magmatite angewandt werden.

1.10.2.1. Die OSANNsche Methode

Dividiert man die Masse-% der gesteinsbildenden Komponenten unter Vernachlässigung von Wasser, Schwefel und Schwefeloxiden, Kohlendioxid und anderen leichtflüchtigen Komponenten durch ihre Molekulargewichte, dann erhält man sogenannte Molekularquotienten, deren Umrechnung auf die Endsumme 100 die Molekular-% ergibt.

OSANN ging von solchen Molekular-% aus und bildete folgende, für normale Gesteine mögliche Gruppierungen:

S = Molekular-% von
$SiO_2 + TiO_2 + P_2O_5 + ZrO_2$;

A = Molekular-% von
$K_2O + Na_2O + Li_2O$;

C = Molekular-% von
$Al_2O_3 + Cr_2O_3 - (K_2O + Na_2O + Li_2O)$;

F = Molekular-% von
$(FeO + CaO + MgO + MnO + NiO + BaO + SrO) - C$.

Fe_2O_3 wird vollständig in FeO umgerechnet (Multiplikation des Molekularquotienten für Fe_2O_3 mit 2).

Bei der Berechnung können zwei Sonderfälle auftreten:

1. $K_2O + Na_2O + Li_2O > Al_2O_3 + Cr_2O_3$;

A = Molekular-% von
$K_2O + Na_2O + Li_2O$;

$C = 0$;

F = Molekular-% von
$(FeO + CaO + \cdots) - (A - (Al_2O_3 + Cr_2O_3))$.

Der Wert $(A - (Al_2O_3 + Cr_2O_3))$ charakterisiert die Alkalimenge (Na_2O!), die an Fe_2O_3 in Form des Aegirinmoleküls gebunden ist. Die entsprechende Eisenmenge muß vom nachfolgenden F-Wert abgezogen werden; für A hingegen bleibt der Wert aus K_2O

$+ Na_2O + Li_2O$ erhalten. Ein weiterer Überschuß an Alkalien muß an FeO ($2Na_2O \cdot 2FeO$) gebunden werden. Bleibt immer noch Na_2O oder K_2O übrig, werden die Reste zu A gerechnet und dort als separate Gruppe angeführt.

2. $Al_2O_3 + Cr_2O_3 > K_2O + Na_2O + Li_2O + CaO$.

Auch jetzt wird zunächst A gebildet und daraufhin C. Überschüssiges Al_2O_3 muß mit CaO ($CaO \cdot Al_2O_3$), weiterhin mit BaO, SrO und schließlich mit MgO und FeO gebunden werden. Die dafür benötigten Oxide fehlen beim F-Wert.

Die Zahlen S, A, C und F bilden Grundgrößen und stehen in folgendem Zusammenhang:

$$S + 2A + 2C + F = 100.$$

Die Hauptcharakteristik eines Gesteins ist durch das Verhältnis

$$A:C:F$$

gegeben, das von Osann zunächst auf die Summe der Koeffizienten gleich 20 und später gleich 30 umgerechnet wurde.

Es sind also:

$$a = \frac{30A}{A + C + F}, \quad c = \frac{30C}{A + C + F}, \quad f = \frac{30F}{A + C + F}.$$

Mit den Koeffizienten

$$n = \frac{10 \cdot Na_2O}{Na_2O + K_2O},$$

$$m = \frac{10 \cdot (MgO + FeO + MnO)}{MgO + FeO + MnO + CaO\ (= \text{freier Kalk, der in } F \text{ eintritt})}$$

und

$$k = \frac{S}{6A + 2C + F}$$

sollten weitere Eigenschaften der Gesteine charakterisiert werden, z. B. mit k die Azidität.

Im Ergebnis dieser Berechnungen wurde für jedes untersuchte Gestein eine Formel entwickelt; für ein granitisches Gestein konnte sie folgendermaßen aussehen:

$$S_{63,5}a_{10}c_5f_{15}n_{5,7}.$$

1.10.2.2. Die Methode von v. Wolff

Das 1922 vorgeschlagene Umrechnungsverfahren basiert auf der zuvor beschriebenen Methode; wiederum stellen Molekular-% die Ausgangswerte dar. Ziel ist die Gewinnung von drei grundlegenden Veränderlichen, die mit L (leukokrate Bestandteile), M (melanokrate Bestandteile) und Q (Kieselsäure) bezeichnet werden.

Bei der Umrechnung werden die beiden Oxydationsstufen des Eisens getrennt behandelt und untergeordnete Oxide bestimmten Hauptkomponenten zugeordnet ($BaO + SrO \rightarrow CaO$, $Li_2O + Rb_2O \rightarrow Na_2O$, $NiO + CaO + MnO \rightarrow FeO$, Cr_2O_3 + Seltene Erden $\rightarrow Al_2O_3$, $TiO_2 + P_2O_5 + ZrO_2 \rightarrow SiO_2$). H_2O und Anionen bleiben unberücksichtigt.

Zunächst werden die *leukokraten Bestandteile* berechnet. Bezeichnet man mit A die Summe (Molekular-%) der Alkalien, dann müssen für den Alkalifeldspat A% Alkalien, A% Al_2O_3 und $6A$% SiO_2 in Ansatz gebracht werden. Verbleibende Mengen an Al_2O_3 ($Al_2O_3 > Na_2O + K_2O$) werden mit CaO zu Anorthit verbunden, zu dessen Bildung C% CaO + C% Al_2O_3 + $2C$% SiO_2 benötigt werden.

Ein eventueller CaO-Rest C' (CaO $-$ C) muß zu den melanokraten Bestandteilen gerechnet werden (Pyroxen!). Reste von Al_2O_3 zählen als Korund (t) und gehören zu den leukokraten Bestandteilen. Der Wert L ergibt sich also zu

$$L = 8A \text{ (oder } A') + 4C + t.$$

Falls ein Alkaliüberschuß ($A > Al_2O_3$) auftritt, kann kein Anorthitmolekül gebildet werden. C nimmt negative Werte an und charakterisiert unter der neuen Bezeichnung $e(e = -C)$ den Alkaliüberschuß (A wird in diesem Fall zu $A' = A - e$). Diese Alkalimenge e wird zunächst mit Fe_2O_3 zu Aegirin ($6e'$) verbunden ($Na_2O \cdot Fe_2O_3 \cdot 4SiO_2$) und zu den *melanokraten Bestandteilen* gerechnet. Verbleibt noch immer ein Alkalirest (e''), dann muß Arfvedsonit ($Na_2O \cdot 3FeO \cdot 4SiO_2 = 8e''$) gebildet werden. Sehr seltene Extremgehalte an Alkalien (n) zwingen schließlich zur Bildung von $Na_2O \cdot SiO_2$; auch dieser Bestandteil gehört zu M. e ist also u. U. $e' + e'' + n$.

Neben den genannten Bestandteilen gehören

1. Magnetit ($FeO \cdot Fe_2O_3$) = Mt,
2. der Fe_2O_3-Rest Haematit = f' und
3. Metasilikate mit $FeO \cdot SiO_2 + MgO \cdot SiO_2 + CaO \cdot SiO_2 = 2F$

zum Komplex M.

Nach der Bildung von Mt (evtl. $= 2(Fe_2O_3 - e')$) werden berechnet:

f = FeO $-$ Mt-Anteile (evtl. minus $3e''$);
m = MgO;
C' = CaO $-$ C.

Diese Werte müssen mit gleichen Mengen SiO_2 verbunden werden, so daß sich unter Berücksichtigung eventuellen $Na_2O \cdot SiO_2$ für M ergibt:

$$M = 2(f + m + C' + n) + 6e' + 8e'' + Mt + f'.$$

Q charakterisiert den SiO_2-Überschuß *oder* ein SiO_2-Defizit und kann deshalb sowohl positive als auch negative Werte annehmen. Die leukokraten Bestandteile verbrauchen $6A' + 2C$ an SiO_2, wobei A' durch $A - e$ bestimmt ist. Zur Bildung der melanokraten Bestandteile werden $(F + 4e' + 4e'' + n)$ an SiO_2 benötigt. Daraus ergibt sich für Q der Wert

$$Q = S - 6A' - 2C - F - 4e' - 4e'' - n.$$

Die Summe von $L + M + Q$ muß den Wert 100 ergeben.

1.10.2.3. *Die Methode von* Niggli

Ausgangspunkte stellen Molekularquotienten dar, die als molekulare Äquivalentzahlen bezeichnet und zur besseren rechnerischen Handhabung mit 1000 oder 10000 multipliziert werden. Fe_2O_3 wird zu FeO umgerechnet (Molekularquotient von Fe_2O_3 mit 2 multipliziert!). Geringe Mengen an Cr_2O_3 und seltenen Erden rechnete P. Niggli (1920,

1923) dem Al_2O_3, MnO, NiO und CaO dem FeO, BaO und SrO dem CaO und Li_2O dem K_2O zu.

Folgende vier Gruppierungen schließen sich an:

I. Al_2O_3;
II. FeO + MgO;
III. CaO;
IV. $Na_2O + K_2O$.

Die Summe dieser Molekularquotienten wird gleich 100 gesetzt. Daraus ergeben sich die grundlegenden NIGGLIwerte:

I. *al*;
II. *fm*;
III. *c*;
IV. *alk*;
$al + fm + c + alk = 100.$

Weiterhin lassen sich aus den entsprechenden Molekularquotienten folgende Werte berechnen:

$$si = \frac{SiO_2}{Al_2O_3 + FeO + MgO + CaO + Na_2O + K_2O} \cdot 100;$$

$$ti = \frac{TiO_2}{Al_2O_3 + FeO + MgO + CaO + Na_2O + K_2O} \cdot 100;$$

$$zr = \frac{ZrO_2}{Al_2O_3 + FeO + MgO + CaO + Na_2O + K_2O} \cdot 100;$$

$$s = \frac{S}{Al_2O_3 + FeO + MgO + CaO + Na_2O + K_2O} \cdot 100;$$

$$k = \frac{K_2O}{Na_2O + K_2O};$$

$$mg = \frac{MgO}{FeO + MgO};$$

$$w = \frac{2Fe_2O_3}{2Fe_2O_3 + FeO}.$$

Besonders interessiert die theoretische SiO_2-Menge si', die zur Bildung der höchstsilifizierten Gemengteile benötigt wird. Das sind Alkalifeldspäte, Anorthit, Diopsid, Orthopyroxen, Sillimanit und gegebenenfalls Aegirin.

Drei Möglichkeiten sind zu unterscheiden:

1. $al > alk$, $al < (alk + c)$:
$si' = 6alk + 2(al - alk) + [c - (al - alk)] + fm$;
Alkalifeldspat + Anorthit + Diopsid + Orthopyroxen = $100 + 4alk$.

2. $al > alk$, $al > (alk + c)$:
$si' = 6alk + 2c + [al - (alk + c)] + fm$;
Alkalifeldspat + Anorthit + Sillimanit + Orthopyroxen = $100 + 4alk$.

3. $al < alk$:
$si' = 6al + 4(alk - al) + c + [fm - 2(alk - al)]$;
Alkalifeldspat + Aegirin + Diopsid + Orthopyroxen = $100 + 3al + alk$.

Aus der Differenz *si* — *si'* ergibt sich die sogenannte Quarzzahl *qz* mit positivem oder negativem Wert, je nachdem, ob SiO_2 tatsächlich oder nur unzureichend zur Verfügung steht. Quarzzahlen über 100 deuten stets auf Quarzgehalte im Gestein hin.

Ein Tonerdeüberschuß ergibt sich aus der Differenz (*al* — *alk*) und wird mit *T* gekennzeichnet. Er charakterisiert die Anorthitmenge, sofern $T \leqq c$ war.

Der Tonerdeüberschuß *t* über die Alkalioxide und über das CaO ist der Tonerdeüberschuß im eigentlichen Sinn:

$$al - (c + alk) = t.$$

Dieser Wert tritt selten auf und deutet bei Magmatiten zumeist auf sekundäre Veränderungen hin.

Weitere Kennzeichen lassen sich in folgender Art und Weise ableiten:

p = Äquivalentzahl für P_2O_5 (analog *ti*)
co_2 = Äquivalentzahl für CO_2 (analog *ti*)
so_3 = Äquivalentzahl für SO_3 (analog *ti*)
cl_2 = Äquivalentzahl für Cl_2 (analog *ti*)
f_2 = Äquivalentzahl für F_2 (analog *ti*)
h = Äquivalentzahl für H_2O (analog *ti*)

1.10.2.4. Die CIPW-Methode

Die amerikanischen Petrographen W. Cross, I. P. Iddings, L. V. Pirsson und H. S. Washington (1903) schlugen vor, Magmatite nach quantitativen chemisch-mineralogischen Aspekten zu klassifizieren und zu benennen. Ihr sogenanntes CIPW-System fand vor allem in den USA sehr schnell Verbreitung und hat noch heute Bedeutung wegen der Möglichkeit, Gesteinsanalysen in vorgegebene Standardminerale umzurechnen und Gesteine nach den daraus resultierenden Normen zu klassifizieren.

Folgende *Standardminerale* (normative Mineralmoleküle) kommen in Betracht:

1. Salische Gruppe

Q =	Quarz	SiO_2
C =	Korund	Al_2O_3
Z =	Zirkon	$ZrO_2 \cdot SiO_2$
F =	Orthoklas (*or*)	$K_2O \cdot Al_2O_3 \cdot 6\,SiO_2$
	Albit (*ab*)	$Na_2O \cdot Al_2O_3 \cdot 6\,SiO_2$
	Anorthit (*an*)	$CaO \cdot Al_2O_3 \cdot 2\,SiO_2$
L =	Leucit (*lc*)	$K_2O \cdot Al_2O_3 \cdot 4\,SiO_2$
	Nephelin (*ne*)	$Na_2O \cdot Al_2O_3 \cdot 2\,SiO_2$
	Kaliophilit (*kp*)	$K_2O \cdot Al_2O_3 \cdot 2\,SiO_2$
	Halit (*hl*)	NaCl
	Thenardit (*th*)	$Na_2O \cdot SO_3$
	Natriumkarbonat (*nc*)	$Na_2O \cdot CO_2$

2. Femische Gruppe

P =	Akmit (*ac*)	$Na_2O \cdot Fe_2O_3 \cdot 4\,SiO_2$
	Na-Metasilikat (*ns*)	$Na_2O \cdot SiO_2$

	K-Metasilikat (*ks*)	$K_2O \cdot SiO_2$
	Diopsid (*di*)	$CaO \cdot (Mg, Fe)O \cdot 2SiO_2$
	Wollastonit (*wo*)	$CaO \cdot SiO_2$
	Hypersthen (*hy*)	$(Mg, Fe)O \cdot SiO_2$
O =	Olivin (*ol*)	$2(Mg, Fe)O \cdot SiO_2$
	Ca-Orthosilikat (*cs*)	$2CaO \cdot SiO_2$
M =	H =	
	Magnetit (*mt*)	$FeO \cdot Fe_2O_3$
	Chromit (*cm*)	$FeO \cdot Cr_2O_3$
	Haematit (*hm*)	Fe_2O_3
	T =	
	Ilmenit (*il*)	$FeO \cdot TiO_2$
	Titanit (*tn*)	$CaO \cdot TiO_2 \cdot SiO_2$
	Perowskit (*pf*)	$CaO \cdot TiO_2$
	Rutil (*ru*)	TiO_2
	A =	
	Apatit (*ap*)	$3(3CaO \cdot P_2O_5) \cdot CaF_2$
	Fluorit (*fr*)	CaF_2
	Pyrit (*pr*)	FeS_2
	Calcit (*cc*)	$CaO \cdot CO_2$

Die *Norm* wird nach folgenden Regeln berechnet:

1. Berechnung der Molekularquotienten;
2. MnO und NiO kommen zu FeO, BaO und SrO zu CaO;
3a. Berechnung von *ap* (CaO-Anteil: 3,33fache Menge von P_2O_5 oder 3fache von P_2O_5 und 0,33fache von F);
3b. Berechnung von *hl*;
3c. Berechnung von *th*;
3d. Berechnung von *pr*;
3e. Berechnung von *cm*;
3f. Berechnung von *il*, bei überschüssigem TiO_2 von *tn* (Anorthit geht vor!) bzw. von *ru*;
3g. Berechnung von *fr*;
3h. Berechnung von *nc* und *cc* (primärer Calcit gehört zur femischen Gruppe, sekundärer wird nicht in die Norm aufgenommen);
3i. Berechnung von Z;
4a. Berechnung von *or*;
4b. Berechnung von *ks* (bei überschüssigem K_2O);
4c. Berechnung von *ab*;
4d. Berechnung von *an*;
4e. Berechnung von C (bei überschüssigem Al_2O_3);
5a. Berechnung von *ac* (bei überschüssigem Na_2O);
5b. Berechnung von *ns* (selten erforderlich);
5c. Berechnung von *mt*;
5d. Berechnung von *hm* (bei überschüssigem Fe_2O_3);
6a. Berechnung von *di* (MgO und FeO nicht trennen!);
6b. Berechnung von *wo* (bei überschüssigem CaO);
6c. Berechnung von *hy* (bei überschüssigem MgO + FeO);
7. Bestimmung der benötigten SiO_2-Menge für die bisher berechnete Norm;
8. Überschüssiges SiO_2 bildet Q;

9. Liegt ein SiO_2-Defizit nach Regel 7 vor, müssen schrittweise folgende Umrechnungen bis zur Deckung des SiO_2-Defizits vorgenommen werden:

hy	(Hypersten)	→ *ol* (Olivin)[1];
tn	(Titanit)	→ *pf* (Perowskit);
ab	(Albit)	→ *ne* (Nephelin);
or	(Orthoklas)	→ *lc* (Leucit);
wo + *di*	(Wollastonit + Diopsid)	→ *cs* + *ol*(Ca—Orthosilikat + Olivin)[2];
lc	(Leucit)	→ *kp* (Kaliophilit).

Abschließend werden auf der Grundlage von Tabellenwerten (theoretische Dichten) die Masse-%-Gehalte der berechneten Standardminerale und damit die eigentliche Norm ermittelt. Auch mittlere Dichten real existierender Minerale führen zu brauchbaren Ergebnissen.

Die Normen bilden im CIPW-System Grundlagen für weitere Klassifizierungen in:

Klassen nach dem Verhältnis von salischen zu femischen Standardmineralen,
Unterklassen (subclasses) nach Teilverhältnissen bestimmter Standardminerale (Unterklasse 1 z. B. mit Q, F und L),
Ordnungen nach dem Verhältnis wesentlicher Standardminerale zueinander,
Sektionen nach dem Verhältnis $O:P$,
Unterordnungen,
Ränge nach dem Verhältnis bestimmter Oxidmoleküle zueinander,
Unterränge.

Für solche zusätzliche Belastung der Gesteinsnomenklatur besteht kein Bedürfnis, so daß auf weitere Einzelheiten des CIPW-Systems verzichtet werden kann.

---

[1] Die Berechnung erfolgt bei x *hy* und y *ol* sowie M(Mg, Fe)O und S SiO_2 nach den Beziehungen

$$x = 2S - M \text{ und}$$
$$y = M - x.$$

[2] Analog gestaltet sich die Berechnung von *cs* und *ol* bei verbleibendem *di*:

$$x = di \text{ (neu!)},$$
$$y = ol \text{ (neu!)},$$
$$z = cs,$$
$$S = SiO_2,$$
$$M = (Mg, Fe)O \text{ (aus ursprünglichem } di\text{) und}$$
$$C = CaO \text{ (aus ursprünglichem } di + wo\text{)}$$

$$x = \frac{2S - M - C}{2},$$

$$y = \frac{M - x}{2},$$

$$z = \frac{C - x}{2}.$$

1.10.2.5. Die SAWARIZKI-*Methode*

In der Sowjetunion wird ein Umrechnungsverfahren bevorzugt, das von A. N. SAWARIZKI (1954) entwickelt worden ist.

Eine *grundlegende Zahlencharakteristik* mit vier Zahlen im Verhältnis

$$a:c:b:s \quad \text{mit}$$

$$a + c + b + s = 100$$

ergibt sich aus folgenden Überlegungen:

1. a charakterisiert die relative Anzahl der K- und Na-Atome, die in Alumosilikate eingebaut werden.
2. c charakterisiert die relative Anzahl der Ca-Atome, die in Alumosilikate eintreten. Ein besonderer Fall ergibt sich durch das Auftreten von Akmit (Aegirin) bei extrem hohen Alkaligehalten.
3. b charakterisiert die Anzahl aller übrigen Kationen (ausgenommen Si und Ti), die nicht in ein Alumosilikat eintreten und zumeist nur einfache Silikate bilden.
4. s charakterisiert die relative Anzahl der Si-Atome.

Falls $Na_2O + K_2O > Al_2O_3$ sind, muß die überschüssige Alkalimenge mit entsprechenden Mengen an dreiwertigem Eisen zu Akmit verbunden werden; es ergibt sich eine Größe $\bar{c}$, die anstelle des fehlenden c in die grundlegende Zahlencharakteristik aufgenommen wird.

Zu dieser grundlegenden Zahlencharakteristik tritt eine *ergänzende Zahlencharakteristik*, die sich für normale Gesteine ($CaO + Na_2O + K_2O > Al_2O_3 > Na_2O + K_2O$)

$$\text{mit } f':m':c' = (2\,Fe_2O_3 + FeO):MgO:\{CaO - [Al_2O_3 - (Na_2O + K_2O)]\}$$

ergibt.

Falls $Al_2O_3 > Na_2O + K_2O + CaO$ ist, muß der Tonerdeüberschuß zwangsläufig in femische Gemengteile eintreten und demzufolge zu b gezählt werden. Die ergänzende Zahlencharakteristik nimmt folgende Formulierung an (c' fehlt!):

$$a':f':m' = 2[Al_2O_3 - (Na_2O + K_2O + CaO)]:(2\,Fe_2O_3 + FeO):MgO.$$

Bei Alkaliübersättigung ergibt sich nachstehende ergänzende Zahlencharakteristik:

$$\begin{aligned} f':m':c' &= \{[2\,Fe_2O_3 + FeO] - 2\,[(Na_2O + K_2O) - Al_2O_3]\}:MgO:CaO \\ &= \{2[(Fe_2O_3 + Al_2O_3) - (Na_2O + K_2O)] + FeO\}:MgO:CaO. \end{aligned}$$

Sehr seltene extreme Alkalianreicherungen können zur Berechnung eines Wertes n' anstelle von f' führen (siehe nachfolgende Regeln).

In einem letzten Rechengang werden Unterschiede in den Na_2O- und K_2O-Verhältnissen erfaßt, allerdings nur für solche Alkalimengen, die in Alumosilikaten fixiert sind:

$$n = \frac{Na_2O}{Na_2O + K_2O}.$$

Es ergeben sich folgende *Regeln* für die Analysenberechnung:

1. Berechnung der Molekularquotienten;
2. Zusammenfassung der Molekularquotienten von SiO_2 und TiO_2 zu S;

3a. $K_2O + Na_2O \leqq Al_2O_3$: $2(K_2O + Na_2O) = A$;

3b. $K_2O + Na_2O > Al_2O_3$: $2\,Al_2O_3 = A$; $Na_2O' = (K_2O + Na_2O) - Al_2O_3$; $2\,Na_2O' = \bar{C}$.

4a. $Al_2O_3 - (K_2O + Na_2O) \leqq CaO$: $Al_2O_3 - (K_2O + Na_2O) = C$;

4b. $Al_2O_3 > K_2O + Na_2O + CaO$: $CaO = C$; $Al_2O_3' = Al_2O_3 - (K_2O + Na_2O + CaO)$.

5a. $2\,Fe_2O_3 + FeO + MnO = FeO'$;

5b. $\bar{C} > FeO'$: $\bar{C} - FeO' = Na'$ (= Na_2O-Überschuß $\times$ 2); $\bar{C} = FeO'$; $FeO' > \bar{C}$: Regel 7c!;

6. $CaO' = CaO - C$;

7a. $FeO' + CaO' + MgO = B$;

7b. $FeO' + MgO + 2\,Al_2O_3' = B$ (s. Regel 4b);

7c. $FeO' - \bar{C} = FeO''$: $FeO'' + CaO + MgO = B$;

7d. $CaO + MgO + Na' = B$;

8. Berechnung von

$$s = \frac{100 \cdot S}{N},$$

$$a = \frac{100 \cdot A}{N},$$

$$c = \frac{100 \cdot C}{N} \quad \text{bzw.} \quad \bar{c} = \frac{100 \cdot \bar{C}}{N},$$

$$b = \frac{100 \cdot B}{N},$$

wobei $N = S + A + C + B$ bzw. $S + A + \bar{C} + B$ ist.

Die grundlegende Zahlencharakteristik wird demnach durch

$a:c:b:s$ bzw. $a:\bar{c}:b:s$

in Prozenten ausgedrückt.

9. Berechnung der ergänzenden Zahlencharakteristik und weiterer Parameter:

$$f' = \frac{FeO'}{B} \cdot 100,$$

$$m' = \frac{MgO}{B} \cdot 100,$$

$$c' = \frac{CaO'}{B} \cdot 100,$$

$$n = \frac{2\,Na_2O}{A} \cdot 100,$$

$$t = \frac{TiO_2}{S} \cdot 100,$$

$$\varphi = \frac{2\,Fe_2O_3}{B} \cdot 100,$$

$$a' = \frac{2\,Al_2O_3'}{B} \cdot 100,$$

$$n' = \frac{Na'}{B} \cdot 100 \text{ (f' fehlt!).}$$

Auf der Basis solcher Werte lassen sich vier Gesteinsgruppen unterscheiden:

1. Gesteine normaler Zusammensetzung mit
   $a:c:b:s$; $f':m':c'$; n, t, φ;
2. Gesteine mit Übersättigung an Al_2O_3 mit
   $a:c:b:s$; $a':f':m'$; n, t, φ;
3. Gesteine mit Alkaliüberschuß mit
   $a:\bar{c}:b:s$; $f':m':c'$; $\acute{n}, t, \varphi$;
4. Seltene Gesteine mit starkem Alkaliüberschuß mit
   $a:\bar{c}:b:s$; $n':m':c'$; n, t, φ.

1.10.2.6. Berechnung von Kationenprozenten und von Barth*schen Standardzellen*

Vielfach erweisen sich *Kationenprozente* als geeignete Ausgangswerte zur Darstellung von Korrelationen oder für die Berechnung von normativen Mineralbeständen.

Zur Berechnung der Kationenprozente aus den Masseprozenten müssen diese durch die auf 1 Kation bezogene Formelgröße des betreffenden Oxides dividiert werden. Beim SiO_2 oder CaO kommt das volle, beim Al_2O_3 oder Na_2O das halbe Formelgewicht in Betracht.

Man kann auch von Molekularquotienten ausgehen und hat dann diese mit der Anzahl der in den Molekülen vorhandenen Kationen zu multiplizieren, bevor die Prozentanteile errechnet werden. Solche Zwischenwerte werden als atomare Äquivalenzzahlen bezeichnet.

Die atomaren Äquivalentzahlen werden auf die Summe 100 zurückgeführt; es ergeben sich die Kationenprozente.

Schwefel (S) wird einbezogen, Anionen anderer Art hingegen nicht. Letztere werden auf die Summe 100 der Kationenprozente zurückbezogen.

Nach Vorschlägen von T. W. F. Barth (1948) und P. Eskola (1954) wird darüber hinaus die Zahl der Sauerstoffionen pro 100 Kationen durch Multiplikation der Kationenprozente mit der Anzahl 0 pro Kation ermittelt. H_2O^- wird vernachlässigt, H_2O^+ jedoch als $(OH)^-$ in Rechnung gestellt. Hinsichtlich so wichtiger gesteinsbildender Minerale wie Glimmer und Amphibole ist das gerechtfertigt.

Zur Berechnung muß zunächst die molekulare Äquivalentzahl (Molekularquotient) von H_2O^+ gebildet und auf die Summe der Kationen zurückbezogen werden. Da 1 H_2O äquivalent zu $2(OH)^-$ ist, zieht man bei der Bilanzierung des Sauerstoffs pro H_2O 1 Sauerstoffatom aus der errechneten O-Menge ab. xH_2O entsprechen demnach $2x$ $(OH)^-$. Die Sauerstoffmenge y reduziert sich um x. Insgesamt sind $y - x$ Sauerstoffionen und $2x$ OH-Ionen pro 100 Kationen vorhanden.

Zum gleichen Ergebnis kommt man, wenn die Masse-% von H_2O^+ nicht durch 18,016 (H_2O), sondern durch 9,008 ($1/2\,H_2O$) dividiert werden. Die auf die Summe der Kationenprozente zurückbezogene Prozentzahl (Anionenzahl) entspricht unmittelbar der Zahl der OH-Ionen, zu deren Bildung die Hälfte des Sauerstoffs vom gesamten Sauerstoffangebot entnommen werden muß.

Viele Beispiele lassen erkennen, daß bei solcher Berechnung durchschnittliche Gehalte um 160 (O + OH) zu verzeichnen sind. Recheneinheiten ($\pm$ Kationen-%), die auf die

Summe von O und OH gleich 160 bezogen werden, sind als BARTHsche *Standardzahlen* bekannt.

Die Berechnung gestaltet sich einfach. Aus den Kationenprozenten und Anionenzahlen erhält man:

$$(y - x) \cdot O + 2x \cdot OH = (y + x) \cdot (O + OH);$$

$$\frac{y + x}{100} = \frac{160}{z}.$$

Auf die Summe z der Kationenprozente müssen die Einzelwerte umgerechnet werden.

Die BARTHsche *Standardzelle* zum Beispiel eines Quarzdiorits wird folgendermaßen formuliert:

$$K_{1,6}Na_{6,8}Ca_{6,4}Mg_{4,8}Fe_{4,0}Al_{18,2}Si_{53,9}Ti_{0,4}P_{0,2}[O_{154,0}OH_{6,0}].$$

1.10.2.7. Berechnungsmethoden auf äquivalenter Grundlage nach Vorschlägen von NIGGLI *und* BURRI

P. NIGGLI (1948) und C. BURRI (1959) zeigten Lösungswege auf, nach denen eine chemische Gesteinsanalyse unter Verwendung von sogenannten Molekularnormen relativ einfach in normative Mineralbestände (Normen) umgerechnet werden kann. Die Molekularnormen wurden später *Äquivalentnormen* genannt. Entscheidend blieb die Wahl richtiger Formelgrößen und Äquivalentgewichte.

Diese Äquivalentgewichte wichtiger gesteinsbildender Minerale sollen sich möglichst wenig voneinander unterscheiden. Das ist der Fall, wenn die Summe der Kationen (mit Ausnahme von H) gleich groß gemacht wird. S kommt ebenso wie P mit in Rechnung, nicht hingegen O, C, N, F und Cl.

Mit sogenannten übereinstimmenden Formeleinheiten wird aus praktischen Erwägungen heraus die Summe der Kationen gleichgesetzt. Damit gewinnt man rechnerische Formeleinheiten (z. B. 1 Ne für Nephelin), denen rechnerische Äquivalentgewichte und Äquivalentvolumen entsprechen.

Dazu einige Beispiele:

$$\text{Nephelin} = Na_2O \cdot Al_2O_3 \cdot 2SiO_2;$$
$$2Na + 2Al + 2Si = 6 \text{ Kationen};$$
$$1Ne = 1/6(Na_2O \cdot Al_2O_3 \cdot 2SiO_2).$$

$$\text{Forsterit} = 2MgO \cdot SiO_2;$$
$$2Mg + 1Si = 3 \text{ Kationen};$$
$$1Fo = 1/3(2MgO \cdot SiO_2).$$

Die rechnerischen Äquivalentgewichte stimmen mit 47,34 und 46,90 weitgehend überein.

Auf der Basis solcher rechnerischen Formeleinheiten lassen sich Reaktionsgleichung sehr einfach formulieren, z. B.

$$6Ne + 4Q = 10Ab;$$

$$Na_2O \cdot Al_2O_3 \cdot 2SiO_2 + 4SiO_2 = Na_2O \cdot Al_2O_3 \cdot 6SiO_2;$$

$$8Lc + 2Q = 10Or;$$

$$K_2O \cdot Al_2O_3 \cdot 4SiO_2 + 2SiO_2 = K_2O \cdot Al_2O_3 \cdot 6SiO_2.$$

Die Summe der äquivalenten Einheiten bleibt gleich, so daß nicht erneut auf die Basis 100 umgerechnet werden muß.

Die an solchen Reaktionen beteiligten Anionen (H_2O, CO_2 u. a.) werden hinzugefügt und in Klammern gesetzt, z. B.

$$CaO \cdot CO_2 + SiO_2 = CaO \cdot SiO_2 + CO_2;$$
$$1\,Cc + 1\,Q = 2\,Wo + (CO_2).$$

Nach Niggli und Burri sollten chemische Analysen zunächst in einfache Verbindungen umgerechnet werden, die als sogenannte Basisverbindungen oder Basiskomponenten weiteren Berechnungen dienen könnten. Dazu müßten die Masseprozente wie bei der Berechnung der Kationenprozente durch die auf 1 Kation bezogenen Formelgrößen der betreffenden Oxide dividiert werden. Man bekäme atomare Äquivalentzahlen und in geeigneter Reihenfolge nachstehende Basisverbindungen:

1 Kp	(Kaliophilit)	$= 1/6(K_2O \cdot Al_2O_3 \cdot 2SiO_2)$
1 Ne	(Nephelin)	$= 1/6(Na_2O \cdot Al_2O_3 \cdot 2SiO_2)$
1 Cal	(Ca-Aluminat)	$= 1/3(CaO \cdot Al_2O_3)$
1 Sp	(Spinell)	$= 1/3(MgO \cdot Al_2O_3)$
1 Hz	(Herzynit)	$= 1/3(FeO \cdot Al_2O_3)$
1 Ks	(K-Metasilikat)	$= 1/3(K_2O \cdot SiO_2)$
1 Ns	(Na-Metasilikat)	$= 1/3(Na_2O \cdot SiO_2)$
1 Cs	(Ca-Orthosilikat)	$= 1/3(2CaO \cdot SiO_2)$
1 Fo	(Forsterit)	$= 1/3(2MgO \cdot SiO_2)$
1 Fa	(Fayalit)	$= 1/3(2FeO \cdot SiO_2)$
1 Cm	(Chromit)	$= 1/3(FeO \cdot Cr_2O_3)$
1 Hl	(Halit)	$= 1\,NaCl$
1 C	(Korund)	$= 1/2(Al_2O_3)$
1 Hm	(Haematit)	$= 1/2(Fe_2O_3)$
1 Z	(Zirkon)	$= 1/2(ZrO_2 \cdot SiO_2)$
1 Q	(Quarz)	$= 1\,SiO_2$
1 Ru	(Rutil)	$= 1\,TiO_2$
1 Pr	(Pyrit)	$= 1/3\,FeS_2$
1 Fr	(Fluorit)	$= 1\,CaF_2$
1 Cp	(Ca-Phosphat)	$= 1/5(3CaO \cdot P_2O_5)$
1 Cc	(Calcit)	$= 1(CaO \cdot CO_2)$
1 A	(Anhydrit)	$= 1/2(CaO \cdot SO_3)$
1 Th	(Thenardit)	$= 1/3(Na_2O \cdot SO_3)$
1 Nc	(Na-Karbonat)	$= 1/2(Na_2O \cdot CO_2)$
1 Fs	(Ferrisilikat)	$= 1/3(Fe_2O_3 \cdot SiO_2)$
1 Fns	(Na-Ferrisilikat)	$= 1/6(Na_2O \cdot Fe_2O_3 \cdot 2SiO_2)$
1 Fks	(K-Ferrisilikat)	$= 1/6(K_2O \cdot Fe_2O_3 \cdot 2SiO_2)$

Falls SiO_2 zur Bildung der Basisverbindungen nicht ausreiche, würde das SiO_2-Defizit als $-Q$ in Rechnung gesetzt.

In analoger Art und Weise lassen sich aus den Basisverbindungen oder direkt aus den atomaren Äquivalentzahlen weitere äquivalentnormative Verbindungen ableiten, von denen hier genannt seien:

Quarz	$= 1\,Q$	$= 1\,SiO_2$
Kalifeldspat	$= 1\,Or$	$= 1/10(K_2O \cdot Al_2O_3 \cdot 6SiO_2)$

Natronfeldspat	= 1 Ab	= 1/10($Na_2O \cdot Al_2O_3 \cdot 6SiO_2$)
Kalkfeldspat	= 1 An	= 1/5($CaO \cdot Al_2O_3 \cdot 2SiO_2$)
Nephelin	= 1 Ne	= 1/6($Na_2O \cdot Al_2O_3 \cdot 2SiO_2$)
Leucit	= 1 Lc	= 1/8($K_2O \cdot Al_2O_3 \cdot 4SiO_2$)
Forsterit	= 1 Fo	= 1/3($2MgO \cdot SiO_2$)
Fayalit	= 1 Fa	= 1/3($2FeO \cdot SiO_2$)
Enstatit	= 1 En	= 1/2($MgO \cdot SiO_2$)
Diopsid	= 1 Di	= 1/4($CaO \cdot MgO \cdot 2SiO_2$)
Mg-Biotit	= 1 Mg-Bi	= 1/16($K_2O \cdot 6MgO \cdot Al_2O_3 \cdot 6SiO_2 \cdot 2H_2O$)

1.10.3. Die Darstellung petrochemischer Daten

Die wesentliche Aufgabe der geschilderten Berechnungsmethoden (Osann, v. Wolff, Niggli, Sawaritzki), die durch die Bauschanalysen gelieferten Daten von Gesteinen zusammenzufassen und auf wenige aussagekräftige Parameter zu reduzieren, eröffnet zugleich Möglichkeiten für einfache graphische Darstellungen.

In den folgenden Abschnitten werden einige wichtige Darstellungsmethoden skizziert.

1.10.3.1. Allgemeine Darstellungsmethoden

Unter der Voraussetzung einer genügend großen Anzahl von vergleichbaren Werten (Untersuchungen großer Gesteinsprovinzen u. dgl.) kommen folgende Darstellungsmöglichkeiten in Betracht:

a) Darstellung einzelner Eigenschaften (z. B. Häufigkeit von Si^{4+});
b) Darstellung der Beziehungen zwischen zwei Eigenschaften (z. B. Korrelationsdiagramme);
c) Darstellung mehrerer Eigenschaften (z. B. Vektorendiagramme).

Zu a):

Interessierende Werte einer Analysenserie werden in Klassen zusammengefaßt, die durch geeignete Klassenintervalle in ihren Dimensionen gekennzeichnet sind. Solche

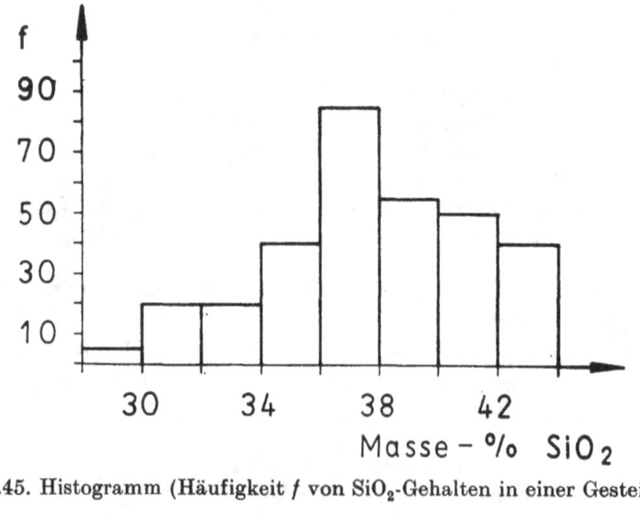

Abb. 1.45. Histogramm (Häufigkeit f von SiO_2-Gehalten in einer Gesteinsserie)

Klassenintervalle werden gewöhnlich auf der x-Achse abgetragen. Die y-Achse charakterisiert dann die Anzahl der Werte in absoluter oder relativer (prozentualer) Form. Errichtet man aus den Klassenintervallen und zugehörigen Häufigkeiten (Anzahl der Werte, die einer Klasse zugeordnet werden können) Rechtecke, entsteht ein sogenanntes *Histogramm*. Die Verbindung der Mittelpunkte der Oberkante solcher Rechtecke führt über Häufigkeitspolygone zu Häufigkeitskurven (Abb. 1.45).

Weitere Darstellungsmöglichkeiten bieten sich in Form von Summationskurven an, die allerdings in der Petrochemie nur selten angewandt werden.

Zu b)

Im rechtwinkligen Koordinatensystem lassen sich weitere Beziehungen darstellen. Wiederum muß dazu eine ausreichend große Anzahl von Werten vorausgesetzt werden.

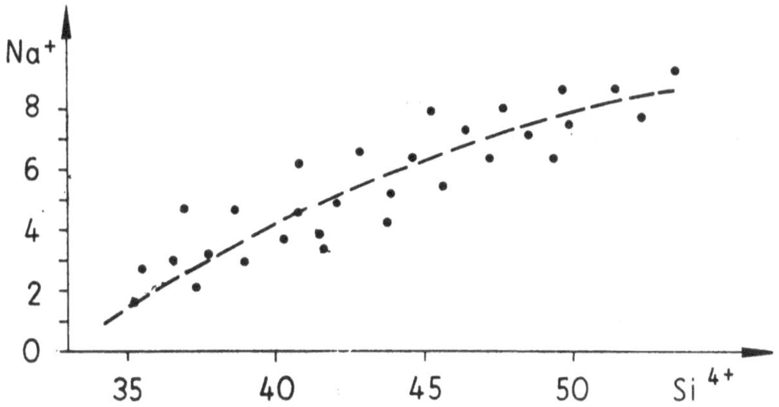

Abb. 1.46. Korrelationsdiagramm Na^+/Si^{4+} für eine Gesteinsserie

Infolge komplizierter physikochemischer Bedingungen bei der Gesteinsbildung können selten funktionelle Zusammenhänge beispielsweise in Form mathematisch formulierbarer Kurvengleichungen, sehr häufig jedoch mehr oder weniger gute (das heißt statistisch gesicherte) Korrelationen beobachtet werden. *Korrelationsdiagramme* spielen über die Petrochemie hinaus in der gesamten Geochemie eine wichtige Rolle.

Abb. 1.47. Darstellung der Zusammensetzung eines Gemisches aus zwei Komponenten

Solche Korrelationsdiagramme veranschaulichen in einfacher Art und Weise und ohne großen mathematischen Aufwand Beziehungen beispielsweise zwischen zwei Elementen in verwandten Gesteinsserien, wie das in Abbildung 1.46 zum Ausdruck kommt.

Sollen allein die Gehalte von zwei Elementen verglichen werden, genügen baryzentrische Koordinaten (Abb. 1.47).

Punkt A soll eine Komponente (z. B. Na_2O), Punkt B eine zweite (z. B. K_2O) charakterisieren. Die Summe beider Komponenten wird gleich Hundert gesetzt und daraus der relative Anteil von A und B berechnet. A markiert einen 100%igen Anteil von Na_2O, B ebensolchen von K_2O. Alle dazwischenliegenden Relationen können durch Punkte auf einer Geraden AB dargestellt werden. So gilt z. B.:

$$MB:MA = Na_2O:K_2O;$$

$$\frac{Na_2O}{Na_2O + K_2O} = \frac{MB}{AB};$$

$$\frac{K_2O}{Na_2O + K_2O} = \frac{MA}{AB}.$$

Die relativen Mengen von Na_2O und K_2O sind also den entgegengesetzten Abschnitten direkt proportional.

Zu c):

Während sich zwei Variable durch eine Koordinate darstellen lassen, benötigt man für drei Variable zwei und ganz allgemein für n Variable $(n - 1)$ Koordinaten, sofern ihre Summe stets einen konstanten Wert besitzt. Über die Konzentrationsgeraden hinaus gelangt man so zu Konzentrationsdreiecken und Konzentrationstetraedern. Liegen mehr als vier Variable vor, ist kaum noch eine anschauliche Darstellung möglich, zumindest nicht ohne entsprechende Aufbereitung des Probenmaterials.

Das *Konzentrationsdreieck* (Abb. 1.48) wird im allgemeinen gleichseitig gewählt. Ein beliebiger Punkt P hat in ihm die senkrechten Abstände a, b und c von den Dreieckseiten. Parallelen zu diesen durch Punkt P ergeben drei neue gleichseitige Dreiecke mit den Seiten a', b' und c', so daß gilt:

$$\frac{a}{a'} = \frac{b}{b'} = \frac{c}{c'} = \frac{\sqrt{3}}{2}$$

und

$$a' = \frac{2}{\sqrt{3}} \cdot a, \quad b' = \frac{2}{\sqrt{3}} \cdot b, \quad c' = \frac{2}{\sqrt{3}} \cdot c.$$

Da $a' + b' + c' = s$ ist, ergibt sich:

$$a + b + c = \frac{s}{2} \cdot \sqrt{3} = h.$$

Sind a und b bestimmt, läßt sich c ermitteln:

$$c = h - (a + b).$$

Diese Dreieckskoordinaten lassen sich für Punkte außerhalb des Dreiecks ABC verwenden, nur nehmen dabei bestimmte Koordinaten negative Werte an. s und h bleiben stets im positiven Bereich.

Da der Handel Dreieckskoordinatenpapier mit Dreiecken von 20 cm Seitenlänge anbietet, die jeweils in 100 Teile geteilt sind, lassen sich vorteilhaft prozentuale Verhältnisse von 3 Größen darstellen.

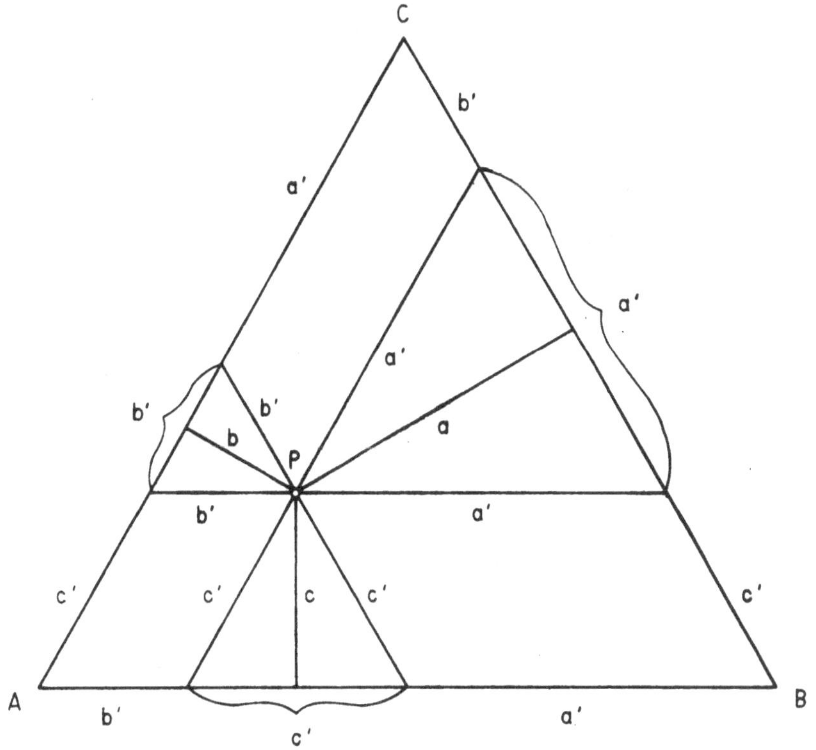

Abb. 1.48. Konzentrationsdreieck zur Darstellung von Mischungen dreier Komponenten (nach C. Burri)

Prinzipiell können auch deformierte Dreiecke genutzt werden, d. h. gleichschenklig-rechtwinklige auf gewöhnlichem Millimeterpapier.

In Abb. 1.49 sind die Strecken AC und AB als Kathoden eines gleichschenkligen Dreiecks gleich Hundert gesetzt.

MP charakterisiert unmittelbar den Gehalt der Komponente c, QM den von b. Da

$$QT = AB, \quad RT = SB \quad \text{und}$$
$$SB = SR = MP \text{ sowie}$$
$$MR = QT - QM - RT$$
$$= AB - (QM + MP)$$

sind, muß MR den Gehalt der Komponente a kennzeichnen. Auch MU ist dafür geeignet ($MR = MU$).

Der nächste Schritt führt zu *Konzentrationstetraedern* (Abb. 1.50). Hier können vier Komponenten dargestellt werden, deren Summe wieder gleich Hundert ist. Ein Punkt im Inneren des Tetraeders charakterisiert mit seinen Abständen von den Tetraederflächen (Höhen) beliebige Zusammensetzungen, im Extremfall als Ecke des Tetraeders jeweils hundert Prozent von a, b, c oder d; Punkte auf einer Kante bestimmen

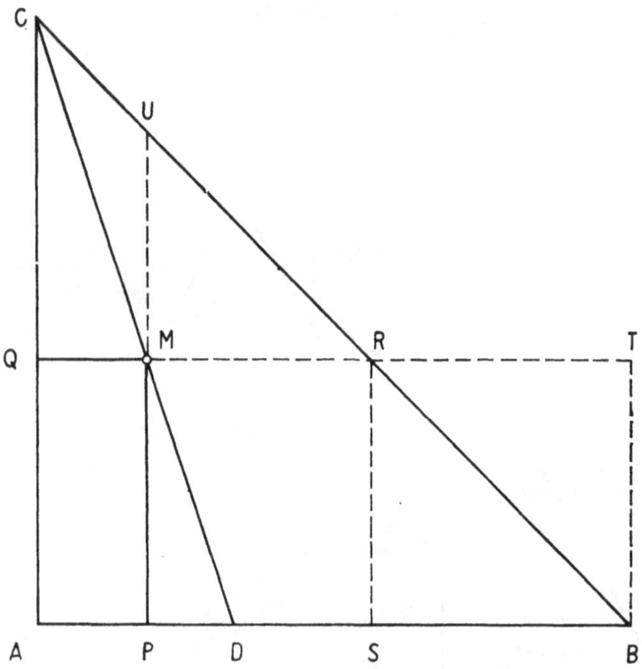

Abb. 1.49. Darstellung der Zusammensetzung eines Gemisches aus drei Komponenten in einem rechtwinkligen Dreieck (nach A. N. SAWARIZKI)

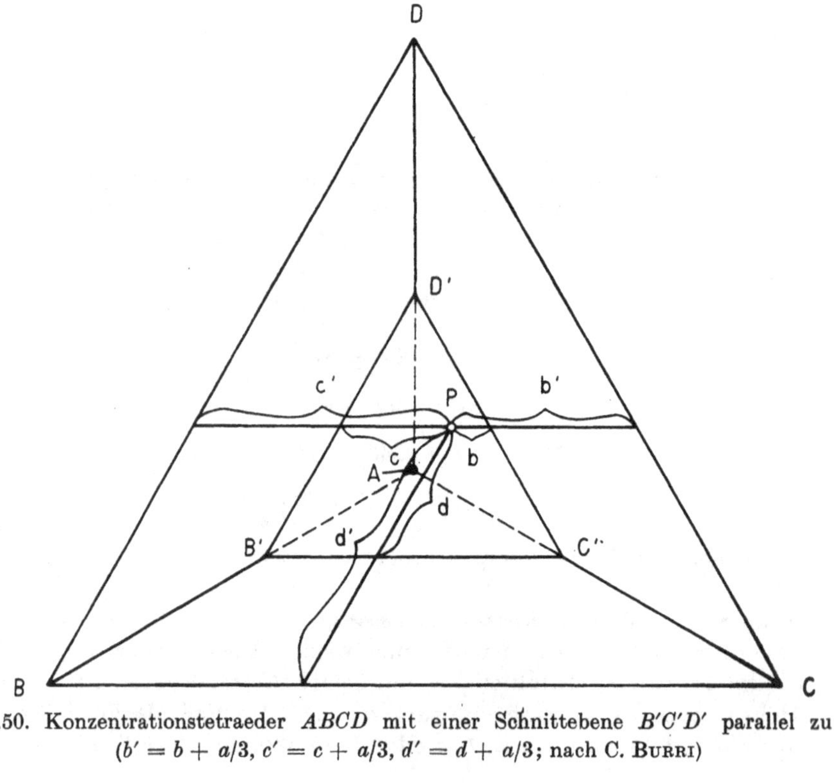

Abb. 1.50. Konzentrationstetraeder *ABCD* mit einer Schnittebene *B'C'D'* parallel zu *BCD* ($b' = b + a/3$, $c' = c + a/3$, $d' = d + a/3$; nach C. BURRI)

Verhältnisse von zwei Komponenten, auf Flächen von drei. Für Schnittebenen parallel zu einer Tetraederfläche ist die Konzentration einer Komponente konstant.

Schnittebenen durch eine Tetraederkante widerspiegeln konstante Mengenverhältnisse derjenigen Komponenten, die nicht auf der Schnittkante liegen.

Um die Verhältnisse im Tetraeder in der Ebene abbilden zu können, gibt es verschiedene Möglichkeiten. Einmal kann man geeignete Schnittebenen in die Zeichenebene umklappen und gesondert analysieren, und zum anderen läßt sich das Tetraeder auf eine oder mehrere Ebenen projizieren. Letzteres Verfahren ist seiner Umständlichkeit wegen selten in Gebrauch. Generell müssen zur eindeutigen Fixierung eines Punktes im dreidimensionalen Raum von ihm zwei Projektionen auf Ebenen (x,- y-, z-Ebene) oder drei Projektionen auf Achsen (x-, y-, z-Achse) vorliegen.

Punkte eines vieldimensionalen Raumes können durch geeignete Projektionen in „Räume" niederer Dimensionen dargestellt werden. Eine Möglichkeit besteht darin, von einem Punkt ausgehend unter verschiedenen Winkeln soviele Geraden (Koordinatenachsen) zu zeichnen, wie der in Betracht kommende Raum Dimensionen hat (Abb. 1.51).

Zwischen den Koordinatenachsen liegen somit Koordinatenebenen, auf die interessierende Punkte projiziert werden können. Abb. 1.51 läßt zugleich erkennen, daß z. B. im vierdimensionalen Raum die Projektionspunkte P_{23} und P_{41} entscheidend sind, sofern sich die zugehörigen Projektionsebenen *nicht* schneiden.

Auf diese Art und Weise können zwar Vielstoffsysteme noch zeichnerisch dargestellt werden; ihre Anschaulichkeit leidet jedoch mit zunehmender Zahl an Komponenten, so daß für die Untersuchung ganzer Gesteinsserien spezielle Verfahren entwickelt werden mußten.

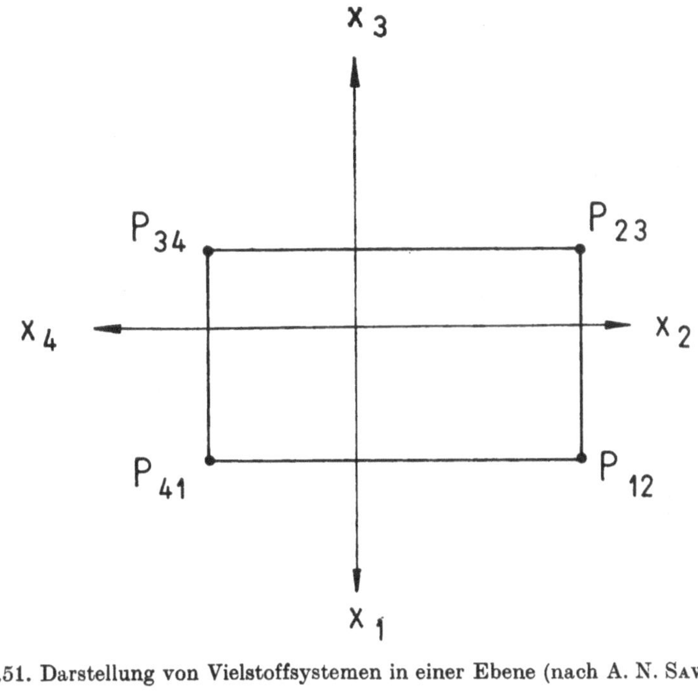

Abb. 1.51. Darstellung von Vielstoffsystemen in einer Ebene (nach A. N. SAWARIZKI)

1.10.3.2. *Spezielle Darstellungsmethoden*

1.10.3.2.1. *Das* OSANN*sche Dreieck*

OSANN wandte gleichseitige Dreiecke mit Seitenlängen von 30 Einheiten an, um seine Werte *a*, *c* und *f* darzustellen (Abb. 1.52).

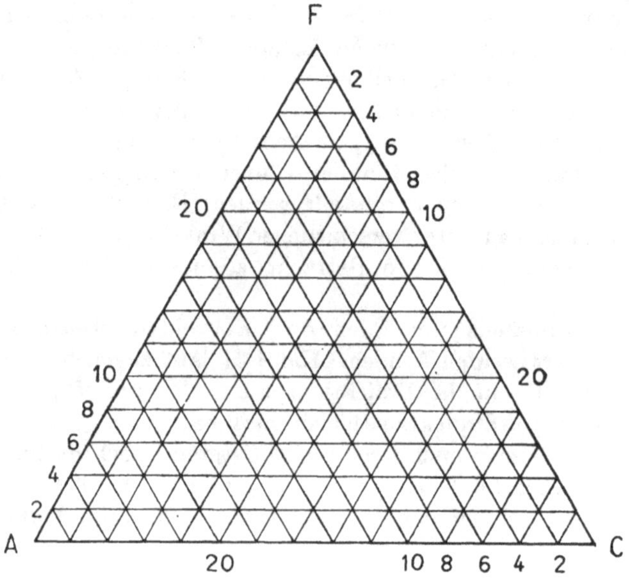

Abb. 1.52. OSANNsches Dreieck

1.10.3.2.2. *Darstellung nach* v. WOLFF

v. WOLFF benutzte ebenfalls ein Dreieck für die Darstellung von *Q*, *L* und *M*, das den möglichen negativen *Q*-Werten entsprechend erweitert wurde (Abb. 1.53).

1.10.3.2.3. *Darstellung der* NIGGLI-*Werte*

In sogenannten *Variationsdiagrammen* wurde die Korrelation der NIGGLIwerte *al*, *fm*, *c* und *alk* mit *si* dargestellt und diskutiert. Verschiedene Autoren konnten jedoch zeigen, daß der gemeinsame Nenner aller NIGGLIwerte oftmals zu falschen Ergebnissen führt. Grundsätzlich kann aus der Korrelation von Verhältniswerten *nicht* auf die Korrelation absoluter Maßzahlen geschlossen werden!

Auch bei der Darstellung der NIGGLIwerte *al*, *fm*, *c* und *alk* in Konzentrationstetraedern ist dieser Umstand stets zu beachten. Man kann die NIGGLIwerte als Eckpunkte eines Tetraeders auffassen und somit jedem Gesteinsmechanismus einen Punkt im Tetraeder zuordnen.

NIGGLI wählte geeignete Schnittebenen aus einem solchen Tetraeder aus, indem er die Kante *c*—*fm* in 10 gleiche Teile teilte ($c:fm = 9:1$, $8:2$ usw.). Durch diese Punkte und die Kante *al*—*alk* legte er Schnitte, die er vereinfacht als gleichseitige Dreiecke darstellte (Abb. 1.54).

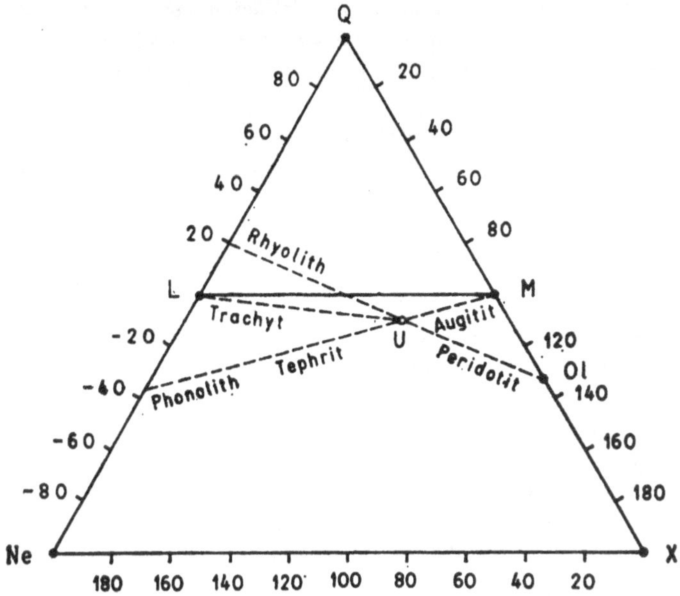

Abb. 1.53. Dreiecksdarstellung nach v. Wolff (Q, L, M; Ne = Nephelinpol; X = Oxidpol; U = hypothetisches Urmagma)

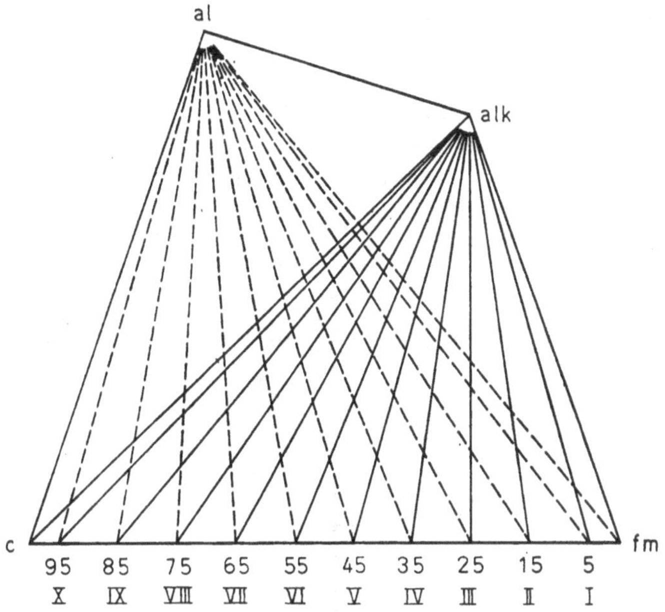

Abb. 1.54. Tetraederschnitte zur Darstellung der Niggli-Werte

Aus Abb. 1.54 geht hervor, daß je zwei zur Mittelebene symmetrisch gelegene Tetraederschnitte aufgeklappt und als Doppeldreieck abgebildet sind. Wie in Konzentrationsdreiecken können die Punkte nach dem Verhältnis der Werte *al*, *alk* und $(c + fm)$ eingetragen werden.

Als brauchbar hat sich das Korrelationsdiagramm mit *k* (*x*-Achse) und *mg* (*y*-Achse), das sogenannte *k-mg*-Diagramm, erwiesen, obwohl auch hier die geäußerten Bedenken gelten.

1.10.3.2.4. Darstellung des Gesteinschemismus nach A. N. Sawarizki

Grundlegende und ergänzende Zahlencharakteristiken umfassen sieben Werte, die punktförmig nur in einem sechsdimensionalen Raum dargestellt werden könnten.

W. N. Lodotschnikow (1924) schlug vor, Fünf- und Siebenkomponentensysteme mittels Vektoren und gebrochener Abschnitte von Geraden darzustellen, wodurch eine gewisse Anschaulichkeit gewahrt werden kann.

Unter Berücksichtigung solcher Darstellungsmöglichkeit ging Sawarizki zunächst von einem Konzentrationstetraeder mit den Eckpunkten *S*, *A*, *B* und *C* aus. Statt eines regulären Tetraeders wählte er ein rechtwinkliges, in dem der rechte Winkel bei der Ecke *S* liegt. Die Kanten *SA*, *SB* und *SC* verlaufen dadurch unter rechten Winkeln und werden gleich lang gehalten sowie durch Hundert geteilt. Dieses Tetraeder wird dann um die Kante *SB* nach rechts und links in der skizzierten Art und Weise aufgeklappt (Abb. 1.55).

Jeder Punkt des Konzentrationstetraeders wird in Form von zwei Projektionen auf die Ebene *SAB* und *SCB* dargestellt. *SR* entspricht *b*, P_1R ist gleich *a*, P_2R gleich *c*.

Die Größe *s* kann konstruktiv leicht dadurch gefunden werden, daß man auf *SB* vom Punkt *R* aus in Richtung *B* den Abschnitt $a + c(RP_1 + RP_2 = RT + TU)$ abträgt. Da $s = 100 - (a + b + c)$ und *SB* gleich Hundert ist, ergibt sich *s* aus dem verbleibenden Kantenabschnitt *UB*.

Problematisch wird die Darstellung von *a*, $\bar{c}$, *b* und *s*. Sobald $\bar{c}$ auftritt, fehlt zwangsläufig *c*. Ein Überschuß an Alkalien verhindert demnach die Anorthitbildung; *c* und $\bar{c}$ haben entgegengesetzten Charakter. Punkte mit der Zahlencharakteristik $a:\bar{c}:b:s$ kön-

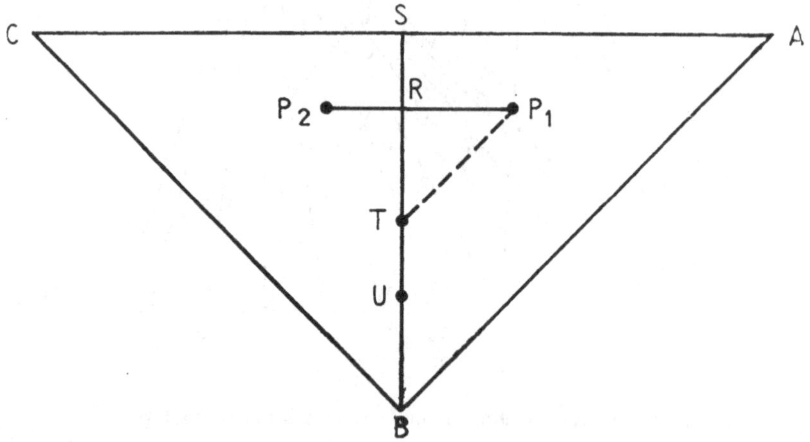

Abb. 1.55. Zur Darstellung der grundlegenden Zahlencharakteristik nach A. N. Sawarizki

nen nur außerhalb des Konzentrationstetraeders liegen. Den Anfangspunkt für $\bar{c} = 100$ findet man durch Verlängerung der Kante *CS* um eine volle Kantenlänge (Abb. 1.56). Beim Aufklappen des Tetraeders um *SB* muß dieser Anfangspunkt in den Punkt *A* fallen. $\bar{c}$ und damit Punkt P_2 müssen demnach in Richtung *A* abgetragen werden; P_1 und P_2 kommen in solchem Fall auf der gleichen Seite zur Darstellung.

Die ergänzende Zahlencharakteristik mit $f':m':c'$ oder $a':f':m'$ (beide schließen sich gegenseitig aus) kann durch Punkte in einer Ebene dargestellt werden.

Man wählt dazu das in Abb. 1.57 gezeigte Dreieck. Die Werte $n':m':c'$ werden ebenso dargestellt wie $f':m':c'$, nur tritt an die Stelle von f' der Wert n'. Der jetzt vorliegende Vektor wird gestrichelt gezeichnet.

Punkt *P* charakterisiert $f':m':c'$, wobei $f'R = m'$, $RP = c'$ und $PT = f'$ sind ($f' + m' + c' = 100$). Analoges gilt für $a':f':m'$ mit dem Punkt *Q*.

Dieses Dreieck sollte aus praktischen Gründen zehnmal kleiner als das Dreieck für die grundlegende Zahlencharakteristik gewählt werden.

Wichtig wird das Verhältnis von $Na_2O:(Na_2O + K_2O)$, wie es sich in *n* widerspiegelt. Abb. 1.58 zeigt die von Sawarizki angewandte Darstellung (Mol-% bzw. Molekular-

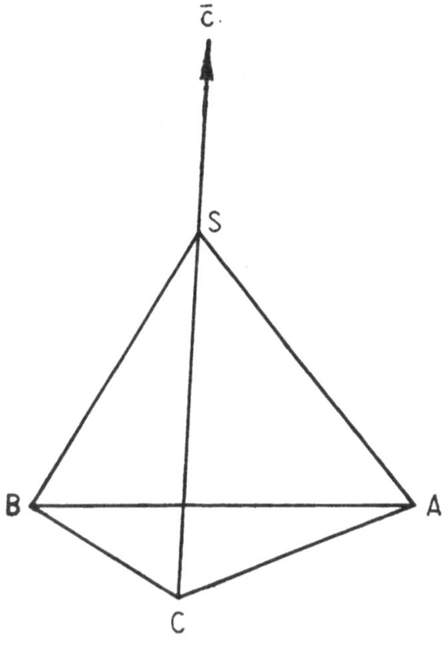

Abb. 1.56. Lage von $\bar{c}$ im Sawarizki-Diagramm

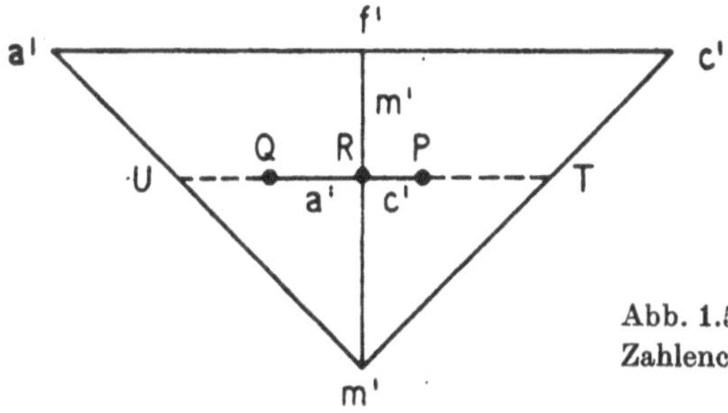

Abb. 1.57. Zur Darstellung der ergänzenden Zahlencharakteristik nach A. N. Sawarizki

quotienten!). Alle diese Darstellungen (grundlegende und ergänzende Zahlencharakteristik, $K_2O:Na_2O$) sind in *einem* Diagramm zu kombinieren! Dazu sind folgende Schritte notwendig:

1. Konstruktion von *SABC* (Millimeterpapier, Kantenlänge 100 cm).
2. Projektion von P_1 und P_2 in *SAB* bzw. *SBC*.
3. P_1 wird Ausgangspunkt f' für die ergänzende Zahlencharakteristik (Maßstab 1:10 beachten!), $f'm' \parallel SB$; Ermittlung von *P* oder *Q*.
4. Verbindung von P_1 und *P* bzw. *Q* zum Vektor P_1P bzw. P_1Q; P_1 wird Anfangspunkt, *P* bzw. *Q* Endpunkt.
5. Konstruktion des Vektors P_2M (im Punkt P_2), wobei die K_2O-Achse parallel zu *SC* liegen muß; sein Endpunkt *M* hat von *SC* bzw. *SA* den gleichen Abstand wie *P* oder *Q*.

P_1 und P_2 liegen also stets genauso wie *M* und *P* auf *einer* horizontalen Linie senkrecht zu *SB*.

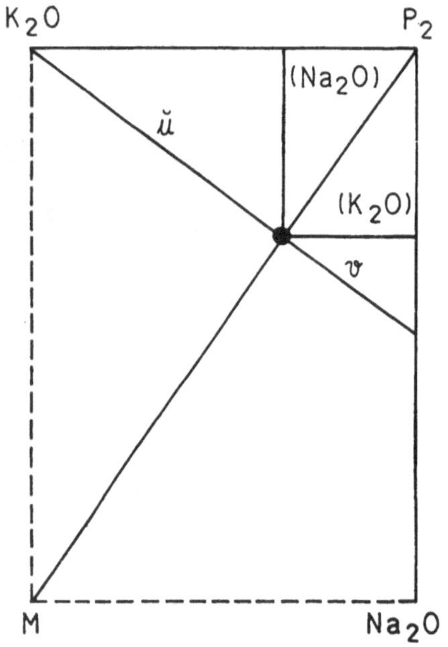

Abb. 1.58. Darstellung der Alkaliverhältnisse nach A. N. Sawarizki ($u:v = Na_2O:K_2O$)

Falls als ergänzende Zahlencharakteristik $n':m':c'$ auftritt, wird statt f' die Größe n' gewählt und der entsprechende Vektor gestrichelt gezeichnet!

Ein Beispiel für das Gesamtdiagramm zeigt Abb. 1.59.

1.10.3.2.5. Das QLM-Dreieck nach Niggli

Niggli faßte folgende *Basisverbindungen* zusammen:

a) Feldspat- und Feldspatvertreterverbindungen

$$Kp + Ne + Cal$$

(Kaliophilit + Nephelin + Ca-Aluminat);

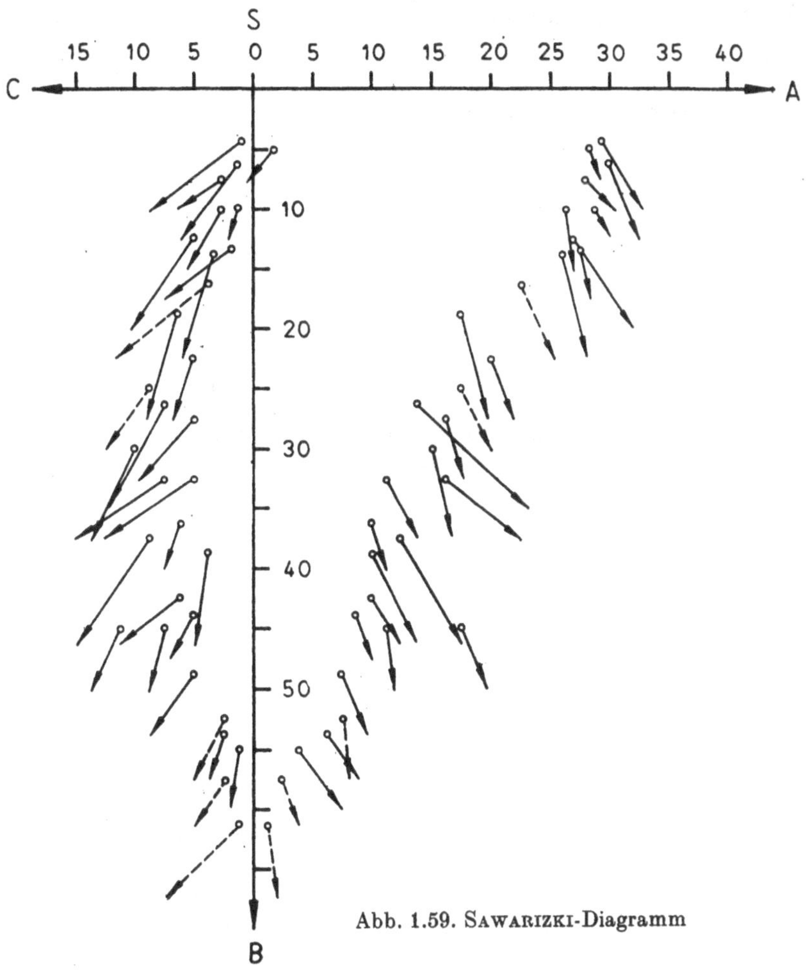

Abb. 1.59. Sawarizki-Diagramm

b) Olivin- und Augitgrundverbindungen

Cs + Fo + Fa

(Ca-Silikat + Forsterit + Fayalit);

c) Korund- und Sillimanitgrundverbindungen

C (Korund);

d) Quarz- und Silifizierungssubstanz

Q (Quarz);

e) Alkaliaugit- und Fe-Erz-Grundverbindungen

Ns (eventuell Ks) + Fs

(Na-Metasilikat, eventuell K-Metasilikat + Ferrisilikat);

f) Spinell-, Cordierit- und Erzgrundverbindungen

$$\mathrm{Sp} + \mathrm{Hz} + \mathrm{Fs}$$

(Spinell + Herzynit + Ferrisilikat);

b und c sowie e und f schließen sich gegenseitig aus.

Es resultierten daraus Sammelkomponenten:

$$\begin{aligned} Q &= Q \\ L &= \mathrm{Kp} + \mathrm{Ne} + \mathrm{Cal} \\ M &= \mathrm{Cs} + \mathrm{Fo} + \mathrm{Fa} + \mathrm{Fs} + \cdots \\ &\quad (\mathrm{Ns}, \mathrm{Ks}, \mathrm{Sp}, \mathrm{Hz}, \mathrm{C}, \mathrm{Ru}, \mathrm{Cp}, \mathrm{Z}). \end{aligned}$$

Diese Sammelkomponenten wurden im QLM-Dreieck dargestellt (Abb. 1.60).

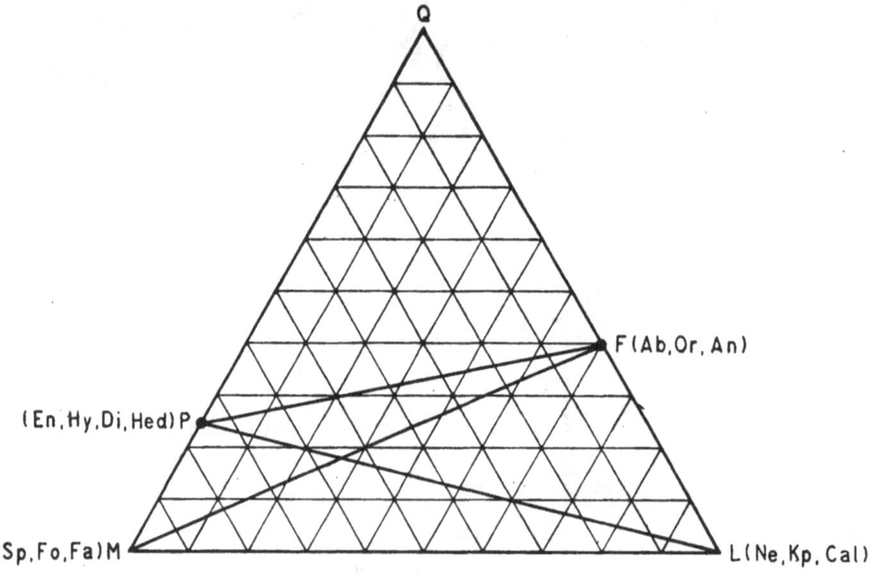

Abb. 1.60. QLM-Dreieck nach P. Niggli (F = Feldspatpunkt, P = Pyroxenpunkt)

1.10.3.2.6. Gruppenwerte (Kationenprozente)

Unter Berücksichtigung der Arbeiten sowjetischer Petrographen lassen sich die Kationenprozente wie folgt gruppieren:

1. Si^{4+};
2. Al^{3+};
3. $Na^{+} + K^{+}$;
4. Ca^{2+};
5. Restliche Kationen (Fe^{3+}, Fe^{2+}, Mg^{2+} u. a.).

Die so gewonnenen Gruppenwerte können im gleichschenkligen Dreieck mit Kathetenlängen von Hundert in Form von Vektoren dargestellt werden (Abb. 1.61).

Abmessung und Lage eines solchen Vektors charakterisieren eindeutig die Gruppenwerte eines Gesteins.

Weitere petrochemische Berechnungen und Darstellungen haben keine Verbreitung gefunden; sie leiten zum Teil zur Auswertung petrochemischer Daten über.

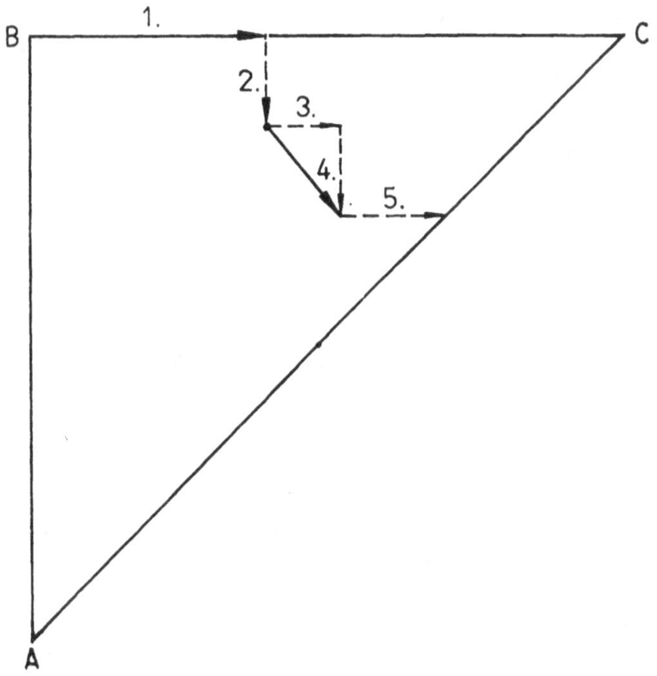

Abb. 1.61. Darstellung der Kationenprozente (Gruppenwerte)

1.11. Literatur

Agricola, G.: De natura fossilium libri X. 1546. — Gedenkausgabe des Staatlichen Museums für Mineralogie und Geologie zu Dresden, Bd. IV, Seite 13—273, VEB Deutscher Verlag der Wissenschaften, Berlin 1958.

Autorenkollektiv: Grundriß der Geologie der Deutschen Demokratischen Republik. Bd. 1: Geologische Entwicklung des Gesamtgebietes. — 454 Seiten + Anlagenmappe, Akademie-Verlag, Berlin 1968.

Autorenkollektiv: Fachbereichsstandard „Magmatische Gesteine. Petrographische Gesteinsbezeichnung" der DDR. TGL 25235. — 27 Seiten, Berlin 1971.

Autorenkollektiv: Problemi petrologi, geochimii, mineralogii stschelotschnych porod. — 156 Seiten, UNZ AN CCCP, Swerdlowsk 1974.

Autorenkollektiv: Ozerki fisiko-chimitscheskoi petrologii. — 326 Seiten, Nauka, Moskau 1969 und 1975.

Barth, T. F. W.: Oxygen in rocks: A basis for petrographic calculations. — J. Geol., **56**, Seite 50—60, Chicago 1948.

Barth, T. F. W.: Theoretical petrology. — 415 Seiten, 2. Auflage, John Wiley & Sons, New York und London 1962.

Barth, T. F. W., Correns, C. W. und Eskola, P.: Die Entstehung der Gesteine. — 422 Seiten, Verlag von Julius Springer, Berlin (West) 1939.

Baumann, L. und Tischendorf, G.: Einführung in die Metallogenie-Minerogenie. — 458 Seiten, VEB Deutscher Verlag für Grundstoffindustrie, Leipzig 1976.

Bayly, B.: Wwedenije w petrologiju. — 280 Seiten, MIR, Moskau 1972.

v. Bemmelen, R. W.: On the origin and evolution of the earth's crust and magmas. — Geol. Rdsch., **57**, Seite 657—705, Stuttgart 1968.

Bowen, N. L.: The evolution of the igneous rocks. — 331 Seiten, Univers. Press, Princeton 1928.

Bowen, N. L. und Tuttle, O. F.: The system $NaAlSi_2O_8-KAlSi_3O_8-H_2O$. — J. Geol., **58**, Seite 489—511, Chicago 1950.

Boyd, F. R.: Hydrothermal investigations of amphiboles. — In: Abelson, P. H.: Research in geochimistry, Seite 377—396, New York 1959.

Brey, G. und Green, D. H.: The role of CO_2 in the genesis of olivine melilitite. — Contr. Mineral. Petrol., **49**, Seite 93—103, Berlin (West), Heidelberg und New York 1975.

—, —: Systematic study of liquidus phase relations in olivine melilitite + H_2O + CO_2 at high pressures and petrogenesis of an olivine melilitite magma. — Contr. Mineral. Petrol., **61**, Seite 141—162, Berlin (West), Heidelberg und New York 1977.

Brögger, W. C.: Die Mineralien der Syenitpegmatitgänge der südnorwegischen Augit- und Nephelinsyenite. — Z. f. Kryst., **16**, Seite 1—663, Leipzig 1890.

—: Die Eruptivgesteine des Kristiania-(Oslo-)gebietes. I—VII. — I—IV in: Videnskapsselskapets Skrifter, Mat.-naturv. Klasse, Kristiania 1894—1920; V—VII in: Det Norske Videnskaps-Akademi, Mat.-naturv. Klasse, Oslo 1930—1933.

Brotzen, O.: The average igneous rock and the geochemical balance. — Geochim. Cosmochim. Acta, **30**, Seite 868—873, London 1966.

v. Bubnoff, S.: Grundprobleme der Geologie. — 246 Seiten, 2. Auflage, Mitteldeutsche Druckerei und Verlagsanstalt G. m. b. H., Halle (Saale) 1949.

Büsch, W.: Petrographie und Abfolge der Granitisation im Schwarzwald. V. — N. Jb. Mineral., Abh., 104, Seite 190—258, Stuttgart 1966.

Burri, C.: Petrochemische Berechnungsmethoden auf äquivalenter Grundlage. — 334 Seiten, Birkhäuser Verlag, Basel und Stuttgart 1959.

Cloos, H.: Zur Terminologie der Plutone. — Fennia, **50**, Nr. 2, Seite 1—10, Helsinki 1928.

Cross, C. W., Iddings, J. P., Pirsson, L. V. und Washington, H. S.: A quantitative chemico-mineralogical classification and nomenclature of igneous rocks. — J. Geol., **10**, Seite 555—690, Chicago 1902.

Daly, R. A.: Igneous rocks and the depth of the earth. — 598 Seiten, 2. Auflage, Mc Graw-Hill, New York 1933.

Dawson, J. B.: The genesis of kimberlite. — Diamond Research, Seite 2—7, London 1971.

Dietrich, R. V. und Mehnert, K. R.: Proposal of the nomenclature of migmatites and associated rocks. — Report of the 21 Session Norden, Internat. Geol. Congr., XXVI, Seite 56—67, Kopenhagen 1960.

Dorschner, J.: Die Entstehung des Planetensystems. — Wiss. u. Fortschr., **26**, Seite 275—281, Berlin 1976.

Drescher-Kaden, K. F.: Granitprobleme. — 586 Seiten, Akademie-Verlag, Berlin 1969.

Dudek, A., Fediuk, F. und Palivcová, M.: Petrografické tabulky. — 303 Seiten, Nakladatelstvi Československé akademie věd, Praha 1962.

v. Eckermann, H.: Progress of research on the Alnö carbonatite. — In: Tuttle, O. F. und Gittins, J.: Carbonatites, Seite 3—31, New York, London und Sydney 1966.

Erdmannsdörffer, O. H.: Grundlagen der Petrographie. — 327 Seiten, Ferd. Enke-Verlag, Stuttgart 1924.

ERNST, TH.: Erdmantelprobleme — Bericht und Theorie. — Fortschr. Mineral., **52**, Seite 106—140, Stuttgart 1975.

ERNST, TH. und SCHWAB, R.: A new theory on the formation and ascent of basic magmas with special respect to the undersaturated series. — Report of the 24 Session, Internat. Geol. Congr., XIV, Seite 28—33, Montreal 1972.

ESKOLA, P.: A proposal for the presentation of rock analyses in ionic percentage. — Ann. Acad. Sci. Fennicae, A, III, **38**, Seite 3—15, Helsinki 1954.

FARBEROW, A. I.: Wulkanism i magmatogenes w mantii semli. — Bibliografitscheski ukasatel 1956—1970. — 132 Seiten, AN CCCP, Petropawlowsk 1972.

FERSMAN, A.: Über die geochemisch-genetische Klassifikation der Granitpegmatite. — Mineral. Petrogr. Mitt., **41**, Seite 64—83, Leipzig 1931.

FISCHER, W.: Gesteins- und Lagerstättenbildung im Wandel der wissenschaftlichen Anschauung. — 592 Seiten, E. Schweizerbart'sche Verlagsbuchhandlung, Stuttgart 1961.

FREUND, H.: Handbuch der Mikroskopie in der Technik. Band IV: Mikroskopie der Silikate. Teil 1: Mikroskopie der Gesteine. — 850 Seiten, Umschau Verlag, Frankfurt am Main 1955.

GOLDSCHMIDT, V. M.: Geochemistry. — 730 Seiten, University Press, Oxford 1954.

GREEN, D. H.: The origin of basaltic and nephelinitic magmas in the earth's mantle. — Tectonophysics, **7**, 5—6, Seite 409—422, Amsterdam 1969.

GREEN, D. H. und RINGWOOD, A. E.: The genesis of basaltic magmas. — Contr. Mineral. Petrol., **15**, Seite 103—190, Berlin (West), Heidelberg und New York 1967.

—, —: Genesis of the calc-alkaline igneous rock suite. — Tectonophysics, **18**, Seite 105—162, Amsterdam 1968.

HIBSCH, J. E.: Die Minerale des Böhmischen Mittelgebirges. — 196 Seiten, Verlag von Gustav Fischer, Jena 1934.

INSCHIN, P. W.: O mechanismach differenziazii magmy. — 248 Seiten, Nauka, Alma-Ata 1972.

JOHANNSEN, A.: A descriptive petrography of the igneous rocks. — Vol. 1: Introduction, textures, classifications and glossary. — 267 Seiten, The University of Chicago Press, Chicago und Illinois 1931; Vol. 2: The quartz-bearing rocks. — 428 Seiten, The University of Chicago Press, Chicago und Illinois 1932; Vol. 3: The intermediate rocks. — 360 Seiten, The University of Chicago Press, Chicago und Illinois 1937; Vol. 4, Teil 1: The feldspathoid rocks. Teil 2: The peridotites and perknites. — 523 Seiten, The University of Chicago Press, Chicago und Illinois 1938.

KONONOWA, W. A.: Jakupirangit-urtitowaja serija stschelotschnych porod. — 214 Seiten, Nauka, Moskau 1976.

KOPECKÝ, L.: Relationship between fenitization, alkaline magmatism, barite-fluorite mineralization and deep-fault tectonics in the Bohemian Massif. — Geol. Final Report, Upper Mantle Project Progr. in Czechoslovakia 1962—1970, Seite 73—95, Praha 1971.

KOPTEW-DWORNIKOW, W. S.: Über die Hybridisation an Beispielen einiger Granitintrusionen im Paläozoikum Zentralkasachstans. — Fortschr. der sowj. Geol., 3, Seite 65—107, Berlin 1961

KOWALSKI, W. W.: Kimberlitowyje porodi Jakutii. — 184 Seiten, AN CCCP, Moskau 1963.

KRAMER, W.: Zur tektonischen Stellung und Bedeutung von Lamprophyren und Doleriten im Saxothuringikum-Lugikum. — Nova Acta Leopoldina, Neue Folge, **224**, 45, Seite 37—43, Halle (Saale) 1976.

—: Genese der Lamprophyre im Bereich der Fichtelgebirgisch-Erzgebirgischen Antiklinalzone. Ein geochemisch-petrologischer Beitrag zum Problem der Kruste-Mantel-Beziehungen. — Chem. der Erde, **35**, Seite 1—49, Jena 1976.

—: Zur Petrologie und metallogenetischen Bedeutung der Dolerite (Lamprophyre) des Lausitzer Massivs. — Z. geol. Wiss., **4**, Seite 975—994, Berlin 1976.

KUNO, H.: High-alumina basalt. — J. Petrol., **1**, Seite 121—145, Oxford 1960.

—: Origin of basaltic magmas and of ultramafic rocks. Summary and conclusion. — Tectonophysics, **17**, Seite 521—523, Amsterdam 1969.

Kushiro, I.: Stability of amphibole and phlogopite in the upper mantle. — Carnegie Institute, Year Book 68, Seite 245—247, Washington 1970.
Kushiro, I., Shimizu, N., Nakamura, Y. und Akimoto, S.: Composition of coexisting liquid and solid phases formed upon melting of natural garnet and spinel lherzolites at high pressures: A preliminary report. — Earth Planet. Sci. Lett., **14**, Seite 19—25, Amsterdam 1972.
Kushiro, I., Syono, V. und Akimoto, S.: Melting of a peridotite nodule at high pressures and high water pressures. — J. geophys. Res., **73**, Seite 6023—6029, Washington 1968.
Kutolin, W. A.: Statistitscheskije petrochimitscheskije kriterii formazionnoi prinadleshonosti dlja basaltow i doleritow. — Dokl. AN SSSR, **178**, Seite 434—437, Moskau 1968.
Lange, H., Tischendorf, G., Pälchen, W., Klemm, I. und Ossenkopf, W.: Zur Petrographie und Geochemie der Granite des Erzgebirges. — Geologie, **21**, Seite 457—489, Berlin 1972.
Leitmeier, H.: Einführung in die Gesteinskunde. — 275 Seiten, Springer-Verlag, Wien 1950.
Malejew, E. F.: Kriterii diagnostiki fazi i genetitscheskich tipow wulkanitow. — 256 Seiten, Nauka, Moskau 1975.
Mason, B.: Principles of Geochemistry. — 310 Seiten, 2. Auflage, John Wiley & Sons, New York 1958, und 329 Seiten, 3. Auflage, John Wiley & Sons, New York 1966.
—: Composition of the earth. — Nature, **211**, Seite 616—618, London 1966.
Möbus, G.: Tektogenese und Magmatismus im Gebiet der DDR. — Geologie, **17**, Seite 631—646, Berlin 1968.
Mehnert, K. R.: Der gegenwärtige Stand des Granitproblems. — Fortschr. Mineral., **37**, Seite 117—206, Stuttgart 1959.
—: Migmatites and the origin of granitic rocks. — 393 Seiten, Elsevier Publishing Comp., Amsterdam 1968.
Mysen, B. O.: Melting in a hydreous mantle: Phase relations of mantle peridotite with controlled water and oxygen fugacitics. — Carnegie Institute, Year Book 72, Seite 467—478, Washington 1973.
Nicholls, I. A.: Liquids in equilibrium with peridotitic mineral assemblages at high water pressure. — Contr. Mineral. Petrol., **45**, Seite 289—316, Berlin (West), Heidelberg und New York 1974.
Nickel, E.: Phasenablauf und Tektogenese im Raume Knoden (Odenwald). — N. Jb. Mineral., Abh., **89**, Seite 302—366, Stuttgart 1956.
Niggli, P.: Systematik der Eruptivgesteine. — Cbl. Mineral., Geol. und Paläont., Seite 161—174, Stuttgart 1920.
—: Das Magma und seine Produkte. I. Teil: Physikalisch-chemische Grundlagen. — 379 Seiten, Akad. Verlagsgesellschaft, Leipzig 1937.
—: Gesteine und Minerallagerstätten. I. Allgemeine Lehre von den Gesteinen und Minerallagerstätten. — 540 Seiten, Verlag Birkhäuser, Basel 1948.
Nixon, P. H.: Lesotho Kimberlites. — 350 Seiten, Lesotho National Development Corp., Maseru 1973.
Oftedahl, Ch.: Permian igneous rocks. — Geol. Guide to Oslo and District, Seite 26—32, Oslo 1957.
O'Hara, M. J.: Phase equilibrium studies relevant to upper mantle petrology. — The earth's crust and upper mantle, Geophys. monogr. **13**, Seite 634—637, Washington 1969.
Olszak, G.: Zu einigen Beziehungen zwischen Magmatismus-Tektonik und geologisch-geophysikalischer Tiefenstruktur. — Tektonik und Magma, Teil 1, Freiberger Forschungshefte C 215, Seite 107—116, Leipzig 1967.
Osann, A.: Versuch einer chemischen Klassification der Eruptivgesteine. — Tscherm. Mineral. Petrogr. Mitt., **19**, Seite 351—469, Wien 1899; **20**, Seite 399—558, Wien 1901; **21**, Seite 365—448, Wien 1902; **22**, Seite 322—356, Wien 1903; **22**, Seite 403—436, Wien 1903.
Osborn, E. F.: Role of oxygen pressure in the crystallization and differentiation of basaltic magma. — Amer. J. Sci., **257**, Seite 609—647, New Heaven 1959.
Owtschinnikow, L. N.; Borodin, L. S. und Ljachowitsch, W. W.: Geochimija magmatitscheskich porod. — Geochimija, **4**, Seite 446—459, Moskau 1970.

PÄLCHEN, W. und SCHIRMER, B.: Zur petrographischen Nomenklatur magmatischer Gesteine. — Geologie, **21**, Seite 536—553, Berlin 1972.

PESCHEL, A.: Natursteine. — 390 Seiten, VEB Deutscher Verlag für Grundstoffindustrie, Leipzig 1977.

PESCHEL, A. MÜLLER, B. und KRAMER, W.: Die basischen Intrusivgesteine der Lausitz und ihre industrielle Nutzung. — 154 Seiten, Freiberger Forschungshefte C 283, Leipzig 1973.

PETROW, B. P.: Magma i genesis magmatitscheskich gornych porod. — 135 Seiten, Nedra, Moskau 1972.

PFEIFFER, L.: Modale und normative Mineralbestände als Grundlagen einer quantitativ-mineralogischen Gesteinssystematik. — Bergakademie, **14**, Seite 566—568 und 695—700, Berlin 1962.

—: Beiträge zur Petrologie des Meißener Massivs. — 222 Seiten, Freiberger Forschungshefte C 179, Leipzig 1964.

—: Zur Darstellung von petrochemischen Parametern nach einem Vorschlag von R. G. GEVORKJAN. — Z. geol. Wiss., **2**, Seite 645—648, Berlin 1974.

v. PHILIPSBORN, H.: Tabellen zur Berechnung von Mineral- und Gesteinsanalysen. — 310 Seiten, Akad. Verlagsgesellschaft, Leipzig 1933.

PIETZSCH, K.: Geologie von Sachsen. — 870 Seiten, VEB Deutscher Verlag der Wissenschaften, Berlin 1962.

RANKAMA, K. und SAHAMA, TH. G.: Geochemistry. — 912 Seiten, 2. Auflage, The University of Chicago Press, Chicago 1952.

RICHARDSON, W. A. und SNEESBY, G.: The frequency-distribution of igneous rocks. — Mineral. Mag., **19**, Seite 303—313, London 1922.

v. RICHTHOFEN, F.: Studien aus den ungarisch-siebenbürgischen Trachytgebirgen. — Jb. k. k. geol. Reichsanstalt, **11**, Seite 153—278, Wien 1860.

—: Principles of the natural system of volcanic rocks. — 133 Seiten Mem. Calif. Acad. Sci., I, Teil 2, San Francisco 1869.

RINGWOOD, A. E., MACGREGOR, I. D. und BOYD, F. R.: Petrological constitution of the upper mantle. — Carnegie Institute, Year Book 63, Seite 147—152, Washington 1964.

RINNE, F.: Gesteinskunde. — 428 Seiten, 10. und 11. Auflage, Verlagsbuchhandlung Jänecke, Leipzig 1928.

RITTMANN, A.: Die geologisch bedingte Evolution und Differentiation des Somma-Vesuvmagmas. — Z. Vulkanologie, **15**, Seite 8—94, Berlin 1933.

—: Vulkane und ihre Tätigkeit. — 336 Seiten, 2. Auflage, Ferdinand Enke Verlag, Stuttgart 1960.

—: Bimodalität des Vulkanismus und Herkunft der Magmen. — Geol. Rdsch., **57**, Seite 277—295, Stuttgart 1967.

—: Stable mineral assemblages of igneous rocks. — 262 Seiten, Springer-Verlag, Berlin (West), Heidelberg und New York 1973.

RÖLLIG, G.: Stoffliche und strukturelle Prozesse im Vulkanismus des Molassestockwerkes (Nordwesten der Bezirkes Leipzig). — 17. Jahrestagung der GGW, Exkursionsführer, Seite 40—57, Berlin 1970.

RÖSLER, H. J.: Zur Frage der Hybridität von Graniten. — Freiberger Forschungshefte C 5, Seite 63—67, Berlin 1953.

—: Zur Petrographie, Geochemie und Genese der Magmatite und Lagerstätten des Oberdevons und Unterkarbons in Ostthüringen. — 275 Seiten, Freiberger Forschungshefte C 92, Berlin 1960.

RÖSLER, H. J., BAUMANN, L., LANGE, H., FANDRICH, K. und SCHEFFLER, H.: Geosynklinalmagmatismus und submarin-hydrothermale Lagerstätten. — Report of the 23 Session, Internat. Geol. Congr., VII, Seite 185—196, Praha 1968.

RÖSLER, H. J. und LANGE, H.: Geochemische Tabellen. — 675 Seiten, 2. Auflage, VEB Deutscher Verlag für Grundstoffindustrie, Leipzig 1975.

RONNER, F.: Systematische Klassifikation der Massengesteine. — 380 Seiten, Springer-Verlag, Wien 1963.

SANDER, B.: Einführung in die Gefügekunde der geologischen Körper. Erster Teil: Allgemeine Gefügekunde und Arbeiten im Bereich Handstück bis Profil. — 215 Seiten, Springer-Verlag, Wien und Innsbruck 1948.

—: Einführung in die Gefügekunde der geologischen Körper. Zweiter Teil: Die Korngefüge. — 410 Seiten, Springer-Verlag, Wien und Innsbruck 1950.

SAWARIZKI, A. N.: Einführung in die Petrochemie der Eruptivgesteine. — 445 Seiten, Akademie-Verlag, Berlin 1954.

SCHEUMANN, K. H.: Zur Genese alkalisch-lamprophyrischer Gesteine. — Cbl. Mineral., Geol. und Paläont., Seite 495—545, Stuttgart 1922.

SCHNEIDERHÖHN, H.: Lehrbuch der Erzlagerstättenkunde. Erster Band: Die Lagerstätten der magmatischen Abfolge. — 858 Seiten, Verlag von Gustav Fischer, Jena 1941.

SIDORENKO, A. W.: Einige Fragen der Entwicklung der Petrographie. — Z. angew. Geol., **17**, Seite 7—13, Berlin 1971.

SOBOLEW, W. S.: Strojenije werchnei mantii i spossobi obrasowanija magmi. — 34 Seiten, Nauka, Moskau 1973.

SÖRENSEN, H.: Stschelotschnyje porody. — 400 Seiten, MIR, Moskau 1976.

SOOD, M. K. und EDGAR, A. D.: The system diopside-forsterite-nepheline-albite-leucite and its application to the genesis of alkaline rocks. — Report of the 24 Session, Internat. Geol. Congr., XIV, Seite 68—74, Montreal 1972.

STRECKEISEN, A.: Zur Klassifikation der Eruptivgesteine. — N. Jb. Mineral., Mh., Seite 195—222, Stuttgart 1964.

—: Classification and nomenclature of igneous rocks. — N. Jb. Mineral., Abh., **107**, Seite 144—240, Stuttgart 1967.

—: Plutonic rocks and nomenclature recommended by IUGS subcommission on the systematic of igneous rocks. — Geotimes, Oktober 1973, Seite 26—30, Washington 1973.

SZÁDECZKY-KARDOSS, E.: A genetical system of igneous rocks. — Report of the 21 Session Norden, Internat. Geol. Congr., XIII, Seite 260—274, Kopenhagen 1960.

—: Constitution and evolution of the earth (Introduction to petrology). — 340 Seiten, H. Akadémiai Kiadó, Budapest 1968.

TEUSCHER, E. O.: Methodisches zur quantitativen Strukturgliederung körniger Gesteine. — Mineral. Petrogr. Mitt., **44**, Seite 410—421, Leipzig 1933.

THOMPSON, R. N.: Primary basalts and magma genesis. I. Skye, North-West Scotland. — Contr. Mineral. Petrol., **45**, Seite 317—341, Berlin (West), Heidelberg und New York 1974.

—: Primary basalts and magma genesis. II. Snake River Plain, Idaho, U.S.A. — Contr. Mineral. Petrol., **52**, Seite 213—232, Berlin (West), Heidelberg und New York 1975.

—: Primary basalts and magma genesis. III. Alban Hills, Roman Comagmatic Province, Central Italy. — Contr. Mineral. Petrol., **60**, Seite 91—108, Berlin (West), Heidelberg und New York 1977.

TISCHENDORF, G.: Zur geochemischen Spezialisierung der Granite des Westerzgebirgischen Teilplutons. — Geologie, **19**, Seite 25—40, Berlin 1970.

TISCHENDORF, G., PÄLCHEN, W. und LANGE, H.: Zur geochemischen Charakterisierung granitoider Gesteine. — Geologie, **21**, Seite 554—569, Berlin 1972.

TRÖGER, W. E.: Spezielle Petrographie der Eruptivgesteine. — 360 Seiten, Verlag der DMG, Berlin 1935.

TROLL, G.: Gliederung der redwitzitischen Gesteine Bayerns nach Stoff- und Gefügemerkmalen. Teil I: Die Typlokalität von Marktredwitz in Oberfranken. — 86 Seiten, Verlag der Bayr. Akad. Wiss., München 1968.

TURNER, F. J. und VERHOOGEN, J.: Igneous and metamorphic petrology. — 602 Seiten, McGraw-Hill Book Comp., New York, Toronto und London 1951.

TUTTLE, O. F. und BOWEN, N. L.: Origin of granite in the light of experimental studies in the system $NaAlSi_3O_8-KAlSi_3O_8-SiO_2-H_2O$. — Geol. Soc. Amer., Mem., 74, Seite 1—153, New York 1958.

TUTTLE, O. F. und GITTINS, J.: Carbonatites. — 591 Seiten, John Wiley & Sons, New York, London und Sydney 1966.

VELINSKI, W. W.: Degasazija westschestwa werchnei mantii kak osnobnoi faktor magmoobrasowanija. — Geologija i Geofizika, 1, Seite 10—21, Nowosibirsk 1970.

VOGEL, W.: Struktur und Kristallisation der Gläser. — 248 Seiten, VEB Deutscher Verlag für Grundstoffindustrie, Leipzig 1965.

VOGT, J. H. L.: Die physikalisch-chemischen Gesetze der magmatischen Differentiation. — 35 Seiten, Videnskapsselskapets Skrifter, I. Mat.-naturv. Klasse, 17, Kristiania 1924.

WAGENBRETH, O.: Abraham Gottlob Werner und der Höhepunkt des Neptunistenstreites um 1790. — Freiberger Forschungshefte D 11, Seite 183—241, Berlin 1955.

—: Technische Gesteinskunde. — 248 Seiten, VEB Verlag für Bauwesen, Berlin 1970.

WATZNAUER, A.: Die erzgebirgischen Granitintrusionen. — Geologie, 3, Seite 688—706, Berlin 1954.

WEBER, W.: Beiträge zur Entwicklung tiefer Bruchstrukturen in Mitteleuropa unter besonderer Berücksichtigung Thüringens und deren Bedeutung für die saxonische Mineralisation. — Dissertation, Bergakademie Freiberg, Math.-Naturwiss. Fakultät, Freiberg 1974.

WERNER, A. G.: Kurze Klassifikation und Beschreibung der verschiedenen Gebirgsarten. — 28 Seiten, Walther, Dresden 1787.

—: Bekanntmachung einer am Scheibenberger Hügel über die Entstehung des Basalts gemachten Entdeckung. — Bergm. J., 1, Bd. 2, Seite 845—855, Freyberg 1788.

WILLIAMS, H., TURNER, F. J. und GILBERT, CH. M.: Petrography. An introduction to the study of rocks in thin sections. — 406 Seiten, W. H. Freeman Comp., San Francisco 1958.

WIMMENAUER, W.: Beiträge zur Petrographie des Kaiserstuhls. Einführung und Teil I. — N. Jb. Mineral., Abh., 91, Seite 131—150, Stuttgart 1957.

—: Beiträge zur Petrographie des Kaiserstuhls. Schluß von Teil I, Teile II und III. — N. Jb. Mineral., 93, Seite 133—173, Stuttgart 1959.

—: Beiträge zur Petrographie des Kaiserstuhls. Teile IV und V. — N. Jb. Mineral., Abh., 98 Seite 367—415, Stuttgart 1962.

—: Beiträge zur Petrographie des Kaiserstuhls. Teile VI. und VII. — N. Jb. Mineral., Abh., 99 Seite 231—276, Stuttgart 1963.

—: The eruptive rocks and carbonatites of the Kaiserstuhl, Germany. — In: TUTTLE, O. F. und GITTINS, J.: Carbonatites, Seite 183—204, New York, London und Sydney 1966.

WINKLER, H. G. F. und v. PLATEN, H.: Experimentelle Gesteinsmetamorphose. II. Bildung von anatektischen granitischen Schmelzen bei der Metamorphose von NaCl-führenden Tonen. — Geochim. Cosmochim. Acta, 15, Seite 91—112, Oxford 1958.

—, —: Experimentelle Gesteinsmetamorphose. III. Anatektische Metamorphose kalkhaltiger Tone. — Geochim. Cosmochim Acta, 18, Seite 294—316, Oxford 1960.

—, —: Experimentelle Gesteinsmetamorphose. IV. Bildung anatektischer Schmelzen aus metamorphisierten Grauwacken. — Geochim. Cosmochim. Acta, 24, Seite 48—69, Oxford 1961.

—, —: Experimentelle Gesteinsmetamorphose. V. Experimentelle anatektische Schmelzen und ihre petrogenetische Bedeutung. — Geochim. Cosmochim. Acta, 24, Seite 250—259, Oxford 1961.

WINKLER, H. G. F.: Viel Basalt und wenig Gabbro — wenig Rhyolith und viel Granit. — Beitr., Mineral. Petrol., 8, Seite 222—231, Berlin (West), Heidelberg und New York 1962.

WINKLER, H. G. F. und LINDEMANN, W.: The system Qz—Or—An—H_2O within the granitic system Qz—Or—Ab—An—H_2O. Application to a granitic magma formation. — N. Jb. Mineral., Mh., Seite 49—61, Stuttgart 1972.

v. WOLFF, F.: Gesteinskunde. Die Eruptivgesteine. — 265 Seiten, Rudolf A. Lang Verlag, Pößneck 1951.

WYLLIE, P. J.: Experimental data bearing on the petrogenetic links between kimberlites and carbonatites. — Mineral. Soc. India, IMA Vol., Seite 67—82, New Delhi 1966.

—: Experimental studies of carbonatite problems: The origin and differentiation of carbonatite magmas. — In: TUTTLE, O. F. und GITTINS, J.: Carbonatites, Seite 311—352, New York, London und Sydney 1966.

—: Experimental petrology and global tectonics — a preview. — Tectonophysics, **17**, Seite 189 bis 209, Amsterdam 1973.

YODER, H. S., JR. und TILLEY, C. E.: Origin of basalt magmas: An experimental study of natural and synthetic rock systems. — J. Petrol., **3**, Seite 342—532, Oxford 1962.

ZIRKEL, F.: Lehrbuch der Petrographie. — Band 1 (845 Seiten), 2 (941 Seiten) und 3 (833 Seiten), 2. Auflage, Engelmann-Verlag, Leipzig 1893—1894.

2. Sedimentite

2.1. Einleitung

Unter der Bezeichnung *Sedimentite* werden nachfolgend *Lockersedimente* und verfestigtes Material, die *Sedimentgesteine*, zusammengefaßt. Gelegentlich bezeichnet man unverfestigte Sedimente auch als *Lockergesteine*.

Gegenstand der *Petrologie der Sedimentite* oder *Sedimentpetrologie* ist es, aus den petrographischen Befunden, dem geologischen Verband und Beobachtungen in rezenten Bildungsräumen die Gesetzmäßigkeiten der Entstehung und Verbreitung von Sedimenten sowie ihrer Umwandlung in Sedimentgesteine zu ergründen. Dazu gehören auch Bemühungen um die Ausarbeitung entsprechender Untersuchungsmethoden und um eine übersichtliche Typisierung und Klassifikation der Sedimentite, welche den natürlichen Gegebenheiten Rechnung trägt. Die Sedimentpetrologie hat in den letzten 20 bis 30 Jahren eine stürmische Entwicklung genommen und eine Fülle von Erkenntnissen gebracht, die sich befruchtend auf viele Zweige der Geowissenschaften auswirkten. Diese Entwicklung kann noch längst nicht als abgeschlossen gelten. Die bisher umfassendste Darstellung hat die Sedimentpetrologie in dem dreibändigen Werk von W. v. Engelhardt, H. Füchtbauer und G. Müller (1964, 1970, 1973) gefunden.

Ähnlich motiviert wie die Sedimentpetrologie ist auch die *Sedimentologie*. Dieser Begriff bildete sich im anglo-amerikanischen Sprachraum heraus. Nach A. E. Lohse (1951) beschäftigt sich die Sedimentologie mit der Zusammensetzung des Sedimentmaterials und dessen Genese, ferner mit der Anwendung von Geochemie, Physik und Statistik auf diesem Gebiet und mit ökonomischen Aspekten. Die Analyse der Paläogeographie und der Paläotektonik des Sedimentationsraumes gehört ebenfalls zu den Aufgaben der Sedimentologie.

In der Sowjetunion betrachtet man die *Lithologie* als die Wissenschaft von der Bildung der Sedimente und Sedimentgesteine einschließlich der mit ihnen verbundenen Rohstoffe und der für ihre Untersuchung notwendigen Methoden (in Anlehnung an „Geologičeskij slovar“, Moskva 1973 und H. Hetzer 1975). In diesem Sinne vereint die Lithologie exakte Beobachtung und Beschreibung mit dem Bestreben nach einer genetischen Deutung der Befunde und der zielgerichteten Nutzung der Ergebnisse in der Volkswirtschaft. In der mittel- und westeuropäischen sowie in der amerikanischen Fachliteratur wird dagegen unter Lithologie meist die feldgeologisch durchgeführte, makroskopische Beschreibung von Gesteinsabfolgen unter Einbeziehung der Magmatite und Metamorphite verstanden. Diese Auffassung des Begriffes Lithologie kommt seiner ursprünglichen Bedeutung als „Gesteinslehre“ (griech.: lithos = Stein, Gestein; logos = Lehre) näher, wie E. Grumbt (1975) hervorhebt. Die Lithologie ist in dieser allgemeinen Form jedoch hinsichtlich des erstrebten theoretischen Gehaltes der Aussagen weniger weit entwickelt als im oben angegebenen engeren Sinne.

Ein integrierender Bestandteil von Sedimentpetrologie, Sedimentologie oder Lithologie (i. e. S.) ist die *Sedimentpetrographie*, die Beschreibung der Sedimentite nach Mineralbestand bzw. Chemismus, Gefüge und anderen Eigenschaften. Die genaue Kenntnis der petrographischen Parameter bietet eigentlich erst die Grundlage für genetische und wirtschaftliche Schlußfolgerungen. Von *Sedimentgeologie* spricht man, wenn Sedimentite stärker unter geologischem Aspekt und nicht so sehr im Hinblick auf die sie zusammensetzende Substanz untersucht werden. Der Begriff der *Lithogenese* hingegen lenkt das Augenmerk in besonderem Maße auf die Bildungsbedingungen der Gesteine, vor allem auf jene der Sedimentite.

2.2. Grundzüge der Bildung und Klassifikation der Sedimentite

Sedimente und Sedimentgesteine bedecken 75% der Festlandfläche der Erde (F. J. PETTIJOHN 1957) und den größten Teil des Meeresbodens. A. B. RONOV (1968) schätzt das Gesamtvolumen der Sedimenthülle der Erde auf 940 Millionen km^3. Bei gleichmäßiger Verteilung der Sedimente und Sedimentgesteine über die gesamte Erde würde dieses einer 1,8 km mächtigen Schicht entsprechen. PH. H. KUENEN (1950) rechnet mit einer durchschnittlichen Dicke der Sedimentschale von 2 km und A. POLDERVAART (1955) mit 1,4 km. Die Schätzungen A. B. RONOVS liegen somit etwa in der Mitte zwischen diesen Angaben.

Selbstverständlich entspricht die Berechnung einer durchschnittlichen Sedimentmächtigkeit nicht den natürlichen Gegebenheiten, die durch die Ansammlung sehr unterschiedlicher Mengen von Ablagerungen in den verschiedenen Regionen und geotektonischen Einheiten gekennzeichnet sind. Sie ist aber geeignet, eine sehr anschauliche Vorstellung über den Sedimenthaushalt der Erde zu vermitteln. Dabei handelt es sich um nicht metamorphes Material. Die Einbeziehung der Parametamorphite in die Kalkulation würde die angegebenen Daten um ein Mehrfaches erhöhen.

Die große und in Zukunft sicher noch steigende Bedeutung einer eingehenden Untersuchung der Sedimente und Sedimentgesteine resultiert vor allem aus wirtschaftlichen Aspekten. So wurden nach Angaben von N. G. FEJTELMANN (1972) Ende der 60er Jahre dieses Jahrhunderts in der Welt jährlich ca. 5 Mrd. t Bodenschätze gefördert und der Rohstoffbedarf wird weiter wachsen. Der überwiegende Teil der benötigten mineralischen Rohstoffe stammt dabei aus dem sedimentären Bereich (z. B.: Brennstoffe — Kohlen, Erdöl und Erdgas; Massenrohstoffe für die Bauindustrie; silikatische Rohstoffe für die keramische Industrie; Salze und anorganische Rohstoffe für die chemische Industrie; beträchtliche Mengen metallischer Rohstoffe).

Mit dem Abbau dieser Rohstoffe und der steigenden Industrialisierung sind engstens Fragen und Probleme eines wirksamen Umweltschutzes verbunden. Das gilt auch für die in Zukunft zu erwartende Rohstoffgewinnung vom Boden der Ozeane, die gegenwärtig erst in den Anfängen steht.

Sedimente sind Produkte des *exogenen Kreislaufes* der Stoffe. Sie entstehen aus Magmatiten, Metamorphiten und älteren Sedimentiten durch Verwitterung sowie anschließenden Transport des freigesetzten Materials und dessen Ablagerung.

Die *Verwitterung* leitet jenen natürlichen Aufbereitungsprozeß ein, in dessen Folge sich die Sedimente bilden. Sie ist vom Klima abhängig und führt zu einer mechanischen

Gefügeauflockerung (mechanische Verwitterung) und/oder zu einer chemischen Zersetzung und Lösung der Minerale (chemische Verwitterung) der Ausgangsgesteine. Einige Formen der mechanischen und chemischen Verwitterung sind hinsichtlich Verlauf und Bedeutung seit langem gut bekannt — so z. B. die Frostsprengung, die Salzsprengung, die Wirkung des Wachstumsdruckes der Pflanzenwurzeln, die Rolle CO_2-haltigen Wassers bei der Lösung der Karbonate und der Zersetzung der Feldspäte sowie weiterer Silikate. Andere Formen wurden bisher zu wenig beachtet und müssen noch genauer untersucht werden. W. E. KRUMBEIN (1969) machte z. B. besonders auf die Bedeutung aufmerksam, welche die Bakterien in der exogenen Dynamik haben, und schließlich greift auch der Mensch in diese Prozesse ein und sucht nach Möglichkeiten ihrer Beeinflussung und Gestaltung.

Im Zuge der Verwitterung entstehen aus Rückständen der Ausgangsgesteine, Mineralneubildungen und Resten der sich zersetzenden organischen Substanz auch die Böden. Diese gehören aber im engeren Sinne nicht zu den Sedimentiten, da für ihre Bildung die Vorgänge des Transportes und der Ablagerung keine oder nur eine untergeordnete Rolle spielen.

Verwitterungsprozesse gehen auch noch während des Transportes und der Ablagerung vonstatten. W. v. ENGELHARDT (1973) spricht von subaquatischer Verwitterung, wenn dieses unter Wasserbedeckung geschieht. *Transport* und *Ablagerung* sind mit Vorgängen der Materialsonderung und -anreicherung verbunden, welche die Zusammensetzung der Sedimente entscheidend beeinflussen und zu jener Vielfalt verschiedener Ablagerungen führen, die den sedimentären Bereich auszeichnet.

Als grundsätzlich verschiedene Transportarten müssen genannt werden: Wind-, Eis- und Wassertransport. Beim Transport durch ein wäßriges Medium spielt die Flußfracht eine besondere Rolle. Rezent werden nach Umrechnung einer von E. SEIBOLD (1973) gegebenen Zusammenstellung jährlich etwa 17000×10^6 t Material durch Flüsse ins Meer befördert. H. FÜCHTBAUER und G. MÜLLER (1970) nennen in Anlehnung an S. JUDSON (1968) noch höhere Werte. Auf jeden Fall übertrifft diese Menge das durch Wind und Eis transportierte Material (schätzungsweise maximal 460×10^6 t/Jahr) bei weitem.

Beim Flußtransport muß zwischen Lösungsfracht, Schwebstofffracht (Suspensionsfracht) und Bodenfracht unterschieden werden. Die Anteile dieser Frachten wechseln in den verschiedenen Flußsystemen entsprechend dem Klima, der Geländegestaltung und dem geologischen Aufbau des Einzugsgebietes. Für die großen Festlandgebiete findet man bei L. B. RUCHIN (1958) über das Ausmaß des Flußabtrages eine Zusammenstellung, deren wichtigste Daten nachfolgend aufgeführt werden sollen (Tab. 2.1).

Die Menge der Bodenfracht läßt sich meßtechnisch am schwersten ermitteln, ohne den Transportvorgang erheblich zu stören. Es wird angenommen, daß sie im Durchschnitt etwa 1/10 der Suspensionsfracht beträgt (E. SEIBOLD 1973; L. B. RUCHIN 1958).

Ein großer Teil des durch Flüsse transportierten Materials wird bei der Einmündung ins Meer in Landnähe festgehalten. Teilweise sind aber auch beträchtliche Verluste an die Tiefsee möglich — besonders über die sogenannten Trübeströme (turbidity currents) und subaquatische Rutschmassen (Olisthostrome), deren Bedeutung in letzter Zeit in zunehmendem Maße erkannt wurde.

Die genannten Materialbilanzen dürfen nicht kritiklos in die geologische Vergangenheit übertragen werden. Sicher haben Vorgänge, wie die Besiedlung der Festländer durch Pflanzen im Paläozoikum, große Veränderungen des Klimas und der Verteilung

Tabelle 2.1. *Ausmaß des Flußtransportes in verschiedenen Erdteilen* (*in Anlehnung an* G. V. LOPATIN 1950 — *zitiert bei* L. B. RUCHIN 1958 *und* N. M. STRACHOV 1962)

Kontinente	Mittlere Trübe des Flußwassers in g/m³	Schwebstofffracht Mill. t/Jahr	Lösungsfracht Mill. t/Jahr
Europa	163	420	305
Asien	649	7445	1916
Afrika	291	1395	757
Nord- und Mittelamerika	233	1503	809
Südamerika	208	1676	993
Australien	421	257	88

von Land und Meer sowie die Tätigkeit des Menschen den Umfang und das gegenseitige Verhältnis der verschiedenen Arten des Materialtransportes maßgeblich beeinflußt.

Die Ablagerung erfolgt:

a) durch Absatz von Trümmermaterial (grobe Gesteinsbruchstücke bis feinster Detritus),
b) durch chemische Fällung aus Lösungen,
c) durch Lebenstätigkeit von Organismen.

Entsprechend unterscheidet man zwischen *klastischen* (griech. klastos = zerbrochen), *chemischen* und *biogenen* Sedimentiten. Infolge vieler Beziehungen und Übergänge werden die chemischen und biogenen Sedimentite oft auch, wie nachfolgend gehandhabt, zu einer Hauptgruppe zusammengefaßt.

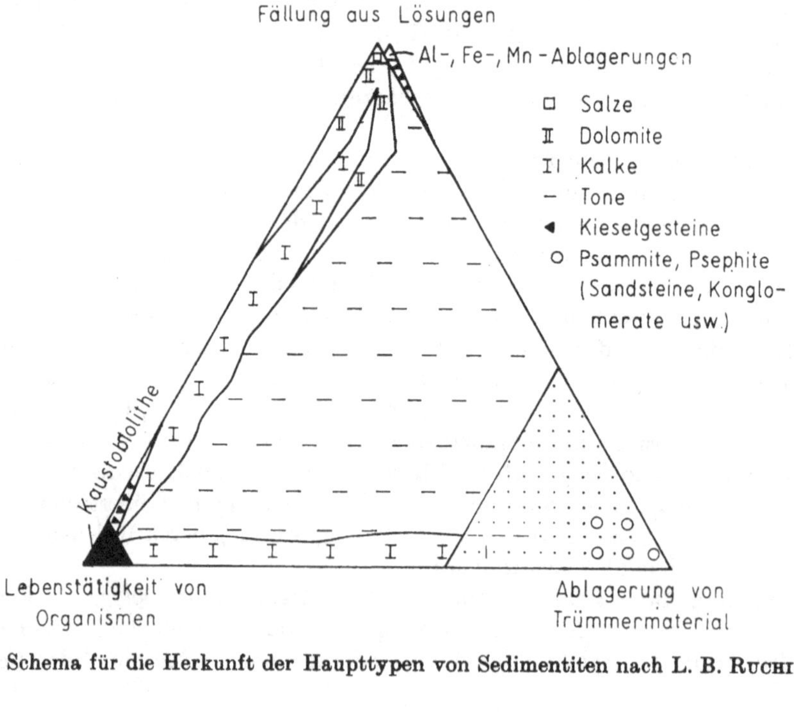

Abb. 2.1. Schema für die Herkunft der Haupttypen von Sedimentiten nach L. B. RUCHIN (1958)

Ein einfaches Klassifikationsschema, das, nach einheitlichen Prinzipien aufgebaut, alle speziellen Sedimenttypen umfaßt, kann auf Grund der polygenen Natur des zur Ablagerung gelangenden Materials nicht gegeben werden. Den Versuch, zumindest die wichtigsten Gruppen der Sedimentgesteine in einer graphischen Darstellung zu erfassen, unternimmt L. B. Ruchin (1958), von dem das folgende übersichtliche Diagramm (Abb. 2.1) stammt. Nicht extra ausgewiesen, sondern im Rahmen der Hauptgruppe der klastischen Sedimente mit dargestellt, ist in diesem Diagramm das bei Vulkanausbrüchen ausgeworfene und dem exogenen Kreislauf zugeführte *pyroklastische* Material, welches ein interessantes Übergangsglied zwischen Magmatiten und Sedimentiten darstellt. Aufmerksamkeit verdient auch das aus extraterrestrischen Quellen stammende und meist in Form von kosmischem Staub auf die Erde „niederregnende“ Material. Es bildet keine eigene Sedimentgruppe, sondern tritt verteilt in den übrigen Ablagerungen auf.

Die im Dreieck L. B. Ruchins von bestimmten Sedimentiten eingenommenen Flächen sind der Häufigkeit ihres Vorkommens in der Sedimenthülle ungefähr proportional. Nach A. B. Ronov (1964, 1971) unterlagen jedoch die lithologische Sedimentzusammensetzung und das Verhältnis von sedimentären und vulkanogenen Gesteinen im Laufe der Erdgeschichte erheblichen Veränderungen (Abb. 2.2). Von wesentlichem Einfluß auf diese Veränderungen ist die Entwicklung der Lebewesen.

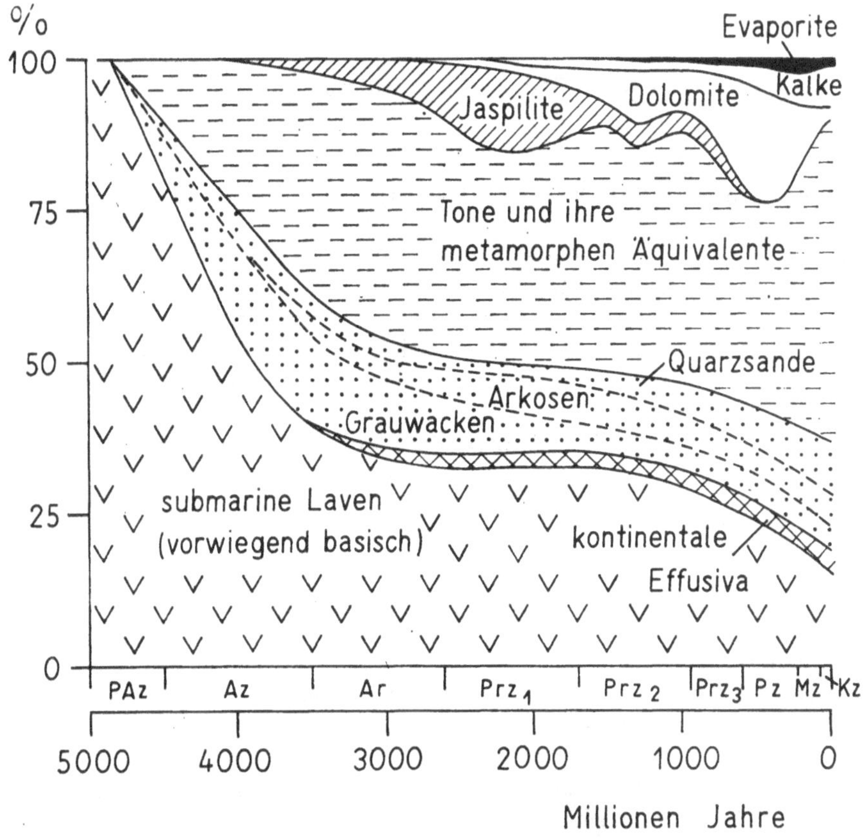

Abb. 2.2. Schema der Entwicklung der lithologischen Zusammensetzung der Ablagerungen in kontinentalen Gebieten (nach A. B. Ronov 1971)

Durch *Diagenese* (griech. dia = nach, genesis = Entstehung) werden aus *Lockersedimenten Sedimentgesteine.* Diese Verfestigung wird im allgemeinen durch Anfügen des Suffixes „stein" an die Bezeichnung des Lockersedimentes zum Ausdruck gebracht (z. B. Sand → Sandstein; Ton → Tonstein usw.). Im Gebrauch des Begriffes Diagenese herrscht aber international noch keine Übereinstimmung. In der vorliegenden Arbeit sollen unter diesem Begriff in Anlehnung an J. WALTHER (1893/94), H. G. F. WINKLER (1965) und H. FÜCHTBAUER und G. MÜLLER (1970) alle Prozesse zusammengefaßt werden, die in den Sedimenten zwischen deren Ablagerung und Metamorphose stattfinden. Während die Mehrzahl der Autoren die Diagenese als progressiven Ablauf im Sinne einer Anpassung von Gefüge und Mineralbestand an höhere Drücke und Temperaturen versteht, verweist S. MEISL (1970) darauf, daß, wie bei der Metamorphose, unbedingt zwischen *progressiver* und *regressiver* (*retrograder*) Diagenese unterschieden werden muß. Die progressive Diagenese geht über in die Metamorphose, wenn Mineralgesellschaften gebildet werden, die nicht mehr im sedimentären Bereich entstehen können bzw. wenn eine nur in Sedimenten vorkommende Mineralvergesellschaftung verschwindet. Die regressive Diagenese mündet in der Verwitterung, besonders wenn das Sediment über den Grundwasserspiegel herausgehoben wird.

Die Beschreibung der Sedimentite erfolgt nach *Stoffbestand, Gefüge* sowie verschiedenen *Masseneigenschaften.*

2.3. Stoffbestand der Sedimentite

2.3.1. Kieselsäure

Feste Kieselsäure findet sich in Sedimentiten hauptsächlich als Quarz, Chalcedon und Opal.

Quarz kann als detritisches Korn oder auch in Form von verschiedenen diagenetischen Um- und Neubildungen in den Ablagerungen auftreten.

Die detritischen Körner lassen sich hinsichtlich ihrer Farbe, der Art der Auslöschung unter dem Polarisationsmikroskop, dem Vorhandensein oder Fehlen von verschiedenen Einschlüssen sowie nach granulometrischen und morphometrischen Merkmalen genauer beurteilen.

Der Vorschlag, bei sandigen Sedimentiten die Quarzkornfarbe zu bestimmen und für die Lösung lithostratigraphischer und paläogeographischer Fragen zu nutzen, stammt von W. A. SCHNITZER (1957). Anleitungen für die Durchführung der Untersuchungen findet man bei W. A. SCHNITZER (1957, 1963) und R. LANGBEIN (1970). Gute Ergebnisse kann man jedoch nur in jenen Fällen erwarten, bei denen weitergewachsene Quarze mit eingeschlossenen Kornkrusten, welche die Eigenfarbe des Quarzes verdecken, fehlen oder selten sind.

Oft zeigen die detritischen Quarze unter dem Polarisationsmikroskop eine undulöse Auslöschung, d. h., bei gekreuzten Nicols und orthoskopischer Betrachtung wandert die Auslöschungslage beim Drehen des Objekttisches über das Korn hinweg. Undulöse Auslöschung ist ein Zeichen dafür, daß die Quarze gerichteten Druckbeanspruchungen ausgesetzt waren. Prinzipiell ist mit ihrer Bildung bereits in höheren Diagenesestadien zu rechnen. Im allgemeinen reicht jedoch der Überlagerungsdruck nicht aus, um das Auftreten von undulös auslöschenden Quarzen in Sedimentiten, speziell in Sanden und Sandsteinen, zu erklären. Demzufolge müssen die detritischen Körner dieses Merkmal von den Ausgangsgesteinen mitgebracht haben. Als Ausgangsgesteine, in denen besonders häufig Quarze mit undulöser Auslöschung auftreten, kommen vor allem die Metamorphite in Betracht.

Bei den Einschlüssen, die in Quarzen nicht selten sind, lassen sich Kristalleinschlüsse sowie Einschlüsse von Flüssigkeiten und Gasen (meist H_2O und/oder CO_2) unterscheiden; gelegentlich wurden auch Einschlüsse von Kohlenwasserstoffen beobachtet. Die Kristalleinschlüsse sollten bei der Behandlung von geologisch-genetischen und wirtschaftlichen Fragen mineralogisch genauer bestimmt werden, da sie in günstigen Fällen Rückschlüsse auf die fraglichen Ausgangsgesteine für die detritischen Quarze ermöglichen und z. B. in der Glasindustrie die Qualität der Gläser beeinflussen.

Die granulometrischen und morphometrischen Merkmale der klastischen Quarze werden im Kapitel 2.4.3. ausführlicher behandelt.

Im Verlaufe der Diagenese kommt es nicht selten zur Quarzbildung durch Rekristallisation amorpher Kieselsäure, durch Sammelkristallisation und zur Entstehung von Anwachssäumen an detritischen Quarzkörnern. Am interessantesten ist jedoch die authigene Neubildung von α-Quarz (Tieftemperaturmodifikation des Quarzes) in Form idiomorpher Kriställchen in salinaren oder salinar beeinflußten Ablagerungen (W. D. Grimm 1962, 1964; G. Nachsel 1966). Der neugebildete Quarz kann dabei in verschiedenen Wachstumsformen auftreten. Seine Ausscheidung erfordert keine besonders hohen SiO_2-Konzentrationen der Lösungen; sie ist nach W. D. Grimm (1962) bereits aus Wässern mit SiO_2-Gehalten zwischen 1 und 50 mg/l möglich.

Chalcedon wird meist als ein Gemisch verstanden, das sich aus feinen, wasserfreien SiO_2-Fasern und SiO_2-Gel zusammensetzt. Bei Chalcedon im kristallographischen Sinne verlaufen die Faserlängsachsen rechtwinklig zu *c*, bei Quarzin parallel *c*. Ausnahmsweise können die Faserlängsachsen auch 30° gegen *c* geneigt sein (= Lutecin).[1]

Opal ist ein amorphes Kieselgel mit wechselndem Wassergehalt. Bemerkenswerterweise bestehen die Skelette einer Reihe von Organismen — Diatomeen, Silicoflagellaten, überwiegender Teil der Radiolarien, Kieselschwämme — aus dieser Kieselsäureform. Auch in Schachtelhalme und Gräser ist amorphe Kieselsäure eingebaut als ein Bestandteil, der zur Erhöhung der Festigkeit beiträgt.

Lösung und Ausfällung von Kieselsäure

Die Löslichkeit der Kieselsäure in natürlichen Wässern hängt vor allem ab von der Temperatur und vom pH-Wert. Außerdem ist die Art der vorliegenden SiO_2-Modifikation von Bedeutung für die Löslichkeit. Weitere Einflußfaktoren, die hier jedoch vernachlässigt werden können, sind die Größe der Kristalle, die Druckbedingungen u. a. m.

Nach K. B. Krauskopf (1956, 1959), der die Ergebnisse experimenteller Untersuchungen einer Reihe von Autoren zusammengefaßt und ausgewertet hat, liegt die Löslichkeit für Quarz bei Raumtemperatur zwischen 6 und 14 ppm[2]. Amorphe Kieselsäure ist in Übereinstimmung mit dem chemisch-physikalischen Prinzip, wonach die metastabile Form eine höhere Löslichkeit aufweist als die stabile Form, etwas besser

---

[1] In kieseligen Sedimentiten ist Chalcedon häufiger als Quarzin. Lediglich bei Verkieselungen in evaporitischen Ablagerungen wurde ein Vorherrschen des Quarzins beobachtet (R. L. Folk und J. S. Pittman 1971).

[2] ppm = engl.: parts per million (mg/l, g/t).

löslich — bei Zimmertemperatur mit 100 bis 140 ppm. Die Löslichkeiten sind in den angegebenen Grenzen bis zu pH-Werten um 9 etwa gleichbleibend, wobei hervorzuheben ist, daß molekulardisperse Lösungen gebildet werden. Bei pH-Werten über 9 steigt die Löslichkeit infolge einer Ionisation von Si(OH)-Molekülen rasch an. Entsprechend hohe pH-Werte werden aber in der Natur nur selten erreicht. In diesem Zusammenhang sei jedoch erwähnt, daß sie sich als sogenannte Abrasions-pH-Werte an der Oberfläche verwitternder Feldspäte herausbilden können. Diese Abrasions-pH-Werte dürften eine wesentliche Voraussetzung für den Abtransport von SiO_2 sein, das bei der Umwandlung von Feldspäten in Tonminerale freigesetzt wird. Verwitternde Feldspäte können somit als eine wichtige Quelle für gelöste Kieselsäure gelten. Eine Zunahme der Löslichkeit von Kieselsäure ist auch mit steigender Temperatur festzustellen.

Der durchschnittliche Gehalt an gelöster Kieselsäure im Flußwasser liegt bei 13,1 ppm, wobei jedoch gebietsweise entsprechend den unterschiedlichen Verwitterungsbedingungen bemerkenswerte Differenzierungen in den einzelnen Werten auftreten können. Im Meerwasser sind die Gehalte an gelösten SiO_2 niedriger; sie liegen im Durchschnitt bei 6,4 ppm. Hohe Konzentrationen an gelöster Kieselsäure findet man in den alkalischen Salzlösungen einiger Salzseen. So weist das Wasser des Magadi-Sees (Kenya, Ostafrika) SiO_2-Gehalte bis zu 1900 ppm auf. Weiterhin sind Thermalquellen gelegentlich stark an SiO_2 angereichert.

Eine direkte Ausfällung von Kieselsäure ist möglich, wenn, wie im Falle des Austrittes von stark SiO_2-haltigen Thermalwässern, die Temperatur herabgesetzt wird. Weiterhin kann es durch Erniedrigung des pH-Wertes synsedimentär oder diagenetisch zur Abscheidung von SiO_2 aus kieselsäurereichen alkalischen Lösungen kommen. In den Ablagerungen des Magadi-Sees wurden von H. P. Eugster (1967, 1969) die wasserhaltigen Natriumsilikate Magadiit und Kenyait festgestellt. Weiterhin beobachtete Eugster, daß aus diesen Silikaten sich diagenetisch infolge eines Entzuges des Natriums durch zirkulierende Wässer Kieselsäure bilden kann, die in Form von Hornstein-Knollen und -Bänken auftritt, wobei der Hornstein aus sehr feinkörnigem, aber gut kristalliertem Quarz besteht.

Im überwiegenden Teil der natürlichen Wässer ist jedoch die Kieselsäure in so geringen Konzentrationen enthalten, daß sie nicht ohne weiteres ausgefällt und abgeschieden werden kann. Dennoch ist ihr Entzug möglich. So können die oben angeführten Organismen ihre Skelette auch aus untersättigten Lösungen aufbauen. Eine Reihe von Autoren sieht in diesem biochemischen Prozeß die wesentliche Ursache für die besonders niedrige Kieselsäurekonzentration im Meerwasser. Auf eine weitere Möglichkeit der „Ausfällung" von Kieselsäure aus Lösungen geringer Konzentration bei niedrigen Temperaturen hat H. Harder (1965, 1969) aufmerksam gemacht. Er konnte nachweisen, daß Hydroxidniederschläge in der Lage sind, erhebliche Mengen an Kieselsäure adsorptiv zu binden. In Aluminiumhydroxidniederschlägen fand Harder Konzentrationen der Kieselsäure, die bis zu 100000mal höher waren als in den Lösungen. Es ist sicher nicht zu weit gegriffen, wenn man diesem Prozeß, der bisher nur in Laborversuchen analysiert wurde, eine große geologische Bedeutung beimißt.

Ein Versuch, den gegenwärtigen Lösungsumsatz von SiO_2 zu bilanzieren, stammt von S. E. Calvert (1968). Calvert schätzt die jährlich durch Flüsse in gelöster Form dem Meer zugeführte SiO_2-Menge auf 430 Mill. t. Im gleichen Zeitraum liefert die submarine Verwitterung etwa 3 Mill. t SiO_2. Ungefähr 33000 t gelöster Kieselsäure fördert jährlich der submarine Vulkanismus. Diesen Werten steht eine Menge von etwa 360 Mill. t SiO_2 gegenüber, die durch Organismen jährlich dem Meerwasser entzogen und dem Sediment zugeführt wird.

2.3.2. Feldspat

Feldspäte treten in den Sedimentiten entweder als detritisches Material oder als diagenetische Neubildungen auf. Hohe Gehalte an detritischen Feldspäten zeugen von einem geringen Einfluß der chemischen Verwitterung. Entweder waren die klimatischen Bedingungen für die Zersetzung der Feldspäte nicht gegeben, oder Abtragung, Transport und Einbettung ins Sediment erfolgten so rasch, daß eine intensive Einwirkung der chemischen Verwitterung nicht möglich war.

Feldspäte, die sich an Ort und Stelle in den Sedimenten neu bilden, werden als authigen bezeichnet. Es ist nachgewiesen, daß als authigene Feldspäte Orthoklas, Mikroklin und Albit auftreten können. Verhältnismäßig oft findet man an detritischen Feldspäten Anwachssäume, d. h., daß die Feldspäte im Sediment weitergewachsen sind. Im allgemeinen müssen jedoch die Gehalte an neugebildetem Feldspat in den Sedimentiten als gering eingeschätzt werden. Nur in seltenen Fällen übersteigen sie 1–2 Vol.-%.

Einen umfassenden Überblick über Identifizierung, Natur und Ursprung der authigenen Feldspäte gibt Y. Baskin (1956). Die verschiedenen Möglichkeiten des Nachweises und der Bestimmung von Feldspäten in Sedimentiten sind bei L. van der Plas (1966) ausführlich behandelt.

2.3.3. Tonminerale

Infolge der Feinheit des Materials (Teilchengröße meist < 0,02 mm) wurden lange Zeit bei der Erforschung der Tonminerale keine wesentlichen Fortschritte erzielt. Erst in den letzten 30 bis 40 Jahren änderte sich dieser Zustand vor allem durch die Entwicklung der Röntgenanalyse. Grundlegende Arbeiten stammen u. a. von G. W. Brindley (1951) und G. Brown (1961). Weiterhin müssen die Arbeiten von R. E. Grim (1953, 1962), P. F. Kerr (1951), K. Jasmund (1955), S. Caillère und S. Henin (1963) sowie G. Millot (1963) genannt werden. Eine zusammenfassende Darstellung des modernen Kenntnisstandes, welche besonders den Erfordernissen des Selbststudiums gerecht wird, stammt von H. J. Rösler und R. Starke (1970). Diese unterscheiden zwischen silikatischen und nichtsilikatischen Tonmineralen. Bei den silikatischen Tonmineralen überwiegen bei weitem Schichtgitter-Minerale, deren Grundbaueinheiten SiO_4-Tetraeder und $Mg(O, OH)_6$- bzw. $Al(O, OH)_6$-Oktaeder sind, die sich in Ebenen zusammenschließen. Hierzu gehören die vier häufigsten Tonminerale:

Kaolinit	$Al_4(OH)_8Si_4O_{10}$;
Illit	$(K, H_2O)Al_2(OH)_2[AlSi_3O_{10}]$;
Montmorillonit	$(Al, Mg)_2(OH)_2(Si, Al)_4O_{10}(Ca, Na \ldots)_x \cdot n\,H_2O$;
Chlorit	$(Fe, Mg, Al)_3(OH)_2(Si, Al)_4O_{10}(Mg, Fe)_3(OH)_6$.

Es gibt aber auch silikatische Kettengitter-Tonminerale und röntgenamorphe silikatische Tonminerale. Von letzteren sind die Allophane zu erwähnen, die Verbindungen von SiO_2- und Al_2O_3-Gelen darstellen.

Als nichtsilikatische Tonminerale müssen genannt werden: Hydrargillit (γ-Al(OH)$_3$), Böhmit (γ-AlOOH) und Diaspor (α-AlOOH) sowie ein röntgenamorphes Aluminiumhydroxid, der Kliachit.

Kaolinit entsteht bei der Gesteinsverwitterung vor allem aus Feldspäten. Die Umwandlung von Feldspat in Kaolinit setzt voraus, daß die Alkalien und ein Teil der Kieselsäure weggeführt werden. Dazu sind größere Mengen Wasser notwendig. In humiden Klimaten können durch sauere Verwitterungslösungen mächtige Gesteinseinheiten kaolinisiert werden. Eine Kaolinitbildung ist aber auch im nichtsedimentären Bereich durch Einwirkung von saueren, niedrigtemperierten Hydrothermen auf Feldspäte und Muskovit möglich.

Illit ist ein unvollständiges Glimmermineral (Hydromuskovit mit einer Teilchengröße $< 20\,\mu m$). Die Illitbildung erfordert das Vorhandensein von Si-, Al- und K-führenden, neutralen bis schwach alkalischen Lösungen mit einem relativ hohen Si/Al-Verhältnis. Die Bezeichnung Illit stammt aus Illinois (USA), wo dieses Tonmineral als ein Hauptbestandteil in Böden auftritt. Bezogen auf den Tonmineralbestand der Gesamtheit der Sedimentite ist Illit (einschließlich Hydromuskovit) das häufigste Tonmineral überhaupt.

Zu den unvollständigen Glimmermineralen gehört auch der *Glaukonit* (griech.: glaukos = bläulich):

$$(K, Ca, Na, H_2O)_1(Al, Fe^{2+}, Fe^{3+}, Mg)_2[(OH)_2/Al_{0,35}Si_{3,65}O_{10}].$$

Unter dem Begriff „Glaukonit" werden in der geologischen Literatur unterschiedliche eisenhaltige Alumosilikate zusammengefaßt. In der Regel bilden diese kleine (bis Millimeter große) kugelige Aggregate, sog. Pillen (s. Tafel 2.VII, Bild 2), von bläulichgrüner, dunkelgraugrüner bis grünlichschwarzer Farbe, die in marinen Ablagerungen weit verbreitet sind. H. Borchert und H. Braun (1963) zeigten, daß beim Glaukonit die Fe-reicheren, dunkler gefärbten und höher lichtbrechenden Typen in flacheren Meeresteilen entstehen; in tieferen Meeresteilen werden dagegen heller blaugrüne Glaukonite mit höheren Al-Gehalten und niederer Lichtbrechung ausgeschieden. Hinsichtlich der Genese des Glaukonits sind jedoch noch längst nicht alle Fragen gelöst. Die vorliegenden Beobachtungen weisen darauf hin, daß Meerwasser nahe der normalen Salinität und reduzierende Bedingungen (z. B. durch sich zersetzende organische Substanz) Faktoren sind, welche für die Glaukonitbildung gefordert werden oder diese zumindest stark begünstigen. Die Glaukonitbildung erfolgt synsedimentär bis frühdiagenetisch und nach Untersuchungen an rezentem Material vor allem bei Wassertiefen zwischen 20 und 700 m. Als Ausgangsmaterial für die entstehenden Glaukonite kommen Gele, Biotite und Tonminerale in Frage. Verminderte Sedimentation scheint sich positiv auf die Glaukonitbildung auszuwirken.

Aus den bisherigen Ausführungen geht hervor, daß Glaukonit in Sedimentiten, sofern er nicht aus abgetragenen älteren Ablagerungen stammt, ein guter Hinweis auf deren marine Entstehung ist. Glaukonitähnliche Minerale können sich jedoch auch unter nichtmarinen Bedingungen bilden (D. H. Porrenga 1968 und andere). Diese glaukonitähnlichen Minerale treten aber nicht in Pillenform auf.

Neben einem begrenzten wirtschaftlichen Nutzen als Bodendünger, Farbstoff und Kationenaustauscher besitzen die Glaukonitaggregate als Tonmineralgemische mit quellfähigen Anteilen (Montmorillonit) eine nicht zu unterschätzende ingenieurgeologische Bedeutung (H.-J. Bellmann 1973).

Außer den bereits genannten Veröffentlichungen soll aus der Fülle der vorliegenden Glaukonitliteratur noch besonders auf die Arbeiten von J. F. BURST (1956, 1968), G. MILLOT (1964) und I. VALETON (1958) hingewiesen werden.

Montmorillonit (in der englischen Literatur wird der Begriff Smectit vorgezogen) entsteht bei der Verwitterung besonders in Klimazonen, in denen Bodenlösungen nur beschränkt beweglich und damit höher konzentriert sind, d. h. vor allem in Gebieten mit geringen Niederschlägen. Die Montmorillonitbildung verlangt einen neutralen bis alkalischen pH-Wert der Bodenlösungen, da dadurch das erforderliche hohe Si/Al-Verhältnis geschaffen wird. Montmorillonit ist ein Hauptbestandteil der Bentonite

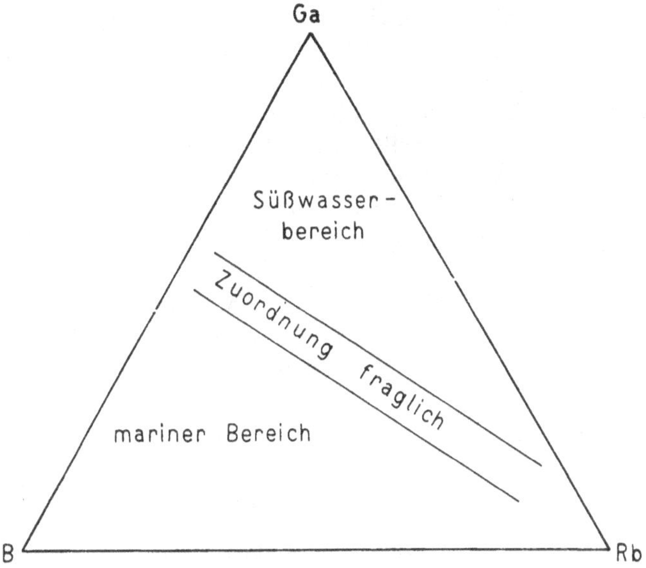

Abb. 2.3. *B/Ga/Rb*-Verhältnisse in Sedimentiten des Süßwasser- und marinen Bereiches (nach E. T. DEGENS u. a. 1958)

(s. Kapitel 2.6.3.3.1.). In einer Reihe dieser Bentonite ist er jedoch nicht durch Verwitterung, sondern durch Einwirkungen von Hydrothermen auf vulkanische Tuffe oder durch Reaktion der heißen vulkanischen Förderprodukte mit Meer- oder Seewasser entstanden.

Verbreitet sind Wechsellagerungsminerale (Mixed-layer-Minerale) mit Montmorillonit- und Illitschichten. Minerale mit regelmäßigen Wechsellagerungsstrukturen haben eigene Namen bekommen. So besteht der Rectorit aus einer alternierenden Folge einer Illit- und einer Montmorillonitschicht. Weit häufiger sind jedoch Tonminerale mit unregelmäßigen Wechsellagerungsstrukturen. Bei diesen Wechsellagerungsmineralen wird die jeweils überwiegende Schichtpaketart zuerst genannt (z. B. Illit-Montmorillonit-Wechsellagerungsmineral). Neben Mixed-layer-Mineralen mit Illit- und Montmorillonitschichten gibt es noch eine Reihe anders zusammengesetzter Wechsellagerungsstrukturen, die hier nicht näher behandelt werden können.

Chlorit bildet eine Gruppe von Mineralen, die sich durch eine unterschiedliche Substitution von Mg durch Fe und Al sowie von Si durch Al unterscheiden. Die Bezeichnung

Chlorit wurde abgeleitet vom griech. Wort „chloros“ = grün, welches die Farbe der Minerale charakterisiert. Chlorite sind verbreitete Tonminerale in Sedimentiten. Meist entstehen sie jedoch erst nach der Sedimentation im Verlaufe diagenetischer (und metamorpher) Umwandlungen.

Von den nichtsilikatischen Tonmineralen bildet sich Hydrargillit (Gibbsit) normalerweise nur, wenn bei der Gesteinsverwitterung Alkalien anwesend sind, die in einer Menge von einigen zehntel Prozent in das Kristallgitter des Hydrargillits eingebaut werden (I. VALETON 1967). Boehmit stellt eine metastabile Modifikation des AlOOH dar, Diaspor dagegen die stabile. Eine Umwandlung von Boehmit in Diaspor ist aber nur über die Lösung des Boehmits möglich, da die Kristallgitter beider Minerale sehr verschieden gebaut sind. Diese Umwandlung ist nach I. VALETON (1967) mit einer Abbauhemmung belastet, die sich besonders bei niedrigen Temperaturen und Drücken auswirkt.

An Tonminerale kann eine Reihe von Spurenelementen gebunden werden. Besonders interessant ist das Bor, welches seit ersten Hinweisen von S. LANDERGREN (1945) vielfach zur geochemischen Unterscheidung mariner und nichtmariner toniger Ablagerungen benutzt wurde. Die Borgehalte sind in marinen Tonen in der Regel etwa doppelt so hoch wie in nichtmarinen. Um Fehldeutungen zu vermeiden, muß man jedoch die mineralogische Zusammensetzung der Tone kennen. Hauptborträger in diesen ist der Illit (H. HARDER 1961). E. DEGENS und Mitarbeiter (1958) benutzen zur geochemischen Unterscheidung von tonigen Sedimentiten des Süßwasser- und des marinen Bereiches die B/Ga/Rb-Verhältnisse (Abb. 2.3). Die Arbeit mit diesen Verhältnissen hat bisher in vielen Fällen zu guten Ergebnissen bei der Bestimmung des genetischen Typs der Ablagerungen geführt.

2.3.4. Karbonatminerale

Als Grundstruktur-Einheit haben die Karbonat-Minerale das CO_3^{2-}-Ion gemeinsam. Die vorherrschenden Kationen in den Haupt-Karbonatmineralen sind Ca^{2+}, Mg^{2+} und Fe^{2+}. Als die wichtigsten Karbonatminerale in Sedimentiten müssen Calcit, Aragonit und Dolomit gelten. Weniger häufig tritt Siderit auf. Weiterhin sollen Magnesit sowie Soda und Trona genannt sein. Eine ausführliche Abhandlung über die sedimentären Karbonatminerale findet man bei F. LIPPMANN (1973).

Kalziumkarbonat ($CaCO_3$) stellt in Form der Mineralmodifikationen *Calcit* und *Aragonit* den hauptsächlichen Stoffbestand der Kalk-Sedimentite. Die Lösung bzw. Fällung von Kalziumkarbonat kann durch die Reaktionsgleichung

$$CaCO_3 + H_2O + CO_2 \rightleftharpoons Ca^{2+} + 2\,HCO_3^-$$

ausgedrückt werden. In Wirklichkeit verläuft diese Reaktion komplizierter und es sind an ihr mehrere Gleichgewichte beteiligt. Im Süßwasser hängt die Menge des $CaCO_3$, welches in Lösung gehen kann, außer von der Temperatur und dem hydrostatischen Druck vor allem von der Menge der gelösten CO_2 im System ab.[1] Daten über das

[1] Bei Temperaturerniedrigung, Druckanstieg und Erhöhung des CO_2-Partialdruckes ist in der Gleichung die Reaktion nach rechts gerichtet, was zunehmende Lösung bedeutet; bei Temperaturanstieg, Druckerniedrigung und CO_2-Entzug verläuft die Reaktion nach links.

Löslichkeitsprodukt von $CaCO_3$ im Salzwasser sind schwieriger zu erhalten, da auch die Art und Menge der Lösungsgenossen die Gleichgewichte beeinflussen (E. T. Degens 1968).

Aragonit hat im Meerwasser eine um 20 bis 50% höhere Löslichkeit als Calcit (W. v. Engelhardt 1973). Trotzdem zeigen die Beobachtungen an rezentem Material, daß Kalkablagerungen der warmen Flachsee zum großen Teil aus Aragonit bestehen. Offenbar sind diese Verhältnisse darauf zurückzuführen, daß durch Mg^{2+}-Ionen die Keimbildung und das Wachstum der stabilen Mineralart, des Calcits, behindert wird (F. Lippmann 1973). Die in den Kalkablagerungen der warmen Flachsee nachgewiesenen Calcite liegen auch größtenteils in Form des sog. Mg-Calcits (Mg-reicher Calcit, high-magnesium-calcite) — eines Calcites mit mehr als 4 Mol-% $MgCO_3$ — vor. Mg-arme Calcite findet man in diesen Sedimentiten nur in untergeordneter Menge.

Während also rezente Flachseekalke vor allem aus Aragonit und Mg-reichem Calcit bestehen, kommen in kalkigen Tiefseesedimenten diese metastabilen Mineralphasen nur in untergeordneter Menge vor, und es überwiegt Mg-armer Calcit. Dieses ist darauf zurückzuführen, daß das Material auf dem Wege zum Tiefseeboden einer selektiven Auflösung unterliegt, welche bevorzugt den weniger stabilen Aragonit und Mg-reichen Calcit erfaßt.

Eine Reihe von Autoren nimmt an, daß Kalziumkarbonat im Meerwasser anorganisch gefällt werden kann. Experimente zeigen jedoch, daß im Meerwasser, selbst wenn es an Kalziumkarbonat übersättigt ist, keine spontane Keimbildung von Calcit oder Aragonit stattfindet. Dieser Befund soll nicht im Sinne einer völligen Ablehnung der Möglichkeit anorganischer Kalkfällung gedeutet werden, er weist aber darauf hin, daß diese bei der natürlichen Kalkproduktion (mit Ausnahme jener im Süßwasserbereich) nur eine untergeordnete Rolle spielen kann. Von außerordentlich großer Bedeutung ist demgegenüber die biologische Extraktion, der Aufbau von Hartteilen durch Organismen. Die Organismen sind in der Lage, das zum Aufbau der Skelette benötigte $CaCO_3$ auch untersättigten Lösungen zu entziehen. Ob dabei Aragonit, Mg-reicher Calcit oder Mg-armer Calcit gebildet wird, hängt nach den Untersuchungen von H. A. Lowenstam (u. a. 1963) und Mitarbeitern wesentlich von der biologischen Art sowie von der Temperatur und der Salinität ab.

Dolomit ($CaMg(CO_3)_2$) besteht im ideal geordneten Zustand aus 45,7 Gew.-% $MgCO_3$ + 54,3 Gew.-% $CaCO_3$ oder 47,8 Gew.-% CO_2 + 21,8 Gew.-% MgO + 30,4 Gew.-% CaO. E. T. Degens (1968) hebt hervor, daß nach Experimenten von Graf und Goldshmith etwas erhöhte Temperaturen notwendig sind, um — zumindest innerhalb sinnvoller Zeiträume — einen ideal geordneten Dolomit, bei dem genau die Hälfte der Calciumpositionen von Mg^{2+}-Ionen besetzt werden, zu bilden. Bei geringeren Temperaturen ist Protodolomit das einzige Reaktionsprodukt, das nahe an die Dolomitstruktur herankommt. Die Bezeichnung *Protodolomit* wurde von D. L. Graf und J. R. Goldshmith (1956) schlecht geordneten, Ca-reichen Dolomiten zugewiesen. Der $CaCO_3$-Überschuß kann bei diesen Substanzen bis 10 Mol-% betragen.

Obwohl Dolomit nach thermodynamischen Gesichtspunkten als stabile Phase direkt aus dem Meerwasser gefällt werden müßte, haben eingehende Untersuchungen (besonders mit Hilfe der stabilen Isotope) an rezentem Material ergeben, daß strenggenommen keine syngenetische oder besser gesagt primäre Ausscheidung stattfindet. Vielmehr wird Dolomit aus präexistierenden Kalkablagerungen meist durch metasomatischen Austausch von Ca gegen Mg, z. T. aber auch durch Umwandlung von Mg-reichem

Calcit in Mg-armen Calcit und Dolomit gebildet. Diese Prozesse können kurz nach der Ablagerung im noch unverfestigten Sediment beginnen und sich bis in späte Stadien der Diagenese fortsetzen. Umstritten ist die Frage, ob früher einmal eine direkte Dolomitfällung möglich war, wie z. B. A. P. VINOGRADOV u. a. (1957) annehmen. Nach W. v. ENGELHARDT (1973) liegt es nahe, für die kinetische Hemmung der Kristallisation von Dolomit aus dem Meerwasser die bei tiefer Temperatur starke Hydratation der Mg-Ionen verantwortlich zu machen, die es übrigens auch unmöglich macht, Magnesit aus wäßrigen Lösungen zu kristallisieren.

Bei der Dolomitisierung von Kalkablagerungen ist darauf hinzuweisen, daß aus strukturellen Gründen erst Aragonit in Calcit umgewandelt werden muß, bevor der Austausch von Ca gegen Mg stattfinden kann (E. DEGENS 1968).

G. MÜLLER und R. FISCHBECK (1973) berichten von Laborversuchen, bei denen es auf dem Wege der Gefriertrocknung gelang, aus Bikarbonatlösungen mit einem Ca/Mg-Verhältnis von 1 über ein Ca-Mg-Karbonat-Gel Protodolomit zu erzeugen, ohne daß vorher Calcit gebildet wurde. Es ist denkbar, daß ähnliche Prozesse in der Vergangenheit in kalten Klimaperioden eine gewisse geologische Bedeutung hatten.

Gesteinsbildend findet man weiterhin Minerale mit Dolomitstruktur, in denen ein Teil des Magnesiums durch zweiwertiges Eisen ersetzt ist. Diese Minerale werden gewöhnlich als Ankerit bezeichnet.

Siderit ($FeCO_3$) ist — wie andere Eisenminerale — ein empfindlicher Milieuindikator. Er bildet sich unter reduzierenden Bedingungen.[1] Es ist daher kein Zufall, daß man Siderit im sedimentären Bereich meist eng vergesellschaftet mit Kohlen und anderen organischen Substanzen sowie mit Eisensulfiden, besonders mit Markasit, findet.

In sedimentären Abfolgen tritt Siderit als feinkörniges Material bank- oder lagenförmig, in Form von Konkretionen, oolithisch bzw. sphärolithisch und als fein verteilte Beimengung in anderen Sedimentiten, vor allem in Peliten, auf. Bei genügender Häufung kann er als Eisenerz wirtschaftlich von Bedeutung sein.

Magnesit ($MgCO_3$) findet sich im sedimentären Bereich gelegentlich in Verbindung mit Evaporiten. In den Zechsteinablagerungen wird er nach R. LANGBEIN (1973) als Produkt folgender Verdrängungsreaktion aufgefaßt:

$$CaMg(CO_3)_2 + Mg^{2+} + SO_4^{2-} \rightarrow 2MgCO_3 + CaSO_4.$$

Soda ($Na_2CO_3 \cdot 10H_2O$) und *Trona* ($Na_2CO_3 \cdot NaHCO_3 \cdot 2H_2O$) sind Produkte der Evaporisation (Ausfällung durch Eindampfung bzw. Verdunstung von Lösungen) in einer Reihe kontinentaler Salzseen. Nach den Untersuchungen von C. MILTON und H. P. EUGSTER (1959) wird Trona niemals bei Temperaturen unter 20 °C ausgeschieden; die Bildung von Soda erfordert dagegen keine so hohen Temperaturen.

Nach TGL 23950, Blatt 3 (Sedimentgesteine, Einfache Tests zur Mineralbestimmung) ist jeder Sedimentit mit n/10HCl auf Ca- und CaMg-Karbonate zu prüfen. Sofortige Reaktion spricht für die Anwesenheit von Calcit/Aragonit, zögernd einsetzende für das Vorhandensein von Dolomit. Als weitere Nachweisreaktionen sind zu empfehlen: Alizarin-S-Test auf Calcit/Aragonit; Magneson I-Test auf Dolomit; Test auf karbonatisch gebundenes Eisen mittels einer Reagenzlösung aus $\alpha\alpha'$-Dipyridyl, Natriumacetat und Eisessig.

---

[1] Und bei hohem CO_2-Partialdruck, dessen Ursache vor allem in einer CO_2-Produktion durch anaerobe Zersetzung organischer Substanz gesucht werden muß.

2.3.5. Salzminerale

Der Chemiker bezeichnet als Salze sämtliche Verbindungen, die aus positiv geladenen Metall- oder anderen Kationen und aus negativen Säurerestionen (Anionen) bestehen. In der Geologie wird der Salz-Begriff auf entsprechende Ausscheidungen bei der Evaporisation eingeengt. Die eigentlichen Salzminerale sind nach F. LOTZE (1957) Chloride und Sulfate von Natrium, Kalium, Magnesium und Kalzium. K. KOCH und C. DÖHNER (1976) geben folgende tabellarische Übersicht der wichtigsten Salzminerale (Tab. 2.2).

Halit ist das am häufigsten vorkommende Salzmineral. Im Steinsalz (Halitit) kann der Halitanteil bis zu 99% betragen, aber auch in anderen Salzgesteinen — z. B. in den meisten Kalisalzlagern — ist Halit ein wesentlicher Bestandteil.

Sylvin ist das wertvollste Kalimineral. Für die Felddiagnose sei darauf hingewiesen, daß Sylvin sich nicht immer auf den ersten Blick von Halit unterscheidet. In diesem Falle hilft die Geschmacksprobe. Sylvin schmeckt scharf salzig. Ein ausgesprochen bitterer Geschmack weist auf Mg-Salze hin.

Carnallit tritt als wesentlicher Bestandteil in vielen Kalilagerstätten auf. Wegen der bei der Verarbeitung anfallenden Endlauge ($MgCl_2$-Gehalt des Carnallits) ist er jedoch ein weniger begehrtes Kalimineral als Sylvin. Er kann aber in Zukunft als Rohstoff für die Herstellung von Mg-Verbindungen bedeutungsvoll sein.

Bischofit ist kryophil, d. h., seine Löslichkeit nimmt mit steigender Temperatur zu. Er bildet sich rezent als sog. „Wintersalz" neben Mirabilit und Soda in einigen kontinentalen Salzseen. In größerem Umfang findet man Bischofitgesteine im Lagerstättengebiet der Prikaspisenke (UdSSR).

Tachhydrit ist in einigen Kalirevieren Nebengemengteil in carnallitreichen Salzgesteinen. Bei der Verarbeitung dieser Gesteine stört er den Löseprozeß durch die Bildung feinkristalliner Gipsschlämme und erhöht den $MgCl_2$-Gehalt der Laugen. In Brasilien tritt Tachhydrit auch in größeren Mächtigkeiten auf.

Kalziumsulfat findet man in Sedimentiten in Form von Gips und Anhydrit. Kristallisationsversuche aus Meerwasser ergaben immer nur eine Abscheidung von Gips (bzw. des instabilen Halbhydrates Bassanit — $CaSO_4 \cdot 1/2\,H_2O$ — bei höheren Temperaturen). W. v. ENGELHARDT (1973) weist darauf hin, daß man in Übereinstimmung mit den Laborversuchen auch in den Gebieten rezenter Kalziumsulfatabscheidung als primäre Bildung fast ausschließlich Gips findet. Eingehende petrologische Untersuchungen an Anhydritgesteinen aus Zechstein und Trias der DDR (z. B. R. LANGBEIN 1968) ergaben ebenfalls, daß es sich bei diesen ursprünglich meist um Gipssedimente handelt. Hinweise auf eine primäre Gipssedimentation fehlen nach diesen Untersuchungen nur im hochsalinaren Milieu, wo man damit rechnen muß, daß das Kalziumsulfat als Anhydrit gefällt wurde.

Der weitaus größte Teil des Anhydrits der Sedimentite ist also sekundär aus Gips entstanden — entweder frühdiagenetisch bei entsprechend hohem Salzgehalt der Porenlösungen und genügend hoher Temperatur oder infolge der Versenkung der Ablagerungen in größere Tiefen. Umgekehrt kann an der Erdoberfläche Anhydrit unter Einwirkung der Niederschlagswässer in Gips umgewandelt werden.

Unter besonderen Bedingungen ist es möglich, daß aus Kalziumsulfat Schwefel entsteht. Schwefellagerstätten dieser Art sind aus der Sowjetunion, der VR Polen (Lagerstätte von Tarnobrzeg), dem Küstenbereich des Golfes von Mexiko und aus anderen Gebieten bekannt. Die Schwefelbildung aus Kalziumsulfat ist ein komplizierter Prozeß, an dem sulfatreduzierende Bakterien und nach Ansicht einiger Autoren auch Kohlenwasserstoffe wesentlich beteiligt sind (H. W. FEELY und J. L. KULP 1957; Führer zur 38. Tagung der Polnischen Geologischen Gesellschaft vom 21. bis 24. August 1965 in Tarnobrzeg/Wisla, Warzawa 1965; V. I. SMIRNOV 1970.)

Tabelle 2.2. *Übersicht der wichtigsten Salzminerale*

Gruppe/Mineral	Symbol	Formel	System	Härte / Dichte	% K_2O
1. Chloride					
Halit	*h*	$NaCl$	kub.	2 / 2,17	–
Sylvin	*sy*	KCl	kub.	2 / 1,9	63
Carnallit	*c*	$KCl \cdot MgCl_2 \cdot 6\,H_2O$	rh.	2,5 / 1,60	17
Bischofit	*bi*	$MgCl_2 \cdot 6\,H_2O$	mkl.	1–2 / 1,60	–
Tachhydrit	*ta*	$CaCl_2 \cdot 2\,MgCl_2 \cdot 12\,H_2O$	trig.	2 / 1,67	–
2. Sulfate					
Anhydrit	*a*	$CaSO_4$	rh.	3,5–4 / 2,96–2,98	–
Gips	*g*	$CaSO_4 \cdot 2\,H_2O$	mkl.	2 / 2,32	–
Polyhalit	*p*	$2\,CaSO_4 \cdot K_2SO_4 \cdot MgSO_4 \cdot 2\,H_2O$	trkl.	3,5 / 2,78	16
Syngenit	*sg*	$CaSO_4 \cdot K_2SO_4 \cdot H_2O$	mkl.	2,5 / 2,60	29
Kieserit	*ks*	$MgSO_4 \cdot H_2O$	mkl.	3,5 / 2,57	–
Hexahydrit	*hx*	$MgSO_4 \cdot 6\,H_2O$	mkl.	2 / 1,76	–
Langbeinit	*lg*	$K_2SO_4 \cdot 2\,MgSO_4$	kub.	3,5–4 / 2,83	23
Schönit	*sh*	$K_2SO_4 \cdot MgSO_4 \cdot 6\,H_2O$	mkl.	2,5 / 2,03	23
Glaserit	*gs*	$3\,K_2SO_4 \cdot Na_2SO_4$	di-trig.	3 / 2,66	42
Kainit	*k*	$KCl \cdot MgSO_4 \cdot 3\,H_2O$	mkl.	2,5–3 / 2,15	19
Mirabilit	*m*	$Na_2SO_4 \cdot 10\,H_2O$	mkl.	1,5–2 / 1,49	–

Polyhalit ist Neben- und gelegentlich auch Hauptgemengteil der sog. Hartsalze. Weiterhin tritt er manchmal als schichtige bzw. bankige Einlagerung in Steinsalzhorizonten auf. Bei der Verarbeitung der Hartsalze im Heißlöseverfahren trägt Polyhalit gelegentlich zur Schlammbildung bei.

Syngenit findet man in Kalisalzlagerstätten nur als seltenes Umbildungsprodukt. Bei der Verarbeitung der Kalisalze kommt es aber nicht selten in den kälteren Bereichen des Lösebetriebes zur Syngenit-Abscheidung, der zur Schlammbildung beiträgt und auch mit $MgSO_4$ zu Polyhalit weiterreagieren kann.

Kieserit tritt als wichtiges Begleitmineral in vielen Hartsalz- und Carnallititlagern auf. Er dient der Herstellung von sulfatischen Düngesalzen und von Glaubersalz.

Hexahydrit findet man in Salzbergwerken als Ausblühung des Kieserits.

Langbeinit ist Neben- und manchmal auch Hauptgemengteil der Hartsalze; gelegentlich tritt er in bank- bzw. flözartigen Anreicherungen auf.

Schönit ist eine typische Salzhut-Bildung über Kainit.

Glaserit tritt nur sehr untergeordnet in Kalisalzgesteinen auf und ist ein eindeutiges Produkt der Salzumbildung. Er kann bei der Salzverarbeitung Ursache einer Schlammbildung sein.

Kainit ist ein hochwertiges Kalimineral. Aus den tertiären Lagerstätten Siziliens und der Karpatenvorsenke ist Kainit als mehr oder weniger synsedimentäre Bildung bekannt. In den mitteleuropäischen Zechsteinlagerstätten weist Kainit meist auf eine intensive Salzumbildung unter Einfluß vadosen Grundwassers hin; er ist Hauptbestandteil von Hutgesteinen.

Mirabilit (Glaubersalz) ist vor allem als rezente und subrezente Ausscheidung Na- und sulfatreicher kontinentaler Salzseen von Bedeutung (z. B. Kara-Bogas-Gol des Kaspisees, Natronseen in Ägypten, Großer Salzsee in Utah/USA). Mirabilit ist nur unter 33 °C beständig; bereits an trockener Luft verliert er sein Kristallwasser.

In den chloridischen Salzmineralen kann an die Stelle des Chlors etwas Brom und in sehr geringen Mengen auch Jod treten. Die Bedeutung von Brom als geochemischer Indikator zur Charakterisierung von marinen Salzablagerungen ist in den letzten Jahren besonders herausgearbeitet worden (O. Braitsch 1962, R. Kühn 1968). Die sog. „Brom-Methode" macht sich die Erkenntnis zunutze, daß Brom mit zunehmender Eindampfung gesetzmäßig in den Restlösungen angereichert und in bestimmten Verhältnissen in die verschiedenen Chloride eingebaut wird. Sie ist vielseitig anwendbar. Zum Beispiel können die Bromgehalte im Halit einen wichtigen Hinweis auf den Grad der Annäherung des Ablagerungsmilieus an die Phase der Kalisalzabscheidung geben.

Rubidium, Cäsium und Thallium sind als wichtige Spurenelemente besonders im Carnallit gebunden. Strontium kann vor allem in den Kalziumsulfaten (Anhydrit, Gips) auftreten; seltener bildet es in Form von Coelestin ($SrSO_4$) ein eigenes Mineral, das gelegentlich aber auch in abbauwürdigen Mengen vorkommt (Lagerstätte von Hemmelte-West im Obermalm-Salinar Südoldenburgs/BRD).

Erwähnt werden müssen auch die Borate, welche — zwar nur als untergeordneter Bestandteil — in vielen Salzfolgen auftreten. Das wichtigste Borat ist der Borazit ($Mg_3ClB_7O_{13}$).

Schließlich sei noch auf die Nitrate hingewiesen, die als rezente und subrezente Bildungen in einigen Wüstengebieten auftreten. Die größte Bedeutung hat das $NaNO_3$ (Nitronatrit, Natronsalpeter, Chilesalpeter). Weit verbreitet ist auch das KNO_3 (Nitrokalit, Kalisalpeter), welches früher u. a. in Indien gewonnen wurde. Über die Entstehung der Nitrate gibt es z. Z. noch sehr verschiedene Meinungen. Verbreitet ist die Ansicht, daß der Stickstoff aus der Luft stammt und durch atmosphärische Entladungen zu Nitrat gebunden wurde. Andere Autoren führen die Nitratbildung hauptsächlich auf biogen-bakterielle Oxydationsreaktionen zurück. Eine Darstellung des Aufbaus und der Entstehungsmöglichkeiten der chilenischen Salpeterlagerstätten findet man bei M. Wolf (1968).

2.3.6. *Schwerminerale und Schwermineralanalyse*

Als Schwerminerale gelten konventionell Minerale mit einer Dichte über 2,9. Dabei wird entsprechend dem Erscheinungsbild im Durchlichtmikroskop zwischen transparenten Schwermineralen und Opakmineralen unterschieden. Der Gegenstand eingehender schwermineral-analytischer Untersuchungen waren bisher vorzugsweise die transparenten Schwerminerale (Tab. 2.3). Die Opakminerale wurden erst in der letzten Zeit stärker beachtet und mit Hilfe erzmikroskopischer Methoden qualitativ und quantitativ in Körnerpräparaten diagnostiziert (z. B. E. Stumpel 1958). Ein bevorzugtes Objekt für schwermineralanalytische Untersuchungen sind die klastischen Sedimentite. Dabei treten die Schwerminerale jedoch meist nur als akzessorische Gemengteile auf.

Ziel der Schwermineralanalyse in Lockersedimenten und Sedimentgesteinen ist hauptsächlich die Klärung der Frage nach der Herkunft des Materials und die Suche nach Gliederungsmöglichkeiten in fossilarmen Folgen. Einige Schwerminerale können auch Hinweise auf das Transport- und Ablagerungsmilieu geben. Nicht zuletzt ist die Schwermineralanalyse ein Hilfsmittel bei der Suche nach Seifenlagerstätten und bei deren eingehender Beurteilung nach geologisch-genetischen und wirtschaftlichen Kriterien (Ju. A. Bilibin 1955).

In den letzten Jahren kann man ein intensives Bemühen um eine Neueinschätzung und Verbesserung der Aussagekraft schwermineralanalytischer Untersuchungen feststellen. Zur kritischen Wertung zwangen Fehlschläge, die auf einer ungenügenden Berücksichtigung jener Einflüsse beruhen, die auf die Zusammensetzung der Schwermineralspektren einwirken können. Diese Einflußgrößen sind:

a) Schwermineralführung und Korngröße der Ausgangsgesteine;
b) Vorgänge der Transportsonderung, die zu einer Auslese nach der Korngröße, Dichte und Rollbereitschaft führen;
c) unterschiedliche Widerstandsfähigkeit der Schwerminerale gegen Abrieb und Zerkleinerung beim Transport;
d) Verwitterung und Diagenese;
e) Probenahme, Probenaufbereitung, Präparateherstellung, Genauigkeit der Mineralbestimmung und -auszählung.

Die Schwermineralführung und die Korngröße der Ausgangsgesteine geben vor, welche Zusammensetzung der Schwermineralspektren überhaupt erwartet werden kann. Schwerminerale, die sich eindeutig auf bestimmte Ausgangsgesteine und Ausgangsgebiete beziehen lassen, werden als *Leitminerale* bezeichnet.

Meist entspricht die Schwermineralführung der untersuchten Sedimentite nicht mehr jener der zugehörigen Ausgangsgesteine. Es steht heute außer Zweifel, daß unter den möglichen Ursachen für Veränderungen im Mineralbestand der Sedimentite gegenüber den Liefergesteinen die Vorgänge der Transportsonderung eine wichtige Rolle spielen. Beim Transport werden zum einen die Minerale nach dem „Prinzip der Gleichfälligkeit“ sortiert und korngrößenklassiert. Das bedeutet, daß sich kleine Mineralkörner hoher Dichte bei der Sedimentation ähnlich verhalten, wie entsprechend größere Mineralkörner niedrigerer Dichte. Demzufolge ist in den klastischen Ablagerungen die Korn-

Tabelle 2.3. *Einige wichtige transparente Schwerminerale*

Name	System	*D*	*n*	opt. Charakter
Amphibole				
Aktinolith	mkl.	3,0–3,3	1,61–1,64	zweiachsig (–)
„Gemeine Hornblende"	mkl.	3,0–3,3	1,65–1,67	zweiachsig (–)
Anatas	tetr.	3,82–3,95	2,49–2,56	einachsig (–); oft anomal zweiachsig
Andalusit	rh.	3,1–3,2	1,63–1,65	zweiachsig (–)
Apatit	hex.	3,17–3,23	1,63–1,65	einachsig (–)
Baryt	rh.	4,3–4,7	1,63–1,65	zweiachsig (+)
Brockit	rh.	3,87–4,08	2,58–2,74	zweiachsig (+)
Cassiterit	tetr.	6,8–7,1	1,99–2,09	einachsig (+)
Disthen	trkl.	3,6–3,68	1,71–1,73	zweiachsig (–)
Epidot-Reihe				
Klinozoisit	mkl.	3,35–3,38	1,71–1,73	zweiachsig (+)
Epidot		3,25–3,50	1,72–1,78	zweiachsig (–)
Granat(gruppe)	kub.	3,4–4,3	1,7–2,0	isotrop; Grossular und Andradit oft anomal doppelbrechend
Korund	trig.	3,95–4,10	1,76–1,77	einachsig (–); manchmal anomal zweiachsig
Monazit	mkl.	4,9–5,3	1,79–1,85	zweiachsig (+)
Olivin(gruppe)	rh.	3,21–4,34	1,64–1,87	zweiachsig (+) (–)
Orthit	mkl.	~ 4,15 (isotropisiert ~ 2,8)	1,73–1,8 (isotropisiert ~ 1,54)	zweiachsig (–); manchmal isotropisiert
Pyroxene				
Entstatit	rh.	3,1–3,3	1,65–1,66	zweiachsig (+)
Hypersthen	rh.	3,3–3,5	1,70–1,72	zweiachsig (–)
Diopsid	mkl.	3,11–3,42	1,66–1,70	zweiachsig (+)
Augit	mkl.	3,2–3,6	1,67–1,74	zweiachsig (+)
Rutil	tetr.	4,18–4,25	2,6–2,9	einachsig (+)
Sillimanit	rh.	3,23–3,25	1,65–1,68	zweiachsig (+)
Spinell(gruppe)	kub.	3,6–4,6	1,7–2,05	isotrop
Staurolith	rh.	3,65–3,77	1,74–1,76	zweiachsig (+)
Titanit	mkl.	3,4–3,66	1,9–2,1	zweiachsig (+)
Topas	rh.	3,49–3,56	1,61–1,64	zweiachsig (+)
Turmalin(gruppe)	trig.	2,98–3,20	1,62–1,69	einachsig (–)
Zirkon	tetr.	4,5–4,7	1,92–2,02 („Malakon" ~ 1,83)	einachsig (+); zuweilen anomal zweiachsig
Zoisit	rh.	3,25–3,37	1,70–1,72	zweiachsig (+)

größe der Schwerminerale im Durchschnitt kleiner als jene der Leichtminerale. Diese Unterschiede sind jedoch kaum oder nicht ausgeprägt, wenn die Sedimente sehr feinkörnig werden, da infolge der Zunahme der oberflächenproportionalen Adhäsions- und Reibungskräfte gegenüber den volumenproportionalen Massenkräften die Trennschärfe mit steigender Kornfeinheit abnimmt (G. Ludwig 1969). Zum anderen erfolgt am Boden eine Trennung der Minerale nach unterschiedlichen Rollgeschwindigkeiten.

Die unterschiedliche Widerstandsfähigkeit der Schwerminerale gegen mechanische Abrundung beim Transport wurde neuerdings von V. Dietz (1973) mittels Experimenten genauer untersucht. Auf das unterschiedliche Verhalten von Granat und Disthen gegenüber Abrieb und Zerkleinerung hat aber bereits R. Weyl (1950) aufmerksam gemacht. Während sich Granat beim Transport und durch Umlagerung in den größeren Fraktionen relativ anreichert, wird Disthen aus diesen allmählich beseitigt.

Tabelle 2.4. *Lösungsstabilität von Mineralen in Abhängigkeit vom pH-Wert (nach* E. Nickel *1973)*

pH = 2	pH = 3,6	pH = 5,6	pH = 10,6
Quarz	Zirkon, Rutil	Zirkon, Rutil	Zirkon, Rutil
Rutil	Muscovit	Muscovit	Almandin, Staurolith
Disthen, Muscovit	Quarz	Disthen	Quarz
Turmalin	Hornblende	Turmalin, Staurolith	Hornblende
Zirkon	Disthen		Apatit
Hornblende	Albit	Quarz	Muscovit
Staurolith	Staurolith	Epidot, Albit	Disthen
Epidot	Turmalin	Hornblende	Turmalin
Almandin	Almandin	Almandin	Albit
Apatit	Apatit		

Außerdem können die Verwitterung und die Diagenese durch Ausmerzung und Neubildung von Schwermineralen zu einer weitgehenden Umgestaltung der Schwermineralspektren führen. Experimente, welche E. Nickel (1973) durchführte, belegen, daß die Empfindlichkeit verschiedener Schwerminerale gegen Auflösung vom pH-Wert abhängt und sich mit diesem ändert. Nickel stellt folgende Reihen von Schwer- und Leichtmineralen mit abnehmender Lösungsstabilität in Abhängigkeit vom pH-Wert auf (Tab. 2.4). Damit wird verständlich, weshalb z. B. Apatit und Granat (Almandin) unter den in der Regel sauren Bedingungen der Oberflächenverwitterung auf dem Festland besonders angreifbar sind, sich gegenüber von Einflüssen der sogenannten „intrastratal solution" (Diagenese), die meist im basischen Milieu stattfindet, aber als stabil erweisen.

Die Möglichkeit einer authigenen Neubildung von Schwermineralen wurde am Beispiel von Brookit und Anatas bereits im Jahre 1884 durch H. Thürach erkannt. Nachgewiesen ist auch, daß während der Diagenese im Sediment Apatit (O. Braitsch 1960) und Turmalin (P. D. Krynine 1946; J. Valeton 1955) entstehen können. Als umstritten muß dagegen die Frage nach dem Umfang einer authigenen Neubildung von Granat und Zirkon gelten (s. die Arbeiten von D. Carroll 1953, I. Valeton 1955, A. V. Kopeliovič 1965, R. Langbein 1965, H. G. Wunderlich 1966, B. Marshall 1967). J. Valeton (1955) weist besonders darauf hin, daß die möglicherweise im Sediment entstandene

Zirkonmenge sehr gering ist. Eine Zusammenstellung sämtlicher bisher in Sedimenten gefundenen authigenen Minerale gibt G. I. TEODOROVIČ (1958).

Schließlich sei noch erwähnt, daß der letzten der oben genannten Einflußgrößen besondere Aufmerksamkeit zu widmen ist, wenn Ergebnisse verschiedener Bearbeiter, die oft auf unterschiedlicher methodischer Grundlage beruhen, miteinander verglichen werden sollen.

Für die geologische Ausdeutung von Schwermineralanalysen ist eine möglichst genaue Kenntnis der Zusammensetzung der Schwermineralspektren erforderlich. Es genügt nicht anzugeben, ob ein bestimmtes Schwermineral vorhanden ist oder fehlt; bei seinem Auftreten muß auch die Häufigkeit — zumindest im Verhältnis zu den anderen vorhandenen Schwermineralen — erfaßt werden. Erst damit sind die Grundlagen für Vergleiche von Ablagerungen nach den in ihnen enthaltenen Schwermineralassoziationen gegeben. C. H. EDELMANN (1938) definierte eine bestimmte Assoziation detritischer Minerale im Raum und Zeit als „sedimentologische Provinz". Meist wird versucht, diese Provinzen durch ihre Schwermineralassoziationen — d. h. als sogenannte *„Schwermineralprovinzen"* — zu kennzeichnen.

Spezialuntersuchungen an Zirkon haben zu einem besonderen Zweig der Schwermineralanalyse, der *Zirkonstatistik*, geführt. Die Bedeutung der Zirkonstatistik reicht weit über sedimentologische Fragen hinaus; sie schließt auch die Klärung von Problemen der Petrogenese von Metamorphiten und Magmatiten ein (z. B. Arbeiten von A. POLDERVAART 1950, 1955/56; G. HOPPE 1963). Es muß geprüft werden, ob weiteren Schwermineralen eine ähnliche Bedeutung zukommt.

L. A. ZINDEL' (1959) und H. FÜCHTBAUER (1963) verweisen weiterhin auf die Bedeutung der Analyse der *Farbvarietäten des Turmalins.* An Beispielen aus dem Ferghanabecken und der tertiären Molasse nördlich der Alpen konnten sie zeigen, daß das Spektrum der Farbvarietäten des Turmalins sich in Abhängigkeit vom Ablagerungsmilieu der Sedimente verändert. Inwieweit diese Beobachtung allgemeine Gültigkeit hat, und welche anderen Einflußfaktoren eventuell noch zu berücksichtigen sind, muß jedoch erst eingehend untersucht werden.

Außerdem sei noch auf eine Methode hingewiesen, die es verhältnismäßig sicher gestattet, das letzte Transportmedium vor der endgültigen Ablagerung sandigen Materials festzustellen. Sie wurde von W. v. ENGELHARDT (1940) mitgeteilt und beruht auf der unterschiedlichen Radienverteilung von Leicht- und Schwermineralen im Sediment, je nachdem, ob Wind- oder Wassersortierung vorliegt. Der hohe Zeitaufwand, den diese Methode erfordert, führte jedoch dazu, daß sie bisher nur in wenigen Arbeiten Anwendung fand.

Methodische Hinweise für die Durchführung von Schwermineralanalysen

Die klastischen Sedimentite, welche das bevorzugte Objekt für schwermineralanalytische Untersuchungen darstellen, verfügen oft über ein sehr breites Korngrößenspektrum. Die Schwerminerale sind über dieses Korngrößenspektrum jedoch nicht gleichmäßig verteilt; der überwiegende Teil der Schwerminerale tritt in Korngrößen zwischen 0,02 und 0,63 mm auf. Infolge der ungleichmäßigen Verteilung der Schwerminerale (SM) über die verschiedenen Korngrößenbereiche ergeben sich Schwierigkeiten, wenn Kornzählungen über Korn-% in Masse-% bzw. absolute Schwermineralgehalte (g SM/kg Sed., kg SM/t Sed.) umgerechnet werden sollen. Diese Rechenoperationen lassen sich sinnvoll nur an vorher korngrößenklassiertem Material durchführen. Dabei kann sich bei geologisch-genetischen Fragestellungen die Analyse auf einzelne ausgewählte Korngrößenbereiche beschränken. Nach unseren Erfahrungen hat sich vor allem die Untersuchung der Fraktionen 0,04–0,063 mm, 0,063–0,1 mm und 0,1–0,2 mm bewährt.

Die Trennung der Schwerminerale von den Leichtmineralen erfolgt mittels schwerer Flüssigkeiten durch Zentrifugieren; bei gröberen Fraktionen ($>$ 0,063 mm) kann auch der Scheidetrichter verwendet werden. Als Flüssigkeiten für die Abtrennung der Schwerminerale kommen vor allem Bromoform (spez. Gew. = 2,88) und Tetrabromäthan (spez. Gew. = 2,95–2,96) zum Einsatz.

Für die Untersuchungen der Schwerminerale im Durchlicht-Polarisationsmikroskop hat sich die Anfertigung von Gelatinepräparaten nach G. W. Olcott (1960) bewährt, da diese einen beliebigen Wechsel von Lichtbrechungsflüssigkeiten gestatten.

Zur wirtschaftlichen Bedeutung von Schwermineralen

Bei der Sonderung der Minerale nach dem Prinzip der Gleichfälligkeit und nach unterschiedlichen Rollgeschwindigkeiten, wobei vor allem ein optimales Zusammenwirken dieser Prozesse wichtig ist, kann es zur Anreicherung bestimmter Schwerminerale und zur *Seifenbildung* (mittelhochdeutsch: Sife = Sumpfland, Erzwäsche) kommen. Von den verschiedenen genetischen Typen der Seifen — eine Übersicht findet man z. B. bei V. I. Smirnov (1970) — sind die am Meeresstrand und in Flußläufen entstandenen besonders wichtig. Unter ihnen findet man bauwürdige Vorkommen von Edelmetallen wie Gold und Platin, von Diamanten, von Cassiterit (syn. Zinnstein), Rutil, Zirkon, Monazit u. a. m. (Abb. 2.4).

2.3.7. Organische Substanz

Der überwiegende Teil der organischen Substanz (OS) ist in fein verteilter Form den Sedimentiten beigemischt. Tonsteine enthalten davon durchschnittlich 2,1%, Karbonat-Sedimentite 0,29% und Sandsteine 0,05% (J. M. Hunt 1961, 1962). Nach E. T. Degens (1968) ergibt sich daraus eine Gesamtmenge von etwa $3{,}8 \times 10^{15}$ Tonnen an dispersem organischen Material in den Sedimentiten. Die Kohlenvorkommen der Erde wurden auf 6×10^{12} Tonnen und jene des Erdöls auf $0{,}2 \times 10^{12}$ Tonnen geschätzt. Diese Mengenverhältnisse veranschaulicht E. T. Degens (1968) folgendermaßen: Von einer angenommenen, 1000 m mächtigen Sedimentschicht rund um die Erde sind ca. 20 m organischer Natur. Von diesen 20 m umfaßt die Kohle etwa 5 cm und das Erdöl weniger als 1 mm; der Rest ist fein verteiltes organisches Material in den Sedimenten.

Neueren Datums sind Angaben von E. Seibold (1973). Dieser schätzt, daß sich im Laufe der Erdgeschichte rund 12000×10^{18} g (= 12×10^{15} t) organisch gebundener Kohlenstoff angehäuft haben. Nur 15×10^{18} g (= 15×10^{12} t) liegen davon in Form von Kohle und 200×10^{18} g (= 200×10^{12} t) in Form von Kohlenwasserstoffen vor. E. Seibold hebt hervor, daß lediglich ein Bruchteil der organischen Produktion überhaupt konserviert werden kann und daß es sich im Grunde um einen Betriebsunfall der haushälterischen Natur handelt, wenn die Nahrungskette nicht ganz geschlossen ist und mühsam aufgebaute organische Verbindungen gewissermaßen im Sediment verloren gehen. Die jährliche Gesamtproduktion an organisch gebundenem Kohlenstoff beläuft sich gegenwärtig auf etwa $1{,}5 \times 10^{10}$ t (Z. Kukal 1970).

Die organische Substanz der lebenden tierischen und pflanzlichen Organismen besteht hauptsächlich aus Proteinen, Kohlenhydraten, Lipiden, Pigmenten und Ligninen.

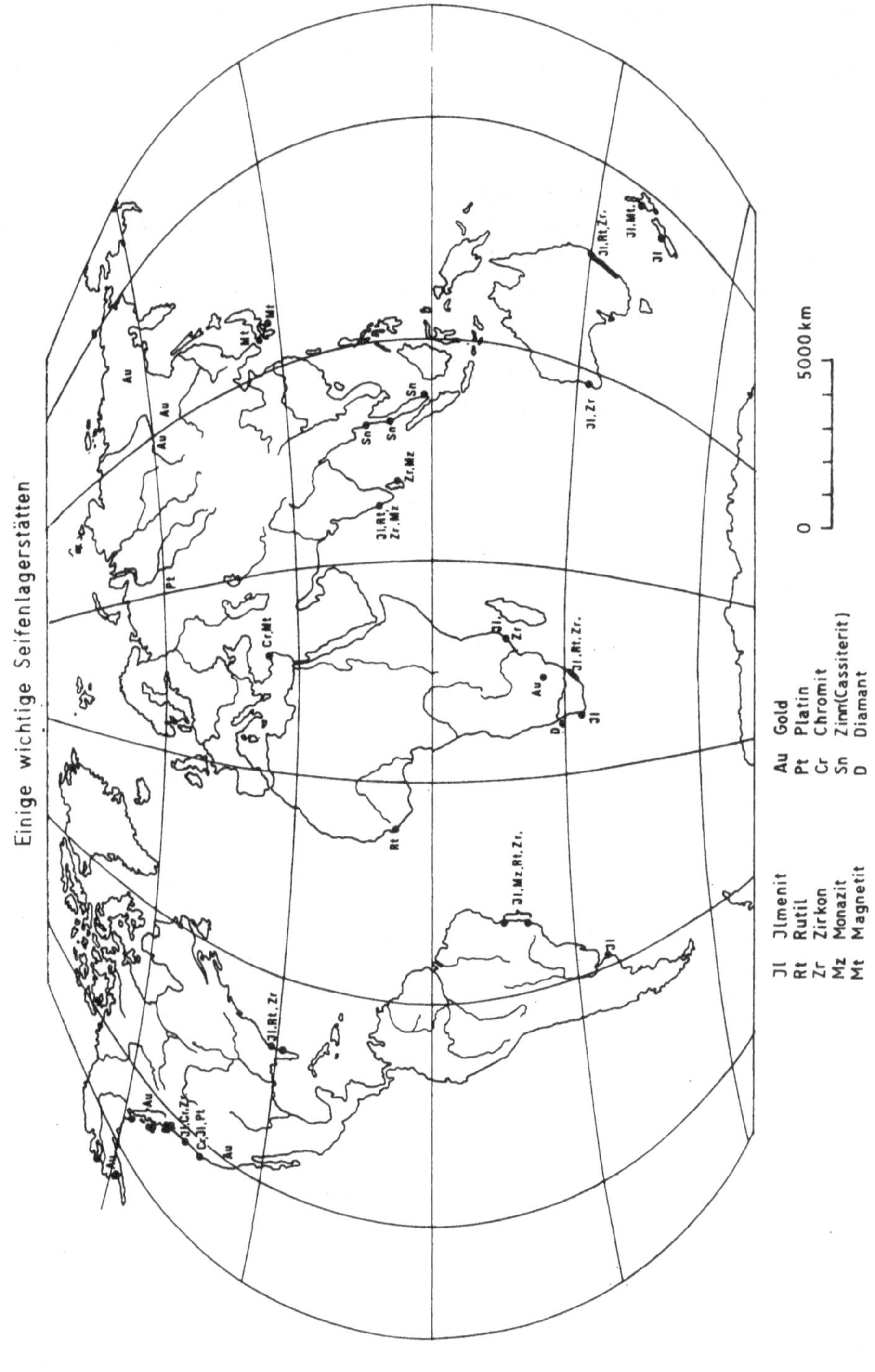

Abb. 2.4. Einige wichtige Seifenlagerstätten

Diese Hauptbestandteile sind in sehr unterschiedlichen Mengenverhältnissen am Aufbau der verschiedenen biologischen Arten beteiligt. Ebenso variiert der Typ des Proteins, Kohlenhydrats usw. Nach dem Absterben der Organismen findet eine mehr oder weniger rasche und intensive Umwandlung, z. T. eine Zersetzung der organischen Substanz statt. Diese Vorgänge sind eng mit der Lebenstätigkeit von Mikroorganismen verbunden.

Bei den in Sedimentiten eingeschlossenen, gewissermaßen konservierten organischen Bestandteilen (Karbenen) kann man zwischen *humoser organischer Substanz* und *bituminöser organischer Substanz* unterscheiden. Die humose organische Substanz stammt hauptsächlich von höheren Pflanzen ab und besteht vorwiegend aus Zellulose und Ligninen.

Die bituminöse organische Substanz läßt sich in erster Linie von tierischen Organismen und von Phytoplankton ableiten, die einen hohen Gehalt an Eiweißen und Fetten aufweisen. Bitumina sind kompliziert zusammengesetzte feste oder flüssige Kohlenwasserstoffgemische, die z. T. auch noch andere Verbindungen als Beimengungen enthalten. Meist versteht man unter Bitumen nur den Teil der organischen Substanz, der mit organischen Lösungsmitteln extrahierbar ist.

Erläuterung einiger weiterer Begriffe:

Bitumen A: Bitumen, das durch Chloroform unter normalen Druckbedingungen aus Gesteinen extrahiert werden kann (TGL 25450, Blatt 1).
In der Regel ist nur ein kleiner Teil der organischen Substanz der Sedimente chloroformlösliches Bitumen. Die Gehalte am Bitumen A werden in Masse-% (bezogen auf die Gesteinsprobe) angegeben.

Bitumen B: Das nach der Extraktion von Bitumen A unter erhöhtem Druck in Chloroform lösliche Bitumen.

Bitumenkoeffizient: $BK = \frac{\text{Bitumen A} \times 100}{\text{Org. Substanz}}$.
Der Bitumenkoeffizient wird oft zur Diskussion von Fragen der Bitumenbildung verwendet. Er gibt einen Hinweis darauf, ob es sich um autochthones oder um allochthones Bitumen handeln kann. Hohe Bitumenkoeffizienten sprechen für eine Einwanderung von Bitumen (siehe u. a. I. Koch 1966).

$C_{org.}$ = organischer Kohlenstoff: Als Maß für die im Gestein vorhandene organische Substanz wird der Gehalt an organischem Kohlenstoff herangezogen. Man nimmt an, daß zwischen $C_{org.}$-Gehalt und der Menge der organischen Substanz eine direkte Proportionalität besteht. Für rezente Sedimente gibt P. D. Trask (1936) einen Proportionalitätsfaktor von 1,6 an. Das Verhältnis Menge der org. Substanz/$C_{org.}$-Gehalt zeigt aber in Abhängigkeit von der chemischen Zusammensetzung der org. Substanz und dem Grad der Diagenese des Sediments eine gewisse Variabilität.

Für stärker verfestigte Sedimentgesteine errechneten J. P. Forsman und J. M. Hunt (1958) einen mittleren Proportionalitätsfaktor von 1,21, wobei die Einzeldaten zwischen 1,05 und 1,39 schwanken.

Die Bestimmung des organischen Kohlenstoffs im Gestein erfolgt nach der volumetrischen Methode von Ströhlein (siehe TGL 25450, Blatt 2).

Über die Minimalmengen an $C_{org.}$, die notwendig sind, damit ein Sediment als Erdölmuttergestein in Erscheinung treten kann, findet man unterschiedliche Angaben. Nach A. D. Archangelski (1927) sind dafür mehr als 2% notwendig; N. B. Vassoevič (1958) sieht bereits 1% als ausreichend an.

Huminsäuren, Humine: Eines der Hauptumwandlungsprodukte bei der Zersetzung toter organischer Substanz sind die Huminsäuren. E. T. DEGENS (1968) weist darauf hin, daß der Begriff „Huminsäuren" nur ungenau definiert ist. Er versteht darunter die organische Fraktion, die mit 0,3 n NaOH extrahierbar ist und beim Ansäuern ausfällt.
Humine ähneln den Huminsäuren chemisch und strukturell sehr. Im Gegensatz zu diesen sind sie aber mit der oben angegebenen Alkalibehandlung nicht extrahierbar. Dieses ist wahrscheinlich die Folge einer festen Bindung an Mineralteilchen, besonders an Tonminerale.

Kerogen: Es stellt die sogenannte „unlösliche organische Substanz" in den Sedimentiten dar. E. T. DEGENS (1968) betont, daß das Kerogen mehr als 95% des gesamten organischen Materials ausmacht, das in Sedimenten, gleich welchen Alters oder Milieus, abgelagert oder neu gebildet worden ist. Der in organischen Lösungsmitteln unlösliche Teil überwiegend aus Gesteinsbitumen bestehender organischer Substanz wird auch als *Karboid* bezeichnet.

Organit: Disperse organische Substanz als figurierter (im Gegensatz zur unfigurierten feindispersen organischen Substanz) Sedimentgesteinsbestandteil im mikroskopischen Bereich.

Primärbitumen: autochthones Gesteinsbitumen.

Sekundärbitumen: allochthones, migriertes Gesteinsbitumen.

2.3.8. *Wasser*

Wasser ist Hauptagens der physikalischen und chemischen Verwitterung, Transportmittel der meisten Sedimentmaterialien und unentbehrlich für alle Lebensprozesse. Wir Menschen haben zum Wasser ein besonderes Verhältnis, das gekennzeichnet ist durch dessen bewußte Nutzung. Diese Nutzung muß in zunehmendem Maße die Sorge und entsprechende Maßnahmen zur Erhaltung und Ergänzung der natürlichen Ressourcen einschließen.

Die Wasserhülle (Hydrosphäre) der Erde umfaßt die Ozeane und ihre Nebenmeere, die Gewässer auf den Festländern und das Wasser im festen Aggregatzustand — wie Schnee, Firn und Eis[1]. Außerdem rechnet man dazu das unterirdische und das atmosphärische Wasser. Die Ozeane und ihre Nebenmeere, die eine große zusammenhängende Wasserfläche — das Weltmeer — bilden, bedecken mit 361 Mill. km² 71% der Erdoberfläche. Ihr Volumen muß mit mindestens 1350 Mill. km³ veranschlagt werden. Das Wasservolumen der Seen und Flüsse auf den Festländern beträgt etwa 230000 km³.

Die dauernde Eisbedeckung der Erde schätzte H. HESS (1933) auf rund 18 Mill. km³. Nach Angaben von R. I. NACE im UNESCO-Kurier (1964) ist dieser Wert jedoch zu niedrig und muß die in Gletschern und im Polareis gebundene Wassermenge mit 28,5 Mill. km³ veranschlagt werden. Für das unterirdische Wasser gibt M. LVOVICH (1973) ein Volumen von etwa 60 Mill. km³ an. Weiterhin befinden sich ca. 13000 km³ Wasser in der Atmosphäre. Dieses Volumen muß sich im Jahr über 30mal erneuern, um die auf 450000 km³ geschätzte jährliche Niederschlagsmenge zu ermöglichen. Von den Wasservorkommen der Erde sind ca. 98% Salzwasser sowie Wasser im festen Aggregatzustand und nur ungefähr 2% nutzbares natürliches Süßwasser.

Süßwasser ist nach dem Fachbereichsstandard „Terminologie unterirdisches Wasser"

---

[1] Schnee, Firn und Eis können unmittelbar zu den Sedimenten bzw. Sedimentgesteinen gerechnet werden (z. B. H. KÖRNER 1964). Firn (althochdeutsch firni = alt, vorjährig) ist mehrjähriger Schnee, der durch wiederholtes Schmelzen und Gefrieren und durch den Überlagerungsdruck neuer Schnee- und Firnschichten körnig und relativ dicht geworden ist. Durch weitere Alterung entsteht aus Firn das Gletschereis.

(TGL 23989, Blatt 4, Seite 5) Wasser mit einem Salzgehalt unter 1 g/l bzw. unterhalb der Geschmacksgrenze. Wässer mit einem höheren Salzgehalt als 1 g/l werden als Salzwässer bezeichnet. Bei den Oberflächenwässern scheidet man als Zwischenglied zwischen dem Süßwasser der Flüsse und dem Salzwasser des Ozeans oft noch das sogenannte Brackwasser mit Salzgehalten von 0,5 bis 18% aus, das heißt, in 1 kg Wasser sind 0,5 bis 18 g der verschiedenen gelösten Salze enthalten. Das „Venedigsystem" von 1958 vermeidet jedoch den Begriff „Brackwasser". Nach diesem System werden unterschieden: mixohaline Wässer mit Salzgehalten von 0,5—30‰, euhaline Wässer mit Salzgehalten von 30—40‰ und hyperhaline Wässer mit Salzgehalten über 40‰. Der mittlere Salzgehalt des Weltmeeres liegt bei 35‰. Die Konzentration der Hauptkomponenten ist dabei folgende (nach einer Zusammenstellung in „Das Meer" — Urania-Verlag 1969, S. 76):

Kationen	g/kg	Anionen	g/kg
Natrium (Na^+)	10,752	Chlorid (Cl^-)	19,345
Kalium (K^+)	0,39	Bromid (Br^-)	0,066
Magnesium (Mg^{++})	1,295	Fluorid (F^-)	0,0013
Kalzium (Ca^{++})	0,416	Sulfat (SO_4^{--})	2,701
Strontium (Sr^{++})	0,013	Hydrogenkarbonat (HCO_3^-)	0,145
		Borsäure (H_3BO_3)	0,027

Mit pH-Werten von 7,6 bis 8,4 zeigt das Wasser des Weltmeeres eine schwach basische Reaktion. Nach der aufgeführten chemischen Zusammensetzung gehört es zur Hauptgruppe der chloridischen Wässer I. I. Chebotarevs (1955).

I. I. Chebotarev sieht in den Anionen die unabhängigen Bestandteile, während die Kationen die hiervon abhängigen Variablen darstellen sollen. Nach dem Auftreten und dem Vorherrschen der wichtigsten Anionen werden von ihm drei Hauptgruppen von Wässern unterschieden: bikarbonatische, sulfatische und chloridische. Sind zwei der Anionen weit stärker konzentriert als ein drittes, so können beide zur chemischen Kennzeichnung herangezogen werden, indem man z. B. von bikarbonatisch-sulfatischen Wässern spricht. Die Komponenten werden dabei in der Reihenfolge ihrer Häufigkeit aufgeführt, wobei die am stärksten vertretene stets zuerst genannt ist.

Das Süßwasser der Flüsse erreicht nur 1/100—1/500 des Salzgehaltes der Meere. In ihm sind gelöste Karbonate die vorherrschende Komponente. Das Ca/Mg-Verhältnis liegt dabei im Flußwasser im Durchschnitt bei 3,7, im Meerwasser dagegen bei 0,3. Dieser Unterschied läßt sich dadurch erklären, daß im Meer viele Organismen dem Wasser Karbonat zum Aufbau ihrer Hartteile entziehen und es sich dabei vor allem um Calciumkarbonate handelt (E. Seibold 1974). Deutliche Unterschiede ergeben sich auch im K/Na-Verhältnis, das im Flußwasser bei 0,36, im Meerwasser bei 0,036 liegt.

Große Mengen an Wasser befinden sich in den Poren der Sedimente und Sedimentgesteine. Dabei handelt es sich fast ausschließlich um Wässer, die bei der Ablagerung des Materials mit eingeschlossen wurden oder später aus dem exogenen Kreislauf zugeführt worden sind. Im Inneren der Erde entstandene, juvenile Wässer dürften nur sehr untergeordnet beteiligt sein. Nach C. T. Degens (1968) erweisen sich selbst Wässer aus den Gebieten mit vulkanischer Tätigkeit auf Grund ihrer Isotopenzusammen-

[1] Die Angaben beziehen sich auf die Konzentration der Gesamtheit verschiedener Borate.

setzung zum großen Teil als erhitzte und chemisch veränderte Wässer des exogenen Kreislaufs.

W. v. ENGELHARDT (1973) hebt hervor, daß in den Porenlösungen mit steigender Teufe in der Regel die Salzkonzentration zunimmt. Der Salzgehalt tiefer Formationswässer übersteigt oft den Salzgehalt des Meerwassers um ein Vielfaches. Außerdem sind im Vergleich zum Meerwasser die Mengenverhältnisse der einzelnen Komponenten verschoben:

1. relativ angereichert erscheinen Calcium, Biokarbonat und bestimmte Spurenelemente;
2. relativ verringert erscheinen Magnesium und Sulfat;
3. relativ unverändert bleiben Natrium und Chlorid.

Die aufgezeigten Unterschiede zum Meerwasser müssen als eine Folge von Veränderungen gedeutet werden, welche die Formationswässer während der Diagenese erfahren haben. Eine Reihe von Autoren bezeichnet entsprechende Veränderungen im Chemismus der Wässer auch als Metamorphose. Ein Mg-Entzug ist in erster Linie durch Dolomitbildung, in zweiter Linie durch die Bildung von Chlorit möglich. Beim Vorhandensein von organischem Kohlenstoff können Sulfate zu Sulfiden reduziert werden, wobei aus dem organischen Kohlenstoff gleichzeitig Karbonate entstehen. Zu einer Verminderung des Sulfatgehaltes führen auch sulfatreduzierende Bakterien. Die Erhöhung des Salzgehaltes der Porenlösungen mit zunehmender Tiefe kann zumindest teilweise darauf beruhen, daß Tone im aufwärts gerichteten Porenwasserstrom als Ionensperren wirken. So haben elektrochemische Filtrationsversuche gezeigt, daß die Konzentration an der Eintrittsseite ansteigt und auf der anderen Seite salzärmeres Wasser austritt, wenn eine Salzlösung Tonschichten passiert. Damit wird auch angedeutet, daß Tone und Tonsteine, obwohl sie prinzipiell als Wasserstauer gelten müssen, besonders bei geringer Mächtigkeit in geologischen Zeiträumen in einem gewissen Umfang wasserdurchlässig sind.

M. G. VALJASCHKO (1965) hebt hervor, daß der Ozean eine relativ einheitliche chemische Zusammensetzung besitzt und die Mannigfaltigkeit in der Zusammensetzung und Konzentration der Wässer nur auf den Kontinenten und in den zu ihnen gehörigen Meeresabschnitten besteht. Weiterhin betont er, daß das ozeanische Wasser letztlich den Ausgangspunkt für alle anderen Wässer (mit Ausnahme des juvenilen Wassers) bildet. Es gibt eine Reihe von Hinweisen dafür, daß sich die Zusammensetzung des Ozeanwassers seit langer Zeit, zumindest seit dem ältesten Paläozoikum, nicht wesentlich geändert hat. Für die davorliegende, enorm lange Zeit des Präkambriums muß man jedoch mit chemischen Veränderungen rechnen, so daß sich das Wasser des „Urozeans" wahrscheinlich nach Salzkonzentration und -zusammensetzung signifikant von jenem des heutigen Weltmeeres unterschied.

Die angeführten Beispiele können nur andeuten, wie eng, vielfältig und kompliziert die Beziehungen zwischen Wasser und Sediment bzw. Sedimentgestein sind. Entsprechende Wechselwirkungen findet man nicht nur in tieferen Bereichen der Sedimenthülle; sie stellen sich bereits beim Sedimenttransport und im ersten Stadium der Diagenese ein. Es ist jedoch ein großer Unterschied, ob der Sedimenttransport und das erste Stadium der Diagenese im Süßwasser- oder im Salzwasserbereich stattfinden. Diesem Unterschied trägt die Begriffsbildung Rechnung. Zur Kennzeichnung aller chemischen und physikochemischen Prozesse, die während der Transportverwitterung und des ersten Stadiums der Diagenese ohne weitere Sedimentbedeckung im Salzwasserbereich — besonders im Meer — stattfinden, hat sich die von K. HUMMEL (1920) eingeführte Bezeichnung „*Halmyrolyse*“ (griech.: halmyros = salzig; lyein = lösen) eingebürgert. Für alle sich im Süßwasserbereich abspielenden Vorgänge der Transportverwitterung und des ersten Stadiums der Diagenese ohne Sedimentüberlagerung schlagen H. FÜCHTBAUER und G. MÜLLER (1970) den Begriff „*Aquatolyse*“ (lat.: aqua = Wasser — im Sinne von Süßwasser; griech.: lyein = lösen) vor.

2.4. Die Gefüge der Sedimentite

B. SANDER (1948) definiert das Gefüge als Summe aller Raumdaten im Inneren eines betrachteten Bereichs. Bei den Sedimentiten ist es sinnvoll, zwischen *primären* und *sekundären* Gefügen zu unterscheiden. Während die primären Gefüge bei der Sedimentation oder in den noch lockeren Ablagerungen bei der beginnenden Diagenese entstehen, sind die sekundären Gefüge der Ausdruck von Veränderungen im bereits verfestigten Material (hier bezogen auf den Bereich bis zur einsetzenden Metamorphose). Ausgezeichnete Dokumentationen der verschiedenen Gefügemerkmale von Sedimentiten findet man im „Atlas der Strukturen und Texturen der Sedimentgesteine“ [russ.] (3 Bände — 1962, 1969, 1973; Herausgeber A. V. CHABAKOV) und im „Atlas and Glossary of Primary Sedimentary Structures“ (F. J. PETTIJOHN und P. E. POTTER 1964). Erläuternd sei vermerkt, daß wir die Bezeichnung Gefüge als Oberbegriff auffassen, dem Merkmale, die als Strukturen oder Texturen beschrieben werden, unterzuordnen sind. In der Handhabung der Begriffe Textur und Struktur herrscht international keine Übereinstimmung. Die Autoren des „Atlas der Strukturen und Texturen der Sedimentgesteine“ verstehen unter Struktur die Gesamtheit der inneren Merkmale der Sedimente und Sedimentgesteine, die zum Ausdruck kommt in der Größe, der Form und dem Charakter der Oberfläche der Teilchen und in ihrem mengenmäßigen Wechselverhältnis. Die Textur dagegen betrachtet die Verteilung und die Anordnung der Teilchen im Raum. Demgegenüber charakterisieren F. J. PETTIJOHN und P. E. POTTER (1964) mit dem Begriff Struktur vor allem größere Inhomogenitäten des Gesteins — die Organisation einer Ablagerung, die Art und Weise, in der eine Schichtfolge zusammengesetzt ist.

Nachfolgend sollen die wichtigsten primären Gefüge der Sedimentite erläutert werden. Entsprechende Hinweise auf die sekundären Gefüge enthält das Kapitel 2.9.

2.4.1. Die Schichtung (Tafel 2.I, z. T. auch Tafel 2.IX)

Die Schichtung ist wohl das charakteristischste Gefügemerkmal der Sedimente und Sedimentgesteine. Nur wenige Sedimentite sind ungeschichtet (z. B. einige Riffkalke, Moränen). Sichtbar wird die Schichtung durch einen lagenweisen Materialwechsel, der auf Anlagerung beruht. Da die Anlagerung jeweils an der freien Oberfläche der zuvor gebildeten Schicht erfolgt, spricht man genauer von externen Anlagerung und unterscheidet diesen Vorgang von der internen Anlagerung als dem Ausfüllen und Zuwachsen von Hohlräumen (B. SANDER 1950). Schichtung kann beruhen auf der mechanischen Anlagerung bereits vorhandener Teilchen, chemischer Anlagerung oder biogener Anlagerung.

Die einzelne Schicht ist als Sedimentationseinheit stofflich weitgehend homogen. Sie repräsentiert damit eine Bildung unter annähernd konstanten Bedingungen. Von den benachbarten Schichten ist sie durch Schichtflächen abgrenzbar, die meist auch Ebenen einer leichteren Teilbarkeit sind.

Unter den Autoren, die sich mit Fragen der Schichtung beschäftigten, seien besonders genannt: K. ANDREE (1915), W. HOPPE (1929), R. BRINKMANN (1932), E. D. MC KEE (1939), J. W. BAUSCH VAN BERTSBERGH (1940), H. ILLIES (1949, 1951), K. PICARD (1950, 1953), E. D. MC KEE und G. W. WEIR (1953), W. NIEHOFF (1958), L. B. RUCHIN (1958), P. WURSTER (1958), K. BIRKENMAJER (1959), L. N. BOTVINKINA (1959), W. K. HAMBLIN (1961), H.-E. REINECK (1960), J. R. L. ALLEN (1963), E. GRUMBT (1966, 1974). Schichten werden nach ihrer Mächtigkeit, ihrer seitlichen Ausdehnung, ihrer inneren Organisation und der Ausbildung der Schichtflächen beurteilt.

Nach L. N. BOTVINKINA (1959) ist das eigentliche Grundelement der Lagentextur von Sedimentiten die „Lamine" (lat. lamina = Blatt). Man findet dafür auch die Bezeichnung „Feinschicht" oder „Lamelle". Eine Schicht von über 1 cm Mächtigkeit nennt T. G. PAYNE (1942) „Strate" (lat. stratum = Lager). Die Straten erweisen sich beim genaueren Hinsehen oft als kompliziert aufgebaute Körper, die aus einer Vielzahl von Feinschichten oder Lamellen bestehen. Sie sind somit Schichten höherer Ordnung. Ein mächtigeres Schichtpaket, das aus einer oder mehreren Straten besteht und deutlich gegen das Liegende und Hangende abgegrenzt ist, wird häufig auch als „Bank" bezeichnet. E. GRUMBT (1969) schlägt folgende, aus der eingehenden Untersuchung klastischer Ablagerungen abgeleitete Klassifikation der Schichten und Absonderungseinheiten nach ihrer Mächtigkeit vor:

Mächtigkeit	Bezeichnung der Schichten und Absonderungseinheiten
> 200 cm	massig
200 – 63 cm	dickbankig
63 – 20 cm	bankig
20 – 6,3 cm	dünnbankig
6,3 – 2,0 cm	plattig
2,0 – 0,63 cm	dünnplattig
0,63 – 0,2 cm	blättrig
< 0,2cm	dünnblättrig

In klastischen Sedimenten wurden oft Beziehungen zwischen der Mächtigkeit der Schichten und der Korngrößenzusammensetzung in dem Sinne festgestellt, daß gröberes Material in der Regel mächtigere Einheiten bildet als feinkörnigeres.

Nach der Form und inneren Organisation der Schichtkörper muß zwischen der Gruppe der *Horizontalschichtung* und jener der *Schrägschichtung* unterschieden werden.

Horizontalschichtung entsteht vor allem im Bereich fehlender bzw. geringer Strömungsenergie. Man findet sie daher besonders in feinklastischen Sedimenten. Nach D. B. SIMONS, E. V. RICHARDSON und C. F. NORDIN (1965) kann sie jedoch auch in grobklastischem Material im sog. „oberen Fließregime", d. h. bei großen Strömungsgeschwindigkeiten auftreten. So wurde ihre Bildung in rezenten fluviatilen Überschwemmungsgebieten unter Strömungsgeschwindigkeiten beobachtet, die bei 2 bis 4 m/s lagen. Horizontalschichtung ist außer in klastischen auch in chemischen und biogenen Sedimenten zu finden. Nach der Ausbildung der Schichtflächen kann man zwischen ebener Horizontalschichtung und welliger Horizontalschichtung unterscheiden.

In die Gruppe der Horizontalschichtung werden auch die Linsenschichtung und die Flaserschichtung gestellt. Beide Schichtungstypen besitzen teilweise ein internes

Schräggefüge und nehmen somit eigentlich eine vermittelnde Stellung zwischen der Horizontalschichtung und der Schrägschichtung ein.

Sie sind überwiegend an Wechsellagerungen von Feinsanden, Tonen und Schluffen gebunden und bilden sich, wenn periodisch Zeiten von Ruhigwasser mit Schlammabsatz und bewegtem Wasser mit Strömung und Rippelwanderung miteinander abwechseln. Die Strömungsgeschwindigkeiten liegen dabei im Mittel unter 20—30 cm/s (H. E. Reineck 1960).

Die Schrägschichtung ist ein Anlagerungsgefüge, das sich beim Transport und dem Absatz von Teilchen in einem bewegten Medium bildet. Sie fehlt daher in sehr feinkörnigen Sedimenten und tritt erst in Material ab Sandkorngröße auf. Dabei ist es nur von untergeordneter Bedeutung, ob die Teilchen Quarzkörner, karbonatischer Detritus o. a. sind.

Das Grundelement der Schrägschichtung ist das Schrägschichtungsblatt (auch Schräg-Lamine oder Schrägschichtungslamelle genannt). Die Schrägschichtungsblätter reihen sich zu Schrägschichtungsserien aneinander und diese wiederum vereinigen sich meist in Seriengruppen. E. D. Mc Kee und G. W. Weir (1953) unterscheiden nach der Gestalt der Schrägschichtungsserien, besonders nach deren liegender Begrenzungsfläche, im wesentlichen zwischen

ebener Schrägschichtung (planar cross-stratification) und
bogiger Schrägschichtung (trough cross-stratification).

P. E. Potter und F. J. Pettijohn (1963) sehen ein wichtiges Kriterium zur Ausgliederung verschiedener Schrägschichtungstypen nicht nur in der Form der liegenden Begrenzungsfläche der Schrägschichtungsserien, sondern beziehen auch die Gestalt der Schichtkörper mit in die Betrachtung ein. Sie unterscheiden zwischen tafeliger Schrägschichtung (tabular cross-bedding) und bogiger Schrägschichtung (trough cross-bedding).

Bei der tafeligen Schrägschichtung besitzen die Schrägschichtungseinheiten ebene Kontakte und die Sedimentkörper sind im wesentlichen tafelförmig. Bei der bogigen Schrägschichtung bilden die Schrägschichtungseinheiten trogförmige Körper mit gekrümmten Basalkontakten. Mit diesen, auf einer dreidimensionalen Betrachtungsweise beruhenden Typen reduziert sich die scheinbare Formenvielfalt der Schrägschichtung wesentlich und Begriffe wie „Kreuzschichtung", „Diagonalschichtung" u. a., die man vielfach in der Literatur findet, werden hinfällig, da ihnen nur das Bild einer Fläche (Steinbruchwand o. ähnliches), d. h. eines zufälligen zweidimensionalen Anschnittes des Sedimentkörpers zugrunde liegt.

Ein weiteres wichtiges Kriterium zur Beurteilung und Klassifikation der Schrägschichtung ist die Mächtigkeit der Schrägschichtungsserien (J. R. L. Allen 1963, E. Grumbt 1969 und 1974). E. Grumbt unterscheidet auf dieser Basis

	Mächtigkeit der Schrägschichtungsserien in cm
Megaschrägschichtung	> 2000
Großdimensionale Schrägschichtung	200 – 2000
Mitteldimensionale Schrägschichtung	20 – 200
Kleindimensionale Schrägschichtung	2 – 200
Mikroschrägschichtung mit	
Rippelschichtung und	
Mikroschrägschichtung i. e. S.	< 2

Mit Ausnahme der Rippelschichtung ist die Ausbildung der Schrägschichtungsgefüge mehr oder weniger mit lokaler Erosion verbunden. Dabei werden die oberen Teile der Schrägschichtungsblätter bereits gebildeter Schrägschichtungsserien abgetragen, bevor sich darüber scharf abgegrenzt und mit anderem Einfallen der Lamellen die nächstfolgenden Einheiten ablagern. Es entsteht die sog. „gekappte Schrägschichtung". In verfalteten Schichtenfolgen kann das Auftreten von gekappter Schrägschichtung zur Bestimmung des ursprünglich Hangenden und Liegenden dienen.

Die Schrägschichtungsblätter sind in der Regel quer zur Strömung angeordnet. H. E. Reineck (1958) beschreibt jedoch aus Wattengebieten auch Schrägschichtung, deren Streichrichtung etwa dem Verlauf des Stromstriches in den mäandrierenden Rinnen, die die Wattoberfläche durchschneiden, entspricht. Diese sog. „longitudinalen Schrägschichten" entstehen durch laterale Anlagerung an den Gleithängen der Priele und anderen Abflußkanäle.

E. Grumbt (1974) hat auch Hinweise auf die Bildungsbedingungen dieser Schichtungsarten aus der Literatur zusammengetragen. So setzt die Entstehung der vorwiegend an Feinsande gebundenen Rippelschichtung im Wasser bei Strömungsgeschwindigkeiten zwischen 20—40 cm/s ein und hält bis zu Werten zwischen 80 und 140 cm/s an. Für die Bildung kleindimensionaler Schrägschichtung sind im Wasser in der Regel Strömungsgeschwindigkeiten > 100 cm/s notwendig. Mitteldimensionale Schrägschichtung wurde aus rezenten Niedrigwasserablagerungen des Brahmaputra beschrieben und ist auch von Sanden und Kiesen anderer Flüsse bekannt, die bei mittleren Strömungsgeschwindigkeiten zum Absatz kamen. Großdimensionale Schrägschichtung und Megaschrägschichtung bildet sich in Hochwassersedimenten großer Flüsse, an Deltaaußenrändern und im Ergebnis des Windtransportes in Dünen. Sicher können diese Angaben keinen Anspruch auf Vollständigkeit erheben, und auf eine Reihe von Fragen muß erst noch eine Antwort gefunden werden. Ohne Zweifel bestehen aber zwischen Strömungsenergie, Korngrößenzusammensetzung der Sedimente und dem Charakter der Schichtung enge Zusammenhänge.

Sehr wichtige geologische Schlußfolgerungen gestattet auch die Orientierung der Schrägschichtung, sagt sie doch aus über die Richtung der Anlagerung. Die Methoden des Einmessens der Orientierung von Schrägschichtungsblättern und der Auswertung der gewonnenen Daten sind gut ausgearbeitet (H. Illies 1949, W. Niehoff 1958, P. Wurster 1958 und 1964, P. E. Potter und F. J. Pettijohn 1963).

In bezug auf die innere Organisation der Schichtung kann man außer den Schrägschichtungsblättern oft auch noch andere richtungsenthaltende Gefüge beobachten und einmessen. So zeigten Untersuchungen an Sandsteinen, daß in ihnen die längsten Achsen der Quarzkörner bevorzugt in bestimmte Richtungen weisen, die mit der jeweils herrschenden Strömungsrichtung in Beziehung stehen (D. Hennigsen 1968). Auch die Längsachsen von langgestreckt walzenförmigen Geröllen in Schottern und Konglomeraten sind meist entsprechend eingeregelt, und flache Gerölle zeigen besonders beim Flußtransport die sogenannte Dachziegellagerung, wobei die einzelnen Gerölle im allgemeinen mit einem Einfallen gegen die Strömung schräg aufeinandergestapelt sind.

Eine besondere Art der Ausbildung von Anlagerungsgefügen ist die *gradierte Schichtung*, die sich durch einen Korngrößenwechsel innerhalb der Laminen oder Straten auszeichnet. Die eigentliche gradierte Schichtung (gradierte Schichtung i. e. S.) entsteht durch Absatz aus Suspensionen. Suspensionsströme transportieren gemeinsam grobes und feines Material. Beim Nachlassen der Bewegung eines Suspensionsstromes kommen zunächst die groben Teilchen vermischt mit Feinem zur Ablagerung. Anschließend fehlen in den Absätzen in zunehmendem Maße gröbere Anteile. Dieser Vorgang wiederholt sich oft unzählige Male.

Eine weitere Form der Korngradierung kann durch nachlassende oder ansteigende Strömungsgeschwindigkeit hervorgerufen werden, wie das z. B. in Flußläufen infolge wechselnder Wasserführung üblich ist. Bei dieser „Strömungsgradierung" (F. J. Pettijohn 1957) wird das Material relativ sauber nach verschiedenen Korngrößen getrennt.

Am häufigsten sind bei der gradierten Schichtung Korngrößenabnahmen von unten nach oben — H. Lützner, F. Falk, J. Ellenber und E. Grumbt (1974) sprechen von „normaler Korngradierung". Der umgekehrte Fall wird als inverse Gradierung bezeichnet, und gemischte Korngradierung liegt vor, wenn das grobe Material oben und unten oder in der Mitte angereichert ist.

Gelegentlich entsteht in Sedimenten eine *Jahresschichtung* (— besonders, wenn sich die einzelnen Jahreszeiten klimatisch stark unterscheiden!). Als Beispiel müssen vor allem die eiszeitlichen Bändertone genannt werden (M. Schwarzbach 1961). Sie lagerten sich in pleistozänen glazialen Stauseen ab. In diese Seen wurde im Sommer durch Schmelzwässer viel relativ grobes Material eingeschwemmt, und es bildete sich eine verhältnismäßig mächtige, helle, sandige „Sommerschicht". Im Winter kam dann die feinste tonige Trübe als dünne dunkle „Winterschicht" zum Absatz. Eine solche zusammengehörige Doppelschicht von meist einigen mm bis cm Mächtigkeit wird Warwe genannt.

In den letzten Jahren wurde auch den freisichtbaren Gefügen in Anhydrit- und Salzgesteinen eine größere Aufmerksamkeit geschenkt. Da die vorgeschlagenen Schemata zur Beschreibung und Klassifikation aber nicht nur die primären Charakteristika der Anlagerung, sondern auch diagenetisch bedingte Merkmale berücksichtigen, ist es angebracht, nicht von Schichttypen, sondern allgemeiner von Gefüge- oder Texturtypen zu sprechen. Bei W. Jung (1958) bildet die in die Anhydritgesteine eingelagerte Fremdsubstanz (meist gut erkennbar an der dunkleren Farbe; mineralogisch vorwiegend Dolomit, Tonminerale, Magnesit, seltener Calcit, Halit, Erze u. a.) die Grundlage für die Unterscheidung von gestreiften, gebänderten, gemaserten, geaderten und marmorierten Texturtypen. C. Döhner (1965; zitiert bei M. Hemmann 1972) unterscheidet bei Salzgesteinen Lagen (untergliedert in Streifen, Bänder und Bänke), Schmitzen, Adern, Masern, Linsen, Flocken und Nester. Viele Horizonte des mitteleuropäischen Zechsteins konnten nach diesen Texturen weiter untergliedert werden. Die ausgeschiedenen Zonen lassen sich oft über erstaunlich große Entfernungen verfolgen. Damit ist den in den Bergbau- und Erkundungsbetrieben tätigen Geologen ein wichtiges Hilfsmittel für sehr genaue Aussagen über die jeweils erreichte stratigraphische Position in die Hand gegeben.

2.4.2. *Schichtflächenmarken und -unregelmäßigkeiten sowie Merkmale der synsedimentären bis frühdiagenetischen Schichtdeformation* (Tafeln 2.II und 2.III)

Beim genauen Hinsehen findet man, daß viele Schichtflächen nicht glatt und eben sind, sondern in Form von verschiedenen Unregelmäßigkeiten und Marken Gefügemerkmale tragen, die bei geologischen Untersuchungen unbedingt beachtet werden sollten, da sie wichtige Rückschlüsse auf die Sedimentationsbedingungen gestatten. Diese Marken und Unregelmäßigkeiten können sowohl auf Schichtunter- als auch auf

-oberseiten auftreten. Eine Reihe dieser Gefüge ist seit alters bekannt, wie z. B. die Rippelmarken, und die Deutung ihrer Entstehung bereitet keine prinzipiellen Schwierigkeiten. Andere wurden auf Grund der unklaren Genese unter dem Begriff „Hieroglyphen" zusammengefaßt. Durch ein intensives Studium, wobei vor allem vergleichende Beobachtungen an rezentem Material und auch verschiedentlich Modellversuche ein wichtiges Hilfsmittel darstellten, ist es aber in den letzten Jahren gelungen, die meisten der offenen Fragen zu beantworten. Bei den Schichtflächen-„Marken" handelt es sich um Gebilde, die einem unbelebten Substrat ausschließlich durch physikalische Kräfte aufgeprägt wurden. Dazu gehören auch von toten Organismen oder ihren Einzelteilen erzeugte Merkmale (A. H. MÜLLER: Lehrbuch der Paläontologie, Bd. 1, 1963). Andere Schichtflächenunregelmäßigkeiten sind als „Lebensspuren" anzusprechen, d. h. sie wurden durch die Lebenstätigkeit der Organismen hervorgerufen.

Neben der genauen Betrachtung der Schichtflächen ist auch die Untersuchung des internen Gefüges der Schichtung wichtig, welches oft vielfältige Unregelmäßigkeiten und Deformationen aufweist. Nachfolgend kann nur eine Auswahl der verschiedenen Schichtflächenmarken und -unregelmäßigkeiten sowie der Merkmale synsedimentärer bis frühdiagenetischer Schichtdeformationen beschrieben werden.

Rippelmarken

Rippelmarken können sich im Wasser und beim Windtransport bilden. Voraussetzung ist das Vorhandensein klastischen Materials in Sandkorngröße. Von großer Bedeutung für die Unterscheidung von Wasser- und Windrippeln ist das Verhältnis von Rippelabstand A : Rippelhöhe H, der sogenannte „Rippelindex" — bei REINECK und WUNDERLICH (1968):

$$I_1 = \frac{A}{H}.$$

Nach TWENHOFEL (1932) liegen die Rippelindizes bei Wasserrippeln zwischen 4 und 10, bei Windrippeln zwischen 20 und 50. Auch andere Autoren, z. B. RUCHIN (1958) und TANNER (1965), nennen ähnliche Werte und heben hervor, daß mit dem Rippelindex dem Geologen ein Hilfsmittel in die Hand gegeben ist, um bei fossilem Material auf das Ablagerungsmilieu schließen zu können. Generell läßt sich sagen, daß Windrippeln im allgemeinen ein wesentlich flacheres Profil besitzen als Wasserrippeln.

Nach dem Querschnitt lassen sich 2 Gruppen von Rippelmarken unterscheiden: unsymmetrische Formen mit einem flach ansteigenden Luvhang und einem steiler abfallenden Leehang sowie symmetrische Rippelmarken, bei denen nicht zwischen Luv- und Leeseite unterschieden werden kann. Der Grad der Symmetrie bzw. Asymmetrie der Rippelmarken ist mittels des von REINECK und WUNDERLICH (1968) eingeführten „Asymmetrieindexes I_2" zahlenmäßig ausdrückbar. Er errechnet sich aus den Projektionen der Rippelhänge auf die Horizontale nach der Formel

$$I_2 = \frac{\text{Projektion des Luvhanges}}{\text{Projektion des Leehanges}}.$$

Der „Asymmetrieindex I_2" von REINECK und WUNDERLICH entspricht dem „Ripple Symmetrie Index RSI" TANNERS (1967).

Für das Messen der notwendigen Ausgangsdaten zur Berechnung der genannten Indizes beschreiben BRUNN-PETERSEN und KRUMBEIN (1975) ein einfaches, selbstgefertigtes Gerät, die sogenannte „Profillehre“, die aus einer Aluminiumschiene mit einer Reihe verstellbarer Stahlnadeln besteht.

Nach dem Erscheinungsbild in der Aufsicht unterscheidet man zwischen Rippeln mit mehr oder weniger geradlinig verlaufenden, subparallelen Kämmen und gekrümmten Rippeln, die über sichel- bis zu zungenförmigen Typen (Linguoidrippeln) reichen. Gelegentlich treten auch rhombenförmige Rippeln auf, die zwei Leehänge besitzen, welche miteinander einen spitzen Winkel einschließen. Kreuzen sich verschieden gerichtete Rippelsysteme, so kommt es zur Ausbildung von Interferenzrippeln.

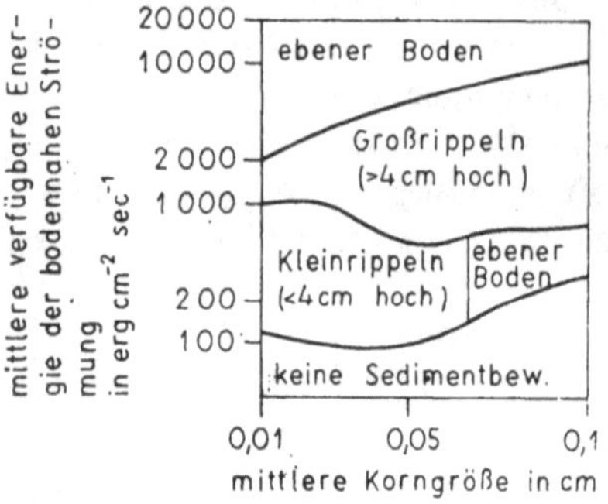

Abb. 2.5. Formen und Interngefüge sandiger Böden in Abhängigkeit von bodennaher Strömung und Korngröße (nach J. R. L. Allen 1970)

Über die Genese der Rippelmarken gibt es eine umfangreiche Literatur. Für die nachfolgenden Ausführungen wurde vor allem auf die bereits zusammenfassenden Auswertungen bei W. v. Engelhardt (1973) zurückgegriffen. Die Entstehung von Wasserrippeln kann folgendermaßen erklärt werden:

a) Im fließenden Wasser bilden sich ab einer gewissen Strömungsgeschwindigkeit, die notwendig ist, um die Teilchen am Boden zu bewegen (Bodenfracht), *Strömungsrippeln.* Diese haben einen Luv- und einen Leehang. Durch ständige Umlagerungsvorgänge — Erosion an den flachen Luvseiten, die verbunden ist mit einem hangaufwärts gerichteten Materialtransport, und durch anschließende Anlagerung an den Leeseiten — wandert das gesamte Rippelsystem langsam in Strömungsrichtung vorwärts. Die häufigsten Strömungsrippeln stellen Transversalrippeln (d. h., sie sind quer zur Fließrichtung orientiert) mit langgestreckten, mehr oder weniger geradlinig verlaufenden Kämmen dar. Zungen- oder rhombenförmige Rippeln entstehen bei relativ starker Strömung in sehr flachem Wasser, wenn die Rippelmorphologie intensiv auf die Strömungsverhältnisse zurückwirkt.

Wird die Strömungsgeschwindigkeit so groß, daß sich über dem Untergrund eine Wolke von springenden Körnern, die sog. Bodensuspension bewegt, bilden sich ebene Schichtflächen ohne Rippelmarken aus. Einen Ansatz, die Beziehungen zwischen den Formen und Interngefügen sandiger Böden, den mittleren Korngrößen und der Strömungsenergie quantitativ zu erfassen, teilte J. R. L. Allen (1971; zit. bei E. Seibold 1975) mit (Abb. 2.5). Eine besondere Art von Rippelmarken sind die Longitudinalrippeln. Bei ihnen verlaufen die Rippelkämme parallel zur Strömung. Van Straaten (1951) beschreibt sie aus den Wattengebieten an der holländischen Nordseeküste.

b) Bei der Wellenbewegung schwingen die Wasserteilchen im Idealfall in geschlossenen kreis- oder ellipsenförmigen Bahnen. Bekommen die Wellen Grundberührung, so werden dort die losen Sedimentpartikel hin- und herbewegt, wenn die Wasserteilchen eine bestimmte Orbitalgeschwindigkeit erreicht haben. Es entstehen dann *Oszillationsrippeln.* Wird die Orbitalgeschwindigkeit zu groß, so verschwinden ähnlich den unter a) genannten Verhältnissen die Rippeln, und es bildet sich eine ebene Schichtung aus. Nach ALLEN (1970) liegt der untere Grenzwert für die Entstehung von Oszillationsrippeln bei Orbitalgeschwindigkeiten um 10 cm/s, der obere bei Orbitalgeschwindigkeiten um 100 cm/s. Entsprechend der unterschiedlichen Korngrößenzusammensetzung des Materials sind jedoch gewisse Variationen dieser Grenzwerte möglich.

Bis zu einer maximalen Rippelweite, die von der Korngrößenzusammensetzung abhängig ist und bei feinem Sand 15 cm, bei grobem Sand 125 cm betragen kann, entspricht der Abstand von Rippelkamm zu Rippelkamm etwa dem Durchmesser der Orbitalbahnen der Wasserteilchen am Boden.

Die typischen Oszillationsrippeln sind symmetrisch aufgebaut. EVANS (1941) beschreibt jedoch auch unsymmetrisch gestaltete Oszillationsrippeln. Nach REINECK (1961) handelt es sich dabei um halbstationäre Oszillationsrippeln, die durch Wässer entstehen, die auf den flachen Strand auflaufen. Bei diesen Wellen bewegen sich die Wasserteilchen bereits nicht mehr in geschlossenen Bahnen, sondern beginnen offene Kurven zu beschreiben. Oszillationsrippeln wurden nach INMAN und BAGNOLD (1963) an sandigen Küsten bis in Wassertiefen von über 52 m beobachtet. Man findet sie in einer dem Strande vorgelagerten Zone bis in jenen Bereich, wo die Wellenbewegung in die Brandung übergeht und letztere zum gestaltenden Faktor wird.

Die Entstehung von Windrippeln kann man folgendermaßen erklären: Eine Sandoberfläche wird instabil, sobald Bodentransport durch springende Körner stattfindet. Da die Oberfläche niemals völlig glatt ist, werden windzugewandte Hänge (Luvseiten) von Unebenheiten stärker von den springenden Körnern getroffen als die Leehänge. Damit gelangt auf den Luvseiten eine größere Zahl von Körnern in Windrichtung in Bewegung; das Loch vor der Unebenheit vertieft sich, und leewärts bildet sich eine Sandanhäufung. Aus den Unebenheiten entsteht so allmählich ein System von senkrecht zur Windrichtung verlaufenden Rippeln, deren Abstand nach BAGNOLD (1965) der mittleren Sprungweite der Körner gleich ist. Da die mittlere Sprungweite mit der Windgeschwindigkeit zunimmt, wächst mit der Stärke des Windes auch der Abstand der Rippeln. Bei gleichbleibender Windstärke wird der Rippelabstand um so kleiner sein, je größer die mittlere Korngröße ist. Das Emporwachsen der Rippeln hat Grenzen, da die Kämme der Rippeln höheren Windgeschwindigkeiten ausgesetzt sind.

Strömungsmarken

Unter Strömungsmarken versteht man alle Unregelmäßigkeiten auf Schichtflächen, die sich durch direkte oder indirekte Einwirkung eines strömenden Mediums (meist Wasser, seltener Wind) bilden. Die bereits beschriebenen Rippelmarken werden jedoch trotz genetischer Verwandtschaft im allgemeinen nicht mit zu dieser Gruppe gestellt.

Die Bezeichnung „Strömungsmarken“ (H. RÜCKLIN 1938), die an Stelle des unklaren Begriffes „Fließwülste“ vorgeschlagen wurde, ist heute identisch mit der Bezeichnung „current marks“ bei S. DŹUŁYŃSKI und J. E. SANDERS (1962). Letztere unterteilten die äußerst vielgestaltige Gruppe der „current marks“ in „scour marks“ (Erosionsmarken) und „tool marks“ (Gegenstandsmarken).

Oft sind bei den Strömungsmarken die Negativformen, d. h. die Ausfüllungen des Epireliefs[1] besonders gut erhalten. Diese Negativformen wurden als Wülste, Kegel und Zapfen beschrieben und tragen im Englischen die Bezeichnung „cast" (Abdruck).

Nach einer Zusammenstellung bei H. LÜTZNER (1966) sind die wichtigsten Strömungsmarken:

I. Erosionsmarken, PETTIJOHN und POTTER 1964 (scour marks, DŹUŁYŃSKI und SANDERS 1962).

1. Erosionsrinnen (engl., channels, gouge channels, wash outs);
2. Kolkmarken;
   2.1. Strömungskolke, EINSELE 1963 (flutes, MAXON und CAMPBELL 1935), Hyporelief: Strömungswülste, PLESSMANN 1961 (flute casts, RICH 1951);
   2.2. Hufeisenkolke (current crescents, PEABODY 1947), Hyporelief: Hufeisenwülste, RÜCKLIN 1938 (crescent casts, PEABODY 1947).
3. Rieselmarken (rill marks);
4. Furchenmarken, PETTIJOHN und POTTER 1964 (ridges, BOUMA 1962);
5. Strömungsstreifung, PLESSMANN 1961 (parting lineation, CROWELL 1955).

Die Gruppierung 1···5 entspricht einer Abnahme der Strömungsenergie.

II. Gegenstandsmarken, PETTIJOHN und POTTER 1964 (tool marks, DŹUŁYŃSKI und SANDERS 1962).

1. Rillenmarken, PETTIJOHN und POTTER 1964 (grooves, SHROCK 1948);
   1.1. Schleifmarken (drag marks, KUENEN 1957),
   1.2. Gleitmarken, PETTIJOHN und POTTER 1964 (slide marks, KUENEN und SANDERS 1956);
2. Riefenmarken, PETTIJOHN und POTTER 1964 (striation marks, PETTIJOHN 1957);
3. Rückprallmarken, PLESSMANN 1961 (bounce marks, WOOD und SMITH 1959);
4. Stoßmarken, PLESSMANN 1961 (prod marks, DŹUŁYŃSKI und SLĄCZKA 1958; Hyporelief: impact casts, RADOMSKI 1958);
5. Bürstenmarken, LÜTZNER 1966 (brush marks, DŹUŁYŃSKI und SLĄCZKA 1958);
6. Fiedermarken, PETTIJOHN und POTTER 1964 (chevron marks, DUNBAR und RODGERS 1957);
7. Stichmarken, LÜTZNER 1966;
8. Hüpfmarken, PETTIJOHN und POTTER 1964 (skip marks, DZUŁYŃSKI und SLĄCZKA 1958);
9. Rollmarken, KREJCI-GRAF 1932 (roll marks, DŹUŁYŃSKI und SĄCZKA; 1958).

Strömungskolke sind durch Erosion entstandene, kegel-, zapfen-, löffel- oder spatelförmige Hohlformen. Sie sind an der stromaufwärts liegenden Seite stärker eingetieft und laufen in Strömungsrichtung flach aus.

Hufeisenkolke entstehen an Hindernissen durch lokale Wirbelbildung. Sie umschließen das Hindernis halbmond- bis hufeisenförmig, wobei die auslaufenden Enden der Vertiefungen stromabwärts zeigen.

Rieselmarken sind feine Erosionsrillen. Oft mäandrieren sie leicht und verzweigen sich. Mit zunehmender Strömungsenergie vergrößern sie sich zu Erosionsrinnen.

Furchenmarken bestehen aus einer Schar langgestreckter strömungsparalleler Vertiefungen, die durch Rippen voneinander getrennt sind. Die Furchen entstehen nach DŹUŁYŃSKI (1965) durch „subturbulente" Strömung.

Strömungsstreifung: Schwach angedeutete parallele Rillen oder Streifen auf den Schichtflächen in sandigem und schluffigem Material. Die Strömungsstreifung ist oft der Ausdruck einer Einregelung länglicher Körner in die Strömungsrichtung.

---

[1] A. SEILACHER (1953) bezeichnet die auf den Schichtoberflächen erhaltenen Formen als Epirelief, ihre Abbildung auf darüberliegenden Schichtunterseiten als Hyporelief.

Rillenmarken sind langgestreckte, mehr oder weniger parallele Vertiefungen im Untergrund von unterschiedlicher Stärke. Sie werden erzeugt durch Gegenstände, die von der Strömung mitgeführt werden und auf dem Untergrund entlangkratzen (Schleifmarken) oder durch abgleitende Sedimentmassen (Gleitmarken).

Riefenmarken bestehen aus sehr zarten, dicht gescharten Rillenmarken.

Rückprallmarken entstehen durch Gegenstände, die nur kurz den Boden berühren. Sie stellen kurze, in Strömungsrichtung gestreckte Vertiefungen im Untergrund dar, die in der Mitte am stärksten sind und nach beiden Enden auslaufen.

Stoßmarken bilden kurze, asymmetrische Vertiefungen in der Sedimentoberfläche, die ihre Ursache im Aufstoßen von Gegenständen haben. Sie sind stromab am tiefsten und laufen entgegen der Strömungsrichtung allmählich aus.

Bürstenmarken entstehen durch flach auftreffende Gegenstände, die etwas Sediment vor sich anhäufen. Entsprechend führen sie bei einem sonst ähnlichen Aussehen wie die Stoßmarken als besonderes Merkmal kleine Sedimentwülste an der stromabwärtigen Seite.

Fiedermarken bilden sich nach DŹUŁYŃSKI und SANDERS (1962) durch Gegenstände, die gerade noch Kontakt mit dem Boden erhalten und dadurch in vibrierende Bewegung geraten. Im einzelnen ist aber ihre Bildungsweise noch unklar. Sie bestehen aus breiteren Rillen mit einer winkelartigen Skulptur aus kleinen, in Strömungsrichtung überhängenden Sedimentwülsten. Von den Fiedermarken gibt es Übergänge zu den „gefiederten Rillenmarken", die aus einer Hauptrille mit Seitenrillen bestehen, wobei die letzteren stromabwärts in spitzem Winkel auf die Hauptrille treffen (PETTIJOHN und POTTER 1964).

Stichmarken erscheinen im Hyporelief als kommaförmige Erhebungen von wenigen Millimetern Länge, die in einer stecknadelkopfartigen Verdickung enden. Wahrscheinlich markieren sie Einstichstellen von nadelbesetzten Zweigresten (LÜTZNER 1966).

Hüpfmarken treten in Gestalt von aneinandergereihten Rückprallmarken oder anderer Abdrücke flüchtig aufstoßender Gegenstände auf.

Rollmarken: Eindrücke von rollenden Gegenständen, die in einer Reihe parallel zur Strömung angeordnet sind. Oft wird das Rollen von sprungartigen Bewegungen der Gegenstände unterbrochen.

Schrumpfungsrisse und Netzleisten; Eiskeile und Frostspalten

Das Auftreten von Schrumpfungsrissen ist vorwiegend an tonige Ablagerungen gebunden. Man muß zwei Arten von Schrumpfungsrissen unterscheiden — Trockenrisse und Synäreserisse.

Am bekanntesten sind die zentimeter- bis dezimeterbreiten polygonalen Muster von Rissen, die sich an der Oberfläche austrocknender Schlammabsätze bilden. Durch diese Trockenrisse wird die betreffende Sedimentschicht in viele Scherben zerlegt, die in der Regel an den Rändern aufwärts gebogen, teilweise auch eingerollt sind.

Feine Muster ähnlicher Risse, jedoch ohne entsprechende Aufwölbungen an den Rändern, können sich in Sedimenten auch unter Wasserbedeckung bilden. H. JÜNGST (1934) erkannte, daß diese subaquatische Entwässerung, die gelegentlich bis zur Schrumpfung der Ablagerungen und zur Entstehung von Rissen führt, zu dem kolloidchemisch als Synärese bezeichneten Vorgang gehört. Nach den Ergebnissen von Versuchen zu urteilen, bilden sich Synäreserisse besonders in Schlämmen, die quellfähige Tonminerale enthalten, wenn Wasser mit einem höheren Salzgehalt diese Ablagerungen überschichtet (J. F. BURST 1965).

Trocken- und Synäreserisse werden oft mit anderem Material, vor allem mit Sand gefüllt. Diese Füllung geschieht meist von oben her, seltener von unten durch nachdrängendes wasserhaltiges Sediment geringerer Dichte. So entstehen die Netzleisten, die besonders bei sandig-tonigen Wechsellagerungen auf den Sohlflächen der Sandsteinbänke zu finden sind und markanter in Erscheinung treten als die Schrumpfungsrisse in den Tonsteinen, die der Anlaß für ihre Bildung waren.

G. ZÄNKER (1970) beschreibt Polygonstrukturen aus 0,5—2 cm breiten, senkrecht zur Schichtung einige Zentimeter bis mehrere Dezimeter tiefreichenden und nach unten auskeilenden, mit tonig-anhydritischer Substanz bzw. Salz gefüllten Rissen, die er als Trockenrisse deutet, auch aus dem Südharzsteinsalz.

Spalten-Netze reißen auch im Dauerfrostboden der Tundren auf. Die Spalten können nach M. SCHWARZBACH (1961) 8—10 m tief und 3 m breit werden. Sie verjüngen sich nach unten und sind primär mit Eis gefüllt (Eiskeile). Später kann das Eis durch Sediment ersetzt werden.

Regentropfeneindrücke und ähnliche andere Marken auf Schichtoberflächen

Auf den Oberflächen trockenfallender rezenter Schlammablagerungen kann man vielfach Einschlagstellen von Regentropfen beobachten (Tafel 2.II, Bild 3). Es sind flache, uhrglasförmige Vertiefungen von wenigen Millimetern Durchmesser. Auch in älteren Sedimenten findet man entsprechende Eindrücke nicht selten. H. JÜNGST (1934) macht jedoch darauf aufmerksam, daß sie höchstwahrscheinlich nur z. T. Regentropfeneinschläge darstellen, anderenteils als Synäreseerscheinungen (s. vorhergehender Abschnitt) aufzufassen sind. So bildeten sich bei Versuchen (E. M. KINDLE 1916) auch unter Wasserbedeckung an der Oberfläche von rasch sedimentierten Tonen kleine kraterförmige Vertiefungen mit randlichen Wülsten. Es dürfte sich dabei um Austrittsstellen aufwärts gerichteter Porenwasserströme bei der Setzung des Materials handeln. Die Austritte von Gasblasen aus den Sedimenten können auf ähnliche Weise erhalten bleiben.

Seltenere Schichtflächenmarken sind *Abdrücke von Eiskristallen* und *Steinsalzpseudomorphosen.*[1] Auf Eiskristall-Abdrücke in Sedimenten hat besonders H. HÄNTZSCHEL (1935) aufmerksam gemacht. Er weist in seiner Arbeit außerdem darauf hin, daß diese verschiedentlich mit Pflanzenabdrücken verwechselt worden sind.

Synsedimentäre bis frühdiagenetische Deformationsgefüge

Häufig treten während und nach der Ablagerung Deformationen in den Sedimenten ein, die bis zur Auflösung der ursprünglichen Schichtungsmerkmale führen können. Naturgemäß wird wenig festes, stark wasserhaltiges Material besonders von diesen Deformationen betroffen. Als Ursachen für die Gefügeänderungen müssen genannt werden:

1. Durch vertikale Belastung ausgelöste Ausgleichsbewegungen — vor allem, wenn bei Wechsellagerungen (z. B. Wechsellagerung von sandigem und tonigem Material) inverse Dichteverteilungen bestehen.
2. Laterale Scherbewegungen an der Grenze zwischen einem strömenden Medium und der unverfestigten Sedimentoberfläche.
3. Graviative Rutsch- und Gleitbewegungen der Sedimente.
4. Lebenstätigkeit von Organismen.

Weit verbreitet sind sogenannte Belastungsmarken (W. PLESSMANN 1961). Man findet sie vorzugsweise auf der Unterseite von Sandsteinbänken, die Ton- und Schluff-

[1] Besser *Steinsalzglyptomorphosen*; griech. glyptos = gestichelt, morphe = Gestalt.

steine überlagern, als nieren-, kissen- oder fladenförmige Ausstülpungen ohne besonders markante Innengefüge. Sie werden Zentimeter bis Dezimeter groß. Oft bedeckt eine Vielzahl dieser Marken die Schichtflächen, die dann ein gekröseartiges Aussehen annehmen (Tafel 2.III, Bild 1). Mit den Belastungsmarken verwandt und zumindest hin und wieder auch aus diesen hervorgegangen sind die *Ballen- und Knollengefüge*, die bereits fortgeschrittenere Stadien der Auflösung des ursprünglichen Schichtverbandes darstellen.

Aus schmalen, diapirartig aufsteigenden Sätteln und breiten, kissenförmigen Mulden im cm- bis dcm-Bereich besteht im Normalfall die Wulstschichtung (PETTIJOHN und POTTER 1964; engl: convolute bedding KUENEN 1953). Charakteristisch ist für sie ein deutliches, teilweise intensiv verfaltetes Interngefüge (Tafel 2.III, Bild 2).

In Verbindung mit Belastung und inverser Dichteverteilung können außerdem Injektionsrisse entstehen, die meist von unten her mit aufdringendem Sediment gefüllt werden. Entsprechende Gefüge findet man vor allem in rasch sedimentierten Wechsellagerungen sandigen und tonig-schluffigen Materials, die nicht von einer Fauna durchwühlt und entwässert werden. Die Füllungen der Injektionsrisse bieten im Anschnitt das Bild oft vielfach gewundener Adern. Diese setzen quer durch das Sediment hindurch und können sich teils knotenförmig verdicken, teils auch verzweigen.

Mit Sediment gefüllte Risse größerer Dimension werden „*Sedimentgänge*" genannt. An der Entstehung dieser Risse sind oft tektonische Vorgänge (z. B. Erdbeben) beteiligt. Die Füllung kann von unten und oben erfolgen. Besonders verbreitet sind entsprechende Sandsteingänge, die tonige Schichtenfolgen durchsetzen. J. S. DILLER (1890) beschreibt aus Kalifornien Sandsteingänge von der Dicke eines Filmes bis 2,5 m Mächtigkeit und 200 m bis 15 km Länge. Es sind auch Sandstein-Lagergänge, die in Schichtfugen eindrangen, bekannt geworden.

Weiterhin sei auf die vielfältigen Formen diapirartiger Sedimentaufbrüche der verschiedensten Größenordnung hingewiesen. Nur zum Teil sind diese ausschließlich im Sinne von Ausgleichsbewegungen durch Belastung bei inverser Dichteverteilung zu verstehen. Oft muß man auch bei ihnen zumindest die Anlage der Aufstiegswege und den ersten Antrieb für die Massenbewegungen in der Tektonik suchen. Das gilt besonders für entsprechende Großformen, z. B. Salzdiapire, wobei hervorgehoben werden muß, daß Salze auch im verfestigten Zustand, d. h. als Sedimentgestein, noch relativ leicht plastisch verformbar sind. Diapirartige Aufbrüche unverfestigter Sedimente kennt man aus Deltabereichen, wo nicht selten toniges Material von unten in die rasch vorgebauten Sandstränge der Mündungsarme eindringt (s. u. a. P. WURSTER 1964, S. 51). Prof. Dr. sc. RUCHHOLZ machte anläßlich einer Exkursion auf der Insel Usedom im Jahre 1974 den Verfasser außerdem auf Geschiebemergeldiapire aufmerksam, die in glaziofluviatile Beckensande eindrangen.

Zu Deformationsgefügen führen weiterhin die verbreiteten gravitativen Rutschungen. Ein besonderer Typ dieser Gefüge entwickelt sich in periglazialen Gebieten durch den Wechsel von Gefrornis und Auftauen, der oft verbunden ist mit einem langsamen hangabwärts Gleiten des stark durchfeuchteten Auftaubodens. Es sind das die *kryoturbaten Gefüge* (griech. kryos = Frost; lat.: turbatus = wirr, unruhig) (Tafel 2.III, Bild 3).

Sehr enge und wichtige Wechselbeziehungen bestehen weiterhin zwischen dem Sediment und der Bodenfauna. Nicht nur, daß die Sedimentart entscheidend den Charakter der auf oder in ihr siedelnden Lebensgemeinschaft beeinflußt und bestimmt; auch die Benthonten wirken in starkem Maße auf die Ablagerungen zurück — besonders, indem sie diese durchwühlen und durchmischen (Tafel 2.III, Bild 4). Dieser Prozeß, der *Bioturbation* genannt wird, kann bis zur völligen Auflösung ursprünglich vorhandener Schichtungsmerkmale führen. Von der möglichen Dichte der Besiedelung vermittelt J. Dörjes (in H. E. Reineck 1970) eine Vorstellung. Er berichtet, daß sich unter den extremen Lebensbedingungen auf den Watten, die durch den ständigen Wechsel von Überflutung und Trockenfallen gekennzeichnet sind, nur wenige Arten zu halten vermögen, diese jedoch in hoher Individuenzahl auftreten. So wurden pro Quadratmeter z. B. bis zu 40000 Individuen des Schlickkrebses Corophium voluntator gezählt.

Die Untersuchung der *Lebensspuren* (s. Treatise on Invertebrate Paleontology, Part W, Supplement 1, 1975), welche die Organismen bei ihrer Tätigkeit hinterlassen, ist Gegenstand der Ichnologie. A. H. Müller (1963) unterscheidet unter Erweiterung des von A. Seilacher (1953) vorgeschlagenen Systems zwischen:

1. Ruhespuren (Quietichnia)
   a) Liegespuren (Cubichnia)
   b) Wohnbauten (Domichnia)
2. Freßspuren (Cibichnia)
   a) Freßbauten und -gänge (Fodinichnia)
   b) Weidespuren (Pascichnia)
   c) Beiß- und Nagespuren (Mordichnia)
3. Bewegungsspuren (Movichnia)
   a) Kriechspuren (Repichnia)
   b) Laufspuren (Cursichnia)
   c) Schwimmspuren (Natichnia)
   d) Flugspuren (Volichnia)
4. Bioreaktionen.

Für den Sedimentologen besitzen die Lebensspuren als empfindliche Milieu- oder Faziesindikatoren einen besonderen Wert (u. a. Arbeiten von A. Seilacher 1954, 1967).

2.4.3. Merkmale des Korngefüges von Sedimentiten

Im Gegensatz zu den vorher behandelten Schichtgefügen, den Schichtflächen-Marken und -unregelmäßigkeiten sowie den Erscheinungen der synsedimentären bis frühdiagenetischen Schichtdeformation, die mit bloßem Auge sichtbar sind und sich ohne besondere technische Hilfsmittel untersuchen, beschreiben und klassifizieren lassen, setzt die Analyse der Merkmale des Korngefüges in der Regel Laborarbeit voraus, um zu genauen Ergebnissen zu gelangen. H. Lützner, F. Falk, J. Ellenberg und E. Grumbt (1974) weisen darauf hin, daß eine Klassifikation der Korngefüge durch die Tatsache erschwert wird, daß sich die meisten Angaben nur auf einen bestimmten Bestandteil oder eine Gruppe von Komponenten beziehen. Es soll auf folgende Merkmale des Korngefüges von Sedimentiten eingegangen werden:

1. granulometrische Merkmale;
2. sonstige Merkmale:
   a) Klastengefüge,
      α) morphometrische Merkmale der Klasten,
      β) Packung der Klasten,
      γ) Anordnung der Klasten;
   b) Blastengefüge;
   c) oolithische Gefüge;
   d) Konkretionen;
   e) Bindemittel.

1. Zu den wichtigsten Merkmalen des Korngefüges klastischer und auch nichtklastischer Sedimente gehören deren Korngrößeneigenschaften. Die Bestimmung dieser Eigenschaften und die Auswertung der Daten im Rahmen der Lösung vieler geologischer und geotechnischer Fragen ist Gegenstand der Granulometrie.
Entsprechend den auftretenden Korngrößen, der Festigkeit des Materials und dem Ziel der Untersuchungen erfolgt die granulometrische Analyse von Sedimenten durch Methoden des direkten Messens (mit Lineal, Schublehre, Meßlupe oder unter dem Mikroskop), durch Siebung mittels genormter Prüfsiebe oder durch Klassierung nach der Fallgeschwindigkeit der Teilchen (Schlämmung). Die Korngrößen werden bei uns in der Regel in Zentimeter (cm), Millimeter (mm) oder Mikrometer (μm) angegeben. Die Angabe kann aber auch in Form von Phi-Graden [Φ] = Wentworth-Graden oder Zeta-Graden [Z] = Atterberg-Graden erfolgen. Besonders die Phi-Grade werden international häufig benutzt; ihre Anwendung ist vor allem für bestimmte Verrechnungsverfahren von Korngrößenanalysen von Bedeutung. Zwischen Φ und dem Korndurchmesser ξ (in mm) besteht folgende Umrechnungsbeziehung:

$$\Phi = -\log_2 \xi .$$

G. Müller (1964) bringt in seinem Buch als Anhang eine Tabelle, die es sehr erleichtert, diese Werte ineinander zu überführen. Die Umrechnung von Φ in Z ist nach der Formel

$$Z = 0{,}301 \cdot (\Phi + 1)$$

möglich.

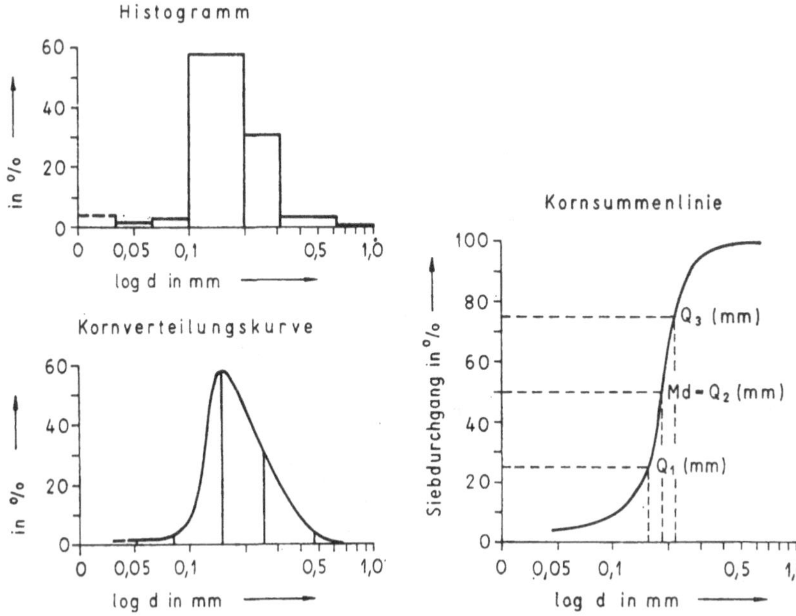

Abb. 2.6. Graphische Darstellung der Ergebnisse der Siebanalyse eines wenig verfestigten Sandsteins aus dem Mittelsanton des Subherzynen Beckens

Am häufigsten werden mittels granulometrischer Analyse Korngrößen-Gewichts-Verteilungen ermittelt. Die Angabe der Werte erfolgt dann in der Regel in Masse-% getrennt nach Korngrößenklassen. Die dabei anfallende Fülle von Daten ist jedoch unübersichtlich; sie erfordert geeignete graphische Darstellungs- und Verrechnungsverfahren, um die Analysenergebnisse miteinander vergleichen und geologisch ausdeuten zu können.

Die graphische Darstellung der Ergebnisse von Korngrößenanalysen ist möglich in Form von Stufendiagrammen (Histogrammen), Kornverteilungs- bzw. Häufigkeitskurven oder Kornsummenlinien (Abb. 2.6). Aus der Summenlinie läßt sich eine Reihe von Kennzahlen ablesen. Die wichtigste davon ist der *Median* (Md $= Q_2$). Er gibt jenen Punkt auf der Summenlinie an, von dem aus 50% des Gemisches feineren und 50% gröberen Körnungen als die Nennkorngröße angehören. Weitere wichtige Kennzahlen sind die Quartile Q_3 und Q_1 (s. Abb. 2.6).

Mit Hilfe dieser Werte kann man nach Formeln von P. D. Trask (1932) leicht die Koeffizienten für *Sortierung* (*So*)[1] und *Schiefe* (*Sk*) berechnen:

$$So = \sqrt{Q_3/Q_1}; \quad Sk = \frac{Q_1 \cdot Q_3}{\text{Md}^2}.$$

Der Sortierungs-Koeffizient ist ein Maß für die Güte der natürlichen Korngrößenauslese. H. Füchtbauer (1959) gruppiert die *So*-Werte in Intervallen und scheidet danach folgende Sortierungsgrade aus:

So	Sortierungsgrad
bis 1,23	sehr gut
1,24 – 1,41	gut
1,42 – 1,74	mittelmäßig
1,75 – 2,0	schlecht
$>$ 2,0	sehr schlecht

Der Schiefe-Koeffizient ist ein Maß für die Symmetrie der Korngrößenverteilung. Symmetrische Verteilungen ergeben $Sk = 1$. Überwiegen die feineren Bestandteile, so ist *Sk* kleiner als 1, und *Sk* größer als 1 bedeutet eine stärkere Beteiligung gröberen Materials.

Aus der Summenlinie lassen sich außer den genannten Kennzahlen auch noch andere Werte ablesen, mit deren Hilfe die Berechnung von Koeffizienten zur Kennzeichnung von Korngrößenverteilungen möglich ist (s. besonders die Arbeit von R. L. Folk 1964). Durch den Einsatz von Computern wurden in den letzten Jahren aber auch günstige Voraussetzungen für die Verrechnung der Ergebnisse von Korngrößenanalysen ohne ein graphisches Zwischenstadium geschaffen. Die dabei genutzten Maße der mathematischen Statistik charakterisieren die Korngrößenverteilungen exakter als die oben genannten Daten (siehe nachfolgende Zusammenstellung).

[1] Der in der Sedimentpetrographie übliche Begriff „Sortierung" ist nicht identisch mit dem „Sortieren" oder „Anreichern", d. h. dem sortenmäßigen Trennen eines Rohhaufwerkes in die verschiedenen Minerale u. a. bei der Aufbereitung bergbaulicher Rohstoffe.

Statistische Größen zur Kennzeichnung von Korngrößenverteilungen:

Benennung	Symbol	Formel
Mittlere Korngröße (Mean, 1. Moment)	$\bar{\Phi}$	$\frac{1}{100} \sum_n fn \, \Phi n$
Streuung (Standard Deviation, Momentkoeffizient der Sortierung, 2. Moment)	σ	$\left(\frac{1}{100} \sum_n fn(\Phi_n - \bar{\Phi})\right)^{1/2}$
Schiefe (Skewness, Momentkoeffizient der Schiefe, 3. Moment)	α	$\frac{1}{100} \sigma^{-3} \sum_n fn(\Phi_n - \bar{\Phi})^3$
Kurtosis (4. Moment)	β	$\frac{1}{100} \sigma^{-4} \sum_n fn(\Phi_n - \bar{\Phi})^4$

fn = Häufigkeit (Gewichtsprozent) der Kornklasse mit dem mittleren Korndurchmesser Φ_n nach der Phi-Skala

Nach dieser Verrechnungsart ist für symmetrische Kornverteilung die Schiefe (α) gleich 0. Beim Überwiegen grober Partikel wird α negativ, beim Vorherrschen der feinen Korngrößen positiv.

Die Kurtosis gibt das Verhältnis der Güte der Korngrößenauslese in den Randbereichen zur Sortierung im zentralen Teil der Kornverteilung an. Sie ist damit ein Maß für die Steilheit des Gipfels der Kornverteilungskurve — besonders bei eingipfligem Aufbau derselben.

Wichtige Literatur zu diesem Abschnitt: E. Köster (1960, 1964), G. Müller (1964); zur Granulometrie stark verfestigter Sandsteine — Münzner, H. (1953), Münzner, H. und Schneiderhöhn, P. (1953), Burger, H. und Skala, W. (1973).

Bei einer Reihe von genetischen Typen der klastischen Sedimentite kann die Korngröße (besondere Beachtung verdienen dabei die gröbsten Partikel) wertvolle Hinweise auf die Transportkraft der Strömung geben, welche das Material herangeführt hat. Das soll nicht heißen, daß alle Fragen und Probleme des Transportes klastischer Teilchen im erforderlichen Maße geklärt sind. Beobachtungen an rezentem Material haben aber immerhin einige wichtige Daten geliefert. So werden durch den Wind bei Geschwindigkeiten von 1—1,5 m/s Sandkörner von 0,1 mm Größe bewegt; Grobsand (Korndurchmesser um 1 mm) benötigt dagegen für den Transport mindestens Windgeschwindigkeiten von 10—12 m/s (M. Schwarzbach in R. Brinkmann: Lehrbuch der Allgemeinen Geologie, I, Stuttgart 1964; s. auch Bagnold 1954). Tab. 2.5 gibt eine Übersicht über die durchschnittliche Minimalgeschwindigkeit, die für den Anfang der Bewegung von Quarzkörnern verschiedenen Durchmessers erforderlich ist.

Von F. M. Hjulström (1935) stammt das folgende Diagramm (Abb. 2.7). Es versucht eine Abgrenzung der Bereiche für Erosion und Transport sowie für Ablagerung auf der Grundlage der Beziehungen zwischen der durchschnittlichen Strömungsgeschwindigkeit in einem Fluß und der Korngröße gleichkörniger Sedimente vorzunehmen. Aus ihm geht hervor, daß für die Erosion bereits abgelagerten Materials größere Strömungsgeschwindigkeiten notwendig sind, als für den Transport aufgewirbelter Teilchen. Am leichtesten läßt sich durch Wasserströmungen Material in den

Tabelle 2.5. *Beginn der Bewegung von Quarzkörnern verschiedenen Durchmessers in Wasserläufen in Abhängigkeit von der durchschnittlichen Minimalgeschwindigkeit nach* GONTSCHAROW (*aus* L. B. RUCHIN *1958*)

Korngröße mm	Geschwindigkeit m/s	Korngröße mm	Geschwindigkeit m/s
0,05	0,35	15	1,10
0,25	0,50	25	1,20
1,00	0,60	50	1,50
2,5	0,70	75	1,75
5,0	0,85	100	2,00
10,0	1,00	150	2,20
		200	2,40

Die Angaben GONTSCHAROWs beziehen sich auf 1 m Wassertiefe und gelten unter der Voraussetzung, daß das Sediment in einer einheitlichen Korngröße vorliegt.

Korngrößen um 0,5 mm erodieren. Gröbere Klasten benötigen höhere Strömungsgeschwindigkeiten, um in Bewegung zu geraten. Wird das Korn kleiner als 0,5 mm, so sind für die Erosion ebenfalls größere Strömungsgeschwindigkeiten erforderlich, da feines Material eine stärkere Kohäsion besitzt. Ähnliche Verhältnisse gelten für die Winderosion (Deflation). Am leichtesten ausblasbar sind dabei Korngrößen um 0,1 mm (R. A. BAGNOLD 1954).

2.a.α) Eine wesentliche Eigenschaft des Korngefüges von Sedimenten ist die Morphologie der Partikel, speziell jene der detritischen Bestandteile. Sie wirkt sich aus auf die Strömungsprozesse flüssiger und gasförmiger Phasen in den Sedimenten und Sedimentgesteinen, ist von Bedeutung für deren Speicherfähigkeit und Festigkeitsverhalten und liefert Daten für die Diskussion zu Fragen der Genese der entsprechenden Ablagerungen.

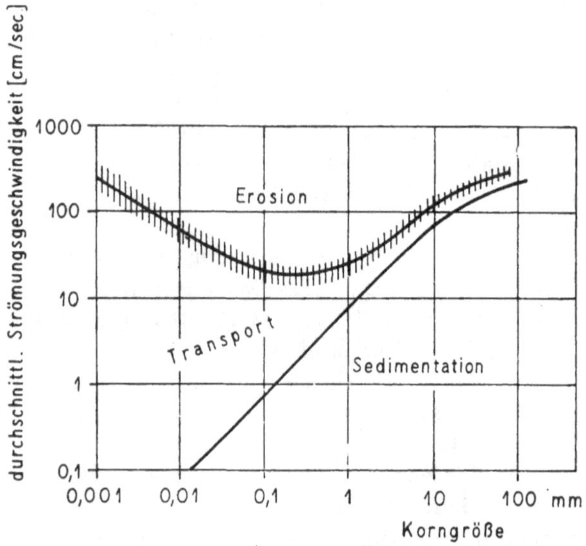

Abb. 2.7. Kurven für Erosion und Ablagerung bei gleichkörnigem Material nach F. HJULSTRÖM 1935 (Ordinaten- und Abszisseneinteilung logarithmisch)

Mit den gegenwärtig ausgearbeiteten Untersuchungsmethoden, die unter dem Begriff der morphometrischen Analyse zusammengefaßt werden, sind Aussagen zu folgenden Parametern möglich: Achsenverhältnis, Rundung, Oberflächenbeschaffenheit, Rollbereitschaft.

Achsenverhältnis

Bereits H. WADELL (1932) unterscheidet zwischen Gestalt (shape) und Rundung (roundness) der Gesteinspartikel. P. SCHNEIDERHÖHN (1954) bezeichnet das Ergebnis aus den Meßwerten Länge, Breite und Dicke als Form. G. REICHELT (1961) schlägt dafür den treffenderen Begriff Achsenverhältnis vor. Die Form der Partikel (speziell Gerölle) resultiert nach diesem Autor aus dem Achsenverhältnis und dem Rundungsgrad.

Eine Möglichkeit, die drei Hauptachsen $a = L > b = l > c = E$ miteinander vergleichen und darstellen zu können, hat TH. ZINGG (1935) aufgezeigt. Er berechnet aus den gemessenen Werten die Quotienten b/a und c/b. Diese Daten können dann in ein quadratisches Diagramm (Abb. 2.8) als Punkt eingetragen werden. Das Diagramm ist

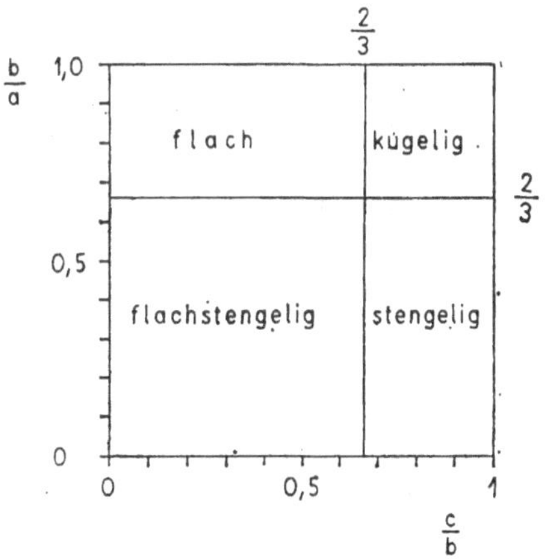

Abb. 2.8. ZINGGsches Quadrat mit Geröllbezeichnungen nach dem Achsenverhältnis

in mehrere Felder aufgeteilt, die bestimmte Formeigenschaften der Partikel charakterisieren. Die Arbeit mit dem ZINGGschen *Quadrat* hat sich bei der Durchführung von Schotteranalysen bewährt. Zu beachten ist, daß unterschiedliche petrographische Beschaffenheit von Geröllen sich oft auch in einer unterschiedlichen Lage der Projektionspunkte im Diagramm äußert. Werden also polymikte Konglomerate untersucht, so sollten unbedingt die verschiedenen Geröllarten getrennt behandelt oder zumindest durch unterschiedliche Zeichen im ZINGGschen Quadrat kenntlich gemacht werden.

Häufig wird bei Geröllen auch der „*Abplattungsindex*" nach A. CAILLEUX (1947) bestimmt. Er läßt sich nach folgender Formel leicht berechnen:

$$Ai = \frac{L + l}{2E} \geqq 1.$$

Rundung

Für die Beurteilung der Rundungseigenschaften von Geröllen und Sandkörnern sind sowohl messende Verfahren als auch Schnellmethoden, die auf dem visuellen Vergleich der Teilchen mit entsprechenden Abbildungen auf Vergleichstafeln beruhen, entwickelt worden.

Eine relativ einfache und zeitsparende Möglichkeit der messenden Kennzeichnung der Korn- (speziell Geröll-) Rundung ist die Bestimmung des „*Zurundungsindex*" nach A. CAILLEUX (1947). Als Meßwerte werden dafür benötigt: der Radius (r_1) der schärfsten Krümmung der Umrißlinie des Kornes bzw. Gerölls, der im allgemeinen in der stabilsten Lage desselben gemessen wird, und die größte Länge (L) des Gerölls.

Der „Zurundungsindex" berechnet sich dann nach der Formel

$$Zi = \frac{2r_1}{L}.$$

Das Ergebnis besteht aus Zahlenwerten zwischen 0,001 bei ungerundetem und 1,000 bei sehr gut gerundetem Material. Um ganzzahlige Werte zu erhalten, wird das Ergebnis zweckmäßigerweise mit 1000 multipliziert.

Genauer, allerdings auch zeitaufwendiger sind die von H. WADELL (1932) und E. v. SZADECZKY-KARDOSS (1933) vorgeschlagenen Verfahren. Einige Unzulänglichkeiten der Bestimmung des Rundungsgrades nach WADELL wurden neuerdings von H. WELLER (1974) diskutiert und behoben. Das Verfahren von SZADECZKY-KARDOSS ist durch die Entwicklung eines Kornformmeßgerätes und die Ausarbeitung eines Kennzahlensystems anwendungsbereiter gestaltet worden (A. MOHR, J. MRAZEK, K.-H. RICHTER und W. VOGEL 1967; J. MRAZEK und K.-H. RICHTER 1968; J. MRAZEK 1972).

Für die Berechnung des Rundungsgrades (P) nach WADELL gilt die Formel

$$P = \sum \frac{r}{R} \Big/ N \leqq 1; \quad \text{Voraussetzung: } r < R.$$

Dabei bedeuten:

r = Radien der nach außen gebogenen Krümmungen der Umrißlinie;
R = Radius des größten eingeschriebenen Kreises;
N = Anzahl der nach außen gebogenen Krümmungen der Umrißlinie, deren Radius r gemessen wurde.

Ist $r > R$, so sollte nach einem Vorschlag von H. WELLER (1974) r auf den Inkreisradius reduziert werden.

Grundlage des Verfahrens von SZADECZKY-KARDOSS, auch „PVC-Methode" genannt, ist die Messung der geraden (planaren, P), nach innen gekrümmten (concaven, C) und nach außen gekrümmten (convexen, V) Anteile der Umrißlinie von Körnern oder Geröllen.

Für die visuelle Beurteilung der Rundung von Sedimentpartikeln hat sich die von P. SCHNEIDERHÖHN (1954) veröffentlichte Vergleichstafel bewährt, welche auf der Grundlage der Arbeiten von R. D. RUSSEL und R. E. TAYLOR (1937) sowie F. J. PETTIJOHN (1949) zusammengestellt wurde (Abb. 2.9). Sie ermöglicht die rasche Zuordnung zu einer bestimmten Rundungsklasse, wobei fünf Rundungsklassen unterschieden werden.

Bei sandigem Material läßt sich aus der prozentualen Verteilung der Körner auf die einzelnen Rundungsklassen nach einem einfachen Verfahren (K. H. SINDOWSKI in A. BENTZ 1961, S. 181) für jede Probe ein Rundungsfaktor R errechnen $\left(R = \frac{\sum \text{Rundungsklasse} \cdot \text{Korn-\%}}{100}\right)$. Dieser liegt im allgemeinen zwischen 2,5 und 3,5. R-Werte über 3,3 erreichen meist nur äolische Sande und Sande, die eine mehrfache Umlagerung erfahren haben.

Für Histogrammdarstellungen, die den Vergleich größerer Probenzahlen ermöglichen, empfiehlt es sich, die Einzeldaten in Intervallen zusammenzufassen. Diese Intervalle sollen gleichzeitig benannt werden, um den Rundungszustand der Gesamtheit der Körner je untersuchter Korngrößenklasse anschaulich zu beschreiben. Verfasser schlägt folgende Abstufung und Bezeichnung vor:

Rundungsfaktor R	Bezeichnung der Rundungseigenschaften (bezogen auf die Gesamtheit der untersuchten Körner einer Korngrößenklasse)
< 2,0	sehr schlecht
2,0–2,6	schlecht
2,6–3,0	mittelmäßig
3,0–3,3	gut
3,3–3,5	sehr gut
> 3,5	ausgezeichnet

Im allgemeinen sind in einer Probe die größeren Körner besser gerundet als die kleineren. Feines Material, das über weite Entfernungen schwebend transportiert werden kann, zeigt oft nur geringe Abnutzungserscheinungen. Daraus ergibt sich die Notwendigkeit, Rundungsuntersuchungen getrennt nach Korngrößenklassen durchzuführen und besonders bei der Lösung paläogeographischer Fragen nur Daten miteinander zu vergleichen, die an Material annähernd gleicher Körnung ermittelt wurden.

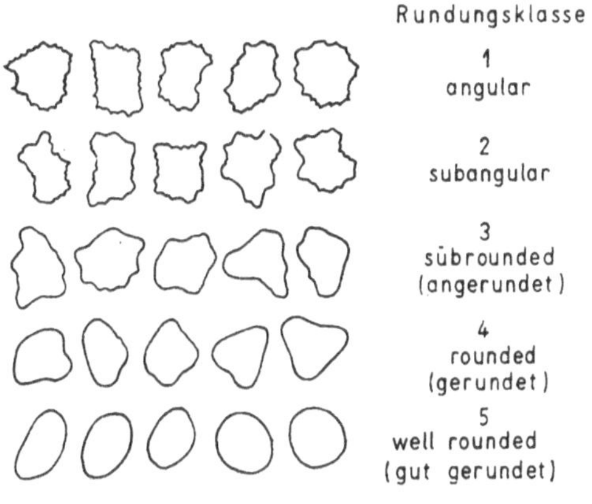

Abb. 2.9. Vergleichsbilder für die synoptische Rundungsbestimmung nach RUSSEL-TAYLOR-PETTIJOHN (aus P. SCHNEIDERHÖHN 1954) und Bezeichnung der Rundungsklassen

Oberflächenbeschaffenheit

A. CAILLEUX (1936, 1952) stellte bei der Beurteilung von Gestalt und Oberflächenausbildung der Quarzkörner in Sanden verschiedener Bildungsbereiche deutliche Unterschiede fest. Er unterscheidet zwischen unbearbeiteten, abgerundet-glänzenden und rund-matten Körnern. Quarzkörner mit mattierter Oberfläche, d. h. mit einer Oberfläche, die viele kleine Vertiefungen und Narben besitzt, erwiesen sich dabei meist als windtransportiert. Sicher bedarf diese Feststellung von Fall zu Fall der genauen Überprüfung. So wird die von CAILLEUX und auch von H. POSER (1948) als Kennzeichen einer äolischen Beanspruchung gedeutete Mattierung der Quarzkörner von H. WALTER (1951) auf starken Temperaturwechsel zurückgeführt. Nichtsdestoweniger haben elektronenmikroskopische Aufnahmen (z. B. D. KRINSLEY und T. TAKANASHI

1962, H. Bramer 1965, D. Krinsley und S. Margolis 1969) bestätigt, daß zwischen der Oberflächenausbildung der Quarzkörner von äolischem, wassertransportiertem und glazigen beeinflußtem Material Unterschiede bestehen. Damit kann die Oberflächenausbildung von Quarzkörnern bei der Untersuchung des Ablagerungsmilieus rezenter und subrezenter Sande wertvolle Hinweise geben. In älterem, verfestigten Material wurden durch die Diageneseeinflüsse die Oberflächen jedoch in der Regel so weit verändert, daß entsprechende Ausdeutungen nicht mehr möglich sind.

An dieser Stelle sei noch darauf hingewiesen, daß der Oberflächenbeschaffenheit auch im Hinblick auf die Rohstoff-Forschung mehr Beachtung geschenkt werden müßte, hängen doch viele chemische und physikalische Eigenschaften fester Stoffe von der Größe der Oberfläche und ihrer Ausbildung ab.

Rollbereitschaft

F. P. Shepard und R. Young (1961) führten den Begriff Pivotabilität (pivotability) ein, um die unterschiedliche Bewegbarkeit von Körnern auf einer schiefen Ebene zum Ausdruck bringen.

Ph. H. Kuenen (1963) spricht auch von „shape stability" („Form-Stabilität"), und G. Müller (1964) schlägt als deutsche Übersetzung den Begriff „Rollbereitschaft" vor.

Die Bestimmung der Rollbereitschaft dürfte besonders für die Behandlung ingenieurgeologischer Fragen von Bedeutung sein, da sie das natürliche Verhalten von Körnern bei verschiedener Neigung der Unterlage nachahmt und die unterschiedliche Tendenz der Körner, in Bewegung zu geraten, nicht auf einzelne Eigenschaften, wie Achsenverhältnis, Rundung oder Oberflächenbeschaffenheit reduziert. Geräte zur Bestimmung der Rollbereitschaft wurden von Ph. H. Kuenen (1963) sowie B. Krygowski und T. M. Krygowski (1965) entwickelt. Letztere bezeichnen die Bestimmung der Rollbereitschaft mittels entsprechender mechanischer Geräte und Verfahren als mechanische Graniformametrie.

Bisher liegen erst wenige Daten über die Rollbereitschaft von Sandkörnern vor. Kaum untersucht ist die Frage der Reproduzierbarkeit der Ergebnisse und der Vergleichsmöglichkeit von Daten, die mit verschiedenen Geräten ermittelt wurden.

2.a.β) Nach einem Vorschlag von J. Kalterherberg (1956) kann in grobklastischen Sedimentiten als Maß der Packungsdichte die durchschnittliche Zahl der Gerölle, mit denen ein Geröll direkten Kontakt hat, dienen. Der numerische Ausdruck der Packungsdichte ist entsprechend diesem Vorschlag die Nachbarschaftskennziffer N. Selbstverständlich lassen sich Nachbarschaftskennziffern nicht nur für Gerölle in Konglomeraten, sondern auch für weitere Gefügebestandteile, z. B. für Ooide in Rogensteinen u. a. angeben. Wichtig ist, daß die Gefügebestandteile, welche für die Berechnung herangezogen werden, jeweils nur einem begrenzten Korngrößenbereich angehören, da feine Teilchen, die als Bindemittel aufzufassen sind, keinesfalls mit in die Bewertung eingehen dürfen.

H. Lützner u. a. (1974) geben für Konglomerate eine dreistufige Skala der Packungsdichte der Gerölle an (lockere, mittlere, dichte Geröllpackung). Die Zuordnung erfolgt nach Vergleichsbildern. Hinweise auf weitere Methoden zur Bestimmung der Packungsdichte, die besonders für Dünnschliffuntersuchungen an Sandsteinen entwickelt wurden, findet man bei J. C. Griffiths (1967).

2.a.γ) Zu einigen Merkmalen der Anordnung von Klasten wurde bereits im Kapitel über die Schichtung eingegangen. H. Lützner u. a. (1974) unterscheiden zwischen homogener Verteilung der Gefügebestandteile, ihrer Häufung in Lagen und Nestern sowie einer wolkigen oder unregelmäßigen Anordnung. Gefügebestandteile können weiterhin Dachziegellagerung zeigen oder bevorzugt schichtparallel orientiert sein. Die Zwickelräume zwischen den gröberen Bestandteilen sind entweder frei, mit Zement gefüllt, oder es befindet sich in ihnen klastisches Feinmaterial.

2.b) *Blasten* (griech: blastein = wachsen, keimen, hervorsprießen) sind im Gestein gewachsene Minerale. Dieser Begriff und die Bezeichnung Blastese für das Wachstum von Mineralphasen in einem bereits vorliegenden Gestein schlechthin wurde zum wesentlichen Teil aus der Petrographie der Metamorphite in die Sedimentpetrographie übertragen. Unter Blasten in Sedimentgesteinen versteht man im allgemeinen Porphyroblasten, d. h. neu- oder weitergewachsene Minerale, die an Größe die umgebenden Körner bei weitem übertreffen.

Die Blastese von Mineralen in Sedimentiten ist zum überwiegenden Teil ein Vorgang, der sich während der Diagenese abspielt. Besonders interessant ist dabei die Feststellung von authigenen, d. h. erst im Sediment entstandenen Mineralen. So wurden z. B. in vielen Salinarablagerungen und in Sedimentiten, die durch Salinarwässer beeinflußt worden sind, idiomorphe Tiefquarzkriställchen beobachtet (W.-D. GRIMM 1962, 1964; G. NACHSEL 1966). Auch authigene Feldspäte sind bekannt. Als weitere typische Bildungen dieser Art können die sog. Gipsporphyroblasten in Kalziumsulfatgesteinen angeführt werden (z. B. R. LANGBEIN 1968).[1]

2.c) Nach E. FLÜGEL und M. KIRCHMAYER (1962) können die in der Literatur für *oolithische Bildungen* (als Oberbegriff) verwendeten Ausdrücke unter Berücksichtigung der beiden wichtigsten Merkmale — Kern und Schale — auf drei Begriffe zurückgeführt werden: *Ooide, Onkoide, Pseudooide.*

Ooide sind kugelige bis ellipsoidische Gefügebestandteile von Oolithen (Oolith — griech.: „Eierstein"), die einen konzentrisch-schaligen, gelegentlich außerdem auch radialstrahligen Aufbau zeigen (Tafel 2.IV, Bilder 1 und 2). Ihre Größe schwankt im wesentlichen zwischen 0,02 und 2 mm. Ooide mit einem Durchmesser > 2 mm werden häufig mit einem besonderen Begriff — der Bezeichnung „Pisoid" — belegt. In der Regel besitzen Ooide einen Kern (Quarzkorn, Bruchstück von Fossilhartteilen u. a.) und darum abgeschiedene „Ringe", die in ihrer Gesamtheit die „Schale" bilden.

Onkoide sind knollenförmige bis lappige Gefügekörner von 0,05 bis über 100 mm Größe. Sie besitzen einen unregelmäßig-schaligen Aufbau (Tafel 2.IV, Bild 3). Ein Gestein, das überwiegend aus Onkoiden besteht, heißt Onkolith.

Der Begriff Pseudooid wurde ursprünglich für gut gerundete (vorwiegend karbonatische) Gesteins- und Mineralfragmente von Ooidhabitus geprägt (J. G. BORNEMANN 1886). Heute werden fast alle gehäuft auftretenden, gut gerundeten struktur- und schalenlosen Körner mit diesem Begriff belegt. Die mit der Erweiterung des Begriffsinhaltes verbundene Unbestimmtheit veranlaßte K. KERKMANN (1966), die Bezeichnung „Pseudooid" überhaupt abzulehnen. Das setzt voraus, daß die als „Pseudooide" bezeichneten Gefügebestandteile hinsichtlich Form, Aufbau und Genese differenzierter betrachtet und genauer untersucht werden. Besonders die Genese ist aber bei verschiedenen dieser Bildungen noch unklar, und es gibt auch Hinweise, daß gleiche oder ähnliche „Pseudooide" auf unterschiedliche Weise entstehen können. Auf jeden Fall

[1] Sie entstehen im Auftauchbereich von Anhydritlagern und werden mit der hydratisierenden Wirkung von Oberflächenwässern und (durch Oberflächenwässer) verdünnten Porenwässern in Verbindung gebracht.

sollte versucht werden, bei den genannten Struktur- und schalenlosen Körnern Gesteins- und Mineralfragmente von anderem Material — wie z. B. Pellets — zu unterscheiden.

Pellets sind runde, meist mehr oder weniger kugelförmige Aggregate ohne erkennbare Innenstruktur, aber mit ringförmiger Außenbegrenzung (Tafel 2.IV, Bild 4). Sie können eine Größe von 1 mm erreichen; meist sind sie aber kleiner (um 0,1 mm). Zum großen Teil handelt es sich bei den Pellets wahrscheinlich um Sedimentteile, die von Organismen gemeinsam mit der Nahrung aufgenommen und als unverdauliche Reste wieder ausgeschieden wurden, d. h. um eine Art von Kotpillen.

Oolithische Bildungen können den unterschiedlichsten Chemismus haben. Sie sind bekannt bei Karbonaten, Phosphaten, verschiedenen Fe- und Mn-Verbindungen, Bauxiten, Gips[1]. Von P. Meiburg und K. Kaefer (1975) wurden aus tertiären Sanden Nordhessens auch Quarz-Montmorillonit-Ooide von 0,06 bis 0,35 mm Durchmesser beschrieben. Y. Weiler, E. Sass und I. Zak (1975) teilen vom Toten Meer das Vorkommen von Halit-Ooiden („Halolite" genannt) mit.

Besonders eingehend wurde die Genese der oolithischen Bildungen bei Karbonaten untersucht. (A. Rothpletz 1892, G. Linck 1903, E. Kalkowsky 1908, H. Quiring 1944, H.-E. Usdowski 1962 und 1963, K. Kerkmann 1966 und 1969, R. Haage 1970 u. a.) Vor allem waren es immer wieder die Oolithe des Unteren Buntsandsteins — infolge ihrer Ähnlichkeit mit Fischeiern vom Volksmund auch „Rogensteine" genannt —, welche die Aufmerksamkeit auf sich lenkten. Es sind Bildungen eines sehr flachen warmen Meeres. Rezente Analoga beschrieb erstmals L. Agassiz (1851) vom Golf von Mexiko; besonders bekannt wurden dann J. Walthers Beobachtungen über die rezente Entstehung von Kalkooiden im Golf von Suez (1900). Umstritten ist bei diesen Oolithen gegenwärtig noch die Frage, ob es sich um rein anorganische Bildungen handelt, oder ob Algen an der Entstehung der Ooide beteiligt waren.[2] Wohl keinem Zweifel unterliegt es, daß die unregelmäßig gestalteten Onkoide, wie sie z. B. häufig in Karbonaten des Zechsteins auftreten, sich im wesentlichen unter Mitwirkung von Algen bildeten. K. Kerkmann (1969) konnte zwischen ihnen und verschiedenen Wachstumsformen der Stromarien, die als Blaualgenbildungen gelten, Übergänge beobachten. Rein anorganischer Entstehung sind dagegen die aus Aragonit aufgebauten Kügelchen des „Erbsensteins", einer oolithischen Ausscheidung an heißen Quellen. Er ist besonders schön an den Quellen von Karlovy Vary entwickelt. Zu den oolithischen Bildungen müssen auch die Höhlenperlen gerechnet werden, die auftreten, wenn in Höhlen des Kalkkarstes Kristallisationskeime durch Wasser aufgewirbelt werden und um sich Ringe und Schalen anlagern können.

Generell muß man feststellen, daß der überwiegende Teil oolithischer Bildungen der verschiedensten Zusammensetzung in flachen warmen Meeresteilen entsteht. Gelegentlich werden durch Strömungen und Rutschungen Ooide aus dem Entstehungsgebiet abtransportiert und in einen fremden Ablagerungsraum verfrachtet.

Abschließend sei noch erwähnt, daß bei einigen oolithischen Bildungen auch eine postsedimentär-diagenetische Entstehung diskutiert wird. Vor allem die von Escher von der Lindt (1846) als „Riesenoolith", später als „Großoolith" oder „Evinospon-

[1] und Anhydrit, in Kieselsedimenten u. a.

[2] Letzteres ist sehr wahrscheinlich, nachdem F. Fabricius (1972) mit dem Rasterelektronenmikroskop nachweisen konnte, daß die Aragonitnadeln, die solche rezenten Ooide aufbauen, in eine Matrix von Blaualgenschleim eingebettet sind (zitiert bei H. Füchtbauer 1973).

gien" bezeichneten konzentrischen Hohlraumfüllungen in Riffkalken gehören hierzu. Auch ein Teil der von W. H. Bucher (1918) „spherulites" (deutsch Kugelkörperchen, „Sphärolithe") genannten Kügelchen mit Radialstruktur, hier nicht von den übrigen oolithischen Bildungen besonders unterschieden und abgetrennt, ist wahrscheinlich erst während der Diagenese entstanden oder weitergewachsen.

2.d) *Konkretionen* (lat. concretio = Zusammenballung) sind authigene Konzentrationen von Mineralen in einem Sediment oder Sedimentgestein, die sich nach Stoffbestand und anderen Merkmalen deutlich von ihrer Umgebung unterscheiden. Sie besitzen eine kugelige, linsenförmige, knollige oder traubig-nierige Form (Tafel 2.V). Das Wachstum der Konkretionen erfolgt stets von innen nach außen (im Gegensatz zu den Sekretionen, die Abscheidungen in Hohlräume darstellen). Nach der Größe kann man zwischen Mikrokonkretionen (< 1 mm), Makrokonkretionen oder Konkretionen i. e. S. (gewöhnlich von 1—2 mm bis 20—30 cm) und Megakonkretionen (Riesenkonkretionen, konkretionäre Linsen), die Meterausmaße erreichen, unterscheiden.

Konkretionen setzen sich zusammen aus verschiedenen Karbonatmineralen, aus Oxiden von Fe, Si, Mn, Al u. a.; außerdem können sie von Sulfaten und Sulfiden gebildet werden. In der deutschsprachigen Literatur bezeichnet man besonders Kalk- bzw. Toneisensteinkonkretionen häufig auch als *Geoden* (griech. geodes = erdartig). F. J. Pettijohn (1949, 1957) schränkt den Begriff „Geode" auf Formen ein, die durch eine im Inneren befindliche Druse, d. h. einen Hohlraum, in den Kristalle hineinwachsen, ausgezeichnet sind. Einen anderen besonderen Typ von Konkretionen stellen die Septarien (lat. septum = Scheide) dar. Es sind linsenförmige bis unregelmäßig gestaltete Mergelknollen in Tonen, die durch Austrocknung innen Risse aufweisen.

Konkretionen bilden sich von der Sedimentation bis zur beginnenden Metamorphose, hauptsächlich jedoch während der Anfangsstadien der Diagenese (Frühdiagenese). Das äußert sich z. B. darin, daß die Konkretionen oft Fossilien enthalten, die kaum Anzeichen einer Deformation aufweisen, während in den umgebenden Sedimenten dieselben zerdrückt sind. Weiterhin beobachtet man meist, daß ehemals horizontale Schichten um die Konkretionen herum ausbiegen. Die Schichtenfolge konnte also nach der Bildung der Konkretion in deren Nachbarschaft noch ± stark zusammengedrückt werden. E. Voigt (1969) beschrieb aus dem Lias außerdem Karbonatkonkretionen, die ein durch Sedimentationsunterbrechungen bedingtes mehrphasiges Wachstum erkennen lassen. Er bezeichnete diese Konkretionen als *Hiatus-Konkretionen.* Der Hiatus wird nach Voigt dadurch bewiesen, daß die frühdiagenetisch im Sediment gebildeten Konkretionen ausgewaschen, korrodiert, angebohrt oder von Austern, Serpuliden, Bryozoen oder anderen sessilen Organismen besiedelt wurden. Nach erneuter Einbettung setzte sich dann der Prozeß der Konkretionsbildung fort.

Bei den Konkretionen handelt es sich um eine besondere Form der Zementierung des Porenraumes von Sedimentiten. Über die Vorgänge, die zur Bildung von Konkretionen führen, besteht jedoch im einzelnen noch nicht immer vollständige Klarheit. Relativ gut sind in dieser Hinsicht die Feuersteine der obersenonen Schreibkreide analysiert. Die einleuchtendste Theorie über die Entstehung dieser Kieselsäurekonkretionen ist die Porenwassertheorie von H. Illies (1949). Nach dieser Theorie wird in tieferen Teilen des frisch gebildeten Sediments unter reduzierenden Bedingungen und bei alkalischer Reaktion der Porenlösungen (vornehmlich durch das bei der Fäulnis organischer Substanz frei werdende Ammoniak) Kieselsäure der in den Ablagerungen verteilten Skelettelemente von Kieselorganismen gelöst. Infolge zunehmenden Überlagerungsdruckes entsteht ein nach oben gerichteter, langsamer Porenwasserstrom. Besonders wenn dieser in den Bereich der Oxydationszone gerät, muß sich ein großer Teil der mitgeführten Kieselsäure wieder ausscheiden. Gleichlaufend mit dem Sedimentationsvorgang verschieben sich die Grenzen jener Zonen, in denen einerseits die Lösung von Kieselsäure, andererseits deren Ausscheidung möglich ist, nach oben. Da die Intensität der Sedimentation nicht immer gleich ist, erfolgt das Verlagern der genannten Grenzen entsprechend unkontinuierlich, und es entstehen Bänder und Lagen von Feuersteinen. Auf der Grundlage der Theorie von H. ILLIES (1949) versuchen J. GRÜNDEL und H. J. RÖSLER (1963) auch die Bildung der in Mitteleuropa weit verbreiteten oberdevonischen Knollen- und Flaserkalke zu erklären. Eine Reihe von Beobachtungen weist jedoch darauf hin, daß es noch andere Deutungsmöglichkeiten gibt. So konnte D. RICHTER (1965) überzeugend darlegen, daß viele Flaser- und Knollenkalke tektonisch durch Schieferungsvorgänge und Kalklösung längs der dabei gebildeten Flächen entstanden sind. Nach L. GREILING (1967) bilden sich Kalkknollengesteine in Eugeosynklinalen auch innerhalb von Rutschmassen, durch Beben, durch unterschiedliche Setzung und durch sedimentäre Boudinage. Ein großer Teil der Kalkknollen in mesozoischen Kalk-Mergel-Folgen sind nach GREILING (1967) höchstwahrscheinlich Aufarbeitungsprodukte älterer durch jüngere Schüttungen. In diesem Sinne handelt es sich um Pseudokonkretionen („pseudonodules“ [engl.]).

2.e) *Bindemittel* sind sämtliche Substanzen, welche die einzelnen Partikel abgelagerten Materials miteinander verkitten und somit aus einem Lockersediment ein Sedimentgestein entstehen lassen. Diese Substanzen können als *„primäres Bindemittel“* selbst Produkte des Sedimentationsprozesses sein oder als *„sekundäres Bindemittel“* in das bereits abgelagerte Material einwandern.

Lockere Substanzen, die ohne Bedeutung für den Zusammenhalt der Teilchen sind, müssen als *Porenfüllmasse* vom Bindemittel unterschieden werden (Handbuch der Mikroskopie in der Technik, IV, 1, S. 416 und 623, 1955).

In der Literatur findet man für verschiedene Arten des Bindemittels auch die Begriffe *Matrix*, *Grundmasse* und *Zement*. Dabei werden diese Termini oft mit verschiedenem Inhalt angewendet.

Bei der Matrix handelt es sich nach P. D. KRYNINE (1948) allgemein um den Anteil der kleineren Körner, welche die Lücken zwischen den größeren füllen. H. G. HUCKENHOLZ (1963) hebt hervor, daß der Begriff Matrix das Vorhandensein zweier ausgeprägter Maxima in der Korngrößenverteilung voraussetzt, wobei das feinere Material, die Matrix, deutlich von den größeren „Körnern“ getrennt ist. Der obere Grenzwert für die Korngröße der Matrix wird dabei in den klastischen Sedimenten entsprechend der unterschiedlichen Korngrößenzusammensetzung stark differenzieren. In Konglomeraten kann die Matrix aus Teilchen bis Sand- oder Kiesgröße bestehen; in Sandsteinen liegt sie vorwiegend im Ton- und Schluffbereich.

Wenn im Gestein der Bindemittelanteil stark hervortritt, spricht man in der Regel von Grundmasse.

Der Begriff Zement wird sehr oft synonym für sekundäres Bindemittel verwendet. Allgemeiner versteht man darunter kristalline Substanzen zwischen den Gerüstbestandteilen von Sedimentgesteinen, z. B. zwischen den Quarzkörnern eines Sandsteines. Dabei kann das Zement aus Porenlösungen in die vorhandenen Hohlräume ausgeschieden werden oder es entsteht durch Umkristallisation aus bereits vorhandenem Bindemittel.

2.5. Masseneigenschaften der Sedimentite

Eine Reihe von Eigenschaften der Sedimente und Sedimentgesteine läßt sich weder eindeutig dem Gefüge zuordnen, noch gehören diese Merkmale unmittelbar zur stofflichen Zusammensetzung der Ablagerungen. Nach C. W. Krumbein und L. L. Sloss (1958) können sie als *Masseneigenschaften* zusammengefaßt werden. Zu den Masseneigenschaften der Sedimentite zählen ihre Porosität, Permeabilität, Festigkeit, Farbe, Dichte u. a. Zur Porosität, Festigkeit und Farbe von Sedimenten und Sedimentgesteinen soll nachfolgend kurz Stellung genommen werden.

Porosität

Die Porosität wird hier zu den Masseneigenschaften gerechnet, da ihre Bestimmung in der Regel als ein statistischer Wert erfolgt, der zwar für eine bestimmte Probe repräsentativ ist, welcher aber nichts aussagt über die Anordnung der Poren im Verband, ihre Form und die Oberflächenbeschaffenheit der Porenwandungen. Die zuletzt aufgezählten Merkmale sind Gefügeeigenschaften, und damit wäre es prinzipiell auch möglich, die Porosität unter dem Aspekt des Gefüges zu behandeln.

Nach W. v. Engelhardt (1960, 1973) setzt sich das Gesamtvolumen einer Gesteinsprobe (V_g) zusammen aus dem Volumen der festen Bestandteile (V_f) und dem Volumen der Hohlräume oder Poren (V_p):

$$V_g = V_f + V_p .$$

Die Porosität (ε) ist definiert als der Porenraum in Teilen des Gesamtvolumens der Probe:

$$\varepsilon = \frac{V_p}{V_g} = \frac{V_g - V_f}{V_g} .$$

Die so definierte Porosität ε umfaßt alle Hohlräume des Gesteins; man spricht deshalb auch von der *totalen Porosität.* Von ihr muß man die *effektive Porosität* oder *Nutzporosität* unterscheiden, welche nur den Porenraum mißt, der aus miteinander verbundenen Hohlräumen besteht. Im Laufe der Diagenese kommt es vor, daß Teile des Porenraumes allseitig geschlossen werden und daher die Nutzporosität kleiner als die totale Porosität ist.

Natürliche unverfestigte Sande können Porositäten von knapp 50% des Gesamtvolumens erreichen. Meist liegen die Werte jedoch bei 40—45% und nach J. J. W. Rodgers und W. B. Head (1961) variiert das Porenvolumen deutlich in Abhängigkeit von der Güte der Korngrößenauslese, die durch den Sortierungskoeffizienten (*So*) ausgedrückt werden kann, und dem Median (Abb. 2.10).

Die Porosität frisch abgelagerter Tone ist bei weitem höher als jene der Sande. Sie kann 70 bis 90% des Gesamtvolumens betragen (W. v. Engelhardt 1973). Dabei läßt sich das Verhalten der Tonteilchen nicht mehr nach rein geometrischen Gesichtspunkten beurteilen, wie das bei den Sanden möglich ist. W. v. Engelhardt (1973) hebt hervor, daß für die Anordnung der Teilchen und damit für die Porosität in frisch abgelagerten Tonen die von den Oberflächen der Partikel ausgehenden Wechselwirkungskräfte von wesentlicher Bedeutung sind.

Ähnliche primäre Porositäten wie die Tone besitzen auch frisch abgelagerte Kalkschlämme. Allgemein muß man aber feststellen, daß mit Ausnahme der Sande und Tone, die sehr gut untersucht sind, wenig über die primären Porositäten der verschiedenen Sedimente bekannt ist.

Versuche, die räumlichen Verhältnisse des Porenraumes sichtbar zu machen, sind mehrfach beschrieben worden. Mit gutem Erfolg tränkten K. BÜNGER und B. KNEBEL verschiedene Sandsteine und oolithischen Kalkstein mit Diallylphthalat, dem Dibenzoylperoxid als Polymerisationskatalysator zugesetzt wurde (A. WATZNAUER, K. BÜNGER, B. KNEBEL 1965). Durch nachfolgendes Weglösen der Gesteinssubstanz

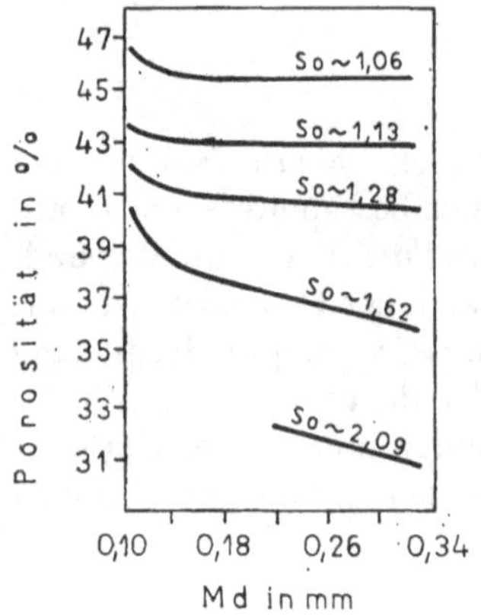

Abb. 2.10. Porosität von Sanden in Abhängigkeit vom Median und der Sortierung (nach ROGERS und HEAD 1961)

mit Flußsäure bzw. Salzsäure erhielten die genannten Autoren sehr anschauliche „Porenraumgerüste". Der oben erwähnte Kunststoff kann auch angefärbt werden (z. B. mit Rhodanin B extra oder Grasolechtbrillantrot BL, Erzeugnissen der Fa. Geigy/Schweiz). Damit erzielt man einen Kontrast gegenüber der Gesteinssubstanz, der ebenfalls im Dünnschliff sichtbar ist. Polierte Anschliffe zeigten, daß der in die Poren eingedrungene Kunststoff im ultravioletten Licht fluoresziert.

Festigkeit

Die Festigkeit von Sedimentgesteinen hängt von vielen Faktoren ab; insbesondere sind es aber die Art, Menge und die Anordnung des Bindemittels, welche das Festigkeitsverhalten von Sedimentgesteinen maßgeblich beeinflussen. Wichtig ist, daß die Angaben über die Festigkeit von Sedimentgesteinen weitgehend frei von subjektiven Einflüssen und reproduzierbar sind. Das gilt auch für jene Daten, die ohne größere technische Hilfsmittel bei der Geländearbeit gewonnen werden. Für die entsprechende Einschätzung der Festigkeit klastischer Sedimentgesteine hat H. LÜTZNER (1966) in Anlehnung an BOUMA eine Skala mit 5 Verfestigungsgraden aufgestellt:

1 unverfestigt —	Körner fallen im trockenen Zustand aus dem Verband heraus;
2 schwach verfestigt —	Körner können mit dem Fingernagel aus dem Gestein gelöst werden;
3 mäßig verfestigt —	Körner können mit dem Messer oder Meißel aus dem Gestein herausgelöst werden;
4 stark verfestigt —	Körner können nicht mit dem Messer aus dem Verband gelöst werden; Brüche verlaufen entlang von Korngrenzen;
5 extrem verfestigt —	Brüche im Gestein verlaufen durch die Körner.

Bei Arbeiten in der Wellenkalkfolge des Muschelkalkes hat sich folgende Abstufung bewährt:

1 — Schichten aufgeblättert; Material mit leichtem Fingerdruck zerkleinerbar;

2 — Schichten dünnplattig aufspaltend; Material mit kräftigem Fingerdruck noch zerkleinerbar;

3 — Material muschelig brechend; Zerkleinerung mit Hammerschlag möglich;

4 — Material scharfkantig brechend; Zerkleinerung mit kräftigem Hammerschlag möglich.

Diese verschiedenen Stufen erwiesen sich als zuordenbar zu bestimmten Lithotypen der Wellenkalkfolge, die nach makroskopischen und mikroskopischen Gesichtspunkten ausgeschieden und definiert wurden (U. Kolb 1976).

Farbe

Ein gutes Hilfsmittel für die Bestimmung der Gesteinsfarbe ist die „Rock-Color Chart" (in mehreren Auflagen herausgegeben von der Geological Society of America). Diese besteht aus mehreren Tafeln in einem handlichen Format, die mit Farbchips belegt sind, zu denen jeweils die Farbbezeichnung und ein zugehöriges Symbol angegeben werden. Die Farbsymbole ermöglichen ein platzsparendes Notieren. Die Farbansprache erfolgt durch visuellen Vergleich des Sediments oder Sedimentgesteins mit den Farbchips. Damit werden die Angaben reproduzierbar und der subjektive Faktor bei der Beurteilung der Gesteinsfarbe ist weitgehend eingeengt.

Vom Zentralen Geologischen Institut/Berlin wurde eine „Farbtafel zur Bestimmung von Bodenfarben" (1967) herausgegeben, die ebenfalls für die Beurteilung der Farben von Sedimenten und Sedimentgesteinen brauchbar ist.

2.6. Die klastischen Sedimentite

Die klastischen Sedimente entstehen durch Absatz von Gesteinstrümmern und detritischen Mineralteilchen der unterschiedlichsten Korngröße. Im allgemeinen wird aber nur silikatisches Material in dieser Gruppe zusammengefaßt. Aufgearbeitete Karbonatgesteine, wie z. B. die Ablagerungen der Riffschuttkegel, und Absätze anderen nichtsilikatischen Trümmermaterials zählen, obwohl sie durch die Zerkleinerung mit den klastischen Sedimenten verwandt sind, entsprechend dem Ursprung der Ausgangssubstanzen zu den chemisch-biogenen Sedimenten.

2.6.1. Klassifikationsprinzipien

Die wichtigsten Eigenschaften von klastischen Sedimentiten sind deren *Korngröße* und *Korngrößenverteilung*. Außerdem spielen ihre *stoffliche Zusammensetzung* für die Klassifikation und darauf aufbauende geologische Aussagen eine Rolle.

Wichtige Korngrößenangaben sind: Die Durchmesser der jeweils größten Partikel, der Median und andere Kennwerte (s. Kapitel 2.4.3.). Die Korngrößenverteilung sagt aus über die Breite des Körnungsbandes, den mengenmäßigen Anteil der einzelnen Korngrößenklassen an der Zusammensetzung des Sedimentes und über die Symmetrie des Aufbaues der Korngrößenspektren.

Für die *Bezeichnung von Korngrößenklassen* gibt es eine Reihe von Vorschlägen, wobei jedoch die Abgrenzung der Einheiten bei den einzelnen Autoren und in den verschiedenen Ländern oft unterschiedlich gehandhabt wird. Eine Zusammenstellung der wichtigsten Benennungsschemata bringt Abb. 2.11. In der DDR hat sich die Arbeit mit der TGL 23984 bewährt, die sich eng an die ältere Korngrößenbezeichnung nach DIN 4022 anlehnt und für klastische Lockersedimente ab 1. 1. 1972 verbindlich ist. Die dabei verwendeten Begriffe Ton, Schluff, Sand, Kies, Steine und Blöcke beziehen sich auf silikatisches Material. Materialunabhängige Korngrößenbezeichnungen sind:

Psephit (griech. psephos = Kiesel) oder *Rudit* (lat. rudus = Geröll) Teilchendurchmesser > 2 mm;

Psammit (griech. psammos = Sand) oder *Arenit* (lat. arena = Sand) Teilchendurchmesser 2–0,063 (0,02) mm;

Pelit (griech. pelos = Ton) oder *Lutit* (lat. lutum = Schlamm) Teilchendurchmesser < 0,063 (0,02) mm.

In der internationalen Literatur läßt sich jedoch die Tendenz beobachten, die Begriffe Lutit, Arenit und Rudit bevorzugt für die Korngrößencharakteristik von Karbonat-Sedimentiten zu benutzen. Um Mißverständnisse zu vermeiden, können Chemismus

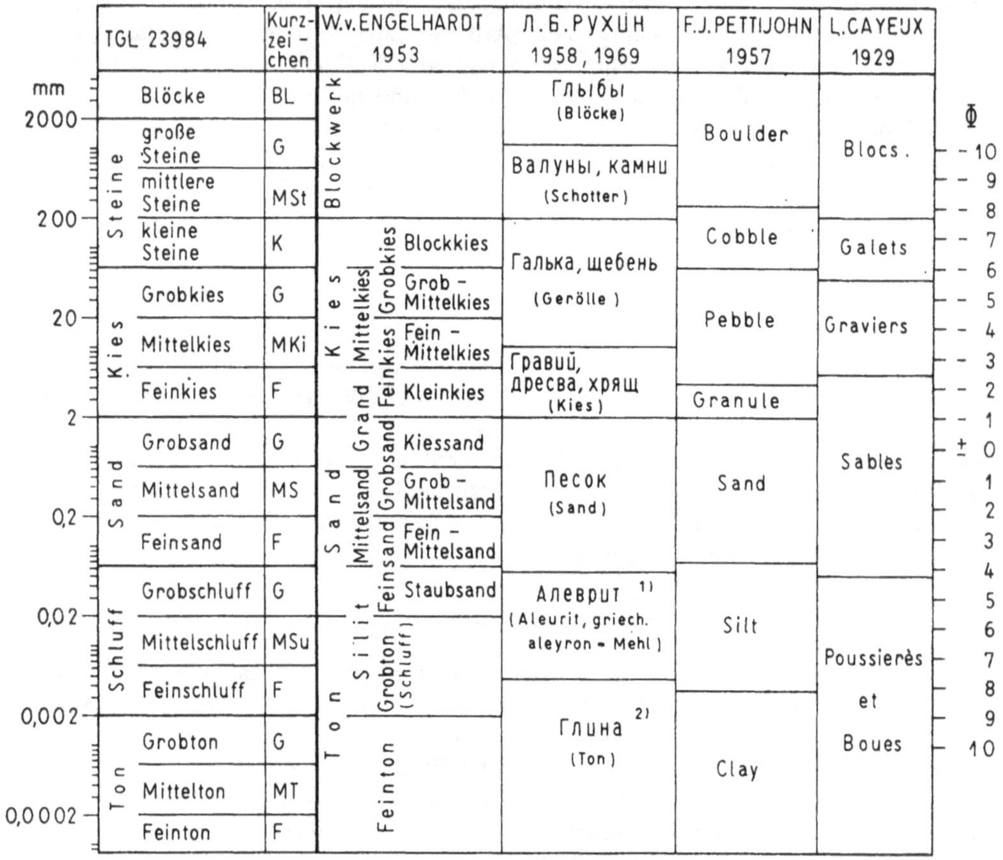

1) verfestigt Алевролит (Aleurolith)

2) verfestigt Аргиллит (Argillit, griech. argilos = Töpfererde)

Abb. 2.11. Einteilung und Benennung von Korngrößenklassen

und Genese durch entsprechende Vorsilben zum Ausdruck gebracht werden — z. B. Silicarenit (Sand, Sandstein), Kalkarenit (Kalk und Kalkstein mit Partikeln in Sandkorngröße), Pyrarenit (vulkanischer Tuff) usw.

Nur selten besteht ein klastisches Sediment lediglich aus einer Korngrößenklasse. Meist ist es eine *Mischung* der verschiedensten Korngrößen. Mischungsmöglichkeiten

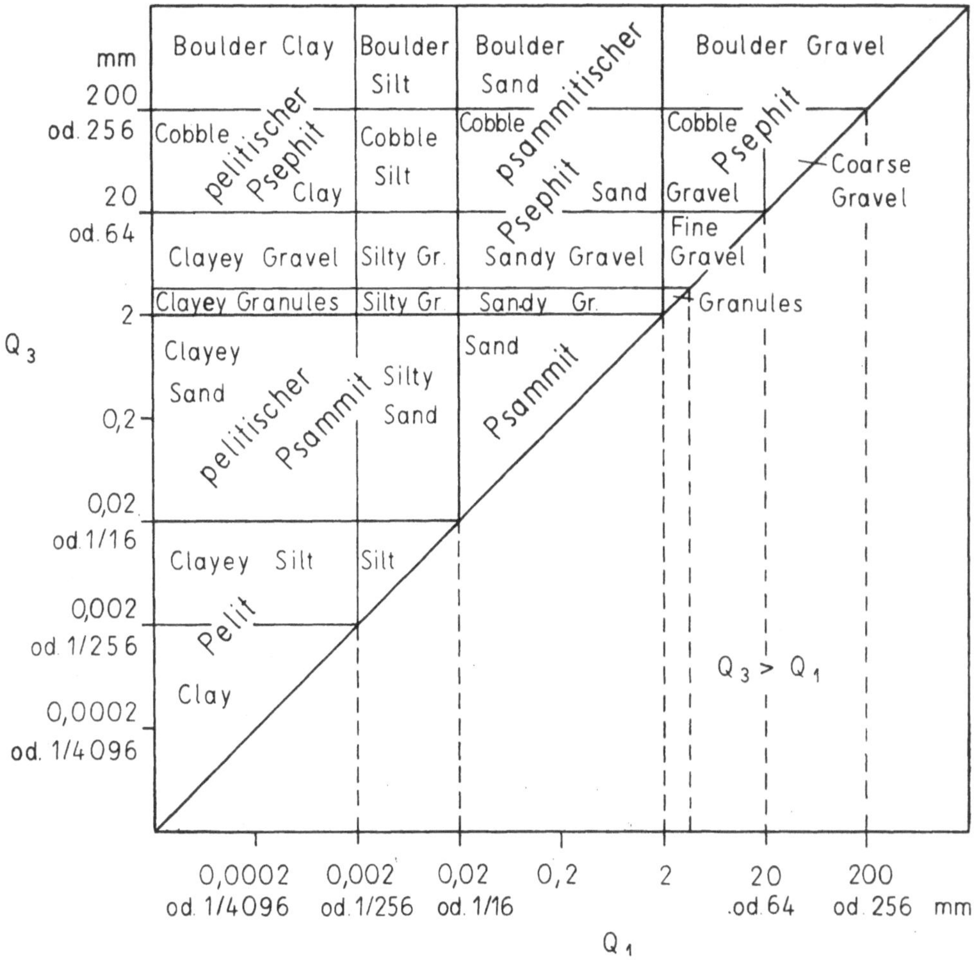

Abb. 2.12. Bezeichnung klastischer Sedimentite nach den Quartilmaßen (nach J. Niggli 1938, F. J. Pettijohn 1949 und 1957, P. Niggli 1952)

entsprechend der gesamten Breite des Körnungsbandes werden von einem Klassifikationsschema erfaßt, welches in etwas veränderter Form auf einen Vorschlag von J. Niggli (1938) zurückgeht und die Korngrößenkennwerte Q_3 und Q_1 als Grundlage benutzt (Abb. 2.12). Detaillierter lassen sich Mischungsverhältnisse in Dreiecksdiagrammen darstellen und klassifizieren. Die drei Ecken des Diagramms werden dabei jeweils von einer bestimmten Korngrößenklasse repräsentiert. Weitere Korngrößenklassen, die meist nur untergeordnet auftreten, müssen bei der Arbeit mit diesen Diagrammen vernachlässigt werden und lassen sich höchstens nachträglich umschreibend der eigentlichen Bennenung beifügen. Ein wichtiges Beispiel einer solchen Dreiecksdarstellung ist das Bennenungsschema von Sedimentiten aus Sand-Schluff-Ton (Abb. 2.13). In diesem Diagramm bedeuten: *S* = Sand, *s* = sandig, *Su* = Schluff, *su* = schluffig, *T* = Ton, *t* = tonig; für Mischungen ergeben sich Bezeichnungen wie sandig-schluffiger Ton (*ssuT*) schluffiger Sand-Ton (*suST*) usw.

Für die Bezeichnung von Mischungen aus Sand-Ton-Karbonat hat sich das von H. Füchtbauer und G. Müller erarbeitete und von H. Füchtbauer (1959) veröffentlichte „Grunddiagramm" (Abb. 2.14) bewährt. Da sandige, tonige und karbonatische

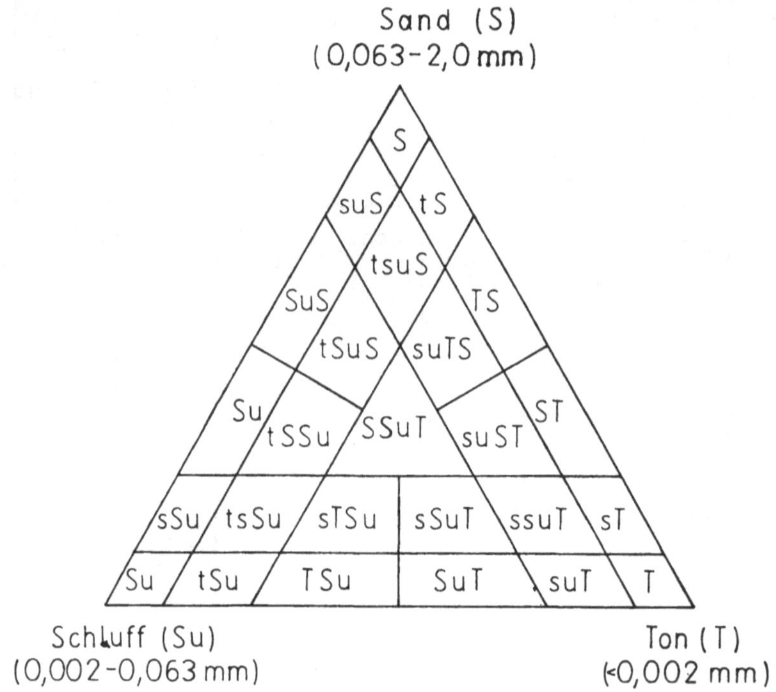

Abb. 2.13. Benennungsschema von Sedimenten aus Sand-Schluff-Ton in Anlehnung an G. Müller (1961)

Ablagerungen sowie ihre Mischungen den weitaus größten Teil der Sedimentmenge der Erde umfassen, ist diese Dreieckdarstellung besonders wichtig. In ihr bedeuten: *S* = Sand oder stark sandig, *s* = sandig, *T* = Ton oder stark tonig, *t* = tonig, *K* = Karbonat oder stark karbonatisch, *k* = karbonatisch, *Mgl* = Mergel. Ein Sedimentgestein, das zu 50—80 Vol.-% aus Sand, 10—25 Vol.-% aus Ton und 10—25 Vol.-% aus Karbonat besteht, wird nach diesem Schema als karbonatisch-toniger Sandstein (*ktS*) bezeichnet. Dabei bleibt unberücksichtigt, ob das Karbonat ein primärer Bestandteil des Sedimentes ist, oder als Zement erst später einwanderte. Weiterhin sei darauf hingewiesen, daß unter Beachtung des für die DDR gültigen Fachbereichstandards „Bezeichnung von Korngrößenklassen" (TGL 23984), bei dem Sand und Ton nicht unmittelbar aneinandergrenzen, sondern durch den Schluffbereich getrennt sind, im Diagramm die eine Ecke das silikatische Material $< 0{,}063$ mm umfassen sollte und damit die Begriffe „Ton", „stark tonig" und „tonig" exakterweise durch die Bezeichnungen „Ton-Schluff", „stark tonig-schluffig" ersetzt werden müßten. Das Grunddiagramm Sand-Ton-Karbonat schafft eine notwendige Verbindung von klastischen und chemisch-biogenen Sedimenten und erläutert die stofflichen Beziehungen, die zwischen den wichtigsten Gliedern dieser Sedimentgruppen bestehen.

Auf eine andere, stofflich bedingte Eigenschaft der klastischen Sedimente machte F. J. Pettijohn (1954, 1957) besonders aufmerksam: — es ist deren *kompositionelle Reife*. Bei den gröberklastischen Ablagerungen (Psephiten, Psammiten) kommt diese Reife durch den Gehalt am stabilen, verwitterungs- und transportunempfindlichen

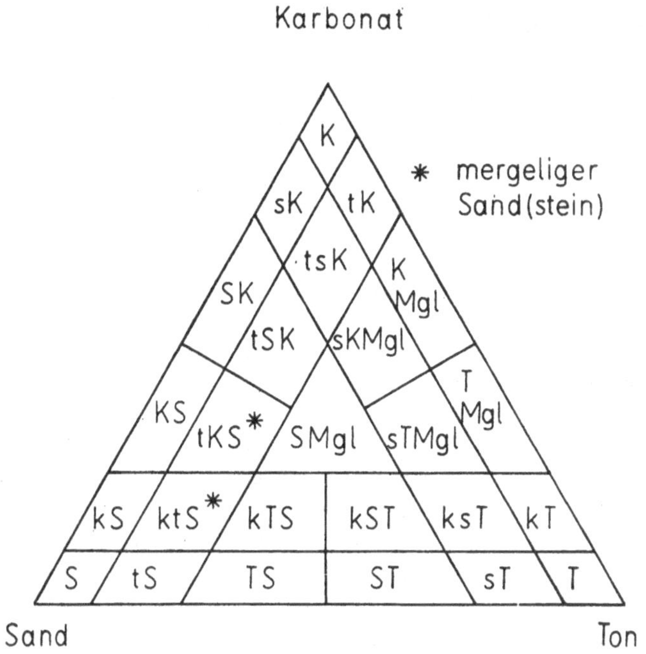

Abb. 2.14. Grunddiagramm Sand-Ton-Karbonat (nach H. Füchtbauer 1959)

Gesteinsbruchstücken, Geröllen und Mineralteilchen zum Ausdruck. Ein Maß ist vor allem der Quarzgehalt, der mit steigendem Reifegrad zunimmt. Bei den feinklastischen Ablagerungen (Peliten) hat sich das Al_2O_3/Na_2O-Verhältnis als ein brauchbarer Index für die Charakterisierung der Reife des Sedimentes erwiesen. Mit zunehmender Reife verarmen tonige Sedimente an Na_2O und das immobile Al_2O_3 reichert sich in ihnen relativ an.

Meist ist mit der kompositionellen Reife auch eine entsprechende *Reife des Gefüges* (strukturelle Reife) verbunden. Diese äußert sich besonders in den gröberklastischen Sedimenten in der Güte der Korngrößenauslese und in den Rundungseigenschaften der Gerölle und Sandkörner.

Da die Reife (Maturität) eines klastischen Sediments von den natürlichen Aufbereitungsprozessen abhängt, ist ihre Analyse auch im Hinblick auf eine wissenschaftlich begründete Suche nach nutzbaren Rohstoffen im sedimentären Bereich von großer

Bedeutung. Dabei können in entsprechende Untersuchungen sowohl Lockersedimente als auch Sedimentgesteine und sogar Parametamorphite einbezogen werden.

Bei diagenetisch und metamorph beanspruchten Sedimenten hängt die Möglichkeit, zu brauchbaren Aussagen über die Reife des Ausgangsmaterials zu gelangen, jedoch wesentlich davon ab, ob die Umwandlungen isochemisch und unter Erhaltung wesentlicher Gefügemerkmale verliefen, bzw. in wieweit es gelingt, besonders Stoffverschiebungen qualitativ und quantitativ zu erfassen und zu eliminieren.

2.6.2. Das Bindemittel

(s. auch Kapitel 2.4.3./2.e)

Bei den klastischen Sedimenten treten folgende Substanzen als wichtige Bindemittelarten auf:

a) toniges Bindemittel (verschiedene Tonminerale einschließlich Chlorit und Glaukonit);
b) karbonatisches Bindemittel (Calcit; seltener Dolomit und Siderit; untergeordnet zuweilen Ankerit oder Manganspat);
c) ferritisches (eisenschüssiges) Bindemittel (Fe-Oxide und -Oxidhydrate; damit verbunden, seltener allein, auch Mn-Oxide und -Hydroxide);
d) kieseliges Bindemittel (Quarz, Chalcedon, Opal).

Weiterhin findet man gelegentlich Schwermetallsulfide, Anhydrit, Gips, Baryt, Alaun und Salpeter, sowie hochviskose bzw. feste bituminöse Substanzen als Bindemittel.

Die Art des Bindemittels, seine Menge und Anordnung ist von größter Bedeutung für das Festigkeitsverhalten der klastischen Sedimente, besonders der Sandsteine. Das Bindemittel beeinflußt damit wesentlich die technischen Eigenschaften bestimmter Natursteine und ist entscheidend für deren Verwendungsmöglichkeit in der Bauindustrie. Auch die Porosität und Permeabilität und damit die Speichereigenschaften klastischer Sedimente (spez. für Erdöl, Gas und Wasser) hängen in sehr starkem Maße vom Bindemittel ab. Bei der Analyse dieser Eigenschaften ist die Unterscheidung von primärem und sekundärem Bindemittel wichtig, jedoch nicht immer möglich.

2.6.3. Beschreibung der einzelnen Gruppen klastischer Sedimentite

2.6.3.1. Klastische Sedimentite mit psephitischem Korn

Ein wichtiges Kriterium für die Unterscheidung verschiedener Typen grobklastischer Sedimente ist der Grad der Rundung der Bestandteile (Tafel 2.VI) (C. W. Correns in Barth, Correns und Eskola 1939; J. Konta 1968). Psephite mit eckigen Gesteinsfragmenten (Brocken) werden im lockeren Zustand als *Schutt* bezeichnet und heißen verfestigt *Brekzie*. Psephite mit gerundeten Bestandteilen (Geröllen) nennt man unverfestigt *Schotter*, verfestigt *Konglomerat*.

Nach dem Bestand an verschiedenen eckigen Gesteinsfragmenten bzw. Geröllen können Psephite *polymikt* (griech. polys = viel; miktos = gemischt) seltener *oligomikt* (griech. oligos = wenig; ...) bis monomikt (griech. monos = allein; ...) zusammengesetzt sein.

Weiterhin sind bei der Untersuchung der Psephite die sog. *Packungsdichte*, meist angegeben als durchschnittliche Anzahl der gegenseitigen Kontakte der Gerölle oder Gesteinsbruchstücke in einem bestimmten Bereich, und die *Einregelung der Bestandteile*, bevorzugt analysiert an plattigen und/oder stengligen Geröllen, von Bedeutung.

Die Größen der Bestandteile, ihre Form und Rundung, ihre petrographische Zusammensetzung, Packungsdichte und Einregelung geben wichtige Hinweise auf die Herkunft des Materials sowie die Transport- und Ablagerungsbedingungen einschließlich des jeweils herrschenden Klimas. Die Untersuchung dieser Merkmale hat auch schon oft die Untergliederung und Konnektierung einzelner Abschnitte fossilfreier oder -armer Folgen auf lithologischer Grundlage ermöglicht.

Schutt und Brekzie

Bei den Brekzien muß man zwischen sedimentären (epiklastischen) Bildungen sowie solchen vulkanischer (pyroklastischer) und tektonischer Natur unterscheiden.

Der Schutt, das unverfestigte Ausgangsmaterial der sedimentären Brekzien, ist schlecht aufbereitet. In Gebieten mit starkem Relief, vor allem in den Hochgebirgen, kommt dem *Bergsturz-* und *Lawinenschutt* eine große Bedeutung zu. Beträchtliche Mengen an eckigem Gesteinsmaterial können auch durch Erdrutsche aus dem verwitternden Anstehenden herausgerissen und transportiert werden. In unseren Mittelgebirgen trifft man häufig mächtige *Hangschutt-* (*Gehängeschutt-*) Decken an. Es sind vorwiegend pleistozäne Bildungen, d. h., sie stammen aus kälteren Zeiten, als kein intensiver Pflanzenwuchs ein langsames, hangabwärts gerichtetes Bodenfließen verhinderte. Diese Hangschuttdecken können geologische Kartierungsarbeiten sehr erschweren. Intensiv mit Lehm und Erde durchmischtes Material blieb vor allem an flachen, der Erosion wenig ausgesetzten Hängen erhalten und verdeckt den Untergrund.

Zeugen des Eistransportes sind die *Moränen*. Nach M. SCHWARZBACH (1961) bestehen Moränen aus ungeschichtetem und unsortiertem Material; die „Geschiebe", kleine und große, oft kantengerundete Steine liegen mehr oder weniger regellos verteilt in einer lehmigen oder mergeligen Grundmasse (Tafel 2.VI, Bild 2). Diese Ablagerungen werden als Geschiebelehm oder Geschiebemergel (Till) bezeichnet. Bei verfestigten Moränen spricht man mit A. PENCK (1906) von *Tilliten.*

Die Geschiebestatistik ist eine wichtige Methode zur Analyse der Herkunft des Materials und zur Unterscheidung verschieden alter Moränen. Für die weitere Verbreitung eiszeitlicher Ablagerungen in der DDR gibt der Fachbereichsstandard „Analyse des Geschiebebestandes quartärer Grundmoränen" (TGL 25232, Blatt 1 bis 6) entsprechende Hinweise, welche die Probennahme, Probenvorbereitung, Geschiebezählung und die Auswertung der Untersuchungen betreffen. Im Deckgebirge unserer Braunkohlenvorkommen stellen große erratische Blöcke (Findlinge) nicht selten ein beträchtliches Hindernis für die Abraumbewegungen dar.

Die Geschiebe und der felsige Untergrund sind geglättet und geschrammt. Entsprechende Gletscherschrammen auf dem Muschelkalk von Rüdersdorf bei Berlin und ihre Interpretation durch O. TORELL (1875) führten zur endgültigen Anerkennung der Inlandeistheorie in Norddeutschland. Tillite mit gekritzten Geschieben und geschrammtem Untergrund sind auch aus vorquartären Systemen bekannt (z. B. aus dem Eokambrium Norwegens, dem Permokarbon Südamerikas, Südafrikas, Vorderindiens und Australiens u. a. m.).

In den letzten Jahren hat sich jedoch gezeigt, daß verschiedene Psephite mit niedrigem Sortierungsgrad sowie geringer Packungsdichte und meist schlechter Rundung der grobklastischen Bestandteile, die als Ablagerungen von Gletschern oder abtauenden Eisbergen gedeutet wurden, anderer Entstehung sind. M. SCHWARZBACH (1961) spricht von *Pseudomoränen* (*Pseudotilliten*) und betont, daß selbst geschrammter Untergrund

und gekritzte Gesteinsbrocken kein völlig sicheres Kennzeichen für Eistransport sind. Entsprechende Merkmale können vor allem auch bei Rutschungen entstehen (Gegenüberstellung der Merkmale von Moränen und Pseudomoränen siehe Tab. 2.6). Submarine Rutschmassen großen Ausmaßes, die Material enthalten, das oft über beträchtliche Entfernungen transportiert worden sein muß, wurden als „*Olisthostrome*" bisher von verschiedenen Teilen der Erde und aus unterschiedlichen Systemen beschrieben.

Den Begriff „Olisthostrom" (Gleitschicht; griech.: olisthanein = gleiten, stroma = Lager) führten G. Flores (1955), E. Beneo (1956) und M. P. Marchetti (1956), fußend auf Beobachtungen in Italien, in die Literatur ein. Nach K. Görler und K.-J. Reutter (1968) sowie D. Richter (1973) bestehen Olisthostrome aus einer tonigmergeligen, seltener kalkigen oder sandig-schluffigen Grundmasse, in die meist eckige Gesteinsbruchstücke, gelegentlich aber auch gut gerundete Gerölle unterschiedlichster Größe, die „Olistholithe" (Gleitsteine), unregelmäßig eingelagert sind (Tafel 2.VI, Bild 1). Olisthostromserien können Mächtigkeiten von über 2000 m erreichen. Sie sind dann aber sicher mehrphasig entstanden. Oft bewegten sich die Schlammströme, aus denen als Ablagerungen die Olisthostrome hervorgehen, so langsam, daß auf ihnen während des Rutschvorganges die Sedimentation jüngeren geschichteten Materials möglich war. Ausgezeichnete Beispiele von Olisthostromen sind neuerdings aus dem Paläozoikum des Harzes bekannt geworden (H. Lutzens 1972, M. Schwab 1974). E. Voigt (1962) beschreibt aus Westfalen (BRD) turone Plänerkalke, die durch gravitative Zergleitung in linsenförmige Transportkörper, die er „Phacoide" nennt, zerlegt wurden. Ähnliche Rutschmassen waren Anfang der 70iger Jahre beim Beginn der Bauarbeiten im Neubaugebiet am Burgplan von Wernigerode in den Ilsenburgschichten (Untercampan) aufgeschlossen.[1]

Fanglomerate sind Schuttablagerungen arider Gebiete. Sie bestehen aus schlecht korngrößenklassiertem und oft ungeschichtetem Material, das bei Regengüssen, die in den Wüsten nur episodisch auftreten, dann aber meist sehr kräftig sind, als Schuttstrom bewegt und flächenhaft bzw. fächerförmig ausgebreitet wurde. Die transportierten Gesteinsfragmente sind teils eckig, teils gerundet, so daß Übergänge zu den Konglomeraten bestehen. Den Begriff „Fanglomerat" prägte A. C. Lawson (1912). Beispiele entsprechender Fanglomerate findet man in der DDR vor allem in den ausgedehnten Schuttkegeln, die sich im Rotliegenden an den Rändern und in den Innensenken des bereits stark eingeebneten varistischen Gebirges ablagerten.

L. B. Ruchin (1958) führt noch Karstbrekzien und diagenetische Brekzien an. Karstbrekzien entstehen beim Zusammenbrechen der Wände und Decken von Auslaugungsformen, besonders von Höhlen in mächtigen Kalken und Gipsen.

Die Entstehung diagenetischer Brekzien ist an Kompaktionsvorgänge in bereits abgelagertem Material gebunden. Infolge verschieden rascher Verfestigung und des Vorhandenseins von Dichtedifferenzen kann es durch ungleichmäßige Setzung besonders

---

[1] Verfasser schlägt vor, das Entstehen von Gleitkörpern aus Material, welches zum Schichtenverband gehört, d. h. diesem nicht als „Fremdkörper" von außen zugeführt wurde, als einen Spezialfall der Olisthostrombildung, der als endostratische Olisthostromierung bezeichnet werden kann, aufzufassen. Dabei sollte der Olisthostrombegriff nicht zu eng an entsprechende Ablagerungen des marinen Bereiches und bestimmte Größen der Sedimentkörper geknüpft werden; er kann vielmehr Anwendung auf alle subaquatisch aus Schlammströmen hervorgegangenen Ablagerungen finden.

Tabelle 2.6. *Merkmale von Moränen und Pseudomoränen* (nach M. SCHWARZBACH 1961)

	Moräne (Tillit)	glazimarine Ablagerung (z. T. Tillit)	z. T. Pseudomoränen		
			Rutschmassen		Fanglomerat
			subaerisch	subaquatisch	
Entstehung durch	Gletscher	Eisberge	Schwerkraft; oft ausgelöst durch Erdbeben; z. T. thixotrope od. periglaziale Vorgänge	Schwerkraft; oft ausgelöst durch Erdbeben	fließendes Wasser in ariden Gebieten
Schichtung	fehlt; gelegentlich Geschiebe eingeregelt	vorhanden	fehlt	fehlt, gelegentlich vorhanden	oft undeutlich
Korngrößenauslese	schlecht	schlecht	schlecht	schlecht, manchmal vorhanden	oft schlecht
Form der Blöcke	meist eckig bis kantengerundet	wie bei Moränen	meist eckig; vorhandene Gerölle können hineingeraten		oft schlecht gerundet
geschrammte Blöcke	regelmäßig vorhanden	vorhanden	selten (kurze krumme Schrammen)	selten	fehlen
geschrammter Untergrund	gelegentlich vorhanden	in seltenen Fällen möglich	selten	selten	fehlt
Stauchung des Untergrundes	nicht selten	in seltenen Fällen möglich	bei Hangrutsch oft Hakenschlagen	gelegentlich vorhanden	fehlt
Art der Blöcke	polymikt	polymikt	oft monomikt	monomikt oder polymikt	meist polymikt

Tabelle 2.6. (Fortsetzung)

	Moräne (Tillit)	glazimarine Ablagerung (z. T. Tillit)	z. T. Pseudomoränen		
			Rutschmassen		Fanglomerat
			subaerisch	subaquatisch	
Herkunftsgebiet der Gerölle	manchmal weit entfernt	meist weit entfernt	nahe	oft weit entfernt; manchmal nahe	meist nahe gelegen
primäre Lagerung	± horizontal	horizontal	flach geneigt	flach geneigt	± horizontal
Besonderheiten	manchmal besonders große Verbreitung; Matrix überwiegt oft gegenüber den Geschieben	zusammen mit marinen Fossilien; Matrix überwiegt in der Regel gegenüber den Geschieben („Gerölltone")		zusammen mit marinen oder limnischen Fossilien; oft eingewickelte Tonbrocken; Matrix überwiegt oft gegenüber den Blöcken und Geröllen („Gerölltone")	Matrix tritt zurück

in den Anfangsstadien der Diagenese leicht zur Auflösung des ursprünglichen Schichtverbandes und zur Ausbildung brekziöser Gefüge kommen. Ein Teil der sogenannten *endostratischen* (*intraformationellen*) *Brekzien* gehört zu dieser Rubrik. Der andere Teil ist durch Resedimentation (Aufarbeitung und Wiederablagerung) entstanden. Dabei wurden aus dem gerade erst abgelagerten, aber bereits verfestigten Sediment Stücke abgerissen, transportiert und erneut eingebettet. Je nach Konsistenz des Materials und Weite des Transportes sind diese Partikel eckig bzw. mehr oder weniger gerundet. Im letzteren Falle leiten sie zu endostratischen Konglomeraten über.

Schotter und Konglomerat (Tafel 2.VI, Bild 3)

Die wichtigsten Bildungsbereiche für Schotter und Konglomerate sind die Flüsse und Küstenregionen.

Flußschotter und -konglomerate sind oft schlecht korngrößenklassiert. Abgeflachte (plattige) Gerölle zeigen in ihnen meist die sogenannte Dachziegellagerung (Imbrication). Dabei sind sie in Transportrichtung mit relativ steilen Winkeln, die 15° bis 30° erreichen können, aufeinandergeschoben. Trägt man die *c*-Achsen der plattigen Gerölle in die untere Halbkugel des SCHMIDTschen Netzes ein, so erscheint das Maximum der ausgezählten Diagramme in der Strömungsrichtung dezentriert. Weniger scharf ist die Einregelung stengeliger (walzenförmiger) Gerölle. Die Längsachsen dieser Gerölle können sowohl parallel als auch senkrecht zur Strömungsrichtung angeordnete Maxima bilden und nehmen sogar oft Lagen schräg dazu ein. Die Rekonstruktion der Strömungsrichtung ist in fossilen Flußschottern daher eindeutiger mit Hilfe der Dachziegellagerung möglich als durch das Einmessen der Längsachsen stengeliger Gerölle (Arbeiten von J. KALTERHERBERG 1957, W. C. KRUMBEIN 1939, H. LÜTZNER 1966, J. SCHLEE 1957, H. WADELL 1936).

Schotter und Konglomerate der Küstenregionen zeichnen sich oft durch eine recht gute Korngrößenauslese und Rundung der Gerölle aus. Plattige Gerölle sind in ihnen meist flach beckenwärts geneigt, wobei der Einfallswinkel selten 7° bis 8° übersteigt.

Generell muß man annehmen, daß im Laufe der Bildung von Schottern und Konglomeraten eine Auslese der Gerölle nach ihrer Widerstandsfähigkeit stattfindet. Dabei spielen sowohl die mechanische Abnutzbarkeit beim Transport als auch die Möglichkeiten der Einwirkung von chemischen Verwitterungsprozessen vor, während und nach der Verfrachtung eine große Rolle. J. KARASEK (1971/72) spricht von einer hohen „petrographischen Standhaftigkeit" der Schotter, wenn in ihnen stabile Gerölle, wie jene von Gangquarz, Quarzit und Kieselschiefer stark überwiegen. Diese Geröllkombination kann bereits primär durch einen entsprechenden Aufbau des Abtragungsgebietes vorgegeben sein. Meist entwickeln sich Schotter mit hoher petrographischer Standhaftigkeit aber erst im Zuge eines Reifungsprozesses aus Material, das auch weniger widerstandsfähige Komponenten enthielt. Auf die große Bedeutung des Klimas für diesen Reifungsprozeß (besonders unter warm-humiden Klimaverhältnissen findet eine intensive Verwitterungsauslese und damit eine relative Anreicherung der stabilen Gerölle statt) ist mehrfach hingewiesen worden (z. B. F. ZEUNER 1933, A. CAILLEUX 1965, R. DALCIN 1968, F. J. PETTIJOHN 1957, L. B. RUCHIN 1958). Eine der wichtigsten Arbeiten zur Schotteranalyse stammt von TH. ZINGG (1935).

Schotter bestimmter Korngrößenzusammensetzung finden als Betonkies in der Bauindustrie und bei der Kunststeinerzeugung Verwendung. Einige Konglomerate sind

Träger wichtiger Rohstoffe. So enthalten z. B. die präkambrischen Konglomerate des Witwatersrandgebietes/Südafrika im Bindemittel Gold, Uranminerale und vereinzelt auch Diamanten.

2.6.3.2. Klastische Sedimentite mit psammitischem Korn (Tafel 2.VII)

Die weitaus wichtigsten Sedimente mit psammitischem Korn sind die Sande und Sandsteine. Selbstverständlich gibt es auch noch andere Ablagerungen entsprechender Korngrößenzusammensetzung, so z. B. verschiedene vulkanische Aschen und Kalke. Diese Sedimente sollen aber in gesonderten Kapiteln behandelt werden.

Tabelle 2.7. *Chemische Zusammensetzung einiger Sande und Sandsteine (Angaben in Masse-%)*

	1	2	3	4
SiO_2	69,8	65,22	79,3	99,76
TiO_2	0,5	0,66	0,5	0,017
Al_2O_3	13,9	16,90	12,8	0,158
Fe_2O_3	1,3	1,09	0,7	0,022
FeO	2,9	3,72	0,2	—
MnO	0,1	0,07	—	—
MgO	1,8	1,98	0,3	0,019
CaO	1,1	1,39	0,4	0,008
Na_2O	2,9	2,46	4,8	0,001
K_2O	1,3	3,01	0,5	0,001
H_2O^+	1,8	2,39	1,0	—
H_2O^-	1,1	—	—	—
P_2O_5	0,1	0,13	0,1	—
CO_2	1,0	0,33	—	—
C	0,1	—	—	—
S	0,2	0,27	—	—
Summe	99,9	99,62	99,9	99,979

1 – Mittel aus 25 Harzer Grauwacken nach einer Zusammenstellung bei H. G. HUCKENHOLZ (1963); 2 – Mittel von 21 Proben aus der Lausitzer Grauwackenformation, Oberes Proterozoikum, nach einer Zusammenstellung von W. LORENZ (1974); 3 – Arkose, Saint-Sauve d'Auvergne bei Clermont-Ferrand/Frankreich, Perm, nach MAUREL und BROUSSE (zitiert bei H. G. HUCKENHOLZ 1963); 4 – Quarzsand, Weferlingen/DDR, Eozän, nach frdl. Mitteilung von Dr. H.-J. BLANKENBURG

Die Sande und Sandsteine bestehen in wechselnder Menge aus Körnern von Quarz, Feldspat und verschiedenen kleinen Gesteinsbruchstücken. Beigemengt sind Schwerminerale, wie Zirkon, Rutil, Turmalin, Granat u. a., Glimmerschüppchen und nicht selten Glaukonit. Oft ist dieses Material durch ein Bindemittel verkittet. Über die chemische Zusammensetzung einiger Sande und Sandsteine gibt Tab. 2.7 Auskunft.

Entsprechend dem unterschiedlichen Modalbestand lassen sich verschiedene Typen sandiger Sedimente unterscheiden. Hinsichtlich der gegenseitigen Abgrenzung dieser Typen und zum Teil auch über die Verwendung bestimmter Begriffe bestehen aber geteilte Meinungen (ausführliche Analyse bei H. G. HUCKENHOLZ 1963). Eine Zusammenstellung entsprechender häufig verwendeter Gliederungs- und Benennungsschemata verschiedener Autoren bringt Abb. 2.15. Oft wird nach dem von H. Füchtbauer (1959) vorgeschlagenen Benennungsschema für Sandsteine typisiert, das auch Vf. gern benutzt.

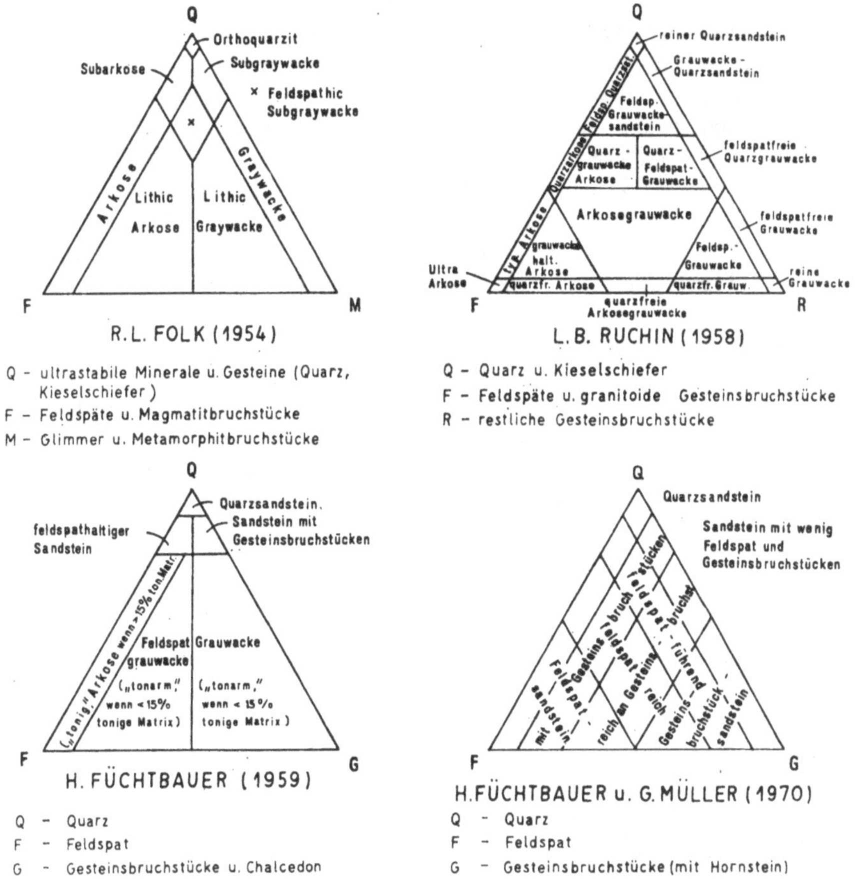

Abb. 2.15. Klassifikationsvorschläge für Sandsteine nach dem Modalbestand

Quarzsande und -sandsteine

Die Quarzsande und -sandsteine sind vorwiegend monomineralisch zusammengesetzt. Die meisten Autoren stellen zu dieser Sedimentit-Familie Material, das zu $> 90\%$ aus detritischem Quarz in Sandkorngröße besteht. Gelegentlich sind auch kleine Gesteinsbruchstückchen beigemengt. Dabei handelt es sich vor allem um Körner von Quarzit und sogenanntem „chert" (das sind Kieselschiefer, Hornsteine u. a., die aus mikro- bis kryptokristallinem Chalcedon bzw. Quarz bestehen). Minerale und Gesteinsbruchstücke, die gegen Abrieb und besonders gegen die chemische Verwitterung wenig stabil sind, fehlen in den Quarzsanden und -sandsteinen weitestgehend. Daraus schließt A. Cailleux (1965) auf sehr spezielle Bildungsumstände. Nach Beobachtungen an rezentem Material sind die bevorzugten Ablagerungsbereiche für Quarzsande Ebenen mit einem warmen und feuchten Klima (s. auch G. F. KRAŠHENINNIKOV 1968, 1971). Oft führt erst eine mehrfache Umlagerung zu einer Reife, die jener der Quarzsande entspricht. Diese Reife drückt sich nicht nur im Modalbestand aus, sondern meist auch in der Güte der Korngrößenauslese (gute und sehr gute Sortierungsgrade) und in der guten Rundung der Quarzkörner. In der englisch-sprachigen Literatur findet man für Quarzsandsteine oft den Begriff „orthoquartzite" (Orthoquarzit). Da wir unter Quarziten jedoch im allgemeinen Metamorphite verstehen und als Orthogesteine speziell Metamorphite magmatischer Herkunft meinen, ist dieser Begriff sehr unglücklich gewählt. Immerhin hat sich aber auch in der deutsch-sprachigen Literatur der Terminus „Quarzit" für einige spezielle Quarzsandsteine eingebürgert und erhalten. So werden stark kieselig zementierte Sandsteine „Kittquarzite" (J. STINY 1922, 1929) genannt und für tertiäre silifizierte Quarzsandsteine ist die Bezeichnung „Tertiärquarzit" üblich.

Nach den Untersuchungen von R. HAAGE (1972) beruht die Verkittung der Sandkörner bei den Tertiärquarziten teils auf dem Ausfüllen der Porenräume mit Kieselsäure, d. h. auf einem Vorgang, der als Einkieselung (E. KALKOWSKY 1902) bezeichnet wird; teils fanden bei Typen mit primärem tonigen Bindemittel Verkieselungsvorgänge statt, die sich in einer teilweisen Verdrängung des Bindemittels durch die einwandernde Kieselsäure äußern. Die Kieselsäure für die Silifizierung (Oberbegriff für Einkieselung und Verkieselung) stammt aus den umgebenden Sanden; z. T. kann sie auch durch Kaolinisierungsprozesse geliefert worden sein. Nach R. HAAGE (1972) wurde sie in kryptokristalliner bis feingranulöser Form in den oberen Bereichen der sandigen Ablagerungen bzw. als direkte Oberflächenverkrustung abgeschieden.

Tertiärquarzite waren bisher wichtige Rohstoffe für die Silikaindustrie. Im Braunkohlenbergbau bilden sie jedoch als schwer oder nicht baggerfähiges Material oft ein beträchtliches Hindernis.

Gelegentlich findet man inmitten von weniger reifen Psammiten, z. B. in Grauwackenfolgen, Quarzsande und -sandsteine. Es handelt sich dabei um kleinere Sedimentkörper, die durch einen lokal wirkenden Auswaschungs- und Reinigungsprozeß entstanden sind. Das Material zeigt oft einige jener Merkmale einer hohen Reife nicht vollständig entwickelt, die sonst im allgemeinen die Quarzsande und -sandsteine auszeichnen. Nach F. J. PETTIJOHN (1957) hat P. D. KRYNINE dafür die Bezeichnung „protoquartzite" (Protoquarzit) vorgeschlagen.

Einen Überblick über die Verwendung der Quarzsande in der Industrie gibt Abb. 2.16. Ein besonders wichtiges Einsatzgebiet ist die Glaserzeugung. Vergleichende Übersichten in- und ausländischer Quarzsandvorkommen findet man bei H.-J. BLANKENBURG und F. DAHLKAMP (1967) sowie bei H.-J. BLANKENBURG (1973).

Feldspatreiche Sande und Sandsteine, Arkosen

Magmatite enthalten durchschnittlich etwa 60% Feldspäte, Metamorphite ca. 30%. Besonders reich an Feldspäten sind granitoide Gesteine. Sie stellen nach L. B. RUCHIN (1958) und G. F. KRAŠHENINNIKOV (1968, 1971) das bevorzugte Ausgangsmaterial für feldspatreiche Sande und Sandsteine dar. Aus der Auvergne/Frankreich stammt die Bezeichnung *Arkose* für entsprechende Sedimentite. Die Typusgesteine enthalten neben Quarz und Feldspat auch Kaolinit bzw. Montmorillonit und etwas Glimmer.

Die Mineralzusammensetzung ist nach Angaben (in %) von P. MAUREL und R. BROUSSE (zitiert bei H. G. HUCKENHOLZ 1963) folgende (Tab. 2.8, s. S. 281).

Im allgemeinen sind die Arkosen relativ grobkörnige, pelitarme Psammite. Aride bis

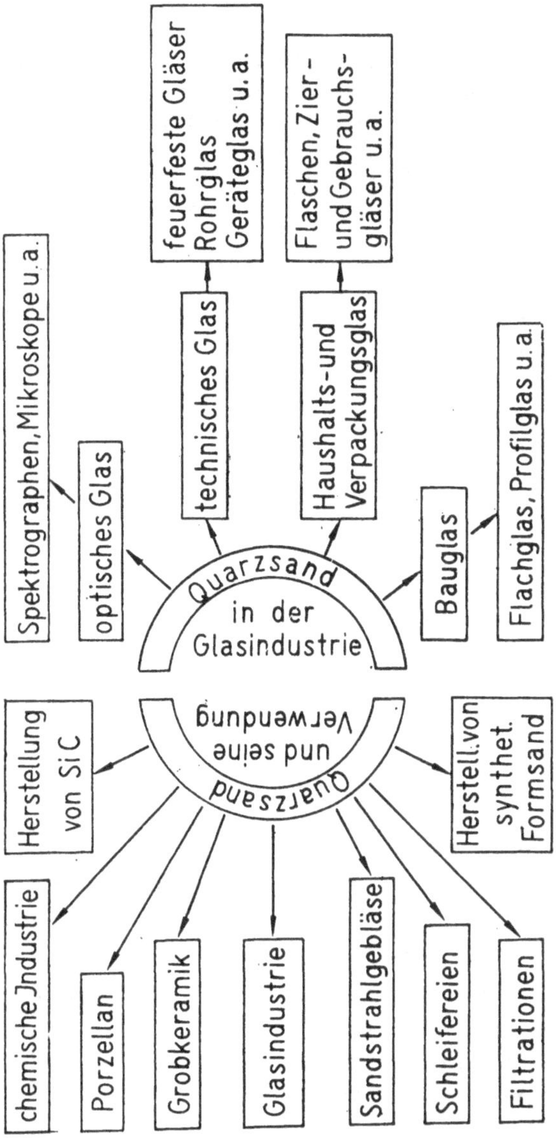

Abb. 2.16. Verwendung des Quarzsandes (nach H.-J. Blankenburg 1973)

semiaride Klimaverhältnisse mit einer fehlenden oder stark verminderten chemischen Verwitterung bieten besonders günstige Bildungsbedingungen. So findet man in der DDR feldspatreiche Sandsteine besonders im Rotliegenden und Buntsandstein. Einige Vorkommen im Buntsandstein Thüringens werden zur Gewinnung von Feldspat abgebaut. Wichtig ist dabei vor allem die Lagerstätte Kahla/Altendorf, die ein ca. 4 m mächtiges Lager fein- bis mittelkörniger Sandsteine im Rothensteiner Geröllhorizont der Detfurth-Folge des Mittleren Buntsandsteins bebaut. Nach Angaben von D. UHLIG und G. SCHULZ (1972) besteht das gewonnene Haufwerk aus etwa 25% Feldspat und 70% Quarz, die durch ca. 5% illitische Bestandteile locker verkittet sind.

Tabelle 2.8. *Modalbestand von Arkosen*

	1	2	3
Quarz	53,1	51,0	37,7
Kalifeldspat	18,5	18,9	0,7
Plagioklas	0,4	sp.	45,4
Kaolinit	17,0	19,3	–
Montmorillonit	–	–	2,0
Glimmer	6,9	5,1	4,2
Chlorit	–	–	–
Baryt	0,5	3,8	–
Akzessorien	3,6	1,9	–
davon freie Minerale	?	69,5	?
davon Gesteinsbruchstücke	?	30,5	?
Magmatite		16,6	
Sedimentite		5,8	
Metamorphite		8,1	

1 – Arkose, Royat östlich Puy-de-Dome, Auvergne/Frankreich, Oligozän; 2 – Arkose, nahe Vic-le-Comte, Auvergne, Oligozän; 3 – Arkose, Saint-Sauve d'Auvergne bei Clermont-Ferrand/Frankreich, Perm.

Feldspatreiche Sande und Sandsteine können sich aber auch unter periglazialen Bedingungen und sogar im humiden Klimabereich bilden. Unter humiden Verhältnissen ist die Erhaltung der Feldspäte aber nur bei raschem Wegtransport des Verwitterungsschuttes der Ausgangsgesteine und der alsbaldigen Ablagerung, Einbettung und Konservierung des detritischen Materials möglich.

Sande und Sandsteine mit vielen Gesteinsbruchstücken, Grauwacken

Kaum ein anderer Begriff ist in der sedimentpetrographischen Literatur so heftig diskutiert worden und so umstritten, wie die Bezeichnung „Grauwacke". Der Terminus stammt aus dem Harz, wo man paläozoische psammitische Gesteine von dunkler Farbe, starker Verfestigung, geringer Abrundung der Komponenten, einem hohen Gehalt an Gesteinsbruchstücken sowie einem primären Bindemittel seit alters als Grauwacken bezeichnet (H. WIESENEDER 1961). Diese Summe von verschiedenen, teilweise voneinander unabhängigen Eigenschaften läßt sich jedoch nicht einem bestimmten Klassifikationsprinzip unterordnen. So ist es natürlich, daß einzelne Eigenschaften als besonders wichtig für die Bezeichnung von Psammiten als Grauwacken herausgegriffen wurden, wobei die verschiedenen Autoren unterschiedliche Eigenschaften hervorheben.

Übereinstimmung besteht im allgemeinen darin, daß nur Psammite, die reichlich Gesteinsbruchstücke führen, als Grauwacken bezeichnet werden dürfen. Oft wird aber auch noch die schlechte Korngrößenauslese als ein wichtiges Merkmal hervorgehoben.

Die quantitative mineralogische Zusammensetzung (Angaben in %) von Grauwacken aus dem Harz, dem locus typicus, ist nach H. G. Huckenholz (1963) folgende (Tab. 2.9).

H. Wieseneder (1961) schlägt vor, den Begriff Grauwacke nur auf jene Gesteine anzuwenden, deren Bindemittel eine Rekristallisation erfahren hat. Wenig verfestigtes Material entsprechender Zusammensetzung sollte seiner Meinung nach in Anlehnung an G. Fischer (1933) *Wackensandstein* heißen.

Tabelle 2.9. *Modalbestand von Grauwacken*

	A	B		A	B
Quarz	28–53	40			
Plagioklas	20–42	31			
Kalifeldspat	2–6	3			
Biotit	1–10	5	davon		
Muscovit	1–7	3	Gesteinsbruchstücke	10–55	31
Chlorit	4–25	14	Magmatite	4–16	10
Karbonate	0–6	2	Sedimentite	2–7	5
Akzessorien	1–3	2	Metamorphite	6–21	16

A = Streubereich, B = Mittelwert von 88 Proben

Mehrfach wurde die Forderung erhoben, die Bezeichnung Grauwacke überhaupt fallen zu lassen. Verfasser stimmt jedoch mit H. G. Huckenholz (1963) darin überein, daß diese Bezeichnung so fest in der geologischen und petrographischen Literatur verankert ist, daß sie unbedingt zum Begriffsinventar gehört, auch wenn eine exakte und allgemein anerkannte Definition fehlt. Außerdem sind Grauwacken und ähnlich zusammengesetzte Sande und Sandsteine sehr weit verbreitete Sedimenttypen. Besonders beteiligen sie sich am Aufbau von Flyschserien, d. h. an Ablagerungen, die während der Gebirgsbildung in Geosynklinalen entstehen.

Neben Gesteinen, die nach der Korngrößenzusammensetzung eindeutig dem Psammitbereich zuzuordnen sind, treten in der Grauwacken-Familie auch grobkörnige und feinkörnige Typen auf, die einerseits zu den Psephiten, andererseits zu den Peliten überleiten.

Feinkörnige Sedimente, die aus unausgereiftem, vorwiegend durch mechanische Zerreibung entstandenem Material bestehen und somit genetisch zur Grauwackenfamilie gehören, bezeichnete W. Salomon (1915) als *Alphitite* (griech. alphiton = Mehl). Man kann bei ihnen auch von *Grauwackenpeliten* sprechen. Analog wäre entsprechend grobes Material als Grauwackenpsephit oder konglomeratische Grauwacke zu bezeichnen.

Grauwacken werden, wenn andere, bessere Hartgesteinsvorkommen im entsprechenden Gebiet fehlen, besonders zur Gewinnung von Schotter und Splitt für den Straßenbau genutzt. In der DDR befinden sich im Ostthüringer Schiefergebirge und im Harz unterkarbonische und devonische, in der Lausitz präkambrische Grauwacken im Abbau (P. Lange 1973).

2.6.3.3. Klastische Sedimentite mit pelitischem Korn

Die übliche Bezeichnung für lockere und wasserdurchtränkte feinklastische Ablagerungen ist *Schlamm* bzw. *Schlick*. Entsprechendes trockenes Material, das sich aus der Luft absetzt, bildet *Staubsedimente*. Die Schlamm- und Staubablagerungen umfassen nach der Korngrößeneinteilung für klastische silikatische Sedimentite (TGL 23984 — siehe Abb. 2.11) vorwiegend den *Schluff*- und *Ton*bereich. Verfestigte feinklastische Sedimente werden entsprechend als Schluffstein bzw. Tonstein bezeichnet, je nachdem, welcher Korngrößenbereich überwiegt. Häufig findet man in der Literatur für verfestigte feinklastische Sedimente auch den Begriff „Schieferton". Dieser Begriff ist jedoch nur ungenau definiert; vor allem handelt es sich dabei in der Regel um Material, von dem keine Korngrößenanalysen vorliegen. Er bringt aber zum Ausdruck, daß bei der Verfestigung Ablösungsflächen entstehen können, die den Gesteinen ein „schiefriges" Aussehen verleihen, und somit beginnt sich bereits während der Diagenese ein Merkmal zu entwickeln, das dann im Grenzbereich Diagenese/Metamorphose und in den ersten Metamorphosestadien voll ausgeprägt wird, wobei Tonschiefer entstehen.

Ähnlich ungenau wie der Begriff „Schieferton" ist die Bezeichnung „Lette" für (meist schwach verfestigtes) tonig-schluffiges Material. Diese Bezeichnung, die man in älteren geologischen Schriften oft antrifft, sollte für eine entsprechende petrographische Kennzeichnung feinklastischer Bildungen nicht mehr benutzt werden. Sie ist aber auch in stratigraphischen Begriffen verankert (z. B. Lettenkohlenkeuper-Folge als Einheit der germanischen Trias), so daß ihre völlige Beseitigung kaum möglich sein dürfte.

Schluffe und Tone als Lockersedimente sowie die entsprechenden Sedimentgesteine enthalten in unterschiedlicher Menge:

a) Verwitterungsreste, wie Quarz, Feldspat (kann z. T. auch eine Neubildung im Sediment sein) und Glimmerschüppchen, die als feiner Detritus angeliefert und abgelagert wurden;
b) Tonminerale, die hauptsächlich Verwitterungsneubildungen darstellen und wie die Verwitterungsreste von oft weit entfernten Liefergebieten stammen. Ein Teil der Tonminerale entsteht jedoch auch erst während des Transportes und der Ablagerung sowie bei der Verfestigung des Sedimentmaterials;
c) biogene Beimengungen, wie Hartteile von Organismen und verschiedene organische Substanzen;
d) Neubildungen im Sediment — z. B. Glaukonit, Al-Hydroxide, Pyrit u. a.

Die Tonminerale beherrschen mit zunehmender Feinheit des Materials immer mehr das Bild der Zusammensetzung der Pelite. Vor allem sind sie Träger jener Eigenschaften, die viele Pelite zu wertvollen Rohstoffen werden lassen. Diese Eigenschaften, die bei den einzelnen Tonmineralen und den daraus zusammengesetzten Peliten jeweils in unterschiedlich starkem Maße in Erscheinung treten, sind: Plastizität und Formbarkeit, Ionenaustauschvermögen, Quellfähigkeit, Thixotropie, Verhalten beim keramischen Brennen u. a. Daraus resultiert, daß Pelite bereits seit Jahrtausenden zur Herstellung von Ziegelsteinen für den Hausbau sowie von Töpfereierzeugnissen verwendet werden. Sie sind Rohstoff für die Produktion von Porzellan, feuerfesten Baustoffen und, besonders in Mischung mit Calciumkarbonat, auch für die Zementherstellung; sie dienen als Füll- und Farbmittel in der Papierindustrie sowie in der Puder-, Pasten- und Tablettenherstellung; das Vorhandensein bestimmter Mengen entsprechender Tonminerale wirkt sich in starkem Maße auf die Struktur, Wasserdurchlässigkeit und Fruchtbarkeit der Böden aus, und es wären noch viele andere Einflußbereiche und Anwendungsgebiete zu nennen. H. J. Rösler und R. Starke (1967) stellen ohne Übertreibung fest, daß es heute kaum Bereiche der menschlichen Tätigkeit gibt, in denen keine Tonrohstoffe benötigt werden.

Es ist in diesem Rahmen nicht möglich, sämtliche Arten von Peliten zu behandeln. Da der Begriff Pelit eine reine Korngrößenbezeichnung ist, kann man darunter Sedimente von sehr unterschiedlicher Genese und verschiedenem Chemismus zusammenfassen. Aus dieser Vielzahl werden nachfolgend ausgegliedert und unterschieden:

- tonig-schluffige Pelite;
- karbonathaltige Pelite;
- humose und bituminöse Pelite.

Damit ist der weitaus größte Teil der am Sedimenthaushalt der Erde beteiligten Pelite erfaßt. Gleichzeitig werden die vielfältigen Übergänge angedeutet, die sowohl innerhalb der feinklastischen Sedimente als auch zur Hauptgruppe der chemisch-biogenen Sedimentite bestehen. Diese Übergänge erschweren jedoch die Typisierung und übersichtliche Gliederung des Materials.

2.6.3.3.1. Tonig-schluffige Pelite

Die tonig-schluffigen Pelite stellen sowohl mengenmäßig als auch in wirtschaftlicher Hinsicht den bedeutendsten Teil der feinklastischen Sedimentite dar. Es handelt sich um Material, das mit eindeutiger Vormacht aus den oben aufgezählten Verwitterungsresten und Tonmineralen besteht. Seine Bildung erfolgt entweder auf dem Festland selbst oder zumindest stammen die Sedimente aus einer Stoffzufuhr vom Festland. In diesem Zusammenhang muß hervorgehoben werden, daß die meisten marinen Ton-

Tabelle 2.10. *Terminologie tonig-schluffiger Pelite*

	wasser- gesättigt	plastisch	verfestigt	verfestigt mit beginnender Schieferung (meist als schichtparallele Ablösungsflächen)	deutlich umkristallisiert und geschiefert
im Deutschen	(Schluff-) Schlamm (Ton-)	Schluff Ton	Schluffstein Tonstein	Schieferton	Tonschiefer
im Englischen	(silty) mud (clayey)	silt clay	siltstone claystone	shale argillite[1]	slate

[1] Nach F. J. Pettijohn (1957) können stärker verfestigte und bereits in Umkristallisation begriffene Pelite auch als *argillite* (Argillit) bezeichnet werden. Nehmen diese Gesteine eine deutliche Schieferung an, so verwendet man im allgemeinen im Englischen den Begriff slate. Der Begriff Argillit ist jedoch nur ungenau definiert.

schlämme, darunter auch sehr landferne Ablagerungen, auf eine Materiallieferung von den Festländern zurückgeführt werden können.

Nach petrographischen Gesichtspunkten lassen sich unterscheiden sowie entsprechen sich etwa im Deutschen und Englischen (Tab. 2.10).

Von den aufgeführten Lockersedimenten und Sedimentgesteinen sind die Tone von besonderem Interesse, wobei für die genauere petrographische Charakterisierung sowohl die Korngrößenzusammensetzung als auch der Mineralbestand eine große Rolle spielen. Tone, die reich an Tonmineralen sind, bezeichnet man auch als „fette" Tone und stellt sie den „mageren" Tonen gegenüber, die erhebliche Gehalte an Quarzdetritus aufweisen. Die letzteren leiten nach Mineralbestand und Korngrößenzusammensetzung in der Regel zum Schluff über.

Viele Tone werden intensiv in der Wirtschaft genutzt. Über die chemische Zusammensetzung der wichtigsten Tone und Kaoline, die man gegenwärtig in der DDR gewinnt, gibt Tabelle 2.11 Auskunft.

Tabelle 2.11. *Chemische Zusammensetzung einiger Tone und Kaoline der DDR in Masse-%* (*nach* TH. HAASE *1968*)

	SiO_2	Al_2O_3	TiO_2	Fe_2O_3	CaO	MgO	K_2O	Na_2O	Glüh-verlust
Kemmlitzer Kaolin Oka	51,9	34,7	0,30	0,44	0,08	0,23	0,44	0,04	12,2
Kemmlitzer Kaolin Meka	54,9	32,6	0,20	0,45	0,08	0,37	0,36	0,04	11,4
Kaolin Salzmünde	52,4	33,9	0,29	0,72	0,15	0,33	0,79	0,04	11,7
Seilitzer Kaolin	63,5	24,0	0,25	0,85	0,11	1,1	2,7	0,05	7,3
Caminauer Kaolin	52,8	41,3	0,7	2,1	0,9	0,4	1,7	0,2	12,5
Luckenauer Ton	47,6	34,9	1,28	1,16	0,50	0,20	1,43	0,23	13,1
Haselbacher Ton	63,9	31,1	1,7	2,3	0,8	0,3	1,6	0,2	10,0
Guttauer Ton	44,2	35,8	—	3,14	0,51	0,43	1,40	0,53	14,0
Nerchauer Steinguttonol	58,9	26,8	—	1,37	1,08	0,36	0,25	0,57	11,1
Bennstedter Kapselton	61,6	25,9	—	0,84	0,54	0,42	0,92	0,45	9,2
Friedländer Ton	59,0	19,8	—	8,3	0,60	1,97	2,61	0,75	6,7
Brandiser Ton	47,1	33,3	—	4,28	0,78	0,21	1,98	1,11	11,3

Nachfolgend sollen einige besondere Typen der tonig-schluffigen Pelite beschrieben werden:

Kaoline und Kaolinit-Tone

Als Kaolin wird der durch chemische Verwitterung entstandene Zersatz von alumosilikatreichen Ausgangsgesteinen — besonders granitoiden Tiefen- und entsprechenden Ergußgesteinen bezeichnet. Kaoline lassen oft noch andeutungsweise die Gefügemerkmale des Ausgangsmaterials erkennen. Es handelt sich bei ihnen also meist um autochthone Produkte und strenggenommen nicht um Sedimente. Der Begriff Kaolin ist auch mehr eine Rohstoffbezeichnung der keramischen Industrie, denn ein petrographischer Terminus.

Die Kaoline der DDR entstanden besonders in der Zeit von Oberkreide bis in das Oberoligozän (Tertiär) unter warmhumiden Klimabedingungen.[1] Nach M. Störr (1967) und J. Buchwald (1967) lassen sich dabei in der Lausitz zwei Bildungsphasen unterscheiden:

1. eine tiefgründige Verwitterung, die neben Kaolinit auch Montmorillonit lieferte;
2. die vollständige Kaolinisierung und die Bleichung des Materials durch Einwirkung von sauren Lösungen im Zusammenhang mit der Braunkohlenbildung.

Die Kaoline der DDR enthalten 50—95% Kaolinit, bis auf wenige Ausnahmen unter 5% Halloysit, ebenfalls meist nur untergeordnet Illit und Muskovit sowie gebietsweise sehr stark wechselnde Mengen von Illit-Montmorillonit-Wechsellagerungsmineralen (G. Schwerdtner 1967). Bei den Mengenangaben wurde der Tonmineralanteil des Rohkaolins = 100% gesetzt.

Durch Umlagerung der Verwitterungsprodukte entstehen Kaolinit-Tone (Kaolintone, kaolinitische Tone). Es handelt sich dabei um meist hochwertiges, natürlich geschlämmtes Material, das vorwiegend aus Kaolinit und Quarz zusammengesetzt ist.

Kaolinit-Tone und Kaoline sind die wichtigsten Rohstoffe für feinkeramische Erzeugnisse. Von diesen hat das Porzellan sowohl für den Haushalt als auch für die Industrie die größte Bedeutung. Zur Porzellanherstellung versetzt man die genannten Rohstoffe mit einigen anderen Zusätzen, die Flußmittel bei der Sinterung darstellen — besonders mit gemahlenem Feldspat und etwas Dolomit. Vom Porzellan wird verlangt, daß es einen dichten und weißen Scherben besitzt. Bereits geringe Mengen an Fe_2O_3 und TiO_2, die durch die Rohstoffe in den Versatz gelangen, beeinträchtigen die weiße Farbe des Porzellans.

Bentonite und Montmorillonit-Tone

Als Bentonit beschrieb C. W. Knight (1884) plastische Tone kretazischen Alters bei Fort Benton (USA-Staat Wyoming). Diese Sedimente haben die Eigenschaft, durch Wasseraufnahme ihr Volumen wesentlich zu vergrößern und stabile Gele zu bilden. In der Folgezeit wurden Bentonite auch von vielen anderen Stellen der Erde bekannt. Sie erwiesen sich im wesentlichen aus Mineralen der Montmorillonit-Gruppe zusammengesetzt.

Die meisten Bentonitvorkommen sind vulkanogen-sedimentärer Entstehung. Es handelt sich um vulkanische Aschen — besonders um Basalt- und Rhyolithtuffe —,

[1] Nach H. J. Rösler, J. Pilot und R. Starke (1976) kann auf der Grundlage von Altersbestimmungen mittels der K—Ar-Methode jedoch auch auf höhere Alter des Kaolinisierungsvorganges geschlossen werden (etwa Portland bis Beginn der oberen Kreide).

die im wesentlichen in situ verwitterten und dabei in Bentonite umgewandelt wurden. Kleinere Lagerstätten, die aber eine sehr gute Qualität haben, können auch durch eine hydrothermale Beeinflussung entsprechender vulkanischer Förderprodukte entstehen. Ein weiterer Typ von Vorkommen ist terrigen-sedimentärer Entstehung, d. h., es handelt sich um umgelagertes Material von Verwitterungskrusten. Im einzelnen sind jedoch die Vorgänge, die zur Bentonitbildung führen, noch wenig erforscht.

In der DDR werden Pelite mit mehr als 50 Masse-% an Mineralen der Montmorillonit-Gruppe als Bentonite bezeichnet. Es sind Vorkommen von bentonitisch zersetzten Basalttuffen und Basalten aus der Lausitz und von rhyolithischen Tuffen des Unterrotliegenden im Erzgebirgischen Becken nachgewiesen. Bekannt ist auch ein Bentonitaufschluß am Großen Dolmar bei Meiningen, den A. Schüller (1953) als eine in Nephelinbasalt eingeschlossene und autohydrothermal umgewandelte Scholle von vorwiegend dolomitischen Tonsteinen des mittleren Keuper deutet. Abgebaut werden diese Vorkommen gegenwärtig nicht. Den Bedarf an Bentoniten deckt die DDR aus Importen (besonders aus der VR Ungarn, der ČSSR und der SFR Jugoslawien). Verwendet werden die Bentonite vor allem als Bindeton für die Herstellung von Formstoffgemischen in der Gießereiindustrie, als Bleicherde zum Reinigen und Entfärben von verschiedenen Stoffen in der Lebensmittel- und chemischen Industrie und als Zusatz zur Spülung in der Tiefbohrtechnik.

Für den in Tabelle 2.11 aufgeführten Friedländer Ton, der eozänes Alter hat, wies K.-H. Henning (1968) muskovitischen Montmorillonit (Montmorillonit-Illit-Wechsellagerungen) als Haupttonmineral nach. Bekannt ist auch der Montmorillonitreichtum einiger rezenter und subrezenter mariner Schlämme, der oft mit dem Vorkommen von vulkanischen Aschen in engem Zusammenhang steht.

Lehme

Lehme sind lockere, bindige Pelite, die aus Prozessen der chemischen Verwitterung und Bodenbildung hervorgehen. Teilweise handelt es sich um autochthones, teilweise um umgelagertes Material. Durch Eisenverbindungen sind die Lehme gelb bis braun gefärbt. Sie umfassen ein sehr breites Korngrößenspektrum. Neben Ton, der die Bindigkeit bewirkt, enthalten sie beträchtliche Schluffgehalte und auch Sandanteile. Die Lehme sind mit den „mageren" Tonen verwandt und durch Übergänge mit diesen verbunden. Verfestigte Lehme können nach P. Niggli und E. Niggli (1952) als Lehmsteine bezeichnet werden.

Lehme und „magere" Tone dienen als Rohstoffe für die Bau- und Grobkeramik. Die verschiedenen Nutzungsmöglichkeiten werden nach dem Anteil der Korngrößenklassen $< 2\ \mu m$, $2-20\ \mu m$ und $> 20\ \mu m$ im Winkler-Dreieck (Abb. 2.17) abgegrenzt. Dieses Schema kann jedoch nur zur Vororientierung dienen, da die Eignung grobkeramischer Rohstoffe nicht nur von der Korngrößenzusammensetzung, sondern auch wesentlich vom Mineralbestand abhängt. Bei sonst nur geringen Anforderungen an die Rohstoffe wirken sich schädlich aus: Beimengung von Steinen, von Kohle und anderen organischen Substanzen, größere Partikel von Kalk und Dolomit sowie Pyrit.

Tonsteine, Schiefertone, Tonschiefer

Die Verfestigung und Umwandlung lockerer tonig-schluffiger Pelite in Tonsteine, Schiefertone und Tonschiefer ist nicht nur mit mechanischen Gefügeänderungen, sondern in starkem Maße auch mit Mineralum- und -neubildungen verbunden. Die letzteren betreffen in erster Linie den Tonmineralbestand. Generell läßt sich in tonig-schluffigen Peliten mit steigendem Diagenesegrad eine zunehmende Tendenz zur Ausbildung von einförmigen Illit- (Muskovit-) Chlorit-Gemeinschaften beobachten. Die mittlere chemische Zusammensetzung (in Masse-%) von 28 paläozoischen Tonschiefern

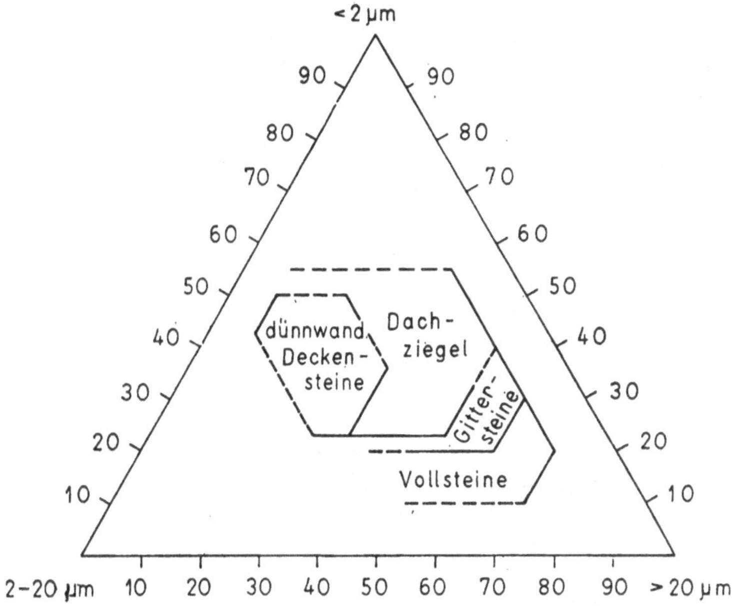

Abb. 2.17. Schema zur Ermittlung der günstigsten Verarbeitungsmöglichkeit grobkeramischer Rohstoffe nach der Korngrößenzusammensetzung

(höheres Ordovizium bis Dinant) aus dem Vogtland, dem Erzgebirge, dem Mittelsächsischen Synklinorium, dem Elbtalsynklinorium und dem Nordsächsischen Antiklinorium ist nach einer Zusammenstellung von W. Lorenz (1974) folgende:

SiO_2	57,39	Na_2O	0,67
TiO_2	1,00	K_2O	3,62
Al_2O_3	20,20	H_2O^+	4,42
Fe_2O_3	2,90	CO_2	0,67
FeO	4,57	P_2O_5	—
MnO	—	C nichtkarb.	0,70
MgO	2,00	S	0,33
CaO	1,35	Summe	99,82

In vielen Kohlenrevieren treten in den Kohlenflözen eigenartige Bergemittel auf, die als „Kohlentonsteine" bezeichnet werden. Ihre Mächtigkeit beträgt meist nur wenige Millimeter oder Zentimeter. Sie sind aber horizontbeständig und haben eine große flächenhafte Ausdehnung, so daß sie als stratigraphische Leithorizonte dienen können.

Die Kohlentonsteine bestehen überwiegend aus Kaolinit. B. MEISSNER (1963) konnte für entsprechende Bildungen im Karbon von Doberlug nachweisen, daß es sich um vulkanische Tuffe handelt, die durch die humussauren Wässer der Moore weitestgehend zersetzt und umgewandelt wurden (vgl. auch G. HOPPE 1966 und die umfangreiche Literaturauswertung bei H. FÜCHTBAUER und G. MÜLLER 1970).

Tonsteine, Schiefertone sowie verwitterte Tonschiefer werden als Rohstoffe zur Ziegelherstellung verwendet. Einige Tonschiefer eignen sich als Dachschiefer. Zu nennen sind besonders die Unterkarbon-Ablagerungen in der Umgebung von Lehesten/Thüringen, auf deren Grundlage sich die bedeutendste Schieferindustrie Europas entwickelt hat. In zunehmendem Maße werden Tonschiefer auch zu Schiefermehl verarbeitet und als Füll- und Trägersubstanzen in der Plastindustrie, bei der Herstellung von Pflanzenschutz- und Schädlingsbekämpfungsmitteln u. a. verwendet.

Marine silikatische Schlämme

Mit 73 Mill. km² ist etwa 1/5 der Fläche des Meeresbodens von hemipelagischen, terrigen-silikatischen Schlämmen bedeckt. Diese Schlämme reichen nach E. SEIBOLD (in R. BRINKMANN: Lehrbuch der Allgemeinen Geologie, Bd. 1, Stuttgart 1964) bis in Meerestiefen von rund 2000 m hinab. Am verbreitetsten ist unter ihnen der sog. *Blauschlick.* Er bedeckt ein Areal von etwa 56 Mill. km² und enthält außer terrigenem Detritus so viel organische Substanz, daß in ihm reduzierende Bedingungen herrschen. Dadurch kommt es zur H_2S-Produktion und zur Fällung von Eisensulfiden, welche wesentlich zur Färbung des Blauschlicks beitragen. Nimmt der Anteil an organischer Substanz in den Schlämmen zu, so kann *Schwarzschlick* entstehen. *Grünschlicke,* die ca. 4 Mill. km² des Meeresbodens bedecken, enthalten bei geringen Anteilen von organischer Substanz vor allem Glaukonit als färbende Beimengung. Neben den genannten hemipelagischen Schlämmen gibt es noch eine Reihe weiterer Typen, deren Zusammensetzung und Färbung weitgehend durch die Stoffzufuhr vom Festland, manchmal aber auch durch Beimengung von vulkanischem Material bestimmt wird.

Auf dem Boden der Tiefsee ist der *Rote Ton* (*Braune Ton*) eine der interessantesten und mit 102 Mill. km² Flächenbedeckung auch eine der am weitesten verbreiteten Ablagerungen (Abb. 2.18). Ein wesentlicher Teil des Materials des Roten Tones muß ebenfalls auf Stoffzufuhr vom Festland zurückgeführt werden. Nach P. L. BEZRUKOV u. a. (1961) ist er jedoch ein polygenes Sediment, an dessen Bildung außerdem chemische Fällungsprodukte, umgelagertes vulkanisches Material und kosmischer Staub beteiligt sind. Wichtig ist, daß zu Boden sinkende kalkige Organismenschalen aufgelöst werden. Die rötliche bis braune Farbe verdankt der Rote Ton Beimengungen von Eisen- und Manganoxiden bzw. -oxidhydraten. Die Sedimentationsrate des Roten Tones ist sehr gering. Sie wird für das wasserhaltige Sediment mit 0,05 bis 0,26 cm/1000 Jahre angegeben (E. SEIBOLD 1964 — wie oben). Nach W. SCHOTT (1938) verhalten sich die Sedimentationsraten von Blauschlick : Roter Ton wie $1 : < 0{,}47$ (Tab. 2.12).

2.6.3.3.2. *Karbonathaltige Pelite*

Zunehmende Beimengung von Karbonaten zu tonigem (und schluffigem) Material führt zur Ausbildung von *Mergeln* (siehe Grunddiagramm Sand-Ton-Karbonat, Abb. 2.14). Je nachdem, um welche Karbonate es sich dabei als Beimengungen handelt, kann man zwischen Kalk- (Calcit-), Dolomit- und Sideritmergeln unterscheiden. Verfestigte

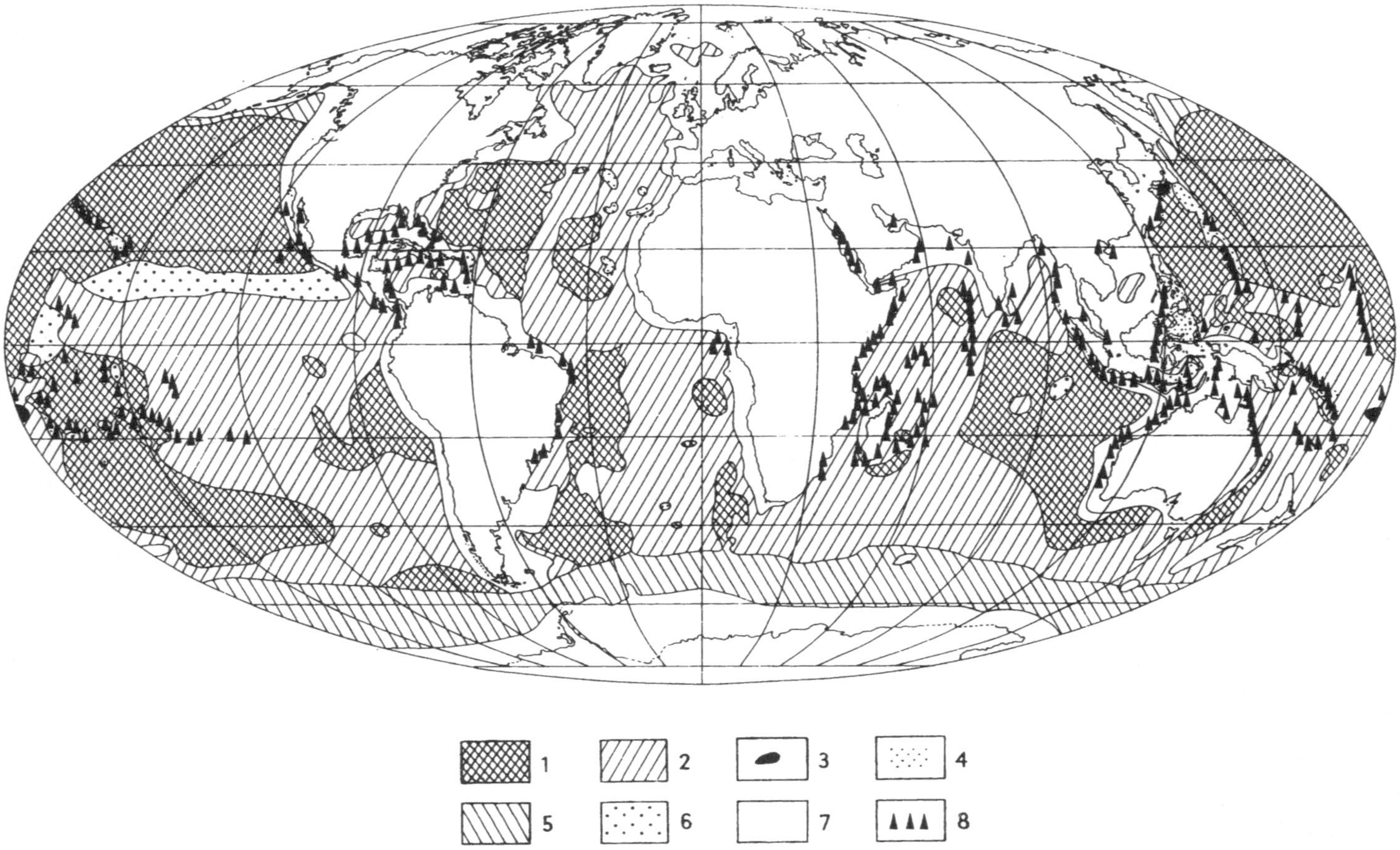

Abb. 2.18. Heutige Sedimentverteilung im Weltmeer (nach G. Dietrich 1957 und E. Seibold 1974)

1. Roter Tiefseeton; *2.* Globigerinenschlamm; *3.* Pteropodenschlamm; *4.* Vulkanschlick; *5.* Diatomeenschlamm; *6.* Radiolarienschlamm; *7.* Festland sowie litorale und hemipelagische Sedimente; *8.* Verbreitung der riffbildenden Korallen

Tabelle 2.12. *Zusammensetzung von Blauschlick und Rotem Ton (Angaben in %)*

	1 Blauschlick	2 Roter Ton
SiO_2	57,05	54,48
TiO_2	1,27	0,98
Al_2O_3	17,22	15,94
Fe_2O_3	5,07	8,66
FeO	2,30	0,84
MnO	0,12	0,99
MgO	2,17	3,31
CaO	2,04	1,96
Na_2O	1,05	2,05
K_2O	2,25	2,85
H_2O^+ / H_2O^-	7,17	7,04
CO_2	—	—
P_2O_5	0,21	0,30
SO_3	—	—
Cl_2	—	—
org. S + Rest	2,07	0,60
Summe	99,99	100,00

	3 Blauschlick	4 Roter Ton
Organ. Bestandt.		
$CaCO_3$		
Maximum	34,3	29,0
Minimum	Spuren	0
Durchschnitt	12,5	10,4
Pelagische Foraminiferen		
Maximum	24,0	3,0
Minimum	0	0
Durchschnitt	7,8	2,0
Benthonische Foraminiferen		
Maximum	10,0	3,0
Minimum	0	0
Durchschnitt	7,8	0,6
And. kalk. Reste		
Maximum	16,0	6,3
Minimum	Spuren	0
Durchschnitt	3,2	1,0
Kieselige Reste		
Maximum	15,0	5,0
Minimum	Spuren	0
Durchschnitt	3,0	0,7
Anorgan. Bestandt.		
> 0,05 mm		
Maximum	75,0	60,0
Minimum	1,0	Spuren
Durchschnitt	22,5	2,4
< 0,05 mm		
Maximum	97,0	100,0
Minimum	16,1	31,0
Durchschnitt	61,8	87,5

1 und 2 – Mittel nach CLARKE aus P. und E. NIGGLI (1952);
3 und 4 – nach J. MURRAY und A. F. RENARD 1891 (aus Z. KUKAL 1970)

Mergel heißen Mergelstein. Sideritmergelsteine werden im allgemeinen als Toneisenstein bezeichnet. Für Mergel mit hohen Schluff- und Sandanteilen findet man bei P. NIGGLI und E. NIGGLI (1952) den Begriff „Schlier". Dieser Terminus hat sich jedoch in der Literatur nicht durchgesetzt.

Kalkmergel sind wichtige Rohstoffe für die Zementproduktion. Allerdings haben nur wenige natürliche Vorkommen die erforderlichen großen Vorräte bei möglichst gleichbleibender, dem Zement entsprechender Zusammensetzung. Das Rohmehl für die Zementerzeugung wird daher meist aus Mischungen von Kalkstein, Ton sowie gelegentlich auch kleineren Mengen von Sand und anderen speziellen Zusätzen hergestellt. Zemente sind an der Luft und unter Wasser erhärtende und nach der Erhärtung wasserbeständige Bindemittel, die im wesentlichen aus Verbindungen von Kalziumoxid mit SiO_2, Al_2O_3 und Fe_2O_3 bestehen. Diese Verbindungen, komplex zusammengesetzte Kalziumsilikate, -aluminate und -aluminatferrite, bilden sich beim Erhitzen des Rohmehles bis zur Sinterung.

Eine der interessantesten feinklastischen Ablagerungen ist der *Löß*. Er gehört zu den Sedimenten, die an der Erdoberfläche besonders weit verbreitet sind (Abb. 2.19). Seine Mächtigkeit beträgt stellenweise — z. B. in China und Argentinien — 200 m; meist ist sie aber weit geringer (in Europa und Nordamerika z. B. selten über 20 m). K. Keilhack (1920) schätzt die Gesamtmenge des auf den Festländern lagernden Lößes auf 130000 km³.

Löß ist ein weitgehend ungeschichtetes, poröses Sediment von meist gelblicher Farbe, das vorwiegend aus Körnern des Schluff-Bereiches besteht. Seine mineralogische Zusammensetzung kennzeichnen Quarz- und Feldspatgehalte von 60—70%, wobei das Quarz/Feldspat-Verhältnis im Mittel bei 4 liegt, Gehalte an Glimmern und Tonmineralen von 10—20% und Karbonatgehalte (vorwiegend Calcit) von 10—30% (nach Angaben bei H. Füchtbauer und G. Müller 1970). Sedimentpetrographisch stellen die karbonatreichen Löße somit eine spezielle Art schluffiger Mergel dar. Der Porenraum umfaßt 40 bis 60% des Gesamtvolumens dieser Sedimente.

Im Tonmineralbestand gibt es auffällige Unterschiede zwischen den Lößablagerungen der verschiedenen Gebiete. So enthalten die mittel- und ostasiatischen Löße häufig Halloysit; im mitteleuropäischen Löß ist Illit, in den nordamerikanischen Lößen dagegen Montmorillonit das wichtigste Tonmineral. Als ein charakteristisches Merkmal der nordamerikanischen Löße gilt außerdem das häufige Auftreten von kleinen Bruchstücken vulkanischer Gläser. Die Löße Argentiniens zeichnen sich gegenüber den anderen Lößvorkommen durch eine Plagioklasvormacht aus.

A. Scheidig (1934) hebt hervor, daß die Entstehung des Lößes lange Zeit ein heftig umstrittenes Problem war, und berichtet ausführlich über die dazu vertretenen Meinungen. Heute sieht die übergroße Mehrheit der Forscher im Löß ein Staubsediment, das aus vegetationslosen oder vegetationsarmen Gebieten ausgeweht wurde. Besonders günstige Bedingungen waren dafür während des Pleistozäns an den Rändern der großen Inlandeisgletscher durch die Ausbildung kahler Schotter- und Moränenfelder und die ständige Anlieferung neuen Materials gegeben. Potentielle Staublieferanten sind aber auch die Wüsten des ariden Klimabereichs. So wird z. B. Staub aus der Sahara durch den Wind oft mehr als 2000 km weit nach Westen verfrachtet und über den Atlantik verstreut. Im Jahre 1901 kam es über Europa bis zur Ostsee zu einem Staubabfall, dessen Material aus der südalgerischen Sahara stammte. Diese Beispiele belegen anschaulich, über welch große Entfernungen ein Staubtransport möglich ist.

Der Absatz des Staubes führt jedoch nur unter bestimmten Voraussetzungen zur Lößbildung. Diese waren und sind vor allem in den Steppen- und Tundrengebieten gegeben, wo der Pflanzenwuchs den erneuten Windtransport einmal abgelagerten Materials erschwert bzw. verhindert und die Niederschläge nicht so bedeutend sind, daß dadurch eine generelle Aufarbeitung, Umlagerung und Durchmischung mit anderen Sedimenten möglich wäre, welche die spezifischen Eigenschaften des Lößes verwischen.

Wie bereits angedeutet, sind die meisten Löße im Pleistozän entstanden. In einem weit geringeren Umfang lagert sich Löß in einigen Gebieten auch noch rezent ab. Sicher war ebenso vor dem Pleistozän eine Lößbildung möglich. Diese älteren Ablage-

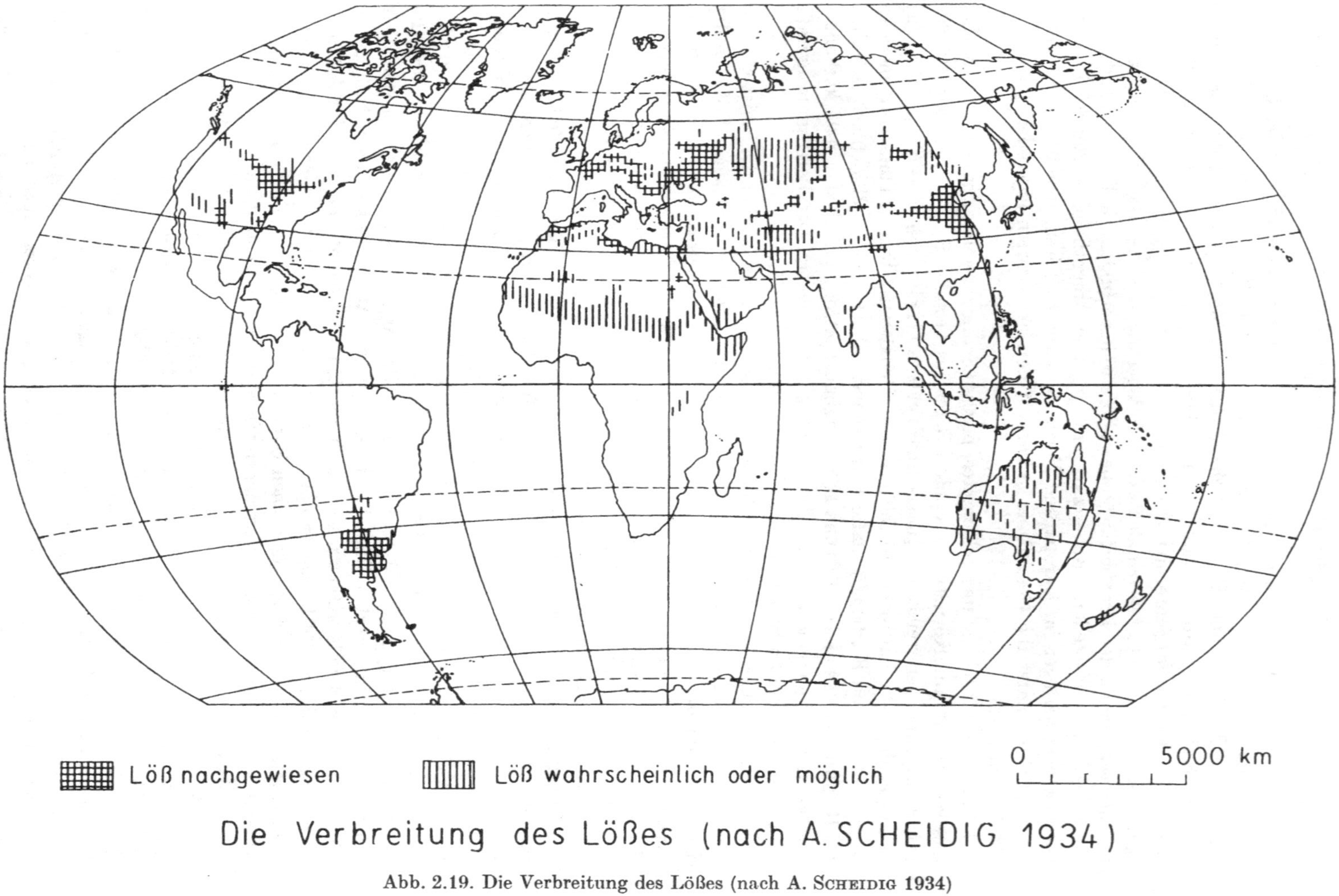

Abb. 2.19. Die Verbreitung des Lößes (nach A. SCHEIDIG 1934)

rungen sind jedoch fast ausnahmslos durch Verwitterung und Diagenese so weit verändert, daß ihnen die typischen Merkmale des Lößes fehlen. Verwitterungserscheinungen kann man bereits bei den jüngeren Bildungen in großem Umfang beobachten. Sie äußern sich vor allem in einer Entkalkung und Verlehmung des Lößes, womit eine Braunfärbung und die Verringerung der Porosität verbunden sind. Der gelöste Kalk wird oft in etwas tieferen Bereichen der Lößablagerungen in Form unregelmäßig gestalteter Konkretionen, Lößkindel oder Lößpuppen genannt (Tafel 2.V, Bild 1), wieder ausgeschieden.

Die wirtschaftliche Bedeutung der Lößgebiete liegt vor allem in ihrer großen Fruchtbarkeit.

2.6.3.3.3. Humose und bituminöse Pelite

Meist ist den Peliten auch organische Substanz beigemengt. Diese entstand entweder außerhalb des Sedimentationsraumes und wurde als Detritus in diesen verfrachtet (z. B. durch Flüsse herantransportierte Pflanzenreste und verwehte Sporen und Pollen), oder es handelt sich um tierisches und pflanzliches Material, welches sich im Ablagerungsbereich selbst bildete. P. Thomaser (1970) unterbreitet folgenden Vorschlag für die Klassifikation der Gehalte an organischer Substanz in Sedimentiten:

Gehalt an org. Substanz	Bezeichnung
$< 0{,}2\%$	wenig
0,2–1%	mittel (mäßig)
1–5%	viel
$> 5\%$	sehr viel

Bei der organischen Substanz kann man zwischen humosen und bituminösen Stoffen unterscheiden (siehe Abschnitt „organische Substanz" im Kapitel 2.3.).

Die organische Substanz der humosen Pelite unterliegt während der Diagenese der Inkohlung, und es bestehen sämtliche Übergänge von Tonsteinen, die keine oder nur wenig organische Substanz enthalten, bis zu den Kohlen. Als Übergangsglieder scheidet G. Müller (in H. Füchtbauer und G. Müller 1970) kohlige Tonsteine, Brandschiefer und tonige Kohlen aus (s. Abb. 2.29).

Als bituminös können Sedimentite nach P. Thomaser (1970) dann bezeichnet werden, wenn ihr Bitumengehalt den „Clarkwert" (0,013%) übersteigt. Thomaser schlägt folgende Abstufung vor:

Gehalt an Bitumen	Bezeichnung
$< 0{,}05\%$	schwach bituminös,
0,05–0,2%	mittel (mäßig) bituminös,
0,2–1%	stark bituminös,
1–5%	sehr stark bituminös.

Die bituminösen Pelite sind wichtige Erdölmuttergesteine. Als „Ölschiefer" werden sie bezeichnet, wenn in ihnen der Bitumengehalt 10% übersteigt. Einer der interessantesten Ölschiefer ist der in der Estnischen SSR/UdSSR auftretende Kuckersit (benannt nach dem Dorf Kuckers). Er hat ordovizisches Alter und seine Bitumenführung ist so hoch (bis 52 Gew.-%), daß das gelblichbraune Gestein leicht angezündet werden kann.

Bisher stellen die Ölschiefer eine nur wenig genutzte Energiequelle dar. Die in ihnen enthaltenen Bitumenmengen sind aber sicher größer als jene der Erdöllagerstätten (J. Burger 1973).

Ein Überangebot an organischer Substanz führt dazu, daß sich in den Ablagerungsräumen ein euxinisches Milieu (nach lat. Pontus Euxinus = Gastliches Meer, das heutige Schwarze Meer) einstellt. Für dieses Milieu ist ein sauerstoffarmes, schwefelwasserstoffreiches Bodenwasser charakteristisch. Bei völligem Sauerstoffabschluß bildet sich am Boden unter entscheidender Mitwirkung anaerober Bakterien Faulschlamm (Sapropel; griech.: sapros = in Fäulnis übergegangen, pelos = Ton). Dieser ist meist tiefschwarz gefärbt und enthält Sulfide, besonders Eisensulfid. Unter teilweisem Sauerstoffzutritt entsteht ein Halbfaulschlamm oder Grauschlamm, Gyttja (schwed.: jytja) genannt. W. Krebs (1969) hebt an Hand von Untersuchungsergebnissen im mitteleuropäischen Varistikum hervor, daß entsprechende Ablagerungsbedingungen sich herausbilden können:

1. in tiefen Becken im offenen Meer;
2. in abgeschlossenen Teilbecken im offenen Meer oder auf dem Schelf;
3. an der Basis von Transgressionen über flache Schelfareale;
4. innerhalb flacher limnisch-fluviatiler Ablagerungsräume.

Für einen *Schwärzschiefer* (*Schwarzschiefer*) aus dem Oberen Proterozoikum des Schwarzburger Antiklinoriums/Thür. gibt die TGL 23955, Blatt 6, folgende chemische Zusammensetzung an (Tab. 2.13). Dieser Schwärzschiefer besteht aus Quarz, Muscovit und Chlorit sowie etwas Albit, Apatit, Siderit und Pyrit. Die das Gestein dunkel färbende

Tabelle 2.13. *Chemische Zusammensetzung von Schwärzschiefer*

	Gehaltsbereich (Masse-%)			Gehaltsbereich (Masse-%)	
	untere Grenze	obere Grenze		untere Grenze	obere Grenze
SiO_2	62,4	62,8	Na_2O	0,12	0,15
TiO_2	0,67	0,84	K_2O	4,5	4,7
Al_2O_3	15,7	16,0	H_2O^+	3,8	3,9
Fe_2O_3	6,45	6,75	P_2O_5	0,25	0,29
FeO	0,70	0,76	CO_2	0,04	0,06
MnO	0,04	0,06	C_{org}	1,36	1,52
MgO	1,80	1,85	S	0,02	0,03
CaO	0,12	0,22			

Substanz ist im vorliegenden Fall wahrscheinlich Graphit. Ähnliche schwarze Pelite mit Graphit oder organischer Substanz als Beimengung treten auch wiederholt im Altpaläozoikum Mitteleuropas auf. Bei ihrer Verwitterung bilden sich nicht selten Alaune, wodurch eine Reihe dieser Vorkommen als Alaunschiefer bezeichnet wird. Einige dieser schwarzen Schiefer sind wichtige Uranträger.

Eine der interessantesten Bildungen des Faulschlammilieus findet sich an der Basis des mitteleuropäischen Zechsteins (marines Oberperm). Es ist dieses der polymetallisch vererzte *Kupferschiefer* bzw. *Kupfermergel.* Die nachfolgenden Ausführungen basieren hauptsächlich auf den Arbeiten von E. Kautzsch (in K.-H. Eisenhuth und E. Kautzsch 1954), G. Knitzschke (1966), J. Rentzsch und G. Knitzschke (1968), R. Erzberger,

R. Franz u. a. (1968), W. Jung, G. Knitzschke und R. Gerlach (1971), W. Jung (1975).

Der Kupferschiefer ist ein feinkörniger, feinschichtiger, organische Substanz führender Tonmergel- bis Mergelstein. Er besteht aus Calcit, Dolomit, Quarz, Feldspäten, Serizit, Kaolinit, Illit, Chlorit, Gips, Anhydrit, löslichem Bitumen, Festbitumen, Glaukonit sowie einigen akzessorischen Schwermineralen. Der Karbonatanteil steigt in ihm vom Liegenden zum Hangenden an; der Gehalt an organischer Substanz nimmt dagegen ab, was sich in einer Veränderung der Farbe von schwarz nach dunkelgrau bereits für das bloße Auge zu erkennen gibt. Im östlichen und südöstlichen Harzvorland läßt sich der Kupferschiefer nach Farbe, Festigkeit und Schichtungseigenschaften in folgende Flözlagen untergliedern:

Flözlage		Durchschnittliche Mächtigkeit (cm)
Schwarze Berge	(T1ε)	12–17
Schieferkopf	(T1δ)	10–12
Kammschale	(T1γ)	2,5–4
Grobe Lette	(T1β)	6–9
Feine Lette	(T1α)	2–4

Diese Flözlagen führen nach einer Übersicht bei W. Jung (1975) durchschnittlich folgende Metallmengen, wobei sich die Angaben nur auf die wichtigsten der nachgewiesenen Haupt- und Spurenmetalle beziehen (Tab. 2.14).

Tabelle 2.14. *Quantitative Angaben zu den wichtigsten Haupt- und Spurenmetallen im Kupferschiefer (nach* W. Jung *1975)*

	Hauptmetalle (kg/t)			Spurenmetalle (g/t)									
	Cu	Pb	Zn	Ag	Co	Ni	V	Mo	Se	Cd	Tl	As	Sb
Dachklotz	1,4	1,4	1,8	9	16	37	74	43	5	5	3	22	10
Schwarze Berge	2,3	4,0	5,0	14	28	61	141	73	8	8	6	74	10
Schieferkopf	6,9	5,7	12,5	36	46	78	315	119	20	20	7	87	11
Kammschale	17,9	7,6	16,7	107	86	111	751	253	34	29	15	146	12
Grobe Lette	29,0	8,6	18,5	191	144	140	914	308	48	34	13	327	20
Feine Lette	25,7	6,1	9,6	183	159	147	877	251	48	18	20	855	44
Sanderz	29,5	8,4	10,2	147	102	90	115	79	13	45	14	162	45

Aus Tab. 2.14 geht hervor, daß die Erzführung teilweise auch das Liegende erfaßt und in das Hangende hineinreicht. Dabei verändern sich die Elementgehalte, besonders jene der Hauptmetalle im Profil. Ähnliche Veränderungen kann man auch in der Horizontalen feststellen. Überhaupt ist die Metallführung des Kupferschiefers sehr absätzig, und nur in wenigen, eng begrenzten Gebieten erreicht sie die Bauwürdigkeit.

An Hand eingehender erzmikroskopischer Untersuchungen konnte nachgewiesen werden, daß sich die Erzmineralisation des Kupferschiefers 10 verschiedenen Paragenesetypen zuordnen läßt (Abb. 2.20). Dabei entspricht die Reihenfolge der Erzmineralparagenesen 1 bis 10 im Prinzip einer horizontalen Zonalität von den Rändern des Beckens zum Beckeninneren bzw. von einzelnen Untiefen zu den benachbarten Senken. Die gleiche Abfolge läßt sich vom Liegenden zum Hangenden feststellen. Sie ist Ausdruck einer normalen transgressiven Sequenz. Hin und wieder vorhandene Ausnahmen von dieser Zonalität sind lokaler Natur.

Die Erzmineralparagenese 1 findet man speziell in den Zonen mit „Roter Fäule"-Entwicklung. Das sind Bereiche, in denen eine Rotfärbung in Form von Punkten, Flecken, Streifen, Wolken und Bändern auftritt. Der Begriff „Rote Fäule" wird heute

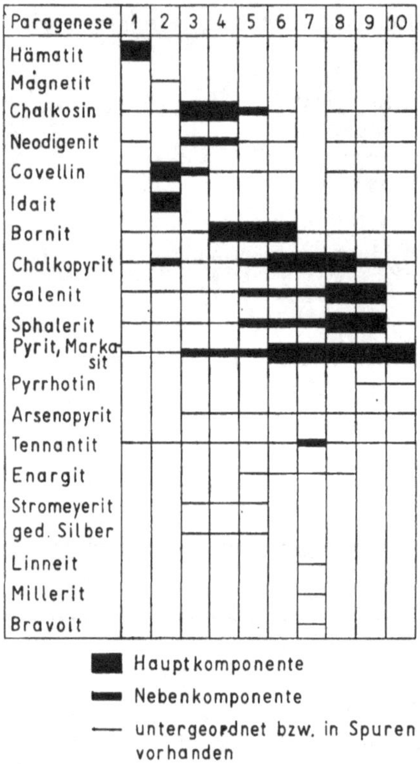

Abb. 2.20. Erzminerale und Erzmineralparagenesen des Kupferschiefers (nach J. Rentzsch und G. Knitzschke 1968)

auf sämtliche entsprechenden Rotfärbungen vom unmittelbar Liegenden des Kupferschiefers bis zum Unteren Werraanhydrit im Hangenden desselben angewendet. Es handelt sich um Zonen, in denen oxydierende Bedingungen herrschten.

Die Paragenesen 2 bis 7 treten vor allem im sogenannten Kupfer-Typ (Cu $> 50\%$ $\sum$ Cu, Pb, Zn) des Kupferschiefers auf. Die weit verbreiteten Blei-Zink-Typen des Kupferschiefers enthalten vorwiegend die Paragenesen 8 und 9.

Beim Kupferschiefer handelt es sich um eine flachmarine Ablagerung, deren Vererzung im wesentlichen synsedimentär bis syndiagenetisch erfolgte. Über die Herkunft der Metalle besteht noch keine restlose Klarheit; als die wahrscheinlichsten Lieferanten gelten buntmetallführende intraformationelle Wässer des spätvaristischen Molassestockwerks und submarin ausfließende frühzechsteinzeitliche Thermen.

Vom Vorland der Sudeten (Dolny Śląsk, VR Polen) bildeten neuerdings J. B. Tomaszewski und J. Niskiewicz (1975) ein Profil der Schichtenfolge an der Basis des Zechsteins ab, das jenem des östlichen und südöstlichen Harzvorlandes sehr ähnlich ist. Die Vererzung reicht jedoch in der vorsudetischen Monoklinale viel weiter ins Hangende und Liegende als am Harz. Ähnliches gilt für die Vorkommen in der Innersudetischen Mulde (VR Polen) und in der Gegend von Spremberg/Bezirk Cottbus.

Ein Bergbau auf Kupferschiefer bzw. Kupfermergel findet gegenwärtig in der DDR bei Sangerhausen und in der VR Polen statt.

Nachtrag

Erzhaltige Schlämme des Roten Meeres: Eine besondere Beachtung verdienen die erzhaltigen Schlämme in einigen Senken (sog. Tiefs) auf dem Boden des Roten Meeres, über welche u. a. von einem Autorenkollektiv (Herausgeber E. T. Degens und D. A. Ross 1968) sowie von H. Bäcker und H. Richter (1973) berichtet wurde. Sie können als in Entstehung befindliche hydrothermal-sedimentäre Lagerstätten gewertet werden. Man schätzt z. B., daß im Atlantis-II-Tief 3,2 Millionen t Zn, 0,8 Millionen t Cu, 0,08 Millionen t Pb, 4500 t Ag und 45 t Au liegen. Bei der Ablagerung der erzhaltigen Schlämme überlagern sich normale detritisch-biogene Sedimentation mit Ausfällungen aus heißer Sole und vulkanischen Einflüssen. Die Schlämme sind gut geschichtet. Ein wesentlicher Teil ihres Schwermetallgehaltes liegt in sulfidischer Bindung vor. Die Faziesverteilung und vertikale Abfolge sind jedoch in den etwa seit dem ausgehenden Pleistozän entstehenden Lagerstätten kompliziert. Insgesamt läßt sich, von den Austrittsstellen der heißen Quellen ausgehend, eine Zonierung von sulfidisch-silikatischer zu manganitisch-limonitischer Ausfällung beobachten.

2.6.3.4. Pyroklastische Ablagerungen

Die pyroklastischen Ablagerungen stellen ein äußerst interessantes Bindeglied zwischen den Magmatiten und den Sedimentiten dar. Pyroklastite (griech.: pyr = Feuer; klasis = Brechung) sind sämtliche Ablagerungen von vulkanisch geförderten Lockerstoffen und die durch Verfestigung daraus entstandenen Gesteine. Als Sammelbezeichnung für Lockermaterial aller Korngrößen, das bei einem Vulkanausbruch ausgeworfen wird, schlägt S. Thorarinsson (1954) den schon von Aristoteles verwendeten Ausdruck „*Tephra*" vor; der Begriff „*Tuff*" sollte für verfestigte Pyroklastite vorbehalten bleiben (A. Rittmann 1960).

Die bei einem Vulkanausbruch geförderte Menge an Lockermassen kann mehrere Kubikkilometer betragen. Im Jahre 1912 hatte der Katmai in Alaska einen sehr schweren Explosivausbruch mit dem Auswurf von etwa 21 km^3 Lockermassen. Die Aschen wurden über ein Gebiet verstreut, von dessen Ausdehnung Abb. 2.21 (nach R. F. Griggs aus H. Butze 1955) einen Eindruck vermittelt. Dieses Beispiel weist darauf hin, daß in Sedimentfolgen eingelagerte Tuffhorizonte infolge ihrer großflächigen Verbreitung oft ausgezeichnete lithostratigraphische Leithorizonte bilden können. Außerdem ist auf der abgebildeten Karte am weiten zungenförmigen Ausbiegen der Linien gleicher Aschemächtigkeiten nach SE ableitbar, daß während des Ausbruches der Wind bevorzugt aus nordwestlicher Richtung wehte, was mit Augenzeugenberichten aus dem Ort Kodiak übereinstimmt.

Entsprechend können auch in älteren Pyroklastitfolgen die Mächtigkeitsverhältnisse zur Feststellung einer eventuell vorhandenen bevorzugten Transportrichtung für das ausgeworfene Material und zur Ermittlung des Förderzentrums dienen. Gleiches gilt für die Korngrößenzusammensetzung der Pyroklastite, die mit zunehmender Entfernung vom Förderzentrum feiner werden.

Die Eruption des Tambora auf den Sundainseln im Jahre 1815 förderte ca. 100 km³ Lockerstoffe, und bei der Explosion des in der Sundastraße zwischen Sumatra und Java gelegenen Krakatau im Jahre 1883 wurden etwa 18 km³ Lockermassen z. T. bis 50 km hoch in die Luft geschleudert. Nach Schätzungen K. Sappers (zit. bei A. Rittmann 1960) förderten in der Zeit von 1500 bis zum Jahre 1914 die Vulkane der Erde ungefähr 64 km³ Lava und 328 km³ Lockerstoffe.

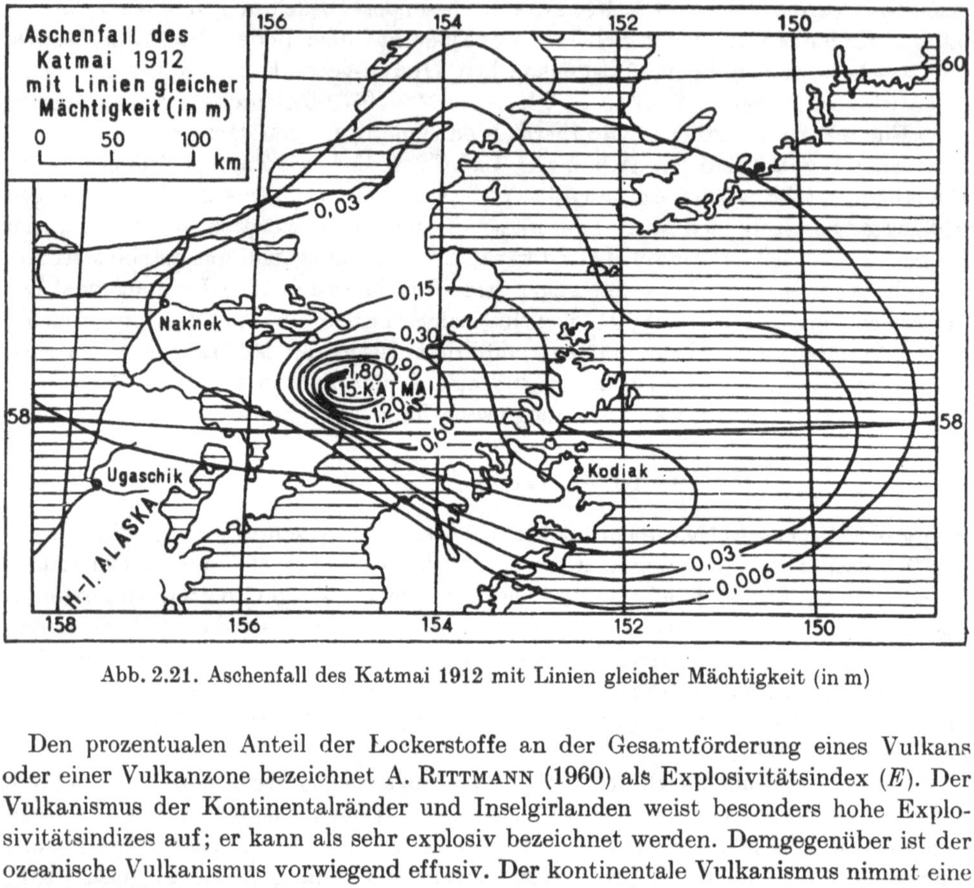

Abb. 2.21. Aschenfall des Katmai 1912 mit Linien gleicher Mächtigkeit (in m)

Den prozentualen Anteil der Lockerstoffe an der Gesamtförderung eines Vulkans oder einer Vulkanzone bezeichnet A. Rittmann (1960) als Explosivitätsindex (*E*). Der Vulkanismus der Kontinentalränder und Inselgirlanden weist besonders hohe Explosivitätsindizes auf; er kann als sehr explosiv bezeichnet werden. Demgegenüber ist der ozeanische Vulkanismus vorwiegend effusiv. Der kontinentale Vulkanismus nimmt eine Zwischenstellung ein; er ist gemischt.

G. Panto (1967) hebt hervor, daß die pyroklastischen Ablagerungen im frischen und noch mehr im umgewandelten Zustand eine schwer überschau- und klassifizierbare Gruppe darstellen. Er führt acht Hauptkriterien an, nach denen die Kennzeichnung des Materials erfolgen kann. Diese sind:

1. Die Herkunft bzw. Abstammung des Gesteinsmaterials, wobei zwischen den pyroklastischen Ablagerungen und den „normalen" (epiklastischen) Sedimenten sämtliche Übergänge möglich sind.
2. Die Zufuhr als Sammelbegriff der mit Anreicherung, Transport und Sedimentation des Gesteinsmaterials verbundenen Vorgänge. In diesem Zusammenhang weist Panto darauf hin, daß die

Pyroklastitbildung nicht immer an Explosionsbahnen gebunden zu sein braucht, die bis zur Erdoberfläche reichen, sondern auch Beispiele von „blind" endenden Spalten und Schloten mit einer Pyroklastitfüllung bekannt sind.

3. Die Ablagerungsbedingungen, insbesondere das Milieu, in welchem das transportierte vulkanische Material zur Ruhe kam.
4. Die chemische und mineralogische Zusammensetzung der Pyroklastite.
5. Die Festigkeit, insbesondere die Art und Weise der Verfestigung der Gemengteile.
6. Die Feinstruktur der pyroklastischen Gemengteile. K. Fandrich (1972) unterscheidet dabei unter Bezugnahme auf E. F. Maleev (1963):
   a) Gesteinspartikel = Lithoklasten; Xenolithoklasten, wenn es sich um vulkanfremde, z. B. aus dem Untergrund mitgerissene Gesteinsbruchstücke handelt;
   b) Kristallpartikel = Kristalloklasten, die intratellurisch gebildete Kristalle oder Kristallbruchstücke darstellen;
   c) Glaspartikel = Vitroklasten;
   d) Schmelzpartikel = Lavoklasten, die in nicht oder unvollständig erstarrter Form durch vulkanische Eruption an den Ort ihrer Ablagerung gelangten.
7. Die Korngröße.
8. Die Morphologie und Anordnung der Gemengteile.

Das in Abb. 2.22 wiedergegebene Klassifikationsschema für pyroklastische Ablagerungen beruht auf einem Vorschlag von G. Panto (1959), der unter Berücksichtigung neuerer Arbeiten (J. Konta 1968, H. Füchtbauer und G. Müller 1970, K. Fandrich 1972, D. Mucke 1973) z. T. etwas ausgebaut und auch abgeändert wurde. Es ist ein Schema, das versucht, beschreibende Kategorien und genetische Gesichtspunkte miteinander zu verbinden. Eine der wichtigsten beschreibenden Kategorien ist die Korngröße der Pyroklasten. Seit alters gibt es dafür besonders Bezeichnungen: Blöcke — für grobe eckige Bruchstücke; Bomben — für meist faust- bis kopfgroße Lavafetzen, die im Flug kugelförmige, ovale, birnen-, keulen- oder spindelförmige Gestalt annehmen

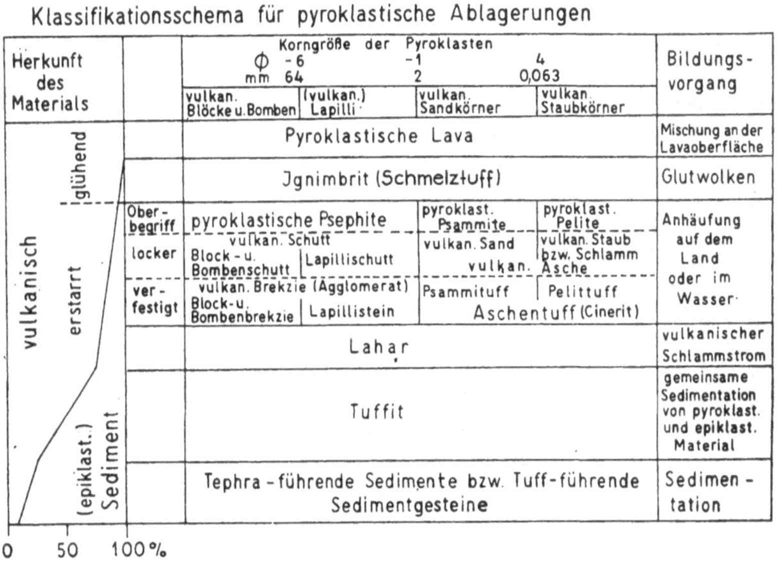

Abb. 2.22. Klassifikationsschema für pyroklastische Ablagerungen

und erstarrt zu Boden fallen; Lapilli; vulkan. Asche (vulkan. Sand- und Staubkörner). Die den einzelnen Begriffen zugeordneten Korngrößenbereiche werden von den verschiedenen Autoren jedoch unterschiedlich bemessen und abgegrenzt. Eine Zusammenstellung von Korngrößenklassifikationen der Pyroklastite findet man bei J. Konta (1968). Außerdem stellen die meisten Pyroklastite Gemische von Partikeln der verschiedensten Korngröße dar. Zur Klassifikation von verfestigter vulkanischer Tephra mit den Korngrößen $>$ 64 mm, 64-2 mm und $<$ 2 mm entwickelten H. Füchtbauer und G. Müller (1970) das folgende Dreiecksdiagramm (Abb. 2.23), das es gestattet, neben den Endgliedern auch die verschiedenen Korngrößenmischungsverhältnisse zu benennen.

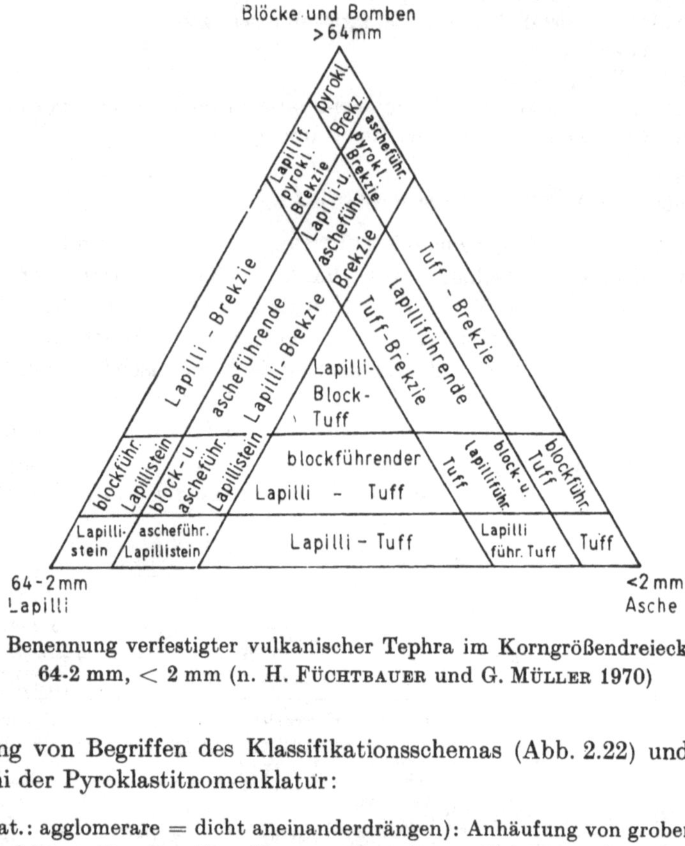

Abb. 2.23. Benennung verfestigter vulkanischer Tephra im Korngrößendreieck $>$ 64 mm, 64-2 mm, $<$ 2 mm (n. H. Füchtbauer und G. Müller 1970)

Erläuterung von Begriffen des Klassifikationsschemas (Abb. 2.22) und einiger weiterer Termini der Pyroklastitnomenklatur:

Agglomerat (lat.: agglomerare = dicht aneinanderdrängen): Anhäufung von groben vulkanischen Auswurfsprodukten. Der Begriff sollte vor allem für verkittetes und verfestigtes Material verwendet werden. Entsprechende Lockerprodukte sind besser als vulkanischer Schutt zu bezeichnen.

Bimstuffe: Tuffe, die aus stark aufgeblähten, hochporösen und glasig erstarrten Magmafetzen (Bimsstein) bestehen oder größere Mengen derselben enthalten. Bimssteine bilden sich nur, wenn zähflüssige Magmen eine plötzliche Druckentlastung erleiden; die Aufblähung und Erstarrung erfolgt während des Fluges der Magmafetzen, die dabei zu eckigen Bruchstücken zertrümmert werden (A. Rittmann 1960).

Chaotischer Tuff: Nach A. Rittmann (1960) sind chaotische Tuffe Ablagerungen, in denen neben feinsten Aschen regellos angeordnet Blöcke aller Dimensionen vorkommen. Ihre Bildung ist vor allem an pyroklastische Ströme und Schlammströme gebunden.

Endogene Pyroklastika: Nach H. Füchtbauer und G. Müller (1970)

1. Schlotbrekzien, Schlotkonglomerate, Schlottuffe;
2. Ablagerungen aus pyroklastischen Strömen (Aschetrömen);
3. Tephra und Tuffe, die durch „Aschenregen“ subaerisch oder subaquatisch zur Ablagerung gelangten.

Exogene Pyroklastika: Unter der Bezeichnung „exogene Pyroklastika“ fassen H. Füchtbauer und G. Müller (1970) umgelagerte Pyroklastika und Ablagerungen aus Schlammströmen zusammen. Die umgelagerten Pyroklastika stellen abgetragenes, mehr oder weniger weit transportiertes und erneut sedimentiertes Material dar. Bei diesem Aufarbeitungsprozeß werden die gröberen Partikel (ab Sandkorngröße) oft gerundet, und durch Mischung mit epiklastischen Komponenten kommt es zur Bildung von tuffitischen Ablagerungen. Angerundete und gerundete, d. h. als Gerölle vorliegende Pyroklasten findet man auch in einigen Ablagerungen aus Schlammströmen.

Glutwolke: Glutwolken bestehen aus einer basalen Lawine, welche den größten Teil des Materials mit sich führt und einer Wolke aus Gas und Asche darüber. Sie besitzen eine hohe Mobilität, die vor allem durch expandierende Gase verursacht wird. Diese Gase entweichen aus den Schmelzpartikeln und vermindern stark die Reibung im Aschestrom (autoexplosives Fließen). Berühmt geworden ist der Ausbruch des Mont Pelé auf Martinique/Kleine Antillen im Jahre 1902, wobei eine Glutwolke die Stadt St. Pierre vernichtete und 26000 Opfer forderte.

Ignimbrit: Der Begriff Ignimbrit (lat.: ignis = Feuer, nimbus = Wolke) wurde von P. Marshall (1935) eingeführt und von R. Weyl ins Deutsche als „Schmelztuff“ übertragen. Meist bilden die Ignimbrite ausgedehnt deckenförmige Ablagerungen. Im Inneren derselben sind die Teilchen zusammengeschweißt, und es entstehen Gesteine, die den aus einem Lavafluß gebildeten sehr ähnlich sind. Nach oben bzw. zu den Rändern der Ignimbritdecken hin findet man aber auch weniger stark verschweißtes Material und Übergänge bis in lockere Aschen.

Ignimbrite sind Ablagerungen überquellender Glutwolken. Sie bilden sich besonders bei Linearausbrüchen großen Stils. Ignimbrite besitzen überwiegend einen sauren, gelegentlich auch einen intermediären Chemismus.

Lahar: Der indonesische Ausdruck „Lahar“ bezeichnet vulkanische Ablagerungen, die durch Schlammströme transportiert wurden. Es ist meist schlecht korngrößenklassiertes Material (s. „chaotischer Tuff“).

Die Schlammströme können auf verschiedene Art entstehen: durch kräftige Regengüsse, welche die Aschenablagerungen am Hang von Vulkanen zum Fließen bringen; durch Vulkaneruptionen, die Kraterseen auswerfen oder Schnee- und Eispanzer abschmelzen; durch das Eintreten von Aschenströmen (z. B. aus absteigenden Glutwolken) in Flüsse und Seen oder ins Meer.

Pseudotuff und Pseudoagglomerat (Pseudopyroklastika): Nach G. Panto (1959) sind Pseudotuffe inhomogen umgewandelte vulkanische Gesteine, bei denen die Größe der homogenen Einheiten unter 5 mm bleibt. Bei den Pseudoagglomeraten haben diese Einheiten einen Durchmesser über 5 mm.

Pyroklastische Lava: Mischgestein aus erstarrter Lava und Trümmermaterial.

Pyroklastische Ströme (Aschenströme): Nach Eruptionsmechanismus, Temperatur und Ablagerungsmechanismus können unterschieden werden (H. Füchtbauer und G. Müller 1960):

- „trockene“ heiße pyroklastische Ströme (Ignimbrite, verschweißt) mit Temperaturen, die in der Regel oberhalb 500–600 °C liegen.
- „trockene“ kühle pyroklastische Ströme (Bimsströme, unverschweißt) mit Temperaturen unter 500 °C;
- subaquatische pyroklastische Ströme (aquagene Pyroklastika).

Schalstein: Begriff, der von deutschen Bergleuten für die unebenschiefrigen, grünlichen Gesteine im Liegenden der mitteldevonischen Eisenerzlager eingeführt wurde.

Nach D. MUCKE (1973) ist der Terminus „Schalstein" keine petrographische Bezeichnung für ein bestimmtes Gestein, sondern der Sammelbegriff für eine Vergesellschaftung von Keratophyren, Spiliten und deren vulkanoklastischen und vulkanochemischen Derivaten. Schalsteinserien findet man im mitteleuropäischen Varistikum als Bildungen eines initialen Geosynklinalvulkanismus in weiter Verbreitung.

Schlammstrom (vulkanischer): siehe „Lahar".

Tuffit: Tuffite sind Mischungen von pyroklastischem und epiklastischem Material. Die Abgrenzung dieses Begriffes gegen die vulkanischen Lockerstoffe und Tuffe einerseits und die epiklastischen Sedimente und Sedimentgesteine andererseits wird nicht einheitlich gehandhabt. Nach dem vorliegenden Schema (Abb. 2.22) sind Tuffite Ablagerungen mit einem Anteil von 25–75% pyroklastischem Material. Beträgt der Pyroklast-Anteil nur 25–10%, so soll von Tephra-führenden Sedimenten bzw. Tuff-führenden Sedimentgesteinen gesprochen werden. Tuffite besitzen oft eine gute Korngrößenauslese und deutliche Schichtung; es gibt aber auch mehr oder weniger chaotische Tuffite.

Vulkanische Schlacke: Vulkanische Schlacken sind ausgeworfene Magmafetzen (meist tellergroß, manchmal aber auch mit Durchmessern bis 3 m). A. RITTMANN (1960) untergliedert in Wurfschlacken und Schweißschlacken. Die Wurfschlacken sind im Flug erstarrte, im Gegensatz zu den Bimssteinen nur mäßig aufgeblähte Magmafetzen. Sie bilden sich aus dünnflüssigen Magmen, die gasarm sind oder bei denen die Gase leicht entweichen können. Die Schweißschlacken fallen noch flüssig herab. Sie schmiegen sich beim Auftreffen dem Boden an und schweißen fest. Schweißschlacken entstehen nur aus sehr dünnflüssigem Magma.

Viele Pyroklastite sind infolge ihrer Lockerheit und Porosität gegenüber Umwandlungen (z. B. durch hydrothermale Lösungen oder durch Halmyrolyse) sehr empfindlich. Wie bei den Lavagesteinen kann man dabei homogene und inhomogene Umwandlungen unterscheiden (G. PANTO 1959).

Ein Teil der Pyroklastite wird durch die Natursteinindustrie genutzt. Bekannt ist in der DDR besonders der unterrotliegende „Rochlitzer Porphyrtuff" (Nordsächsisches Eruptivgebiet), den man auf dem Rochlitzer Berg in großen Steinbrüchen abbaut. Das in Quadern gewonnene Material ist bereits seit dem Mittelalter ein begehrter ornamentaler Baustein.

In Thüringen werden z. Z. zwischen Crawinkel und Oberhof saure Tuffe der Oberhöfer Schichten (Unterrotliegendes) in größeren Steinbrüchen abgebaut.

K. FANDRICH (1972) und D. MUCKE (1973) machen im Zusammenhang mit ihren Untersuchungen am varistischen Geosynklinalvulkanismus der Elbtalzone und des Harzes auf eine weitere Gruppe von Ablagerungen besonders aufmerksam — auf die *vulkanogen-chemischen Bildungen*. K. FANDRICH hebt hervor, daß jeder Vulkanismus in seinen Schlußphasen Fumarolen- und Hydrothermaltätigkeit zeigt, mit der die Bildung vulkanogen-chemischer Sedimente verschiedenster Art verbunden ist. Diese können beim submarinen Vulkanismus schichtkonkordante Lager großer Ausdehnung bilden; die genetische Bindung der entsprechenden Ablagerungen an den Vulkanismus ist bisher jedoch nur selten richtig erkannt worden. K. FANDRICH bezeichnet die verfestigten Äquivalente solcher vulkanogen-anorganischen Bildungen als „Chemotuffe", ist sich dabei aber im klaren, daß dieser Terminus eine Erweiterung des Tuff-Begriffs darstellt. Nach D. MUCKE (1973) spricht man besser von „vulkanochemischen Sedimenten" oder „Vulkanochemiten". Diese können chloritisch, kieselig, kieselig-hämatitisch, kalkig, sideritisch, pyritisch und kombiniert ausgebildet sein. Dazu gehört z. B. eine Reihe von Kieselschiefern (u. a. die unterkarbonischen Mangankieselschiefer des Harzes) und wirtschaftlich so wichtige Bildungen, wie die Eisenerze vom Lahn-Dill-Typ.

2.7. Die chemisch-biogenen Sedimentite

Diese Hauptgruppe von Lockersedimenten und Sedimentgesteinen hat eine sehr heterogene stoffliche Zusammensetzung. Es werden in ihr zusammengefaßt:

- Karbonat-Sedimentite;
- sulfatische und halogenidische Sedimentite einschließlich anderer Produkte der Evaporisation;
- kieselige Sedimentite;
- Phosphat-Sedimentite;
- eisen- und manganreiche Sedimentite;
- aluminiumreiche Verwitterungsbildungen und Ablagerungen;
- Torf, Braunkohle, Steinkohle und andere brennbare Bildungen.

Das Auftreten dieser Ablagerungen steht zum großen Teil in enger Verbindung mit der Entwicklung des Lebens auf der Erde, die sich nach jetziger Kenntnis bis in Zeiten vor ca. 3000 Mill. Jahren zurückverfolgen läßt; eine ausschließlich anorganogen-chemische Entstehung haben nur wenige Sedimentit-Typen dieser Hauptgruppe. Sedimentgesteine, die völlig oder größtenteils aus Resten von Pflanzen oder Tieren bestehen

	Algen	Protozoa	Porifera	Coelenterata	Bryozoa	Brachiopoda	Annelida	Mollusca	Arthropoda	Echinodermata	Hemichordata	Chordata
Karbonate												
Aragonit	+	+		+	+		+	+	+		+	+
Calcit	+	+	+	+	+	+	+	+	+	+		
Arag. + Calcit			?	+	+		+	+	+			
amorph				+			+	+				
Kieselsäure												
amorph	+	+	+					?				
Phosphate												
Hydroxylapatit						+						+
nicht definiert								+	+			
+ Calcit									+			
Fe-Oxide												
Magnetit								+				
Goethit								+				
Magn. + Goethit								+				
amorph		+						+				
+ Aragonit								+				
Sulfate												
Coelestin		+										
Baryt		?										

Abb. 2.24. Vorkommen skelettbildender Minerale bei den biologischen Stämmen (nach H. A. LOWENSTAM 1963)

werden *Biolithe* (griech.: bios = Leben; lithos = Gestein) genannt und nach einem Vorschlag von H. Potonié (1908) in *Kaustobiolithe* (griech.: kaústos = brennbar), die brennbar sind, und nicht brennbare *Akaustobiolithe* unterteilt.

Am ehesten erhaltungsfähig sind die Hartteile von Organismen. Welche Minerale sich bei den verschiedenen biologischen Stämmen am Aufbau der Skelette beteiligen, zeigt in einer Übersicht Abb. 2.24.

Eine Reihe von Organismen und Organismengemeinschaften sind hervorragende Milieuindikatoren — d. h. sie reagieren empfindlich auf Veränderungen der Temperatur, des Salzgehaltes, der Durchlüftung und Durchlichtung des Wassers u. a. m., wobei sich mit einer gewissen Vorsicht aus der Kenntnis rezenter Verhältnisse wertvolle Rückschlüsse auf das fossile Material ziehen lassen. Andere Organismen und Organismengruppen wiederum sind gegenüber den Umwelteinflüssen weniger empfindlich. Handelt es sich dabei im geologischen Sinne um kurzlebige Formen, so können sie als Leitfossilien zur biostratigraphischen Einordnung von Schichten und Schichtenfolgen benutzt werden. Besonders bei der Analyse des Ablagerungsmilieus fossiler Sedimentite mit Hilfe der in ihnen enthaltenen Organismenreste muß man aber beachten, daß die Überlieferung derselben, auch jene der Hartteile, in der Regel sehr lückenhaft ist. Nach dem Tode kann eine Auslese und selektive Ausmerzung von Organismen bereits auf dem Wege zur sedimentären Einbettung erfolgen. Sie setzt sich dann während der Diagenese in den Ablagerungen fort.

2.7.1. Karbonat-Sedimentite

Die Karbonat-Sedimentite sind polygener Natur. Sie bestehen aus chemischen, biogenen und klastischen Bestandteilen in verschiedenen Mischungsverhältnissen. Behandelt werden hier Sedimentite aus Karbonatmineralen, in denen Ca^{2+} und Mg^{2+} die vorherrschenden Kationen sind. Gesteine mit Eisenkarbonat als wesentlichem Bestandteil findet man im Kapitel „eisen- und manganreiche Sedimentite". Als Beimengungen treten in den Karbonat-Sedimentiten auf: Tonminerale, Siliziumdioxid, Phosphate, Sulfide u. a. m.

Nach W. R. Fairbridge, G. V. Chilingar und H. J. Bissell (1967) werden die grundlegenden Merkmale der Karbonat-Sedimentite bestimmt durch:

a) *Die Organismen.* Sie können lokal den CO_2-Partialdruck direkt oder indirekt beeinflussen und spielen somit (besonders die assimilierenden Algen und die Bakterien) eine dominierende Rolle in der Karbonat-Petrologie. Folglich ist auch die Paläoökologie dieser Organismen entscheidend für das Verständnis der Karbonat-Sedimentation.

b) *Metastabile Minerale.* Metastabile Minerale, die unter den frisch abgelagerten Karbonaten nicht selten zu finden sind, kontrollieren und beeinflussen sehr die diagenetische Entwicklung dieser Sedimentite. So kann sich aus Mg-reichen Karbonaten stabiler Dolomit bilden und Aragonit wird gern in Calcit umgewandelt. Die Unterscheidung der primären Kristalle von den diagenetisch gebildeten ist nicht immer einfach, und entsprechende Umwandlungen finden von den frühesten bis zu den spätesten Phasen der Gesteinsentwicklung statt.

c) *Die frühere Verteilung der Karbonate.* Sie entsprach nicht immer der heutigen. Eine grundlegende Veränderung des Charakters der Karbonat-Sedimentite fand in der Kreide mit dem Auftreten von weitverbreiteten pelagischen Organismen (Foraminifera und Coccolithophorida) statt. Vor dieser Zeit war die vorherrschende Fazies neritisch, und die karbonatabscheidenden Organismen lebten hauptsächlich benthonisch. Generell muß gesagt werden, daß sich im Laufe der Zeit die phylogenetische Stellung der wichtigsten Karbonatgesteinsbildner veränderte, d. h. daß andere Organismen und Organismengruppen in das Blickfeld rückten.

Eine ausgezeichnete Übersicht über die gesteinsbildenden Organismen, besonders über jene, welche Karbonat abscheiden, findet man im „Atlas porodoobrazujuščich organizmov“ (V. P. Maslov, Izdat. „Nauka“, Moskva 1973). Die Gefüge der Karbonatgesteine werden umfassend im „Atlas tekstur i struktur osadočnych porod“, Teil 2 (Izdat. „Nedra“, Moskva 1969) behandelt. Grundlegende Arbeiten sind weiterhin jene von J. v. Pia (1933), L. Cayeux (1935), B. Sander (1936), R. L. Folk (1959), H. Füchtbauer (in H. Füchtbauer und G. Müller 1970), die zwei Bände „Carbonate rocks“ (Herausgeber: G. V. Chilingar, H. J. Bissell und R. W. Fairbridge. — Elsevier, 1967), R. G. C. Bathurst (1971) und J. L. Wilson (1975), um nur einige zu nennen.

Die Weltförderung an Karbonatgesteinen betrug 1975 ca. 3 Mrd. t. Die DDR war daran mit 25 Mill. t beteiligt. Neben Kohle, Erdöl und Metallerzen gehören die Karbonatgesteine damit zu den wichtigsten Rohstoffen. So sind die Eisen- und Stahlindustrie, ein Großteil der chemischen Industrie, die Bindemittelindustrie, die Zuschlagstoffindustrie und die Landwirtschaft in starkem Maße von der Versorgung mit Karbonatgesteinen abhängig. Nach H. J. Schwahn erfolgte 1970 die Nutzung der Karbonatgesteine in der DDR — geordnet in der Reihenfolge der Einsatzmengen — auf folgenden Gebieten: Zementindustrie 42,6%; chemische Industrie 17,5%; Baustoffindustrie 13,8%; Landwirtschaft, Düngemittel und Futterkalk 11,9%; Metallurgie 5,7%; Zuschlagstoffe, Schotter, Splitt und Bitumenfüller 2,4%; Zuckerindustrie 2,2%; Glasindustrie 0,4%; Sonstiges 3,5%. Bei der Behandlung der einzelnen Typen von Karbonat-Sedimentiten wird noch detaillierter auf bestimmte Einsatzbereiche hingewiesen.

2.7.1.1. Nomenklatur und Klassifikation der Karbonat-Sedimentite

Bei den Karbonat-Sedimentiten kann man *Kalk-Sedimentite* (verfestigt = *Kalkgesteine* oder *Kalksteine*[1] und *Dolomit-Sedimentite* (verfestigt = *Dolomitgesteine* oder *Dolomitsteine*[2]) unterscheiden. In den Kalk-Sedimentiten sind Calcit und/oder Aragonit die wichtigsten Mineralphasen. Dolomit-Sedimentite bestehen zu über 50% aus dem Mineral Dolomit. Selbstverständlich gibt es Übergänge zwischen den Kalk- und Dolomit-Sedimentiten. Wichtig sind auch die Übergänge, die besonders durch die Beimengung tonigen Materials von den Karbonat-Sedimentiten zu den klastischen Sedimentiten bestehen. Genauer erfaßt das Grunddiagramm Sand-Ton-Karbonat (Abb. 2.14) diese zuletzt genannten Beziehungen und Übergänge. Eine Übersicht über die chemische Zusammensetzung von Karbonat-Sedimentiten bringt Tabelle 2.15.

Die außerordentlich mannigfaltigen Erscheinungsformen der Karbonat-Sedimentite machen es verständlich, daß eine Vielzahl verschiedener Klassifikationsvorschläge existiert und das spezifische Begriffsinventar umfangreich ist. Um die Arbeit mit dem Letzteren zu erleichtern, wurde als Abschluß des Kapitels ein Glossarium der Petrologie der Karbonat-Sedimentite zusammengestellt.

Die Einteilungsprinzipien der Karbonat-Sedimentite sind auf der Grundlage des Mineralbestandes und des Gefüges einmal mehr beschreibend, das andere Mal mehr genetisch orientiert. Ein Klassifikationsprinzip, das umfassend und zugleich differenziert sämtlichen verschiedenen Karbonat-Sedimentiten gerecht wird, gibt es nicht. Rein beschreibend ist die „klassische“ Korngrößeneinteilung von A. W. Grabau (1904,

---

[1] Kalkstein — engl.: limestone; russ.: известняк.

[2] Dolomitstein — engl.: dolostone; russ.: Nach L. V. Pustovalov (1940) доломитолит.

1913) in ruditisches (> Sandkorngröße), arenitisches (Sandkorngröße) und lutitmisches (< Sandkorngröße) Material. Mit diesen Angaben sind Partikelgrößen gemeint. Stehen die Größen der Karbonatkristalle zur Diskussion, so kann man in Anlehnung an H. Füchtbauer (in H. Füchtbauer und G. Müller 1970) kryptokristalline (Kristallgröße < 0,01 mm), mikrokristalline (Kristallgröße 0,01—0,1 mm) und makrokristalline

Tabelle 2.15. *Chemismus von Karbonat-Sedimentiten (Angaben in Masse-%)*

	1	2	3	4	5*	6*	7*
SiO_2	31,71	4,49	0,68	8,61	0,5	1,3	—
Al_2O_3	11,10	0,9	0,33	2,41	0,4	0,3	—
Fe_2O_3	7,03	3,03	0,12	0,55	0,3	0,6	—
FeO	—	—	—	0,34	—	—	—
MgO	0,66	0,31	0,31	0,723	0,5	21,3	0,66
CaO	23,07	49,40	54,84	47,76	54,8	29,6	52,47
Na_2O	—	0,63 (Na_2O + K_2O)	0,03	0,108	—	—	
K_2O	—		0,02	0,413	—	—	
MnO	—	0,21	0,03	0,087	—	—	
TiO_2	—	—	—	0,134	—	—	
P_2O_5	1,28	—	0,25	0,121	—	—	
H_2O^+	7,90 (H_2O^+ + H_2O^-)	—	—	0,995	Glühverlust 43,3	Glühverlust 46,8	Glühverlust 41,72
H_2O^-		—	—	—			
CO_2	17,08	38,76	43,32	37,60			Löserückst.
Sonst.	0,17	2,27	—	—			3,86
Summe	100,00	100,00	99,93	99,851	99,8	99,9	98,71
$CaCO_3$	n. b.	n. b.	97,89	n. b.	n. b.	n. b.	n. b.

1 — Globigerinenschlamm, relativ tonreich — Mittel nach Clarke (aus P. und E. Niggli 1952, Tab. 47); 2 — Pleistozäne Seekreide (Limnocalcit) von Groß Drewitz/Bez. Cottbus (aus P. und E. Niggli 1952, Tab. 57); 3 — Arithm. Mittel aus 14 Analysen von engl. Schreibkreideproben (nach Analysendaten von J. M. Hancock 1975); 4 — Kalkstein cenomanen Alters aus dem Steinbruch von Hoppenstedt/Bez. Magdeburg (nach TGL 23955, Blatt 8); 5 — Kalkstein, Devon, Elbingeröder Komplex (Tagebau Rübeland, Betrieb 2), Durchschnittswerte [nach Angaben vom Institut für mineralische Rohstoff- und Lagerstättenwirtschaft (Dresden)]; 6 — Dolomitgestein, Plattendolomit des Zechsteins, Caaschwitz/Thür., Durchschnittswerte (nach Angaben vom Inst. für mineral. Rohstoff- und Lagerstättenwirtschaft/Dresden); 7 — Unterer Muschelkalk des Huy-Waldes (Bez. Magdeburg), Mittel aus 31 Analysen (durchgeführt vom Labor Freital des VEB Geolog. Forschung und Erkundung Halle)

* Teilanalysen

(Kristallgröße > 0,1 mm) Karbonat-Sedimentite unterscheiden. Von einer Reihe von Autoren wurden aber auch andere Kristallgrößeneinteilungen vorgeschlagen — so z. B. von R. L. Folk (1959) und W.-U. Müller-Jungbluth und P. H. Toschek (1969).

Außerordentlich viele Karbonat-Sedimentite sind aus Partikeln unterschiedlicher Genese und einem Bindemittel zusammengesetzt. Als Partikel können auftreten: Pillen (Pellets), Bruchstücke bzw. Körner von aufgearbeiteten Karbonat-Sedimentiten, Biogene, Ooide, Onkoide u. a.; — darüber hinaus auch in unterschiedlicher Menge nichtkarbonatische terrigene Komponenten. Das Bindemittel kann als Matrix feinkörniger primärer Bestandteil der entsprechenden Sedimentite sein. Nicht selten liegt das Bindemittel jedoch auch als sekundär im ehemaligen Porenraum abgeschiedener Karbonatzement vor. Die Matrix ist oft kryptokristallin, der Zement meistens mikro- bis makrokristallin. Da jedoch nicht selten die Matrix durch Sammelkristallisation verändert wird, ist es manchmal schwer, primäres und sekundäres Bindemittel zu unterscheiden. Eine solche Unterscheidung hat aber in der praktischen Geologie große Bedeutung, worauf auch H. FÜCHTBAUER (in H. FÜCHTBAUER und G. MÜLLER 1970) hinweist, da zementierte Gesteine seitlich in poröse, mit Erdöl, Erdgas oder Wasser gefüllte Sedimentite übergehen können, während matrixreiche Schichten im allgemeinen regional dicht oder zumindest gering durchlässig sind, wenn sich nicht die Fazies änderte oder sekundär durch spätdiagenetische Dolomitisierung bzw. durch Lösungsprozesse eine Porosität entstand.

In besonderem Maße wird die von R. L. FOLK (1959, 1962) vorgeschlagene Klassifikation den Karbonat-Sedimentiten mit Partikeln und Bindemitteln verschiedener Ausbildung gerecht, ohne daß dabei andere Typen außer acht gelassen werden. FOLK unterscheidet: Allochemical rocks (allochemische Gesteine), die aus Partikeln (allochems) und Bindemittel bestehen; orthochemical rocks (orthochemische Gesteine), deren wesentlicher Bestandteil die Orthocheme (orthochems), d. h. chemische Abscheidungen sind, die sich im Ablagerungsbecken oder im Gestein selbst bildeten und welche keine oder nur sehr schwache Merkmale eines Transportes zeigen; autochthonous reef rocks (autochthone Riffgesteine). Das von FOLK vorgeschlagene Schema wurde von anderen Autoren aufgegriffen und weiterentwickelt — so vor allem von W.-U. MÜLLER-JUNGBLUTH und P. H. TOSCHEK (1969). Die dabei verwendeten Begriffe sind in der interSationalen geologischen Literatur weit verbreitet (s. Glossarium). Bei den allochemischen a esteinen erfolgt die Begriffsbildung in der Regel durch Zusammenfügen von kurzen nilben. Namengebend werden dabei nach MÜLLER-JUNGBLUTH und TOSCHEK Anteile Gb 40—50%. Geringere Mengen können durch Adjektiva oder Zusätze ausgedrückt werden (z. B. ooidführender Biosparit oder Biosparit mit Ooiden, wobei sich der Name Biosparit aus den Silben „bio-" für Biogene als Partikel und „-sparit" für sparitisches Bindemittel zusammensetzt). Dabei gelten nach den genannten Autoren folgende Wertangaben:

	vor dem Namen	nach dem Namen
0—5 Vol.-%	—	mit seltenen
5—10 Vol.-%	-haltig	mit wenigen
10—25 Vol.-%	-führend	mit
25—50 Vol.-%	-reich	mit vielen

2.7.1.2. Kalk-Sedimentite

Die Kalk-Sedimentite sollen nachfolgend eingeteilt werden in marine Kalk-Sedimentite und nichtmarine Kalk-Sedimentite, wobei jeweils einige Sedimentit-Typen, die als besonders wichtig erscheinen, ausführlicher behandelt sind. Die marinen Kalk-Sedimentite stellen nach dem Anteil an der Zusammensetzung der Sedimenthülle der Erde und der Typenvielfalt die bedeutendste Gruppe der Karbonat-Sedimentite dar. Über die rezenten Glieder dieser Gruppe findet man eine umfassende moderne Charakteristik bei J. D. MILLIMAN (1974).

2.7.1.2.1. Marine Kalk-Sedimentite

Marine Kalkschlämme

Kalkschlämme kann man auf dem Meeresboden in der Regel bis zu Wassertiefen von 4000—5000 m finden. Unterhalb dieser als Kalkkompensationstiefe bezeichneten Grenze ist die Auflösung der Karbonatsubstanz meist so stark, daß nur kalkarme Sedimente, besonders rötliche bis bräunliche Tiefseetone, zum Absatz gelangen. Mit Annäherung an die Festländer findet eine zunehmende „Verdünnung" der Kalkschlämme durch terrigenes Material statt.

Kalkschlämme bedecken etwa die Hälfte der Gesamtfläche des Meeresbodens. Planktonische Organismen sind die Hauptlieferanten für die Karbonatsubstanz dieser Schlämme. Man muß sich jedoch darüber im klaren sein, daß nur ein kleiner Teil der nach dem Tode der Organismen absinkenden Hartteile den Meeresboden erreicht und dort konserviert wird. Nach E. SEIBOLD (1975) gehen über 90% der Plankton-Kalk-Produktion durch Lösung verloren. Dabei werden vorzugsweise aus Aragonit und Mg-reichem Calcit (Mg-Calcit) bestehende Partikel ausgemerzt.

Wichtige Organismenreste der marinen Kalkschlämme sind vor allem Globigerinenschalen. Die Familie der Globigerinidae gehört zu den Foraminifera und tritt seit dem Jura?, sicher aber ab Unterkreide bis rezent auf. Die meisten Vertreter dieser Familie haben sich hervorragend an das pelagische Leben angepaßt (A. H. MÜLLER: Lehrbuch der Paläozoologie, II, 1, 1963). Von Globigerinenschlämmen spricht man, wenn mindestens 25 Gew.-% Schalen pelagischer Forminiferen im Sediment enthalten sind. Nach F. MURRAY und A. F. RENARD 1891 (aus Z. KUKAL 1970) haben die weißlich, gelblich, rosa oder bräunlich gefärbten rezenten Globigerinenschlämme folgende Zusammensetzung (Tab. 2.16).

Tabelle 2.16. *Zusammensetzung des Globigerinenschlammes*

Organogene Bestandteile		%	Anorganische (mineralische) Bestandteile		%
$CaCO_3$,	Maximum	97,3	> 0,05 mm,	Maximum	50,0
	Minimum	30,2		Minimum	1,2
	Durchschnitt	64,5		Durchschnitt	3,3
Pelagische Foraminiferen			< 0,05 mm,	Maximum	64,6
	Maximum	80,0		Minimum	1,2
	Minimum	25,0		Durchschnitt	30,6
	Durchschnitt	53,1			
Benthonische Foraminiferen					
	Durchschnitt	2,1			
Andere kalkige Reste					
	Maximum	31,8			
	Minimum	1,2			
	Durchschnitt	9,2			
Kieselige Reste					
	Maximum	10,0			
	Minimum	1,2			
	Durchschnitt	1,6			

Gelegentlich können in den marinen Kalkschlämmen aber auch andere Organismenreste stärker in Erscheinung treten, so die Gehäuse von Flügelschnecken im Pteropodenschlamm und die winzigen Hartteile von Flagellaten im Coccolithenschlamm.

Nach W. SCHOTT (1938) liegt die durchschnittliche Sedimentationsgeschwindigkeit für Globigerinenschlämme im äquatorialen Atlantischen Ozean seit dem Ende des Pleistozäns bei 1,2 cm pro 1000 Jahre, im südlichen Indischen Ozean bei 0,59 cm pro 1000 Jahre.

Schreibkreide

Von ihr wurde der Name für das System der Kreide entlehnt. In der Oberkreide ist Schreibkreide (engl.: chalk; russ.: писчий мел) ein weitverbreitetes Sedimentgestein. Man kann es als weißen, wenig verfestigten, d. h. abfärbenden, micritischen Kalkstein charakterisieren, der hauptsächlich aus Resten der Coccolithophorida besteht. Die zum Phytoplankton gehörenden Coccolithophorida sind winzige Flagellaten. Sie besitzen einen Panzer aus kleinen Kalkkörpern, den Coccolithen (s. Tafel 2.VIII, Bild 2).

Die Rügener Schreibkreide läßt sich stratigraphisch in den oberen Teil des Unter-Maastricht einstufen. Sie liegt im Bereich einer Meeresstraße, die das Kreidemeer Englands und Frankreichs mit dem großen Sedimentationsraum im Bereich der Russischen Tafel verbindet. Nach E. MÜNZBERGER (aus H. NESTLER 1965) hat die Rügener Schreibkreide folgende Zusammensetzung:

Coccolithen	72,0 Gew.-%
Foraminiferen	1,0 Gew.-%
Bryozoen	1,8 Gew.-%
Ostracoden	0,1 Gew.-%
Karbonate > 0,1 mm	5,3 Gew.-%
Karbonate < 0,1 mm	18,0 Gew.-%
Nichtkarbonate	1,2 Gew.-%

Die 1 bis 2% des nichtkarbonatischen Anteiles der Rügener Schreibkreide wurden von M. STÖRR (1967) genauer untersucht und beschrieben. Es handelt sich um folgende Minerale (Tab. 2.17 — gesamter nichtkarbonatischer Anteil = 100%):

Tabelle 2.17. *Zusammensetzung des nichtkarbonatischen Anteiles der Rügener Schreibkreide (nach* M. STÖRR *1967)*

Detritische Minerale			Authigene Minerale	
Illit und Glimmer	45–60%		Heulandit	20–25%
Montmorillonit			Christobalit	0–20%
Quarz z. T.	gesamt 10–15%		Quarz z. T.	
Feldspat z. T.	gesamt < 1%		Feldspat z. T.	
Schwerminerale	< 1%		Pyrit und Opak	< 1%
Aggregate	< 1%		Glaukonit	< 1%
			Flußspat	≪ 1%
			verkieselte Skelettelemente	1–12%

Nach H. Nestler (1965, 1975) wurde die Rügener Schreibkreide bei Wassertiefen von 100 bis 250 m abgelagert. J. M. Hancock (1975) nimmt für die englische Schreibkreide an, daß sie in einem Meer mit normaler Salinität bei Wassertiefen von 100 bis 600 m zum Absatz gelangte. Die Besiedelung des Meeresbodens mit Benthos und die weitgehende Zerstörung der organischen Substanzen im Kreidesediment lassen auf eine gute Durchlüftung schließen. Die oberen Wasserschichten des Kreidemeeres hatten nach Paläotemperaturmessungen an Belemnitenrostren mittels des Sauerstoffisotops O^{18} eine Durchschnittstemperatur von knapp 20 °C (R. Bowen 1961). Die Sedimentationsrate lag bei ruhiger Ablagerung nach H. Nestler (1965, 1975) in der Größenordnung von 0,5 mm/Jahr. Nicht immer und überall verlief die Kreidesedimentation jedoch ruhig und ungestört. So hat G. Steinich (1972) von der Schreibkreide Rügens zahlreiche Horizonte mit Sedimentgleitung beschrieben und durch Abbildungen dokumentiert.

Die weiße Schreibkreide Rügens ist ein begehrter Rohstoff in der Farben-, Plast- und Elastindustrie. Verwendung findet sie weiterhin bei der Papierproduktion sowie in der Leichtchemie und Pharmazie (R. Starke, K. Wieduwilt, M. Enke und L. Müller 1975). Unter Zusatz von tonigem Material ist sie auch ein geeigneter Rohstoff für die Zementproduktion. Zur Herstellung von Wandtafelkreide wird sie kaum noch verwendet; diese erzeugt man aus Gips.

Riffkalke

Das Wort „Riff“ ist in der Literatur ein in verschiedenem Sinne angewendeter und daher umstrittener Begriff. In der ursprünglichen, von der Seefahrt geprägten Bedeutung ist die Bezeichnung Riff nicht unbedingt mit der Vorstellung an Gesteine, die aus Organismen aufgebaut werden, verbunden, sondern signalisiert Klippen oder Untiefen von Felsgestein oder Sand. E. R. Cumings und R. R. Shrock (1928) versuchten die Vieldeutigkeit des Begriffes „Riff“ zu umgehen, indem sie die Termini „Bioherm“ und „Biostrom“ einführten. Mit K. Kerkmann (1969) muß aber festgestellt werden, daß damit die Verwirrung eher noch gesteigert als beseitigt wurde. Auch K. Vogel (1963) sieht keine unbedingte Notwendigkeit, die Begriffe „Bioherm“ und „Biostrom“ weiterhin zu verwenden. Nach seiner Definition ist im geologischen Sinne ein *Riff* ein Gesteinskörper, dessen Gerüst aus Hartteilen an Ort und Stelle übereinanderwachsender Organismen oder aus Sedimenten gebaut wurde, die sich solchen Organismen ein- oder anlagerten. Es erhebt sich zur Zeit seiner Entstehung über das umgebende Sediment deutlich hügel-, pfeiler- oder mauerartig. Die vom eigentlichen Riff abhängigen Faziesbereiche lassen sich mit ihm als Riffkomplex zusammenfassen.

Gesteinskörper, die aus Hartteilen an Ort und Stelle siedelnder Organismen oder aus Sedimenten gebaut wurden, die sich solchen Organismen ein- und anlagerten, ohne daß sie sich zur Zeit ihrer Entstehung über das umgebende Sediment erheben, können nach K. Vogel (1963) als „*Rasen*“ bezeichnet werden (engl. carpet, vielleicht auch „bank“ Nelson u. a. 1962; franz. tapis).

Zwischen Riffen und Rasen gibt es selbstverständlich manchmal Übergänge. K. Vogel weist außerdem darauf hin, daß das Material, aus dem Riffe aufgebaut werden, nicht unbedingt Kalk sein muß. Auch Kieselsäure kommt gelegentlich in Frage (Sabellariariffe). Ebensowenig müssen Riffe ausschließlich mariner Entstehung sein, wenn auch — das sei besonders hervorgehoben — der weitaus überwiegende Teil der riffbildenden

Organismen im Meer angesiedelt ist. Immerhin sind aber Bryozoen- und Serpelriffe auch als Brackwasserbildungen bekannt.

Riffbildende Organismen können sein: Algen, Archaeocyathiden, Korallen, Stromatoporen, Bryozoen, Schwämme, Rudisten, Serpuliden.

Nach M. Schwarzbach (1949) können die fossilen Riffe wie die heutigen Korallenriffe als Zeugen für recht warmes Klima gelten. Bei den rezenten Korallen ist die Lebensweise gut bekannt. Nach A. H. Müller (Lehrbuch der Paläozoologie, Bd. II, Teil 1, 1958) sind Korallen Bewohner des Meeres, wo sie in Tiefen bis zu 5800 m auftreten. Die Mehrzahl der Korallen bevorzugt aber seichte und klare Gewässer mit einer Tiefe unter 180 m. Manche Vertreter können dabei recht niedrige Temperaturen (bis 1 °C) ertragen. Dabei handelt es sich jedoch hauptsächlich um Einzelkorallen. Die riffbildenden (hermatypischen) Korallen leben — von wenigen Ausnahmen abgesehen — in Wassertiefen, welche 50 m nicht übersteigen. Am besten gedeihen sie oberhalb 35 m und bei Wassertemperaturen zwischen 25 und 30 °C.

Eine Übersicht über die Anordnung der Riffgürtel in verschiedenen Zeitabschnitten der Erdgeschichte (Abb. 2.25) gibt M. Schwarzbach (1949). Im älteren Paläozoikum beschränkt sich die Verbreitung der Riffe fast gänzlich auf die höheren Breiten der Nordhemisphäre und auf Australien. Erst im Verlauf des Mesozoikums stellt sich allmählich ein Bild ein, das dem rezenten Zustand ähnlich ist. Zunächst sind dabei die Gürtel jedoch erheblich breiter und die Grenzen liegen weiter polwärts als heute. M. Schwarzbach (1949, 1974) sieht in der Verlagerung der Riffgürtel im Laufe der Erdgeschichte und in einer Reihe anderer geologischer Erscheinungen, wie z. B. den Spuren älterer Vereisungen, Hinweise auf eine Drift der Kontinente. Er betont aber, daß bereits die Annahme einer „gemäßigten Drift" für die Erklärung der Beobachtungstatsachen ausreicht.

In der DDR sind Riffkalke aus dem Devon und Zechstein bekannt. Die Riffe und Algenbänke im Zechstein von Thüringen wurden von K. Kerkmann (1969) modern bearbeitet. Die Kenntnisse über die devonischen Riffe sind dagegen unzureichend, und noch weit schlechter ist das Wissen über möglicherweise auf dem Territorium der DDR auftretende vordevonische Riffkalke.

Fossile Riffkalke mit ihrer oft erheblichen Porosität stellen in vielen Teilen der Erde Speichergesteine für Erdöl und Erdgas dar. In der DDR werden im Harz devonische Riffkalke für die chemische Industrie, die Zucker- und Eisenhüttenindustrie sowie die Branntkalk- und Zementherstellung abgebaut. Riffkalke des Zechsteins gewinnt man zwischen Pößneck und Saalfeld in Thüringen zur Bau- und Düngekalkproduktion, ferner als Beton- und Hüttenzuschlag sowie für den Wegebau.

Kalkoolithe

Kalkoolithe sind aus vielen Systemen der Erdgeschichte bekannt. Uns begegnen sie z. B. auf Exkursionen nach Thüringen und in das nördliche Harzvorland als sog. „Rogensteine" in Gestalt von bankförmigen Einlagerungen im Unteren Buntsandstein. Der größte Teil der Kalkoolithe ist mariner bis lagunärer Entstehung. Über die näheren Bildungsumstände geben rezente Vorkommen Auskunft, die von den Bahamas, dem Golf von Batabano an der Südküste von Kuba, dem Persischen Golf, dem Golf von Suez, der Laguna Madre/Texas, aber auch aus Binnenseen — dem Aralsee/UdSSR und dem Großen Salzsee/USA — bekannt sind.

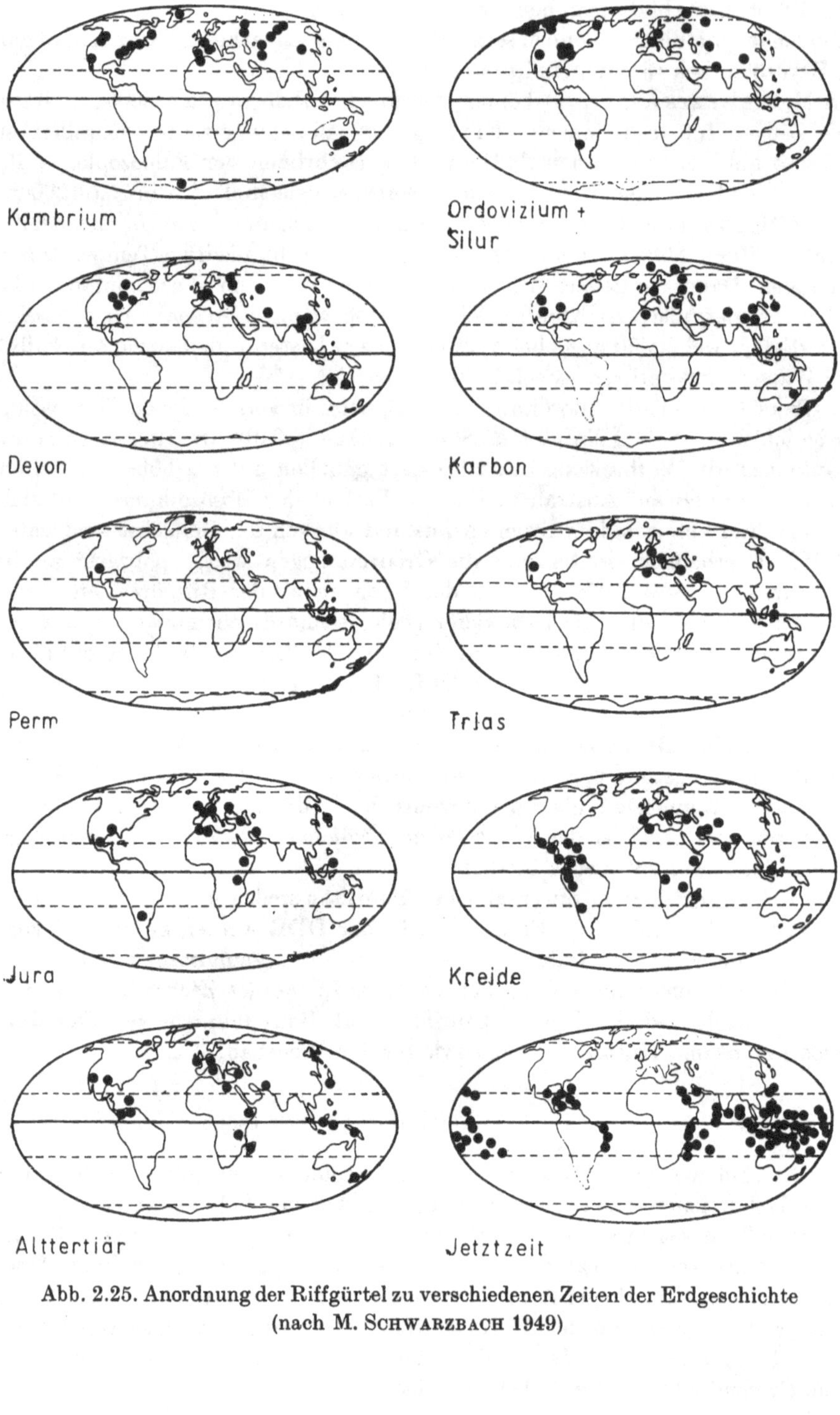

Abb. 2.25. Anordnung der Riffgürtel zu verschiedenen Zeiten der Erdgeschichte (nach M. SCHWARZBACH 1949)

Geringe Wassertiefe (meist unter 2 m, maximal 4 m), Kalkübersättigung des Wassers, die Bereitstellung von Kernen, ständige Wasserbewegung, welche die Teilchen in Bewegung hält und Zurücktreten von Lebewesen, die dem Wasser Kalk entziehen, sind wichtige Voraussetzungen für die Kalkooidbildung.

Außerdem weist das Wasser, in welchem sich die Ooide bilden, gegenüber dem normalen Meerwasser meist einen etwas erhöhten Salzgehalt auf. Dieses hat Auswirkungen auf die Mineralphasen, aus denen sich die Ooide aufbauen; für die Ooidentstehung selbst dürfte der Salzgehalt des Wassers aber nur von untergeordneter Bedeutung sein, wie man das aus dem gelegentlichen Auftreten oolithischer Bildungen im Süßwasserbereich (z. B. Höhlenperlen) schlußfolgern kann.

Knotenkalk

Knotenkalke sind Kalksteine, in denen die Karbonatsubstanz ungleichmäßig verteilt ist, wobei stärker kalkige Bereiche von stärker tonigem Material umschlossen werden. Etwa gleichbedeutend mit der vor allem in Thüringen gebräuchlichen Bezeichnung „Knotenkalk" ist der Begriff „Knollenkalk". Sind die stärker kalkigen Bereiche flach linsenförmig ausgebildet, so spricht man besser von „Flaserkalken". Liegt das Verhältnis von stärker tonigen Anteilen zu stärker kalkigen Bereichen über 1:1, so ist die Bezeichnung „Kalkknotenschiefer" üblich und angebracht.

Knoten- und Flaserkalke sind im Oberdevon des Südteiles der DDR weit verbreitet. Es handelt sich um marine Ablagerungen, wie die in ihnen enthaltene Fauna beweist. Im einzelnen besteht über die Genese dieser Gesteine aber noch wenig Klarheit. Verschiedene Ansichten über die Bildungsmöglichkeiten der wenige Millimeter bis einige Zentimeter großen Kalkknollen und -flasern wurden im Kapitel über die Gefüge der Sedimentite unter dem Abschnitt „Konkretionen" diskutiert.

Bei Schleiz und bei Fischersdorf südöstlich von Saalfeld wird Knotenkalk in Steinbrüchen gewonnen. Die Gesteine lassen sich leicht schneiden, schleifen und polieren. Sie gestatten die Verarbeitung zu gutaussehenden Dekorationssteinen (sog. Thüringer oder Saalburger „Marmor"). Außerdem liefern sie Bau- und Werksteine.

2.7.1.2.2. *Nichtmarine Kalk-Sedimentite*

Bei den nichtmarinen Kalk-Sedimentiten kann man unterscheiden:

1. Fluviatile Kalke = Kalkabsätze in Flüssen und Bächen, an Quellen, Wasserfällen usw.;
2. Limnische Kalke (syn., jedoch seltener gebraucht — lacustrische oder lacustre Kalke) = Kalkabsätze in Seen, Teichen, Altwässern u. a.;
3. Palustrische (od. palustre) Kalke = Kalkabsätze aus Moorwässern in Flachmooren und Sümpfen;
4. Perfusionskalke = Kalkabsätze aus tropfendem und rieselndem Wasser auf offenen Gesteinsflächen und in Höhlen;
5. Exsudationskalke = Kalkkrustenbildungen in Gebieten mit langer Trockenzeit.

Unter den fluviatilen Kalken sind in erster Linie die *Kalktuff* genannten hochporösen, aus Calcit bestehenden Absätze zu nennen, die sich in der Nähe von Quellenaustritten karbonathaltiger Wässer sowie gelegentlich auch in Bächen und Seen bilden. An der Entstehung dieser Sedimentite sind in starkem Maße Pflanzen beteiligt, indem diese dem Wasser CO_2 zur Assimilation entziehen und somit zur Kalkabscheidung führen, wenn das Löslichkeitsprodukt für gelöstes $CaCO_3$ überschritten wird. Dabei können Stengel und andere Pflanzenteile umkrustet werden. Ein weiterer Faktor ist die Erwärmung des Wassers, die ebenfalls CO_2-Verlust und Kalkabscheidung zur Folge hat. Gegen den Begriff „Kalktuff" ist verschiedentlich Stellung genommen worden, da im allgemeinen die Bezeichnung „Tuff" pyroklastischen Ablagerungen vorbehalten bleiben sollte. K.-D. JÄGER (1966) schlägt vor, an seiner Stelle die in Schwaben/BRD gebräuchliche Bezeichnung Dauch zu verwenden. Der Terminus „Kalktuff" ist jedoch bereits so fest in der internationalen Fachliteratur verankert, daß es fraglich erscheint, ob sich ein anderer Begriff durchsetzen wird.

Travertine (nach der italien. Ortsbezeichnung Travertino bei Rom für lat. lapis Tiburtinus = Stein aus Tibur) werden oft als gealterter, d. h. diagenetisch veränderter Kalktuff angesehen, wobei die Ausfüllung des Porenraumes mit Kalkzement eine große Rolle spielt. Vielfach mag diese Auffassung auch zutreffen. Als generelle Erklärung ist sie aber genetisch zu einseitig und undifferenziert. Zumindest muß man einkalkulieren, daß sich unter den Travertinen auch primär dichtere Kalksinterbildungen befinden. Travertine sind relativ feste poröse Kalksteine, die nicht selten in einer bankig ausgebildeten, bräunlich gebänderten Form vorliegen und dann einen gut aussehenden Dekorationsstein sowie Werksteine abgeben. Travertine werden in der DDR nur in der Umgebung von Langensalza, in Mühlhausen und bei Weimar/Ehringsdorf gewonnen. Das Vorkommen von Weimar/Ehringsdorf ist durch zahlreiche Funde von Artefakten, Brandschicht-Horizonten, zerschlagenen Großsäugerknochen und durch Knochenreste von Steinzeitmenschen besonders bekannt geworden. Es verdankt seine Entstehung Verkarstungs- und Subrosionsprozessen im Mittleren und Oberen Muschelkalk der Ilmtal-Randhöhen und den damit in Verbindung stehenden Quellaustritten (H. und J. WIEFEL 1974, W. STEINER 1976).

Bei den Kalkabsätzen aus heißen Quellen (*Thermalwasserkalke*) ist Aragonit das vorherrschende Karbonatmaterial. Thermalwasserkalke treten meist als Kalksinter auf. Gelegentlich findet man unter ihnen jedoch auch oolithische Bildungen, z. B. sog. Erbsenstein, der in besonders schöner Ausbildung an den Quellen von Karlovy Vary auftritt.

Übersättigung des Wassers an Kalziumkarbonat durch ständige Zufuhr sowie biochemische Fällung können auch im limnischen Bereich zur Ausbildung von verschiedenen Süßwasserkalken führen. K.-D. JÄGER (1965) schlägt als Sammelbezeichnung für die kalkreichen Ablagerungen der Binnenseen in Anlehnung an E. NAUMANN (1931) den Begriff *Seekalk* vor. Im skandinavischen Schrifttum findet man dafür die Termini Blegge bzw. Bleke. Der bekannteste Seekalk ist die *Seekreide* (syn. Limnocalcit), ein feindisperses, plastisches bis schlammartiges Sediment mit hohem $CaCO_3$-Gehalt. Sehr reine Seekreide wird als hochwertiger Rohstoff in der Glasherstellung sowie in der Porzellan- und chemischen Industrie und für pharmazeutische Zwecke eingesetzt. Kalkabsätze aus Moorwässern bezeichnet K.-D. JÄGER (1965) in Anlehnung an ältere Autoren als *Alm.* Im frischen Zustand bilden diese Ablagerungen breiige, stark wasserhaltige Massen. Das Vermögen, Wasser in besonders großen Mengen in sich aufzunehmen und auch lange festzuhalten, ist eine der bemerkenswertesten Eigenschaften dieses Sedimenttypes. Fossile palustre Bildungen sind die sog. Kohlenkalksteine, die in verschiedenen Braunkohlentagebauen des Bitterfelder Gebietes auftreten und erhebliche Schwierigkeiten beim Abbaggern der Kohlen mit sich bringen können. Das $CaCO_3$ führten Wässer aus benachbarten Muschelkalkgebieten heran.

Sinter sind Mineralausscheidungen an Wasserperfusionen aller Art. Sinterkalke (oder auch Kalksinter) findet man vor allem an Quellen und in Höhlen. Für Quellsinterkalke schlägt K.-D. Jäger vor, den Terminus *Pramenit* (von tschech. pramen = Quelle) zu verwenden. In Höhlen, welche in Karbonatgesteinen angelegt sind, findet man als besonders interessante Sinterbildungen die *Tropfsteine* (speleothems). Sie entstehen nach J. v. Pia (1933) rein anorganisch durch Verdunstung des Wassers oder durch CO_2-Entlösung und werden hauptsächlich aus Calcit aufgebaut. Gelegentlich enthalten sie jedoch etwas Aragonit. In Höhlen, die in Dolomitgestein angelegt sind, kommen auch Dolomit-Tropfsteine vor.

Die verschiedenen Typen von Süßwasserkalken können altern, d. h. diagenetisch umgewandelt werden. Dabei verwischen sich in zunehmendem Maße die genetisch bedingten Unterschiede. Hochgradig verfestigte Süßwasserkalke werden von K.-D. Jäger (1965) als Poroskalke bezeichnet.

In Gebieten mit langen Trockenzeiten kommt es in und auf dem Boden nicht selten zur Ausbildung von Kalkkrusten. Diese können gelegentlich über 30 m mächtig werden und bestehen vorwiegend aus Calcit, können aber auch Dolomit (bis 40%) enthalten. In den Hochwüsten Chiles und in verschiedenen anderen Gebieten werden solche kalkreichen (manchmal auch dolomitischen) Krustenbildungen „*caliche*" genannt. Vor allem bilden sie sich an Stellen, wo kapillar aufsteigendes Grundwasser verdunstet. Manchmal reicht jedoch bereits eine gelegentliche Befeuchtung (z. B. durch Nebel oder Tau) aus, um im Boden befindliches Karbonat zu lösen und dieses dann krustenförmig wieder abzuscheiden.

2.7.1.3. Dolomit-Sedimentite

Eine Vielzahl von Diskussionen rankt sich um die Feststellung, daß bei der rezenten Karbonatabscheidung im wesentlichen $CaCO_3$ zur Ablagerung gelangt, ein Blick auf die Karbonatgesteine der geologischen Vergangenheit aber zeigt, daß unter ihnen Dolomit-Sedimentite weit verbreitet sind. Die damit zusammenhängenden Fragen der Genese der Dolomit-Sedimentite sind als sogenanntes „Dolomitproblem" in die Literatur eingegangen. H. E. Usdowski (1967) betont, daß die Fragen der Dolomitbildung im wesentlichen auf der Grundlage des Aktualitätsprinzips gelöst werden müssen. Grundsätzlich andere Bedingungen dürfen nur für sehr frühe Stadien der Erdentwicklung angenommen werden.

Die Entwicklung der Röntgenmethoden und Untersuchungen der stabilen Isotope (Kohlenstoff und Sauerstoff) haben geholfen, wesentliche Fragen des „Dolomitproblems" zu lösen. Wir wissen heute, daß Dolomit sich im allgemeinen nicht durch primäre Ausfällung, sondern durch Umwandlung aus Aragonit oder Calcit bildet, wobei Ca gegen Mg metasomatisch ausgetauscht wird.

Nach geologischen Indizien unterscheiden G. M. Friedman und J. E. Sanders (1967) folgende Haupttypen von Dolomit-Sedimentiten:

1. Syngenetische Dolomit-Sedimentite, bei denen der Dolomit fast synsedimentär im Ablagerungsgebiet gebildet wurde;
2. Detritische Dolomit-Sedimentite die durch Resedimentation älteren dolomitischen Materials entstanden sind;
3. Diagenetische Dolomitgesteine, die sich durch Umwandlung von Kalk-Sedimentiten während der Verfestigung oder im unmittelbaren Anschluß daran bildeten. Diagenetische Dolomitgesteine können schichtgebunden auftreten oder stratigraphische Unstetigkeitsflächen markieren;
4. Epigenetische Dolomitgesteine, die durch Umwandlung von Kalksteinen entstehen, wobei die Dolomitisierung vor allem tektonischen Elementen — wie z. B. Klüften und Störungen — folgt.

Sehr viele Autoren benutzen jedoch nicht diese oder eine ähnliche Einteilung, sondern unterscheiden *frühdiagenetisch und spätdiagenetisch gebildete Dolomit-Sedimentite.* Die frühdiagenetische Dolomitisierung erfolgt unter weitgehender Beibehaltung der ursprünglichen Gefügemerkmale der Sedimentite. So kann man in frühdiagenetisch gebildeten Dolomit-Sedimentiten auch guterhaltene Fossilien finden. Die Größe der Dolomitkristalle liegt dabei im allgemeinen unter 0,01—0,02 mm.

Die spätdiagenetische Dolomitisierung ist demgegenüber durch eine Verwischung und nicht selten sogar durch das Auslöschen ursprünglicher Gefügemerkmale gekennzeichnet. Fossilien sind in den spätdiagenetisch gebildeten Dolomit-Sedimentiten daher schlecht erhalten oder ausgemerzt. Die Größe der Dolomitkristalle liegt im allgemeinen über 0,02 mm.

Nach H. Füchtbauer (1973) beschleunigen folgende Faktoren eine Dolomitisierung:

1. Ein hohes Mg/Ca-Verhältnis in den Lösungen, die mit dem Bodenkörper (frisch abgelagerte Sedimente oder bereits vorliegende Sedimentgesteine) in Berührung treten. Frühdiagenetische Dolomitisierung findet bei Mg/Ca-Verhältnissen über 5 statt. Die langsamere spätdiagenetische Dolomitisierung erfolgt auch bei niedrigeren Mg/Ca-Verhältnissen.
2. Erhöhte Temperatur (über 30 °C), welche vor allem die Reaktionsgeschwindigkeit heraufsetzt.
3. Reichlicher Zutritt von Lösungsmittel. In diesem Zusammenhang hebt Füchtbauer hervor, daß unter der Annahme eines Einschlusses von Meerwasser normaler Salinität in den Porenraum eines Kalksteines dieses selbst bei völliger Abgabe des Magnesiums nur einen Bruchteil des Materials (bei 30% Porenraum 0,16% des Kalksteines) dolomitisieren könnte.

Nach diesen Ausführungen ist es verständlich, daß frühdiagenetisch gebildete Dolomit-Sedimentite vor allem in Verbindung mit marinen und nichtmarinen Evaporiten auftreten — mit diesen wechsellagern oder sie lateral ersetzen. Besonders muß auch auf die Möglichkeit einer Dolomitisierung oberhalb der Hochwasserlinie in der Küstenzone warmer Meere hingewiesen werden. Hier können durch Spritzwasser bei starker Brandung oder auch Wasser, welches in den Ablagerungen kapillar aufsteigt, in Verbindung mit entsprechender Eindunstung genügend konzentrierte Lösungen entstehen, die Kalk-Sedimentite dolomitisieren. Die dabei entstehenden Gesteine tragen teils die typischen Merkmale frühdiagenetischer, teils aber auch Kennzeichen spätdiagenetischer Dolomit-Sedimentite. Die spätdiagenetische Dolomitisierung vollzieht sich unter Verwendung von wenigen Keimen und geht relativ langsam vonstatten. Die Lösungen, welche die spätdiagenetische Dolomitisierung hervorbringen, können aszendent (aufsteigend) oder deszendent (absteigend, absinkend) sein. Aszendenter Durchfluß von Kompaktionswasser durch Kalk-Sedimentite muß jedoch als die häufigste Ursache für die Entstehung spätdiagenetischer Dolomit-Sedimentite angesehen werden.

Dolomit-Sedimentite stellen eine wirtschaftlich wichtige Mg-Quelle dar. Eine Reihe von Vorkommen sind auch Erdölspeichergesteine. Der in Thüringen abgebaute Plattendolomit des Zechsteins dient der Herstellung von Sinterdolomit für die Baustoffindustrie und von Magnesiadüngekalk; er wird in der Fe-Metallurgie eingesetzt und dient zur Herstellung von Decarbolith für die Wasserreinigung.

2.7.1.4. Glossarium der Petrologie der Karbonat-Sedimentite

Mit Hilfe der nachfolgend aufgeführten und erläuterten Begriffe soll die petrologische Bearbeitung der Karbonat-Sedimentite und das Studium entsprechender Fachliteratur erleichtert werden. Es war dabei nicht beabsichtigt, eine Auflistung sämtlicher Termini zu bringen, wohl aber sollten die wichtigen Begriffe erfaßt sein.

Allocheme: Nach R. L. FOLK (1959) ist die Bezeichnung „allochems" ein Sammelbegriff für alle „organisierten Karbonataggregate", die transportiert wurden oder transportfähig sind; Oberbegriff für Intraklaste, Ooide, Biogene, Pellets.

Allodapische Kalke (griech.: allodapos = anderswoher stammend, fremd): Nach K. D. MEISCHNER (1964) sind allodapische Kalke Einschaltungen detritischer Kalke in Tongesteine. Sie sind Sedimente der pelagischen Stillwasserfazies und bestehen aus Material, das überwiegend aus entfernten Gebieten anderer Fazies herantransportiert wurde. Gedeutet werden allodapische Kalke als Ablagerungen von Trübeströmen („turbidity currents").

Aphanit: Korngrößenbezeichnung für feine Grundmasse (< 0,01 mm); bei Lupenvergrößerung sind die einzelnen Körner und Kristalle nicht identifizierbar; entspricht z. T. dem Mikrit.

Arenit: Korngrößenbezeichnung; Partikel in Sandkorngröße.

Back reef: Der Brandungsseite abgewandter Bereich eines Riffkomplexes, der noch stark vom Riffkörper beeinflußt wird.

Bahamit: Bezeichnung für körnige Kalke und Kalksteine, die den rezenten Ablagerungen in den inneren Bereichen der Bahama-Bänke entsprechen oder diesen sehr ähnlich sind. Nach der Korngröße Siltite bis Rudite, in denen die Körner gewöhnlich als sog. „Krümel" und „Pillen" ausgebildet sind und aus Aggregaten feineren Materials bestehen.

Biogene: Alle Organismenhartteile. Vollständige, nicht zerbrochene Biogene = Biomorpha; Bruchstücke von Organismenhartteilen = Bioklaste. In Gesteinsnamen wird das Vorkommen von Biogenen durch die Silbe „bio-" ausgedrückt.

Biofraktion: Anteil der Biogen-Gruppen am Fossilinhalt einer Probe.

Bioherm (griech.: herma = Riff): Hügel- oder linsenförmige, meist massige Gesteinskörper, die durch Organismen aufgebaut wurden; zur Zeit des Aufbaues und des Wachstums das umgebende Sediment aktiv überragend.

Biokalkarenit: Besondere Gruppe von Kalkareniten (= Karbonatgesteine aus Partikeln in Sandkorngröße), bei der die Partikel vorwiegend Biogene sind.

Bioklast: siehe Biogene.

Biolithit: Sammelbegriff für Gesteine mit über 50% Biogenen. R. L. FOLK (1959) verwendet diesen Begriff für Gesteine, die überwiegend aus primär starr miteinander verbundenen Fossilresten bestehen. Im Deutschen können solche Gesteine als „Fossilfestkalke" bezeichnet werden (H. FÜCHTBAUER und G. MÜLLER 1970).

Biomikrit: Nach der Klassifikation von R. L. FOLK (1959) Mikrit mit Beimengung von Allochemen, worunter die Biogene vorherrschen.

Biomorpha: siehe Biogene.

Biostrom (griech.: stroma = Decke): Geschichtete Insitu-Fossilkalke mit planparalleler Ober- und Untergrenze; zur Zeit des Aufbaues und Wachstums das umgebende Sediment nicht aktiv überragend.

Caliche: Kalkreiche (manchmal auch dolomitische) Krusten, die sich in Gebieten mit langen Trockenzeiten bilden (z. B. in den Hochwüsten Chiles — dort mit Natronsalpeter).

Calcilithit: Kalkstein, der 50% oder mehr Extraklasten enthält.

Coated grains (deutsch „Rindenkörner"): Allseitig umkrustete Rundkörperchen; als Kerne dienen Bioklaste, Intraklaste, Pellets u. a. Oft als Überbegriff für Ooide und Onkoide verwendet.

Coquina: Mehr oder weniger gut mechanisch sortierte Organismenhartteile; schwach bis mäßig stark zementiert und verfestigt. Gewöhnlich aus Schill bestehend. Feineres Material (in Sandkorngröße oder etwas feiner) kann Mesocoquina genannt werden. Microcoquina entspricht der Schreibkreide.

Coquinite: Stark verfestigte Sedimentgesteine mit Coquina-Zusammensetzung.

Criquina: Coquina aus Crinoidenstielgliedern (Trochiten); s. Tafel 2.VIII, Bild 1.

Detrituskalke: Nach H. FÜCHTBAUER (in H. FÜCHTBAUER und G. MÜLLER 1970) sind Detrituskalke aus Bruchstücken mehr oder weniger verfestigter Kalksedimente zusammengesetzt. Nach Form und Größe dieser Bruchstücke unterscheidet man Kalkkonglomerate (verrundete, über

2 mm große Gerölle), Kalkbrekzien (eckige, über 2 mm große Bruchstücke), Kalkarenite (0,063–2,0 mm große detritische Kalkkörner), Intraklastkalke (Resedimente, aus Intraklasten zusammengesetzt).

Dolo- (als Vorsilbe): Bedeutet, daß Dolomit die vorherrschende Mineralphase der entsprechenden Bildung ist; z. B. Dolomikrit = Mikrit, der vor allem aus Dolomit besteht.

Dismikrit: Mikrit mit unregelmäßig verteilten, spaterfüllten Hohlräumen.

Duricrust: Nach W. G. Woolnough (1928) Verhärtungen von Bodenoberflächen in ariden Gebieten. Sind diese Verhärtungen kalkreich, so werden sie „calcrete" genannt.

Encrinit: Karbonatgestein mit über 50% Crinoidenresten.

Energieindex: Relatives Maß für die mutmaßliche Wasserenergie; nach P. E. Schenk (1967) ausgedrückt durch die Menge von Allochemen + Mineralkörnern/Mikrit-Menge.

Einfachooid: Ooid mit nur einem oder zwei Ringen.

Extraklast: Bruchstück eines verfestigten älteren Karbonatgesteins (Kalk- oder Dololithit) von außerhalb des Ablagerungsraumes.

Festkalk: P. und E. Niggli (1952) unterscheiden primäre und sekundäre Festkalke. Die primären Festkalke sind chemisch bzw. biochemisch durch direkte Anwachsanlagerung gebildete Kalksteine mit knollenartiger, krustenartiger, riffartiger u. a. Ausbildung. Die sekundären Festkalke sind diagenetisch verfestigte „Loskalke".

Fore reef: Der Brandungsseite zugekehrter Bereich eines Riffes, der noch stark vom Riffkörper beeinflußt wird.

Fossilkalke: Kalk-Sedimentite, die zu über 50% aus ganzen oder zerbrochenen Kalkskeletten von Pflanzen oder Tieren bestehen. Dabei können die Hartteile auch mikroskopisch klein sein. Eine Differenzierung ist möglich, indem die hauptsächlich an der Zusammensetzung beteiligten Organismenreste zur Begriffsbildung benutzt werden – z. B. Foraminiferenkalke, Korallenkalke usw.

Globoid: (karbonatischer) Sedimentsphärit, der sich als Gefügebestandteil frei an der Sedimentoberfläche abgelagert hat. Globolith = Sedimentgestein, das überwiegend aus Globoiden besteht (z. B. der sog. „Rogenstein" = Kalk-Oolith des Unt. Buntsandsteins).

Grainstone: Gefügebezeichnung; Karbonat-Sedimentit aus sich gegenseitig abstützenden Partikeln (engl.: grains).

Granulierte Kalke (= „Krümelkalke"): Variante der Kalklutite; bestehen aus unscharf begrenzten „Krümeln" von 0,02–0,1 mm Größe; gegen Pillenkalke und feinkörnige Intraklastkalke besteht keine scharfe Grenze. Die „Krümel" stellen Aggregate feineren Materials dar. Sie sind teils biogener Natur (Algenbildungen), teils diagenetisch entstanden (Genese im einzelnen nicht ausreichend geklärt). Die Bedeutung der granulierten Kalke liegt nach H. Füchtbauer (in H. Füchtbauer und G. Müller 1970) darin, daß sie Gebiete mit geringer Wasserbewegung anzeigen.

Grapestone: Karbonat-Sedimentit aus Lumps.

Hinterriff-Bereich: Bereich zwischen Riffkörper und Strandlinie (bes. bei Barriereriffen).

Hydroklast: Lithoklastischer oder bioklastischer Karbonat-Detritus, der im Wasser transportiert und abgelagert wurde. Hydrolith = Gestein aus Hydroklasten.

Intraklast: Klastischer Gefügebestandteil; das Ausgangsmaterial ist im Ablagerungskomplex selbst zu suchen; es handelt sich um resedimentiertes Material. Synonym: Endoklast. In Gesteinsnamen wird das Vorkommen von Intraklasten durch die Silbe „intra" ausgedrückt.

Intramikrit: Karbonat-Sedimentit-Typ. Nach der Klassifikation von R. L. Folk (1959) Mikrit mit mehr als 25% Intraklasten.

Intramikrudit: Karbonat-Sedimentit-Typ. Nach R. L. Folk (1959) Rudit, der aus Intraklasten besteht, die durch feinkörnigen Calcit (bzw. Dolomit) verkittet sind.

Intrasparit: Karbonat-Sedimentit-Typ. Nach R. L. Folk (1959) Sparit mit mehr als 25% Intraklasten.

Klasten: Bruchstücke von Gesteinen (= Lithoklasten) und/oder Organismenhartteilen (= Bioklasten). Weisen auf mechanische Transportbeanspruchung hin.

Kastizitätsindex: Durchmesser des größten transportierten Partikels als Maß für die maximale Transportenergie; Ausbeutung der Werte jedoch oft unsicher.

Klintit: Nach F. J. Pettijohn (1957) Karbonatgesteine, welche die herauserodierten Kerne von Bioherm-Riffen aufbauen. In Indiana und Illinois bilden diese Kuppen und Hügel, die „klint" genannt werden. Klintite bestehen aus einem Netzwerk von Dolomit, wodurch das Gestein seine Widerstandsfähigkeit gegen die Abtragung erhält.

Komponenten: Oft syn. für Partikel (oder Körner).

Kryptit: Korngrößenbereich der Grundmasse, kleiner als 1 µm.

Lumaschellen: Vorwiegend aus Muschelschill zusammengesetzte Fossilkalke.

Lumps: Synsedimentär (chemisch und/oder durch Algen- und Bakterientätigkeit) verbackene Komponentenaggregate. In älteren Sedimentiten oft als Rundkörperchen mit gelapptem Umriß — aber ohne erkennbare Innenstruktur — auftretend.

Lutit: Korngrößenbezeichnung; Feinstdetritus.

Mikrit: Primärer Typ von Karbonat-Grundmasse bzw. von Karbonat-Sedimentiten; Korngröße nach R. L. Folk (1959) $< 0{,}004$ mm, nach M. W. Leighton und C. Pendexter (1962) $< 0{,}03$ mm, nach H. J. Bissel und G. V. Chilingar (1967) $< 0{,}05$ mm. Genetisch lassen sich unterscheiden: Automikrite, die durch chemische und biochemische Fällung entstanden sind, Allomikrite, die mechanisch-bioklastisches Material darstellen, und Pseudomikrite, die sich infolge einer Kornverkleinerung (Mikritisierung) bei der Umkristallisation bildeten. Auto- und Allomikrite können unter dem Begriff Orthomikrit zusammengefaßt werden (E. Flügel 1967).

Mikrosparit: Diese Bezeichnung wird oft für Gefüge benutzt, welche eine Sammelkristallisation ursprünglich mikritischen Materials erkennen lassen.

Nari: Von J. Blanckenhorn (1905) eingeführter, aus dem Arabischen stammender Terminus für eine besondere Varietät der Caliche, die sich auf oder nahe an der Bodenoberfläche bildet.

Onkoid: Den Begriff Onkoid (griech.: onkos = Knolle) führte A. Heim (1916) in die Literatur ein. Onkoide sind Globoide mit deutlich laminarem Aufbau. Ringe meist nicht konzentrisch. Ringbegrenzung nicht parallel laufend. Onkolith = Gestein, das überwiegend aus Onkoiden aufgebaut ist.

Ooid: Globoid mit konzentrisch-schaligem, manchmal auch radialstrahligem Aufbau. Oolith = Gestein, das überwiegend aus Ooiden aufgebaut ist.

Oolarenokryptit: Nach C. Monty (1963) ist „oolarénocryptite" ein mariner Kalkstein, der hauptsächlich aus kryptokörniger (kryptokristalliner) Grundmasse besteht, in die in wechselnder Menge Ooide eingebettet sind.

Oomikrit: Nach der Klassifikation von R. L. Folk (1959) Mikrit, der mehr als 25% Ooide enthält.

Oomikrudit: Nach der Klassifikation von R. L. Folk (1959) ein aus Ooiden bestehender Rudit mit mikritischem Bindemittel.

Oosparit: Nach der Klassifikation von R. L. Folk (1959) ein Karbonatgestein, das in deutlich kristalliner Matrix (Sparit) mehr als 25% Ooide enthält.

Oosparrudit: Nach der Klassifikation von R. L. Folk (1959) ein ruditisches Sedimentgestein, das in sparitischem Bindemittel mehr als 25% Ooide enthält.

Orthocheme: Nach R. L. Folk (1959) schließt der Begriff „orthochems" sämtliche chemische Abscheidungen (gemeint sind in erster Linie — jedoch nicht ausschließlich — die karbonatischen) ein, die sich im Ablagerungsbecken oder im Gestein selbst bildeten und welche keine oder nur sehr schwache Merkmale eines Transportes zeigen. Die wichtigsten Orthocheme sind: Feinkörniges Karbonat sowie deutlich kristalliner Calcit und andere Karbonatminerale, die sich auf dem Wege der Sammel- und Umkristallisation bildeten.

Packstone: Gefügebezeichnung. Ein Karbonatgestein, in dem sich die Partikel gegenseitig abstützen; kann auch noch feinkörniges Bindemittel enthalten.

Partikel: Überbegriff für Biogene, Pellets, Ooide, Intraklaste, terrigene Minerale u. a.

Partikelkalke: Vorwiegend aus Partikeln zusammengesetzte Kalk-Sedimentite. Nicht selten bestehen diese etwa zu gleichen Teilen aus zwei verschiedenen Partikelarten. Häufigere Gesteine dieser Art sind Intraklast-Pillenkalk, Pillen-Schillkalk, Pillen-Biokalkarenit, Pillenoolith, Schilloolith.

Patch reef: Kleinriff in der Größenordnung von 1 m^3.

Pellets: Sammelbegriff für rundliche, mikritische Partikel ohne erkennbare Innenstruktur; bis 1 mm groß, meist jedoch kleiner. In Gesteinsnamen wird das Vorkommen von Pellets durch die Silbe „pel-" ausgedrückt.

Pelmikrit: Nach der Klassifikation von R. L. FOLK (1959) ein Mikrit, der Pellets enthält.

Pelsparit: Nach der Klassifikation von R. L. FOLK (1959) ein Sparit, der Pellets enthält.

Phytolith: Nach C. MONTY (1963) sind „phytolithes" marine Kalksteine, die von pflanzlichen Organismen (z. B. von Algen) gebildet wurden.

Pillen: Syn. Pellets.

Pillenkalke: Kalk-Sedimentite, die als Hauptkomponente Pellets enthalten.

Pisoid: Ooid mit einem Durchmesser über 2 mm. Pisolith = Gestein aus Pisoiden. Eine Reihe von Autoren lehnt den Begriff Pisoid ab, da einerseits kein besonderer Grund vorliegt, Ooide mit einem Durchmesser über 2 mm anders zu benennen als solche mit einem Durchmesser unter 2 mm und andererseits unter Pisoiden gelegentlich auch Onkoide verstanden werden.

Plastiklast: Mehr oder weniger synsedimentär aufgearbeitetes (Karbonat-)Schlamm-Fragment; = Schlickgeröll.

Protointraklast: Beginn der Intraklastbildung. Konzentration von in sich bewegtem, jedoch nicht aus dem Zusammenhang gerissenen Schlamm.

Pseudointraklast: (Karbonat-)Schlamm-Fragment, das durch die wühlende Tätigkeit von Organismen (Bioturbation) entstanden ist.

Pseudooide: Alle rundlichen, struktur- und schalenlosen Partikel von Ooidhabitus.

Rhodolith: A. BOSELLINI und R. N. GINSBURG (1971) führten den Begriff „rhodolite" (Rhodolith) für rezente knollenförmige Algenbildungen ein, die sie im Bermuda-Gebiet fanden. Fossile Rhodolithe beschreibt D. F. TOOMEY (1975) aus dem Paläozoikum von Kansas/USA.

Riff: Ein Sediment-Körper, der von gerüstbildenden oder sedimentbindenden Organismen im Wasser errichtet wird. Zur Zeit der Bildung und des Aufbaues ist dieser Körper gegenüber Welleneinwirkung weitgehend resistent.

Riffkomplex: Gesamtheit der Riffbereiche einschließlich der von ihnen beeinflußten Umgebung (K. KERKMANN 1969).

Rindenkörner (engl.: coated grains): Oberbegriff für alle Partikel mit Kern; besser aber — Bezeichnung für Komponenten mit Mikrit-Hüllen.

Rudit: Korngrößen- (Partikelgrößen-) Bezeichnung; > 2 mm.

Rudstone: Karbonatgestein mit Partikeln > 2 mm, die sich gegenseitig berühren und abstützen.

Rundkörperchen: Oberbegriff für alle rundlichen Karbonatpartikel mit oder ohne Innenstruktur; z. B. Ooide, Pellets, Lumps usw.

Schlickgeröll: = Plastiklast.

Schill: Organismenschalen und größere Schalenbruchstücke.

Siltit: Korngrößenbezeichnung; entspricht häufig einer mikritischen Grundmasse mit Feinbiodetritus in Siltgröße (~ 0,004 bis 0,063 mm).

Skeletal grains: = Biogene.

Sparit: „Spätige" Grundmasse mit Kristallgrößen über 0,005 mm, meist aber ab 0,02 mm. Nach W.-U. MÜLLER-JUNGBLUTH und P. H. TOSCHEK (1969) umkristallisierte (sammelkristallisierte) Matrix.

Spatit: Chemisch ausgeschiedenes und an freie Oberflächen angelagertes oder als Porenfüllung auftretendes Karbonat.

Spergenit: Nach F. J. PETTIJOHN (1957) ist „spergenite" ein Kalkarenit, der aus Fossildetritus und Ooiden besteht und nur wenig Quarzkörner enthält. Das Bindemittel ist Calcit-Zement. Der

Name wurde von entsprechenden Gesteinen der „Spergen formation“ (Bedford-Kalkstein, Missisippian von Indiana/USA) abgeleitet.

Sphärizität: Annäherung von Partikeln an die Kugelform. K. KERKMANN (1969) benutzt als Sphärizitätsmaß eines Gefügebildes (im Dünnschliff) den prozentualen Anteil von Partikeln, deren größte und kleinste scheinbare Durchmesser nicht stärker als 20% voneinander abweichen.

Sphäroklast: Gerundeter klastischer Gefügebestandteil.

Stromatolith: E. KALKOWSKY (1908) führte die Bezeichnung Stromatolith (griech.: stroma = Matte) für schichtig (aus einzelnen Lagen = Stromatoiden) aufgebaute, teilweise zu kleinen Kuppeln aufgewölbte, feste Kalksteine ein, die sich als Algenbildungen erweisen. Die ältesten bisher bekannten Stromatolithen traten vor ca. 3100 Millionen Jahren auf (J. W. SCHOPF 1975). Zwischen stromatolithischen Bildungen und Onkoiden gibt es häufig Übergänge. Als solche Übergangsformen kann man die gekröseartigen „Thrombolithe“ (J. D. AITKEN 1967) ansehen.

Subsolutionsstrukturen: Submarin angelöste Fossilien und Sedimentoberflächen; häufig mit Anbohrungen, Krustenbildungen und Bewuchs.

Terrigene Komponenten: Alle nichtkarbonatischen in den Sedimentationsraum transportierten Minerale und Gesteinsbruchstücke.

Thrombolith (von griech.: thrombos = Klumpen): s. Stromatolith.

Tuberoide: Rundliche, im allgemeinen strukturlose Partikel aus mikritischem Material, die auf Zerfallsprodukte von Schwämmen zurückgeführt werden können (G. K. FRITZ 1958). Tuberolith = Gestein, das vorwiegend aus Tuberoiden zusammengesetzt ist.

Vorriff-Bereich: Teil des Riffkompexes zwischen Riffkörper und offenem Meeresbecken (K. KERKMANN 1969).

2.7.2. Sulfatische und halogenidische Sedimentite einschließlich anderer Produkte der Evaporisation[1]

Die Evaporisation oder Evaporation (lat. e = aus, vapor = Dampf) ist als Ausfällung (Präzipitation) von Stoffen infolge Eindampfen oder Verdunsten von Lösungen der Extremfall einer Sedimentation, die fast rein auf anorganisch-chemischen Prozessen beruht. Produkte der Evaporisation sind im wesentlichen die meist leicht löslichen Salze.

Das bedeutendste Reservoir an Salzlösung stellt der Ozean dar, und es ist logisch, wenn für den weitaus größten Teil der Evaporite (Eindampfungsgesteine) ein mariner Ursprung angenommen wird. Woher letztlich die gelösten Stoffe im Meerwasser stammen, ist dabei eine andere Frage. Die Hauptkomponenten Na^+, K^+, Mg^{++} und Ca^{++} dürften bei der Entwicklung der Erdkruste vor allem im exogenen Kreislauf durch Verwitterungsvorgänge freigesetzt worden sein; für Cl^- und SO_4^{--} muß man dagegen eine Herkunft aus vulkanischen Prozessen annehmen.

Neben die marinen Evaporite sollen als eine gesonderte Gruppe die kontinentalen Evaporite gestellt werden. Darunter sind Absätze zu verstehen, die sich bei der Eindampfung von Lösungen bilden, welche auf den Festländern zirkulieren. Vor allem ist dabei an Salzablagerungen in ariden „abflußlosen“ Senken gedacht, die ihr Material aus in diese Gebiete einmündenden Flüssen beziehen. G. RICHTER-BERNBURG (in A. BENTZ und H. J. MARTINI 1968) spricht von „fluviogenen Pfannensalzen“. Er hebt hervor, daß es sich dabei stets nur um relativ geringmächtige Abscheidungen handelt,

[1] Der Verfasser ist Herrn Dr. K. KOCH für die Durchsicht dieses Teiles, zahlreiche Hinweise, die Möglichkeit zur Einsichtnahme in noch unveröffentlichte Manuskripte und die Bereitstellung der Übersichtskarte über die regionale und stratigraphische Verteilung von Salzlagerstätten im Weltmaßstab sehr zu Dank verpflichtet.

und keine der bekannten großen Salzlagerstätten der geologischen Vergangenheit auf diese Art entstanden sein kann.

Die meisten Evaporite zeichnen sich durch eine sehr hohe Mobilität und Reaktionsfähigkeit aus. Dieses äußert sich z. B. in Salzdiapirismus, Anfälligkeit gegen Auflösung, wodurch das Material immer wieder in den exogenen Kreislauf einbezogen wird, und in einer Vielzahl von Mineralum- und -neubildungen nach der Sedimentation. Den postsedimentären Umbildungen von Salzablagerungen ist im Kapitel über die Diagenese ein gesonderter Abschnitt gewidmet (2.9.5.).

Über Evaporite, speziell über Salzablagerungen, existiert eine umfangreiche Literatur. Besonders wichtige Arbeiten, die auch als Grundlage für die vorliegenden Ausführungen dienten, sind jene von F. Lotze (1957), G. Richter-Bernburg (in A. Bentz und H. J. Martini 1968), G. Richter-Bernburg (1953), H. Borchert (1959), J. H. van't Hoff (1905, 1909), M. G. Valjaško (1958), O. Braitsch (1962), E. Stolle (in W. Gimm 1968), A. A. Ivanov und M. L. Voronova (1972), S. M. Korenevskij (1973), M. A. Žarkov (1974) und K. Koch (in L. Baumann und G. Tischendorf 1976).

2.7.2.1. Marine Evaporite

Nach G. Richter-Bernburg (1968) besteht der Evaporisationsrückstand von Meerwasser der heutigen Durchschnittszusammensetzung aus 0,3% (Masse) $CaCO_3$, 3,7% $CaSO_4$, 77,1% NaCl und 18,0% K–Mg-Salzen. Eine 10 m hohe Wassersäule würde bei vollständiger Eindampfung ein Sediment hinterlassen, das sich folgendermaßen aufbaut:

158,5 mm
- 28 mm K–Mg-Salze
  - 15 mm $MgCl_2$
  - 7 mm KCl
  - 6 mm $MgSO_4$
- 126 mm NaCl
- 4 mm $CaSO_4$
- 0,5 mm $CaCO_3$

Um mehrere hundert, teilweise sogar einige tausend Meter mächtige Salzfolgen zu erhalten, wie man sie in einer Reihe von Salinarformationen der geologischen Vergangenheit beobachten kann, bedarf es offensichtlich besonderer Bedingungen, die im folgenden in den wichtigsten Grundzügen erläutert werden sollen.

2.7.2.1.1. Zur Entstehung mariner Salinarformationen

Geotektonische Voraussetzungen

Als eine Grundlage für das Verständnis der Entstehung mächtiger Salinarfolgen erwies sich die von C. Ochsenius (1877) entwickelte *Barrentheorie*. Ochsenius ging von der Vorstellung aus, daß durch die Abschnürung eines Teilbeckens vom Ozean mittels einer Barre sowohl günstige Bedingungen für die Evaporisation geschaffen werden als auch die mehrfache Flutung des Teilbeckens bei verhindertem Rückfluß der konzentrierten Salzlauge eine starke Anhäufung von Salzen ermöglicht. Dieser Grundgedanke wurde später weiterentwickelt. So läßt die Annahme eines sog. Saturationsschelfes (G. Richter-Bernburg 1953, 1955) anstelle einer im wesentlichen geschlossenen Barre den ständigen Zustrom von Ozeanwasser in das Salinarbecken zu (Abb. 2.26). Im flachen Wasser über dem Saturationsschelf kommt es dabei zu einer Vorkonzentration, teilweise auch zur Sedimentation von Kalziumkarbonat und -sulfat und deren Anhäufung zu Wällen. Durch diese Sedimentation kann in zunehmendem Maße eine Abschnürung des Salinarbeckens vom Ozean eintreten. Es ist weiterhin verständlich, daß dieses System auch auf jede andere (tektonisch oder eustatisch bedingte) Änderung der Wassertiefe sehr empfindlich reagieren muß. So lassen sich zwanglos die großräumigen Faziesdifferenzierungen in den Salinarbecken erklären.

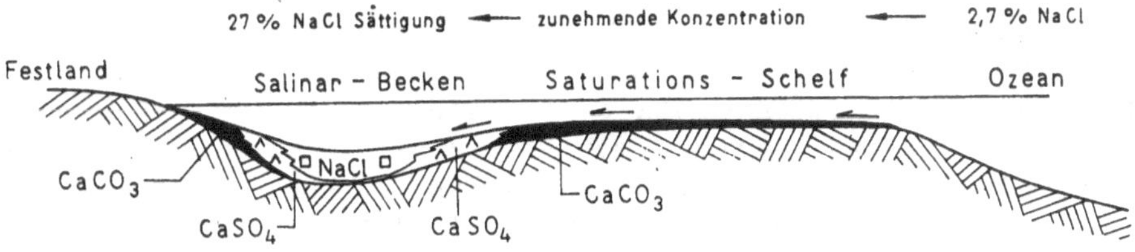

Abb. 2.26. Salinare Sedimentation in der „Salzfalle" hinter dem Saturationsschelf (nach G. Richter-Bernburg 1953)

Rezente Beispiele für dieses Modell sind bekannt. In Turkmenien/UdSSR ist die Kara-Bogas-Gol über einen schmalen und sehr seichten Zufluß mit dem Kaspischen Meer verbunden. Allerdings besitzt das Wasser des Kaspischen Meeres nicht die Durchschnittszusammensetzung des Ozeanwassers. Es ist bereits stark kontinental beeinflußt. Andere Beispiele sind eine Reihe von Küsten-Sebkhen um den Persischen Golf, das Rote Meer und das südliche Mittelmeer. Der Terminus Sebkha (Sabkha) stammt aus dem Arabischen. Er bezeichnet eine ebene Ton-, Schluff- oder Sandfläche, die oft Salzkrusten aufweist (K. W. Glennie 1970). Die Küsten-Sebkha (besser Malaha) ist eine Küstenebene in einem heißen Wüstenklima. Einige dieser Küsten-Sebkhen tragen den Charakter von salzigen Lagunen, die durch Schwellen aus Algenriff- und Oolith-Kalkstein vom Meer abgetrennt sind. Durch offen gebliebene Pforten kann Meerwasser in sie eindringen, besonders wenn der normale Flutpegel überschritten wird. Salzkrusten können in diesen Küstenebenen auch entstehen, wenn Meerwasser in die Sedimente einsickert und infolge der starken Verdunstung kapillar an die Oberfläche gelangt.

Mächtige Salzlager entstehen offenbar aber erst dann, wenn mit der Sedimentation eine Absenkung des Salinarbeckens einhergeht. Darauf weisen auch besonders große Salzansammlungen in einigen Grabenzonen hin. Die geotektonische Spezifik der Grabenbildung ist die Absenkung langgestreckter Schollen an flankierenden Brüchen. Im Graben des Toten Meeres werden Salzmächtigkeiten von über 8000 m vermutet.

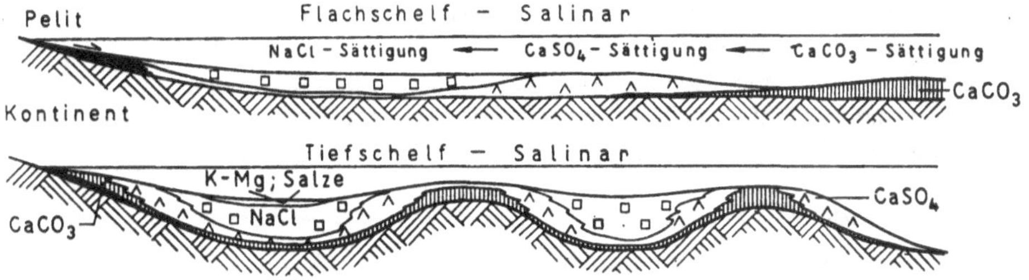

Abb. 2.27. Fraktionierte Sedimentation in einem ausgedehnten Flachschelf- und einen durch Schwellen gegliederten Tiefschelfbereich (nach G. Richter-Bernburg 1953)

Man muß annehmen, daß im Regelfall das Becken relativ flach blieb (Flachschelf- bzw. Tiefschelf-Salinare G. Richter-Bernburgs 1953), wobei Sedimentation und Absenkung des Untergrundes sich etwa die Waage hielten (Abb. 2.27). Nur in Ausnahmefällen kann man mit der Abschnürung und Eindampfung eines primär sehr tiefen Meeresteiles rechnen, wie es z. B. K. J. Hsü (1974) — von anderen Autoren jedoch nicht unwidersprochen — für die Entstehung der obermiozänen Evaporite im Mittelmeer voraussetzt.

Es ist verständlich, daß sich das tektonische Regime der Beckenentstehung und -absenkung sowie die Paläogeographie der angrenzenden Festlandsteile sehr stark auf die Sedimentation in einem Salinar-Becken auswirken müssen. Es fällt auf, daß Salinarformationen vor allem im Anschluß an größere Gebirgsbildungen auftreten. Offensichtlich bestehen im Zusammenhang mit der Heraushebung der Gebirge vor allem in benachbarten Tafelbereichen günstige Bedingungen für die Anlage von weitspannigen Teilbecken für die salinare Sedimentation. Ist das Gebirge dann wieder weitgehend eingeebnet und dringt das Meer erneut in diesen Raum vor, so können auch die Senken in den Gebirgsrümpfen zu ausgezeichneten „Salzfallen" werden. Oft kommt es, tektonisch bedingt, in einem Gebiet mehrmals nacheinander zu salinarer Sedimentation. F. Lotze (1957) spricht von einem „Gesetz der Posthumität", das z. B. in der Norddeutsch-polnischen Senke, im Oberrheingraben, im südlichen Pyrenäenbecken und in vielen anderen Bereichen verwirklicht ist.

Salinarbildungen sind vom Jungpräkambrium bis rezent bekannt. Eine Übersicht über die regionale und stratigraphische Verteilung von Salzlagerstätten im Weltmaßstab bietet Abb. 2.28.

Klimatische Voraussetzungen

Um eine Evaporisation einzuleiten, muß der Niederschlag bzw. die Lösungszufuhr geringer als die Verdunstung sein. Am extremsten ist diese Bedingung in den warmariden Klimazonen verwirklicht. Eine Analyse von F. Lotze (1957) zeigt, daß sich auch in der geologischen Vergangenheit die salinaren Sedimente deutlich in Zonen anordnen. Es ist logisch, darin eine Koinzidenz mit den jeweiligen warm-ariden Klimagürteln zu sehen und die Verschiebung der Salzbildungszonen im Laufe der Erdgeschichte als einen Ausdruck der Verlagerung der Klimagürtel zu werten. Die Ursache für dieses Phänomen läßt sich nach Lotze am besten in Polwanderungen bzw. in einer Verschiebung der gesamten Erdkruste gegenüber einem im Raum festliegenden Koordinatensystem suchen.

In der Erdgeschichte wechselten Perioden, in denen sich in bestimmten Zonen Kennzeichen hoher Aridität häufen, mit Zeiten ab, in denen kaum entsprechende Merkmale auftreten. Weiterhin muß man feststellen, daß es in den warm-ariden Klimagürteln nicht überall zu einer Salzabscheidung kommt. Erst das Zusammentreffen günstiger geotektonischer Voraussetzungen mit den entsprechenden klimatischen Bedingungen ermöglicht die Entwicklung von Salinarformationen, die nach Mächtigkeit, Ausdehnung und Zusammensetzung unser besonderes Interesse verdienen.

Physikochemische Grundlagen der Bildung mariner Evaporite

Bei der Evaporisation ist die Abfolge der Fällungen vor allem von der Löslichkeit der beteiligten Stoffe abhängig. Das am wenigsten lösliche Salz wird zuerst ausfallen, das löslichste am Schluß. Betrachtet man die Reaktionen aber genauer, so sind sie bei

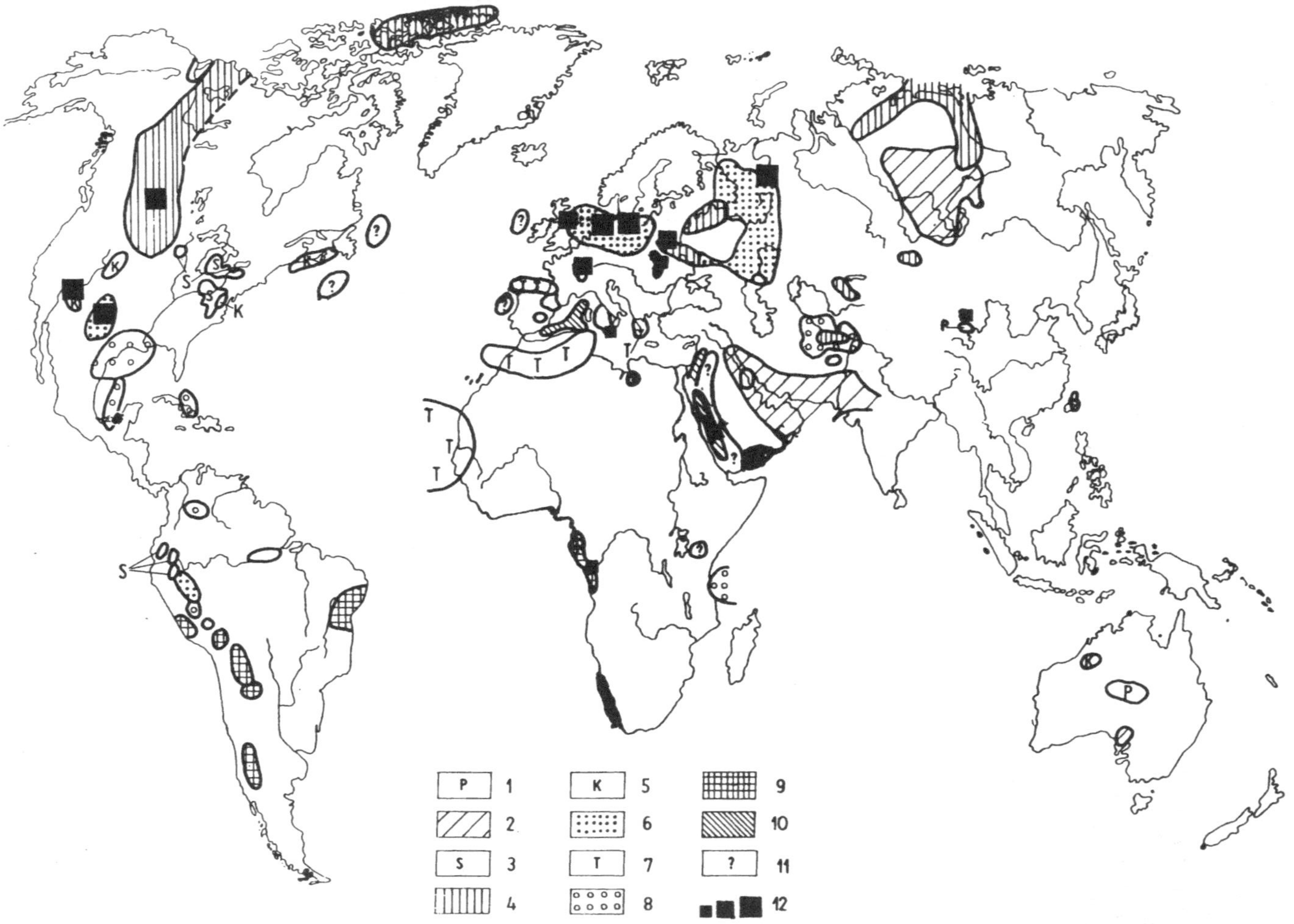

Abb. 2.28. Regionale und stratigraphische Verteilung von Salzlagerstätten im Weltmaßstab (zusammengestellt von K. Koch nach Kalinko 1972, Žarkov 1974 und Unterlagen von Döhner und Jahne)

1. Präkambrium; *2.* Kambrium; *3.* Silur; *4.* Devon; *5.* Karbon; *6.* Perm/Zechstein; *7.* Trias; *8.* Jura; *9.* Kreide; *10.* Tertiär; *11.* Alter fraglich; *12.* Kalilagerstätten mit einer jährlichen Förderung von: $< 0{,}5$ Mill. t K_2O/a; 1—2 Mill. t K_2O/a; > 2 Mill. t/a

weitem nicht so einfach, wie es zunächst scheint. Sie werden durch die Tatsache kompliziert, daß auch die Art und Konzentration der Lösungsgenossen sowie die Wassertemperatur und der Dampfdruck die Löslichkeit eines Salzes beeinflussen (E. T. Degens 1968).

Die physikochemischen Grundlagen der Bildung von Evaporiten aus Meerwasser wurden vor allem von J. H. vant't Hoff und durch die von N. S. Kurnakov ausgehende Schule, zu der auch M. G. Valjaško gehört, untersucht. Im wesentlichen lassen sich bei der Evaporisation von Meerwasser folgende große Eindampfungsphasen (-abschnitte oder -zonen) unterscheiden:

I. Karbonatphase;
II. $CaSO_4$-Phase;
III. NaCl-Phase;
IV. K—Mg-Chlorid- und Sulfat-Phase.

Karbonate fallen bereits bei niedriger Evaporisation des Meerwassers aus. Meist zeigen aber genauere Untersuchungen, daß auch bei ursprünglich als evaporitisch gedeuteten Karbonatgesteinen zum großen Teil die Karbonatfällung von Organismen hervorgerufen oder zumindest durch diese beeinflußt wurde. Zum Beispiel findet man im „Zechsteinkalk" an der Basis des mitteleuropäischen Zechsteinsalinars nicht selten Onkoide und kleine stromatolithische Algenbildungen. Gelegentlich kann in der Karbonat-Phase auch Fluorit (CaF_2) gefällt werden. P. Krüger (1962) beschrieb ein Vorkommen von syngenetisch-sedimentärem Fluorit aus dem Plattendolomit (Zechstein 3) des Geraer Beckens.

Die $CaSO_4$-Phase beginnt, wenn sich der Wassergehalt der eindunstenden Meerwasserlösung auf etwas unter 1/3 der ursprünglichen Menge verringert hat. Für den Beginn der NaCl-Phase ist eine 9,5- bis 11fache Konzentrationserhöhung erforderlich. Zur Abscheidung von K—Mg-Salzen kommt es erst, wenn der Wassergehalt der Lösung auf ca. 1/60 der ursprünglichen Menge abgenommen hat. Es ist verständlich, daß diese letzte Phase nur unter sehr günstigen Bedingungen, die selten eintreten, erreicht wird. Überhaupt muß man feststellen, daß die Zusammensetzung der natürlichen Salzfolgen von der am Anfang des Kapitels aufgeführten Zusammensetzung, wie sie bei vollständiger statischer Eindampfung des Meerwassers zu erwarten ist, meist mehr oder weniger deutlich nach Mächtigkeit und stofflicher Zusammensetzung abweicht. Da man voraussetzen kann, daß sich zumindest seit dem Beginn des Paläozoikums die Durchschnittszusammensetzung des Ozeanwassers nicht wesentlich geändert hat, weist dieser Fakt auf offene Systeme bei der Bildung mariner Evaporite hin. Gedacht werden muß dabei vor allem an den Zustrom von frischem Ozeanwasser in die Salinar-Becken, an Süßwasserzuflüsse vom Festland und auch an die Abwanderung von konzentrierter Salzlösung. Besonders fällt in vielen Salzlagerstätten ein sog. „Sulfatdefizit" in der IV. Eindampfungsphase auf. Diese Sulfatverarmung kann ihre Ursache in Zuflüssen Ca-reicher Festlandwässer haben, die zu einer Bindung der Sulfationen als Kalziumsulfat führen.

Eine weitere Erklärungsmöglichkeit für dieses Sulfatdefizit bietet die Tätigkeit sulfatreduzierender Bakterien, die H_2S produzieren. Dieses H_2S wird zum überwiegenden Teil in die Atmosphäre entweichen; wenn Schwermetallionen vorhanden sind, kann es aber auch sulfidisch gefällt werden.

N. S. Kurnakov bezeichnete die Veränderung der Zusammensetzung von Meerwasserlösungen unter dem Einfluß der Wechselwirkung mit den vom Festland hereingetragenen Ca-Ionen als „Metamorphisationsprozeß" (M. G. VALJAŠKO 1958). Er analysierte mit seinen Schülern die Vorgänge, welche sich bei der Eindampfung von Meerwasser durch die Sonne abspielen, legte seinen Untersuchungen also natürliche Verhältnisse zugrunde. Die erkannten Stabilitätsbeziehungen wurden im sog. „Sonnendiagramm" dargestellt und zusammengefaßt. Es zeigte sich dabei, daß im Gegensatz zu VAN'T HOFF, der mit stabilen Bedingungen rechnete, bei der Kristallisation der Salze, speziell der Kalisalze, metastabile Zustände eine besondere Rolle spielen. Die vorwiegenden Formen der Kaliumabscheidung nach dem „Sonnendiagramm" sind Sylvin und Carnallit (M. G. VALJAŠKO 1958).

Auch nach O. BRAITSCH (1962) erfolgt die Primärabscheidung in der IV. Eindampfungsphase im wesentlichen unter metastabilen Gleichgewichtsbedingungen; BRAITSCH fügt aber hinzu, daß man über die Art und die Geschwindigkeit der Umbildung der metastabilen in stabile Bodenkörper im einzelnen z. Z. noch wenig weiß.

Auf ein besonderes Problem bei der Bildung von Kalisalzlagern hat M. G. VALJAŠKO (1958) aufmerksam gemacht. Er weist darauf hin, daß gegen Ende der Halitabscheidung ein Stadium erreicht wird, in welchem das Restvolumen der stark konzentrierten Lösungen dem Porenvolumen der zuletzt abgelagerten Halitschichten entspricht. Dieses Stadium der Entwicklung eines Salinarbeckens wird „Trockensee" genannt. Wenn nicht von der Natur Bedingungen geschaffen werden, die es den gesättigten K—Mg-Salzlösungen gestatten, sich von den umgebenden Salzablagerungen zu befreien und eine ausreichend mächtige Lösungsschicht mit offener Oberfläche zu bilden, kann es höchstens zur Entwicklung von kaliführenden Imprägnationszonen, keinesfalls aber zur Entstehung von Kaliflözen kommen. Solche Bedingungen würde die Absenkung einzelner Teile des Salzablagerungsgebietes liefern.

Salinarfolgen sind im allgemeinen zyklisch aufgebaut. Den Teil eines salinaren Zyklus, der mit niedrigsalinaren Ablagerungen beginnt und hochsalinaren Sedimentiten endet, nennt man progressiv; die umgekehrte Abfolge wird dagegen als rezessiv bezeichnet. Der rezessive Teil eines salinaren Zyklus ist oft weitgehend unterdrückt. Nicht selten muß man die Ursache in einer flächenhaften Rücklösung im Zusammenhang mit erneuten Frischwasserzuflüssen suchen. H. EVERDING (1907) bezeichnet die mit Rücklösung zur Bildungszeit der Salzlager verbundenen Erscheinungen als Deszendenzen. Manchmal folgen mehrere Salinarzyklen über- bzw. nacheinander. Im mitteleuropäischen Zechsteinbecken sind dieses von unten nach oben Werra-, Staßfurt-, Leine-, Aller- und Ohre-Zyklus.

Die Abfolge (Pelite) — Karbonatablagerungen — Kalziumsulfatgesteine — Halitit — K—Mg-Salze findet man nicht nur in der Sequenz sondern auch als lateralen Fazies wechsel vom Beckenrand zum Beckeninneren. Dieser Fazieswechsel ist Ausdruck einer fraktionierten Sedimentation; er zeigt, daß es je nach dem Grad der Konzentration der Lösungen bereits auf dem Weg zum Endbecken zu unterschiedlichen Salzabscheidungen kommt. Abweichungen von der genannten Anordnung der Salzabscheidungen können vielfältige Ursachen haben. Gedacht werden muß vor allem an Laugenkonvektionen, die bereits während der Sedimentation Unregelmäßigkeiten erzeugen können; hingewiesen sei in diesem Zusammenhang aber auch auf die große Zahl der verschiedenen Möglichkeiten einer postsedimentären Umbildung.

2.7.2.1.2. Salzgesteine und ihre Verwendung

Grundlage der Nomenklatur der Salzgesteine ist nach den Vorschlägen von F. RINNE (1908) und H. E. BOEKE (1909) der Mineralbestand. E. STURMFELS (1943) versucht, den von diesen Autoren vorgeschlagenen Benennungen auch eine quantitative Bedeutung zu unterlegen. Nach ihm werden die Namen der Gemengteile nach dem Prozentgehalt, in dem sie im Salzgestein vorhanden sind, geordnet. Der Name des am häufigsten vorkommenden Minerals steht am Schluß, und dieser Hauptbestandteil gibt, indem man ihm das Suffix „it" anhängt, den Träger des Gesteinsnamens (z. B. Halitit, Sylvinit usw.) ab. Sind weitere Bestandteile in einer Menge von mehr als 20% vorhanden, so wird deren Mineralname dem Hauptnamen des Gesteins vorangesetzt. Gemengteile, die zwischen 5 und 20% des Gesteins ausmachen, werden in adjektivischer Form dem Gesteinsnamen vorangestellt. Minerale mit einem Anteil von weniger als 5% an der Gesteinszusammensetzung können durch die umschreibende Verbindung des Mineralnamens mit dem Zusatz „-führend" zum Ausdruck gebracht werden. Ein Salzgestein, das aus 4% Anhydrit, 6% Polyhalit, 12% Kieserit, 30% Sylvin und 46% Halit besteht, müßte demzufolge anhydritführender, polyhalitisch-kieseritischer Sylvin-Halitit genannt werden. Die von STURMFELS benutzten %-Grenzen sind massebezogen. E. STOLLE und C. DÖHNER (1970) schließen sich diesem Vorschlag an.

Nicht bei allen Salzgesteinen hat es sich jedoch durchgesetzt, die Gesteinsbezeichnung durch Anfügen von „-it" an den Namen des Hauptminerals zu bilden. So ist die alte Bergmannsbezeichnung „Hartsalz" ein durchaus gebräuchlicher Terminus für sulfatische Sylvingesteine (Sylvin-Halitite) mit $> 5\%$ Sulfatanteil geblieben. Auch Gesteine, die überwiegend aus Anhydrit oder Gips bestehen, werden kaum Anhydritit bzw. Gipsit genannt. Bei letzteren sollte man aber zumindest von Anhydrit- und Gipsstein (-gestein) und nicht — wie das oft noch geschieht — von Anhydrit und Gips sprechen, um klar auszudrücken, daß Gesteine und nicht Minerale gemeint sind.

Kalziumsulfatgesteine (Anhydrit- und Gipsstein)

In der Tiefe liegen die Kalziumsulfatgesteine fast stets als Anhydritstein vor. Gips-Sedimentite sind dagegen an den Bereich an bzw. nahe der Erdoberfläche gebunden. Bei ihnen muß man zwischen primären Gipsabscheidungen und sekundär (postum) aus Anhydritgesteinen entstandenem Gipsstein unterscheiden. Eine primäre Gips-Sedimentation läßt sich rezent in einigen Evaporisationsgebieten beobachten. In diesen Gebieten ist es auch möglich, daß Gipskriställchen bzw. -körnchen durch den Wind umgelagert und zu Gipssteinen zusammengeweht werden. Bei der Bildung von sekundärem Gipsstein aus Anhydritgesteinen kann in Abhängigkeit von den Niederschlagsmengen, der Durchlässigkeit von Deckschichten und der Klüftigkeit des Ausgangsmaterials die Hydratisierung 10—50 m (an Störungszonen auch tiefer) unter die Erdoberfläche reichen. Die Umwandlung von Anhydrit in Gipsstein ist mit einer Volumenvermehrung verbunden. Außerdem unterliegen die Kalziumsulfatgesteine leicht einer Verkarstung.

Sehr interessant sind die Gefüge der Kalziumsulfatgesteine. Weit verbreitet ist eine feine Lamination (Tafel 2.IX, Bild 1). Sie besteht aus einem rhythmischen Wechsel von sulfatischem und karbonatreichem Material und wurde von G. RICHTER-BERNBURG (1955) als eine Art Jahresschichtung gedeutet. Gelegentlich treten innerhalb der laminierten Folgen aber auch anomal mächtige Lagen auf, in denen man „Mehrjahresausscheidungen" vermutete (O. BRAITSCH 1962). Neuerdings hat R. MEIER (1975, 1976) für das Auftreten solcher anomal mächtigen Lagen innerhalb von laminierten Kalziumsulfatgesteinen der Werraserie (Zechstein 1) am Südharzrand aber eine andere Deutung gegeben. Er nimmt an, daß es sich bei ihnen um Suspensionsstrom-Einschüttungen (Turbidite) handelt, die von benachbarten Sulfatwällen (im von R. MEIER beschriebenen Fall vom Sulfatwall an der Ostflanke der Eichsfeld-Schwelle) stammen.

Im Sulfatwall, welcher im Zechstein 1 an der W-Seite der Eichsfeld-Schwelle sich entwickelte, beobachteten A. HERRMANN und G. RICHTER-BERNBURG (1955) sedimentäre Brekzien sowie parautochthone Gleitkörper von einigen 100 m Länge, die auf subaquatische Rutschungen ungewöhnlichen Ausmaßes hinweisen. Entsprechende, mit Olisthostromen vergleichbare Brekzienmassen beschreibt R. MEIER (1976) auch aus den Werra-Anhydriten der Gegend von Niedersachswerfen (Osthang der Eichsfeld-Schwelle). Die Entwicklung von Sulfatwällen ist nach G. RICHTER-BERNBURG (1955) auf eine bevorzugte $CaSO_4$-Ausfällung im flachen Wasser des Beckenrandes und am Schwellen zurückzuführen. Das Auftreten von olisthostromatischen Bildungen und von Turbiditen im Bereich dieser Wälle weist außerdem darauf hin, daß die Sedimentation in einem nicht unerheblichen Maße durch tektonische Impulse beeinflußt wurde.

Ein besonderes Interesse erregen auch die verschiedentlich in Kalziumsulfatgesteinen auftretenden Verfältelungen der Lamination, welche meist als „Schlangengips" bezeichnet werden (Tafel 2.IX, Bild 3). Da diese Gefüge jedoch nicht auf Gipsgesteine beschränkt sind, sondern sich auch im Anhydritstein finden, ist es besser, von „Gekröselagen" zu sprechen (A. HERRMANN und G. RICHTER-BERNBURG 1955). In Anlehnung an v. GAERTNER (1932) deuten A. HERRMANN und G. RICHTER-BERNBURG (1955) die Gekröselagen im wesentlichen als durch subaquatische Gleitung entstanden. Sie lassen aber die Möglichkeit offen, daß in Gipsen solche Gefüge auch durch den bereits von A. HEIM (1908) zur Deutung herangezogenen Mechanismus einer Quellfältelung als Folge der Volumenzunahme bei der Anhydrit/Gips-Umwandlung entstehen können. R. LANGBEIN (1968) bestätigt für die von ihm untersuchten Anhydritgesteine die Richtigkeit einer Deutung der Gekröselagen als Rutschungsgefüge.

Während Anhydritstein im wesentlichen als Rohstoff für die Düngemittel- und Schwefelsäureherstellung dient, werden die Gipsgesteine hauptsächlich für die Herstellung von gebranntem Gips und als Abbinderegulierer für Zement eingesetzt. Gestiegen ist in den letzten Jahren besonders der Bedarf an Sorten von gebranntem Gips, die als Baugips für die Herstellung von vorgefertigten Bauelementen eingesetzt werden können. Verschiedene Spezialgipse finden in der Chemie-, Papier-, Farben- und Glasindustrie sowie in der Medizin Verwendung. Die z. Z. größte in Abbau befindliche Gipslagerstätte der DDR ist jene von Rottleberode am Südharz. Von wirtschaftlicher Bedeutung sind in ihr die vergipsten Bereiche des Sangerhäuser Anhydrits (Zechstein 2) und des Hauptanhydrits (Zechstein 3). Die einzige Anhydritlagerstätte der DDR, die sich gegenwärtig in Abbau befindet, ist jene im Werraanhydrit (Zechstein 1) von Niedersachswerfen bei Nordhausen (Sulfatwall am Osthang der Eichsfeldschwelle).

Halitit (Steinsalz)

Hauptbestandteil des Halitits ist Halit (NaCl). Als Nebengemengteile treten vor allem Anhydrit, Kieserit, Polyhalit und Langbeinit sowie Tonsubstanz in Erscheinung. Entsprechend der Anordnung dieser Bestandteile im Gestein kann man verschiedene Gefügetypen unterscheiden. Sehr verbreitet ist ein ziemlich regelmäßiger Wechsel von halitischen und stärker tonig-anhydritischen Lagen (Linien- und Bändersalz), d. h. eine

Repetitionsschichtung im Sinne A. HEIMS (1909). Es liegt nahe, in dieser hundert- bis tausendfachen Wiederholung wie bei den laminierten Kalziumsulfatgesteinen eine Art Jahresschichtung zu sehen. Bei schlierig-diffuser Verteilung der Nebengemengteile spricht man von Schwadensalz. Andere Gefügetypen sind Tonflockensalz, Anhydritzwickelsalz u. a. m. Halitit kann sehr unterschiedlich gefärbt sein. Die Farbe richtet sich im wesentlichen nach der des Halits (wasserklar, milchig-weiß, bläulich, bräunlich, rötlich, dunkelbraun, blutrot) und jener der Nebengemengteile. Substanzen, welche den an sich farblosen Halit färben, sind vor allem Fe_2O_3, Bitumina und feinste Tonpartikel.

NaCl ist ein bedeutender Massenrohstoff für die chemische Industrie zur Herstellung von Na_2CO_3, Na_2SO_4, NaOH, Na-Metall, Cl_2 und HCl. Diese werden in der Glas-, Waschmittel-, Textil-, Farben-, Papier- und Zellstoffindustrie sowie bei der Erzeugung von Plasten und Kunstfasern benötigt. Als Speise- und Kochsalz ist NaCl für die menschliche Ernährung unbedingt erforderlich. Der Bedarf an Speise- bzw. Kochsalz liegt aber weit unter dem NaCl-Verbrauch der chemischen Industrie — in der DDR sind es lediglich ca. 6% der Gesamtproduktion von NaCl.

Bergmännisch werden nur sehr reine Halitit-Vorkommen (mit NaCl-Gehalten von mindestens 95%) abgebaut. Unreine Halitite können durch Aussolung gewonnen werden. Einziger Produzent von Qualitätssteinsalz in der DDR ist das Werk Bernburg. Einige Länder decken ihren NaCl-Bedarf ausschließlich oder zu großen Teilen aus dem Meerwasser (VR China, Indien, Japan, Brasilien, Italien; teilweise auch USA, UdSSR, Frankreich).

Steinsalz kann Lager von mehreren hundert Meter Mächtigkeit bilden. Die Vorkommen an Kali-Magnesium-Salzen besitzen demgegenüber nur eine relativ geringe Dicke. Die wichtigsten Kalisalzgesteine (Potassite) sind Carnallitit, Sylvinit, Hartsalze und Kainitit.

Carnallitit

Hauptbestandteile des Carnallitits sind Carnallit und Halit. Als Nebengemengteile treten Kieserit, Anhydrit, Sylvin, tonige Substanz und z. T. Tachhydrit auf. Carnallitit-Flöze sind meist verschieden rot, seltener grün oder weiß gefärbt. Wenn eine Schichtung auftritt, so besteht diese meist aus einem gut entwickelten Wechsel von Kieserit-Halit-Carnallit. Sehr oft sind Carnallitite aber auch brekziös ausgebildet und lassen keine Schichtung mehr erkennen. Die Entstehung dieser sogenannten „Trümmercarnallitite" ist eine Folge der außerordentlich hohen mechanischen Mobilität des Carnallits, der schon bei geringen Drücken die Fließgrenze erreicht. Die Kieserit- und Halitbänkchen reagieren auf Druckbeanspruchung weniger plastisch als der Carnallit, zerreißen und schwimmen schließlich als Bruchstücke im carnallitreichen Gestein. Eine weitere Entstehungsmöglichkeit ist die als synsedimentäre bis frühdiagenetische Gleitbrekzie.

Sylvinit

Hauptbestandteil des Sylvinits sind Sylvin und Halit. Andere Mineralphasen wie Anhydrit und Kieserit sowie Tonsubstanz treten nur untergeordnet auf. Die Gesteine sind in der Regel rot gefärbt. Meist zeigen Sylvinite eine gut ausgebildete Schichtung, die aus einem Wechsel von halit- und sylvinreichen Lagen besteht. Sylvinit ist das wirtschaftlich wichtigste Kalisalzgestein. Besonders verbreitet ist er in einigen großen Lagerstätten der UdSSR und Nordamerikas. In den mitteleuropäischen Zechsteinlagerstätten sind Sylvinite weniger häufig.

Prinzipiell kann der Sylvin des Sylvinits sowohl durch primär-sedimentäre Fällung als auch sekundär aus Carnallit entstanden sein (A. A. Ivanov und M. L. Voronova 1972). Welche dieser beiden Möglichkeiten jeweils im speziellen Fall zutrifft, ist nicht immer leicht festzustellen. Für unsere Zechsteinlagerstätten sprechen die geologischen Befunde dafür, daß die Sylvinite meist Umbildungsprodukte von Carnallititen unter dem Einfluß von aszendenten und deszendenten Lösungen sind.

Hartsalze

Hartsalze sind sulfatische Sylvingesteine mit den Hauptbestandteilen Halit und Sylvin sowie Kieserit, Anhydrit, Langbeinit und Polyhalit als Nebengemengteile. Da dem Hauer die Sulfate beim Bohren als relativ hart auffielen, nannte er solche Gesteine „Hartsalz". Entsprechend den sulfatischen Beimengungen unterscheidet man kieseritisches, anhydritisches und polyhalitisch-langbeinitisches Hartsalz.

Hartsalze zeigen meist eine flaserige Schichtung oder Bankung, die vorwiegend auf die lagenweise Anreicherung von Sulfat, Halit und manchmal auch von Tonsubstanz zurückzuführen ist. Die Farbe der Hartsalze kann sehr unterschiedlich sein; häufig wird sie von rot gefärbtem Sylvin bestimmt.

In den mitteleuropäischen Zechsteinlagerstätten sind Hartsalze weit verbreitet und als Kalisalz im Abbau.

Kainitit

Hauptbestandteile des Kainitits sind Kainit und Halit. Die Farbe des Gesteins ist meist gelblich, orange oder rötlich, selten weiß. Nach dem Gefüge lassen sich bankige, flaserige und massige Gesteinstypen unterscheiden.

Kainitit ist als mehr oder weniger synsedimentäre Bildung aus den tertiären Lagerstätten Siziliens und der Karpatenvorsenke bekannt. In den mitteleuropäischen Zechsteinlagerstätten ist Kainitit meist ein Produkt intensiver Umwandlung von Kieserit-Carnallititen oder kieseritischem Hartsalz (Kieserit-Sylvin-Halitit) und tritt als solches vor allem im Salzhut auf.

Kalisalze sind der wichtigste Rohstoff für die Herstellung verschiedener Düngersorten. Seit dem zufälligen Auffinden von Kalisalzen in Staßfurt im Jahre 1843 und dem Nachweis ihrer großen Bedeutung für die Intensivierung der Landwirtschaft durch J. v. Liebig (1865) steigt der Bedarf an diesem Rohstoff ständig. Nur selten können Kalisalze jedoch direkt für Düngezwecke eingesetzt werden. Meist ist eine Verarbeitung notwendig. In der DDR wird der größte Teil der Kalisalze im Heißlöseverfahren aufbereitet. Dieses Verfahren besteht aus den Prozeßstufen Mahlen—Lösen—Kristallisieren. Es hat den Vorteil, daß auch komplizierter zusammengesetzte Rohsalze, wie Hartsalze und Anteile von Carnallitit verarbeitet werden können. Ein Problem ist dabei der Anfall beträchtlicher Mengen von Endlaugen und festen Rückständen sowie deren Beseitigung. Eine Nutzung dieser Stoffe erfolgt gegenwärtig nur zu einem geringen Teil. So werden $MgCl_2$-Laugen z. B. als Frostschutz- bzw. Auftaumittel im Straßenwinterdienst eingesetzt.

Verbreiteter als das Heißlöseverfahren ist in weltweiter Sicht eine Aufbereitung mittels Flotation. Die Flotation wird vor allem bei der Verarbeitung von Sylviniten eingesetzt, da mit der Abtrennung und Gewinnung von Sylvin bereits das gewünschte Endprodukt vorliegt.

2.7.2.2. Kontinentale Evaporite

Kontinentale Evaporite zeigen bei weitem nicht jene Einheitlichkeit in der mineralogisch-petrographischen Zusammensetzung wie die marinen Evaporite. An ihrem Aufbau sind weniger Chloride als vielmehr Sulfate und Karbonate sowie gelegentlich auch Nitrate, Borate und Silikate beteiligt. Mit F. Lotze (1957) kann man im kontinentalen Bereich drei Hauptformen der Salzabscheidung unterscheiden:

a) Salzausblühungen (Effloreszenzen) und Salzkrustenbildungen;
b) Salzsümpfe und Salzpfannen (Salare);
c) Salzseen.

Salzausblühungen (Effloreszenzen) lassen sich überall finden, wo salzhaltige Wässer an Gesteins- oder Bodenoberflächen verdunsten. Die eigentlichen Bereiche von Salzausblühungen größeren Umfanges sind Steppengebiete, d. h. keine extrem trockenen Zonen. Wenn über längere Zeiten durch einen langsam fließenden Grundwasserstrom Salze herangeführt und ausgeschieden werden, kann es zur Ausbildung von dicken, festen Krusten aus Kalk, Gips, Steinsalz, Natriumsulfat usw. kommen. M. Wolf (1968) führt auch die Entstehung der chilenischen Salpeterlager auf einen Grundwasserstrom zurück, der von der relativ niederschlagsreichen Hochkordillere zum Pazifik gerichtet ist, wobei es unter der Barrieren-Wirkung der Küstenkordillere bei extrem hoher Verdunstung zum Lösungsaufstieg und zur Salzabscheidung kommt. Die Nitratansammlungen bilden Bänke mit unregelmäßig fleckiger Verteilung, in denen der Schuttboden durch Salze verkittet ist. Abgebaut wird vor allem die „Caliche“ genannte Schicht.

Salzsümpfe sind Ansammlungen von Schlamm, der von festem Salz und konzentrierter Lösung durchsetzt ist. Salzpfannen stellen unterschiedlich große Becken dar, welche meist trocken sind, die aber gelegentlich kurzzeitig auch Wasser führen können. Man findet sie vor allem in den Wüstengebieten Afrikas, Asiens und im Westen Südamerikas.

Salzseen: Nach F. Lotze (1957) sind manche Salzseen lediglich Ansammlungen salzigen Grund- oder Quellwassers, das seinen Mineralgehalt von Salzlagern des Untergrundes oder vom Meer bezieht; die meisten Salzseen aber sind aus Süßwasserseen infolge einer Konzentrationssteigerung durch Verdunstung hervorgegangen. Ein Teil der Mineralsubstanzen mancher Salzseen entstammt sicherlich auch vulkanischer Fumarolentätigkeit, wie Beispiele des Rift-Valleys (Ostafrikanisches Grabensystem) zeigen.

Obwohl die kontinentale Evaporisation bei weitem nicht an die wirtschaftliche Bedeutung der marinen Evaporisation heranreicht, hat sie doch wichtige Lagerstätten hervorgebracht. Dafür einige Beispiele: Die chilenischen Salpeterlager sind auch nach der Entwicklung von Verfahren zur Herstellung synthetischer Stickstoffverbindungen noch im Abbau und liefern neben Rohstoffen für Stickstoffdüngemittel und Sprengstoffe den größten Teil der Weltproduktion an Jod.

Aus dem Magadi-See (Kenya) wird in großen Mengen Trona ($Na_2CO_3 \cdot NaHCO_3 \cdot 2\,H_2O$) gewonnen. Trona bzw. Soda ist ein wichtiger Rohstoff für die Textilindustrie, die Glasherstellung (Flußmittel), die Seifenerzeugung, die Farbenindustrie und die Metallurgie. Die Vorräte im Gebiet des Magadi-Sees betragen nach einer Mitteilung von W. Medwinitsch (1971) ca. 70 Mio t. Die Kara-Bogas-Gol, die salzige Bucht am Ostufer des Kaspisees/UdSSR, liefert vor allem Mirabilit (Glaubersalz) als Rohstoff für die chemische Industrie.

2.7.3. Kieselige Sedimentite

Die kieseligen Sedimentite (Silizite) sind nach der Genese eine sehr heterogen zusammengesetzte Gruppe. Das gemeinsame Merkmal aller ihrer Vertreter ist der hohe Gehalt an nicht-klastischem SiO_2. Einen Überblick über die chemische Zusammensetzung einiger wichtiger Sedimentit-Typen dieser Gruppe vermittelt Tabelle 2.18.

Nachfolgend sollen die kieseligen Sedimentite in zwei Untergruppen eingeteilt und beschrieben werden, in die biogenen kieseligen Sedimentite und in kieselige Sedimentite verschiedener Genese.

Tabelle 2.18. *Chemische Zusammensetzung kieseliger Sedimentite*

	1	2	3	4
SiO_2	56,02	66,00	92,3	97,36
TiO_2	—	—	0,1	—
Al_2O_3	10,52	2,50	1,4	0,02
Fe_2O_3	14,99	—	1,6	0,55
FeO	—	9,20	—	—
MnO, MnO_2	3,23	—	—	—
MgO	0,97	0,20	0,6	0,04
CaO	3,49	0,55	0,6	0,43
Na_2O	—	0,20	0,1	0,05
K_2O	—	0,85	0,3	0,03
H_2O^+	—	3,2	0,3	—
H_2O^-	—		0,3	—
CO_2	2,49	16,1	—	—
C, org. Subst.	2,49		2,1	—
S, SO_3	0,24	—	—	—
P_2O_5	—	0,7	—	—
Glühverl., Rest	7,41	—	2,6	1,52
Summe	100,00	99,40	100,2	100,00

1 – Radiolarienschlamm, aus P. und E. NIGGLI (1952, S. 367); 2 – Diatomeenerde von Klieken bei Coswig (Obere Gur), aus einer Zusammenstellung von chemischen Analysen einiger Diatomeenablagerungen durch U. SIPPEL (1973); 3 – Kieselschiefer aus dem Silur der südlichen DDR (Sachsen, Thüringen), Mittel aus 10 Analysen, Bearbeiter: Silikatlabor des VEB Geologische Forschung und Erkundung Halle, Betriebsteil Freiberg, 1974; 4 – Feuerstein (Flint) von Rügen, Bearbeiter: Chemisches Labor des Institutes für Silikathüttenkunde der Bergakademie Freiberg, 1962

2.7.3.1. Biogene kieselige Sedimentite

Bei den biogenen Typen der kieseligen Sedimentite ist es üblich, eine Benennung nach den hauptsächlich an der Zusammensetzung beteiligten Organismen bzw. Organismenresten — den Hartteilen von Diatomeen, Radiolarien und Schwämmen — vorzunehmen. Eine weitere Untergliederung erfolgt nach dem Verfestigungsgrad der Ablagerungen. So werden lockere, wasserdurchtränkte Sedimente Diatomeen-, Radiolarien- oder Schwammnadelschlamm bzw. -schlick genannt.

Konsistenteres Material soll in Anlehnung an die Mehrzahl der internationalen Arbeiten zu entsprechenden Sedimentiten die Bezeichnungen Diatomit, Radiolarit oder Spiculit (spiculae = Schwammnadeln) tragen.

Bei sehr stark verfestigten kieseligen Sedimentiten ist die biogene Natur oft erst mit Hilfe mikroskopischer Methoden feststellbar. Makroskopisch werden diese Ablagerungen nicht selten als Hornstein angesprochen. Bei genauer Betrachtung erweisen sich auch einige der Kieselschiefer, die als gesonderte Gesteinsfamilie unter den kieseligen Sedimentiten mit verschiedener Genese beschrieben sind, als biogene Ablagerungen, speziell als Radiolarite.

Diatomeenschlamm, Diatomit

Die Diatomeen gehören zu den Algen. Es sind einzellige, meist nur Bruchteile eines Millimeter große Phycophyten, die sich durch den Besitz von zwei Opalschalen innerhalb der äußeren Plasmamembran auszeichnen, wobei diese Opalschalen wie der Deckel und der Boden einer Schachtel ineinandergreifen. Die Gestalt der Zellen ist mannigfaltig, läßt sich aber stets auf eine bilaterale oder zentrische Grundform zurückführen (Tafel 2.VIII, Bild 3). Diatomeen leben im Meer-, Süß- und Brackwasser überwiegend planktonisch, z. T. aber auch sessil. Sie benötigen Licht, um assimilieren zu können. Die ältesten bisher bekannten Diatomeen stammen aus Jurasedimenten. Im Tertiär und Quartär kam es stellenweise zu Massenentwicklungen, die bis zur Ausbildung von abbauwürdigen Ablagerungen führen konnten.

Über die Voraussetzungen für solche Massenentwicklungen wissen wir noch relativ wenig. Vor allem ist unzureichend erforscht, welche Kombinationen von Ursachen notwendig sind, um abbauwürdige Diatomeen-Ablagerungen zu erhalten. Von großer Bedeutung ist sicher das Angebot an gelöstem SiO_2. Als besonders gute Kieselsäurelieferanten müssen leicht verwitternde vulkanische Förderprodukte und Thermalquellen gelten. Damit wird geologisch verständlich, daß ein wesentlicher Teil der heute bekannten abbauwürdigen Diatomeen-Ablagerungen der Welt an Bereiche mit Vulkanismus gebunden ist. Einflüsse gehen weiterhin vom Klima, vom Nährstoffangebot und von geomorphologischen Faktoren aus. Die geomorphologischen Faktoren sind vor allem auf dem Festland im Hinblick auf die Möglichkeit der Seenbildung wichtig. Günstige Voraussetzungen für die Entstehung von Seen bieten Bereiche mit Salzauslaugung, ehemalige Gletscherrandgebiete, Urstromtäler und Flußauen. In den in Gletscherrandgebieten angelegten Rinnenseen waren oft gute Bedingungen für die Ausbildung von abbauwürdigen Diatomeen-Ablagerungen gegeben, wobei auch wichtig ist, daß die Diatomeenpanzer möglichst rein zum Absatz kommen konnten und keine zu starke Vermengung mit anderem Material (Ton, Kalk, organische Substanz) eintrat.

Diatomeenschlämme findet man in weiter Verbreitung auf dem Meeresboden, wo sie eine Gesamtfläche von 31,1 Mill. km^2 bedecken. Sie sind besonders in höheren Breiten sowie in Gebieten mit aufströmendem Tiefenwasser zu finden. Die meist gelbbraun oder grau, seltener weißlich gefärbten Sedimente haben nach J. Murray und A. F. Renard (1891 – aus Z. Kukal 1970) folgende Zusammensetzung (Tab. 2.19). Rezente bis subrezente Diatomeenschlämme sind auch in einer Reihe von Binnenseen zu finden.

Nach K. Meyer (1973) besitzen bis 15 m mächtige Diatomeenschlämme auf dem südwestafrikanischen Schelf bei Swakopmund erhöhte Urangehalte, die aber noch unter der gegenwärtigen Wirtschaftlichkeitsgrenze liegen. Das Uran hat wahrscheinlich eine amorphe Form und ist an die organische Substanz gebunden.

Diatomit soll hier als Sammelbezeichnung für die schwach verfestigten Diatomeenerden und konsistenteres Material bis hin zu Diatomeen-Hornsteinen verwendet werden. Im Deutschen benutzt man diesen Begriff oft nur für die stark verfestigten Typen dieser

Sedimentit-Familie. Diese Handhabung entspricht jedoch nicht dem internationalen Gebrauch. So werden z. B. in der englischsprachigen Literatur und im Russischen in der Regel auch erdige Diatomeen-Ablagerungen als Diatomit bezeichnet.

Diatomeenerden (Synonym: Kieselgur, Infusorienerde) zeichnen sich durch hohe Porositäten von 70 bis 90% und niedriges Raumgewicht von 0,4 bis 0,9 g/cm³ aus (nach Angaben in „Atlas tekstur i struktur osadočnych gornych porod", 3, Moskva 1973). Weitere Eigenschaften sind hohes Adsorptionsvermögen, geringe Leitfähigkeit für Wärme, Schall und Elektrizität sowie Beständigkeit gegen die meisten Chemikalien.

Tabelle 2.19. *Zusammensetzung des Diatomeenschlammes*

Organogene Bestandteile		%	Anorganische (mineralische) Bestandteile		%
$CaCO_3$	Maximum	36,3	> 0,05 mm	Maximum	25,0
	Minimum	2,6		Minimum	3,0
	Durchschnitt	23,0		Durchschnitt	15,6
Pelagische Foraminiferen			< 0,05 mm	Maximum	27,9
	Durchschnitt	18,2		Minimum	12,5
				Durchschnitt	20,4
Benthonische Forminiferen					
	Durchschnitt	1,6			
Andere kalkige Reste					
	Durchschnitt	3,2			
Kieselige Reste					
	Maximum	60,0			
	Minimum	20,0			
	Durchschnitt	41,0			

Im allgemeinen wird die Bezeichnung Diatomeenerde erst verwendet, wenn der Gehalt an Diatomeenskeletten im Sediment mehr als 50% beträgt. Neben den Diatomeenskeletten enthalten die Diatomeenerden häufig auch noch Hartteile von anderen Organismen, so von Silicoflagellaten, Radiolarien, Foraminiferen, seltener von Schwämmen (A. V. Carozzi 1960). Durch Beimengung von Mineraldetritus und/oder organischer Substanz bestehen Übergänge zu den klastischen Sedimentiten und zu den Kaustobiolithen. Diese Beimengungen färben die im „reinen" Zustand weiße Diatomeenerde grau, grünlich und braun bis fast schwarz. Eine weitere Beimengung vieler Diatomeenerden ist Kalziumkarbonat.

Die oben angegebenen Eigenschaften sind die Ursache dafür, daß die Diatomeenerden geschätzte Rohstoffe darstellen, die sich als Wärme-, Kälte- und Schallisoliermittel, als Füllstoff für die Herstellung von Zündmassen und Papier, als Verpackungsmaterial für Säuren, als Filtermaterial, Poliermittel und Trägersubstanz für Katalysatoren sowie zur Fertigung von Leichtbausteinen einsetzen lassen. Auf dem Territorium der DDR befindet sich z. Z. nur das Kieselgurvorkommen von Klieken bei Coswig/Bezirk Halle im Abbau (L. Büchner, P. Wiehle und W. Karpe 1974; H. J. Rösler

1951). Diese Lagerstätte kann jedoch den Bedarf unserer Industrie an Kieselgur nicht decken.

Kohärenter als die Diatomeenerden sind die *Polier-* bzw. *Klebschiefer*. Die Bezeichnung Polierschiefer stammt von der Verwendung des Materials als Poliermittel. Klebschiefer werden diese Sedimentite genannt, da sie infolge der noch vorhandenen relativ hohen Porosität und der damit zusammenhängenden Saugwirkung leicht an der Zunge haften bleiben. Häufig bezeichnet man die Polierschiefer auch als *Tripel* (terra tripolitana). Nicht bei allen mit diesem Begriff belegten Gesteinen ist jedoch die Genese geklärt. Zum Teil werden auch leichte, nicht aus Organismen aufgebaute Kieselgesteine, deren Porosität wahrscheinlich sekundärer Natur ist, Tripel genannt.

Nicht selten enthalten poröse Diatomeen-Ablagerungen Lagen, Linsen und Knollen von *Diatomeen-Hornsteinen*. Offenbar handelt es sich dabei um Bereiche, die diagenetisch durch Kieselsäure zementiert wurden. Man muß annehmen, daß das dafür notwendige SiO_2 hauptsächlich aus dem umgebenden Sediment stammt und durch selektive Auflösung von besonders empfindlichen Diatomeenschalen zur Verfügung gestellt wurde.

Radiolarienschlamm, Radiolarit

Die rezenten Radiolarien sind nach A. H. MÜLLER (Lehrbuch der Paläozoologie, Bd. II, Teil 1, 1958) ausschließlich marine, überwiegend planktonisch lebende einzellige Tiere, welche vor allem die oberflächennahen Schichten wärmerer, insbesondere tropischer Meeresteile bewohnen. Fossil sind sie mit Sicherheit seit dem Kambrium bekannt; es ist aber anzunehmen, daß es bereits im Präkambrium Radiolarien gegeben hat. Die meist mehr oder weniger kugeligen, einige Zehner-Mikrometer bis 1—3 Millimeter großen Körper der Radiolarien besitzen bis auf wenige Ausnahmen ein Skelett. Dieses besteht meist aus Skelettopal, d. h. aus wasserhaltiger, amorpher Kieselsäure mit zwischengelagerter organischer Substanz, wobei bemerkt werden muß, daß durch diagenetische Einflüsse der Skelettopal leicht in kristallines SiO_2 umgewandelt wird. Nur die Acantharia scheiden davon abweichend ein Skelett aus Acanthin, d. h. aus Strontiumsulfat mit eingelagerter organischer Substanz, ab. Acantharia konnten fossil jedoch noch nicht mit Sicherheit nachgewiesen werden.

Radiolarienschlämme bedecken 2,6% der Fläche des Meeresbodens. Besonders verbreitet sind sie im äquatorialen Bereich des Pazifik und auch im Indik treten Radiolarienschlämme auf; im Atlantik fehlen sie dagegen. Bei den Radiolarienschlämmen handelt es sich um vorwiegend rotbraun bis schokoladenbraun, manchmal auch gelblichbraun gefärbte Sedimente, die nach J. MURRAY und A. F. RENARD (aus Z. KUKAL 1970) folgende Zusammensetzung haben (Tab. 2.20, s. S. 338).

Radiolarit: Analog dem Begriff Diatomit soll der Terminus Radiolarit hier als Sammelbezeichnung für die schwach verfestigten Radiolarienerden und konsistenteres Material bis hin zu Radiolarien-Hornsteinen verwendet werden. Sowjetische Autoren (Atlas tekstur i struktur osadočnych gornych porod, 3, Moskva 1973) fordern für Radiolarite einen Mindestgehalt an Radiolarienskeletten von 50%. Manche Radiolarite stellen sehr reine Kieselsäurebildungen dar. Oft enthalten die Radiolarite jedoch auch Beimengungen. Diese Beimengungen sind vor allem tonig-schluffiges, pyroklastisches und phosphatisches Material sowie gelegentlich auch Erzminerale.

Radiolarienerden wurden besonders durch die Untersuchungen von A. J. JUKES-BROWN und J. B. HARRISON (1892) auf der Insel Barbados (Kleine Antillen) bekannt.

Sie sind dort ins Alttertiär einzustufen und wechsellagern mit vulkanischen Tuffen, Mergeln und Tonen.

Stark verfestigte Radiolarite findet man unter den Kieselschiefern und Hornsteinen (s. Kapitel 2.7.3.2.).

Schwammnadelschlamm, Spiculit

Schwämme sind nach A. H. Müller (Lehrbuch der Paläozoologie, II, 1, 1958) festsitzende, hauptsächlich im Meer lebende Tiere. Ein Teil der Schwämme, die sogenannten Kieselschwämme (Silicispongia), bauen ein Skelett aus Kieselsäure in Form von Skelettopal auf. Die Skelettelemente (Skleren oder Sklerite) lassen sich in zwei Gruppen teilen: die relativ großen Megaskleren und die sehr kleinen, zierlichen und außerordentlich vielgestaltigen Mikroskleren. Erhaltungsfähig sind meist nur die Megaskleren. Bei einigen Ordnungen sind diese miteinander verwachsen, bei anderen befinden sie sich voneinander isoliert oder nur teilweise aneinandergeheftet im Weichkörper der Tiere.

Tabelle 2.20. *Zusammensetzung des Radiolarienschlammes*

Organogene Bestandteile		%	Anorganische (mineralische) Bestandteile		%
$CaCO_3$	Maximum	20	> 0,05 mm	Maximum	5,0
	Minimum	Spuren		Minimum	1,0
	Durchschnitt	3,1		Durchschnitt	1,7
Pelagische Foraminiferen			< 0,05 mm	Maximum	67,0
	Durchschnitt	3,1		Minimum	17,0
				Durchschnitt	39,0
Benthonische Forminiferen					
	Durchschnitt	0,1			
Andere kalkige Reste					
	Durchschnitt	0,1			
Kieselige Reste					
	Maximum	80,0			
	Minimum	30,0			
	Durchschnitt	54,5			

Silicispongia findet man bereits in kambrischen marinen Ablagerungen in einer Formenfülle, die fast der jetzigen entspricht. Hauptsächlich gehören die Silicispongia zur Ordnung der Lithistida (Klasse Desmospongea) und zur Klasse der Hexactinellidea. Die Lithistida haben nach A. H. Müller (1958) ein erstes Maximum der Entwicklung im Ordovizium. Im Malm und in der Kreide treten sie sogar gesteinsbildend auf. In der Gegenwart trifft man sie vor allem in den Meeren wärmerer Regionen bei Wassertiefen zwischen 100 und 350 m an. Hexactinellidea treten besonders häufig in Jura und Kreide (Maximum der Entwicklung in der Ob. Kreide) auf. Sie werden rezent vom Gezeitenbereich bis in die Tiefsee angetroffen. Seit der Ob. Kreide hat sich ihr bevorzugtes Wohngebiet offenbar zunehmend in größere Tiefen verlagert, so daß sie jetzt hauptsächlich den Boden von Meeresteilen mit einer Wassertiefe von mehr als 300 m besiedeln.

Schwammnadelschlämme: Nadeln von Kieselschwämmen enthalten viele der rezenten marinen Sedimente. Gelegentlich sind auch den Ablagerungen von Binnenseen Schwammnadeln beigemischt. Sedimente, die als Schwammnadelschlämme angesprochen werden können, findet man jedoch sehr selten. Ablagerungen, die zu mehr als 50% ihrer Masse aus Schwammnadeln bestehen, beschreibt A. P. LISICYN (1966) aus dem indischen Sektor des Antarktischen Ozeans. Schwammnadelreiche Sedimente sind auch aus dem südwestlichen Teil der Barentssee (Z. A. FILATOVA 1938) bekannt. Aus dem Gebiet der Philippinen berichten J. MURRAY und R. IRVINE (1889) von Flachwassersedimenten, die einen Schwammnadelanteil bis zu 20% enthalten.

Spiculite, oft auch als Spongiolithe, Spongolithe oder Spongite bezeichnet, sind Sedimentgesteine, die (nach „Atlas tekstur i struktur osadočnych porod", 3, Moskva 1973) zu über 50% aus Schwammnadeln bestehen. Wenig verfestigte Typen bezeichnen H. FÜCHTBAUER und G. MÜLLER (1970) als „porösen Spiculit". Entsprechende poröse Gesteine findet man jedoch verhältnismäßig selten; ihr Vorkommen wurde in einigen diagenetisch wenig beanspruchten Folgen der Kreide und des Tertiärs festgestellt. Im Französischen werden poröse und leichte kieselige Sedimentgesteine, die in größeren Mengen (10—45%) Nadeln von Kieselschwämmen enthalten, „gaize" genannt. Diese Ablagerungen entsprechen bestimmten Typen von Opoki (s. Kapitel 2.7.3.2.) der russischen und sowjetischen geologischen Literatur.

Die meisten Spiculite stellen feste, hornsteinartige Gesteine dar. In dieser Ausbildung sind Spiculite seit dem Kambrium bekannt; sie treten jedoch selten in größerer Mächtigkeit auf. Ihre Farbe ist meist hellgrau, manchmal auch grünlich. Letzteres findet man besonders dann, wenn die Gesteine Glaukonit führen. Nicht selten enthalten die Spiculite Beimengungen tonig-schluffigen sowie sandigen Materials, und es bestehen Übergänge zu den entsprechenden klastischen Sedimentiten. Als Beimengungen kann man auch Radiolarienskelette und Foraminiferenschalen in den Spiculiten finden.

2.7.3.2. Kieselige Sedimentite verschiedener Genese

G. MÜLLER (in H. FÜCHTBAUER und G. MÜLLER 1970) faßt unter „Kieselgesteinen verschiedener Genese" alle nichtdetritischen kieseligen Sedimentgesteine zusammen, die nicht mit Sicherheit zu den biogenen kieseligen Sedimentiten gerechnet werden können. Zu ihnen gehören primäre, anorganisch aus Lösungen abgeschiedene SiO_2-Ablagerungen, anorganische SiO_2-Gesteine, die diagenetisch durch Umwandlung von Natriumsilikaten gebildet wurden, durch Silifizierung von Karbonat- und anderen Gesteinen entstandene „Verdrängungs-Kieselgesteine" und auch primär biogene Ablagerungen, deren ursprünglicher Charakter aber durch Diagenese verlorenging.

Kieselsinter

In einigen vulkanischen Gebieten bringen heiße Quellen SiO_2 mit und scheiden dieses bei der Verdampfung und Abkühlung des Wassers in der Nähe der Austrittsstellen ab. Die so gebildeten, meist hellfarbigen kieseligen Absätze sind teils porig-cavernös, teils bilden sie aber auch feste Krusten. Poröse Kieselsinter werden manchmal auch als Kieseltuffe bezeichnet; diese Bezeichnung empfindet Vf. jedoch als ungünstig, da sie eine Erweiterung des Tuff-Begriffes darstellt. Manchmal wirken bei der Ausscheidung der Kieselsäure auch Algen mit, die in den heißen Quellen leben. Die Kieselsinter bestehen teils aus Opal, teils aus kryptokristallinen Abarten von SiO_2. Schöne und ausgedehnte Sinterbildungen in Form von Dämmen und Terrassen sind von Island, Neuseeland und aus dem Yellowstone-Nationalpark (USA) bekannt. Eine besondere Varietät des Kieselsinters ist der *Geyserit*, der im Bereich periodisch fördernder heißer Quellen, der Geysire, gebildet wird.

Auch manche älteren kieseligen Ablagerungen in Gebieten mit ehemaligem Vulkanismus können ähnlichen Ursprungs sein. R. KETTNER („Allgemeine Geologie", II, 1959) rechnet hierzu die sogenannten „Limnoquarzite" der Slowakei, die er gänzlich für chemische Niederschläge von SiO_2 aus wäßrigen Lösungen hält.

Opoka

Besonders in tertiären und kretazischen Ablagerungen der Sowjetunion werden kieselige Sedimentite angetroffen, die man als Opoka (Mz.: Opoki) bezeichnet.

Die Opoki sind leichte (Raumgewicht bis 1,8), poröse Gesteine von strohgelber, grauer oder fast schwarzer Farbe, die muschelig brechen. Sie lassen sich leicht mit dem Messer ritzen, jedoch nicht zwischen den Fingern zerreiben. Mit Anteilen bis zu 90% ist Opal Hauptbestandteil ihrer Zusammensetzung. Die Struktur des Opals dieser Gesteine kann homogen oder körnig sein, wobei sich im letzteren Falle unter dem Mikroskop feine Teilchen von kugeliger (Globuli), manchmal aber auch eckiger Form beobachten lassen. Auch Reste von Kieselorganismen — Diatomeenpanzer, Radiolarienskelette, Schwammnadeln — wurden in den Opoki festgestellt, jedoch meist in schlechter Erhaltung. Der Bestand an diesen Kieselorganismen ist in den einzelnen Opoki-Vorkommen sehr unterschiedlich. Als Beimengungen treten in den Opoki auf: Chalcedon, Cristobalit, Ton- und Karbonatminerale, Quarzkörnchen, Feldspat, Glimmer, Pyrit, Glaukonit und Phosphorit.

Porzellanit

Porzellanit werden stärker verfestigte kieselige Sedimentgesteine genannt, die hinsichtlich ihrer Eigenschaften und des Aussehens an unglasiertes Porzellan erinnern. Das Material ist meist feinporig und kann Porositäten bis zu 50% aufweisen. Es besteht vorwiegend aus Opal. An Verunreinigungen treten in ihm besonders Tonminerale und Karbonate auf. M. N. BRAMLETTE (1946) vertritt die Meinung, daß die Porzellanite ursprünglich diatomeenreiche Sedimente mit einer Beimengung von toniger Substanz und karbonatischen Organismenresten waren. Nach F. J. PETTIJOHN (1957) erweisen sich einige Porzellanite jedoch auch als silifizierte Tuffe.

Weiterhin können verschiedene Erdbrandgesteine ein porzellanartiges Aussehen haben, so z. B. der aus oligozänen Sedimenten bei einem Schwelbrand der liegenden Braunkohle entstandene „Porzellanjaspis" von Epterode/Nordhessen. Dieses Gestein besteht nach W. ECHLE (1964) aus mikrokristallinem Quarz, Mullit und röntgenographisch nachgewiesenem Cristobalit sowie etwas Cordierit, Spinell, Korund und einer Glasphase.

Kieselschiefer

R. HAAGE (1966) schlägt vor, die Bezeichnung Kieselschiefer als einzigen eindeutigen Begriff für die paläozoischen und älteren, an Geosynklinalen gebundenen, syngenetischen Kieselgesteine herauszustellen. Unter Hinzufügen charakteristischer Gesteinsmerkmale kann dabei eine weitere Präzisierung und Differenzierung erfolgen — z. B. in schwarze, stark kohlig pigmentierte Kieselschiefer, in helle, nicht pigmentierte Kieselschiefer, in tonschieferhaltige Kieselschiefer usw. Zwischen Kieselschiefern und Tonschiefern bestehen über tonschieferhaltige Kieselschiefer und kieselige Tonschiefer Übergänge. Verbreitet findet man auch Kieselschiefer, die durch Eisenoxide rötlich-bräunlich gefärbt sind, oder grünliche Typen, deren Färbung vor allem auf Beimengungen von Chlorit beruht. Nicht selten sind Kieselschiefer eng mit pyritreichen Schwarzschiefern vergesellschaftet und wechsellagern mit diesen. Eine solche Vergesellschaftung ist z. B. typisch für das Silur im Südteil der DDR. Häufige Begleiter solcher Folgen von Kiesel- und Schwarzschiefern sind Phosphoritknollen.

F. Rinne (1923) bezeichnet in Anlehnung an viele ältere Arbeiten die durch kohlige Substanz tiefschwarz gefärbte Varietät des Kieselschiefers als Lydit. Andere Autoren sehen in den Begriffen Kieselschiefer und Lydit dagegen Synonyma. Auf Grund der unterschiedlichen Verwendung der Bezeichnung Lydit empfiehlt R. Haage (1966) diese aufzugeben, zumal der Begriff Kieselschiefer, wie oben gezeigt, eine eindeutige Charakterisierung dieser Sedimentite ermöglicht. Verfasser möchte sich der Meinung R. Haages anschließen. Allerdings dürfte es sinnvoll sein, die Bezeichnung Kieselschiefer nicht auf die paläozoischen und älteren syngenetischen Kieselgesteine zu beschränken, sondern sie auch für entsprechende jüngere Ablagerungen gelten zu lassen, wenn diese durch starke Diagenese (oder schwache Metamorphose) und Faltung beansprucht wurden. Völlig umkristallisierte Typen dieser Gesteinsgruppe wurden auch als Mikroquarzite beschrieben, wobei sich in Dünnschliffen ein Quarzmosaik beobachten läßt, das in der Regel aus Körnchen im Durchmesser zwischen 0,01 und 0,08 mm besteht (C. W. Correns 1926).

Sicher ist, daß mächtige Folgen von Kieselschiefern an Geosynklinalen gebunden sind. Man findet sie in Europa im Jungproterozoikum Böhmens und Thüringens, im Ordovizium Schottlands und Norwegens, im Silur Thüringens und Sachsens, im Devon des Kellerwaldes, des Harzes, des Frankenwaldes und Sachsens, im Unterkarbon des Rheinischen Schiefergebirges und des Harzes sowie in Trias und Jura der Alpen. Weiter nach Osten treten in der Tethys-Geosynklinale auch in der Oberkreide verbreitet Kieselschiefer auf.

Heftig diskutiert wurde die Frage der Genese der Kieselschiefer. Nach W. Schwan (1952) ist sowohl physikalisch- wie chemisch-sedimentären oder biologischen Vorgängen die Hauptrolle bei der Kieselschieferbildung zugesprochen worden. Insbesondere findet man in der Literatur die folgenden Vorstellungen über die Herkunft der Kieselsäure und ihre Fixierung als sedimentäres Material:

1. Die Kieselsäuremengen entstammen Landgebieten und sind als Verwitterungslösungen durch Flüsse ins Meer gelangt, wo sie zur Ausflockung kamen (J. Weigelt 1918, W. A. Tarr 1938 u. a.).
2. Das mehrfach beobachtete Zusammenvorkommen von Kieselschiefern und Vulkaniten läßt einen genetischen Zusammenhang der beiden Gesteinsarten vermuten; die Kieselsäure ist durch heiße Quellen gefördert worden (F. E. Davis 1918, R. Kettner 1918, J. Kühnel 1939 u. a.).
3. Auf Grund des Vorkommens von Radiolarienskeletten in den Kieselschiefern wird angenommen, daß biogene Sedimente vorliegen, die ähnlich wie die rezenten Radiolarienschlämme als Tiefseebildungen entstanden sind (C. W. Correns 1926, A. Schwarz 1928 u. a.). Infolge der Druckbeanspruchung, welcher die Kieselschiefer ausgesetzt waren, ist der Erhaltungszustand der Radiolarien jedoch oft schlecht; in einigen Fällen sind sie kaum noch als solche zu erkennen.

Inzwischen hat sich durch weltweite Beobachtungen die Erkenntnis durchgesetzt, daß in der Regel zwischen der Entstehung mächtiger Kieselschieferfolgen und der Intrusion und Extrusion basischer bis ultrabasischer Magmen auf dem Meeresboden ein genetischer Zusammenhang besteht. Besonders günstige Voraussetzungen für die Realisierung dieses Zusammenhanges bestanden in Geosynklinalbereichen mit kräftig entwickeltem initialen Magmatismus. Damit wird verständlich, weshalb mächtige Kieselschieferfolgen während der Erdentwicklung nur zu bestimmten Zeiten auftreten und auf relativ schmale Zonen der Erdkruste beschränkt sind. Nach R. HAAGE (1964) ist die Möglichkeit einer Abtrennung Si-reicher Differentiate vor allem dann gegeben, wenn sich basische Magmen stark mit Wasser und Kohlensäure beladen. Das Eindringen der Magmen in unverfestigte geosynklinale Sedimente bietet dafür die günstigsten Voraussetzungen. Unter diesen veränderten Bedingungen werden statt Olivin, anorthitischem Plagioklas und Pyroxen Albit, Epidot, Serpentin, Chlorit, Titanit, Eisen- und Eisentitanminerale sowie Calcit und Zeolithe ausgebildet. Nicht in die Mineralbildung eingegangene Kieselsäureanteile — aber auch Mn- und Fe-Gehalte — ergießen sich in Form submariner Thermen ins Meer.

Die submarinen Thermen dürften Kieselsäure (sowie Eisen und Mangan) in derartigen Mengen gefördert haben, daß zumindest in der Nachbarschaft der Austrittsstellen eine unmittelbare chemische Fällung dieser Stoffe möglich war. Weiterhin muß man annehmen, daß sich durch die Zufuhr über Thermen auch in weiteren Bereichen der Kieselsäuregehalt des Meereswassers etwas erhöhte. Dadurch ergaben sich günstige Bedingungen für die Entwicklung von Organismen mit Kieselsäureskeletten, besonders von Radiolarien. Die Tatsache, daß viele Kieselschiefer aus Radiolarienskeletten bestehen, oder daß sich zumindest Radiolarien an ihrem Aufbau beteiligen, erweist sich somit als eine Folge der magmatisch bedingten Kieselsäurezufuhr. Nach E. WENK (1949) können auch Tuffe bei der submarinen Verwitterung oder durch biochemischen Abbau Kieselsäure an das Meerwasser abgeben und dadurch günstige Lebensbedingungen für Radiolarien schaffen. Weiterhin macht WENK auf die Bedeutung der von den submarinen Thermen mitgebrachten Kohlensäure aufmerksam. Sie kann zu einem Milieu führen, welches für die Entwicklung kalkschaliger Organismen feindlich ist und sogar die Auflösung bereits abgelagerter Karbonate ermöglicht.

Eine Reihe von Merkmalen, besonders die in Kieselschiefern häufig ausgebildete Feinschichtung, weist auf Sedimentation in sehr wenig bewegtem Medium hin. Das berechtigt jedoch nicht, alle Kieselschiefer als ehemalige Tiefseesedimente zu deuten, wie das gelegentlich geschehen ist. Auch die Auffassung, daß die Kieselschiefer fossile Analoga zu den rezenten Radiolarienschlämmen darstellen, hält den inzwischen gesammelten Beobachtungsdaten nicht stand, wobei hervorzuheben ist, daß sich bereits E. F. DAVIS (1918) gegen eine solche Gleichsetzung aussprach.

Hornstein

Die Bezeichnung „Hornstein“ (engl.: chert; russ.: роговик, роговой камень) ist in der geologischen Literatur recht verbreitet; die einzelnen Autoren verwenden sie aber oft mit sehr unterschiedlicher Bedeutung. Im weitesten Sinne können sämtliche makroskopisch dicht erscheinenden und im Bruch hornartig aussehenden Kieselsäurebildungen Hornstein genannt werden. Hornstein wären somit die meisten verfestigten biogenen und chemisch gefällten SiO_2-Ablagerungen sowie die vielfältigen Verkieselungen von Karbonat und anderen Gesteinen; ja sogar das Versteinerungsmittel von verkieselten Hölzern ist als Hornstein bezeichnet worden. Im engeren Sinne versteht man unter Hornstein jedoch vor allem Gesteine, die aus nicht-figuriertem krypto- bis mikrokristallinem SiO_2 bestehen — d. h. Gesteine, in denen man keine organischen Strukturen findet, wobei diese bereits primär gefehlt haben können oder diagenetisch ausgelöscht worden sind.

Hornsteine treten in den Sedimentfolgen vorwiegend in bankiger Ausbildung oder in Form von Knollen auf. Gelegentlich füllen sie auch Kluftzonen, welche die Schichten quer durchsetzen. In der amerikanischen Literatur werden bankige Hornsteine, die vor allem im Devon und Karbon von Arkansas und Oklahoma sowie in Texas zu finden sind, *Novaculite* genannt.

Eine der interessantesten Hornstein-Bildungen ist der *Feuerstein* (*Flint*) in der Schreibkreide Rügens und in anderen Verbreitungsgebieten entsprechender Kreideablagerungen.

Der größte Teil der Feuersteine besitzt eine mehr oder weniger knollenförmige Gestalt. Bei einigen Knollenfeuersteinen kann man beobachten, wie die Gestalt weitgehend durch eingeschlossene, silifizierte Organismen — besonders durch Kieselschwämme — bestimmt wird (A. H. Müller 1957, S. 103). K. Hoffmann (1959) bezeichnet solche Feuersteine als „organoform“ und stellt sie dem „normalen, konkretionären Feuerstein“, welcher unregelmäßig begrenzte Knollen mit mehr oder weniger kavernöser Oberfläche bildet, gegenüber. Außerdem scheidet Hoffmann noch einen „quarzitischen“ Typ des Feuersteins aus. Bei den Feuersteinen aus der Schreibkreide von Rügen unterscheidet G. Steinich (1972) außer jenen Formen, die mehr oder weniger vollständig durch Fossilien bestimmt werden, unregelmäßige Knollen, plattige Knollen, Platten und ringförmige Feuersteine. Die unregelmäßigen Knollen von kaum Zentimeter- bis mehrere Dezimeter-Größe dominieren.

Die Feuersteine sind in der Regel in einzelnen Horizonten dicht gedrängt. Diese Horizonte, Lagen oder Bänder wiederholen sich übereinander in vielfachem Wechsel mit Schreibkreideablagerungen. Die Farbe der Feuersteine ist nicht einheitlich. Es gibt hellgraue, verschieden schattierte grünliche und bräunliche sowie fast schwarze Typen. Färbende Substanzen sind vor allem feindispers verteilte organische Zersetzungsprodukte. Oft besitzen die Feuersteine eine weiße Rinde, die nach P. Ramdohr (Lehrbuch der Mineralogie, 1954, S. 420) durch Wasserverlust entsteht.

Hinsichtlich der Genese der Feuersteine sind verschiedene Meinungen vertreten worden. Am einleuchtendsten ist eine Erklärung mit Hilfe der Porenwassertheorie von H. Illies (siehe S. 237). Damit soll nicht gesagt sein, daß bereits alle Fragen der Entstehung von Feuersteinen beantwortet werden können. Besonders die Kinetik der Lösung und Fällung des SiO_2 bietet noch einige Probleme. Nach P. Buurman und L. Plas (1971) soll ein intermediäres Kalziumsilikat, das die Kalke silifiziert hat, bei der Genese der Feuersteine eine wichtige Rolle spielen. Beobachtungen über das Auftreten von Tobermorit ($CaSiO_3 \cdot H_2O$) stützen nach Ansicht der genannten Autoren diese Hypothese.

Knollige Hornstein-Bildungen ähnlich den Feuersteinen in der Schreibkreide kommen in vielen Karbonatgesteinen vor. Im Russischen werden sie кремень genannt. Nach F. J. Pettijohn (1957) können sie in den meisten Fällen ohne Schwierigkeit als Verdrängungen von Karbonat durch SiO_2 gedeutet werden. Für Hornsteinlinsen in Kalktteinen von Mexiko wies D. E. White (1947) nach, daß die Verkieselung ein diagenesischer Prozeß ist, der kurz nach der Sedimentbildung unter sehr geringer Belastung stattfand.

Auf die Möglichkeit einer anorganischen Bildung von Hornstein im lakustrischen Bereich durch Umwandlung von Magadiit ($NaSi_7O_{13}(OH)_3 \cdot 3H_2O$) und Kenyait

($NaSi_{11}O_{20,5}(OH)_4 \cdot 3H_2O$) wurde bereits auf S. 194 hingewiesen. Günstige Voraussetzungen für diese Umwandlung bietet vor allem die Heraushebung der Seesedimente und ihre zeitweilige Beeinflussung durch meteorische Wässer sowie anschließende Austrocknung (H. Füchtbauer 1973).

Feuersteine wurden bereits von den Steinzeit-Menschen benutzt, um daraus Waffen und Werkzeuge herzustellen. Gegenwärtig setzt man sie in ausgewählten Formen und Größen als Mahlkörper bei der Zerkleinerung der Rohstoffe für die keramische Industrie ein. In England findet Flint außerdem in sehr feingemahlenem Zustand bei der Steingutfabrikation Verwendung. Weiterhin kann Feuerstein als Rohstoff für Silikasteine dienen.

2.7.4. Phosphat-Sedimentite

Die Erdkruste enthält nach V. E. Mc Kelvey (1967) durchschnittlich 0,27% P_2O_5. Hauptsächlich ist der Phosphor in Kalziumphosphaten, vor allem in den verschiedenen Mineralspezies der Apatitgruppe $Ca_5(PO_4, CO_3)_3(F, Cl, OH)_2$ gebunden. Von Phosphatgesteinen (engl. „phosphate rocks") kann man nach Mc Kelvey sprechen, wenn diese Gesteine mehr als 20% P_2O_5 enthalten. Solche Phosphoranreicherungen gegenüber dem Durchschnittswert der Erdkruste findet man hin und wieder in Verbindung mit alkalischen Eruptivgesteinen und im sedimentären Bereich.

Die Nomenklatur und Klassifikation der Phosphat-Sedimentite sind zur Zeit noch durch eine Reihe von unscharf definierten Begriffen und z. T. auch durch divergierende Meinungen über die Genese einiger Typen belastet. Dieses weist auf die Wichtigkeit weiterer Arbeiten zu diesen Fragen und die Notwendigkeit von internationalen Vereinbarungen hin. Vorschläge zur Klassifikation und Nomenklatur der Phosphat-Sedimentite wurden u. a. von F. J. Pettijohn (1957), A. V. Carozzi (1960), G. I. Bušinskij (1970) und V. E. Mc Kelvey (1967) unterbreitet. Sedimentite, in denen die Kalziumphosphate den Hauptanteil am Phasenbestand bilden, werden im allgemeinen als *Phosphorite* bezeichnet. Eine Reihe von Autoren möchte den Phosphorit-Begriff aber auf entsprechende Ablagerungen mariner Entstehung eingeengt wissen (V. E. Mc Kelvey 1967).

Phosphorite können sehr unterschiedlich ausgebildet sein. Es gibt harte und auch weiche (bröselige bis erdige) Varietäten von grauweißer, gelblicher, graugrüner, brauner bis fast schwarzer Farbe. Oft bestehen die Phosphorite aus einem sehr feinkörnigen, Kollophan genannten Gemisch verschiedener Phosphatminerale. In Paragenese mit dem Phosphatanteil treten im allgemeinen Tonminerale, Quarz- und Feldspatkörner, Karbonate, Glaukonit, Sulfide, organische Substanz und nicht selten auch etwas Fluorit auf.

Ein Teil der Phosphatablagerungen ist eindeutig biogen. Zu nennen sind dabei vor allem Ansammlungen von Knochen und Zähnen (engl. Bonebeds = „Knochenbett") sowie primär phosphatischen Schalen einiger Brachiopodengattungen. Hierher gehört auch der Guano (indianisch „Vogelmist"). Bei diesem handelt es sich um Ansammlungen von Vogelexkrementen und Knochen auf ozeanischen Inseln, die in unterschiedlich starkem Maße durch Hydratation, Oxydation und Auslaugung umgewandelt sind. Manchmal zu beobachtende Anhäufungen von Fledermausexkrementen in Höhlen werden „Höhlenguano" genannt.

Weniger klar ist die Genese von konkretionären, oolithischen und körnigen Phosphoriten. A. V. Kazakov (1950) und andere Autoren sehen als Hauptquelle für den Phosphor dieser Ablagerungen aufsteigende kalte Tiefenwässer des Ozeans an, und in der Tat enthalten solche Wässer mit etwa 300 mg P_2O_5 pro m³ bei weitem mehr Phosphor als warme Oberflächenwässer, in denen der P_2O_5-Gehalt bei 10—50 mg/m³ liegt. Man muß jedoch fragen, woraus die kalten Tiefenwässer ihren Phosphoranteil beziehen. Eine sehr wichtige Quelle können abgestorbene, zu Boden sinkende und sich zersetzende Organismenreste sein. Als Phosphorsäurelieferant ist aber auch der submarine Vulkanismus in Betracht zu ziehen. Die Abscheidung der Phosphate erfolgt in der Regel im Bereich flachen Wassers. Massenentwicklungen von Phytoplankton über den Aufstiegsgebieten der kalten Tiefenwässer spielen für die Fixierung des Phosphors eine große Rolle. Dieses Phytoplankton wird nach seinem Absterben Bestandteil des Sediments und gibt bei seiner Zersetzung größere Phosphatmengen an die Porenlösungen ab. Offensichtlich ist meist erst über diese „Nachkonzentration" eine Phosphoritbildung möglich. Große Lagerstätten von Phosphoriten des genannten Typs sind vor allem an Transgressionshorizonte über flache Schelfareale gebunden. Genannt werden müssen besonders die kretazischen Phosphorite Marokkos, die auch Uran enthalten, und die permischen Phosphorite der Phosphoria-Formation im Westen Nordamerikas. Weitere Beispiele sind aus der Sowjetunion und vielen anderen Gebieten bekannt. Genannt werden müssen in diesem Zusammenhang auch die Phosphoritknollen, welche man rezent auf dem Meeresboden vor allem bei Wassertiefen zwischen 100 und 200 m findet. Sie sind vorwiegend an Bereiche mit grobkörnigen Sedimenten gebunden. Oft werden diese Knollen von Organismen besiedelt oder angebohrt, was auf eine geringe Sedimentationsrate (längere Zeit keine Einbettung ins Sediment) hinweist.

Ähnlich wie diese Phosphoritknollen stehen die fossilen Phosphorite auf Tafelgebieten meist mit grobklastischen Sedimentiten, z. B. glaukonitführenden Sandsteinen in Verbindung. Phosphorite in Geosynklinalgebieten sind dagegen vor allem mit kohligen Tonsteinen und Hornsteinen bzw. Kieselschiefern vergesellschaftet. Entsprechende Vorkommen gibt es auch im Paläozoikum der DDR. Sie erreichen bei uns allerdings keine wirtschaftliche Bedeutung wie in einigen anderen Gebieten. Eine sehr große geosynklinale Phosphoritlagerstätte ist die des Kleinen Karatau/UdSSR. Die Phosphorite sind dort in eine kambrische Folge von Karbonatsgesteinen, Hornsteinen und tonigen Ablagerungen eingeschaltet und teils massig-dicht, teils oolithisch sowie manchmal konglomeratisch ausgebildet. K. T. Tabyldiev, Ju. A. Kiperman und A. I. Timčenko (1970) führen auch diese Phosphorite auf aufströmende Tiefenwässer zurück, sehen den Ausscheidungsprozeß der Phosphate aber als einen rein chemischen Vorgang an, der durch CO_2-Verlust infolge Erwärmung des Wassers nahe der Uferzone zustandekommt. Nach Meinung der genannten Autoren entwickelten sich die Phosphorite des Kleinen Karatau zu einem Zeitpunkt, als die erste Etappe intensiver geosynklinaler Absenkung in eine Periode relativer Stabilisierung überging, was mit einem scharfen Wechsel von vorwiegend terrigen-klastischer zu chemogen-karbonatischer Sedimentation verbunden war.

Ein weiterer Typ von Phosphat-Sedimentiten sind Geröllphosphorite, die durch Aufarbeitung älterer Phosphatablagerungen entstehen. Mit dieser Aufarbeitung kann eine Materialanreicherung verbunden sein, die zu bauwürdigen Vorkommen führt. Auf dem Territorium der DDR wurden früher in geringem Umfang oberkretazische Geröllphosphorite bei Zilly nordwestlich von Halberstadt gewonnen.

Phosphorite können auch durch metasomatische Verdrängung von Karbonaten entstehen. Daß solche Verdrängungen möglich sind, zeigt das Vorkommen von phosphatisierten Organismenhartteilen, bei denen man sonst nur kalkige Bausubstanz kennt.

Schließlich muß noch auf die Residual-Phosphorite hingewiesen werden, die aus phosphatischen Kalken durch Weglösen des Karbonats entstehen.

Phosphat-Sedimentite sind ein wichtiger Rohstoff für die Herstellung von Düngemitteln, Waschmitteln sowie chemischen und pharmazeutischen Präparaten. Die Dekkung des Rohstoffbedarfes erfolgt vor allem aus den marinen Phosphoritvorkommen auf den Tafelgebieten und aus einigen großen Geosynklinallagerstätten. Guano hat im internationalen Maßstab eine geringere Bedeutung; er eignet sich aber durch seinen Stickstoffgehalt gut für die Düngemittelherstellung.

2.7.5. *Eisen- und manganreiche Sedimentite*

Nach A. B. Ronov und A. A. Jaroševskij (1967) enthält die Erdkruste durchschnittlich 2,43% Fe_2O_3, 4,30% FeO und 0,15% MnO. Für die Sedimenthülle (ohne Effusivgesteine) sind diese Werte: Fe_2O_3 3,32%, FeO 1,95%, MnO 0,16%. Von eisenreichen Sedimentiten kann man sprechen, wenn diese 15% und mehr Fe enthalten (H. L. James 1966). Als „manganreich" bezeichnen H. Füchtbauer und G. Müller (1970) Sedimentite mit Mn-Gehalten über 1%.

Die enge chemische Verwandtschaft von Eisen und Mangan bedingt, daß beide Elemente gemeinsam in den sedimentären Kreislauf einbezogen werden und in den verschiedenen Ablagerungen zusammen auftreten. Es kann aber in einem gewissen Umfang im sedimentären Kreislauf auch eine Trennung von Eisen und Mangan stattfinden. Darauf weisen z. B. die stark erhöhten Mangangehalte in den Manganknollen auf dem Boden der Tiefsee hin. Die Ursache für die Möglichkeit einer Trennung von Eisen und Mangan im sedimentären Kreislauf ist in einem etwas unterschiedlichen Verhalten dieser Elemente gegenüber Veränderungen des Eh- und pH-Wertes zu suchen. In der Regel sind die Eisenverbindungen schwerer löslich als die entsprechenden Manganverbindungen. Eine Ausnahme davon bilden Fe- und Mn-Karbonat, die eine etwa gleich hohe Löslichkeit besitzen. Nicht unterschätzt werden darf auch der Trennungseffekt, der durch eisenbindende Organismen, besonders Bakterien, hervorgerufen wird.

Die wichtigsten Minerale eisenreicher Sedimentite sind Goethit (α-FeO(OH)), Hämatit (α-Fe_2O_3), Magnetit (Fe_3O_4), Siderit ($FeCO_3$) sowie das Eisensilikat Chamosit. Limonit ist die Bezeichnung für eine kryptokristalline Mischung, die aus Goethit und anderen Fe-Oxid-Hydraten, adsorbiertem Wasser sowie manchmal etwas Hämatit besteht.

Viele Sedimentite enthalten als Nebengemengteil oder Akzessorium weiterhin Pyrit (FeS_2-kub.), gelegentlich auch Markasit (FeS_2-tetrag.).

In sedimentären Manganlagerstätten treten vor allem die Oxide Pyrolusit, Psilomelan und Kryptomelan auf. Weniger häufig sind das Oxidhydrat Manganit und das Mangankarbonat Rhodochrosit. Noch seltener findet man das Silikat Rhodonit. Wird das Material metamorph beansprucht, so können sich Braunit ($3MnO_2 \cdot MnSiO_3$) und der Mangan-Granat Spessartin bilden.

2.7.5.1. *Typen und Genese eisenreicher Sedimentite*

H. W. Walther und A. Zitzmann (1973) unterscheiden folgende (genetische) Typen von Eisenerzen: a) magmatische und hydrothermale, b) vulkanogen-sedimentäre, c) sedimentäre, d) Verwitterungserze, e) metamorphe Erze. Nachfolgend wird zu den unter b) und c) genannten Typen sowie zu den sogenannten Bändererzen, welche zu e) gehören, Stellung genommen.

Vulkanogen-sedimentäre Eisenerze

Vulkanogen-sedimentäre Eisenerze sind in erster Linie die Lagerstätten vom Lahn-Dill-Typ, welche man in klassischer Form aus dem Devon des Sauerlandes, des Kellerwaldes, des Harzes, der Gegend um Schleiz sowie aus der ČSSR (Mährisches Gesenke-Jesenik) kennt. Es handelt sich dabei überwiegend um oxidische Erze, die vor allem aus Hämatit und manchmal auch etwas Magnetit bestehen. Von diesen oxidischen Erzen gibt es Übergänge in intensiv rot gefärbte Eisenkiesel. Weiterhin treten silikatische Eisenerze (Hauptbestandteil Fe-Chlorite) auf. Außerdem sind Siderit-Erze, oft mit Beimengungen von Fe-Chloriten und Magnetit, bekannt. Die stratiformen Erzlager vom Lahn-Dill-Typ sind relativ klein und führen Eisengehalte zwischen 15 und 45%. H. J. Rösler (1964) faßt zusammen, von welchen geologischen und lagerstättenkundlichen Tatsachen eine Diskussion über die Genese der Lahn-Dill-Erze auszugehen hat:

1. Alle Lahn-Dill-Erze sind an mehr oder weniger mächtige und „vergrünte" ± basische Laven und Tuffe in ihrem Liegenden gebunden.
2. Die Ablagerung der Erze erfolgte untermeerisch und in Geosynklinalbereichen.
3. Während der Erzbildung bestand ein deutliches vulkanisches Relief, wobei die mächtigsten Erzlager um die höchsten Erhebungen herum ausgebildet sind.
4. Der laterale Wechsel von silikatischen zu oxidischen Erztypen ist offensichtlich gesetzmäßig, wenn auch bisher nicht immer überschaubar und deutbar.

Trotz der Fortschritte, welche bei der Untersuchung der Lahn-Dill-Erze vor allem in den letzten zwanzig Jahren erzielt wurden, gehen die Meinungen über die Erzherkunft und -zufuhr weiterhin auseinander. Von den meisten Forschern wird jedoch an einer submarin-exhalativen Entstehung der Lahn-Dill-Erze im Zusammenhang mit dem oben erwähnten Vulkanismus nicht mehr gezweifelt. H. J. Rösler (1964) nimmt einen hydrothermalen Transport des Eisens in Solform an und betont, daß mit dieser Vorstellung Geltexturen der Erze und andere Beobachtungen in bestem Einklang stehen. H. Harder (1964) rechnet dagegen mit einem Transport des Eisens in echter ionarer Form durch heiße sauere oder niederthermale kohlensäurehaltige Lösungen. Nach seiner Meinung gibt es keinen sicheren Hinweis dafür, daß es sich um rein vulkanisch zugeführtes Eisen handelt; wahrscheinlich ist das Eisen durch die sauren heißen Quellen oder durch die Kohlensäuerlinge zum größten Teil aus dem Nebengestein ausgelaugt worden. Als sehr interessantes Beispiel beschreiben G. Müller und U. Förstner (1973) eine rezente Eisenerzbildung aus geothermalen Lösungen im Malawi-See (Afrika). Auch dort muß angenommen werden, daß das Eisen aus den Seesedimenten selbst stammt, da heiße Quellen außerhalb des Sees dieses Element nicht enthalten. Das Eisen wird gemeinsam mit Kieselsäure und etwas Mangan in gelöster Form als Fe^{2+} transportiert.

Sehr charakteristisch für viele Lagerstätten vom Lahn-Dill-Typ ist das Auftreten sog. Scheckenerze (diese Bezeichnung bringt sehr gut das gescheckte Aussehen der Erze zum Ausdruck). Es handelt sich dabei um Ansammlungen von Erzpartikeln unterschiedlicher Größe, die hauptsächlich durch Karbonat (Calcit), manchmal aber auch durch Quarz verkittet sind. Es konnte nachgewiesen werden, daß die Scheckenerze klastische Umlagerungsprodukte darstellen. R. Gräbe (1962) rechnet mit einer epiklastischen, H. Wiefel (1964) dagegen mit einer pyroklastischen Bildung dieser Erze.

Unter dem Oberbegriff „submarine exhalativ-sedimentäre Erzkörper" werden in der Literatur außer den klassischen Vorkommen vom Lahn-Dill-Typ auch eine Reihe von sulfidischen Vererzungen, verschiedene Manganerze u. a. m. geführt. Nicht alle diese

Vererzungen lassen eine eindeutige genetische Bindung an submarin geförderte Laven und Tuffe erkennen. H. J. Rösler (1964) schlägt vor, zu untergliedern in den

— Lahn-Dill-Typ i. e. S. = „klassischer Lahn-Dill-Typ“ sowie
— in den „erweiterten Lahn-Dill-Typ“.

Rösler schreibt: „Bei den Lagerstätten des eigentlichen Lahn-Dill-Typs wird also neben der Erfüllung der drei vorher genannten Bedingungen (submarin, hydrothermal, sedimentär) eine sichtbare oder sicher konstruierbare Beziehung zum erzliefernden Magmatit gefordert, bei ‚erweitertem Lahn-Dill-Typ‘ dagegen nicht.“ Das heißt mit anderen Worten, daß beim erweiterten Lahn-Dill-Typ die Herkunft der Erzsubstanz vor allem von meist unbekannten intrusiven Magmenkörpern, aber unter Umständen auch von fiktiven, lateral $\pm$ weit entfernten Quellen abzuleiten ist. Man sollte sich auch entschließen, im klassischen Lahn-Dill-Typ nur solche Lagerstätten unterzubringen, in denen die Eisenminerale die Haupterzkomponenten darstellen. Es ergibt sich die Frage, ob zum Beispiel auch die ordovizischen Eisensilikaterze von Schmiedefeld/Thüringen, welche lange Zeit abgebaut worden sind, zum erweiterten Lahn-Dill-Typ gehören. H. Harder (1964) verneint auf der Grundlage geochemischer Analysen eine solche Zugehörigkeit. Nach seiner Meinung haben sie das Eisen aus Verwitterungslösungen bezogen.

Sedimentäre Eisenerze

Bei einer Reihe von eisenreichen Sedimentiten kann die Lieferung des Eisens durch eine magmatische oder vulkanische Aktivität im oben aufgezeigten Sinne mit Sicherheit ausgeschlossen werden. In diesen Fällen wurden die Möglichkeiten einer Bereitstellung des Fe durch Verwitterung auf den Festländern oder durch halmyrolytische Zersetzung von eisenhaltigen Mineralen in einer „CO_2-Zone“ auf dem Meeresboden diskutiert (H. J. Taylor 1949, H. Borchert 1960 und 1964 sowie viele andere). H. L. James (1966) schließt nicht aus, daß der zuletzt genannte Vorgang stellenweise wirksam gewesen sein kann; er mißt jedoch Verwitterungsprozessen auf den Festländern eine größere Bedeutung für die Bereitstellung von Eisen bei. Damit ergibt sich aber die Frage, auf welche Art und Weise das Eisen in die Ablagerungsräume gelangt. In ionar gelöster Form kann Eisen unter den heutigen Oberflächenbedingungen nur in Ausnahmefällen in größeren Mengen transportiert werden. Solche Ausnahmefälle sind z. B. im Bereich von Mooren mit ihren sauren und sauerstoffarmen Wässern gegeben. Generell muß man feststellen, daß Wässer um so mehr Eisen in Lösung bringen können, je saurer und sauerstoffärmer sie sind.

Eine sehr große Rolle für den Transport von Eisen spielen Huminstoffe. Huminstoffe können Eisen chemisch an die Oberfläche binden. Je stärker sie polymerisiert sind, um so niedriger ist dieses Bindungsvermögen. Die niedrigpolymeren Fulvosäuren müssen demzufolge als besonders wichtig für den Eisentransport angesehen werden, wobei hinzukommt, daß sie wasserlöslich sind (nach frdl. Mitteilung von H.-J. Blankenburg). Große Mengen von Eisen können auch in Suspension als kolloidales Hydroxid oder als oxidischer bzw. hydroxidischer Oberflächenfilm auf Tonmineralen und anderen Partikeln verfrachtet werden. Eine weitere Art des Transportes von Eisen ist jene als eisenhaltiges Schwermineral.

Im Phanerozoikum (bis einschließlich Tertiär) weltweit verbreitet und von großer wirtschaftlicher Bedeutung sind sedimentäre Eisenerze vom sog. *Minette-Typ.* Es handelt sich dabei um oolithische Eisenerze, deren Prototyp sich im Jura von Lothringen und Luxemburg entwickelte. In der DDR wurde nach 1945 ein kleineres Vorkommen solcher Eisenerze im Lias der Lappwaldmulde bei Sommerschenburg abgebaut. Die Erze vom Minette-Typ gelangten im Bereich flacher Schelfmeere (oft in Buchten) zur Ablagerung. Sie schließen sich im allgemeinen an eine sandige Randfazies an und gehen beckenwärts in tonig-mergelige Sedimentite über.

Die Zusammensetzung der Erze wird von folgenden Bestandteilen bestimmt: Ooiden, Bindemittel und terrigenem Detritus. Bei den Ooiden lassen sich Eisenoxidooide, Mischooide (bestehend aus alternierenden Schalen von Eisenoxid bzw. -oxidhydrat und -silikat) und Eisensilikatooide unterscheiden. Gelegentlich treten auch Sideritooide auf. Das Bindemittel kann eisenoxidisch bzw. -oxidhydratisch (limonitisch), eisensilikatisch, sideritisch oder kalkig sein. Als terrigener Detritus treten vor allem Quarzkörner auf, welche meist auch den Kern der Ooide bilden. Weiterhin sind Feldspatkörner, kleine Gesteinsbruchstücke, Glimmer, verschiedene Schwerminerale und Tonminerale zu nennen. Oft enthalten die Erze Phosphoritkonkretionen, Glaukonit und Reste kalkschaliger Organismen. Lateral erkennt man in der Regel eine Zonenfolge, die von oxidischen Erzen über silikatische und sideritische Erze beckenwärts bis zu tonigen Ablagerungen mit Pyrit führt. Da die Erzlager in der Sequenz meistens aus mehreren Rhythmen bzw. Zyklen bestehen, wechseln die verschiedenen Erze auch übereinander. Sehr wichtig für die Erzakkumulation und die Erhaltung der Lagerstätten scheinen eine gewisse synsedimentäre Absenkung des Ablagerungsraumes und die möglichst geringe Anlieferung von terrigen-klastischem Material zu sein. Die Eisengehalte der Erze vom Minette-Typ schwanken stark; meist liegen sie zwischen 30 und 40%.

Aus der umfangreichen Literatur über oolithische Eisenerze soll auf die Arbeiten von H. Aldinger (1957), G. Berg (1940, 1944), G. Berg und K. Hoffmann (1942), A. K. Bhattacharya (1958), H. Borchert (1952, 1964), H. Braun (1964), B. Brokkamp (1942), C. W. Correns (1942), A. Finkenwirth (1964), B. Gottesmann (1966), H. Harder (1951, 1957, 1961), A. U. Litvinenko (1970), O. Oelsner (1962), H. Quiering (1944) und O. Seitz (1950) hingewiesen werden.

Ein weiterer und besonders für Mitteleuropa auch wirtschaftlich wichtiger Typ von Eisenerzen sind die *Trümmereisenerze.* Es handelt sich dabei um Geröllerze, die ihr Material durch Abtragung, natürliche Aufbereitung infolge eines Transportes und erneute Ablagerung beziehen. Eine sehr bekannte Lagerstätte dieses Typs ist jene von Salzgitter/BRD. Das Salzgitterer Erz wird — urkundlich belegt — seit dem Jahre 1311 abgebaut und verhüttet.

Die Salzgitterer Erze gelangten in der Unterkreide (Neokom) zur Ablagerung. Es sind Mischerze aus Fe-Ooiden und Geröllen. Goethit, Chamosit und Siderit sind die wichtigsten Erzminerale. Der Eisengehalt der Erze liegt zwischen 20 und 40%. Er leitet sich aus der Abtragung von toneisensteinreichen Jurasedimenten ab. Die größten Erzmächtigkeiten findet man in Senkungsgebieten (sog. Kolken) am Rande von Salzsätteln (H. Kolbe 1962). In südöstlicher Fortsetzung der Vorkommen von Salzgitter treten unterkretazische Trümmereisenerze bis in die Gegend von Quedlinburg auf, sind aber nicht bauwürdig.

Eine weitere Lagerstätte von Trümmereisenerzen ist jene von Peine/BRD. Das Erz besteht aus Limonit-Geröllen, die durch ein kalkiges Bindemittel verkittet sind. Es kam im Küstenbereich zum Absatz. Die Eisengehalte dieses Erzes liegen um 30%.

Von Bedeutung für die Entwicklung einiger westeuropäischer Eisenindustrien waren weiterhin sideritische Erze, welche an die limnischen und paralischen Kohlenvorkommen gebunden sind. Diese Erze enthalten außer Siderit in wechselnden Mengen kohlige und tonige Substanz. Abb. 2.29 zeigt ein Schema für die Klassifikation von Sedimentiten, die aus den genannten Hauptbestandteilen zusammengesetzt sind. Rezent bilden sich in einer Reihe von nordischen Seen und Mooren Sumpf- und See-Erze (Raseneisenerze). Sie beziehen das Eisen über sauerstoffarme, sauere und huminstoffreiche Grundwässer aus den verwitternden Gesteinen der Nachbarschaft bzw. des Untergrundes. Treffen

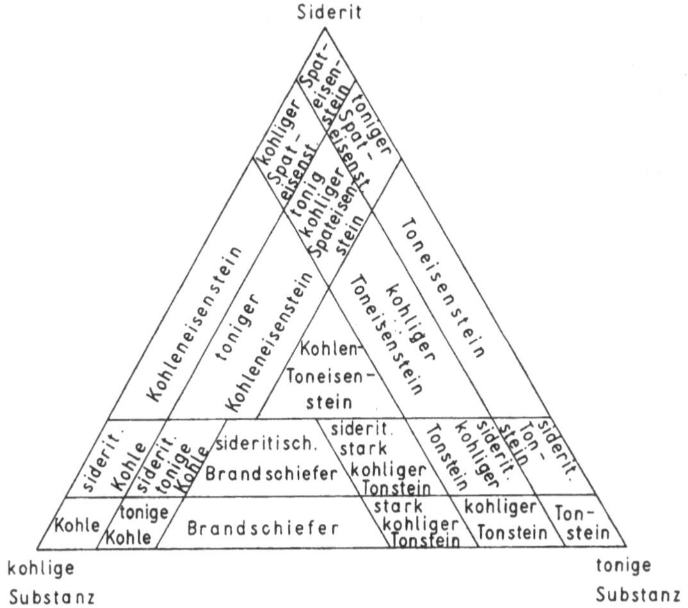

Abb. 2.29. Klassifikation der Sedimentgesteine aus den Hauptkomponenten Siderit-tonige Substanz—kohlige Substanz (nach G. Müller in H. Füchtbauer und G. Müller 1970)

diese eisenreichen Lösungen mit sauerstoffreichen Wässern zusammen, so werden Ferriverbindungen ausgefällt. In manchen Torfmooren bildet sich auch sogenanntes „Weißeisenerz", dessen Hauptbestandteil Siderit ist. Es kommt dort zum Absatz, wo unter reduzierenden Bedingungen eine Neutralisation der saueren, eisenreichen Lösungen durch bikarbonatreiche Wässer stattfindet.

Bändererze

Gebänderte Eisenerze gehören zu den bedeutendsten mineralischen Reichtümern der Erde und finden sich in den alten Kratonen fast aller Kontinente. Sie sind charakterisiert durch einen vielfachen Wechsel von eisen- und kieselsäurereichen Lagen (Tafel 2.IX, Bild 4). Diese Lagen besitzen eine Mächtigkeit von Bruchteilen eines Millimeters bis zu mehreren Zentimetern. Die eisenreichen Lagen bestehen meist aus Magnetit oder Magnetit + Hämatit bzw. nur aus Hämatit. Es gibt aber auch Lagen aus Siderit, Siderit + Eisensilikat oder Eisensilikat. Gelegentlich sind oolithische Gefüge erkennbar.

Die kieselsäurereichen Lagen tragen den Charakter von Hornsteinen oder von Quarziten. Die verschiedenen Ausbildungen (Fazies) der Erze sind in einigen Lagerstättenbezirken deutlich zonenweise angeordnet.

Gebänderte Eisenerze sind bis auf wenige Ausnahmen auf das Präkambrium beschränkt. Besonders häufen sie sich im Zeitraum vor 2600 bis 1900 Mill. Jahren, wobei schätzungsweise 10^{14} bis 10^{15} t Fe abgeschieden wurden. Eine Reihe von Vorkommen gebänderter Eisenerze ist eng mit vulkanischen Gesteinen vergesellschaftet, was den Gedanken an eine genetische Verwandtschaft zum Lahn-Dill-Typ nahelegt. Die Mehrzahl der gebänderten Eisenerze läßt jedoch nicht oder nicht eindeutig solche Beziehungen erkennen. Man muß bei dieser Gruppe von Vorkommen, die vor allem auch besonders mächtige und ausgedehnte Lager umfaßt, welche im Schelfbereich oder in Miogeosynklinalen abgelagert wurden, an eine Ableitung von eisenreichen Verwitterungslösungen denken. Günstig für die Bildung von eisenreichen Verwitterungslösungen im Präkambrium mag die inzwischen als gesichert geltende Feststellung sein, daß die ersten Teile einer festländischen Kruste im Vergleich zu den heutigen Kontinenten basischer zusammengesetzt waren. Da auf den Festländern ein Pflanzenwuchs fehlte, muß man aber mit einer anderen Art der Verwitterung und des Transportes rechnen als nach der Besiedlung mit Pflanzen, die im Paläozoikum einsetzte. Einen wesentlichen Einfluß auf die Mobilität des Eisens an der Erdoberfläche hat die Zusammensetzung der Erdatmosphäre. A. B. Ronov (1971) faßt die Vorstellungen über die Entwicklung der Erdatmosphäre in einem Schema zusammen. Nach ihm sind die Anfangsstadien dieser Entwicklung durch hohe CO_2-Partialdrücke ausgezeichnet. Das muß über lange Zeit eine Anreicherung von Eisen in der relativ leicht löslichen zweiwertigen Form ermöglicht haben. Im gehäuften Auftreten gebänderter Eisenerze vor 2600 bis 1900 Mill. Jahren kann man den Zeitpunkt sehen, in dem die Zusammensetzung der Erdatmosphäre eine neue, die Fällung von Eisen begünstigende Qualität erreicht hatte. Dieses heißt aber nicht, daß bereits die heutige Zusammensetzung der Erdatmosphäre erreicht war. Noch sehr unklar ist es, ob Organismen (z. B. Algen) direkt an der Fällung des Eisens beteiligt waren; man muß aber mit dieser Möglichkeit rechnen.

Diese Ausführungen sollen nicht darüber hinwegtäuschen, daß alle Versuche, die ohne Zweifel vorhandenen Besonderheiten der gebänderten Eisenerze zu deuten, zur Zeit noch einen stark hypothetischen Charakter tragen. Aussagen über die Sedimentationsbedingungen der Bändererze werden auch dadurch erschwert, daß diese bis auf wenige Ausnahmen in mehr oder weniger starkem Grade metamorph überprägt sind. Damit ergeben sich neue Fragen, wie zum Beispiel das vieldiskutierte und noch nicht zweifelsfrei beantwortete Problem, ob eine prämetamorphe Entstehung des Magnetits und Hämatits in den Bändererzen möglich ist.

Die gebänderten Eisenerze haben verschiedene Bezeichnungen erhalten. Sehr verbreitet und von den meisten Geologen akzeptiert ist für die präkambrischen Bändererze der Terminus *Eisenformation* (engl.: ironformation; russ.: железистая формация), welcher die verschiedenen Ausbildungen (oxidische, silikatische, karbonatische Fazies und gelegentlich auch schwarze, kohlenstoffreiche Schiefer mit Pyrit = sulfidische Fazies) dieser Erze einschließt. Demgegenüber werden nicht gebänderte postpräkambrische Eisenerze (besonders jene vom Minette-Typ) ausgehend vom engl. Sprachgebrauch in der Regel als *Eisensteine* (engl. ironstones) bezeichnet.

Aus dem Lake Superior-Distrikt (Nordamerika) stammt der Begriff *Jaspilit* für die Oxid-Fazies der Eisenformation, wenn die Kieselsäure als Jaspis vorliegt. Der Begriff

Jaspilit wurde später von einer Reihe von Autoren generell auf intensiv rot gefärbte Eisenkiesel übertragen. In den USA werden die gebänderten Eisenerze oft als *Taconite* (engl.: taconite) bezeichnet. Aus Brasilien stammt der Begriff Itabirit für gebänderte Eisenquarzite (Oxid-Fazies der Eisenformation), bei denen infolge Metamorphose die einzelnen Kristalle im Gestein megaskopisch gut erkennbar sind.

Die Eisengehalte der Bändererze liegen meist zwischen 30 und 40%. Abgebaut werden z. Z. überwiegend nur die oberflächennahen lateritischen Verwitterungszonen der ausstreichenden Erzkörper, die Reicherze mit 60 bis 70% Fe enthalten.

Zusammenfassende Darstellungen über die Bändererze findet man unter dem Titel „Precambrian Iron-Formations of the World" in der Zeitschrift Economic Geology, 68, 7, 1973 (s. auch Referat von H. Reh 1975) und in „Genesis of Precambrian iron and manganese deposits" (Proceedings of the Kiev Symposium 20—25 August 1970; Earth siences 9, UNESCO, Paris 1973).

2.7.5.2. *Manganreiche Sedimentite*

D. G. Sapožnikov (1970) unterscheidet in Anlehnung an A. G. Betechtin und R. A. Cykin folgende genetische Typen von Manganlagerstätten: hydrothermale, vulkanogen-sedimentäre, sedimentäre, metamorphe (ursprünglich vulkanogen-sedimentäre und sedimentäre) und Verwitterungslagerstätten.

Ähnlich dem Eisen in eisenreichen Sedimentiten ist das Mangan in manganreichen Sedimentiten aus vulkanischen Exhalationen, aus Verwitterungslösungen von den Festländern sowie aus Prozessen der Halmyrolyse und Diagenese bezogen worden. Nicht immer läßt sich eindeutig sagen, welche der genannten Möglichkeiten im speziellen Fall realisiert wurde. Manchmal können auch mehrere Möglichkeiten gemeinsam zur Bildung manganreicher Sedimentite beigetragen haben.

Entsprechend den Eisenerzen vom Lahn-Dill-Typ gibt es Manganerze, deren Bindung an einen geosynklinalen Vulkanismus als sicher gelten kann. Sie treten als konkordante Einlagerungen in Schichtenfolgen auf, die sich aus submarinen (meist basischen) Effusiva, deren Tuffen und kieseligen Sedimentiten (Hornstein, Kieselschiefer, Radiolarit) zusammensetzen. Nach der Paragenese kann man vorwiegend oxidische Erze von vorherrschend karbonatischen und silikatischen Erzen unterscheiden. Die Mn-Gehalte liegen in der Regel zwischen 10 und 25%. Höhere Gehalte können auch auftreten, sind aber selten. Nur wenige dieser vulkanogen-sedimentären Manganerzvorkommen sind bauwürdig.

Die bedeutendsten Manganerzvorkommen müssen dem sedimentären Typ zugeordnet werden. Hierzu gehört die Lagerstätte von Nikopol/UdSSR. Diese Lagerstätte entstand im Oligozän (Tertiär) in einem flachen Meeresbecken am Südrand des Ukrainischen Schildes. Das Erzlager ist im wesentlichen oolithisch ausgebildet. Nach I. M. Varencov (in I. M. Varencov und L. M. Formozova 1962 und V. I. Smirnov 1974) kamen nahe dem Beckenrand oxidische Erze mit Pyrolusit und Psilomelan zur Ablagerung. Es folgen beckenwärts eine gemischt oxidisch-karbonatische und schließlich eine karbonatische Fazies, die in Tone mit geringen Mn-Gehalten übergeht. In den oxidischen Erzen liegt der Mn-Gehalt um 30%, in der karbonatischen Fazies zwischen 10 und 25%. Ähnlich aufgebaut und ebenfalls tertiären Alters ist die Lagerstätte von Tschiaturi/UdSSR. Nach vorherrschender Ansicht stammt der Metallgehalt dieser Lagerstätten aus Verwitterungslösungen vom Festland.

Die interessantesten Manganabscheidungen sind jedoch wohl jene, welche man rezent auf dem Meeresboden findet. Meist handelt es sich dabei um knollenförmige Gebilde von 0,5 bis 25 cm Durchmesser. Aber auch weit größere Knollen sind schon gefunden worden. Außerdem treten schlackenähnliche Bildungen, Platten, Scheiben und bis zu meterdicke Krusten auf. Das Material ist braun bis fast schwarz gefärbt und meist porös. Die knollenförmigen Gebilde (Manganknollen, Mangankonkretionen oder besser Mangan-Eisen-Konkretionen) bestehen aus Schalen, die sich um einen Kern (Basaltbruchstück, verfestigter Ton, Haifischzahn u. a.) anordnen. E. F. Snjukov, R. M. Beloded und V. P. Cemko (1974) geben folgende Übersicht über die chemische Zusammensetzung der Mangan-Eisen-Konkretionen (Tab. 2.21). Aus dieser Zusammenstellung geht hervor, daß diese Konkretionen vor allem im Stillen Ozean nicht nur als Manganerz, sondern auch im Hinblick auf die Gehalte an sog. Wertelementen (Ni, Co und Cu) von wirtschaftlichem Interesse sind. Die Bestimmung der mineralogischen Zusammensetzung der Mangan-Eisen-Konkretionen bereitet infolge der Feinheit der Teilchen große Schwierigkeiten. Nach J. L. Mero (1964) sowie E. F. Snjukov, R. M. Beloded und V. P. Cemko (1974) ist als Hauptbestandteil außer verschiedenen Mn-Mineralen, vor allem Hydrogoethit nachgewiesen worden. Weiterhin treten auf: Opal, Baryt, Rutil, Anatas, verschiedene Tonminerale, Glimmer, Quarz und Feldspat.

Bereits nach dem jetzigen Kenntnisstand, der als noch sehr lückenhaft angesehen werden muß, kann man sagen, daß die Vorräte an Mangan-Eisen-Konkretionen auf dem Meeresboden sehr hoch sein müssen. Vorsichtige Schätzungen ergaben 300 bis 350 Milliarden t (nach Angaben bei Snjukov, Beloded und Cemko 1974), wovon allein im Stillen Ozean 90 bis 120 Milliarden t liegen. Die Belegungsdichte der Manganknollen ist ungleichmäßig; E. Seibold (1974) hebt hervor, daß sie sich oft auf sehr geringe Distanz (50 m) erheblich verändern kann.

Über die Genese der Mangan-Eisen-Konkretionen weiß man noch verhältnismäßig wenig. Sicher ist, daß die Knollen in Gebieten mit geringer Sedimentation entstehen. Die ursprüngliche Annahme, wonach man die Konkretionen für eine reine Tiefseebildung hielt, mußte jedoch revidiert werden. Man hat solche Erzknollen auch in flachen Rand- und Binnenmeeren und sogar in einigen Binnenseen gefunden. Betreffs der Herkunft des Metallinhaltes der Konkretionen sind sämtliche, am Anfang des Kapitels genannten Möglichkeiten diskutiert worden. Vieles spricht dafür, daß die Elemente für das Wachstum der Konkretionen vor allem aus dem darunterliegenden Sedimentkörper stammen und durch den Kompaktionsstrom in gelöster Form herangeführt werden. Die durchschnittliche Wachstumsrate der Knollen ist bei den Vertretern der Tiefsee in der Regel gering und beträgt nur wenige Millimeter in einer Million Jahre. Darauf weisen z. B. tertiäre Haifischzähne als Konkretionskern hin. Konkretionen in flachen Rand- und Binnenmeeren sowie in Binnenseen können weit schneller wachsen (20 bis 1000 mm in 1000 Jahren). Das Wachstum der Knollen erfolgt nicht gleichmäßig, sondern periodisch, wie ihr schaliger Aufbau zeigt. Zwischen Wachstumsrate und Wertmetallgehalt der Knollen scheint ein Zusammenhang in dem Sinne zu bestehen, daß bei steigender Wachstumsrate der Gehalt an Ni, Co und Cu sinkt. Das Wachstum der Mangan-Eisen-Konkretionen setzt sich heute noch fort — offenbar aber nur, wenn die Konkretionen frei an der Sedimentoberfläche liegen. Der jährliche Zuwachs wird für den Bereich des gesamten Weltmeeres auf etwa 10 Millionen t geschätzt (Snjukov, Beloded und Cemko 1974). Ein Abbau der Mangan-Eisen-Konkretionen von Boden des Weltmeeres findet noch nicht statt. Dafür müssen noch viele geologische, technische und rechtliche Fragen

Tabelle 2.21. *Chemische Zusammensetzung der Mangan-Eisen-Konkretionen des Stillen und des Atlantischen Ozeans (Gehaltsangaben in Masse-% bezogen auf Trockengewicht) — nach einer Zusammenstellung bei* SNJUKOV, BELODED *und* CEMKO (*1974*)

Element	Stiller Ozean				Atlantischer Ozean* (4 Proben)		
	Anzahl d. Proben	Max.	Min.	Durchschn.	Max.	Min.	Durchschn.
B	54*	0,06	0,007	0,029	0,05	0,009	0,03
Na	79	4,7	0,46	2,06	3,5	1,4	2,3
Mg	92	2,4	0,42	1,76	2,4	1,4	1,7
Al	124	7,93	0,48	3,27	5,8	1,4	3,1
Si	124	20,56	0,52	8,27	19,6	2,8	11,0
P	46	0,38	0,031	0,17	—	—	—
K	107	2,41	0,20	0,74	0,8	0,6	0,7
Ca	124	12,6	0,63	1,98	3,4	1,5	2,7
Sc	54*	0,003	0,001	0,001	0,003	0,002	0,002
Ti	123	2,52	0,06	0,66	1,3	0,3	0,8
V	54*	0,11	0,021	0,054	0,11	0,02	0,07
Cr	54*	0,007	0,001	0,001	0,003	0,001	0,002
Mn	124	42,3	1,7	21,06	21,5	12,0	16,3
Fe	124	21,7	0,83	11,97	25,9	9,1	17,5
Co	122	1,52	0,06	0,31	0,68	0,06	0,31
Ni	124	1,54	0,036	0,67	0,54	0,31	0,42
Cu	122	1,90	0,01	0,43	0,41	0,05	0,20
Zn	81	0,15	0,019	0,071	—	—	—
Ga	54*	0,003	0,0002	0,001	—	—	—
Sr	86	0,17	0,02	0,086	0,14	0,04	0,09
Y	54*	0,045	0,016	0,033	0,024	0,008	0,018
Zr	54*	0,12	0,009	0,063	0,064	0,044	0,054
Mo	86	0,071	0,006	0,04	0,056	0,013	0,035
Ag	5*	0,0006	—	0,0003	—	—	—
Ba	97	0,98	0,05	0,32	0,36	0,10	0,17
La	54*	0,024	0,009	0,016	—	—	—
Yb	54*	0,0066	0,0013	0,0031	0,007	0,002	0,004
Pb	90	0,25	0,011	0,10	0,14	0,08	0,10
$C_{org.}$	17	0,27	0,08	0,14			
Glühverl.	54*	39,0	15,5	25,8	30,0	17,5	23,8

* *Nach Angaben von* J. L. MERO (*1965*)

gelöst werden. Testversuche zur Gewinnung der Knollen vom Boden der Tiefsee waren jedoch bereits erfolgreich.

Von Bedeutung sind auch die meist hochmetamorphen Mangan-Bändererze (Gondite und Queluzite) des Präkambriums. Sie führen als Protoerz 10—25% Mangan. Gegenstand des Abbaues (vor allem in Indien, Afrika und Südamerika) sind die aus diesen Protoerzen durch lateritische Verwitterung entstandenen Reicherze mit bis zu 50% Mn.

2.7.6. Aluminiumreiche Verwitterungsbildungen und Ablagerungen

H. HARRASSOWITZ (1926) führte für aluminiumreiche Verwitterungsbildungen und Ablagerungen den Begriff *Allit* (gebildet aus Al und griech. lithos = Stein, Gestein) ein. Die chemische Zusammensetzung einiger Allite ist aus Tab. 2.22 ersichtlich. Den Alliten stellte HARRASSOWITZ die *Siallite* (der Name wurde gebildet aus Si, Al und lithos) gegenüber, die vornehmlich aus wasserhaltigen Aluminiumsilikaten zusammengesetzt sind.

Tabelle 2.22. *Chemische Zusammensetzung einiger Typen von Bauxiten* (*nach* G. I. BUŠINSKIJ *1971*)

	1	2	3	4	5	6	7	8
SiO_2	0,80	3,42	1,10	11,76	9,63	2,62	1,22	8,06
Al_2O_3	42,74	53,16	50,52	38,93	44,57	58,63	56,11	56,02
Fe_2O_3	25,58	9,72	19,01	25,24	18,95	21,41	25,28	12,37
FeO	2,00	0,33	0,34	1,16	1,78	2,00	0,69	7,43
TiO_2	3,92	3,11	2,60	2,41	2,39	2,91	2,53	2,28
CaO	0,20	0,14	0,32	0,33	1,91	0,05	0,55	1,69
MgO	0,51	0,42	0,27	0,46	0,62	0,22	0,10	0,87
MnO	0,11	0,13	0,70	0,14	0,27	0,37	0,26	0,26
K_2O	0,05	0,16	0,09	0,02	0,11	0,09	0,09	0,21
Na_2O	0,03	0,04	0,06	0,03	0,07	0,08	0,07	0,13
P_2O_5	0,24	0,35	0,34	0,29	0,25	0,17	0,68	0,42
CO_2	0,00	0,17	0,21	0,33	1,54	0,02	0,41	1.45
C_{org}	0,06	0,21	0,08	0,10	0,11	0,09	0,04	0,05
S	0,04	0,09	0,03	0,04	0,08	0,06	0,10	0,27
H_2O^+	23,80	28,44	24,37	18,94	17,31	12,34	12,03	8,10
Summe	100,03	99,68	99,96	100,08	99,48	99,97	100,12	99,56
Glühverl.	23,92	28,78	24,85	19,31	18,84	12,63	12,15	7,20
H_2O^-	5,50	6,20	6,72	5,22	6,37	3,10	4,66	2,92

1 – Bauxit, gibbsitisch, lateritisch auf Doleriten, Guinea; 2 – Bauxit, gibbsitisch, mit geringem Eisengehalt, Surinam; 3 – Bauxit, gibbsitisch, eisenhaltig, Jamaika; 4 – Bauxit, kaolinitisch-gibbsitisch, Ukraine/UdSSR; 5 – Bauxit, kaolinitisch-gibbsitisch mit Boehmit, Tichvin/UdSSR; 6 – Bauxit, boehmitisch, Griechenland; 7 – Bauxit, diasporisch, Ural/UdSSR; 8 – Bauxit, diasporisch mit Korund, Salair/UdSSR

Zwischen Alliten und Siallten gibt es Übergangsglieder, die als siallitische Allite und allitische Siallite bezeichnet werden. Unter der Voraussetzung, daß kein freier Quarz vorhanden ist, kann man die Größe $ki = \frac{\text{Mol.\% } SiO_2}{\text{Mol.\% } Al_2O_3}$ zur Abgrenzung der unterschiedlichen Bildungen benutzen. Aus der Bauschanalyse berechnet man *ki*, indem der Quotient der Masse-% von SiO_2/Al_2O_3 gebildet und mit dem Faktor 1,7 multipliziert wird. Bei den Sialliten ist $ki \geqq 2$, wobei $ki = 2$ der Kaolinitzusammensetzung entspricht. Die Übergangsglieder haben *ki*-Werte zwischen 2 und 1,3. Bei den Alliten ist $ki < 1{,}3$. In einer Reihe von allitischen Gesteinen spielt jedoch freier Quarz eine Rolle. I. VALETON (1967) betont daher, daß es günstiger ist, nach dem Mineralbestand zu systematisieren. Ein entsprechendes Klassifikationsschema unterbreitete G. BARDOSSY (1964) in Weiterentwicklung eines Vorschlages von J. KONTA (1958). In dem Schema von BARDOSSY

(Abb. 2.30) werden nicht nur die Allite und Siallite berücksichtigt, sondern auch eisenreiche Bildungen, die mit diesen Gesteinsgruppen genetisch oft eng verbunden sind, und Übergänge zu klastischen Sedimentiten mit psammitischem Korn. An die Pole seines Diagramms setzt BARDOSSY die Mineralgruppen:

1. Allitische Minerale: Gibbsit, Nordstrandit, Boehmit, Diaspor, Korund;
2. Siallitische Minerale: Vorherrschend Minerale der Kaolinitgruppe; außerdem Illit, Montmorillonit, Chlorit usw.;
3. Ferrilitische Minerale = Ferrioxide und -hydroxide: Goethit, Lepidokrokit, Hämatit, Magnetit, Maghemit;
4. Klastische Minerale: Vor allem Quarzkörner.

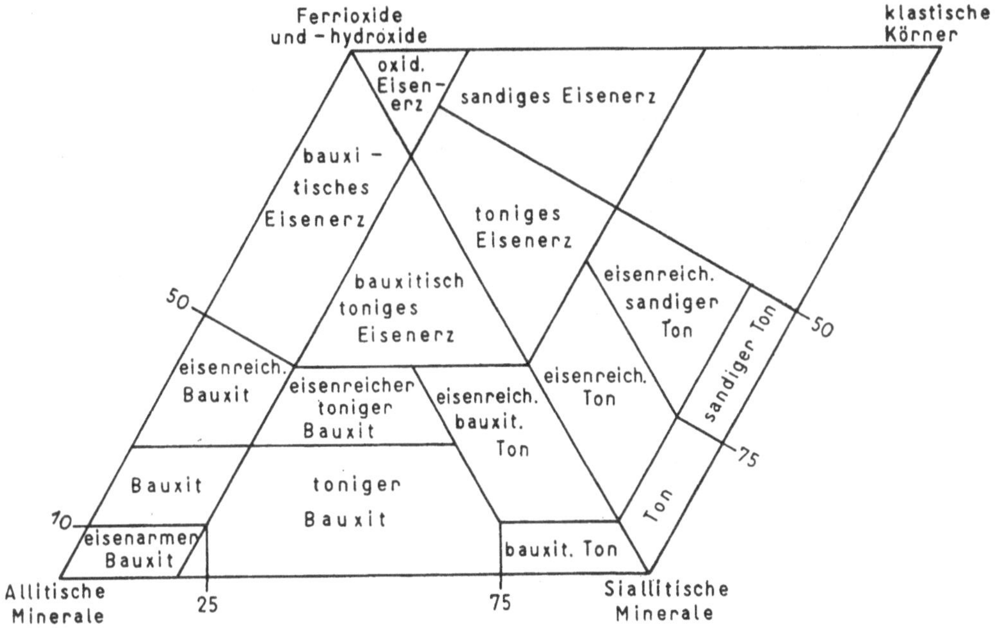

Abb. 2.30. Klassifikation der Bauxite und verwandter Gesteine (G. BARDOSSY 1964)

Oft handelt es sich bei den Alliten um autochthone Verwitterungsbildungen (Residual-Gesteine) und nicht um Sedimente im eigentlichen Sinne. Das Material kann jedoch auch umgelagert werden. Dabei bilden sich allochthone Allite, welche im Idealfall alle Merkmale echter Sedimente tragen, z. B. eine Schichtung aufweisen.

Die nachfolgenden Ausführungen haben vor allem die Arbeiten von G. BARDOSSY (1964, 1976), G. I. BUŠINSKIJ (1971) und I. VALETON (1962, 1967) zur Grundlage.

Wenn man von Alliten spricht, so werden als Vertreter in der Regel der *Bauxit* und der *Laterit* genannt. Als „Bauxit“ bezeichnete P. BERTHIER (1821) rote tonerdereiche Sedimente, die in der Umgebung von Les Baux/Südfrankreich schichtartig auf verkarsteten Unterkreidekalken lagern. Der Begriff „Laterit“ (lat.: later = Ziegel) wurde von F. BUCHANAN (1807) für eisenreiche tonige Verwitterungsprodukte der Malabarküste/Südindien geprägt. Diese Verwitterungsprodukte lassen sich mit dem Messer zu Bausteinen schneiden und nehmen beim Trocknen an der Luft Ziegelstein-Charakter an.

G. Bardossy (1964) betrachtet in Anlehnung an eine Reihe anderer Autoren den Bauxit als ein Gestein, in dem die allitischen Minerale überwiegen. Ansonsten zeichnen sich Bauxite durch eine große Verschiedenartigkeit der petrographischen Merkmale aus. Feste Varietäten sind häufiger als locker-schmierige. Wechselhaft ist vor allem die Färbung, die von verschiedenen Beimengungen abhängt. Am häufigsten beobachtet man rote, braune und graugrüne Farbtöne. Seltener sind graue, weiße, gelbe und fast schwarze Abarten.

Umstrittener als der Bauxitbegriff ist die Bezeichnung Laterit. G. I. Bušinskij (1971) charakterisiert den Laterit als einen lockeren oder festen Verwitterungsrückstand, der aus Mineralen der Kaolinitgruppe, Oxiden und Hydroxiden des Fe, sowie in Beimengungen oder auch vorherrschend aus allitischen Mineralen — vor allem Gibbsit — besteht. Die Farbe des Laterits ist im allgemeinen rot, oft aber auch gelblich-rot oder gelb. Viele Laterite enthalten Eisen- oder Eisen-Gibbsit-Konkretionen. Eine Reihe von Autoren sieht den unmittelbaren Zusammenhang der Verwitterungsbildungen mit dem Ausgangsgestein in einem vertikal meist gut gegliederten „Lateritprofil" als ein wesentliches Merkmal des Lateritbegriffes an. I. Valeton (1967) gebraucht den Begriff „Laterit" im weitesten Sinne für alle Gesteine, die in den Prozeß der „Lateritisierung" — dem Abtransport von Kieselsäure, Alkalien und Erdalkalien und der Anreicherung von Aluminium- und Eisen-Hydroxiden — einbezogen waren. Die Bauxite stellen dabei nur Endprodukte des Lateritisierungsprozesses dar. In diesem Zusammenhang führt I. Valeton (1962, 1967) aus, daß die alte Einteilung in Silikatbauxite (= Bauxite, die aus der Verwitterung verschiedener Silikatgesteine hervorgegangen sind, und welche oft auch Lateritbauxite genannt werden) und in Kalk- oder Karstbauxite zu undifferenziert ist und sich heute nicht mehr aufrechterhalten läßt. In Anlehnung an I. Valeton kann man unterscheiden:

A. autochthone (und parautochthone) Bauxite,
   a. auf Magmatiten und Metamorphiten,
   b. auf Sedimentiten;

B. allochthone (= sedimentär umgelagerte) Bauxite.

Ein gemeinsames Merkmal aller Bauxite ist es, daß sie sich in einem warm-humiden Klima mit Trockenzeiten bildeten. Bereits im Paläozoikum gibt es Bauxite; die Hauptbildungszeiten waren jedoch die Kreide und das Tertiär. Landoberflächen mit nur geringem Relief in topographisch tiefer Position erweisen sich als bevorzugte Entstehungsgebiete. Im einzelnen sind die Prozesse der Bauxitbildung jedoch noch wenig geklärt. Das gilt besonders für die Bauxite auf Karbonatgesteinen. Ältere Auffassungen gehen meist davon aus, daß sich diese Bauxite aus den Lösungsrückständen der verkarsteten Karbonatgesteine der Unterlage bildeten. Heute ist dagegen die Ansicht weit verbreitet, daß toniges, gelegentlich auch bereits lateritisiertes Material in das Karstrelief eingeschwemmt worden ist und dann allitisch weiter verwitterte. Möglicherweise sind am Aufschluß der Tonminerale bei der allitischen Verwitterung auch Bakterien beteiligt.

Bauxite sind bisher der fast ausschließliche Rohstoff für die Aluminiumgewinnung. Die Welt-Produktion an primärem Aluminiummetall belief sich 1974 auf knapp 14 Mio. t, und für 1990 wird mit Produktionszahlen zwischen 35 und 50 Mio. t gerechnet. Die Bauxitförderung der Welt betrug 1974 ca. 81 Mio. t. Da die DDR über keine Bauxite verfügt, muß sie diese importieren. Auf Grund des steigenden Aluminiumbedarfs kommt in Zukunft jedoch auch der Verarbeitung von sogenannten „nichtbauxitischen Rohstoffen“ eine wichtige Rolle zu. Für die DDR ist in dieser Hinsicht die entsprechende Nutzung von Ton- und Kaolinvorkommen von besonderer Bedeutung.

Eisenarme Bauxite können als Rohstoffe für Chemikalien, feuerfeste Produkte und Schleifmittel verwendet werden.

I. VALETON (1967) weist außerdem besonders darauf hin, daß bei entsprechendem Ausgangsgestein im Prozeß der Lateritisierung auch wirtschaftlich interessante Erze von Fe, Mn, Cr und Ni entstehen können. Mit Ni-Gehalten bis 2 Gew.-%, meist jedoch um 1 Gew.-%, verfügt die DDR am SW-Rand des Sächsischen Granulitgebirges über Nickelhydrosilikatlagerstätten, die in einer Periode warmen wechselfeuchten Klimas — höchstwahrscheinlich im Tertiär — durch Verwitterung mit Laterittendenz aus Serpentiniten hervorgegangen sind (C.-D. WERNER 1965).

2.7.7. Torf, Braunkohle, Steinkohle und andere brennbare Bildungen (Kaustobiolithe)[1]

Zu den Kaustobiolithen (griech.: Kaustos = brennbar, bios = Leben, lithos = Stein, Gestein), die als Untergruppe der Biolithe (dieser Begriff wurde 1832 von C. G. EHRENBERG eingeführt) zu betrachten sind, gehören Torfe und Kohlen einschließlich Anthrazit sowie eine Reihe anderer kohliger und bituminöser Bildungen.

H. POTONIÉ (1908) kennzeichnet die Kaustobiolithe als „... die flüssigen oder festen, brennbaren, kohlenstoffhaltigen fossilen, subfossilen oder nach ihrem Absterben gebildeten rezenten Produkte der Lebewesen.“

In Anlehnung an diese Charakteristik wurde später (Jahrb. preuß. Geol. Landesanst., 58 (1938) S. 428) für die Kaustobiolithe folgende Definition gegeben: „Als Kaustobiolithe sind diejenigen Gesteine zu bezeichnen, die mehr oder weniger deutliche Mengen organischer Kohlenstoffverbindungen oder auch reinen Kohlenstoff enthalten, soweit dieser — wie die Kohlenstoffverbindungen — organogen ist. Zu den Kaustobiolithen gehören die Humolithe, die Saprolithe und die Lipto(bio)lithe.“

Nachfolgend wird zunächst auf Torfbildungen, Kohlen sowie eine Gruppe unterschiedlicher kohlenstoffhaltiger bzw. bituminöser Gesteine eingegangen, soweit man sie als Sedimentit und Rohstoff in die Definition der Kaustobiolithe einschließen kann. Es folgen dann einige Ausführungen zu Erdöl und Erdgas.

Für das tiefere Eindringen in diffizile kohlengeologische und -petrologische Fragen sei auf die folgende Auswahl von Standardwerken und Übersichten verwiesen:

STACH's Textbook of Coal Petrology, second completely revised edition by E. STACH, M.-TH. MACKOWSKY, M. TEICHMÜLLER, G. H. TAYLOR, D. CHANDRA, R. TEICHMÜLLER. Gebr. Borntraeger, Berlin (West), Stuttgart 1975.

Internationales Lexikon für Kohlenpetrologie. — hrsggb. von der Internat. Kommiss. für Kohlenpetrologie 2. Ausgabe Paris 1963 sowie Ergänzungsband zur 2. Ausg. Paris/Moskau 1971 und 1975.

STACH, E.: Die Untersuchung von Kohlenlagerstätten. In: A. BENTZ und H. J. MARTINI: Lehrbuch der Angewandten Geologie, Bd. II, Teil 1, S. 421–526, F. Enke Verlag, Stuttgart 1968.

MURCHISON, G. D., WESTOLL, S. T.: Coal and Coal Bearing Strata. Oliver & Boyd, Edinburgh 1968.

[1] Dieses Kapitel bearbeitete mit Ausnahme der Ausführungen über Erdöl und Erdgas Herr Dr. KÜNSTNER.

Ammosov, I. I.: Kohlenpetrologie und Paragenesen der Brennstoffe (russ.). Verlag Nauka, Moskau 1967.

Angewandte Petrographie, 5. Lehrbrief, darin S. 75—116: Gruppe der Kohlen (von E. Sontag). — Bergakademie Freiberg, Weiterbildung, Freiberg 1971.

Von den älteren Lehrwerken und Monographien sollen zur weiteren Vertiefung des Inhaltes aufgeführt werden:

Christoph, H. J.: Kohlenpetrographisches Praktikum. Bergakademie Freiberg, Fernstudium, Freiberg 1961.

Svoboda, J. V., Beneš, K.: Petrografie Uhli. — Naklad. ČSAV, VED, Praha 1955.

Freund, H.: Handbuch der Mikroskopie in der Technik, Bd. II, Teil 1: Mikroskopie der Steinkohle, des Kokses und der Braunkohle. Umschau-Verlag, Frankfurt a. M. 1952.

Abramski, C., Mackowsky, M.-Th., Mantel, W. und Stach, E.: Atlas für angewandte Steinkohlenpetrographie. Verlag Glückauf GmbH, Essen 1951.

Gothan, W.: Die Entstehung der Kohle. — Akademie-Verlag, Berlin 1952.

Stach, E.: Lehrbuch der Kohlenmikroskopie, Bd. I: Die kohlenpetrographischen Untersuchungsverfahren und ihre Anwendungsmöglichkeiten. Verlag Glückauf GmbH, Kettwig 1949.

Schochardt, M.: Grundlagen und neuere Erkenntnisse der angewandten Braunkohlenpetrographie. Knapp-Verlag, Halle (Saale) 1943.

Stutzer, O., Noe, A. C.: Geology of Coal. Univ. Chicago Press, Chicago 1940.

Gothan, W., in: Beyschlag, Krusch, Vogt: Die Lagerstätten der nutzbaren Mineralien und Gesteine, 1. Teil: Kohle. F. Enke Verlag, Stuttgart 1937.

Jurasky, K. A.: Deutschlands Braunkohlen und ihre Entstehung. Gebr. Borntraeger Verlag, Berlin 1936.

Jemtschujnikov, I. A.: Einführung in die Kohlenpetrographie (russ.). Leningrad, Moskau 1934.

Stutzer, O.: Allgemeine Kohlengeologie. 2. Aufl. Gebr. Borntraeger Verlag, Berlin 1923.

Potonié, H.: Die Entstehung der Steinkohle und der Kaustobiolithe überhaupt. 6. Aufl. Gebr. Borntraeger Verlag, Berlin 1920.

Für die Genese der Kohlen aus paläobotanischer und chemischer Sicht können folgende Werke empfohlen werden:

Mägdefrau, K.: Paläobiologie der Pflanzen. 4. Aufl. (ff.) VEB Gustav Fischer Verlag Jena, 1968.

Gothan, W., Weyland, H.: Lehrbuch der Paläobotanik. Akademie-Verlag 1964.

Remy, W. und R.: Pflanzenfossilien. Ein Führer durch die Flora des limnisch entwickelten Paläozoikums. Akademie-Verlag, Berlin 1959.

Gothan, W., Remy, W.: Steinkohlenpflanzen. Leitfaden zum Bestimmen der wichtigsten pflanzlichen Fossilien des Paläozoikums im rheinisch-westfälischen Steinkohlengebiet. Verlag Glückauf GmbH, Essen 1957.

Krevelen, D. W. van: Coal. Typologie — Chemistry — Physics — Constitution. Elsevier Publishing Company, Amsterdam 1961.

Lowry, H. H.: Chemistry of Coal Utilization (Supplementary Volume). John Wiley & Sons Inc., New York, London 1963.

Lissner, A., Thau, A.: Die Chemie der Braunkohle. 3. Aufl. VEB Wilhelm Knapp Verlag, Halle (Saale) 1956.

2.7.7.1. Genetische Voraussetzungen für die Torf- und Kohlenbildungen

2.7.7.1.1. Florenentwicklung und Kohlenbildung

Für die Entstehung der Torfe und Kohlen sind sowohl floristische und klimatische als auch fazielle und geologisch-tektonische Faktoren entscheidend, in die eine Vielzahl von biologischen, biochemischen, chemischen und physikalischen Teilvorgängen eingeschlossen sind. Diese Vorgänge wurden detailliert u. a. von M. Teichmüller (1958, 1975),

H. Jacob (1961) sowie im Internat. Lexikon für Kohlenpetrologie (1963, 1971, 1975)[1] zusammenfassend dargestellt.

Für die Bildung der Torfmoore ist die Entwicklung der Flora eine substanzielle Voraussetzung.

Bereits aus dem Algonkium des Baltischen Schildes ist innerhalb der zyklisch gegliederten Jatulischen Folge Kareliens hochinkohlter Anthrazit, mit graphitähnlichen Eigenschaften, sog. *Schungit*, eingelagert, der, ebenso wie der etwa gleichartige Anthrazit aus dem Huron von Michigan (Kanadischer Schild), pflanzlicher Herkunft ist (Inostranzeff 1880, S. A. Tyler und E. S. Barghoorn 1954). Als Hauptlieferanten für diese Kohlenstoffbildungen kommen marine niedere Pflanzen, insbesondere Algen, in Betracht. Als Energielieferanten sind solche präkambrischen Algenkohlen bisher ohne Bedeutung geblieben, da sie hohe Aschengehalte aufweisen (Schungit bis 50%). Einige Schungite besitzen aber erhöhte Vanadiumgehalte (bis 1,6% V_2O_5), so daß sie für die Vanadiumgewinnung von Interesse sind (H. Lehmann 1953).

Mit dem Auftreten der ersten Landpflanzen an der Grenze Silur/Devon sind Flözbildungen echter Humuskohlen verbunden. Kohlenbildner im Unter- und Mitteldevon sind die *Psilophyten* oder Nacktpflanzen, die in ihrem Aussehen noch stark an Algen erinnern (noch keine Blattentwicklung, dichotome Gabelung). Im Unterdevon sind z. B. in den tonigen Schichten des Siegenien (Rheinisches Schiefergebirge) vereinzelt geringmächtige Kohlen- und Brandschieferbildungen eingelagert. Die Kohlenmoore (seichte lagunäre Bildungen) dieser Zeit zeigten nur kümmerlichen, meistenteils submersen Pflanzenwuchs (M. und R. Teichmüller 1952). Gefäßpflanzen, z. B. *Taeniocrada Decheniana*, *Zosterophyllum rhenanum*, *Drepanophycus spinaeformis* sind als Kohlenbildner aus dem Unterdevon zu nennen. Bei Daun in der Eifel (BRD) hatte man früher versucht, die unterdevonischen, sog. *Haliseritenkohlen*, abzubauen. Diese Versuche wurden jedoch wegen der zu geringen Mächtigkeit und des hohen Aschengehaltes der Kohlen bald eingestellt. Aus dem Kusnezk-Becken (Hauptkohlenbildung im Perm) sind Flözbildungen mitteldevonischer Steinkohlen bekannt, doch erst mit dem Auftreten der höheren Sporenpflanzen, der *Pteridophyten*, kommt es ab dem Oberdevon zur Bildung von Kohlenlagern größerer Mächtigkeit und wirtschaftlicher Bedeutung. Als ein bekanntes Vorkommen aus dem Oberdevon sind die Flözbildungen der Bäreninsel beschrieben worden. Steinkohlenbildner dieser Lagerstätte sind vor allem Bärlappgewächse (Lepidophyten) sowie einige Formen der Schachtelhalmgewächse (Articulaten), wie z. B. Pseudobornia ursina. Von den Farnen (Filices) ist von der Bäreninsel besonders die Gattung Archaeopteris bekannt (ein mehrere Meter hoher Baum).

Mit der weiteren Entwicklung der Pflanzenwelt sind im Karbon die Bildungen der großen Steinkohlenlagerstätten Europas, des europäischen Teiles der Sowjetunion und großer Lagerstätten besonders im Ostteil Nordamerikas verbunden (in den asiatischen Ländern und in den Ländern der Südhalbkugel liegt die Hauptkohlenbildungszeit für Steinkohlen im Perm und teilweise im Jura/Ostasien). Als Beispiel bekannter Karbonbildungen in Europa sollen aufgeführt werden: Campine-Becken, Limburger Revier (Belgien, Holland), Nordfranzösisches Steinkohlenbecken, Niederrheinisch-Westfälisches Steinkohlenrevier, Saar-Revier, Aachener Revier, Zwickau-Oelsnitzer Revier, Vorkommen von Dolni und Górny Śląsk (mit Steinkohlenrevieren in der ČSSR und der VR Polen), Steinkohlenvorkommen von Kladno (ČSSR), Kohlenbecken Englands,

[1] Nachfolgend mit I. L. K. abgekürzt.

Schottlands, S-Irlands, S-Wales, Spanien (Asturisch-Kalabrisches Gebirge und in der Sierra Morena), Steinkohlenvorkommen Bulgariens, Rumäniens und Jugoslawiens (keine so bekannten und großen Vorkommen wie die meisten der bisher genannten Lagerstätten). In der Sowjetunion sind Teile des großen Donezk-Beckens karbonischen Alters, ebenso wie die Lagerstätten von Karaganda.

Als Kohlenbildner treten im Karbon vor allem baumförmige Pteridophyten wie Bärlappgewächse (Lepidophyten) mit so bekannten Vertretern wie den Schuppenbäumen (Lepidodendren) und Siegelbäumen (Sigillarien) auf. Ebenso sind Schachtelhalme (Articulaten) und Farne (Filices) zu nennen, die baumgroß wachsen konnten. Gegenüber dem Devon treten erstmals Gymnospermen auf. Farnsamer (Pteridospermen) und Cordaiten sind dabei als die bedeutendsten Vertreter für die karbonische Steinkohlenbildung zu nennen. Im ausgehenden Karbon erscheinen die ersten Nadelbäume (Coniferen), die aber an der Kohlenbildung nicht beteiligt sind.

In den Dolomitknollen des Karbons (Torfdolomite) sind vorzüglich erhaltene Teile der Karbontorfe konserviert, die ein gutes Bild von der damaligen Pflanzenwelt vermitteln. Ein Äquivalent zu o. g. Konservierung der Torfpflanzen findet man bereits im Mitteldevon, wo in den Hornsteinblöcken von Rhynie (Aberdeenshire) in Schottland sog. Urtorf in ausgezeichneter Erhaltung vorliegt.

Floristisch sind auf der Erde einige „Florenprovinzen“ zu unterscheiden. Neben den subtropischen bis tropischen Steinkohlenwäldern des Karbons, die sich von Nordamerika über Europa bis Westasien (= Euramerische Flora) erstrecken, und der „Angara-Flora“ in großen Teilen Asiens (insbesondere Sibiriens), kommt es im Permokarbon auf dem Gondwana-Kontinent (Teile Südamerikas und Afrikas, dazu Arabien, Vorderindien, Westaustralien und Teile der Antarktis) zur Ausbildung der Gondwana-Flora (bekannter Vertreter: Glossopteris) und zur Kohlenbildung in den unteren Gondwana-Schichten. Im Gegensatz zu den Karbonkohlen der Nordhalbkugel handelt es sich bei den *Gondwana-Kohlen* überwiegend um allochthone „Driftkohlen“ (H. Hoffmann und K. Hoehne 1959). In Ostasien kommt es im Permokarbon ebenfalls zur Bildung großer Steinkohlenlager (China, Korea, Sumatra). Kohlenbildende Pflanzen der sog. „Cathaysia-Flora“ (nach einem alten Namen für China) sind besonders Gigantopteris-Formen (Gymnospermen).

Im Perm sind vor allem die Kohlenbildungen der asiatischen Gebiete (besonders China und das Kusnezker und Tunguska Becken der UdSSR) sowie der Gondwana-Länder zu nennen. In Europa entstanden im Perm nur relativ kleine Steinkohlenlagerstätten. Aus dem Autunien sind u. a. Kohlenbildungen im Gebiet des Französischen Zentralplateaus, der Halleschen Mulde, dem Thüringer Wald, dem Harz und dem Döhlener Becken bei Dresden bekannt.

An der Wende vom Rotliegenden zum Zechstein endet die Vorherrschaft der höheren Sporenpflanzen und damit das Paläophytikum in Europa. Nacktsamer (Gymnospermen) beginnen zu dominieren und leiten damit das Mesophytikum ein.

In der Trias herrschte in Mitteleuropa allgemein trockenes Klima vor, so daß Wachstum und Ansammlung von Pflanzensubstanz spärlich blieben. Erst mit dem Keuper erscheinen neue Formen (Cycadeen, Palmfarne wie z. B. Cycadales und Bennettitales). Geringfügige Kohlenbildung ist aus dem unteren Keuper der Germanischen Trias von Thüringen (Lettenkohlenkeuper) bekannt. Aus der Alpinen Trias sind Kohlen aus dem Karn der Lunzer Fazies (Niederösterreich) zeitweilig abgebaut worden. Ein etwas bedeutenderes Vorkommen befindet sich im US-Bundesstaat Virginia (Richmond). Im

Jura sind bedeutende Kohlenvorkommen in Ost- und z. T. Zentralasien gebildet worden, während in Europa nur die Steinkohlenlagerstätte aus dem Lias von Pecs (Ungarn) von wirtschaftlichem Interesse ist. Auch die Steinkohlenlagerstätte von Cape Lisburne in Alaska ist im Jura gebildet worden. Als Kohlenbildner treten vor allem höhere Sporenpflanzen und Gymnospermen auf.

Die Florenentwicklung erfährt in der Kreide einen neuen Höhepunkt. An der Wende von Unter- zur Oberkreide treten die ersten Bedecktsamer (Angiospermen) auf. Sie leiten das Neophytikum ein und werden zum bestimmenden Element der känozoischen und rezenten Flora.

Während der Kreidezeit wurden an zahlreichen Stellen der Erde bauwürdige Flöze (Steinkohlen) abgelagert. Bekannt sind die Wealdenkohlen des Deisters (Niedersachsen/BRD) sowie Kohlen in Jugoslawien (Ostserbien), Westkanada (Alberta), USA (Westteil, z. B. Utah) und Nordmexiko. Auf tertiäre Steinkohlenlager trifft man u. a. in Chile, Kolumbien sowie in Japan und Spitzbergen (Longyear).

Im Vergleich zu den paläozoischen Steinkohlen sind die kohlenbildenden Pflanzen von völlig anderer Art (z. B. Wealdenkohlen aus Gymnospermen wie Ginkgoaceae, Cycadophyta, Nilssoniaceen und Farnen).

Die tertiäre Flora ist reich entwickelt und ähnelt bereits der heutigen in starkem Maße. Von den Nadelbäumen wie Mammutbaum (Sequoia), Sumpfzypresse (Taxodium) und Schirmtanne (Sciadopitys) sowie Kiefernarten (Glybtostrobus) sind Reste im Braunkohlenflöz ebenso erhalten, wie von Laubbäumen (Eiche, Kastanie, Magnolie, Zimt- und Kampferbaum). Weiterhin sind u. a. Palmen, Wacholderarten, Lorbeergewächse, Eiben sowie unterschiedliche Sträucher und Gräser wichtige Braunkohlenbildner.

Die Tertiärzeit ist als die zweite Hauptbildungsphase der Kohlen zu bezeichnen. Es werden Flöze von außergewöhnlicher Mächtigkeit gebildet. Die ganz überwiegend als Braunkohlen auftretenden Kaustobiolithe sind besonders in der DDR, der BRD, der VR Polen sowie in China und Australien als große Weichbraunkohlenvorkommen bekannt. Weichbraunkohlen treten neben Hartbraunkohlen auch in der ČSSR, der VR Ungarn, Bulgarien sowie in Rumänien, Jugoslawien und Österreich auf. Dagegen sind die Sowjetunion und die USA vor allem reich an Hartbraunkohlen.

Bemerkenswert sind auch tertiäre Braunkohlenvorkommen in Grönland, Alaska sowie in der Arktis und Antarktis.

Mit Ausnahme der pleistozänen alpinen schiefrigen Weichbraunkohlen, die durch Druck noch in Braunkohle umgewandelt wurden, ist mit dem Tertiär die Kohlenbildung im allgemeinen abgeschlossen.

Das Quartär bringt keine nennenswerte Pflanzenentwicklung. An der Wende Tertiär/Quartär ändern sich besonders in Europa und Nordamerika die klimatischen Bedingungen erheblich (Abkühlung). Die Eisbedeckung im Pleistozän ließ keinen Pflanzenwuchs zu, der zu erneuter Torfbildung hätte Anlaß geben können. Erst im Spätglazial, besonders aber im Holozän (Postglazial) kam es wieder zur Pflanzenbesiedlung. Torfbildungen treten seit dieser Zeit bis heute ganz überwiegend in den gemäßigten Breiten (Moore trifft man sowohl auf der nördlichen als auf der südlichen Halbkugel auf einem Gürtel an, der etwa zwischen dem 35. und 70. Breitengrad liegt.) auf, da es in den tropischen Gebieten infolge großer Wärme und Feuchte zum Zerfall der Pflanzensubstanz und nur sehr selten zur Anhäufung bzw. größerer Torfbildung kommt.

Während die Bildung der Humuskohlen mit der Entwicklung der Landpflanzen in engem Zusammenhang steht, soll nochmals auf Algenbildungen verwiesen werden, die als Gestein und Rohstoff gleichermaßen von Interesse sind und seit dem Präkambrium bis heute gebildet werden. Als Beispiele solcher Bildungen sollen stellvertretend für viele genannt werden: Schungit, Kuckersit, Kolm, Marahunit, Bogheadkohle, Balchaschit, Coorongit.

Über diese Bildungen wird in einem gesonderten Abschnitt berichtet.

2.7.7.1.2. Fazielle Bedingungen für die Kohlenentstehung

Neben der Florenentwicklung sind Klima und Torfmoorbildung eng miteinander verknüpft:

Je feucht-wärmer das Klima ist, um so stärker bilden sich Waldmoore gegenüber Ried- und Moosmooren aus. Mit dem erhöhten Pflanzenwachstum infolge Wärmezunahme steigt gleichzeitig die biochemische Zersetzungsgeschwindigkeit des Pflanzenmaterials.

Wenn auch die Torfmoore aus den verschiedenen geologischen Zeiten auf Grund der unterschiedlich spezialisierten Flora nicht direkt miteinander verglichen werden können, so sind zur Bildung von Torflagern und für die Kohlengenese im allgemeinen erforderlich:

- Pflanzenwachstum im Bereich gemäßigter, feucht-warmer, günstiger aber subtropischer bis tropischer Zonen;
- Anhäufung und Erhaltung pflanzlicher Substanz bei der *Vertorfung* (Abbau der Pflanzenstoffe unter anfänglichem Sauerstoffzutritt und bei späterem völligen Luftabschluß) müssen größer als die Zersetzung durch *Verwesung* (ausschließlicher Abbau der organischen Substanz in gasförmige Verbindungen und Wasser) sein.

Als weitere Vorgänge pflanzlicher Zersetzung werden unterschieden: *Vermoderung* (Zersetzung unter teilweisem Sauerstoffzutritt) und *Fäulnis* (Zersetzung unter völligem Luftabschluß).

Da sich die meisten Torflager (und späteren Kohlenflöze) auf sinkendem Untergrund bildeten, muß die Wachstumsrate in etwa mit dem Absenkungsbetrag Schritt halten, so daß die Pflanzen- (Torf-) Substanzen infolge steigenden Grundwasserspiegels unter Luftabschluß geraten. Gemeinsam mit den unterschiedlichen Floren bestimmt der Senkungsrhythmus die spätere Kohlenfazies.

Die Torfsubstanz verändert sich im Laufe der Zeit. Sie wird dichter und schwärzer, bei immer noch großer Porosität. Der Umwandlungsprozeß, der von Torf in Braunkohle und Steinkohle (einschließlich Anthrazit) führt, wird als *Carbonification* oder *Inkohlung* (Synonyme: houillification, coalification) bezeichnet. Verschiedene Autoren rechnen zur Inkohlung auch die Vertorfung (peatification). Es ergibt sich somit eine Reihenfolge der Umwandlung (Pflanzensubstanz) — Torf — Braunkohle — Steinkohle — Anthrazit — (Graphit), die als sog. *Inkohlungsreihe* bekannt ist.

2.7.7.2. Torf

Die natürlichen Torfbildungsstellen sind die Moore. Je nach Pflanzengemeinschaft und Stand des Wasserspiegels unterscheidet man Flach-, Zwischen- und Hochmoore. Die allgemeinen Unterscheidungsmerkmale dieser Moore sind:

Flachmoore — Üppiger Pflanzenwuchs; über abgestorbenen Planktonorganismen und eingeschwemmten Pflanzenteilen, die z. B. in einem See zu Boden sinken und *Organopelite* (Gyttja und Dy) bilden, wachsen von der Uferzone ausgehend Sumpfpflanzen, die nach der Wasserfläche zu vordringen. Zu diesen Verlandungspflanzen gehören u. a. Teichschachtelhalm, Schilfrohr, Riedgräser und Binsen. Über dem Faulschlamm lagert sich der Torf ab. Das Bodenwasser der Flachmoore ist nährstoffreich und führt relativ viel mineralische Schwebstoffe.

Zwischenmoor — Über verfestigtem Flachmoor siedeln Bäume, besonders Erlen, Moorbirken, Kiefern und Fichten (Waldmoor).

Hochmoor — Weiteres Wachsen der Pflanzen über das Zwischenmoor hinaus. Der Boden erhebt sich über den Grundwasserspiegel. Der Wald wird durch Ericaceen- und Torfmoos- (Sphagnum-) Vegetation abgelöst. Das Moor wächst in der Mitte stärker als am Rand, es kommt zu einer uhrglasförmigen Aufwölbung. Großes Wasserspeicherungsvermögen durch Sphagna-Arten. Nährstoffarm, da für den Wasserhaushalt keine Bodenwässer, sondern nur Niederschläge zur Verfügung stehen.

Die Humusmassen der Moore bezeichnet man als *Torf*. Gegenwärtig in Form von Torf vorliegende Kaustobiolithe stellen die geologisch jüngsten Humusgesteine dar und haben holozänes, seltener pleistozänes Alter. Auf Grund der Genese unterscheidet man im wesentlichen folgende Arten von Torf: Flachmoor- und Hochmoor-Torf sowie nach der pflanzlichen Herkunft Schilftorf, Seggentorf, Bruchwaldtorf, Moostorf usw.

Torf ist gelbbraun bis braunschwarz gefärbt und gewöhnlich faserig ausgebildet. Im naturfeuchten Zustand (Torfstich) ist Torf schneid- und knetbar, häufig krümelig. Mit der Hand kann aus Torf Wasser ausgedrückt werden (aus Braunkohle nicht). Der Anteil an anorganischen Beimengungen (bezogen auf die Trockensubstanz) soll $< 40\%$ betragen.

Gegenüber der Weichbraunkohle ist Torf wie folgt in seinen Eigenschaften zu charakterisieren (Tab. 2.23):

Tabelle 2.23. *Einige charakteristische Eigenschaften von Torf und Weichbraunkohle*

	Torf	Braunkohle
% Wasser	$> 75\%$ (meistens über 90%)	$< 75\%$ (meistens unter 60%)
% Kohlenstoff	$< 60\%$ (meistens 50–60%)	$> 60\%$ (meistens 60–75%)
Zellulose	enthält oft reichlich freie, nicht inkrustierte Zellulose	freie Zellulose nicht mehr vorhanden
mechan. Eigenschaften	mit dem Spaten relativ leicht stechbar	mit dem Spaten in der Regel nicht stechbar

Unter dem Mikroskop findet man im Torf noch Gewebe, die im Gegensatz zu den Braunkohlen nicht verholzt, verkorkt oder kutinisiert sind. Die Mikrokomponenten des Torfes haben ein sehr geringes optisches Reflexionsvermögen ($< 0{,}3\%$ R_0).
Torfe finden eine weite Verwendung — in der DDR u. a. für

- medizinische Zwecke (Badetorfe);
- den landwirtschaftlich-gärtnerischen Bedarf (Torfmull);
- die Aktivkohle-Herstellung;
- die Papier- und Pappenindustrie.

In der DDR werden in Torfstichen überwiegend Hochmoortorfe gewonnen. Die Vorkommen liegen im Bezirk Schwerin (Breesen, Grambow, Drispeth), Bezirk Rostock (Göldenitz, Vietow) und Bezirk Karl-Marx-Stadt (Reitzenhain, Hartmannsdorf b. Zwickau).

2.7.7.3. Kohlen

Der Begriff der Kohlen ist bereits sehr alt, so daß seine Herkunft nicht genau angegeben werden kann. W. Gothan (1952) gebrauchte die treffende Formulierung:

„*Kohlen sind Sedimentgesteine pflanzlicher Herkunft* (*sog. Kaustobiolithe*) *von sehr verschiedenem geologischen Alter* (*meist vordiluvial = voreiszeitlich*) *mit mattem oder glänzendem Bruch, von brauner bis schwarzer Farbe, von weicher bis steinharter Beschaffenheit, die im allgemeinen höchstens 30% nicht brennbare Bestandteile* (*die sog. „Asche“*) *enthalten und für die Praxis als Brennstoffe brauchbar sind.*“

Die Sedimentationsbecken, in denen die Kohlenlager gebildet wurden, teilt man in limnische (oder festländische) und in paralische (oder den Meeresvorstößen geöffnete) Becken ein.

Verschiedene Anzeichen innerhalb der Kohlenlagerstätten sprechen dafür, daß als wesentlichste Kohlenbildner ehemalige Flachmoore in Betracht kommen.

Die Kohlen werden durch ihren *Typ* (Art der Ablagerungsbedingungen) und ihren *Rang* (Inkohlungsgrad) charakterisiert. Die Rangunterschiede sind für die Unterteilung der Kohlen besonders bedeutsam, da sich mit zunehmender Carbonification die Eigenschaften der Kohlen verändern.

H. Bode (1932) teilt die Kohlen nach petrographisch zu unterscheidenden Arten ein (Tab. 2.24):

Tabelle 2.24. *Einteilung der Kohlen nach* H. Bode (*1932*)

Braunkohle	Weichbraunkohle	schiefrig	
		erdig	
	Hartbraunkohle	Mattbraunkohle	
		Glanzbraunkohle	
Steinkohle	Streifenkohle (Humuskohle)	Flammkohle	
		Gasflammkohle	
		Gaskohle	
		Fettkohle	
		Eßkohle	
		Magerkohle	
		Anthrazit	
	Cannelartige Kohle (Sapropelkohle)	Cannelkohle[1]	Übergangsstufen
		Bogheadkohle[2]	

1 Engl. candle = Kerze (da leicht brennbar; in deutscher Schreibweise auch Kennel- oder Kännel-Kohle.
2 Nach der Ortschaft Boghead (Schottland).

Tab. 2.25 bringt eine Zusammenstellung von physikalisch-chemischen Nachweisreaktionen zur Unterscheidung von Braun- und Steinkohlen.

Makroskopisch lassen sich mitunter Braun- und Steinkohlen nicht unterscheiden (z. B. ist petrographisch die Glanzbraunkohle der Steinkohle sehr ähnlich). In solchen Fällen sind die angeführten Nachweisreaktionen ein unentbehrliches Hilfsmittel, um eine Zuordnung vornehmen zu können.

Tabelle 2.25. *Physikalisch-chemische Nachweisreaktionen zur Unterscheidung von Braun- und Steinkohlen*

	Braunkohle	Steinkohle
1 — Strich	fast stets braun, selten schwarz	schwarz (Ausnahme: Bogheadk. = braun)
2 — Huminreaktion (Kochen mit Kalilauge)	starke Dunkelfärbung der Lösung (braun)	keine Dunkelfärbung
3 — Ligninreaktion (Kochen mit verd. HNO_3)	deutlich gelbliche bis rötliche Lösung	keine Reaktion
4 — Hygroskopizität	stark (15—18%)	schwach (1—2%)
5 — Wassergehalt	10—65%	2—10%
6 — Trockene Destillation	neutral oder sauer	ammoniakalisch
7 — Extraktion mit siedendem Benzol	fluoreszierend	nicht fluoreszierend
8 — Behandlung mit Gemisch von H_2SO_4 und HNO_3 (konz.)	starke Erwärmung	keine oder nur wenig Erwärmung
9 — Behandlung mit Gemisch von Kaliumchromat und H_2SO_4	meist Auflösung	keine Auflösung, schwarzer brennbarer Rückstand
10 — Erhitzen unter Luftabschluß bei 100 °C	keine Methanangabe	Abgabe von Methan
11 — Erhitzen über 100 °C hinaus	bei 100—325 °C Schwelgasabgabe	Schwelgasabgabe erst bei über 325 °C

2.7.7.3.1. Braunkohlen

Aus dem Schema nach Bode ist ablesbar, daß auf Grund unterschiedlich hoher Inkohlung *Weichbraunkohlen* von *Hartbraunkohlen* abzugrenzen sind. Obwohl in Mitteleuropa erdige Weichbraunkohlen dominieren, sind weltweit gesehen Hartbraunkohlenvorkommen häufiger.

Im Vergleich zu den Steinkohlen kann vereinfacht nach M. Teichmüller (1950) die Bildungsweise von Braunkohlen wie in Tab. 2.26 folgt dargestellt werden. Läßt man zunächst die Unterwasser-Fazies (Turfa). mit den Stillwasserablagerungen sowie den Ablagerungen in stärker bewegtem Wasser außer acht (u. a. Bildung bitumenreicher

Kohlen, Schwemmkohlen, mineralischer Kohlen usw.), so sind bei den Braunkohlen zwei große Faziesbereiche der Kohlenbildung zu unterscheiden:

— die Bruchwaldfazies sowie
— die Riedmoorfazies.

Nach M. Teichmüller (1950) ist in den (im angewitterten Zustand) dunkleren Bruchwaldkohlen ein wesentlich höherer Gewebeanteil als in den Riedmoorkohlen festzustellen. In ersteren beträgt er etwa 30%, in letzteren nur um 10%. Bruchwald-

Tabelle 2.26. *Vergleich der Bildungsweise von Braun- und Steinkohlen (in Anlehnung an* M. Teichmüller *1950)*

Fazies	Braunkohle		Steinkohle	
	Herkunft	petrographische Ausbildung	Herkunft	petrographische Ausbildung
limnisch	Bruchwald	dunkle Lagen	Waldmoor	Vitrit-Clarit und Trockendurit
halblimnisch subaquatisch	Riedmoor	helle Lagen	Sumpfmoor	Sporenclarit
— bewegtes Wasser	Wasserpflanzen	Blätterkohle	Wasserpflanzen	Kutikulenclarit
— Stillwasser	Gyttja, humos	humose Ablag.	Gyttja, humos	Sporendurit Splintkohle
	Gyttja, bituminös	Schwemmkohle	Gyttja, bituminös	Kennelkohle
	Gyttja, tonig	tonige Ablagerungen	Gyttja, tonig	Brandschiefer
z. T. marin mit besonderen Ablagerungsbedingungen				
— sapropelitisch	Faulschlamm (mit Algen und Plankton)	Kennelkohle Algenkohle	Faulschlamm (mit Algen und Plankton)	Kennelkohle (Sporenkohle) Bolheadkohle (Aggenkohle)

kohlen sind weiterhin gekennzeichnet durch viele Holzreste, strukturierte Pflanzenteile sowie Stubbenhorizonte. Sie sind im allgemeinen auch fester und grobstückiger im Bruch als die Riedmoorkohle. Letztere ist heller, ihr Pollen- und der Urteer-Gehalt sind höher; außerdem weist sie im allgemeinen eine geringere Geldurchtränkung auf. Dabei können die Riedmoorkohlen des Niederrheingebietes nicht unmittelbar mit den hellen (gelben) Schwelkohlen der westelbischen Lagerstätten gleichgesetzt werden. Die gelben Kohlen des Lagerstättenbereiches von Leipzig—Halle—Bitterfeld sind besonders harz- und wachsreiche (Pyropissit) Kohlen.

Der Trockenwaldtyp (Sequoia-Trockenwald) innerhalb der Bruchwaldfazies liefert Kohlen mit besonders gut erhaltenen Holz- (Xylit-)resten und teilweise hohem Gelgehalt. Typisch sind Stubbenhorizonte, die Stillstandszeiten der Kohlenbildung andeuten.

Die miozänen Kohlen des 2. Niederlausitzer Flözes zeigen gegenüber den eozänen und oligozänen Kohlen der westelbischen Reviere, die stark destruiert und angiospermen-(pollen-) betont sind, eine weniger zersetzte, xylitführende, koniferenbetonte Ausbildung.

Die dunklen und gelreichen Kohlentypen sind überwiegend durch eutrophe Florenelemente gekennzeichnet, während die oligotrophen Florenelemente die hellen Kohlen der westelbischen Lagerstätten auszeichnen (E. Rammler u. a. 1967). Die faziellen Verhältnisse bei der Torfbildung unter besonderer Berücksichtigung des 2. Niederlausitzer Braunkohlenflözes in der DDR haben W. Fischer u. a. (1968) dargestellt.

Tabelle 2.27. *Gliederung (erdiger) Weichbraunkohlen der DDR*

Lithotyp[a]		Varietät[b]	
Schwarze Kohle	SK	schwarze Kohle	sK
		schwarze Kohle, xylitführend	sK_x
		schwarze Kohle, gewebeführend	sKg
Braune Kohle	BK	braune Kohle	bK
		braune Kohle, xylitführend	bK_x
		braune Kohle, gewebeführend	bKg
Gelbe Kohle	GEK	gelbe Kohle	geK
		gelbe Kohle, xylitführend	geK
		gelbe Kohle, gewebeführend	geKg
Geschichtete Kohle	GK	geschichtete Kohle	gK
		geschichtete Kohle, vergelt	gK_v
		geschichtete Kohle, xylitführend	gK_x
Schwach-geschichtete Kohle	SGK	schwach-geschichtete Kohle	sgK
		schwach-geschichtete Kohle, vergelt	sgK_v
		schwach-geschichtete Kohle, xylitführend	sgK_x
Ungeschichtete Kohle	UGK	ungeschichtete Kohle	ugK
		ungeschichtete Kohle, vergelt	ugK_v
		ungeschichtete Kohle, xylitführend	ugK_x
		ungeschichtete Kohle, gewebeführend	ugKg

[a] Lithotypen sind makroskopisch erkennbare Haupttypen der Braunkohle, deren Unterscheidungsmerkmale die Textur und die Farbe der Kohlengrundmasse darstellen.

[b] Varietäten sind makroskopisch erkennbare petrographische Nebentypen der Lithotypen. Als qualitative Unterscheidungsmerkmale gelten der Vergelungsgrad, der Xylitgehalt und der Anteil an Geweberesten.

Danach lassen sich die unvergelten Kohlen der koniferen- und angiospermenbetonten Bruchwaldfazies zuordnen, während dem Sumpfwald die gelreichen und dem „offenen Moorbereich" die Bildungen der protobitumenreichen Kohle entsprechen (E. Sontag 1963).

Das makropetrographische Erscheinungsbild der Braunkohlen gab Anlaß zu den unterschiedlichsten Einteilungsversuchen. Hart- und Weichbraunkohlen unterscheiden sich aber derart, daß eine Untergliederung beider nach einheitlichen Gesichtspunkten

Tabelle 2.28. *Technologische Eigenschaften der Lithotypen und Varietäten von Weichbraunkohlen*

Lithotyp	Varietät	*Kohlensorten nach* G. Bilkenroth *und* E. Rammler *(1955)*			
		Kokskohlen	Brikettierkohlen	Schwelkohlen	Kesselkohlen
GK	gK	bedingt geeignet	geeignet	entfällt	geeignet
	gK_v	ungeeignet	ungeeignet	entfällt	geeignet
	gK_x	bedingt geeignet	geeignet	entfällt	geeignet
SGK	sgK	geeignet	geeignet	entfällt	geeignet
	sgK_v	ungeeignet	ungeeignet	entfällt	geeignet
	sgK_x	bedingt geeignet	geeignet	entfällt	geeignet
UGK	ugK	geeignet	geeignet	entfällt	geeignet
	ugK_v	ungeeignet	ungeeignet	entfällt	geeignet
	ugK_x	bedingt geeignet	geeignet	entfällt	geeignet
	ugKg	bedingt geeignet	geeignet	entfällt	geeignet
SK	sK	entfällt	ungeeignet	ungeeignet	geeignet
	sK_x	entfällt	ungeeignet	ungeeignet	geeignet
	sKg	entfällt	ungeeignet	ungeeignet	geeignet
BK	bK	entfällt	geeignet	ungeeignet	geeignet
	bK_x	entfällt	geeignet	ungeeignet	geeignet
	bKg	entfällt	geeignet	ungeeignet	geeignet
GEK	geK	entfällt	bedingt geeignet	geeignet	geeignet
	geK_x	entfällt	bedingt geeignet	geeignet	geeignet
	geKg	entfällt	bedingt geeignet	geeignet	geeignet

nicht von Vorteil ist. Im wesentlichen bestimmen Farbe und Gefüge sowie die in die Grundmasse eingelagerten Reste (Gewebereste von Xyliten u. a.) die makropetrographische Einteilung.

Für die (erdigen) Weichbraunkohlen der DDR wurde von M. Süss und E. Sontag (1966) eine Gliederung (TGL 15387, Bl. 7) entwickelt (Tab. 2.27).

Die technologischen Eigenschaften der Lithotypen und Varietäten von Weichbraunkohlen wurden von M. Süss und E. Sontag (1966) zusammengestellt und nach Tab. 2.28 beurteilt.

G. Bilkenroth und E. Rammler (1955) teilen die Braunkohlensorten der DDR nach der technischen Verwertbarkeit ein (Tab. 2.29).

Tabelle 2.29. *Einteilung der Braunkohlensorten der DDR nach ihrer technischen Verwertbarkeit*

Kohlensorte		Asche % (wf)*	Schwefel % (waf)*	Teer % (wf)*	Na_2O % in d. wf. Asche
Schwelkohle	I	< 20		> 12	
	II	< 30		> 18	
Brikettierkohle		< 15	> 1,2	< 12	
Kokskohle		< 10	< 1,2		
	I	< 7			
	II	< 10			
Kesselkohle	I	> 15			
	II	> 20			
	III	> 30			
Salzkohle					> 2,0

* wf = wasserfrei waf = wasseraschefrei

Eine Übersicht über die Braunkohlenvorkommen der DDR — gegliedert nach Kohlensorten — gibt Abb. 2.31.

Die oben angeführte makropetrographische Einteilung der (erdigen) Weichbraunkohlen hat sich in der DDR für praktische Zwecke (geologische Dokumentation, qualitative Grobeinschätzung für Veredelungszwecke) im allgemeinen bewährt. Für Hartbraunkohlen (speziell Mattbraunkohlen) wird eine andere Einteilung getroffen (vgl. O. Malán 1965). Für Glanzbraunkohle kann die makropetrographische Nomenklatur der Steinkohle Anwendung finden.

2.7.7.3.2. Einlagerungen in der Weichbraunkohle

Bei der Bemusterung von Weichbraunkohlen bilden Gefüge (insbesondere die Makrotextur) und Farbe eine wichtige Grundlage für die makropetrographische Gliederung. Daneben sind anorganische Einlagerungen in der erdigen Weichbraunkohle in die Flözaufnahme einzubeziehen, da sie sowohl als fazielle Indikatoren und zur Bestimmung von Kohlenvarietäten dienen als auch den Einsatz der Braunkohle für unterschiedliche Veredlungszwecke, mitunter selbst die Abbautechnologie, bestimmen bzw. beeinflussen können (z. B. petrifizierte Xylithorizonte oder Calcitkonkretionen). Die wichtigsten und häufigsten Einlagerungen der erdigen Weichbraunkohlen sind die fossilen Hölzer, die sog. *Xylite.* Man kann an den Xyliten die unterschiedlichsten Destruktions- und Humifikationsstadien unterscheiden. Beinahe unveränderte fossile Holzreste („mumifizierte Xylite") sind ebenso anzutreffen wie stark veränderte Xylite („Strukturxylite").

Nach der Ausbildung sind

humifizierte von
petrifizierten Xyliten zu unterscheiden.

Bekannte Formen humifizierter Xylite sind z. B. biegsame, zellulosereiche, durch Huminsäuren braungefärbte „Faserxylite", die mitunter beträchtliche Länge (Meter-

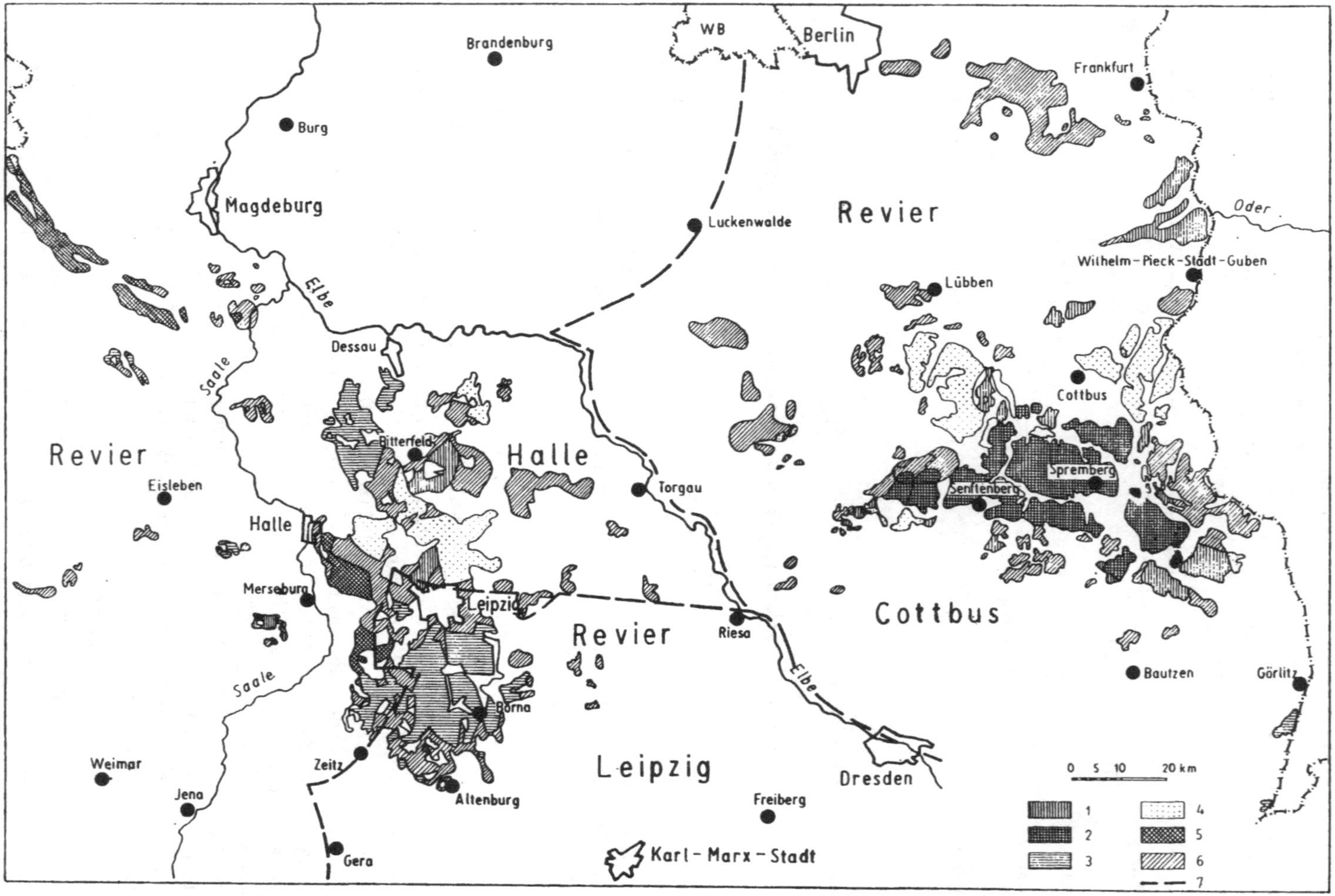

Abb. 2.31. Übersichtskarte der DDR-Braunkohlenvorkommen (aus: „20 Jahre Braunkohlentagebau in der DDR“, herausgegeben vom DBI — Freiberg/Sa. — Deutsch. Verl. Grundstoffindustrie, Leipzig 1966)

1. Brikettierkohlenfeld; *2.* Schwelkohlenfeld; *3.* Kokskohlenfeld; *4.* Kesselkohlenfeld; *5.* Salzkohlenfeld; *6.* sonst. kohleführende Flächen; *7.* Reviergrenzen

Bereich) haben. Auch durch Humusgel imprägnierte Xylite, sog. „*Gelxylite*" (im trockenen Zustand kurzbrüchig und auf Bruchflächen schwarz glänzend) sind bekannte Vertreter humifizierter Xylite.

Als „Sapperit"[1] wird eine weiße bis hellgraue, beinahe „reine" fossile Zellulose bezeichnet, die ein Abbauprodukt fossilen Holzes ist.

Von den petrifizierten Xyliten (Imprägnationen des Holzzellgewebes durch mineralische Lösungen) sind als häufigste Formen Kieselxylite, Kalkxylite, verkieste Xylite (Schwefelkiesimprägnation) und Sphärosideritxylite bekannt.

Für die Kohleveredlung haben petrifizierte Xylite einen äußerst negativen Einfluß (z. B. Verschleißerscheinungen an Werkstoffen). Treten petrifizierte Xylite in größeren Dimensionen auf, behindern sie die Abbauführung.

Nach der Morphologie und Größe kann man im Flöz

Stubben (Wurzelstöcke ehemaliger Bäume, meist noch aufrecht im Flöz stehend = Hinweis für die autochthone Entstehung der Kohle);
Stämme (meist eingeregelt in die allgemeine Schichtung der Kohle);
Xylitfragmente und feinxylitische Einlagerungen

unterscheiden.

Innerhalb der Braunkohlenlagerstätten der DDR sind die jüngeren, miozänen Flöze (z. B. Niederlausitz) weitaus reicher an humifizierten Xyliten als die älteren, eozänen und z. T. oligozänen Flöze (z. B. westelbische Vorkommen).

Es sind makroskopisch noch eine Anzahl weiterer Einlagerungen in der erdigen Weichbraunkohle zu erkennen, von denen folgende genannt werden sollen:

Gel („Dopplerit"), im trockenen Zustand schwarz (braune Farbe seltener) mit starkem Pechglanz sowie glasig, spröd-hart, ähnlich dem Vitrain (Glanzkohle) der Steinkohle. Es handelt sich im allgemeinen um Salze der Huminsäuren und Huminsäurevorstufen, sog. Humate. Relativ häufig treten in den Weichbraunkohlenflözen Kalziumhumate auf (Schwarze Kohle westelbischer Vorkommen).

In besonders reichem Maße erscheint Gel (Gelxylit) in den Vorkommen der Oberlausitz (z. B. in den Tagebauen von Berzdorf und Olbersdorf). Für die Kohleveredlung wirkt sich das Braunkohlengel sehr negativ aus.

Fusit (Braunkohlenfusit), schwarz und seidig-glänzend, leicht zerreiblich und stark abfärbend. Mitunter als sog. „fossile Holzkohle" bezeichnet, wobei die Fusithorizonte über weite Erstreckung aushalten können. Nach der Genese muß man sog. „Brandfusit" und „Oxydationsfusit", der durch bakterielle Zersetzung entstanden ist, unterscheiden. Technologisch verhält sich Fusit inert. In den Braunkohlevorkommen der DDR ist er technologisch kaum von Interesse.

Retinit. Fossiles Harz, mit bloßem Auge erkennbar. Meist gelb, seltener hellbraun bis rotbraun. Chemisch von wechselnder Zusammensetzung steht Retinit dem fossilen *Bernstein* nahe; stecknadelkopf- bis faustgroße Bildungen harzliefernder (hier: tertiärer) Pflanzen (vor allem Koniferen). Der Retinit entspricht in seinen Eigenschaften in etwa dem rezenten, festen Harz der Kiefer.

Fossiles Harz oder Retinit ist auch der sog. Golpa-Bernstein aus dem Bitterfelder Revier, ebenso der Ajkait aus ungarischen Kohlen, sowie der Duxit nordböhmischer Braunkohlen.

---

[1] Nach Karl Sapper — Weltreisender und bekannter deutscher Naturforscher 1866—1945.

Zerinit (nach SCHOCHARDT). Fossiles Pflanzenwachs von unterschiedlicher Farbe, meist gelblichbraun, mitunter hellgrau bis fast weiß.

Vom äußeren Bild her sind teilweise Verwechselungen mit Retinit möglich, deshalb ist eine Unterscheidung im UV-Licht anzuraten (vgl. H. JACOB 1952).

Retinit und Zerinit sind neben Pollen, Sporen und Kutikulen die wesentlichsten Bitumenträger (Montanwachs, Montanharz) der Weichbraunkohlen. Extrem reich an Pflanzenwachs ist der sog. *Pyropissit*[1] (hellgrau bis hellbraun), während die *Schwelkohle* neben Pflanzenwachs noch bedeutende Harzanteile führt. Diese bitumenreichen Braunkohlenbildungen treten in der DDR besonders in den eozänen und oligozänen Flözen des westelbischen Raumes auf. Allerdings sind die reinen Pyropissitvorkommen aus dem Revier von Zeitz—Weißenfels fast gänzlich abgebaut.

Die bitumenreichen Kohlen sind die Basis für die Schwelerei- und die Montanwachsindustrie der DDR.

„*Affenhaar*". Haarähnliche, graubraune bis braungelbe Bildungen, welche die Milchsaftgefäße in den Rinden von Kautschukpflanzen repräsentieren, in denen sich Latex (Gummimilch) befindet. Das Auftreten des „Affenhaars" in den eozänen Kohlen westelbischer Vorkommen ist als klimatologischer Hinweis wichtig: K. A. JURASKÝ (1936) konnte feststellen, daß die fossilen Milchsaftgefäße von Bäumen (Ficus-Arten) abstammen, die gegenwärtig nur in tropischen Gebieten vorkommen. Da in den miozänen Braunkohlen der Niederlausitz kein „Affenhaar" gefunden wurde, ist auch von dieser Seite anzunehmen, daß das Klima im Miozän gegenüber dem Eozän in Mitteleuropa kühler gewesen sein muß.

Als spezielle Ausbildungsformen der Braunkohlen sind *Blätter- und Nadelkohlen* zu betrachten (Tafel 2.X, Bilder 1 und 2). Erstgenannte Kohle zeigt noch deutlich guterhaltene Blattkutikulen in schichtiger Anhäufung. Nadelkohlen und auch Blätterkohlen finden sich in typischer Ausbildung in der Niederlausitz und in den Braunkohlenflözen westelbischer Vorkommen.

Als anorganische Einlagerungen treten in der Braunkohle oder an der Grenze zum Flöznebengestein vor allem Schwefelkies, sandiges Material (teils in Form der sog. „Tertiärquarzite") sowie kalkige und tonige Bildungen auf. Vereinzelt sind auch Salze und Gips als Mineralbeimengung bekannt.

2.7.7.3.3. Sapropelkohlen im Braunkohlen-Stadium

Als *Dysodil* (griech.: dys = schlecht, odme = Duft) wird eine tertiäre Sapropelbildung im Braunkohlenstadium bezeichnet, die aus den Vorkommen von Messel bei Darmstadt und Rott bei Bonn (BRD) bekannt ist. Auf Grund der dünnblättrigen Beschaffenheit wurde Dysodil auch als Blätter-, Papier- oder Schieferkohle bezeichnet. C. O. HARZ (1889) konnte im Dysodil noch Chlorophyll nachweisen.

Marahunit (nach der Ortschaft Marahu/Bahia, Brasilien) ist eine typische Algenbildung, eine Bogheadbraunkohle. Die Mächtigkeit des Flözes am locus typicus beträgt mehrere Meter.

Sapropelbraunkohlen kommen auch in einigen europäischen Lagerstätten vor, z. B. im Revier von Sokolov (ČSSR), in Böhlen und Beuna (Geiseltal, DDR), im Unterkarbon des Moskauer Beckens (UdSSR).

---

[1] Griech.: pýr = Feuer, pissa = pech.

2.7.7.3.4. Die mikropetrographischen Bestandteile der Braunkohlen

Obwohl nach makropetrographischer Kohlebemusterung in Verbindung mit Asche-, Wasser- und Schwefelgehaltsbestimmung sowie der Bestimmung von Verbrennungswärme, Heizwert und gegebenenfalls Teergehalt schon annähernd die wichtigste Einteilung hinsichtlich des Verwendungszweckes der Kohle festgelegt ist, sind mikropetrographische Analysen an Braunkohlen häufig unumgänglich.

Die mikropetrographischen Bestandteile der Kohlen sind wesentliche Träger der Veredlungseigenschaften (Verfeuerung, Vergasung, Brikettierung, Verkokung, Verschwelung).

Das mikropetrographische Klassifikationssystem hat im wesentlichen zum Ziel, veredlungsgünstige und -ungünstige Kohlenbestandteile zu erfassen, um damit die Kohle mikropetrographisch zu charakterisieren und zweckentsprechend für die Veredlung bereitzustellen bzw. bereits von kohlenpetrographischer Seite Einfluß auf eine sortengerechte Kohlengewinnung zu nehmen.

Im folgenden müssen einige Grundbegriffe dargestellt werden, die für die Mikropetrographie der Braun- und Steinkohlen unumgänglich sind.

Als *Macerale* (syn. Gefügebestandteile, Gemengteile) werden die mikroskopisch erfaßbaren Einzelbestandteile der Kohle bezeichnet. Die Macerale bestehen bzw. bilden sich aus den verschiedenen Organen bzw. Geweben des pflanzlichen Ausgangsmaterials der Kohle im Laufe der 1. Phase der Carbonifikation. Entsprechend ihrer mengenmäßigen Beteiligung und ihrer Vergesellschaftungen sind sie bestimmend für die Eigenschaften einer Kohle gegebenen Inkohlungsgrades (I. L. K. 1971).

Die Macerale sind in gewissem Sinne als Analoga der Minerale der Gesteine zu bezeichnen, nur stellen sie keine einheitlichen Stoffe dar. Alle Macerale haben die Endsilbe „-init".

Die Macerale verändern mit steigendem Inkohlungsgrad kontinuierlich, jedoch in unterschiedlichem Maße ihre Eigenschaften. Die Abgrenzung der Macerale erfolgt im Auflicht (Anschliff) vor allem nach dem optischen Reflexionsvermögen, nach Form und Struktur, Farbe, Anisotropie, Innenreflexen, Fluoreszenz, Schleif- und Polierhärte sowie Mikro-Vickershärte. Im Durchlicht (Dünnschliff) sind Form und Struktur, Absorption (Farbe) sowie Fluoreszenz wichtige Unterscheidungsmerkmale. Bei den Braunkohlenmaceralen wird auch die Vergelung zu Unterteilung herangezogen.

Durch Anwendung zusätzlicher Methoden (Ätzen, Elektronenmikroskopie, Lumineszenz) können weitere Einzelheiten sichtbar gemacht werden (Kryptomacerale).

Für die am häufigsten auftretenden Braunkohlen (Weichbraunkohlen und Mattbraunkohlen) wurden nachstehend (Tab. 2.30) folgende Macerale bzw. Maceral-Gruppen (Gruppen analoger Macerale) aufgestellt. Für Glanzbraunkohlen ist die mikropetrographische Nomenklatur der Steinkohlen anwendbar.

Auf die Beschreibung der Macerale (Maceral-Gruppen) muß an dieser Stelle verzichtet werden; es wird auf eine solche im Internat. Lexikon für Kohlenpetrologie (1971) verwiesen.

Für die Maceralgruppen Huminit, Liptinit und Inertinit wird folgende Kurzcharakteristik (nach I. L. K. 1971) gegeben:

Huminit ist die in den tertiären Braunkohlen weitaus dominierende und technologisch wichtigste Maceralgruppe. Sie ist aus den pflanzlichen Komponenten Cellulose und Lignin entstanden. Die Unterteilung des Huminits in weitere M.-Subgruppen erfolgt nach dem morphologischen

Erhaltungszustand der Pflanzensubstanz und dem Vergelungszustand. Die Vergelung beeinflußt alle kohleveredelnden Verfahren in negativer Hinsicht.

Liptinit **ist in den Braunkohlen bedeutsam für die Teergewinnung, Montanwachsherstellung, Bitumenextraktion und für die Hydrierung. Von den wesentlichsten mikropetrographisch erfaßbaren „Bitumenträgern" Sporinit, Cutinit, Resinit, Suberinit und Liptodetrinit (seltener Alginit und Chlorophyllinit) können Cutinit und Sporinit auch zur Klärung von Fragen des geologischen Alters und für Fragen der Flözgenese („Kutikular-Analyse", „Pollen-Analyse") mit Erfolg herangezogen werden.**

Inertinit **hat in den tertiären Braunkohlenlagerstätten (mit wenigen Ausnahmen) nur untergeordnete Bedeutung (im Gegensatz zur Steinkohle).**

Tabelle 2.30. *Übersicht über die Macerale der Braunkohlen*
(Internat. Lexikon für Kohlenpetrologie, 1971)

Maceral-Gruppe	Maceral-Subgruppe	Maceral	Maceral-Typ*
Huminit	Humotelinit	Textinit	
		Ulminit	Texto-Ulminit
			Eu-Ulminit
	Humodetrinit	Attrinit	
		Densinit	
	Humocollinit	Gelinit	Porigelinit
			Levigelinit
		Corpohuminit	Phlobaphinit
			Pseudophlobaphinit
Liptinit		Sporinit	
		Cutinit	
		Resinit	
		Suberinit	
		Alginit	
		Liptodetrinit	
		Chlorophyllinit	
Inertinit		Fusinit	
		Semifusinit	
		Macrinit	
		Sclerotinit	
		Inertodetrinit	

* *Kann beliebig erweitert werden*

Eine weitere petrographische Kategorie ist der Begriff

Mikrolithotyp (Streifenart)

Die Bezeichnung Mikrolithotyp wurde 1954 von C. A. Seyler vorgeschlagen. Sie wird verwandt bei der Mikroskopie von Steinkohlen für typische Maceral-Vergesellschaftungen, deren Mindest-Streifenbreite auf 50 µm festgelegt worden ist.

Die Mikrolithotypen werden durch die Endsilbe „it" gekennzeichnet. Stärker mineralisch verunreinigte Mikrolithotypen ($d = 1{,}5-2{,}0$ g/cm^3) werden unter der Bezeichnung Carbominerit zusammengefaßt (I. L. K. 1971).

Tabelle 2.31. *Mikrolithotypen-(Gruppen) nach* Sontag, Tžschoppe *und* Christoph (*1965*)

Mikrolithotypen-Gruppe	Mikrolithotyp	Maceralgruppe
Textit (guterhaltenes Pflanzengewebe entspricht dem Xylit weitestgehend)	Eu-Textit Medio-Textit Gelo-Textit	Textinit
Detrit (Grundmasse porös, enthält zerfallene Gewebereste)	Texto-Detrit Eu-Detrit Gelo-Detrit	Detrinit
Gelit (durch Vergelung homogenisierte Bestandteile, Neigung zur Rißbildung)	Texto-Gelit Detro-Gelit Eu-Gelit	Gelinit

Tabelle 2.32. *Qualitative Einschätzung der Mikrolithotypen für die Veredlung* (*nach* Sontag *und* Süss *1973*)

Mikrolithotypen-Gruppen	Mikrolitho-typen	qualitative Einschätzung der technol. Eigenschaften		zulässige Anteile für Kokskohlen (%)
		Brikettierung	BHT-Verkokung	
Textit	Eu-Textit	+ + +	+	≦ 25
	Medio-Textit	+ + +	+ +	
	Gelo-Textit	+ +	+ +	
Detrit	Texto-Detrit	+ + +	+ +	≧ 65
	Eu-Detrit	+ + +	+ + +	
	Gelo-Detrit	+ +	+ + +	
Gelit	Texto-Gelit	+	+	≦ 10
	Detro-Gelit	+	+	
	Eu-Gelit	+	+	

Mikrolithotypen-Klasse	Zusammen-setzung	qualitative Einschätzung für die thermische Veredlung	zulässige Anteile für Kokskohlen (%)
Klasse I	Eu-Textit, Gelit	+	≦ 20
Klasse II	Gelo-Textit Medio-Textit Texto-Detrit	+ +	≦ 30
Klasse III	Eu-Detrit Gelo-Detrit	+ + +	≧ 50

Erläuterung: + ungeeignet + + bedingt geeignet + + + geeignet

Für die Definition der Mikrolithotypen von Braunkohle konnte noch keine internationale Einheitlichkeit erzielt werden. E. Sontag, E. Tzschoppe und H. J. Christoph (1965) sowie M. Süss und E. Sontag (1966) schufen deshalb insbesondere für technologische Anforderungen ein Nomenklatursystem bzw. entwickelten Klassen von veredlungsgünstigen und -ungünstigen Mikrolithotypen für die Weichbraunkohlen der DDR.

In der Übersicht (Tab. 2.31) wird diese Nomenklatur wiedergegeben bzw. die technologische Eignung der Mikrolithotypen (Tab. 2.32) dargestellt.

Eine Zusammenstellung der wichtigsten Braunkohlenvorkommen der DDR bringt Tabelle 2.33.

2.7.7.3.5. Steinkohlen

Das ursprüngliche Aussehen des Torfes als Ausgangsmaterial für karbonische und andere Steinkohlen ist aus den letzteren kaum zu erkennen. In manchen Fällen liegt dieser Torf jedoch durch Dolomit versteinert und in Dolomitknollen eingeschlossen (Torfdolomit) vor und zeigt dann sehr gut erhaltene Pflanzenreste. In den Wald- und Farnmooren des Karbons traten unter den höheren Sporenpflanzen Bärlappgewächse (Lepidophyten) hervor. Bekannte Pflanzen der karbonischen Torfmoore sind Siegelbäume (Sigillarien) und Schuppenbäume (Lepidodendren). Aus dem Röhricht der karbonischen Steinkohlenmoore sind vor allem die Vorfahren der Schachtelhalme (Articulaten), die Calamiten zu nennen, welche bis über einen Meter Durchmesser erreichten. Neben Farnen (Filices), die teilweise baumgroß wuchsen, sind auch Vertreter bekannt, die nur als niedrigwüchsige Bodenfarne auftraten.

Unter den höher organisierten Pflanzen gibt es mehrere Arten von Nacktsamern (Gymnospermen), bei denen die Cordaiten mit hohem Stammwuchs und langen paralleladrigen Blättern sowie die Farnsamer (Pteridospermen) sich im Aussehen sehr von den rezenten Nacktsamern unterscheiden.

Über das Torf- und Braunkohlenstadium bildeten sich im Laufe der Inkohlung in der Regel aus der Hartbraunkohle unter Ablauf chemischer Spaltungs- und Kondensationsreaktionen Steinkohlen.

Dabei ist der Gebirgsdruck (statischer Belastungsdruck oder dynamischer Faltungsdruck) nicht die wesentliche Ursache für das Fortschreiten der Inkohlung (E. Stach 1968), vielmehr werden die chemischen Umwandlungen der Kohlen vor allem durch die Einwirkung der Erdwärme hervorgerufen. Trat keine tiefere Versenkung (und damit erhöhte Temperatureinwirkung) der flözführenden Schichten in erdgeschichtlichen Zeiträumen auf, so konnten selbst lange Zeiten keinen großen Inkohlungsfortschritt bringen, wie das die unterkarbonen Moskauer Kohlen zeigen, welche als Braunkohlen vorliegen.

In den Steinkohlenbecken nimmt im allgemeinen der Kohlenstoffgehalt der Flözkohlen mit der Tiefe zu, während sich der Gehalt an flüchtigen Bestandteilen in gleicher Richtung verringert (Hiltsche Regel). Diese Regel kann aber durch magmatische Einflüsse auf die Kohle oder durch unterschiedliche petrographische Zusammensetzung der Flöze gestört werden.

Magmatische Einwirkungen auf die Kohle (bis hin zur Bildung von Naturkoks; s. Tafel 2.X, Bild 4) sind auch als ein wesentlicher Faktor bei der Anthrazitbildung anzusehen. Zum Beispiel ist im Bereich des Bramscher Massivs die Kreidekohle des Wealden so teilweise anthrazitisiert worden. Als Anthrazit bezeichnet man Kohlen, die

Tabelle 2.33. *Die wichtigsten Braunkohlenvorkommen in der DDR*
(Zusammenstellung nach E. Sontag *1971)*

	Vorkommen	Strat. Alter	Flözausbildung	Kohlenbeschaffenheit
Mitteldeutscher Braunkohlenbezirk	Sächs.-Thür. Gebiet zw. Saale und Mulde: Zeitz–Altenburg, Borna–Leipzig, Halle–Bitterfeld	Oberes Eozän bis Unteres Oligozän	Sächs.-thür. Unterflöz Flöz I: 10–15 m, z. T. 40–50 m Hauptflöz; 12–15 m: unt. Bornaer Hauptflöz = Flöz II ob. Thür. Hauptflöz = Flöz III Oberflöz = Flöz IV: ≈ 10 m Epirogenet. Typ im SW auch Auslaugungstyp	Flöz mit ausgeprägter Bänderung (d. h. dunkler, bitumenarmer, und heller, teerreicher Kohlen); Brikettierungseigenschaften mäßig bis gut; überwiegend Schwelkohlen
	Geiseltal westlich Merseburg	Mitteleozän	Flöz 40–60 m, in Auslaugungskesseln über 100 m Auslaugungstyp; Wirbeltierfunde	Brikettierkohle
	Oberröblingen zwischen Halle und Eisleben	Mittel- bis Obereozän	Zwei bauwürdige Flöze neben dem unbauwürdigen Oberflöz Salztektonischer Typ	Kohle gebändert; Verwendung zur Bitumenextraktion (Rohmontanwachsherstellung)
	Nordharzvorland: Helmstedt–Oschersleben, Nachterstedt–Königsaue, Egeln	Unter- bis Mitteleozän	Unregelmäßige Flözausbildung in langgestreckten, schmalen Kohlemulden Salztektonischer Typ.	Brikettierkohle; Brikettiereigenschaften mäßig bis schlecht; für Verschwelung (Teerausbeute etwa 16–20% waf) infolge Versalzung ungeeignet
	Bitterfelder Vorkommen	Oberoligozän	Flöz mit 12–15 m (stratigr. Äquivalent zu 4. Lausitzer Flözhorizont) Epirogenet. Typ	sehr schwefelreich; Verwendung für Brikettierung bzw. direkte Verfeuerung als Rohkohle

Tabelle 2.33. (Fortsetzung)

	Vorkommen	Strat. Alter	Flözausbildung	Kohlenbeschaffenheit
Niederlausitzer Braunkohlenbezirk	Niederlausitz: Raum Elsterwerda bis auf poln. Staatsgebiet sowie nach Frankfurt/Oder—Eberswalde fortsetzend	Mittelmiozän	2. Niederlaus. Flöz = Lausitzer Unterflöz 8—14 m Epirogenetischer Flöztyp	Kohle xylitreich, überwiegend dunkle, bitumenarme Varietäten; 6—7% wf Asche, Gesamtschwefel zumeist weniger als 1,2% waf; sehr gute Brikettiereigenschaften, Rohstoffbasis für BHT-Koks-Herstellung
			Weitere Flöze (alle dem epirogenetischen Flöztyp zugehörig):	
		Mittel- bis Obermiozän	1. Flözhorizont (Senftenberger Raum), 20—23 m, ausgekohlt	
		Untermiozän	3. Flözhorizont, kaum bauwürdig, zumeist unter 8 m	
		Oberoligozän	4. Flözhorizont, ungenügend erkundet	
Oberl. Braunkohlenbezirk	Zittau—Görlitzer Gebiet: Berzdorfer Becken	Untermiozän bis Oberoligozän	Tektogenetischer Typ mit rasch wechselnden Mächtigkeiten und häufig Zwischenmitteln	Kesselkohlen

weniger als 10% flüchtige Bestandteile haben. Im Vergleich mit Steinkohlen zeigt Anthrazit u. a. einen metallähnlichen Glanz.

Bei den Steinkohlen lassen sich makroskopisch zwei Typen unterscheiden (Internat. Lexikon für Kohlenpetrologie 1971):

Sapropelkohlen = matte, kompakte und ungeschichtete Kohlen (unter dem Mikroskop ist aber eine Mikrofeinschichtung erkennbar) mit einer körnigen bis ebenen Oberfläche;

Humuskohlen = geschichtete Kohlen, die aus alternierenden, mehr oder weniger feinen, verschieden glänzenden Lagen bestehen.

Sapropelkohlen sind allochthone Bildungen, die durch Zusammenschwemmung kleinster organischer Bestandteile verschiedenster Herkunft entstanden sind.

Humuskohlen sind autochthon bzw. hypautochthon durch Anhäufung von Pflanzenresten in situ entstanden. Humuskohlen werden aus Lagen unterschiedlicher Zusammensetzung — den Lithotypen — aufgebaut. Man unterscheidet dabei folgende, makroskopisch erkennbare Kohlenlagen (Lithotypen), wobei die zu erfassende Mindeststreifenbreite in den verschiedenen Ländern zwischen 3 mm und 10 mm schwankt (I. L. K. 1963):

Deutsch		Englisch	Französisch
Glanzkohle		Vitrain	Vitrain- Charbon brillant
Halbglanz- kohle	Glanzstreifen- bis Mattstreifen-Kohle	Clarain	Clarain- Charbon semibrillant
Mattkohle		Durain	Durain- Charbon mat
Faserkohle		Fusain	Fusain- Charbon fibreux

Die Erfassung der Lithotypen in makropetrographischen Flözschnitten ist u. a. deshalb von Wichtigkeit, weil die glänzenden und matten Lagen eine unterschiedliche Festigkeit aufweisen. So sind die glänzenden Lagen spröde und die matten Lagen relativ zäh. Damit können makropetrographische Flözschnitte Hinweise bei der Wahl der Abbauverfahren geben und gestatten auch überschläglich Aussagen über den zu erwartenden Kornanfall.

Glanzkohle (Vitrain): Im allgemeinen Kohlenlagen bis 5 mm Mächtigkeit (mächtigere Lagen sind selten), stark schwarz glänzend, mit muscheligem Bruch, nicht abfärbend. Vitrain ist nach dem Clarain der häufigste Bestandteil der Humuskohlen. Unter dem Mikroskop erkennt man, daß der Vitrain aus vitrinitreichen Mikrolithotypen besteht.

Halbglanzkohle (Clarain): Im Gegensatz zum Vitrain sind im Clarain feinste matte Streifen eingelagert. Der Glanz des Clarains liegt zwischen dem des Vitrains und dem des Durains. Der Clarain ist der häufigste Lithotyp der Humuskohlen.

Mattkohle (Durain): Matte bis fettglänzende Kohlenlagen von grauer bis schwarzer Farbe. Die Oberfläche ist rauh und hat eine diffuse Reflexion. Bei ausschließlich makroskopischer Betrachtung ist es möglich, den Durain mit unreiner Kohle bzw. Brandschiefer zu verwechseln. Im mikroskopischen Bild ist erkennbar, daß der Durain aus exinitreichen oder inertinitreichen Mikrolithotypen besteht.

Faserkohle (Fusain): Schwarze, holzkohlenähnliche Bildung, die leicht zerreiblich und weich ist und stark schwarz abfärbt. Mitunter können mineralische Substanzen zur Imprägnation der Faserkohle führen und harte Abarten bilden. Fusain kann lagen- und linsenförmig (bis zu ca. 20 cm Mächtigkeit) auftreten. Er ist in den karbonischen Humuskohlen weit verbreitet.

Bei der makropetrographischen Flözaufnahme werden weiterhin folgende Begriffe gebraucht:

Streifenkohle: Feinstreifige Wechsellagerung von Glanz-, Matt- und Faserkohle. Bei der Glanzstreifenkohle dominiert der Glanzkohlenanteil. Bei der Mattstreifenkohle liegt der Matt- und Faserkohlenanteil wesentlich über dem Glanzkohlenanteil.

Unreine Kohle: 8–20 Vol.-% anorganische Substanz.

Brandschiefer: Vermengung von Kohle mit Tonmineralen und anderer anorganischer Substanz (20–60 Vol.-%) in feinstreifiger oder ruscheliger Ausbildung.

Berge: Gering kohlehaltige, meist kohlefreie Sedimentgesteine, die als Nebengestein oder Zwischenmittel auftreten.

Tektonische Bildungen sind die sog. „Mugelkohlen“ (Lias) aus dem Steinkohlenrevier von Pécs (Ungarn). Als „Pyramidenkohle“ wird eine in parallelepipedische Stücke zerfallende Trümmerkohle bezeichnet.

Sapropelkohlen sind Faulschlammkohlen, die in ihrer biochemischen Entstehung von der Genese der Humuskohlen abweichen. Es handelt sich dabei um Bildungen in mehr oder weniger zu- und abflußlosen Moorseen, an deren Grund Faulschlamme sedimentieren konnten, die einen Fäulnisprozeß (Zersetzungsvorgang in stillstehendem Wasser bei völligem Fehlen von Sauerstoff) durchgemacht haben (E. Stach 1968).

Sapropel-Ausgangsstoffe sind hauptsächlich Fette und Proteine. Erstgenannte Stoffe können in Wachse umgewandelt werden. Diese Vorgänge bezeichnet H. Potonié in ihrer Gesamtheit als „*Bituminierung*“.

Durch die Bituminierung (Saprofikation) entstehen Wasserstoff- und Kohlenstoffreiche Verbindungen (E. Stach 1968), wozu auch die Sapropelkohlen gehören. Bei diesen können mit Hilfe des Mikroskops Boghead- und Kännelkohlen unterschieden werden, die oft durch Übergangsstufen (Kännel-Boghead- bzw. Boghead-Kännel-Kohlen) miteinander verbunden sind. Selbständige Flöze von Sapropelkohlen trifft man selten an; häufiger treten Bänke oder Lagen unterschiedlicher Mächtigkeit in anderen Flözen auf (I. L. K. 1971). Sapropelkohlen liefern auf Grund ihres hohen Gehaltes an Wasserstoff gute Ausbeuten an Gas und Teer.

Bogheadkohle[1] (Synonym: Torbanit) ist bei der mikroskopischen Untersuchung von der Kännelkohle durch das Vorherrschen von Alginit (Algenbildungen) und fein verteiltem Inertinit und Vitrinit zu unterscheiden.

Kännelkohle (Synonym: Gayet): Unter dem Mikroskop ist im Gegensatz zur Bogheadkohle Sporinit (Sporen) als dominierender Bestandteil erkennbar. Im Anschliffbild kann man häufig eine gleichmäßige Mikroschichtung und innige Vermengung der kleinsten Gefügebestandteile (Macerale) feststellen. Kännelkohle ist relativ weit verbreitet, tritt aber nur in geringen Mengen auf.

Das Aussehen, besonders der Glanz der Kohle, wird neben der petrographischen Zusammensetzung vor allem auch vom Inkohlungsgrad (Rang) bestimmt. Höhere Inkohlung (Carbonification) führt zu stärkerer Lichtreflexion. Diese Eigenschaft kann man ausnutzen, um mittels optischer Reflexionsmessungen den Inkohlungsgrad einer Kohle zu bestimmen. Das optische Reflexionsvermögen wird auch zur Identifizierung der Macerale herangezogen.

Mit zunehmender Inkohlung verändern sich die petrographischen, chemischen und physikalischen und damit auch die technologischen Eigenschaften der Steinkohlen in auffallender Weise. So zeigen z. B. gute Verkokungseigenschaften in der Regel nur die Fettkohlen.

In Abb. 2.32 werden die wesentlichsten Merkmale für die Unterscheidung der Inkohlungsstufen aufgeführt. In der linken Spalte sind die Inkohlungsstufen der Steinkohlen genannt; diese werden mit einigen spezifischen chemischen und physikalischen Eigenschaften in Beziehung gesetzt. Für die meisten Anwendungsgebiete der Kohlenpetrographie (Erkundung von Kohlenlagerstätten, Kohleveredlung, Kohlenwasserstoffprospektion u. a.) ist das mittlere Reflexionsvermögen (Rm) von besonderem Interesse, da es leicht bestimmt werden kann und zwischen ihm und dem Gehalt an flüchtigen Bestandteilen in den Kohlen enge Beziehungen bestehen.

[1] Begriff eingeführt von J. Qeoket (1853).

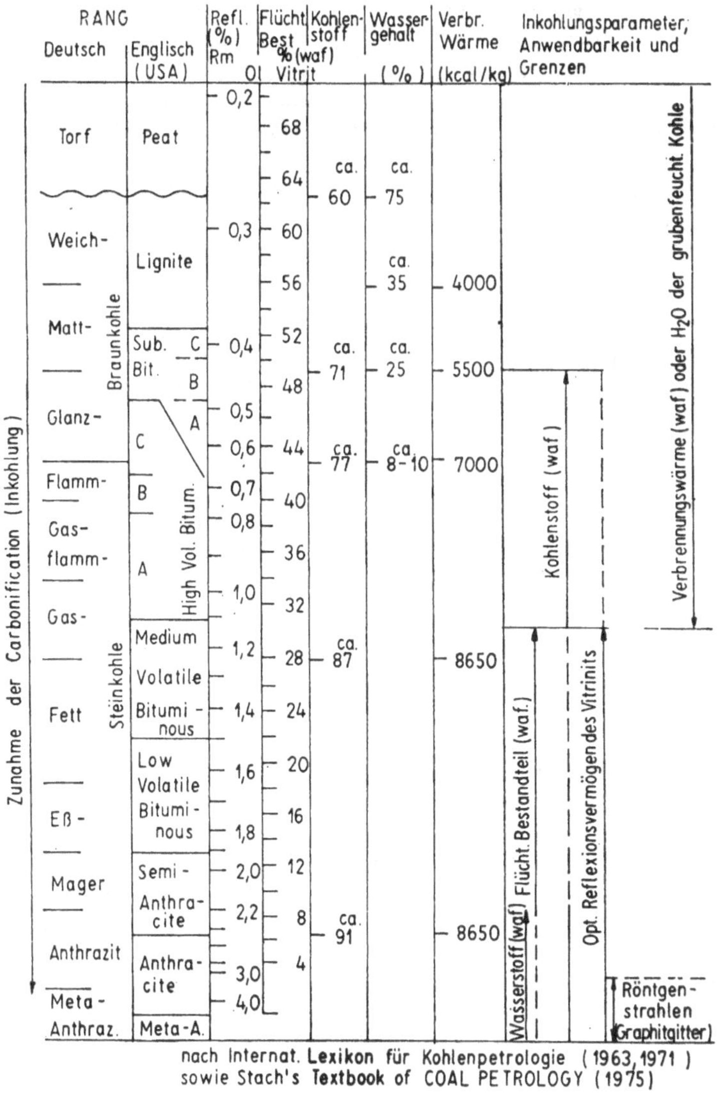

Abb. 2.32. Zur Unterscheidung der Inkohlungsstufen nach mikroskopischen und chemischen Eigenschaften

Die zunehmende Inkohlung führt — wenn auch in verschieden starkem Maße — zu Veränderungen der Macerale bzw. Maceral-Gruppen[1] der Steinkohle. Nach dem Anteil (60—80%) ist Vitrinit die am häufigsten vorkommende Maceral-Gruppe. Eine Übersicht über die Macerale und die Mikrolithotypen der Steinkohlen geben die Tabellen 2.34 und 2.35.

[1] Zu Maceral-Gruppen werden Macerale mit sehr ähnlichem Reflexionsvermögen zusammengefaßt.

Tabelle 2.34. *Übersicht über die Macerale der Steinkohle*
(aus: Internat. Lexikon für Kohlenpetrologie, hrsggb. von der Internat. Kommiss. f. Kohlenpetrologie, Ergänzung zur 2. Ausgabe, Paris 1971)

Maceralgruppe	Maceral	Maceral-Typ*	Maceralvarietät*	Kryptomaceral*
Vitrinit	Telinit	Telocollinit	Cardaitotelinit	Kryptotelinit
	Collinit	Gelocollinit	Fungotelinit	Kryptocorpocollinit
	Vitrodetrinit	Desmocollinit	Xylotelinit	
		Corpocollinit		
Exinit	Sporinit		Tenuisporinit	Kryptoexosporinit
	Cutinit		Crassisporinit	Kryptointosporinit
	Resinit		Mikrosporinit	
	Alginit		Makrosporinit	
	Liptodetrinit			
Inertinit	Micrinit	Pyrofusinit	Plectenchyminit	
	Macrinit	Degradofusinit	Corposclerotinit	
	Semifusinit		Pseudocorpo-sclerotinit	
	Fusinit			
	Sclerotinit			
	Inertodetrinit			

* *Unvollständig, kann beliebig erweitert werden*

Vitrinit ist der homogenste Bestandteil der Kohlen, und da er sich auch am leichtesten isolieren läßt, werden an diesem Gemengteil vorzugsweise die Bestimmungen zum Inkohlungsgrad durchgeführt. Günstig ist weiterhin, daß Vitrinit mit zunehmender Inkohlung seine Eigenschaften relativ gleichmäßig verändert. Im Anschliffbild zeigt sich unter dem Mikroskop, daß der Vitrinit im Laufe der Inkohlung immer heller wird.

Die Macerale der Inertinit-Gruppe haben bereits bei geringer Inkohlung (Weichbraunkohle, vgl. Tafel 2.XI, Bild 6 und 7) infolge ihres Kohlenstoffreichtums eine hohe Reflexion, die durch fortschreitende Inkohlung nur geringfügig verstärkt wird. Sprunghaft sind die Veränderungen im optischen Reflexionsvermögen mit zunehmender Inkohlung bei den Exinit-Maceralen. Diese Macerale sind an der Zusammensetzung von Humuskohlen mit ca. 5—20% beteiligt. Bis zum Fettkohlen-Stadium verändern sich die Exinit-Macerale relativ wenig. Im Anschliff erscheinen sie mittel- bis dunkelgrau, im Dünnschliff goldgelb bis orangefarben. Mit dem Erreichen des Fettkohlen-Stadiums verändert sich insbesondere das optische Reflexionsvermögen von Sporinit (Sporen) relativ plötzlich. Diese Zone haben K. Lehmann und E. Stach (1930) als „*Inkohlungssprung*" bezeichnet. Dieser Inkohlungssprung liegt bei ca. 29,5% flüchtigen Bestandteilen der Kohle (exklusive Inertit). Mit dem Erreichen dieses Inkohlungssprunges ist eine starke Wasserstoffabgabe — hauptsächlich in Form von Methan — verbunden. Die Methanführung der Fettkohle (Schlagwettergefahr!) kann darauf zurückgeführt werden und steht im Zusammenhang mit einer beschleunigten Umwandlung insbesondere von Mikrosporen (E. Stach 1968). Im hochinkohlten Fettkohlenstadium (ca. 20% flüchtige Bestandteile) hat der Exinit im Anschliffbild etwa das gleiche Reflexionsvermögen wie der Vitrinit angenommen.

Tabelle 2.35. *Übersicht über die Mikrolithotypen der Steinkohle* (I. L. K. 1971)

Zusammensetzung nach Maceralen mineralfrei (*mf*)		Mikrolithotyp	Zusammensetzung nach Maceralgruppen gruppen (*mf*)	Mikrolitho-typengruppe
Monomaceralisch				
Co	> 95%	(Collit)*	*V* > 95%	Vitrit
T	> 95%	(Telit)		
VD	> 95%			
S	> 95%	Sporit	*E* (*L*) > 95%	Liptit
Cu	> 95%	(Cutit)		
R	> 95%	(Resit)		
A	> 95%	Algit		
LD	> 95%	—		
M	> 95%	Macroit	*I* > 95%	Inertit
Sf	> 95%	Semifusit		
F	> 95%	Fusit		
Sc	> 95%	(Sclerotit)		
ID	> 95%	Inertodetrit		
Bimaceralisch				
V + *S*	> 95%	Sporenclarit	*V* + *E* (*L*) > 95%	Clarit
V + *Cu*	> 95%	Cuticulenclarit		*V*, *E* (*L*)
V + *R*	> 95%	(Resinitclarit)		
V + *A*	> 95%	(Algoclarit)		
V + *LD*	> 95%	—		
V + *M*	> 95%		*V* + *I* > 95%	Vitrinertit
V + *Sf*	> 95%			*V*, *I*
V + *F*	> 95%			
V + *Sc*	> 95%			
V + *ID*	> 95%			
I + *S*	> 95%		*I* + *E* (*L*) > 95%	Durit
I + *Cu*	> 95%			*I*, *E* (*L*)
I + *R*	> 95%			
I + *A*	> 95%			
I + *LD*	> 95%			
Trimaceralisch				
V, *I*, *E*	> 5%	Duroclarit	*V* > *I*, *E* (*L*)	Trimacerit
		Vitrinertoliptit	*E* > *I*, *V*	*V*, *I*, *E* (*L*)
		Clarodurit	*I* > *V*, *E*	

* Die in Klammern gesetzten Begriffe sind z. Z. nicht im Gebrauch.

Abkürzungen: *Co* = Collinit, *T* = Telinit, *VD* = Vitrodetrinit, *S* = Sporinit, *Cu* = Cutinit, *R* = Resinit, *A* = Alginit, *LD* = Liptodetrinit, *M* = Macrinit, *Sf* = Semifusinit, *F* = Fusinit, *Sc* = Sclerotinit, *ID* = Inertodetrinit, *V* = Vitrinit, *L* = Liptinit, *I* = Inertinit, *E* = Exinit

Das unterschiedliche Verhalten der Macerale bzw. Maceral-Gruppen der Steinkohle (Inertinit verhält sich inert bei der Verschwelung, Verkokung und Graphitisierung; Exinit ergibt bei der Verkokung von Kohlen mit > 25% flücht. Bestandteilen eine hohe Wertstoffausbeute und ist bei diesen Kohlen besonders gut für die Hydrierung geeignet; Vitrinit verfügt in erweichenden Kohlen mit > 18% flüchtigen Bestandteilen über ein ausgezeichnetes Kokungsvermögen; in Kohlen mit > 25% flücht. Bestandteilen läßt sich Vitrinit gut hydrieren) ist Anlaß für die Anwendung einer Reihe kohlenpetrographischer Untersuchungsverfahren, von denen nur einige genannt werden sollen:

- Maceralgruppen-Analyse an Körner-Anschliffen,
- Inkohlungsgrad-Bestimmung mittels optischer Reflexionsmessungen.

Die Untersuchung von Maceral-Varietäten und -Typen ist außerdem für die Klärung der Flözentstehung von Bedeutung.

Daneben haben mikropetrographische Analysen an den Maceralvergesellschaftungen (Mikrolithotypen) und den Mineralverwachsungen im Flöz (Carbominerite) für die mechanische Aufbereitung und für Fragen der Flözparallelisierung erhebliche Bedeutung.

Man unterscheidet ihrer Zusammensetzung nach mono-, bi- und trimaceralische Mikrolithotypen (Tab. 2.35). Dabei muß die Mindeststreifenbreite einer Mikrolithotypenlage größer als 50 μm sein. Die mono- und bimaceralischen Mikrolithotypen dürfen nicht mehr als 5% Macerale aus Mikrolithotypen-Gruppen enthalten, die definitionsgemäß nicht typisch für sie sind. In den trimaceralischen Mikrolithotypen müssen alle Mikrolithotypen-Gruppen mit mehr als 5% beteiligt sein (I. L. K. 1971).

In vielen Fällen genügen zur mikropetrographischen Charakterisierung der Kohlen die mikroskopische Analyse nach Maceral-Gruppen und die mikrophotometrische Bestimmung des optischen Reflexionsvermögens.

Die mikroskopische Untersuchung der Kohlen schließt stets die Erfassung der mineralischen Verunreinigungen ein. Unter syngenetischen Mineralen werden solche verstanden, die zeitgleich mit den Maceralen gebildet oder abgelagert wurden. Epigenetische Minerale sind sekundär über Risse, Spalten oder sonstige Hohlräume zugeführt worden. Aus syngenetischen Mineralen bestehen z. B. die „Kaolin-Kohlentonsteine", die wichtige lithostratigraphische Leithorizonte bilden können.

Tabelle 2.36. *Kohle-Mineral-Verwachsungen*

Verwachsungen der Kohle mit einem bestimmten Mineral bzw. einer Mineralgruppe	Zusammensetzung*	Sammelbegriff für eine nicht näher bezeichnete Kohle-Mineral-Verwachsung
Carbargilit	Kohle + 20–60 Vol.% Tonminerale	Carbominerit
Carbopyrit	Kohle + 5–20 Vol.-% sulfidische Erze	
Carbankerit	Kohle + 20–60 Vol.-% Karbonspäte	
Carbosilicit	Kohle + 20–60 Vol.-% Quarz	
Carbopolyminerit	Kohle + 20–60 Vol.-% Mineralsubstanz	

* Die untere Grenze kann sich in Abhängigkeit von Gehalt an Pyrit (Schwefelkies) bis auf 5% verschieben.

So wertvoll diese mineralischen Einlagerungen für die Klärung einer Reihe von geologischen Fragen auch sein mögen, die Verfahren der mechanischen und thermischen Kohleveredlung stören sie (insbesondere in feinverteilter Form) erheblich (I. L. K. 1971).

Für die mikropetrographisch erfaßbaren Kohle-Mineral-Verwachsungen werden die in Tab. 2.36 aufgeführten Bezeichnungen gebraucht (I. L. K. 1971).

Steinkohlenvorkommen sind in der DDR aus dem Karbon und Rotliegenden bekannt. Der bergmännische Abbau ist jedoch weitestgehend zum Erliegen gekommen. Lediglich im Döhlener Becken bei Dresden wird noch Kohle bzw. Brandschiefer gewonnen, der radioaktive Substanzen enthält.

Auf einige große Steinkohlenvorkommen Europas und Außereuropas ist einführend hingewiesen worden.

2.7.7.3.6. *Kaustobiolithe sapropelitischer Entstehung*

Soweit es sich nicht um Sapropelkohlen handelt (vgl. dort), sollen aus der Vielzahl sapropelitischer Bildungen folgende Kaustobiolithe tabellarisch aufgeführt werden (Tab. 2.37).

Tabelle 2.37. *Einige Kaustobiolithe sapropelitischer Entstehung*

Bezeichnung	Kurzcharakteristik
Schungit	Präkambrische Algenbildung (benannt nach dem Ort Shunga in der Karelischen ASSR), hochinkohlter Anthrazit, graphitähnlich.
Kuckersit	Ordovizisches, bitumenreiches (bis zu 52% Bitumengehalt) toniges Kalksapropel, hellbraun, aschereich, vor allem aus Öl-Algen (Gleocapsomorpha) und Bryozoen bestehend, dem Ölschiefer zuzuordnen (Kuckersit, benannt nach dem ehem. Gutshof Kuckers in Estland). Flözbildungen zwischen 0,2–4 m Mächtigkeit.
Kolm (schwed.)	Mit Bogheadbildungen verwandter Sapropelit von Rånnum nördlich von Billingen/Schweden (H. Potonié 1920).
Gagat (Jet)	Bituminierte Drifthölzer aus dem Posidonienschiefer (ob. Lias). Glanzkohlenartige, schwarze Bildungen, bekannt aus Württemberg/BRD sowie Whitby/England, benannt nach dem Flusse Gages (Lykien), wo Gagat im Altertum in pleistozänen Geschieben gefunden wurde.
Wollongit	Mitunter gebrauchte Bezeichnung (Silliman 1869) für sog. Kerosionschiefer (engl. Kerosene shale), eine Bogheadbildung, bekannt aus Neu-Süd-Wales (Australien).
Balchaschit	Rezente Algenbildung (Reinschia) am Oz. Alakol'/Kasachische SSR. Nach Austrocknung gelbbraune körnige Krustenbildung.
Coorongit	Rezente Algenanhäufung (Elaeophyton) in Strandnähe, auch in den tiefer gelegenen, gelegentlich überfluteten Teilen sandiger Ebenen Australiens (Thiessen).
Tasmanit	Permokarboner, hellbrauner sandiger Schieferton mit extrem vielen Sporen (Spore-bearing-shale) vom Mersey-River (N-Tasmanien), algenhaltig.
Fimmenit	Bezeichnung für rezente Pollen- (insbesondere von Erlen) und Sporenbildung (H. Potonié 1920, nach Früh 1885).

2.7.7.4. Erdöl und Erdgas

Als Grundlage für die nachfolgenden Ausführungen dienten vor allem die Arbeiten von R. MEINHOLD (1961, 1976, 1977) und W. SCHOTT und A. MAYER-GÜRR (in A. BENTZ und H.-J. MARTINI, I, 1968). Die Übersichtskarten über die Verteilung der Erdöl- und Erdgaslagerstättengiganten stellte Herr Doz. Dr. H. PÄTZ dem Verfasser zur Verfügung.

Erdöl (Naphtha) gehört zur Gruppe der natürlichen Bitumina. Es ist im allgemeinen flüssig, kann aber gelegentlich auch von salbenartiger bis fester Konsistenz sein. Im wesentlichen besteht Erdöl aus Gemischen von Kohlenwasserstoffen (KW) der Paraffin-, Naphthen- und Aromatenreihe. Diese werden begleitet von Schwefel-, Sauerstoff- und Stickstoffverbindungen. Die Elementaranalyse der Rohöle zeigt nach W. SCHOTT (1968) durchschnittlich einen Kohlenstoffgehalt von 83–87%, einen Wasserstoffgehalt von 11–14% und einen Gehalt an anderen Elementen zusammen bis maximal 5%. Für die unterschiedliche Farbe des Rohöles sind im wesentlichen die in ihm enthaltenen Harz- und Asphaltstoffe verantwortlich. Der Geruch des Erdöls wird manchmal als aromatisch, meist jedoch als unangenehm empfunden. Für einen unangenehmen Geruch sind in der Regel flüchtige Schwefelverbindungen verantwortlich.

Nach der Dichte des Erdöls unterscheidet man Leichtöle (D = 0,7–0,9) und Schweröle (D = 0,9–1,0). Leichtöle sind reich an niedrigmolekularen Kohlenwasserstoffen; bei den Schwerölen ist der Gehalt an diesen Kohlenwasserstoffen entsprechend geringer. Die Viskosität des Rohöles schwankt nach W. SCHOTT im Durchschnitt zwischen 1 und 140 Centipoise. Sie hängt ab von der Menge des im Öl gelösten Gases, vom jeweiligen Anteil an verschiedenen Verbindungen, besonders vom Gehalt an Paraffin sowie an Harz- und Asphaltstoffen, und wird stark von Temperatur und Druck beeinflußt. Hochviskoses Erdöl, aus dem die gasförmigen Kohlenwasserstoffe fast vollständig entwichen sind, bezeichnet man auch als „Totöl“.

Eine Übersicht über das Vorkommen bedeutender Erdöllagerstätten auf der Erde gibt Abb. 2.33.

Die Entstehung von Erdöl wird sowohl auf anorganischem Wege als auch durch Umbildung organischer Substanz erklärt. Bei der Hypothese der anorganischen Entstehung von Erdöl wird vorausgesetzt, daß die Erdölbildung und die Ansammlung von Erdgasen u. a. auf einen planetaren Degasierungsprozeß zurückgeht. Um aus den dabei freigesetzten einfachen Kohlenwasserstoffen hochpolymere Verbindungen bilden zu können, müssen jedoch beträchtliche Energien aufgebracht werden, so daß es nicht verwundert, wenn diese Reaktionen in den Bereich des oberen Erdmantels (z. B. G. N. DOLENKO 1971) verlegt werden.

In mehr oder weniger großer Menge enthält Erdöl Komponenten, bei denen es sich mit Sicherheit um Verbindungen handelt, die von Organismen „ererbt“ und nur wenig umgebildet wurden. Dazu gehören Fettsäuren, Porphyrine, Pristane, Steroide u. a. Nach der Hypothese von der anorganischen Entstehung des Erdöls können diese Verbindungen nur als „Verunreinigungen“ erklärt werden, die im oberen Teil der Erdkruste aufgenommen wurden.

Aus den bereits angedeuteten Gründen ist ein organischer Ursprung des Erdöls wahrscheinlicher. Er wird heute von den meisten Wissenschaftlern anerkannt und auch vom Verfasser vertreten. Als Ausgangsmaterial kommen vor allem tierische und pflanzliche Eiweißstoffe, Kohlenhydrate und Fette in Betracht. Diese und andere organische

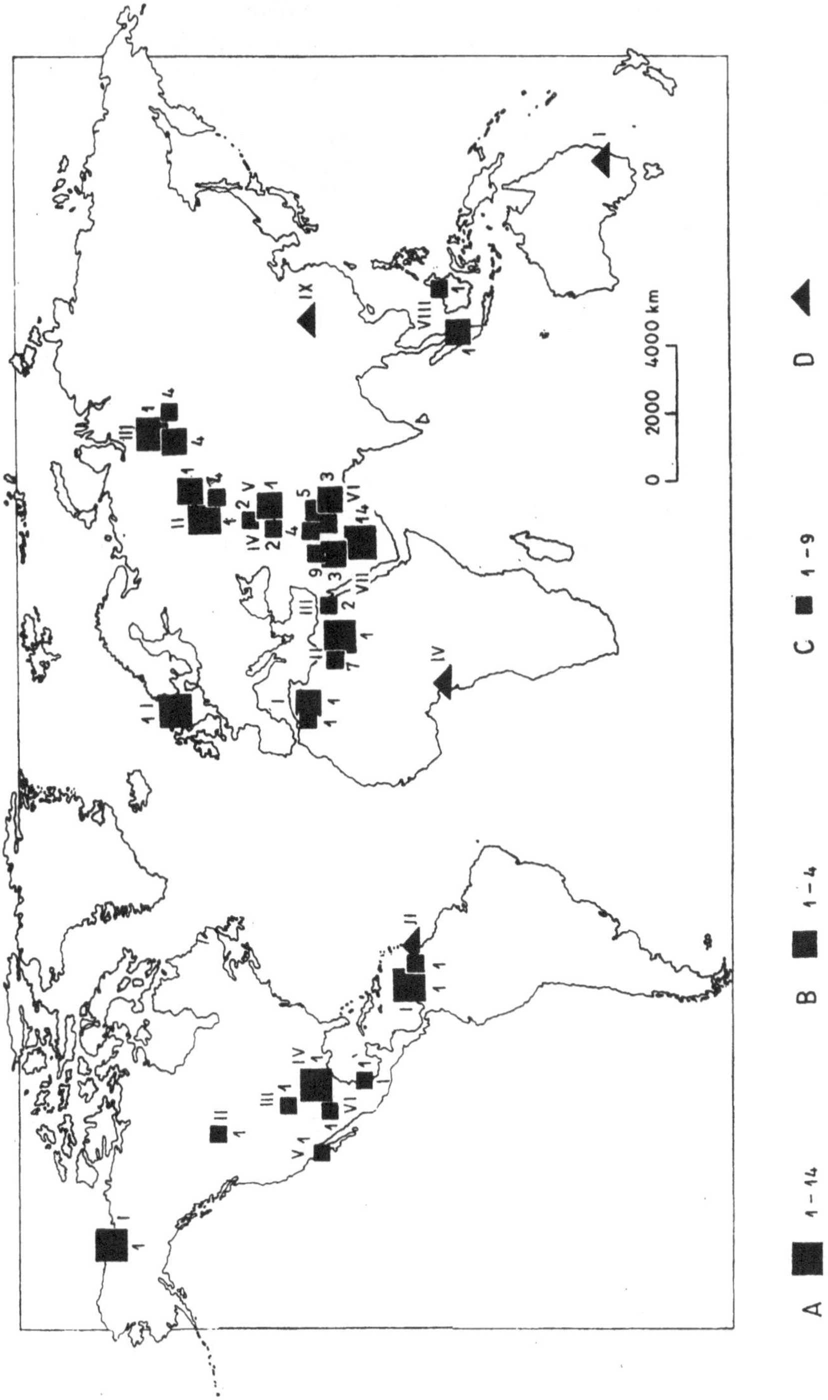
0 2000 4000 km
A 1–14
B 1–4
C 1–9
D

Substanzen unterliegen einem komplizierten Umwandlungsprozeß, in dessen Resultat verschiedene Kohlenwasserstoffe, aber auch Schwefel- und Stickstoffverbindungen entstehen können. Ein Nebenprodukt der Umwandlung ist Wasser, das durch einen charakteristischen Gehalt an Jod, Brom und Bor gekennzeichnet wird. Diese sog. „Ölwässer" vermischen sich jedoch leicht mit anderen Wässern.

Bei der Bildung von Erdöl aus organischer Substanz ist eine Vielzahl möglicher Prozesse zu berücksichtigen, die von biochemischen Vorgängen bis zu anorganisch-chemischen Reaktionen bei verschiedenen — besonders höheren — Temperaturen und Drücken reicht. Über die Bedeutung der einzelnen Prozesse und ihr Zusammenwirken gehen bei den verschiedenen Autoren die Meinungen noch auseinander. Oft wird als Zwischenprodukt ein vorwiegend auf biochemischem Wege gebildetes „Ur-" oder Protobitumen angenommen, aus dem dann durch weitere Umwandlungs- und Abbauprozesse die Paraffine, Naphthene, Aromate sowie die übrigen Verbindungen des Erdöls entstehen.

Von vielen Autoren wird den Tonmineralen im Prozeß der Erdölbildung und Migration eine große Bedeutung beigemessen. So ist bekannt, daß besonders quellfähige Tonminerale organische Substanzen adsorptiv binden und in sich einbauen können (z. B. A. Weiss 1969). Diese organischen Stoffe sind auf der einen Seite durch die konservierende Wirkung der Tonminerale gegen den Abbau durch Mikroben und andere Einflüsse weitgehend geschützt. Auf der anderen Seite begünstigen Minerale mit hohem Sorptionsvermögen, wie Montmorillonit, katalytisch die Polymerisation, Isomerisation,

Abb. 2.33. Verteilung der Erdöllagerstättengiganten und einiger bedeutender Fördergebiete nach Uspenskaja, Owen u. a. (zusammengestellt von H. Pätz 1977)

A Vorräte 800 bis 1000 Mill. t und mehr (1—14 = Anzahl d. Lagerstätten); *B* Vorräte 500 bis 800 Mill. t (1—4 = Anzahl der Lagerstätten); *C* Vorräte 200 bis 500 Mill. t (1—9 = Anzahl der Lagerstätten); *D* Förderung in Mill. t 1975 angegeben bei der Aufzählung der Provinzen

Nordamerika

I Arkt. Alaskaprovinz
II Westkanad. Provinz
III Wichitaprovinz
IV Ost-Texas-Provinz
V Kaliforn. Provinz
VI Permprovinz

Mittelamerika

I Mexikanische Golfküstenprovinz

Südamerika

I Maracaibo-Provinz
II Ost-Venezuela-Becken, ca. 40 Mill. t

Afrika

I Saharaprovinz (VR Algerien)
II Syrtebecken (Libyen)
III Suezprovinz (Arab. Rep. Ägypten)
IV Nigeria-Becken, 88 Mill. t

Australien

I Tafel- und Geosynklinalgebiete

Eurasien

I Nordseebecken
II Osteuropäische Tafel
III Westsibirische Tafel
IV Südkaspibecken
V Westturkmenische Senke
VI Iran-Irak-Provinz
VII Arabische Tafel-Provinz
VIII Indonesische Provinz
IX China, 78 Mill. t

Kondensation und andere Veränderungen der organischen Substanz. Weiterhin ist das aus quellfähigen Tonmineralen bei fortschreitender Absenkung freigesetzte Zwischenschichtwasser für die primäre Migration[1] der Kohlenwasserstoffe besonders aus tonigen Erdölmuttergesteinen von entscheidender Bedeutung (z. B. M. C. POWERS 1967). Es muß aber auch auf die migrationshemmende Wirkung von Tonmineralen in Speichergesteinen hingewiesen werden. So ist bekannt, daß nur wenige Prozent von Montmorillonit in Sandsteinen eine beachtliche Verringerung der Permeabilität hervorrufen können (D. V. GURZIJ 1971). Diese Untersuchungsergebnisse und Feststellungen geben eine Erklärung für die geologische Beobachtung, daß in den großen Sedimentationsbecken im Durchschnitt die Erdölhöffigkeit mit dem Gehalt der Ablagerungen an quellfähigen Tonmineralen — besonders an Montmorillonit — ansteigt (C. W. WEAVER 1958, E. T. DEGENS 1968).

Neuerdings hat R. MEINHOLD (1977) darauf hingewiesen, daß Porenlösungen in beträchtlicher Menge gelöste Humin-, Fulvo- und Aminosäuren enthalten können, die bei der Kohlenwasserstoffbildung eine große Rolle spielen. Damit ist es möglich, daß zumindest ein Teil der Kohlenwasserstoffe nicht aus speziellen Muttergesteinen in Speichergesteine einzuwandern braucht, sondern in letzteren selbst entsteht.

Umwandlungsprodukte des Erdöls sind *Asphalt* (*Erdpech*) und *Ozokerit* (*Erdwachs*). Sie bilden sich durch Oxydation und Polymerisation unter dem Einfluß von Atmosphärilien; oftmals repräsentieren sie die letzten Reste zerstörter Erdöllagerstätten.

Naturasphalt ist ein braunschwarz bis schwarz gefärbtes Gemisch von Bitumen und Mineralstoffen. Er kann bei normaler Temperatur als fest bezeichnet werden. Kennzeichnend für Asphalte sind oft hohe Stickstoff- und vor allem Schwefelgehalte. Asphalte entstehen aus Naphthenölen. Man findet sie als Porenfüllungen in Gesteinen, als Gangfüllungen und an oberflächlichen Erdölaustritten. In diesem Zusammenhang müssen auch die sogenannten „Teer-Sande“ erwähnt werden, welche als Porenfüllung Kohlenwasserstoffe mit einer hohen Viskosität enthalten.

Ozokerite sind im Gegensatz zu den Asphalten fast frei von Schwefel und Stickstoff. Sie entstehen aus Paraffinölen und sind meist hellfarbig und von wachsartig weicher bis fester Konsistenz. Neben der charakteristischen Führung beträchtlicher Mengen kristalliner Paraffine besitzen Ozokerite häufig noch einen relativ hohen Rohölgehalt. Sie sind meist wenig mit Mineralsubstanzen verunreinigt und treten vornehmlich als Spalten- und Kluftfüllungen auf.

Durch weitere Umwandlung entstehen *Asphaltite* und schließlich *Asphaltoide* (asphaltische Pyrobitumina). Nach H. JACOB (1967) handelt es sich dabei um die Produkte unterschiedlicher Erdöl-Provenienz und Bitumen-Metamorphose.

Asphaltite erweichen zwischen etwa 110° und 315 °C und sind in organischen Lösungsmitteln noch zum größten Teil löslich. Zu ihnen gehören Gilsonit und Grahamit. Gilsonit kommt in den USA (Utah, Colorado) als Gangfüllung in Mächtigkeiten bis zu 8 m vor und wird industriell gewonnen.

Asphaltoide erweichen beim Erwärmen nicht und sind zum größten Teil in organischen Lösungsmitteln unlöslich. Durch Destillation kann man aus ihnen aber flüssige und gasförmige Kohlenwasserstoffe gewinnen. Zu den Asphaltoiden gehören die spröden, schwarz glänzenden Anthraxolithe, welche — aus den USA beschrieben — im Aus-

---

[1] Primäre Migration = Migration aus den Muttergesteinen in Speichergesteine; sekundäre Migration = weitere Wanderung der mobilen Phasen in den Speichergesteinen.

sehen sehr den Anthraziten ähneln, jedoch in Gängen und als Einschlüsse in Gesteinen auftreten. Dem Anthraxolith entspricht etwa der Impsonit, den man z. B. in den devonischen Riffkalken des Iberges bei Grund gefunden hat. Weitere Asphaltoide (asphaltische Pyrobitumina) sind Wurtzilit, Elaterit, Albertit.

Erdgas: In der Lithosphäre findet man eine Reihe von Gasen der unterschiedlichsten Entstehung und Herkunft. Im wesentlichen handelt es sich dabei um Kohlendioxid, Ammoniak, Schwefelwasserstoff, Stickstoff, Kohlenwasserstoffe und einige andere Gase, darunter auch Helium und Argon. In Sedimentiten treten diese Gase entweder als mobile Phasen frei im Porenraum auf oder sind adsorptiv an verschiedene Gerüstsubstanzen gebunden bzw. im flüssigen Poreninhalt gelöst. Man kann sie als Naturgas bezeichnen oder als Erdgas im allgemeinsten Sinne auffassen. Im engeren Sinne verstehen viele Autoren unter Erdgas jedoch nur die brennbaren Naturgase. Bei diesen kann man „trockenes" und „nasses" Erdgas unterscheiden. Das „trockene" Erdgas besteht im wesentlichen aus Methan (CH_4), welches von anderen, schwer kondensierbaren Gasen begleitet sein kann. Das „nasse" Erdgas enthält größere Mengen ($>$ 200 g/l) an leicht zu verflüssigenden Alkenen wie Propan, Butan, Pentan u. a.

Während „trockenes" Erdgas sehr oft getrennt von Erdöl vorkommt und z. B. durch Methanabgabe bei der Kohlenbildung entstehen kann, ist beim „nassen" Erdgas meist ein Zusammenhang zwischen dem Auftreten von Erdöl und Erdgas gegeben. Am unmittelbarsten und eindeutigsten ist dieser Zusammenhang bei den sog. Erdölgasen—Erdgasen, die als Gaskappe über Erdöllagerstätten auftreten. Wenn in einer Erdgaslagerstätte der Gehalt an leicht zu verflüssigenden Kohlenwasserstoffen hoch ist, kann man auch von einer Kondensatlagerstätte sprechen. Eine Übersicht über das Vorkommen bedeutender Lagerstätten brennbaren Erdgases gibt Abb. 2.34.

Der überwiegende Teil der Erdgaslagerstätten (nach R. Meinhold 1976 ca. 96% der Weltvorräte an Erdgas i. e. S.) liegt in Tafelgebieten, wobei Sandsteinspeichern eine besondere Bedeutung zukommt. Kontinentale Ablagerungen spielen als Speichergesteine für Erdgas eine wesentlich größere Rolle als bei Erdölen, die vor allem in Sedimentiten alter Schelfbereiche zu finden sind.

2.8. Außerirdisches Material

Im folgenden soll auf den kosmischen Staub, der ständig auf die Erde niederfällt, und auf die Ablagerungen an der Mondoberfläche eingegangen werden.

2.8.1. Der kosmische Staub

Der weitaus größte Teil des auf die Erde niedergehenden kosmischen Materials ist kosmischer Staub. Nach A. V. Ivanov und K. P. Fiorenskij (1970) beträgt die jährliche Gesamtzufuhr an feindisperser kosmischer Materie gegenwärtig schätzungsweise $(2-5) \times 10^6$ t. Davon entfallen $(1-2) \times 10^5$ t auf kleine schwarze magnetische Kügelchen, die gut untersucht sind, da sie sich leicht aus Eis, Salzablagerungen sowie anderen Sedimenten und Sedimentgesteinen abtrennen und gewinnen lassen. Nach dem jetzigen Kenntnisstand ist die Intensität des Falles kosmischen Staubes von der geographischen Lage unabhängig. Weiterhin ergaben Untersuchungen in paläozoischen Salzfolgen, daß auch damals jährlich etwa $(1-2) \times 10^5$ t schwarze magnetische Kügelchen auf die Erde „niederregneten".

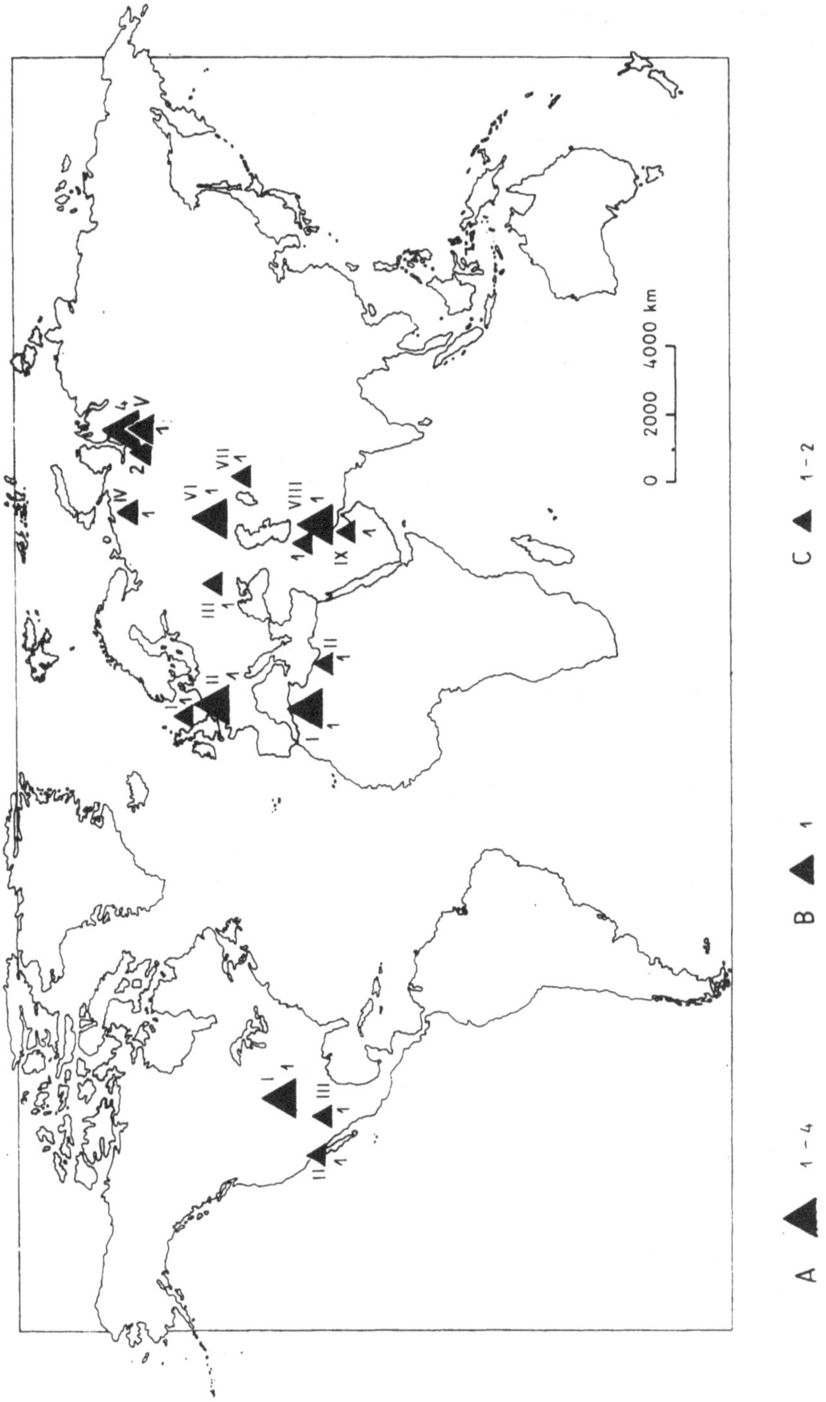
0 2000 4000 km
A 1 - 4
B 1
C 1 - 2

Die Durchmesser der Partikel des kosmischen Staubes liegen im allgemeinen im Bereich zwischen 3 und 300 μm; der überwiegende Teil ist dabei kleiner als 100 μm. Bei den magnetischen Kügelchen hat ein Teil einen Nickeleisen-Kern und eine Magnetit-Kruste; andere bestehen aus Magnetit mit relativ hohen Nickelgehalten (> 1%). Eine weitere Art sind Silikat-Kügelchen aus Olivin und Pyroxen, die auch Nickeleisen enthalten können (W. Hunter und W. D. Parkin 1960). K. Frederiksson und R. L. Martin (1963) machen jedoch darauf aufmerksam, daß auch industrielle Produkte und vulkanisches Material in Form magnetischer Kügelchen der genannten Größe auftreten. Industrielle Produkte können in rezenten Ablagerungen eine Rolle spielen. Die vulkanischen Kügelchen lassen sich im allgemeinen von den kosmischen dadurch unterscheiden, daß sie einen hohen Mangan- und einen geringen Nickelgehalt aufweisen. Allerdings sind nicht selten auch die Magnetite der Schmelzkruste von Meteoriten frei von Nickel (A. El Gorsey und H. Fechtig 1967), so daß magnetische Kügelchen ohne nennenswerte Nickelgehalte ebenfalls kosmischer Herkunft sein können.

Unter der Voraussetzung, daß die Menge der niederfallenden kosmischen Kügelchen über längere Zeiten hinweg etwa konstant war, läßt sich die Anzahl der Kügelchen in einem bestimmten Volumen eines Sediments oder Sedimentgesteins als Maß für die Sedimentationsrate, d. h. für die Menge des Sedimentmaterials, das in einer bestimmten Zeit in einem Gebiet abgelagert wurde, verwenden (K. Utech 1963, 1971).

2.8.2. *Ablagerungen an der Mondoberfläche*

Material des Mondbodens wurde von den unbemannten sowjetischen Mondsonden Luna-16 und Luna-20 sowie besonders durch die bemannten amerikanischen Raumflüge mit Apollo-11, Apollo-12, Apollo-14 und Apollo-15 zur Erde gebracht. Wertvolle Auskunft über einige physikalische und chemische Eigenschaften des Mondbodens gaben außerdem die unbemannten sowjetischen Mondsonden Luna-9, Luna-13 sowie Luna-17, die Lunachod-1 absetzte. Ähnliche Aufgaben lösten auch die Surveyor-Geräte.

Es zeigte sich, daß die Mondoberfläche von einer unterschiedlich mächtigen Schuttdecke gebildet wird, die über einem festen Grund aus Eruptivgesteinen liegt. Diese

---

Abb. 2.34. Verteilung der Erdgaslagerstättengiganten nach Uspenskaja, Owen u. a. (zusammengestellt von H. Pätz 1977)

A Vorräte mehr als 1000 Mrd. m³ (1—4 = Anzahl der Lagerstätten); *B* Vorräte 600 bis 1000 Mrd. m³ (1 = Anzahl der Lagerst.); *C* Vorräte 250 bis 600 Mrd. m³ (1—2 = Anzahl der Lagerst.)

Nordamerika

I West-Midcontinent-Wichita-Provinz
II Südl. Felsengebirgs-Provinz
III Permprovinz

Afrika

I Saharaprovinz (VR Algerien)
II Syrtebeckenprovinz (Libyen)

Eurasien

I Nordseeprovinz
II Niederländische Provinz
III Dnepr-Pripjat-Provinz
IV Voruralprovinz
V Westsibirische Provinz
VI Wolga-Ural-Provinz (Orenburg)
VII Turanprovinz
VIII Iranische Provinz
IX Arabische Tafel-Provinz

Oberflächenschicht nennt man *lunarer Regolith.* Im Bereich des Landeplatzes von Apollo-11 im Mare Tranquilitatis beträgt die Mächtigkeit des Regoliths schätzungsweise 3 bis 6 m.

Der Regolith besteht aus lockerem Material mit Porositäten, die 50% erreichen können. Dieses Material besitzt eine große innere Haftfestigkeit, läßt sich aber trotzdem leicht sieben. Die Korngrößen schwanken im Regolith von einigen Mikrometern bis zu mehreren Millimetern. Ein- und aufgelagert finden sich auch größere Gesteinsbrocken. Generell ist der schlechte bis sehr schlechte Sortierungsgrad der Korngrößen in sämtlichen bisher zur Erde gebrachten Proben des lunaren Regoliths bemerkenswert. Mehrfach wurde im Regolith eine Schichtung festgestellt. Außerdem wurde beobachtet, daß nach der Tiefe zu das Material gröber wird. So steigt in dem von der Luna-16-Sonde mitgebrachten Mondboden der mittlere Teilchendurchmesser von 62 μm (oben) auf 114 μm (unten) an.

Folgende Arten von Material lassen sich bei den lunaren Proben unterscheiden:

1. Verschiedene magmatische Gesteine;
2. Brekzien;
3. feinkörniges Lockermaterial.

Die meisten der vom Mond mitgebrachten magmatischen Gesteine waren ähnlich irdischen Basalten und Doleriten. Die Hauptminerale dieser Gesteine sind Pyroxen, Olivin, Ca-reicher Plagioklas und Ilmenit. Weiterhin wurden Gesteinsfragmente gefunden, die zum überwiegenden Teil aus Anorthit bestehen. Es handelt sich dabei um Anorthosite. Gegenwärtig wird angenommen, daß der Grund der als Mare („Meere“) bezeichneten großen Dunkelflächen auf dem Mond vorwiegend aus Gesteinen mit basaltischem Chemismus besteht, anorthositisches Material dagegen vor allem in den „Festlandsgebieten“, die von der Erde aus als hellere Bereiche sichtbar sind, auftritt. Gewisse Unterschiede in der chemischen Zusammensetzung der verschiedenen Proben aus Mare-Gebieten weisen jedoch darauf hin, daß die örtlichen Bedingungen sehr differenziert sein können.

Die Brekzien stellen verkittete Mischungen aus unterschiedlich großen Gesteinsfragmenten, Mineralteilchen sowie von Bruchstücken und kleinen Kugeln, Hanteln und Tropfen aus grünlichen, bräunlichen, rötlichen und violetten Gesteinsgläsern dar.

Aus den gleichen Bestandteilen setzt sich auch das feinkörnige Lockermaterial des Regoliths zusammen.

Die Brekzien und die Teilchen des feinkörnigen Lockermaterials zeigen deutliche Anzeichen eines Impakt-Geschehens. So dürften die Glasanteile dieser Bildungen durch Aufschmelzung bei Meteoriteneinschlägen entstanden sein. Bei den Mineralteilchen weisen undulöse Auslöschung und lamellare Gefüge auf Stoßwelleneinfluß und entsprechende Schockwirkung hin. Auch die teilweise Verkittung der feinkörnigen Lockerablagerungen des Regoliths zu Brekzien ist wahrscheinlich eine Folge dieses Vorganges, der sich mehrfach wiederholen konnte. So deutet vieles darauf hin, daß das Oberflächenmaterial des Mondes durch mechanische Zertrümmerung vorher gebildeter Eruptivgesteine entstand, wobei die Ursache der Zerkleinerung in der Sprengwirkung einschlagender Meteorite zu suchen ist.

Hervorzuheben wäre noch, daß Wasser im Mondmaterial fehlt, was ein deutlicher Unterschied zu den Verhältnissen auf der Erde ist.

Physikalische Altersdatierungen haben ergeben, daß die ältesten Mondgesteine als

Magmatite vor ca. 4,5 Milliarden Jahren auskristallisierten. Es ist bemerkenswert, daß bisher keinerlei Anzeichen dafür gefunden wurden, daß der Mond in der langen Entwicklung seit dieser Zeit jemals eigenes Leben getragen hat.

Wichtige Literatur zu diesem Abschnitt:

Proceedings of the Apollo 11 Lunar Science Conference, Houston, Texas, January 5–8, 1970. Geochimica et Cosmochimica Acta, Supplement 1, Vol. 34 (2), 991–1936, 1970.

Mason, B., Melson, W. G.: The lunar rocks. Wiley-Interscience 1970.

Sovremennye predstavlenie o lune. 123 S., Izdat. „Nauka", Moskva 1972.

Vinogradov, A. P.: Predvaritel'nye dannye o lunnom grunte, dostavlennom avtomatičeskoj stanciej „Luna-20". Geochimija, 1972, 7, S. 763–774, 1972.

Luna 20 – A study of Samples from the Lunar Highlands Returned by the Unmanned Luna 20 Spacecraft (Ed.: E. Anders and A. L. Albee). Geochimica et Cosmochimica Acta, Vol. **37** (4), 719–1110, 1973.

Lunnyj grunt iz Morja Izobilija. 624 S., Izdat. „Nauka", Moskva 1974.

Wänke, H.: Chemistry of the Moon. Fortschritte in der chemischen Forschung, **44**, Cosmochemistry, S. 115–154, Springer-Verlag 1974.

2.9. Die Diagenese

2.9.1. Allgemeines

Der Begriff Diagenese (griech.: dia = nach, genesis = Entstehung) wurde von K. W. v. Gümbel in die Literatur eingeführt. Gümbel (1888) bezeichnete damit das Festwerden der Sedimente und auch die Bildung von kristallinen Schiefern. Später wurde der Begriff Diagenese auf die Verfestigung und nachträgliche Veränderung der Sedimente beschränkt. So schreibt J. Walther (1893/94, S. 205): „Unter Diagenese verstehen wir die Vorgänge, welche unter natürlichen Verhältnissen aus einem Sediment eine Felsart machen. Die Trockenlegung der marinen Ablagerung, die Verkittung der Gesteinselemente, die Verhärtung, die Auslaugung des Salzes usw. sind diagenetische Vorgänge."

Nach N. M. Strachov (1953) kann man bei der Bildung der Sedimentgesteine drei wesentliche Stadien unterscheiden:

a) die *Sedimentogenese* – das Stadium der Sedimententstehung;
b) die *Diagenese* – das Stadium der Umwandlung des Sediments in ein Sedimentgestein;
c) die *Epigenese* (griech.: epi = danach, ...) – das Stadium der Umwandlung der schon gebildeten Gesteine infolge tektonisch verursachter Veränderungen der physiko-chemischen Bedingungen ihrer Existenz; davon ausgenommen werden Erscheinungen der Metamorphose und der Verwitterung der Gesteine.

Im von Strachov gebrauchten Sinne ist der Begriff Diagenese etwa identisch mit dem Terminus *Lithifikation* (Gesteinsbildung). Für die Bezeichnung Epigenese in der oben angeführten Bedeutung[1] findet man vor allem in der sowjetischen Literatur auch den Begriff Katagenese (griech.: kata = von oben herab, ...).

---

[1] Mit dieser Bedeutung ist der Begriff Epigenese jedoch zu eng gefaßt. Im ABC der Geologie (Die Entwicklungsgeschichte der Erde, Brockhaus Nachschlagewerk Geologie, Bd. 2, Leipzig 1970) werden als epigenetisch Bildungen bezeichnet, die jünger als ihre Umgebung sind – z. B. epigenetische Erzlagerstätten (Erze wanderten nach der Bildung des Nebengesteines in dieses ein); epigenetische Täler (Fluß durchbricht ein bereits fertiges Gebirge). Siehe auch „Geologisches Wörterbuch" (russ.), Izdat. „Nedra", Moskva 1973.

In der deutschsprachigen geologischen Literatur versteht man unter Diagenese diejenigen, nicht durch Verwitterung verursachten Veränderungen, die ein Sediment zwischen der Sedimentation und der Metamorphose erleidet. Nach H. G. F. Winkler (1967, S. 153) hat die Metamorphose begonnen, d. h. ist der Bereich der Diagenese überschritten, wenn Mineralvergesellschaftungen innerhalb eines p-T-Bereiches gebildet werden, die nicht im sedimentären Bereich entstehen können, oder wenn eine nur in Sedimenten vorkommende Mineralvergesellschaftung verschwindet. Bereits aus diesen Ausführungen wird deutlich, daß die Abgrenzung der Diagenese gegen prä- und postdiagenetische Vorgänge, insbesondere gegen die subaquatische Verwitterung einerseits und die Metamorphose andererseits noch vielfach Schwierigkeiten bereitet. W. v. Engelhardt (1973) hebt hervor, daß es sich in beiden Fällen um allmähliche Übergänge handelt und nur künstliche Grenzen gezogen werden können. Um den Übergangsbereich zwischen Diagenese und Metamorphose besonders zu kennzeichnen, führte H. Harrassowitz (1929) den Begriff *Anchimetamorphose* (griech.: anchi = nahe bei, ...) ein. Eine ähnliche Bedeutung hat in der sowjetischen geologischen Literatur die Bezeichnung *Metagenese.*

Die Aufgabe, die Diagenese organischen oder anorganischen Materials zu untersuchen, kann mit unterschiedlichen Zielen gestellt werden. So kann einmal der heutige Zustand von Sedimentiten interessieren, um z. B. Aussagen über die Speichereigenschaften zu gewinnen. Zum anderen kann nach der Entwicklungsgeschichte des heute vorliegenden Sedimentgesteins gefragt werden. Der Begriff Diagenese umfaßt damit sowohl die Ursachen als auch die Prozesse und die Merkmale jener Veränderungen, welche das sedimentierte Material einschließlich seiner mobilen Poreninhalte erlitt (Autorenkollektiv 1972 und 1973).

Überhaupt spielen sich alle wichtigen Prozesse der Diagenese in porösen Sedimenten und Sedimentgesteinen ab, und der Poreninhalt ist dabei von großer Bedeutung. Eine Reihe wesentlicher diagenetischer Veränderungen geschieht über eine Lösungsphase, für die Wasser notwendig ist. Die Einwanderung von Kohlenwasserstoffen in Sedimentite wirkt sich demgegenüber in der Regel diagenesehemmend auf letztere aus.

Die Zusammenhänge zwischen den Ursachen, Prozessen und Merkmalen der Diagenese lassen sich folgendermaßen schematisch darstellen (Abb. 2.35, S. 397).

Diagenetische Veränderungen, die im lockeren Sediment stattfinden, werden nach L. V. Pustovalov (1940) als *Frühdiagenese,* jene in festen Sedimentgesteinen dagegen als *Spätdiagenese* bezeichnet. G. Müller (1967 und in H. Füchtbauer und G. Müller 1970) unterscheidet bei der Diagenese zwischen einem

1. Stadium ohne Sedimentbedeckung;
2. Stadium mit geringer Sedimentbedeckung;
3. Stadium mit mächtiger Sedimentbedeckung.

Die Diagenese ist *isochemisch,* wenn der Chemismus des Sedimentits durch die Umwandlungen nicht verändert wird, und *allochemisch,* wenn eine Zufuhr oder ein Abtransport von Stoffen im betrachteten Teilbereich stattfindet.

Oft wird auch vom *Diagenesegrad* gesprochen. Man versteht darunter eine quantitative Größe, die subjektiv in mehr oder weniger großen Intervallen bestimmten Diagenesemerkmalen bzw. -merkmalskomplexen zugeordnet wird (Autorenkollektiv 1973). In diesem Zusammenhang ist hervorzuheben, daß unterschiedliches sedimentäres Ausgangsmaterial auf Diageneseursachen sehr verschieden reagiert. So zeigen z. B. orga-

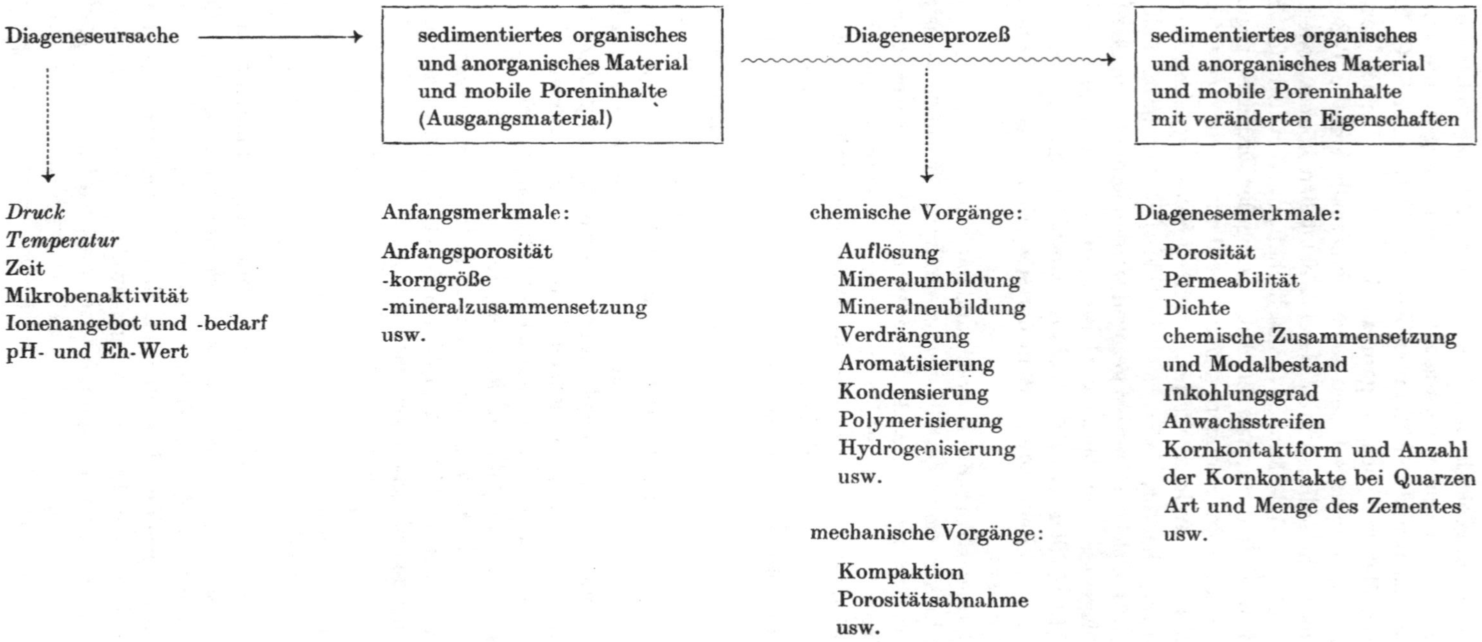

Abb. 2.35. Schematische Darstellung des Zusammenhanges zwischen Ursache, Prozeß und Merkmal bei der Diagenese (nach Autorenkollektiv 1972 und 1973)

nische Substanzen und Salze zwischen eindeutig diagenetisch beanspruchten Nebengesteinen oft bereits so starke Umwandlungen, daß diese nicht selten als metamorph bezeichnet werden. Es ist daher notwendig, die verschiedenen Sedimentite hinsichtlich ihrer Diagenese differenziert zu behandeln, was nachfolgend für einige Haupttypen zumindest in groben Zügen versucht werden soll.

2.9.2. Die Diagenese sandiger Ablagerungen

Die ersten Diageneseprozesse in frisch abgelagerten Sanden sind im allgemeinen vorwiegend mechanischer Natur (mechanische Diagenese). Sie äußern sich in einer Verdichtung infolge engeren Zusammenrückens der Partikel und einer damit verbundenen Mächtigkeitsreduktion der betreffenden Gesteinsschicht (mechanische Kompaktion). Es ist bekannt, daß grobkörnige Sande gegen diese Verdichtung in der Regel einen geringeren Widerstand leisten als feinkörnige. Die Erklärung für dieses Verhalten dürfte darin begründet liegen, daß die groben Körner meist besser gerundet sind und eine glattere Oberfläche aufweisen als die feinen, wodurch sie leichter in enger benachbarte Positionen gleiten können. Außerdem entfällt bei gleicher Versenkungstiefe auf die einzelne Kornkontaktstelle im groben Sand ein höherer Druck als im feinkörnigen (W. v. Engelhardt 1973, H. Füchtbauer 1974).

Als zahlenmäßiger Ausdruck für den durch mechanische Kompaktion erreichten Diagenesegrad kann die durchschnittliche Anzahl der Kontaktstellen je Korn (J. M. Taylor 1950) dienen, die sich in Dünnschliffen leicht ermitteln läßt (Tafel 2.XII). Miteinander vergleichbar sind dabei jedoch nur Werte von Proben, deren Korngrößenzusammensetzung sich etwa entspricht, wobei die besten Resultate bei gut und sehr gut sortiertem Material erzielt werden.

Die Prozesse der mechanischen Diagenese können von chemischen Vorgängen, an denen die im Porenraum vorhandenen Lösungen beteiligt sind, überlagert und abgelöst werden (chemische Diagenese). Es handelt sich dabei um heterogene Reaktionen, die einerseits zu Neubildungen fester Phasen führen, andererseits werden feste Bestandteile des Sediments aufgelöst. W. v. Engelhardt (1973, S. 254) unterscheidet folgende Fälle:

1. *Auflösung ohne Neubildung:* Gesteinsbestandteile werden von der Porenlösung aufgelöst, ohne daß am selben Ort Neubildungen entstehen.
2. *Neubildung ohne Auflösung:* Aus der Porenlösung entstehen Neubildungen, ohne daß am selben Ort Gesteinsbestandteile aufgelöst werden.
3. *Neubildung neben Auflösung:* Gesteinsbestandteile werden aufgelöst und gleichzeitig entstehen aus der Porenlösung Neubildungen, welche aber nicht den Raum der aufgelösten Minerale einnehmen.
4. *Umwandlungspseudomorphosen:* Gesteinsbestandteile werden aufgelöst, wobei gleichzeitig entstehende Neubildungen ihren Raum einnehmen. Das aufgelöste und das neugebildete Mineral haben gemeinsame chemische Bestandteile (Beispiel Pseudomorphosen von Kaolinit nach Feldspat).
5. *Verdrängungspseudomorphosen:* Gesteinsbestandteile werden aufgelöst und von gleichzeitig entstehenden Neubildungen ersetzt. Das aufgelöste und das neugebildete Mineral haben jedoch keine gemeinsamen chemischen Bestandteile (Beispiel: Pseudomorphosen von Calcit nach Quarz).

Bei der Auflösung ohne Neubildung ist die sogenannte Drucklösung von besonderer Bedeutung. Sie erfolgt an den Kontaktstellen der Sandkörner, die im Vergleich zur

Umgebung unter erhöhtem Druck stehen, nach dem RIEKEschen Prinzip. P. TRURNIT (1967) schlägt vor, dieses Prinzip unter Beachtung der Priorität besser als THOMSON-SORBY-RIEKEsches Prinzip zu bezeichnen. Es besagt, daß die Löslichkeit eines festen Körpers mit steigendem Druck zunimmt und bei Druckdifferenzen eine Stoffabwanderung von den stärker gedrückten Stellen in die druckgeschützteren Bereiche stattfinden muß.

In sandigen Ablagerungen beginnt die Drucklösung bei Versenkungstiefe von über 1000—1500 m zu einem wesentlichen Faktor der chemischen Diagenese zu werden. Dabei verzahnen sich benachbarte Körner schließlich an Kontaktflächen, die im Querschnitt als gewellte oder gezackte Linien, Drucksuturen genannt, in Erscheinung treten. Nach J. M. TAYLOR (1950) und M. FÜCHTBAUER (1967) läßt sich an Hand von Dünnschliffen aus der Anzahl punktförmiger (a), ebener (b), konkav-konvexer (c) und verzahnter Kornkontakte (d) ein Wert für die sogenannte „Kontaktstärke" nach folgender Formel ermitteln:

$$\frac{1a + 2b + 3c + 4d}{a + b + c + d}.$$

Dieser Wert ist um so größer, je enger und fester die Körner miteinander verbunden sind. Selbstverständlich reagiert das Material nicht nur auf entsprechenden Überlastungsdruck mit Druckauflösung, sondern ebenso auf tektonische Pressung.

Unter den Neubildungen ist besonders jene von Quarz in Sandsteinen weit verbreitet. Meist handelt es sich dabei um Anwachssäume, die sich an die detritischen Körner mit der gleichen kristallographischen Orientierung anlagern. Die Kieselsäure für die Bildung der Anwachssäume dürfte in tief versenkten Sandsteinen zu einem wesentlichen Teil von der Drucklösung stammen. Es sind jedoch auch noch andere Kieselsäurequellen bekannt. So können z. B. Organismenhartteile aus amorphem SiO_2, die leichter löslich sind als Quarz, während der Diagenese Kieselsäure liefern, wobei sie korrodiert werden und allmählich aus den Sedimenten verschwinden. SiO_2 wird auch bei der diagenetischen Umwandlung quellfähiger Tonminerale in Minerale mit Glimmerstruktur freigesetzt. Weiterhin liefert die Kaolinisierung der Feldspäte Kieselsäure. Dieser zuletzt genannte Prozeß kann besonders unter warm-humiden Klimabedingungen von Bedeutung sein, wenn sich bei einer intensiven kaolinitischen Verwitterung Lösungen bilden, aus denen sich dann oberflächennah im Porenraum sandiger Ablagerungen Kieselsäure abscheidet. Entsprechende frühdiagenetisch silifizierte Sandsteine sind bei uns vor allem aus dem Tertiär bekannt.

Weitere Prozesse der chemischen Diagenese in sandigen Ablagerungen sind die Auflösung und Neubildung von Karbonaten, die Verdrängung von Quarz und Feldspäten durch Karbonate, die Neubildung von Feldspäten, die Auflösung (intrastratal solution) und auch die Neubildung von Schwermineralen u. a. m.

Die Summe des Volumenanteiles der Zementminerale des „sekundären Bindemittels" und die heutige Restporosität ergibt jene Porosität, die vorhanden war, als die Zementation begann (sog. „minus-cement-porosity" A. M. ROSENFELD 1949). Der Wert der „minus-cement-porosity" (Minus-Zement-Porosität) läßt Rückschlüsse auf den ungefähren Zeitpunkt des Beginns der Zementation zu; zumindest kann annähernd die Tiefenlage bestimmt werden, in der sich die Ablagerung bei Beginn der Zementation befand.

2.9.3. Die Diagenese toniger Ablagerungen

Die mechanische Diagenese spielt bei tonigen Ablagerungen eine weitaus größere Rolle als bei Sanden, da die primäre Porosität der Tone wesentlich höher ist und die meist blättchenförmigen Teilchen enger gepackt werden können. In Verbindung mit dem Auspressen der Porenlösung führt sie zu einer Abnahme der Porosität und der Schichtmächtigkeit und zu einer Zunahme der Dichte der Sedimentite. Dabei werden die Teilchen deformiert, teilweise zerbrochen und vor allem unter Ausbildung von Parallelgefügen senkrecht zur Druckrichtung umorientiert. Die Ausgangsbedingungen für diese Prozesse können in Abhängigkeit von der Korngrößenzusammensetzung der tonigen Ablagerungen und der gegenseitigen Anordnung der Teilchen (bekannt sind einerseits nahezu ungeregelte Gefüge mit wabenförmigem oder kartenhausähnlichem Aufbau und andererseits Gefüge, bei denen bereits primär eine parallele Anordnung der blättchenförmigen Minerale vorliegt) sehr unterschiedlich sein.

Auch die Diagenese toniger Ablagerungen ist aber meist kein rein mechanischer Vorgang, sondern in mehr oder weniger starkem Maße mit Prozessen der Mineralumbildung und Mineralneubildung verbunden. Auffällige, vor allem frühdiagenetische Bildungen sind in ihnen Konkretionen. Eine besondere Rolle beginnt die chemische Diagenese in größeren Tiefen zu spielen, wo sie vor allem den Tonmineralbestand betrifft und verändert.

Nach W. v. Engelhardt (1973, S. 321) ergeben sich für den Verlauf der chemischen Diagenese der Tone folgende Prinzipien: „Aluminium tritt zunehmend aus der oktaedrischen Position (Kaolinit) in die Tetraederposition von Chlorit und Glimmer, wodurch SiO_2 frei wird. Magnesium der Porenlösung, sowie adsorbiertes und gelöstes Kalium werden in Mineralen der Chlorit- und Glimmergruppe gebunden. Innerkristallines Wasser der quellfähigen Schichten wird entfernt. Wenn auch die diagenetischen Prozesse innerhalb der Tone im wesentlichen isochemisch verlaufen, so dürfte zu einem gewissen Grade auch ein chemischer Austausch mit den Porenlösungen durchlässiger Schichten erfolgen: durch die Feldspatzersetzung freiwerdendes Kalium wandert aus den Sandsteinen in die Tone, während die Tone gelöstes SiO_2 abgeben." Die Diagenese führt somit dazu, daß aus den primär sehr verschiedenartig zusammengesetzten Tonen letztlich mineralogisch sehr einförmige Gesteine mit Illit (Muskovit) sowie Chlorit entstehen.

Die Kristallinität des Illits, die sich röntgenographisch bestimmen läßt, kann als ein Maß für den erreichten Diagenesegrad und zur Abgrenzung der Diagenese von der Metamorphose dienen (Ch. E. Weaver 1960, B. Kübler 1966 und 1967). Sie nimmt mit steigender Diagenese zu. Da oft auch der Inkohlungsgrad der in den tonigen Ablagerungen eingeschlossenen organischen Substanz in ähnlichem Sinne benutzt wird, ist die Analyse der Beziehungen zwischen Illit-Kristallinität und Inkohlung interessant. Eine entsprechende Analyse führte M. Wolf (1975) durch. Sie fand, daß Sedimente, die infolge tiefer Versenkung vor allem druckbeeinflußt wurden, durch eine im Vergleich zum jeweiligen Inkohlungsgrad hohe Illit-Kristallinität ausgezeichnet sind. In Ablagerungen, die durch Magmen erwärmt wurden, ist demgegenüber der Inkohlungsgrad der organischen Substanz in Vergleich zum Ordnungsgrad der Illite höher. Dieses zeigt, daß in den einzelnen Gebieten sehr verschiedene Beziehungen zwischen Illit-Kristallinität und Inkohlungsgrad der organischen Substanz bestehen können, die jeweils gesondert untersucht werden müssen.

Oben ist erwähnt, daß bei der Diagenese aus quellfähigen Tonmineralen das innerkristalline Wasser freigesetzt wird. Nach M. C. Powers (1967) lassen sich quellfähige Tone jedoch allein durch den Überlagerungsdruck nur zum Teil entwässern. Das restliche Zwischenschichtwasser kann durch Erwärmung und/oder durch K-Fixierung abgegeben werden. Dabei wandelt sich Montmorillonit in Illit um. Die Abgabe des bei dieser Umwandlung freigesetzten Wassers ist nach M. C. Powers mit abnorm hohen Flüssigkeitsdrücken verbunden, die eine Fließwirkung hervorrufen und es ermöglichen, daß organische Stoffe in Suspension und Kohlenwasserstoffe als Emulsion oder in Lösung weggeführt werden. Das aus quellfähigen Tonmineralen auf diese Art freigesetzte Zwischenschichtwasser ist damit für die primäre Migration der Kohlenwasserstoffe, d. h. für deren Überführung aus tonigen Muttergesteinen in Speichergesteine, wahrscheinlich von größter Bedeutung.

2.9.4. Die Diagenese karbonatischer Ablagerungen

Je nach der primären Korngrößenzusammensetzung liegen in Karbonatschlämmen und Partikelkalken zu Beginn der Diagenese Verhältnisse vor, die einerseits jenen in Tonen, andererseits denen in Sanden entsprechen. So ist es auch verständlich, daß die mechanische Kompaktion dieser karbonatischen Ablagerungen zunächst ähnlich wie bei Tonen oder Sanden verläuft. W. v. Engelhardt (1973) macht jedoch darauf aufmerksam, daß für die mechanische Kompaktion von Kalksedimenten bald noch ein anderer Prozeß eine Rolle spielt. Es ist dieses eine Deformation, die unter Beteiligung von Bruchvorgängen und plastischem Fließen vor sich geht.[1]

Sehr früh können in karbonatischen Ablagerungen auch Prozesse der chemischen Diagenese von Bedeutung sein. In späteren Stadien der Diagenese setzen sich diese Prozesse fort. Sie führen vor allem zur Ausfüllung (Zementation) des Porenraumes, zu Erscheinungen der Drucklösung sowie zu Mineralum- und Mineralneubildungen.

Nach W. v. Engelhardt (1973, S. 325) gibt es für die Ausfüllung des Porenraumes von Kalksedimenten durch chemische Vorgänge zwei Möglichkeiten:

1. Exogene Zementation: Die Kalksubstanz wird von außen zugeführt und im Porenraum abgeschieden. Dabei verändert sich das ursprüngliche Volumen der porösen Schicht nicht.
2. Endogene Zementation: Der Porenraum wird durch eine Umgruppierung der Kalksubstanz des Sediments gefüllt. Dabei erfährt das Sediment eine dem verschwundenen Porenraum äquivalente Verringerung seines ursprünglichen Volumens.

Eine exogene Zementation von Kalksedimenten ist möglich durch Einwirkung von Meerwasser am Meeresgrund und im Küstenbereich sowie durch Niederschlagswässer auf den Kontinenten. Sie findet oft bereits in einem sehr frühen Stadium der Diagenese statt, was man an gut und oft vollkörperlich erhaltenen Fossilien erkennen kann. Es ist aber auch eine spätdiagenetische exogene Zementation möglich, wenn z. B. Oberflächenwässer in tiefere Bereiche eindringen und dort infolge Erwärmung in noch porösen Karbonatgesteinen $CaCO_3$ abscheiden.

Zu einer exogenen Zementation am Meeresboden kann es besonders im Bereich der warmen Flachsee infolge einer Übersättigung des Meerwassers an Calciumkarbonat kommen. Dabei greift die Zementation von der Oberfläche der Ablagerungen her in die

---

[1] Nach B. Sander (1950, Teil II, S. 232) ist die wichtigste Korndeformation des Calcits als Gefügekorn Translation nach der Fläche (0112) = e.

Kalksedimente ein, und es entstehen harte Gesteinslagen. Diese sind vielfach dicht mit Organismen besetzt und angebohrt. Daraus geht hervor, daß sie sich in Zeiten verlangsamter Sedimentation bildeten. Entsprechende Verfestigungen lockerer Kalksedimente durch exogene Zementation wurden rezent in weiten Gebieten des Persischen Golfs bis zu Wassertiefen von 60 m beobachtet (E. A. SHINN 1969). Es sind aber ebenfalls einige Beispiele der Verhärtung von Kalksedimenten durch exogene Zementation aus tieferen Meeresteilen bekannt. Auch aus älteren Karbonatgesteinsfolgen wurden feste, oft angebohrte und/oder mit Bodenorganismen besetzte Lagen als sogenannte Hartgründe (engl.: hardgrounds) beschrieben — neuerdings z. B. von U. KOLB (1976) aus dem Unteren Muschelkalk des Subherzynen Beckens. KOLB kennzeichnet den Ablagerungsraum des Unteren Muschelkalkes als ein gezeitenbeeinflußtes warmes Flachmeer, wobei in Abhängigkeit von der Paläogeographie Hartgründe in mehr oder weniger charakteristischer Ausbildung und in der Sequenz in mehrfachem Wechsel mit anderen Lithotypen auftreten können. Es sei hier hervorgehoben, daß sich diese Hartgründe in Zeiten stark verminderter Sedimentation bzw. während Sedimentationsunterbrechungen aber höchstwahrscheinlich unter Wasserbedeckung bildeten. W. v. ENGELHARDT (1973) betont jedoch, daß von größerer Bedeutung als die eben behandelte Lithifikation von Kalksedimenten am Meeresgrund jene Diagenese durch exogene Zementation ist, welche die Karbonatablagerungen erfahren, wenn sie aus der Bedeckung mit Meerwasser emporgehoben und Bestandteil der Landoberfläche werden. Er unterscheidet dabei die sogenannten Beachrocks, die sich im Gezeitenbereich bilden, von Kalkgesteinen, welche durch die zementierte Wirkung von Niederschlagswässern entstehen. Während in den Beachrocks durch das in den Poren verdunstete Meerwasser sich ein Zement absetzt, der zum Teil aus Aragonit, zum Teil aus Mg-reichem Calcit besteht, wird im Einflußbereich CO_2-reicher Niederschlagswässer auf der einen Seite Calciumkarbonat — bevorzugt Aragonit und Mg-reicher Calcit — gelöst, auf der anderen Seite Mg-armer Calcit abgeschieden.

Die endogene Zementation karbonatischer Ablagerungen ist eng verbunden mit Prozessen der Drucklösung, auf deren Bedeutung schon im Kapitel über die Diagenese sandiger Ablagerungen hingewiesen wurde. Bei Karbonatsedimentiten sind Drucklösungserscheinungen (Tafel 2.XIII) bereits ab ca. 100 m Versenkungstiefe deutlich feststellbar. Eine detaillierte Systematik der unterschiedlichen Formen von Drucklösungserscheinungen auf genetischer Grundlage gibt P. TRURNIT (1967a, 1967b, 1969). Von diesen Formen sind die *Stylolithen* (griech.: stylos = Griffel, Stiel, Säule, Zapfen) am bekanntesten.[1] Rückschlüsse auf die Intensität der stattgefundenen Drucklösung lassen sich aus der Häufigkeit der Drucklösungsflächen, der Höhe (Amplitude) der Einzelstylolithen sowie der Menge und der Zusammensetzung des angesammelten Löserückstandes (Besteg) ziehen (R. HORTENBACH 1974). Wichtig für die Entwicklung der Drucklösungsprozesse ist vor allem das Vorhandensein von Formationswasser und dessen Austausch mit der Umgebung. Wenn dieser Austausch unterbunden wird, d. h., wenn sich das System von einem offenen in ein geschlossenes umwandelt, kommt auch die Drucklösung zum Stillstand. Neben den durch Überlagerungsdruck erzeugten schichtparallelen Drucklösungsflächen gibt es auch mehr oder weniger senkrecht die Schichten durchsetzende Drucklösungsflächen, deren Entstehung auf horizontale Druckspannungen zurückgeführt werden muß. Nach den Untersuchungen von H. G. WAGNER (1967) und

[1] Bei den Stylolithen handelt es sich jedoch nicht ausschließlich um Produkte der Drucklösung; an ihrer Bildung kann auch plastische Deformation beteilt sein.

W. Plessmann (1972) ist die Orientierung dieser vertikalen Drucklösungsflächen mit den als Horizontalstylolithen bezeichneten Zapfen in weiten Gebieten Mittel- und Westeuropas ziemlich richtungskonstant und läßt sich tektonisch auswerten.

Bei der Diagenese von karbonatischen Ablagerungen finden auch Mineralum- und -neubildungen statt. Zu nennen sind dabei besonders die Umkristallisation von Calcit (Mg-Calcit) und Aragonit in Mg-armen Calcit (Calcit), die Dolomitisierung, die diagenetische Auflösung von Dolomit (Dedolomitisierung), welche meist mit einer gleichzeitigen Abscheidung von Calcit (Recalcitisierung) verbunden ist, die Verdrängung von Kalk durch Kieselsäure und die authigene Neubildung von Silikaten, vor allem von Feldspat.

Sehr oft ist die Diagenese von Karbonat-Sedimentiten mit einer Kornvergröberung (Rekristallisation, Sammelkristallisation) verbunden. Gelegentlich kann man aber auch, von der Oberfläche größerer Aragonit- und Calcitpartikel einsetzend, eine Umwandlung in ein sehr feinkörniges Kristallaggregat beobachten. Diese sog. Mikritisierung ist ein sehr frühdiagenetischer Vorgang, der vermutlich vor allem auf die Tätigkeit von Algen und Pilzen zurückgeht (W. v. Engelhardt 1973).

In der Regel nimmt im Laufe der Diagenese die Porosität der Karbonat-Sedimentite ab. Es sind aber auch Prozesse bekannt, die zu einer Erhöhung der Porosität führen können. So ist es z. B. möglich, daß bei der spätdiagenetischen Dolomitisierung eines Kalksteines Porenraum entsteht, da die Umwandlung von Kalk in Dolomit bei Mol-für-Mol-Eintausch von $CaCO_3$ gegen $MgCO_3$ mit einer Volumenabnahme verbunden ist. Neuer Porenraum kann sich in Karbonatgesteinen auch durch die selektive Auflösung von Gefügebestandteilen — besonders von jenen aus Aragonit und Mg-Calcit — bilden, wenn die Ablagerungen beispielsweise in den Einflußbereich von Niederschlags- oder Mg-armen Kompaktionswässern gelangen und nicht gleichzeitig eine Calcit-Abscheidung stattfindet. H. Füchtbauer (in H. Füchtbauer und G. Müller 1970) bezeichnet die diagenetisch durch Lösungsvorgänge, chemische Reaktionen oder auch durch mechanisches Zerbrechen entstandene Porosität als „sekundäre Porosität", R. G. Murray (1960) als „postdepositional porosity". Sie spielt hinsichtlich der Speichermöglichkeit von Erdöl und Erdgas in Karbonatgesteinen eine mindestens ebenso wichtige Rolle wie die primäre Porosität.

2.9.5. Postsedimentäre Umbildung der Salzablagerungen

Infolge hoher Reaktionsfähigkeit und Mobilität kommt es in Salzablagerungen leicht zu umfangreichen Mineralum- und -neubildungen sowie zu markanten Gefügeveränderungen. Diese werden in der Regel als metamorph bezeichnet (A. v. Koenen 1905, F. Rinne 1914, F. Lotze 1957, H. Borchert 1959 u. a.), auch wenn sie unter Druck- und Temperaturbedingungen stattfinden, unter denen andere Sedimente, z. B. tonige Ablagerungen, nur eine Diagenese erfahren. F. Lotze (1957) beschränkt den Begriff der Salzmetamorphose nicht auf die durch endogene Faktoren bedingten Veränderungen, sondern versteht darunter die Gesamtheit der postsedimentären Umwandlungen.

Neuerdings haben sich K. H. Elert (1970) und O. Wagenbreth (1970) mit dem Problem und der Möglichkeit der Anwendung der Termini Diagenese und Metamorphose in der Salzgeologie auseinandergesetzt. Das Problem besteht, wie oben bereits angedeutet, darin, daß diese Begriffe ursprünglich für anderes (weniger reaktionsfähiges) Material geprägt wurden. Beide Autoren heben aber hervor, daß es möglich und angebracht ist, auch von einer Diagenese und einer Metamorphose der Salzablagerungen zu sprechen. Unter Diagenese wird dabei der Prozeß der Umwandlung der lockeren Sedimente in ein

Sedimentgestein verstanden. Metamorphose bezeichnet die weitere Veränderung der Salzgesteine unter intrakrustalen Bedingungen. Als Oberbegriff für sämtliche postsedimentären Umwandlungen in Salzablagerungen wird der Terminus „*Umbildung*“ empfohlen (K. H. Elert 1970).

Anschauliche Beispiele für die diagenetische Entwicklung salinarer Sedimente bieten die rezenten bis subrezenten Evaporitbildungen der Salzseen. Die anfängliche Porosität der Salzschlämme beträgt in diesen nach M. G. Valjaško (1962) nicht selten über 30% und kann 54% erreichen. Ähnliche Werte (zwischen 30 und 40%) geben auch A. I. Dcens-Litovskij (1948) und H. H. Seyfarth (1969) an. Die bei Überlagerung vonstatten gehende Kompaktion ist eine Funktion des Druckes, der Zeit und der Belastungsgeschwindigkeit, der Temperatur und des Anteiles der Porenlösung. Plastisches Materialverhalten, als „Kriechen“ oder „Fließen“ bezeichnet, spielt dabei eine noch größere Rolle als bei den karbonatischen Ablagerungen. Man muß annehmen, daß sich die diagenetische Entwicklung von einem Salzschlamm zu einem Salzgestein als Folge der Überlagerung bereits bis zu Tiefen von 250 m vollzieht. Nicht selten kommt es jedoch bereits an der Oberfläche von Salzablagerungen durch Verdunstung und Salzabscheidung aus kapillar aufsteigenden Lösungen zur Ausbildung von festen Gesteinskrusten. Entsprechende Krusten, die aus fast reiner natürlicher Soda bestehen und fast 3 m mächtig werden können, erwähnt z. B. W. Medwenitsch (1971) vom Magadi-Salzsee (Kenya, Ostafrika). Auch Prozesse der Sammelkristallisation können in Evaporitbildungen bereits in einem sehr frühen Stadium der Diagenese stattfinden.

Von größter Bedeutung — nicht zuletzt in wirtschaftlicher Hinsicht — sind Veränderungen des Mineralbestandes und des Chemismus von Salzablagerungen. Voraussetzung für diese Umbildungen ist das Vorhandensein von Lösungen und deren Möglichkeit zur Migration. Die Lösungen können chemisch mehr oder weniger veränderte Reste von Mutterlaugen sein, sich durch Entwässerung von wasserhaltigen Mineralen — besonders von Gips — bilden, aus dem Bereich des Oberflächen- und Grundwassers stammen oder vulkanisch zugeführt werden.

Für eine der größten bekannten Kalilagerstätten der Erde, das Kaliflöz „Staßfurt“, geben C. Döhner, K. H. Elert, K. Koch und R. Mötzing (1968) eine Gegenüberstellung und Zusammenschau der unterschiedlichen Umbildungsprozesse unter Auswertung neuer Forschungsergebnisse. Das Staßfurtflöz ist eine durch horizontbeständige Steinsalzbänke in sich gegliederte, lithostratigraphisch wohldefinierte Einheit. Seine heute vorliegende petrographische Differenzierung läßt sich nach den genannten Autoren als Ergebnis von vier zeitlich und ursächlich verschiedenen Umbildungsprozessen erklären:

1. zechsteinzeitliche Umbildung durch aszendente Lösungen;
2. zechsteinzeitliche Umbildung durch deszendente Lösungen;
3. Lösungsmobilisation während der tektonischen Lagerstättenverformung;
4. Hutbildungen im Subrosionsbereich.

Das Ausgangsgestein war ein kieseritischer Carnallitit. Durch aus liegenden Schichten aufsteigende (aszendente), NaCl-gesättigte Lösungen erfolgte bereits zechsteinzeitlich eine zonenweise Zerstörung vor allem des Carnallits dieses Gesteins unter $MgCl_2$- und Kristallwasser-Abfuhr. Es bildeten sich verschiedene Hartsalze mit Sylvin als Zersetzungsprodukt des Carnallits. In Bereichen mit intensiver Lösungszufuhr ging aber auch KCl in Lösung, und es entstanden sogenannte Vertaubungen mit polyhalitisch-halitischen bzw. anhydritisch-halitischen Gesteinen (Abb. 2.36).

Die zechsteinzeitliche Umbildung des Staßfurt-Flözes durch deszendente Lösungen ist eine Folge der durchgreifenden Konzentrationserniedrigung der Mutterlaugen am Ende des Staßfurtzyklus. Die deszendenten Lösungen trafen auf ein durch den oben skizzierten Prozeß petrographisch bereits differenziertes Kalilager. Als Residualgesteine der deszendenten Ablaugung am Ende des Staßfurt-Zyklus entstanden das Decksteinsalz und der Deckanhydrit.

Im Vergleich zu den bisher behandelten Prozessen spielen Umbildungen durch Lösungsmobilisation während der tektonischen Lagerstättenverformung im Kaliflöz „Staßfurt" eine wesentlich geringere Rolle und waren nur lokal wirksam.

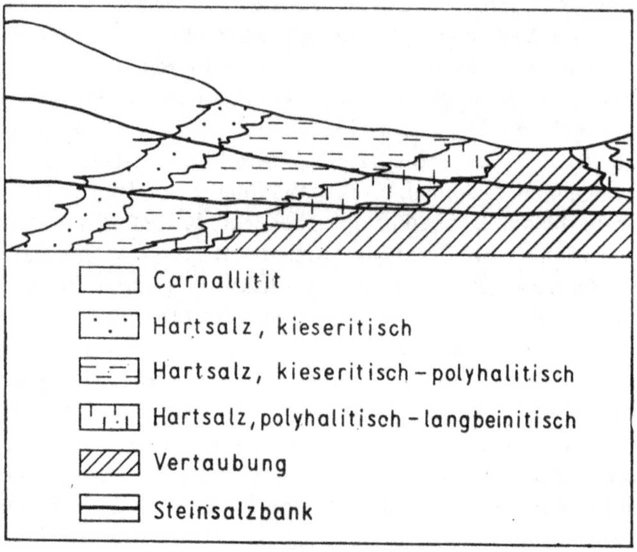

Abb. 2.36. Petrographische Differenzierung des Kalilagers durch aszendente Lösungen (schematisch) nach C. Döhner, K.-H. Elert, K. Koch und R. Mötzing (1968)

Sehr wichtig sind dagegen Hutbildungen auf Salzstöcken, -sätteln und am Ausgehenden der Lagerstätten. Bei ihnen handelt es sich auch um Produkte deszendenter Lösungen, die aber erst lange nach dem Zechstein wirkten. Aus anhydritischem Material entstanden dabei Ablaugungsgipse, und auch im Kaliflöz kam es entsprechend dem unterschiedlichen Ausgangsmaterial und den differenzierten tektonisch-hydrologischen Bedingungen zu verschiedenen Umwandlungen, unter anderem zur Bildung von Sylvinit und Kainitit als Hutgesteine. Den letzteren galt früher das besondere Interesse des Kalibergbaues, da sich das Förderprodukt ohne weitere Verarbeitung an die Landwirtschaft verkaufen ließ. Infolge einer Reihe schwerer Wassereinbrüche werden die Hutbereiche vom heutigen Bergbau jedoch gemieden.

Zu bedeutenden Umbildungen kann es auch durch Lösungsaufstieg entlang tektonischer Linien kommen. Beispiele dafür sind aus dem Werra-Kaligebiet bekannt, wo im Zusammenhang mit dem tertiären Basaltvulkanismus entsprechende Lösungen aufdrangen. Wirtschaftlich wertvoll ist dabei besonders die Umbildung von Carnallitit in Sylvinit. Die Lösungen führten auch Gase mit sich, deren Hauptbestandteil CO_2 ist. Diese Gase wurden in die Salzkristalle eingebaut (intragranular), befinden sich zwischen den Körnern (intergranular) oder sammelten sich auf Klüften und Störungen (schnittgebunden) an. Für den Bergbau bringen sie Probleme mit sich, da plötzliche Ausbrüche von Gas und Gestein eine erhebliche Gefahr für Menschen und Material darstellen. Die sichere Vorhersage entsprechender gasführender Gesteine und die Beherrschung ihrer Gewinnung ist daher eine wichtige Aufgabe, zu deren Lösung umfangreiche Forschungsarbeiten durchgeführt wurden (Zusammenfassung der Ergebnisse dieser Forschungsarbeiten bei D. Eckart, W. Gimm, K. Thoma 1966 und W. Gimm 1968).

Weiter oben wurde bereits auf die Bedeutung plastischen Materialverhaltens bei Salzablagerungen hingewiesen. Dieses Materialverhalten, R. Meinhold und H. G. Reinhardt (1967) sprechen von einem pseudoviskosen Fließen, äußert sich am auffälligsten in der Bildung *halokinetischer* und *halotektonischer* Strukturen.

Unter Halokinese (griech.: hals = Salz; kinesis = Bewegung) werden nach F. Trusheim (1957) alle ursächlich mit der autonomen Salzbewegung verknüpften Vorgänge zusammengefaßt. Die Halokinese ist ein Schwerkraftphänomen, das seine Grundlage in einer inversen Dichteverteilung (das Salz besitzt eine geringere Dichte als das überlagernde Gebirge) hat. Systeme dieser Art sind instabil, und durch Salzwanderung bilden sich halokinetische Strukturen, wobei eine Entwicklung von Salzkissen, Salzstöcken, Salzrücken bis hin zu Salzmauern möglich ist. Die Höhe (Amplitude) und der Abstand der Salzstrukturen sind dabei eine Funktion der Mächtigkeit der Salzablagerungen und des Deckgebirges. Bei mächtigem Salz und entsprechend mächtigem Deckgebirge kann es zur Ausbildung von Salzmauern kommen, die z. B. in Niedersachsen/BRD 250 km Länge, 4 km Breite und 6 km Höhe erreichen.

Heftig diskutiert wurde bisher die Frage, ob die Halokinese völlig autonom vonstatten geht, oder ob sie tektonischer Impulse bedarf, um ausgelöst und in Gang gehalten zu werden. Die neueren Forschungsergebnisse weisen mehr in die zuletzt genannte Richtung (z. B. R. Meinhold und H. G. Reinhardt 1967).

Durch tektonische Beanspruchung erzeugte Salzstrukturen bezeichnet F. Trusheim (1957) als halotektonisch. Das Verformungsverhalten der Salze ist dabei von der Größe der Spannung und der Zeitdauer der Einwirkung derselben abhängig. Bei langsamer Beanspruchung reagiert das Salz mit Fließbewegungen; bei plötzlicher kräftiger Beanspruchung kommt es dagegen auch in Salzgesteinen zur Ausbildung von Rupturen und Fugen bis hin zu Spalten, Verwerfungen und Überschiebungsflächen. Im Südharz-Kalirevier konnte G. Zänker (1973) nachweisen, daß die Tektonik des Salinargebirges von der Felderteilung des subsalinaren Untergrundes bestimmt wird. Der gefelderte subsalinare Unterbau hat sich in diesem Gebiet auf die Tektonik höherer Stockwerke in zweierlei Hinsicht ausgewirkt:

a) Wiederholte Bewegungen an NNW-, z. T. NNE-streichenden Linien führten zur Entstehung eines epirogenen, im Hinblick auf die Hauptformung präexistenten Kluftsystems entsprechender Richtung, das auf die Herausbildung gleichorientierter tektonischer Strukturen Einfluß nahm.
b) Der Aufstieg aszendenter Umbildungslösungen vollzog sich in Abhängigkeit von der NNW- bis NNE-Felderung des Untergrundes. Die durch Umbildung beeinflußte Materialanordnung wird deshalb in starkem Maße von dieser Richtung beherrscht und hat zu einer entsprechenden Orientierung zahlreicher tektonischer Strukturen Anlaß gegeben.

2.9.6. Die Diagenese und Metamorphose der organischen Substanz

Bei der postsedimentären Umwandlung der organischen Substanz unter mehr oder weniger vollkommenem Luftabschluß hat man bisher streng unterschieden zwischen *Inkohlung* (*Carbonification*) und *Bitumenbildung* und *-reifung*. Allgemein wird angenommen, daß Kohle (Humuskohle) sich vornehmlich aus dem Lignin und der Zellulose höherer Pflanzen bildet, Bitumina, darunter auch das Erdöl, dagegen vorwiegend aus Eiweißen und fettartigen Substanzen niederer planktonischer Organismen entstehen. Es hat sich aber einerseits herausgestellt, daß an der Kohlebildung ebenfalls Muttersubstanzen des Erdöls beteiligt sind — wenn auch bezogen auf den Gehalt an organischem Kohlenstoff mit geringerer Konzentration als in den Erdöl-Muttergesteinen (J. Karweil 1966, M. Teichmüller 1974). Andererseits können die Muttersubstanzen der Kohlen Kohlenwasserstoffe abgeben und zur Bitumenbildung beitragen.

Nach dem Internationalen Lexikon für Kohlenpetrologie — Blatt Carbonification (2. Ausgabe, 1963) ist die Inkohlung „ein Vorgang, bei dem das pflanzliche Material der Torfe unter ± vollkommenem Luftabschluß, später auch durch die Wirkung von Temperatur, Druck und die Zeit ihrer Einwirkung, in Braunkohle und weiterhin in Steinkohle umgewandelt wird". Wenn man die Vertorfung mit zur Carbonification rechnet, lassen sich nach Auffassung der Kohlenpetrologen zwei Hauptabschnitte (Phasen) der Umwandlung unterscheiden:

1. die Diagenese, die biochemische Vorgänge einschließt,
2. die Metamorphose oder geochemische Carbonification.

Die Diagenese läuft unter annähernd normalen Druck- und Temperaturbedingungen ab und ist im Stadium der Weichbraunkohle beendet. Die Metamorphose setzt erhöhte Temperatur und erhöhten Druck voraus und führt zur Bildung von Glanzbraunkohlen, Steinkohlen und Anthraziten.

Zunehmende Inkohlung ist in erster Linie durch eine fortschreitende Kohlenstoffanreicherung gekennzeichnet. Parallel dazu nimmt der Gehalt an flüchtigen Bestandteilen in den Kohlen ab, erhöht sich das Reflexionsvermögen der mikropetrographischen Komponenten, das vorwiegend an der Maceral-Gruppe „Vitrinit" bestimmt wird, und steigt der Heizwert an bis zu einem Maximum bei Kohlen mit etwa 20% flüchtigen Bestandteilen. Den größten Einfluß auf die Veränderung der chemischen Zusammensetzung der Kohlen hat zweifellos die Temperatur. Eine Erhöhung des Druckes wirkt sich vorwiegend in Richtung auf die Abnahme der Porosität und die Zunahme der Härte und Gefügefestigkeit — d. h., auf physikalische Eigenschaften — aus.

Das Stadium, welches eine Kohle im Verlauf ihrer Carbonification erreicht hat, wird *Inkohlungsgrad* oder *Rang* genannt. Im allgemeinen nimmt der Inkohlungsgrad mit steigender Teufe zu (Hiltsche Regel). Wie rasch das geschieht, hängt von der geothermischen Tiefenstufe ab, die in den einzelnen Gebieten sehr unterschiedlich sein kann. Dabei braucht der gegenwärtig herrschende geothermische Gradient nicht mit jenem identisch zu sein, der die Inkohlung bewirkte. Eine Aufheizung durch vulkanische Tätigkeit oder durch Magmenintrusionen, bis hin zum Wärmetransport durch Thermalwässer, kann zu einer anomalen Erhöhung des Inkohlungsgrades führen. Inkohlungssteigerungen wurden auch festgestellt, wenn die Kohlen radioaktive Substanzen enthalten (z. B. E. Stach 1958, H. J. Christoph 1965).

Für die Entstehung und Reifung der Bitumina ist die Gebirgstemperatur von entscheidender Bedeutung. Dabei spielt natürlich auch die Zeitdauer der Einwirkung dieser Temperatur eine Rolle. Nach M. TEICHMÜLLER (1974) entsteht Erdöl während der Diagenese der Muttergesteine bei den gleichen Temperatur-Zeit-Verhältnissen, bei denen die Kohlen den Inkohlungsbereich zwischen Glanzbraunkohlen und Gaskohlen durchlaufen. Bereits N. B. WASSOJEWITSCH (1967), N. W. LOPATIN (1969) und N. B. WASSOJEWITSCH u. a. (1969, 1970) haben hervorgehoben, daß eine Hauptphase der Erdölbildung existiert. Nach K. K. LANDES (1967) tritt Erdöl erstmals bei Temperaturen von ca. 90 °C auf (sog. „birth line"). Werden die Muttergesteine in größere Tiefen

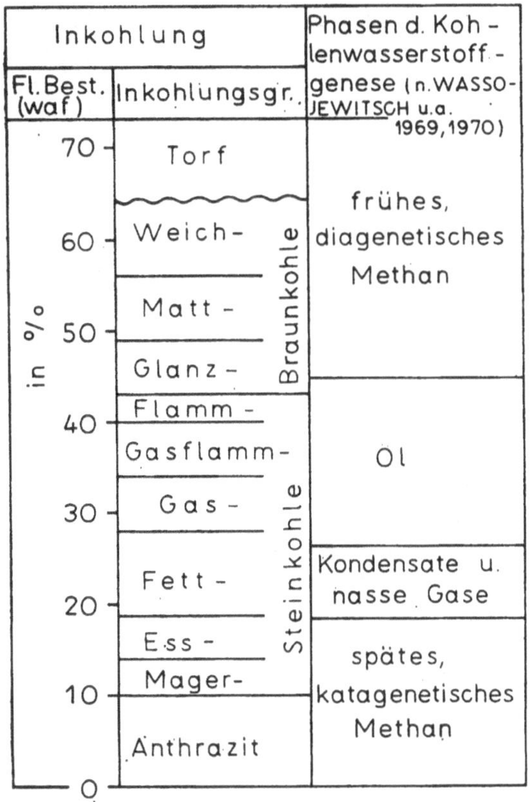

Abb. 2.37. Beziehungen zwischen Inkohlungsgrad und Erdöl-/Erdgasbildung

abgesenkt und damit stärker erwärmt, so ist das entstehende Erdöl zunehmend leichter. Schließlich werden die Kohlenwasserstoffe in immer kleinere Moleküle zerlegt, bis nur noch gasförmige Kohlenwasserstoffe übrigbleiben. Die sogenannte „dead line" für wirtschaftliche Erdölvorkommen ist bei einer Temperatur von ca. 180 °C in Tiefen zwischen 4000 und 8000 m erreicht.

M. TEICHMÜLLER (1974) konnte nachweisen, daß die „birth line" der Erdölentstehung etwa mit einem 1. Inkohlungssprung an der Grenze Glanzbraunkohle/Steinkohle zusammenfällt. Die „dead line" für wirtschaftliche Erdölvorkommen stimmt ungefähr mit einem, den Kohlenpetrologen seit langem bekannten Inkohlungssprung (E. STACH 1953) am Beginn des Fettkohlenstadiums überein, den M. TEICHMÜLLER als 2. Inkohlungssprung bezeichnet. Zwischen diesen beiden Inkohlungssprüngen liegt der „Bituminierungsbereich". Bei den Kohlen wirken sich die innerhalb dieses Bereiches neugebildeten bituminösen Substanzen günstig auf die Backfähigkeit aus, die eine Voraussetzung für die Koksherstellung ist.

Ein Schema, welches die Beziehungen zwischen dem Inkohlungsgrad der Kohlen und den Phasen der Erdöl-/Erdgasbildung veranschaulicht, zeigt Abb. 2.37.

2.10. Sedimentäre Abfolgen

Stets sollten die verschiedenen Sedimentite (Sandsteinlage, Tonhorizont, Kohlenflöz usw.) nicht für sich allein, gleichsam als isolierter Gesteinskörper, sondern in ihren Beziehungen zum Liegenden und Hangenden betrachtet werden. Die Analyse der Aufeinanderfolge und des vertikalen Wechsels der Sedimentit-Typen (H. Füchtbauer und G. Müller 1970 sprechen von Wechselfolgen) ist sowohl im Hinblick auf geologisch-genetische Schlußfolgerungen als auch für die Beantwortung von technischen Fragen bei der Gewinnung sedimentärer Rohstoffe von größter Bedeutung.

Nur in den seltensten Fällen sind sedimentäre Abfolgen (Wechselfolgen) regellos aus verschiedenen Sedimentit-Typen (Gliedern, Phasen) zusammengesetzt. Meist lassen sich mehr oder weniger deutlich gerichtete Entwicklungen in Korn-, Schicht- und Stoffbestandsabfolgen erkennen. Solche trendmäßigen Entwicklungen werden in vielen geologischen Arbeiten, z. B. bei K. Fiege (1937, 1966), H. Frebold (1925), S. v. Bubnoff (1948, 1956), A. Rabitz (1957), W. Steiner (1966), P. McL. D. Duff, A. Hallam und E. K. Walton (1967) u. a., als rhythmisch oder zyklisch bezeichnet. S. M. Chrobok unterzog im Jahre 1970 die Begriffe *Rhythmus* und *Zyklus* einer Analyse im Hinblick auf ihren logisch möglichen Inhalt. Er unterscheidet grundsätzlich zwischen rhythmischen Anordnungen und dem diese Anordnungen erzeugenden Prozeß (= prozessive Rhythmik). Der Begriff Rhythmus wird als abstrakte Feststellung einer konkreten Wiederholung mindestens einer Gliedart, definiert. Der Zyklus ist nach Chrobok nur eine besondere Form des Rhythmus mit taktmäßiger Aufeinanderfolge *mehrer* Glieder. Zyklen können symmetrisch oder asymmetrisch aufgebaut sein. Asymmetrische Zyklen sind z. B. jene, bei welchen die Korngröße nach oben abnimmt. Diese Art der Ausbildung einer trendmäßigen klastischen Abfolge bezeichnete R. Brinkmann (1929) als „Sohlbanktyp", A. Lombard (1956) als „positive Sequenz". Ihr steht der „Dachbanktyp" oder die „negative Sequenz" einer trendmäßigen klastischen Abfolge gegenüber, bei der die Korngröße nach oben zunimmt.

Es gibt viele Beispiele von Rhythmen und Zyklen der verschiedensten Ausbildung und Größenanordnung. Erinnert sei an die Warwenschichtung, an die charakteristischen, meist nach dem Sohlbanktyp aufgebauten Rhythmen bzw. Zyklen unserer permokarbonen Molasseablagerung und an die salinaren Zyklen des mitteleuropäischen Zechsteins, um nur einige zu nennen. Dabei sind trendmäßige Abfolgen höherer Ordnung in der Regel aus einem System von rhythmisch bzw. zyklisch aufgebauten Einheiten niederer Ordnung zusammengesetzt.

Die Analyse des rhythmischen bzw. zyklischen Aufbaues von Sedimentitserien hat in vielen Fällen wesentliche Impulse und Fortschritte hinsichtlich deren Gliederung gebracht. Unter günstigen Umständen lassen sich die dabei ausgehaltenen lithostratigraphischen Einheiten einige hundert Kilometer weit verfolgen und konnektieren, wie z. B. die Folgen der Buntsandstein-Serie (Trias) in Mitteleuropa zeigen. Manchmal kann lokal auch eine viel feinere Gliederung vorgenommen werden, als auf biostratigraphischer Grundlage möglich ist. Diese Erfolge dürfen aber nicht dazu führen, rhythmische bzw. zyklische Gliederungsprinzipien überzubewerten und auf paläontologische Arbeiten zu verzichten.

Die Analyse des rhythmischen bzw. zyklischen Aufbaues sedimentärer Abfolgen ist auch Ansatzpunkt für Aussagen über deren Bildungsmechanismus. Es gibt viele Ursachen für gerichtete Entwicklungen innerhalb des Sedimentationsprozesses. Vor allem müssen genannt werden: kurzperiodische (z. B. jahreszeitlich bedingte) Schwankungen der Temperaturen und Niederschläge, Klimaänderungen als Ausdruck eines deutlichen Wechsels der Gesamtheit der langjährigen Wetterzustände im Laufe der Erdgeschichte und tektonische Bewegungen. Sehr oft überlagern sich verschiedene Ursachen. Die Vielzahl der möglichen Einflüsse auf den Sedimentationsprozeß und die Komplexität ihres Zusammenwirken macht es verständlich, daß die genetische Dechiffrierung eines einmal erkannten trendmäßigen (rhythmischen bzw. zyklischen) Aufbaues sedimentärer Abfolgen keineswegs eine leicht lösbare Aufgabe ist.

In der Regel verläuft die Sedimentation diskontinuierlich, wobei es auch zu Sedimentationsunterbrechungen und zur Wiederabtragung bereits abgelagerten Materials kommen kann. So greifen zum Beispiel nach dem Sohlbanktyp aufgebaute Rhythmen bzw. Zyklen oft deutlich erosiv in ihre Unterlage ein. Selbst bei völliger Konkordanz in der Aufeinanderfolge der Schichten können sich in den Schichtflächen bzw. -fugen beträchtliche Sedimentationslücken verbergen. Nicht selten dürfte die Zeit, welche in diesen Lücken steckt, sogar größer sein, als die durch Sedimentation repräsentierte Zeit.

2.11. Fazies, genetische Typen und Formationen im sedimentären Bereich

Die Begriffe „Fazies", „genetischer Typ" und „Formation" haben in Anwendung auf die jeweiligen Untersuchungsaufgaben wesentlich dazu beigetragen, die in der Einleitung (2.1.) genannten Ziele der Sedimentpetrologie zu erreichen. Eine eingehende Analyse der Entstehung, Entwicklung und Bedeutung dieser Begriffe im sedimentären Bereich bringt G. F. Kraševinnikov (1971, 1977). Weitere zusammenfassende Arbeiten stammen von D. Franke (1963) und W. Paech 1971).

Nach G. F. Kraševinnikov ist eine *sedimentäre Fazies* ein Komplex von Ablagerungen, der sich in Zusammensetzung und Bildungsbedingungen von den angrenzenden Ablagerungen des gleichen stratigraphischen Abschnittes unterscheidet. Damit lenkt der Begriff „Fazies" den Blick besonders auf den Vergleich von Ablagerungen in horizontaler Richtung und die Untersuchung der Gesetzmäßigkeiten der Veränderung ihrer Zusammensetzung in Abhängigkeit von der paläogeographischen Situation.

Diese stratigraphische Bezogenheit fehlt dem Begriff „genetischer Typ", der gegen Ende des vorigen Jahrhunderts von A. P. Pavlov in die Literatur eingeführt wurde. G. F. Kraševinnikov definiert einen *sedimentären genetischen Typ* als einen Komplex von Ablagerungen, der sich unter bestimmten physiko-geographischen Verhältnissen bildete und eine charakteristische Kombination von lithologischen und anderen Kennzeichen besitzt, die vorwiegend unter der Wirkung eines oder einiger weniger miteinander verbundener geologischer Agenzien entstanden ist.

Der Begriff „genetischer Typ" lenkt die Aufmerksamkeit besonders auf die Bedeutung von vergleichenden Untersuchungen an rezenten Sedimenten und die Nutzung der dabei gewonnenen Ergebnisse für die genetische Interpretation fossiler Ablagerungen. Damit reflektieren die Begriffe „Fazies“ und „genetischer Typ“ nur zwei etwas unterschiedliche Betrachtungsmöglichkeiten eines bestimmten geologischen Untersuchungsobjektes und sind eng miteinander verbunden.

Die eingehende Analyse der Fazies und des genetischen Typs von Ablagerungen muß als eines der wichtigsten Kriterien für die wissenschaftlich begründete Suche nach nutzbaren Rohstoffen im sedimentären Bereich angesehen werden.

Bilden Ablagerungen einen geologischen Körper, der einen eng verbundenen Komplex von genetischen Typen, die unter einheitlichen tektonischen und klimatischen Verhältnissen gebildet worden sind, darstellt, so können wir mit G. F. KRAŠENINNIKOV (1977) von einer *sedimentären Formation* sprechen. Unter bestimmten Bedingungen läßt sich diese Formation aber auch als sedimentäre Fazies ansehen — nämlich dann, wenn man sie mit anderen Formationen desselben stratigraphischen Niveaus vergleicht, die mit ihr benachbart sind und in welche sie übergeht.

W. PAECH (1971) hat versucht, den Formationsbegriff auch unter Einbeziehung der Magmatite und Metamorphite zu fassen. Er definiert: „Die geologische Formation ist eine gesetzmäßige stofflich-gefügemäßige Assoziation paragenetisch eng miteinander verbundener Gesteine und Ablagerungen, die einen von markanten und disjunktiven Grenzen begrenzten natürlichen geologischen Körper bilden.“ Der auf paragenetischer Grundlage ausgeschiedene Formationskörper kann dabei in verschiedener Weise nach stofflichen und genetischen Gesichtspunkten in jeweils voneinander unabhängigen Ebenen charakterisiert und klassifiziert werden.

Beispiel einer Faziesanalyse

Vom Mittel- und Ober-Santon in der Subherzynen Kreidemulde legte K.-A. TRÖGER (1975) eine Übersichtskarte vor, welche den lithologischen Aufbau der Gesteinsfolgen und deren Fossilinhalt veranschaulicht (Abb. 2.38). Die Darstellung der lithologischen Fakten erfolgte im gewählten Beispiel nach der Profiltypmethode. Diese Methode ermöglicht es, den Profilaufbau in der Kartendarstellung zu berücksichtigen, indem ein stark generalisiertes, auf wenige Lithozeilen reduziertes Abbild des Profiles streifenartig in die Zeichenebene übertragen wird. Veränderungen im Profilaufbau sind über die Aufstellung unterschiedlicher Profiltypen erfaßbar. Die Verbreitungsareale dieser Profiltypen lassen sich auf der Karte aushalten und gegeneinander abgrenzen.

Im gewählten Beispiel besteht das untere Mittel-Santon (unterste Lithozeile der Profil-Streifen) bei Quedlinburg aus schwach kalkhaltigen Schluffsteinen, feinkörnigen bis mittelkörnigen, teilweise stark kalkhaltigen Sandsteinen und kalkhaltigen Schluffsteinen bis Tonen, die in mehrfachem zyklischen Wechsel die sogenannten Salzbergschichten aufbauen. Diese oder eine ähnliche Ausbildung ist im größten Teil des Untersuchungsgebietes vorhanden. Nur im westlichen Teil der Subherzynen Kreidemulde wird sie vermutlich durch kalkhaltige schluffige Tone ersetzt. Die Fauna der Salzbergschichten besteht vor allem aus Vertretern der Gattungen *Glycymeris, Neithea, Lima,* Pecteniden und Ostreiden, also aus benthonischen Formen. Entsprechend dem zyklischen Aufbau der Salzbergschichten wechselt jedoch der Fossilinhalt. Nach der petrographischen Zusammensetzung und dem Fossilinhalt muß man zumindest für die sandigen Anteile der Zyklen der Salzbergschichten eine Sedimentation im küstennahen Flachmeer annehmen.

Bereits im höheren Teil der Salzbergschichten angedeutete regressive Tendenzen führen besonders im Ostteil der Subherzynen Kreidemulde im höheren Mittel- bis

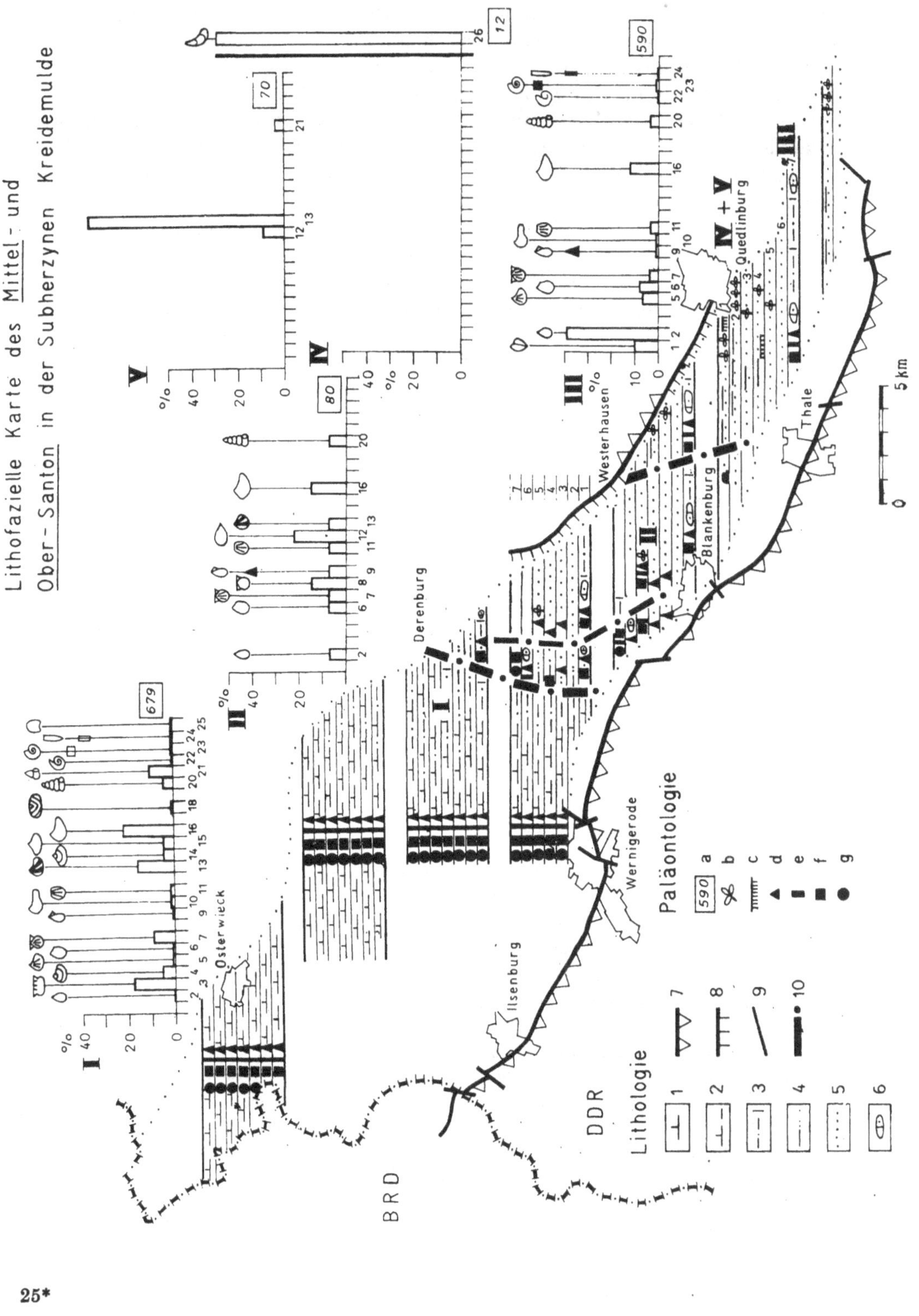
Lithofazielle Karte des Mittel- und Ober-Santon in der Subherzynen Kreidemulde
Lithologie
Paläontologie
BRD
DDR
Osterwieck
Ilsenburg
Wernigerode
Derenburg
Westerhausen
Blankenburg
Thale
Quedlinburg
IV + V
5 km
679
80
70
12
590

Ober-Santon zu einer Umstellung der Sedimentation und zur Entwicklung der vorwiegend sandigen Heidelbergschichten. Nach sedimentpetrographischen Untersuchungen von R. N. Roy (1974) wurde das Material der Heidelbergschichten aus südlicher Richtung herangeführt und stammt wahrscheinlich von abgetragenen Triassedimenten, welche die sich hebende Harzscholle bedeckten. Im Quedlinburger Raum herrschten brackisch-lagunäre bis limnisch-terrestrische Sedimentationsverhältnisse. Im NW, bei Derenburg, stand der Sedimentationsraum dagegen mit dem offenen Meer in Verbindung. Dem entspricht ein relativ rascher Übergang in schluffig-tonige, z. T. auch mergelige Ablagerungen nach NW ab der Linie Blankenburg—Derenburg. Dieser lithologische Wechsel wird von einer deutlichen Veränderung in der Faunenführung begleitet. So treten erst westlich der Linie Blankenburg—Derenburg Ammoniten und Belemniten in meßbaren Anteilen auf. Zusammen mit *Arca undulata* Reuss erscheint *Leda semilunaris* v. Buch, die rezent typisch für Weichböden ist. Der Weichboden-Charakter des Substrates im NW-Teil der subherzynen Kreidemulde wird auch durch den hohen Anteil einer Endofauna[1] (*Cardium, Goniomya, Turritella* u. a.) bestätigt. Demgegenüber tritt das fixosessile Benthos (Ostreiden) stark zurück.

Nicht berücksichtigt sind in diesem Beispiel die Mächtigkeitsentwicklungen. Diese können in Form von Isopachen (Linien gleicher Schichtenmächtigkeit) in die Kartendarstellung aufgenommen werden. Damit würde sich der Informationsgehalt einer solchen Karte erhöhen; sie ist dann aber unübersichtlicher und schwerer lesbar. Unter Umständen empfiehlt es sich, die Isopachen auf einem gesonderten Bogen darzustellen, welcher auch als Deckblatt der Karte beigefügt werden kann.

---

[1] Im Sediment eingegraben lebende Fauna.

Abb. 2.38. Lithofazielle Karte des Mittel- und Ober-Santon in der Subherzynen Kreidemulde (nach K.-A. Tröger 1975)

Lithologie: *1* — kalkhaltiger Ton; *2* — schluffhaltiger Mergel-Ton; *3* — kalkhaltiger sandiger Schluffstein; *4* — toniger Sandstein; *5* — Sandstein; *6* — Kalkhaltiger Sandstein (Linsen); *7* — Aufschiebung; *8* — Abschiebung; *9* — Störung; *10* — Faziesgrenze.

Paläontologie: *a* — Anzahl der untersuchten Exemplare (bei Muscheln doppelklappige Stücke); *b* — Blattreste; *c* — Wurzelhorizont; *d* — Inoceramen; *e* — Belemniten; *f* — Ammoniten; *g* — Echiniden; *1* — Brachiopoden; *2* — *Glycymeris* (mehrere Arten); *3* — *Arca undulata* Reuss; *4* — *Leda semilunaris* v. Buch; *5* — *Trigonia glaciana* Sturm; *6* — *Lima canalifera* Goldfuss; *7* — Pecteniden; *8* — *Entolium membranaceum* (Nilss); *9* — Inoceramen; *10* — *Gervillia*; *11* — Austern (mehrere Arten); *12* — *Liophista aequivalvis* (Goldfuss); *13* — *Cardium* (mehrere Arten); *14* — *Siliqua* (mehrere Arten); *15* — *Tellina* (mehrere Arten); *16* — heterodonte Muscheln (mit Ausnahme der bereits genannten Gattungen); *17* und *18* — *Goniamya* (mehrere Arten); *19* — *Dentalium* (mehrere Arten); *20* — *Turritella* (mehrere Arten); *21* — Gastropoden mit Ausnahme der Gattung Turritella; *22* — Nautiliden; *23* — Ammoniten; *24* — Belemniten; *25* — Echiniden; 26 — *Mytilus*? sp. (brackisch)

Flysch und Molasse als Beispiele für Formationsbegriffe

Seitdem B. STUDER (1827) den Begriff „Flysch“ in die geologische Literatur einführte, ist das Interesse an diesen Ablagerungen und auch der Meinungsstreit über sie nicht erlahmt. STUDER gab die Bezeichnungen „Flysch“ einer Formation dunkelgrauer Schiefer mit Sandsteinzwischenlagen.[1] Im Dialekt dieses Gebietes bedeutet „Flysch“ so viel wie Gestein, welches zum Fließen bzw. Abrutschen neigt. Das Alter dieser Ablagerungen erwies sich als kretazisch.

Der Begriff „Flysch“ wurde sehr bald auch auf analoge Folgen anderer Gebiete und anderen geologischen Alters übertragen. Aus der Fülle der Literatur, die sich mit Flysch-Ablagerungen beschäftigt, seien die Arbeiten von N. B. VASSOEVIČ (1951), A. H. BOUMA (1962), S. DŹUŁYNSKI und E. K. WALTON (1965), A. SEILACHER (1958, 1967) und S. I. ROMANOVSKIJ (1976) hervorgehoben.

Heute versteht man unter Flysch mächtige Folgen mariner Ablagerungen, die nicht nur durch ein Kriterium definiert werden können. A. SEILACHER (1967) hebt drei Aspekte hervor, nach denen Flysch-Ablagerungen zu beurteilen sind: den tektonischen, den sedimentologischen und den biologischen Aspekt.

In tektonischer Hinsicht handelt es sich beim Flysch nach ziemlich einheitlicher Auffassung um Geosynklinal-Ablagerungen, die kurz vor bzw. während des orogenen Faltungsprozesses sedimentiert wurden. Dabei wird das Material hauptsächlich von den sich heraushebenden Teilen des in Entstehung befindlichen Gebirges bezogen. Die Mächtigkeiten der Flysch-Folgen liegen in der Größenordnung von über hundert bis zu mehreren tausend Metern.

Sedimentologisch besteht Flysch meist aus einem markanten Wechsel von feinkörnigen Ablagerungen — wie Tonsteinen, Schluffsteinen und Mergeln — mit gröberem Material — wie Sandsteinen oder detritischen Kalksteinen. Die Sandsteine zeigen oft eine schlechte Korngrößenauslese und geringe kompositionelle Reife; sie tragen mehr oder weniger deutlich den Charakter von Grauwacken. Die Sandsteinbänke sind in der Regel scharf gegen das Liegende begrenzt. Auf der Sohlfläche führen sie nicht selten charakteristische Marken wie Strömungswülste, Rillenmarken und Belastungsmarken. Die Sandsteine zeigen oft gradierte Schichtung. Biologisch sind Flyschfolgen durch Makrofossil-Armut und Spurenfossil-Reichtum ausgezeichnet. Bei den Spurenfossilien überwiegen Produkte von Sedimentfressern (A. SEILACHER 1967). Von echtem Flysch kann gesprochen werden, wenn der tektonische, sedimentologische und biologische Aspekt der Ablagerungen dem Typus entspricht. Sind neben Übereinstimmungen auch mehr oder weniger deutliche Abweichungen vom Typus vorhanden, so kann man die Ablagerungen als flysch-ähnlich bzw. flyschoid bezeichnen.

Der Wechsel der gröberen und feineren Ablagerungen im Flysch folgt im wesentlichen zyklischen Prinzipien (N. B. VASSOEVIČ 1948, A. H. BOUMA 1963). Die Mächtigkeit der einzelnen Zyklen liegt meist im Dezimeter- bis Meterbereich. Am deutlichsten ist dieser zyklische Wechsel ausgebildet, wenn gröbere und feinere Ablagerungen etwa in gleichen Anteilen auftreten. Man spricht dann von Normalflysch. Es gibt aber auch Flyschfolgen, in denen einerseits gröbere und andererseits feinere Ablagerungen überwiegen. Im ersten Fall handelt es sich in der Regel um die proximalen, d. h. nahe dem Einzugsgebiet liegenden Teile der Flyschformation, im letzten Fall um distales, d. h. in größerer

[1] Im Simmen-Tal/Schweiz.

Entfernung vom Einzugsgebiet sedimentiertes Material. Allgemein setzt sich die Ansicht durch, daß Flyschformationen genetisch im wesentlichen aus Ablagerungen von Trübeströmen (turbidity currents) aufgebaut sind. Sedimentationsraum für diese Ablagerungen, die Turbidite, sind meist tiefere Meeresteile, und so wundert es nicht, wenn distaler Flysch sich mit „normalen" pelagischen Ablagerungen verzahnt und in diese übergeht. Nicht selten findet man im Flysch aber auch Absätze aus Schlammströmen, die sog. Olisthostrome. Solche Schlammströme sind in der Lage, auch große Gesteinsblöcke zu transportieren. Olisthostromflysch nimmt daher manchmal den Charakter von chaotisch zusammengesetzten Massen an, der zu der Bezeichnung „Wildflysch" geführt hat.

Flyschformationen sind im wesentlichen frei von vulkanischen Förderprodukten. Vielfach herrscht aber vor der Flyschsedimentation eine intensive vulkanische Tätigkeit, wobei submarin vor allem basische Laven und Tuffe gefördert werden (initialer Magmatismus H. STILLES).

Molasseformationen sind nach einer Übersicht bei H.-J. PAECH (1973) spät- bis posttektonisch sedimentiert, meist ungefaltet, enthalten marine (jedoch selten turbiditische!) und kontinentale Ablagerungen und sind oft durch Zwischenschaltung von sauren bis intermediären Laven und Tuffen (subsequenter Magmatismus H. STILLES) ausgezeichnet. Bei Molassen handelt es sich um Abtragungsschutt von Faltengebirgen bis zu deren Einebnung. Es sind vor allem Konglomerate, Sandsteine und pelitische Sedimentite, die in der Regel Rhythmen und Zyklen verschiedener Größenordnung aufbauen und sich zu Folgen, deren Mächtigkeit oft 1000 m übersteigt, zusammenschließen. Zwischengelagert sind gelegentlich karbonatisches Material und nicht selten Kohlen.

Der Begriff Molasse ist einer westschweizerischen Bezeichnung für weichen Sandstein entlehnt. Er wurde nach „Deutsches Handwörterbuch der Tektonik" (3. Lieferung, Hannover 1971) zuerst von H. B. DE SAUSSURE (1779) ausführlicher beschrieben und definiert. Ähnlich wie die Bezeichnung Flysch war der Begriff Molasse ursprünglich auf den Alpenraum beschränkt. Später wurde jedoch auch er auf entsprechende Formationen von Abtragungsschutt anderer und älterer Gebirge verwendet. Von Innenmolassen spricht man, wenn der Abtragungsschutt Senken im Gebirgsrumpf füllt. Außenmolassen kamen am Rand der Gebirge, in den sog. Vortiefen oder Saumsenken zur Ablagerung. Ein Teil der Innenmolassen entwickelte sich als „Frühmolasse" im Sinne von S. v. BUBNOFF (1949). BUBNOFF bezeichnet als Frühmolasse jene Innenmolassen, deren Ablagerung gleichzeitig mit der Flyschsedimentation noch nicht gefalteter Geosynklinalräume erfolgte.

Bei der Untersuchung von Flysch und Molasse im variszischen Orogen Mitteleuropas stellte H.-J. PAECH (1973, 1977) fest, daß in der Saumsenke diese Formationen kontinuierlich ineinander übergehen. Im Falle eines solchen kontinuierlichen Übergangs schlägt PAECH vor, die Molasse mit dem ersten nichtmarinen Horizont beginnen zu lassen.

Molasseformationen sind durch Kohlevorkommen sowie Erdöl- und Erdgasführung von besonderem wirtschaftlichen Interesse.

2.12. Literatur

AITKEN, J. D.: Classification and environmental significance of cryptalgal limestones and dolomites with illustrations from the Cambrian and Ordovician of South western Alberta. J. Sed. Petrol., **37**, S. 1163–1178, 1967.

ALBRECHT, I.: Geochemische Untersuchungen am Hauptdolomit des Zechsteins 2 im Thüringer Becken. Vortr. IV, Int. wiss. Konferenz über chemische und physikalische Probleme der Erkundung und Förderung von Erdöl und Erdgas, 5.–10. Okt. 1964 in Brno, Bd. I – Geochemie, S. 43–51, Prag 1966.

ALDINGER, H.: Eisenoolithbildung und rhythmische Schichtung im süddeutschen Jura. Geol. Jb., **74**, S. 87–96, 1967.

ALLEN, J. R. L.: The classification of cross-stratified units with notes on their origin. Sedimentology, **2**, S. 93–114, Amsterdam 1963.

–: Physical Processes of Sedimentation. 248 S., London 1970.

ANDREE, K.: Ursachen und Arten der Schichtung. Geol. Rdsch., **6**, S. 351–397, Leipzig 1915.

ARCHANGELSKI, A. D.: Uslovija obrazovanija nefti na Severnom Kavkaze. Izd. Soveta neft. prom., M.-L. 1927.

AUTORENKOLLEKTIV: Beiträge zur geochemischen Faziesanalyse in Sedimenten. Freiberger Forschungshefte C 272, 66 S., 1971.

AUTORENKOLLEKTIV: Zur Definition des Begriffs Diagenese – Ein Diskussionsbeitrag. Z. angew. Geol., **18**, 11, S. 520–524, 1972.

AUTORENKOLLEKTIV: Zu einigen Methoden der Bestimmung des Diagenesegrades von Sedimentgesteinen. Neue Bergbautechnik, **3**, 7, S. 490–495, 1973.

BÄCKER, H., RICHTER, H.: Die rezente hydrothermal-sedimentäre Lagerstätte Atlantis – II – Tief im Roten Meer. Geol. Rdsch., **62**, 3, S. 697–741, 1973.

BAGNOLD, R. A.: The physics of blown sand and desert dunes. 265 S., Methaen & Co., London 1965.

BAISERT, D.: Analyse der Nomenklaturen sedimentärer Karbonatgesteine. Z. angew. Geol., **13**, 11/12; 642–650, 1967.

BARDOSSY, G.: The geochemistry of Hungarian bauxites, I u. II. Acta Geologica Acad. Sci. Hung., **5**, S. 103–155 u. 255–285, 1958.

–:Die Entwicklung der Bauxitgeologie seit 1950. Symposium sur les Bauxites I, S. 31–50, Zagreb 1964.

–: Die Tonminerale der Bauxitlagerstätten. Schriftenreihe geol. Wiss., H. 5, S. 9–18, Berlin 1976.

BARTH, F. W., CORRENS, C. W. und ESKOLA, P.: Die Entstehung der Gesteine. 422 S., Springer, Berlin (West)–Göttingen – Heidelberg 1960.

BASKIN, Y.: A study of authigenic feldspars. J. Geol., 64, S. 132–155, 1956.

BATHURST, R. G. C.: Carbonate Sediments and their Diagenesis. Div. in Sedimentology, 12, 620 S., Elsevier 1971.

BAUMANN, L., TISCHENDORF, G. (Herausgeber): Einführung in die Metallogenie/Minerogenie. 458, S., VEB Deutscher Verlag für Grundstoffindustrie, Leipzig 1976.

BAUSCH van BERTSBERGH, J. W.: Richtungen der Sedimentation in der Rheinischen Geosynklinale. Geol. Rundschau, **31**, S. 328–364, Stuttgart 1940.

BELLMANN, H.-J.: Mitteilung über die Glaukonitaggregate im Oligozän der Leipziger Bucht. Abh. u. Ber. Naturkundl. Mus. „Mauritianum“ Altenburg, **8**, S. 1–5, 1973.

BENEO, E.: Accumuli terziari da risedimentazione (olistostroma) nell' Apennino centrale et frane sotto-marine. Boll. Serv. Geol. Italia, **78**, S. 291–321, 1956.

BERG, G.: Oolith-Studien an deutschen Jura-Eisenerzen. Z. prakt. Geol. Jg. 48, 12 S. 143–147, 1940.

–: Vergleichende Petrographie oolithischer Eisenerze. Archiv f. Lagerstättenforsch., 76, 1944.

Berg, G., Hoffmann, K.: Zur Paläogeographie und Entstehung der Eisenerze in den Liasschichten. Archiv f. Lagerstättenforsch., 75, S. 61—69, 1942.

Bezrukov, P. L., Lisicyn, A. P. und Skornakova, N. S.: Karta donnych osadkov mirovogo okeana. in: Sovremennye osadki morej i okeanov, S. 73—85, Moskva 1961.

Bhattacharya, A. K.: Makroskopische und mikroskopische Untersuchung der Brauneisenerzlager im Lias alpha$_3$ der Grube Friederike bei Bad Harzburg und ihre Deutung für die Genese mariner Eisenerzlagerstätten. Geol. Jb., 75, S. 251—310, 1958.

Bilibin, J. A.: Osnovy geologii rossypej. Izd. AN SSSR, Moskva 1955.

Birkenmajer, K.: Systematika warstwowan w utworach fliszowych i podobnych (poln. mit engl. Zusammenfass.). Stud. Geol. Pol., 3, 133 S., Warzawa 1959.

Blankenhorn, M.: Geologie der näheren Umgebung von Jerusalem. Z. Deutsch. Paläont. Verein., 18, 75 S., 1905.

Blankenburg, H.-J.: Zur komplexen Bewertung bau- und silikattechnischer Rohstoffe als Grundlage für den optimalen industriellen Einsatz dargestellt am Beispiel Quarzsand. Freiberger Forschungshefte C 300, 125 S., Leipzig 1973.

Blankenburg, H.-J., Dahlkamp, F.: Deutsche und Ausländische Quarzsandvorkommen. 88 S., Silikat-Fachbuchreihe, Sprechsaal, Coburg 1967.

Bode, H.: Die Klassifikation der festen Brennstoffe auf petrographischer und chemischer Grundlage. Z. f. d. Berg-, Hütten- und Salinenwesen im preuß. Staate, 80, S. 172—201, Berlin 1932.

Boeke, H. E.: Übersicht der Mineralogie, Petrographie und Geologie der Kalisalzlagerstätten. III. Jb. der Wirtsch. u. Techn. im deutsch. Kalisalz-Bergbau, Berlin 1909.

Borchert, H.: Die Metamorphose ozeaner Salzablagerungen. Kali, 32, 13 (S. 132—135), 14 (S. 143—146), 16 (S. 169—172), 1938.

—: Die Bildungsbedingungen mariner Eisenerzlagerstätten. Chemie der Erde, 16, S. 49—74, 1952.

—: Der initiale Magmatismus und die zugehörigen Lagerstätten. N. Jb. Min. Abh., 91, S. 541—572, Stuttgart 1957.

—: Ozeane Salzlagerstätten. 237 S., Borntraeger, Berlin 1959.

—: Geosynklinale Lagerstätten, was dazugehört und was nicht dazugehört, sowie deren Beziehungen zu Geotektonik und Magmatismus. Freiberger Forschungshefte C 79, S. 7—61. 1960.

—: Genesis of marine sedimentary iron ore. Inst. Mining and Metallurgy, Bull. 640 (Trans., V. 69), S. 261—279, 1960.

—: Über Faziestypen von marinen Eisenerzlagerstätten. Ber. Geol. Ges. DDR, 9, 2, S. 163—194, Berlin 1964.

Borchert, H., Braun, H.: Zum Chemismus von drei Glaukonit-Typen. Chemie der Erde, 24, S. 1—9, 1963.

Borchert, H., Muir, O. R.: Salt Deposits. 338 S., Nostrand Comp. LTD, 1964.

Bornemann, J. G.: Beiträge zur Kenntnis des Muschelkalks, insbesondere der Schichtenfolge und der Gesteine des Unteren Muschelkalks in Thüringen. Jb. preuß. geol. LA, 1885, S. 267—321, Berlin 1886.

Bosellini, A., Ginsburg, R. N.: Form and internal structure of Recent algal nodules (rhodolites) from Bermuda. J. Geol., 79, S. 669—682, 1971.

Botvinkina, L. N.: Morfologičeskaja klassifikacija sloistosti osadočnych porod. Izv. A. N. SSSR, ser. geol., 6, S. 16—33, Moskva 1959.

—: Sloistost' osadočnych porod. A. N. SSSR, Trudy geol. Inst., No 59, 542 S., 1962.

—: Metodičeskoe rukovodstvo po izučeniju sloistosti. 259 S., Izdat. „Nauka", Moskva 1965.

Bouma, A. H.: Sedimentology of some flysch deposits. 168 S., Elsevier 1962.

—: Methods for the Study of Sedimentary Structures. 458 S., J. Wiley & Sons, New York—London—Sydney—Toronto 1969.

Bouma, A. H., Brouwer, A. (Herausg.): Turbidites. Developements in Sedimentology 3, 264 S., Elsevier 1964.

BOWEN, R.: Paleotemperature analysis of Mesozoic Belemnoidea from Germany and Poland. J. Geology, **69**, S. 75–83, 1961.

BRAITSCH, O.: Mineralparagenesis und Petrologie der Staßfurtsalze in Reyershausen. Kali und Steinsalz, **3**, 1, S. 1–14, Hannover 1960.

—: Entstehung und Stoffbestand der Salzlagerstätten. Min. u. Petr. in Einzeldarstellungen, 3. Bd., 232 S., Springer 1962.

—: Die Entstehung der Schichtung in rhythmisch geschichteten Evaporiten. Geol. Rdsch., **52**, 1, S. 405–416, Stuttgart 1962.

—: Salt Deposits, their Origin and Composition. 297 S., Springer 1971.

BRAMER, H.: Bestimmung der Oberflächenbeschaffenheit von Quarzkörnern mit dem Elektronenmikroskop. Geologie, **14**, 9, S. 1114–1117, 1965.

BRAMLETTE, M. N.: The Monterey formation of California and the origin of its siliceous rocks. U. S. Geol. Surv. Prof. Pap. **212**, S. 1–55, 1946.

BRAUN, H.: Zur Entstehung der marin-sedimentären Eisenerze. Clausthaler Hefte zur Lagerstättenkunde und Geochemie der mineral. Rohstoffe, **2**, 133 S., Berlin (West) 1964.

BRINDLEY, G. W.: The X-ray Identification and Crystal Structures of Clay Minerals. Mineralogical Society-Clay Minerals Group, London 1951.

BRINKMANN, R.: Über die Schichtung und ihre Bedingungen. Fortschr. Geol. Paläont., **11**, S. 187 bis 219, Berlin 1932.

BROCKAMP, B.: Die Herkunft der Eisenlösungen. Die paläogeographische Stellung der Eisenablagerungen. Archiv f. Lagerstättenforsch. **75**, S. 181–186, 1942.

BROWN, G.: The X-ray Identification and Crystal Structures of Clay Minerals. Mineralogical Society — Clay Minerals Group, London 1961.

BRUNN-PETERSEN, J., KRUMBEIN, W. E.: Rippelmarken, Trockenrisse und andere Seichtwassermerkmale im Buntsandstein von Helgoland. Geol. Rdsch., **64**, 1, S. 126–143, 1975.

BUBNOFF, S. v.: Rhythmen, Zyklen und Zeitrechnung in der Geologie. Geol. Rdsch., **35**, S. 6–22, Stuttgart 1948.

—: Einführung in die Erdgeschichte. 2. Aufl. (1949), 3. Aufl., 808 S., Akademie-Verl., Berlin 1956.

BÜCHNER, L., WIEHLE, P. und KARPE, W.: Exkursion I: „Oberflächennahe Rohstoffe der Steine und Erden NE von HALLE". Exkursionsführer zur 21. Jahrestagung der GGW d. DDR, 1974.

BUCHWALD, J.: Zur Geologie der Kaolinlagerstätte Caminau. Ber. DGGW, B, **12**, 4, S. 407–415, Berlin 1967.

BURGER, H., SKALA, W.: Ein Monte-Carlo-Verfahren zur Bestimmung der Korngrößenverteilung klastischer Sedimente aus Dünnschliffen. N. Jb. Geol. Paläont., Abh., **144**, 1, S. 24–49, Stuttgart 1973.

BURGER, J.: L'exploitation des pyroschistes ou schistes bitumeux — donnees générales ef perspectives d'avenir. Revue dé l'Institut Français du Pétrole, XXVIII, 3, S. 315–372, Paris 1973.

BURST, J. F.: Mineralogic variability in glauconitite — like pellets and its application in stratigraphic studies. Bull. Geol. Soc. Amer., **67**, S. 1678–1689, 1956.

—: „Glauconite" pellets: their mineral nature and applications to stratigraphic interpretations. Bull. AAPG, **42**, S. 310–327, 1958.

—: Mineral heterogeneity in „glauconite" pellets. Amer. Mineralogist, **43**, S. 481–497, 1958.

—: Subaqueously formed shrinkage cracks in clay. J. Sed. Petrol., **35**, S. 348–353, 1965.

BUŠINSKIJ, G. I.: Obščie čerty i osobennosti nakoplenija osadočnych rud aljuminija, železa, marganca i fosfora. In: Sostojanie i zadači sovetskoj litologii, II, S. 5–17, Izdat. „Nauka", Moskva 1970.

—: Geologija boksitov. 365 S., Izdat. „Nedra", Moskva 1971.

BUTTKEWITZ, D., HAUENHERM, W.: Versuche zur räumlichen Darstellung des substanzfreien Raumes von Salzgesteinen. Z. angew. Geol., **15**, 6, S. 315–318, Berlin 1969.

BUURMAN, P., PLAS, L. VAN DER: The genesis of Belgium and Dutch flints and cherts. Geol. Mijnbouw, **50**, 1, S. 9–27, Leiden 1971.

Caillère, S., Hénin, S.: Mineralogie des Argiles. Masson et Cie, Paris 1963.
Cailleux, A.: Les actions éoliennes periglaciaires quarternaires en Europe. Comptes Rend. Somm. Soc. Geol. d. France, Ser. 5, H. 6, 1936.
—: Distinction des galets marines et fluviatiles. Bull. Soc. Geol. France, **15**, 1945.
—: Granulométrie des formations à galets. Sess. Extraord. Soc. Belges Géol., S. 91—114, 1947.
—: Morphoskopische Analyse der Geschiebe und Sandkörner und ihre Bedeutung für die Paläoklimatologie. Geol. Rdsch., **40**, S. 11—19, 1952.
—: Petrographische Eigenschaften der Gerölle und Sandkörner als Klimazeugen. Geol. Rdsch., **54**, S. 5—15, Stuttgart 1965.
Calvert, S. E.: Silica balance in the ocean and diagenesis. Nature, **21**, S. 919—920, 1968.
Carroll, D.: Wetherability of zircon. J. Sed. Petrol., **23**, S. 106—116, 1953.
Casting, R., Frederiksson, K.: Analyses of cosmik spherules with an x-ray microanalyser. Geochim. et Cosmochim. Acta, **14**, S. 114—117, London 1958.
Catalov, G.: Structural-genetic classification of the limestones (bulgar., engl. Zusammenfass.). Izv. na Geol. Inst., Ser. Strat. i Lit., **20**, S. 133—157, Bulgar. Akad. Wiss., 1971.
Cayeux, L.: Les roch sédimentaires de France, roches siliceuses. Mém. carte géol. dét. France, **23**, 774 S., Paris 1929.
—: Roches carbonateés. In: Les Roches Sédimentaires de France, 463 S., Masson et Cie, Paris 1935.
Chabakov, A. V. (Herausg.): Atlas tekstur i struktur osadočnych gornych porod. Izdat. „Nedra“, Moskva Teil 1 (1962), Teil 2 (1969) Teil 3 (1969).
Chain, V. E.: Grundprobleme der Zyklizität/Azyklizität (Kontinuum/Diskontinuum) erdgeschichtlicher Entwicklungsprozesse. Ber. DGGW, A, **16**, 3/5, S. 245—264, Berlin 1971.
Chebotarev, I. I.: Metamorphism of Natural Waters in the Crust of Weathering. Geochim. et Cosmochim. Acta, 8, S. 22—48, 137—170, 198—212, 1959.
Chilingar, G. V., Bissel, H. J. und Fairbridge, R. W. (Ed.): Carbonate rocks. Dev. in Sedimentology, 9 A u. 9 B, Elsevier 1967.
Chilingar, G. V., Bissell, H. J. und Wolf, K. H.: Diagenesis of carbonate rocks. In: Diagenesis in Sediments. Dev. in Sedimentology, 8, S. 179—322, Elsevier 1967.
Christoph, H. J.: Untersuchungen an Kohlen und Carbargiliten des Döhlener Beckens mit besonderer Berücksichtigung der radioaktive Substanzen enthaltenden Kohlen. Freiberger Forschungshefte C 184, 122 S., Leipzig 1965.
Chrobok, S. M.: Rhythmen, Probleme und Grundlagen ihrer Typisierung für die geologische Analyse und Synthese. Geologie, **19**, 2, S. 137—156, Berlin 1970.
Chrobok, S. M., Kautzsch, E. und Meier, P.: Versuch einer mathematisch-logischen Fassung der Begriffe Fazies und Milieu. Petermanns Geogr. Mitt., **113**, 4, S. 255—260, 1969.
Correns, C. W.: Beiträge zur Petrographie und Genesis der Lydite (Kieselschiefer). Mitt. Abt. f. Erz-, Salz- und Gesteinsmikroskopie, H. 1, S. 18—38, Pr. Geol. LA, Berlin 1926.
—: Der Eisengehalt der marinen Sedimente und seine Entstehung. Archiv f. Lagerstättenforsch., **75**, 47—57, 1942.
Cumings, E. R., Shrock, R. R.: Niagarian coral reefs of Indiana and adjacent states and their stratigraphic relations. Geol. Soc. Amer. Bull., **39**, New York 1928.
Cumings, E. R.: Reefs or bioherms? Geol. Soc. Amer. Bull., **43**, S 331—352, 1932.
Czajor, E., Wagner, R.: Quantitative Mikrofaziesinterpretation der Werrakarbonate. Z. geol. Wiss., **3**, 11, S. 1415—1425, 1975.
Daber, R.: In: Grundriß der Geologie der Deutschen Demokratischen Republik, Bd. 1, S. 189 bis 198, Berlin 1968.
D'Ans, J. u. a.: Untersuchungen über die Kalziumsulfate. Kali u. Steinsalz, **1**, 9, S. 17—38, 1955.
D'Ans, J., Kühn, R.: Bemerkungen zur Bildung und zu Umbildungen ozeaner Salzlagerstätten. Kali u. Steinsalz, **3**, S. 69—84, 1960.
Dal Cin, R.: Climatic significance of roundness and percentage of quartz in conglomerates. J. Sed. Petrol., **38**, 4, S. 1094—1099, 1968.

DAVIS, F. E.: The Radiolarian cherts of the Franciscan Group. Univ. of California, Publ. of Geology, **11**, 3, 1918.

DCENS-LITOVSKIJ, A. I.: Hydrogeologische Bedingungen der Bildung der Wässer und Solen von Salzformationen der UdSSR (russ.). Tr. VNIIG XLVI, 1964.

DEELMANN, J. C.: „Pressure solution" re-examinated. N. Jb. Geol. Paläont. Abh., **149**, 3, S. 384 bis 397, Stuttgart 1975.

DEGENS, E. T.: Geochemie der Sedimente. 282 S., Enke, Stuttgart 1968.

DEGENS, E. T., ROSS, D. A. (Herausg.): Hot Brines and Recent Heavy Metal Deposits in the Red Sea. 600 S., Springer 1969.

DEGENS, E. T., WILLIAMS, E. G. und KEITH, M. L.: Geochemical criteria for differentiating marine from fresh water shales. Bull. AAPG, **41**, S. 2427–2455, 1957.

—, —, —: Environmental studies of carboniferous sediments. Part. II: Application of geochemical criteria. Bull. AAPG, **42**, S. 981–997, 1958.

DIETRICH, H.-G.: Zur Entstehung und Erhaltung von Bernstein-Lagerstätten. N. Jb. Geol. Paläont., Abh., **149**, 1, 39–72, 1975.

DIETZ, V.: Experiments on the influence of transport on shape and roundness of heavy minerals. Contr. Sedimentology, **1**, S. 69–102, Stuttgart 1973.

DILLER, J. S.: Sandstone dikes. Geol. Soc. Amer. Bull., **1**, S. 411–442, 1890.

DÖHNER. C., ELERT, K. H.: Genetische Prozesse im Staßfurt-Salinar. Z. geol. Wiss., **3**, 2, 121 bis 141, 1975.

DOLENKO, G. N.: Die Entstehung von Erdöl und Erdgas und die Bildung ihrer industriellen Lager (russ.). 488 S., Izdat. „Naukova Dumka", Kiev 1971.

DOW, W. G.: Petroleum Source Beds on Continental Slopes and Rises. Bull. AAPG, **62**, 9, S. 1584–1606, 1978.

DREYER, W.: Die Festigkeitseigenschaften natürlicher Gesteine, insbesondere der Salz- und Karbonatgesteine. 247 S., Borntraeger, Berlin 1967.

DUFF, P. MCL. D., HALLAM, A. und WALTON, E. K.: Cyclic Sedimentation. Developements in Sedimentation 10, 280 S., Elsevier 1967.

DUNNINGTON, H. V.: Styolite development post-dates rock induration. J. Sed. Petrol., **24**, 1, S. 27–49, Tulsa 1954.

—: Aspects of diagenesis and snape change in stylolitic limestone reservoirs. Proc. VII. World Petrol. Congr. Mexico, 2, Panel Discuss. Nr. 3, Mexico 1967.

DŹUŁYŃSKI, S., SANDERS, J. E.: Current marks on firm mud bottoms. Transact. Connecticut Acad. arts sci., **42**, S. 57–96, New Haven 1962.

DŹUŁYŃSKI, S., WALTON, E. K.: Sedimentary features of flysch and greywackes. Developments in Sedimentology 7, 274 S., Elsevier 1965.

ECHLE, W.: Mineralbestand und Entstehung des „Porzellanjaspis" von Epterode (Nordhessen). Beitr. Min, Petrogr., **10**, 1, S. 32–41, Berlin 1964.

ECKART, D., GIMM, W. und THOMA, K.: Plötzliche Ausbrüche von Gestein und Gas im Bergbau. Freiberger Forschungshefte A 409, 1966.

EDELMANN, C. H.: Ergebnisse der sedimentpetrologischen Forschung in den Niederlanden und den angrenzenden Gebieten 1932–1937. Geol. Rdsch., **29**, S. 223–271, Stuttgart 1938.

EISENHUTH. K.-H., KAUTZSCH, E.: Handbuch für den Kupferschieferbergbau. 334 S., Fachbuchverlag Leipzig 1954.

ELERT, K. H.: Probleme der salzgeologischen Terminologie. Ber. DGGW, A, **15**, 4, S. 467–469, Berlin 1970.

EL GORESY, A., FECHTIG, H.: Fusion crust of iron meteorites and mesosiderites and production of cosmic spherules. Smithson. Contr. Astrophys., 11, S. 391–397, 1967.

ENGELHARDT, W. v.: Die Unterscheidung wasser- und windsortierter Sande auf Grund der Korngrößenverteilung ihrer leichten und schweren Gemengteile. Chemie der Erde, **12**, 4, S. 451 bis 465, Jena 1939/40.

ENGELHARDT, W. v.: Der Porenraum der Sedimente. 207 S., Springer, Berlin (West)—Göttingen—Heidelberg 1960.

—: Sediment-Petrologie, Teil III, Die Bildung von Sedimenten und Sedimentgesteinen. 378 S., Schweizerbart, Stuttgart 1973.

ERZBERGER, R., FRANZ, R. u. a.: Lithologie, Paläogeographie und Metallführung des Kupferschiefers in der Deutschen Demokratischen Republik. Geologie, **17**, 6/7, S. 776—791, Berlin 1968.

EUGSTER, H. P.: Hydrous sodium silicates from Lake Magadi, Kenya: Precursors of bedded chert. Science, **157**, S. 1177—1180, 1967.

—: Inorganic bedded cherts from the Magadi Area, Kenya. Contr. Mineral. Petrol., **22**, S. 1—31, 1969.

EVANS, O. F.: The classification of wave-formed ripple marks. J. Sed. Petrol., **11**, S. 37—41, 1941.

EVERDING, H.: Zur Geologie der deutschen Zechsteinsalze. Abh. Kgl. Preuß. Geol. LA, N. F., H. 52, Teil 1, 1907.

FAIRBRIDGE, RH. W., BOURGEOIS, Y.: Encyclopedia of Sedimentology. Encyclopedia of earth sciences, **6**, Academic Press, New York 1978.

FANDRICH, K.: Zur Paläovulkanologie und Petrologie des varistischen Geosynklinalvulkanismus der Elbtalzone. Freiberger Forschungshefte C 277, 152 S., Leipzig 1972.

FEELY, H. W., KULP, J. L.: Origin of Gulf Coast salt-dome sulphur deposits. Bull. AAPG, **41**, 8, S. 1802—1853, 1957.

FEYDIOVA, O.: Contribution to the recognition of the quartz grain types in sedimentary quartzites. Proceedings of the Xth Congress CBGA, Sect. II Sedimentology, S. 73—78, Bratislava 1974.

FEJTELMANN, N. G.: Reserven zur Senkung der Fondintensität der gewinnenden Industrie. In: „Intensivierung und ökonomische Reserven" (Übers. a. d. Russ.), Akademie-Verlag, Berlin 1972.

FIEGE, K.: Untersuchungen über zyklische Sedimentation geosynklinaler und epikontinentaler Räume. Abh. preuß. geol. LA, N. F., **177**, Berlin 1937.

—: Sedimentationszyklen als Zeitmarken. Z. deutsch. geol. Ges., Jg. 1966, **118**, S. 260—265, Hannover 1969.

FILATOVA, Z. A.: Količestvennyj učet donnoj fauny jugozapadnoj časti Barenceva morja. Trudy PINRO, 2, 1938.

FINKENWIRTH, A.: Das Eisenerz des Lias am Kahlberg bei Echte und der Weißjura in Süd-Hannover in ihrer grundsätzlichen Bedeutung für lagerstättenkundliche, paläogeographisch-fazielle und tektonische Probleme des Saxothuringikums. Beih. zum Geol. Jb., 56, S. 1—131, 1964.

FISCHER, G.: Die Petrographie der Grauwacken. Jb. preuß. geol. L.-A., 1933, **54**, S. 320—343, Berlin 1934.

FISCHER, W. u. a.: $^{12}C/^{13}C$-Untersuchungen an petrologisch, chemisch und technologisch charakterisierten Braunkohlenproben. Z. angew. Geol., **14**, S. 182—187, Berlin 1968.

FLORES, G.: Evidence of slump phenomena (olisthostromes) in areas of hydrocarbon exploration in Sicily. 5. Wld. Petrol. Congr. Proc., Sect. I, pap. 13, S. 259—275, Rom 1959.

FLÜGEL, E.: Elektronenmikroskopische Untersuchungen an mikritischen Kalken. Geol. Rdsch., **56**, S. 341—358, Stuttgart 1967.

—: Mikrofazielle Untersuchungen in der alpinen Trias, Methoden und Probleme. Mitt. Ges. Geol. Bergbaustud., **21**, S. 9—64, 1972.

FLÜGEL, E., KIRCHMAYER, M.: Zur Terminologie der Ooide, Onkoide und Pseudooide. N. Jb. Geol. Paläont., Mh., 1962, 3, S. 113—123, Stuttgart 1962.

FOLK, R. L.: The distinction between grain size and mineral composition in sedimentary-rock nomenclature. J. Geol., **62**, S. 344—365, 1954.

—: Practical petrographic classification of Limestone.. Bull. AAPG, **43**, 1, S. 1—38, 1959.

—: Spectral subdivision of limestone types. In: Classification of carbonate rocks. Amer. Assoc. Petrol. Geol. Mem., **1**, S. 62—84, 1962.

Folk, R. L.: Some aspects of recrystallization in ancient limestones. In: L. C. Pray & R. C. Murray (Ed.) Dolomitization and Limestone Diagenesis — A Symposium. S. E. P. M. Spec. Publ., 13, S. 14—18, 1965.

—: A review of grain-size parameters. Sedimentology, 6, S. 73—93, 1966.

Folk, R. L., Pittman, J. S.: Length-slow chalcedony: A new testament for vanished evaporites. J. Sed. Petrol., **41**, S. 1045—1058, 1971.

Folk, R. L., Ward, W. C.: A study in the significance of grain size parameters. J. Sed. Petrol., **27**, S. 3—26, 1957.

Forsman, J. P., Hunt, J. M.: Insoluble organic matter (Kerogen) in sedimentary rocks. Geochim. Acta, **15**, 17—182, 1958.

Franke, D.: Zu Fragen geologischer Terminologie und Klassifikation. Der Begriff Fazies. Z. angew. Geol., **9**, 1 (S. 39—45), 2 (S. 97—102), 3 (S. 153—157), 1963.

Frebold, H.: Über cyklische Meeressedimentation. 58 S., Verl. M. Weg, Leipzig 1925.

Frederiksson, K., Martin, R. L.: The origin of black spherules found in Pazific islands, deep-sea sediments and Antarctic ice. Geochim. Cosmochim. Acta, **27**, 3, S. 245—248, London 1963.

Fricke, D.: Zur Definition eines Riffs. Z. angew. Geol. **24**, 11, S. 469—471, Berlin 1978.

Friedman, G.: Determination of sieve-size distribution from thin-section data for sedimentary petrological studies. J. Geol., **66**, S. 394—416, 1958.

Friedman, G. M.: Identification of carbonate minerals by staining methods. J. Sed. Petrol., 29, S. 87—97, 1959.

—: Distinction between dune, beach and river sands from their textural characteristics. J. Sed. Petrol., **31**, S. 514—529, 1961.

—: Early diagenesis and lithification in carbonate sediments. J. Sed. Petrol., 34, S. 777—813, 1964.

—: Dynamic processes and statistical parameters compared for size frequency distribution of beach and river sands. J. Sed. Petrol., **37**, 2, S. 327—354, 1967.

Friedman, G. M., Sanders, J. E.: Origin and occurence of dolostones. In: G. V. Chilingar (Ed.), Carbonate Rocks. Dev. in Sedimentology, 9 A, S. 267—348, Elsevier 1967.

Fritz, G. K.: Schwammstotzen, Tuberolithe und Schuttbreccien im Weißen Jura der Schwäbischen Alb. Arb. Geol. Paläont. Inst. TH Stuttgart, N. F., **13**, 118 S., Stuttgart 1958.

Füchtbauer, H.: Zur Nomenklatur der Sedimentgesteine. Erdöl u. Kohle, **12**, 8, S. 605—613, 1959.

—: Zum Einfluß des Anlagerungsmilieus auf die Farbe von Biotiten und Turmalinen. Fortschr. Geol. Rheinld. u. Westf., **10**, S. 331—336, Krefeld 1963.

—: Influence of different types of diagenesis on sandstone porosity. Proc. 7th World Petrol. Congr. Mexico, **2**, S. 353—369, 1967.

— (Herausg.): Lithification of carbonate sediments. Sedimentology, **12**, 3/4 (spec. issue), 1969.

—: Neuere Entwicklungen und Ergebnisse auf dem Gebiet der Sedimentpetrologie. Fortschr. Min., S. 188—204, Stuttgart 1973.

—: Some Problems of Diagenesis in Sandstones. Bull. Centre Rech. Pau — SNPA, 8, 1, S. 391 bis 403, Pau 1974.

—: Zur Diagenese fluviatiler Sandsteine. Geol. Rdsch., **63**, 3, S. 904—925, Stuttgart 1974.

Füchtbauer, H., Müller, G.: Sediment-Petrologie, Teil II, Sedimente und Sedimentgesteine. 726 S., Schweizerbart, Stuttgart 1970.

Garrels, R. M., Mackenzie, F. T. und Siever, R.: Sedimentary cycling in relation to the history of the continents and oceans. In: The Nature of the solid earth, S. 93—121, Mc Graw-Hill, 1972.

Gessner, H.: Die Schlämmanalyse. Kolloidforschung in Einzeldarstellungen, Bd. 10. 244 S., Akad. Verlagsges., Leipzig 1931.

Geyer, O. F.: Über Schwammgesteine (Spongiolith, Tuberolith, Spiculit und Gaizit). In: Germann-Aldinger-Festschrift, S. 51—59, Stuttgart 1962.

Gimm, W. (Herausgeber): Kali- und Steinsalzbergbau, Bd. 1. 600 S., VEB Deutscher Verlag für Grundstoffindustrie, Leipzig 1968.

GINSBURG, R. N. (Herausgeber): Tidal Deposits. 428 S., Springer 1975.

GINSBURG, R. N., BOSELLINI, A.: Form and internal structure of Recent algal nodules (rhodolites) from Bermuda: a reply. J. Geol., **81**, S. 239, 1973.

GÖRLER, K., REUTTER, K.-J.: Entstehung und Merkmale der Olisthostrome. Geol. Rdsch., **56**, 2, S. 484–514, Stuttgart 1968.

GOTTESMANN, B.: Mineralogisch-petrographische Untersuchungen an den oolithischen Eisenerzen des Jura von Sommerschenburg westlich Magdeburg. Geologie, **15**, 3, S. 309–339, 1966.

GÖTTLICH, K. (Herausgeber): Moor- und Torfkunde. 269 S., Schweizerbart, Stuttgart 1976.

GRABAU, A. W.: On the classification of sedimentary rocks. Am. Geologist., **33**, S. 228–247, 1904.

—: Principles of stratigraphy. 1185 S., Seiler, New York 1913.

GRÄBE, R.: Beziehungen zwischen der tektonischen und faziellen Entwicklung des Oberdevons und Unterkarbons sowie zur Genese der Eisenerze vom Lahn-Dill-Typus am NW-Rand des Bergaer Sattels. Freiberger Forschungshefte C 140, 83 S., Berlin 1962.

GRAF, D. L., GOLDSMITH, J. R.: Some hydrothermal syntheses of dolomite and protodolomite. J. Geol., **64**, S. 173–186, 1956.

GREGG, S. J.: Oberflächenchemie fester Stoffe. VEB Verl. Technik, Berlin 1958.

GREILING, L.: Die Entstehung von Kalkknollengesteinen in eu- und mio-geosynklinalen Gebieten. Geol. Rdsch., **56**, 1, S. 336–340, Stuttgart 1967.

GRIFFITHS, J. C.: Scientific methods in analysis of sediments. 508 S., Mc Graw-Hill 1967.

GRIM, R. E.: Clay Mineralogy. Mc Graw-Hill, London 1953.

—: Applied Clay Mineralogy. Mc Graw-Hill, New York 1962.

GRIMM, W.-D.: Idiomorphe Quarze als Leitminerale für salinare Fazies. Erdöl und Kohle, **15**, 11, 1962.

—: Ausfällung von Kieselsäure in salinar beeinflußten Sedimenten. Z. deutsch. geol. Ges., **114**, 3, S. 590–619, 1964.

GRIPP, K.: Kritik und Beitrag zur Frage der Enstehung der Kreide-Feuersteine. Geol. Rdsch., **42**, 2, S. 248–262, Stuttgart 1954.

GRUNAU, H. R.: Radiolarian cherts and associated rocks in space and time. Eclog. Geol. Helv. **58**, S. 157–208, 1965.

GRÜNDEL, J., RÖSLER, H. J.: Zur Entstehung der oberdevonischen Kalkknollengesteine Thüringens. Geologie, **12**, 9, S. 1009–1038, Berlin 1963.

GRUMBT, E.: Beziehungen zwischen Korngröße, Schichtung, Materialbestand und anderen sedimentologischen Merkmalen in feinklastischen Sedimenten. Geologie, **18**, 2, S. 151–167, 1969.

—: Beziehungen zwischen Sedimentationsprozeß und Gefüge in klastischen Sedimenten. Ber. DGGW, A, **16**; 3/5, S. 297–314, Berlin 1971.

GRUMBT, E.: JOHANNES WALTHER — ein Begründer der modernen Sedimentforschung. Z. geol. Wiss., **3**, 10, S. 1255–1263, Berlin 1975.

GÜMBEL, K. W. v.: Geologie von Bayern, 1. T., Grundzüge der Geologie. **1144** S., Fischer, Kassel 1888.

HAAGE, R.: Beitrag zur Genese des Kieselschiefer-Mangankieselvorkommen im Schävenholz bei Elbingerode (Harz). Ber. Geol. Ges. DDR, **9**, 4/5, S. 567–580, Berlin 1964.

—: Zur Unterscheidung der petrographischen Begriffe „Kieselschiefer" und „Lydit". Geologie, **15**, 7, S. 876–878, Berlin 1966.

—: Beitrag zur Genese der Ooide von Kalkoolithen am Beispiel des Unteren Buntsandsteins im Süden der DDR. Geologie, **19**, 1, S. 106–112, Berlin 1970.

—: Zur petrologischen Untersuchung des Tertiärquarzits. Ber. DGGW, B, **17**, 3, S. 263–378, Berlin 1972.

HAM, W. E., PRAY, L. C.: Modern concepts and classifications of carbonate rocks. In: Classification of Carbonate Rocks. A Symposium. AAPG Memoir 1, 1962.

HAMBLIN, W. K.: Micro-cross-lamination in upper Keweenawan sediments of northern Michigan. J. Sed. Petrol., **31**, S. 380–401, Menasha 1961.

HANCOCK, J. M.: The petrology of the chalk. Proc. Geol. Ass., **86**, 4, S. 499–535, 1975.

Häntzschel, W.: Rezente Eiskristalle in meerischen Sedimenten und fossile Eiskristallspuren. Senckenbergiana, **17**, 3/4, S. 151–167, **1935**.
—: Lebensspuren als Kennzeichen des Sedimentationsraumes. Geol. Rdsch., **43**, S. 551–562, Stuttgart 1955.
Harder, H.: Über den Mineralbestand und die Entstehung einiger sedimentärer Eisenerze des Lias. Heidelberger Beiträge Min. Petrogr., **2**, 5, S. 455–476, 1951.
—: Zum Chemismus der Bildung einiger sedimentärer Eisenerze. Z. deutsch. geol. Ges., **109**, S. 69–72, 1957.
—: Beitrag zur Geochemie des Bors, Teil II: Bor in Sedimenten. Nachr. Akad. Wiss. Göttingen, II., math.-naturwiss. Kl., Nr. 6, S. 123–183, 1959.
—: Ablagerungsbedingungen, Diagenese und Metamorphose oolithischer sedimentärer Eisenerze. Z. f. Erzbergbau u. Metallhüttenwesen, 14, S. 470–472, 1961.
—: Einbau von Bor in detritische Tonminerale. Geochim. Cosmochim. Acta, **21**, S. 284–294, 1961.
—: Geochemische Untersuchung genetisch verschiedener marin-sedimentärer Eisenerzlagerstätten. Ber. Geol. Ges. DDR, **9**, 4/5, S. 475–478, 1964.
—: Untersuchung rezenter vulkanischer Eisenausscheidung zur Erklärung der Erze vom Lahn-Dill-Typus. Ber. Geol. Ges. DDR, **9**, 4/5, S. 469–473, 1964.
—: Experimente zur „Ausfällung" der Kieselsäure. Geochim. Cosmochim. Acta, **29**, S. 429–442, London 1965.
—: Experimente zur Entstehung der Tonminerale und des Quarzes bei niedrigen Temperaturen. Ber. DGGW, B, **14**, 1, 83–85, 1969.
Harrassowitz, H.: Laterit. Fortschr. Geol. Paläont., **4**, 14, Berlin 1926.
—: Anchimetamorphose; das Gebiet zwischen Oberflächen- und Tiefenumwandlung in der Erdrinde. Ber. Oberhess. Ges. Naturwiss. Heilkde, naturwiss. Abt., **12**, S. 11–17 u. 30–39, Gießen 1929.
Heim, A.: Monographie der Churfirsten-Mattstock-Gruppe. III Stratigraphie der Unteren Kreide und des Jura. Zur Lithogenesis. Beitr. geol. Karte Schweiz, N. F., **20**, S. 369–662, 1916.
Hemmann, M.: Zechsteinzeitliche Gips/Anhydrit-Umwandlung, Anhydritklippenbildung und zugehörige Erscheinungen in der subherzynen Leine-Serie. Mber. DAW Berlin, 10, S. 454–462, Berlin 1968.
—: Ausbildung und Genese des Leinesteinsalzes und des Hauptanhydrits (Zechstein 3) im Ostteil des Subherzynen Beckens. Ber. DGGW, B, **16**, 3, S. 307–411, Berlin 1972.
Hennigsen, D.: Untersuchungen über Korngefüge und Schüttungseinrichtungen in Sandsteinen des südöstlichen Rheinischen Schiefergebirges. N. Jb. Geol. Paläont., Mh., S. 153–163, Stuttgart 1963.
Henning, K.-H.: Mineralogische Untersuchungen eozäner Tone aus der Lagerstätte Friedland und aus Bohrungen in Mecklenburg. Ber. DGGW, B, **13**, S. 510–511, Berlin 1968.
Herrmann, A., Richter-Bernburg, G.: Frühdiagenetische Störungen der Schichtung und Lagerung im Werra-Anhydrit (Zechstein) am Südwestharz. Z. deutsch. geol. Ges., Jg. 1953, **105**, S. 689–702, Hannover 1955.
Hess, H.: Das Eis der Erde. Handbuch der Geophysik, Bd. VII, Lief. 1, S. 1–121, Borntraeger, Berlin 1933.
Hetzer, H.: Zu einigen Aufgaben der Lithologie in der geologischen Forschung und Erkundung. Z. angew. Geol., **21**, 1, S. 51–53, 1975.
Hiltermann, H.: Klassifikation der natürlichen Brackwässer. Erdöl u. Kohle, **2**, S. 4–8, 1949.
—: Klassifikation rezenter Brack- und Salinar-Wässer in ihrer Anwendung für fossile Bildungen. Z. deutsch. geol. Ges., Jg. 1963, **115**, S. 463–496, Hannover 1966.
Hjulström, F.: Studies of the morphological activity of rivers as illustrated by the River Fyris. Bull. Geol. Inst. Uppsala, **25**, S. 221–527, 1935.
Hodge, P., Wildt, R.: A search for airborne particles of meteoric origin. Geochim. Cosmochim. Acta **14**, S. 126–133, London 1958.

Hoffmann, H., Hoehne, K.: Untersuchungen an Steinkohlen der Kreide und Tertiärformation. Brennstoffchemie, **40**, S. 129–136 u. 219–227, Essen 1959.

Hoffmann, K.: Die Feuersteine auf der Hochfläche des Aachener Waldes. N. Jb. Geol. Paläont., Mh., 7, S. 310–327, Stuttgart 1959.

Hoppe, G.: Die Verwendbarkeit morphologischer Erscheinungen an akzessorischen Zirkonen für petrogenetische Auswertungen. Abh. DAW Berlin, Kl. Bergbau, Hüttenwesen u. Montangeol., Jg. 1963, Nr. 1, Berlin 1963.

—: Nachweis pyroklastischer Entstehung der Kohlentonsteine von Oelsnitz (Sachsen). Ber. DGGW, B, **11**, S. 215–222, 1966.

Hortenbach, R.: Drucklösungserscheinungen in Karbonaten und ihre Bedeutung. Vortrag auf der Tagung „Sedimentäre Fazies" der GGW in Gera 1974. Z. geol. Wiss., **5**, S. 617–621, 1977.

Hoyningen-Huene, E. v.: Die Texturen der subsalinaren Anhydrite im Harzvorland und ihre stratigraphische und fazielle Bedeutung. Geologie, **6**, Beih. 18, 47 S., Berlin 1957.

Hsü, K. J.: The Miocene desication of the Mediterranean and its climatical und zoogeographical implications. Die Naturwissenschaften, **61**, S. 137–142, 1974.

Huckenholz, H. G.: Der gegenwärtige Stand der Sandsteinklassifikation. Fortschr. Min., **40**, S. 151–192, Stuttgart 1963.

Hummel, K.: Die Entstehung eisenreicher Sedimente durch Halmyrolyse. Geol. Rdsch., **13**, S. 40–81, 1922.

Hunt, J. M.: Distribution of hydrocarbons in sedimentary rocks. Geochim. Cosmochim. Acta, **22**, S. 37–49, 1961.

—: Geochemical Data on Organic Matter in Sediments. Vortr. der III. int. wiss. Konferenz für Geochemie, Mikrobiologie und Erdölchemie. 1. Geochemie und Mikrobiologie, S. 394–412, Budapest 1963.

Hunter, W., Parkin, D. W.: Cosmic dust in Recent deep-sea sediments. Proc. Roy. Soc. London, A 255, S. 382–397, 1960.

Illies, H.: Die Schrägschichtung in fluviatilen und litoralen Sedimenten, ihre Ursachen, Messung und Auswertung. Mitt. geol. Staatsinst. Hamburg, **19**, S. 89–109, Hamburg 1949.

—: Über die erdgeschichtliche Bedeutung der Konkretionen. Z. deutsch. geol. Ges., **101**, S. 95 bis 98, 1949.

—: Die paläogeographische Auswertung der Schrägschichtung. Geol. Rdsch., **39**, S. 234–237, Stuttgart 1951.

—: Zur Entstehung der Kreide-Feuersteine. Geol. Rdsch., **42**, 2, S. 262–264, Stuttgart 1954.

Inman, D. L., Bagnold, R. A.: Littoral processes. In: M. N. Hill (Ed.): The Sea, Vol. 3, S. 529 bis 553, Interscience, New York–London 1963.

Inostranzeff, A.: Ein neues Glied in der Reihe der amorphen Kohlenwasserstoffe. N. Jb. Min. etc., S. 97ff., Heidelberg 1880.

Ivanov, A. A.: O glubinach solerodnych bassejnov geologičeskovo proslogo. Litologija i poleznye iskopaemye, 2, S. 16–29, Moskva 1967.

Ivanov, A. V., Florenskij, K. P.: Intensivnost' vypadenija melkodispersnogo kosmičeskogo veščestva na zemlju. Geochimija, **11**, S. 1365–1372, Moskva 1970.

Ivanov, A. A., Voronova, M. L.: Galogennye formacii. 328 S., Izdat. „Nedra", Moskva 1972.

Jacob, H.: Über Beziehungen zwischen Kohle und Erdöl. Erdöl u. Kohle, **13**, S. 5–11, 1960.

—: Über bituminöse Schiefer, humose Tone, Brandschiefer und ähnliche Gesteine. Erdöl u. Kohle, **14**, 2–11, 1961.

—: Die Bildung der Kohlen unter besonderer Berücksichtigung der biochemischen Phase. Geol. Jb., **78**, S. 103–122, Hannover 1961.

—: Petrologie von Asphaltiten und asphaltischen Pyrobitumina. Erdöl u. Kohle, **20**, S. 293 bis 399, 1967.

Jäger, K.-D.: Holozäne Binnenwasserkalke und ihre Aussage für die nacheiszeitliche Klima- und

Landschaftsentwicklung im südlichen Mitteleuropa. Diss. Math.-Nat.-Fak. Friedrich Schiller Universität, Jena 1965.

JASMUND, K.: Die silikatischen Tonminerale. Verlag Chemie GmbH, Weinheim/Bergstraße 1955.

JENKYNS, H. C.: Origin of red nodular limestones. In: „Pelagic sediments". Spec. publ. int. ass. sedimentologists. Nr. 1, S. 249—271, 1974.

JUDSON, S.: Erosion of the land, or what's happening to our continents? Amer. Scientist, **56**, S. 356—374, 1968.

JUKES-BROWN, A. J., HARRISON, J. B.: The geology of Barbados, II — The oceanic deposits. Geol. Soc. London Quart., **48**, S. 170—226, 1892.

JUNG, W.: Zur Feinstratigraphie der Werraanhydrite (Zechstein 1) im Bereich der Sangerhäuser und Mansfelder Mulde. Geologie, **7**, Beih. 24, 88 S., Berlin 1958.

—: Komplexität der Beziehungen zwischen Lagerstättenbildung — Rohstoffeigenschaften — technologischer Prozeß und Werkstoff, dargelegt am Beispiel der Kupfererze. Lehrgangsunterlagen für die postgraduale Weiterbildung „Bewertung fester mineralischer Rohstoffe", Bergakademie Freiberg 1975.

JUNG, W., KNITZSCHKE, G. und GERLACH, R.: Entwicklungsgeschichte der geologischen Anschauungen über den Mansfelder Kupferschiefer. Geologie, **20**, 4/5, S. 462—484, Berlin 1971.

JÜNGST, H.: Zur geologischen Bedeutung der Synärese. Geol. Rdsch., **25**, S. 312—325, Stuttgart 1934.

KALKOWSKY, E.: Die Verkieselung der Gesteine in der nördlichen Kalahari. Abh. naturwiss. Ges. Isis, 1901, S. 55—107, Dresden 1902.

KALTERHERBERG, J.: Über Anlagerungsgefüge in grobklastischen Sedimenten. N. Jb. Geol. Paläont., Abh., **104**, S. 30—57, 1957.

KARASEK, J.: Der gegenwärtige Stand der morphometrischen und petrographischen Erforschung der postbadenischen Flußgerölle des Brünner Raumes. Casopis Moravskeho Musea, Acta Musei Moraviae, LVI—LVII, S. 93—102, 1971/72.

KARPE, W., RABITZSCH, K.: Aspekte einer Optimierung bei der Erkundung von Kalklagerstätten in der DDR. Z. angew. Geologie, **23**, 2, S. 56—65, 1977.

KARWEIL, J.: Inkohlung, Pyrolyse und primäre Migration des Erdöls. Brennst.-Chem., **47**, S. 161 bis 169, Essen 1966.

KATZUNG, G.: Zyklizität und Rhythmizität sedimentärer Abfolgen-Flysch und Molassen des inneren Variszikums. Ber. DGGW, A, **16**, 3/4, S. 265—295, Berlin 1971.

KAZAKOV, A. V.: Geotektonika i formirovanie fosforitnych mestoroždenij. Izvest. AN SSSR, ser. geol., 1950, No. 5, S. 42—68, 1950.

KEILHACK, K.: Das Rätsel der Lößbildung. Z. deutsch. geol. Ges., **72**, S. 146—161, 1920.

KERKMANN, K.: Über „Oolithe" und „Stromatolithe" und die Beteiligung von Algen an der Kalksteinbildung. Wiss. Zeitschr. Hochsch. f. Architektur u. Bauwesen Weimar, **13**, 3, S. 293—302, 1966.

—: Riffe und Algenbänke im Zechstein von Thüringen. Freiberger Forschungshefte C 252, Leipzig 1969.

KERR, P. F.: Reference Clay Minerals, Preliminary Reports. Columbia Verlag, New York 1951.

KETTNER, R.: Versuch einer stratigraphischen Einteilung des böhmischen Algonkiums. Geol. Rdsch., **8**, S. 169—188, Berlin 1918.

KINDLE, E. M.: Small pit and mound structures developed during sedimentation. Geol. Mag., **3**, 6, 1916.

KLENOVA, M. V., LAVROV, V. M.: Geologija Atlantičeskogo okeana. 456 S. Izdat „Nauka", Moskva 1975.

KNITZSCHKE, G.: Zur Erzmineralisation, Petrographie, Hauptmetall- und Spurenelementführung des Kupferschiefers im SE-Harzvorland. Freiberger Forschungshefte C 207, 147 S., Leipzig 1966.

KOCH, I.: Zur organischen Substanz und Bitumenführung toniger Ablagerungen des Mesozoikums im NE-deutschen Flachland. Erdöl-Erdgas Informationen, H. 9, S. 28–31, Gommern 1966.

KOCH, K., DÖHNER, C.: Komplexität der Beziehungen zwischen Lagerstättenbildung – Rohstoffeigenschaften – technologischem Prozeß und Werkstoff, dargestellt am Beispiel der Salze. Lehrgangsunterlagen zur postgradualen Weiterbildung „Bewertung fester mineralischer Rohstoffe", Freiberg 1976.

KOENEN, A. v.: Wirkungen des Gebirgsdruckes in tiefen Salzbergwerken. Nachr. Ges. Wiss. Göttingen, math.-phys. Kl., S. 17–34, 1905.

KÖHLER, M.: Methoden zur Bestimmung des Calcit- und Dolomitgehaltes. Festschr. Heißel, Veröff. der Univ. Innsbruck, **86**, S. 103–127, 1973.

KOLB, U.: Lithofazielle und geologische Untersuchungen der Wellenkalk-Folge des Subherzynen Beckens. Freiberger Forschungshefte C 316, S. 41–69, 1976.

KOLBE, H.: Die Eisenerzkolke im Neokom-Eisenerzgebiet Salzgitter, Beispiele für die Bedeutung synsedimentärer Tektonik für die Lagerstättenbildung. Mitt. Geol. Staatsinstitut Hamburg, **31**, S. 276–308, 1962.

KONTA, J.: Proposal for uniform boundaries between main size categories of clastic residual, sedimentary and vulcanic rocks. XXIII. Int. Geol. Congr., Proc. Sect. 8, S. 73–84, Prag 1968.

KOPELIOVIČ, A. V.: Epigenez drevnich tolšč jugozapada russkoj platformy. 307 S., Trudy geol. inst. AN SSSR, 121, Izdat „Nauka", Moskva 1965.

KORENEVSKIJ, S. M.: Kompleks poleznych iskopaemych galogennych formacij. Izdat. „Nedra", Moskva 1973.

KÖRNER, H.: Schnee- und Eismechanik und einige ihrer Beziehungen zur Geologie. Felsmechanik und Ing.-Geol., **2**, 1, S. 45–67, Wien 1964.

KÖSTER, E.: Mechanische Gesteins- und Bodenanalyse. – Leitfaden der Granulometrie und Morphometrie. 171 S., Carl-Hauser-Verlag, München 1960.

—: Granulometrische und morphometrische Meßmethoden an Mineralkörnern, Steinen und sonstigen Stoffen. 336 S.. Enke, Stuttgart 1964.

KRAŠENINNIKOV, G. F.: Ucenie o facijach. 367 S., Izdat. „Vysšaja škola", Moskva 1971.

—: Sedimentäre Formationen, Fazies, genetische Typen und ihre praktische Bedeutung. Freiberger Forschungshefte C 323, S. 9–19, 1977.

KREJCI-GRAF, K.: Geochemische Faziesdiagnostik. Freiberger Forschungshefte C 224, 80 S., 1966.

KREBS, W.: Über Schwarzschiefer und bituminöse Kalke im mitteleuropäischen Variscikum. Erdöl u. Kohle, **22**, S. 2–6 u. 62–67, 1969.

KRINSLEY, D., TAKANASHI, T.: Application of electronmicroscopy to geology. New York Acad. Sci. Trans. Ser. II, **25**, S. 3–22, 1962.

KRINSLEY, D., MARGOLIS, S.: A study ot quartzsand grain surface textures with the scanning electron microscope. New York Acad. Sci. Trans. Ser. II, **31**, S. 457–477, 1969.

KRÜGER, P.: Über ein Vorkommen von syngenetisch-sedimentärem Fluorit im Plattendolomit des Geraer Beckens. Bergakademie, 11, S. 742–750, 1962.

KRUMBEIN, W. C.: Preferred orientation of pebbles in sedimentary deposits. J. Geol., **47**, S. 673 bis 706, Chicago 1939.

KRUMBEIN, W. E.: Über den Einfluß der Mikroflora auf die exogene Dynamik (Verwitterung und Krustenbildung). Geol. Rdsch., **58**, S. 333–363, Stuttgart 1969.

KRYGOWSKI, B., KRYGOWSKI, T. M.: Mechanical method of estimating the abrasion grade of sand grains (mechanical graniformametry). J. Sed. Petrol., **35**, 2, S. 496–499, Tulsa 1965.

KRYNINE, P. D.: The turmaline group in sediments. J. Geol., **54**, S. 65–87, 1946.

—: The megaskopic study and field classification of sedimentary rocks. J. Geol., **56**, S. 130–165, 1948.

KÜBLER, B.: La cristallinité de l'illite et les zones tout à fait supérieures de metamorphose. Coll. sur les Etages Tecton., Univ. Neuchâtel, Baconière, S. 105–122, Neuchâtel, 1966.

—: Anchimétamorphisme et schistosité. Bull. Centre Rech. Pau – SNPA, **1**, 2, S. 259–278, 1967.

Kuenen, P. H.: Geochemical calculations concerning the total mass of sediments in the earth. Amer. J. Sc., **239**, 3, S. 161–190, 1941.
—: Marine Geology. 568 S., Wiley, New York, N. Y. 1950.
—: Pivotability studies of sand by a shape — sorter. Developments in Sedimentology, I, S. 207 bis 215, Elsevier 1964.
Kühn, R.: Geochemistry of the German potash deposits. Geol. Soc. Amer., Inc., Spec. Pap., 88, 427–504, 1968.
Kühnel, J.: Sedimentäre Kieselgesteine, Hornsteine und das Feuersteinproblem. Z. deutsch. geol. Ges., **91**, S. 207–231, Berlin 1939.
Kukal, Z.: Geology of Recent Sediments. 490 S. Academic Press, London u. New York 1971.
Kurze, M.: Zur sedimentpetrologischen Analyse sandiger Schichtenfolgen. Freiberger Forschungshefte C 301, S. 5–25, 1974.
Kurze, M., Göring, H.-H.: Ein Beitrag zur Geologie der Stickstoff- und Kohlenwasserstoffvorkommen im Bereich der Sangerhäuser und Mansfelder Mulde. Freiberger Forschungshefte A 304, S. 167–201, 1964.
Kurze, M., Häusser, I.: Sedimentationsbedingungen und Schwermineralführung im Mesozoikum des Nordteils der DDR. Z. geol. Wiss., **3**, 10, S. 1317–1332, Berlin 1975.
Kurze, M., Kittler, W. und Wienholz, R.: Olisthostrome im Nossen-Wilsdruffer Schiefergebirge. Freiberger Forschungshefte C 323, S. 27–35, 1977.
Kužnezov, V. G.: Geologija rifov i ich neftegazonosnost'. 302 S., Izdat. „Nedra", Moskva 1978.
Landergren, G.: Contribution to the geochemistry of boron. Ark. Kem. Min. Geol., Ser. A, **19**, S. 25–26, 1945.
Landes, K. K.: Eometamorphism, and oil and gas in time and space. Bull. AAPG, **51**, S. 828 bis 841, Tulsa 1967.
Langbein, R.: Zur Problematik der Granatführung im Buntsandstein Thüringens. Geologie, **14**, 8, S. 958–968, Berlin 1965.
—: Zur Petrologie des Anhydrits. Chemie der Erde, **27**, S. 1–38, Jena 1968.
—: Zur Petrologie des Thüringer Buntsandsteins. Geologie, **19**, Beih. 68, 131 S., Berlin 1970.
—: Über die petrographischen Strukturen akzessorischen Anhydrits, sowie Geochemie und Mechanismen seiner Bildung. Chemie der Erde, **32**, S. 45–79, 1973.
—: Petrologisch bedingte Veränderungen der Zusammensetzung von Anhydritgesteinen. Z. geol. Wiss., **6**, 7, S. 889–896, Berlin 1978.
Lange, P.: Zur Untersuchungsmethodik von Grauwacken und ihren Einsatz in der Bauindustrie. Z. angew. Geol., **19**, 1, S. 40–44, 1973.
Lawson, A. C.: Fanglomerate, a detrital rock of Batle Mountain, Nevada. Geol. Soc. Amer. Bull., **23**, S. 72, 1912.
Lehmann, G. H.: Erdöllexikon. 3. Aufl., Hüthig u. Dreyer GMBH, Mainz u. Heidelberg 1957.
Lehmann, H.: Leitfaden der Kohlengeologie. 226 S., Knapp, Halle 1953.
Lehmann, J., Hünerbein, G. und Lück, J.: Die disperse organische Substanz in mesozoischen Sedimenten des Nordteiles der DDR. Vorträge zu geochem. und chem.-physikal. Problemen der Erdöl-Erdgas-Erkundung und -Förderung, Bd. 1, S. 137–146, Leipzig 1968.
Lehmann, K., Stach, E.: Die praktische Bedeutung der Ruhrkohlenpetrographie. Glückauf, **66**, S. 289–299, Essen 1930.
Leighton, M. W., Pendexter, C.: Carbonate Rocks Types. Mem. Soc. Econ. Paläont. Min., **1**, S. 33–61, Tulsa 1962.
Lemke, K., Engelhardt, W. v. und Füchtbauer, H.: Geologische und sediment-petrographische Untersuchungen im Westteil der ungefalteten Molasse des süddeutschen Alpenvorlandes. Beih. Geol. Jb., **11**, 110 S., 1953.
Leuteritz, K., Pietzner, H. und Vahl, J.: Ein Beitrag zur Untersuchung von „kosmischen Kügelchen" aus Sedimentgesteinen. Fortschr. Geol. Rheinld. Westfalen, **17**, S. 1–8, Krefeld 1970.

LEUTWEIN, F.: Geochemische Untersuchungen an den Alaun- und Kieselschiefern Thüringens. Archiv für Lagerstättenforsch., H. 82, Berlin 1951.

LI, Y.: Geochemical mass balance among lithosphere, hydrosphere and atmosphere. Am. J. Sci., **272**, S. 119–137, New Haven 1972.

LINCK, G.: Über die Bildung der Oolithe und Rogensteine. N. Jb. Min., **16**, S. 495–513, 1903.

LIPPMANN, F.: Sedimentary Carbonate Minerals. 228 S., Springer 1973.

LISICYN, A. P.: Osnovnye zakonomernosti raspredelenija sovremennych kremnistych osadkov i ich svjaz' s klimatičeskoj zonal'nost'ju. In: Geochimija kremnezema. „Nauka", Moskva 1966.

LITVINENKO, A. U.: Oolitovye železnye rudy SSSR. In: Sostojanie i zadači sovetskoj litologii, II, S. 18–24; Izdat. „Nauka", 1970.

LOGOVINENKO, N. V.: Petrografija osadočnych porod. Izdat. „Vysšaja škola", Moskva 1967.

LOHSE, A. E.: Further discussion of „What is sedimentology?". J. Sed. Petrol., **21**, S. 121, Tulsa 1951.

LOMBARD, A.: Geologie sedimentaire. Les series marines. Masson et Cie, Vaillant-Carmanue. S. A., Liège 1956.

LOPATIN, N. V.: Über die Hauptphase der Erdölbildung (russ.). Izv. AN SSSR, ser. geol., 5, 1969.

—: Nefteobrazovanie v processe litogeneza b svete sistemnogo podchoda. Izvest. AN SSSR, ser. geol., 3, S. 113–121, 1977.

LORENZ, W.: Die lithologische Entwicklung der Paragneis-Glimmerschieferfolge des mittleren und westlichen Erzgebirges. Dissertation (A), Bergakademie Freiberg 1975.

LOTZE, F.: Steinsalz und Kalisalze. 465 S., Borntraeger, Berlin 1957.

LOWENSTAM, H. A.: Biologic problems relating to the composition and diagenesis of sediments. In: DONNELLY, T. W. (Ed.), The Earth Sciences. Problems and progress in current research. Univ. Chicago Press., S. 137–195, 1963.

LUDWIG, G.: Zur Vergleichbarkeit von Schwermineraluntersuchungen. Ber. DGGW, B, **14**, 3, S. 219–241, Berlin 1969.

LUTZENS, H.: Stratigraphie, Faziesausbildung und Baustil im Paläozoikum des Unter- und Mittelharzes. Geologie, Beih. 74, 105 S., Berlin 1972.

LÜTZNER, H.: Fazies und Transportrichtung im Oberrotliegenden von Elgersburg (Thüringer Wald). Ber. DGGW, A, **11**, 1/2, S. 137–160, Berlin 1966.

—: Strömungsmarken aus dem Rotliegenden des Thüringer Waldes. Geologie, **15**, 10, S. 1135 bis 1160, Berlin 1966.

LÜTZNER, H., FALK, F., ELLENBERG, J. und GRUMBT, E.: Tabellarische Dokumentation klastischer Sedimente. Veröffentlichungen des Zentralinstituts für Physik der Erde der AdW der DDR, Nr. 20, Potsdam 1974.

LVOVICH, M.: The World's Water. 213 S., Mir Publishers, Moscov 1973.

MALÁN, O.: Zur Problematik der quantitativen petrographischen Braunkohlenanalyse. Freiberger Forschungshefte C 189, S. 186–201, Leipzig 1965.

MALEEV, E. F.: Osnovnye principy klassifikatsii piroklasticheskich porod. Geol. práce Geol. úst. D. Štura, 49, S. 149–160, Bratislava 1958.

MARCHETTI, M. P.: The occurence of slide and flowage materials (olistostromes) in the Tertiary series of Sicily. Congr. geol. internat., Sect. 5, I, S. 204–225, Mexico 1956.

MARCINEK, J.: Das Wasser des Festlandes. 224 S., Haack, Gotha 1975.

MARGOLIS, S., KRINSLEY, D.: Process of formation and environmental occurence of microfeatures on detrital Quartz grains. Amer. J. Sci., **274**, S. 449–464, 1974.

MASON, C. C., FOLK, R. L.: Differentiation of beach, dune and aeolian flat environments by size analysis, Mustang island, Texas. J. Sed. Petrol., **28**, 2, S. 211–226, 1958.

MCKEE, E. D.: Some types of bedding in the Colorado River delta. J. Geol., **47**, S. 64–81, 1939.

MCKEE, E. D., WEIR, G. W.: Terminology of stratification and cross-stratification in sedimentary rocks. Geol. Soc. Amer. Bull., **64**, S. 381–390, 1953.

MCKELVEY, V. A.: Phosphate Deposits. Geol. Surv. Bull. 1252 — D, 1967.

MEDWENITSCH, W.: Hinweise zur geologischen Exkursion nach Ostafrika, veranstaltet von der wissenschaftl. Gruppe der Sektion „Austria" der ÖAV, 14. 2.—28. 2. 1971.

MEIER, R.: Zu einigen Sedimentgefügen der Werra-Sulfate (Zechstein 1) am Osthang der Eichsfeld-Schwelle. Z. geol. Wiss., 3, 10, S. 1333—1347, Berlin 1975.

MEIER, R. (Herausgeber): Exkursionsführer 100 Jahre Barrentheorie. GGW der DDR, Berlin 1976.

MEINHOLD, R.: Bemerkungen zur Frage des Salzaufstieges. Freiberger Forschungshefte C 22, S. 65—77, Berlin 1956.

—: Erdölgeologie. 1. Lehrbrief, Bergakademie Freiberg, Fernstudium 1961.

—: Forschungen und Fortschritte in der Geochemie der Kohlenwasserstoffe. Z. angew. Geol., 15, 4, S. 168—178, 1969.

—: Stand des organisch-geochemischen Forschung in bezug auf erdölgeologische Probleme (Fortschrittsbericht). Z. angew. Geol., 18, 6, S. 241—250, 1972.

MEINHOLD, R.: Neue Erkenntnisse über die Diagenese disperser organischer Gesteinssubstanzen. Z. angew. Geol., 23, 1, S. 9—16, 1977.

MEINHOLD, R., PÄTZ, H.: Erdöl und Erdgas — vom Plankton bis zur Pipeline. 169 S., Teubner, Leipzig 1978.

MEINHOLD, R., REINHARDT, H. G.: Halokinese im Nordostdeutschen Tiefland. Ber. DGGW, A, 12, 3/4, S. 329—353, Berlin 1967.

MEISCHNER, K.-D.: Allodapische Kalke, Turbidite in riff-nahen Sedimentations-Becken. Developments in Sedimentology, 3, Turbidites, S. 156—191, Elsevier 1964.

MEISL, S.: Petrologische Studien im Grenzbereich Diagenese — Metamorphose. Abh. Hess. LA Bodenforsch., H. 57, Wiesbaden 1970.

MEISSNER, B.: Die Kohlentonsteine von Doberlug — umgewandelte pyroklastische Sedimente. Z. angew. Geologie, 9, 9, S. 486—488, 1963.

MERO, J. L.: The mineral resources of the sea. Oceanography series 1, 312 S., Elsevier 1965.

MEYER, K.: Uranprospektion vor Südwestafrika. Erzmetall, 26, 7, 1973.

MILLIMAN, J. D.: Marine Carbonates. Recent Sedimentary Carbonates, P. 1, 375 S., Springer, 1974.

MILLOT, G.: Géologie des Argiles. 499 S., Masson et Cie, Paris 1963.

MILNER, H. B.: Sedimentary Petrography. 2 Bde, 5. Aufl., George Allen & Unwin LTD, London 1962.

MOHR, A., MRAZEK, J., RICHTER, K.-H. und VOGEL, W.: Ein neues Darstellungsverfahren in der morphometrischen Analyse zur Kennzeichnung der Kornrundung. Geologie, 16, 6, S. 660—675, Berlin 1967.

MONTY, C.: Bases d'une nomenclature des roches clacaires marines. Ann. Soc. geol. Belg., 86, S. 1—2, 1963.

MOORE, J. E.: Clay mineralogy problems in oil recovery: Part 2. Petrol. Eng., 32, 3, S. 44—47, 1960.

MUCKE, D.: Initialer Magmatismus im Elbingeröder Komplex des Harzes. Freiberger Forschungshefte C 279, 221 S., Leipzig 1973.

MÜLLER, A. H.: Diagenetische Untersuchungen in der obersenonen Schreibkreide von Rügen. Abh. d. Geol. Dienstes Berlin, H. 228, S. 7—16, 1951.

—: Lehrbuch der Paläozoologie. Bd. I und II (1. Aufl.), Fischer, Jena 1957—1963.

MÜLLER, G.: Das Sand-Silt-Ton-Verhältnis in rezenten marinen Sedimenten. N. Jb. Min., S. 148 bis 163, 1961.

—: Sediment-Petrologie, Teil I, Methoden der Sedimentuntersuchung. 303 S., Schweizerbart, Stuttgart 1964.

—: Diagenesis in Argillaceous Sediments. In: Developments in Sedimentology, 8, Diagenesis in Sediments, S. 127—177, Elsevier 1967.

MÜLLER, G., FISCHBECK, R.: A New Mechanism for Protodolomite formation. Nature Physical Science, 242, No. 122, S. 139—141, 1973.

MÜLLER, G., FÖRSTERN, U.: Recent Iron Ore Formation in Lake Malawi, Africa. Mineral. Deposita (Beil.), 8, S. 278—290, 1973.

Müller-Jungbluth, W.-U., Toschek, P. M.: Karbonatsedimentologische Arbeitsgrundlagen (Begriffe, Erläuterungen, Hinweise). Veröffentlichungen der Universität Innsbruck, 8, 32 S., Innsbruck 1969.

Münzner, H.: Über ein Verfahren zur Ermittlung von Korngrößenverteilungen. Mitteilungsblatt math. Statistik, 5, 2/3, 1953.

Münzner, H., Scheiderhöhn, P.: Das Sehnenschnittverfahren. Heidelb. Beiträge Min. Petr., 3, S. 456–471, 1953.

Murray, J., Ivrine, R.: On silica and the siliceous remains of modern organisms in modern seas. Roy. Soc. Edinburgh Proc., 18, S. 229–250, 1889.

Murray, R. C.: Origin of porosity in carbonate rocks. J. Sed. Petrol., 30, S. 59–84, 1960.

Mrazek, J.: Zur Stoffbestandsveränderung rezenter Flußsedimente. Z. geol. Wiss., 2, 1, S. 19 bis 35, Berlin 1974.

Mrazek, J., Richter, K.-H.: Morphometrische Kornanalyse unter Anwendung elektromechanischer-elektronischer Gerätetechnik. Geologie, 17, 6/7, S. 835–846, Berlin 1968.

Nachsel, G.: Quarze als Faziesindikator. Z. angew. Geologie, 12, 6, S. 322–326, 1966.

Nestler, H.: Die Rekonstruktion des Lebensraumes der Rügener Schreibkreide-Fauna (Unter-Maastricht) mit Hilfe der Paläoklimatologie und Paläobiologie. Geologie, Beih. 49/1965, 147 S., Berlin 1965.

—: Die Fossilien der Rügener Schreibkreide. Neue Brehm-Bücherei 486, 120 S., 1975.

Nickel, E.: Experimental dissolution of light and heavy minerals in comparison with weathering and intrastratal solution. Contr. Sedimentology, 1, S. 1–68, Stuttgart 1973.

Niehoff, W.: Die primär gerichteten Sedimentstrukturen, insbesondere die Schrägschichtung im Koblenzquarzit am Mittelrhein. Geol. Rdsch., 47, S. 252–321, Stuttgart 1958.

Niggli, J.: Zusammensetzung und Klassifikation der Lockergesteine. Schweiz. Archiv f. angew. Wiss. u. Techn., 4, 1938.

Niggli, P.: Die Charakterisierung der klastischen Sedimente nach der Korngrößenzusammensetzung. Schweiz. Min. u. petrogr. Mitt., XV, S. 31–38, 1935.

—: Gesteine und Minerallagerstätten, II, Exogene Gesteine und Minerallagerstätten. 557 S., Birkhäuser, Basel 1952.

Ochsenius, C.: Die Bildung der Steinsalzlager und ihrer Mutterlaugensalze unter besonderer Berücksichtigung der Flöze von Douglashall in der Egelner Mulde. 172 S., Pfeiffer, Halle 1877.

—: Bedeutung des orographischen Elementes „Barre“ in Hinsicht auf Bildungen und Veränderungen von Lagerstätten und Gesteinen. Z. prakt. Geol., Jg 1893, S. 189–201 u. 217–233, Berlin 1893.

Oelsner, O.: Zur Herkunft des Eisens in oolithischen Eisenerzlagerstätten. Freiberger Forschungshefte C 129, S. 5–19, 1962.

Olcott, G. W.: Preparation and use of a gelatin mounting medium for repeated oil immersion of minerals. Amer. Min., 45, S. 1099–1101, 1960.

Paech, H.-J.: Zur Grenze zwischen Flysch und Molasse im variszischen Orogen Mitteleuropas. In: „Stockwerkbau und Felderteilung“, Veröff. des ZIPE, 14, S. 353–372, Potsdam 1973.

Paech, W.: Zur Analyse des Begriffs der geologischen Formation. Z. angew. Geol., 17, 5, S. 195 bis 201, 1971.

Panto, G.: Vorschläge zur Schaffung einer einheitlichen Terminologie für vulkanische Gesteine. Z. angew. Geologie, 5, 9, S. 373–376, 1959.

—: Hauptgesichtspunkte zur Kennzeichnung und Klassifizierung der pyroklastischen Gesteine. Ber. DGGW, B, 12, S. 165–171, Berlin 1967.

Payne, T. G.: Stratigraphical analysis and environmental reconstruction. Bull. AAPG, 26, S. 1697–1770, 1942.

Pering, K. L., Ponnamperuma, C.: Aromatic Hydrocarbons in the Murchison Meteorite. Science, 173, 3993, S. 237–239, Washington 1971.

Pettijohn, F. J.: Classification of sandstones. J. Geol., 62, S. 360–365, Chicago 1954.

PETTIJOHN, F. J.: Sedimentary rocks. 2 Aufl., 718 S., Harper & Brothers, New York 1957.

PFORR, H., ROSETZ, G.-P.: Ergebnisse und Erfahrungen bei Druck- und Zugversuchen an Gesteinen des Kalibergbaus — Beitrag zum Festigkeitskatalog und zur Erfassung des natürlichen Gesteinsverhaltens. Freiberger Forschungshefte A 376, Leipzig 1966.

PIA, J. v.: Die rezenten Kalksteine. Z. Krist. etc., B, Min. Petr. Mitt., Erg. Bd., 418 S., Leipzig 1933.

PICARD, K.: Zur Auswertung der Kreuzschichtung in fluviatilen Sedimenten. Geol. Rdsch., **41**, S. 268—276, Stuttgart 1953.

PLESSMANN, W.: Horizontal-Stylolithen im französisch-schweizerischen Tafel- und Faltenjura und ihre Einpassung in den regionalen Rahmen. Geol. Rdsch., **61**, S. 332—347, Stuttgart 1972.

POLDERVAART, A.: Statistical studies of zircon as a criterion in granitization. Nature, **165**, S. 574—575, 1950.

—: Chemistry of the Earth's crust. Geol. Soc. Amer., Spec. Paper, **62**, S. 119—144, 1955.

—: Zircons in rocks; 1. Sedimentary rocks. Amer. J. Sci., **253**, S. 433—461, 1955. 2. Igneous rocks. Amer. K. Sci., **254**, S. 521—554, 1956.

POPOV, V. I.: Opyt klassifikacii i opisanija geologičeskich formacij. 207 S., Izdat. „Nedra", Leningrad 1966.

PORRENGA, D. H.: Non-marine glauconitic illite in the lower oligocene of Aardebrug, Belgium. Clay Minerals, **7**, S. 421—430, 1968.

POSER, H.: Äolische Ablagerungen und Klima des Spätglazials in Mittel- und Westeuropa. Naturwiss., **35**, S. 269—276 u. 307—312, 1948.

POTONIÉ, H.: Eine Klassifikation der Kaustobiolithe. Sitzungsber. Königl. Preuß. Akad. Wiss., phys. math. Cl., **6**, S. 154—165, Berlin 1908.

POTTER, P. E.: Sand bodies and sedimentary environments: A review. Bull. AAPG, **51**, 3, S. 337 bis 365, 1967.

POTTER, P. E., PETTIJOHN, F. J.: Paleocurrents and Basin Analysis. 296 S., Springer, Berlin (West)—Göttingen—Heidelberg 1963.

POWERS, M. C.: Fluid-release mechanisms in compacting marine mudrocks and their importance in oil exploration. Bull. AAPG, **51**, 7, S. 1240—1254, Tulsa 1967.

PRAY, L. C., MURRAY, R. C.: Dolomitization and limestone diagenesis — A symposium. 180 S., Soc. of Economie Paleontologists and Mineralogists, Spec. Publ. No. 13, Tulsa/Oklahoma 1965.

PUSTOVALOV, L. V.: Petrografija osadočnych porod. 2 Bde, Gostoptechizdat, Moskva—Leningrad 1940.

PUSTOWALOFF, L. W.: Über sekundäre Veränderungen der Sedimentgesteine. Geol. Rdsch., **43**, S. 535—550, Stuttgart 1955.

QUIRING, H.: Oolithentstehung. Z. deutsch. geol. Ges., **96**, S. 75—87, 1944.

RABITZ, A.: Flözgleichstellung in den Essener Schichten nördlich Bochum und Dortmund. Geol. Jb., **73**, S. 389—456, 1957.

RAMMLER, E. u. a.: Petrographische, brikettier- und schweltechnische Untersuchungen an Braunkohlen-Lithotypen der Lagerstätte Schleenhain bei Borna. Freiberger Forschungshefte A 399, S. 5—122, Leipzig 1967.

REH, H.: Präkambrische Eisenerzformationen der Welt. Z. angew. Geol., **21**, **6**, S. 285—290, 1975.

REICHELT, G.: Über Schotterformen und Rundungsgradanalyse als Feldmethode. Peterm. Geogr. Mitt., **105**, S. 15—24, 1961.

REINECK, H. E.: Longitudinale Schrägschicht im Watt. Geol. Rdsch., **47**, S. 73—82, 1958.

—: Über die Entstehung von Linsen- und Flaserschichten. Abh. Deutsch. Akad. Wiss. Berlin, Kl. Bergbau, Hüttenw., Montangeol., 1960, 1, S. 367—374, Berlin 1960.

—: Sedimentbewegungen an Kleinrippeln im Watt. Senck. leth., **42**, S. 51—67, 1961.

—: Parameter von Schichtung und Bioturbation. Geol. Rdsch., **56**, 2, S. 420—438, 1967.

REINECK, H. E. (Herausg.): Das Watt-Ablagerung und Lebensraum. 142 S., Kramer, Frankfurt/M. 1970.

REINECK, H.-E., SINGH, I. B.: Depositional Sedimentary Environments. 439 S., Springer 1973.

REINECK, H. E., WUNDERLICH, F.: Zur Unterscheidung von asymmetrischen Oszillationsrippeln und Strömungsrippeln. Senck. leth., **49**, S. 321–345, Frankfurt/M. 1968.

REMANE, A.: Biologische Kriterien zur Unterscheidung von Süß- und Salzwassersedimenten. Fortschr. Geol. Rheinld. u. Westf., **10**, S. 9–34, 1963.

REMANE, A., SCHLIEPER, C.: Biologie des Brackwassers. 384 S., Nägele u. Obermiller, Stuttgart 1958.

RENTZSCH, J., KNITZSCHKE, G.: Die Erzmineralparagenesen des Kupferschiefers und ihre regionale Verbreitung. Freiberger Forschungshefte C 231, S. 189–211, Leipzig 1968.

RICHTER-BERNBURG, G.: Die paläogeographische Voraussetzungen für die Bildung der nordwestdeutschen Salzlager. Jahrb. d. Geograph. Ges., Hannover 1953.

—: Über salinare Sedimentation. Z. deutsch. geol. Ges., Jg. 1953, **105**, S. 593–645, Hannover 1955.

RICHTER, D.: Verkürzung von Fossilien und Entstehung von Flaser- und Knollenkalken durch Lösungsvorgänge in geschieferten kalkigen Gesteinen. Geol. Mitt., **4**, S. 235–248, Aachen 1965.

—: Olisthostrom, Olistolith, Olisthothrymma und Olisthoplaka als Merkmale von Gleitungs- und Resedimentationsvorgängen infolge synsedimentärer Bewegungen in Geosynklinalbereichen. N. Jb. Geol. Paläont. Abh., **143**, 3, S. 304–344, Stuttgart 1973.

RINNE, F.: Metamorphosen von Salzen und Silikatgesteinen. Jber. niedersächs. geol. Ver., **7**, 252ff., Hannover 1914.

—: Gesteinskunde. 1. Aufl., 1908; 8. u. 9. Aufl., 372 S., 1923; 10. u. 11. Aufl., 428 S., Janecke, Leipzig 1928.

RITTMANN, A.: Vulkane und ihre Tätigkeit. 2. Aufl., 336 S., Enke, Stuttgart 1960.

RODGERS, J. J. W., HEAD, W. B.: Relationship between porosity mean size, and sorting coefficients of synthetic sands. J. Sed. Petrol. **31**, S. 467–470, 1961.

ROMANOVSKIJ, S. I.: Dinamika formirovanija fliša. 174 S., Izdat. „Nedra", 1976.

RONOV, A. B.: Probable changes in the composition of sea water during the course of geological time. Sedimentology, 10, S. 25–43, 1968.

—: Allgemeine Entwicklungstendenzen in der Zusammensetzung der äußeren Erdhülle. Ber. DGGW, A, **16**, 3/5, S. 331–350, Berlin 1971.

RONOV, A. B., JAROŠEVSKIJ, A. A.: Chimičeskoe stroenie zemnoj kory. Geochimija 11, S. 1285 bis 1309, Moskva 1967.

ROSENFELD, M. A.: Some aspects of porosity and cementation. Prod. month., **13**, S. 39–42, 1949.

RÖSLER, H. J.: Das Kieselgurlager von Klieken bei Coswig (Anh.). Die Bergakademie, **3**, **1**, S. 9 bis 14, 1951.

—: Zur Entstehung der oberdevonischen Eisenerze vom Typ Lahn-Dill — in Ostthüringen. Freiberger Forschungshefte C 138, 79 S., Berlin 1962.

—: Genetische Probleme der Erze des sogenannten erweiterten Lahn-Dill-Typus. Ber. Geol. Ges. DDR, **9**, 4/5, S. 445–454, Berlin 1964.

RÖSLER, H. J., PILOT, J. und STARKE, R.: Neue Untersuchungsergebnisse zur Altersstellung des Kaolinisierungsvorgangs. Z. angew. Geol., **22**, 9, S. 393–398, Berlin 1976.

RÖSLER, H. J., STARKE, R.: Einführung in die Tonmineralogie. 3 Lehrbriefe, Bergakademie Freiberg, Fernstudium 1967.

ROTHPLETZ, A.: Über die Bildung der Oolithe. Botan. Centralbl., Kassel 1892.

ROY, R. N.: In: Autorenkollektiv: Zur sedimentpetrologischen Analyse sandiger Schichtfolgen. Freiberger Forschungshefte C 301, 1974.

RUCHIN, L. B.: Grundzüge der Lithologie. 806 S., Akademie-Verlag, Berlin 1958.

—: Osnovy litologii. 3. Aufl., 703 S., Izdat. „Nedra", Leningrad 1969.

RÜCKLIN, H.: Strömungsmarken im Unteren Muschelkalk des Saarlandes. Senckenbergiana, **20**, S. 94–114, 1938.

RUSSEL, R. D., TAYLOR, R. E.: Roundness and shape of Mississippi River sands. J. Geol., 45, S. 225–267, Chicago 1937.

SALOMON, W.: Die Definition von Grauwacke, Arkose und Ton. Geol. Rdsch., **6**, S. 398–404, Leipzig 1915.

ŠANCER, E. V.: Očerki učenija o genetičeskich tipach kontinental'nych osadočnych obrazovanii. 239 S., Izdat. „Nauk", Moskva 1966.

SANDER, B.: Beiträge zur Kenntnis der Anlagerungsgefüge. Tscherm. Min. Petr. Mitt., **48**, S. 27 bis 139 u. 141–209, 1936.

SAPPER, K.: Katalog der geschichtlichen Vulkanausbrüche. 358 S., Trübner, Straßburg 1917.

SARKISJAN, S. G., KOTEL'NIKOV, D. D.: Tonminerale und Probleme der Erdölgeologie (russ.). Izdat. „Nedra", 181 S., Moskva 1971.

SCHEIDIG, A.: Der Löß und seine geotechnischen Eigenschaften. 233 S., Steinkopff., Dresden u. Leipzig 1934.

SCHENK, P. E.: Facies and Phases of the Altamont Limestone an Megacyclothem (Pennsylvanian), Iowa to Oklahoma. Geol. Soc. Amer. Bull., **78** S. 1369–1384, 1967.

SCHIDLOWSKI, M., RITZKOWSKI, S.: Magnetkügelchen aus dem hessischen Tertiär. N. Jb. Geol. Paläont., Mh., 3 S. 170–182, Stuttgart 1972.

SCHLEE, J.: Fluvial gravel fabric. J. Sed. Petrol., **27**, S. 162–176, 1957.

SCHNEIDERHÖHN, P.: Eine vergleichende Studie über Methoden zur quantitativen Bestimmung von Abrundung und Form an Sandkörnern (im Hinblick auf die Verwendbarkeit an Dünnschliffen). Heidelb. Beiträge Min. Petr., **4**, S. 172–191, 1954.

SCHNITZER, W. A.: Die Quarzkornfarbe als Hilfsmittel für die stratigraphische und paläogeographische Erforschung sandiger Sedimente. Erlanger geol. Abh., H. 23, 13 S., Erlangen 1957.

—: Zur Methodik der Quarzkornfarben-Untersuchung in feinkörnigen sandigen Sedimenten. Geol. Bl. NO-Bayern, **13**, S. 1–11, Erlangen 1963.

SCHOPF, J. W.: Das Zeitalter des mikroskopischen Lebens. Endeavour, XXXIV, Nr. 122, S. 51 bis 58, 1975.

SCHOTT, W.: Über die Sedimentationsgeschwindigkeit rezenter Tiefseesedimente. Geol. Rdsch., 29, 3/5, S. 322–329, 1938.

SCHOTT, W., MAYER-GÜRR, A.: Arbeitsmethoden der Erdölgeologie. In: „Lehrbuch der Angewandten Geologie" (Herausg.: A. BENTZ und H.-J. MARTINI), Teil 1, Enke, Stuttgart 1968.

SCHREIBER, B. C., FRIEDMAN, G. M., DECIMA, A. und SCHREIBER, E.: Depositional environments of Upper Miocene (Messinian) evaporite deposits of the Sicilian Basin. Sedimentology, **23**, S. 729–760, 1976.

SCHUBERT, R., STEINER, W.: Der thüringische Dachschiefer als Werk- und Dekorationsstein. Wiss. Z. f. Architektur und Bauwesen Weimar, **17**, 5, S. 531–550, 1970.

SCHÜLLER, A.: Eine natürliche Mineralsynthese von Montmorillonit im Nephelinbasalt des Großen Dolmar bei Meiningen (Rhön). Heidelb. Beitr. Min. Petrogr., **3**, S. 472–494, 1953.

SCHWAB, M.: Harz – verkehrt gestapelt. Wiss. u. Fortschr., **24**, S. 85–89 u. 140–146, 1974.

SCHWAN, W.: Geologisches Auftreten und Entstehung der Kieselschiefer (Lydite). – Geologica, **11**, S. 115–134, Berlin 1952.

SCHWARZ, A.: Die Natur des culmischen Kieselschiefers. Abh. senckenb. naturf. Ges., **41**, 4, S. 191–241, 1928.

—: Untersuchungen über die Bildungsweise von sedimentären, festen Kieselsäuregesteinen nichtklastischen Ursprungs. Senkenbergiana, **11**, S. 159–191, Frankfurt 1929.

SCHWARZBACH, M.: Das Klima der Vorzeit. 2. Aufl., 275 S., Enke Stuttgart 1961.

SCHWERDTNER, G.: Zur Geologie der nordwest- und mittelsächsischen Kaolinlagerstätten. Ber. DGGW, B, **12**, 4, S. 389–406, Berlin 1967.

SEIBOLD, E.: Rezente submarine Metallogenese. Geol. Rdsch., **62**, 3, S. 641–684, Stuttgart 1973.

—: Lagerstätten von Kohlenwasserstoffen unter dem Rand der Kontinente. Erdöl/Erdgas-Zeitschr., **89**, 10, S. 361–369, 1973.

—: Der Meeresboden – Forschungsgegenstand und Zukunftsaufgaben. Naturwissenschaften, **62**, 7, S. 321–330, 1975.

SEIFERT, A., RASCHER, J., ROSELT, G.: Beitrag zur makropetrographischen Ansprache von Weichbraunkohlen. Z. angew. Geol., 24, 6, S. 250–255, Berlin 1978.

SEILACHER, A.: Studien zur Palichnologie I. N. Jb. Geol. Paläont., Abh., **96**, S. 421–452, 1953.

—: Die geologische Bedeutung fossiler Lebensspuren. Z. deutsch. Geol. Ges., **105**, S. 214–227, Hannover 1954.

—: Zur ökologischen Charakteristik von Flysch und Molasse. Eclogae Geologicae Helvetiae, **51**, 1 u. 2, S. 1062–1078, 1958.

—: Tektonischer, sedimentologischer oder biologischer Flysch? Geol. Rdsch., **56**, S. 191–200, Stuttgart 1967.

SEILACHER, A.: Bathymetry of trace fossils. Marine Geol., **5**, Spec. Iss. „Depth Indicators in Marine Sedimentary Environments", S. 413–428, Elsevier, Amsterdam 1967.

SEIM, R., MÜLLER, E. P. und RÖSLER, H. J.: Zur Geochemie sedimentärer und diagenetischer Prozesse. Z. angew. Geologie, **22**, 11, S. 512–520, 1976.

SEITZ, O.: Das Eisenerz im Korallenoolith der Gifhorner Mulde bei Braunschweig und Bemerkungen über den oberen Dogger und die Hersumer Schichten. Geol. Jb., **64**, S. 1–73, Hannover 1950.

SEYFARTH, H.-H.: Umbildungsvorgänge im Staßfurtkalilager. Ber. DGGW, B, **14**, 1, S. 25–30, Berlin 1969.

SHEPARD, F. P., YOUNG, R.: Distinguishing between beach and dune sands. J. Sed. Petrol., **31**, S. 196–214, 1961.

SHINN, E. A.: Submarine lithification of holocene carbonate sediments in the Persian Gulf.- Sedimentology, **12**, S. 109–144, 1969.

SIMONS, D. B., RICHARDSON, V. E. und NORDIN, C. F.: Sedimentary structures generated by flow in alluvial channels. Soc. Econ. Paläont. Min., Spec. Spec. Publ., **12**, S. 34–52, Tulsa 1965.

SMIRNOV, V. I.: Geologie der Lagerstätten mineralischer Rohstoffe. 562 S., VEB Deutscher Verlag für Grundstoffindustrie, Leipzig 1970.

—: Rudnye mestoroždenija SSSR. Bd. 1, 328 S., Izd. „Nedra", Moskva 1974.

SMALLEY, I. J. (Ed.).: Loess, Lithology and Genesis. Benchmark papers in geology, Vol. 26, 430 S., Dowdon, Hutchison & Ross, Inc. 1976.

SNARSKY, N.: Zur Frage der Erdölentstehung. Freiberger Forschungshefte C 123, S. 35–54, 1962.

ŠNJUKOV, E. F., BELODED, R. M. und CEMKO, V. P.: Poleznye iskopaemye mirovogo okeana. 205 S., Izdat. „Naukova dumka", Kiev 1974.

SONTAG, E.: Mikrobotanische und spektrochemische Untersuchungen am 2. Niederlausitzer Flözhorizont. Diss., Bergakademie Freiberg, 1963.

SONTAG, E., SÜSS, M.: Die Anwendung der quantitativen mikropetrographischen Analyse (QMA) zur Kennzeichnung von Braunkohlen hinsichtlich ihrer effektiveren Verwertung. Z. geol. Wiss., **1**, S. 1565–1589, Berlin 1973.

SONTAG, E., TZSCHOPPE, E., CHRISTOPH, H. J.: Beitrag zur mikropetrographischen Nomenklatur und Analyse der Weichbraunkohle. Z. angew. Geol., **11**, S. 647–658, Berlin 1965.

SOTARIADIS, L.: Über festländische Olisthostrome in N-Makedonien/Griechenland. Jb. Geol. Paläont., Mh., 1973, 1, S. 55–60, Stuttgart 1973.

STACH, E.: Der Inkohlungssprung im Ruhrkarbon. Brennst.-Chem., 34, S. 353–355, Essen 1953.

—: Radioaktive Inkohlung. Brennst. Chemie, **39**, 21/22, S. 329–331, 1958.

STARKE, R.: Verteilung und Faziesabhängigkeit der Tonminerale in den geologischen Systemen. Freiberger Forschungshefte C 254, 185 S., Leipzig 1970.

STARKE, R., WIEGMANN, J.: Über den substantiellen Aufbau von Tonen und seine Bedeutung für die Nutzung. Z. angew. Geol., **22**, 8, S. 371–378, 1976.

STARKE, R., WIEDUWILT, K., ENKE, M. und MÜLLER, L.: Minerale und mineralische Rohstoffe als Füll-, Farb- und Trägersubstanzen, insbesondere in der Plast- und Papierindustrie. Freiberger Forschungshefte C 296, S. 163–190, Leipzig 1975.

STEINER, W.: Zyklen und Rhythmen in der Sedimentation — eine terminologische Betrachtung. Geologie, **15**, 4/5, S. 496—502, Berlin 1966.

—: Das neue Standardprofil des Travertinvorkommens von Ehringsdorf bei Weimar. Z. geol. Wiss., **4**, 5, S. 771—780, Berlin 1976.

STEINICH, G.: Endogene Tektonik in den Unter-Maastricht-Vorkommen auf Jasmund (Rügen). Geologie, Beih. 71/72/1971, 207 S., Berlin 1972.

STEINICH, G., NESTLER, H.: Unter-Maastricht der Insel Rügen. Ber. DGGW, A, **12**, 5, S. 577 bis 585, Berlin 1967.

STEINMANN, G.: Gibt es fossile Tiefseeablagerungen von erdgeschichtlicher Bedeutung? Geol. Rdsch., **16**, S. 435—468, 1925.

STINY, J.: Technische Geologie. 789 S., Enke, Stuttgart 1922.

—: Technische Gesteinskunde. 2 Aufl., 550 S., Springer, Wien 1929.

STOCKDALE, P. B.: Stratigraphic significance of solution in rocks. J. Geol., **34**, S. 399—414, Chicago 1926.

STÖCKE, K., BORCHERT, H.: Fließgrenzen von Salzgesteinen und Salztektonik. Z. f. Kali-, Steinsalz- und Erdölindustrie sowie Salinenwesen, **30**, 20 (S. 191—194), 21 (S. 204—207), 22 (S. 214 bis 217), Halle 1936.

STOLLE, E., DÖHNER, C.: Zur petrographischen Nomenklatur der Salzgesteine. Ber. DGGW, A, **15**, 4, S. 481—493, Berlin 1970.

STÖRR, M.: Mineralogische Untersuchungen am Kaolinit aus dem Granodiorit-Kaolin von Caminau bei Königswartha (Lausitz). Geologie, **16**, S. 676—688, Berlin 1967.

—: Die nichtkarbonatischen, mineralischen Bestandteile der weißen Schreibkreide von Jasmund auf Rügen. Ber. DGGW, A, **12**, 5, S. 549—555, Berlin 1967.

STRACHOV, N. M.: K voprosu ob obščej teorii osadočnogo processa. Izvest. AN SSSR, ser. geol., 1950, No. 4, S. 103—146, 1950.

—: Osnovy teorii litogeneza. 3 Bde, Izdat. Akad. Nauk SSSR, Moskva 1960—1962.

—: Tipy litogeneza i ich evoljucija v istorii zemli. 535 S., Gosgeoltechizdat, Moskva 1963.

STUDER, B.: Notice geognostique sur quelques parties de la chaîne de Stockhorn et sur la houille du Siemmenthal, canton Berne. Ann. Sci. Nat., XI, 1, Paris 1827.

STUMPEL, E.: Erzmikroskopische Untersuchungen an Schwermineralien in Sanden. Geol. Jb., **73**, S. 685—724, Hannover 1958.

STURMFELS, E.: Das Kalilager von Buggingen (Südbaden). N. Jb. Min. Geol. Paläont., **78**, A, S. 131—216, 1943.

SÜSS, M., SONTAG, E.: Petrologische Untersuchung des Bitterfelder Braunkohlenvorkommens im Bereich des Tagebaues Holzweißig und Goitsche. Freiberger Forschungshefte A 160, S. 5—39, Leipzig 1960.

—, —: Beitrag zur petrographischen Nomenklatur und Systematik von Weichbraunkohlen. Bergbautechnik, **16**, S. 186—190, Leipzig 1966.

ŠVANOV, V. N. L.: Pesčanye porody i metody ich izučenija. 248 S., Izdat. „Nedra", Leningrad 1969.

ŠVECOV, M. S.: Petrografija osadočnych porod. Izdat. GONTI, Moskva 1934.

SZADECZKY-KARDOSS, E. v.: Die Bestimmung des Abrollungsgrades. Zbl. Min. Geol. Paläont., B, S. 389—401, 1933.

TABYLDIEV, K. T., KIPERMAN, J. A. und TIMČENKO, A. I.: Karatauskij fosforitonosnyj bassejn. 40 S., Alma-Ata 1970.

TALIAFERRO, N. L.: Relation of Volcanism to Diatomaceous and associated siliceous sediments. Bull. Univ. California, Dept. Geol. Sci., **23**, 1, 1933.

TANNER, W. F.: Ripple mark indices and their uses. Sedimentology, **9**, S. 89—104, Amsterdam 1967.

TARR, W. A.: Terminology of the chemical siliceous sediments. Nat. Res. Counc. Comm. on Sedimentation Rept., 8—27, 1938.

TAYLOR, J. H.: Petrology of the Northampton sand ironstone formation. Great. Brit. Geol. Surv. Mem., 111 S., 1949.

TAYLOR, J. M.: Pore space reduction in sandstones. Bull. AAPG, **34**, S. 701–716, 1950.

TEICHMÜLLER, M.: Zum petrographischen Aufbau und Werdegang der Weichbraunkohle (mit Berücksichtigung genetischer Fragen der Steinkohlenpetrographie). Geol. Jb., **64**, S. 429–488, Hannover/Celle 1950.

—: Die Genese der Kohle. Compte Rendue, 4. Congr. Strat. Geol. Carbonif., Heerlen 1958, **3**, S. 699–722, Maastricht 1962.

—: Die Kohlenflöze der Bohrung Münsterland 1. Fortschr. Geol. Rheinld. u. Westf., **11**, S. 129–178, Krefeld 1963.

—: Entstehung und Veränderung bituminöser Substanzen in Kohlen in Beziehung zur Entstehung und Umwandlung des Erdöls. Fortschr. Geol. Rheinld. u. Westf., **24**, S. 65–112, Krefeld 1974.

TEICHMÜLLER, M. u. R.: Zur Fazies und Metamorphose der „Kohlen" im Devon des Rheinischen Schiefergebirges. Z. deutsch. geol. Ges., **103**, S. 219–232, Hannover 1952.

TEODOROVIČ, G. I.: K voprosu o proischoždenii osadočnych izvestkovodolomitovych porod. Tr. In-ta nefti AN SSSR, t. 5, 1955.

—: Autigennye mineraly osadočnych porod. Izdat. AN SSSR, Moskva 1958.

—: Učenie ob osadočnych porodach. 572 S., Gostroptechizdat, Leningrad 1958.

THOMASER, P.: Klassifikation und Nomenklatur der Sedimentgesteine für das Paläozoikum im Gebiet Rügen/Hiddensee. FIEE Gommern 1970.

THORARINSSON, S.: The eruption of Hekla, 1947–1948. The tephrafall from Hekla in March 29, 1947. Mus. Nat. Hist. Soc. Sci. Island, Reykjavik 1954.

THORNTON, C. P.: Flowage of Fragmental Volcanic Material. Mineral. Industries, **34**, 3, S. 1–8, 1964.

THÜRACH, H.: Über das Vorkommen mikroskopischer Zirkone und Titanmineralien in den Gesteinen. Verh. phys.-med. Ges. Würzburg, **18**, 1884.

TODD, T. W.: Petrogenetic classification of carbonate rocks. J. Sed. Petrol., **36**, 2, 1966.

TOMASZEWSKI, J. B., NISKIEWICZ, J.: Untersuchungen zur optimalen Nutzung der Kupfererzlagerstätten von Dólny Śląsk (VR Polen). Freiberger Forschungshefte C 281, S. 111–120, Leipzig 1975.

TOOMEY, D. F.: Rhodoliths from the Upper Paleozoic of Kansas and the Recent – a comparison. N. Jb. Geol. Paläont., Mh., Jg. 1975, H 4, S. 242–255, 1975.

TRASK, P. D.: Origin and environment of source sediments of petroleum. 323 S., Gulf Publ. Co., Houston 1932.

—: Inferences about the origin on oil as indicated by the composition of the organic constituents of sediments. U. S. Geol. Survey, Prof. Paper No. 186, S. 147–157, 1936.

TRÖGER, K. A.: Fazies-Biofazies am Beispiel der sächsischen und subherzynen Kreide. Z. geol. Wiss., **3**, 10, S. 1265–1277, Berlin 1975.

TRURNIT, P.: Morphologie und Entstehung von Drucklösungserscheinungen während der Diagenese. Diss., Universität Heidelberg 1967.

—: Morphologie und Entstehung diagenetischer Druck-Lösungserscheinungen. Geol. Mitt., **7**, S. 173–204, Aachen 1967.

—: Die relative Drucklöslichkeit detritischer Mineralien und Gesteine. Geologie, H. 1, S. 41–76, Berlin 1969.

TRUSHEIM, F.: Über Halokinese und ihre Bedeutung für die strukturelle Entwicklung Norddeutschlands. Z. deutsch. geol. Ges., **109**, S. 111–151, Hannover 1957.

TWENHOFEL, W. H.: Treatise in sedimentation. 661 S., Williams & Wilkins Co., New York 1926.

TYLER, S. A., BARGHOORN, E. S.: Occurence of structurally preserved plants in the precambrian rocks of the Canadian shield. Science, **119**, S. 606–608, Washington 1954.

UHLIG, D., SCHULZ, G.: Möglichkeiten und Probleme der komplexen Nutzung von Lagerstätten, dargelegt am Beispiel eines Feldspatsandvorkommens. Ber. DGGW, A, **17**, 5, S. 733–739, Berlin 1972.

USDOWSKI, H.-E.: Die Entstehung der kalkoolithischen Fazies der norddeutschen Unteren Buntsandsteins. Beitr. Min. Petr., **8**, S. 141–179, 1962.
—: Der Rogenstein des norddeutschen Unteren Buntsandsteins, ein Kalkoolith des marinen Faziesbereichs. Fortschr. Geol. Rheinld. Westf., **10**, S. 337–342, Krefeld 1963.
UTECH, K.: Die Konzentration kosmischer Kügelchen in Sedimenten als Maßstab für deren Bildungsgeschwindigkeit. N. Jb. Geol. Paläont., Abh., **116**, 3, S. 325–333, Stuttgart 1963.
—: Kosmische Magnetitflitter in Sedimenten. N. Jb. Geol. Paläont., Mh. 3, S. 164–166, Stuttgart 1965.
—: Untersuchungen über die Konzentration kosmischer Kügelchen in Sedimentproben des Kalischachtes Heitersheim II, Baden. N. Jb. Geol. Paläont., Mh., 10, S. 623–628, Stuttgart 1971.
VALETON, I.: Veränderungen an Zirkon und Turmalin in Buntsandstein und Keuper. Heidelberger Beitr. Min. Petrogr., **5**, S. 100–104, 1955.
VALETON, I.: Zur Bildung von Glaukonitsedimenten im Nordwestdeutschen Tertiär. Eclogae Geologicae, Helvetiae, **51**, 1 u. 2, S. 803–814, 1958.
—: Petrographie und Genese von Bauxitlagerstätten. Geol. Rdsch., **52**, S. 448–474, Stuttgart 1962.
—: Laterite und ihre Lagerstätten. Fortschr. Min., **44**, S. 67–130, 1967.
VALJAŠKO, G. M.: Die wichtigsten geochemischen Parameter für die Bildung der Kalisalzlagerstätten. Kali-Symposium 1958 Berlin; Freiberger Forschungshefte A 123, S. 197–235, Berlin 1960.
—: Geochemische Gesetzmäßigkeiten der Entstehung der Kalisalzlagerstätten (Übers. a. d. Russ.: Zentrale Forschungsstelle für die Kaliindustrie). Verlag d. Moskauer Universität 1962.
VALJAŠKO, M. G.: Genesis der Salzsolen der Sedimenthülle. Freiberger Forschungshefte C 190, S. 71–97, Leipzig 1965.
—: Osnovy geochimii prirodnych vod. Geochimija, 11, S. 1395–1407, Moskva 1967.
VAN DER PLAS, L.: The identification of detrital feldspars. Developments in Sedimentology, 6, 305 S., Elsevier 1966.
VAN STRAATEN, L. M. J. U.: Longitudinal ripple marks in mud and sand. J. Sed. Petrol., **21**, S. 47–54, 1951.
—: Rhythmic patterns on Dutch North Sea beaches. Geol. en Mijnb., N. S., **15**, 2, S. 31–43, 1953.
—: Composition and structure of recent marine sediments in the Netherlands. Leidse geol. Meded., **19**, 110 S., 1954.
—: Minor structures of some recent littoral and neritic sediments. Geol. en Mijnb., N. S., **21**, S. 197–216, 1939.
VAN'T HOFF, J. H.: Zur Bildung der ozeanischen Salzablagerungen. 85 u. 90 S., Vieweg, Braunschweig 1905 u. 1909.
VARENCOV, I. M., FORMOZOVA, L. N.: Osadočnye rudy železa i marganca. Trudy geol. inst. AN SSSR, **70**, Moskva 1962.
VASSOEVIČ, N. B.: Fliš i metodika ego izučenija. 216 S., „Gostoptechizdat", 1948.
—: Uslovija obrazovanija fliša. 240 S., „Gostoptechizdat", Leningrad 1951.
—: Voprosy obrazovanija nefti. Trudy VNIGRI, vyp. 128, Leningrad 1958.
VASSOJEVITSCH, N. B.: Probleme der Erdölgenese. Z. angew. Geol., **4**, S. 512–515, 1958.
VINOGRADOV, A. P., RONOV, A. B. und RATYNSKIJ, V. M.: Variation in the Chemical Composition of Carbonate Rocks of Russian Platform. Geochim. Cosmochim. Acta, **12**, S. 273–276, 1957.
VLODARSKAJA, V. R.: Die Rolle der Tonminerale bei den Prozessen der Bitumenbildung in Sedimentgesteinen (russ.). Litol. i polezn. iskop., 5, S. 17–26, Moskva 1966.
VOGEL, K.: Riff, Bioherm, Biostrom-Versuch einer Begriffserklärung. N. Jb. Geol. Paläont. Mh., 1963, S. 680–688, Stuttgart 1963.
VOIGT, E.: Frühdiagenetische Deformation der turonen Plänerkalke bei Halle/Westf. als Folge einer Großgleitung unter besonderer Berücksichtigung des Phacoid-Problems. Mitt. Geol. Staatsinst. Hamburg, **31**, S. 146–275, Hamburg 1962.

VOIGT, E.: Über Hiatus-Konkretionen (dargestellt an Beispielen aus dem Lias). Geol. Rdsch., 58, 1, S. 281–296, Stuttgart 1969.

WADELL, H.: Volume, shape and roundness of rock particles. J. Geol., **40**, S. 443–451, Chicago 1934.

—: Volume, shape and shape position of rock fragments in open-work gravel. Geogr. Annal., 18, S. 74–92, 1936.

WAGENBRETH, O.: Zu Nomenklaturfragen salzgenetischer Begriffe. Ber. DGGW, A, **15**, 4, S. 471 bis 477, Berlin 1970.

WAGNER, G.: Stylolithen und Drucksuturen. Geol. Paläont. Abh., N. F., XI, 2/1, S. 3–30, Jena 1913.

WAGNER, G. H.: Druckspannungsindizien in den Sedimenttafeln des Rheinischen Schildes. Geol. Rdsch., **56**, S. 906–913, Stuttgart 1967.

WALTER, H.: Neue morphologisch-physikalische Erkenntnisse über Flugsand und Dünen. Rhein-Main Forsch., H. 31, Frankfurt/M. 1951.

WALTHER, H. W., ZITZMANN, A.: Die Lagerstätten des Eisens in Europa. Z. deutsch. geol. Ges., **124**, S. 61–72, Hannover 1973.

WALTHER, J.: Einleitung in die Geologie als Historische Wissenschaft; 3. Lithogenesis der Gegenwart. 1055 S., Fischer, Jena 1893/94.

—: Das Gesetz der Wüstenbildung. 2. Aufl., 342 S., Quelle & Meyer, Leipzig 1912; 4. Aufl., 421 S., Quelle & Meyer, Leipzig 1924.

WASSOJEWITSCH, N. B.: Die Theorie der Erdölentstehung durch sedimentäre Migration (russ.). Izv. AN SSSR, ser. geol., 11, 1967.

WASSOJEWITSCH, N. B., KORTSCHAGINA, J. I., LOPATIN, N. W., TSCHERNYSCHEW, W. W. und TSCHERNIKOW, K. A.: Die Hauptphase der Erdölbildung. Z. angew. Geol., **15**, 12, S. 611–621, 1969.

WASSOJEWITSCH, N. B., KORTSCHAGINA, J. I., LOPATIN, N. W. und TSCHERNISCHEW, V. V.: Principal phase of oil formation. Internat. Geol. Rev., **12**, S. 1276–1296, Washington D.C. 1970.

WATZNAUER, A., BÜNGER, K. und KNEBEL, B.: Beitrag zur räumlichen Darstellung des Porenraumes von Sedimentgesteinen. Z. angew. Geol., **11**, 2, S. 86–88, Berlin 1965.

WEAVER, C. E.: Geologic Interpretation of Argillaceous Sediments. Bull. AAPG, **42**, S. 254–271 u. 272–309, 1958.

—: Possible use of clay minerals in search for oil. Bull. AAPG, **44**, S. 1508–1518, 1960.

WEGGEN, K., MEYER, K.: Genese und Vorkommen wirtschaftlich interessanter Schwermineralseifen. Erdöl-Erdgas-Z., **89**, 2, S. 81–88, 1973.

WEIGELT, J.: Die Gliederung und die Faunenverteilung im unteren Culm des Oberharzes. Jb. Preuß. Geol. LA, **37**, Teil II, Berlin 1918.

WEILER, Y., SASS, E. und ZAK, I.: Halite oolites and ripples in the Dead Sea, Israel. Sedimentology, **21**, S. 623–632, 1974.

WEISS, A.: Organic derivates of clay minerals, zeolites and related minerals. In: „Organic Geochemistry" (Ed.: G. EGLINGTON und M. T. MURRHY), S. 737–775, Springer 1969.

WELLER, H.: Eine Möglichkeit zur Behebung von Unzulänglichkeiten bei der Bestimmung des Rundungsgrades nach WADELL. Z. geol. Wiss. **2**, 5, S. 609–616, Berlin 1974.

—: Bemerkungen über die Klasseneinteilung der synoptischen Methode für die Bestimmung der Rundung von Sedimentpartikeln nach RUSSEL-TAYLOR-PETTIJOHN. Z. geol. Wiss., **3**, 1, S. 79 bis 85, Berlin 1975.

WENK, E.: Die Assoziation von Radiolarienhornsteinen und ophiolithischen Erstarrungsgesteinen als petrogenetisches Problem. Experentia, **5**, Basel 1949.

WERNER, C.-D.: Aufbau und Genese der Nickelhydrosilikatlagerstätten im Granulitgebirge. Ber. geol. Ges. DDR, **10**, 5, S. 567–590, 1965.

WETZEL, O.: Neues und weniger Bekanntes über den Feuerstein. Der Aufschluß, 8, 5, S. 106–109, 1957.

WEYL, R.: Schwermineralverwitterung und ihr Einfluß auf die Mineralführung klastischer Sedimente. Erdöl und Kohle, **3**, S. 209–211, 1950.

WHALLEY, W. B., KRINSLEY, D. H.: A scanning electron microscope study of surface textures of quartz grains from glacial environment. Sedimentology, **21**, S. 87–105, 1974.

WICKMANN, F. E.: The cycle of carbon and the stable carbon isotopes. Geochim. Cosmochim. Acta, **9**, 136, London 1956.

WIEFEL, H.: Feinstratigraphische und geochemische Untersuchungen an der Lahn-Dill-Erzlagerstätte von Göritz bei Schleiz (Ostthüringen). Ber. Geol. Ges. DDR, 9, 4/5, S. 539–542, 1964.

WIEFEL, H. u. J.: Zusammenhänge zwischen Verkarstung und Travertinbildung im Gebiet von Weimar. Abh. ZGI Berlin, **21**, S. 61–75, Berlin 1974.

WIESENEDER, H.: Über die Veränderungen des Schwermineralbestandes der Sedimente durch Verwitterung und Diagenese. Erdöl und Kohle, **6**, S. 369–372, Hamburg 1953.

WIESENEDER, H.: Über die Gesteinsbezeichnung Grauwacke. Tscherm. min. u. petrogr. Mitt., VII, 4, S. 451–454, Wien 1961.

WILSON, J. L.: Carbonat Facies in Geologic History. 471 S., Springer 1975.

WINKLER, H. G. F.: Die Genese der metamorphen Gesteine. Springer, Berlin (West)–Heidelberg–New York 1965; 2. Aufl., 237 S., 1967.

WOLF, M: Die chilenischen Salpeterlagerstätten — Bemerkungen zu ihrer Genese. Bergakademie, **20**, 8, S. 459–463, 1968.

—: Über die Beziehungen zwischen Illit-Kristallinität und Inkohlung. N. Jb. Geol. Paläont., Mh., **75**, 7, S. 437–447, Stuttgart 1975.

WOOLNOUGH, W. G.: The duricrust of Australia. J. Roy Soc. New S. Wales. **61**, S. 24–53, 1928.

WORRALL, W. E.: Clays — their nature, origin and general properties. 128 S , Mc Laren & Sons LTD, London 1968.

WUNDERLICH, H. G.: Granatführung im Mitteldeutschen Buntsandstein detritischer Herkunft oder infolge Neubildung. Geologie, **15**, 9, S. 1093–1096, Berlin 1066.

WURSTER, P.: Geologie des Schilfsandsteins. Mitt. Geol. Staatsinst. Hamburg, H. 33, 1964.

ZÄNKER, G.: Über einige sedimentäre und diagenetische Gefügemerkmale in chloridischen Salinarablagerungen. Ber. DGGW, A, **15** 4, S. 543–554, Berlin 1970.

—: Beitrag zur Tektonik des Salinargebirges im Südharz Kalirevier. Dissertation (A), Bergakademie Freiberg 1973; Autorreferat in Neue Bergbautechnik, 3. Jg., H. 10, 1973.

ŽARKOV, M. A.: Paleozoiskie solenosnye formacii mira. Izd. „Nedra", Moskva 1974.

ZAVEARICKIJ, A. N.: Vvedenie v petrografiju osadočnych porod. Izdat. GONTI, Moskva 1932.

ZEIL, W.: Merkmale des Flyschs. Abh. deutsch. Akad. Wiss. Berlin, Klasse III, H. 1, S. 206–215, 1960.

ŽEMČUŽNIKOV, J. A.: Obščaja geologija iskopaemych uglej. Izdat. Ugletechizdat, Moskva 1948.

ZEUNER, F.: Die Schotteranalyse. Ein Verfahren zur Untersuchung der Genese von Flußschottern. Geol. Rdsch., **24**, 1/2, S. 65, 1933.

ZINDEL, L. A.: O vozmoznoj singenetičnoj okraske turmalina. Dokl. AN Uz. SSR, 5, S. 27–29, Taškent 1959.

ZINGG, T.: Beitrag zur Schotteranalyse. Schweiz. min. u. petrogr. Mitt., XV, S. 39–140, 1935.

Tafel 2.I

Bild 1. Horizontalschichtung — Wechsellagerung von Tonschiefer (dunkel) und Feinsandstein (hell); Unterkarbon, Cunnersdorf bei Hainichen (Bezirk Karl-Marx-Stadt)

Bild 2. Linsenschichtung in einer Wechsellagerung von Feinsandstein (hell) und Schluffstein/Tonstein (dunkel); Größe des Originals: 5,5 × 8,5 cm; Rät, Bezirk Schwerin

Bild 3. Sandstein mit kleindimensionaler Schrägschichtung; Größe des Originals 7 × 8,5 cm; Rät, Bezirk Schwerin

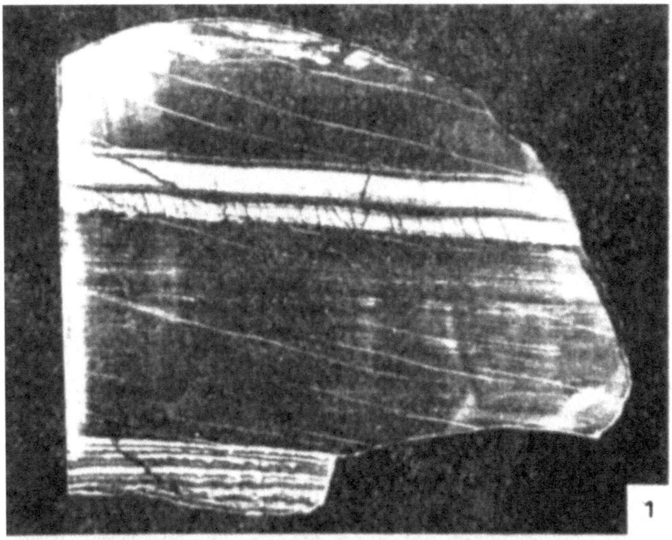

1

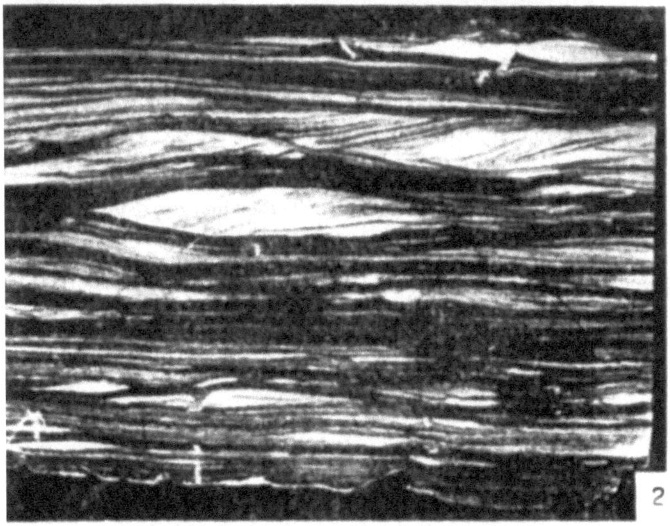

2

3

Tafel 2.II

Bild 1. Unterseite einer Sandsteinbank mit Rippelmarken und Netzleisten; Größe des Originals: 32 × 32 cm; Unterer Buntsandstein; Grube der Ziegelei Heuer bei Wernigerode

Bild 2. Trockenrisse in rezenten tonigen Ablagerungen; Braunkohlentagebau Espenhain bei Leipzig

Bild 3. Regentropfeneinschläge auf der Oberfläche einer rezenten Tonlage; Tongrube Dippenword bei Quedlinburg

Bild 4. Rillenmarken (Schleifmarken) auf der Schichtfläche einer Sandsteinbank; Oberrotliegendes (Tambacher Schichten), Steinbruch am Bromaller bei Tambach

Bild 5. Strömungswülste auf der Liegendfläche einer Sandsteinbank; Unterer Buntsandstein an der Straße Oberellen-Gerstungen/Thüringen

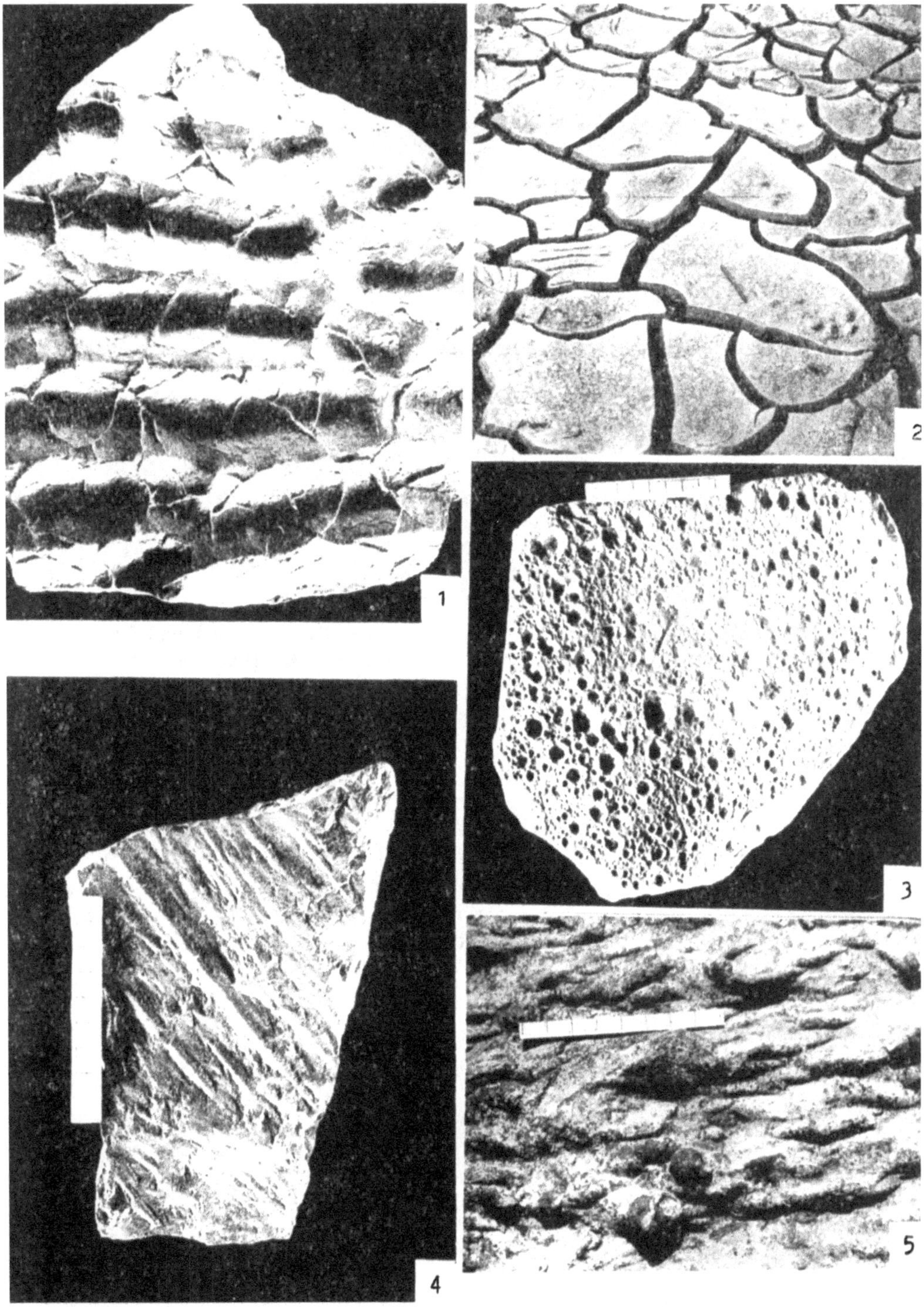

Tafel 2.III

Bild 1. Belastungsmarken auf der Unterseite einer Sandsteinbank; Unterer Buntsandstein, Grube der Ziegelei Heuer bei Wernigerode

Bild 2. Wulstschichtung; Größe des Originals; 5 × 12 cm; Paläozoikum des Rhein. Schiefergebirges bei Herborn; Sammlungen der Sektion Geowissenschaften der Bergakademie Freiberg

Bild 3. Kryoturbation in glazifluviatilen Sanden; Sandgrube in der nördlichen Mellentiner Heide, Insel Usedom

Bild 4. Bioturbation in einer Wechsellagerung von feinkörnigem Sandstein (hell) und Schluffstein/Tonstein (dunkel); Größe des Originals: 7 × 8,5 cm; Hettang, Bezirk Schwerin

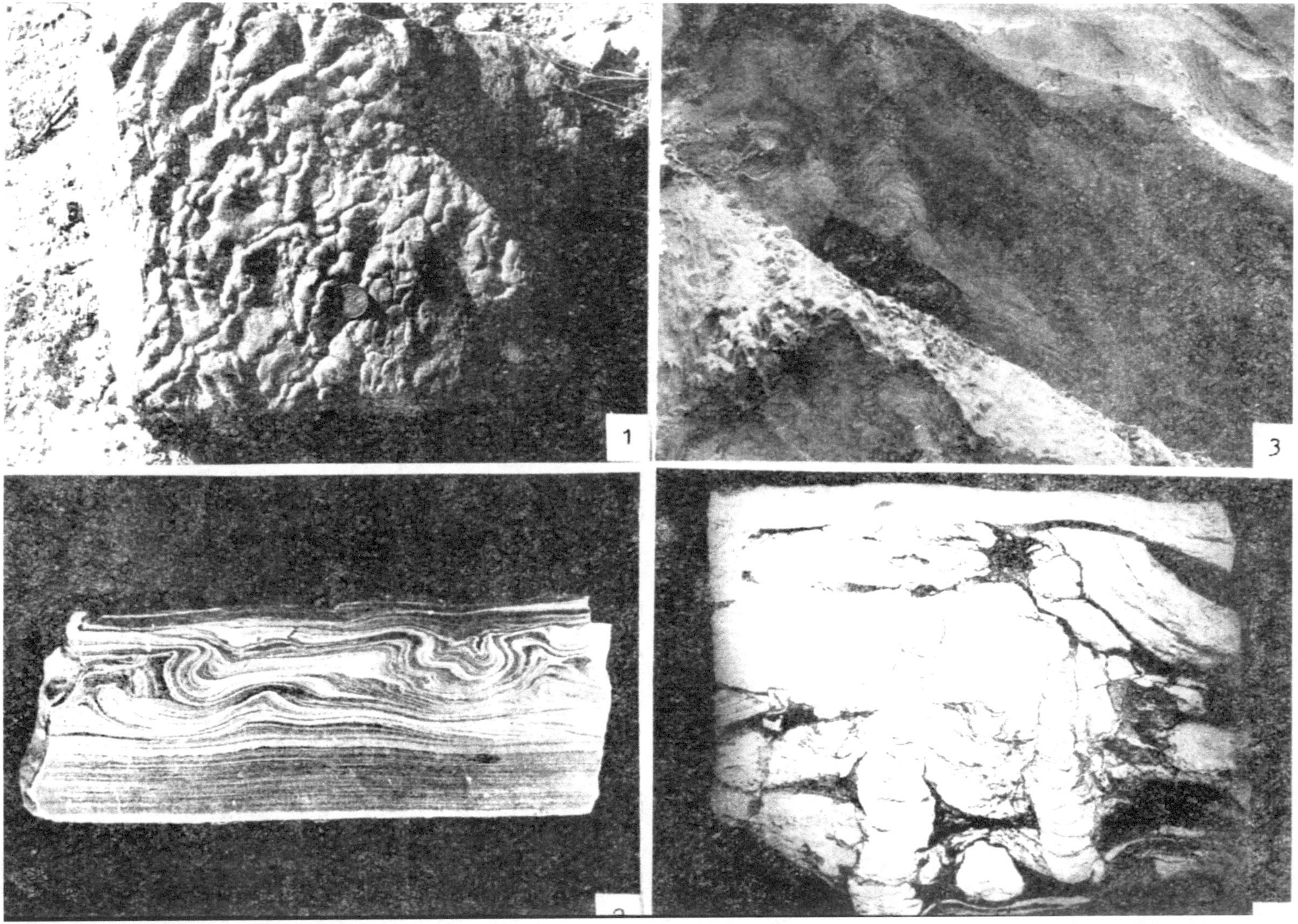
1
3

Tafel 2.IV

Bild 1. Kalkoolith (Rogenstein); Bernburg-Folge des Buntsandsteins, westliches Subherzynes Becken bei Barneberg

Bild 2. Dünnschliffoto von Brauneisen-Eisensilikat-Ooiden; Lias, Allertalzone bei Badeleben

Bild 3. Onklolith aus dem oberen Teil des Werradolomits, Hinterriffbereich; Zechstein, Gera—Leumnitz (Foto wurde von Herrn Dr. HORTENBACH zur Verfügung gestellt)

Bild 4. Pelletkalk (Dünnschliffoto); Zechstein-Werrakarbonat, Nordteil der DDR (das Foto wurde von Herrn Dr. HORTENBACH zur Verfügung gestellt)

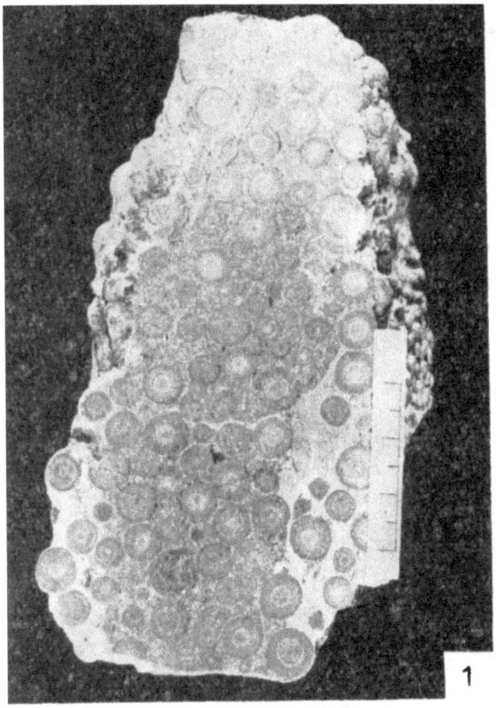
1

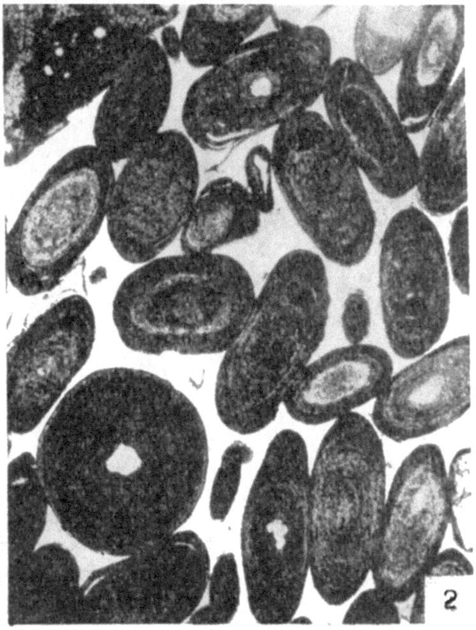

2

3

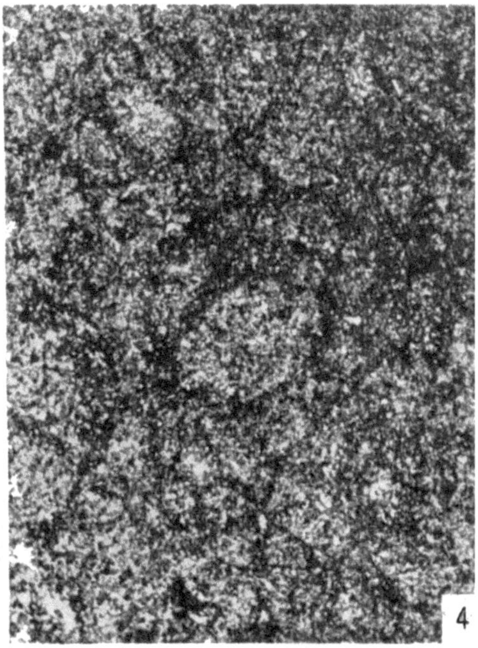

4

Tafel 2.V

Bild 1. Kalkkonkretion aus dem Löß („Lößkindl"), Original ist 10 cm lang; Fundort unbekannt, Sammlungen der Sektion Geowissenschaften der Bergakademie Freiberg

Bild 2. Septarie; Größe des Originals: 10 × 15 cm; Sammlungen der Sektion Geowissenschaften der Bergakademie Freiberg

Bild 3. Markasitkonkretion; das Original ist 30 cm lang; Tertiär; Braunkohlentagebau Amsdorf westlich Halle

Bild 4. Sideritkonkretion mit Pflanzenabdruck; Größe des Originals: 3,5 × 7,5 cm; Karbon von Illinois/USA; Sammlungen der Sektion Geowissenschaften der Bergakademie Freiberg

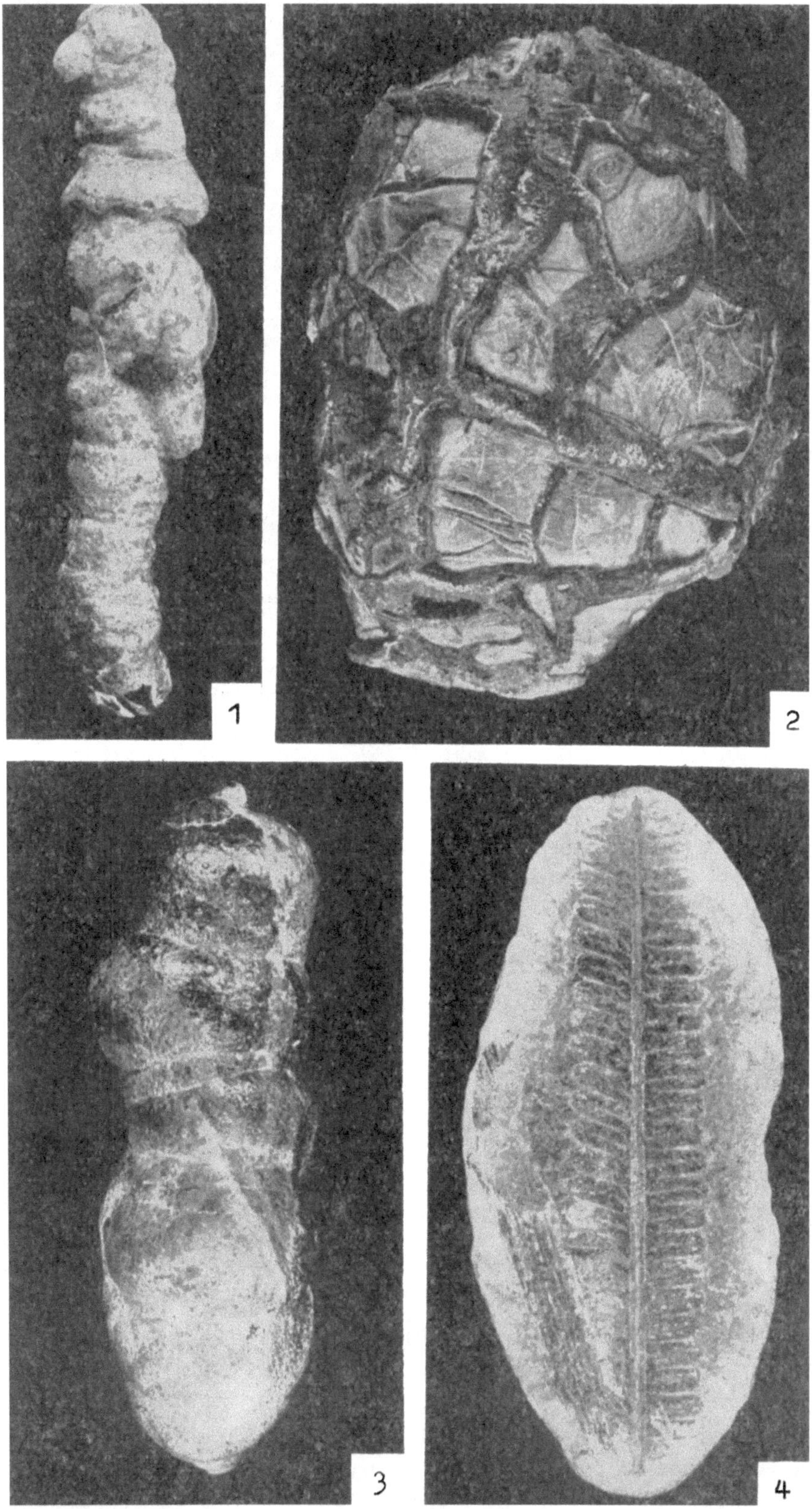
1
2
3
4

Tafel 2.VI

Bild 1. Anschliff eines Handstückes von Olisthostrommaterial; Unterkarbon, Nossen-Wilsdruffer Schiefergebirge

Bild 2. Pleistozäne Grundmoräne; Bedeckung des Buntsandsteins im Steinbruch zwischen Bernburg und Baalberge

Bild 3. Konglomerat mit polymiktem Geröllbestand; Oberkarbon (Mansfelder Schichten), Thomas-Müntzer-Schacht/Sangerhausen

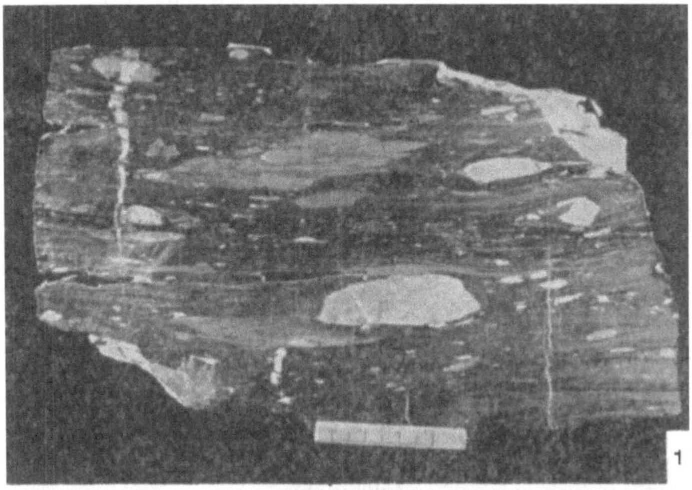

1

2

3

Tafel 2.VII

Bild 1. Dünnschliffoto eines Quarzsandsteins mit gutem Sortierungsgrad; Aalen (Jura), NW-Teil der DDR; gekreuzte Nicols

Bild 2. Dünnschliffoto eines glaukonitführenden Sandsteins — rundliche Glaukonitkörner = dunkelgrau, Quarzkörner mit Säumen von Opaksubstanz; Alb, N-Teil der DDR; ohne Nicols

Bild 3. Dünnschliffoto einer Grauwacke — in der Mitte des Bildes ein Basit-Korn mit ophitisch verschränkten Plagioklasleisten; Unterkarbon, Nossen-Wilsdruffer Schiefergebirge; gekreuzte Nicols

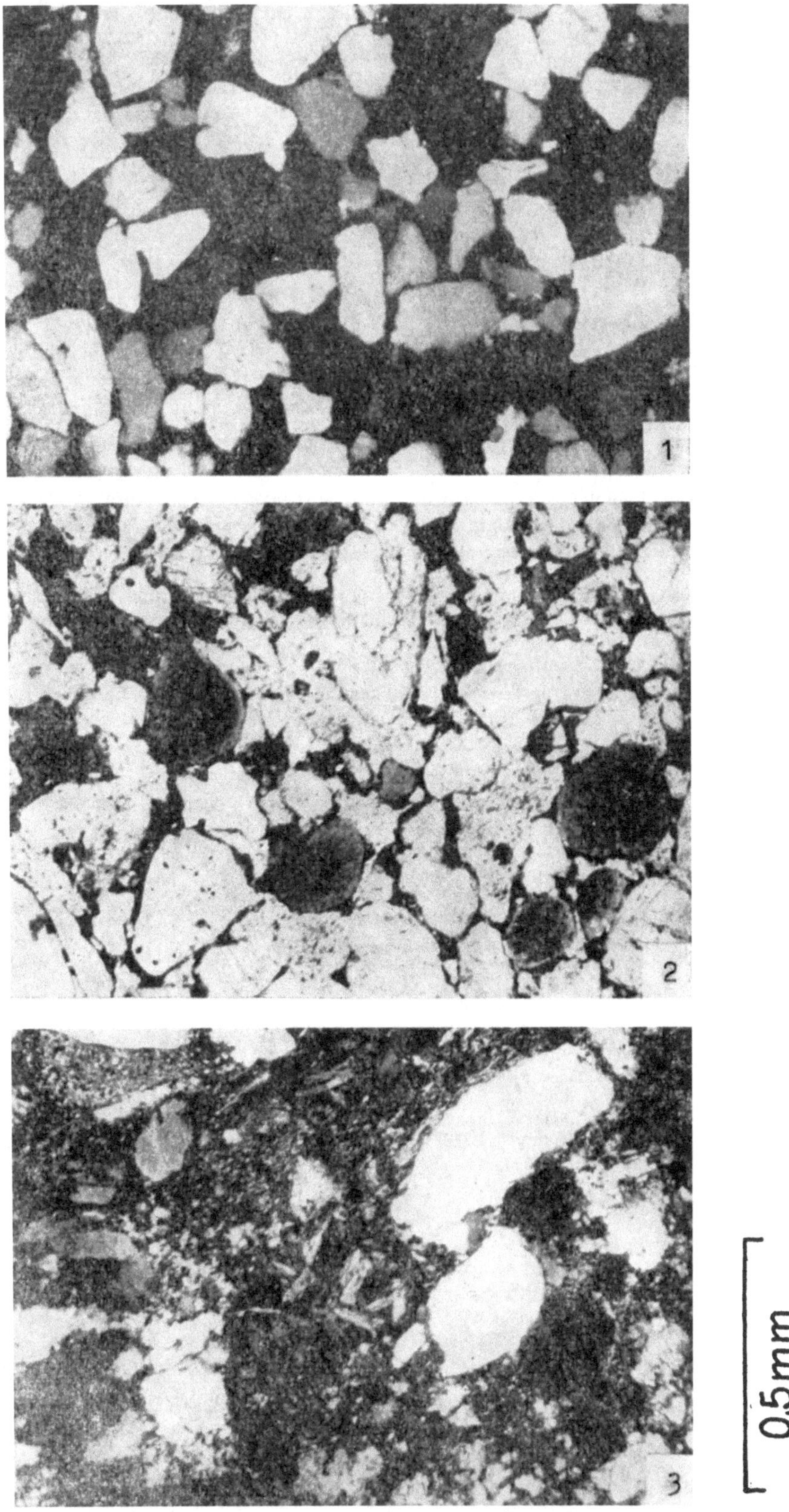
1
2
3
0,5mm

Tafel 2.VIII

Bild 1. Fossilkalk aus Crinoidenstielgliedern und Muschelschalen; Oberer Muschelkalk von Hall/ Württemberg (BRD) Größe des Originals: 9 × 12 cm, Stratigraphische Hauptsammlung der Sektion Geowissenschaften der Bergakademie Freiberg

Bild 2. Rasterelektronenmikroskopaufnahme von einer Kreideprobe; deutlich erkennbar sind als ringförmige Gebilde einige Coccolithen; Bildbreite 14 μm; Aufnahme: Dr. P. Lange, Weimar

Bild 3. Rasterelektronenmikroskopaufnahme der Schichtfläche einer Kieselgurprobe von Klieken/ DDR, welche die filigranartigen Kieselsäurepanzer von Diatomeen zeigt; Bildbreite 28 μm; Aufnahme: Dr. P. Lange, Weimar

1

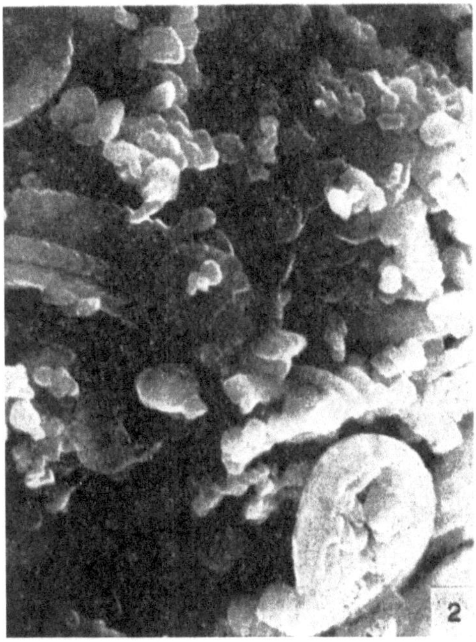
2

3

Tafel 2.IX

Bild 1. Kalziumsulfatgestein (Gipsgestein) mit feiner Lamination; Zechstein bei Harzungen; Größe des Originals: 7 × 9 cm; Aufnahme: Geol.-Ing. G. KÜNZEL

Bild 2. Kalziumsulfatgestein (Anhydritgestein), dolomitisch unregelmäßig gestreift bis geflasert, Zechstein am Südrand des Harzes; Größe des Originals. 11 × 12 cm; Aufnahme: Geol.-Ing. G. KÜNZEL

Bild 3. „Gekröselagen“ im Kalziumsulfatgestein (Gipsgestein); Zechstein, Barbarossahöhle am Südrand des Kyffhäusers; Größe des Originals: 28 × 19 cm; Aufnahme: Geol.-Ing. G. KÜNZEL

Bild 4. Gebändertes Eisenerz der Kursker Magnet-Anomalie, Lebedinsker Tagebau; Größe des Originals: 14,5 × 8,5 cm

1

2

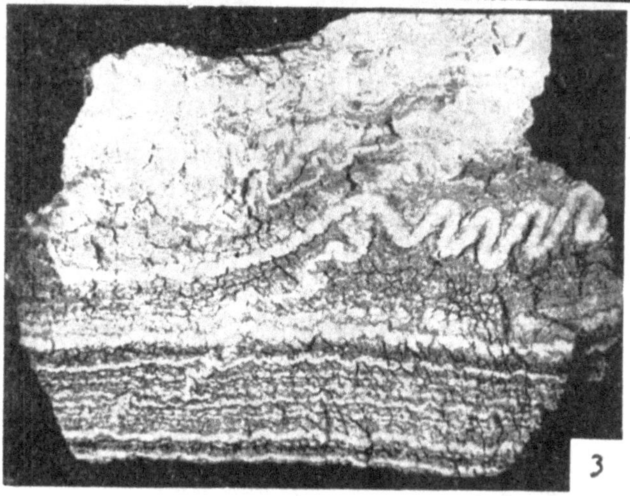

3

4

Tafel 2.X

Bild 1. Weichbraunkohle mit Blattkutikulen, sog. „Blätterkohle", ca. 1,5× nat. Größe, Niederlausitz/DDR (Aufnahme und Vergrößerung, Hochschulbildstelle der Bergakademie Freiberg)

Bild 2. Weichbraunkohle mit Nadelresten, sog. „Nadelkohle", ca. 1,5× nat. Größe, Niederlausitz/DDR (Aufnahme und Vergrößerung: Hochschulbildstelle der Bergakademie Freiberg)

Bild 3. Steinkohle, Glanzstreifenkohle (Wechsellagerung von Glanz- mit Mattkohlen-Lagen), ca. 1/2× nat. Größe, Kladno/ČSSR

Bild 4. Naturkoks („Stengelkoks"), Bildung am Basalt-Kohle-Kontakt, Tertiär von Wohontsch bei Biliná (NW-Böhmen), ČSSR

1

2

3

4

Tafel 2.XI

Mikropetrographische Aufnahmen von Kohlen

Bild 1–4 Braunkohlen, Vergrößerung 1000fach;
Bild 5–10 Steinkohlen, Vergrößerung ca. 650fach.
Sämtliche Mikro-Aufnahmen von Dr. E. Künstner

Bild 1. Gering deformierte Zellverbände mit offenem Zell-Lumen des Xylits (Textinit) aus der miozänen Weichbraunkohle der Niederlausitz

Bild 2. Verringerung der Porosität infolge Durchtränkung des Xylits mit Humusgelen; es entsteht Ulminit (Texto-Ulminit von links oben nach rechts unten und Eu-Ulminit); weiterhin sind Eindruckfiguren nach Vickers-Mikro-Härteprüfung sichtbar. Weichbraunkohle der Niederlausitz

Bild 3. Weichbraunkohle mit Harzeinlagerung (Resinit; dunkelgrau, oben links), Pilzresten (Sclerotinit, weißer Zellverband) in detritischer Grundmasse (mittel- bis dunkelgrau); vereinzelt treten Gerbstoffabkömmlinge (Phlobaphinit, hellgraue Einlagerungen) hinzu

Bild 4. Hartbraunkohle aus dem Unterkarbon des Moskauer Beckens. Diese Mattbraunkohle ist häufig reich an Sporinit; vgl. deformierte Spore in der rechten Bildhälfte

Bild 5. Kutikularrest = Gutinit (parallel zur Schichtung geschliffen) aus der Flammkohle, Saar-Revier

Bild 6. Die Maceral-Gruppen der Steinkohle: Exinit, Vitrinit und Inertinit. Exinit (Sporinit, dunkelgrau) und Intertinit (weiß) wechsellagernd mit Vitrinit (mittelgrau). Gasflammkohlen des Oelsnitzer Reviers/Erzgebirge

Bild 7. Fettkohle des Ruhrgebietes mit ca. 26% flücht. Bestandteilen. Der Exinit (mittelgrau) ist nach dem „Inkohlungssprung" gegenüber dem Gasflammkohlenstadium (Bild 6) deutlich heller geworden

Bild 8. Bogheadkohle aus dem Oelsnitzer Revier/Erzgebirge. In den Alginit sind vitrinitische Streifen (oben) und Teilchen (untere Bildmitte) eingelagert

Bild 9. Clarit [strukturierter Vitrinit (Telinit) mit Resinitimprägnation] aus unterdevonischer Kohle der Eifel

Bild 10. Kohle-Mineralverwachsung (Carbopyrit) aus dem Brandschiefer des Döhlener Beckens bei Dresden. Typische Erscheinung eines sogen. radioaktiven Hofes (etwa Bildmitte): Erhöhtes Reflexionsvermögen des Vitrinits

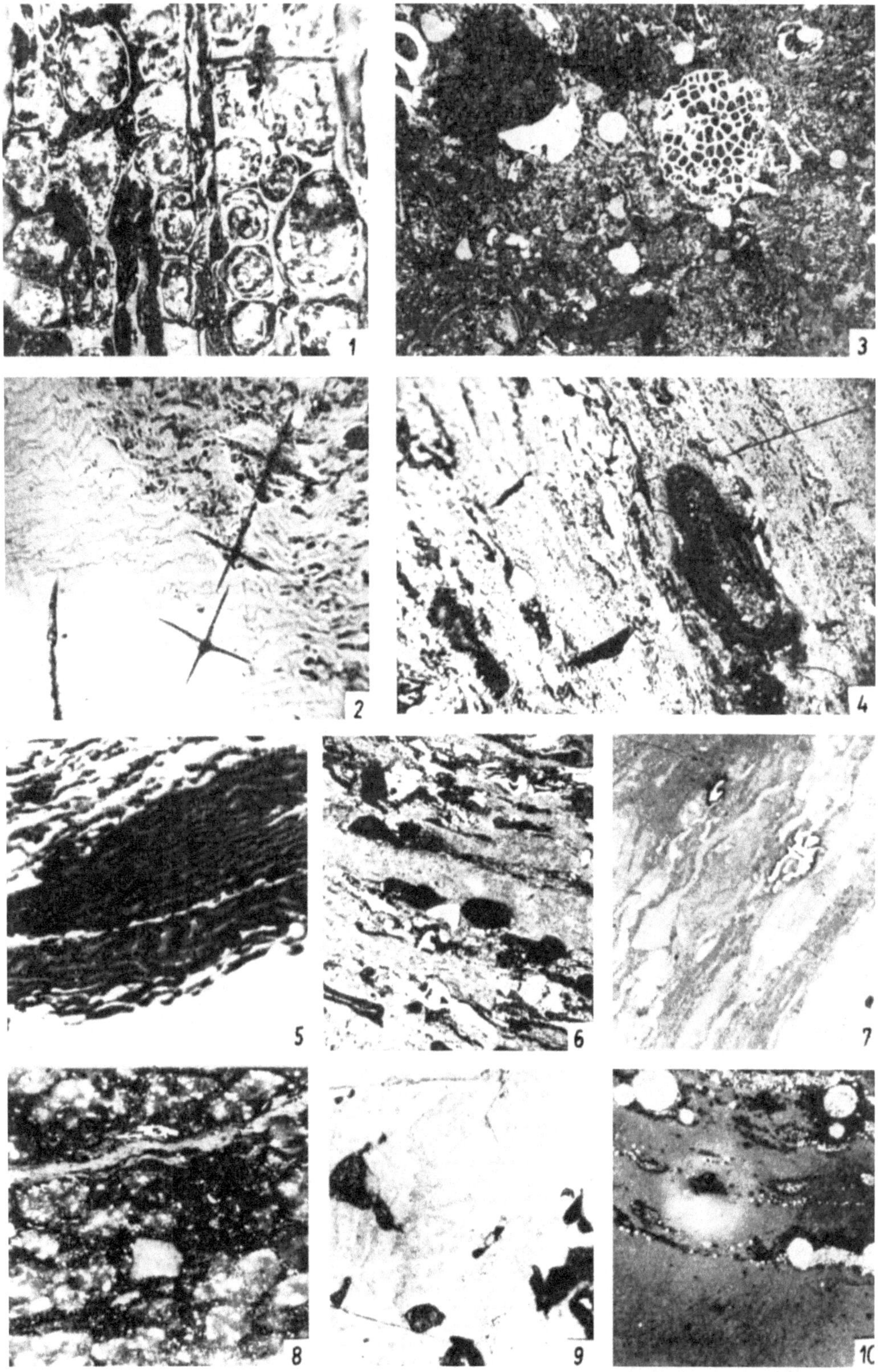
1
3
2
4
5
6
7
8
9
10

Tafel 2.XII

Dünnschliffaufnahmen von Sandsteinen aus verschiedener Teufe; gekreuzte Nicols

Bild 1. Teufe 960 cm; durchschnittliche Anzahl der Kontaktstellen je Korn = 1,96; (Nutzporosität 34,6 Vol.-%, Permeabilität 1632 md)

Bild 2. Teufe 1614 m; durchschnittliche Anzahl der Kontakte je Korn = 3,79; (Nutzporosität 22,1 Vol.-%, Permeabilität 265,1 md)

Bild 3. Teufe 2127 m; durchschnittliche Anzahl der Kontakte je Korn = 4,01, dabei zeigen die Berührungsstellen der Körner deutliche Erscheinungen der Drucklösung; (Nutzporosität 12,2 Vol.-%; Permeabilität 116,9 md)

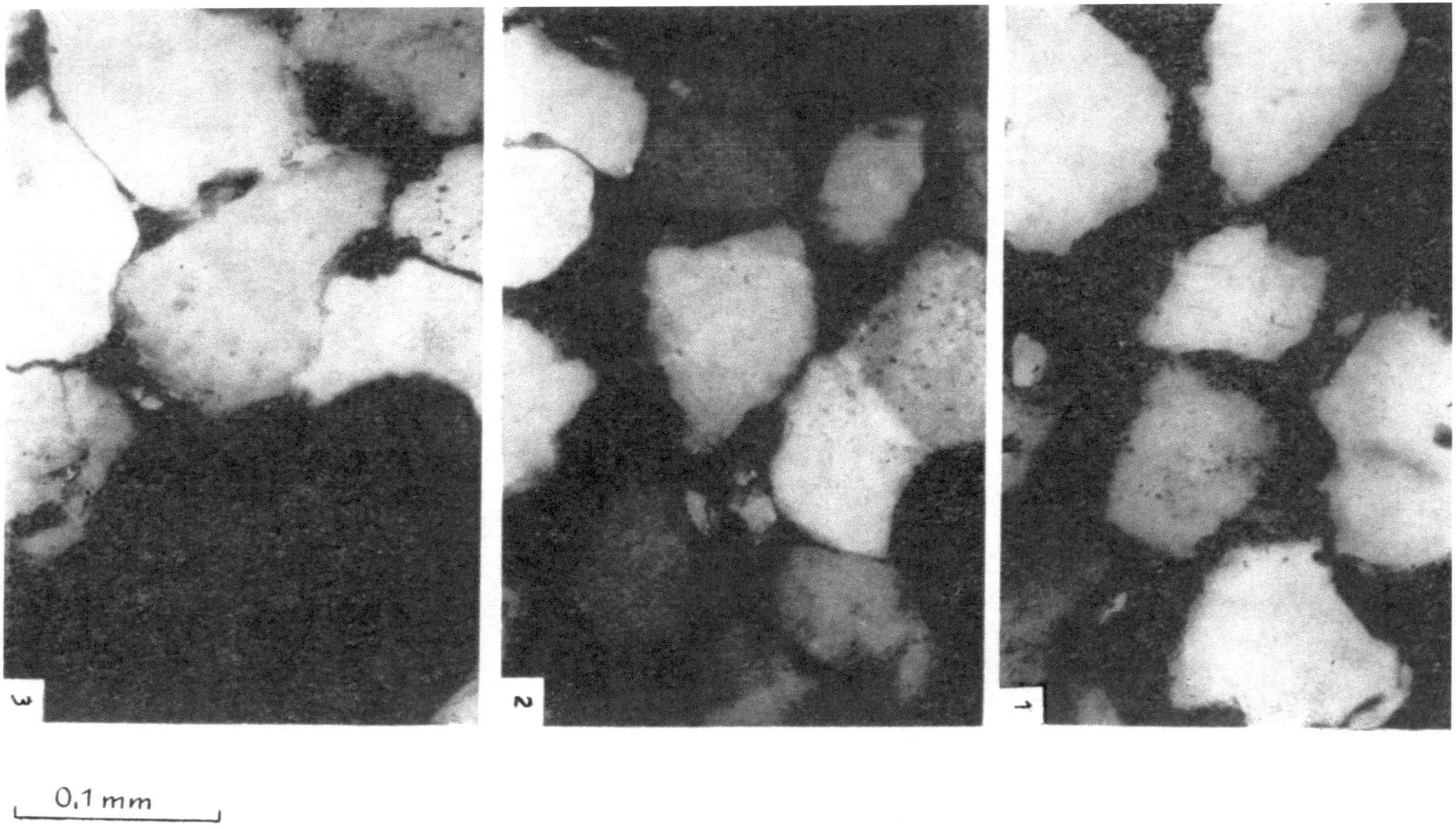
3
2
1
0,1 mm

Tafel 2.XIII

Drucklösungserscheinungen in Karbonat-Sedimentiten

Bild 1. Calcitische Algenstrukturen dringen durch Drucklösung ineinander ein; Werrakarbonat aus dem Nordteil der DDR; Dünnschliffaufnahme von Dr. R. HORTENBACH, ohne Nicols

Bild 2. Feingeschichtetes Staßfurtkarbonat mit einer markanten Drucksutur (dunkle gezackte Linie), Nordteil der DDR; Dünnschliffaufnahme von Dr. R. HORTENBACH, ohne Nicols

Bild 3. Stylolithen im Muschelkalk von Rüdersdorf; Größe des Originals; 8 × 12 cm; gebogene Stylolithenzapfen deuten darauf hin, daß an der Stylolithenbildung auch plastische Deformation zumindest beteiligt sein kann

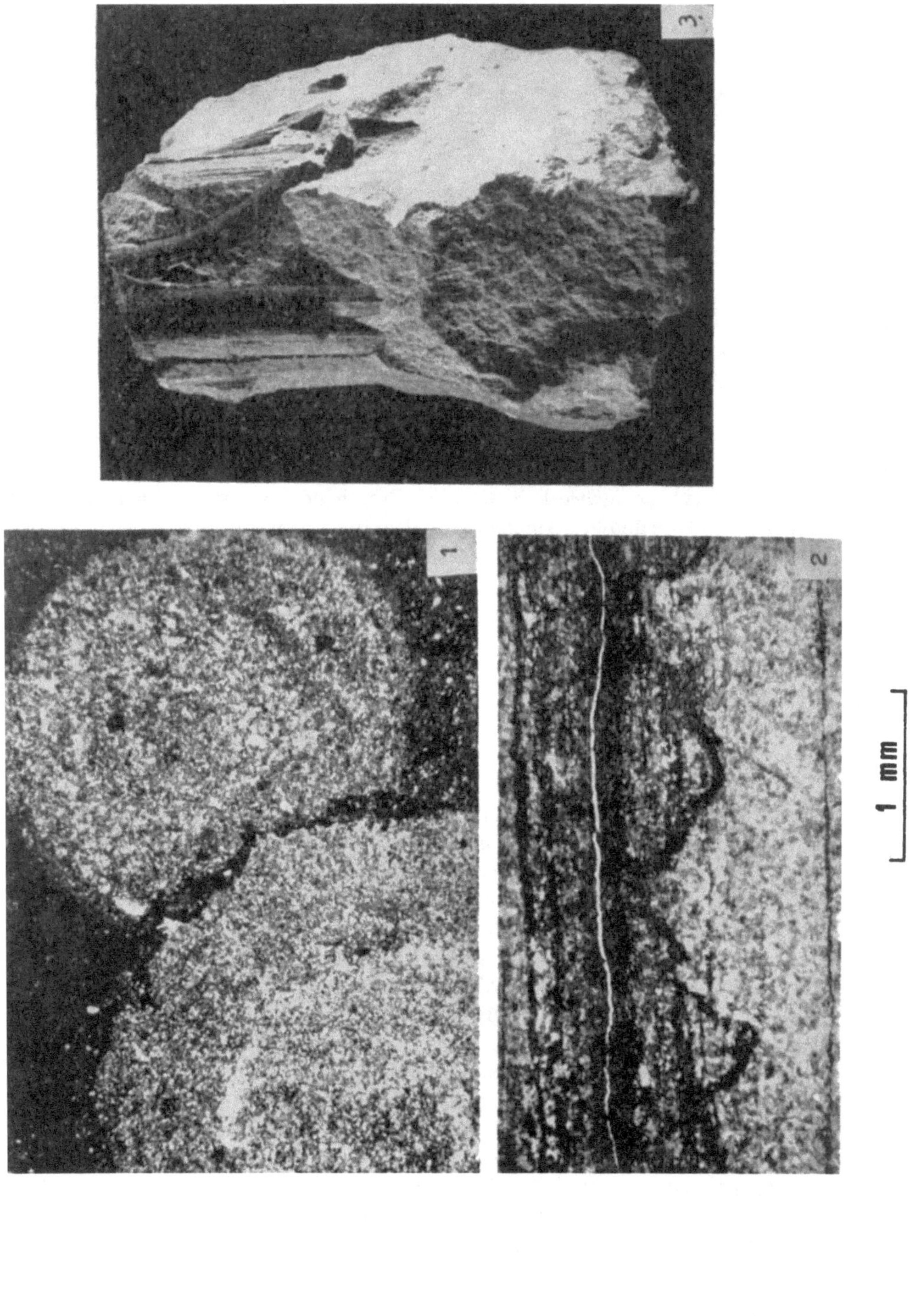
3
1
2
1 mm

3. Petrologie der Metamorphite

Als metamorphe Gesteine oder Metamorphite werden Gesteinstypen bezeichnet, deren Mineralbestand und/oder Gefüge auf Umkristallisation primärer Sedimentite oder Magmatite hindeutet, wobei diese Umkristallisation bei höheren Temperaturen (im allgemeinen > 200 °C) stattgefunden hat. In den letzten 50 Jahren war vorwiegend der Prozeß der Gesteinsumwandlung (Umkristallisation der sedimentär oder magmatisch gebildeten Minerale, Neubildung bestimmter Minerale, Umprägung des Gefüges im mikroskopischen bis megaskopischen Bereich) Gegenstand der petrologischen Forschung. In vielen Standardwerken wird die „Petrologie der metamorphen Gesteine“ in Form einer vordergründigen Behandlung der Bildungsweise der Gesteine (Petrogenese) unter Vernachlässigung der Gesteinsbeschreibung und nomenklatorischen Abgrenzung (Petrographie) dargeboten — so z. B. bei ESKOLA 1939, RAMBERG 1952, LAFFITTE 1957, TURNER und VERHOOGEN 1960, BARTH 1962, HUANG 1962, HYNDMAN 1972, MARAKUSEV 1973. Dies führte zu Disproportionen zwischen dem Gebrauch bestimmter Gesteinsnamen und ihrer Begriffsschärfe.

Da auf Grund der historischen Entwicklung und gewisser Schwierigkeiten bei der international einheitlichen Terminologie eine ausschließlich auf mineralogisch-strukturellen Grundlage beruhende Gesteinsnomenklatur gegenwärtig nicht erreichbar erscheint, müssen für Nomenklatur und Definition der metamorphen Gesteine sowohl beschreibende Merkmale (Mineralbestand, Gefüge, Assoziation im Gesteinsverband) als auch genetische Deutung (Art der Metamorphose, wahrscheinliches Ausgangsmaterial, Etappen der Umwandlung) herangezogen werden.

In den folgenden Abschnitten wird zunächst ein Abriß über Theorie und Gliederung der Gesteinsmetamorphose, über das Auftreten und die Bedeutung spezieller Minerale sowie die Herausbildung und Diagnostizierung bestimmter Metamorphit-Gefüge gegeben, bevor im Abschnitt 3.3. in etwas größerer Breite auf die einzelnen Typen der metamorphen Gesteine eingegangen wird. Die Gesteinsmetamorphose kann unter Beibehaltung der chemischen Zusammensetzung im betrachteten Größenordnungsbereich stattfinden (konservative oder „isocheme“ Metamorphose) oder kann durch stärkere Stoffverschiebung gekennzeichnet sein („allocheme“ Metamorphose oder Metasomatose). Beide Arten der Gesteinsumwandlung, aber auch die diesen Prozessen entstammenden Gesteinsgruppen werden hier gemeinsam behandelt. In der Begriffsbestimmung und der Betrachtungsweise der „Metamorphite i. e. S.“ und der „Metasomatite“ ist allerdings eine Reihe von grundlegenden Unterschieden vorhanden, die eine Zusammenfassung als „Metamorphite i. w. S.“ erschweren.

Gerade im Bereich der Metasomatite — der bei höheren Temperaturen unter deutlicher Veränderung der chemischen Zusammensetzung umgewandelten Gesteine — ist auch die Grenzziehung zwischen Metamorphiten und Magmatiten einerseits und Metamorphiten und Sedimentiten andererseits am schwierigsten.

Bei konsequenter Anwendung der Kriterien für Gesteinsmetamorphose müßten z. B. zahlreiche Granitoide (Muskovit- und Turmalingranite, Pegmatite, vererzte Porphyre), Ophiolithe und andere „Magmatite" genetisch und nomenklatorisch als metamorphe Gesteine behandelt werden, da sie nach ihrer Kristallisation noch Veränderungen im Mineralbestand erfahren haben. Die Grenzziehung ist in solchen Fällen willkürlich und richtet sich sowohl nach den im Handstück oder Dünnschliff wahrnehmbaren Merkmalen als auch nach der Betrachtungsweise des Bearbeiters.

Auch die Grenzziehung zu Sedimentiten ist nur von der Theorie her eindeutig durchführbar; in der Praxis ist sie abhängig von den Untersuchungsmöglichkeiten. Bei pelitischen Gesteinen beispielsweise sind metamorphe Mineralneubildungen bis zu einem gewissen Grade nur durch Röntgenanalyse nachweisbar, so daß diese Gesteine bei Kartierungsarbeiten auch dann noch als Sedimentite angesprochen werden, wenn bereits ein typisch metamorpher Mineralbestand vorliegt. Aus dem Grad der Verfestigung, der Intensität der Schieferung, dem Glanz, dem mikroskopisch diagnostizierbaren Mineralbestand allein kann die Entscheidung: Sedimentit oder Metamorphit in solchen Fällen nicht getroffen werden.

In der Systematik der metamorphen Gesteine (Abschn. 3.3.) wurde solchen Übergangstypen kein gesondertes Kapitel gewidmet, da ihre megaskopischen und mikroskopischen Eigenschaften bei der Behandlung der Sedimentite umfassend beschrieben worden sind.

3.1. Die Gesteinsmetamorphose

3.1.1. Das Prinzip der Metamorphose

Die an der Erdoberfläche direkt beobachtbaren Prozesse der Gesteinsbildung zeigen, daß bei gleicher chemischer Pauschalzusammensetzung in Abhängigkeit von den Bildungsbedingungen ganz unterschiedliche Minerale und Mineral-Vergesellschaftungen entstehen.

So sind in marinen sandig-tonigen Sedimenten z. B. die Mineralphasen Quarz, Illit, Kaolinit, Montmorillonit und Fe-Oxidhydrate enthalten, während Rhyolithe bei analogem Chemismus Kalifeldspat, Quarz, Oligoklas, Biotit und Hämatit führen. Die Unterschiede im Modalbestand sind hier offensichtlich durch die unterschiedlichen Bildungstemperaturen bedingt (10—20 °C bei den Tonen, 700—800 °C bei den Rhyolithen). Der Mineralbestand jedes dieser Gesteine repräsentiert den bei der jeweiligen Bildungstemperatur stabilsten thermodynamischen Zustand.

Bei Veränderung der Temperaturbedingungen wird diese Mineralgemeinschaft instabil und wird in eine andere, der neuen Temperatur entsprechende, umgewandelt.

In Silikatsystemen mit festen Phasen gehen solche Umwandlungen außerordentlich langsam vonstatten. Dies ist der Grund, warum wir den Mineralbestand eines Rhyoliths auch bei Zimmertemperatur diagnostizieren können. Durch relativ schnelle Abkühlung der Lava auf die Temperatur der Erdoberfläche blieben die bei der Kristallisation gebildeten Mineralphasen über geologische Zeiten hinweg in einem metastabilen Zustand erhalten. Erst bei der Zerlegung des Gesteins und Benetzung der dadurch vergrößerten Oberfläche mit Wasser im Verlaufe der Verwitterung wird die im Aufschlußmilieu stabile Phasengemeinschaft ganz allmählich gebildet.

In analoger Weise bleibt auch der Mineralbestand eines bei Meerwasser-Temperatur gebildeten Tonsedimentes weitgehend erhalten, wenn es durch epirogenetische Prozesse in größere Tiefen versenkt und Temperaturen um 100 °C ausgesetzt wird. Bei hohen Temperaturen gehen die Phasenumwandlungen in Silikatsystemen etwas schneller vonstatten. Ein Rhyolith z. B., der nach seiner Kristallisation über längere Zeit Temperaturen von 400 °C ausgesetzt bleibt, wird die bei dieser Temperatur stabile Mineralassoziation (Mineralparagenese) allmählich ausbilden können. Das tonige Sediment mit analoger chemischer Zusammensetzung wird bei Temperaturen von 400 °C innerhalb geologischer Zeiten in die gleiche Mineralparagenese umgewandelt worden sein wie der o. g. Rhyolith.

Der Prozeß der Umwandlung eines bestimmten (instabilen) Mineralbestandes in einen anderen (stabilen) unter Beibehaltung des festen Zustandes, wird als Gesteinsmetamorphose bezeichnet. Zu dieser Metamorphose im weitesten Sinne gehören beispielsweise auch die Veränderungen, die die organische Substanz eines Sedimentes im Verlaufe der Inkohlung erleidet (Metamorphose der Kohlen), die Umkristallisationsprozesse innerhalb eines Salzlagers (Metamorphose der Salzgesteine), die Mineralumbildungen und -neubildungen eines klastischen Sedimentgesteins bei der Kompaktion und Porenwasser-Austreibung (Diagenese, authigene Mineralbildung) und die hydrolytische Zerlegung eines magmatischen Gesteins bei Einwirkung der Atmosphärilien an der Erdoberfläche (Verwitterung).

Alle die genannten Prozesse verlaufen bei relativ niedrigen Temperaturen und betreffen chemische Systeme, die relativ leicht und schnell reagieren (Kohlen, Salze) oder deren Reaktionen bei dieser Temperatur auch innerhalb großer Zeiträume nicht vollständig ablaufen (Silikatgesteine).

Als Metamorphose im engeren Sinne oder eigentliche Gesteinsmetamorphose wird im allgemeinen die bei höheren Temperaturen vonstatten gehende Umwandlung von Silikat- und Karbonatgesteinen bezeichnet, die eine deutliche, meist megaskopisch sichtbare Umkristallisation des Mineralbestandes hervorruft.

Die oben genannten Gesteinsumwandlungen (Metamorphose der Kohlen, Metamorphose der Salzgesteine, Diagenese, Verwitterung) werden aus der gebräuchlichen Definition der Metamorphose meist ausgeklammert.

Am schwierigsten ist die Abgrenzung zwischen Diagenese und Metamorphose bei Silikatgesteinen. Winkler definiert den Beginn der Metamorphose mit dem Auftreten von „... Mineralvergesellschaftungen, die nicht im sedimentären Bereich entstehen können, oder wenn eine nur in Sedimenten vorkommende Mineralvergesellschaftung verschwindet“ (1967, S. 153). Da solche Mineralassoziationen bei verschiedenem Gesteinschemismus auch bei verschiedenen Temperaturen auftreten und oft nur durch genaue röntgenographische Untersuchung nachgewiesen werden können, ist die Grenzziehung zwischen Diagenese und Metamorphose bis heute nicht ganz eindeutig (vgl. auch Abschn. 2.9.). Sie wird im allgemeinen bei Temperaturen zwischen 200 bis 300 °C veranschlagt.

Megaskopisch ins Auge fallende Umkristallisationsprozesse finden bei Silikatgesteinen erst zwischen 300 und 400 °C statt. Die im Gelände als Metamorphite kartierbaren Gesteine sind deshalb meist Produkte einer Mineralumwandlung oberhalb 400 °C.

3.1.2. Bedingungen der metamorphen Kristallisation

Unter den zahlreichen Faktoren, die eine metamorphe Umwandlung von Gesteinen beeinflussen, sind die Temperatur (T), der Druck (P) und die chemische Zusammensetzung des jeweiligen Materials (X) die bedeutsamsten.

Als Bildungsbedingungen eines Metamorphits werden deshalb die sogenannten P-T-X-Bedingungen betrachtet. In vereinfachter Form, bei Vernachlässigung chemischer Umwandlungsprozesse und Unterstellung eines „konservativen“ chemischen Stoffhaushaltes wird auch nur von den P-T-Bedingungen gesprochen, denen ein Gestein ausgesetzt war.

Da aber selbst im Falle eines nahezu „isochemen“ Umwandlungsprozesses, d. h. bei nicht oder nur in unbedeutendem Maße nachweisbaren Elementverschiebungen innerhalb eines Gesteinskomplexes die Mobilität und Aktivität von H_2O in der fluiden Phase eine spezifische Rolle spielt, soll neben der Betrachtung des Chemismus im allgemeinen der Rolle des Wassers ein besonderer Abschnitt gewidmet werden.

3.1.2.1. Die Rolle der Temperatur

Der wichtigste Faktor der Gesteinsmetamorphose ist die Temperatur (Symbol T).

Wie aus der Definition der Metamorphose i. e. S. hervorgeht, ist eine gewisse Mindesthöhe der Temperatur (i. allg. 200—300 °C) notwendige Bedingung für das Zustandekommen von Reaktionen, die als Metamorphoseprozesse i. e. S. gelten können. Oberhalb dieses Bereiches führt jede Temperaturveränderung zu charakteristischen Mineral-Umwandlungen, die um so deutlicher diagnostizierbar sind, je größer die Temperaturdifferenz ist und die um so schneller ablaufen, je höher der absolute Temperaturbetrag liegt.

Mit ansteigender Temperatur vonstatten gehende Metamorphoseprozesse werden als *progressive Metamorphose* bezeichnet; die durch sinkende Temperatur bedingten Mineralumwandlungen werden *retrograde Metamorphose* oder *Diaphthorese* genannt (vgl. S. 466).

Eine progressive Metamorphose kann im Gestein verschiedenartige Mineralreaktionen hervorrufen, die jeweils allein oder in Kombination miteinander ablaufen:

1. Entsprechend den Gesetzen der Thermodynamik Verringerung der freien Oberflächenenergie durch Kornvergrößerung. Der Prozeß des Wachstums größerer Körner auf Kosten der kleineren (Sammelkristallisation) führt bei statischer Metamorphose zu einer allgemeinen Kornvergröberung. Das Wachstum der Einzelkörner (Blastese) findet bei progressiver Metamorphose auch dann statt, wenn es sich um monomineralische Gesteine handelt.

So werden die Karbonat-Mikrolithen eines Kalksteins durch Blastese der Einzelkörner bei gleichzeitiger Verringerung der Kornanzahl (Sammelkristallisation) zu einem verzahnten Kornmosaik größerer Karbonatminerale umkristallisieren, wie dies bei der Bildung von Marmoren zu beobachten ist. Auch die Quarz-Klasten eines feinkörnigen Sandsteins können durch Sammelkristallisation, d. h. Auflösung des Feinkornes, randliches Weiterwachstum der größeren Körner, zum Kornverband eines metamorphen Quarzites umkristallisieren.
Aber nicht nur bei monomineralischen Gesteinen, sondern auch bei der thermischen Metamorphose eines Tonschiefers z. B. geht durch Sammelkristallisation und Neubildung bestimmter Mineralphasen über die Zwischenstufen der Kontakt-Schiefer bis zum Hornfels eine Kornvergröberung vonstatten.

2. Strukturelle Umwandlung einer Mineralphase bei Überschreitung des Stabilitätsbereiches der jeweiligen Modifikation.

Bei Überschreitung einer Temperatur von 575 °C z. B. wird die trigonal kristallisierende SiO_2-Modifikation Tief- oder α-Quarz in die hexagonale Modifikation Hoch- oder β-Quarz umgewandelt.
Die Al_2SiO_5-Modifikation mit zwei oktaedrisch koordinierten Al-Atomen (= Disthen) wandelt sich bei Temperaturen über 600 °C (und mittleren Drücken) in die Modifikation mit jeweils einem tetraedrisch koordinierten Al-Atom (= Sillimanit) um.

3. Veränderung des diadochen Einbaus anderer Elemente in ein Atomgitter und damit Veränderung des Mischbarkeitsbereiches isomorpher Substanzen.

So wird z. B. die bei niedrigen Temperaturen rel. große Mischungslücke zwischen Kalium- und Natrium-Feldspäten bei hohen Temperaturen immer kleiner, bis > 800 °C eine vollständige Mischbarkeit erreicht ist.
Auch Granate und Klinopyroxene weisen bei unterschiedlichen Temperaturen sehr verschiedene Mischkristall-Zusammensetzungen auf und können damit als Temperaturindikatoren benutzt werden (s. Abschn. 3.1.5.1.).

4. Chemische Reaktionen verschiedener Mineralphasen miteinander unter Abbau bzw. Neubildung bestimmter Minerale.

Die bis 550 °C stabile Mineralvergesellschaftung Hornblende + Albit + Epidot wird bei Überschreitung dieser Temperatur in die neue Phasengemeinschaft Hornblende + Plagioklas umkristallisieren (Phasen $A + B + C \rightarrow A + D$). Diese Reaktion geht bei der Bildung von Amphiboliten aus Grünschiefern oder Epidotamphiboliten vonstatten.
Bei Temperaturen > 620 °C ist die Paragenese Muskovit + Quarz nicht mehr stabil, sondern wird unter Freisetzung von H_2O zu Orthoklas + Sillimanit umkristallisieren (Phasen $A + B \rightarrow C + D + E$), wie das in stark metamorphen Gneisen durch das Verschwinden von Muskovit dokumentiert wird.

5. Bei Erreichung des eutektischen Schmelzpunktes bestimmter Mineralphasen Bildung von Teilschmelzen und Entstehen migmatitischer Gesteine.

Das niedrigste Eutektikum normaler silikatischer Gesteine ist das von Quarz + Kalifeldspat + Plagioklas, das bei 5 kbar Wasserdampfdruck mit etwa 650 °C erreicht wird (Winkler 1976). Die Teilschmelzen-Bildung (partielle Anatexis) leitet über zum speziellen Fall der Ultrametamorphose (Abschn. 3.1.4.1.).

Die unter 2. bis 4. genannten Wirkungen der Temperatur auf die metamorphe Kristallisation sind in analoger Weise auch bei der retrograden Metamorphose feststellbar. Eine Umkehrung der Sammelkristallisation allein durch Temperaturabnahme ist jedoch nicht möglich. Für die bei retrograder Metamorphose zu beobachtende Korngrößenverminderung sind tektonische Durchbewegungsprozesse verantwortlich zu machen.

Eine durch Temperaturerhöhung oder -erniedrigung hervorgerufene Umkristallisation kann nur dann vollständig ablaufen, wenn die Temperaturveränderung langsam vonstatten geht (vgl. auch Abschn. 3.1.3.). Bei rel. schneller Abkühlung eines magmatischen Körpers nach seiner Kristallisation z. B. können, wie oben erwähnt, die Magmatit-Minerale auch bei niedrigen Temperaturen über sehr lange Zeit metastabil erhalten bleiben. Auch bei metamorphen Gesteinsumwandlungen bleiben einzelne Minerale oder Mineralparagenesen mitunter erhalten, obwohl ihr Stabilitätsbereich bereits über- oder unterschritten wurde. Solche Minerale eines niederen oder höheren Temperaturbereiches werden als *Relikte* bezeichnet.

Besonders häufig bleiben Relikte bei retrograder Metamorphose erhalten, da die Kristallisationsgeschwindigkeit bei niedriger Temperatur geringer wird und die zur Rückwandlung des betreffenden Minerals erforderlichen Substanzen (insbesondere Wasser) oft nicht zur Verfügung stehen.

Durch die Bildung bestimmter Umwandlungsprodukte können Mineralkörner allseitig so eingehüllt werden, daß ein weiterer Kontakt mit ihrer Umgebung und damit der Stoffaustausch unterbunden wird. Solche ummantelten metastabilen Mineralkörner werden als *gepanzerte Relikte* bezeichnet.

Die für den Ablauf progressiv metamorpher Prozesse erforderliche Temperaturerhöhung kann auf verschiedene Weise zustande kommen:

1. Durch aufgestiegene Gesteinsschmelzen in Form von Intrusivkörpern, Gangfüllungen oder Lavadecken bzw. durch postmagmatische Lösungen hoher Temperaturen. Solche Einflüsse werden stets begrenzte Ausdehnung haben, und die Metamorphosetemperaturen werden 500 °C kaum übersteigen (s. Abschn. 3.1.4.2.).

2. Durch intensive Reibung im Gestein bei tektonischer Deformation (Friktionswärme). Im lokalen Bereich kann eine solche Aufheizung durch tektonische Bewegungen bis zur randlichen Aufschmelzung einzelner Mineralpartikel gehen (Bildung von Pseusotachyliten — vgl. Abschn. 3.3.2.5.).
   Inwieweit solche durch Tektonik erzeugte Wärme über den lokalen Bereich hinaus an der Ausbildung großregionaler Wärmeanomalien beteiligt sein kann, ist noch Gegenstand der Diskussion.

3. Durch das in größeren Tiefen der Erde herrschende regionale Wärmeregime. Bei epirogenetischer Absenkung von Sedimentgesteinen wird, entsprechend dem geothermischen Gradienten der Erdkruste, eine Temperaturerhöhung von durchschnittlich 25 °C pro Kilometer auftreten. Die Bildung hochmetamorpher Gesteine kann innerhalb der oberen Erdkruste jedoch nur dort erfolgen, wo dieser „Normalwert" um das Zwei- bis Vierfache überschritten wird.

   Eine solche Erhöhung des regionalen Wärmefeldes kann durch subkrustale Wärmeströmungen, durch großräumige tektonische Überschiebungen im Sinne der Plattentektonik oder durch regionale Anreicherung radioaktiven Materials erklärt werden. Die Meinungen der Geologen und Geophysiker über die Anteile der vom Erdmantel herstammenden „inneren" Wärme, der in der Kruste erzeugten radiogenen Wärme und der durch langzeitige großtektonische Bewegungen erzeugten Friktionswärme am geothermischen Regime der Erdkruste gehen stark auseinander.

3.1.2.2. Die Rolle des Druckes

Im Gegensatz zur Temperatur, die in einem rel. eng begrenzten Bereich zwischen 200 und 700 °C (maximal 900 °C) notwendige Voraussetzung für den Ablauf von Metamorphoseprozessen ist, kann die Höhe des Druckes bei der Gesteinsmetamorphose in weit größeren Dimensionen schwanken. Der in einem Bereich von nahezu Null bis zu 15000 atm (etwa 15 kbar) auftretende Druck beeinflußt vor allem die Art der Metamorphose (Abschn. 3.1.4.) und die Gefügetypen der metamorphen Gesteine (Abschn. 3.2.).

Der bei der Metamorphose wirksame Druck tritt auf als:

Belastungsdruck (P_L)

Von einem 1000 m mächtigen Gesteinspaket wird auf seine Unterlage, entsprechend der Dichte der Gesteine von 2,5—3,3 g/cm³ ein Belastungsdruck von 250—330 bar ausgeübt. Eine lineare Zunahme innerhalb der Erdkruste vorausgesetzt, kann der Belastungsdruck an der Kruste-Mantel-Grenze etwa 12 kbar erreichen.

Es wird im allgemeinen vorausgesetzt, daß der Belastungsdruck hydrostatisch wirkt, d. h. in allen Richtungen gleich ist (Turner und Verhoogen 1960, Winkler 1967, 1976 u. a.).

Druck der fluiden Phase (P_F)

Da die fluide oder Gasphase in nichtkarbonatischen Gesteinen fast ausschließlich aus Wasser besteht, wird der Druck der fluiden Phase oft auch als *Wasserdampfdruck* (P_{H_2O}) beschrieben. Es ist allerdings zu berücksichtigen, daß nicht nur in Karbonatgesteinen, in denen die fluide Phase zu einem wesentlichen Anteil aus CO_2 besteht, der CO_2-Partialdruck (P_{CO_2}) von Bedeutung sein kann. Für chemische Reaktionen und die Bildung bestimmter Mineralphasen ist darüber hinaus der Anteil an Sauerstoff in der fluiden Phase (Sauerstoffpartialdruck P_{O_2}) zu berücksichtigen.

Die Größe des Gasdruckes wird im allgemeinen mit dem Belastungsdruck gleichgesetzt ($P_L = P_F$). Durch die bei metamorphen Reaktionen freiwerdenden Anteile an H_2O, CO_2 und anderen gasförmigen Substanzen kann der Druck der fluiden Phase auch größer werden als der Belastungsdruck ($P_F > P_L$). Dieser Überdruck wird durch Abwanderung der fluiden Phase allmählich abgebaut. Umgekehrt kann auch der Druck der fluiden Phase kleiner sein als der Belastungsdruck. Die Beziehung $P_F < P_L$ bzw. bei silikatischen Gesteinen, wo mit großer Wahrscheinlichkeit $P_F = P_{H_2O}$ gilt, $P_{H_2O} < P_L$ muß vor allem bei der Bildung bestimmter Gneise, Granulite und Eklogite angenommen werden, die aus primär hydroxylarmen Magmatiten oder durch vorangegangene Metamorphoseprozesse bereits weitgehend „entwässerten" Ausgangsgesteinen entstanden.

Gerichteter Druck oder Stress (P_S)

entsteht bei der Deformation von Gesteinen durch deren spezielle Festigkeitseigenschaften. Dieser nicht hydrostatisch wirkende Druck hat große Bedeutung für die Gefügeprägung der Gesteine. Auf die chemischen Reaktionen der Minerale wirkt er vor allem durch die Vergrößerung des hydrostatischen (Gesamt-) Druckes.

Die Frage, inwieweit durch tektonische Prozesse hervorgerufener Stress den Belastungsdruck erhöhen kann („tektonischer Überdruck") wird sehr unterschiedlich beantwortet. Nach Turner und Verhoogen (1960) kann der gerichtete Druck maximal 2000—3000 bar betragen. Clark (1961) veranschlagt den tektonischen Überdruck mit 1 kbar oder mehr. Heard (1963), Rutland (1965) u. a. halten den tektonischen Überdruck in den Tiefen, in denen regionalmetamorphe Prozesse ablaufen, für vernachlässigbar, da das Festigkeitsverhalten der Gesteine dort eine Übertragung der Stressbedingungen über längere Zeiträume nicht gestattet.

3.1.2.3. Die Rolle des Chemismus

Eine allgemein akzeptierte Prämisse bei der Betrachtung großräumiger metamorpher Prozesse ist die annähernde Konstanz des chemischen Stoffhaushaltes. Die Bewahrung der pauschalen chemischen Zusammensetzung bei der metamorphen Umkristallisation beliebiger Ausgangsgesteine ist eine der Voraussetzungen für die Eduktbestimmung von Metamorphiten auf Grund chemischer Daten. Gesteinsmetamorphose schlechthin wird auch als isocheme Metamorphose oder besser als *konservative Metamorphose* bezeichnet. Deutliche Veränderungen im Elementhaushalt sind meist auf lokale Bereiche beschränkt. Die allocheme Metamorphose oder *Metasomatose* wird deshalb bei den Arten der lokalen Metamorphose (Abschn. 3.1.4.2.) näher behandelt.

Eine Ausnahme bei der allgemeinen chemischen Stoffkonstanz macht das Wasser. Seine Rolle bei den Prozessen der Gesteinsmetamorphose soll im folgenden Abschnitt gesondert besprochen werden.

Die Reaktionsfreudigkeit von Mineralgemischen ist neben vielen anderen Faktoren wie Temperatur, freie Energie, Anwesenheit einer fluiden Phase usw. abhängig von deren chemischer Zusammensetzung. Feldbeobachtungen zeigen, daß SiO_2-ärmere (basische) bzw. Fe-, Mg-, Ca-reiche (mafische) Paragenesen bei Veränderung der *P-T*-Bedingungen eher umkristallisieren als SiO_2-reiche (saure). Für die Erkennung bestimmter Metamorphosegrade sind demzufolge Ausgangsmaterialien mergeliger bzw. „basaltischer" Zusammensetzung besser geeignet als solche grauwackenartiger oder toniger bzw. „granitischer" Zusammensetzung.

Der Beginn metamorpher Mineralumwandlungen in Sedimenten, d. h. die niedrigste Metamorphosestufe (Zeolithfazies nach Fyfe, Turner und Verhoogen 1958) ist überhaupt nur in basischen bis intermediären Tuffen wahrnehmbar. Aber auch höher temperierte Mineralreaktionen führen in mafischen Gesteinen zu besser erkennbaren Produkten als in sauren Gesteinen. Unter anderem kommt dies in der Wahl solcher Namen wie Grünschieferfazies und Amphibolitfazies bei der Begründung der Mineralfazieslehre durch Eskola (1920) zum Ausdruck.

Der Gesteinschemismus hat besondere Bedeutung für die Veränderung der Lösungszusammensetzung in den flüssigen und gasförmigen bzw. fluiden Phasen. Wenn die Gasphase auf Gesteinszusammensetzungen trifft, die das Löslichkeitsprodukt der in ihr enthaltenen Substanzen beeinflussen, kann es zu Fällungsreaktionen kommen. Markante Beispiele hierfür bieten die kalksilikatischen Gesteine, die als Fällungshorizonte für Schwermetallionen bekannt sind und Ausgangsmaterialien für zahlreiche polymetallisch vererzte Skarne darstellen.

Die metamorphen Mineralumwandlungen bestehen aus einer Vielzahl von Teilreaktionen, die jeweils unter ganz spezifischen Bedingungen mit unterschiedlicher Geschwindigkeit ablaufen. Diese Reaktionen können von bestimmten im Gestein enthaltenen Komponenten beeinflußt werden. Daß solche Katalysatoren bei petrogenetischen Prozessen eine Rolle spielen, ist aus experimentellen Untersuchungen bekannt; die Komplexität der Mineralbildungsreaktionen gestattet es aber bisher nicht, die für die jeweils betrachteten Kristallisationen in Frage kommenden Katalysator-Elemente oder -Komplexe zu definieren.

In analoger Weise können bestimmte Ionenkonzentrationen ein Lösungsgleichgewicht puffern und damit Mineralbildungsreaktionen verlangsamen oder gar verhindern.

Da uns bei der geologischen Beobachtung im allgemeinen nur die Endprodukte, nicht aber die Zusammensetzung der bei der Mineralneubildung vorhandenen fluiden Phasen bekannt sind, ist die Rekonstruktion der einzelnen chemischen Reaktionen außerordentlich schwierig. Auch die experimentelle Petrologie arbeitet bisher überwiegend mit vereinfachten, den natürlichen nicht voll entsprechenden Systemen, um die Interpretationsmöglichkeit der einzelnen Teilreaktionen zu gewährleisten.

In die Lösungs-, Transport- und Fällungsprozesse, die sich während der Metamorphose im Gestein abspielen, können prinzipiell alle Elemente einbezogen werden. Unter den in der Natur am häufigsten realisierten *P-T-X*-Bedingungen erscheinen einige spezielle Elemente allerdings besonders mobil. Dazu gehören die Alkalimetalle Natrium und Kalium sowie das in silikatischen Gesteinen in hoher Konzentration zur Verfügung stehende Silizium.

Die bei den metamorphen Kristallisationsprozessen in fluider Phase enthaltenen SiO_2-Anteile erlauben in silikatischen Paragenesen stets die Bildung SiO_2-reicher Minerale. Feldspat-Vertreter, Olivin u. a. SiO_2-untersättigte Minerale treten unter den metamorph gebildeten Phasen kaum in Erscheinung. Die Annahme eines ausreichenden SiO_2-Angebotes ist auch eine der Grundlagen für die graphische Darstellung metamorpher Mineralparagenesen (s. Abschn. 3.1.5.2.).

Eine für die Bildung bestimmter Mineralphasen bedeutsame Komponente ist der Sauerstoff. Die Sauerstoff-Fugazität oder der Sauerstoff-Partialdruck beeinflussen vor allem den Oxydationsgrad des Eisens und damit die Kristallisation spezifischer Fe-Oxide und -Silikate. Da das bei hohen O_2-Drücken vorliegende dreiwertige Eisen in viele Fe—Mg-Silikate nicht eingebaut werden kann, und deshalb andere Silikatminerale oder selbständige Oxidphasen gebildet werden müssen, beeinflußt der Sauerstoffanteil in der fluiden Phase nicht nur die Bildung bestimmter Oxide, sondern die gesamte silikatische Paragenese (EUGSTER 1959, FISHER 1966). Auch die für geothermometrische Aussagen häufig benutzten Verteilungskoeffizienten von $Fe^{\cdot\cdot}$ und Mg in Biotiten, Pyroxenen, Granaten u. a. Mineralen sind nach Meinung zahlreicher Autoren von der Sauerstoff-Fugazität abhängig.

Der konservative Charakter der normalen Gesteinsmetamorphose kommt u. a. dadurch zum Ausdruck, daß primär im Sediment vorhandene hohe Sauerstoff-Anteile auch in den metamorphen Paragenesen erhalten bleiben. So wechseln z. B. in den gebänderten metamorphen Eisenerzen, aber auch in hochmetamorphen Gneisen (CHINNER 1960) geringmächtige hämatitreiche mit magnetitreichen Lagen.

Bei der Hydratation basischer und ultrabasischer Gesteine (im Verlaufe einer retrograden Metamorphose) wird mit dem Wasser vielfach auch Sauerstoff zugeführt, und das vormals in Silikatmineralen ausschließlich in zweiwertiger Form gebundene Eisen zu einem Teil oxydiert und als Magnetit abgeschieden, wie das in folgenden Reaktionen der Fall ist:

$$\begin{aligned} &\text{Olivin} + H_2O + O_2 &&= \text{Serpentin} + \text{Magnetit};\\ &\text{Orthopyroxen} + \text{Quarz} + H_2O + O_2 &&= \text{Amphibol} + \text{Magnetit};\\ &\text{Amphibol} + \text{Quarz} + H_2O + O_2 &&= \text{Talk} + \text{Magnetit}. \end{aligned}$$

Andererseits kann bei der hochgradigen Metamorphose sedimentärer Ausgangsgesteine dreiwertiges Eisen reduziert werden (GOLDSCHMIDT 1954).

3.1.2.4. Die Rolle des Wassers

Unter den chemischen Komponenten eines Gesteinskomplexes kommt dem Wasser eine besondere Rolle bei der Metamorphose zu. Diese liegt nicht nur in seiner Bedeutung als Bestandteil zahlreicher gesteinsbildender Minerale und als Lösungmittel für andere Komponenten, sondern vor allem in seiner katalytischen Wirkung auf Umkristallisations- und Schmelzprozesse sowie in seiner Eigenschaft als Transportmedium für den Stoffaustausch.

Durch die im Verlaufe der Diagenese einsetzende Kompaktion und Temperaturerhöhung wird die Hauptmenge des freien Wassers in einem Sediment ausgetrieben sein, bevor die Metamorphoseprozesse beginnen. Aber selbst bei Verringerung des Porenraumes auf Werte nahe Null (durch Kompaktion und Zementation) stellt das als dünner, oft monomolekularer Film an Korngrenzen vorhandene und das in den Mineralen gebundene Wasser ein ausreichendes Reservoir dar, um die Metamorphoseprozesse in Gegenwart einer fluiden (H_2O-) Phase ablaufen zu lassen.

Die geringe Permeabilität der Gesteine in größeren Tiefen wird eine schnelle Abwanderung der fluiden Phase verhindern, so daß sich in der Regel ein H_2O-Partialdruck aufbaut, der etwa gleich dem Belastungsdruck ist (vgl. Abschn. 3.1.2.2.). Dieser Druck kann trotz der allmählichen H_2O-Abwanderung über geologische Zeiten aufrechterhalten werden, da bei der progressiven Metamorphose die Wassergehalte der Mineralphasen ständig verringert, d. h. bei Temperaturerhöhung durch die Kristallisation H_2O-ärmerer Phasen ständig neue Wasseranteile freigesetzt werden.

Als Beispiele seien folgende Mineralumbildungs-Reaktionen genannt:

$$\underset{\text{Kaolinit}}{Al_4[Si_4O_{10}/(OH)_8]} + \underset{\text{Quarz}}{4SiO_2} = \underset{\text{Pyrophyllit}}{2Al_2[Si_4O_{10}/(OH)_2]} + 2H_2O;$$

$$\underset{\text{Pyrophyllit}}{Al_2[Si_4O_{10}/(OH)_2]} = \underset{\text{Disthen}}{Al_2SiO_5} + \underset{\text{Quarz}}{3SiO_2} + H_2O;$$

$$\underset{\text{Muskovit}}{KAl_2[AlSi_3O_{10}/(OH)_2]} + \underset{\text{Quarz}}{SiO_2} = \underset{\text{Kalifeldspat}}{K[AlSi_3O_8]} + \underset{\text{Sillimanit}}{Al_2SiO_5} + H_2O.$$

Tabelle 3.1. *Die Wassergehalte einiger für Metamorphoseprozesse bedeutsamer Minerale (angenäherte Werte)*

Kaolinit	$Al_4[Si_4O_{10}/(OH)_8]$	14 Masse-%
Antigorit	$Mg_6[Si_4O_{10}/(OH)_8]$	13 Masse-%
Chlorit	$Mg_5Al[AlSi_3O_{10}/(OH)_8]$	12 Masse-%
Lawsonit	$CaAl_2[Si_2O_7/(OH)_2] \cdot H_2O$	11,5 Masse-%
Illit	$K(H_2O)Al_2[AlSi_3O_{10}/(H_2O, OH)_2]$	9 Masse-%
Analcim	$Na[AlSi_2O_6] \cdot H_2O$	8 Masse-%
Biotit	$K(Mg, Fe)_3[AlSi_3O_{10}/(OH)_2]$	7,5 Masse-%
Chloritoid	$(Fe, Mg)_2Al_4[(SiO_4)_2/O_2/(OH)_4]$	7 Masse-%
Pyrophyllit	$Al_2[Si_4O_{10}/(OH)_2]$	5 Masse-%
Talk	$Mg_3[Si_4O_{10}/(OH)_2]$	4,7 Masse-%
Muskovit	$KAl_2[AlSi_3O_{10}/(OH)_2]$	4,5 Masse-%
Tremolit	$Ca_2Mg_5[Si_4O_{11}/OH]_2$	2,2 Masse-%
Epidot	$Ca_2(Al, Fe)_3[Si_2O_7/SiO_4/O/OH]$	2 Masse-%
Staurolith	$Al_4Fe[SiO_4/O/OH]_2$	2 Masse-%

Die theoretischen Wassergehalte einiger am Beginn und im Verlaufe der Gesteinsmetamorphose stabiler Minerale sind in Tab. 3.1 angegeben.

Aus den genannten Daten ist ersichtlich, daß Wasser bei der Metamorphose im Normalfalle in genügender Menge verfügbar ist und bei allen Metamorphoseprozessen eine Rolle spielt.

Experimentelle Daten zeigen, daß die Reaktionsgeschwindigkeiten silikatischer Systeme unter wasserfreien Bedingungen wesentlich geringer sind als in Gegenwart von Wasser. Als Beispiel führen Turner und Verhoogen (1960) die Reaktion $SiO_2 + 2MgO = Mg_2SiO_4$ an, bei der der Diffusionskoeffizient von SiO_2 in MgO bei 1200 °C nur 10^{-16} cm²/s beträgt. Durch Vergrößerung der Kontaktflächen (Feinstmahlung) konnte die Reaktionsgeschwindigkeit stark beschleunigt werden. Die gleiche Mischung aber, die in trockenem Zustand bei 1000 °C innerhalb von vier Tagen nur etwa 26% Mg_2SiO_4 erzeugte, reagierte bei Wassergegenwart innerhalb von Minuten vollständig. Unter den Bedingungen natürlicher Systeme, bei denen größere Korndurchmesser und damit geringere Kontaktflächen vorliegen, würden Gleichgewichtszustände beim Fehlen von Wasser selbst in geologischen Zeiträumen kaum erreicht werden. Dem Wasser ist also bei der metamorphen Umkristallisation eine katalytische, reaktionsbeschleunigende Wirkung zuzuschreiben.

Analoges gilt für die Schmelzenbildung in hochmetamorphen Gesteinen. Die eutektische Schmelztemperatur eines Gneises liegt bei Abwesenheit von Wasser um etwa 300 °C höher (bei 950 bis 1000 °C) als bei H_2O-Gegenwart (Winkler 1967). Bei der Metamorphose wasserarmer Ausgangsmaterialien (Rhyolithe, Aplite) oder während langandauernder Temperungs- und Migrationsprozesse weitgehend „entwässerter" Gesteine (glimmerarme Gneise) können deshalb Temperaturen $>$ 800 °C erreicht werden, ohne daß es zur Schmelzenbildung kommt.

Die Bedeutung des Wassers als „Transportmedium" für chemische Elemente bei den Mineralreaktionen liegt mehr in seiner Rolle als statisches Trägermedium oder als Diffusionsbeschleuniger begründet, als in der Rolle einer sich bewegenden, mobilen Phase. Die im allgemeinen zu beobachtende Stoffkonstanz bei der regionalen Metamorphose, die Bewahrung „selbst feiner chemischer Unterschiede in ehemaligen Sedimenten auch nach der metamorphen Umbildung" (Winkler 1967, S. 8) deutet auf eine geringe Migration der fluiden Phase hin. Größere Beweglichkeit der fluiden Phase und damit verbundener Materialtransport über größere Entfernungen kennzeichnen den Typ der allochemischen Metamorphose oder Metasomatose (s. Abschn. 3.1.4.2.).

Der zwischen der fluiden Phase mit allen in ihr gelösten Bestandteilen und der Gesamtheit der festen Phasen mitunter entstehende Ungleichgewichtszustand, der in chemischen Reaktionen der Auflösung und Ausfällung seinen Ausdruck findet, wird auch bei metasomatischen Prozessen) weit häufiger durch Veränderung der P-T-Bedingungen hervorgerufen, als durch „Zufuhr" bzw. „Wegfuhr" bestimmter Substanzen in einer strömenden Lösung.

Unter Berücksichtigung der außerordentlich geringen Migrationsrate der fluiden Phase in größeren Tiefen muß die von einigen Autoren in Erwägung gezogene Bedeutung des Wassers für den Wärmetransport in Metamorphosegebieten in Frage gestellt werden.

Aus den oben angeführten Reaktionsgleichungen progressiv metamorpher Umkristallisation geht hervor, daß eine retrograde Metamorphose nur dann stattfinden kann, wenn für die Bildung der hydroxylreicheren Mineralphasen genügend Wasser vorhanden ist. Die Seltenheit retrograder Mineralumwandlungen in metamorphen Gebieten ist neben anderen Ursachen auch dadurch erklärbar, daß dieses Wasser nicht zur Verfügung steht. Eine Ausnahme bilden tektonische Bewegungszonen, in denen durch Kornzertrümmerung Migrationswege für Fluida geschaffen werden.

3.1.3. Kinetik der metamorphen Kristallisation

Der Verlauf einer chemischen Reaktion, die zur metamorphen Umkristallisation eines Gesteins führt, ist nach den Gesetzen der Thermodynamik (Massenwirkungsgesetz, Clausius-Clapeyronsche Gleichung, van't Hoffsche Reaktionsisobare usw.) von verschiedenen Faktoren abhängig, deren quantitative Beziehungen hier nicht im einzelnen behandelt werden sollen.

Als eine qualitative Beziehung kann das Prinzip der Aktion und Reaktion (Le Chatelier-Braunsches Prinzip) hier Anwendung finden. Es besagt, daß eine Störung des Gleichgewichtes durch äußeren Einfluß einen Vorgang hervorrufen wird, der nach der Kompensation dieses Einflusses strebt (zit. nach Brdička 1962).

Angewandt auf die Metamorphoseprozesse, kann aus diesem Prinzip gefolgert werden, daß ein hoher Druck die Bildung von Mineralparagenesen mit kleinerem Volumen fördern wird. Von Lepsius (1893), Grubenmann (1910) u. a. wurden diese Aussagen des le Chatelierschen Prinzips als sog. Volumenregel in die Geologie eingeführt.

Wenn wir das spezifische Volumen oder Molekularvolumen (Molekulargewicht: Dichte) als Maß für die Volumenänderungen bei mineralogischen Reaktionen verwenden, kann bei druckbetonter Metamorphose die Bildung von Mineralen mit kleineren Volumina häufig beobachtet werden, z. B.

$$\begin{array}{lll} \text{Albit} & = \text{Jadeit} & + \text{ Quarz;} \\ 95 & \underbrace{57 \qquad\qquad 23}_{80} & \end{array}$$

$$\begin{array}{lll} \text{Laumontit} & = \text{Lawsonit} + 2\text{ Quarz} & + 2\,H_2O. \\ 214 & \underbrace{95 \qquad\qquad 2 \times 23}_{141} & \end{array}$$

Das in der zweiten Reaktion entstehende Wasser wird bei der Gleichgewichtstemperatur von etwa 200 °C ein so großes spezifisches Volumen haben, daß die Reaktion bald zum Stillstand kommen müßte, wenn H_2O nicht abwandern kann.

Aus der theoretischen Behandlung der thermodynamischen Beziehungen zwischen Gleichgewichtskonstante, Enthalpieänderung und absoluter Temperatur (van't Hoffsche Reaktionsisobare) und aus experimentellen Daten ist abzuleiten, daß die durch Temperaturerhöhung hervorgerufenen chemischen Reaktionen der Gesteinsmetamorphose endotherm verlaufen (Turner und Verhoogen 1960, S. 465).

Die Geschwindigkeit, mit der eine Reaktion abläuft, in der neue Phasen gebildet werden, ist abhängig von der Geschwindigkeit der Keimbildung der neuen Phase und vom Wachstum dieses Keimes. Bei metamorphen Reaktionen geht die Keimbildung meist über den Abbau einer bereits existierenden festen Phase, die Reaktion von zwei oder mehreren festen Phasen miteinander bzw. Reaktion einer festen Phase mit einer Gasphase vonstatten. Bei der Keimbildung muß ein Mineralkorn geschaffen werden, das groß genug ist, um stabil zu sein, d. h. dessen freie Oberflächenenergie im Verhältnis zum Volumen nicht mehr zu groß ist. Der kritische Radius für die Stabilität eines Kornes liegt nach Fyfe, Turner und Verhoogen (1958), Rast (1965) und Hyndman (1972) in der Größenordnung von 10^{-6} cm.

Für die Ausbildung einer stabilen neuen Mineralparagenese ist neben der Bildung des Keims auch dessen Wachstum notwendig. Dieses erfordert vor allem die Bereitstellung der notwendigen chemischen Substanzen am Ort der Kristallisation. Bei Anwesenheit einer fluiden Phase wird die Bereitstellung vor allem auf dem Wege der ionaren Diffusion erfolgen. Die Diffusionsgeschwindigkeit ist um so größer, je höher die Temperatur und je größer das Konzentrationsgefälle sind.

Die Vollständigkeit einer metamorphen Reaktion und damit die Einstellung des neuen Gleichgewichtes sind auch von der „Wegsamkeit" des Gesteins für die fluide Phase abhängig. Mit fortschreitender Mineralumwandlung wird aber durch die Zementation der freien Porenräume und Intergranularen diese Wegsamkeit vermindert. Darüber hinaus wird das Konzentrationsgefälle bei fortgeschrittener Reaktion abnehmen und die freie Oberflächenenergie mit dem Wachstum der einzelnen Mineralphasen vermindert. Insgesamt dürfte sich also die Geschwindigkeit metamorpher Mineralumwandlungen bei konstanter Temperatur ständig verringern.

Über die absoluten Reaktionsgeschwindigkeiten bei den natürlichen Prozessen der Gesteinsmetamorphose existieren nur wenige Daten. Die experimentell zu beobachtenden Reaktionsgeschwindigkeiten dürften den natürlichen kaum entsprechen, da im Labor unter reaktionsbeschleunigenden Bedingungen gearbeitet wird. Es ist vielmehr anzunehmen, daß die im Labor in Tagen oder Wochen ablaufenden Mineralumbildungsreaktionen unter den Bedingungen eines Gesteinskomplexes in 5—10 km Tiefe nur in geologischen Zeiträumen realisierbar sind.

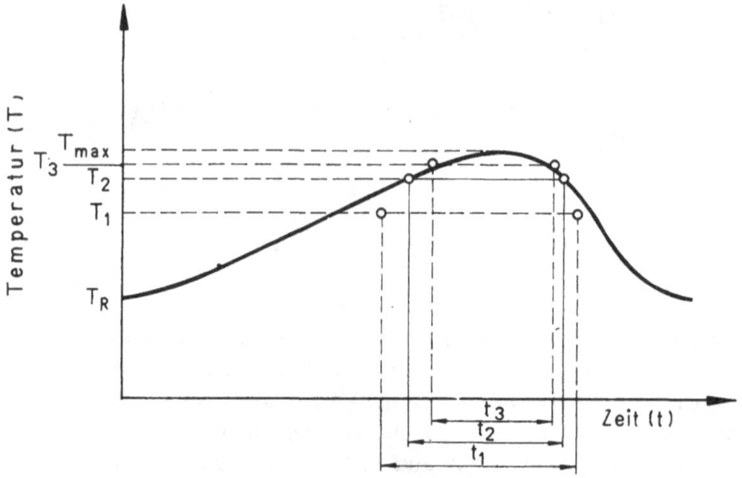

Abb. 3.1. Temperatur-Zeit-Diagramm für den Verlauf einer Regionalmetamorphose mit den Reaktionszeiten für die mineralogische Gleichgewichtseinstellung

In Abb. 3.1 ist der Ablauf einer Gesteinsmetamorphose im Temperatur-Zeit-Diagramm schematisch dargestellt. Die Abszisse stellt die Zeitachse des geologischen Geschehens dar, in dessen Verlaufe die Temperaturen in einem bestimmten Bereich der Erdkruste durch zeitweilig erhöhte Wärmezufuhr aus tieferen Bereichen langsam ansteigen. Die Temperatur ist als abhängige Variable der (geologischen) Zeit dargestellt.

Durch Abwanderung von Volatilen und endotherme chemische Reaktionen ist damit zu rechnen, daß der Temperaturabfall schneller erfolgt als der Anstieg (unsymmetrischer Verlauf der Kurve).

T_R sei die Temperatur, bei der metamorphe Reaktionen im Gestein einsetzen. Da sich die Reaktionszeiten für die Umkristallisationsprozesse mit steigenden Temperaturen ständig verringern werden, entsprechen den Temperaturen T_1 bis T_3 die jeweiligen Reaktionszeiten t_1 bis t_3 zur Ausbildung der jeweils höher temperierten Mineralparagenese.

Wie aus der Abbildung ersichtlich, reicht für die Temperatur T_2 die Dauer der Zustandsbedingungen gerade noch aus, um die erforderliche Zeit t_2 für die Einstellung einer stabilen Phasengemeinschaft zu erfüllen. Bei T_3 wäre die Reaktionsdauer trotz der Beziehung $t_3 < t_2 < t_1$ zu groß, um innerhalb der zur Verfügung stehenden Zeit noch eine vollständige Umwandlung der früheren Paragenesen hervorzurufen.

Die Höhe der maximal erreichten Temperatur (T_{max}) wäre im Falle des dargestellten Kurvenverlaufes in natürlichen Mineralparagenesen normalerweise nicht ablesbar.

Die Zufuhr zusätzlicher Energie, durch tektonische Durchbewegung und damit verbundene Vergrößerung der Migrationswege, Kornzerkleinerung, evtl. auch lokaler Temperaturerhöhung und damit Vergrößerung der Diffusionsgeschwindigkeit, kann die Reaktion beschleunigen und die Zeit t_3 für die Temperatur T_3 so verringern, daß im Bereich von Bewegungszonen die T_3 entsprechende Mineralparagenese zur Ausbildung kommt (Mathe 1977).

Auch das „Überleben" hochmetamorpher Mineralparagenesen beim Nachlassen der Metamorphosetemperaturen kann aus der Darstellung in Abb. 3.1 erklärt werden. Eine Rückwandlung der in T_2 entstandenen Phasen z. B. würde das Verharren der Temperatur auf dem Niveau T_1 für die Zeit t_1 erfordern. Dies ist bei dem angenommenen Kurvenverlauf nicht der Fall. Unabhängig davon, ob das bei progressiver Metamorphose freigesetzte Wasser überhaupt noch zur Verfügung steht (s. o.), ist eine retrograde Mineralumwandlung beim Nachlassen der Metamorphosebedingungen selbst bei langzeitiger Temperung nur von geringer Wahrscheinlichkeit. Die Naturbeobachtungen zeigen auch, daß die rückläufige Metamorphose oder Diaphthorese meist an durchbewegte Gesteinspakete gebunden ist, in denen die dynamische Beanspruchung auf vielfältige Weise die Reaktionsgeschwindigkeiten beschleunigt hat.

3.1.4. Arten der Metamorphose

Die unterschiedliche Bedeutung eines oder mehrerer der oben dargestellten Faktoren der Metamorphose und das unterschiedliche geologische Milieu, in dem eine Gesteinsmetamorphose wirksam wird, ist aus der Art der entstehenden Gesteine rekonstruierbar. Aus diesem Grunde werden bereits seit der Mitte des vorigen Jahrhunderts (Naumann 1850, Cotta 1855) verschiedene Arten der Metamorphose unterschieden.

Generell können die Gesteinsmetamorphosen in solche von regionalem Ausmaß (Krustenbereiche von der Größenordnung einiger tausend bis einiger zehntausend Quadratkilometer) und solche mit nur lokaler Bedeutung (vom Zentimeter- bis Zehnerkilometer-Bereich) gegliedert werden.

Zwischen beiden Gruppen bestehen phänomenologisch oft keine Unterschiede; in einigen Fällen aber sind die entstehenden Gesteinstypen so charakteristisch, daß ihre Benennung auch heute noch unabhängig vom Mineralbestand nach den ins Auge fallenden Feldmerkmalen vorgenommen wird.

Als Ursachen regionaler Metamorphosen sind vor allem die Absenkung größerer Sedimentpakete in Krustenbereiche höherer Druck- und Temperaturbedingungen bzw. die regional erhöhte Wärmeproduktion bestimmter Krustenabschnitte anzusehen. Lokale Metamorphosen werden im Bereich magmatischer Körper, migrierender Fluida bestimmter chemischer Zusammensetzung und im Bereich tektonischer Bewegungszonen registriert.

3.1.4.1. Regionale Metamorphose

3.1.4.1.1. Regionalmetamorphose i. e. S.

Die durch die Wirkung höherer Temperatur *und* höheren Druckes gekennzeichneten Gesteinsumwandlungen großer Areale stellen den Allgemeinfall der Gesteinsmetamorphose dar und werden mit den Namen Regionalmetamorphose, Dynamo-Thermometamorphose (RAMBERG 1952) oder regionale Thermo-Dynamometamorphose (WINKLER 1965) belegt.

Die Regionalmetamorphose tritt vor allem in den Orogenzonen der Erdkruste auf und wird in den Erosionsanschnitten der jungen Faltengebirge, den „Rumpfschollen" früherer Gebirgszüge und den Aufwölbungen der alten Schilde durch weit verbreitete Gesteinsassoziationen dokumentiert.

Die Intensität der Gesteinsumwandlung steigt im allgemeinen mit der Temperatur. Deshalb werden mit steigender Temperatur verschiedene Grade der schwachen bis starken Regionalmetamorphose unterschieden (s. Abschn. 3.1.5.).

Die sehr schwach metamorphen Bereiche einer Gesteinsserie sind von den nicht metamorphen nur durch detaillierte Phasendiagnostik zu unterscheiden. Die auf Grund bestimmter Mineralreaktionen heute bei etwa 200 °C definierte Grenze zwischen Diagenese und Metamorphose kann deshalb bei der auf Feldbeobachtung beruhenden Kartierung regionalmetamorpher Gebiete meist nicht erfaßt werden. Deutlich diagnostizierbare Unterschiede in der Ausbildung sedimentärer und regionalmetamorpher Gesteine treten bei Gesteinsumwandlungen um 400 °C auf, so daß im Feldbefund regionalmetamorphe pelitische Gesteine z. B. meist dann erst als solche kartiert werden, wenn sie nicht mehr als Tonschiefer mit stumpfem bis mattem Glanz auf den Schieferungsflächen, sondern als Phyllite mit deutlichem Seidenglanz ausgebildet sind.

Da bei Temperaturen um 700 °C Aufschmelzungsprozesse bei der Regionalmetamorphose eine größere Rolle spielen, sind die in Orogenzonen angeschnittenen Gesteinsvergesellschaftungen, die als Produkte der Regionalmetamorphose, als Metamorphite schlechthin, den überwiegenden Teil der metamorphen Gesteine ausmachen, im Temperaturbereich zwischen 400 und 700 °C gebildet worden.

Diese Temperaturen werden selbst bei zeitweilig erhöhter Wärmeproduktion in der Erdkruste nur in Tiefen von einigen tausend Metern erreicht.

Die temperaturbedingte Umkristallisation der Gesteine wird demzufolge bei der Regionalmetamorphose durch die in diesen Tiefen herrschenden Belastungsdrücke von einigen hundert bis tausend Bar beeinflußt. Dies kommt besonders in der Gefügeausbildung der regionalmetamorphen Gesteine zum Ausdruck (s. Abschn. 3.2.).

Temperaturerhöhung ist bei der Regionalmetamorphose in der Regel mit Druckerhöhung verbunden. Die Verhältnisse von P und T können in Abhängigkeit vom geothermischen Gradienten und von der Intensität tektonischer Bewegungen jedoch sehr unterschiedlich sein. Von MIYASHIRO (1961) wurde in diesem Zusammenhang auf die Existenz bestimmter *Faziesserien*, d. h. regionalmetamorpher Gebiete mit unterschiedlichen Druck-Temperatur-Verhältnissen hingewiesen.

Aus der Kenntnis der P-T-Verteilung in gut untersuchten Orogenzonen wurden solche Faziestypen der Regionalmetamorphose mit den Namen dieser Metamorphosegebiete belegt. Als Prototyp seien hier genannt: der Niederdruck-Typ der Regionalmetamorphose (Abukuma-Typ), der Typ mittlerer bis hoher Drücke (Grampian Highland-Typ oder Barrow-Typ) und der Hochdruck-Typ (Otago-Typ bzw. Alpiner Typ).

In manchen Gebieten sind einzelne Metamorphoseetappen durch unterschiedlichen Druckcharakter gekennzeichnet. In den Ostalpen z. B. kann die junge alpidische Metamorphose in ihren *P-T*-Bedingungen von der älteren, varistischen Metamorphose deutlich unterschieden werden. Eine Verallgemeinerung jedoch, wie sie beispielsweise von ZWART (1969) getroffen wurde, der der varistischen Metamorphose in Europa generellen Niederdruck-Charakter und der alpidischen generellen Hochdruck-Charakter zuspricht, scheint nicht möglich zu sein.

Eine schematische Darstellung der durch unterschiedliche Druck-Temperatur-Bedingungen gekennzeichneten Metamorphose-Arten wird in Abb. 3.2 gegeben.

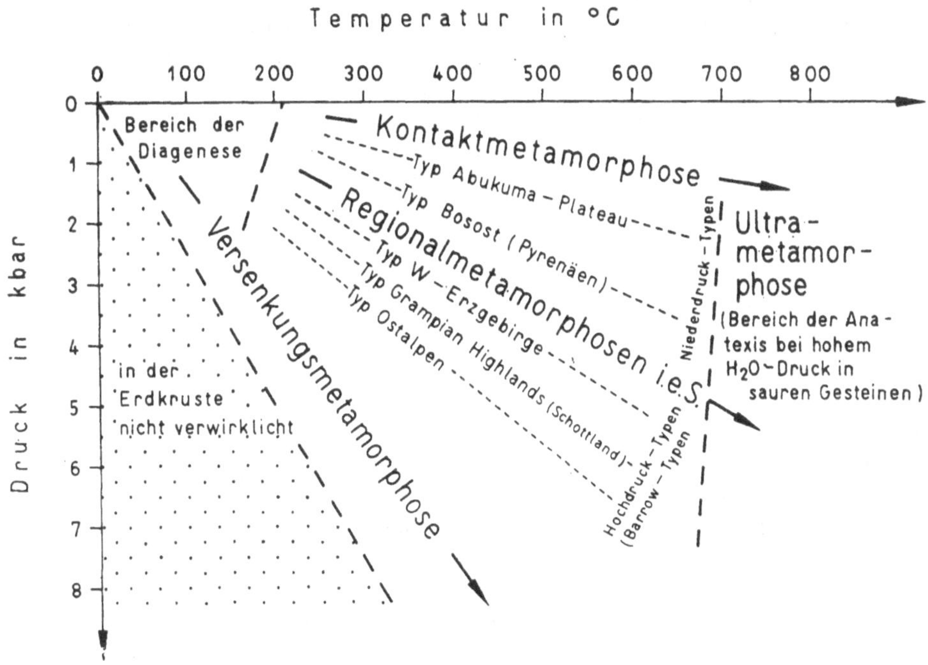

Abb. 3.2. Verschiedene Arten der Metamorphose im *P-T*-Diagramm

3.1.4.1.2. *Ultrametamorphose*

Bei Temperaturen von 650 bis 700 °C und einem Druck $P_L = P_F \geqq 2$ kbar beginnt in Quarz-Feldspat-Gesteinen die Schmelzenbildung, falls in der fluiden Phase Wasser gegenwärtig ist.

Durch umfangreiche experimentelle Untersuchungen im „granitischen System" mit den Phasen Quarz—Kalifeldspat—Plagioklas—Wasser (SiO_2—$KAlSi_3O_8$—$NaAlSi_3O_8$—$CaAl_2Si_2O_8$—H_2O) und dessen Teilsystemen sind die Kristallisations- und Schmelzbedingungen dieser Phasen bei unterschiedlichen Drücken, Temperaturen und Konzentrationen heute recht gut bekannt (GORANSON 1931, TUTTLE und BOWEN 1958, v. PLATEN 1965, YODER 1967, WINKLER 1967 u. v. a. m.).

Im eutektischen Punkt (dem niedrigsten Schmelzpunkt eines Stoffgemisches) beginnt in natürlichen Gesteinen die Schmelzenbildung an den Korngrenzen von Quarz und Feldspat (MEHNERT, BÜSCH und SCHNEIDER 1973), erfaßt dann größere Bereiche, wobei die Schmelze vor allem auf Bewegungsflächen (Schieferungsflächen) und in Hohlräumen (Faltenumbiegungen, Klüften) angereichert wird, und kann schließlich das gesamte Gestein erfassen.

Die Bildung solcher Schmelzen bei hochgradiger Metamorphose wurde von SEDERHOLM (1907) als *Anatexis* bezeichnet.

In den Anfangsstadien wird diese Schmelzenbildung zunächst nur bestimmte Quarz-Feldspat-Anteile betreffen (unvollständige oder partielle Anatexis), bei höheren Temperaturen werden alle hellen Gemengteile und schließlich auch die Mafite in den Schmelzprozeß einbezogen. Für die einzelnen Stadien der Anatexis wurden, z. T. in Anlehnung an SEDERHOLMsche Termini, die Begriffe Metatexis, Diatexis, Palingenese u. a. in die petrographische Literatur eingeführt. Auf Grund ihres uneinheitlichen Gebrauches (s. auch MEHNERT 1968) und der Tatsache, daß unter natürlichen Verhältnissen stets nur die Endprodukte, nicht aber die Vorgänge beobachtbar sind, sollte der international verbreitete Name Anatexis (ggf. mit den Zusätzen „partielle" oder „vollständige") für die Beschreibung der Schmelzbildung ausreichen.

Bei der partiellen Anatexis von Gneisen entstehen saure Schmelzen, die am Ort ihrer Bildung oder nach Abwanderung in benachbarte Bereiche regellos-körnig kristallisieren. Die Erstarrungsprodukte bestehen aus den Mineralphasen Quarz, Kalifeldspat und/oder Plagioklas und unterscheiden sich von den Gesteinen, aus denen sie entstanden sind (und in denen sie gewöhnlich auftreten) durch ihre leukokrate Zusammensetzung und ihr regelloses, grobkristallines Gefüge.

Gesteine, die aus solch megaskopisch unterscheidbaren Anteilen geregelter Metamorphit-Gefüge und regelloser Magmatit-Gefüge bestehen, werden nach SEDERHOLM (1907) als *Migmatite* bezeichnet (Neudefinition nach MEHNERT 1968). Dabei ist zu beachten, daß Migmatite nicht nur auf die hier beschriebene Weise durch partielle Anatexis an Ort und Stelle, sondern auch durch magmatische Injektion oder metasomatische Zufuhr der jüngeren, regellos-körnigen Gesteinsanteile gebildet werden können. Über Migmatite als Gesteinstypen siehe Abschnitt 3.2.1. Fortschreitende Anatexis, die bei ausreichendem H_2O-Angebot und langzeitiger Temperaturbeeinflussung um 700 °C größere Mengen an Schmelze produziert, kann zur vollständigen Ausschmelzung der leukokraten Bestandteile metamorpher Gesteine führen, so daß nach Abwanderung der Schmelze „ausgeblutete" melanokrate Mineralvergesellschaftung zurückbleiben, die als *Restite* bezeichnet werden. Restite von Gneisen können z. B. aus Biotit $\pm$ Hornblende $\pm$ Granat $\pm$ Cordierit $\pm$ An-reichem Plagioklas bestehen.

Beim Verbleib der sauren Schmelzanteile am Ort ihrer Entstehung und Kristallisation entstehen granitisch-körnige Gesteine, in denen einzelne Minerale wie Granat, Cordierit, Sillimanit oder Pyroxen auf die Entstehungsgeschichte und die Unvollständigkeit der Aufschmelzung hinweisen oder in denen die restitischen Mafite in Form von Schlieren und Linsen eingeschlossen sind. Solche granitoiden Gesteine mit reliktischen Metamorphit-Anteilen können als *Anatexite* bezeichnet werden.

In der DDR können hierzu gezählt werden: der früher als Zweiglimmergranodiorit bezeichnete Anatexit der westlichen Lausitz (HIRSCHMANN 1966), die „Gneise von Glashütte-Lauenstein" im Osterzgebirge (HOFMANN 1974) sowie einige körnig-massige, charnockitartige Granulittypen des sächsischen Granulitgebirges.

Beim Ansteigen der Temperatur weit über 700 °C werden auch die mafischen Gemengteile in den Aufschmelzungsprozeß einbezogen. Es kommt zur vollständigen Anatexis

(Palingenese). Die entstehenden Schmelzen haben gewöhnlich granitische bis granodioritische Zusammensetzung, was dem Pauschalchemismus der meisten Gneise und ihrer Einschaltungen entspricht.

Da die Bildung granitischen Magmas bis zur Mitte unseres Jahrhunderts im wesentlichen durch Differentiation primär basischer Ausgangsmaterialien erklärt wurde, wollte man den sekundären Charakter solcher durch Anatexis entstandener Magmen mit der Einführung der Bezeichnung *Migma* zum Ausdruck bringen. Für eine Beibehaltung dieses Wortes gibt es heute allerdings keine Notwendigkeit.

Alle hier genannten Typen anatektischer Schmelzen entstehen im Hochtemperaturbereich der Regionalmetamorphose bei hohen H_2O-Drücken. Migmatite, Anatexite und anatektisch gebildete Granite treten zusammen mit Gneisen in nahezu allen Gebieten starker Regionalmetamorphose auf. Dieser durch Schmelzenbildung charakterisierte Typ der Regionalmetamorphose kann mit einem Terminus von Holmquist (1916) als Ultrametamorphose bezeichnet werden.

3.1.4.1.3. Versenkungsmetamorphose

Für einen besonderen Typ der Regionalmetamorphose führte Coombs (1961) die Bezeichnung burial metamorphism ein. Von Winkler (1965) wurde er als „regionale Versenkungsmetamorphose“ von der Regionalmetamorphose i. e. S. (regionale Thermo-Dynamometamorphose) abgegrenzt und in die deutschsprachige Terminologie eingeführt.

Als Versenkungsmetamorphose werden alle diejenigen metamorphen Umwandlungsprozesse von Gesteinen bezeichnet, die sich in regionalem Rahmen bei niedrigen bis „normalen“ geothermischen Gradienten vollziehen. Bei Gradienten von 10 °C/km bis 30 °C/km werden Metamorphosetemperaturen von 200 bis 400 °C erst in Tiefen von 7—30 km erreicht. Die Versenkungsmetamorphose ist also durch niedrige Temperaturen (very low-grade metamorphism nach Winkler 1976) bei rel. hohen bis sehr hohen Drücken gekennzeichnet und kann in einigen Gebieten deutlich von der „Normalabfolge“ der Regionalmetamorphose unterschieden werden (Coombs 1960).

Im Gegensatz zur eigentlichen Regionalmetamorphose, bei der tektonische Deformationen eine größere Rolle spielen, läuft die Versenkungsmetamorphose unter nahezu statischen Bedingungen in Sedimentationsbecken von nicht-geosynklinalem Charakter ab.

Die Mineralparagenesen der Versenkungsmetamorphose — vor allem diejenigen mit Lawsonit, Glaukophan und Jadeit — konnten bisher vor allem in meso- bis känozoischen Metamorphitkomplexen nachgewiesen werden. Dieser Hochdruck-Niedertemperatur-Metamorphosetyp scheint daher an ein bestimmtes Stadium der Krustenentwicklung und -mindestmächtigkeit gebunden zu sein, das erst in jüngerer geologischer Zeit erreicht worden ist. Korrelationen dieses Metamorphosetyps mit den ebenfalls in jüngeren geotektonischen Provinzen bevorzugt nachweisbaren Subduktionen an Plattengrenzen sind möglich.

Wie Abb. 3.2 zeigt, können Temperaturen von 500—700 °C, wie sie für die Regionalmetamorphose charakteristisch sind, bei der Versenkungsmetamorphose nicht erreicht werden, da auch maximale Krustenmächtigkeiten dies nicht zulassen würden.

Die Versenkungsmetamorphose wird nicht von allen Autoren als selbständiger Typus behandelt. Miyashiro (1973) z. B. ordnet sie mit ihren Glaukophan-Jadeit-Paragenesen der „Hochdruck-Regionalmetamorphose", mit ihren Zeolith-Prehnit-Paragenesen dem von ihm (1972) propagierten Typ der Meeresboden-Metamorphose (oceanfloor metamorphism) zu. Einige sowjetische Autoren gliedern die Mineralparagenesen der Versenkungsmetamorphose auf und ordnen sie einer „Fazies der Regionalmetamorphose hoher Drücke" (DOBRECOV, SOBOLEV u. a. 1974) oder einem als „regionale Epigenese" bezeichneten Übergangsbereich zwischen Diagenese und Metamorphose zu (DOBRECOV, SOBOLEV und CHLESTOV 1972).

3.1.4.2. Lokale Metamorphose

3.1.4.2.1. Kontaktmetamorphose

Die Umwandlung von Gesteinen durch Flözbrände, vulkanische Laven und die Hitzewirkung magmatischer Tiefenkörper ist in vielen Aufschlüssen so deutlich erkennbar, daß der Begriff der Gesteinsmetamorphose in der ersten Hälfte des vorigen Jahrhunderts auf Grund solcher Kontakterscheinungen geprägt worden war, lange bevor die metamorphe Entstehung der Gneise, Glimmerschiefer u. a. Gesteine erkannt wurde. Noch NAUMANN (1850) und COTTA (1855) polemisieren über die Wahrscheinlichkeit der „metamorphischen Bildung" der kristallinen Schiefer, während sie andererseits den „Metamorphismus durch Feuer" bzw. „im Contacte pyrogener Gesteine" als selbstverständlich behandelten.

Dieser historische Aspekt mag einer der Gründe dafür sein, daß die Petrologie der kontaktmetamorphen Gesteine in den letzten Jahrzehnten keine so umfassende Bearbeitung erfahren hat wie die der Regionalmetamorphite. Im Prinzip wirken bei der Kontaktmetamorphose die gleichen physikochemischen Parameter wie bei der Regionalmetamorphose, und die entstehenden Mineralparagenesen sind nach den gleichen Gesetzmäßigkeiten gruppierbar wie jene. Dennoch werden sowohl in der Klassifikation der Gesteine als auch der metamorphen Grade deutliche Unterschiede gemacht.

Als klassische Arbeiten zur Kontaktmetamorphose sind insbesondere zu nennen die von ROSENBUSCH (1877), ERDMANNSDÖRFER (1910), GOLDSCHMIDT (1911) und TILLEY (1924, 1925).

Eine moderne Zusammenfassung des Kenntnisstandes über kontaktmetamorphe Mineralumwandlungen liegt von dem sowjetischen Autor REVERDATTO (1970) vor.

Als Kontaktmetamorphose oder *Thermometamorphose* wird heute eine Umkristallisation von Gesteinen bezeichnet, die durch lokale Temperatureinwirkung bei geringen Drücken hervorgerufen wird (vgl. Abb. 3.2).

Die durch den Kontakt mit Magmen, Laven, vulkanischen Gasen u. a. verursachten chemischen Veränderungen werden als Kontaktmetasomatose bezeichnet und im folgenden Abschnitt behandelt.

Der Bereich der kontaktmetamorphen Gesteinsumwandlungen ist sehr unterschiedlich und hängt ab von der Wärmemenge, der Wärmequelle (Temperatur, Volumen) dem Wärmefluß (Wärmeleitfähigkeit des Gesteins, Wärmetransport durch Fluida), der daraus resultierenden Dauer der Wärmebeeinflussung und der Kristallisationsfreudigkeit des betreffenden Nebengesteins (Korngröße, mineralogische Zusammensetzung, Zusammensetzung der Porenlösung usw.). Er kann auf Phasenumwandlungen im Zentimeterbereich beschränkt bleiben, kann aber auch mehrere Kilometer vom Kontakt entfernt noch nachweisbar sein.

Geringmächtige *Kontaktsäume* oder *Kontaktzonen* rechtfertigen in vielen Fällen nicht die Ausscheidung selbständiger Kontaktgesteins-Typen. In *Kontakthöfen* oder *Kontaktaureolen* von größerer Mächtigkeit, wie sie vor allem in der Umrandung von Tiefengesteinskörpern angetroffen werden, kann dagegen eine deutliche Abfolge verschiedenartiger Kontaktgesteine ausgebildet sein.

Im Bereich von Klüften und Spalten, die von heißen Fluida durchströmt wurden, sind die thermischen Kontakterscheinungen meist mit intensiven chemischen Umwandlungen verbunden (sog. Nebengesteins-Metamorphose, Hydrothermal- oder pneumatolytische Metamorphose), die zur Gruppe der metasomatischen Bildungen gehören (siehe unten). Magmatische Schmelzen können solche Kontaktmetasomatose ebenfalls bewirken, können aber auch isocheme Umkristallisation im Nebengestein hervorrufen (Kontaktmetamorphose im Exokontakt) oder können durch die intensive Wärmeabgabe selbst in einer andersartigen Randfazies kristallisieren (Kontaktmetamorphose im Endokontakt).

Die markantesten Gesteinsumwandlungen treten im Exokontakt plutonischer Körper

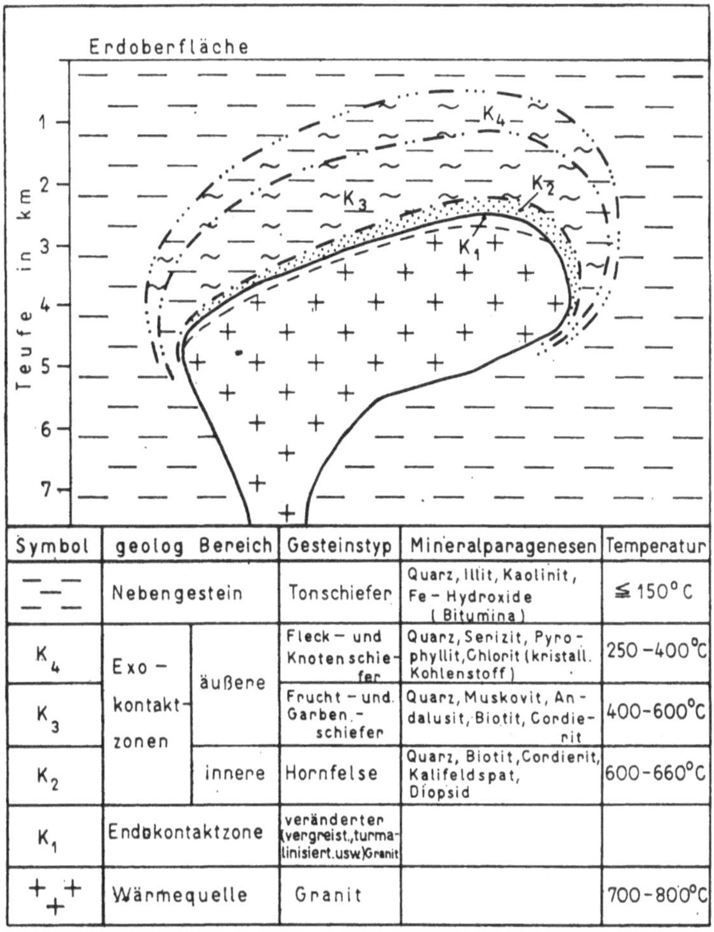

Symbol	geolog Bereich		Gesteinstyp	Mineralparagenesen	Temperatur
— —	Nebengestein		Tonschiefer	Quarz, Illit, Kaolinit, Fe-Hydroxide (Bitumina)	≦ 150° C
K_4	Exo-kontakt-zonen	äußere	Fleck- und Knotenschiefer	Quarz, Serizit, Pyrophyllit, Chlorit (kristall. Kohlenstoff)	250–400°C
K_3			Frucht- und Garben-schiefer	Quarz, Muskovit, Andalusit, Biotit, Cordierit	400–600°C
K_2		innere	Hornfelse	Quarz, Biotit, Cordierit, Kalifeldspat, Diopsid	600–660°C
K_1	Endokontaktzone		veränderter (vergreist., turmalinisiert. usw.) Granit		
+ + +	Wärmequelle		Granit		700–800°C

Abb. 3.3. Schematische Darstellung des Kontakthofes eines Granitplutons in Tonschiefern

auf. Während kalkige und sandige Nebengesteine dabei ganz analoge Umkristallisation erfahren wie bei der Regionalmetamorphose und von den entsprechenden Regionalmetamorphiten oft nicht zu unterscheiden sind, können in pelitischen Gesteinen Mineralneubildungen auftreten, die den „Kontaktschiefern" ein eigenes Gepräge verleihen und Anlaß für spezielle Namengebung waren (s. Abschn. 3.3.2.3.). Die Kontaktmetamorphose eines Tonschiefers durch einen Granitkörper ist in Abb. 3.3 schematisch dargestellt.

Mit der Wärmeabgabe magmatischer Schmelzen hat sich in jüngerer Zeit Jaeger (1957, 1961) beschäftigt. Aus theoretischen Überlegungen ermittelte er die maximale Aufheizung des Nebengesteins eines magmatischen Körpers von der idealisierten Form einer Platte mit der Mächtigkeit D (vergleichbar der Form eines Lagerganges oder diskordanten Ganges). Sie würde unmittelbar am Kontakt etwa 50 bis 60% der Magmentemperatur (T) + der Ausgangstemperatur des Nebengesteins (T_N) betragen; in einer Entfernung von $1/5D$ noch etwa 45% $T(+T_N)$, in einer Entfernung von $1/2D$ noch etwa 30% $T(+T_N)$.

Für einen Granitpluton von angenäherter Plattenform mit der Mächtigkeit 2000 m, einer Intrusionstemperatur von 700 °C und einer Intrusionstiefe von 5000 m (Temperatur des Nebengesteins hier 200 °C) hieße das: Aufheizung des Nebengesteins unmittelbar am Kontakt auf etwa 600 °C, in einer Entfernung von 1000 m auf etwa 350 °C (vgl. auch Abb. 3.3).

Für die Dauer der Aufheizung des Nebengesteins ist aus den Kurven von Jaeger (1957) eine Faustformel von:

$$t_{\text{der max. Aufheizung}} \text{ [in Jahren]} = 0{,}01 \text{ bis } 0{,}02 \cdot D^2 \text{ [in Metern]}$$

ablesbar.

Das hieße: bei einer Mächtigkeit des Magmenkörpers von 1 m eine Aufheizungsdauer von 3–6 Tagen, bei 100 m Mächtigkeit von 100–200 Jahren. Bei einer Mächtigkeit von 2500 m (vgl. Abb. 3.3) würde das Temperaturregime 60000–120000 Jahre andauern und dann erst allmählich abklingen. Diese Zeit reicht unter den Bedingungen des natürlichen Gesteinsverbandes aus, um eine kontaktmetamorphe Zonenfolge der in Abb. 3.3 beschriebenen Art auszubilden.

Da die Temperatur des Magmenkörpers bei der Kontaktmetamorphose von ausschlaggebender Bedeutung ist, können die intensivsten kontaktmetamorphen Umwandlungen in der Umgebung von basischen Plutonen und mächtigen Basit-Ergüssen beobachtet werden. Solche Hochtemperatur-Umwandlungen, die in Kalken z. B. die seltenen Spurrit-Merwinit-Monticellit-Paragenesen, in Quarz-Feldspat-Gesteinen sogar partielle Aufschmelzungen und Bildung sog. *Buchite* hervorrufen können, sind an Granit-Kontakten nicht möglich.

Auch in Gesteinsmaterialien, die als Xenolithe in heiße Schmelzen eingebettet wurden, sind intensive Kontaktwirkungen erkennbar. Hierzu gehören z. B. die Sanidinit-Einschlüsse in den Trachyten der Eifel (BRD) und die zu Hornfelsen umgewandelten Grauwacken-Einschlüsse in den Granodioriten der westlichen Lausitz.

3.1.4.2.2. Metasomatose

Die Bezeichnung Metasomatose wurde erstmals von Naumann (1828) für die substantielle Verdrängung von Mineralen unter Beibehaltung der Form, als eine spezielle Art der Pseudomorphose, gebraucht (hiervon auch der griech. Name = Veränderung des Körpers,

„Körperwanderung"). Später wandte NAUMANN (1850) diesen Begriff auch auf petrologische Prozesse an und schlug vor, eine Metamorphose, die „mit einer substantiellen Umwandlung verbunden war, richtiger Metasomatosis" zu nennen (ebenda S. 441).

Die spezielle Untersuchung metasomatischer Prozesse begann erst am Anfang unseres Jahrhunderts, als die Problematik der Gesteinsbildung und -metamorphose durch die Arbeiten im skandinavischen Kristallin in eine neue Phase der Diskussion gelangte und als die Bedeutung der Metasomatose für die Genese zahlreicher Lagerstätten erkannt worden war (LINDGREN 1901, 1925, ESKOLA 1921, GOLDSCHMIDT 1922 u. a.).

Die Definition von GOLDSCHMIDT (1922):

„Metasomatose ist eine Umbildung eines Gesteins, bei welcher dem Gestein Substanz zugeführt wird, wobei die Bildung oder Anreicherung der zugeführten Substanz durch bestimmte chemische Reaktionen stattfindet, an welchen sowohl ursprüngliche wie neugebildete Minerale teilnehmen" (S. 145)

entspricht weitgehend dem modernen Gebrauch dieses Begriffes für petrologische Prozesse. Die im letzten Passus aufgestellte Forderung, daß an den chemischen Reaktionen primäre Minerale und zugeführte Substanzen gleichermaßen beteiligt sein müßten, schließt zwar reine Hohlraumfüllungen (Imprägnation von Porenräumen, Spaltenfüllungen) aus, hat aber später zu Kritiken geführt (LINDGREN 1925, KORŽINSKIJ 1965). In vorangegangenen Etappen einer Metasomatose können durch Auslaugungsprozesse bestimmte Hohlräume geschaffen werden, deren nachträgliche Ausfüllung mit anderen chemischen Substanzen ein Gestein im heutigen Sprachgebrauch durchaus als Metasomatit qualifizieren. Der Mechanismus der metasomatischen Gesteinsumwandlungen, Probleme der Auflösung und Ausfällung, der Diffusion, der Beibehaltung oder Vergrößerung des Volumens u. a. waren Gegenstand der Forschung um die Mitte unseres Jahrhunderts (LINDGREN 1933, BAIN 1936, ESKOLA 1939, RAMBERG 1952).

Besondere Verdienste um die Erforschung metasomatischer Prozesse erwarben sich sowjetische Autoren, insbesondere der Schule von D. S. KORŽINSKIJ, die mit zahlreichen Arbeiten zu theoretischen und lagerstättenkundlichen Problemen der Metasomatose den heutigen Kenntnisstand entwickeln halfen (KORŽINSKIJ 1955 — deutsch 1965, 1969, 1970, NAKOVNIK 1954, 1964, 1968, 1976, KAŠKAJ und ALLACHVERDIEV 1965, KAZICYN und RUDNIK 1968, KAŠKAJ 1970, KAZICYN 1972, POSPELOV 1973 u. v. a. m.).

Unter Metasomatose versteht man heute „jede unter Veränderung der chemischen Zusammensetzung erfolgende Verdrängung eines Gesteins, bei der die Lösung der alten Mineralien und der Absatz der neuen fast gleichzeitig erfolgen, so daß im Verlauf des Substitutionsprozesses das Gestein immer im festen Zustand bleibt" (KORŽINSKIJ 1965, S. X).

Diese Definition gilt für Gesteinsumwandlungen in allen Temperaturbereichen. Metasomatische Prozesse können also in Sedimentiten unmittelbar nach deren Ablagerung, in allen Stadien der Diagenese und bei Temperaturen $> 200\,°C$, d. h. im Bereich der eigentlichen Gesteinsmetamorphose vonstatten gehen. Metasomatose und Metamorphose sind als Umwandlungen eines Gesteins definiert, bei dem dieses seinen festen Zustand beibehält. Für die Metamorphose gilt heute als allgemein akzeptierte Einschränkung, daß diese Umwandlung bei höheren Temperaturen ($> 200\,°C$) erfolgt. Für die Metasomatose gilt lediglich die Einschränkung, daß die Umwandlung unter Veränderung der chemischen Zusammensetzung des Gesteins erfolgt.

Jede Gesteinsmetamorphose, die durch chemische Stoffumsetzung in megaskopisch definierbaren Größenordnungen[1] charakterisiert ist, kann demzufolge als Metasomatose bezeichnet werden. Nicht jede Metasomatose des gleichen Größenordnungsbereiches ist aber eine Metamorphose.

Hier sollen nur diejenigen Arten einer Metasomatose besprochen werden, die bei höheren Temperaturen erfolgen und nicht mit Prozessen der Diagenese verknüpft sind.

Die Zufuhr und Wegfuhr der chemischen Substanzen, die zu metasomatischen Gesteinsbildungen Anlaß geben, erfolgt über eine fluide Phase analog dem Stofftransport bei der Metamorphose. Nach KORŽINSKIJ (1965) sind im Gestein zwei Arten des Transports chemischer Komponenten möglich: Zu- und Wegfuhr mit einer strömenden Lösung oder Diffusion der Komponenten in einer stagnierenden fluiden Phase infolge eines Konzentrationsgefälles. Die daraus resultierenden Arten der Metasomatose werden als *Infiltrationsmetasomatose* bzw. als *Diffusionsmetasomatose* bezeichnet. Infolge der größeren Geschwindigkeit des Stofftransportes in strömenden Medien gegenüber der Diffusion wird der Infiltrationsmetasomatose größere Bedeutung für die Bildung metasomatischer Gesteinskörper beigemessen.

Bei jeder Metasomatose ist die Beweglichkeit der chemischen Komponenten des betreffenden Systems unterschiedlich. Im speziellen Fall hängt die Beweglichkeit einer Komponente von der Temperatur, der Zusammensetzung der fluiden Phase, der Zusammensetzung des Gesteins und vielen anderen physikochemischen Bedingungen ab. Deshalb ist den metasomatischen Prozessen eine bestimmte *Zonalität* eigen, die im Wechsel der Mineralparagenesen abgelesen werden kann.

Unabhängig von der o. g. speziellen Beweglichkeit kann eine gewisse verallgemeinerte Reihenfolge in der relativen Beweglichkeit der Komponenten bei metasomatischen Prozessen festgestellt werden. So gehören H_2O und CO_2 immer zu den mobilsten Komponenten. Ähnliches gilt für H_2S, SO_3, Cl, K_2O und Na_2O, während MgO, CaO, Al_2O_3 und TiO_2 nur unter speziellen Bedingungen größere Beweglichkeit erlangen.

Eine Gliederung der metasomatischen Prozesse kann nach der Art der zugeführten chemischen Substanzen vorgenommen werden, wie dies schon GOLDSCHMIDT (1922) vorschlug. Hierbei wird die Zufuhr von H_2O bzw. OH meist ausgeklammert, da diese bei sonst gleichbleibendem Gesteinschemismus Kennzeichen jeglicher retrograder Metamorphose ist.

Als wichtigste Arten der Metasomatose können nach den hauptsächlich zugeführten Komponenten unterschieden werden (vgl. auch Abschn. 3.3.2.4.):

1. Alkali-Metasomatose (Albitisierung, Fenitisierung, Kalifeldspatisierung, z. T. auch Sericitisierung, Spilitisierung, Adinolbildung u. a.);
2. SiO_2-Metasomatose (verschiedene Arten von Verkieselungen, Bildung von Sekundärquarziten, Quarz-Greisen, Kalksilikatfelsen u. a.);
3. CO_2-Metasomatose (Karbonatisierung allgemein, Magnesit-Bildung u. a.);
4. Komplexe Elementzufuhr mit hohen Anteilen an B, F, Cl, SO_3 („pneumatolytische Metasomatose", Vergreisung, Turmalinisierung, Skapolithisierung u. a.);
5. komplexe Elementzufuhr mit hohen Anteilen an Schwermetallen (Verskarnung, Vergreisung, „Hydrothermalmetasomatose", „Nebengesteinsumwandlung", Propylitisierung, Beresitisierung, Listvenitisierung u. a.).

[1] Diese etwas unscharfe Einschränkung muß benutzt werden, um nicht jede Reaktion, die bei der Metamorphose an den Korngrenzen zweier benachbarter Minerale abläuft, als Kriterium für die Bildung eines metasomatischen Gesteins zu deklarieren, wie dies neuerdings von POSPELOV (1973) und NAKOVNIK (1976) versucht wird.

Nicht immer läßt sich der Metasomatoseprozeß ausschließlich durch die Art der zugeführten Substanzen beschreiben, da in vielen Fällen vorangehende Auslaugungsprozesse eine wesentliche Rolle spielen. Als weitere Möglichkeiten für die Typisierung der Metasomatose bieten sich an: die geologischen Prozesse, in deren Verlauf es zur Metasomatose kommt (Kontakt-Metasomatose, „Nebenerz-Metasomatose", postmagmatische Metasomatose – gemeint ist im letzteren Falle die unmittelbar nach Kristallisation eines Magmas durch dessen Restlösungen erfolgten Umwandlungen in den Magmatiten – u. a.), die Metasomatose-Temperaturen (Hochtemperatur-Metasomatose, Hydrothermal-Metasomatose, kata-, meso- und epithermale Metasomatose u. a.) oder physikochemische Besonderheiten der Auflösungs- bzw. Ausfällungsprozesse (saure Auslaugung, alkalisches Frühstadium, „Basifizierung" u. a.).

3.1.4.2.3. Dynamometamorphose

In den letzten Jahrzehnten des 19. Jahrhunderts wurden der Druck im allgemeinen und die bei der Gebirgsbildung auftretenden dynamischen Kräfte im besonderen als wesentliche Faktoren der Gesteinsmetamorphose erkannt (Lossen 1869, Lehmann 1884, Lepsius 1893 u. a.). Einige Autoren billigten dem Druck sogar die ausschlaggebende Rolle bei der Bildung der kristallinen Schiefer zu (z. B. Heim 1878).

In dieser Zeit taucht der Begriff der Dynamometamorphose in der Bedeutung einer druckbetonten bzw. unter Beteiligung hoher Drücke ablaufenden Regionalmetamorphose auf (in diesem Sinne z. B. gebraucht von Doelter 1906, später auch noch von Rosenbusch und Osann 1923). Bei Grubenmann (1910) wird die „mechanische Gesteinsumformung unter Streß" lediglich als einer der Prozesse der „Metamorphose im engeren Sinn" (= Regionalmetamorphose) erwähnt. Eskola (1939) führt die „Mechanische Metamorphose" als eine rein kinetische, die „lokale Dislokationsmetamorphose" als eine kombinierte mechanisch-thermische Metamorphose auf.

In jüngerer Zeit wird die Bezeichnung Dynamometamorphose synonym mit den Begriffen Dislokationsmetamorphose oder kataklastische Metamorphose (cataclastic metamorphism, kinetic metamorphism, kataklastičeskij metamorfizm) gebraucht (z. B. Turner und Verhoogen 1960, Huang 1962, Winkler 1965, Sarančina und Šinkarev 1973, Miyashriro 1973).

Unter dem Namen Dynamometamorphose (oder einem der o. g. Synonyma) können alle Gesteinsumwandlungen $> 200\,°C$ zusammengefaßt werden, bei denen die mechanische Beanspruchung deutlichere Kennzeichen hinterlassen hat als die thermisch bedingte Rekristallisation. Sichtbar wird diese mechanische Beanspruchung vor allem im Gefüge der Gesteine (s. Abschn. 3.2.).

Die mechanische Zertrümmerung des Gesteinsmaterials bei Überschreitung der Elastizitätsgrenze macht sich im Aufschlußbereich durch *Brekzisierung*, im Handstück bis Mineralkornbereich als *Kataklase* oder *Mylonitisierung* bemerkbar.

Der Unterschied zwischen Kataklase und Mylonitisierung wurde von Higgins (1971) durch die regellose Anordnung der Bruchstücke im ersteren Falle und eine stärkere Einregelung bis zur Ausbildung von Fließgefügen im letzteren Falle definiert (vgl. auch Abschn. 3.3.2.5.).

Bei den genannten Begriffen Brekzisierung, Kataklase und Mylonitisierung handelt es sich um mechanische Zertrümmerung von Gesteinen bzw. Mineralkörnern, die auch bei niedrigen Temperaturen vonstatten gehen können. Als Faktoren der Dynamometamorphose können sie nur dann gewertet werden, wenn die Zertrümmerung im Metamorphosebereich, d. h. bei Temperaturen > 200 °C erfolgte. In diesem Fall wird eine gewisse Verheilung der Rupturen durch mobilisierte Mineralsubstanz oder neugebildete metamorphe Minerale erkennbar sein.

Ebenso wie alle anderen Arten der Metamorphose kann die Dynamometamorphose in progressiver oder in retrograder Richtung, d. h. unter Bildung höher temperierter oder niedriger temperierter Mineralparagenesen ablaufen. Auf Grund der geringeren Kristallisationsgeschwindigkeit bei niedrigen Temperaturen bleiben die Trümmergefüge bei retrograd verlaufender Dynamometamorphose meist besser erhalten.

Für schwach metamorphe schiefrige Gesteine der Ostalpen, die sowohl in ihrem Gefüge als auch in ihrem Mineralbestand Relikte eines höheren Metamorphosegrades bewahrt haben und deren feinkörniges Gefüge durch „Zerstörung" eines ehemals grobschuppigen Gefüges abgeleitet werden kann, prägte BECKE (1909) die Bezeichnung Diaphthorite (von griech. διαφθείρω = ich zerstöre). Der davon abgeleitete Begriff *Diaphthorese* sollte in seiner ursprünglichen Bedeutung vor allem die mechanische Beanspruchung eines Gesteins ausdrücken und kann in diesem wörtlichen Sinne als ein Synonym für Dynamometamorphose angesehen werden. Später (z. B. SUESS 1913, 1926) und heute wird dieser Begriff für jede Art retrograder Metamorphose verwendet, auch dann, wenn gefüge-„zerstörende" Vorgänge gegenüber den phänomenologisch hervortretenden Umkristallisationsprozessen eine untergeordnete Rolle spielen oder ganz fehlen. Durch die Kornzerkleinerung (Kataklase) und die damit verbundene Energiezufuhr, Oberflächenvergrößerung, Schaffung von Migrationswegen usw. wird der Umkristallisationsprozeß im allgemeinen beschleunigt. Die mineralogische Gleichgewichtseinstellung kann in solchen Fällen rascher, z. T. auch ausschließlich an Zonen der Dynamometamorphose gebunden, erfolgen (vgl. Abschn. 3.1.3., WATZNAUER, 1964, MATHÉ 1978). Dynamometamorphose (Dislokationsmetamorphose, kataklastische Metamorphose) ist eine Gesteinsumwandlung, die vor allem im Bereich tektonischer Bewegungszonen auftritt. Entsprechend der Größe dieser Bewegungszonen (Subduktionszonen kontinentalen Ausmaßes, Deckenüberschiebungsbahnen, Gleitflächen und Flexuren im Zehnermeter- bis Kilometerbereich bis herab zu kleinen Verschiebungen an Kluftflächen oder Harnischen) kann der Wirkungsbereich dieses Metamorphosetyps sehr unterschiedlich sein. Durch die enge Bindung an flächenhafte tektonische Elemente trägt die Dynamometamorphose mehr oder weniger lokalen Charakter.

3.1.5. Grade der Metamorphose

Mit der Beobachtung von Gesteinsumwandlungen im Kontaktbereich magmatischer Körper wurde schon in der ersten Hälfte des 19. Jahrhunderts erkannt (LYELL 1833, DUROCHER 1845), daß die Intensität solcher Umwandlungen in der Nähe der Wärmequelle am stärksten ist und in größerer Entfernung von ihr abnimmt. Damit war der Grundstein für eine graduelle Differenzierung der metamorphen Prozesse gelegt.

Bei den kristallinen Schiefern, deren metamorphe Entstehung erst später erkannt wurde, war eine Unterscheidung einzelner Intensitätsgrade schwieriger. Die ersten Versuche in dieser Richtung stammen von SEDERHOLM (1891), BARROW (1893), VAN HISE (1898) und BECKE (1903). Eine allgemein akzeptierte, konsequente Gruppierung der metamorphen Gesteine in verschiedene Stufen nahm GRUBENMANN (1904, 1910) vor. Seine Einteilung in eine oberste (Metamorphose-) Zone mäßiger Temperatur und geringen hydrostatischen Druckes, eine mittlere Zone höherer Temperatur und stärkeren Druckes und eine tiefste Zone sehr hoher Temperatur und sehr starken Druckes wurde von späteren Autoren zwar häufig kritisiert, ist aber im Prinzip heute noch gültig. Die GRUBENMANN vorgeworfene Betonung des „oben" und „unten" bei den einzelnen Metamorphosezonen wird dadurch abgeschwächt, daß er für jede Zone typische Minerale und Gesteine tabellarisch aufführte (1904, S. 60—61) und damit die Grundlage für spätere Stufengliederungen nach Mineralparagenesen schuf.

In einer ersten ausführlichen Klassifikation der metamorphen Gesteine schlug GRUBENMANN (1907) die Präfixe epi-, meso- und kata- für die Kennzeichnung solcher Metamorphite vor, die in mehreren Tiefenzonen auftreten können (z. B. Epi-Plagioklasgneis, Meso-Plagioklasgneis). Diese Präfixe wurden später für die Kennzeichnung der Metamorphosezonen verwendet. Für den Feldgebrauch haben sie sich bis heute erhalten, so daß z. B. von einer Epizone oder epizonalen Metamorphose gesprochen wird, wenn ein nicht genauer definierter, schwacher Grad der Regionalmetamorphose gekennzeichnet werden soll.

Minerale, die für bestimmte Metamorphosegrade spezifisch sind, hatte schon BARROW (1893) in den Schottischen Highlands erkannt und für die Abgrenzung einer Staurolith-, Disthen- und Sillimanit-Zone benutzt. BECKE (1903), der eine „obere Tiefenstufe" von einer „unteren Tiefenstufe" der Metamorphose trennt, ordnete der ersteren solche Minerale wie Chloritoid, Chlorit, Hornblende, Epidot, Albit und Muskovit zu, während er für die untere Tiefenstufe Sillimanit, Almandin, Orthopyroxene, Cordierit, Diopsid, An-reichere Plagioklase und Rutil als charakteristische Minerale anführte.

Von BECKE stammt die Bezeichnung *typomorphe Minerale* für jene den Metamorphosegrad (die Tiefenstufe) charakterisierenden Minerale. Spätere Autoren, vor allem der angelsächsischen petrologischen Schulen, sprechen von *kritischen Mineralen* oder *Indexmineralen.*

Aus zahlreichen Geländebeobachtungen konnte die Bedeutung bestimmter Einzelminerale und Mineralvergesellschaftungen für die Einstufung des Metamorphosegrades immer wieder bestätigt werden, so daß nahezu alle späteren Systeme der Graduierung metamorpher Prozesse von solchen kritischen Mineralen oder Mineralparagenesen ausgingen.

Die aus experimentellen Untersuchungen gewonnenen Daten über die Bildungs- und Existenzbedingungen bestimmter Minerale lieferten darüber hinaus die Möglichkeit, solche kritischen Minerale als geologische Thermometer und Barometer zu benutzen und die relativen Einteilungen in schwach- oder hochmetamorphe Bildungen mit absoluten Temperatur- und Druckdaten zu korrelieren.

3.1.5.1. Metamorphosestufen und Mineral-Isograde

Zahlreiche Minerale oder Mineralkombinationen haben einen beschränkten, von Druck und Temperatur abhängigen Existenzbereich. Beim Über- oder Unterschreiten dieses Bereiches erfolgt eine Umwandlung in andere Minerale mit entsprechender chemischer Zusammensetzung. Prinzip und Geschwindigkeit solcher Mineralumwandlungen wurden in den Abschnitten 3.1.2. und 3.1.3. besprochen.

Minerale, deren obere oder untere Stabilitätsgrenze in den Temperaturbereich der Gesteinsmetamorphose fällt (200—800 °C), können als Indexminerale oder kritische

Minerale verwendet werden. Für die Bestimmung eines speziellen Metamorphosegrades sind sie um so besser geeignet, je enger ihr Stabilitätsbereich ist.

Von besonderer Bedeutung für die Erkennung eines bestimmten Metamorphosegrades im Gelände ist das erstmalige Auftreten eines kritischen Minerals bei progressiver Metamorphose. Der dadurch angezeigte höhere Metamorphosegrad, der auf geologischen Karten als Linie eingetragen werden kann, wird als *Mineral-Isograd* oder einfach als *Isograd* bezeichnet (erstmals gebraucht von TILLEY 1924). Die verschiedenen Isograde können jeweils durch die neu hinzutretenden Minerale bezeichnet werden als Biotit-Isograd, Staurolith-Isograd usw.

Ein Isograd bezeichnet nach WINKLER (1970) eine bestimmte Metamorphosestufe, die nicht durch exakte Druck- und Temperaturwerte definiert ist.

Ebenso wie das erstmalige Auftreten eines Minerals oder einer Mineralparagenese, kann auch deren Verschwinden nach Überschreitung der Stabilitätsbedingungen als Kennzeichen eines anderen Metamorphosegrades gelten. Die Diagnose eines solchen Verschwindens ist aber meist schwieriger als die des ersten Auftretens, da sowohl in progressiver als auch in retrograder Richtung unvollkommene Gleichgewichtseinstellung und ein reliktisches Überdauern des betreffenden Minerals möglich sind.

Neben dem Auftreten oder Verschwinden von Mineralen können auch Veränderungen der Kristallstruktur, der Mischkristallzusammensetzung, der Spurenelement- oder Isotopen-Anteile eines speziellen Minerals als Anzeiger bestimmter Isograde gewertet werden.

Von WINKLER (1970, 1976) werden die in der petrographischen Praxis bedeutsamsten Mineral-Isograde in vier Metamorphosestufen zusammengefaßt. Er unterscheidet

- eine sehr schwache,
- eine schwache,
- eine mittlere,
- eine starke

Metamorphosestufe.

Die wichtigsten Mineral-Isograde und deren kritische Minerale sind:

Bei sehr schwacher Metamorphose

- das erste Auftreten des Zeolith-Minerals Laumontit, das aus der Umwandlung sedimentärer bzw. diagenetisch gebildeter Zeolithe, wie Heulandit, Analcim und Phillipsit hervorgeht;
- das Verschwinden der Paragenese Analcim + Quarz unter Bildung von Albit;
- das erste Auftreten von Prehnit (Bildung aus Laumontit + Calcit);
- das erste Auftreten von Lawsonit (Bildung aus Zeolithen);
- das erste Auftreten von Pumpellyit (Bildung aus Prehnit und Chlorit);
- die Umwandlung von Calcit in Aragonit;
- das erste Auftreten von glaukophanitischen Amphibolen oder jadeitischen Pyroxenen (Bildung aus Albit und Chlorit).

Die meisten Mineralparagenesen sehr schwacher Metamorphose sind nur in Gesteinen spezieller chemischer Zusammensetzung erkennbar. Sie markieren den Übergang von nichtmetamorphen zu metamorphen Bildungen in basischen Magmatiten andesitischer bis basaltischer Zusammensetzung, in deren Tuffen und in Ca-reichen Grauwacken.

Zahlreiche Mineralreaktionen der sehr schwachen Metamorphose erfordern rel. hohe Drücke. Es müssen also mächtige Gesteinspakete bei geringen geothermischen Gradienten vorausgesetzt werden, um die Bedingung: niedrige Temperatur bei rel. hohen Drücken zu realisieren. Mineralvergesellschaftungen mit Lawsonit, Pumpellyit, Glaukophan, Jadeit und Aragonit gelten deshalb allgemein als kritisch für Hochdruck-Niedertemperatur-Metamorphose (Versenkungsmetamorphose), wie sie in jüngerer Zeit vor allem im Bereich von Subduktionszonen beobachtet werden konnte.

Bei schwacher Metamorphose

- das Verschwinden typisch sedimentärer Minerale, wie Kaolinit, Montmorillonit, Illit, Glaukonit, Gibbsit in Gegenwart von Quarz;
- das erste Auftreten von Pyrophyllit (Bildung aus Kaolinit);
- das erste Auftreten Fe-ärmerer (Al- und Mg-reicherer) Chlorite (Pyknochlorit, Klinochlor, Pennin);
- das erste Auftreten von Chloritoid;
- das erste Auftreten von 2 M-Muskovit (Bildung z. B. aus Illit) in feinstblättrigen Aggregaten (Sericit);
- das erste Auftreten von Biotit ohne Assoziation mit Stilpnomelan;
- das Verschwinden von Dolomit u. a. Fe—Mg-haltigen Karbonaten in Gegenwart von Quarz;
- das erste Auftreten von Tremolit oder Aktinolith (aus Dolomit bzw. Talk + Calcit);
- das erste Auftreten von Klinozoisit/Epidot (aus Pumpellyit) oder Lawsonit + Chlorit (bzw. Calcit);
- das erste Auftreten von Almandin-reichem Granat (aus Biotit, Chlorit, Epidot);
- das erste Auftreten von Hornblende (aus Aktinolith + Chlorit + Epidot);
- das erste Auftreten von Oligoklas (An 17—20) (aus Albit + Klinozoisit).

Mineralparagenesen der schwachen Metamorphose sind nicht beschränkt auf bestimmte chemische Zusammensetzungen der Ausgangsgesteine. Sie sind nachweisbar in kalkigen, mergeligen, pelitischen und Grauwacken-Zusammensetzungen, aber auch in retrograd umgewandelten Magmatiten verschiedenster SiO_2-Gehalte.

In regionalmetamorphen Gesteinsserien mit „normalen" geothermischen Gradienten ($> 30\,°C/km$) stellen die Mineralparagenesen der schwachen Metamorphose die erste Metamorphosestufe dar. Zwischen diagenetisch umgewandelten, nichtmetamorphen pelitischen Sedimenten und den pelitischen Schiefern der schwachen Metamorphosestufe existiert ein so breiter Übergangsbereich unklarer, megaskopisch nicht und phasenanalytisch nur schwer bestimmbarer Mineralumwandlungen, daß die eindeutige Trennung von nichtmetamorphen und metamorphen Peliten schwierig ist. Durch Feldbeobachtungen ist die Erkennung der metamorphen Umkristallisation erst bei stärkerer Muskovit-Neubildung möglich. Durch röntgenographische z. T. auch mikroskopische Phasenanalysen können Pyrophyllit- oder Chloritoid-Isograde ermittelt werden.

Für die Übergangsbereiche der nicht eindeutig als metamorph identifizierbaren Gesteinsserien, deren geologische Position bereits auf einen geringen Metamorphosegrad hindeutet, führte Harrassowitz (1927) den Begriff *Anchimetamorphose* ein, der später (nach Meinung von Brinkmann in: Lehrbuch der Allgemeinen Geologie 1967 sehr zu Unrecht) nur wenig gebraucht worden ist. Von sowjetischen Autoren werden in Anlehnung an Fersman (1922) analoge Bezeichnungen, wie *Katagenese*, *regionale*

Epigenese u. a. gebraucht (Geologičeskij Slovar' 1973, DOBRECOV, SOBOLEV und CHLESTOV 1972 u. a.). All diesen Begriffen gemeinsam ist eine gewisse Unschärfe in ihrer Abgrenzung gegenüber der Diagenese einerseits und der Metamorphose andererseits. Da aber bei der Gesteinsansprache diese Unschärfe häufig existiert und auch künftig existieren wird, wäre die Wahl eines international einheitlichen, geeigneten Namens zu Charakterisierung eben dieser Umwandlungsstufe zwischen Diagenese und Metamorphose sehr zu empfehlen.

Bei mittlerer Metamorphose

— das erste Auftreten von Staurolith in pelitischen Gesteinen (bei geeignetem Chemismus);
— das erste Auftreten von Cordierit bei großen geothermischen Gradienten (rel. geringe Drücke);
— das Auftreten An-reicherer Plagioklase (An 25—30) in Gegenwart von Hornblende in basischen Gesteinen;
— das Verschwinden von Chloritoid;
— das erste Auftreten von Diopsid bei geringen Drücken;
— das Verschwinden von Staurolith (der einen sehr begrenzten Stabilitätsbereich hat);
— das erste Auftreten von Orthoamphibolen an Stelle von Talk in basischen bis ultrabasischen Gesteinszusammensetzungen.

In Bereich mittlerer Metamorphose können bei entsprechendem H_2O-Druck bereits die ersten Schmelzenbildungen erfolgen. Das Verschwinden von Staurolith in pelitischen Paragenesen z. B. ist häufig gekoppelt mit dem Auftreten anatektischer Mobilisate.

Bei starker Metamorphose

— das Verschwinden von Muskovit in Gegenwart von Quarz und die damit verbundene
— Koexistenz von Kalifeldspat und Disthen bzw. Sillimanit;
— das gemeinsame Auftreten von Disthen und Sillimanit;
— das Auftreten von Wollastonit in karbonatischen Gesteinen;
— das erste Auftreten von Orthopyroxen.

Im Quarz-Feldspat-Gesteinen treten bei höheren Drücken ($>$ 3 kbar) im Bereich der starken Metamorphose Aufschmelzungserscheinungen größeren Ausmaßes auf; es kommt zur Bildung von Migmatiten oder selbständigen granitischen Schmelzen.

Bei geringen Wasserdrücken können Kalifeldspat und Al_2SiO_5-Minerale auch in nicht-migmatitischen Gesteinen koexistieren.

Für die regionale Analyse und Kartierung verschiedener Metamorphosegrade wurden in den letzten Jahrzehnten neben dem Auftreten und Verschwinden bestimmter Minerale und Mineralparagenesen auch die Mischkristall-Zusammensetzungen geeigneter Minerale herangezogen. So sind z. B. die Zusammensetzungen von Plagioklasen, Biotiten, Granaten, Amphibolen und Pyroxenen nicht nur vom Gesamtchemismus des Wirtsgesteins, sondern auch von den *P*-*T*-Bedingungen bei der Mineralbildung abhängig.

Über die Abhängigkeit des Plagioklas-Chemismus vom Metamorphosegrad (im allgemeinen steigender An-Einbau mit steigender Temperatur) liegen Arbeiten vor von DE WAARD (1959), WENK (1962), CRAWFORD (1966), WENK und KELLER (1969) u. a.

Im Bereich starker Metamorphose wird auch die Mischungslücke zwischen Kalifeldspat und Albit immer kleiner. Bei Temperaturen über 800 °C tritt nahezu vollständige

Mischbarkeit ein. Die bei Temperung entstehenden Entmischungen solcher ehemals hochgradig metamorpher Feldspat-Mischkristalle liegen dann als sog. Mesoperthite (etwa 40—50% Ab-Entmischungslamellen in Kalifeldspat) vor.

Bei den Mischkristall-Zusammensetzungen von Biotiten, Granaten, Amphibolen und Pyroxenen waren es in der Vergangenheit vor allem die $Fe^{\cdot\cdot}$- und Mg-Gehalte, deren Beziehungen zueinander (im Russischen als železistost' bezeichnet) in Abhängigkeit vom Metamorphosegrad untersucht wurden. Darüber hinaus liefern die Al-Verteilung auf tetraedrische bzw. oktaedrische Gitterplätze, die Alkali-, Titan- und Mangangehalte dieser Minerale Angaben über die Bildungsbedingungen. Von besonderer Bedeutung sind die Verteilungskoeffizienten solcher Elemente zwischen koexistierenden Mineralen.

Von den zahlreichen Arbeiten über die Abhängigkeit der Mischkristall-Zusammensetzung von Fe—Mg-Mineralen vom Metamorphosegrad seien hier stellvertretend lediglich einige Arbeiten genannt: Miyashiro (1956, 1957), Kretz (1959), Tröger (1959), Engel und Engel (1962), Binns (1962), Sobolev (1964), Dobrecov und Ponomareva (1964), Atherton (1965), Howje (1965), Marakušev (1966), Saxena (1969).

Zur genaueren Charakterisierung der Druck- und Temperaturdaten für die Stabilitätsbereiche der einzelnen Minerale werden seit einigen Jahrzehnten experimentelle Untersuchungen an natürlichen und synthetischen Phasengemischen vorgenommen. Die Literatur hierüber ist umfangreich und soll nicht eingehender zitiert werden. Zusammenfassungen liegen vor in der Monographie von Garrels und Christ (1965) und in der — speziell die metamorphen Minerale betreffenden — Arbeit von Winkler (1976).

Die Übertragung der im Labor gewonnenen Daten auf die natürlichen Prozesse der Gesteinsmetamorphose ist problematisch, da die Reaktionszeiten im Laborversuch wesentlich kürzer gehalten werden müssen. Zu diesem Zwecke werden Gemische kleinerer Korngrößen gewählt und die Geschwindigkeiten der P- und T-Veränderungen wesentlich erhöht.

Darüber hinaus wird im Laborversuch der Übersichtlichkeit halber mit reineren Substanzen gearbeitet; katalytische Effekte werden damit weitgehend ausgeschaltet.

Diese und zahlreiche andere Unterschiede zwischen experimentellen und natürlichen petrologischen Prozessen erlauben nur begrenzte Aussagen über die absoluten Bildungs- und Umwandlungstemperaturen bzw. -drücke der Metamorphit-Paragenesen.

Bei Annahme weitgehender Korrelierbarkeit ergeben sich für die o. g. kritischen Minerale die in Abb. 3.4 dargestellten P-T-Werte. Für den Beginn der Metamorphose wären etwa 200 °C, für den Bereich sehr schwacher Metamorphose etwa 200—350 °C, für den Bereich schwacher Metamorphose 350—520 °C, für mittlere Metamorphose 520—650 °C und für starke Metamorphose 650—800 °C (in Ausnahmefällen auch darüber) annehmbar.

3.1.5.2. Graphische Darstellung metamorpher Mineralparagenesen

ACF-Diagramme

Zur anschaulichen Darstellung der Beziehungen zwischen chemischer Gesteinszusammensetzung einerseits und des vom Metamorphosegrad abhängigen Modalbestandes andererseits verwendete Eskola (1915) Dreiecks-Diagramme, die von ihm später präzisiert (Eskola 1939) und auch von anderen Autoren übernommen und ergänzt wurden (Turner 1948, Ramberg 1952, Fyfe, Turner und Verhoogen 1958, Turner und Verhoogen 1960, Winkler 1965, 1967).

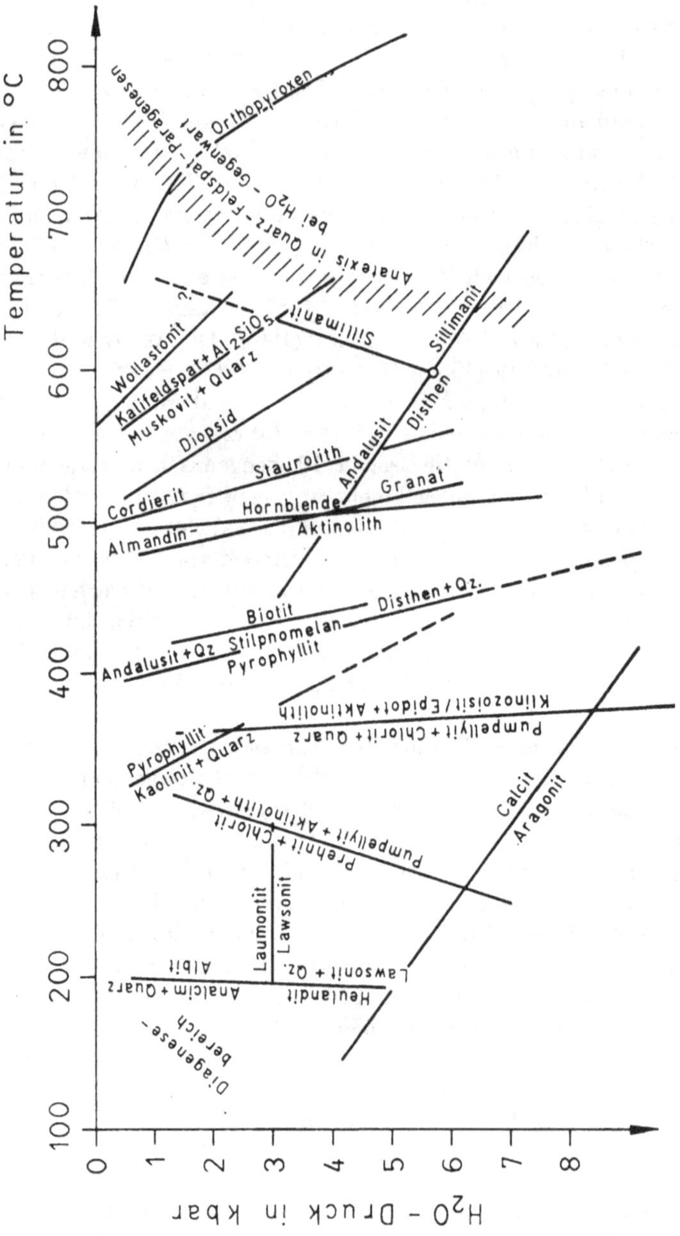

Abb. 3.4. Schema von Mineral-Isograden im *P-T*-Diagramm nach experimentellen Daten (vereinfacht nach WINKLER 1970, MARAKUSEV 1973 und WINKLER 1976)

Diese ACF-Diagramme nach ESKOLA dienen der Projektion des jeweiligen stark vereinfachten Gesteinschemismus in ein dem Metamorphosegrad entsprechendes Paragenesen-Schema.

Um die Vielzahl chemischer Komponenten, die Chemismus und Modalbestand eines metamorphen Gesteins bedingen, auf eine durch drei Eckpunkte darstellbare Zahl zu reduzieren, schlug ESKOLA (1915, 1939) vor:

1. den SiO_2-Anteil stets als im Überschuß vorhanden zu betrachten und aus der Komponenten-Darstellung zu eliminieren.

Tatsächlich entstehen bei metamorphen Kristallisationsprozessen meist Minerale mit hohen SiO_2-Gehalten; ausgesprochene SiO_2-Unterschuß-Minerale wie Olivine, Feldspatvertreter u. a. sind selten oder fehlen ganz, und freier Quarz kann in Linsen, Knauern oder auch einzelnen Körnern in sauren und basischen Metamorphiten beobachtet werden.

2. Die Alkalien Na_2O und K_2O aus der Betrachtung herauszulassen und gleichzeitig die in den wichtigsten Na- und K-Silikaten (Albit bzw. Kalifeldspat) enthaltenen Aluminium-Anteile von der durch die Analyse festgestellten Gesamtmenge Al_2O_3 zu substrahieren.

Durch den Verzicht auf die graphische Darstellung der Alkalien können so häufige Minerale wie Kalifeldspat, Albit, Muskovit, Paragonit und Biotit nicht oder nur unvollkommen berücksichtigt werden — ein Umstand, den spätere Autoren durch Einführung von Ergänzungsdiagrammen zu beheben versuchten (s. u.).

3. Die Komponenten Fe_2O_3 und Al_2O_3 einerseits und FeO, MgO und MnO andererseits zusammenfassen.

In vielen Mineralen ist eine Substitution von Al durch $Fe^{\cdot\cdot\cdot}$ und eine sehr breite gegenseitige Vertretbarkeit von $Fe^{\cdot\cdot}$, Mg und Mn zu beobachten, so daß die Zusammenfassung der dreiwertigen bzw. der zweiwertigen Kationen (außer Ca) gerechtfertigt erscheint.

4. Durch entsprechende Korrekturen die nicht in gesteinsbildenden Mineralen, sondern in Akzessorien (wie Titanit, Ilmenit, Magnetit) gebundenen Anteile an CaO, FeO und Fe_2O_3 von den in der Analyse bestimmten Gehalten zu substrahieren.

Die Möglichkeit besteht nur dort, wo durch mikroskopische oder andere phasenanalytische Untersuchungen die Mengen dieser Minerale bekannt sind. Bei Anwesenheit von 1,5 Vol.-% Titanit z. B., der 30 Masse-% CaO enthält, müßte der analysierte CaO-Anteil um 0,5 Masse-% reduziert werden. Bei 4% Ilmenit (mit 50 Masse-% FeO) Reduzierung des FeO-Gehaltes um 2%, bei 1% Magnetit (30 Masse-% FeO, 70 Masse-% Fe_2O_3) Reduzierung des FeO-Gehaltes um 0,3%, des Fe_2O_3-Gehaltes um 0,7% usw.

5. Die bei der Gesteinsanalyse ermittelten Gehalte an TiO_2, CO_2, H_2O^+, P_2O_5 usw. unberücksichtigt zu lassen.

Mit Hilfe des TiO_2 kann gegebenenfalls eine Korrektur der CaO-Werte vorgenommen werden, falls akzessorische Minerale nicht bekannt, aber eine Bindung des TiO_2 als Titanit vermutet wird. In analoger Weise könnten P_2O_5-Gehalte als Apatit-Molekül (mit Reduzierung der CaO-Gehalte) verrechnet werden.

Die Berechnung der chemischen Analyse eines metamorphen Gesteins in *ACF*-Werte erfolgt unter Berücksichtigung der o. g. Besonderheiten durch folgende Schritte:

- Korrektur für bekannte Akzessorien (nach 4.);
- Ermittlung der (dimensionslosen) Molekularzahlen (= Masse-Prozente dividiert durch Molekulargewicht) für die in die Berechnung eingehenden Komponenten Al_2O_3, Fe_2O_3, FeO, MgO, MnO, CaO, Na_2O, K_2O;
- Multiplikation der Molekularzahlen mit 1000 (zur Vereinfachung des weiteren Rechnungsganges);
- Zusammenfassung der Komponenten Al_2O_3 und Fe_2O_3 als Wert *A* (wobei die Alkaligehalte lt. 2. in der Annahme ihrer Bindung als Feldspat-Moleküle von den Al-Gehalten subtrahiert werden)

$$A = [Al_2O_3] + [Fe_2O_3] - [Na_2O + K_2O];$$[1])

- Darstellung von [CaO] als Wert *C*

$$C = [CaO];$$

- Zusammenfassung der Komponenten FeO, MgO und MnO als Wert *F*

$$F = [FeO] + [MgO] + [MnO];$$

- Summe von $A + C + F$ gleich 100 setzen und die prozentualen Anteile von *A*, *C* und *F* ermitteln;
- im Dreiecksdiagramm mit den Eckpunkten *A*, *C* und *F* den darstellenden Punkt für den berechneten Gesteinschemismus eintragen.

A'FK-Diagramme

Um evtl. in Biotit oder Muskovit gebundene Alkaligehalte nicht durch weitere Korrekturen berücksichtigen zu müssen (vgl. Winkler 1965, S. 41) und um die wichtigsten kaliumführenden Minerale Kalifeldspat und Kaliglimmer ebenfalls graphisch darstellen zu können, benutzte bereits Eskola (1915) die „*AKF*-Diagramme". Winkler bezeichnete sie als *A'FK*-Diagramme und gibt für das Errechnungsschema zur Darstellung von Gesteinszusammensetzungen im *A'FK*-Diagramm folgende Schritte an (1965, S. 44):

- Errechnung der Molekularzahlen wie oben;
- Subtraktion der Alkaligehalte $[Al_2O_3 + Fe_2O_3]$ wie oben, um die *AK*- bzw. *A'F*-Seiten der beiden Dreiecks-Typen korrelieren zu können. Darüber hinaus Subtraktion der [CaO]-Anteile (in der Annahme, daß diese an Plagioklas gebunden sind).

  Bei bekannten Karbonat- oder Wollastonit-Mengen im Modus der Gesteine dürfte nur der im Feldspat enthaltene [CaO]-Anteil substrahiert werden.

$$A' = [Al_2O_3] + [Fe_2O_3] - [Na_2O + K_2O + CaO].$$

- Darstellung von $[K_2O]$ als Wert *K*

$$K = [K_2O];$$

[1] Zur Kennzeichnung der Molekularzahlen werden diese gewöhnlich in eckige Klammern geschrieben.

— Zusammenfassung der Komponenten FeO, MgO und MnO als Wert F

$$F = [\mathrm{FeO}] + [\mathrm{MgO}] + [\mathrm{MnO}].$$

Die Ca-führenden Minerale können in den $A'FK$-Diagrammen nicht dargestellt werden.

ACF-Dreiecke und $A'FK$-Dreiecke werden zweckmäßigerweise gemeinsam verwendet und mit ihren AF-Seiten aneinandergrenzend dargestellt (s. Abb. 3.5).

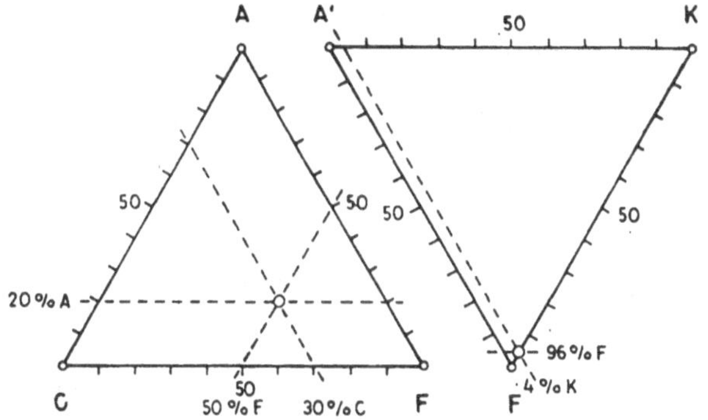

Abb. 3.5. Lage des darstellenden Punktes für die Beispiel-Analyse (s. unten) im ACF- und $A'FK$-Diagramm

Berechnungsbeispiel für die $ACF/A'FK$-Diagramme

Für einen Metamorphit unbekannter Modalzusammensetzung sei der in der Tabelle links stehende Chemismus ermittelt worden. Unter Außerachtlassung evtl. möglicher Korrekturen werden für die $ACF/A'FK$-Werte folgende Zahlen berechnet:

	Masse-%	Molekularzahl M	$M \times 1000$
SiO_2	50,3	0,8375	837,5
TiO_2	1,6	0,0250	25,0
Al_2O_3	15,7	0,1540	154,0
Fe_2O_3	3,6	0,0226	22,6
FeO	7,8	0,1086	108,6
MnO	0,2	0,0028	2,8
MgO	7,0	0,1736	173,6
CaO	9,5	0,1694	169,4
Na_2O	2,9	0,0468	46,8
K_2O	1,1	0,0117	11,7
H_2O^+	0,3	0,0167	16,7

$A = [154{,}0] + [22{,}6] - [46{,}8 + 11{,}7] = [176{,}6] - [58{,}5] = 118{,}1$

$C = 169{,}4$

$F = [108{,}6] + [173{,}6] + [2{,}8] = 285{,}0$

$A + C + F = 572{,}5 = 100\%$

$\underline{A = 20\%}$ $\quad \underline{C = 30\%}$ $\quad \underline{F = 50\%}$ (gerundete Werte)

$A' = [154] + [22{,}6] - [46{,}8 + 11{,}7 + 169{,}4] = [176{,}6] - [227{,}9]$

$A' = -51{,}3$

Der negative Wert von A' besagt, daß ein großer Teil des CaO nicht mit Al_2O_3 als Anorthitmolekül verbunden ist, sondern in Al_2O_3-freien Phasen (z. B. Amphibolen, Pyroxenen) vorliegt. Aus diesem Grunde wird der Wert für $A' = 0$ gesetzt.

$$K = 11{,}7$$

$$F = [108{,}6] + [173{,}6] + [2{,}8] = 285{,}0$$

$$A' + K + F = 100\%$$

$$\underline{A' = 0\%} \quad \underline{K = 4\%} \quad \underline{F = 96\%}$$

Die ermittelten Werte können in die ACF- bzw. $A'FK$-Diagramme eingetragen werden (s. Abb. 3.5.).

Aussagemöglichkeiten der ACF/A'FK-Diagramme

Mit dem in o. g. Beispiel dargestellten Berechnungsverfahren können beliebige (silikatische) Gesteinsanalysen in ACF- bzw. $A'FK$-Werte umgerechnet werden. Unter Annahme einer chemisch konservativen Metamorphose lassen sich bei Kenntnis der Lage der darstellenden Punkte von Magmatiten und Sedimentiten Hinweise auf die möglichen Edukte der Metamorphite gewinnen.

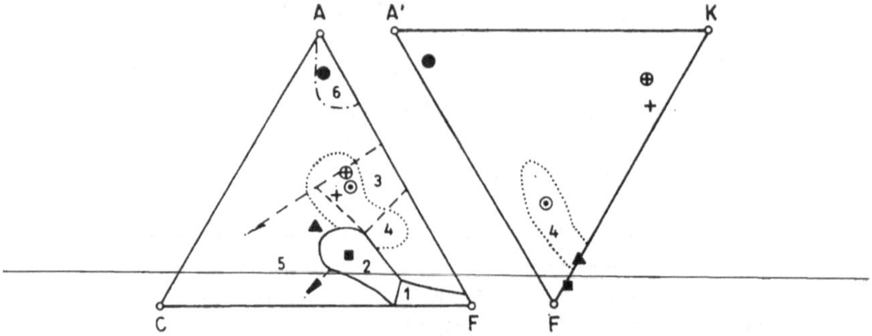

Abb. 3.6. Magmatische und sedimentäre Ausgangsmaterialien im $ACF/A'FK$-Diagramm (nach WINKLER 1965)

1 (voll ausgezogenes Feld) = Ultrabasite; *2* (voll ausgezogenes Feld) = basaltische und andesitische Gesteine; *3* (gestricheltes Feld) = marine Tone und Schiefertone ± Karbonat; *4* (punktiertes Feld) = Grauwacken u. ä. Gesteine; *5* (gestricheltes Feld zwischen den Pfeilen) = Mergel; *6* (strichpunktiertes Feld) = terrestrische, Al-reiche Tone; ■ Mittelwert basaltischer Gesteine; + Mittelwert für Kalkalkaligranite; ⊕ Mittelwert für Alkaligranite; ▲ Mittelwert für Tonalite; ⊙ Mittelwert mariner Tone (im $A'FK$-Dreieck stark streuend); ● Mittelwert terrestrischer Tone

In Abb. 3.6 sind die Positionen einiger wichtiger magmatischer und sedimentärer Gesteinsgruppen im $ACF/A'FK$-Diagramm dargestellt (WINKLER 1965). Es ist erkennbar, daß sich einige Felder überlappen (so z. B. Grauwacken- und Ton- bzw. Mergel-Zusammensetzung) und daß auch sedimentäre und magmatische Ausgangsmaterialien in ihrem Gesamtchemismus die gleiche Lage im ACF-Dreieck einnehmen (z. B. basische Magmatite und Mergel, marine Tone bzw. Grauwacken und Granitoide).

Der darstellende Punkt der Beispiel-Analyse (s. o.) fällt mit dem Mittelwert basaltischer Gesteine zusammen, liegt also inmitten des Feldes für Basite, gleichzeitig aber an der Grenze des Mergel-Feldes. Als Ausgangsmaterial für das im Beispiel berechnete metamorphe Gestein kommen also basische Magmatite oder auch Al-arme Mergel in Frage.

Ebenso wie eine Gesteinsanalyse kann die chemische Zusammensetzung gesteinsbildender Minerale im *ACF/A'FK*-Diagramm aufgetragen werden. Die so darstellbaren Minerale metamorpher Gesteine zeigt Abb. 3.7 (vgl. auch WINKLER 1965, Tab. 2). Nicht alle Minerale sind in einem definierten Punkt darstellbar. So erfordert die Variabilität der Zusammensetzung von Hornblenden, Biotiten und Chloriten die Abgrenzung eines größeren Feldes bzw. eines auf der *AF*-Seite langgestreckten Streubereiches.

Wegen der o. g. Prämisse, SiO_2 als im Überschuß vorhanden vorauszusetzen und zu vernachlässigen, sind Quarz einerseits und SiO_2-untersättigte Minerale wie Olivin andererseits nicht darstellbar. Auch Na-Minerale wie Albit und Paragonit können im *ACF/A'FK*-Diagramm nicht berücksichtigt werden.

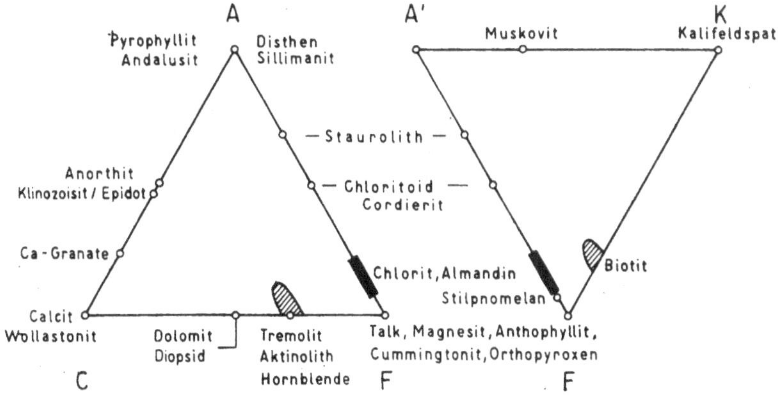

Abb. 3.7. Im *ACF*- und *A'FK*-Diagramm darstellbare gesteinsbildende Minerale metamorpher Gesteine (nach WINKLER 1965)

Mit den in Abb. 3.7 eingetragenen Mineralen ist es möglich, den Modalbestand eines metamorphen Gesteins bei verschiedenen Metamorphosegraden in großer Näherung abzulesen.

Bei Eintragung des darstellenden Punktes der oben berechneten Beispiel-Analyse in das *ACF*-Diagramm der Abb. 3.7 kann bereits eine grobe Angabe des möglichen Modalbestandes gemacht werden, wenn die dem darstellenden Punkt benachbarten Minerale betrachtet werden. Es sind dies: Tremolit bzw. Aktinolith bzw. Hornblende, Dolomit bzw. Diopsid, Chlorit bzw. Almandin, Talk bzw. Magnesit bzw. Orthoamphibole bzw. Orthopyroxene — in gewissem Maße auch Klinozoisit/Epidot bzw. Anorthit.

Nach den oben dargestellten Prinzipien der begrenzten Stabilität bestimmter Einzelminerale und Mineralparagenesen werden die hier genannten Minerale nicht alle miteinander koexistieren. Einige von ihnen sind bei schwacher, andere bei starker Metamorphose (bei niedrigen bzw. hohen Temperaturen) stabil. Darüber hinaus schließt die Existenz bestimmter Mineralkombinationen die Anwesenheit bestimmter anderer Minerale aus. Dies wird im *ACF/A'FK*-Diagramm durch Verbindungslinien zwischen einzelnen Punkten ausgedrückt, die gleichzeitig als Trennlinien oder Ausschließungslinien für alle diejenigen Minerale gelten, deren darstellende Punkte außerhalb der von den Verbindungslinien markierten Dreiecke liegen.

Für das im vorangegangenen Abschnitt angeführte Beispiel heißt das: Nicht alle der o. g. Minerale, die in der Nähe des darstellenden Punktes liegen, können gleichzeitig auftreten.

Bei schwacher Metamorphose silikatischer Zusammensetzungen werden es vor allem Chlorit, Tremolit oder Aktinolith, ggf. Talk oder Anthophyllit und Epidot sein. Bei starker Metamorphose werden Granat, Hornblende und/oder Klinopyroxen, ggf. Orthoamphibol oder Orthopyroxen und — da Anorthit nicht als reines Endglied vorkommt — Plagioklas auftreten.

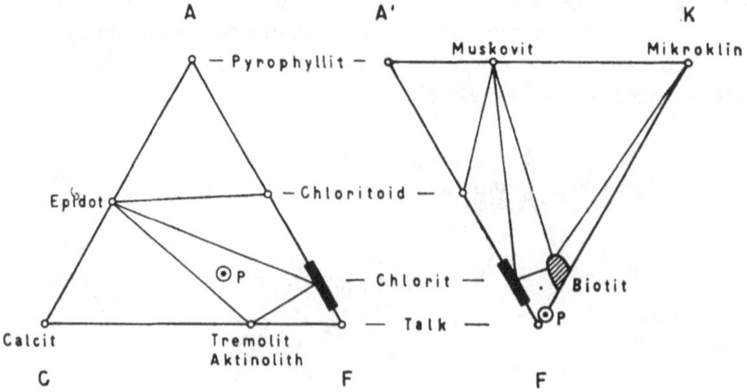

Abb. 3.8. *ACF/A'FK*-Paragenesendiagramm schwacher Metamorphose mit Lage des darstellenden Punktes ⊙ für die Beispiel-Analyse (vgl. S. 474)

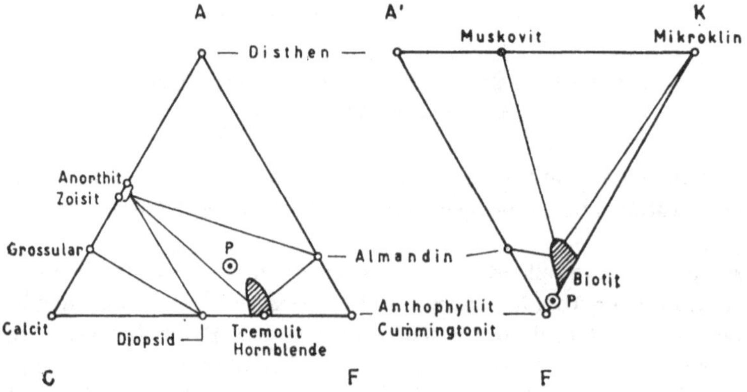

Abb. 3.9. *ACF/A'FK*-Paragenesendiagramm stärkerer Metamorphose mit Lage des darstellenden Punktes ⊙ für die Beispiel-Analyse (vgl. S. 474)

Aus der Kenntnis natürlicher und synthetischer Mineralkombinationen sind auch die Koexistenz- und Unverträglichkeitskriterien bestimmter Minerale bei den jeweiligen *P-T-X*-Bedingungen bekannt. Sie könnten im Falle der geschilderten schwachen oder starken Metamorphose etwa durch die in den Abb. 3.8 und 3.9 dargestellten Diagramme ausgedrückt werden.

Bei dem Paragenesediagramm für schwache Metamorphose (Abb. 3.8) ist aus der Lage des darstellenden Punktes (*P*) im *ACF*-Diagramm der Gesteinsmodus Tremolit/Aktinolith + Epidot + Chlorit ablesbar. Dazu können treten Quarz (nicht darstellbar) und – bei den Na_2O-Gehalten der Analyse anzunehmen – Albit. Bei dem betreffenden Gesteinschemismus im Gleichgewichtszustand nicht möglich ist das Auftreten von Talk, Chloritoid oder Calcit (jenseits der jeweiligen Trennlinien).

Bei zusätzlicher Berücksichtigung des *A'FK*-Diagrammes ist darüber hinaus das Auftreten von etwas Biotit möglich (entsprechend den geringen K_2O-Gehalten der Analyse), nicht aber von Talk, da dieser im *ACF*-Diagramm bereits ausgeschlossen worden ist. Wenn die gleiche (primär basaltoide) Gesteinszusammensetzung unter stärkere Metamorphosebedingungen gerät, wären z. B. die in Abb. 3.9 erkennbaren Minerale stabil. Aus der Lage des darstellenden Punktes *P* ist nun im *ACF*-Diagramm die Paragenese Hornblende + Almandin-Granat + Plagioklas (bzw. Zoisit), im *A'FK*-Diagramm das zusätzliche Auftreten von Biotit ablesbar. Hinzutreten kann in jedem Falle Quarz. Bei diesem Chemismus nicht realisierbar wäre die Existenz von Diopsid bzw. Orthoamphibol bzw. Muskovit usw. Evtl. im Gestein nachweisbare Anteile eines dieser Minerale würden auf Ungleichgewichtsbedingungen, wie z. B. sekundäre hydrothermale Beeinflussung oder reliktisch erhaltene Phasen hindeuten.

Mit Hilfe der Darstellung im *ACF/A'FK*-Diagramm können also mögliche Mineralparagenesen eines bestimmten Metamorphosegrades einerseits und der Gesteinschemismus andererseits korreliert werden. Die Diagramme gestatten Aussagen über:

- die möglichen Edukte der metamorphen Gesteine,
- die bei verschiedenen Metamorphosegraden und verschiedenen chemischen Gesteinszusammensetzungen zu erwartenden Mineralparagenesen,
- etwaige Ungleichgewichts-Phasen.

Besondere Bedeutung haben *ACF/A'FK*-Diagramme bei der graphischen Darstellung metamorpher Fazies und Subfazies erlangt (s. u.).

AFM-Diagramme

Für die graphische Darstellung der mineralogischen Zusammensetzung pelitischer Schiefer erwiesen sich die *ACF/A'FK*-Diagramme in mancher Hinsicht als unzureichend. Mit der Betonung der CaO-Komponente einerseits und der Zusammenfassung der FeO- und MgO-Komponenten andererseits lassen sich zahlreiche wichtige Mineralparagenesen aus dem Diagramm nicht direkt ablesen.

Für die graphische Behandlung pelitischer Mineralparagenesen mit der möglichen Vergesellschaftung von Al-Silikaten, Cordierit, Staurolith und Glimmern entwickelte Thompson (1957) ein Darstellungsverfahren, das unter der Bezeichnung *AFM*-Diagramm bekannt geworden ist.

Grundlage hierfür ist wiederum die Reduzierung der Komponentenzahl unter Vernachlässigung von SiO_2 und H_2O (beide als im Überschuß vorhanden vorausgesetzt). Weiterhin eliminiert werden nach dem Verfahren von Thompson das CaO, dessen Bindung in pelitischen Paragenesen an Plagioklas bzw. Granat, Na_2O, das an Albit, und Fe_2O_3, das an Biotit gebunden angenommen wird.

Die verbleibenden Komponenten Al_2O_3, MgO, FeO und K_2O sowie die aus ihnen (und SiO_2 bzw. H_2O) zusammengesetzten Minerale können nun in einer Tetraederdarstellung erfaßt werden (Abb. 3.10).

Die K_2O-freien Minerale Chlorit, Chloritoid, Almandin-Granat, Cordierit und Staurolith liegen auf der Al—Fe-Mg-Seite des Tetraeders, die Al-Silikat-Phasen Pyrophyllit, Andalusit, Disthen und Sillimanit im Eckpunkt Al_2O_3. Muskovit und Kalifeldspat liegen auf der K—Al-Kante, und nur die Biotit-Zusammensetzungen (dargestellt durch ein breites Band) liegen im Raum des Tetraeders. Da auch die darstellenden Punkte pelitischer Gesteinszusammensetzungen zumeist im Raum des Tetraeders liegen würden, schlug THOMPSON (1957) vor, eine vereinfachte zweidimensionale Darstellung zu wählen und alle Raumdaten des Tetraeders auf die Ebene *AFM* (Al_2O_3—FeO—MgO) zu projizieren. Unter Berücksichtigung der Tatsache, daß die pelitischen Paragenesen meist Muskovit enthalten, wird dabei die Muskovit-Raumlage als Bezugspunkt für die Projektion beliebiger Positionen auf die *AFM*-Ebene gewählt. Letztere wird zu diesem Zwecke

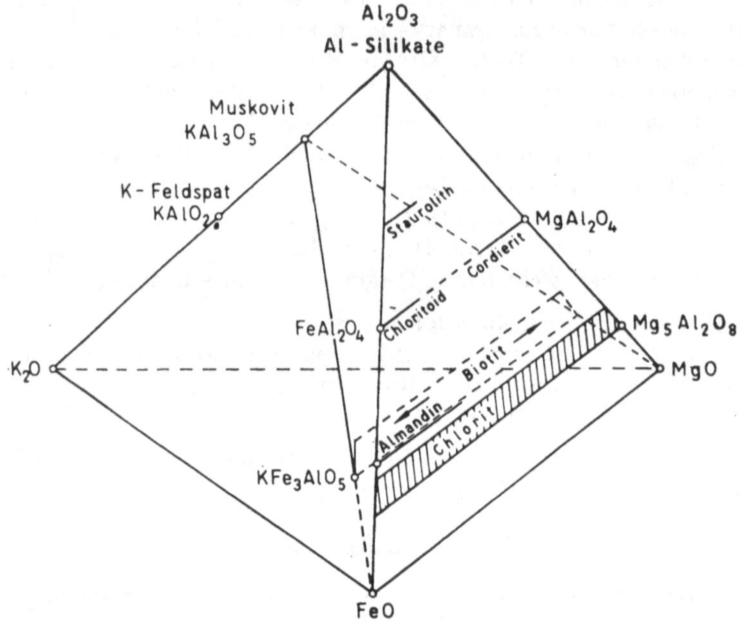

Abb. 3.10. Das Al_2O_3—MgO—FeO—K_2O-Tetraeder mit einigen wichtigen pelitischen Phasen (nach THOMPSON 1957)

über die Tetraeder-Kante FeO—MgO hinaus verlängert, und die Projektionspunkte ergeben sich aus dem Durchstich der nach rückwärts durch den Muskovit-Punkt verlängerten Strahlen mit der Ebene *AFM*.

Ein solches *AFM*-Dreieck mit seiner Verlängerung über die Projektionspunkte der Biotit-Zusammensetzungen hinaus ist in Abb. 3.11 dargestellt. Eingetragen wurden zunächst alle im *AFM*-Diagramm darstellbaren Minerale. Muskovit kann auf Grund seiner Wahl als Bezugspunkt in der *AFM*-Ebene nicht dargestellt werden und muß, ebenso wie Quarz, als stets vorhanden vorausgesetzt werden.

Die Berechnung einer Gesteinsanalyse für die Darstellung im *AFM*-Diagramm erfolgt, ebenso wie für die *ACF*-Diagramme, über die Molekularzahlen der betreffenden Oxide. Für die Position des darstellenden Punktes ermittelt man die Koordinaten:

$$A = \frac{[Al_2O_3] - 3\,[K_2O]^1}{[Al_2O_3 - 3\,K_2O] + [MgO] + [FeO]}$$

[1] In der idealen Muskovit-Zusammensetzung $KAl_2\ AlSi_3O_{10}/(OH)_2$ beträgt das Verhältnis Al:K = 3:1, vgl. auch den Bezugspunkt in Abb. 3.10 mit der Zusammensetzung KAl_3O_5.

und

$$M = \frac{[\mathrm{MgO}]}{[\mathrm{MgO}] + [\mathrm{FeO}]},$$

wobei A mit positiven Werten von der Linie $F—M$ nach oben, mit negativen Werten nach unten und M von F aus nach rechts aufgetragen wird.

Beim Gebrauch der AFM-Diagramme muß wiederum berücksichtigt werden, daß bei verschiedenen Metamorphosegraden unterschiedliche Minerale stabil sind, so daß für jede Metamorphosestufe ein eigenes Diagramm mit den spezifischen Mineralkombinationen aufgestellt werden kann, in das dann die jeweilige Gesteinszusammensetzung eingetragen wird.

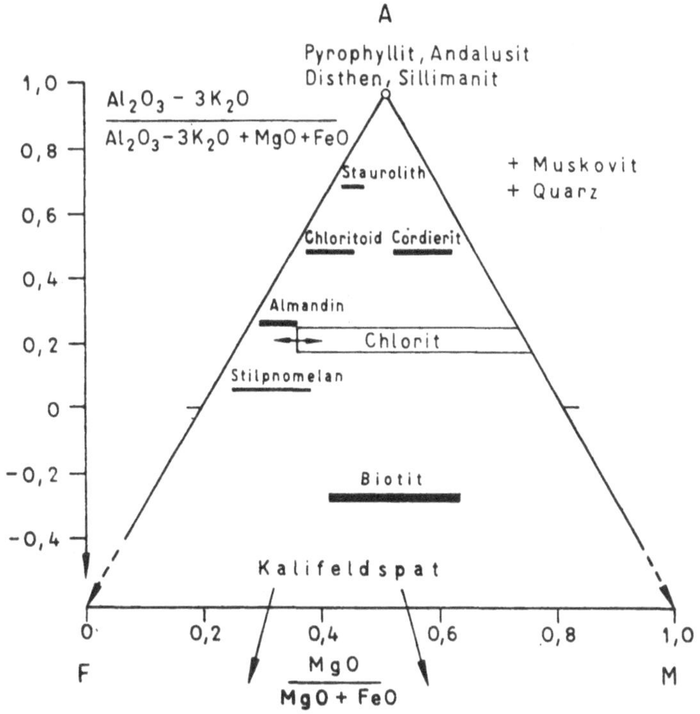

Abb. 3.11. Im AFM-Diagramm darstellbare Minerale metamorpher Gesteine nach THOMPSON (1957) und WINKLER (1965)

Abb. 3.12 gibt Beispiele für AFM-Diagramme einer schwächeren und einer stärkeren Metamorphosestufe mit den charakteristischen Mineralen (vgl. TURNER und VERHOOGEN 1960, WINKLER 1965, 1976 u. a.), in die der darstellende Punkt der chemischen Zusammensetzung eines pelitischen Metamorphits (s. Tabelle 3.6, Analyse 2) mit den Werten $A = 0{,}35$ und $M = 0{,}51$ eingetragen wurde. Durch die stark schwankende Zusammensetzung von Chlorit und Biotit sind die Paragenesenfelder nicht immer eindeutig definiert, d. h. die Trennlinien können nach links oder rechts verschoben sein.

Im links dargestellten Diagramm einer schwachen Metamorphose liegt der darstellende Punkt einer pelitischen Gesteinszusammensetzung im Feld Pyrophyllit + Chlorit, und zwar so nahe am Chlorit-Band, daß ein Überwiegen von Chlorit gegenüber

Pyrophyllit angenommen werden muß. Die aus dem *AFM*-Diagramm bei dem betrachteten Chemismus ablesbare Mineralkombination wäre dann: Quarz + Muskovit + Chlorit ± Pyrophyllit. Mit diesen Phasen nicht koexistent wären z. B. Kalifeldspat oder Stilpnomelan.

Die Verbindungslinie vom Eckpunkt *A* zum Chlorit wurde in Richtung auf mittlere Fe/Mg-Verhältnisse im Chlorit gezogen. Da bei schwacher Metamorphose eher eisenreichere Chlorite stabil sind, wäre die Verschiebung dieser Verbindungslinie nach rechts und damit die Einbeziehung des darstellenden Punktes in das Feld Pyrophyllit + Chloritoid + Chlorit wenig wahrscheinlich.

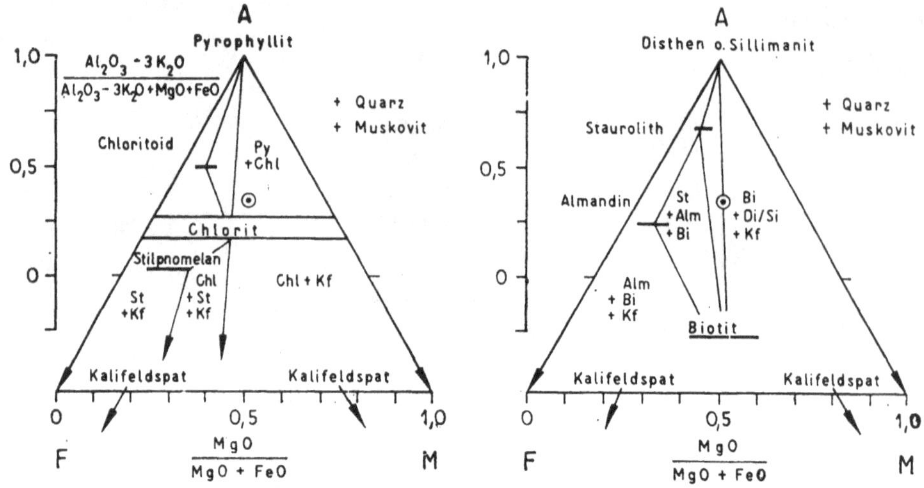

Abb. 3.12. *AFM*-Paragenesendiagramme mit Lage des darstellenden Punktes ⊙ für eine Pelit-Zusammensetzung $A = 0{,}35$ $M = 0{,}51$ schwacher (links) und stärkerer Metamorphose (rechts)

Für das rechte Diagramm in Abb. 3.12 müssen prinzipiell zwei Möglichkeiten in Betracht gezogen werden. Bei Vorhandensein rel. Mg-reicher Biotite, wie in der Abb. dargestellt, fällt der Analysenpunkt in das Feld Disthen + Staurolith + Biotit, und es wäre eine Paragenese Quarz + Muskovit + Staurolith + Disthen ablesbar. Im Falle einer stärkeren Fe-Anreicherung im Biotit (hier nicht berücksichtigt) läge die Verbindungslinie Disthen—Biotit weiter links und die einzige mögliche Paragenese wäre Quarz + Muskovit + Disthen/Sillimanit ± Kalifeldspat.

3.1.5.3. *Die metamorphen Fazies*

Die Vielzahl der bereits von Barrow (1893), Becke (1903), Grubenmann (1904, 1910) und Goldschmidt (1911) für die einzelnen Metamorphosestufen als charakteristisch erkannten Minerale faßte Eskola (1915) in metamorphen Fazies zusammen. In einer späteren Arbeit (Eskola 1920) erweiterte er dieses Konzept auch auf Magmatite und spricht nunmehr von *Mineralfazies*. Während sich diese Faziesklassifikation für die magmatischen Gesteine nicht allgemein durchsetzte, erwies sie sich für die Gliederung der metamorphen Grade als recht brauchbar, fand auch sofort Anhänger unter anderen Petrologen (z. B. Becke 1921, Tilley 1924) und wurde von Eskola (1939) und später vor allem von TURNER (1948), TURNER und VERHOOGEN (1951, 1960) und WINKLER (1965, 1967) vervollkommnet und erweitert.-

„... a metamorphic facies includes rocks which ... may be supposed to have been metamorphosed under identical conditions“ definierte ESKOLA (1915) diesen Begriff. Später (1920) beschrieb er den Terminus Mineralfazies ganz analog, indem er zu einer Mineralfazies alle diejenigen Gesteine zusammenfaßte, „die bei so ähnlichen Druck- und Temperaturbedingungen gebildet wurden, daß eine bestimmte chemische Ausgangszusammensetzung stets zur gleichen Mineralassoziation führte“ (S. 146 in freier Übersetzung).

Die häufig zitierte deutschsprachige Definition ESKOLAS von 1939 ist vorsichtiger gehalten, in ihrer Formulierung aber weniger eingängig.

Noch weiter geht TURNER (1948), wenn er unterstellt, daß „eine metamorphe Fazies Gesteine beliebiger chemischer Zusammensetzung und damit unterschiedlichsten Mineralbestandes umfaßt, die bei den jeweiligen Metamorphosebedingungen den (thermodynamischen) Gleichgewichtszustand erreicht haben“ (frei übersetzt).

Daß solche in einer Fazies zusammengefaßten Mineralassoziationen tatsächlich im thermodynamischen Gleichgewicht gebildet worden sind, kann zwar nicht in jedem Falle bewiesen werden, wird aber als Arbeitsprinzip gewöhnlich vorausgesetzt. Im Gegensatz zu WINKLER (1970, 1976), der das Konzept der metamorphen Fazies völlig abzuschaffen versuchte und die alleinige Anwendung der Mineral-Isograde empfiehlt, soll hier die Beibehaltung des Faziesbegriffes als Zusammenfassung bestimmter Mineral-Isograde befürwortet werden.

Bei aller Berechtigung der WINKLERschen Argumente (1970, S. 193—196) über die theoretische Identität der Fazies und Subfazies und die damit verbundene Unlogik im Gebrauch dieser Termini, hat sich der Begriff der Mineralfazies oder metamorphen Fazies über ein halbes Jahrhundert hinweg als nützlich erwiesen. Er kann, wenngleich nicht als Definition exakter P-T-Bedingungen, für die Einordnung einer durch mikroskopische Analyse ermittelten Mineralparagenese in bestimmte Metamorphosegrade mit Vorteil verwendet werden.

Von ESKOLA (1920) wurden die Mineralfazies der Regionalmetamorphose nach den Hauptvertretern basischer Metamorphite benannt als Grünschiefer-, Amphibolit- und Eklogitfazies. Darüber hinaus unterschied er als Fazies der Kontaktmetamorphose Hornfelsfazies und Sanidinitfazies. Die Wahl dieser Namen erwies sich in der Folgezeit als ungünstig, weil sie eine Identität von Gestein und Fazies suggiert, die keineswegs immer vorhanden ist. ESKOLA selbst korrelierte mitunter in dieser unzulässigen Weise — so z. B. mit der Behauptung, daß alle Gesteine in Granulitfazies Granulite seien (1952, S. 142). Den von ESKOLA (1920) vorgeschlagenen Namen wurden von ihm selbst (1939) und anderen Bearbeitern (FYFE, TURNER und VERHOOGEN 1958, WINKLER 1965, 1967) weitere hinzugefügt. Darüber hinaus führten die erstgenannten Autoren eine Untergliederung verschiedener Fazies in sog. *Subfazies* durch.

MIYASHIRO wies 1961 erstmalig darauf hin, daß die Fazies der Regionalmetamorphose bei verschiedenen geothermischen Gradienten durch verschiedene Mineralassoziationen charakterisiert sein können. Damit wurden einzelne *Faziesserien* begründet. Von WINKLER (1965) wurden deren markanteste Vertreter als Faziesserie vom Typ Abukuma-Plateau (= großer geothermischer Gradient, geringe Drücke) bzw. als Faziesserie vom Typ der Schottischen Hochlande (Barrow-Typ = kleinerer geothermischer Gradient, druckbetonter Typ der Regionalmetamorphose — vgl. auch Abb. 3.2) bezeichnet.

In Tab. 3.2 wurden die wichtigsten Mineralfazies der isochemen Gesteinsmetamorphose schematisch zusammengefaßt und nach ihren relativen Druck- und Temperaturbedingungen geordnet. Die in der linken Leiste angegebenen Temperaturen stellen überschlägige Werte dar, die aus Laborversuchen abgeleitet wurden und in Abhängigkeit vom Druck variieren. Daneben wurden die von WINKLER (1970) vorgeschlagenen Bezeichnungen für sehr schwache, schwache, mittlere und starke Metamorphose mit den metamorphen Fazies zu korrelieren versucht.

Die Zeolith- und Glaukophanitfazies

sind durch niedrige Temperaturen bei rel. hohen Drücken gekennzeichnet. Sie treten vor allem bei der regionalen Versenkungsmetamorphose auf.

Der Name Zeolithfazies wurde erstmalig von TURNER (in FYFE, TURNER und VERHOOGEN 1958) verwendet, nachdem bereits ESKOLA (1939) auf die Bildung von Zeolithen bei sehr niedrigen Metamorphosetemperaturen hingewiesen hatte. Als einzig typischen Zeolith stellten TURNER und VERHOOGEN (1960) den Laumontit heraus, der bei niedrigen Temperaturen in Ca—Al-Gesteinen (basischen Magmatiten und deren Tuffen) an Stelle von Klinozoisit auftreten kann. Für das Auftreten von Mineralparagenesen der Zeolithfazies ist neben geringen geothermischen Gradienten auch ein geeigneter Gesteinschemismus erforderlich. In normalen tonigen Sedimenten z. B. kann die Zeolithfazies nicht wahrgenommen werden.

Von WINKLER (1967) wurden die beiden wichtigsten Paragenesen der Zeolithfazies: Laumontit + Prehnit und Pumpellyit + Prehnit als selbständige Fazies deklariert. Hier sollen sie als Laumontit-Prehnit- und Pumpellyit-Prehnit-Subfazies dem Begriff Zeolithfazies untergeordnet und als verschiedene Temperaturstufen betrachtet werden. Auf Grund neuerer experimenteller Ergebnisse kann der Temperaturbereich von Laumontit-Prehnit-Paragenesen bei etwa 200—300 °C, der von Pumpellyit-Prehnit-Paragenesen bei 300—400 °C veranschlagt werden (vgl. WINKLER, 1976).

Als Glaukophanschieferfazies definierte ESKOLA (1939) eine Hochdruckausbildung der Regionalmetamorphose, in der der Na-Amphibol Glaukophan sowie die Minerale Lawsonit und Pumpellyit kritisch seien. Von TURNER und VERHOOGEN (1960) wurde die Rolle von Glaukophan eingeschränkt, da dieser auch in Gesteinen der Grünschieferfazies auftreten kann. Sie beschränkten den Begriff Glaukophanschieferfazies auf solche Gesteine, in denen Glaukophane in Assoziation mit Lawsonit-, Jadeit + Quarz-, Ägirin- oder Pumpellyit-führenden Gesteinen vorkommen. Von WINKLER (1967) wird die Glaukophanschieferfazies auf die Lawsonit-Glaukophan-Paragenesen führenden Gesteine beschränkt. In Tab. 3.2 ist der Begriff Glaukophanitfazies als Sammelbezeichnung für die bei etwa gleichen Temperaturbedingungen (zwischen 250 und 400 °C), aber unterschiedlichen Drücken auftretenden kritischen Paragenesen Lawsonit + Albit und Lawsonit + Glaukophan (± jadeitischer Klinopyroxen) gewählt worden.

Mineralparagenesen der Glaukophanitfazies treten bei rel. niedrigen Temperaturen und sehr hohen Drücken auf (Lawsonit-Albit-Subfazies > 6 kbar; Lawsonit-Glaukophan-Subfazies > 8 kbar). Sie sind deshalb charakteristisch für die regionale Versenkungsmetamorphose. In geologisch jungen und rezenten Subduktionszonen können Mineralparagenesen der Glaukophanitfazies häufig beobachtet werden. So z. B. in der Franciscan Formation in Kalifornien (COLEMAN und LEE 1963), in den Westalpen (BEARTH, 1965, 1966), in der Türkei (SCHUERMANN 1956) usw. In älteren Orogenen sind Gesteine in Glaukophanitfazies seltener (im Ural wurden sie beschrieben von DOBRECOV

Tabelle 3.2. *Grade der Metamorphose (schematische Darstellung)*

T in °C angenäherte Werte		Kontaktmetamorphose	Regionalmetamorphose: Abukuma-Typ	Regionalmetamorphose: Barrow-Typ	Versenkungsmetamorphose	
200–300	sehr schwache				*Zeolithfazies* Laumontit-Prehnit-Subfazies Pumpellyit-Prehnit-Subfazies	*Glaukophanitfazies* Lawsonit-Albit-Subfazies | Lawsonit-Glaukophan-Subfazies
300–500	schwache	Hornfelsfazies: *Albit-Epidot-Hornfelsfazies*	*Grünschieferfazies* Quarz-Albit-Muskovit-Biotit-Chlorit-Subfazies Quarz-Andalusit-Plagioklas-Chlorit-Subfazies	*Grünschieferfazies* Quarz-Albit-Muskovit-Chlorit-Subfazies Quarz-Albit-Epidot-Biotit-Subfazies Quarz-Albit-Epidot-Almandin-Subfazies	glaukophanitische Grünschieferfazies	
500–650	mittlere	Hornfelsfazies: *Hornblende-Hornfelsfazies*	Cordierit-*Amphibolitfazies* Andalusit-Cordierit-Muskovit-Subfazies Sillimanit-Cordierit-Muskovit-Subfazies	Almandin-*Amphibolitfazies* Staurolith-Almandin-Subfazies Disthen-Almandin-Subfazies		
650–730	starke Metamorphose	Hornfelsfazies: *Kalifeldspat-Cordierit-Hornfelsfazies*	Sillimanit-Cordierit-Orthoklas-Almandin-Subfazies	Sillimanit-Almandin-Orthoklas-Subfazies		
730–800	starke Metamorphose	*Sanidinitfazies*	Cordierit-*Granulitfazies*	Almandin-*Granulitfazies* Orthopyroxen-Plagioklas-Granulit-Subfazies Klinopyroxen-Almandin-Granulit-Subfazies (= Eklogitfazies ?)		

1973); in den ältesten fehlen sie ganz. Ihre Bildung kann auf Grund dieser Tatsache mit der Entwicklung der Krustenmächtigkeit im Phanerozoikum in Verbindung gebracht werden.

Von angelsächsischen Autoren wird statt des Namens Glaukophanschiefer und Glaukophanschieferfazies häufig die Bezeichnung blueschist bzw. blueschist facies verwendet, was auf die blaugraue Farbe der glaukophanreichen Gesteine zurückgeht. Wie aus den o. g. Mineralparagenesen und aus Tab. 3.2 ersichtlich ist, sind für die Zuordnung eines Gesteins zur Glaukophanitfazies weder das Auftreten von Glaukophan noch diese Farbcharakteristik notwendig.

In der durch hohe Drücke gekennzeichneten Grünschieferfazies kann Glaukophan ebenfalls auftreten (bei Temperaturen $> 400\,°C$), hier allerdings nicht in Paragenese mit Lawsonit. Von WINKLER (1967) ist dieser spezielle Typ der Grünschieferfazies als glaukophanitische Grünschieferfazies bezeichnet worden. Eine ältere analoge Bezeichnung dürfte der Name *Prasinitfazies* (ANGEL 1929, WEG 1931) sein, in der statt des Glaukophans der Na-Amphibol Barroisit auftritt.

Auf dem Territorium der DDR konnten Gesteine in Glaukophanitfazies bisher nicht nachgewiesen werden. Glaukophanitische Grünschieferfazies liegt bei den sog. Prasiniten des Gebietes von Frankenberg—Hainichen vor.

Die Grünschieferfazies

Bereits von ESKOLA (1920) war die Bezeichnung für einen Metamorphosegrad geprägt worden, der durch die Mineralassoziation Muskovit + Chlorit + Epidot + Albit gekennzeichnet ist. Die Aufeinanderfolge verschiedener kritischer Minerale veranlaßte ESKOLA (1939) verschiedene Subfazies auszuhalten, deren Bezeichnungen später von TURNER und VERHOOGEN (1960) und WINKLER (1965) präzisiert wurden.

Aus der von MIYASHIRO (1961) erkannten Verschiedenheit der P-T-Bedingungen einzelner metamorpher Zonen stellte WINKLER (1965) zwei extreme Typen der Grünschieferfazies — den Abukuma-Typ und den Barrow-Typ — einander gegenüber. Für den in Mitteleuropa vorwaltenden Barrow-Typ sollen im folgenden die Paragenesen-Diagramme der drei Subfazies (nach WINKLER 1965) in ACF-Darstellung angegeben werden (Abb. 3.13).

Allen Subfazies dieses Grünschieferfazies-Typs gemeinsam ist die Koexistenz von Albit und Epidot, das mögliche Auftreten von Muskovit und von Chloritoid.

Die *Quarz-Albit-Muskovit-Chlorit-Subfazies* kann in Gebieten der Regionalmetamorphose i. e. S. als erste Metamorphosestufe angesehen werden. In pelitischen Gesteinen ist sie gekennzeichnet durch das erste Auftreten von Stilpnomelan, Pyrophyllit, 2 M-Muskovit und Fe-ärmerem Chlorit. Karbonate wie Dolomit, Magnesit und Ankerit sind in Gegenwart von Quarz existent. Darüber hinaus kann bereits ein Spessartin-Granat, aber noch kein Biotit (es sei denn in Paragenese mit Stilpnomelan) auftreten.

Im ACF-Diagramm der Abb. 3.13a gelten die ausgezogenen Trennlinien für höhere CO_2-Anteile im Gesteinschemismus; falls diese gering sind, wird bereits Tremolit an Stelle von Ca—Mg-Karbonaten gebildet (gestrichelte Trennlinien).

Zur Ableitung von Pelit-Paragenesen dieser Subfazies vgl. auch das AFM-Diagramm der Abb. 3.12.

Die *Quarz-Albit-Epidot-Biotit-Subfazies* ist bei progressiver Metamorphose durch das erste Auftreten von Biotit (ohne Stilpnomelan) und die Instabilität der Paragenese Ca—Mg-Karbonate + Quarz (an deren Stelle Tremolit bzw. Aktinolith) gekennzeichnet.

Bei sehr geringen SiO_2-Gehalten (im *ACF*-Diagramm Abb. 3.13b nicht berücksichtigt) können an Stelle von Talk Serpentinminerale auftreten.

In der *Quarz-Albit-Epidot-Almandin-Subfazies* tritt erstmals almandinreicher Granat auf. Chlorit ist nur noch mit sehr Mg-reichen Varietäten stabil. Al-führende Amphibole (Hornblenden) können in basischen Gesteinen zusammen mit Epidot + Albit auftreten. Bei sehr hohen Drücken kann an Stelle von Pyrophyllit bereits Disthen auftreten.

Von Eskola (1939) wurde dieser Teil der Grünschieferfazies als *Epidotamphibolitfazies* bezeichnet.

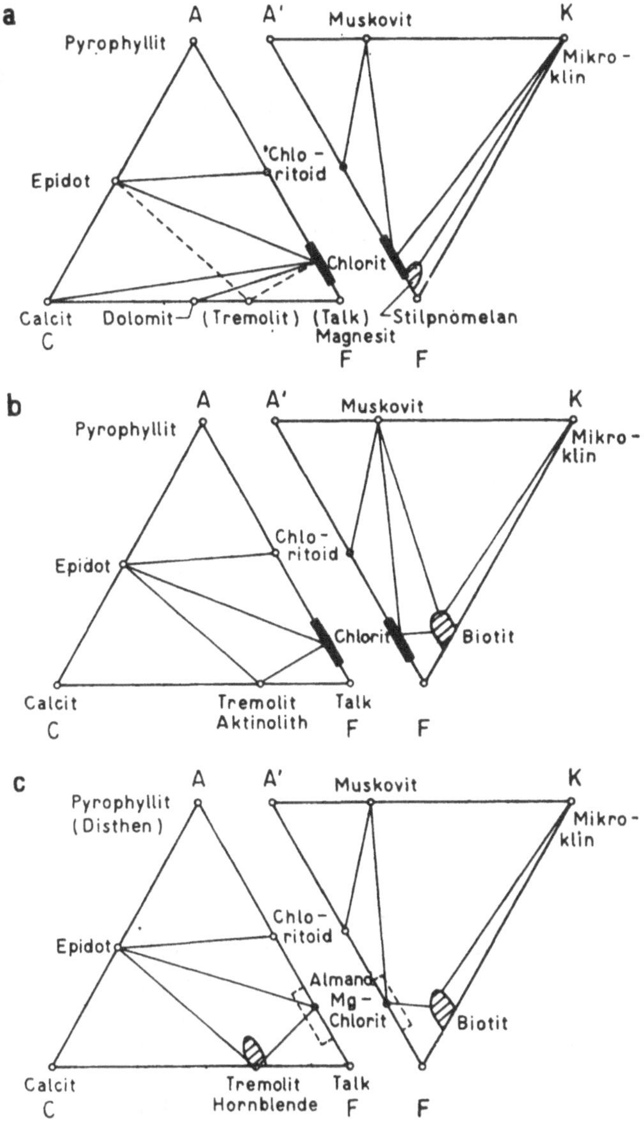

Abb. 3.13. Faziesdiagramme der Grünschieferfazies (Barrow-Typ)
a Quarz-Albit-Muskovit-Chlorit-Subfazies; *b* Quarz-Albit-Epidot-Biotit-Subfazies;
c Quarz-Albit-Epidot-Almandin-Subfazies

Im Gegensatz zu den beschriebenen Subfazies des Barrow-Typs zeichnen sich die Mineralparagenesen des Abukuma-Typs dadurch aus, daß kein Stilpnomelan gebildet wird und Biotit deshalb bereits in den ersten Metamorphosestadien selbständig auftreten kann. Darüber hinaus tritt bei höheren Temperaturen Andalusit an Stelle von Pyrophyllit und An-reicher Plagioklas gemeinsam mit Chlorit und Epidot auf. WINKLER (1967) gliederte diesen Typ der Grünschieferfazies in zwei Subfazies (vgl. Tab. 3.2).

Die Amphibolitfazies

wurde ebenfalls von ESKOLA (1920) begründet. Sie kann nach WINKLER (1965, 1967) in zwei konträren *P-T*-Typen (Faziesserien) auftreten. Dem Barrow-Typ als dem in Mitteleuropa verbreiteteren, soll hier etwas größere Aufmerksamkeit geschenkt werden. Seine Mineralparagenesen sind in den Diagrammen der Abb. 3.14 ablesbar.

Im Gegensatz zur Grünschieferfazies sind Minerale wie Chlorit, Chloritoid und Albit in der Amphibolitfazies nicht mehr stabil. Epidot kann bei Abwesenheit von Albit noch auftreten. Für den gesamten Bereich der Amphibolitfazies kennzeichnend ist das Auftreten von Plagioklas mit Anorthitgehalten $> 17\%$. Diopsidische Klinopyroxene, Orthoamphibole und Ca-reiche Granate treten bei progressiver Metamorphose erstmalig am Beginn der Amphibolitfazies auf.

Der druckbetonte Barrow-Typ der Amphibolitfazies wird wegen des Vorhandenseins von Almandin-Granat als Almandin-Amphibolitfazies bezeichnet (FYFE, TURNER und VERHOOGEN 1958). Er kann in drei Subfazies untergliedert werden.

Die *Staurolith-Almandin-Subfazies* ist durch das Auftreten von Staurolith gekennzeichnet (Abb. 3.14a). Dieses Mineral verfügt über einen eng begrenzten Stabilitätsbereich und kann deshalb als kritisch für diese Subfazies angesehen werden. Seine Bildung erfordert allerdings ein spezifisches $Fe^{\cdot\cdot}$—Mg—Al-Verhältnis im Gestein. Falls dieses nicht vorhanden ist und die Staurolithbildung unterbleibt, kann diese Subfazies nicht von der nachfolgenden unterschieden werden. Im Gegensatz zu der aus dem *ACF*-Diagramm (Abb. 3.14a) ableitbaren Paragenesen-Charakteristik kann Disthen mit Almandin und Biotit koexistieren (siehe *AFM*-Diagramm in Abb. 3.12).

In der *Disthen-Almandin-Subfazies* kann Staurolith selbst bei geeignetem Chemismus nicht mehr auftreten. Ansonsten sind, wie Abb. 3.14b zeigt, die gleichen Mineralparagenesen möglich. In dieser Subfazies treten bereits die ersten anatektischen Bildungen auf, d. h. es können Temperaturen von 650 °C und mehr erreicht werden.

In der *Sillimanit-Almandin-Orthoklas-Subfazies* wird trotz der hohen Drücke kein Disthen mehr, sondern dessen Hochtemperatur-Äquivalent Sillimanit auftreten (um 650 °C). Muskovit ist bei diesen Temperaturen nicht mehr stabil. Durch die Reaktion Muskovit + Quarz = Kalifeldspat + Sillimanit + H_2O (nach experimentellen Daten bei 2 kbar und 640 °C bzw. 4 kbar und 680 °C) tritt in pelitischen Gesteinszusammensetzungen eine Neubildung von Orthoklas auf. Aus Zweiglimmerschiefern werden sich auf diese Weise hochmetamorphe muskovitfreie Gneise entwickeln.

Wie aus Abb. 3.14c ersichtlich ist, können in dieser Subfazies erstmalig Kalifeldspat und Al_2SiO_5-Modifikationen koexistieren. Epidot ist nicht mehr stabil.

In den meisten Fällen werden Gesteine in Sillimanit-Almandin-Orthoklas-Subfazies mit größeren Anteilen anatektischer Mobilisate vergesellschaftet sein, d. h. sie enthalten entsprechend den verfügbaren H_2O-Anteilen migmatitische Partien.

Während in allen Stufen der druckbetonten Amphibolitfazies Almandin-Granat auftritt, wird an dessen Stelle bei größeren geothermischen Gradienten (geringeren Drücken) Cordierit gebildet. In der Niederdruck-Faziesserie (Abukuma-Typ) wird deshalb von der Cordierit-Amphibolitfazies gesprochen. Als Al_2SiO_5-Modifikation tritt in deren niedrigster Subfazies noch Andalusit auf, der bei Temperaturen > 600 °C in Sillimanit umgewandelt wird. Almandin tritt erst in der höchsten Subfazies gemeinsam mit Cordierit auf, wenn Muskovit in Gegenwart von Quarz bereits instabil geworden ist.

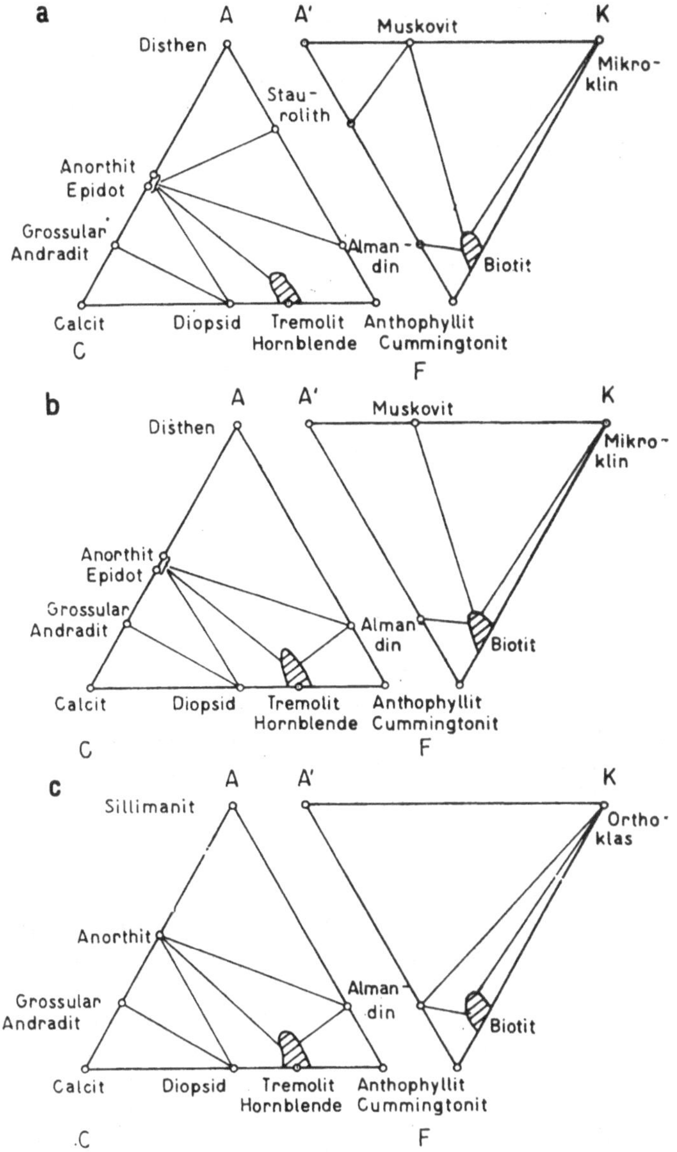

Abb. 3.14. Faziesdiagramme der (Almandin-) Amphibolitfazies

a Staurolith-Almandin-Subfazies; *b* Disthen-Almandin-Subfazies; *c* Sillimanit-Almandin-Orthoklas-Subfazies

Die Granulitfazies

wurde von ESKOLA (1939) eingeführt, um die Besonderheiten im Mineralbestand der von ihm untersuchten finnischen Granulite (veröffentlicht 1952) und der seit langem bekannten und vor allem von SCHEUMANN und seinen Schülern untersuchten sächsischen Granulite zum Ausdruck zu bringen.

Für den Beginn der Granulitfazies typisch ist das Verschwinden von OH-führenden Fe—Mg-Mineralen wie Biotit und Hornblende und das Auftreten eines Pyrop-Almandin-Granates an Stelle von Biotit bzw. von Pyroxenen an Stelle der Hornblende. Als fazieskritisches Mineral gilt vor allem der Orthopyroxen.

Nach TURNER (in FYFE, TURNER und VERHOOGEN 1958), DE WAARD (1965) u. a. können in besonderen Fällen auch in der Granulitfazies noch OH-führende Minerale auftreten, nämlich dann, wenn P_F nicht $\ll P_L$, wie das in der Granulitfazies nach WINKLER (1967) normalerweise vorausgesetzt wird. Diese Hornblendegranulit-Subfazies sollen hier jedoch vernachlässigt werden, da geringe Hornblende- bzw. Biotitgehalte in granulitischen Gesteinen nicht unbedingt deren Zuordnung zur Granulitfazies rechtfertigen.

Dem Vorschlag von DE WAARD (1965) folgend, wird die Granulitfazies in ihrer Normalausbildung als Hochdruck-Fazies (hier als Almandin-Granulitfazies bezeichnet) in zwei Subfazies gegliedert.

Die *Orthopyroxen-Plagioklas-Granulit-Subfazies* ist durch die Koexistenz von Orthopyroxen, Klinopyroxen und Plagioklas bzw. Orthopyroxen, Almandin-Granat und Plagioklas in basischen bis ultrabasischen Zusammensetzungen gekennzeichnet (Abb. 3.15a). Der Almandin-Granat weist höhere Pyropanteile auf als in der Amphibolitfazies. Kalifeldspäte treten häufig als Haar- oder Faserperthite (feinste Entmischungslamellen von Albit) bzw. Mesoperthite (Verhältnis von Kalifeldspatanteil zu entmischten Albit-Anteilen etwa 1:1) auf. Sillimanit und/oder Disthen sind die einzigen Al_2SiO_5-Phasen in der Granulitfazies.

In der *Klinopyroxen-Almandin-Subfazies* können Orthopyroxene nicht mehr mit Plagioklas koexistieren (Abb. 3.15b). Die Mischbarkeiten verschiedener Komponenten werden bei den hohen Temperaturen und Drücken dieser Subfazies (T um 800 °C, $P > 6$ kbar) immer größer. Im *ACF*-Diagramm wird die breite Mischbarkeit zwischen Mg—Fe-Granaten und Ca-Granaten durch die Verbindungslinien angedeutet. Darüber hinaus sind (im Diagramm nicht erkennbar) Al_2O_3-Gehalte $> 5\%$ in Ortho- und Klinopyroxenen vorhanden.

Im sächsischen Granulitgebirge sind in Pyriklasiten mitunter retrograde Phasenübergänge von der Klinopyroxen-Almandin-Granulit-Subfazies in die Orthopyroxen-Plagioklas-Granulit-Subfazies mit Zerfall der pyropreichen Granate und Al-reichen Klinopyroxene zu beobachten (MATHÉ 1969b), s. auch Tafel 3.XVII, Bild 2.

Mit der letztgenannten Subfazies der Granulitfazies identisch dürfte die von ESKOLA (1920) als *Eklogitfazies* benannte Metamorphosestufe sein. Als charakteristisches Merkmal nennt ESKOLA das alleinige Auftreten von basischen Gesteinszusammensetzungen — eben den Eklogiten. Nach Meinung von BECKE (1921) „kann man die Granulite der deutschen Petrographen als die sauren Glieder der Eklogitfazies ansehen“ (S. 223). Obwohl auch spätere Petrologen gleich ESKOLA eine Granulit- und Eklogitfazies unterschieden, gibt es nur wenige Kriterien, die dies rechtfertigen. WINKLER zweifelte 1967 bereits an, ob man berechtigt sei, überhaupt von einer Eklogitfazies zu sprechen (S. 141).

Die häufig vorgebrachten Argumente für eine Eklogitfazies: die Instabilität von Plagioklas und das Auftreten von sehr pyropreichen Granaten mit > 70% Pyropanteil können dadurch entkräftet werden, daß nach Abb. 3.15b Fe—Mg-reiche Gesteinszusammensetzungen, wie sie die meisten Eklogite darstellen, direkt im Zweiphasenbereich Klinopyroxen-Granat liegen und deshalb keinen Plagioklas ausbilden können und daß andererseits nur solche „Eklogite" Pyrop-Granate enthalten, die mit Serpentiniten, Pyroxeniten und Kimberliten assoziiert und sehr wahrscheinlich magmatischer

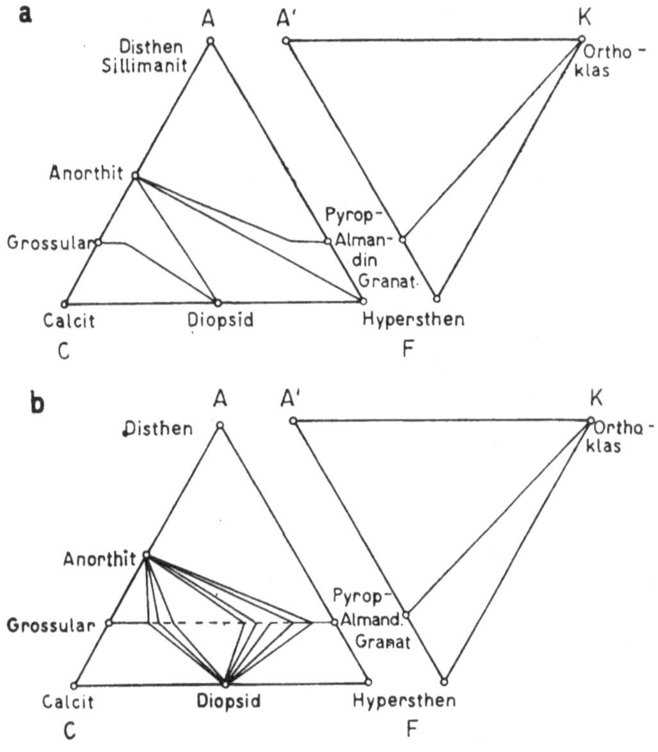

Abb. 3.15. Faziesdiagramme der (Almandin-) Granulitfazies
a Orthopyroxen-Plagioklas-Granulit-Subfazies; *b* Klinopyroxen-Granulit-Almandin-Subfazies (≙ Eklogitfazies?)

Entstehung sind (Mathé 1969a). Nach Eskola (1952), de Waard (1965) u. a. kann in der Granulitfazies auch Cordierit (mitunter zusammen mit Granat) auftreten. Wie Winkler (1967) vermutet, dürfte es sich dabei um einen Faziestyp niedrigeren Druckes handeln. In Tab. 3.2 ist dieser Typ der Granulitfazies der Abukuma-Faziesserie zugeordnet und als Cordierit-Granulitfazies bezeichnet worden.

Insgesamt sei für die Granulitfazies nochmals der meist sehr geringe Wasserdruck hervorgehoben, der es ermöglicht, daß auch Quarz-Feldspat-Gesteine bei Temperaturen oberhalb 700 °C noch im festen Zustand umkristallisieren können. Die Äquivalente der Granulitfazies bei höheren H_2O-Drücken stellen in sauren Gesteinskomplexen die anatektischen Schmelzen dar.

Die Hornfelsfazies

wurden von ESKOLA (1920) als Zusammenfassung der kontaktmetamorphen Bildungen im inneren Kontakthof begründet. An Hand der von ihm als fazieskritisch betrachteten Paragenese Hypersthen + Diopsid spezifizierte ESKOLA diesen Begriff 1939 als Pyroxenhornfelsfazies.

Von TURNER (in FYFE, TURNER und VERHOOGEN 1958) wurde der Begriff Hornfelsfazies auch auf die Gesteinsassoziationen des äußeren Kontakthofes erweitert und in drei Subfazies gegliedert. Der Name Hornfelsfazies, der am Beispiel bestimmter Hornfelse geprägt worden war, betrifft nach dieser Erweiterung zum großen Teil Gesteinstypen, die mit dem petrographischen Typ Hornfels nichts gemein haben — ein Umstand, der auf die anderen Faziesnamen ebenfalls zutrifft und in der Vergangenheit viel Verwirrung gestiftet hat.

Die *Albit-Epidot-Hornfelsfazies* ähnelt der Grünschieferfazies des Abukuma-Typs. Bei tieferen Temperaturen ist Pyrophyllit, bei höheren Andalusit stabil. In Karbonatgesteinen kann neben den im *ACF*-Diagramm der Abb. 3.16a dargestellten Phasen auch Dolomit und sogar Spinell auftreten. Letzterer ist nach WINKLER (1965) bis in den hochtemperierten Bereich der Kontaktmetamorphose stabil.

In der *Hornblende-Hornfelsfazies* (Abb. 3.16b) treten Cordierit, Amphibole, Diopsid, Ca-Granate und Plagioklas hinzu. Bei entsprechendem Chemismus kann auch Staurolith auftreten. In SiO_2-armen Ausgangsgesteinen bildet sich an Stelle von Talk Serpentin. Der Temperaturbereich der Hornblende-Hornfelsfazies entspricht etwa der niedrig temperierten Amphibolitfazies (520—620 °C).

Die *Kalifeldspat-Cordierit-Hornfelsfazies* (nach WINKLER 1967) entspricht etwa der ehemaligen Pyroxenhornfelsfazies ESKOLAS bzw. TURNERS. Der Name Pyroxenhornfelsfazies wurde von WINKLER verworfen, da er irreführend war. Klinopyroxene treten nämlich bereits in der Hornblende-Hornfelsfazies auf, und Orthopyroxene sind wiederum nur typisch für den höchsttemperierten Bereich dieser Fazies.

Kennzeichnend für den Beginn der Kalifeldspat-Cordierit-Hornfelsfazies ist nach WINKLER (1967) das Verschwinden von Muskovit und die damit verbundene Koexistenz von Kalifeldspat + Cordierit bzw. Al_2SiO_2 (Abb. 3.16c). Im tieftemperierten Bereich treten noch Cummingtonit oder Anthophyllit auf (Orthoamphibol-Subfazies). Im höher temperierten Bereich ab etwa 700 °C sind Orthopyroxene stabil (Orthopyroxen-Subfazies). An Stelle von Calcit + SiO_2 ist in der Kalifeldspat-Cordierit-Hornfelsfazies nur noch Wollastonit beständig.

Alle hier genannten Hornfelsfazies gehören zum Typ der extremen Niederdruck-Metamorphose (vgl. Abb. 3.2). Hochdruck-Minerale wie Disthen oder Fe—Mg-Granate treten hier nicht auf. Unter den Niederdruck-Mineralen, die für die Hornfelsfazies charakteristisch sind, muß neben Andalusit, Cordierit und Andradit-Granat noch Vesuvian erwähnt werden, der in den höher temperierten Bereichen vorkommt.

Die Sanidinitfazies

war eine der von ESKOLA bereits 1920 beschriebenen Mineralfazies. In ihrer Bedeutung tritt sie hinter allen bisher beschriebenen zurück. Sie kann als der extremste Typ der Kontaktmetamorphose bei Temperaturen um 800 °C angesehen werden. Realisiert wird sie vor allem in Xenolithen, die innerhalb heißer Magmen getempert werden. Als Beispiele beschrieb ESKOLA die Einschlüsse in den Vulkaniten des Laacher-See-Gebietes (Eifel).

Kritische Minerale der Sanidinitfazies sind neben dem Hochtemperatur-Feldspat Sanidin das Al-Silikat Mullit, die Ca—Mg-Silikate Monticellit und Merwinit sowie das Ca-Silikat Spurrit. Nach REVERDATTO (1964, 1970) sollte vor allem das Auftreten der letzten Minerale bei der Namensgebung dieser Fazies berücksichtigt werden. Er spricht deshalb von Spurrit-Merwinit-Fazies.

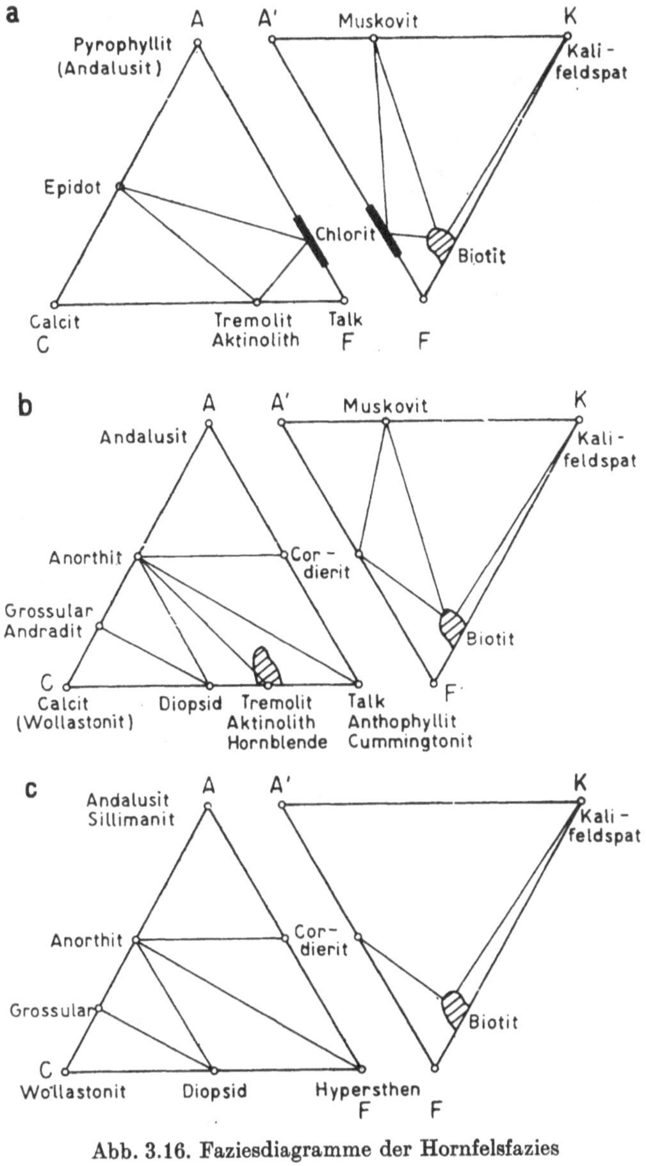

Abb. 3.16. Faziesdiagramme der Hornfelsfazies

a Albit-Epidot-Hornfelsfazies; *b* Hornblende-Hornfelsfazies; *c* Kalifeldspat-Cordierit-Hornfelsfazies

3.2. Das Gefüge der metamorphen Gesteine

Das Gefüge wird nach Sander (1930) durch die Raumdaten im Inneren eines beliebig dimensionierten Körpers beschrieben.

Im speziellen Fall sollen hier die Gefüge metamorpher Gesteine besprochen werden, soweit sie für die petrographische und petrogenetische Interpretation eines Gesteins von Bedeutung sind.

Die zu betrachtende Größenordnung liegt, dem wichtigsten Klassifikationsprinzip der Gesteine entsprechend, vor allem im Mineralkorn-Bereich. Dabei spielen die Beschreibung des Einzelkornes nach Größe, Form und Raumlage sowie seine Beziehungen zu den Nachbarkörnern eine besondere Rolle.

Auf Grund der unterschiedlichen Korngrößen der Metamorphite kann die Beschreibung der Einzelkörner z. T. mit bloßem Auge erfolgen, z. T. muß sie durch mikroskopische Betrachtung vorgenommen werden. Im letzteren Falle kann neben den geometrischen Daten der einzelnen Mineralkörner, der Häufigkeit und der statistischen Verteilung ihres Auftretens, auch die Raumlage der Kristallgitter ermittelt werden. Bei der Gefügeanalyse metamorpher Gesteine, vor allem bei der Interpretation der Spannungsverteilung und des Deformationsablaufes während und nach der Bildung eines Gesteins kommt dieser sog. Korngefügeanalyse (der statistischen Ermittlung der kristallographischen Daten der Einzelkörner) heute eine große Bedeutung zu.

Für die Ableitung der geologischen Bedingungen, die bei der Bildung eines metamorphen Gesteins eine Rolle spielten, ist die Betrachtung größerer Gefügedimensionen ebenfalls wichtig. Über den Bereich der mineralogischen Inhomogenität eines Gesteins hinausgehende Gefügeanalysen dienen allerdings weniger der Beschreibung eines bestimmten Gesteins, sondern der eines Gesteinskomplexes. Sie gehören nicht in das Arbeitsgebiet der Petrologie, sondern in das der allgemeinen Tektonik oder Strukturgeologie. Die in der Petrologie benutzten Arbeits- und Analysenmethoden der Strukturgeologie können als Petrotektonik oder Gefügekunde der Gesteine bezeichnet werden.

3.2.1. Metamorphose und Gefügeprägung

Die Bildung metamorpher Gesteine erfolgt im allgemeinen Fall durch Umkristallisation eines primären Mineralbestandes in einen sekundären innerhalb eines bestimmten Druck- und Temperaturbereiches. Durch die Umkristallisation wird das ursprünglich vorhandene Gesteinsgefüge (sedimentäres bzw. magmatisches Gefüge) in ein neues, metamorphes Gefüge umgewandelt. Wenn diese Gefüge-Umprägung unvollständig abläuft, sind im metamorphen Gestein die ehemaligen Gefügeelemente neben den neu entstandenen noch erkennbar. Beide Teilgefüge können dann unabhängig voneinander oder in ihren gegenseitigen Beziehungen zueinander beschrieben werden.

Teilgefüge können auch bei vollständiger Umkristallisation ausgehalten werden, da die einzelnen Mineralphasen auf Druck- und Temperaturänderungen unterschiedlich reagieren und neben ihren Wechselbeziehungen zu anderen Phasen auch als Einzelmineral-Vergesellschaftungen hinsichtlich ihrer Korngröße, ihrer Kornform, ihrer Häufigkeit oder ihres Innenbaues beschrieben werden können.

Die beiden wichtigsten Parameter der Gesteinsmetamorphose: Temperatur und Druck haben unterschiedlichen, z. T. gegensätzlichen Einfluß auf das Gesteinsgefüge.

Mit steigender Temperatur ist eine allgemeine Zunahme der Korngrößen metamorpher Minerale zu beobachten (vgl. Abschn. 3.1.2.1.). Dieses Wachstum der Mineralkörner bei der Metamorphose durch Reaktion einer oder mehrerer fester Phasen mit einer fluiden Phase wird als Blastese bezeichnet (Kristalloblastese nach BECKE 1903).

Mechanische Beanspruchungen eines Gesteins, die dessen Festigkeit überschreiten, können zur Zerstörung einzelner Mineralkörner oder des Gesteinsgefüges führen. Diese Gefügezerstörung oder Kataklase wird vor allem dort eine Rolle spielen, wo auf Grund der Beanspruchungsgeschwindigkeit oder der niedrigen Temperaturen eine plastische Deformation oder eine gleichzeitige Blastese nicht stattfinden können.

Da die Wirkungen von Druck und Temperatur bei der Gesteinsmetamorphose sehr verschieden sein können (vgl. Abb. 3.2), sind die Gefüge der metamorphen Gesteine nicht nur vom Ausgangsmaterial, sondern auch von der Art der Metamorphose abhängig.

3.2.1.1. Grundbegriffe der Deformation

Als Deformation können wir jede Volumen- oder Formänderung eines betrachteten Gesteinsbereiches bezeichnen. Bei der Metamorphose wird diese Deformation durch das blastische Wachstum der Minerale — d. h. von innen her — oder durch tektonische Kräfte — d. h. von außen her — erzeugt. Der Deformationsprozeß wird auch mit dem englischen Begriff *strain* umschrieben.

Jeder Deformation geht ein gewisser Spannungszustand voraus, der aus der Wechselwirkung der deformierenden Kraft und der dieser entgegengerichteten Festigkeit des Materials resultiert. Diese in einem Körper wirkenden Spannungen werden als *stress* bezeichnet[1].

Für die Gefügeprägung der Gesteine ist vor allem die Deformation — der strain — von Bedeutung.

Die Reaktion des Gesteinskörpers auf eine Deformation ist abhängig von den Materialeigenschaften des Gesteins, von der Größe der wirksamen Kräfte und von der Deformationsgeschwindigkeit.

Wir unterscheiden elastische Deformationen, bei denen der betroffene Körper beim Nachlassen der verformenden Kräfte seine ursprüngliche Gestalt wieder annimmt (ein Fall, der bei der Beschreibung von Metamorphit-Gefügen eine untergeordnete Bedeutung besitzt) und plastische Deformationen, bei denen ein Gestein über seine Elastizitätsgrenze hinaus beansprucht wird. Im letzteren Falle kann das Gestein bei der Verformung den Zusammenhalt der einzelnen Körner bewahren — wir sprechen dann von *bruchloser Deformation* oder *plastischem Fließen* —, oder es tritt ein Zerreißen des Korngefüges auf; es bilden sich Spalten und Klüfte (Rupturen) — wir sprechen dann von *ruptureller Deformation* oder *Bruchdeformation.*

Bei der Bildung metamorpher Gesteine treten beide Arten der plastischen Deformation auf. Unter den Bedingungen der Regionalmetamorphose, d. h. bei großen hydrostatischen Drücken und hohen Temperaturen, kommt dem plastischen Fließen eine besondere Bedeutung zu.

Zwischen bruchlosen und Bruchdeformationen gibt es keine scharfe Grenze. Für den praktischen Gebrauch können solche Unterscheidungen zwar herangezogen werden; sie

---

[1] Die im Abschn. 3.1.2.2. angeführte Bezeichnung stress für einen nichthydrostatisch wirkenden Druck ist nicht ganz identisch mit der hier genannten, sondern stellt nur den allgemeinen Fall der Spannungsverteilung in Festkörpern mit unterschiedlich großen Spannungen in verschiedenen Richtungen dar, die ein zwei- oder dreiachsiges Spannungsellipsoid beschreiben.

stellen aber meist Extremfälle dar. Auch beim Fließen eines festen Körpers treten meist Rupturen auf. Ihre Weitungsbeträge sind allerdings gering; an ihnen finden vor allem parallele Verschiebungen statt.

3.2.1.2. Arten der plastischen Deformation

Bei der Gliederung der Deformationsarten kann von verschiedenen genetischen oder Symmetrie-Betrachtungen ausgegangen werden.

Grundlage für die meisten Typisierungsversuche ist die Voraussetzung einer Teilbeweglichkeit der Gesteine. Das Gefüge geregelter geologischer Körper wird als Ergebnis von Teilbewegungen angesehen, deren unterschiedlicher Betrag die Art des tektonischen Gefüges bedingt.

Reagiert ein Gestein auf Beanspruchung mit einer hohen Teilbeweglichkeit, wird ein geringer Regelungsbetrag der Mineralkörner erreicht. Bei geringer Teilbeweglichkeit kann demgegenüber eine straffe Regelung erfolgen.

Nach der Art der Teilbewegungen, die sich in einem Gestein vollziehen, können die plastischen Deformationen in *affine Deformationen* (homogene oder ebene) und *nichtaffine* (inhomogene, unebene) *Deformationen* gegliedert werden (SANDER 1930).

Bei der affinen Verformung bleiben alle vom verformten Körper einbeschriebenen Figuren affin, d. h. einander ähnlich. Gerade bleiben Gerade, Ebenen bleiben Ebenen, Längenverhältnisse auf Parallelen bleiben unverändert. Als demonstratives Beispiel für die affine Deformation wird meist die Verzerrung von Zeichen auf der Stirnseite eines Buches bei ebener Verformung gewählt. Durch die Teilbeweglichkeit der einzelnen Seiten erleiden die aufgetragenen Symbole eine affine Deformation (Abb. 3.17b).

Die Bewegung der einzelnen Seiten des Buches (im Modell) bzw. der einzelnen Lagen des Gesteins (in der Natur) erfolgt entlang von Scherflächen.

Ein Spezialtyp der affinen Deformation ist nach SANDER die einscharige Scherung (einscharige Gleitung), von ESKOLA (1939) als laminare Gleitung bezeichnet, bei der eine dem deformierten Körper einbeschriebene Kugel in ein dreiachsiges Ellipsoid umgeformt wird. Solche Deformationen treten im Gestein z. B. als „Gleitbrett-Tektonik", innerhalb von Bewegungszonen als „Scherungs-s" auf.

Der in der Natur häufiger auftretende allgemeinere Fall der affinen Deformation ist nach SANDER (1948) die zweischarige Scherung, die Zergleitung nach zwei Ebenenscharen. Als Modellvorstellung kann ein Würfel gewählt werden, aus dem durch Pressung und zweischarige Zergleitung ein quadratisches Rechteck geformt wird. Dabei werden die Scherflächen rotiert, bis sie nahezu in die Gleitebene zu liegen kommen. Diese Deformation wird als *Plättung* bezeichnet. Sie ist in tieferen Stockwerken häufig. Die durch Plättung hervorgerufenen Parallelgefüge im Gestein können als Schieferungsflächen („Plättungs-s") diagnostiziert werden. Als allgemeinster Fall der affinen Deformation kann die zweischarige Scherung mit ungleichwertigen Zergleitebenen angesehen werden. Sie ist geometrisch aus einscharigen bzw. zweischarigen Verformungen kombinierbar (= schiefe Pressung).

Bei der nichtaffinen Verformung werden Verbiegungen der Gleitebenen registriert (Biegegleitung nach SANDER 1930). Gerade werden hier gekrümmt, die Längenverhältnisse auf Parallelen werden verändert, die Flächen werden um eine Achse (Faltenachse) gekrümmt. In Abb. 3.17c ist das Prinzip einer nichtaffinen Deformation in Form einer Biegegleitung dargestellt. In der Natur entstehen auf diese Weise die verschiedenen Arten gekrümmter Gefüge, wie Biegefalten, Gleitbrettfalten, Scherfalten usw.

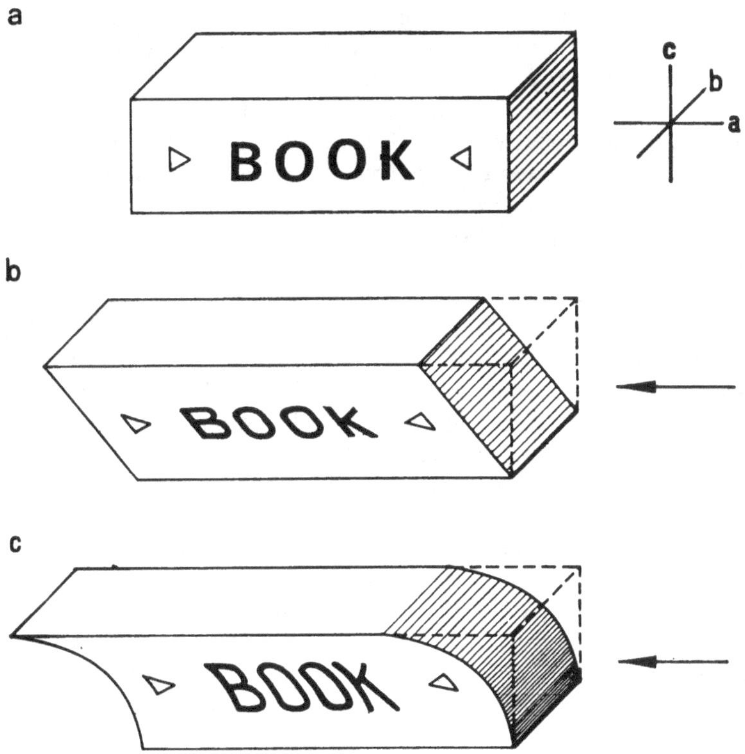

Abb. 3.17. Modell der affinen (*b*) und der nichtaffinen Deformation (*c*)

3.2.1.3. Symmetrieverhältnisse bei der Deformation

Die Beschreibung der Symmetrieverhältnisse von Gesteinsgefügen erfolgt gewöhnlich durch ein Koordinatensystem mit den drei senkrecht aufeinander stehenden Achsen *a*, *b* und *c*.

Die Achse *a* ist nach Sander (1948) „die in der Formungs- und Symmetrieebene liegende Hauptrichtung der an Transport und Einengung beteiligten Bewegungen und größten Relativbewegungen“ (S. 68).

In Abb. 3.17 ist die tektonische Richtung *a* durch die Pfeile angedeutet. Bei Benutzung des Modells einer Wasserfläche wäre *a* die Richtung des Windes, der Wasserteilchen bewegt und Wellen hervorruft.

Die Achse *b* liegt in der Gleitebene, aber senkrecht zur Bewegungsrichtung *a*. In Abb. 3.17c erfolgt die Krümmung der Gleitebenen um *b*. Bei den natürlichen Gesteinsdeformationen ist *b* die Richtung, in der das in *a* gestauchte Material bei hohem Belastungsdruck ausweicht. In Richtung *b* liegen auch die Faltenachsen B. Im erwähnten Modell einer Wasserfläche entsprächen die vom Wind erzeugten Wellenkämme der Richtung *b*.

Die Richtung *c* schließlich steht senkrecht auf *a* und *b* und wäre in Abb. 3.17 als vertikale Achse denkbar. Im o. g. Modell steht sie senkrecht auf der Wasseroberfläche. In schichtigen Gesteinspaketen wirkt in *c* meist der Belastungsdruck.

Die Ebene *ab*, auf der die Achse *c* senkrecht steht, fungiert bei einer Scherbewegung wie in Abb. 3.17 als Scherfläche. Sie ist im natürlichen Verband häufig als Fläche der Teilbarkeit (Schieferungsfläche, *s*-Fläche[1]) erkennbar.

Die Ebene *ac* wird auch als Deformationsebene bezeichnet. Bei tektonischen Analysen, auch bei der zweidimensionalen Gefügebetrachtung (z. B. bei der Beobachtung im Dünnschliff) kann die *ac*-Ebene als Querschnittsebene oder Querprofil angesehen werden.

Ähnlich wie in der Kristallographie können Flächen im Achsenkreuz *abc* (Fugen, Rupturen, Mineralbelegungsflächen) mit Indices ausgedrückt werden. Sander (1930) wählte dafür die Indices *hkl*.

Okl-Flächen sind alle um *a* rotierbaren Flächen in allgemeiner Lage. Sie sind in deformierten Gesteinen häufig mit Glimmern belegt und fungieren dann als Schieferungsflächen. *hOl*-Flächen sind die um *b* rotierbaren Flächen allgemeiner Lage. Sie treten vor allem als Scherflächenpaare bei der Plättung auf. Die Schnittkanten zweier *hOl*-Flächen bzw. einer *hOl*- und der Schieferungsfläche *ab* ergeben die Koordinate *b*.

Ebenfalls analog den Symmetriedaten in der Kristallographie kann die Symmetrie der einscharigen affinen Deformation als monoklin bezeichnet werden, da hier zwei aufeinander senkrecht stehende (*a* und *b*) und eine dazu geneigte Achse (*c*) auftreten. Sie besitzt nur eine Symmetrie-Ebene (die Ebene *ac*) und eine Symmetrie-Achse (die Achse *b*). Bei monokliner Deformation treten unsymmetrisch rotierte *hOl*-Flächen (Scherungsschieferung) und symmetrische *Okl*-Flächen (Scherflächen) auf.

Bei der affinen zweischarigen Scherung treten 2 bis 3 Symmetrie-Ebenen auf (*ab*, *ac*, *bc*), dazu die jeweiligen Symmetrieachsen (*c*, *b*, *a*). Die Symmetrie ist daher rhombisch. Es treten z. B. symmetrische *hOl*-Flächen auf, darüber hinaus sind Zugrisse parallel *ac* häufig.

Trikline Symmetrie liegt vor, wenn keine Symmetrie-Ebene, sondern nur ein Symmetrie-Zentrum vorhanden ist. Ebene Flächen können nur in unsymmetrischer Besetzung auftreten. Als wirtelig symmetrisch wird eine Deformation dann bezeichnet, wenn Symmetrie-Ebenen um eine Achse herum auftreten, wie das bei Rotationen walzen- oder stengelförmiger Gefügeelemente (meist um *b*) der Fall ist.

3.2.1.4. Beziehungen zwischen Deformation und Kristallisation

Bei der Analyse des Metamorphoseablaufes kommt den zeitlichen Beziehungen von Deformation und Kristallisation eine besondere Bedeutung zu. Ein gefügeprägender Deformationsakt kann vor der metamorphen Rekristallisation liegen, kann gleichzeitig mit ihr erfolgen oder kann jünger sein als die Umkristallisation der Minerale. Entsprechend diesen Möglichkeiten, sprechen wir von präkristalliner Deformation, parakristalliner Deformation oder postkristalliner Deformation.

Im Gefügebild eines metamorphen Gesteins ist eine präkristalline Deformation besonders dann erkennbar, wenn innerhalb größerer Blasten (von Granat, Staurolith, Feldspäten usw.) deformierte Interngefüge, wie gefaltete Glimmerbahnen o. ä. auftreten. Ältere Rupturen werden durch Minerale der metamorphen Hauptkristallisation verheilt, ältere Falten von jüngeren Blasten quer durchspießt.

Parakristalline Deformation kann als Normalfall der Regionalmetamorphose ange-

---

[1] Als *s*-Flächen bezeichnete Sander (1930) alle „mechanisch ausgezeichneten Parallelflächen eines Gefüges". Dazu gehören sowohl Schicht- als auch Schieferungsflächen.

sehen werden. Die durch Temperaturerhöhung neu kristallisierenden Minerale werden durch die tektonischen Beanspruchungen nach ihrer äußeren Form oder nach dem Gitterbau in die Richtung bevorzugten Materialtransportes (bzw. bevorzugter Zergleitfähigkeit) eingeregelt. Die straffe Regelung von Glimmern in Gneisen und Glimmerschiefern ist in den meisten Fällen durch parakristalline Deformation erfolgt. Auch die Längung von Quarzaggregaten in *b* bei bestimmten Gneisen ist ein Beispiel für parakristalline Deformation.

Postkristalline Deformation liegt vor, wenn die tektonische Beanspruchung den Prozeß der metamorphen Kristallisation überdauert hat, was durch undulöse Auslöschung der Quarze, Rißbildung bei metamorphen Blasten, Kataklase einzelner Mineralkörner oder des gesamten Gefüges zum Ausdruck kommt.

Die Nomenklatur der zeitlichen Beziehungen zwischen Deformation und Kristallisation kann auch auf die letztere bezogen werden. In Analogie zu den o. g. Bezeichnungen wird dann von einer prädeformativen (auch präkinematischen), paradeformativen (-kinematischen) oder postdeformativen (-kinematischen) Kristallisation gesprochen.

Wie in Abschn. 3.1.3. dargelegt, kann es sich bei den metamorphen Umkristallisationen um sehr langzeitige Prozesse handeln. Während dieser Zeiträume können mehrere, oft unterschiedlich wirkende tektonische Beanspruchungen stattfinden. Die hier vorgestellten Bezeichnungen beziehen sich jeweils auf die aus dem Gefügebild ableitbaren Verhältnisse und spiegeln oft nur den intensivsten, in vielen Fällen nur den letzten Metamorphoseakt wider.

Wenn die Mineralkörner verschiedenen Kristallisationsetappen zugeordnet werden können, muß die jeweilige zeitliche Fixierung auf das Einzelmineral bezogen werden. In einem parakristallin geformten Gneis können einzelne postdeformative Blasten von Albit oder Kalifeldspat auftreten. Solche postdeformativen Kristallisationsprozesse können u. U. zur Entregelung des gesamten Gefüges führen (s. u.).

3.2.1.5. Der Mechanismus der Gefügeprägung

Die Gefüge der metamorphen Gesteine können durch Kristallisation unter nahezu statischen bzw. hydrostatischen Bedingungen oder bei tektonischer Beanspruchung, d. h. in einem unterschiedlich gerichteten Stress-Feld entstanden sein. Im ersteren Falle wird die Regelung der einzelnen Mineralkörner richtungslos sein. Es entstehen Gefüge, deren Raumdaten statistisch gleichmäßig verteilt sind (= isotrope Gefüge). Im zweiten Falle werden die Mineralkörner eine bevorzugte Einregelung (engl.: preferred orientation, russ: predpočtitel'naja orientirovka) erfahren.

Diese Regelung kann durch eine bevorzugte Richtung der Längsachsen der Mineralkörner zum Ausdruck kommen (*Formregelung*) und ist dann oftmals bereits im Handstück sichtbar. Bei Mineralen, denen eine spezifische Längserstreckung fehlt (± isometrische Mineralkörner), kann diese Regelung auch ausschließlich auf den Gitterbau beschränkt sein (*Gitterregelung*).

Die Orientierung der Kristallgitter wird durch Einmessung der räumlichen Lage der optischen Achsen mit Hilfe des Polarisationsmikroskops und des Universal-Drehtisches oder durch Röntgenanalyse ermittelt.

Gefüge mit bevorzugter Mineralregelung sind anisotrop. Ihre Raumdaten sind statistisch unregelmäßig verteilt. Die Gesteine weisen in unterschiedlichen Richtungen unterschiedliche physikalische Eigenschaften auf. Stark formgeregelte Gefüge führen

z. B. zu bestimmten Flächen bevorzugter Teilbarkeit der Gesteine, die nach SANDER als *s*-Flächen bezeichnet werden.

Gesteine, die ihre Gefügeanisotropie tektonischen Vorgängen verdanken — und hierzu gehören sehr viele Metamorphite — werden als *Tektonite* bezeichnet.

Die Einregelung der Mineralkörner kann auf verschiedene Weise erfolgen. SANDER (1930) unterschied generell zwischen Regelungen nach dem Kornbau bzw. der Korngestalt und den Wachstumsregelungen.

Nach SPRY (1969) können vier verschiedene Ursachen der Regelung bei Tektoniten unterschieden werden:

1. Vorhandene Kristalle werden mechanisch rotiert.

Bei der Deformation eines Gesteins werden Mineralkörner mit unterschiedlichen Längsachsen (nadel-, stäbchen- oder blättchenförmige Kristalle) durch mechanische Rotation in die Richtung der größten Teilbewegung eingeregelt. Bei isometrischen Körnern, wie z. B. Granaten, ist eine solche Rotation nicht an den äußeren Begrenzungsflächen, sondern oftmals an den rotierten Interngefügen (Einschlußwirbel) ablesbar. Der hier genannte Regelungsmechanismus, der auch bei der Kaltreckung von Metallen zu beobachten ist, kann nach den im Abschn. 3.2.1.4. genannten Prinzipien als postkristalline Deformation bezeichnet werden.

2. Plastische Deformation von Mineralkörnern durch Rotation und intragranulare Gleitung.

Grundlage hierfür ist die Translationsfähigkeit der Minerale, d. h. ihr Vermögen, in den Richtungen der geringsten Schubwiderstände zu zergleiten, ohne ihren Kornzusammenhang dabei aufzugeben. Die Minerale werden bei dieser Art der Gefügeprägung so lange rotiert, bis ihre Translationsflächen mit der Richtung der größten Gefügedeformation zusammenfallen. „Ist dies der Fall, so zerfließt das Korn translativ und wird somit in die Gefügegleitfläche eingeregelt" (HOENES 1955).

Ein solcher Regelungsmechanismus ist gewöhnlich nur bei höheren Temperaturen (im Metamorphosebereich) und bei geringen Deformationsgeschwindigkeiten zu beobachten. Er tritt z. B. auf bei der Plättung von Gesteinen.

Mit der Gefügeregelung durch Zergleitung ist im allgemeinen eine Verringerung der Korngrößen, eine Veränderung der Kornformen und eine deutliche Gitterregelung verbunden.

3. Bevorzugtes Wachstum der Mineralkörner in bestimmten Richtungen.

Bereits existierende Kristalle wachsen bei der metamorphen Rekristallisation in solchen Richtungen weiter, in denen der Stofftransport der zugeführten Substanzen und deren Anlagerung an das Mineralkorn am besten erfolgen kann. SANDER (1930) bezeichnete solche Gefüge als belteropor, d. h. nach der besseren Wegsamkeit gebildet.

Belteropores Wachstum bedeutet z. B., daß in geschieferten Gesteinen alle langgestreckten Minerale mit ihren längsten Dimensionen (größte Wachstumsgeschwindigkeit) in der Schieferungsebene als einer Fläche bester Wegsamkeit wachsen. Ein Beispiel hierfür sind die Kontaktschiefer mit ihren Büscheln und Garben von Andalusiten und Cordieriten.

Bei der Gefügeregelung durch belteropores Wachstum findet eine Auslese derjenigen Mineralkörner statt, die mit ihren kristallographischen Richtungen größten Wachstums bereits in der Ebene der besten Wegsamkeit liegen.

In groben Zügen stimmt die von SANDER als Prinzip der besten Wegsamkeit definierte Wachstumsregel mit einem in der älteren petrologischen Literatur häufig zitierten und als RIECKEsches Prinzip[1]) bezeichneten Regel überein.

---

[1] Nach RIECKE (1894) wird in einem unter gerichtetem Druck stehenden Material in der Richtung größten Druckes bevorzugte Auflösung, in der Richtung geringeren Druckes bevorzugtes Wachstum erfolgen.

Wenn vor der Metamorphose bereits Gefügeanisotropien bestehen, wie das bei der parallelen Anordnung von Phyllosilikaten in sedimentären Schiefern der Fall ist, werden die Minerale bevorzugt in den bereits vorgegebenen Richtungen weiter wachsen, falls die Druckbeanspruchung dieser Richtung nicht unmittelbar entgegenwirkt. SANDER spricht in diesem Falle von Abbildungskristallisation (Abbildungsregelung nach ESKOLA 1939).
Die Gefügeregelung durch bevorzugtes Wachstum erfordert Kristallisation unter Streßbedingungen und entspricht damit der o. g. paradeformativen Kristallisation. Die parallele Anordnung der einzelnen Kristalle führt häufig zu ausgeprägten *s*-Flächen (s_k = Kristallisationsschieferung).

4. Bildung bevorzugt orientierter Kristallkeime.

Mineralphasen, die bei der metamorphen Kristallisation prinzipiell neu gebildet werden, müssen über den Prozeß der Keimbildung entstehen. Dabei ist zu beachten, daß die Keime vielfach eine Orientierung einnehmen, die der der benachbarten Phasen entspricht (SPRY 1969). Darüber hinaus wird unter den Keimen wiederum eine Auslese erfolgen hinsichtlich ihrer Orientierung, d. h. günstig orientierte werden stabiler sein als ungünstig orientierte.

Nach den hier dargestellten Prinzipien wird die Regelung eines Metamorphits vor allem durch parakristalline und postkristalline Deformation erfolgen.

Eine durch Temperaturerhöhung hervorgerufene intensive Kristallisation bei fehlender oder allseitig identischer tektonischer Beanspruchung wird einer anisotropen Gefügeregelung entgegenwirken und kann sogar zur Zerstörung bereits geregelter Gefüge führen. Solche *Entregelungen* treten vor allem bei langzeitigen Temperungsprozessen auf, wie sie von magmatischen Körpern hervorgerufen werden (z. B. Entregelung eines schiefrigen Gefüges bei der Hornfels-Bildung — s. Abschn. 3.4.2.3.).

3.2.2. Gefügetypen

Seit der Mitte des vorigen Jahrhunderts werden bei der Beschreibung von Gesteinsgefügen die Begriffe Struktur und Textur gebraucht (OMALIUS D'HALLOY 1843, COTTA 1846, NAUMANN 1850, COTTA 1855). Während sie anfangs nicht deutlich definiert, z. T. auch synonym gebraucht wurden, gab GRUBENMANN (1904) Definitionen, die in gewissem Maße bis heute Gültigkeit besitzen.

Als Struktur bezeichnete er das Gefüge, „das bedingt wird durch einen bestimmten Grad in der Formentwicklung der Komponenten und deren gegenseitige Abgrenzung" (S. 24), als Texturen: „das stereometrische Gefüge der Komponenten, wie es durch ihre räumliche Anordnung und Verteilung bedingt wird" (S. 27).

SANDER (1930, 1948, 1950) vermied in seinen Arbeiten die Begriffe Struktur und Textur, da „manche Autoren Struktur und Textur nicht unterscheiden und die Wörter auch international mehrdeutig sind" (1930, S. 143), verwendete stets nur die übergeordnete Bezeichnung Gefüge und versuchte, seine Gefügebetrachtungen dadurch zu systematisieren, daß er an Stelle der Struktur das Gefügekorn und die Intergranulare, an Stelle der Textur die Verteilungsgefüge und die Richtungsgefüge eines Gesteins untersuchte.

Wenngleich diesen Typisierungsversuchen SANDERS eine größere Begriffsschärfe und bessere Eignung für gefügekundliche Betrachtungen zuzusprechen ist, so haben sich doch die Begriffe Struktur und Textur bei der Beschreibung von Gesteinsgefügen bis heute als nützlich erwiesen. Dies geht aus ihrer Anwendung in zahlreichen neueren Arbeiten hervor (WILLIAMS u. a. 1958, DUDEK u. a. 1962, HILLS 1963, TURNER und

WEISS 1963, POLOVINKINA 1966, METZ 1967, HOFMANN 1968, GEORGIEV 1968, SPRY 1969, SARANČINA und ŠINKAREV 1973, MARAKUŠEV 1973 usw.).

Als Struktur eines Gesteins wird heute im deutschsprachigen und überwiegend auch im russischen Schrifttum[1] die Charakteristik der Mineralkörner hinsichtlich ihrer Größe, Gestalt, Kristallinität und Verknüpfung mit anderen Körnern beschrieben. Mit dem Begriff der Textur werden die räumliche Anordnung und die Raumerfüllung der Minerale in einem Gestein umschrieben.

In diesem Sinne sollen im folgenden die wichtigsten Arten von Strukturen und Texturen der metamorphen Gesteine dargestellt werden. Die Bezeichnung Gefüge wird dabei in Übereinstimmung mit internationalen Gepflogenheiten als Oberbegriff an Stelle von Struktur oder Textur häufig verwendet.

3.2.2.1. Strukturen

Die Strukturen der metamorphen Gesteine werden durch deren wichtigste Bildungskriterien Temperatur bzw. Druck, d. h. durch die metamorphe Kristallisation der einzelnen Minerale (Kristalloblastese oder einfach Blastese) bzw. durch die Deformation und die bei untergeordnetem blastischem Wachstum damit verbundene Zerstörung der Mineralkörner (Kataklase) geprägt. Man unterscheidet je nach Vorherrschen der ersteren oder der letzteren Merkmale zwischen blastischen Strukturen und klastischen (im Sinne von kataklastischen) Strukturen. Zu diesen beiden Gefügetypen treten noch die sog. Reliktstrukturen, die neben typisch metamorphen, d. h. blastischen oder kataklastischen Merkmalen noch die des sedimentären oder magmatischen Primärgefüges erkennen lassen.

3.2.2.1.1. Blastische Gefüge

Die Typisierung der blastischen Gefüge kann ähnlich erfolgen wie die der Strukturen magmatischer Gesteine, nämlich nach der absoluten und relativen Größe der Mineralkörner, nach ihrer Eigengestaltigkeit und nach der vorherrschenden Kornform.

Die *absolute Korngröße* spielt bei Metamorphiten keine so wichtige Rolle wie bei Sedimentiten oder Magmatiten. Sie wird im allgemeinen bestimmt von der Intensität der Kristallisation, ist aber darüber hinaus von so vielen Einflußgrößen abhängig (primäre Korngrößen, Grad der Durchbewegung, keim- oder wachstumshemmende Substanzen, Zusammensetzung der fluiden Phase, zeitliche Beziehungen von Kristallisations- und Deformationsetappen usw.), daß sie als diagnostisches Merkmal bei der Ansprache der Gesteine nur in Ausnahmefällen Verwendung findet.

Feinkörnige Ausgangsmaterialien zeigen wegen ihrer größeren Kornoberflächen oftmals eine stärkere Rekristallisationsfreudigkeit als gröbere. In sedimentären Komplexen mit einer pelitisch-psammitischen Wechsellagerung kann bei der Metamorphose eine Umkehr der Korngrößenverhältnisse eintreten, indem die pelitischen Lagen z. B. in mittelkörnige Gneise, die psammitischen Lagen in feinkörnige Gneise umgeformt werden.

---

[1] In angelsächsischen Arbeiten werden die Bezeichnungen structure und texture meist im gegensätzlichen Sinne gebraucht, d. h. structure entspricht Textur und texture entspricht Struktur.

Eine detaillierte absolute Korngrößeneinteilung, die bei Magmatiten und vor allem bei Sedimentiten Gegenstand zahlreicher Diskussionen ist, erscheint bei den Metamorphiten nicht notwendig. Die relativ einfache, im angelsächsischen Schrifttum häufig benutzte Einteilung in grobkörnige (> 5 mm), mittelkörnige (1—5 mm) und feinkörnige (< 1 mm) Gesteine reicht für die Ansprache der metamorphen Gesteine meist aus. Im Deutschen hat sich darüber hinaus die Bezeichnung „dicht“ für jene Strukturen eingebürgert, die mit bloßem Auge nicht mehr auflösbar erscheinen. Die Grenzziehung ist hier allerdings willkürlich.

Seit Becke (1903) und Grubenmann (1904) werden zur Korngrößenbezeichnung metamorpher Gesteine auch die Vorsilben krypto- (mikroskopisch nicht mehr auflösbar), mikro- (mit bloßem Auge nicht auflösbar, d. h. < 0,1 mm) und makro- (ausgesprochen großkristallin) verwendet — siehe auch Dudek, Fediuk und Palivcova (1962). Die Bezeichnungen sind allerdings nur in Verbindung mit den Kornform-Strukturtypen üblich (z. B. mikrolepidoblastisch oder kryptodiablastisch — s. u.).

Die *relative Korngröße* wird bei den blastischen Gefügen ebenso beachtet wie bei denen der magmatischen Gesteine. Grundsätzlich werden gleichkörnige oder homöoblastische von ungleichkörnigen oder heteroblastische Strukturen unterschieden. Treten bei heteroblastischen Strukturen einzelne große Mineralkörner innerhalb eines feiner körnigen Grundgewebes auf, entstehen sog. porphyroblastische Gefüge (Taf. 3.I/1). Im Gegensatz zu den Einsprenglingen in den porphyrischen Gefügen der Magmatite sind die Porphyroblasten der Metamorphite nicht Erstausscheidungen, sondern sind gleichzeitig mit den anderen Mineralen oder sogar später gebildet worden.

Die *Eigengestalt der Körner* ist bei den blastischen Gefügen ein weiteres Merkmal, das nomenklatorisch zum Ausdruck gebracht werden kann. Da bei der metamorphen Kristallisation keine Ausscheidungsfolge wie bei der Magmatit-Bildung auftritt, die Minerale mehr oder weniger gleichzeitig oder zumindest in Gegenwart bereits vorhandener Körner wachsen, werden sie in ihrer Formausbildung stets behindert. Sie sind überwiegend fremdgestaltig (xenoblastisch).

Prinzipiell kann bei den Metamorphit-Mineralen jedes das andere einschließen. Daß trotzdem einige Minerale größere, z. T. eigengestaltige (idioblastische) Formen ausbilden können, beobachteten bereits Becke (1903) und Grubenmann (1904) und schrieben dies der unterschiedlichen „Kristallisationskraft“ der Minerale zu. In einer kristalloblastischen Reihe (idioblastische Reihe nach Eskola 1939) zählte Becke (1903) die Minerale nach abnehmender Kristallisationskraft auf: Magnetit, Rutil, Titanit, Ilmenit, Hämatit, Granat, Turmalin, Staurolith, Disthen → Epidot, Zoisit → Pyroxene, Amphibole → Glimmer, Chlorit → Calcit, Quarz, Plagioklas → Kalifeldspat.

Diese (leicht abgewandelte) Reihe gilt nicht absolut. Unter speziellen Bedingungen können Minerale mit geringer Kristallisationskraft auch größere, idioblastische Kristalle ausbilden. Darüber hinaus ist verschiedenen Wachstumsrichtungen unterschiedliche Kristallisationskraft zuzuschreiben. Glimmer z. B. können in Richtung der Basisflächen rel. große Tafeln ausbilden, ohne daß diese kristallographisch begrenzt sind.

Eine Typisierung der Metamorphit-Strukturen nach der *Kornform* wird ebenfalls bereits seit Anfang unseres Jahrhunderts vorgenommen. *Granoblastische Gefüge* sind solche, in denen die Mehrzahl der Körner isometrische Form aufweist. Bei nahezu geraden Korngrenzen entstehen die sog. Mosaikstrukturen oder Pflasterstrukturen (Taf. 3.II/1). Sie sind häufig bei Hornfelsen, deshalb auch Hornfels-Struktur.

Granoblastische Gefüge können auch verzahnte Korngrenzen (Suturen) aufweisen.

In allen Fällen werden Gesteine mit ausgesprochen granoblastischer Struktur einen körnig-massigen Habitus ohne bevorzugte Spaltbarkeit besitzen (Taf. 3.VII/2).

Lepidoblastische Gefüge sind blätterige oder schuppige Gefüge, die vor allem durch die Kristallformen von Phyllosilikaten hervorgerufen werden (Taf. 3.II/2, 3.IX/3). Sie herrschen vor in muskovit-, biotit-, chlorit- oder talkreichen Metamorphiten. Bei paralleler Anordnung der Phyllosilikate entstehen die dünnschiefrig-blätterigen Gesteinstexturen (s. u.).

Nematoblastische Gefüge oder stengelige Strukturen werden durch langgestreckte Minerale wie Amphibole, Epidot, Disthen usw. erzeugt (Taf. 3.II/3). Als Spezialfall der nematoblastischen Gefüge sind die faserigen oder fibroblastischen Gefüge anzusehen, in denen die langgestreckten Minerale einen sehr kleinen Querschnitt haben (wie z. B. Sillimanit, Aktinolith oder Anthophyllit — vgl. Taf. 3.II/4).

Nematoblastische oder fibroblastische Gefüge können parallele Regelung aufweisen, dann entstehen Gesteine mit ausgezeichneter schiefriger oder stengeliger Spaltbarkeit. Sie können aber auch ungeregelt wirrstrahlig auftreten, dann resultieren daraus massige Gesteine mit filzigem Kornverband (Taf. 3.XXII/4). Ein solcher Fall von filzigem Gefüge liegt z. B. bei den unterschiedlich orientierten Serpentin-Fasern in Serpentiniten vor. Da die Serpentinisierung von den Korngrenzen ausgeht und maschenartig die reliktischen Olivin- oder Pyroxenkörner umgibt, ist bei den Serpentiniten die Bezeichnung Maschenstruktur gebräuchlich (Taf. 3.XIX/2, 3).

In einem Metamorphit-Gefüge werden häufig verschiedene Kornformen nebeneinander angetroffen. Eine eindeutige Zuordnung zu einer der genannten Strukturtypen ist deshalb nicht immer möglich. In der Gefügeterminologie kann dies durch zusammengesetzte Bezeichnungen berücksichtigt werden, wobei der vorherrschende Typ stets an letzter Stelle steht. Nematogranoblastische Gefüge wären z. B. solche mit einzelnen langgestreckten Mineralkörnern in einem allgemein körnigen Mineralverband (z. B. Tremolit-Marmor). Mikrofibrogranoblastisch sind körnige Gefüge von geringem Korndurchmesser, in denen faserige Mineralaggregate auftreten (z. B. Grünschiefer mit untergeordneten Aktinolith-Anteilen).

Schließlich kann eine Typisierung der blastischen Strukturen nach dem Grad der *gegenseitigen Durchdringung* der einzelnen Mineralkörner erfolgen.

Bei intensiver Kornverzahnung, wie sie häufig als Folge unvollkommener Wachstums- oder Zerfallsprozesse zu beobachten ist, spricht man von diablastischen Gefügen. Sie entsprechen den Implikationsgefügen der Magmatite. Häufig treten solche diablastischen Gefüge in Umwandlungssäumen an Korngrenzen auf (Taf. 3.I/3, 3.XX/3, 4). Beispiele hierfür sind die sog. Kelyphitrinden der Granate, Zerfallssäume an Pyroxenen bei der Amphibolitisierung von Eklogiten, aber auch die Myrmekit-Verwachsungen[1] an Plagioklas-Kalifeldspat-Korngrenzen.

Wenn die Verwachsung von Mineralen nicht an Korngrenzen erfolgt ist, sondern durch Einschluß von kleineren Körnern in einem größeren, entstehen die poikiloblastischen Gefüge (Taf. 3.I/4, 3.V/3), die bei idioblastischer Ausbildung der eingeschlossenen Minerale den poikilitischen Gefügen der Magmatite völlig gleichen können. Siebstrukturen sind solche poikiloblastischen Gefüge, bei denen die Zahl der durch Wachstums- oder Zerfallsprozesse entstandenen Einschlüsse außerordentlich groß ist.

---

[1] Als Myrmekit bezeichnet man nach SEDERHOLM (1899) Verwachsungen von wurmartigen Quarzen mit Plagioklas.

3.2.2.1.2. *Kataklastische Gefüge*

sind die durch Überwiegen kataklastischer Merkmale gegenüber den blastischen gekennzeichneten Gefüge. Eine Typisierung ist ähnlich durchführbar wie bei den blastischen Gefügen, d. h. nach absoluten und relativen Korngrößen sowie nach Kornformen. Die Vielfalt der hier auftretenden typischen Merkmale ist jedoch nicht so groß und die Zahl der Termini deshalb geringer.

Klastische Metamorphitstrukturen oder kataklastische Strukturen sind allgemein gekennzeichnet durch unregelmäßig zerbrochene Mineralkörner. Bei Plagioklasen ist dabei häufig eine Knickung der Zwillingslamellierung, bei Quarzen eine undulöse Auslöschung erkennbar. An den Korngrenzen von Quarzen und Feldspäten sind häufig feinkörnig zerriebene Säume erkennbar. Man spricht dann von Mörtelstruktur (Taf. 3.III/1).

Größere kataklasierte Kristalle innerhalb eines primär kleinkörnigen oder durch intensivere Kataklase entstandenen Grundgewebes kennzeichnen das porphyroklastische Gefüge. Klastische Gefüge, in denen eine stärkere Durchbewegung und damit verbundene Formregelung der Minerale erkennbar sind, leiten über zu den Mylonitstrukturen oder Dynamofluidaltexturen (vgl. Abschn. 3.3.2.5. — Taf. 3.XXV).

Kataklastische Strukturen, die einen hohen Grad an Verheilung aufweisen, wie sie bei parakristallin deformierten Hochtemperatur-Metamorphiten (verschiedenen Gneisen und Granuliten) zu beobachten sind, werden auch als blastomylonitische Gefüge bezeichnet (Taf. 3.III/2, X/3).

3.2.2.1.3. *Reliktgefüge*

— nach SEDERHOLM (1899) auch als Palimpsest-Gefüge bezeichnet — können in Metamorphiten häufig beobachtet werden, unabhängig davon, ob deren Struktur überwiegend durch Blastese oder durch Kataklase gekennzeichnet ist. Deutlich erkennbare sedimentäre Reliktgefüge treten bevorzugt bei kontaktmetamorphen Gesteinen und Regionalmetamorphiten niedriger Temperaturstufen und geringer Durchbewegung auf. Am häufigsten sind hierbei reliktische Schichtung (Korngrößen- und Materialunterschiede) oder Geröllführung (blastopsephitische Struktur — Taf. 3.III/4) nachweisbar. Ein sedimentäres Reliktgefüge hält BEHR (1961) sogar im s_1-Lagenbau der sächsischen Granulite für wahrscheinlich — in Gesteinen also, die durch intensive Deformation (Scherung und Plättung) und Kristallisation gekennzeichnet sind.

Magmatische Reliktgefüge können in Orthogesteinen geringen Deformationsgrades, vor allem aber in zahlreichen Metasomatiten beobachtet werden (Taf. 3.III/3, 3.XXIV/3, 4). In verschiedenen Gneisen des kristallinen Grundgebirges treten granitische Reliktgefüge im Zentrum der deformierten Körper auf. Reliktisch erhaltene und nur geringfügig blastisch überholte porphyrische Gefüge werden als blastoporphyrische (im Gegensatz zu den durch metamorphe Sprossung entstandenen heteroblastischen Gefügen — den porphyroblastischen Strukturen) bezeichnet. In basischen Metamorphiten deutet ein blastoophitisches Gefüge mitunter auf deren Abkunft aus Diabasen oder Mikrogabbros hin.

Reliktgefüge haben besondere Bedeutung für die Unterscheidung von Metamorphiten, die aus sedimentären Ausgangsmaterialien gebildet wurden, von solchen, die von magmatischen Edukten herstammen. Nach einem Vorschlag von ROSENBUSCH (1898) werden die ersteren als *Paragesteine* (z. B. Paragneise, Paraamphibolite), die letzteren als *Orthogesteine* (Orthogneise, Orthoamphibolite usw.) bezeichnet.

3.2.2.2. Texturen

Die Texturen der metamorphen Gesteine werden vor allem durch die Ortslage und die Orientierung der einzelnen Gefügebestandteile bedingt. Als Gefügebestandteile können dabei bestimmte Gesteinspartien, die Gesamtheit der Mineralkörner oder einzelne Minerale bzw. die Atome oder Atomgruppen der Kristallgitter angesehen werden. Wir unterscheiden megaskopisch ins Auge fallende Texturen der Metamorphite, solche die in bestimmten physikalischen Eigenschaften der Gesteine zum Ausdruck kommen, mikroskopisch direkt beobachtbare und mikroskopisch indirekt sichtbare, die durch statistische Ermittlung der kristalloptischen Eigenschaften bestimmter Minerale ermittelt werden können.

Alle diese Texturtypen lassen sich den von SANDER eingeführten Begriffen Verteilungsgefüge und Richtungsgefüge unterordnen.

3.2.2.2.1. Verteilungsgefüge

sollen hier vor allem im Sinne von Kornverteilungsanalysen, weniger im Sinne der von SANDER (1950) propagierten Achsenverteilungsanalysen behandelt werden. Kennzeichnend für die Verteilungsgefüge ist deren Homogenität oder Inhomogenität. SANDER spricht allgemein von der Analyse der *Genität* eines Gefüges.

Statistisch kann die Genität durch Auszählen der Körner einer bestimmten Art innerhalb eines gewählten Bereiches (z. B. durch Auszählkreis) ermittelt werden. Für den Feldgebrauch bzw. für die Grobansprache eines Gesteinsgefüges mit bloßem Auge oder mittels Mikroskop genügt die Abschätzung der Homogenität oder Heterogenität.

Heterogene Kornverteilung nach Art und Größe ist vor allem bei klastischen Sedimenten zu beobachten und kommt in deren Schichtung zum Ausdruck. Bei der Metamorphose werden diese Gefügeinhomogenitäten durch Abbildungskristallisation oder durch bevorzugten Stofftransport entlang der Schichtgrenzen oftmals bewahrt oder sogar noch verstärkt. In vielen Paragesteinen können deshalb heterogene Gefüge beobachtet werden, die auf die sedimentären Ausgangsmaterialien zurückgeführt werden können (lagige oder streifige Gefüge — Taf. 3.X/1). Auch bei der Metamorphose kommt es durch Konzentrationsgefälle und damit verbundene Stoffsonderung (metamorphe Differentiation) zur Ausbildung heterogener Gefüge (Taf. 3.IV/1). Die Stoffkonzentrationen können flächenhaft (lagige Gefüge) oder punktförmig erfolgen (fleckige, knollige Gefüge). Wenn sich die punktförmige Konzentration auf die Blastese einzelner Minerale von rundlicher Gestalt beschränkt, entstehen augige Gefüge (bei Feldspat-Blastese z. B. Augengneise — Taf. 3.V/1, 2, 3). Werden kleinere Blasten oder blastische Mehrkorn-Aggregate von Phyllosilikat-Bahnen wellig umgeben, spricht man von flaserigen Gefügen (Taf. 3.V/2, 3.VIII/2).

Bei intensiver Anatexis kommt es häufig zur Homogenisierung ehemals heterogener Korngefüge. Übergangsstadien hierzu sind die netzartigen (diktyonitischen), schlierigen, wolkigen oder nebulitischen Texturen (Taf. 3.IV/2, 3.XIII/1).

Schließlich können heterogene Kornverteilungen auf reliktische Magmatit-Gefüge zurückgeführt werden. Augentextur z. B. ist auch aus porphyrischen Magmatit-Strukturen durch Kataklase und Rekristallisation ableitbar. Lagige und streifige Gefüge können auch durch Abbildungskristallisation aus Fluidaltexturen oder magmatischer Schichtung entstanden sein.

3.2.2.2.2. Richtungsgefüge

Die Gesteinstexturen können nach der Orientierung oder Drehlage ihrer einzelnen Gefügebereiche betrachtet und typisiert werden. Statistisch ungleichartige räumliche Orientierung der Gefügebereiche führt zu isotropen Gefügen. Sie zeigen identische Symmetrieeigenschaften und damit verbundene physikalische Charakteristika wie Festigkeit, Leitfähigkeit usw. in verschiedenen Richtungen.

In bestimmten Richtungen bevorzugte räumliche Orientierung (Regelung) führt zu anisotropen Gefügen mit unterschiedlichen Symmetrie- u. a. Eigenschaften in verschiedenen Richtungen. SANDER (1930) bezeichnet dieses Gefügekennzeichen allgemein als *Tropie* eines Gefüges.

Metamorphe Gesteine, deren Kristallisation paradeformativ oder postdeformativ erfolgte (vgl. Abschn. 3.2.1.4.), zeigen besonders deutlich ausgebildete Regelungen und damit verbundene Gefügeanisotropie. Die als Tektonite bezeichneten Metamorphite (Abschn. 3.2.1.5.) können nach SANDER (1930) je nach Vorherrschen von flächenhaften oder linearen Gefügeelementen unterschieden werden in S-Tektonite und B-Tektonite. Als Spezialfall der B-Tektonite werden seit SANDER (1930) die sog. R-Tektonite ausgehalten, bei denen ausgeprägte Rotationssymmetrie um b vorhanden ist (z. B. bei ständiger Veränderung des Winkels von $h0l$-Scherflächen im Verlaufe der Gefügeprägung).

S-Tektonite zeichnen sich oft bereits im Handstück durch ebene oder schwach gewellte Parallelgefüge aus. Als Texturbezeichnungen können bei der Feldansprache die Begriffe parallelschiefrig, verworren schiefrig, flatschig oder flaserig verwendet werden. Als typische S-Tektonite können die durch laminare Gleitung deformierten Gesteine (die meisten Phyllite, zahlreiche Glimmerschiefer, einige Gneistypen), aber auch die durch Plättung mit einem deutlichen Plättungs-s ausgestatteten Gesteine (zahlreiche Gneise und Granulite) angesprochen werden (Taf. 3.VI/1).

Megaskopisch kann die Engständigkeit der Teilbarkeitsflächen (meist Scherflächen oder Kristallisationsschieferung) als Texturmerkmal für den Feldgebrauch benutzt werden. Nach WENK (1963) liegt schiefriges Gefüge vor, wenn das Gestein beim Anschlagen mit dem Hammer in millimeter- bis zentimeterdünne Platten spaltbar ist. Als gneisiges Gefüge bezeichnet er die Spaltbarkeit in zentimeter- bis dezimetermächtige Platten.

B-Tektonite bzw. *R-Tektonite* sind durch vorherrschend lineare Gefügemerkmale gekennzeichnet. Als Texturbezeichnungen im Handstückbereich sind die Begriffe gefältelt oder stengelig im Gebrauch (Taf. 3.VI/2). Manche B-Tektonite sind allerdings erst durch statistische Einmessung der Einzelmineral-Gefüge identifizierbar.

In vielen B-Tektoniten treten durch die starke Längung in b Reißfugen in der ac-Ebene auf, die durch paradeformative oder postdeformative Kristallisation wieder verheilt worden sind.

Als besonders aussagekräftig für die Interpretation des Deformationsablaufes eines metamorphen Gesteins hat sich die statistische Analyse der Einzelmineral-Regelungen erwiesen. Sie ist dort rel. einfach, wo die Anisotropie des Gefüges durch die Formregelung der Minerale erkennbar wird (z. B. bei Glimmern). Schwieriger ist die Datengewinnung, wenn die betreffenden Minerale keine deutlich erkennbaren kristallographischen Bezugsflächen erkennen lassen, wie das meist bei Karbonaten, Feldspäten und Quarzen der Fall ist. Hier muß die Gitter-Orientierung durch röntgenographische Analyse oder durch polarisationsoptische Einmessung kristallographischer Bezugsrichtungen ermittelt werden.

In der Praxis ist es vor allem die letztere Bestimmungsmethode, die in der Korngefügeanalyse angewendet wird. Mit Hilfe des Polarisationsmikroskops und eines Universal-Drehtisches wird die Lage der optischen Indikatrix der betreffenden Minerale in orientiert entnommenen Dünnschliffen bestimmt und in eine stereographische Projektion (SCHMIDTsches Netz) eingetragen.

Wegen der einfacheren Meßtechnik bei optisch einachsigen Mineralen und der Häufigkeit des Auftretens von Quarz in Metamorphiten ist vor allem die Korngefügeanalyse von Quarz durch die Schulen von B. SANDER und W. SCHMIDT entwickelt und in späteren Arbeiten von FAIRBAIRN (1949), SANDER (1950), KOJIMA und HIDE (1958),

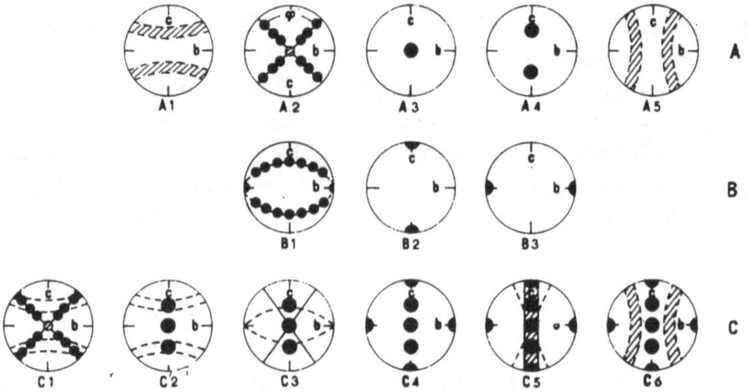

Abb. 3.18. Haupttypen stereographischer Diagramme von Quarz-Teilgefügen (Zusammenstellung und Interpretation nach HOFMANN 1974, 1975)

Reihe *A*: Haupt-Regelungsbilder

A 1 Pseudozweigürtel mit Kleinkreisen um *c* (bei Plättung senkrecht *ab* — allgemein in Tektoniten tiefer Stockwerke, z. B. in Granuliten der Kernzone des sächsischen Granulitgebirges und in Biotitgneisen im Kern der Antiklinale von Freiberg)

A 2 *Okl*/$O\bar{k}l$-Zweigürtel („Kreuzgürtel") mit variablem Öffnungswinkel $\varphi = 45-120°$ (bei Scherung in *Okl*/$O\bar{k}l$ und Pressung senkrecht ab — allgemein in Tektoniten mittlerer Stockwerke, z. B. in den Gneisen des Erzgebirges)

A 3 Maximum-I-Regelung (bei einschariger Scherung in *ab*, — allgemein in Tektoniten von Scherzonen, z. B. Gneise im Bereich der Mittelsächsischen Störung)

A 4 Maximum-II-Regelung (Deformationstyp wie A 3)

A 5 Kleinkreisregelung um *b* (bei einschariger Scherung in *ab* und damit verbundener starker Externrotation — allgemein in R-Tektoniten, z. B. in Stengelgneisen)

Reihe B: Unselbständige Regelungsbilder

B 1 *hOl*/$\bar{h}Ol$-Zweigürtel mit variablem Öffnungswinkel

B 2 Maximum-V-Regelung

B 3 Maximum-VIII-Regelung

Reihe C: Kombinierte Regelungsbilder

C 1 Kombination von A 1 und A 2

C 2 Kombination von A 1 und A 3 bzw. A 4

C 3 Kombination von A 2 und A 3 bzw. A 4 bzw. B 1

C 4 Kombination von A 3, A 4 und B 2 bzw. B 3 (= sog. *ac*-Gürtel-Regelung)

C 5 Kombination von C 4 und reliktischem A 2

C 6 Kombination von C 4 und A 5

Turner und Weiss (1963) sowie speziell in Arbeiten der Freiberger Schule von A. Watznauer (z. B. Behr 1964, 1965, Kurze 1970, Hofmann 1974, 1975 u. a.) als wichtiges Hilfsmittel bei der tektonischen Analyse von Kristallinkomplexen bestätigt worden. Die wichtigsten Typen der Regelungsbilder von Quarz sind in Abb. 3.18 zusammengestellt. Die Analyse des Teilgefüges von Quarz im Metamorphiten gestattet Aussagen über die Art der Deformation (Abschn. 3.2.1.2.), die Symmetrieverhältnisse (3.2.1.3.), die zeitlichen Beziehungen zwischen Deformation und Kristallisation (3.2.1.4.) und den Mechanismus der Gefügeregelung (3.2.1.5.). Damit liefert sie dem Petrologen die Möglichkeit der Typisierung von Gesteinstexturen und dem Tektoniker Aussagemöglichkeiten zur Entwicklungsgeschichte eines Kristallinkomplexes und zu regional-geologischen Vergleichen.

3.3. Petrographische Systematik der Metamorphite

3.3.1. Nomenklatur und Systematik

Als Grundlagen einer Klassifikation metamorpher Gesteine wurden in der Vergangenheit zahlreiche unterschiedliche Merkmale benutzt, so daß wir heute vor einer verwirrenden Vielfalt ineinandergreifender Systematisierungsversuche stehen.

Bereits in der Terminologie des einzelnen Gesteins und in der Unterschiedlichkeit der Begriffsinhalte eines Gesteinsnamens drücken sich die Probleme aus, vor denen die Petrographie der Metamorphite heute steht. Während die vor 200 Jahren geprägten Namen phänomenologische Besonderheiten zum Ausdruck brachten, die mit bloßem Auge im Gelände erkannt werden konnten, ging die Namengebung der zweiten Hälfte des 19. Jahrhunderts bereits von den besonderen Bildungsbedingungen der als metamorph erkannten Gesteine aus. Das zweite Viertel des 20. Jahrhunderts brachte schließlich mit der Einführung des Mineralfazies-Prinzips und der Erforschung der physikalischen Parameter der Bildung metamorpher Gesteine die genetischen Aspekte bei der Nomenklatur so stark in den Vordergrund, daß mineralogisch-chemische Kriterien mitunter ganz vernachlässigt wurden.

Der seit Beginn der zweiten Hälfte unseres Jahrhunderts in der Petrographie zu verzeichnende Trend, mineralogische Kriterien wieder in stärkerem Maße für die Begriffsbestimmung heranzuziehen, wird auch bei den Metamorphiten in einer Reihe von Vorschlägen zur Gesamtproblematik (z. B. Alker, Clar u. a. 1962, Wenk 1963, Fritsch, Meixner und Wieseneder 1967) bzw. zu einzelnen Gesteinsgruppen (z. B. Smulikowski 1964, Coleman und Lee 1965, Mehnert 1972) deutlich.

Gegenwärtig werden bei der Ansprache eines metamorphen Gesteins und seiner Einordnung in die gängigen Klassifikationssysteme folgende Kriterien berücksichtigt: Chemismus und Mineralbestand (hier z. T. auch der Chemismus der Einzelminerale), Gefüge, Ausgangsmaterial, Art und Intensität der Metamorphose, die Assoziation mit anderen Gesteinen sowie der Stoffhaushalt bei den metamorphen Reaktionen.

Auch bei den oben genannten neueren Klassifikationsversuchen und anderen, auf der Grundlage der Mineralzusammensetzung aufbauenden Systemen, werden genetische und strukturelle Charakteristika der Metamorphite stets mit berücksichtigt. So wird die generelle Zuordnung eines Gesteins zu den Metamorphiten z. B. meist auf Grund seiner Assoziation mit anderen, typisch metamorphen Gesteinen, auf Grund seiner Gefügeeigenschaften oder auf Grund von Relikten des Ausgangsmaterials vorgenommen.

Die Definition des einzelnen Metamorphits und seine Abgrenzung gegenüber anderen wird dann auf rein visueller, auf mineralogischer oder gefügeanalytischer Grundlage vorgenommen.

Für die mineralogische Charakteristik eines bestimmten metamorphen Gesteins hat sich in den letzten 20 Jahren die Aufzählung wichtiger Mineralphasen in steigender Reihenfolge allgemein durchgesetzt. Ein Granat-Epidot-Aktinolith-Schiefer z. B. ist ein Aktinolithschiefer, der in nennenswerten Mengen (> 5 Vol.-%) Granat, darüber hinaus aber in noch bedeutenderer Menge Epidot enthält. Bei einem Staurolith-Granat-Muskovit-Biotit-Gneis sind die genannten Minerale in steigenden Anteilen neben den (nicht genannten) charakteristischen Gneis-Gemengteilen Quarz und Feldspäten enthalten.

Eine alleinige Berücksichtigung der mineralogischen Zusammensetzung ist bei den Metamorphiten nicht möglich, da in vielen Fällen bereits bei der Wahl des allgemeinen Gesteinsnamens andere Kriterien zu Rate gezogen werden müssen. So wird die Zuordnung einer Quarz-Feldspat-Glimmer-Paragenese zur Reihe der Magmatite (Granitoide, Rhyolithoide) oder der Metamorphite (Gneise) im wesentlichen vom Gefüge dieser Paragenese bzw. vom petrographischen Rahmen abhängig sein. Und selbst in moderneren, mineralogisch orientierten Klassifikationen metamorpher Gesteine wird die Abgrenzung zwischen den Gesteinstypen Glimmerschiefer und Phyllit nicht nach modalen Unterschieden, sondern auf Grund unterschiedlicher Gefügemerkmale vorgenommen. Solche Beispiele zeigen, daß trotz aller Bestrebungen, eine Klassifikation der Metamorphite nach dem Modalbestand vorzunehmen, andere Kriterien nicht außer acht gelassen werden können und bei allen systematischen Darstellungen berücksichtigt werden müssen.

Darüber hinaus wird es nötig sein, auch alte, durch unterschiedlichen Gebrauch verschwommene Gesteinsnamen aus unserer heutigen Sicht zu definieren oder mit geeigneten Synonyma zu versehen, um das Verständnis älterer petrographischer Arbeiten zu ermöglichen. In jedem Falle wird eine petrographische Systematik ein Kompromiß zwischen Althergebrachtem und Modernem sein müssen, wenn sie von der Mehrzahl der Fachwissenschaftler akzeptiert werden soll. Alle Versuche, völlig neue, künstliche, computergerechte Systeme einzuführen, waren bisher zum Scheitern verurteilt.

Unter Berücksichtigung dieser Erkenntnis wird im folgenden eine Darstellung der wichtigsten Gesteinstypen und -gruppen der Metamorphite gegeben, die sowohl chemisch-mineralogische, als auch strukturelle, geologische und physikochemische Kriterien berücksichtigt. In groben Zügen besteht hierbei Übereinstimmung mit dem im Entwurf vorliegenden Fachbereichsstandard „Geologie — Metamorphe Gesteine" (Lorenz 1976). Auf Grund der unterschiedlichen Anliegen — hier lehrbuchartige Darstellung petrographischer Begriffsinhalte, dort Richtlinien für den einheitlichen Gebrauch bestimmter Termini in der geologischen Industrie — konnte eine Identität der Nomenklatur jedoch nicht erreicht werden.

3.3.2. Die Hauptgruppen metamorpher Gesteine

In der hier benutzten Systematik wurden die verbreitetsten regionalmetamorphen Gesteine in 14 Gruppen zusammengefaßt. Als Gruppennamen werden Termini mit sehr breitem Begriffsinhalt und unterschiedlicher Interpretation (z. B. Gneis), aber auch solche mit relativ eng begrenzter Variationsbreite und einheitlicher Interpretation verwendet (z. B. Glaukophanit).

Weitere, häufig gebrauchte oder historisch bedeutsame Gesteinsnamen werden innerhalb der einzelnen Gruppen erwähnt und erläutert. Die „überwiegend regionalmetamorph geprägten Gesteine“ (einzelne Typen, die sowohl durch Regionalmetamorphose als auch durch Kontaktmetamorphose gebildet werden, sind nur hier aufgeführt) wurden, einer gebräuchlichen Untergliederung entsprechend, in solche saurer (SiO_2-reicher) Zusammensetzung bzw. basischer Zusammensetzung gruppiert. Letztere können in Erweiterung eines von SEDERHOLM (1907) propagierten Begriffes mit dem Sammelnamen *Metabasite* belegt werden.

Einige kontaktmetamorph gebildete Gesteine, die auf Grund ihrer speziellen geologischen Position bzw. ihrer Gefüge mit eigenen Namen bezeichnet werden, sind in einem weiteren Abschnitt aufgeführt.

Eine andere Gruppe mit eigener Nomenklatur und Systematik bilden die zahlreichen Metasomatite, deren Bildungsbereich mit dem der metamorphen Gesteine zusammenfällt. Hier werden nur solche behandelt, die durch charakteristische Modalbestände, augenfällige Stoffumsätze, durch bergmännische Tradition oder lagerstättenkundliche Bedeutung von den anderen Metamorphiten unterschieden sind.

Schließlich finden in einem eigenen Abschnitt diejenigen Gesteinsnamen Erwähnung, die bei bestimmten Tektoniten mit intensiver postkristalliner Überprägung in Gebrauch sind.

Bei den Regionalmetamorphiten werden in Tabellenform Beispiele typischer Modalbestände angeführt, um die im Text gegebene mineralogische Zusammensetzung zu illustrieren. Es wurde versucht, in den Tabellen der chemischen Analysen unter der entsprechenden Nummer die gleichen oder ganz analoge Gesteine anzugeben, wie bei den mineralogischen Tabellen. Die Werte der chemischen Analysen sind einheitlich auf eine Kommastelle gerundet worden; die Summen wurden gegebenenfalls neu berechnet. Die Modalbestände bzw. Analysen, bei denen keine Autoren angeführt sind, stammen vom Verfasser.

3.3.2.1. Überwiegend regionalmetamorph geprägte Gesteine saurer Zusammensetzung

3.3.2.1.1. Quarzit

Als Quarzite werden metamorphe Gesteine bezeichnet, in denen Quarz als dominierendes Mineral auftritt.

Die quantitative Abgrenzung der Quarzite wird unterschiedlich gehandhabt. Quarzgehalte von 60% werden mitunter schon als ausreichend betrachtet, um ein Gestein als Quarzit zu klassifizieren.

Einem Vorschlag von FRITSCH, MEIXNER und WIESENEDER (1967) folgend, wird empfohlen, einen modalen Quarzanteil von 80% als Kriterium für die Abgrenzung von Quarziten zugrunde zu legen (s. Abb. 3.19 u. 3.20). Gesteine mit Quarzgehalten zwischen 60 und 80% können durch das Adjektiv quarzitisch näher charakterisiert werden. Als Nebengemengteile können in Quarziten alle gesteinsbildenden Minerale auftreten. Häufige Gemengteile sind: Feldspäte, Glimmer, Al-Silikate und Erzminerale. Letztere treten oft als Magnetit und Hämatit in bedeutenden Mengen auf und verleihen den betreffenden Quarziten wirtschaftliche Bedeutung (Magnetitquarzit, Eisenquarzit, Itabirit, Jaspilit, Taconit). Auch Graphit kommt in manchen Quarziten in abbauwürdigen Mengen vor (Graphitquarzit).

Die Quarzkörner liegen im Quarzit in unterschiedlichen Formen vor. Isometrische Körner mit Mosaikgefügen, in *b* oder *s* gestreckte Quarze und unregelmäßig verzahnte Korngefüge können selbst im gleichen Gesteinskörper abwechseln (Taf. 3.II/1 und 3.VII/1,2).

Im Handstück erscheinen die Quarzite massig oder schwach schiefrig. Höhere Gehalte an Phyllosilikaten verleihen den Gesteinen stärkere Schiefrigkeit. Dennoch sollte die Grenze zwischen Quarziten und (Glimmer-) Schiefern ausschließlich durch den Modalbestand, nicht durch das Gefüge bestimmt werden. Die mitunter gebrauchte Bezeichnung Quarzitschiefer ist petrographisch ungenau und sollte — entsprechend den modalen Quarzanteilen — durch die exakteren Namen (schiefriger) Quarzit oder (quarzitischer) Phyllit bzw. Glimmerschiefer ersetzt werden (vgl. Abb. 3.19 und 3.20).

Tabelle 3.3. *Modalbestände von Quarziten*

	1	2	3	4
Quarz	80	84	82	81
Feldspat	2	—	—	5
Muskovit/Sericit	14	5	—	9
Biotit	—	—	—	1
Granat	—	—	—	1
Disthen/Sillimanit	—	8	—	—
Opakminerale	3	2	15*	1
Akzessorien	1	—	3**	2

1 — Quarzit (Lage im Phyllit), Geyerscher Wald (Erzgebirge, DDR) — LORENZ 1974; 2 — Disthen-Quarzit, Koli-Berg (E-Finnland) — HIETANEN 1938; 3 — Magnetit-Quarzit, Laihia (W-Finnland) — HIETANEN 1938; 4 — Muskovit-Quarzit, Neunzehnhainer Talsperre (Erzgebirge, DDR) — WIEDEMANN 1969

* Magnetit

** Cummingtonit

Quarzite entstehen durch Umkristallisation primär quarzreicher Gesteine. Häufigste Ausgangsmaterialien sind Quarz-Sandsteine und Kieselpelite. Darüber hinaus kommen Kieselschiefer und andere extrem saure Sedimente als Edukte in Frage. Entsprechend der großen Verbreitung solcher Gesteine in sedimentären Serien, treten Quarzite in allen regionalmetamorphen Gebieten häufig auf.

Bei der kontaktmetamorphen Umkristallisation quarzreicher Ausgangsmaterialien entstehen ganz analoge quarzitische Gesteine, die von den regionalmetamorphen nomenklatorisch nicht unterschieden werden. Schließlich können Quarzite auch durch metasomatische SiO_2-Zufuhr (z. B. im Kontaktbereich granitischer Gesteine) gebildet werden. Außer den genannten sedimentären Ausgangsmaterialien kommen auch magmatogene Quarzgesteine (z. B. Quarzgänge) als Edukte für bestimmte Quarzite in Frage. Solche Ortho-Quarzite sind weitaus seltener als die Para-Quarzite.

In der angelsächsischen Literatur wird der Name Ortho-Quarzit nicht nur für magmatogene Metamorphite, sondern auch als Bezeichnung für bestimmte sedimentäre Quarzgesteine verwendet. Auch in der deutschen Nomenklatur ist die Bezeichnung mehrdeutig. Bis heute werden mit diesem Namen auch sedimentäre Kieselgesteine unterschiedlicher Stellung beschrieben (s. Kap. Sedimentite). Um Verwechslungen zu vermeiden, wird für die metamorphen Quarzite oft der Name Meta-Quarzit verwendet. Da aber auch diese Bezeichnung nicht eindeutig ist, bleibt der Gesteinsname Quarzit in jedem Falle mit einer gewissen Unschärfe behaftet.

In der DDR sind metamorphe Quarzite als Glieder der verschiedensten Grundgebirgs-Stockwerke verbreitet. Sie treten als Einschaltungen innerhalb der Granulite des sächsischen Granulitgebirges ebenso auf wie innerhalb der Paragneise und Glimmerschiefer des Erzgebirges sowie innerhalb der Phyllite und anderen metamorphen Schiefer der sogenannten Schiefergebirge.

Tabelle 3.4. *Chemische Zusammensetzung von Quarziten*

	1	2	3	4	5
SiO_2	80,2	89,4	83,9	88,6	89,8
TiO_2	–	0,2	–	0,2	0,3
Al_2O_3	9,6	6,6	–	3,0	1,1
Fe_2O_3	2,3	1,6	10,0	1,1	5,2
FeO	1,3	0,5	5,8	0,9	0,5
MnO	–	–	0,1	–	–
MgO	1,0	–	0,1	0,8	0,5
CaO	1,1	0,1	0,1	3,3	0,5
Na_2O	1,9	0,1	0,1	1,2	0,1
K_2O	2,6	0,5	0,1	0,5	0,5
H_2O^+	–	1,2	0,1	0,5	n. b.
Summe	100,0	100,2	100,3	100,1	98,5

1 – Quarzit („Hoher-Stein-Quarzit"), Geyerscher Wald (Erzgebirge, DDR) – WOZNIAK 1968; 2 – Disthen-Quarzit, Koli-Berg (E-Finnland) – HIETANEN 1938; 3 – Magnetit-Quarzit, Laihia (W-Finnland) – HIETANEN 1938; 4 – Plagioklasführender Quarzit (Mittelwert aus 3 Analysen), Jarabá-Gruppe (Slowakei, ČSSR) – HOVORKA 1975; 5 – Quarzite (Mittelwert aus 18 Analysen) – LAPADU-HARGUES 1945

3.3.2.1.2. Phyllit

Dünnplattige, SiO_2-reiche Gesteine von hellgrauer oder graugrüner Farbe werden als Phyllite bezeichnet, wenn die Schieferungsflächen deutlichen Seidenglanz erkennen lassen. Megaskopisch ist die Abgrenzung gegen Tonschiefer unscharf und subjektiver Interpretation unterworfen.

Der Seidenglanz wird durch den engen Verband orientierter Phyllosilikat-Blättchen hervorgerufen, die bei Metamorphosetemperaturen bis etwa 500 °C durch blastisches Wachstum aus sedimentären Tonmineralen hervorgehen. Unter den Bedingungen der niedrig temperierten Regionalmetamorphose werden bei der Umkristallisation der primären Phyllosilikate Blättchengrößen bis etwa 0,2 mm erreicht, die im Verband mit dem bloßen Auge nicht mehr auflösbar sind und als seidenglänzende Fläche wahrgenommen werden.

Dominierendes Phyllosilikat der Phyllite ist Sericit (Muskovit geringer Blättchengröße), darüber hinaus treten Chlorite, Chloritoid und Pyrophyllit auf. Als Hauptgemengteil ist neben Sericit Quarz vorhanden. Darüber hinaus enthalten Phyllite in wechselnden Mengen albitischen Feldspat, Biotit, Epidot, Granat, Karbonate, Graphit, Pyrit oder Fe-Oxide.

Notwendige Bedingung für die Ansprache eines dünnschiefrigen schwach metamorphen Gesteins als Phyllit ist das Überwiegen felsischer Gemengteile (Hellglimmer, Quarz) gegenüber den mafischen Bestandteilen (Chlorit, Biotit, Epidot usw.). Da diese Diagnose megaskopisch nicht immer vorgenommen werden kann, ist die Unterscheidung der Phyllite von bestimmten Grünschiefer-Typen im Gelände oft mit Schwierigkeiten verbunden.

Im Normalfalle (Phyllit i. e. S.) dominieren die Phyllosilikate – meist Sericit – gegenüber Quarz und anderen körnigen Gemengteilen. Der Name Sericit-Phyllit ist deshalb synonym dem eigentlichen Phyllit. Die Bezeichnung Quarz-Phyllit hingegen bringt das Überwiegen von Quarz gegenüber den Phyllosilikaten innerhalb des feinkörni-

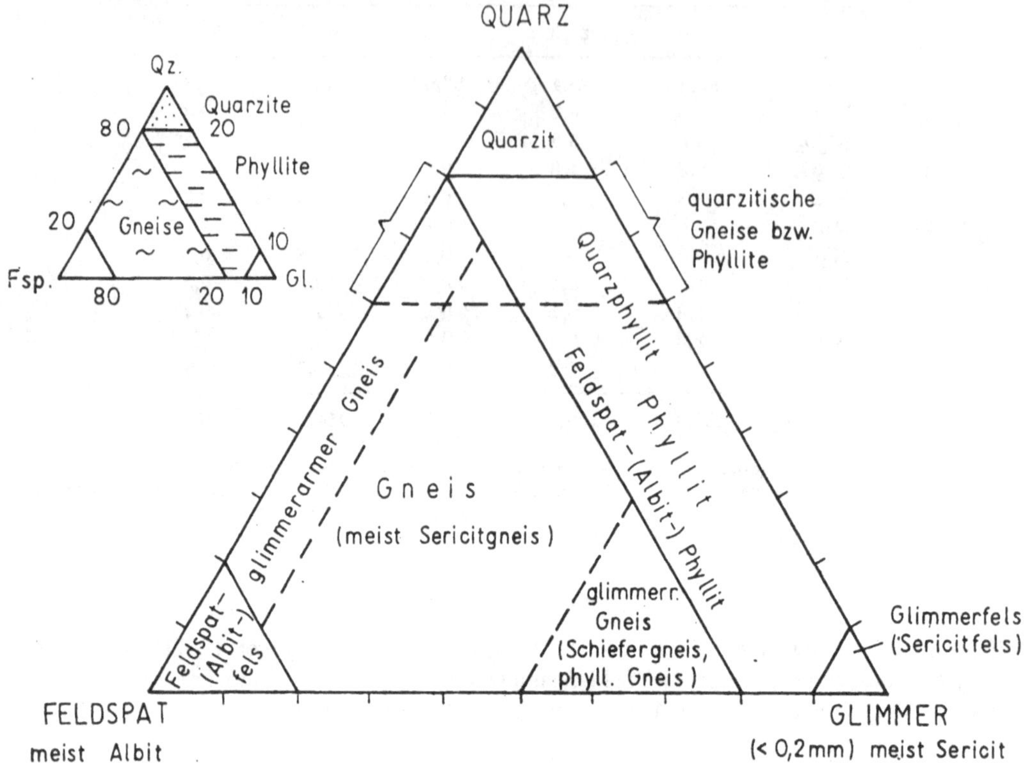

Abb. 3.19. Nomenklatur-Diagramm von schwachgradig metamorphen Quarz-Feldspat-Glimmer-Gesteinen

gen bzw. schuppigen Gesteinsgefüges zum Ausdruck. Quarz-Segregationen (Knauern, Linsen, Bänder) bleiben hierbei unberücksichtigt.

Das Auftreten weiterer Gemengteile neben Sericit und Quarz sollte im Namen zum Ausdruck gebracht werden. Die Bezeichnungen Albit-Phyllit, Granat-Phyllit, Graphit-Phyllit usw. verweisen auf schiefrige Quarz-Sericit-Gesteine, die wesentliche Mengen (> 5 Vol.-%) dieser Minerale führen.

Phyllite sind meist schiefrige Gesteine, die sich gegenüber nichtmetamorphen (Ton-) Schiefern durch das Auftreten metamorpher Mineralassoziationen auszeichnen. Die Bezeichnung Schiefer kann zur Kennzeichnung des Gefüges auf Phyllite durchaus angewandt werden.

Auf Grund der ohnehin fließenden Grenzen, die bei der Geländearbeit zwischen Tonschiefern und Phylliten gezogen werden müssen, ist die Verwendung von Namen wie Sericit-Schiefer, Granat-Pyrophyllit-Schiefer usw., wie sie früher häufig zur Kennzeichnung von Zwischengliedern zwischen Tonschiefern und Phylliten verwendet wurden, nicht zu empfehlen. Das Grundwort Schiefer, das bereits recht vielfältig bei der Kennzeichnung von Sedimentiten, grobschuppigen sauren Metamorphiten (Glimmerschiefer) und basischen Analoga der Phyllite (Grünschiefer) gebraucht wird, sollte bei der Namengebung saurer dünnschiefriger Meta-Pelite besser nicht benutzt werden, da der Name Phyllit als Sammelbezeichnung dieser Gesteine gelten kann.

Die Ausgangsmaterialien von Phylliten sind pelitische Sedimente (Tonschiefer, Argillite, Rhyolithtuffe). In Ausnahmefällen entstehen phyllitische Gesteine durch Mylonitisierung gröber kristalliner Metamorphite, wie Glimmerschiefer oder Gneise. Solche Phyllit-Mylonite werden nach einem Vorschlag von SANDER (1911) als *Phyllonite* bezeichnet.

Metamorphe Schiefer, an deren Zusammensetzung Chloritoid wesentlich beteiligt ist, werden Chloritoidschiefer genannt. In ihrer chemischen Komposition sind sie z. T.

Tabelle 3.5. *Modalbestände von Phylliten*

	1	2	3	4
Quarz	45	30	49	29
Sericit	25	35	40	54
albit. Plagioklas	5	10	3	—
Chlorit	25	5	8	—
Biotit	—	5	—	—
Granat	—	10	—	—
Chloritoid	—	—	—	13
Akzessorien	—	5	—	4

1 – Phyllit, Val d'Ollomont (N-Italien) – DIEHL 1939; 2 – Granatphyllit, Tremolaserie (Gotthard-Massiv, Schweiz) – STEIGER 1962; 3 – Phyllit, Auerbach (Vogtland, DDR) – LORENZ 1974; 4 – Chloritoid-Phyllit („Chloritoidschiefer"), Massiv von Stavelot (Ardennen, Belgien) – KRAMM 1973

Tabelle 3.6. *Chemische Zusammensetzung von Phylliten*

	1	2	3	4
SiO_2	60,0	64,9	60,2	59,3
TiO_2	1,1	0,7	0,9	1,1
Al_2O_3	20,7	16,3	21,0	22,8
Fe_2O_3	3,0	2,2	1,9	4,3
FeO	4,8	3,7	5,0	2,2
MnO	0,1	0,1	0,2	0,8
MgO	2,9	2,2	1,8	1,4
CaO	1,2	1,2	1,1	0,3
Na_2O	2,0	2,1	0,9	0,6
K_2O	4,0	3,2	3,5	3,0
H_2O^+	n. b.	3,0	3,4	n. b.*
Summe	99,8	99,6	99,9	95,8

1 – Phyllite (Mittelwert aus 50 Analysen) – POLDERVAART 1955; 2 – Phyllite (Mittelwert) – MARAKUŠEV 1973; 3 – Phyllit, Auerbach (Vogtland, DDR) – LORENZ 1974; 4 – Chloritoid-Phyllit („Chloritoidschiefer"); Massiv von Stavelot (Ardennen, Belgien) – KRAMM 1973

* *In analogen Phylliten des gleichen Gebietes um 4,0*

den Phylliten, z. T. auch den Grünschiefern analog. Der Name Chloritoidschiefer sollte daher den metabasitischen Typen vorbehalten bleiben (in Übereinstimmung mit Aktinolith- oder Chloritschiefern), während die chloritoidführenden Schiefer saurer Zusammensetzung besser als Chloritoid-Phyllite bezeichnet werden. Entsprechendes gilt für die spezielleren Typen wie Ottrelitschiefer, Karpholitschiefer usw.

In der DDR treten Phyllite als Glieder der paläozoischen Schiefergebirge (Nossen-Wilsdruffer Schiefergebirge, Elbtalschiefergebirge, Schwarzburger Sattel, metamorphe Zone des Unterharzes) und in einer breiten flächenhaften Verbreitung am NW-Rand der erzgebirgisch-fichtelgebirgischen Antiklinalzone auf. Ausgangsmaterialien der meisten dieser Phyllite sind ordovizische Sedimente.

3.3.2.1.3. Glimmerschiefer

Glimmerschiefer sind SiO_2-reiche Metamorphite, die durch hohe Glimmer- und geringe Feldspat-Gehalte gekennzeichnet sind. Bei den Glimmern handelt es sich um Hell- und/oder Dunkelglimmer mit Blättchengrößen $> 0{,}2$ mm. Im Gegensatz zu den Phylliten sind die einzelnen Glimmerschuppen dadurch mit bloßem Auge sichtbar. Der zweite Hauptgemengteil ist Quarz in unterschiedlichen Korngrößen. Die Feldspat-Anteile bleiben meist sehr klein; Gehalte bis 20% sind jedoch bei Glimmerschiefern möglich.

Als wesentliche Mineralphasen können darüber hinaus auftreten: Granat, Staurolith, Disthen, Karbonate, Graphit, Chlorit und Chloritoid. Höhere Gehalte an Eisenoxiden leiten zu den lagerstättenkundlich wichtigen Eisenglimmerschiefern (Itabirite, Taconite — vgl. S. 511) über.

Aus den hohen Gehalten an Phyllosilikaten resultiert eine hervorragende Spaltbarkeit im Milimeter- bis Zentimeterbereich, die das schiefrige Gefüge (nach Wenk) hervorruft. Bei geringen Korngrößen der Quarze, Granate, Staurolithe usw. liegen die Phyllosilikate nahezu parallel orientiert; es können ebene Spaltflächen entstehen. Um größere Quarz-Segregationen (die hier ebenso häufig auftreten wie bei Phylliten) und Porphyroblasten von Granat, Staurolith, Disthen, Feldspat usw. schmiegen sich die Glimmerblättchen herum, so daß selbst bei fehlender Faltung wellige oder gefältelt erscheinende Spaltflächen entstehen. In jedem Falle verläuft die Spaltbarkeit des Gesteins entlang der Phyllosilikat-Bahnen, deshalb sind auf den *s*-Flächen meist nur die Glimmer erkennbar, und selbst höhere Gehalte an anderen Gemengteilen werden nur im Querbruch deutlich.

Die Benennung der Glimmerschiefer kann nach dem überwiegenden Glimmermineral als Muskovitschiefer (nicht Sericitschiefer!), Paragonitschiefer, Biotitschiefer oder — im häufigsten Falle — als Zweiglimmerschiefer (Muskovit-Biotit- bzw. Biotit-Muskovitschiefer) erfolgen. Darüber hinaus gehen, wie bei den Metamorphiten üblich, Gehalte über 5% an Nebengemengteilen in den Namen ein (z. B. Granat-Glimmerschiefer, Granat-Biotitschiefer usw.).

Feldspatgehalte über 10% müssen in jedem Falle durch den Namen Feldspat-Glimmerschiefer zum Ausdruck gebracht werden. In Übereinstimmung zahlreicher Nomenklaturvorschläge der letzten Jahrzehnte wird die Grenze zwischen Glimmerschiefer und Gneis bei 20 Vol.-% Feldspat gezogen (vgl. auch Abb. 3.20). Die Feldspäte können reine Alkalifeldspäte oder Plagioklase sein.

Im Gegensatz zu den Gneisen existieren für Glimmerschiefer sowohl eine deutliche untere als auch eine obere Temperaturgrenze. Nach niedrigen Temperaturen hin durch die Kristallitgrößen der Glimmer (Abgrenzung zum Phyllit, s. dort), nach höheren

Temperaturen hin durch die Reaktion Muskovit + Quarz zu Kalifeldspat und damit verbundener Erhöhung der Feldspatgehalte (Abgrenzung zum Gneis).

Mit Vergrößerung der Quarzanteile bestehen Übergänge zu Quarziten. Ab 60 Vol.-% Quarz im kristalloblastischen Kornverband (ohne Berücksichtigung der Quarzknauern und -lagen) ist das Adjektiv quarzitisch gebräuchlich (vgl. Abb. 3.20). Seltener auftretende Glimmeranteile über 90% werden durch den Namen Glimmerfels zum Ausdruck gebracht.

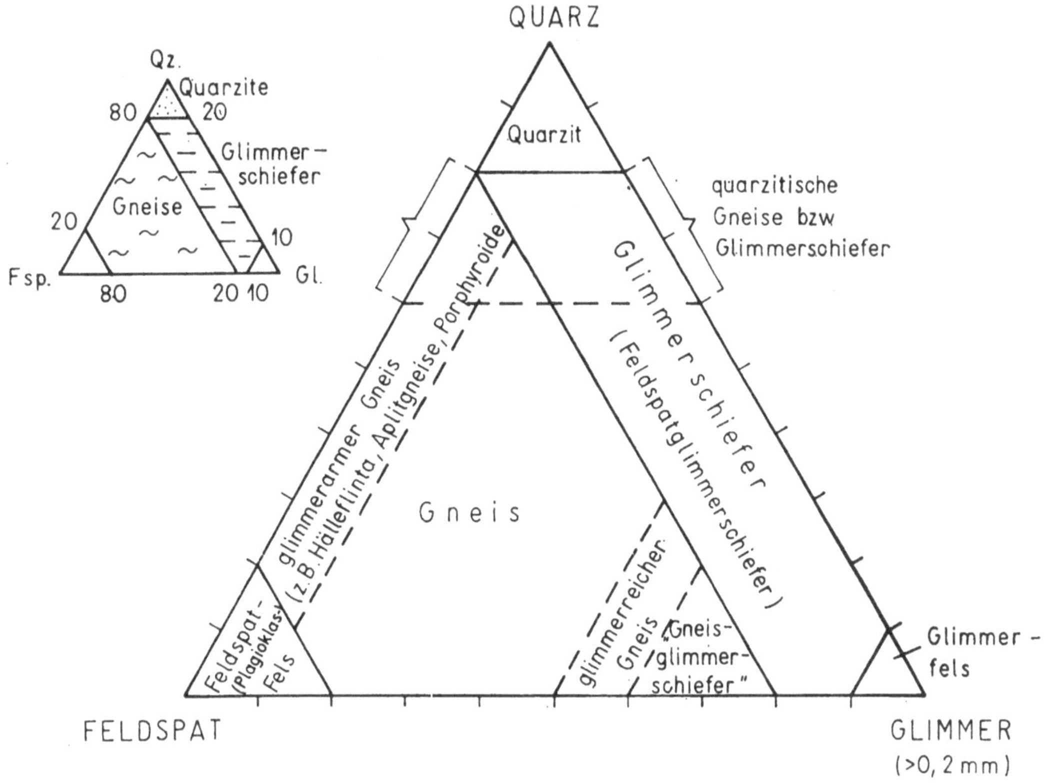

Abb. 3.20. Nomenklatur-Diagramm von mittelgradig metamorphen Quarz-Feldspat-Glimmer-Gesteinen

Chemisch entsprechen die Glimmerschiefer granitoiden Gesteinen. Ihre Bildung aus Magmatiten dürfte aber selten sein und kann nur durch extreme tektonische Ausschieferung erklärt werden. Im Normalfalle stellen Glimmerschiefer Paragesteine dar, die aus pelitischen Sedimenten toniger bis sandig-toniger Zusammensetzung hervorgegangen sind. Belege für ihre Paranatur stellen auch die häufig zu beobachtenden hohen Al_2O_3-Gehalte der Glimmerschiefer, ihr Kohlenstoff-Reichtum sowie quarzitische und kalkige Einschaltungen dar.

Bei wechselnden Feldspatgehalten in den Ausgangsgesteinen (Wechsellagerung von Arkosen und Tonschiefern) entstehen im regionalmetamorphen Bereich Gneis-Glimmerschiefer-Wechsellagerungen identischen Metamorphosegrades.

Glimmerschiefer gehören zu den häufigsten Gesteinen des kristallinen Grundgebirges. Zusammen mit Gneisen und Graniten stellen sie die Hauptanteile unserer Grundgebirgs-

Anschnitte. Auf dem Territorium der DDR treten Glimmerschiefer in größerer Verbreitung am NW-Rand des Erzgebirgs-Kristallins und in der Umrandung des sächsischen Granulitgebirges auf. Ihre Edukte werden jungpräkambrischen bis kambrischen Sedimentserien zugeordnet.

Tabelle 3.7. *Modalbestände von Glimmerschiefern*

	1	2	3	4	5	6
Quarz	30	12	14	35	38	27
Muskovit	30	58	30	34	13	18
Biotit	20	8	23	5	17	34
Chlorit	5	4	—	—	—	—
Feldspat	10	—	17	16	1	1
Staurolith	—	—	—	—	21	—
Granat	5	16	9	8	6	6
Disthen	—	—	—	—	—	13
Akzessorien	—	—	2	1,5	—	—
Opakminerale	—	2	5	0,5	4	1

1 — Zweiglimmerschiefer, Tremolaserie (Gotthard-Massiv, Schweiz) — STEIGER 1962; 2 — Granat-Glimmerschiefer, Wolfstein bei Cranzahl (Erzgebirge, DDR) — LORENZ 1974; 3 — Granat-Zweiglimmerschiefer, Manhattan-Formation (New York, USA) — BOWES und LANGER 1974; 4 — Feldspat-Glimmerschiefer, Niederschlag (Erzgebirge, DDR) — WIEDEMANN 1969; 5 — Staurolith-Glimmerschiefer, Fernleigh (Ontario, Kanada) — HOUNSLOW und MOORE 1967; 6 — Disthen-Granat-Glimmerschiefer, Beawar (NW-Indien) — SHARMA und NARAYAN 1975

Tabelle 3.8. *Chemische Zusammensetzung von Glimmerschiefern*

	1	2	3	4	5	6
SiO_2	64,3	55,0	51,3	60,1	61,2	59,4
TiO_2	1,0	1,2	1,2	0,7	1,3	0,9
Al_2O_3	17,5	24,1	21,3	20,3	18,7	18,8
Fe_2O_3	2,1	0,2	2,6	0,9	4,3	1,8
FeO	4,6	6,4	8,7	5,7	4,1	8,1
MnO	0,1	0,1	0,4	0,1	0,3	0,1
MgO	2,7	1,8	2,5	0,8	2,7	3,2
CaO	1,9	1,4	1,4	2,5	1,4	0,4
Na_2O	1,9	1,9	1,8	2,7	0,3	0,9
K_2O	3,7	5,0	5,2	4,2	2,4	4,0
H_2O^+	n. b.	2,4	3,1	2,0	2,0	2,3
Summe	99,8	99,5	99,9	100,0	98,7	99,9

1 — Glimmerschiefer (Mittelwert aus 103 Analysen) — POLDERVAART 1955; 2 — Granat-Glimmerschiefer, Wolfstein bei Cranzahl (Erzgebirge, DDR) — LORENZ 1974; 3 — Granat-Zweiglimmerschiefer, Manhattan-Formation (New York, USA) — BOWES und LANGER 1974; 4 — Granat-Zweiglimmerschiefer, Kristallin von Kłodzko (Snieznik, Polen) — zit. bei PENDIAS und MACIEJEWSKI 1959; 5 — Staurolith-Glimmerschiefer, Fernleigh (Ontario, Kanada) — HOUNSLOW und MOORE 1967; 6 — Disthen-Granat-Glimmerschiefer, Beawar (NW-Indien) — SHARMA und NARAYAN 1975

3.3.2.1.4. Gneis

Der Name Gneis ist einer der ältesten und zugleich umfassendsten petrographischen Termini. Ursprünglich von den sächsischen Bergleuten als Sammelbezeichnung des Nebengesteinsmaterials der Erzgänge im Sinne von Unbrauchbarem, Mürbem, Zerrüttetem (vgl. die slawischen Wortstämme gnus, gnit, gnoj) verwendet, wurde der Name

Gneis (bei WERNER Gneuss) international gebräuchlich für alle den sächsischen Nebengesteinen analogen schiefrigen bis massigen Gesteinstypen ohne spezielle mineralogische oder Gefüge-Merkmale.

Heute wird unter der Sammelbezeichnung Gneis eine große Gruppe von Quarz-Feldspat-Metamorphiten mit saurem bis intermediären Chemismus zusammengefaßt, deren einzelne Typen hinsichtlich ihres Gefüges, ihres Modalbestandes und ihrer Herkunft sehr unterschiedlich sein können.

Neben Feldspäten (Alkalifeldspäte und/oder Plagioklase) und Quarz treten in den Gneisen entsprechend ihrer chemischen Zusammensetzung und ihrem Metamorphosegrad nahezu alle gesteinsbildenden Minerale auf. Namengebend sind vor allem Hell- und Dunkelglimmer, Chlorite, Amphibole, Granate, Cordierite, Al_2SiO_5-Modifikationen und Graphit.

Das Gefüge der Gneise ist, entsprechend dem Modalbestand, dünnschiefrig bis massig. Bei hohen Glimmeranteilen und Parallelschiefrigkeit tritt dünnplattige Spaltbarkeit auf (Taf. 3.VI/1), bei zurücktretenden Glimmeranteilen, starker Fältelung oder starker postdeformativer Blastese ist ein massiges Gefüge zu beobachten. Entsprechend der für viele Gneise charakteristischen Spaltbarkeit im cm- bis dm-Bereich wird auch die Bezeichnung gneisiges Gefüge (WENK 1963) gebraucht.

Der Quarz-Feldspat-Kornverband tritt meist in granoblastischer Ausbildung, unterbrochen von einzelnen Glimmerschuppen oder ganzen Lagen von Phyllosilikaten auf. An größere Quarze, Feldspäte oder Granate schmiegen sich die Glimmer bogenförmig an; es entstehen die flaserigen Texturen, wie sie für viele Gneise typisch sind. Postdeformative Feldspat-Porphyroblasten oder klastoporphyrischer Altbestand führt oft zu augenartigen Gefügen (= Augengneis), wobei die Glimmerbahnen als „Lider" anzusehen sind (Taf. 3.V).

Starke Streckung und Rotation um *b* führt zu stengeligen Quarz-Feldspat-Aggregaten, um die sich die Glimmerhäutchen herumlegen. Die so entstehenden Stengelgneise zeigen eine lineare Spaltbarkeit (Taf. 3.VI/2).

Die Abgrenzung der Gneise zu anderen Gesteinstypen erfolgt uneinheitlich. Übergänge bestehen insbesondere zu Quarziten und Glimmerschiefern (bzw. Phylliten). Die Abbildungen 3.19 und 3.20 geben eine der Möglichkeiten quantitativer modaler Abgrenzung, wobei in Anlehnung an einen Nomenklaturvorschlag von ALKER u. a. (1962) Gesteine ab 80 Vol.-% Quarzanteil als Quarzite, ab 90 Vol.-% Glimmer als Glimmerfelse bezeichnet werden.

Gesteine mit modalen Quarzanteilen über 60% weisen bei megaskopischer Betrachtung bereits quarzitische Merkmale auf, deshalb werden sie auch mit dem Namen quarzitischer Gneis („Quarzitgneis") belegt.

Höhere Anteile an Phyllosilikaten (etwa ab 50 Vol.-%) verleihen den Gneisen Eigenschaften, die im äußeren Erscheinungsbild zu Glimmerschiefern hinleiten. Solche glimmerreichen Gneise werden auch als Schiefergneise, phyllitische Gneise oder Gneisglimmerschiefer bezeichnet (Taf. 3.IX/3). Der letztere Name ist dabei irreführend, da es sich dem petrographischen Befund nach um Gneise handelt. Besser wäre die — allerdings ungebräuchliche — Bezeichnung Glimmerschiefergneis. Die Grenze zwischen Glimmerschiefern (bzw. Phylliten) und Gneisen wird heute meist bei Feldspatanteilen von 20 Vol.-% gezogen (s. Abb. 3.19 u. 3.20).

Weitere Übergänge bestehen zwischen Gneisen und Granuliten. Die Abgrenzung dieser Gesteine ist deshalb besonders schwierig, weil bisher keine allgemeingültige oder zumindest allgemein gebräuchliche petrographische Definition für Granulit existiert.

Von der modalen Definition des Gneises her (s. o.) gehört zu dieser Gruppe auch der Granulit. Wenn die granulitischen Merkmale (mikroperthitischer Feldspat, Anwesenheit von Orthopyroxen, Abwesenheit von hydroxylführenden Fe—Mg-Silikaten, Verband mit Pyroxengranuliten usw.) fehlen, kann eine petrographische Abgrenzung von glimmerarmen bis glimmerfreien Gneisen und Granuliten im Handstück unmöglich werden. In solchen Fällen müssen Geländebeobachtungen und genetische Interpretationen herangezogen werden. Als Übergangstypen — vor allem hinsichtlich der Glimmerführung — werden bei Geländearbeiten die sog. Granulitgneise ausgehalten.

Hornblendereiche Gneise leiten über zu amphibolitischen Gesteinen. Als Hornblendegneise sollten die Amphibol-Feldspat-Gesteine mit mehr als 10% Quarzanteilen bezeichnet werden, während solche Gesteine mit weniger als 10% Quarz als Quarzamphibolite anzusprechen wären.

Da die Gneise neben einer großen chemischen Variationsbreite auch eine große minerałfazielle Breite aufweisen (Gneise existieren in der Grünschieferfazies ebenso wie in der Granulitfazies), bestehen Übergänge auch zu den Phylliten. In Abb. 3.19 wurde versucht, die quantitative modale Abgrenzung der schwachmetamorphen Gneise gegenüber den Phylliten und Quarziten analog zu der gegenüber Glimmerschiefern darzustellen. Solche mit Phylliten assoziierten Quarz-Feldspat-Metamorphite enthalten als Glimmer oft nur Sericit, darüber hinaus auch Chlorit bzw. Epidot. Als Sericitgneise und Chloritgneise sind diese Typen aus vielen schwachmetamorphen Serien bekannt.

Wenn Cordierit, Granat oder Sillimanit in größeren Mengen neben Quarz und Glimmern vorhanden sind, werden solche Gesteine auch dann oft als Gneis bezeichnet, wenn der Feldspatanteil unter 20 Vol.-% liegt (vgl. Tab. 3.9 Nr. 7 und 9).

Aus Ausgangsmaterialien für Gneise kommen — entsprechend der chemischen und mineralogischen Vielfalt — zahlreiche Sedimentite und Magmatite in Frage.

Tabelle 3.9. *Modalbestände von Gneisen*

	1	2	3	4	5	6	7	8	9	10
Quarz	28	29	33	31	2	33	27	40	13	37
Kalifeldspat	—	—	27	20	5	40	16	—	8	29
Plagioklas	44	43	24	29	21	13	5	25*	3	26
Biotit	15	18	16	9	45	8	31	15	6	5
Muskovit	4	6	—	10	—	—	—	15**	—	1,5
Granat	—	1	—	—	—	—	—	—	27	0,5
Cordierit	—	—	—	—	—	—	14	—	2	—
Disthen/ Sillimanit	—	—	—	—	—	6	3	—	35	0,2
Amphibol	—	—	—	—	27	—	—	—	—	—
Chlorit	—	1	—	—	—	—	—	5	—	—
Akzessorien	1	2	—	1	—	—	4	—	6	0,8

1 — Zweiglimmer-Paragneise des Erzgebirges (Mittelwert) — SCHMIDT 1959; 2 — Zweiglimmergneis („Marienberger Graugneis"), Warmbad (Erzgebirge, DDR) — LORENZ 1974; 3 — Biotitgneis (Gneis von Gierałtów), Orlik-Berge (Jesenik, Polen) — zit. bei PENDIAS und MACIEJEWSKI 1959; 4 — Zweiglimmer-Orthogneis (reliktischer Granitoid), westl. Deutschneudorf (Erzgebirge, DDR) — WIEDEMANN 1969; 5 — Hornblendegneis, Čeřenska hora (Moldanubikum, ČSSR) — SUK 1964; 6 — Feinkörniger Sillimanitgneis („Gföhler Gneis"), Čermakovice (S-Böhmen, ČSSR) — MATEJOVSKA 1967; 7 — Cordieritgneis, Mohsdorf (Granulitgebirge, DDR) — SCHEUMANN und HUCKENHOLZ 1961; 9 — Granat-Sillimanitgneis, Mohsdorf (Granulitgebirge, DDR) — SCHEUMANN und HUCKENHOLZ 1961; 8 — Sericitgneis. Gotthardgebiet (Schweiz) — STEIGER 1962; 10 — Leptynit-Gneis, Stbr. Peklo bei Havličkuv Brod (ČSSR) — LOSERT 1971

* *Albit* ** *Sericit*

Paragneise entstehen aus Arkosen, Grauwacken und sandigen Tonschiefern, aber auch aus reinen Tonsedimenten. Im letzteren Falle allerdings erst bei höheren Metamorphosegraden.

Orthogneise werden unter den Bedingungen der Regionalmetamorphose aus granitischen Tiefengesteinen und deren Ergußäquivalenten gebildet. Die „Vergneisung" von Granitoiden geht meist durch Gefügedeformation, d. h. Kataklase porphyrischer Feldspäte (bei partieller Sericitisierung) und paradeformativer Rekristallisation aller Gemengteile vonstatten. Übergangsglieder tektonisch deformierter Granite zu Gneisen werden als Gneisgranite oder *Granitgneise* bezeichnet. Aplitgneise sind feinkörnige glimmerarme Gneise, deren Herkunft aus aplitgranitischen Edukten wahrscheinlich gemacht werden kann. Für die aus Quarzporphyren entstehenden Orthogneise führte LOSSEN (1869) den Namen *Porphyroid* ein. Diese Bezeichnung hat sich — vor allem für einige mitteleuropäische Typen — bis heute erhalten.

Eine Unterscheidung von Ortho- und Paragneisen ist in vielen Fällen nur dann möglich, wenn typisch sedimentogene Einschaltungen (Geröllhorizonte, quarzitische, kalkige oder graphitreiche Lagen) eine ehemalige Sedimentserie anzeigen, oder wenn Gefüge-Übergänge zu Magmatiten bestehen.

Eine genaue Bestimmung der Edukte von Gneisen kann nur in wenigen Fällen erfolgen. Weder chemische noch mineralogische Kriterien gestatten bisher eindeutige Aussagen. Aus diesem Grunde geben Bezeichnungen wie Porphyroid, Aplitgneis, Granitgneis usw. zwar Aussagen über spezielle Gefügetypen oder Modalbestände, nicht aber den Kenntnisstand über den prämetamorphen Zustand dieser Gesteine an. Als petrographisch eindeutige Bezeichnung sind in jedem Falle Namen wie Biotitgneis, Granat-Muskovitgneis, ggf. mit ergänzenden Gefügebezeichnungen, vorzuziehen.

Das gleiche gilt für zahlreiche spezielle Gneistypen, die unter selbständigen Namen in der älteren Literatur geführt werden und von vielen Autoren heute noch verwendet werden. Hierzu gehören die *Leptite* oder Leptitgneise, feinkörnige Quarz-Feldspat-Gesteine mit geringen Mafitanteilen, die vor allem aus dem skandinavischen Kristallin zusammen mit den sog. *Hälleflinten* (Sing.: Hälleflinta), ebenfalls feinkörnig bis dichten glimmerarmen oder glimmerfreien Gneistypen, beschrieben wurden. Bei beiden Typen könnten Rhyolithe oder deren Tuffe als Ausgangsmaterialien vermutet werden. Ähnliche Gesteinstypen, d. h. massige kleinkörnige glimmerarme (Muskovit-) Gneise werden heute von vielen Autoren als *Leptynite* oder Leptynitgneise bezeichnet. Dieser Name geht auf ein altes Synonym für Granulite zurück (HAUY 1822) und hat sich unter Bedeutungswandel (granulitähnlicher Gneis, mafitarmer Gneis, heller feinkörniger Gneis) bis heute erhalten (HOFMANN 1974 — vgl. Taf. 3.VIII/1). Graphitführende Cordierit-Granatgneise des Schwarzwaldes wurden von FISCHER (1860) als Kinzigite bezeichnet.

Pyroxengneise leiten über zu Pyroxengranuliten (s. dort) und Charnockiten.

Gneise stellen die verbreitetsten Metamorphite des kristallinen Grundgebirges. Im Bereiche des Böhmischen Massivs Mitteleuropas sind nahezu alle petrographischen Typen vertreten.

Im Erzgebirge werden seit alters her die Gruppen der Rotgneise (kalifeldspat- und muskovitreich, meist rötlich gefärbt) und der Graugneise (kalifeldspatarm, meist grau gefärbt) unterschieden. Erstere stellen zu einem großen Teil Orthogesteine dar (Katharinaberger, Schwarzenberger, Bärensteiner Gneis). Als Edukte der Rotgneise kommen darüber hinaus Tuffe und Arkosen in Frage. Die Paragneise des Erzgebirges (Freiberger, Annaberger, Marienberger Gneis) werden zum überwiegenden Teil von jungpräkambrischen psammitischen bis pelitischen Sedimenten von Grauwacken-Zusammensetzung hergeleitet.

Die orthogenen Rotgneise und die ihnen analogen Porphyroide sind wahrscheinlich kambrisch-ordovizischen Alters.

Tabelle 3.10. *Chemische Zusammensetzung von Gneisen*

	1	2	3	4	5	6	7	8	9	10
SiO_2	68,0	65,4	76,2	75,2	58,8	73,8	61,7	70,2	43,1	76,0
TiO_2	0,7	0,6	–	0,1	0,8	0,2	1,3	0,2	2,2	0,1
Al_2O_3	15,9	14,3	12,0	12,3	14,2	13,3	18,2	19,4	31,0	12,0
Fe_2O_3	1,1	1,3	1,8	1,1	0,5	1,4	4,4	1,5	8,0	1,1
FeO	3,6	4,8	1,2	1,1	5,4	1,6	2,9	0,4	6,9	1,1
MnO	n. b.	0,1	–	–	0,1	0,1	1,7	–	4,3	0,1
MgO	2,0	2,1	1,0	0,2	5,3	1,0	0,3	0,9	2,0	0,7
CaO	1,7	2,3	1,3	0,4	3,6	1,6	1,7	0,4	0,5	1,1
Na_2O	3,5	3,3	3,2	3,0	2,0	3,2	1,0	1,1	–	2,4
K_2O	3,5	3,5	3,4	5,0	5,7	3,7	2,9	5,1	0,6	4,7
H_2O^+	n. b.	0,6	0,7	0,9	1,8	–	3,4	0,7	0,2	0,3
Summe	100,0*	98,3	100,8	99,3	98,2	99,9	99,5	99,9	98,8	99,6

1 – Zweiglimmer-Paragneise des Erzgebirges (Mittelwert) – SCHMIDT 1959; 2 – Zweiglimmergneis („Marienberger Graugneis"), Warmbad (Erzgebirge, DDR) – LORENZ 1974; 3 – Biotitgneis (Gneis von Gierałtów), Orlik-Berge (Jesenik Polen) – zit. bei PENDIAS und MACIEJEWSKI 1959; 4 – Orthogneis (Muskovitgneis) südliches Riesengebirge (ČSSR) – CHALOUPSKY 1965; 5 – Hornblendegneis, Čeřenska hora (Moldanubikum, ČSSR) – SUK 1964; 6 – Leptite und Hälleflinten (Mittelwert aus 112 Analysen) – POLDERVAART 1955; 7 – Cordieritgneis, Mohsdorf (Granulitgebirge, DDR) – SCHEUMANN und HUCKENHOLZ 1961; 8 – Sericitgneis („Porphyroid"), Schlegel bei Hainichen (DDR) – WEG 1931; 9 – Granat-Sillimanitgneis, Mohsdorf (Granulitgebirge, DDR) – SCHEUMANN und HUCKENHOLZ 1961; 10 – Leptynit-Gneis, Stbr. Peklo bei Havličkuv Brod (ČSSR) – LOSERT 1971

Aus Kationen-Prozenten zurückverrechnet

3.3.2.1.5. Granulit

Granulite sind fein- bis mittelkörnige metamorphe Gesteine, deren Hauptgemengteile Feldspat ± Quarz in granoblastischem Kornverband vorliegen. Hydroxylführende Fe–Mg-Silikate fehlen meist gänzlich. Charakteristische Begleitminerale sind Orthopyroxen, almandinbetonter Granat, Disthen und/oder Sillimanit.

Als Übergemengteile treten häufig Spinell, Rutil, Ilmenit und Graphit auf.

Das Gefüge der Granulite ist dickschiefrig bis massig. Die *s*-Flächen werden durch linsen- bis diskenförmige Quarzkörner markiert (Taf. 3.X/3). Dünnschiefrige Gesteinstypen, die innerhalb oder randlich von Granulitkomplexen auftreten, stellen meist retrograd überprägte Abkömmlinge von Granuliten dar. Die *s*-Flächen werden hier durch tapeten- oder zeilenförmig rekristallisierte Quarze und/oder sekundäre Glimmer betont (metagranulitische Biotitgneise, Granulitgneise, entartete Granulite, „Biotitgranulite" – vgl. BEHR 1961).

Als Granulite i. e. S. werden heute ausschließlich SiO_2-reiche Gesteine bezeichnet, während die SiO_2-ärmeren, durch basische Plagioklase und Mafite gekennzeichneten Typen granulitischer Komplexe als Pyroxengranulite bzw. Pyriklasite von den Granuliten sensu stricto abgegrenzt werden (s. Abschn. 3.3.2.2.).

Der Feldspat der Granulite ist meist perthitisch oder antiperthitisch ausgebildet. Die Entmischungskörper im Perthit liegen oft als haarfeine Lamellen (Haarperthit) oder in so großer Menge vor, daß eine Zuordnung des primären Feldspat-Mischkristalls zum Kalifeldspat oder Plagioklas schwierig wird (Mesoperthit).

Auf Grund der geringen Anteile mafischer Minerale haben Granulite meist eine helle Färbung. Quarz-Kalifeldspat-reiche Typen können nahezu weiß aussehen (Weißstein). Bereits geringe Mengen fein verteilter (sekundärer) Biotite, Orthopyroxene oder Spinelle aber verleihen den Granuliten dunklere Farben. In manchen Fällen steht die dunkle Farbe des Gesteins in keinem Verhältnis zur Mafit-Armut. Hier müssen, ähnlich wie bei Charnockiten, submikroskopische Entmischungen oder andere optische Effekte für die Farbgebung verantwortlich gemacht werden.

Zu den Charnockiten bestehen darüber hinaus Beziehungen durch die (Hochtemperatur-Hochdruck-) Bildungsbedingungen und das charakteristische Auftreten von Orthopyroxen. Als Unterscheidungsmerkmal gilt gewöhnlich das geologische Auftreten in größeren tiefkrustalen Komplexen und das Magmatit-Gefüge der Charnockite. Grobkörnige Granulite (> 3 mm) werden auch als *Granofels* bezeichnet.

Tabelle 3.11. *Modalbestände von Granuliten*

	1	2	3	4
Quarz	40	38	60	48
Kalifeldspat	55	57	18	33
Plagioklas	–	–	12	11
Granat	3	3	5	2
Disthen/Sillimanit	2	0,5	0,2	3
Akzessorien	–	0,5	1	–
Diaphthoreseprodukte (Biotit, Muskovit)	–	1	3,8	3

1 – „Weißstein"-Granulit, sächsisches Granulitgebirge (Mittelwert); 2 – Heller, dickschiefriger Granulit des sächsischen Granulitgebirges (Normalausbildung); 3 – Granulit (Mittelwert), Meidling im Tal (Niederösterreich) – SCHARBERT 1964; 4 – Granulit, Olši (Mähren, ČSSR) – MATEJOVSKA 1970

Übergänge bestehen ferner zu glimmerarmen und glimmerfreien Gneisen (Leptynite, leptitische Gneise, Granulitgneise). Eine scharfe Abgrenzung ist hier schon deshalb nicht möglich, weil der Granulit vom rein petrographischen Gesichtspunkt her (unter Außerachtlassen der mineralfaziellen und Verbands-Verhältnisse) als ein glimmerfreier Gneis aufgefaßt werden kann.

Als prämetamorphe Ausgangsmaterialien von Granulit kommen sowohl saure Magmatite (Rhyolithoide) und deren Tuffe als auch sandige Schiefer und Arkosen in Betracht. Durch die starke (oft mehrphasige) Metamorphose und die damit verbundene Homogenisierung sind die Edukte nur schwer rekonstruierbar. Für die Granulite des sächsischen Granulitgebirges muß auf Grund von quarzitischen, von Al_2O_3-reichen, von kalksilikatischen und von rhythmisch alternierenden Metabasit-Einlagerungen (Taf. 3.X/1) zumindest die starke Beteiligung sedimentärer Materialien am Edukt vorausgesetzt werden. Als letztes vorgranulitisches Metamorphosestadium ist hier ein migmatitischer Gneiskomplex rekonstruierbar (WATZNAUER, BEHR und MATHÉ, 1971).

In Mitteleuropa treten Granulite in verschiedenen Gebieten des Böhmischen Massivs auf. Die bekanntesten Vorkommen sind die des sächsischen Granulitgebirges, des tschechoslowakischen und niederösterreichischen Moldanubikums und der Góry Sowie (Eulengebirge) in S-Polen.

Während diese Vorkommen und darüber hinaus die meisten anderen europäischen und außereuropäischen Vorkommen präkambrischen Metamorphoseepochen zugeschrieben werden, konnten WATZNAUER und BEHR (1964) für das kleine Vorkommen von Zöblitz im Erzgebirge ein varistisches Metamorphosealter wahrscheinlich machen. Für alle Granulitvorkommen Mitteleuropas ist eine Bindung an tektonische Scherzonen charakteristisch.

Tabelle 3.12. *Chemische Zusammensetzung von Granuliten*

	1	2	3	4
SiO_2	73,9	66,7	70,4	68,1
TiO_2	0,2	0,6	0,3	0,7
Al_2O_3	14,2	15,7	14,5	15,2
Fe_2O_3	< 0,1	0,1	0,4	0,2
FeO	1,8	4,3	3,1	3,8
MnO	0,02	0,02	0,16	0,07
MgO	0,4	1,4	1,2	1,6
CaO	1,3	3,4	1,3	1,7
Na_2O	2,7	3,5	4,0	2,9
K_2O	4,4	2,7	4,2	3,9
H_2O^+	< 0,1	0,6	0,4	0,7
Summe	99,0	99,0	100,0	98,9

1 – „Weißstein"-Granulit, Bohrung Tirscheim (Granulitgebirge, DDR) – WATZNAUER, BEHR und MATHÉ 1971; 2 – Pyroxenführender Granulit, Groß-Städten (Granulitgebirge, DDR) – WATZNAUER, BEHR und MATHÉ 1971; 3 – Granulit, Dunkelsteiner Wald (Niederösterreich) – SCHARBERT 1971; 4 – Granulit, Olši (Mähren, ČSSR) – MATEJOVSKA 1970

3.3.2.1.6. Migmatit

Migmatite (der Begriff wird im praktischen Gebrauch meist als Pluralform verwendet) sind megaskopisch aus zwei oder mehreren petrographisch unterschiedlichen Typen zusammengesetzte Gesteine. Einer dieser Typen – das Wirtsgestein – ist als Metamorphit ansprechbar, während der oder die anderen Bestandteile Magmatit-Kennzeichen aufweisen. In dieser genetisch neutralen Form werden Migmatite heute definiert (vgl. MEHNERT 1968).

Ihrer Entstehung nach gehören die Migmatite gewöhnlich an das Ende einer progressiv metamorphen Entwicklungsreihe. Bei Temperaturen oberhalb des eutektischen Schmelzpunktes bestimmter Mineralvergesellschaftungen entstehen in Metamorphiten gewisse Schmelzen-Anteile, die bei einer geringfügigen Überschreitung der Eutektikums-Temperatur und nachfolgender Abkühlung als anatektische Mobilisate innerhalb des Wirtsgesteins verbleiben und zu Mischungen metamorpher und magmatischer Gefügetypen – eben den Migmatiten – Anlaß geben. Auf Grund des niedrigen Eutektikums von Quarz + Kalifeldspat bzw. Quarz + Kalifeldspat + Albit treten in-situ-Schmelzenbildungen bevorzugt in Quarz-Feldspat-Metamorphiten auf. Migmatite kommen in nahezu allen Gneiskomplexen höherer Bildungstemperaturen (> 600 °C) vor.

Die Abgrenzung des Gesteins Migmatit erfolgt einmal zu den feldspatblastitischen Gneisen (mit Metamorphit-Gefüge), zum anderen zu den granitoiden Typen mit Metamorphit-Xenoliten (überwiegend Magmatit-Gefüge). In diesem Sinne stellte SEDERHOLM 1907 den Namen Migmatit (migma = griech. Mischung) auf.

Die Bezeichnung Migmatit ist insofern genetisch neutral, als die „Mischung" magmatischer und metamorpher Anteile sowohl in situ (durch anatektische Aufschmelzung) als auch durch Injektion von Schmelzenmaterial beliebiger Herkunft in einem Metamorphit-Komplex erfolgen kann („granitinjizierte Schiefer" nach SEDERHOLM 1904). Für diese beiden Typen von Migmatiten werden mitunter auch heute noch die genetischen Namen *Venit* (HOLMQUIST 1921) bzw. *Arterit* (SEDERHOLM 1908) gebraucht. Darüber hinaus muß als dritte Bildungsmöglichkeit von Migmatiten die Zufuhr relativ kalter „granitisierender" Lösungen eingeräumt werden (metasomatische Migmatit-Bildung).

Unabhängig von diesen unterschiedlichen und oft nur schwer bestimmbaren Bildungsmöglichkeiten bestehen die Migmatite stets aus einem „alten" metamorph gebildeten Anteil — dem *Paläosom* — und einem jüngeren, magmatisch kristallisierten Anteil — dem *Neosom*. Letzteres hebt sich auf Grund seiner sauren Zusammensetzung durch seine hellere Farbe vom Paläosom ab und wird daher auch als *Leukosom*, (heller Anteil) vom dunkleren Restsaum — dem *Melanosom*, abgegrenzt (Taf. 3.XII). Da das Leukosom nicht immer durch Anatexis aus dem Paläosom hervorgegangen ist, führte SCHEUMANN (1937) als genetisch neutrale Bezeichnung den Begriff *Metatekt* in die petrographische Literatur ein. Die Bezeichnungen Leukosom und Metatekt sind also weitgehend synonym als beschreibende Merkmale für den hellfarbigen bzw. für den aus einer Schmelze kristallisierten Bestandteil eines Migmatits.

Da in der Literatur der dreißiger Jahre der Migmatit-Begriff mit ganz bestimmten genetischen Vorstellungen verknüpft war, prägten NIGGLI und HUBER (1943) die Bezeichnung *Chorismit* als genetisch neutralen Begriff für migmatitische Gesteine. Auch dieser Name wird heute noch verwendet und kann als Synonym für Migmatit gelten.

Die Menge des Schmelzanteiles in einem Migmatit wird bei Anatexis in situ vor allem vom Wassergehalt im Gestein abhängig sein. Bei Injektionen wird sie vor allem beeinflußt von der Wegsamkeit des Metamorphits für die Schmelze. In beiden Fällen treten als erste und häufigste Migmatit-Strukturen *s*-parallele Metatekte auf, die entweder lagenförmig oder durch gleichzeitig bzw. nachfolgende Deformation auf- und abschwellend, verfaltet oder schlierig ausgebildet sein können. Aus den vielfältigen Gefügebildern der Migmatite wurden spezielle Bezeichnungen abgeleitet, deren häufigste die stromatitischen (lagenförmigen), dictyonitischen (netzförmigen), gefältelten (mehr oder weniger *s*-konformen), ptygmatischen (disharmonisch schlierig verfalteten, nicht *s*-konformen), schlierigen (bereits stärker homogenisierten) und nebulitischen (stark homogenisierten) Migmatit-Strukturen darstellen (vgl. Taf. 3.XI, 3.XII und 3.XIII). Die Ausbildung der Migmatit-Gefüge kann Auskunft über die Altersbeziehungen zwischen Schmelzenbildung und Deformation des Gesteinspaketes geben.

Die mineralogische Zusammensetzung der Metatekte ist bei Veniten abhängig von der Modalzusammensetzung des Paläosoms und gibt Auskunft über die *P*-*T*-Bedingungen der Schmelzenbildung. Die Metatekte saurer Metamorphite bestehen gewöhnlich aus Quarz, Kalifeldspat und saurem Plagioklas in wechselnden Mengen. In den letzten Jahrzehnten wurden zahlreiche Experimente zur Bildung granitischer Schmelzen durchgeführt, wobei allerdings idealisierte Systeme zugrunde gelegt wurden (siehe TUTTLE und BOWEN 1958, VON PLATEN 1965, WINKLER 1967, WINKLER und LINDEMANN 1972 u. a.).

Die Venit-Migmatite von Gesteinen basischerer Zusammensetzung enthalten auch basischere Plagioklase, Hornblenden, Cordierit usw. Selbst Pyroxen-Plagioklas- bzw. Pyroxen-Granat-Gesteine können als Produkte der Anatexis von basischen bis ultrabasischen Materialien entstehen. In gewissem Sinne können deshalb gebänderte (Mantel-) Peridotite, die aus wechselnden Lagen dunitischer, peridotitischer und pyroxenitischer Zusammensetzung bestehen, ebenfalls als Migmatite bezeichnet werden.

Bei der partiellen Anatexis metamorpher Gesteine wird das Schmelzprodukt stets SiO_2-reicher sein als das Ausgangsmaterial. Im verbleibenden Rest des Gesteins werden diejenigen Bestandteile konzentriert, die nicht an der Schmelzenbildung teilhaben (basischere Plagioklase und Mafite). Solche durch Ausschmelzung und Abwanderung von saueren Bestandteilen entstandenen Gesteine werden als *Restite* bezeichnet. Meist handelt es sich in diesen Fällen um extreme mineralogische Zusammensetzungen (Biotit-Sillimanit-Hornblende-Gesteine, Granat-Cordierit-Biotit-Gesteine u. ähnl.).

Das Vorkommen von Migmatiten ist in allen Gebieten mit stärkerer Metamorphose zu erwarten. Tatsächlich treten solche Gesteine in den Kristallinkomplexen aller Kontinente in bedeutenden Mengen auf. Intensiv untersucht wurden vor allem die migmatitischen Gesteine des Schwarzwaldes, des skandinavischen Kristallins und der kristallinen Kerne der Alpen.

Tabelle 3.13. *Chemische Zusammensetzung von Migmatiten*

	1	2	3	4	5	6
SiO_2	63,4	72,7	38,1	66,8	73,8	66,4
TiO_2	0,7	0,1	2,5	1.0	0,5	0,8
Al_2O_3	18,2	16,8	18,8	14,5	12,9	14,7
Fe_2O_3	1,8	0,3	4,1	0,8	0,4	0,7
FeO	4,0	0,3	14,5	3,9	1,2	4,4
MnO	0,04	0,04	0,23	n. b.	n. b.	n. b.
MgO	1,3	—	9,8	1,6	0,3	1,8
CaO	2,9	3,5	2,3	2,9	1,8	1,9
Na_2O	4,0	4,5	1,2	3,0	5,9	2,8
K_2O	1,9	1,1	5,5	3,2	1,1	3,2
H_2O^+	1,9	0,8	3,0	1,0	0,3	1,2
Summe	100,1	100,1	100,0	98,7	98,2	97,9

1 — Biotit-Plagioklas-Gneis (Muttergestein einer migmatitischen Entwicklung), Zentral-Schwarzwald (BRD) — MEHNERT 1951; 2 — Leukosom eines aus 1 entstandenen Migmatits — MEHNERT 1951; 3 — Melanosom eines aus 1 entstandenen Migmatits — MEHNERT 1951; Die Anteile Leukosom:Melanosom in den analysierten Gesteinen verhalten sich wie 3:1; 4 — Zweiglimmer-Plagioklas-Gneis (Muttergestein einer migmatitischen Entwicklung), Stbr. Görsdorf (Erzgebirge, DDR); 5 — Leukosom eines aus 4 entstandenen Migmatits; 6 — Melanosom eines aus 4 entstandenen Migmatits. Die Anteile Paläosom:Leukosom in den analysierten Gesteinen verhalten sich wie 1:1, das Melanosom ist nur als schmaler Saum entwickelt (vgl. Taf. 3.XII)

3.3.2.2. Überwiegend regionalmetamorph geprägte Gesteine basischer Zusammensetzung

3.3.2.2.1. Marmor

Die petrographische Bezeichnung Marmor umfaßt alle kristallinen Karbonatgesteine, deren wesentlichste Mineralphasen Calcit (Calcitmarmor) oder Dolomit (Dolomitmarmor) sind.

Im Gegensatz zu dieser petrographischen Definition wird die Bezeichnung Marmor von alters her für alle leicht bearbeitbaren, d. h. schleif- und polierfähigen Materialien verwendet und hat sich in diesem weiteren Sinne bis heute in der steinverarbeitenden Industrie erhalten. So werden in der Naturstein-Industrie der DDR z. B. auch nicht-metamorphe, feinkörnige Kalksteine als „Marmore" angesprochen.

Der Marmor im eigentlichen Sinne ist ein rekristallisiertes Karbonatgestein, auch kristalliner Kalkstein genannt, das durch thermische Beeinflussung sedimentärer Karbonate entstanden ist. Aus primär reinen Kalken werden bei der metamorphen Umkristallisation phasenreine Calcit-Marmore hervorgehen. Kieselige bzw. mergelige Verunreinigungen im Edukt führen je nach Metamorphosegrad zur Ausbildung der Phasen: Chlorit, Epidot, Zoisit, Amphibol, Klinopyroxen, Granat, Plagioklas, Hell- und Dunkelglimmer oder Wollastonit als Nebengemengteile im Marmor.

Die häufig auftretenden mergeligen Partien der Kalke werden bei den metamorphen Prozessen zu Grünschiefer- bzw. Amphibolit-Phasengemeinschaften kristallisieren und bilden dann die bekannten lagigen oder durch tektonische Beanspruchung unregelmäßig verteilten dunklen Einschaltungen im Marmor. Dieses andersfarbige Geäder, die „Marmorierung", verleiht manchen kristallinen Kalken die dekorative Wirkung, insbesondere dann, wenn die Farbunterschiede deutlich und dem modischen Geschmacksempfinden angemessen sind.

Die Farbe kristalliner Kalksteine ist nicht definierbar, da von rein weißen bis zu tief schwarzen Varietäten nahezu alle Farbnuancen und -kombinationen auftreten können. Häufigste und bekannteste Farbtöne stellen weiße bis hellgraue Karbonatmatrix und graugrüne bis schwarze Äderungen dar.

Das Gefüge der Marmore ist massig. Schiefrige Typen treten nur dann auf, wenn größere Mengen blättchenförmiger oder nadeliger Minerale (Glimmer, Graphit, strahlige Amphibole) im Marmor enthalten sind. Infolge der Kristallisationsfreudigkeit von Karbonatmineralen treten in tektonisch stark beanspruchten Gebieten oft plastische Verknetungen von Marmoren und ihren Nebengesteine auf.

Die granoblastischen Calcit- bzw. Dolomitgefüge zeigen eine enge Verzahnung (Taf. 3.XIV/1, 2), wodurch der Porenraum von Marmoren außerordentlich klein wird (bis herunter zu 0,01 Vol.-%). Durch Korngefügeanalyse ist meist eine straffe Gitterregelung der Karbonatminerale nachweisbar.

Tabelle 3.14. *Modalbestände von Marmoren*

	1	2	3	4	5
Calcit	87	82	10	1	2
Dolomit	—	—	85	95	94
Klinopyroxen	—	15	—	—	2
Amphibol	3	2	—	—	—
Epidot	2	—	—	—	—
Quarz	2	—	—	4	—
Akzessorien und Opakminerale	6	1	5	—	2

1 – Calcit-Marmor, Alpe Belmello (Ivrea-Zone, Italien) – PAPAGEORGAKIS 1961; 2 – Diopsid-Marmor, Obere Sommerwand (Kyffhäuser, DDR) – SEIM 1967; 3 – Dolomit-Marmor, Złoty Stok (Dolny Śląsk, Polen) – KOWALSKI 1967; 4 – Dolomit-Marmor, Medicine Bow Mountains (Wyoming, USA) – MC CALLUM 1974; 5 – Dolomit-Marmor, Schwarzenberg (Erzgebirge, DDR) – SCHÜTZEL 1966

Übergänge bestehen zwischen Marmoren und Kalksilikatfelsen bei Zunahme der modalen Anteile von Ca-Silikat-Mineralen (z. B. Epidot, Amphibole, Klinopyroxene, Granate, Wollastonit). Eine quantitative Abgrenzung fehlt in der petrographischen Literatur. Als Richtwert zur nomenklatorischen Trennung von Marmoren und Kalksilikatfelsen können Gehalte von 50% Kalksilikatmineralen herangezogen werden. Weitere Übergänge bestehen bei Zunahme der Glimmergehalte zu Kalkphylliten bzw. Kalkglimmerschiefern. Auch hier dürften Karbonatanteile > 50 Vol.-% stets die Bezeichnung Marmor rechtfertigen. Marmore kommen in allen Kristallingebieten vor. Größere Verbreitung besitzen sie in den schwächer metamorphen Serien, da mit steigendem Metamorphosegrad eine stärkere chemische Homogenisierung und damit verbundene Silifizierung der Kalkgesteine zu verzeichnen ist. Sie können als typische Paragesteine für die Identifizierung sedimentärer Glieder innerhalb von Kristallinkomplexen herangezogen werden.

Tabelle 3.15. *Chemische Zusammensetzung von Marmoren*

	1	2	3	4	5
SiO_2	0,5	12,5	1,9	4,4	1,5
TiO_2	—	0,1	n. b.	n. b.	0,1
Al_2O_3	0,1	2,3	3,1	n. b.	0,2
Fe_2O_3	—	1,2	n. b.	n. b.	1,7
FeO	0,1	—	n. b.	0,4	1,4
MnO	—	n. b.	n. b.	n. b.	0,1
MgO	—	3,1	19,6	20,5	19,9
CaO	55,5	46,5	31,0	30,3	30,3
Na_2O	—	0,7	n. b.	n. b.	—
K_2O	—	—	n. b.	n. b.	0,1
H_2O^+	—	0,1	0,3	0,3	n. b.
CO_2	43,7	34,2	44,5	44,0	44,9
Summe	99,9	100,7	100,4	99,9	100,2

1 – Calcit-Marmor, Candoglia (Ivrea-Zone, Italien) – zit. nach PAPAGEORGAKIS 1961; 2 – Diopsid-Marmor, Obere Sommerwand (Kyffhäuser, DDR) – SEIM 1967; 3 – Dolomit-Marmor, Złoty Stok (Dolny Śląsk, Polen) – KOWALSKI 1967; 4 – Dolomit-Marmor, Medicine Bow Mountains (Wyoming, USA) – MC CALLUM 1974; 5 – Dolomit-Marmor, Schwarzenberger Kuppel (Erzgebirge, DDR) – SCHÜTZEL 1970

3.3.2.2.2. *Kalksilikatfels*

Als Kalksilikatfelse werden metamorphe Gesteine bezeichnet, die zu wesentlichen Teilen aus Ca-Silikat-Mineralen bestehen. Eine einheitliche Abgrenzung zu Ca-Silikat-führenden Marmoren (Tab. 3.14/Nr. 2) fehlt in der internationalen Literatur. Als verbreitetste Kalksilikate treten auf: Klinopyroxene, Klinoamphibole, (Ca-) Granate, Zoisit bzw. Klinozoisit/Epidot, Vesuvian, Wollastonit.

Darüber hinaus können in Kalksilikatfelsen entsprechend ihrer chemischen Zusammensetzung alle anderen Minerale metamorpher Gesteine auftreten.

Die Nomenklatur spezieller Typen sollte ausschließlich nach dem Modalbestand erfolgen, z. B. Granat-Diopsidfels, Tremolit-Zoisit-Granatfels, Quarz-Wollastonitfels usw.

Synonym mit dem Namen Kalksilikatfels wird häufig der von BREITHAUPT (1849) eingeführte Name *Erlanfels* oder Erlan verwendet. Da in der Originalfassung als Erlanfelse nur ganz bestimmte Typen von Kalksilikatgesteinen (die von Erla im W-Erzgebirge) bezeichnet wurden und erst von späteren Autoren eine Begriffserweiterung vorgenommen wurde, sollte diese Lokalbezeichnung durch die allgemeinere (und verständlichere) Bezeichnung Kalksilikatfels ersetzt werden.

Die alte schwedische Bezeichnung *Skarn* wird heute meist als lagerstättenkundlicher Begriff gebraucht und sollte den vererzten Kalksilikatgesteinen vorbehalten bleiben (vgl. auch Abschn. 3.3.2.4.). Es existiert eine ganze Reihe von Nomenklaturvorschlägen zur Unterscheidung von „echten Skarnen", „Skarnoiden" und Kalksilikatfelsen, die im wesentlichen genetische Aspekte, insbesondere die Beteiligung metasomatischer Prozesse, berücksichtigen. Da eine solche Trennung nicht immer durchführbar ist,

Tabelle 3.16. *Modalbestände von Kalksilikatfelsen*

	1	2	3	4	5
Klinopyroxen	—	21	72	18	45
Amphibol	24	—	—	—	12
Ca-Granat	11	—	13	19	—
Zoisit/Klinozoisit	—	—	—	10	13
Vesuvian	—	—	—	53	—
Plagioklas	25	30	—	—	—
Calcit	—	32	—	—	15
Quarz	31	14	—	—	—
Akzessorien	4	2	1	—	3
Opakminerale	5	1	14	—	7

1 – Kalksilikatfels, Wittschau (Moldanubikum, BRD) – VOLL 1960; 2 – Kalksilikatfels („Erlangneis"), Tyn nad V. (Moldanubikum, ČSSR) – SUK, KRUPIČKA und PELC 1968; 3 – Kalksilikatfels („Granat-Klinopyroxen-Gneis"), Bear Mountains (New York, USA) – DODD 1963; 4 – Kalksilikatfels („Vesuvian-Skarn"), Breitenbrunn (Erzgebirge, DDR) – SCHÜTZEL 1966; 5 – Kalksilikatfels, Porto Ronco-Moscia (Ivrea-Zone, Italien) – PAPAGEORGAKIS 1961

Tabelle 3.17. *Chemische Zusammensetzung von Kalksilikatfelsen*

	1	2	3	4	5
SiO_2	42,2	59,4	37,9	39,4	54,5
TiO_2	0,9	0,6	0,1	0,3	0,2
Al_2O_3	10,9	14,8	18,9	13,2	14,0
Fe_2O_3	7,8	0,1	3,8	3,4	5,8
FeO	1,6	5,3	19,3	3,2	2,9
MnO	0,2	0,1	4,1	0,7	0,4
MgO	1,8	2,2	1,0	4,0	5,1
CaO	27,3	11,7	14,6	33,1	11,4
Na_2O	0,1	1,7	0,1	0,1	1,7
K_2O	—	1,9	0,1	0,2	3,7
H_2O^+	1,1	1,9	0,3	1,5	0,7
CO_2	6,1	n. b.	n. b.	n. b.	n. b.
Summe	100,0	99,7	100,2	99,1	100,4

1 – Kalksilikatfels, Kyffhäuser (DDR) – SEIM 1967; 2 – Kalksilikatfels („Erlangneis"), Tyn nad V. (Moldanubikum, ČSSR) – SUK, KRUPIČKA und PELC 1968; 3 – Kalksilikatfels („Granat-Klinopyroxen-Gneis"), Bear Mountains (New York, USA) – DODD 1963; 4 – Kalksilikatfels („Vesuvian-Skarn"), Breitenbrunn (Erzgebirge, DDR) – SCHÜTZEL 1966; 5 – Kalksilikatfels („Erlanfels"), Neuwelt bei Schwarzenberg (Erzgebirge, DDR) – SCHÜTZEL 1970

sollte der Name Kalksilikatfels als petrographische Sammelbezeichnung (zumindest für alle nichtvererzten Typen) bevorzugt werden.

Das Gefüge der Kalksilikatfelse ist massig. Eine Lagentextur ist häufig erkennbar und kann auf die sedimentären Ausgangsgesteine zurückgeführt werden.

Kalksilikatfelse entstehen regionalmetamorph aus sedimentären Karbonatgesteinen mit entsprechenden Kieselsäuregehalten (kieseligen Kalken, Mergeln). Bei höheren Fe-Anteilen im Ausgangsmaterial (Eisenerzlager vom Typus Lahn-Dill) können durch die metamorphe Umkristallisation ohne Beteiligung metasomatischer Prozesse Magnetit-Skarne entstehen. Analoge Gesteinstypen werden bei kontaktmetamorpher Überprägung der entsprechenden Ausgangsgesteine gebildet (vgl. Abschn. 3.3.2.3.).

Kalksilikatfelse entstehen häufig durch SiO_2-Metasomatose von Karbonatgesteinen, besonders am Kontakt von granitischen Gesteinen (kontaktmetasomatische Bildung — vgl. Abschn. 3.3.2.4.). Auch auf diese Typen sollte der genetisch neutrale Name Kalksilikatfels angewandt werden.

3.3.2.2.3. *Grünschiefer*

Schwach metamorphe Gesteine mit schiefrigem Gefüge, die sich durch geringe oder fehlende Quarz- und Hellglimmer-Gehalte und hohe Anteile an Mafiten von den sauren metamorphen Schiefern (Phyllit und Glimmerschiefer) unterscheiden, werden mit dem Sammelnamen Grünschiefer belegt.

Der Name rührt von der meist grünen Farbe ihrer wesentlichen Mineralphasen Chlorit, Epidot und Amphibol her. Neben den genannten, die sowohl einzeln, als auch gemeinsam auftreten, ist als wesentlicher Gemengteil der Albit zu nennen.

Die Nomenklatur erfolgt nach dem vorherrschenden mafischen Mineral. Chloritschiefer, Epidotschiefer und Amphibolschiefer (bei genauerer Kenntnis der Amphibol-Zusammensetzung auch als Aktinolithschiefer, Tremolitschiefer oder Cummingtonitschiefer geführt) stellen die wichtigsten Grünschiefer-Varietäten dar.

Von Kalkowsky (1886) wurde die Bezeichnung *Prasinit* für alle diejenigen Grünschiefer eingeführt, die sowohl Chlorit als auch Epidot und Amphibol in wesentlichen Mengen enthalten. Während der Prasinit-Begriff bis zum Anfang unseres Jahrhunderts synonym mit dem Namen Grünschiefer gebraucht wurde, erfuhr er mit Einführung der Fazieslehre später eine Bedeutungswandlung im Sinne von Na-betonten Grünschiefern mit barroisitischen bis glaukophanitischen Amphibolen (Angel 1929, Weg 1931, Eskola 1939).

In wechselnden Mengen treten in Grünschiefern die Mineralphasen Talk, Serpentin, Chloritoid, Biotit, Granat, Klinopyroxen und Karbonate auf. Als Chloritoidschiefer werden fälschlicherweise oft chloritoidführende Schiefer saurer oder basischer Zusammensetzung bezeichnet, die besser als Chloritoid-Phyllite (siehe Abschn. Phyllit) oder Chloritoid-Grünschiefer bzw. Chloritoid-Chloritschiefer usw. bezeichnet werden sollten. Auch Apatit, Limonit und Titanit können in beträchtlichen Mengen nachgewiesen werden. Selten und den eigentlichen Grünschiefern fremd sind Kalifeldspat, An-reichere Plagioklase und Hellglimmer. Quarz tritt als metamorphes Mobilisat mitunter in größeren Mengen auf.

Das schiefrige Gefüge der Grünschiefer resultiert aus der bevorzugten Orientierung der Chlorit-Schuppen und der meist langnadeligen bis faserigen Amphibole (Taf. 3.XV/1, 2). Höhere Epidotanteile bedingen massigere Gefüge.

Durch Zunahme von Hornblende im Modus und damit verbundener Abnahme der Schiefrigkeit bestehen Übergänge zu Amphiboliten (schiefrige Amphibolite, Epidot-

Tabelle 3.18. *Modalbestände von Grünschiefern*

	1	2	3	4	5
Chlorit	30	5	30–35	18	27
Amphibol	3	35	15–20	–	14
Epidot	23	10	8–10	70	21
Albit	40	35	15	+	35
Biotit	–	10	–	–	–
Karbonat	2	–	–	+	–
Quarz	1	–	15–25	10	2
Opakminerale und Akzessorien	1	5	+	2	1

1 – Epidot-Chloritschiefer, Furnlund (Sulitelma-Gebiet, Norwegen) – Vogt 1927; 2 – Grünschiefer (Chlorit-Amphibolschiefer), Frosktjernbekken (Norwegen) – Strand 1958; 3 – Grünschiefer (Epidot-Amphibol-Chloritschiefer) Mikulov (Erzgebirge, ČSSR) – Sattran 1957; 4 – Chlorit-Epidotschiefer, Perkalab (Góry Czywczynskie, Polen) – Tokarski 1934; 5 – Grünschiefer („Hornblende-Prasinit"), Grande-Dixense-Staudamm (Valais, Schweiz) – Gysin 1967

Amphibolite). Höhere Quarz- und Hellglimmeranteile leiten über zu Phylliten (phyllitische Grünschiefer, Chlorit-Phyllite), höhere Karbonatgehalte zu Magnesit-Schiefern bzw. Marmoren.

Als Ausgangsmaterialien für Grünschiefer kommen basische Magmatite und mergelige Sedimente in Frage. Orthogrünschiefer sind oftmals durch Reliktminerale (Orthopyroxene, Klinopyroxene, Plagioklase) oder Reliktgefüge (ophitische Texturen, rekristallisierte Glasanteile) als solche identifizierbar und werden dann mit genetischen Namen wie Meta-Gabbro, Meta-Diabas usw. belegt.

Von den Grünschiefern nomenklatorisch unterschieden werden von jeher einige Gesteinstypen, die dem Mineralbestand und der oben gegebenen Definition nach zwar der großen Gruppe der Grünschiefer angehören und mit ihnen vergesellschaftet sind, in ihrer petrogenetischen Stellung aber einige Besonderheiten aufweisen. Es sind dies die Talkschiefer, Nephrite und Jadeitite. Bei der Bildung dieser drei Typen spielen metasomatische Stoff-Umlagerungen eine größere Rolle.

Talkschiefer, die oft in Verbindung mit serpentinisierten Ultrabasiten auftreten, führen häufig auch Magnesit und werden dann unter den Namen *Topfstein* oder *Listvenit* (Listwänit nach Rose 1842) geführt (vgl. Abschn. 3.1.3.2.4.).

Als *Nephrit* wird ein grünes bis graugrünes Gestein bezeichnet, das nahezu ausschließlich aus feinfilzigem aktinolithischem bis tremolitischem Amphibol besteht. Im Gegensatz zu den Amphibolschiefern zeichnet sich der Nephrit durch massiges Gefüge aus. Er läßt sich leicht bearbeiten und hat Bedeutung als frühgeschichtliches Werkzeugmaterial sowie als Schmuckstein.

Ein analoges massiges Gestein wie der Nephrit, das aus Klinopyroxenen meist jadeitischer Zusammensetzung besteht, heißt *Jadeitit*. In der Farbe ist der Jadeitit hellgrau bis grauweiß. Gute Bearbeitbarkeit und Schmuckwirkung verleihen dem Jadeitit ähnliche Bedeutung wie dem Nephrit. In der musealen und kunstgeschichtlichen Nomenklatur werden beide Gesteinstypen unter der Bezeichnung Jade geführt.

Grünschiefer sind in allen metamorphen Komplexen – meist in untergeordneter Verbreitung – zu finden. In der DDR treten Grünschiefer (meist Chlorit- und Amphibolschiefer) innerhalb der Phyllitareale des Erzgebirges und der Schiefergebirgseinheiten auf. Wirtschaftliche Bedeutung besitzen diese Typen nicht.

Talkschiefer, Nephrite und Jadeitite sind selten. Letztere treten in wirtschaftlich bedeutsamen Mengen vor allem in Ost- und Südost-Asien auf. Ein seit langem bekanntes und in Abbau stehendes Nephrit-Vorkommen befindet sich bei Jordanów südlich Wrocław (VR Polen).

Tabelle 3.19. *Chemische Zusammensetzung von Grünschiefern*

	1	2	3	4	5	6
SiO_2	49,2	46,6	44,1	32,8	52,4	56,4
TiO_2	0,2	3,8	0,8	0,4	0,3	–
Al_2O_3	18,6	15,3	17,6	14,6	2,2	3,4
Fe_2O_3	2,2	2,9	4,1	3,2	2,6	2,0
FeO	5,4	11,0	7,5	8,6	4,9	3,9
MnO	0,1	0,2	0,1	0,1	0,1	–
MgO	8,2	5,5	5,8	27,6	22,1	26,9
CaO	7,2	6,8	6,3	1,3	12,2	2,8
Na_2O	4,7	4,7	5,2	0,1	0,1	–
K_2O	0,1	0,7	1,5	0,1	0,1	0,1
H_2O^+	3,2	2,9	4,2	10,8	3,1	4,7
CO_2	0,4	–	3,7	n. b.	n. b.	n. b.
Summe	99,5	100,4	100,9	99,6	100,1	100,2

1 – Epidot-Chloritschiefer, Furnlund (Sulitelma-Gebiet, Norwegen) – Vogt 1927; 2 – Grünschiefer (Chlorit-Amphibolschiefer), Tverbekken (Norwegen) – Strand 1958; 3 – Chloritschiefer, Sichów (Góry Kaczawskie, Polen) – zit. bei Pendias und Maciejewski 1959; 4 – Chloritschiefer (Mittelwert) – Marakušev 1973; 5 – Aktinolithschiefer (Mittelwert) – Marakušev 1973; 6 – Talkschiefer (Mittelwert) – Marakušev 1973

3.3.2.2.4. Glaukophanit

Glaukophanite oder Glaukophanschiefer gehören ihrer mineralogischen Zusammensetzung nach zu den Grünschiefern. Es sind schiefrige bis massige graugrüne oder blaugraue Gesteine, deren Hauptgemengteil der Na-Amphibol Glaukophan ist. Weitere wesentliche Gemengteile sind Lawsonit, Pumpellyit, Zoisit, Epidot, jadeitischer Klinopyroxen, Albit und Calcit bzw. Aragonit.

Darüber hinaus treten Quarz, Chlorit, Glimmer und Granat auf. Die blaugrauen Farbtöne der Glaukophangesteine führten zu der vor allem im angelsächsischen Schrifttum gebräuchlichen Bezeichnung als *Blauschiefer* (blueschists).

Die in der Literatur vielfach zu beobachtende und auch hier erfolgte Abtrennung von der Gesteinsgruppe der Grünschiefer stellt ein Zugeständnis an die besondere geologische Stellung der Glaukophanite dar. Na-reiche Klinoamphibole wie Glaukophan oder Crossit und die Ca—Al-Silikate Pumpellyit und Lawsonit bilden sich bei entsprechendem Chemismus unter relativ hohen Drücken ($>$ 5 kbar) bei niedriger Metamorphosetemperatur (200—300 °C). In noch stärkerem Maße gilt das für die Bildung von Jadeit und Aragonit.

Glaukophanite bzw. ihre schiefrigen Äquivalente, die Glaukophanschiefer, entstehen bei der niedrig temperierten Regionalmetamorphose in den Hochdruck-Bereichen der Erdkruste, in tiefen Sedimentationsbecken bzw. in tektonisch aktiven Zonen (Typ Versenkungsmetamorphose). Das Auftreten von Glaukophaniten wird in jüngerer Zeit vor allem mit der Existenz von Subduktionszonen an abtauchenden Lithosphärenplatten in Verbindung gebracht.

Tabelle 3.20. *Modalbestände von Glaukophaniten*

	1	2	3	4	5
Glaukophan	60	80	54	56	57
Lawsonit	30	3	27	34	–
Pumpellyit	10	–	–	1	–
Klinopyroxen	–	–	–	–	+
Granat	–	12	–	–	–
Paragonit	–	–	–	–	4
Hellglimmer	–	3	17	–	+
Chlorit	–	–	–	1	10
Chloritoid	–	–	–	–	7
Epidot	–	–	–	–	5
Albit	–	–	–	–	14*
Aragonit/Calcit	–	–	–	3	–
Ti-Minerale	–	2	2	5	2

1 – (Pumpellyit-Lawsonit-) Glaukophanit, Junction School area (Healdsburg, California, USA) – Borg 1956; 2 – Lawsonit-Granat-Glaukophanit, Junction School area (Healdsburg, California, USA) – Borg 1956; 3 – Sericit-Glaukophanit, Scalea (N-Calabrien, Italien) – Quitzow 1935; 4 – Glaukophanit, Franciscan Formation (California, USA) – Çoleman und Lee 1963; 5 – Glaukophanit, Zermatt (Schweiz) – Bearth und Stern 1971

* Albit-Hornblende-Hellglimmer-Diablastik

Tabelle 3.21. *Chemische Zusammensetzung von Glaukophaniten*

	1	2	3	4	5
SiO_2	46,7	51,3	47,5	46,5	51,7
TiO_2	2,0	3,0	1,2	1,2	1,7
Al_2O_3	12,9	12,0	19,2	13,8	15,7
Fe_2O_3	4,1	3,0	4,6	1,3	2,6
FeO	9,2	10,5	3,0	7,6	5,2
MnO	0,2	0,4	0,1	0,2	0,1
MgO	5,7	7,8	5,4	7,4	12,5
CaO	9,5	4,0	7,9	12,1	2,1
Na_2O	3,5	4,5	3,6	3,1	5,2
K_2O	0,9	0,5	1,9	0,2	–
H_2O^+	5,0	2,3	6,0	3,6	3,7
CO_2	–	–	–	2,6	
Summe	99,7	99,3	100,4	99,6	100,5

1 – Glaukophanite (Mittelwert) – Marakušev 1973; 2 – Lawsonit-Granat-Glaukophanit, Junction School area (Healdsburg, California, USA) – Borg 1956; 3 – Sericit-Glaukophanit, Scalea (Calabrien, Italien) – Quitzow 1935; 4 – Glaukophanit, Franciscan Formation (California, USA) – Coleman und Lee 1963; 5 – Glaukophanit, Zermatt (Schweiz) – Bearth und Stern 1971

Übergänge existieren zwischen Glaukophaniten und Grünschiefern vom Prasinit-Typ, vor allem wenn letztere Na-reiche Amphibole enthalten. Höhere Gehalte an Granat und jadeitischen Klinopyroxenen führen zu eklogitischen Gesteinen (Glaukophanit-Eklogite).

Als Ausgangsmaterialien für Glaukophanite werden im allgemeinen basische Vulkanite und deren Tuffe (Diabase und Spilite) angesehen. Im Vergleich zu anderen Grünschiefern treten Glaukophanite relativ selten auf. Sie sind nach dem bisherigen Kenntnisstand an jüngere Orogene gebunden. Gut untersuchte Verbreitungsgebiete sind: die Franciscan-Formation von Kalifornien, das Kristallin von Japan, die W-Alpen und der Ural.

3.3.2.2.5. Amphibolit

Als Amphibolite werden metamorphe Gesteine bezeichnet, deren wesentliche Mineralphasen Amphibole vom Typus der Hornblende und (Ca-) Na-Feldspäte bilden. In der Regel handelt es sich bei letzteren um Plagioklase von Andesin- bis Labrador-Zusammensetzung. Amphibolite relativ niedriger Bildungstemperaturen führen neben Hornblende albitischen Plagioklas und Epidot (Epidot-Amphibolite).

Als Nebengemengteile amphibolitischer Gesteine treten auf: Klinopyroxen, Granat, Orthoamphibole, faserige Klinoamphibole, Biotit, Chlorit, Epidot, Zoisit, Skapolith, Kalifeldspat und Quarz. Typische Akzessorien sind Titanit, Apatit und Magnetit.

Die Farbe der Amphibolite schwankt in Abhängigkeit von der Zusammensetzung zwischen graugrün und schwarz.

Tabelle 3.22. *Modalbestände von Amphiboliten*

	1	2	3	4	5
Hornblende	68	44	65	60	42
Plagioklas	18	49	24	3	43*
Zoisit	—	—	1	15	—
Epidot/Klinozoisit	—	1	—	—	12
Granat	—	—	2	10	—
Pyroxen	1	—	—	4	—
Biotit	1	—	—	—	—
Chlorit	—	—	2	—	3
Quarz	9	3	2	6	—
Akzessorien	3	3	4	2	—

1 — Amphibolite (Mittelwert aus 7 Analysen), Emerville area (Adirondacks, USA) — ENGEL, ENGEL und HAVENS 1964; 2 — Amphibolit, Kamerwald (Spessart, BRD) — MATTHES und KRÄMER 1955; 3 — Amphibolit, Husarenstein bei Claußnitz (Erzgebirge, DDR) — LANGE 1965; 4 — Granat-Zoisit-Amphibolit, Brückenmühle bei Mildenau (Erzgebirge, DDR) — LANGE 1965; 5 — Epidotamphibolit, Sulitelma-Gebiet (Norwegen) — VOGT 1927

* *Albit*

Das Gefüge ist — je nach Ausbildung der Amphibole — dickschiefrig (gneisiges Gefüge nach WENK 1963) bis massig. Dünnschiefrige Typen (schiefriges Gefüge nach WENK) deuten auf höhere Anteile an Al-freien Amphibolen hin und stellen Übergangsglieder zu Grünschiefern dar (Taf. 3.XVI). Zunehmende Quarzgehalte leiten zu Hornblendegneisen über. Die Grenze zwischen Amphibolit und Gneis wird von einigen Autoren vom absoluten Quarzanteil abhängig gemacht, andere stellen das Verhältnis Plagioklas/Quarz als Kriterium für eine Abgrenzung heraus. Die Definition der Gneise als Quarz-Feldspat-Gesteine und die ohnehin große chemische Variationsbreite der Gneise spricht für eine Abgrenzung der Quarzamphibolite (bis 10% Quarz) von den Hornblendegneisen (> 10% Quarz) unabhängig vom Quarz/Feldspat-Verhältnis.

Neben Übergängen zu den niedriger temperierten Grünschiefern und den quarzreicheren Hornblendegneisen bestehen Übergänge von Amphiboliten zu den höher temperierten Pyriklasiten und Eklogiten. Zunehmende Klinopyroxen-Gehalte und auftretender Orthopyroxen führen zu Pyroxengranuliten (Pyriklasiten), abnehmende

Plagioklasgehalte bei zunehmenden Granat- und Klinopyroxenanteilen über Granatamphibolite und Eklogitamphibolite zu Amphiboliteklogiten und Eklogiten s. str. Als Diaphthoreseprodukte von Pyroxengranuliten und Eklogiten treten amphibolitische Gesteine in Assoziation mit diesen auf (Taf. 3.XVI/3). Die chemische Zusammensetzung von Amphiboliten gleicht der basaltischer Gesteine. Mineral- und Gefügerelikte belegen die Entstehung bestimmter Amphibolite aus Gabbros, Diabasen oder Basalten bzw. deren Tuffen. Neben solchen Ortho-Amphiboliten existieren Para-Amphibolite, die aus mergeligen Sedimenten herleitbar sind. Bei vollständiger Rekristallisation und fehlenden Reliktgefügen ist eine Unterscheidung von Ortho- und Para-Amphiboliten schwierig. Es liegen zahlreiche Versuche vor, mittels chemischer Kriterien eine solche Zuordnung durchzuführen. Als beste Annäherung kann die Verwendung von Haupt- und Spurenelement-Analysenserien in Verbindung mit einer lithofaziellen Geländeanalyse gelten (HEIER 1962, LEAKE 1964, LANGE 1965).

Tabelle 3.23. *Chemische Zusammensetzung von Amphiboliten*

	1	2	3	4	5
SiO_2	48,2	50,3	50,7	45,4	52,5
TiO_2	1,9	1,6	1,7	2,0	0,4
Al_2O_3	14,5	15,7	13,0	14,4	17,2
Fe_2O_3	3,5	3,6	2,8	2,4	4,4
FeO	10,5	7,8	8,4	7,4	5,0
MnO	0,3	0,2	0,2	0,2	0,1
MgO	6,6	7,0	10,6	8,2	6,7
CaO	10,3	9,5	6,7	8,9	8,6
Na_2O	1,9	2,9	2,0	2,4	4,9
K_2O	1,0	1,1	1,0	0,9	0,4
H_2O^+	1,3	0,3	2,6	2,9	0,7
CO_2	–	–	–	4,3	–
Summe	100,0	100,0	99,7	99,4	100,9

1 – Amphibolite (Mittelwert aus 7 Analysen), Emerville area (Adironacks, USA) – ENGEL, ENGEL und HAVENS 1964; 2 – Amphibolite (Mittelwert aus 200 Analysen) – POLDERVAART 1955; 3 – Amphibolit mit gabbroiden Gefügerelikten, Husarenstein bei Claußnitz (Erzgebirge, DDR) – LANGE 1965; 4 – Granat-Amphibolit, Hammerunterwiesenthal (Erzgebirge, DDR) – LANGE 1965; 5 – Epidotamphibolit Sulitelma-Gebiet (Norwegen) – VOGT 1927

Auf die Möglichkeit der Bildung amphibolitischer Lagen innerhalb von Parametamorphit-Serien durch metasomatische Reaktionen zwischen karbonatischen und pelitischen Schichten wies ORVILLE (1969) hin.

3.3.2.2.6. Pyroxengranulit (Pyriklasit)

Basische Einschaltungen innerhalb granulitischer Gesteinskomplexe gaben Anlaß zur Einführung des Namens Pyroxengranulit (Trappgranulit). Es sind Gesteine, die aus basischem Plagioklas (etwa Labrador-Zusammensetzung), Orthopyroxen (Hypersthen) und Klinopyroxen zusammengesetzt sind. Als häufiger Gemengteil tritt Granat auf. Sein Anteil kann von Null bis mehr als 50 Vol.-% schwanken. Untergeordnet sind Quarz, braune Hornblende, Zoisit und Ilmenit.

Das megaskopisch erkennbare Gefüge der Pyroxengranulite ist massig. Der kleinkörnige granoblastische Kornverband verleiht dem Gestein gute Festigkeitseigenschaften (Taf. 3.XVII/2, 3).

Die modale Zusammensetzung solcher Pyroxengranulite unterscheidet diese von Granuliten (und von echten Pyroxen-Granuliten im Sinne von pyroxenführenden Granuliten) so deutlich, daß in den letzten Jahrzehnten Vorschläge zur Umbenenung laut wurden. Vor allem von BERTHELSEN (1960) und SCHARBERT (1963) wurde der Name *Pyriklasit*, entsprechend der Zusammensetzung *Pyr*oxen und Plagio*klas* propagiert. Der Name Pyriklasit sollte künftig ganz an Stelle der irreführenden Bezeichnung Pyroxengranulit treten, zumal echte Pyroxengranulite (felsische Granulite mit Orthopyroxen-Führung) in den meisten Granulitarealen ebenfalls auftreten.

Als Ausgangsmaterialien für Pyriklasite kommen basische Magmatite und deren Tuffe — aber auch mergelige Sedimente in Frage.

Im sächsischen Granulitgebirge treten die Pyriklasite sowohl als unregelmäßig geformte Körper von mehreren hundert Metern Durchmesser als auch in schieferungs-

Tabelle 3.24. *Modalbestände von Pyriklasiten*

	1	2	3	4
Orthopyroxen	10	35	10 }	78
Klinopyroxen	15	20	20 }	
Plagioklas	20	40	20	5
Granat	35	—	35	2
Quarz	—	—	10	5
Erz	10	5	5	4
Diaphthoreseprodukte (Hornblende, Biotit)	10	—	—	6

1 — Granat-Pyriklasit, Diethensdorf (Granulitgebirge, DDR) — MATHÉ 1969; 2 — Pyriklasit, Hartmannsdorf (Granulitgebirge, DDR) — MATHÉ 1969; 3 — Quarz-Granat-Pyriklasit (mafische Lage im hellen Granulit vgl. Taf. 3.X/1 und 3.XVII/1), Bohrung Tirschheim (Granulitgebirge, DDR) — MATHÉ 1969; 4 — Pyriklasit, Granz (Niederösterreich) — SCHARBERT 1964

Tabelle 3.25. *Chemische Zusammensetzung von Pyriklasiten*

	1	2	3	4
SiO_2	42,2	47,5	58,1	51,7
TiO_2	0,4	3,2	0,4	0,2
Al_2O_3	19,8	14,5	21,2	9,3
Fe_2O_3	0,2	0,2	0,9	0,2
FeO	16,9	13,1	6,8	16,8
MnO	0,18	0,15	0,11	Sp.
MgO	8,6	8,2	2,4	19,2
CaO	8,4	10,1	7,1	0,1
Na_2O	1,0	1,9	2,4	0,5
K_2O	0,4	0,2	0,9	0,6
H_2O^+	0,8	0,5	0,3	0,1
Summe	98,9	99,5	100,6	98,7

1 — Granat-Pyriklasit, Diethensdorf (Granulitgebirge, DDR) — MATHÉ 1969; 2 — Pyriklasit, Hartmannsdorf (Granulitgebirge, DDR) — MATHÉ 1969; 3 — Pyriklasit („Pyroxengranulit"), Sotajoki (Finnland) — ESKOLA 1952; 4 — Pyriklasit, Granz (Niederösterreich) — SCHARBERT 1964

konkordanten geringmächtigen Lagen innerhalb der Granulite auf (Mathé 1969 — vgl. Taf. 3.XVII/1). Eine Entwicklung der Zweipyroxen-Plagioklas-Gesteine aus Al-Klinopyroxen-Granat-Gesteinen (Pyrigarnit nach Vogel 1967) ist verschiedentlich nachweisbar.

Pyriklasite („Pyroxengranulite") treten als linsen- oder lagenförmige Einschaltungen in fast allen Granulitkomplexen auf. Insofern scheint es sich um den Typus mafischer Gesteine in Granulitfazies zu handeln. Im Gegensatz zur Auffassung von Eskola (1952) besteht aber keine Veranlassung, alle Gesteine in Granulitfazies Granulit zu nennen. Direkte Analogien bestehen zwischen Pyriklasiten und den basischen Gliedern der Charnockit-Suite.

3.3.2.2.7. Eklogit

Als Eklogit im weiteren Sinne werden alle aus den Hauptgemengteilen Granat + Klinopyroxen bestehenden Metamorphite bezeichnet. Ausgenommen hiervon sind solche Gesteine, die auf Grund ihrer Assoziation mit anderen Kalksilikat-Gesteinen oder durch Kenntnis der andraditischen bzw. grossularitischen Granat-Zusammensetzung den Kalksilikatfelsen zuzuordnen sind.

Als einschränkendes Kriterium der Eklogite i. e. S. gilt die jadeitisch-diopsidische Zusammensetzung der Klinopyroxene (= Omphacit) und die Pyrop-Almandin-Zusammensetzung der Granate.

Durch die bei gröberem Korn deutlich erkennbare bimineralische Zusammensetzung aus grünen Pyroxenen und roten Granaten und durch die rel. hohe Dichte von 3,3 bis 3,4 g/cm³ sind die Eklogite von anderen Metamorphiten bereits im Handstück gut unterscheidbar.

Das Gefüge der Eklogite ist massig bis dickschiefrig (Taf. 3.XVIII). Eine Schieferung wird vor allem durch auftretende Amphibole hervorgerufen. Als Nebengemengteile von Eklogiten treten braune Hornblende (Karinthin), Zoisit, Disthen und Rutil — untergeordnet auch Orthopyroxen, Alkali-Hornblende, Quarz oder Olivin, Plagioklas und Apatit auf. Die Zusammensetzung der Eklogit-Minerale weist auf hohe Bildungsdrücke

Tabelle 3.26. *Modalbestände von Eklogiten*

	1	2	3	4	5
Klinopyroxen	53[1]	34[1]	40[1]	70[2]	70[1]
Granat	38	60	30	25	15
Diaphthoreseprodukte (Hornblende, Plagioklas, Hellglimmer)	3,4	4	23	—	12[3]
Zoisit	0,5	—	4	—	—
Rutil	1,3	—	1	—	2
Quarz	3,5	—	1	—	3
andere Akzessorien	0,3	2	1	5[4]	—

1 — Eklogit, Brückenmühle bei Mildenau (Erzgebirge, DDR) — Lange 1965; 2 — Eklogit, Senožaty bei Bechyně (ČSSR) — Dudek 1971; 3 — Hornblende-Eklogit, Stümpelfelsen bei Hammerunterwiesenthal (Erzgebirge, DDR); 4 — Granatpyroxenit (serpentinitinterner „Eklogit"), Massanei (Granulitgebirge, DDR) — Mathé 1969; 5 — Paragonitführender Eklogit (vergesellschaftet mit Glaukophaniten), Zermatt (Schweiz) — Bearth und Stern 1971

[1] *omphacitisch;* [2] *diopsidisch;* [3] *Paragonit;* [4] *Spinell*

und relativ hohe Bildungstemperaturen hin (Typusgestein der Eklogitfazies). Bei tektonischen bzw. chemischen Beeinflussungen unter verringertem Druckregime werden die primären Eklogit-Minerale in Hornblenden und Plagioklas umgewandelt. Sowohl in progressiver als auch in retrograder Richtung bestehen kontinuierliche Übergänge zu Amphiboliten. Von LANGE (1963) werden als Übergangstypen mit abnehmenden Omphacit- und zunehmenden Hornblende- bzw. Plagioklas-Gehalten die Bezeichnungen Amphiboliteklogit und Eklogitamphibolit vorgeschlagen.

Die retrograden Umwandlungsprodukte von Granat und Klinopyroxen treten bei unvollständiger Rekristallisation als charakteristische Verwachsungen in symplektitischen oder mikrodiablastischen Gefügen auf. Aus diesen Gefügen entwickeln sich bei lang andauernder Temperung in Amphibolitfazies idioblastische Hornblenden und körnig-flaserige Plagioklase. Die Reaktionsfreudigkeit der eklogitischen Paragenesen bei Wasser-Zutritt und tektonischer Durchbewegung führt zu amphibolitischen Randzonen an Eklogit-Körpern im kristallinen Grundgebirge (Taf. 3.XVIII/4). Die Zunahme der Plagioklas-Anteile im Eklogit bei OH-freiem Modalbestand leitet über zu den Mineralparagenesen der Granat-Pyriklasite (Pyroxengranulite).

Mit der in den letzten Jahrzehnten forcierten Erforschung des oberen Erdmantels und den damit verbundenen Hochdruck-Hochtemperatur-Mineralsynthesen stieg das Interesse an eklogitischen Gesteinstypen stark an. In zahlreichen Arbeiten wurde das „Eklogit-Problem" aufgegriffen und diskutiert. Als Problem wurden hierbei vor allem die Bildungsbedingungen der verschiedenartigen eklogitischen Gesteine sowie ihr Anteil am Aufbau der unteren Kruste und des oberen Mantels betrachtet.

Durch SMULIKOWSKI (1964), COLEMAN und LEE (1965), BANNO (1970) u. a. wurden die verschiedenen Eklogit-Typen zu klassifizieren versucht. Als Eklogite i. e. S. gelten dabei die in Gneis- und Migmatitkomplexen auftretenden Eklogite mit omphacitischen Klinopyroxenen und Almandin-Pyrop-Granaten. Mineralchemisch von ihnen unterschieden sind die Eklogite in Hochdruck-Niedertemperaturfaziesgebieten (zusammen

Tabelle 3.27. *Chemische Zusammensetzung von Eklogiten*

	1	2	3	4	5
SiO_2	48,1	47,5	48,0	45,3	47,0
TiO_2	1,4	1,6	1,2	0,2	1,0
Al_2O_3	15,5	12,6	16,5	13,2	14,6
Fe_2O_3	1,5	4,2	2,4	–	4,3
FeO	7,9	8,9	8,5	6,8	8,9
MnO	0,2	0,2	0,2	0,2	0,1
MgO	11,6	8,0	8,4	16,5	9,2
CaO	9,3	13,2	11,5	14,1	10,7
Na_2O	1,9	3,9	2,3	0,6	3,2
K_2O	0,1	0,1	0,5	0,6	0,9
H_2O^+	1,8	0,2	0,6	1,1	0,6
Summe	99,3	100,4	100,1	98,6	100,5

1 – Eklogit, Brückenmühle bei Mildenau (Erzgebirge, DDR) – LANGE 1965; 2 – Eklogit, Senožaty bei Bechyně (ČSSR) – DUDEK 1971; 3 – Eklogite aus Gneiskomplexen (Mittelwert aus 48 Analysen) – SMULIKOWSKI 1968; 4 – Granatpyroxenit (serpentinitinterner „Eklogit"), Massanei (Granulitgebirge, DDR) – MATHÉ 1969; 5 – Eklogite aus Glaukophaniten (Mittelwert) – MARAKUŠEV 1973

mit Glaukophaniten) durch extrem hohe Na_2O-Gehalte in den Klinopyroxenen und niedrige MgO-Gehalte in den Granaten.

Am breitesten diskutiert und von vielen Autoren nicht oder nur mit Vorbehalt den Eklogiten zugeordnet ist die Gruppe der Granat-Klinopyroxen-Gesteine, die als Lagen, Knollen oder Xenolithe in basischen bis ultrabasischen Gesteinen auftreten. Verbreitet sind solche „Eklogite" z. B. in Granatperidotiten, Kimberliten, Pyroxengranuliten und Alkalibasalten. Aus Peridotitvorkommen der Pyrenäen wurden sie von LACROIX (1917) als *Ariegit* beschrieben. Die mit den Kimberliten Südafrikas assoziierten eklogitischen Gesteine wurden von BECK (1907) als *Griquaite* bezeichnet. Für all diese „Eklogite" sind MgO-reiche Granate (> 70% Pyropanteil) und Na_2O-arme (diopsidische) Klinopyroxene charakteristisch. Ihre Assoziation mit tiefkrustalen bzw. Mantel-Gesteinen, die experimentell ermittelten Bildungsbedingungen pyropreicher Granate, Paragenesen mit Chromit, Mg-Spinell, Diamant usw. weisen auf magmatische Kristallisation dieser Gesteine hin. In diesem Falle ist aber die Bezeichnung Eklogit falsch und sollte durch den Magmatit-Namen *Granat-Pyroxenit* ersetzt werden. Granat-Pyroxen-Gesteine in Granulitfazies, die mit Pyriklasiten assoziiert sind und Plagioklas als stabile Phase führen können, wurden von VOGEL (1967) mit den Namen *Pyrigarnit* belegt.

Disthenreiche Granat-Pyroxen-Gesteine aus jakutischen Kimberlitpipes beschrieb SOBOLEV (1968) als *Grospydit* (Grossular-Pyroxen-Disthen). Als Ausgangsmaterialien für Eklogite s. str. kommen Magmatite mit basaltischem Chemismus und mergelige Sedimentite in Frage.

3.3.2.2.8. Serpentinit

Als Serpentinite werden serpentinführende Gesteine bezeichnet, die sich durch grüne, graugrüne oder schwarze Farbe auszeichnen. Durch Fe-Verbindungen verursachte gelbe, braune und rote Farben stellen Sonderfälle dar, gaben diesen Gesteinen aber besonderen Wert für Schmuck- und Dekorationszwecke.

Als Serpentinminerale treten vor allem Chrysotil und Antigorit, seltener Lizardit u. a. auf. Schon bei Serpentin-Anteilen um 20 Volumen-% gleicht das Gestein megaskopisch einem aus 100% Serpentinmineralen bestehenden. Aus diesem Grunde werden keine scharfen terminologischen Grenzen zwischen serpentinführenden Ultrabasiten und Serpentiniten gezogen.

Als gesteinsbildende Minerale treten in Serpentiniten ferner auf: Olivin, Ortho- und Klinopyroxene, Amphibole, Granate, Chlorit und Talk. Darüber hinaus stellen Eisenoxide und -hydroxide ständige Gemengteile im Serpentinit dar.

Als Akzessorien treten auf: Mg-Spinell, Chromit, Pyrrhotin. Als sekundäre Produkte treten in Lagen oder Gängen häufig Karbonate (vor allem Magnesit) und SiO_2-Modifikationen (Chalcedon, Chrysopras) auf.

Das Gefüge der Serpentinite ist durch die sperrige Anordnung der Serpentinminerale massig. Ein Lagenbau wird meist durch magmatische Differentiation der präserpentinitischen Ausgangsmaterialien verursacht. Das massige bis dickbankige Gefüge vieler Serpentinite, verbunden mit einer geringen Härte und guten Polierfähigkeit, prädestinierte diese Gesteine bereits in der Antike als Schmuck- und Dekorationsmaterial. Der alte griechische Name Ophites wurde später latinisiert und ging über das Italienische als Serpentin in das Begriffsinventar mittelalterlicher Bauleute ein. Heute wird in der Petrologie die Gesteinsbezeichnung Serpentinit gebraucht, während sich in der Bau- und Kunstgewerbe-Industrie die Werkstoffbezeichnung Serpentin bis heute erhalten hat.

Tabelle 3.28. *Modalbestände von Serpentiniten*

	1	2	3	4
Serpentinminerale	66	90	85	83
Klinopyroxen-Relikte	22	—	—	4
Olivin-Relikte	—	—	—	6
Orthopyroxen bzw. Bastit	—	—	10	7
Granat bzw. Kelyphit	10	—	—	—
Erz	2	10	5	+

1 – Granatserpentinit, Rubinberg bei Greifendorf (Granulitgebirge, DDR) – MATHÉ 1969; 2 – Serpentinit, Reinsdorf (Granulitgebirge, DDR) – MATHÉ 1969; 3 – Bronzitserpentinit, Kiefernberg bei Hohenstein-Ernstthal (DDR) – MATHÉ 1969; 4 – Serpentinit vom Ozeanboden, AMSOC-Bohrung (Puerto Rico) – HESS 1964

Unter dem Mikroskop erweist sich bei gekreuzten Nicols die Maschenstruktur der Serpentinminerale (Taf. 3.XIX/2, 3), die auf unterschiedliche Regelung der Serpentine bei ihrer Entstehung zurückgeht.

Als Ausgangsmaterialien für Serpentinite kommen vor allem ultrabasische Magmatite (Peridotite) in Frage. Serpentinminerale bilden sich durch Hydratisierung aus Olivin, Ortho- und Klinopyroxenen, seltener aus Amphibolen oder Chloriten. Am leichtesten neigt der Olivin zur Serpentinisierung, wobei die Verdrängung des Olivinkorns von den Korngrenzen aus nach innen erfolgt und dabei durch wechselnde Lagerung der Serpentinminerale die charakteristische Maschenstruktur entsteht. In den Zentren der Serpentin-Maschen treten häufig noch Olivin- oder Pyroxenrelikte auf (Taf. 3.III/3 und 3.XIX/4).

Die Stöchiometrie des Serpentinisierungsprozesses ist noch nicht völlig geklärt. Als Serpentinisierungs-Gleichungen kommen in Anlehnung an HESS (1933) in Betracht:

$$\underset{\text{(Forsterit)}}{4\,Mg_2[SiO_4]} + 2\,CO_2 + 4\,H_2O = \underset{\text{(Serpentin)}}{Mg_6[(OH)_8/Si_4O_{10}]} + \underset{\text{(Magnesit)}}{2\,MgCO_3}$$

$$\underset{\text{(Forsterit)}}{3\,Mg_2[SiO_4]} + SiO_2 + 4\,H_2O = \underset{\text{(Serpentin)}}{Mg_6[(OH)_8/Si_4O_{10}]}\,;$$

$$\underset{\text{(Forsterit)}}{2\,Mg_2[SiO_4]} + \underset{\text{(Enstatit)}}{Mg_2[Si_2O_6]} + 4\,H_2O = \underset{\text{(Serpentin)}}{Mg_6[(OH)_8/Si_4O_{10}]}\,;$$

$$\underset{\text{(Olivin)}}{12\,Mg_{1,5}Fe_{0,5}[SiO_4]} + 12\,H_2O + O_2 = \underset{\text{(Serpentin)}}{3\,Mg_6[(OH)_8/Si_4O_{10}]} + \underset{\text{(Magnetit)}}{2\,Fe_3O_4}.$$

Da keine der genannten Gleichungen den Serpentinisierungsvorgang natürlicher Gesteine voll umfassen kann, müssen noch wesentlich komplexere Prozesse vermutet werden. Dies um so mehr, als die Hydratisierungsprodukte ein wesentlich größeres spezifisches Volumen aufweisen als die Ausgangsmaterialien, an den Serpentinitkomplexen aber Volumenzunahme bisher kaum beobachtet werden konnte.

Die Betrachtung der Serpentinisierung als offenes thermodynamisches System berechtigt uns, die Serpentinite auch den metasomatisch entstandenen Gesteinen anzugliedern.

Die ursprünglichen Olivine bestehen meist aus Forsterit- und Fayalit-Anteilen (letzteres zwar meist untergeordnet). Da in die Serpentinminerale Eisen nur in sehr geringer Menge eingebaut werden kann, wird beim Hydratisierungsprozeß Fe frei. Entsprechend dem Redoxpotenital der serpentinisierenden Fluida wird dieses meist als Magnetit an den Korngrenzen der ehemaligen Olivinkörner abgeschieden (Taf. 3.XIX/1). Bei tektonischer Beanspruchung wandert das Eisenerz meist auf Klüfte ab.

Die modale Zusammensetzung der Serpentinite ist abhängig vom Ausgangsmaterial und vom Serpentinisierungsgrad. Reine Olivingesteine (Dunite) werden leichter und vollständiger serpentinisieren als Olivin-Pyroxen-Gesteine (Peridotite i. w. S.). Bei letzteren wird wiederum die Serpentinisierung von orthopyroxenführenden Typen eher vonstatten gehen als die von klinopyroxenführenden. Orthopyroxene bewahren auch nach der Serpentinisierung oft ihren äußeren Habitus. Bronzit-Serpentinite z. B. führen bronzeschillernde Einsprenglinge, die sich unter dem Mikroskop bereits als völlig serpentinisiert erweisen. Solche Pseudomorphosen von Serpentin nach Orthopyroxen heißen Bastite (Taf. 3.XX/1, 2).

Klinopyroxene werden meist nur sehr unvollständig serpentinisiert und treten häufig als Relikte im Serpentin-Maschengewebe auf (Taf. 3.XX/3). Ehemalige Granat-Peridotite enthalten auch nach der Serpentinisierung neben Klinopyroxen noch Granat-Relikte. Die Mg-reichen Granate (> 70% Pyrop-Molekül) zerfallen bei Druckentlastung in ein radialstrahliges Haufwerk von Klinopyroxen (oder Amphibol) + Spinell, den sog. Kelyphit. Wenn diese Umwandlung unvollständig ist, sind die Relikt-Granate von Kelyphit-Säumen umgeben (Taf. 3.XX/4). Bei der Serpentinisierung werden auch die kelyphitisierten Granate allmählich in Serpentinminerale übergeführt.

Umlagerungen von Serpentinmineralen gehen bei tektonischer Beanspruchung vonstatten. In Zerrklüften bildet sich oftmals parallelfaserige Serpentinsubstanz senkrecht zur Kluftfläche aus (Serpentin-Asbest). Bei Scherklüftung liegen die Serpentinaggregate parallel der Scherfläche (Blätterserpentin). Der Strukturtyp der Serpentinminerale ist temperaturabhängig.

Serpentinite treten im Bereich der Böhmischen Masse vor allem als Granat-Serpentinite (ehemalige Peridotite des Erdmantels) und als Pyroxen (Bronzit)-Serpentinite

Tabelle 3.29. *Chemische Zusammensetzung von Serpentiniten*

	1	2	3	4	5
SiO_2	39,6	38,3	36,5	37,9	41,0
TiO_2	0,2	Sp.	—	—	0,1
Al_2O_3	3,9	0,4	0,5	0,7	0,5
Fe_2O_3	3,9	7,2	7,0	5,7	5,0
FeO	4,1	1,0	0,6	2,1	2,4
MnO	0,1	0,2	0,1	0,2	0,3
MgO	34,4	37,5	39,4	38,3	35,2
CaO	2,2	Sp.	—	—	0,2
Na_2O	0,6	—	—	0,1	1,9
K_2O	0,1	—	—	—	0,4
H_2O^+	10,7	12,8	13,8	13,4	11,4
H_2O^-	n. b.	n. b.	1,3	0,6	0,4
Cr_2O_3	—	—	0,4	0,3	0,4
Summe	99,8	97,4	99,6	99,3	99,2

1 — Granatserpentinit, Rubinberg bei Greifendorf (Granulitgebirge, DDR) — MATHÉ 1969; 2 — Bronzitserpentinit (Mittelwert), Hohenstein-Ernstthal (DDR) — JUBELT 1954; 3 — Bronzitserpentinit, Kiefernberg bei Hohenstein-Ernstthal (DDR) — GRADE 1951; 4 — Serpentinit vom Ozeanboden, Mittelatlantischer Rücken — HESS 1964; 5 — Bronzitserpentinit, Cisařski les (ČSSR) — FIALA 1958

(ehemalige Saxonite) innerhalb des kristallinen Grundgebirges auf. Geringere Verbreitung haben serpentinisierte Pikrit-Gänge, Amphibolite und Gabbros.

Bekannt wurden vor allem die Granatserpentinite von Zöblitz im Erzgebirge wegen ihrer Verwendung als Dekorationsmaterial. Im Harz treten Serpentinite im Bereich des Basit-Ultrabasit-Komplexes von Bad Harzburg (BRD) auf.

Serpentinite sind lagerstättenkundlich wegen ihrer Gehalte an Ni- und Cr-Erzen sowie der an sie gebundenen Magnesit-, Asbest- und Talk-Vorkommen von Bedeutung.

3.3.2.3. Überwiegend kontaktmetamorph geprägte Gesteine

Brand-Gesteine

Thermometamorphe Bildungen, die als räumlich eng begrenzte geologische Körper an die Umgebung bestimmter Wärmequellen (Magmatite, oxydierte Kohlenflöze) gebunden sind und meist im Dezimeter- bis Meterbereich den Übergang zu ihren prämetamorphen Ausgangsmaterialien erkennen lassen, sollen hier unter der Sammelbezeichnung Brand-Gesteine zusammengefaßt werden.

Nach Gefüge und Modalbestand wären diese Gesteine durch andere Metamorphit-Namen zu charakterisieren. Auf Grund ihrer meist im Aufschlußbereich überschaubaren geologischen Position und bestimmter augenfälliger Merkmale werden solche Gesteinstypen traditionellerweise mit Bezeichnungen belegt, die nicht mineralogisch definiert sind.

Hierher gehören Tone verschiedener Zusammensetzung, die am Kontakt mit Magmatit-Körpern kleinerer Dimension (z. B. an Gängen) thermische Umkristallisation erfahren haben. Die entstehenden Gesteine haben Ähnlichkeit mit den Produkten technischer Brennverfahren und werden deshalb auch als *gebrannte Tone* bezeichnet. Flächenhaft verbreitete Brand-Gesteine können auch auf Flözbrände im Untergrund zurückgeführt werden, wie das im Nordböhmischen Braunkohlenrevier häufig ist. Sie sind unter dem Namen *Erdbrandgesteine* bekannt.

Durch Oxydation der Eisengehalte beim „Brennprozeß" haben solche Erdbrandgesteine meist rote Farbe. In Sammlungs-Proben sind sie von Ziegelstein-Bruchstücken oft kaum zu unterscheiden.

Gebrannte Tone heller bis blaugrauer Färbung werden als *Porzellanjaspis* bezeichnet.

Eine weitere Gruppe von Brand-Gesteinen ist aus Sanden und Sandsteinen entstanden. Infolge starker thermischer Beeinflussung werden Hochtemperatur-Phasen wie Tridymit, Cristobalit, Spinell, Orthopyroxen, Sillimanit usw. gebildet. In extremen Fällen werden die Quarzkörner selbst oder das Bindemittel verglast. In jedem Falle ist damit eine Erhöhung der Kornbindung und damit der Festigkeit des Gefüges verbunden, wie sie auch bei der Technologie der Sinterung oder Frittung zu beobachten ist. Die entstehenden Gesteine werden als gefritteter Sand bzw. *gefritteter Sandstein* bezeichnet. Mit dieser Frittung verbunden ist bei Sandsteinen häufig die Ausbildung polygonaler Klüfte, die zu einer mehr oder weniger deutlichen säuligen Absonderung führt. Sandstein-Säulen am Kontakt mit Basalten sind z. B. aus der Oberlausitz und dem Elbsandsteingebirge bekannt geworden (Taf. 3.XXI/1).

Kontakt-Schiefer

Tonige Sedimente höheren Diagenese- bzw. schwachen Metamorphosegrades zeigen am Kontakt zu größeren Magmatit-Körpern eine charakteristische Reihe megaskopisch sichtbarer Rekristallisationserscheinungen. Sie sollen hier unter der Sammelbezeichnung Kontakt-Schiefer zusammengefaßt werden.

Schiefer-Kontakthöfe um Tiefengesteinskörper (vor allem Granite) wurden auf Grund ihrer auffälligen Gesteinsassoziationen bereits frühzeitig als solche erkannt (NAUMANN 1846, 1858, von COTTA 1855) und in den klassischen Arbeiten von ROSENBUSCH (1877) und GOLDSCHMIDT (1911) eingehend beschrieben.

Die ersten megaskopisch sichtbaren Kontakterscheinungen in Tonschiefern sind dunkle Flecken, die vor allem auf den *s*-Flächen sichtbar werden. Es handelt sich dabei um Mobilisate von Kohlenstoff und Bitumensubstanzen, die im Sediment in feindisperser Form auftreten und bei Temperaturerhöhung längs der Schieferungsflächen migrieren. Die entstehenden Gesteine werden als *Fleckschiefer* bezeichnet.

Eine gleichzeitig damit beginnende Rekristallisation der Quarze und Tonminerale kann mikroskopisch durch Kornvergröberung bzw. röntgenographisch durch Struktur- und Phasenveränderung nachgewiesen werden. Megaskopisch sichtbar wird diese Rekristallisation erst dann, wenn die Glimmer auf den *s*-Flächen zusammenhängende Beläge oder aber größere Kristallblättchen bilden (phyllitischer bzw. glimmerschieferartiger Habitus der Gesteine) und wenn die neugebildeten Mineralphasen als Aufwölbung der Glimmerbahnen („Knoten") oder als kleine, getreidekornähnliche Blasten („Früchte") in Erscheinung treten. Die alten deutschen Bezeichnungen *Knotenschiefer* und *Fruchtschiefer* kennzeichnen solche Gesteine recht gut und finden auch heute noch Verwendung (Taf. 3.XXI/2 und 3).

Als knoten- bzw. früchtebildende Blasten treten vor allem die Minerale Andalusit und Cordierit, mitunter auch Albit, Epidot und Amphibole auf. Durch die im Blastesebereich angereicherte kohlige Substanz ist der Andalusit oft in der Varietät Chiastolith ausgebildet. Chiastolithschiefer treten nicht nur als kontaktmetamorphe Bildungen, sondern auch als Produkte der Regionalmetamorphose mit steilem geothermischen Gradienten (Abukuma-Typ) auf. Um eine klare nomenklatorische Zuordnung treffen zu können, sollte zwischen Chiastolith- (Andalusit-) Fruchtschiefern einerseits und Chiastolith- (Andalusit-) Phylliten bzw. -Glimmerschiefern andererseits unterschieden werden.

Der Cordierit der Kontaktschiefer zeigt unter dem Mikroskop häufig Viellings-Struktur, die auch dann noch erkennbar ist, wenn ein großer Teil des Cordieritkristalls in Muskovit-Chlorit-Substanz umgewandelt (pinitisiert) ist.

Selbst bei völligem Abbau der kontaktmetamorphen Mineralumbildungen durch Diaphthorese oder durch spätere regionalmetamorphe Überprägung bleibt die Fruchtschiefer-Struktur oft erhalten und kann megaskopisch als Flecken oder mikroskopisch als Opakmineral-Anreicherungen wahrgenommen werden.

Stärkere Blastese der Andalusit- oder Cordieritindividuen führt zu größeren z. T. büscheligen Mineralaggregaten, die auf den *s*-Flächen garbenähnliche Formen erkennen lassen (*Garbenschiefer*).

Mit zunehmender thermischer Beanspruchung können Tonschiefer im Kontaktbereich von Plutonen in der Folge: Fleckschiefer — Knotenschiefer — Fruchtschiefer — Garbenschiefer auftreten. Art und Größe der Mineralneubildungen (und damit der Typ der Kontakt-Schiefer) hängen weitgehend von der mineralogischen Zusammensetzung und dem Gefüge des Primärgesteins ab. Die oben angeführte Reihe ist deshalb als Modell zu betrachten und ist nicht immer vollständig entwickelt.

Die als „Flecken", „Knoten", „Früchte" oder „Garben" erkennbaren Kontakterscheinungen sind nur einzelne, augenfällige Produkte der den gesamten Mineralverband erfassenden thermischen Umkristallisation. Bei Vernachlässigung einer speziellen Kontaktgesteins-Nomenklatur wären die entsprechenden thermometamorphen Tonschiefer als Andalusit-Phyllite, Cordierit-Glimmerschiefer usw. anzusprechen.

In SiO_2-armen Schiefern kommt es bei der Kontaktmetamorphose zur Bildung von Spinell oder Korund.

Al-Hydroxid- bzw. Oxidhydrat-Gesteine (Bauxite, Laterite) werden durch Kontaktmetamorphose in Korundgesteine (Smirgel oder *Schmirgel*) umgewandelt.

Hornfels

Kontaktgesteine, die auf Grund ihrer unmittelbaren Nachbarschaft zur Wärmequelle relativ hohen Temperaturen (um 600 °C) ausgesetzt waren, weisen so kräftige Umkristallisationserscheinungen auf, daß sie von den genannten Kontakt-Schiefern leicht unterscheidbar sind. Sie werden wegen ihrer Härte, ihrer Feinkörnigkeit und ihres splittrigen Bruches als Hornfelse bezeichnet. Der Name wird heute ausschließlich für kontaktmetamorphe Gesteine gebraucht, während er bis zum Ende des vorigen Jahrhunderts noch synonym mit der Bezeichnung Hornstein für alle dichten splittrigen (quarzreichen) Gesteine Verwendung fand.

Durch intensive ($\mp$ gleichzeitige) Rekristallisation nahezu aller Phasen entstehen bei starker thermischer Beeinflussung im unmittelbaren Kontaktbereich charakteristische granoblastische Gefüge, die im Idealfall als Mosaik- oder Pflasterstrukturen ausgebildet sind und die mechanischen Eigenschaften der Hornfelse bedingen.

Die Bezeichnung Hornfels kann, unabhängig von der mineralogischen Zusammensetzung, auf alle feinkörnigen bis dichten, harten und splittrig brechenden Kontaktgesteine angewandt werden. Nach dem Mineralbestand können einzelne Varietäten wie: Andalusit-Hornfels, Korund-Biotit-Cordierit-Hornfels, Biotit-Muskovit-Quarz-Hornfels, Hornblende-Hornfels usw. ausgehalten werden.

Viele Hornfelse zeigen trotz der überwiegenden felsischen Bestandteile dunkle Farbe.

Die meisten der hier zur Gruppe der Hornfelse gerechneten Gesteine stammen von tonigen Sedimenten ab, in denen die Schieferung durch die intensive Blastese völlig verwischt wurde.

Die sog. Kalksilikathornfelse, deren Bildung durch isocheme Kontaktmetamorphose, Kontaktmetasomatose oder Regionalmetamorphose nicht immer rekonstruiert werden kann, sollten besser unter der Bezeichnung Kalksilikatfels (s. Abschn. 3.3.2.2.) geführt werden. Andere, metasomatisch stark beeinflußte Hornfels-Typen, wie die Adinole u. ä. werden im Abschnitt über Metasomatite (3.3.2.4.) behandelt.

Typische Hornfelse treten nicht nur im inneren Kontakthof von sandig-tonigen Sedimenten um Tiefengesteinskörper oder am Salband von Gängen auf, sie sind auch bei Xenolithen zu beobachten. So stellen die Einschlüsse ehemaliger Grauwacken in den Granodioriten der Lausitz oder die Hochtemperatur-Einschlüsse in den Trachyten der Eifel (Sanidinite) ebenfalls Hornfelse dar.

3.3.2.4. Überwiegend metasomatisch geprägte Gesteine (Metasomatite)

In diesem Abschnitt sollen die markantesten Typen metasomatisch geprägter Gesteine Erwähnung finden, deren Bildungstemperatur im Bereich metamorpher Prozesse ($>$ 200 °C liegt).

Für die Einführung spezieller Namen metasomatisch gebildeter Gesteine waren vor allem genetische Gesichtspunkte ausschlaggebend. Systematisierungsversuche erfolgten meist auf Grund physikochemischer (nach Bildungstemperaturen, zugeführten chemischen Substanzen, Eh/pH-Verhältnissen) oder geologischer Kriterien (nach Ausgangsgesteinen, Bindung an Plutone, Vulkanite oder Gänge), weniger nach den für kristalline Gesteine angestrebten Prinzipien der modalen Zusammensetzung.

Im folgenden werden die verbreitetsten Metasomatite, soweit sie als eigenständige Gesteinstypen auftreten, in der Reihenfolge: SiO_2-Metasomatite, Alkali-Metasomatite, „pneumatolytische Metasomatite" und komplexe „Hydrothermalmetasomatite" beschrieben.

Die Gesteine der ersten drei Gruppen werden auch als Hochtemperatur-Metasomatite bezeichnet, während die meist an Gangzonen gebundenen Hydrothermalmetasomatite (z. T. auch Nebenerz-Metasomatite oder hydrothermal umgewandelte Nebengesteine genannt) Tieftemperaturbildungen darstellen, deren Entstehungsbereich z. T. bereits außerhalb der für Metamorphoseprozesse typischen Temperaturen liegt.

Sekundär-Quarzit

Sekundär-Quarzite sind Gesteine, die wie die regionalmetamorph gebildeten Quarzite im wesentlichen aus Quarz bestehen, im Gegensatz zu diesen aber nicht aus extrem kieselsäurereichen Ausgangsmaterialien durch konservativ chemische Umkristallisation, sondern durch metasomatische SiO_2-Zufuhr (Verkieselung) und Verdrängung anderer Mineralphasen aus sauren bis intermediären Gesteinen entstanden sind (Taf. 3.XXII/1).

Die Bezeichnung Sekundär-Quarzit wurde in der Vergangenheit vor allem in der russischen und sowjetischen petrographischen Literatur gebraucht und zunächst auf erzführende, hydrothermal veränderte Vulkanite beschränkt. In Übereinstimmung mit neueren sowjetischen Arbeiten (Nakovnik 1968, Vlasov und Borisov 1970) kann diese Gesteinsgruppe aber als polygen angesehen und der Name Sekundär-Quarzit für einen breiten Bereich metasomatisch entstandener Quarz-Gesteine verwendet werden. Ihr Bildungsbereich erstreckt sich von hohen Temperaturen (hier oft synonym mit Quarz-Greisen) bis zu tiefthermalen Bedingungen (Hydrothermalquarzite nach Koržinskij 1965).

An Sekundärquarzite sind häufig bedeutende Steine-und-Erden-Lagerstätten (Alunit, Dickit, Diaspor, Korund) bzw. Erzlagerstätten von Kupfer, Molybdän u. a. geknüpft.

Skarn

Der schwedische Terminus Skarn, der ehemals Silikatminerale in bestimmten Erzlagerstätten bezeichnete, wird heute meist für metasomatisch gebildete Kalksilikatgesteine gebraucht.

Die bei der Kristallisation granitischer Magmen freiwerdenden SiO_2-reichen Gase reagieren mit Karbonatgesteinen im Exokontaktbereich solcher Plutonite unter Bildung von Kalksilikat-Paragenesen, die analog den im Abschnitt 3.3.2.2. beschriebenen Kalksilikatfelsen ausgebildet sein können. Vom Modalbestand her ist die Unterscheidung regionalmetamorpher und metasomatischer Kalksilikatgesteine nur schwer möglich. Da solche Kalksilikate aber bevorzugte Fällungsbereiche für Schwermetall-Ionen darstellen und im Gefolge der SiO_2-reichen Restlösungen eines erkaltenden Magmas bei abklingendem Temperaturregime weitere, schwermetallführende Lösungen abgegeben werden, sind die metasomatisch gebildeten Kalksilikatfelse meist polymetallisch vererzt.

Auf diese vererzten Kalksilikatgesteine sollte, wie im Abschn. 3.3.2.2. empfohlen, der Name Skarn beschränkt bleiben. Dominierendes Erzmineral der Skarne ist Magnetit. Magnetit-Skarne stellen daher den klassischen Typ jener wirtschaftlich bedeutsamen Gesteine dar. In jüngerer Zeit gewinnen Skarne als potentielle Träger metasomatischer Cu-, Pb-, Zn-, Sn- und U-Vererzungen immer mehr an Bedeutung.

Als Kalksilikat-Minerale treten in den Skarnen ebenso wie in Kalksilikatfelsen Granate, Klinopyroxene, Amphibole, Zoisit, Epidot, Wollastonit u. a. auf.

Ausgangsgesteine von Skarnen sind in der Mehrzahl der Fälle Kalksteine (Kalkskarne) oder Dolomite (Magnesiaskarne) bzw. deren metamorphe Äquivalente. Als Nebengesteine der meist unregelmäßig begrenzten Skarnkörper treten deshalb (in den Bereichen fehlender oder geringer SiO_2- und Schwermetall-Metasomatose) Kalksteine bzw. Marmore auf. In selteneren Fällen können Skarne darüber hinaus durch komplexe Metasomatose aus sauren bis basischen Magmatiten entstehen (Apogranitskarne, Apobasitskarne usw. nach SEMENENKO 1964).

Kalifeldspatisierte Gesteine

entstehen bei der K-betonten Hochtemperatur-Metasomatose Al_2O_3-reicher Gesteine. Besonders instruktive Bilder sind in den ersten Stadien der Kalizufuhr bei Tonschiefern zu beobachten (kalifeldspatisierte oder „verfeldspatete" Schiefer). Die Bildung großer, oft idioblastischer Feldspäte verleiht den Schiefern ein massiges Gefüge und führt im fortgeschritteneren Stadium zur Ausbildung granitischer Strukturen (Taf. 3.XXIV/I).

Tabelle 3.30. *Chemische Zusammensetzung von Metasomatiten*

	1	2	3	4	5	6	7	8	9	10	11
SiO_2	71,0	40,1	39,1	74,1	76,9	63,2	60,6	75,3	42,0	63,9	49,3
TiO_2	0,4	–	0,5	0,1	–	0,2	0,1	–	3,3	0,8	1,2
Al_2O_3	16,8	7,3	4,9	12,8	11,2	21,4	16,8	11,8	15,6	17,4	14,8
Fe_2O_3	1,0	10,8	14,2	0,6	1,9	1,5	1,1	sp.	1,5	3,7	5,4
FeO	0,7	4,8	14,0	1,9	1,0	0,4	1,0	1,8	11,5	0,6	4,7
MnO	–	2,3	0,3	0,1	–	–	0,1	–	0,2	–	0,4
MgO	0,9	2,0	4,0	0,2	0,3	0,2	0,2	1,6	7,7	0,7	6,9
CaO	0,5	26,4	19,3	1,5	0,8	0,8	4,6	0,3	3,3	1,0	7,2
Na_2O	0,3	0,3	–	1,6	0,3	0,2	6,2	7,5	4,7	1,0	1,9
K_2O	3,5	–	0,8	4,5	2,1	0,3	6,1	0,6	0,2	7,7	1,4
H_2O^+	2,5	1,7	1,0	1,6	2,5	1,6	0,2	0,8	5,9	2,8	3,8
CO_2	2,5	3,8	1,9	0,4	–	0,1	2,5	n. b.	2,3	0,2	1,3
Summe	97,6[1]	99,5[2]	100,0	99,4	97,0[3]	89,9[4]	99,5	99,7	98,2	99,8	98,3

1 – Sekundärquarzite (Mittelwert aus 5 Analysen), Kounrad-Massiv (Kasachstan, UdSSR) – NAKOVNIK 1968; 2 – Granat-Pyroxen-Skarn (mit Scheelit vererzt), Pic de Costabonne (Pyrenäen, Frankreich) – GUITARD und LAFFITTE 1960; 3 – Magnetit-Skarn („Sekundärskarn"), Antonsthal (Erzgebirge, DDR) – SCHÜTZEL 1970; 4 – Kalifeldspatisierter Kontaktschiefer, Drei-Annen-Hohne (Harz, DDR) – SEIM 1963; 5 – Glimmer-Quarz-Greisen, Tannenberg (Vogtland, DDR) – KAEMMEL 1961; 6 – Quarz-Topas-Greisen, Tannenberg (Vogtland, DDR) – KAEMMEL 1961; 7 – Fenit, Melteig (S-Norwegen) – BRÖGGER 1921; 8 – Adinol, Allrode (Harz, DDR) – ROSENBUSCH und OSANN 1923; 9 – Spilit, Hlásna Třebaň (Barrandium, ČSSR) – FIALA 1974; 10 – Propylit (Quarz-Adular-Fazies), Čelopec bei Pirdop (Bulgarien) – MUTAFČIEV und ČIPČAKOVA 1969; 11 – Propylit (Aktinolith-Epidot-Chlorit-Fazies), Breznik (Bulgarien) – VELINOV 1967

[1] *Hierzu noch* 1,1% S, 0,5% CuO u. a.;
[2] *hierzu noch* 0,4% WO_3;
[3] *hierzu noch* 1,0% SnO_2, 0,4% CuO, 0,3% P_2O_5, 1,8% F, 0,4% S, 0,4% As;
[4] *hierzu noch* 3,2% SnO_2, 0,3% P_2O_5, 9,1% F

Im Falle intensiver K-betonter Alkalimetasomatose können aus tonigen Sedimenten oder Metapeliten granitoide Gesteine entstehen, die von magmatisch gebildeten nicht zu unterscheiden sind. Dieser Prozeß der metasomatischen Granitisierung ist eine der Möglichkeiten der Granitgenese (vgl. Abschn. 1.2.1.), die in ihrer petrologischen Bedeutung aber hinter der anatektischen Granitbildung weit zurückstehen dürfte.

Über die Herkunft der Alkalien bei Feldspatisierungsprozessen (s. auch Albitite im folgenden Abschnitt) gibt es in der Literatur zahlreiche Meinungen. Ein Bezug aus kristallisierenden Magmen erscheint zwar naheliegend, ist aber in zahlreichen Fällen geologisch nicht zu belegen. Aus diesem Grunde müssen auch Dehydratisationsprodukte regionalmetamorpher Prozesse und die Alkaligehalte der normalen Porenlösungen als mögliche Quellen in Betracht gezogen werden.

Instruktive Beispiele progressiver Kalifeldspatisierung von Tonschiefern sind im Kontaktbereich des Brocken-Plutons bei Drei-Annen-Hohne zu beobachten, wo sie von Seim (1963) beschrieben wurden.

Als spezielle Typen K-betonter Alkalimetasomatite sollen hier noch die Sanidinite und Gumbeite erwähnt werden. Erstere sind kontaktmetasomatische Höchsttemperaturbildungen, wie sie beispielsweise in den Xenolithen alkalireicher Vulkanite im Laacher-See-Gebiet (Eifel) vorliegen (Kalb 1936).

Letztere sind Tieftemperaturbildungen, bei denen der Kalifeldspat Adular in Paragenese mit Quarz und Ankerit vorliegt. Sie wurden von Koržinskij als hydrothermale Nebengesteinsumwandlungen von Quarzgängen im S-Ural erstmalig beschrieben und benannt. Zusammen mit den unten aufgeführten Beresiten und Argillisiten gehören sie zu den typischen Tieftemperatur-Metasomatiten hydrothermaler Erzgänge („Nebenerz-Metasomatite" der russischen Nomenklatur).

Albitit

Als Feldspatisierung kann, ebenso wie die im vorangegangenen Abschnitt beschriebene Kalifeldspat-Bildung, auch die durch Na-betonte Alkali-Metasomatose hervorgerufene Bildung von Na-Feldspäten (meist albitischer Zusammensetzung) in Gesteinen unterschiedlichster petrographischer Zusammensetzung bezeichnet werden. Die Palette petrographischer Erscheinungsbilder reicht von der Blastese einzelner Albitkristalle bis zur Ausbildung reiner Albitite.

Albitisierung tritt sowohl als lokale Erscheinung im Kontaktbereich magmatischer Körper und an Störungszonen auf, ist aber auch als regionales Phänomen in vielen Krisallinkomplexen zu beobachten. Besonders in geschieferten Metamorphiten führt die postdeformative Albitblastese zu augenfälligen Gefügebildern (Albitphyllite, Perlgneise, „Körnelgneise" — vgl. Taf. 3.XXIII). Die regionale Feldspatisierung, insbesondere die Albitisierung, wurde in ihren Erscheinungsformen oft beschrieben und genetisch zu deuten versucht. So von Sander (1912) aus den Ostalpen in Zusammenhang mit der „Tauern-Kristallisation", Goldschmidt (1920) aus Norwegen, Bearth (1948) aus den Westalpen, Mathé (1976) aus dem sächsischen Erzgebirge usw.

Fenit

Der Name wurde von Brögger (1921) in die petrographische Literatur eingeführt. Als Fenite wurden von ihm die durch Alkali-Metasomatose in der Umgebung von Alkaligesteins-Komplexen des Fen-Gebietes in S-Norwegen entstandenen Gesteine bezeichnet.

Die Fenitisierung besteht aus einer Neubildung von Na-betonten Silikatmineralen wie Albit, Na-Amphibol und Na-Pyroxen. Als Na-Quelle können hier kristallisierende Alkali-Magmatite (Ijolite, Melteigite) definiert werden.

Die Alkalisierung betrifft im klassischen Fen-Gebiet unterschiedliche Primärgesteine, wie Gneise, Granite und Kalksteine. Die Unterschiede zur reinen Albitisierung bestehen in der gleichzeitigen Bildung größerer Anteile von mafischen Alkali-Mineralen.

Spilit

Als Spilite werden feinkörnige, Na-betonte basaltische Gesteine bezeichnet. Der charakteristische Modalbestand ist Albit + Chlorit + Leukoxen (± Klinopyroxen ± Anreicherer Plagioklas ± Amphibol ± Glas ± Serpentin ± Biotit ± Calcit). Auf Grund dieser Mineralzusammensetzung zeigen sie meist deutlich grüne Farbe. Ihre Vergesellschaftung mit intrusiven und effusiven Diabasen, mit Keratophyren und Serpentiniten charakterisiert die Spilite als Glied der Ophiolith- oder Grünstein-Suite. In zahlreichen Arbeiten werden sie auch in die Gruppe der Magmatite gestellt. Reliktische Plagioklas-Kerne in den Albiten, aus Klinopyroxenen oder Glassubstanz neugebildete Chlorite u. a. weisen aber auf Umkristallisation einer primär „normalbasaltischen" Paragenese bei metasomatischer Stoffzufuhr hin. Aus diesem Grunde erscheint ihre Zuordnung zu Metamorphiten bzw. Metasomatiten gerechtfertigt.

Zur Genese der Spilite, insbesondere zur Deutung der Herkunft des Natriums und des Zeitpunktes der Albit- und Chlorit-Bildung liegen zahlreiche Arbeiten mit unterschiedlicher Aussage vor (Wells 1922, 1923, Eskola u. a. 1935, Gilluly 1935, Hentschel 1952, Rösler 1960, Koržinskij 1962 u. a.).

Das weitgehende Fehlen spilitischer Paragenesen bei rezenten submarinen Effusionen, die Relikt-Gefüge und -minerale sowie die experimentell durchgeführten Spilit-Reaktionen sprechen für eine metamorph-metasomatische Entstehung der Spilite, die damit als spezielle Gruppe der Metasomatite betrachtet werden können.

Adinol

Feinkörnige bis dichte, massige Gesteine von hellgrauer bis grüner Farbe und muscheligem Bruch, die am Kontakt von basischen Gesteinen (insbesondere Diabasen) auftreten, werden als Adinole bezeichnet. Es sind Hornfelse, die aus Tonschiefern durch thermische Umkristallisation und Metasomatose von SiO_2 und Na_2O gebildet werden.

Die Mineralzusammensetzung von Adinol beschränkt sich oft auf die Paragenese Quarz + Albit, darüber hinaus treten Chlorit, aktinolithische Amphibole, Biotit, Epidot und Leukoxen als charakteristische Phasen auf.

Übergänge von Tonschiefern über kontaktmetasomatisch beeinflußte Schiefer (sog. Spilosite und Desmosite) zu massigen Adinolen wurden bereits von Zincken 1845, Lossen 1872 und Milch 1917 in der Umgebung von Diabasgängen des Harzes beschrieben. Genetisch stellen die Adinole albitisierte (und silifizierte) Tonschiefer dar, deren hohe Natrium-Gehalte von den Diabasen hergeleitet werden können.

Greisen

Als Greisen oder vergreiste Gesteine wurden von den alten sächsischen Bergleuten Quarz-Glimmer-Gesteine bezeichnet, die als charakteristische Bildungen in den Zinnlagerstätten von Altenberg, Zinnwald und Horni Slavkov auftraten. Die bergmännische Bezeichnung wurde von Werner als petrographischer Terminus übernommen.

Heute wird der Name Greisen für metasomatische Gesteine gebraucht, die meist aus sauren Magmatiten und Metamorphiten (Graniten, Rhyolithen, Glimmerschiefern, Gneisen usw.) durch Mittel- bis Hochtemperaturumwandlung bei spezifischer Veränderung des Elementbestandes (Zu- oder Wegfuhr von Si, Li, u. a., Zufuhr von B, Sn, W u. a.) entstehen (pneumatolytische Metasomatose). Die alte Bezeichnung *Zwitter* für bestimmte Zinngreisen wird in der deutschsprachigen Literatur nicht mehr verwendet (vgl. Ossenkopf 1971).

Wesentliche Mineralphasen der Greisen sind: Quarz, Glimmer (Muskovit, Zinnwaldit, Lepidolith, Biotit), Topas, Fluorit und Turmalin, Feldspäte treten reliktisch in unterschiedlichen Mengen auf. Als Erzminerale sind Kassiterit, Molybdänit, Wolframit und Hämatit häufig vertreten (Taf. 3.XXII/2 und 3).

Die nomenklatorische Abgrenzung verschiedener Greisentypen erfolgt nach Kühne (1970) im Dreiecksdiagramm Quarz-Glimmer (Chlorite, Tonminerale) -Topas (Andalusit, Turmalin, Fluorit, Apatit).

Rundkvist und Pavlova (1966) unterscheiden zwischen dem Gesteinstyp Greisen, der Greisenfazies und der Greisenformation. Mit der Bezeichnung Greisenfazies werden charakteristische Verdrängungsparagenesen klassifiziert, unter denen die Quarz-Glimmer-, Quarz-Topas- und Quarz-Turmalin-Fazies die häufigsten sind. Zur Greisenformation schließlich können neben den Greisen i. e. S. alle analogen Hochtemperatur-Metasomatite hinzugezählt werden, die durch charakteristische Vergreisungsreaktionen wie Hochtemperatur-Verquarzung, Topasierung, Muskovitisierung, Kassiterit- bzw. Wolframit-Mineralisation gekennzeichnet sind.

Greisen sind die wichtigsten Trägergesteine der metasomatischen Zinn-, Wolfram- und Molybdänvererzungen. Sie treten als Umwandlungszonen unterschiedlicher Breite längs feiner Klüfte und Gangzüge sowie als unregelmäßige Körper mit Abmessungen bis mehr als 100 Meter auf.

In der DDR sind Greisen im Endo- und Exokontakt der jüngeren Granite des Erzgebirges verbreitet.

Turmalinfels

Turmalinisierte Gesteine und Turmalinfelse entstehen durch metasomatische Umkristallisation verschiedener Ausgangsmaterialien meist felsischer Zusammensetzung. Genetisch stellt die Turmalinisierung eine Hochtemperatur-Metasomatose dar („pneumatolytische Metasomatose"), die vor allem durch die Zufuhr von SiO_2 und B_2O_3 gekennzeichnet ist. In vielen Fällen ist der Turmalinisierungsprozeß als Vergreisung (s. oben) deutbar, und zahlreiche Turmalinfelse können als spezielle Greisentypen (Quarz-Turmalin-Greisen) charakterisiert werden.

Als Turmalinfelse sollen hier in einem petrographischen Sinne alle Gesteine bezeichnet werden, die als wesentlichste Mineralphase Turmalin führen (Taf. 3.XXII/4). Es existieren kontinuierliche Übergänge von turmalinisierten Granitoiden und Gneisen (mit Quarz-Turmalin-Knollen bzw. Turmalin-„Sonnen") und turmalinisierten Schiefern zu reinen Turmalinfelsen. Turmalinisierte Gesteine und Turmalinfelse treten sowohl im Endo- als auch im Exokontaktbereich von Granitmassiven auf.

In der DDR sind solche Gesteine aus dem Westerzgebirge (Eibenstocker, Nejdeker, Bergener Massiv) und aus dem Harz (Ramberg-Massiv) bekannt, wo sie im Gefolge spätmagmatischer bzw. postmagmatischer Metasomatoseprozesse gebildet wurden (Teuscher 1936, Benek 1967, Schust u. a. 1970, Kühne u. a. 1972).

Propylit

Die aus den Karpaten und dem Balkan bekannten („Grünstein-Vulkanite“ bzw. „Grünsteintrachyte“) (v. RICHTHOFEN 1861, HAUER und STACHE 1863) beschrieb v. RICHTHOFEN 1868 als Propylite (nach dem griech.: πϱοπυλαια = Vorhalle, Vorhof), weil sie den mit ihnen assoziierten vulkanischen Gesteinen in der Effusionsfolge offensichtlich vorausgingen.

Heute werden als Propylite metasomatisch umgewandelte Vulkanite von überwiegend andesitisch-dazitischer Ausgangs-Zusammensetzung bezeichnet, die durch den Mineralbestand: Albit, Aktinolith, Epidot, Chlorit, Adular, Sericit, Quarz, Karbonate, Zeolithe, Leukoxen-Rutil und Sulfidminerale charakterisiert sind.

Auf Grund der Zonalität der Metasomatoseprozesse treten die genannten Minerale in den Propyliten nicht gleichwertig, sondern in charakteristischen Vergesellschaftungen auf. NAKOVNIK (1954) unterscheidet bei der Propylitisierung folgende Faziestypen:

1. Amphibol-Epidot-Fazies (Albit + Epidot + Aktinolith);
2. Epidot-Chlorit-Fazies (Albit + Epidot + Chlorit);
3. Chlorit-Karbonat-Fazies (Albit + Chlorit + Karbonat + Pyrit);
4. Sericit-Karbonat-Fazies (Quarz + Karbonat + Sericit + Sulfide);
5. Quarz-Sericit-Fazies (Quarz + Sericit + Sulfide).

Als typische Propylite im petrographischen Sinne können die drei erstgenannten Faziestypen gelten, während die letzteren bereits zu Beresit- und Listvenit-Gesteinen gezählt werden sollten (s. u.). Hier zeigt sich auch die unterschiedliche Begriffbreite zwischen dem petrographischen Terminus Propylit und dem genetischen Terminus Propylitisierung.

Letzterer wird von den meisten Autoren in einem sehr umfassenden Sinne für eine ganze Suite metasomatischer Prozesse im Mittel- bis Tieftemperaturbereich angewandt. Nach NAKOVNIK (1954) stellt die Propylitisierung den verbreitetsten Typ der hydrothermalen Gesteinsumwandlung dar und kann in einem übergeordneten Sinne für sekundäre Umwandlungsprozesse in nahezu allen Vulkanitgebieten (einschließlich der Bildung von Sekundär-Quarziten, Beresiten und Listveniten angenommen werden. Auch KORŽINSKIJ (1948, 1965), der zwischen „normaler“ hypabyssischer und oberflächennah-subvulkanischer Propylitisierung unterscheidet, benutzt den Begriff der Propylitisierung nicht nur für die Bildung eigentlicher Propylit-Gesteine, sondern auch als Oberbegriff für die Bildung von Spiliten, Keratophyren und metasomatisch veränderten Plutoniten.

Als Minerale des Altbestandes können in den Propyliten Quarz und Titanit sowie reliktische Hornblenden, Biotite und Plagioklase auftreten. Als Neubildungen sind vor allem Aktinolith, Epidot, Chlorit und Albit, sowie in fortgeschritteneren Stadien Adular, Karbonate und Sulfidminerale anzusehen (Taf. 3.XXIV/3, 4). Die metasomatische Umwandlung läßt zwar eine generelle Bindung an tektonische Störungszonen erkennen, ist aber keineswegs auf die Umgebung von Spalten und Klüften beschränkt. Propylite treten deshalb — im Gegensatz zu den eigentlichen „Nebenerz-Metasomatiten“ — meist als größere Gesteinskomplexe auf (BECKER 1882, JUDD 1890).

Wirtschaftlich bedeutsam ist die Verknüpfung von Lagerstätten der Au—Ag-, Cu- und polymetallischen Sulfid-Mineralisation mit Propyliten. Während einige Autoren diese Vererzungen als speziellen Typ der Propylitisierung ansehen und von einer „pyritischen Propylitisierung“ (LAZAREVICZ 1913) bzw. einem „Erz-Stadium der Propylitisierung" sprechen (VASILEVSKIJ 1970), weisen andere — so z. B. KORŽINSKIJ (1948, 1965) — zwar auf die Pyritisierung der Gesteine im Verlaufe der Propylitisierung hin, lassen aber die genetischen Beziehungen der Gold-Silber- und Polymetall-Vererzungen zu den Propylitisierungsstadien offen. Ähnlich wie bei den Skarnen wäre auch bei den mit Propyliten assoziierten Polymetall-Vererzungen lediglich eine bevorzugte Fällung der von jüngeren Hydrothermen transportierten Metalle innerhalb der propylitisierten Gesteine zu diskutieren, ohne daß eine zeitliche und stoffliche Identität der propylitisierenden und erzbringenden Lösungen angenommen werden müßte.

Beresit

Die Bezeichnung Beresit wurde 1842 von ROSE eingeführt, der damit die sericitisierten Ganggesteine der Lagerstätte Beresovskij bei Sverdlovsk (damals Jekaterinburg) im Ural als eine Art Muskovitgranit charakterisierte. Bei späteren Bearbeitungen (KARPINSKIJ 1875[1], ARZRUNI 1885) wurde der Umwandlungszustand des Gesteins auf Grund der reliktischen Feldspäte und der Vergesellschaftung mit vergrünten Gesteinen der Umgebung festgestellt.

Als Beresite werden heute hydrothermal umgewandelte Gesteine vorwiegend felsischer Zusammensetzung bezeichnet, die aus den Mineralphasen Quarz und Sericit ($\mp$ reliktischen Feldspäten) bestehen. Sie sind von gelbgrüner bis graugelber Farbe und meist feinkörniger Struktur.

Beresite sind häufig erzführend. Als Erzminerale treten Pyrit und Sulfide von Ag, Cu, Mo, Pb, Zn, As auf. Wirtschaftlich bedeutsam sind auch Goldvererzungen (z. B. bei der Typuslokalität Beresovskij).

Die Beresitisierung als hydrothermal-metasomatischer Prozeß ist vergleichbar mit der Propylitisierung bei intermediären bis basischen bzw. der Listvenitisierung bei ultrabasischen Ausgangsgesteinen (s. u.). Analogien bestehen weiterhin zur Hochtemperatur-Metasomatose vom Typ der Vergreisung.

Im Gefolge der Beresitisierung tritt auch eine Karbonatisierung der Gesteine auf, so daß, entgegen der ursprünglichen Gesteinsdefinition, karbonatführende Beresite in der Literatur beschrieben werden (KNOPF 1929, TRÖGER 1935).

Von KAZIZYN (1970) wurde für die Produkte der hydrothermalen Nebengesteinsumwandlung in der Umgebung von Erzgängen („Nebenerz-Metasomatite") im Bereich mittlerer Temperaturen die Sammelbezeichnung *Oksetalit* vorgeschlagen, die die modale Zusammensetzung aus Orthoklas, Karbonaten, Sericit, Turmalin und Albit widerspiegeln soll. Beresite und Listvenite (s. u.) sollten diesem Vorschlag zufolge als Subformationen der Oksetalite angesehen werden.

Beresite treten vor allem in der näheren Umgebung von Klüften und Gangspalten auf, können jedoch — im Gegensatz zu zahlreichen anderen Produkten der metasomatischen Nebengesteinsveränderung hydrothermaler Gänge — auch größere Gesteinspartien von einigen hundert Metern Mächtigkeit bilden. Aus diesem Grunde erscheint es gerechtfertigt, Beresit als einen selbständigen Gesteinstyp zu führen. Ein bekanntes Vorkommen von Beresiten außerhalb der Typuslokalität stellen die Nebengesteine des Mother-Lode-Gangsystems in Kalifornien dar, die in einer etwa 1500 m mächtigen Zone auftreten (KNOPF 1929, KORŽINSKIJ 1965).

---

[1] Referiert bei ARZRUNI 1885.

Listvenit

Die Bezeichnung Listvenit (in der älteren deutschen Literatur Listwänit) wurde, ebenso wie der vorangegangene Beresit, von ROSE (1840/42) eingeführt. In der Original-Definition werden mit diesem Namen Quarz-Talk-Karbonatgesteine des Urals bezeichnet, die mit Pyrit und Hämatit vererzt sind.

In jüngerer Zeit wird die Bezeichnung Listvenit auf hydrothermal umgewandelte Gesteine basischer bis ultrabasischer Ausgangszusammensetzung angewandt, die als wesentliche neugebildete Mineralphasen Karbonate (Ankerit, Breunnerit, Dolomit, Magnesit) neben Quarz, Talk, Sericit und Chlorit führen und häufig Erzminerale (Pyrit, Millerit, Hämatit) enthalten.

Die Listvenitisierung im engeren Sinne stellt eine Karbonatisierung und Verquarzung ultrabasischer Gesteine dar (KORŽINSKIJ 1965). Lösungszusammensetzung und Zonalität der Umwandlung sind bei der Listvenitisierung ganz analog der Beresitisierung. Die unterschiedliche Zusammensetzung der Metasomatite ist im wesentlichen durch die Ausgangsgesteine bedingt. In den mehr genetisch aufgebauten Systematisierungsvorschlägen neuerer sowjetischer Autoren (OMEL'JANENKO 1970, KAZIZYN 1972) werden Propylite, Listvenite und Beresite deshalb oft in andere Sammelbezeichnungen wie Argillisite, Oksetalite integriert.

Listvenite treten, entsprechend der o. g. genetischen Zusammenhänge, meist in Assoziation mit Beresiten auf — so in den Lagerstättenrevieren von Beresovskij und Gumbejskij im Ural, Stepnjak in Kasachstan, am Mother Lode in Kalifornien usw.

3.3.2.5. Überwiegend tektonisch geprägte Gesteine (Dynamometamorphite)

Wie in Abschnitt 3.3.1. ausgeführt, werden für die Nomenklatur metamorpher Gesteine nicht nur mineralogische, sondern auch allgemeine genetische und tektonische Kriterien herangezogen. Die aus den Kombinationsmöglichkeiten von (thermisch bedingter) Kristallisation und (tektonisch bedingter) Deformation ableitbaren Gefügetypen wurden in Abschn. 3.2.2. behandelt. Unabhängig von den dort aufgeführten Gefügen, die den in den vorangegangenen Kapiteln vorgestellten Gesteinstypen als zusätzliche oder charakterisierende Bezeichnungen beigefügt werden können, existieren in der petrographischen Literatur einige Gesteinsnamen, die im wesentlichen die durch tektonische Prozesse aufgeprägten (strukturellen) Eigenschaften berücksichtigen. Da es sich bei den in Frage stehenden tektonischen Prozessen im wesentlichen um Materialzertrümmerung im Bereich von Mineralaggregaten bzw. Mineralkörnern handelt (Kataklase), können die hier behandelten Gesteine auch als kataklastische Gesteine zusammengefaßt werden.

Kataklastische Gesteine, die in den Bereich der Gesteinsmetamorphose gehören, sind z. B. Kataklasite und Mylonite i. w. S. (s. Tab. 3.31). Ähnlich wie bei den kontaktmetamorphen Gesteinen sind die hier aufgeführten Termini durch andere, den Modalbestand berücksichtigende, ersetzbar. Im Interesse einer einheitlichen Metamorphit-Nomenklatur und wegen ihrer Mehrdeutigkeit sollten sie deshalb nur in besonderen Fällen, oder aber als Beinamen für andere Metamorphit-Bezeichnungen verwendet werden.

Kataklasite

Wenn kristalline Gesteine durch rupturelle Deformation im Kleinbereich (Kataklase) zerbrochen und bei gleichzeitiger metamorpher Rekristallisation (Blastese) so verheilt worden sind, daß ein fester Verband der Mineral- und Gesteinsbruchstücke gewahrt bleibt, dann werden diese Gesteine als Kataklasite bezeichnet (Taf. 3.XXV/1, 2). In der Größenordnung der Bruchstücke (der überwiegende Teil $\leqq$ 0,2 mm) unterscheiden sich die Kataklasite i. e. S. von den aus gröberen Partikeln bestehenden *Mikrobreccien* (überwiegende Bruchstückgrößen > 0,2 mm) und den *Kakiriten* (Bruchstückgrößen allgemein im megaskopischen Bereich).

Letztere wurden von Holmquist (1910) und Quensel (1916) aus dem skandinavischen Kristallin bekannt gemacht, nachdem Svenonius solche Gesteine in einer Überschiebungszone am Kakir-See in Lappland aufgefunden und beschrieben hatte. Seitdem wurde die Bezeichnung Kakirit in der geologischen Literatur unterschiedlich gebraucht und als Synonym für Mylonite, für Mikrobreccien oder auch für tektonische Breccien im allgemeinen verwendet.

Tabelle 3.31. *Klassifikationsschema kataklastischer Gesteine*

<table>
<tr><td rowspan="3">Größe der Bruchstücke</td><td colspan="6">Gesteine mit primärer (paradeformativer) Verkittung der Bruchstücke</td><td rowspan="3">Gesteine mit sekundärer (postdeformativer) Verkittung der Bruchstücke</td></tr>
<tr><td colspan="4">Kataklase gegenüber der metamorphen Rekristallisation stark hervortretend</td><td colspan="2">Metamorphe Rekristallisation neben der Kataklase stärker hervortretend</td></tr>
<tr><td colspan="2">± ungeregelte Gefüge</td><td colspan="2">deutlich geregelte Gefüge</td><td colspan="2">Gefüge ± geregelt</td></tr>
<tr><td rowspan="2">mit bloßem Auge sichtbar > 0,2 mm</td><td rowspan="3">Kataklasite i. w. S.</td><td>Kakirite Mikrobreccien</td><td rowspan="3">Mylonite i. w. S.</td><td>Protomylonite</td><td rowspan="3">Blastomylonite i. w. S.</td><td>Mylonitgranite Mylonitgneise usw. (Augengneise z. T.)</td><td>tektonische Breccien (Reibungsbreccien)</td></tr>
<tr><td rowspan="2">Kataklasite</td><td>Mylonite</td><td rowspan="2">Mylonitschiefer Phyllonite</td><td rowspan="2">Störungsletten (Gangletten z. T.)</td></tr>
<tr><td>< 0,2 mm</td><td>Ultramylonite</td></tr>
</table>

Von *tektonischen Breccien* unterscheiden sich Mikrobreccien und Kakirite dadurch, daß bei letzteren der Gefügezusammenhalt während der Deformation gewahrt blieb und nicht erst durch sekundäre Verkittung wieder hergestellt werden mußte. Unterschiede zu Myloniten bestehen in der geringen oder fehlenden Regelung der Gesteins- und Mineral-Bruchstücke (s. u.).

Systematische Beschreibungen von Kataklasiten und Kakiriten stammen von Quensel (1916), Grubenmann und Niggli (1924) und von Higgins (1971). Besonders der letztere Autor hat in verdienstvoller Weise die ursprünglichen Definitionen und den heutigen Gebrauch dieser Gesteinsnamen zusammengestellt und neu interpretiert. In Anlehnung an seine Darstellung wurde in Tab. 3.31 versucht, die hier beschriebenen Gesteinstypen in ein allgemeines Klassifikationsschema einzuordnen.

Mylonite

Als Mylonite bezeichnete Lapworth (1885) im mikroskopischen Bereich brecciierte Gesteine mit deutlicher Fluidaltextur. In einem analogen Sinne verwendeten später auch viele andere Autoren diesen Begriff. Auch HIGGINS (1971) versuchte mit der ursprünglichen Bedeutung als texturierte Gesteine die Mylonite gegenüber Kataklasiten, Mikrobreccien u. a. Typen abzugrenzen. Tab. 3.31 folgt diesem Vorschlag von HIGGINS insofern, als unter Myloniten i. w. S. nach unseren heutigen Anschauungen mechanisch deformierte Festgesteine (i. w. kristalline Gesteine) verstanden werden, deren megaskopisch oder mikroskopisch sichtbare Gesteins- und Mineralbruchstücke eine deutliche Einregelung in die Deformationsrichtung zeigen. Diese Regelung bildet ein „plastisches Fließen" der kataklasierten und rekristallisierten Gesteins- und Mineralsubstanzen ab und kann als Fließgefüge i. w. S. bezeichnet werden.

Mylonite i. e. S. enthalten Klasten, deren durchschnittliche Größe sich von 0,2 mm bis zum megaskopisch deutlich sichtbaren Bereich erstreckt. Mylonitische Gesteine mit größeren Klasten (meist Gesteinsbruchstücken), die von Bahnen feinerklastischer rekristallisierter Mineralaggregate „umflossen" werden, können als Protomylonite bezeichnet werden. Im mikroskopischen Bereich aufgemahlene Gesteine mit Formregelung der Mineralbruchstücke werden *Ultramylonite* genannt (Taf. 3.XXV/3).

In all diesen Fällen überwiegen die kataklastischen Erscheinungsformen im megaskopischen oder mikroskopischen Bild deutlich gegenüber den blastischen Rekristallisationsprodukten. Stärkere Verheilung der kataklastischen Gefüge durch paradeformative Blastese führt zu Gesteinstypen, die als Blastomylonite i. w. S. bezeichnet werden (s. Tab. 3.31). Zu solchen Blastomyloniten gehören beispielsweise Mylonitgranite, Mylonitgneise und Phyllonite (Taf. 3.XXV/3).

Bei der intensiven Aufmahlung der Mineralkörner entlang von Gleitflächen kommt es mitunter zur Bildung kryptokristalliner Gefüge und bei hoher Friktionswärme auch zu Schmelzreaktionen. Die dabei entstehenden glasartigen Produkte werden als *Pseudotachylite* bezeichnet. Wegen ihrer begrenzten räumlichen Ausdehnung — sie kommen meist nur in einzelnen Bahnen innerhalb mylonitischer Gesteine vor— können Pseudotachylite nur unter Vorbehalt als selbständiger Gesteinstyp angesehen werden.

3.4. Literatur

ALKER, A., CLAR, E. u. a.: Ein Vorschlag zur qualitativen und quantitativen Klassifikation der kristallinen Schiefer. N. Jb. Mineral. Mh. 7/8, S. 163—172, Stuttgart (1962).

ANGEL, F.: Gesteine vom südlichen Großvenediger. N. Jb. Mineral. Beil.-Bd. 59, Abt. A., S. 223 bis 272, Stuttgart (1929).

—: Über Mineralzonen, Tiefenzonen und Mineralfazies. Rückblicke und Ausblicke. Fortschr. Mineral. **44**, S. 288—336, Stuttgart (1967).

ARZRUNI, A.: Untersuchung einiger granitischer Gesteine des Urals. Z. dtsch. geol. Ges. **37**, S. 865—896, Berlin (1885).

ASHGIREI, G. D. (AŽGIREJ): Strukturgeologie. Dtsch. Verl. Wiss., Berlin 1963.

ATHERTON, M. P.: The composition of garnet in regionally metamorphosed rocks. In: „Controls of metamorphism", S. 281—290, New York 1965.

BAIN, G. W.: Mechanics of metasomatism. Econ. Geol. **31**, S. 505—526, New Haven (1936).

BANNO, S.: Classification of eclogites in terms of physical conditions of their origin. Phys. Earth Planet. Interiors **3**, S. 405—421, Amsterdam (1970).

BARROW, G.: On an intrusion of muscovite-biotite gneiss in the southeastern highlands of Scotland, and its accompanying metamorphism. Quart. J. geol. Soc. London **49**, S. 330—358, London (1893).

Barth, T. F. W.: Theoretical petrology. 2. Aufl., Wiley & Sons, New York 1962.
Bayly, B.: Introduction to petrology. Prentice Hall, New Jersey 1968.
Bearth, P.: Über Albitisierung im Altkristallin des Monte Rosa. Schweiz. miner. petrogr. Mitt. **28**, S. 140—145, Zürich (1948).
—: Zur Entstehung alpinotyper Eklogite. — Schweiz. miner. petrogr. Mitt. **45**, S. 179—188, Zürich (1965).
—: Zur mineralfaziellen Stellung der Glaukophangesteine der Westalpen. Schweiz. miner. petrogr. Mitt. **46**, S. 13—23, Zürich (1966).
Bearth, P., Stern, W.: Zum Chemismus der Eklogite und Glaukophanite von Zermatt. Schweiz. miner. petrogr. Mitt. **51**, S. 349—359, Zürich (1971).
Beck, R.: Untersuchungen über einige südafrikanische Diamantenlagerstätten. Z. dtsch. geol. Ges. **59**, S. 275—307, Berlin (1907).
Becke, F.: Über Mineralbestand und Struktur der kristallinen Schiefer. Denkschr. Akad. Wiss. **75**, S. 1—153, Wien (1903).
—: Über Diaphthorite. Tschermaks miner. petrogr. Mitt. **28**, S. 369—396, Wien (1909).
—: Zur Facies-Klassifikation der metamorphen Gesteine. Tschermaks miner. petrogr. Mitt. **35**, 5/6, S. 215—230, Wien (1921).
Becker, G. F.: Geology of the Comstock Lode and the Washoe district. US geol. Surv. Monograph 3, Washington 1882.
Behr, H.-J.: Beiträge zur petrographischen und tektonischen Analyse des sächsischen Granulitgebirges. Freiberger Forsch.-H. C **119**, S. 5—118, Berlin 1961.
—: Die Korngefügefazies der Zweigürteltektonite im kristallinen Grundgebirge Sachsens. Abh. dtsch. Akad. Wiss., Kl. Bergb. Hüttenw. **1**, 46 S., Berlin 1964.
—: Zur Methodik tektonischer Forschung im kristallinen Grundgebirge. Ber. geol. Ges. DDR **10**, S. 163—179, Berlin (1965).
Benek, R.: Der Bau des Ramberg-Plutons im Harz. Abh. dtsch. Akad. Wiss., Kl. Bergb. Hüttenw. 1, S. 7—80, Berlin (1967).
Berthelsen, A.: Structural studies in the Pre-Cambrian of Western Greenland II: Geology of Tovqussap nuna. Meded. om Grønland **123**, S. 1—222, København (1960).
Binns, R. A.: Metamorphic pyroxenes from the Broken Hill district, New South Wales. Mineral. Mag. **33**, S. 320—338, London (1962).
Borg, I. Y.: Glaukophane schists and eclogites near Healdsburg California. Bull. geol. Soc. Amer. **67**, S. 1563—1584, New York (1956).
Bowes, D. R., Langer, A. M.: Petrochemistry of the Manhattan Formation, New York City. Krystalinikum **10**, S. 39—52, Praha (1974).
Brdička, R.: Grundlagen der physikalischen Chemie. 3. Aufl., Dtsch. Verl. Wiss., Berlin 1962.
Brögger, W. C.: Das Fengebiet in Telemark, Norwegen. Vid. selsk. Skr. mat. nat. Kl. **9**, Kristiania 1920 (1921).
Chaloupsky, J.: Metamorphic development of the Krkonoše crystalline complex. Krystalinikum **3**, S. 31—54, Praha (1965).
Chinner, G. A.: Pelitic gneisses with varying ferrous/ferric ratios from Glen Clova, Angus, Scotland. J. Petrol. **1**, S. 178—217, Oxford (1960).
Clark, S. P.: A redetermination of equilibrium relations between kyanite and sillimanite. Amer. J. Sci. **259**, S. 641—650, New Haven (1961).
Cogné J., Eller J. P. von: Défense et illustration des termes leptynite et granulite en pétrographie des roches métamorphiques. Bull. Serv. Carte géol. Als.-Lorr. **14**, S. 59—64, Strasbourg (1961).
Coleman, R. G., Lee, D. E.: Glaukophane-bearing rock types of the Cazadero Area, California. J. Petrol. **4**, S. 260—301, Oxford (1963).
—, — u. a.: Eclogites and eclogites: their differences and similarities. Bull. geol. Soc. Amer. **76**, 5, S. 483—508, Boulder (1965).

COOMBS, D. S.: Lower grade mineral facies in New Zealand. Rept. 21. Intern. Geol. Congr. **13**, S. 339–351, Copenhagen (1960).

—: Some recent work on the lower-grades of metamorphism. Australian J. Sci. **24**, S. 203–215, Canberra (1961).

COTTA, B.: Die Gesteinslehre. Engelhardt, Freiberg 1855.

CRAWFORD, M. L.: Composition of plagioclase and associated minerals in some schists from Vermont, USA, and South Westland, New Zealand, with inferences about the peristerite solvus. Contr. Miner. Petrol. **13**, S. 269–294, Berlin (West) usw. (1966).

DEER, W. A., HOWIE, R. A. und ZUSSMAN, J.: An introduction to the rock-forming minerals. London 1966.

DIEHL, E. A.: Geologisch-petrographische Untersuchung der Zone Grand Combin im Val d'Ollomont (Prov. Aosta, Italien). Schweiz. miner. petrogr. Mitt. **18**, S. 214–403, Zürich (1939).

DIENEMANN, W., BURRE, O.: Die nutzbaren Gesteine Deutschlands und ihre Lagerstätten. Enke-Verl., Stuttgart 1929.

DOBRECOV, N. L.: Glaukofan-slancevye i eklogit-glaukofan-slancevye kompleksy SSSR i ich genezis. Nauka, Novosibirsk 1973.

DOBRECOV, N. L., PONOMAREVA, L. G.: Paragenetičeskie tipy i zavisimost' sostava metamorfičeskich piroksenov ot sostava i uslovij obrazovanija vmeščajuščich porod. Sovet. geol. 12, S. 39–57, Moskva (1964).

DOBRECOV, N. L., SOBOLEV, V. S. und CHLESTOV, V. V.: Facii regional'nogo metamorfizma umerennych davlenij. Izdat. Nedra, Moskva 1972.

DOBRECOV, N. L., SOBOLEV, V. S. u. a.: Facii regional'nogo metamorfizma vysokich davlenij. Izdat. Nedra, Moskva 1974.

DODD, R. T.: Garnet-pyroxene gneisses at Bear Mountain, New York. Amer. Min. **48**, S. 811–820, Menasha (1963).

DOELTER, C.: Petrogenesis. Braunschweig 1906.

DUDEK, A.: Chemical composition of Moldanubian eclogites and of their garnets. Krystalinikum 7, S. 167–181, Praha (1971).

DUDEK, A. FEDIUK, F. und PALIVCOVÁ, M.: Petrografické tabulky. Praha 1962.

DUROCHER, M. J.: Études sur le métamorphisme des roches. Bull. Soc. géol. France **3**, S. 546–647, Paris (1845/46).

ELISEEV, N. A.: Metamorfizm. Nedra, Moskva 1963.

ENGEL, A. E. J., ENGEL, C. G.: Hornblendes formed during progressive metamorphism of amphibolites, Northwest Adirondack Mountains, New York. Bull. Geol. Soc. Amer. **73**, S. 1499–1514, New York 1962.

ENGEL, A. E. J., ENGEL, C. G. und HAVENS, R. G.: Mineralogy of amphibolite interlayers in the gneiss complex, Northwest Adirondack Mountains, New York. J. Geol. **72**, S. 131–156, Chicago 1964.

ERDMANNSDÖRFFER, O. H.: Neuere Untersuchungen über Kontaktmetamorphismus. Geol. Rdsch. **1**, S. 18–24, Stuttgart 1910.

ESKOLA, P.: Om sambandet mellan kemisk och mineralogisk sammansättning hos Orijärvitraktens metamorfa bergarter. Bull. Comm. géol. Finlande, **44**, 145 S., Helsingfors 1915, mit engl. Zusammenf.

—: The mineral facies of rocks. Norsk geol. Tidskr. **6**, S. 143–194, Kristiania 1920.

—: Om metasomatiska omvandlingar i silikatbergarter. Norsk geol. Tidskr. **7**, S. 89–99, Kristiania 1921.

—: Die metamorphen Gesteine. In: BARTH, CORRENS & ESKOLA: „Die Entstehung der Gesteine", Springer-Verl., Stuttgart 1939.

—: On the granulites of Lapland. Amer. J. Sci., Bowen-Vol., S. 133–170, New Haven 1952.

ESKOLA, P., VUORISTO, U. und RANKAMA K.: An experimental illustration of the spilite reaction. Bull. Comm. géol. Finlande **119**, S. 61–68, Helsinki 1937.

EUGSTER, H. P.: Reduction and oxidation in metamorphism. In: „Researches in geochemistry", ed. by H. ABELSON, S. 397–426, New York 1959.

FAIRBAIRN, H. W.: Structural petrology of deformed rocks. Cambridge 1949.

FEOKTISTOV, G. D.: Kontaktovyj metamorfizm pesčano-glinistych porod. Nauka, Moskva 1972.

FERSMAN, A. E.: Geochimija Rossii. Moskva 1922.

FIALA, F.: Hlavni typy hornin v širšim okoli Pramenů v Cisařskem lese. Geol. Prace **50**, S. 1–55, Bratislava 1958.

—: Spilitized marginal facies of the intrusive dolerite diabases. Krystalinikum **10**, S. 89–100, Praha 1974.

FINDLAY, A., CAMPBELL, A. N. und SMITH, N. O.: Die Phasenregel und ihre Anwendungen. Verl. Chemie, Weinheim 1958.

FISCHER, W.: Gesteins- und Lagerstättenbildung im Wandel der wissenschaftlichen Anschauung. Schweizerbarth, Stuttgart 1961.

FISHER, G. W.: Fe–Mg-olivine solid solutions. Yearbook Carnegie Inst, Geophys. Labor **65**, S. 209–217, Washington 1966.

FRITSCH, W., MEIXNER, H. und WIESENEDER, H.: Zur quantitativen Klassifikation der kristallinen Schiefer, 2. Mitteilung. N. Jb. Mineral. Mh., S. 364–376, Stuttgart 1967.

FYFE, W. S., TURNER, F. J.: Reappraisal of the metamorphic facies concept. Contr. Miner. Petrol. **12**, S. 354–364, Berlin (West) usw. 1966.

FYFE, W. S., TURNER F. J. und VERHOOGEN J.: Metamorphic reactions and metamorphic facies. Mem. geol. Soc. Amer. **73**, 259 S., New York 1958.

GARRELS, R. M., CHRIST, C. L.: Solutions, minerals and equilibria. New York 1965.

Geologičeskij slovar: Nedra, Moskva 1973.

GEORGIEV, G.: Petrografija. 3. Aufl., Technika, Sofija 1968.

GOLDSCHMIDT, V. M.: Die Kontaktmetamorphose im Kristianiagebiet. Vidensk. selsk. skr. mat. nat. Kl. **1**, 122 S., Kristiania 1911.

—: Die Injektionsmetamorphose im Stavangergebiet. Vidensk. selsk. skr. mat. nat. Kl. **10** Kristiania 1920.

—: Über die metasomatischen Prozesse in Silikatgesteinen. Naturwiss. **10**, 7, S. 145–152, Berlin 1922.

—: Geochemistry. Hrsg. A. MUIR, Clarendon Press, Oxford 1954.

GORANSON, R. W.: The solubility of water in granitic magmas. Amer. J. Sci **22**, S. 481–502, New Haven 1931.

GRADE, K.: Mineralogische und petrographische Untersuchungen am Serpentinit vom Kiefernberg bei Hohenstein-Ernstthal. Unveröff. Diss. math. nat. Fakult. Ruprecht-Karls-Univ. Heidelberg, Heidelberg 1951.

GRUBENMANN, U.: Die kristallinen Schiefer, Bd. 1, Allgemeiner Teil. Berlin 1904.

—: Die kristallinen Schiefer, Bd. 2, Specieller Teil. Berlin 1907.

—: Die kristallinen Schiefer. 2. Aufl., Berlin 1910.

GRUBENMANN, U., NIGGLI, P.: Die Gesteinsmetamorphose. Berlin 1924.

GUITARD, G., LAFFITTE, P.: Les calcaires métamorphiques et les skarns du Pic de Costabonne (Pyrénées-Orientales). Sci. de la Terre **6**, 1/2, S. 57–137, Nancy 1958, 1960.

GYSIN, M.: Étude pétrographique du verrou du barrage de la Grande Dixence. Schweiz. miner. petrogr. Mitt. **47**, S. 599–620, Zürich 1967.

Handbuch der Mikroskopie in der Technik. Hersg. H. FREUND. Umschau-Verl., Frankfurt/M. 1955–1960.

HARRASSOWITZ, H.: Anchimetamorphose. Ber. Oberhess. Ges. Nat. Heilk. naturwiss. Abt. **12**, S. 9–15 und 28–37, Gießen 1927/1928.

HAUY, R. J.: Traité de minéralogie. — 2. Aufl. Paris 1822.

HEARD, H. C.: Effect of large changes of strain rate in the experimental deformation of Yule marble. — J. Geol. **71**, S. 162–195, Chicago 1963.

HEIER, K. S.: The possible origins of amphibolites in an area of high metamorphic grade. Norsk. geol. Tidskr. **42**, S. 157—165, Oslo 1962.

HEIM, A.: Untersuchungen über den Mechanismus der Gebirgsbildung. Basel 1878.

HEINRICH, E. W.: Microscopic petrography. — Mc Graw-Hill, New York 1956.

HEJTMAN, B.: Petrografie metamorfovaných hornin. ČS Akad. věd, Praha 1962.

HENTSCHEL, H.: Zur Frage der Chlorit- und Karbonatbildung in spilitischen Gesteinen. Fortschr. Miner. **31**, S. 35—37, Stuttgart 1953.

HESS, H. H.: The problem of serpentinization and the origin of certain chrysotile asbestos, talc and soapstones. Economic geol. **28**, S. 634—657, Lancaster 1933.

—: The oceanic crust, the upper mantle and the Mayaguez serpentinized peridotite. In: „A study of serpentinite. The AMSOC core hole near Mayaguez, Puerto Rico." National Acad. Sci. Publ. 1188, Washington 1964.

HIETANEN, A.: On the petrology of Finnish quartzites. Bull. Comm. géol. Finlande **122**, S. 1—118, Helsinki 1938.

HIGGINS, M. W.: Cataclastic rocks. U. S. geol. Survey Prof. paper 687, 97 S., Washington 1971.

HILLS, E. S.: Elements of structural geology. 2. Aufl., Chapman & Hall, Bungay 1972.

HIRSCHMANN, G.: Assyntische und varistische Baueinheiten im Grundgebirge der Oberlausitz. Freiberger Forsch.-H. C 212, Leipzig 1966.

HISE, C. R. VAN: A treatise on metamorphism. Monogr. U. S. Geol. Survey **47**, Washington 1904.

HOENES, D., AMSTUTZ, G. C.: Mikroskopische Grundlagen der technischen Gesteinskunde. In: „Handbuch der Mikroskopie in der Technik", Bd. 4, Teil 1, Hersg. H. FREUND, Frankfurt/M. 1974.

HOFMANN, J.: Grundbegriffe der Metamorphose und metamorphe Gesteine. Lehrbriefreihe „Allgemeine Geologie" Nr. 9, Bergakademie Freiberg, Fernstudium, Freiberg 1968.

—: Petrographische und lithostratigraphische Stellung der Gneise des Osterzgebirges. Freiberger Forsch.-H. C 292, Leipzig 1974.

—: Zur Gefügeanalyse des Graugneiskomplexes von Freiberg. Freiberger Forsch.-H. C 191, Leipzig 1974.

—: Betrachtungen zur Typisierung von Regelungsbildern des Quarzteilgefüges (*c*-Achsenorientierung) von Metamorphiten s. str. Migmatiten und Anatexiten des Saxothuringikums (DDR) unter Berücksichtigung rheologischer Aspekte. Z. geol. Wiss. **3**, 3, 333—361, Berlin 1975.

HOLMQUIST, P. J.: Die Hochgebirgsbildungen am Torne Träsk in Lappland. Geol. Fören. Förhandl. **32**, S. 913—983, Stockholm 1910.

—: Swedish Archean structures and their meaning. Bull. geol. Inst. Uppsala **15**, S. 125—148, Uppsala 1916.

HOUNSLOW, A. W., MOORE, J. M.: Chemical petrology of Grenville schists near Fernleigh, Ontario. J. Petrol. **8**, S. 1—28, Oxford 1967.

HOVORKA, D.: The lithology and chemical composition of the metasediments of the Jarabá Group (West Carpathians). Krystalinikum **11**, S. 87—99, Praha 1975.

HOWIE, R. A.: The pyroxenes of metamorphic rocks. In: „Controls of metamorphism", S. 565—586, New York 1965.

HUANG, W. T.: Petrology. Mc Graw Hill, New York 1962.

HYNDMAN, D. W.: Petrology of igneous and metamorphic rocks. Mc Graw-Hill, New York 1972.

JAEGER, J. C.: The temperature in the neighborhood of a cooling intrusive sheet. Amer. J. Sci. **255**, S. 306—318, New Haven 1957.

—: The cooling of irregularly shaped igneous bodies. Amer. J. Sci. **259**, S. 721—734, New Haven 1961.

JUBELT, R.: Die Nickelhydrosilikatlagerstätten bei Kuhschnappel am Südrand des Sächsischen Granulitgebirges. Wiss. Z. Karl-Marx-Univ. Leipzig, mat. nat. Fak. **3**, S. 239—270, Leipzig 1954.

JUDD, J. W.: The propylites of the Western Isles of Scotland, and their relation to the andesites and diorites of the district. Quart. J. geol. Soc. London **46**, S. 341—385, London 1890.

KAEMMEL, T.: Geologie, Petrographie und Geochemie der Zinnlagerstätte „Tannenberg" (Vogtland). Geologie, Beih. 30, Berlin 1961.

KALKOWSKY, E.: Elemente der Lithologie. Heidelberg 1886.

KARL, F.: Anwendung der Gefügekunde in der Petrotektonik, Teil 1 Grundbegriffe. Clausthaler tekton. Hefte Nr. 5, Clausthal-Zellerfeld 1964.

KAŽKAJ, M. A.: O klassifikacii i genezise alunitovych mestoroždenij. In: „Problemy metasomatizma", S. 89–98, Moskva 1970.

KAŽKAJ, M. A., ALLACHVERDIEV, S. J.: Listvenity, ich genezis i klassifikacija. Izdat Akad. nauk Azebaidž. SSR, Baku 1965.

KAZICYN, J. V.: O neobchodimosti vydelenija oksetalitov, novoj formacii okolorudnych metasomatitov. In: „Problemy metasomatizma", S. 146–151, Moskva 1970.

—: Metasomatizm gidrotermalnych mestoroždenij. Nedra, Leningrad 1972.

KAZICYN, J. V., RUDNIK, V. A.: Rukovodstvo k rasčetu balansa veščestva i energii metasomatičeskich processov. Nedra, Moskva 1968.

KNOPF, A.: The Mother Lode system of California. U. S. Geol. Survey Prof. paper 157, Washington 1929.

KODYM, O., SUK, M.: Přehled geologickych a petrografických poměrů Blatenska a Strakonicka. Geol. prace, Zošit 50, S. 71–121, Bratislava 1958.

KOJIMA, G., HIDE, K.: Kinematic interpretation of the quartz fabric of triclinic tectonites from Bershi, Central Shikoku, Japan. J. Sci. Hiroshima Univ. ser. C **3**, S. 195–225, Hiroshima 1958.

KORŽINSKIJ, D. S.: Petrologija Tur'inskich skarnovych mestoroždenij medi. Trudy Inst. geol. nauk 68, ser. rudn. mest. **10**, Moskva 1948.

—: Očerk metasomatičeskich processov. In: „Osnovnye problemy v učenii o magmatogennych rudnych mestoroždenijach", Izdat. Akad. nauk SSSR, S. 335–456, Moskva 1955.

—: Problema spilitov i gipoteza transvaporizacii v svete novych okeanologičeskich i vulkanologičeskich dannych. Izvest. Akad. nauk SSSR, ser. geol. 9, S. 12–17, Moskva 1962.

KORŽINSKIJ, D. S. (KORSHINSKI): Abriß der metasomatischen Prozesse. Akademie-Verlag, Berlin 1965.

KORŽINSKIJ, D. S.: Teorija metasomatičeskoj zonal'nosti. Nauka, Moskva 1969.

—: Problemy metasomatičeskich processov. In: „Problemy metasomatizma", S. 14–21, Nedra, Moskva 1970.

KOWALSKI, W. M.: Skały metamorficzne ze Złotego Stoku (Dolny Śląsk). Polska Akad. nauk, oddz. Kraków, Prace geol. 42, Warzawa 1967.

KRAMM, U.: Chloritoid stability in manganese rich low-grade metamorphic rocks, Venn-Stavelot Massif, Ardennes. Contr. Miner. Petrol. **41**, S. 179–196, Berlin (West) usw. 1973.

KRETZ, R.: Chemical study of garnet, biotite and hornblende from gneisses of southwestern Quebec, with emphasis on distribution of elements in coexisting minerals. J. Geol. **67**, S. 371 bis 385, Chicago 1959.

KÜHNE, R.: K voprosu o nomenklature i klassifikacii grejzenov. In: „Problemy metasomatizma", S. 197–200, Nedra, Moskva 1970.

KÜHNE, R., WASTERNACK. J. und SCHULZE, H.: Postmagmatische Metasomatose im Endo-Exokontakt der jüngeren postkinematischen Granite des Erzgebirges. Geologie **21**, S. 494–520, Berlin 1972.

KURZE, M.: Zur Quarzgefügeregelung in Bewegungszonen. Mber. dtsch. Akad. Wiss. **12**, S. 207 bis 219, Berlin 1970.

LACROIX, A.: Les roches basiques accompagnant les lherzolites et les ophites des Pyrénées. Congr. géol. Intern. C. R. 8, Sess. France, S. 806–838, Paris 1901.

LANGE, H.: Zur petrographischen Gliederung amphibolitischer und eklogitischer Gesteine. Bergakademie **15**, S. 92–96, Leipzig 1963.

—: Zur Genese der Metabasite im Sächsischen Erzgebirge. Freiberger Forsch.-H. C 177, Leipzig 1965.

LAPADU-HARGUES, P.: Sur l'existence et la nature de l'apport chimique dans certaines séries crystallophylliennes. Bull. Soc. géol. France **15**, S. 255—310, Paris 1945.

LEAKE, B. E.: The chemical distinction between ortho- and para-amphibolites. J. Petrol. **5**, S. 238—254, Oxford 1964.

LEHMANN, J.: Untersuchungen über die Entstehung der altkrystallinischen Schiefergesteine mit besonderer Bezugnahme auf das Sächsische Granulitgebirge, Erzgebirge, Fichtelgebirge und Bayrisch-Böhmische Mittelgebirge. Bonn 1884.

Lehrbuch der allgemeinen Geologie. Hersg. R. BRINKMANN, Enke-Verl., Stuttgart 1964—1972.

LEPSIUS, R.: Geologie von Attika. Ein Beitrag zur Lehre vom Metamorphismus der Gesteine. Reiner, Berlin 1893.

LINDGREN, W.: Metasomatic processes in fissure veins. Transact. Amer. Inst. Min. Met. Engin. **30**, New York 1901.

—: Metasomatism. Bull. geol. Soc. Amer. **36**, S. 247—262, New York 1925.

—: Mineral deposits. 4. Aufl., Mc Graw-Hill, New York 1933.

LORENZ, W.: Die lithologische Entwicklung der Paragneis-Glimmerschieferfolge des mittleren und westlichen Erzgebirges. Unveröff. Diss. Bergakademie Freiberg 1974.

—: Entwurf eines Fachbereichsstandards Geologie-Metamorphe Gesteine (Petrographische Bezeichnung homogener Gesteine). Unveröff. Manuskript 1976.

LOSERT, J.: On the volcanogenous origin of some Moldanubian leptynites. Krystalinikum **7**, S. 61—84, Praha 1971.

LOSSEN, K. A.: Metamorphische Schichten aus der paläozoischen Schichtenfolge des Ostharzes, Z. dtsch. geol. Ges. **21**, S. 281—340, Berlin 1869.

—: Über den Spilosit und Desmosit ZINCKENS. Ein Beitrag zur Kenntnis der Contactmetamorphose. Z. dtsch. geol. Ges. **24**, S. 701—786, Berlin 1872.

LYELL, C.: Principles of geology. London 1830—1833.

MARAKUŠEV, A. A.: Vlijanie temperatury na sostav biotita v metamorfičeskich porodach. Izvest. Akad. nauk SSSR, Ser. Geol. 7, S. 21—38, Moskva 1966.

—: Petrologija metamorfičeskich gornych porod. Izdat. Moskovsk. Univ., Moskva 1973.

MATĚJOVSKA, O.: Petrogenesis of the Moldanubian granulites near Naměst nad Oslavou. Krystalinikum **5**, S. 85—101, Praha 1967.

—: Composition of coexisting garnet and biotite from some granulites of Moldanubicum, Czechoslovakia. N. Jb. Miner. Mh., S. 249—263, Stuttgart 1970.

MATHÉ, G.: Zur Bildung des Granates in Serpentiniten und Eklogiten des sächsischen Granulitgebirges. Freiberger Forsch.-H. C 241, S. 57—70, Leipzig 1969.

—: Die Metabasite d s sächsischen Granulitgebirges. Freiberger Forsch.-H. C 251, Leipzig 1969.

—: Zur historischen Entwicklung des Kenntnisstandes über Serpentinit-Vorkommen. Geologie **20**, S. 451—461, Berlin 1971.

—: Phyllonitization versus feldspathization in the Erzgebirge Mountains (Saxony). Krystalinikum **12**, S. 113—127, Praha 1976.

—: Der Einfluß tektonischer Bewegungen auf die metamorphe Kristallisation. Beispiele aus dem kristallinen Grundgebirge Sachsens. Veröff. Zentralinst. Physik. d. Erde, Berlin 1978.

MATTHES, S., KRÄMER, H.: Die Amphibolite und Hornblendegneise im mittleren kristallinen Vor-Spessart und ihre petrogenetische Stellung. N. Jb. Min. Abh. **88**, S. 225—272, Stuttgart 1955.

MC CALLUM, M. E.: Dedolomitized marble lenses in shear zone tectonites, Medicine Bow Mountains, Wyoming. J. Geol. **82**, S. 473—487, Chicago 1974.

MEHNERT, K. R.: Zur Frage des Stoffhaushaltes anatektischer Gesteine. N. Jb. Mineral. Abh. 82, S. 155—198, Stuttgart 1951.

—: Migmatites and the origin of granitic rocks. Elsevier, Amsterdam usw. 1968.

—: Granulites. Results of discussion II. N. Jb. Mineral. Mh., S. 139—150, Stuttgart 1972.

MEHNERT, K. R., BÜSCH, W. und SCHNEIDER, G.: Initial melting at grain boundaries of quartz and feldspar in gneisses and granulites. N. Jb. Mineral. Mh., S. 165—183, Stuttgart 1973.

Metasomatizm i rudoobrazovanije. Nedra, Moskva 1975.

METZ, K.: Lehrbuch der tektonischen Geologie. 2. Aufl. Enke-Verl., Stuttgart 1967.

MILCH, L.: Über Adinolen und Adinolschiefer des Harzes. Z. dtsch. geol. Ges. **69**, S. 349–486, Berlin 1917.

MIYASHIRO, A.: Data on garnet-biotite equilibria in some metamorphic rocks of the Ryoke zone. J. geol. Soc. Japan **62**, S. 700–702, Tokyo 1956.

—: Chlorite of crystalline schists. J. geol. Soc. Japan **63**, S. 1–8, Tokyo 1957.

—: Evolution of metamorphic belts. J. Petrol. **2**, S. 277–311, London 1961.

—: Metamorphism and related magmatism in plate tectonics. Amer. J. Sci. **272**, S. 629–656, New Haven 1972.

—: Metamorphism and metamorphic belts. Allen & Unwin, London 1973.

MORKOVKINA, V. F.: Chimičeskie analizy izverženných gornych porod i porodoobrazujuščich mineralov. Nauka, Moskva 1964.

MUTAFČIEV, I., ČIPČAKOVA, S.: Chidrotermalni izmenenija na skalite ot senonskija vulkanogen kompleks pri Zlatno-medno-piritnoto nachodište „Čelopeč", Pirdopsko. Izv. geol. Inst., ser. rudni i nerudni polzni iskop. **18**, S. 125–141. Sofija 1969.

NAKOVNIK, N. I.: Propilitizirovannye porody, ich mineral'nye facii, genezis i praktičeskoe značenie. Zapiski vses. mineral. obšč. **83**, S. 85–94, Moskva 1954.

—: Vtoričnye kvarcity SSSR i svjazannye s nimi mestoroždenija poleznych iskopaemych. 1. Aufl. Moskva 1964, 2. Aufl. Moskva 1968.

—: Metasomatizm, metamorfizm i mineraloobrazovanije v tverdoj faze. Geochim. mineral. petrol. **5**, S. 58–66, Sofija 1976.

NAUMANN, C. F.: Lehrbuch der Mineralogie. Rücker, Berlin 1828.

—: Lehrbuch der Geognosie. Bd. 1, Engelmann, Leipzig 1850.

NIGGLI, E., NIGGLI, C. R.: Karten der Verbreitung einiger Mineralien der alpidischen Metamorphose in den Schweizer Alpen (Stilpnomelan, Alkali-Amphibol, Chloritoid, Staurolith, Disthen, Sillimanit). Eclogae geol. Helvetiae **58**, S. 335–368, Basel 1965.

NIGGLI, P., HUBER, H. M.: Physiographie und Genesis der Gesteine im südöstlichen Gotthardmassiv. Schweiz. miner. petrogr. Mitt. **23**, S. 72–260, Zürich 1943.

D'OMALIUS D'HALLOY, J. J.: Des roches considerées minéralogiquement. Paris 1841.

ORVILLE, P. M.: A model for metamorphic differentiation origin of thin-layered amphibolites. Amer. J. Sci. **267**, S. 64–86, New Haven 1969.

OSSENKOPF, P.: Herkunft und Bedeutung der Namen „Zwitter" und „Greisen". Fundgrube **8**, 3/4, S. 69–72, Berlin 1971.

PAPAGEORGAKIS, J.: Marmore und Kalksilikatfelse der Zone Ivrea-Verbano zwischen Ascona und Candoglia. Schweiz. miner. petrogr. Mitt. **41**, S. 157–254, Zürich 1961.

PENDIAS, H., MACIEJEWSKI, S.: Zbiór analiz chemicznych skał magmowych i metamorficznych Dolnego Śląska. Prace Inst. geol. **24**, Warszawa 1959.

PENTLAKOWA, Z.: Słownik petrograficzny. Wyd. geologiczne, Warszawa 1962.

PHILIPSBORN, H. VON: Tabellen zur Berechnung von Mineral- und Gesteinsanalysen. Leipzig 1933.

PIETZSCH, K.: Geologie von Sachsen. Dtsch. Verl. Wiss., Berlin 1962.

PLATEN, H. VON: Kristallisation granitischer Schmelzen. Contr. Miner. Petrol. **11**, S. 334–381, Berlin (West) usw. 1965.

POLDERVAART, A.: Chemistry of the Earth's crust. Geol. Soc. Amer. Spec. Paper (Crust of the Earth) **62**, S. 119–144, New York 1955.

POLOVINKINA, J. I.: Struktury i tekstury izverženných i metamorfičeskich gornych porod. 3 Bde., Moskva 1966.

POSPELOV, G. L.: Paradoksy, geologo-fizičeskaja suščnost' i mechanizmy metasomatoza. Nauka, Novosibirsk 1973.

Problemy metasomatizma. Trudy 2. konferencii po okolorudnomu metasomatizmu. Nedra, Moskva 1970.

QUENSEL P.: Zur Kenntnis der Mylonitbildung, erläutert an Material aus dem Kebnekaisegebiet. Bull. geol. Inst. Univ. Uppsala **15**, S. 91–116, Uppsala 1916.

RAMBERG, H.: The origin of metamorphic and metasomatic rocks. Univ. of Chicago Press, Chicago 1952.

RANKAMA, K., SAHAMA, T. G.: Geochemistry. Univ. of Chicago Press, Chicago 1950.

RAST, N.: Nucleation and growth of metamorphic minerals. In: „Controls of metamorphism". Hersg. PITCHER und FLINN, S. 75–102, Wiley, New York 1965.

REVERDATTO, V. V.: Projavlenija vysokotemperaturnogo kontaktovogo metamorfizma izvestnjakov v bassejne r. Podkammenoj Tunguski. Doklady Akad. nauk SSSR **155**, S. 104–107, Moskva 1964.

—: Facii kontaktovo metamorfizma. Izdat. Nedra, Moskva 1970.

RICHTHOFEN, F. VON: Studien aus den Ungarisch-Siebenbürgischen Trachyt-Gebirgen. Wien 1861.

—: Mittheilungen von der Westküste Nordamerikas I. Die natürliche Gliederung und der innere Zusammenhang der vulkanischen Gesteine. Z. dtsch. geol. Ges. **20**, S. 663–726, Berlin 1868.

RINNE, F.: Gesteinskunde. 10./11. Aufl., Jänecke-Verl., Leipzig 1928.

RÖSLER, H. J.: Bemerkungen zur Genese von Geosynklinalmagmatiten. Rep. Intern. Geol. Congr. 21. Session Norden **13**, S. 96–107, Copenhagen 1960.

ROSE, G.: Mineralogisch-geognostische Reise nach dem Ural, dem Altai und dem Kaspischen Meere. 2 Bde., Berlin 1837 u. 1842.

ROSENBUSCH, H.: Die Steiger Schiefer und ihre Contactzone an den Granititen von Barr-Andlau und Hohwald. Abh. geol. Spec. Kt. Elsass-Lothringen **1**, 2, Strassburg 1877.

—: Elemente der Gesteinslehre. Stuttgart 1898.

—: Elemente der Gesteinslehre. 4. Aufl. Hrsg. A. OSANN, Schweizerbarth, Stuttgart 1923.

RUNDKVIST, D. V., PAVLOVA, I. G.: Grejzenovaja formacija metasomatičeskich porod i zakonomernosti ee projavlenija. In: „Problemy metasomatizma", S. 188–197, Nedra, Moskva 1970.

RUTLAND, R. W. R.: Tectonic overpressures. In: „Controls of metamorphism". Hrsg. PITCHER und FLINN, Wiley, New York 1965.

SANDER, B.: Über Zusammenhänge zwischen Teilbewegung und Gefüge in Gesteinen. Tschermaks miner. petrogr. Mitt. **30**, S. 282–314, Wien 1911.

—: Über einige Gesteinsgruppen des Tauernwestendes. Jb. kais. geol. R-Anst. **2**, S. 219–288, Wien 1912.

—: Über einige Gesteinsgefüge. Tschermaks miner. petrogr. Mitt. **33**, S. 547–557, Wien 1915.

—: Gefügekunde der Gesteine. Springer, Wien 1930.

—: Einführung in die Gefügekunde der geologischen Körper. Teil I. Allgemeine Gefügekunde und Arbeiten im Bereich Handstück bis Profil. Wien und Innsbruck 1948.

—: Einführung in die Gefügekunde der geologischen Körper. Teil II. Die Korngefüge. Wien und Innsbruck 1950.

SARANČINA, G. M., ŠINKAREV, N. F.: Petrologija magmatičeskich i metamorfičeskich porod. Izdat. Nedra, Leningrad 1973.

SATTRAN, V.: Geologicko-petrografické poměry jižní časti altenberské kry mezi Mikulovem a Moldavou v Krušnych Horach. Sbornik ustř. Ustav geol., Odd. geol. **24**, S. 7–61, Praha 1957.

SAXENA, S. K.: Silicate solid solutions and geothermometry. Parts 1–3. Contr. Miner. Petrol. **21** bzw. **22**, S. 338–345 bzw. 147–156 u. 259–267, Berlin (West) usw. 1969.

SCHARBERT, H. G.: Zur Nomenklatur der Gesteine in Granulitfazies. Tschermaks miner. petrogr. Mitt. 8, **4**, S. 591–598, Wien 1963.

—: Die Granulite des südlichen niederösterreichischen Moldanubikums. Teil II, Petrographie. — N. Jb. Mineral. Abh. **101**, S. 27–64, Stuttgart 1964.

—: Cyanit und Sillimanit in moldanubischen Granuliten. Tschermaks miner. petrogr. Mitt. **16**, S. 252–267, Wien 1971.

SCHEUMANN, K. H.: Metatexis und Metablastesis. Mineral. petrogr. Mitt. **48**, S. 402–412, Leipzig 1937.

Scheumann, K. H., Huckenholz, G.: Die Cordieritgneise und Granatgneise des sächsischen Granulitgebirges. N. Jb. Mineral. Abh. **96**, S. 131–161, Stuttgart 1961.

Schmidt, K.: Zur tektonischen Analyse des sächsischen Erzgebirges. Abh. dtsch. Akad. Wiss. Kl. Chemie Geol. Biol. **2**, Berlin 1958, 1959.

Schmidt-Thomé, P.: Tektonik. In: „Lehrbuch der allgemeinen Geologie". Hrsg. R. Brinkmann, Enke-Verl., Stuttgart 1972.

Schuermann, H. M. E.: The geology of the glaucophane rocks in Turkey and Japan. Geol. en Mijnbouw **18**, S. 119–122, Amsterdam 1956.

Schützel, H.: Die geologische Position, der Chemismus und die Genese der Marmor-Skarn-Erz-Lager im westlichen Teil des sächsischen Erzgebirges. Unveröff. Diss. Bergakademie Freiberg 1966.

—: Chemismus und Genese der Skarne und Erlanfelse des westlichen Erzgebirges. Freiberger Forsch.-H. C 261, S. 53–122, Leipzig 1970.

Schust, F., Striegler, R. und Oemler, M.: Bemerkungen zur räumlichen Verteilung von Turmalin-Quarz-Knollen im Eibenstocker Granitmassiv. Z. angew. Geologie **16**, 3, S. 113–122, Berlin 1970.

Sederholm, J. J.: Studien über archäische Eruptivgesteine aus dem südwestlichen Finnland. Tschermaks miner. petrogr. Mitt. **12**, S. 97–142, Wien 1891.

—: Über eine archäische Sedimentformation im südwestlichen Finnland. Bull. Comm. géol. Finlande **6**, 255 S., Helsingfors 1899.

—: Über den gegenwärtigen Stand unserer Kenntnis der kristallinischen Schiefer von Finnland. Comptes Rendus 9. Congr. géol. internat., S. 609–630, Wien 1904.

—: Om granit och gneis. Bull. Comm. géol. Finlande **23**, S. 1–110, Helsingfors 1907.

Seim, R.: Petrologische Untersuchungen an kontaktmetasomatischen Gesteinen vom Ostrand des Brockenmassivs (Harz). — Geologie, Beiheft 37, Berlin 1963.

—: Der Para-Biotit-Plagioklasgneis des Kyffhäuserkristallins, seine metatektischen und metablastischen Derivate und seine Einlagerungen. Geologie, Beiheft 56, Berlin 1967.

Semenenko, N. P.: Metamorfizm podvižnych zon. Akad. nauk USSR, Kiev 1963.

—: The genesis and the classification of skarns. Krystalinikum **2**, S. 61–69, Praha 1964.

Sharma, R. S., Narayan, V.: Petrology of polymetamorphic schists from an Archaean complex terrain, southeast of Beawar, Rajasthan, India. N. Jb. Mineral. Abh. **124**, S. 190–222, Stuttgart 1975.

Smulikowski, K.: An attempt at eclogite classification. Bull. Acad. Polon. Sci., Sér. Sci. géol. géogr. **12**, Warszawa 1964.

—: Differentiation of eclogites and its possible causes. Lithos **1**, S. 89–101, Oslo 1968.

Sobolev, N. V.: Paragenetičeskie tipy granatov. Nauka Moskva 1964.

—: Eklogit-Xenolithe in den Kimberlitpipes von Jakutien. Chemie der Erde **27**, S. 164–177, Jena 1968.

Sobolev, N. V., Kuznetsova, I. K. und Zyuzin, N. I.: The petrology of grospydite xenoliths from the Zagadochnaya kimberlite pipe in Yakutia. J. Petrol. **9**, S. 253–280, Oxford 1968.

Sobolev, V. S.: Role of high pressure in metamorphism. 21 Intern. geol. Congr. Sesion Norden **14**, S. 72–82, Copenhagen 1960.

Spry, A.: Metamorphic textures. Pergamon Press, Oxford usw. 1969.

Steiger, R. H.: Petrographie und Geologie des südlichen Gotthardmassivs zwischen St. Gotthard- und Lukmanierpass. — Schweiz. mineral. petrogr. Mitt. **42**, S. 381–577, Zürich 1962.

Strand, T.: Greenschists from the south-eastern part of Helgeland, Norway. Norges Geol. Undersökn. No. 203, S. 112–128, Oslo 1958.

Suess, F. E.: Die moravischen Fenster und ihre Beziehung zum Grundgebirge des Hohen Gesenkes. Denkschr. kais. Akad. Wiss., math. nat. Kl. 88, S. 541–631, Wien 1913.

—: Intrusions- und Wandertektonik im variszischen Grundgebirge. Borntraeger, Berlin 1926.

Suk, M.: Material characteristics of the metamorphism and migmatization of Moldanubian paragneisses in Central Bohemia. Krystalinikum **2**, S. 71–105, Praha 1964.

SUK, M., KRUPIČKA, J. und PELC, Z.: Pre-Cambrian of the core of the Bohemian Massif. Guide to Excursion 7, Internat. geol. Congr., 23. Session, Praha 1968.

TEUSCHER, E. O.: Umwandlungserscheinungen an Gesteinen des Granitmassivs von Eibenstock-Neudeck. Miner. petrogr. Mitt. 47, S. 273–312, Leipzig 1936.

DEN TEX, E.: Structural petrology. In: Hills, E. S. „Elements of structural geology", 2ed., Bungay 1972.

THOMPSON, J. B.: The graphical analysis of mineral assemblages in pelitic schists. Amer. Miner. 42, S. 842–858, Menasha 1957.

TILLEY, C. E.: The facies classification of metamorphic rocks. Geol. Mag. 61, S. 161–171, London 1924.

—: Contact metamorphism in the Comrie area of the Perthshire highlands. Quart. J. geol. Soc. London 80, S. 317–324, London 1924.

—: Contact metamorphic assemblages in the system $CaO-MgO-Al_2O_3-SiO_2$. Geol. Mag, 62, S. 363–367, London 1925.

TRÖGER, W. E.: Quantitative Daten einiger magmatischer Gesteine. Miner. petrogr. Mitt. 46, S. 153–173, Leipzig 1935.

—: Die Granatgruppe: Beziehungen zwischen Mineralchemismus und Gesteinsart. N. Jb. Mineral. Abh. 93, S. 1–44, Stuttgart 1959.

TURNER, F. J.: Mineralogical and structural evolution of the metamorphic rocks. Mem. Geol. Soc. Amer. 30, 324 S., Washington 1948.

—: Metamorphic petrology. New York 1968.

TURNER, F. J., VERHOOGEN, J.: Igneous and metamorphic petrology. Mc Graw-Hill, New York 1951.

—, —: Igneous and metamorphic petrology. 2. Aufl. Mc Graw-Hill, New York 1960.

TURNER, F. J., WEISS, L. E.: Structural analysis of metamorphic tectonites. Mc Graw-Hill, New York 1963.

TUTTLE, O. F., BOWEN, N. L.: Origin of granite in the light of experimental studies in the system $NaAlSi_3O_8-KAlSi_3O_8-SiO_2-H_2O$. Mem. Geol. Soc. Amer. 74, S. 1–153, New York 1958.

VELINOV, I.: Propiliti i alunitovi kvarciti v rajona na Breznik. Izv. geol. Inst., ser. geoch. miner. petrogr. 16, S. 205–220, Sofija 1967.

VENDL, A.: Das Kristallin des Sebeser und Zibin-Gebirges. Geol. Hung., ser. geol. 4, Budapest 1932.

VLASOV, G. M., BORISOV, O. G.: Vzaimootnošenija vtoričnych kvarcitov s rudami. In: „Prblemy metasomatizma", S. 99–103, Nedra, Leningrad 1970.

VOGEL, D. E.: Petrology of an eclogite- and pyrigarnite-bearing polymetamorphic rock complex at Cabo Ortegal, NW-Spain. Leidse geol. Meded. 40, S. 121–213, Leiden 1967.

VOGT, T.: Sulitelmafeltets geologi og petrografi. Norges geol. Unders. 121, 560 S., Oslo 1927.

VOLL, G.: Stoff, Bau und Alter in der Grenzzone Moldanubikum/Saxothuringikum in Bayern unter besonderer Berücksichtigung gabbroider und kalksilikatführender Gesteine. Geol. Jb. Beih. 42, Hannover 1960.

WAARD, D. DE: Anorthite content of plagioclase in basic and pelitic crystalline schists as related to metamorphic zoning in the Usu massif, Timor. Amer. J. Sci. 257, S. 553–562, New Haven 1959.

—: A proposed subdivision of the granulite facies. Amer. J. Sci. 263, S. 455–461, New Haven 1965.

WALTHER, K.: Die mineralfazielle und tektonische Entwicklung der Annaberger und Marienberger Gneise. Freiberger Forsch.-H. C 269, Leipzig 1972.

WATZNAUER, A.: Tektonische Bewegungsflächen als Zonen von Diaphthorese und Anaphthorese. — Abh. dtsch. Akad. Wiss., Kl. Bergbau usw. 2, S. 393–396, Berlin 1964.

WATZNAUER, A., BEHR, H.-J. und MATHÉ, G.: Die Granulite Sachsens. — Freiberger Forsch.-H. C 268, S. 91–111, Leipzig 1971.

WEG, O.: Die zwischengebirgische Prasinitscholle bei Hainichen-Berbersdorf. Abh. sächs. geol. L.-A. 11, Leipzig 1931.

WELLS, A. K.: The nomenclature of the spilitic suite. Geol. Mag. **59** u. **60**, S. 346–356 u. 62–74, London 1922 und 1923.

WENK, E.: Plagioklas als Indexmineral in den Zentralalpen. Schweiz. miner. petrogr. Mitt. **42**, S. 139–152, Zürich 1962.

—: Zur Definition von Schiefer und Gneis. N. Jb. Mineral. Mh., S. 97–107, Stuttgart 1963.

WENK, E., KELLER, F.: Isograde in Amphibolitserien der Zentralalpen. Schweiz. mineral. petrogr. Mitt. **49**, S. 157–198, Zürich 1969.

WIEDEMANN, F.: Zur Petrographie und Petrogenese der Gneise und Glimmerschiefer des sächsischen Erzgebirges. Abh. Staatl. Mus. Miner. Geol. Dresden **14**, S. 111–251, Dresden 1969.

WILLIAMS, H., TURNER, F. J. und GILBERT, C. M.: Petrography. Freeman, San Francisco 1958.

WINKLER, H. G. F.: Die Genese der metamorphen Gesteine. Springer-Verl., Berlin (West) usw. 1. Aufl. 1965, 2. Aufl. 1967.

—: Abolition of metamorphic facies, introduction of the four divisions of metamorphic stage, and of a classification based on isograds in common rocks. N. Jb. Mineral. Mh. 5, S. 189–248, Stuttgart 1970.

—: Petrogenesis of metamorphic rocks. 4. Aufl. Springer-Verl., New York usw. 1976.

WINKLER, H. G. F., LINDEMANN, W.: The system $Qz-Or-An-H_2O$ within the granitic system $Qz-Or-Ab-An-H_2O$. N. Jb. Mineral. Mh. 2, S. 49–61, Stuttgart 1972.

WOZNIAK, S.: Stratigraphie und Tektonik der Lößnitz-Zwönitzer Zwischenmulde. Unveröff. Dissertation Bergakademie Freiberg 1968.

YODER, H. S.: The jadeite problem. Amer. J. Sci **248**, S. 235–248 u. 312–324, New Haven 1950.

—: Role of water in metamorphism. Geol. Soc. Amer., Special paper 62 „Crust of the Earth", Hrsg. A. POLDERVAART, S. 505–524, Baltimore 1955.

—: System $Ab-An-Q-H_2O$ at 5 kb. Yearbook Carnegie Inst., geophys. Lab. **66**, S. 477–478, Washington 1967.

YODER, H. S., TILLEY, C. E.: Origin of basaltic magmas: an experimental study of natural and synthetic rock systems. J. Petrol. **3**, S. 342–529, Oxford 1962.

ZIRKEL, F.: Lehrbuch der Petrographie. Bd. 3, 2. Aufl., Engelmann-Verl., Leipzig 1894.

ZWART, H. J.: Metamorphic facies series in the European orogenic belts and their bearing on the causes of orogeny. Geol. Ass. Canada, Spec. paper 5. S. 7–16, Ottawa 1969.

Tafel 3.I

Blastische Gefüge

Bild 1. Porphyroblastische Struktur. Zweiglimmergneis mit Granat-Porphyroblasten, Preßnitztal südl. Boden (Erzgebirge, DDR); Dünnschliff-Foto einfaches Licht
Maßstab ca. 25:1

Bild 2. Idioblastische Struktur. Hochtemperatur-Kalksilikatparagenese mit Spurrit, Merwinit und Monticellit. Xenolith aus einer Kimberlit-Pipe, Jakutien (UdSSR); Dünnschliff-Foto x Nicols
Maßstab ca. 60:1

Bild 3. Diablastische Struktur. Reaktionssäume von Granat/Klinopyroxen in retrograd umgewandeltem Pyriklasit mit Amphibol-Plagioklas-Diablastik. Stbr. Diethensdorf (Granulitgebirge, DDR); Dünnschliff-Foto 1 Nicol
Maßstab ca. 60:1

Bild 4. Poikiloblastische Struktur (Siebstruktur). Zerfallstruktur von Klinopyroxen mit Plagioklas-Poikiloblasten im Pyriklasit. Stbr. Diethensdorf (Granulitgebirge, DDR); Dünnschliff-Foto x Nicols
Maßstab ca. 60:1

1

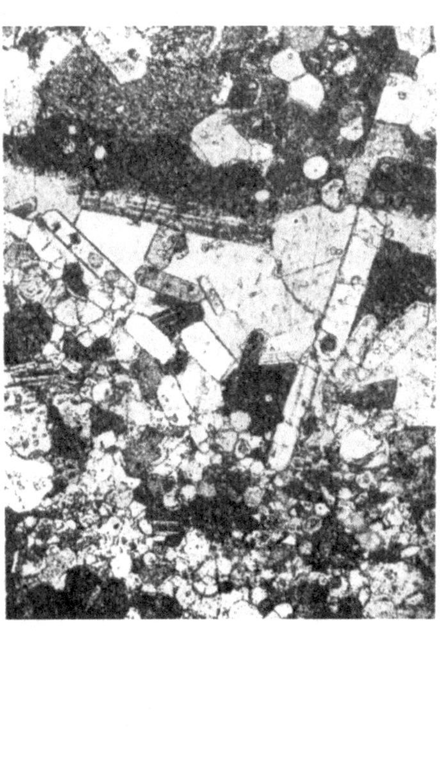

2

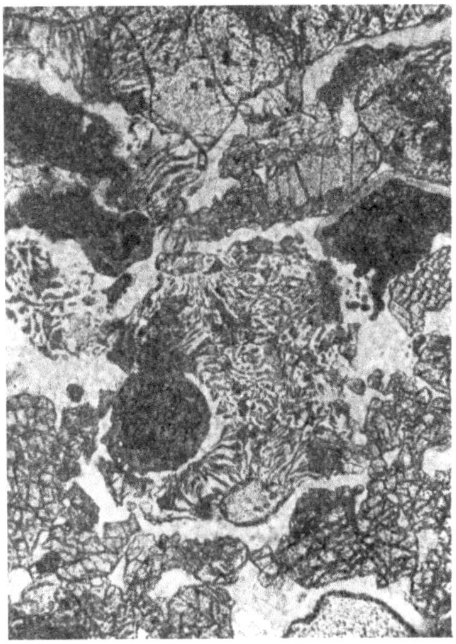

3

4

Tafel 3.II

Blastische Gefüge

Bild 1. Granoblastische Struktur (Mosaikstruktur) von Quarzit. Fuchsleite bei Schlettau (Erzgebirge, DDR). Dünnschliff-Foto x Nicols
Maßstab ca. 40:1

Bild 2. Lepidoblastische Struktur. Plattengneis, westl. Annaberg (Erzgebirge, DDR). Dünnschliff-Foto 1 Nicol
Maßstab ca. 100:1

Bild 3. Nematoblastische Struktur. Glaukophanit, Ile Lacroix (Bretagne, Frankreich). Dünnschliff-Foto 1 Nicol
Maßstab ca. 80:1

Bild 4. Fibroblastische Struktur. Aktinolithschiefer, Pfitschtal (Tirol, Österreich). Dünnschliff-Foto 1 Nicol
Maßstab ca. 50:1

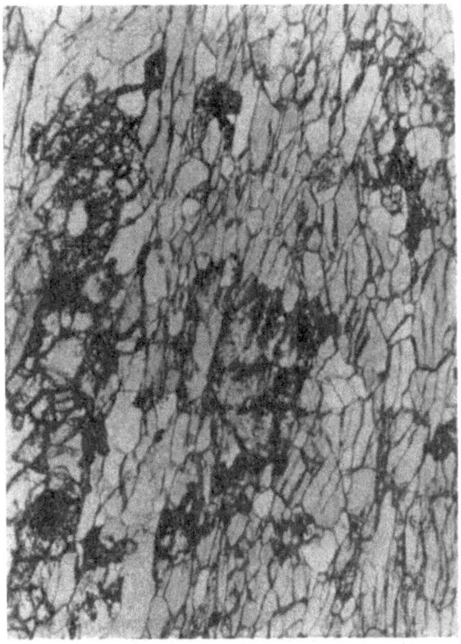

3

4

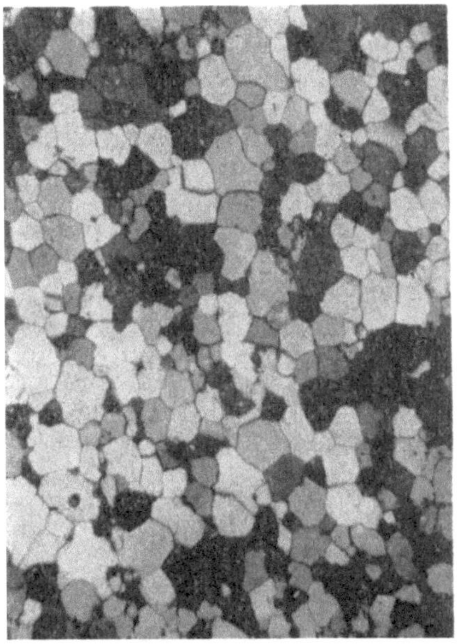

1

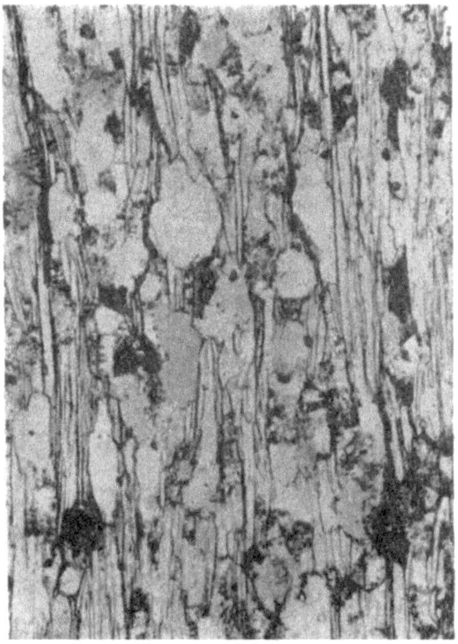

2

Tafel 3.III

Kataklastische Gefüge, Relikt-Gefüge

Bild 1. Kataklastische Struktur. Zerbrochene Quarze und Quarz-Feldspat-Mörtel in einer quarzitischen Gneislage. Fuchsleite bei Schlettau (Erzgebirge, DDR). Dünnschliff-Foto x Nicols
Maßstab ca. 50:1

Bild 2. Blastomylonitische Struktur. Größere Quarzaggregate in feinkörniger Quarz-Feldspat-Matrix. Granulit, Stbr. Diethensdorf (Granulitgebirge, DDR). Dünnschliff-Foto x Nicols
Maßstab ca. 20:1

Bild 3. Magmatisches Reliktgefüge. Reliktische Olivin- und Pyroxenkörner im Serpentinit. Uhrov (Železné hory, ČSSR) Dünnschliff-Foto 1 Nicol
Maßstab ca. 50:1

Bild 4. Sedimentäres Reliktgefüge. Quarz-, Magmatit- und Sedimentit-Gerölle in feinkörniger Gneis-Matrix. Geröllgneis von Obermittweida (Erzgebirge, DDR).
Maßstab ca. 1:3

1

2

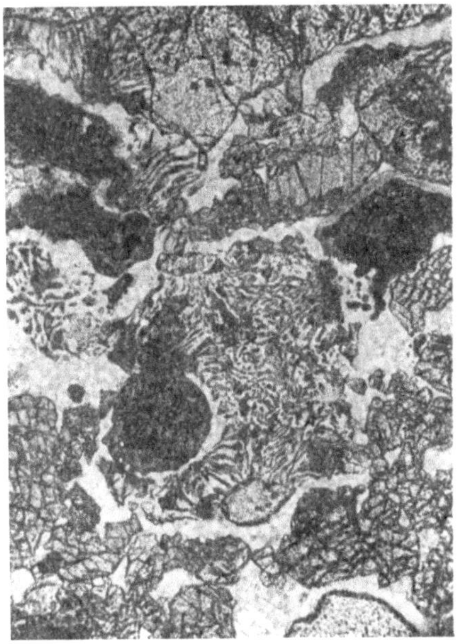

3

4

Tafel 3.IV

Verteilungsgefüge

Bild 1. Heterogenes Verteilungsgefüge. Retrograd metamorphisierter Granulit mit Biotit-Neubildungen („metagranulitischer Biotitgneis"), sekundär zerschert und verfaltet Westl. Roßwein (Granulitgebirge, DDR)
Maßstab ca. 1:3 Foto: HBS Freiberg

Bild 2. Homogenisierung eines ehemals heterogenen, verfalteten Gefüges durch partielle Anatexis. Migmatitischer Gneis von Merschwitz südöstlich Riesa (DDR).
Maßstab ca. 1:1 Foto: HBS Freiberg

1

2

Tafel 3.V

Verteilungsgefüge

Bild 1. Augentextur. Augengneis (links) an feinkörnig-flaserigen Gneis angrenzend. Ehrenfriedersdorf (Erzgebirge, DDR).
Maßstab ca. 1:4

Bild 2. Augentextur. Zweiglimmergneis der Annaberger Kuppel (Erzgebirge, DDR) mit postdeformativen Plagioklas-Blasten. Dünnschliff-Foto x Nicols
Maßstab ca. 10:1

Bild 3. Postdeformatives Feldspat-Auge (poikiloblastisch) mit umschmiegenden Glimmerbahnen. Zweiglimmergneis der Annaberger Kuppel (Erzgebirge, DDR). Dünnschliff-Foto einfaches Licht
Maßstab ca. 25:1

Bild 4. Flaserige Textur. Quarz-Feldspat-Aggregate von Glimmerbahnen wellig umgeben. Glimmerreicher Gneis, Schlettau (Erzgebirge, DDR). Dünnschliff-Foto x Nicols
Maßstab ca. 20:1

1

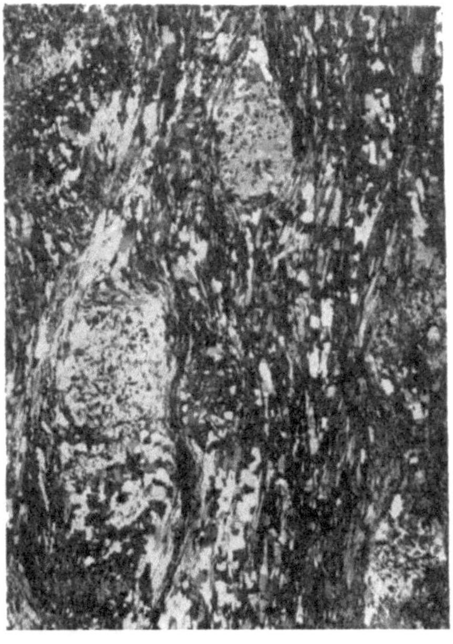

2

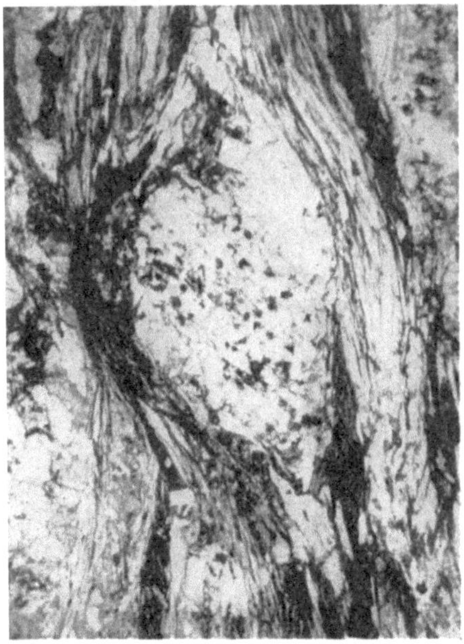

3

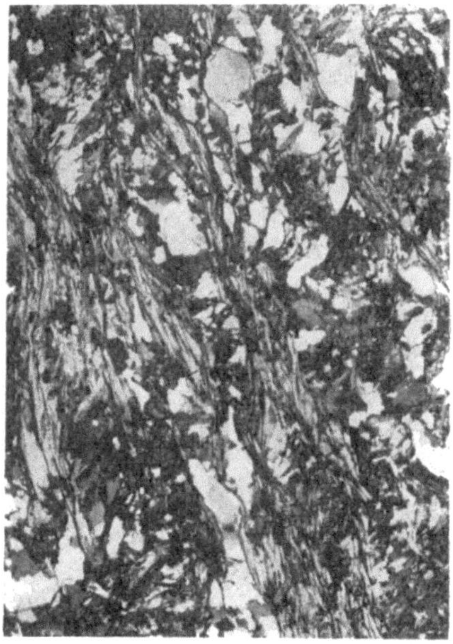

4

Tafel 3.VI

Richtungsgefüge

Bild 1. Lagige Textur. Gneis mit parallelschiefrigem Gefüge von Gierałtów (W-Sudeten, Polen). Maßstab ca. 1:1,5 Foto: HBS Freiberg

Bild 2. Stengelige Textur. Gneis mit stengeligem Gefüge von Doubravčany bei Kolin (ČSSR). Maßstab ca. 1:1 Foto: HBS Freiberg

1

2

Tafel 3.VII

Quarzite, Phyllite

Bild 1. Sericit-Quarzit. Schlettau (Erzgebirge, DDR). Dünnschliff-Foto x Nicols
Maßstab ca. 50:1

Bild 2. Quarzit, Preßnitztal bei Boden (Erzgebirge, DDR). Dünnschliff-Foto x Nicols
Maßstab ca. 50:1

Bild 3. Phyllit. Erzgebirgs-Nordrandzone bei Erdmannsdorf (DDR). Wechsel ehemals sandiger (oben und unten) und toniger Lagen. Dünnschliff-Foto x Nicols
Maßstab ca. 30:1

Bild 4. Phyllit mit sekundärer Verfaltung der s_1-Flächen. Westl. Erdmannsdorf bei Flöha (DDR)
Dünnschliff-Foto x Nicols
Maßstab ca. 50:1

1

2

3

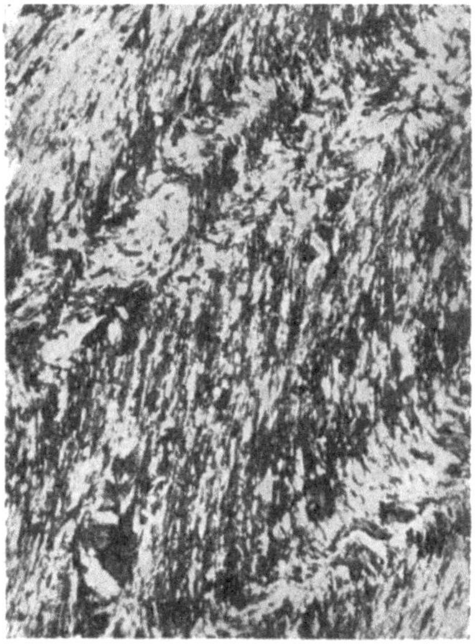

4

Tafel 3.VIII

Gneise

Bild 1. Muskovitgneis, schwach verfaltet und zerschert. Zöblitz (Erzgebirge, DDR). Maßstab ca. 1:1

Bild 2. Flaseriger, dünnplattiger Zweiglimmergneis. Steinbruch Dörfel (Erzgebirge, DDR) Maßstab ca. 1:1 Foto: HBS Freiberg

1

2

Tafel 3.IX

Glimmerschiefer, Gneise

Bild 1. Glimmerschiefer. Markersbach (Erzgebirge, DDR). Dünnschliff-Foto x Nicols
Maßstab ca. 15:1

Bild 2. Muskovit-Gneis. Pobershau (Erzgebirge, DDR). Die vereinzelt angeordneten Glimmer-Aggregate bedingen die körnig-massige Textur des Gesteins. Dünnschliff-Foto 1 Nicol
Maßstab ca. 15:1

Bild 3. Glimmerreicher Gneis. Schlettau (Erzgebirge, DDR). Die durchgehenden Glimmer-Bahnen bedingen die dünnschiefrige Textur des Gesteins. Dünnschliff-Foto x Nicols
Maßstab ca. 15:1

Bild 4. Feinkörniger Muskovit-Biotit-Gneis (sog. Dichter Gneis). Ehrenfriedersdorf (Erzgebirge, DDR). Die nur vereinzelt auftretenden, subparallel angeordneten Glimmer bedingen die massige Textur des Gesteins. Dünnschliff-Foto 1 Nicol
Maßstab 50:1

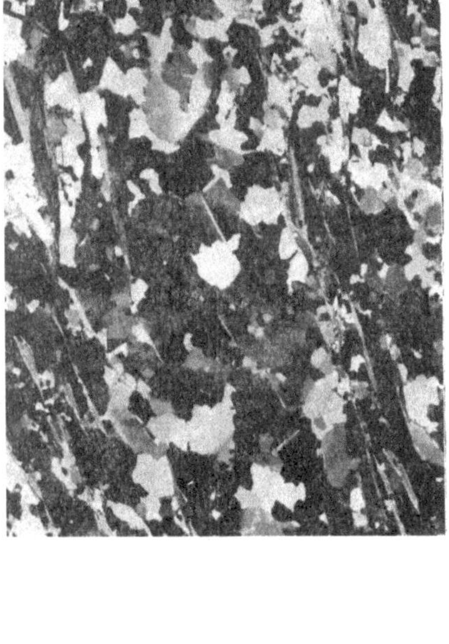
1

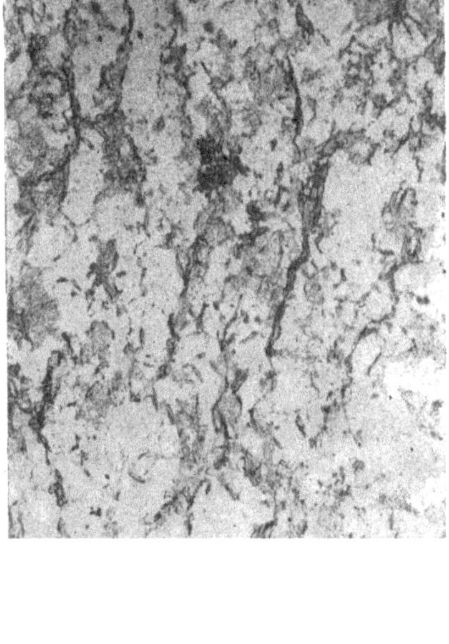
2

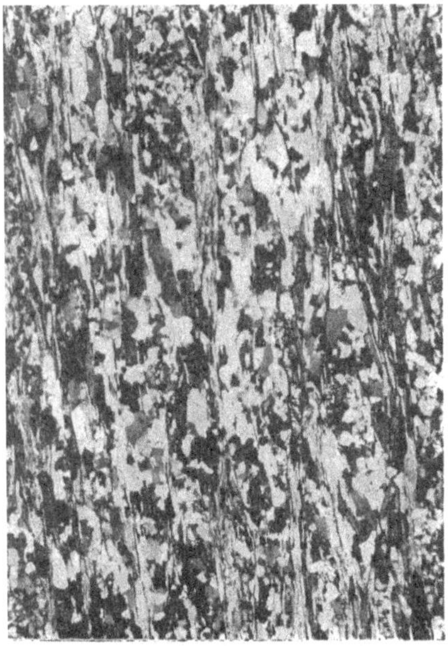
3

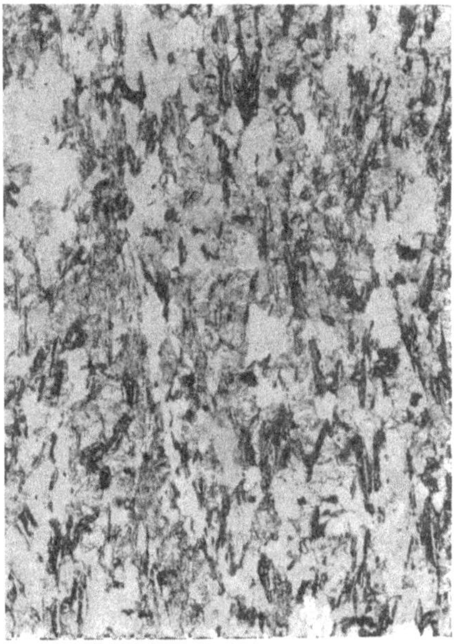
4

Tafel 3.X

Granulite

Bild 1. Granulit mit boudinierten Pyriklasit-Lagen. Bohrung Tirschheim (Granulitgebirge, DDR).
Maßstab ca. 1:2,5

Bild 2. Quarzitischer Granulit, Stbr. Röhrsdorf (Granulitgebirge, DDR). Starke sekundäre Deformation führte zur Umkristallisation der Quarze in zeilenförmigen Aggregaten. Dünnschliff-Foto: BEHR x Nicols
Maßstab ca. 15:1

Bild 3. Granulit aus dem Zentrum des sächsischen Granulitgebirges. Blastomylonitische Quarz-Feldspat-Matrix zwischen größeren diskenförmigen Quarzen. Dünnschliff-Foto: BEHR x Nicols
Maßstab ca. 15:1

2

3

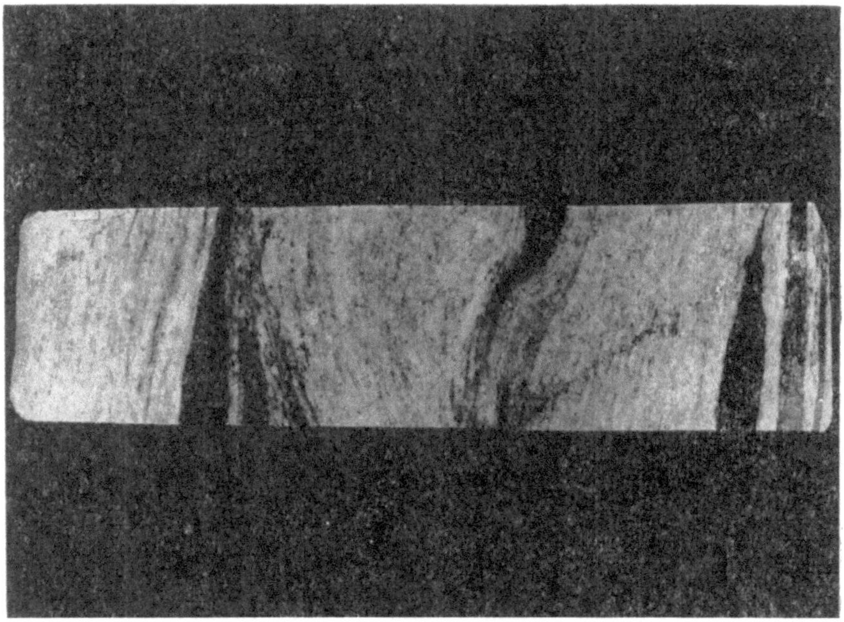

1

Tafel 3.XI

Migmatite

Bild 1. Migmatit mit schieferungsparallelen Metatekten (stromatitisches Gefüge). Weißmeer-Serie, Čupa (Karelien, UdSSR).

Bild 2. Migmatit mit schieferungsparallelen Metatekten (Augen-Gefüge). Weißmeer-Serie, Čupa (Karelien, UdSSR)

Bild 3. Migmatit (metatektischer Zweiglimmergneis) mit schieferungsparalleler Metatekt-Lage (Mitte), begrenzt von biotitreichem Saum. Stbr. Görsdorf (Erzgebirge, DDR). Dünnschliff-Foto x Nicols
Maßstab ca. 4:1

Bild 4. Migmatit (metatektischer Zweiglimmergneis) mit schieferungsparallelen grobkörnigen Quarz-Plagioklas-Metatekten (oberer und unterer Rand). Stbr. Görsdorf (Erzgebirge, DDR). Dünnschliff-Fotox Nicols
Maßstab ca. 7:1

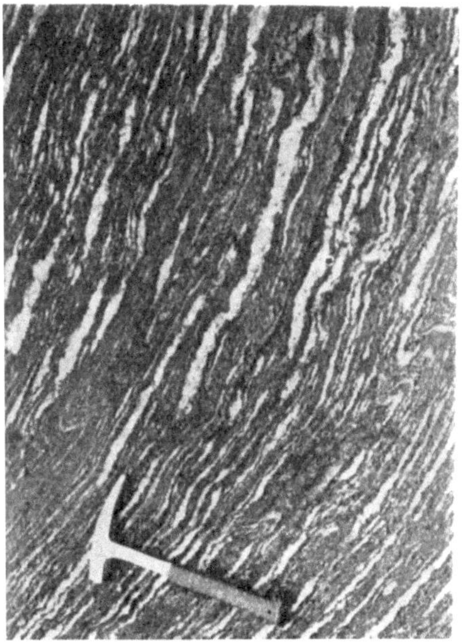
1

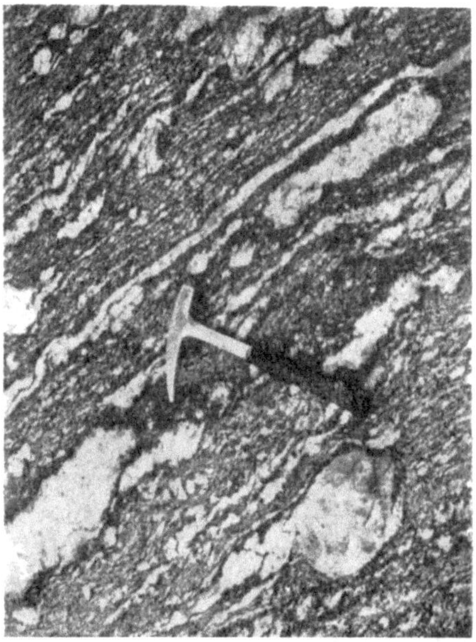
2

3

4

Tafel 3.XII

Migmatite

Bild 1. Migmatit („Flammengneis") mit schieferungsparallelen, schwach verfalteten Metatekten. Stbr. Görsdorf (Erzgebirge, DDR).
Maßstab ca. 1:2

Bild 2. Migmatit (metatektischer Biotitgneis) mit schieferungskonkordanten und -diskordanten, verschiedenaltrigen Metatektgenerationen (dictyonitisches Gefüge). Hallbach (Erzgebirge, DDR).
Maßstab ca. 1:1,5

1

2

Tafel 3.XIII

Migmatite

Bild 1. Migmatit in fortgeschrittenem Stadium der Anatexis (schlieriges Gefüge). Hallbach (Erzgebirge, DDR).
Maßstab ca. 1:1

Bild 2. Granatführender granitoider Anatexit mit restitischen ultramafitischem Xenolith. Žeželovo (Ukraine, UdSSR).
Maßstab ca. 1:3

1

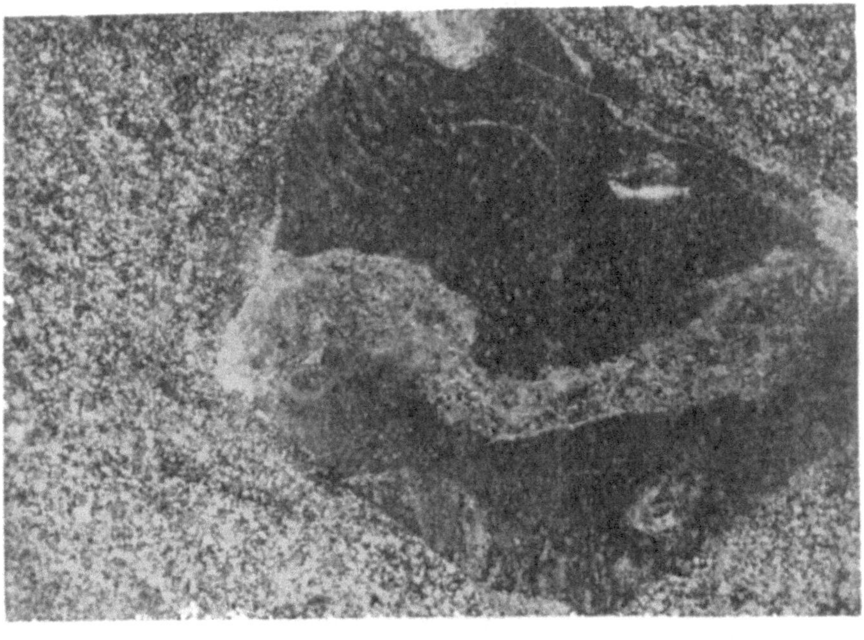

2

Tafel 3.XIV

Marmore, Kalksilikatfelse

Bild 1. Marmor (Calcit-Marmor). Carrara (Italien). Dünnschliff-Foto x Nicols
Maßstab ca. 50:1

Bild 2. Marmor (Calcit-Marmor). Carrara (Italien). Dünnschliff-Foto x Nicols
Maßstab ca. 100:1

Bild 3. Kalksilikatfels mit Calcit (links) und Klinopyroxen. Kyffhäuser-Kristallin (DDR).
Dünnschliff-Foto 1 Nicol
Maßstab ca. 50:1

Bild 4. Kalksilikatfels mit Granat, Klinopyroxen und Klinozoisit. Knolle im dichten Gneis von Schmalzgrube (Erzgebirge, DDR). Dünnschliff-Foto 1 Nicol
Maßstab ca. 50:1

1

2

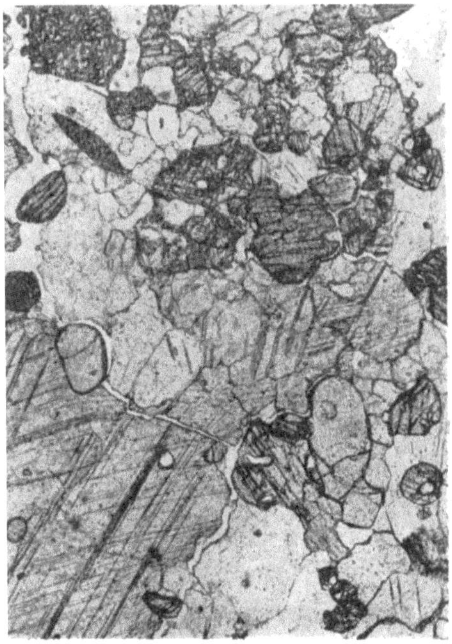

3

4

Tafel 3.XV

Grünschiefer, Glaukophanite

Bild 1. Aktinolithschiefer mit Calcit. Pfitschtal (Tirol). Dünnschliff-Foto 1 Nicol
Maßstab ca. 50:1

Bild 2. Aktinolithschiefer. Pfitschtal (Tirol). Dünnschliff-Foto x Nicols
Maßstab ca. 50:1

Bild 3. Glaukophanit mit Lawsonit und Albit. Ile Lacroix (Bretagne, Frankreich).
Dünnschliff-Foto 1 Nicol
Maßstab ca. 80:1

Bild 4. Glaukophanit. Ile Lacroix (Bretagne, Frankreich). Dünnschliff-Foto 1 Nicol
Maßstab ca. 50:1

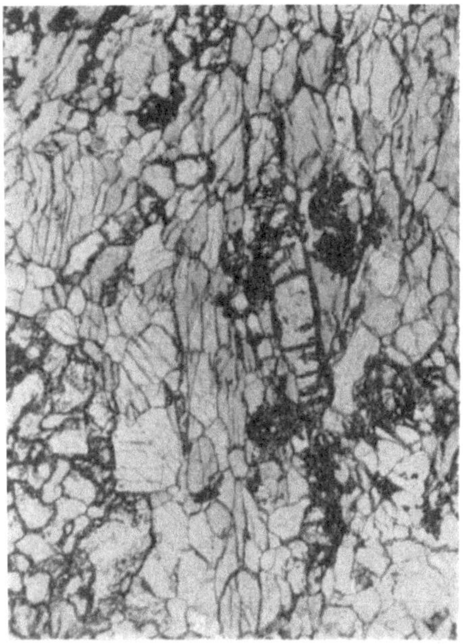
3

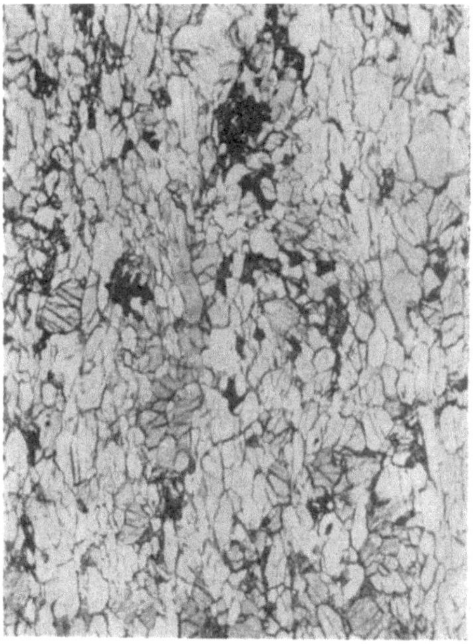
4

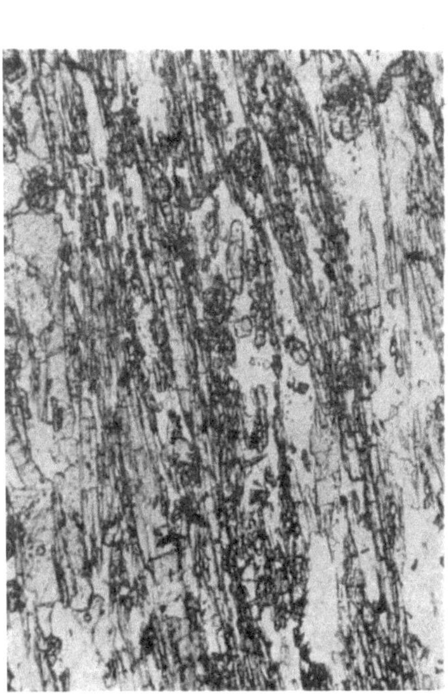
1

2

Tafel 3.XVI

Amphibolite

Bild 1. Amphibolit mit schiefrigem Gefüge. Obergruna (Erzgebirge, DDR). Dünnschliff-Foto einf. Licht
Maßstab ca. 50:1

Bild 2. Amphibolit. Obergruna (Erzgebirge, DDR). Dünnschliff-Foto einf. Licht
Maßstab ca. 50:1

Bild 3. Amphibolit (massig). Stbr. Hartmannsdorf (Granulitgebirge, DDR). Dünnschliff-Foto 1 Nicol
Maßstab ca. 50:1

Bild 4. Zoisitamphibolit. Kovařska bei Vejprty (Erzgebirge, ČSSR). Dünnschliff-Foto x Nicols
Maßstab ca. 50:1

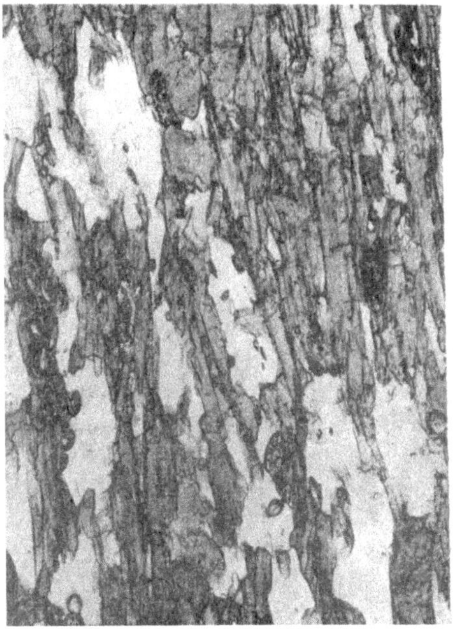

1

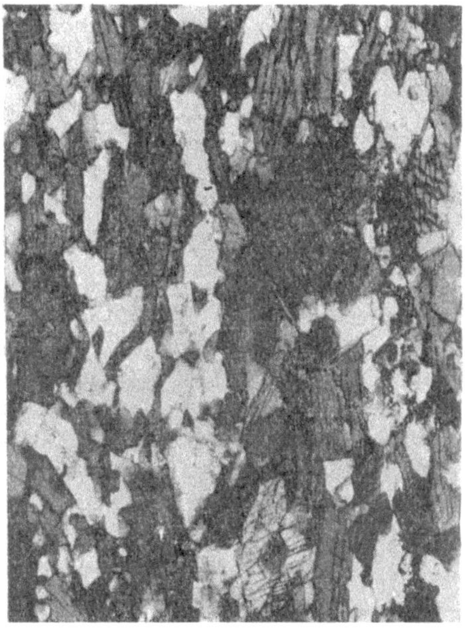

2

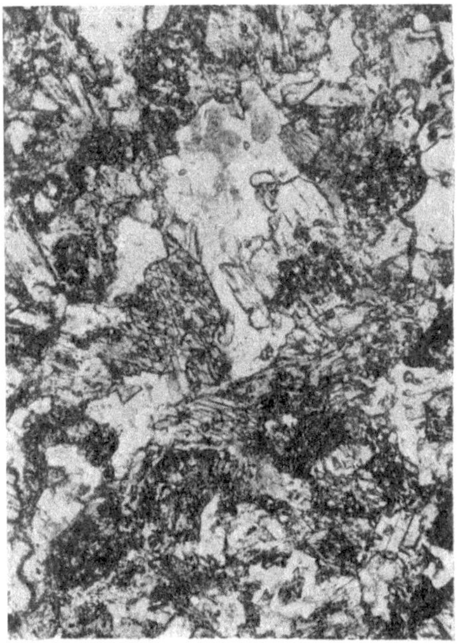

3

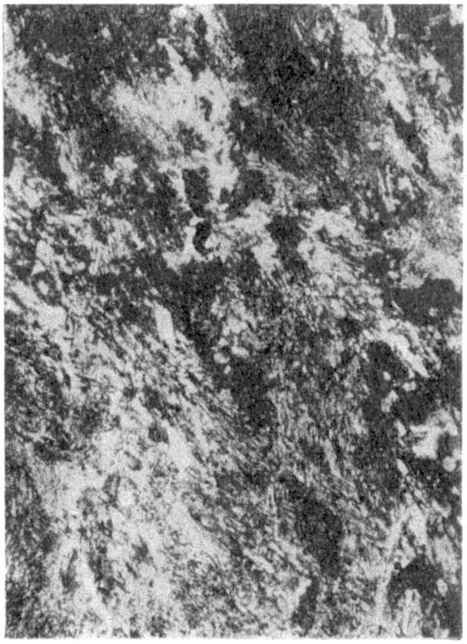

4

Tafel 3.XVII

Pyroxengranulite

Bild 1. Lagen von Pyriklasit (Pyroxengranulit) im hellen Granulit. Bohrung Tirschheim (Granulitgebirge, DDR).
Maßstab ca. 1:1

Bild 2. Granat-Pyriklasit. Umwandlungssäume von Plagioklas um Granatkörner, Neubildungen von Orthopyroxenen, Stbr. Diethensdorf (Granulitgebirge, DDR). Dünnschliff-Foto 1 Nicol
Maßstab ca. 40:1

Bild 3. Pyriklasit (Pyroxengranulit). Stbr. Hartmannsdorf (Granulitgebirge, DDR). Dünnschliff-Foto 1 Nicol
Maßstab ca. 40:1

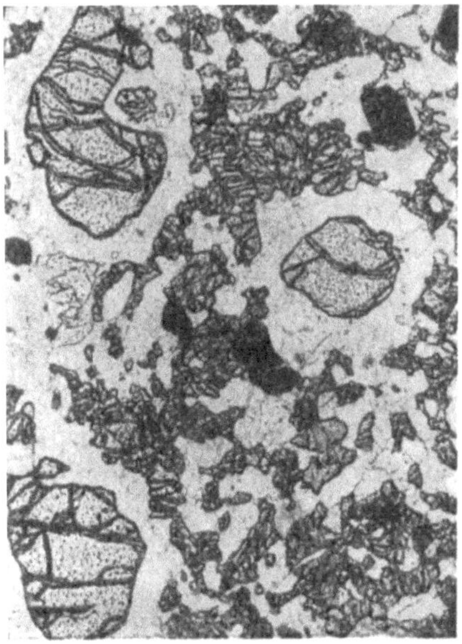

2

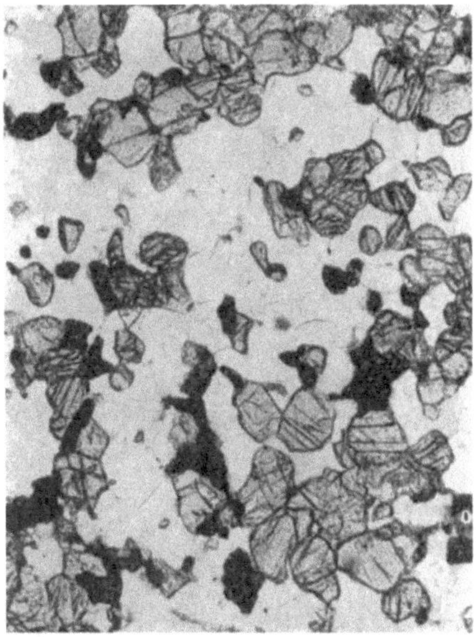

3

1

Tafel 3.XVIII

Eklogite

Bild 1. Eklogit. Kretscham-Rothensehma (Erzgebirge, DDR). Dünnschliff-Foto 1 Nicol
Maßstab ca. 50:1

Bild 2. Feinkörniger Eklogitamphibolit. Stümpelfelsen bei Hammerunterwiesenthal (Erzgebirge, DDR). Dünnschliff-Foto 1 Nicol
Maßstab ca. 35:1 Foto: U. Zimmermann

Bild 3. Eklogit. Stümpelfelsen bei Hammerunterwiesenthal (Erzgebirge, DDR). Dünnschliff-Foto einf. Licht
Maßstab ca. 80:1 Foto: U. Zimmermann

Bild 4. Sekundäre Amphibol-Neubildung längs einer Kluft im Hornblende-Eklogit. Stümpelfelsen bei Hammerunterwiesenthal (Erzgebirge, DDR). Dünnschliff-Foto einf. Licht
Maßstab ca. 35:1 Foto: U. Zimmermann

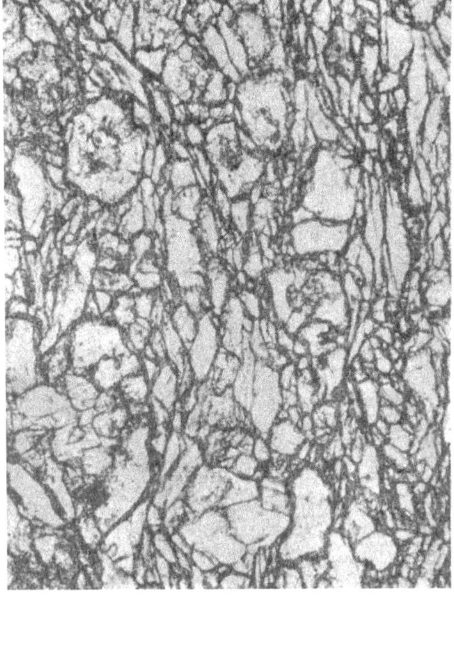

1

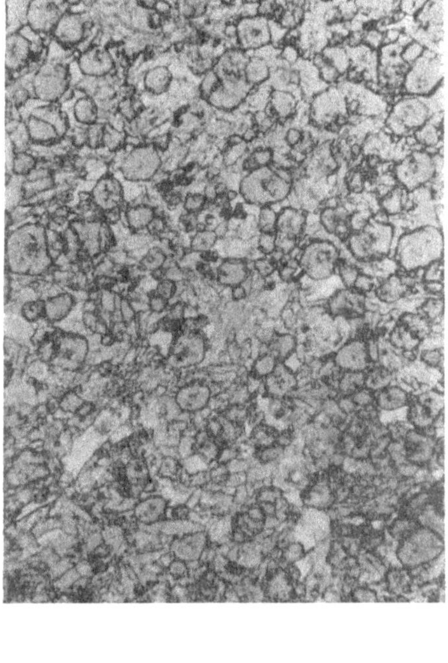

2

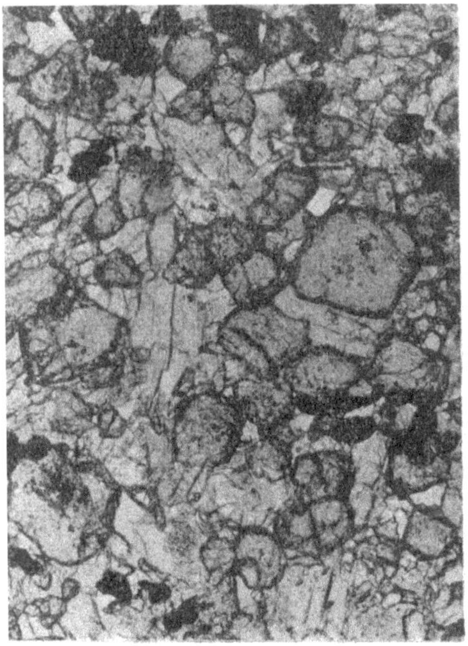

3

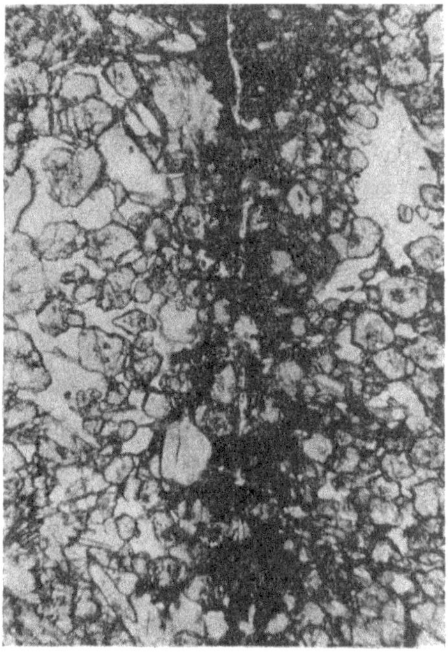

4

Tafel 3.XIX

Serpentinite

Bild 1. Serpentinit. Ehemalige Olivin-Korngrenzen von Magnetit markiert. Massanei (Granulitgebirge, DDR). Dünnschliff-Foto 1 Nicol
Maßstab ca. 80:1

Bild 2. Serpentinit. Maschenstruktur, Pfaffenberg bei Waldheim (Granulitgebirge, DDR). Dünnschliff-Foto x Nicols
Maßstab ca. 50:1

Bild 3. Serpentinit. Maschenstruktur. Pfaffenberg bei Waldheim (Granulitgebirge, DDR). Dünnschliff-Foto x Nicols
Maßstab ca. 100:1

Bild 4. Serpentinit. Serpentinitisierung an den Korngrenzen und Spaltrissen von reliktisch erkennbaren Olivinkörnern. Seiffengrund bei Seiffen (Erzgebirge, DDR). Dünnschliff-Foto x Nicols
Maßstab ca. 200:1

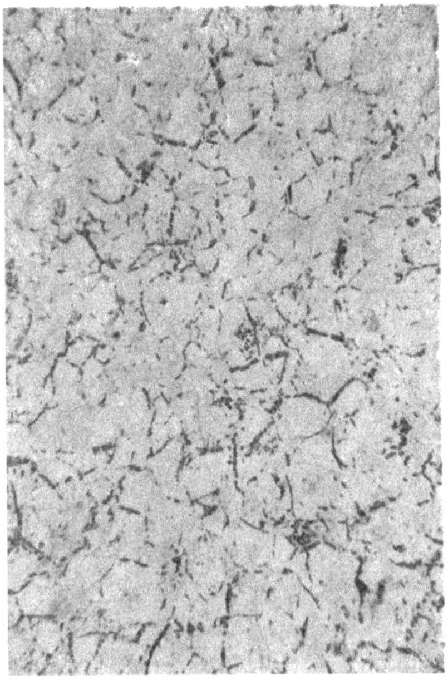

1

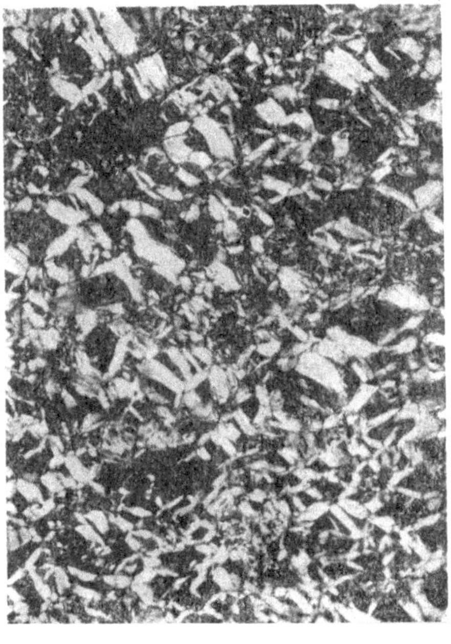

2

3

4

Tafel 3.XX

Serpentinite

Bild 1. Serpentinit (Meta-Saxonit) mit bastitisiertem Bronzit-Kristall (rechts oben) und Magnetit-Neubildungen. Kiefernberg bei Hohenstein-Ernstthal (DDR) Dünnschliff-Foto 1 Nicol
Maßstab ca. 50:1

Bild 2. Serpentinit (Meta-Saxonit) unvollständige Bastitisierung von Bronzit (rechts) führt zu einheitlicher Auslöschung des ehemaligen Pyroxen-Kristalles. Šorža am Sevan-See (Armenien UdSSR) Dünnschliff-Foto x Nicols
Maßstab ca. 50:1

Bild 3. Granat-Serpentinit mit kelyphitisiertem Granat (Mitte) und Klinopyroxen-Körnern (weiß). Greifendorf (Granulitgebirge, DDR). Dünnschliff-Foto einf. Licht
Maßstab ca. 50:1

Bild 4. Pyrop-Granat mit Kelyphitsaum aus dem Granatserpentinit von Greifendorf (Granulit gebirge, DDR). Dünnschliff-Foto 1 Nicol
Maßstab ca. 100:1

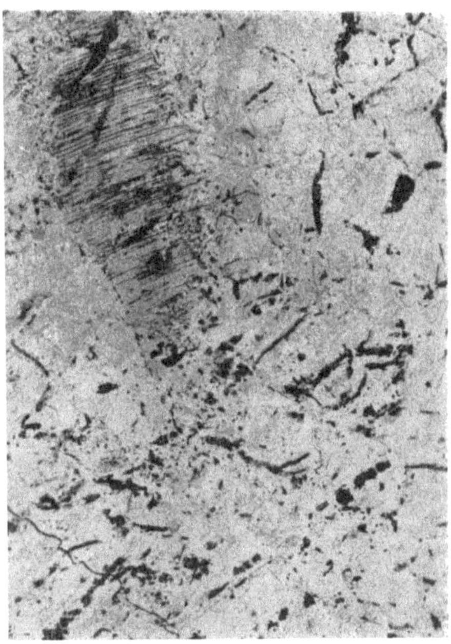

1

2

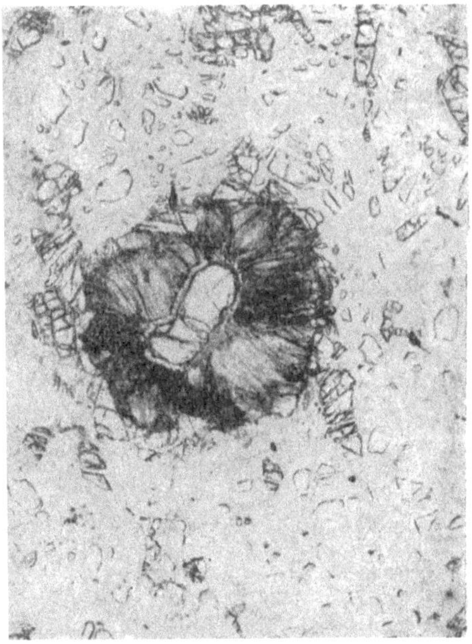

3

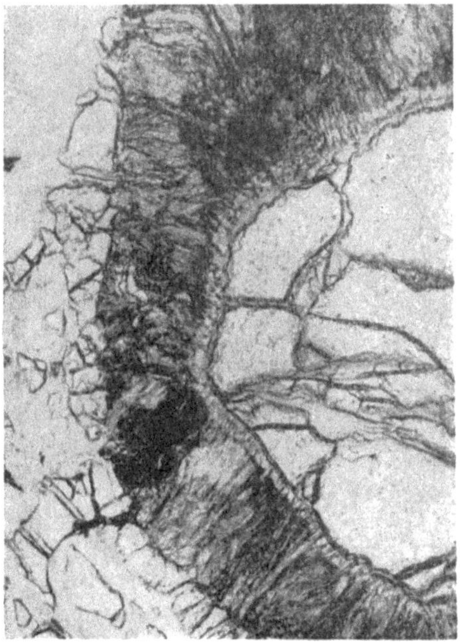

4

Tafel 3.XXI

Kontaktgesteine

Bild 1. Gefritteter Sandstein in säuliger Absonderung aus dem Kontaktbereich zum Basalt. Oybin (Oberlausitz, DDR).
Maßstab ca. 1:7

Bild 2. Fruchtschiefer (Kontaktbereich zum Granit). Theuma (Vogtland, DDR).
Maßstab ca. 1:2,5

Bild 3. Fruchtschiefer. Sericitisierte Cordierit-Blasten in Quarz-Sericit-Matrix. Theuma (Vogtland, DDR). Dünnschliff-Foto x Nicols
Maßstab ca. 15:1

1

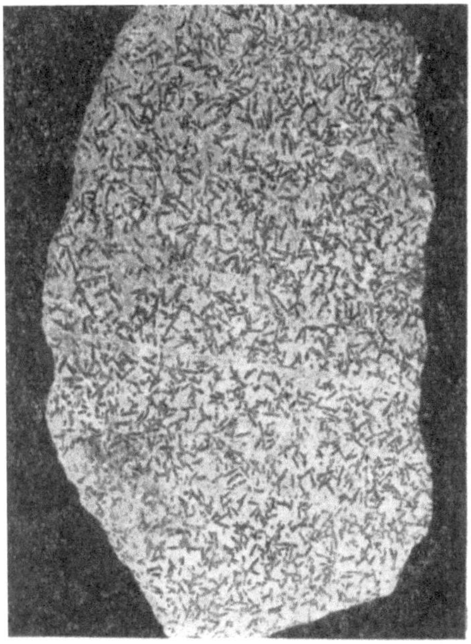

2

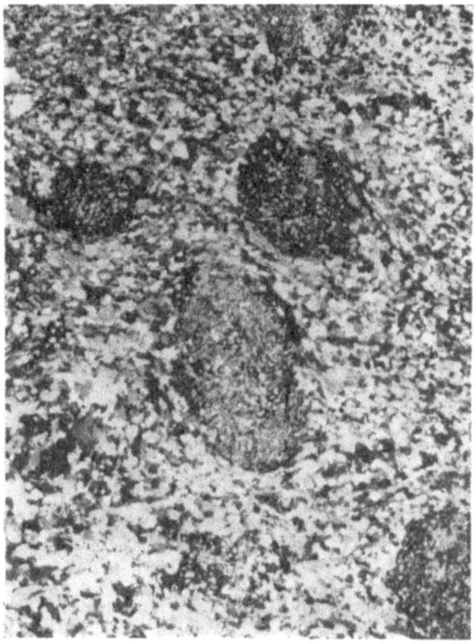

3

Tafel 3.XXII

Metasomatite

Bild 1. Sekundärquarzit („Quarzgreisen"). Sadisdorf (Erzgebirge, DDR). Dünnschliff-Foto x Nicols
Maßstab ca. 30:1

Bild 2. Quarz-Topas-Greisen. Sadisdorf (Erzgebirge, DDR). Dünnschliff-Foto 1 Nicol
Maßstab ca. 30:1

Bild 3. Greisen, sericitisierte und topasierte Feldspäte neben frischen Quarzen. Sadisdorf (Erzgebirge, DDR). Dünnschliff-Foto x Nicols
Maßstab ca. 80:1

Bild 4. Turmalinfels, dichter, wirrstrahliger Filz von Turmalin-Nadeln. Auersberg bei Johanngeorgenstadt (Erzgebirge, DDR). Dünnschliff-Foto 1 Nicol
Maßstab ca. 80:1

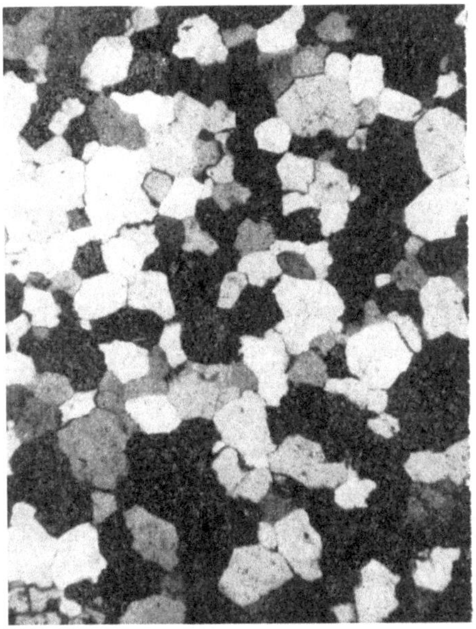

1

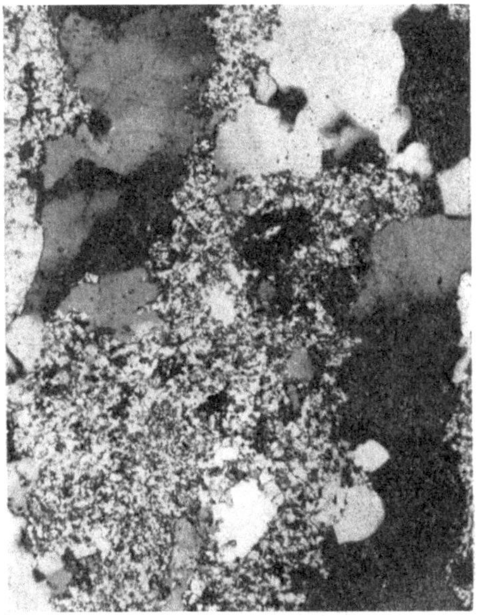

2

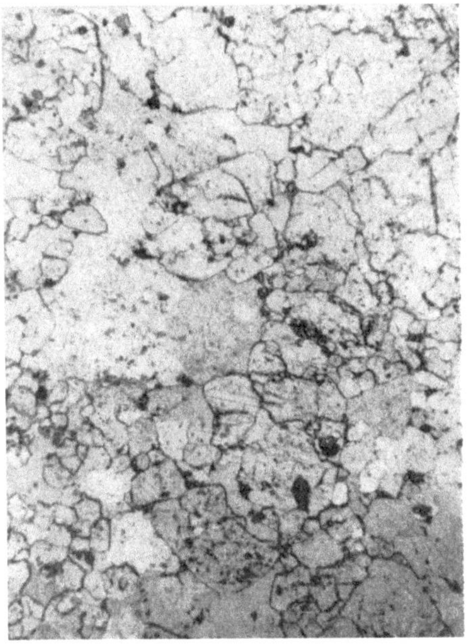

3

4

Tafel 3.XXIII

Metasomatite

Bild 1. Feldspatblastitischer Gneis (sog. Perlgneis). Putim südl. Pisek (ČSSR).
Maßstab ca. 1:1

Bild 2. Feldspatblastitischer Gneis (Perlgneis), Detail des obigen Bildes. Plagioklas-Blastese im Biotitgneis am Kontakt des Mittelböhmischen Plutons, metasomatisch gebildet. — Vgl. Kodym und Suk 1958.
Maßstab ca. 6:1

1

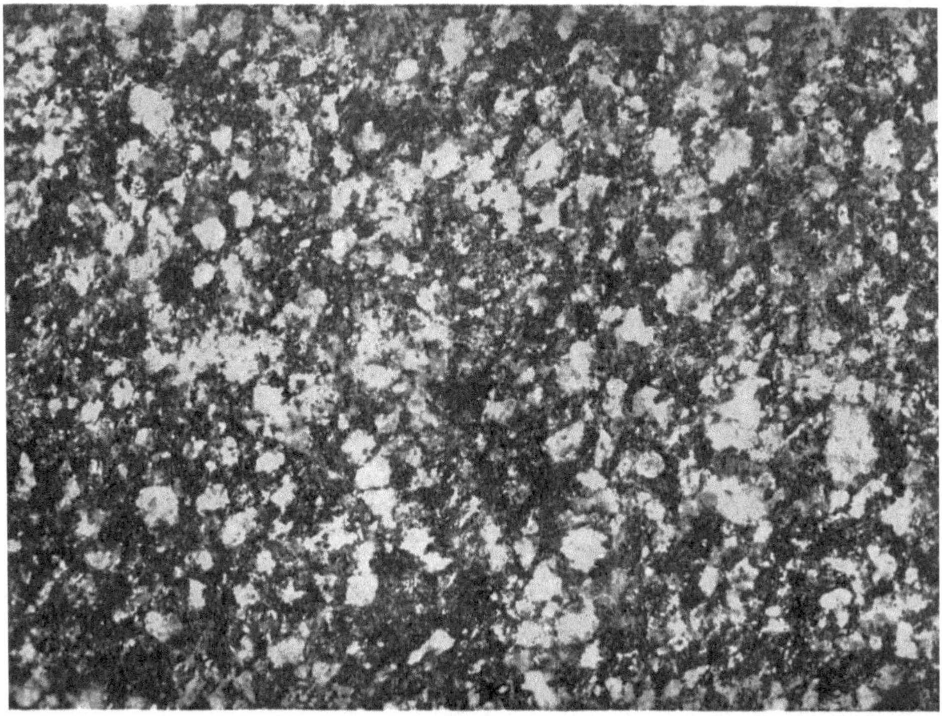

2

Tafel 3.XXIV

Metasomatite

Bild 1. Kalifeldspatisierter Schiefer. Drei-Annen-Hohne (Harz, DDR).
Maßstab ca. 1:2

Bild 2. Spilit. Zbraslav südl. Prag (ČSSR). Dünnschliff-Foto x Nicols
Maßstab ca. 50:1

Bild 3. Propylit. Banska Štiavnica (ČSSR). Bei einfach polarisiertem Licht sind die Feldspat- und Hornblende-Einsprenglinge des ehemaligen Porphyrits noch deutlich erkennbar. Dünnschliff-Foto 1 Nicol
Maßstab ca. 50:1

Bild 4. Propylit (wie oben). Bei gekreuzten Nicols wird die Chloritisierung und Epidotisierung des gesamten Gesteins deutlich. Dünnschliff-Foto x Nicols
Maßstab ca. 50:1

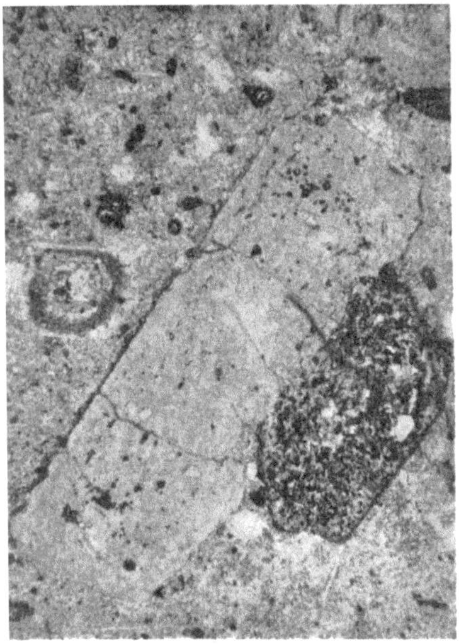

3

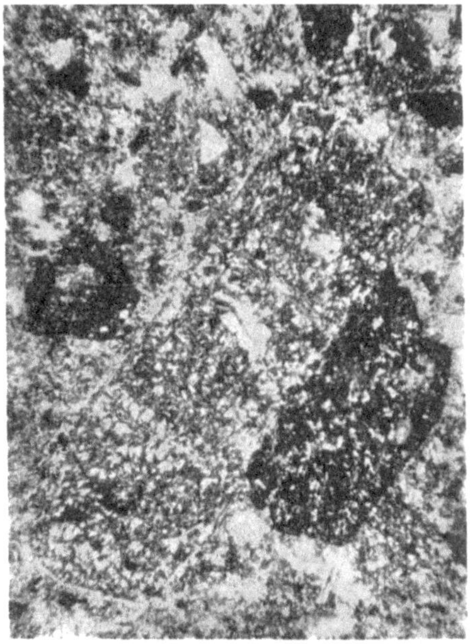

4

1

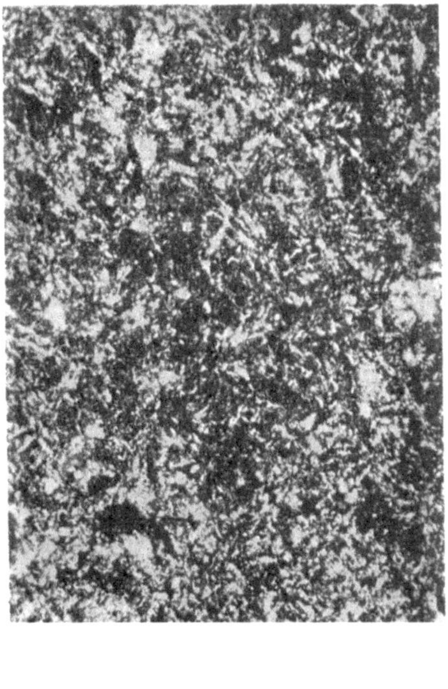

2

Tafel 3.XXV

Kataklasite, Mylonite

Bild 1. Kataklasit. Pfaffroda (Erzgebirge, DDR). Dünnschliff-Foto 1 Nicol
Maßstab ca. 30:1

Bild 2. Kataklasit mit Anzeichen von mylonitischem Gefüge. Pfaffroda (Erzgebirge, DDR). Dünnschliff-Foto x Nicols
Maßstab ca. 30:1

Bild 3. Mylonitischer Phyllit (Phyllonit). Schlettau (Erzgebirge, DDR). Dünnschliff-Foto x Nicols
Maßstab ca 50:1

Bild 4. Ultramylonitischer Gabbro. Muldental östl. Roßwein (DDR). Dünnschliff-Foto x Nicols
Maßstab ca. 100:1

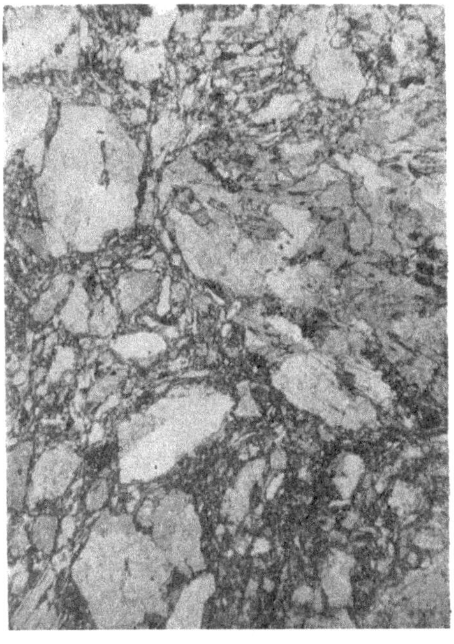

1

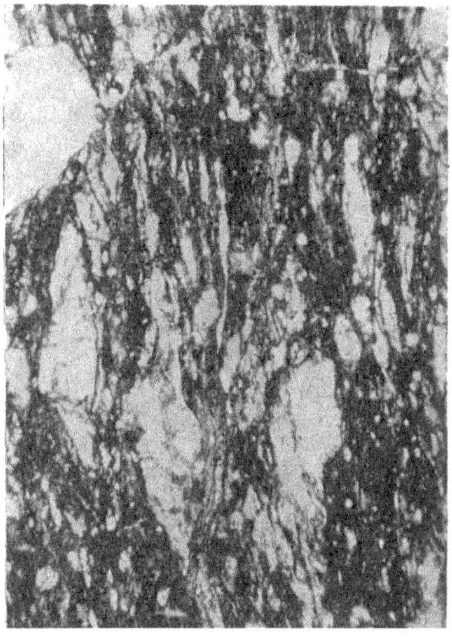

2

3

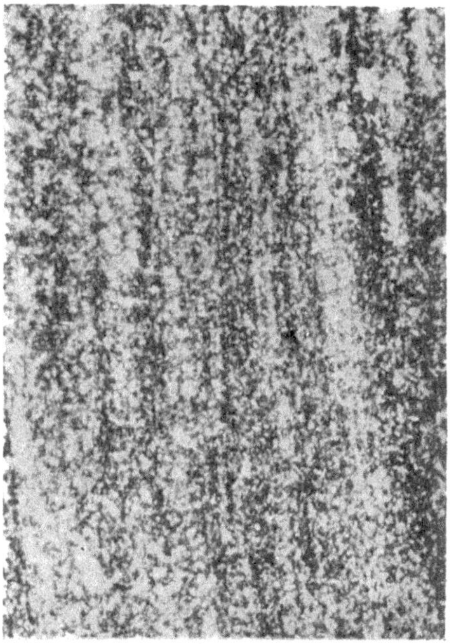

4

Sachverzeichnis

FSC
www.fsc.org
MIX
Papier | Fördert gute Waldnutzung
FSC® C083411

Kolibri 360 GmbH
Ferdinand-Jühlke-Straße 7
99095 Erfurt, Deutschland
produktsicherheit@kolibri360.de